Siebenstellige Tafeln der elementaren transzendenten Funktionen

Von

Dr. Friedrich Lösch

Professor an der Technischen Hochschule
Stuttgart

Springer-Verlag
Berlin · Göttingen · Heidelberg
1954

ISBN-13: 978-3-642-92631-0 e-ISBN-13: 978-3-642-92630-3
DOI: 10.1007/978-3-642-92630-3

Softcover reprint of the hardcover 1st edition 1954

Vorwort.

In den letzten zwei Jahrzehnten sind, vor allem im Rahmen des „Applied Mathematics Program of the National Bureau of Standards", ausführliche Tafeln für fast alle elementaren transzendenten Funktionen erschienen. Es fehlt jedoch, seit die von K. HAYASHI im Jahre 1926 herausgegebenen Tafeln[1] vergriffen sind, ein zusammenfassendes mehrstelliges Werk über diese Funktionen. Die vorliegenden Tafeln sollen zur Ausfüllung dieser Lücke beitragen.

Entsprechend der Zielsetzung schließen sie sich in ihrer Grundanlage notwendig an die genannten Hayashischen Tafeln an. Das Bestreben, ein für viele Rechnungen ausreichendes, nicht zu umfangreiches und dabei bequem benutzbares Tafelwerk zu geben, führte jedoch im einzelnen zu wesentlichen Abweichungen. Einerseits wurde die Stellenzahl der Tafelwerte fast durchweg auf 7 Dezimalen beschränkt. Andrerseits wurde der Tafelschritt so weit verkleinert, daß bei einem zulässigen Fehler von 1 bis 2 Einheiten der letzten Stelle im Hauptintervall fast durchweg lineare Interpolation möglich ist. Zur Erleichterung der Interpolation wurden die ersten Differenzen beigegeben.

Ein großer Teil der Tafeln ist vollständig neu berechnet worden. Bei dem restlichen Teil wurde von den vorhandenen Quellen ausgegangen und so weit nötig eine Ergänzung der damit gegebenen Werte durch Interpolation vorgenommen. In jedem Falle wurden die auf 9 bis 10 Dezimalen ermittelten Funktionswerte durch Differenzenbildung kontrolliert. Die Abrundung auf 7 bzw. 9 Dezimalen wurde in der üblichen Weise vorgenommen. In Zweifelsfällen wurde die letzte Dezimale durch direkte Berechnung des betreffenden Wertes auf die erforderliche Stellenzahl ermittelt. Auf die Abfassung des Manuskripts und die Durchführung der Korrekturen ist die größte Sorgfalt verwendet worden.

Bei den Rechenarbeiten und bei den Korrekturen bin ich von zahlreichen Helfern, insbesondere von Herrn G. FAULHABER, Herrn G. GOES, Fräulein W. GRANER, Herrn H. MÄLZER, Fräulein C. ROESLER, Fräulein H. THIEL und Herrn H. WAGNER unterstützt worden. Ihnen allen bin ich aufrichtig dankbar für ihre sorgfältige Mitarbeit. Ganz besonderen Dank schulde ich meiner Frau, die alle Kontrollrechnungen ausgeführt, das Manuskript angefertigt und alle Korrekturen mitgelesen hat.

Schließlich ist es mir eine angenehme Pflicht, auch dem Springer-Verlag meinen herzlichen Dank dafür auszusprechen, daß er meine Arbeit in jeder Hinsicht unterstützt hat und dem Buch die gewohnte sorgfältige Ausstattung angedeihen ließ.

Stuttgart, im November 1953. **Friedrich Lösch.**

[1] Hayashi, K.: Sieben- und mehrstellige Tafeln der Kreis- und Hyperbelfunktionen und deren Produkte sowie der Gammafunktion, Berlin, Springer, 1926.

Vorwort

Inhaltsverzeichnis.

Einleitung VII

Tafel I. Neunstellige Werte der elementaren transzendenten Funktionen für $x = 0\ (0{,}0001)\ 0{,}1$ . . . 1

Tafel II. Siebenstellige Werte der elementaren transzendenten Funktionen für

$x = 0{,}1\ (0{,}0005)\ 3{,}15$ 44

$x = 3\ (0{,}01)\ 10$ 288

$x = 10\ (0{,}1)\ 20$ 316

Werte von $\operatorname{tg} x$ für $x \approx \frac{\pi}{2}$ 320

Werte von $\mathfrak{Ar}\,\mathfrak{Tg}\,x$ und $\mathfrak{Ar}\,\mathfrak{Ctg}\,x$ für $x \approx 1$ 320

Tafel III. Siebenstellige Werte elementarer Funktionen für $x = 0\ (1)\ 100$ 322

Tafel IV. Zwölfstellige Werte von $\frac{\pi}{2}\,n$ für $n = 0\ (1)\ 100$ 324

Tafel V. Siebenstellige Werte der Funktionen $\sin \frac{\pi}{2}\,x$, $\cos \frac{\pi}{2}\,x$ für $x = 0\ (0{,}001)\ 0{,}5$. 324

Tafel VI. Siebenstellige Werte der Funktionen $e^{\frac{\pi}{2}x}$, $e^{-\frac{\pi}{2}x}$, $\mathfrak{Sin}\,\frac{\pi}{2}\,x$, $\mathfrak{Cof}\,\frac{\pi}{2}\,x$ für $x = 0\ (0{,}01)\ 2$ . . 328

Tafel VII. Siebenstellige Werte der Funktionen $e^{\frac{\pi x}{180}}$, $e^{-\frac{\pi x}{180}}$, $\mathfrak{Sin}\,\frac{\pi x}{180}$, $\mathfrak{Cof}\,\frac{\pi x}{180}$ für $x = 0\ (1)\ 180$ . . 330

Tafel VIII. Umwandlung von Bogenmaß (x) in Gradmaß (φ) 332

Tafel IX. Umwandlung von Gradmaß (φ) in Bogenmaß (x) 332

Tafel X. Einige oft gebrauchte Zahlenwerte 334

Einleitung.

Die Einrichtung der vorliegenden Tafeln ist ohne weiteres verständlich und bedarf kaum einer besonderen Erklärung. Im folgenden sollen daher nur wenige Hinweise gegeben werden.

Die vertafelten Funktionen sind durchweg für äquidistante Werte des Arguments angegeben, wobei der Tafelschritt 1 oder 5 Einheiten der letzten Stelle beträgt. Die aufgeführten Funktionswerte sind in der üblichen Weise auf die letzte Stelle abgerundet, so daß sie höchstens um 0,5 Einheiten dieser Stelle von den genauen Werten abweichen.

In der Regel ist ein gesuchter Funktionswert $f(x)$ nicht direkt in der entsprechenden Tafel enthalten, sondern muß aus den vorhandenen Werten durch *Interpolation* ermittelt werden. Dazu zieht man zweckmäßig die NEWTONsche Interpolationsformel heran. Bezeichnen $x_0, x_1, \ldots, x_n$ äquidistante Tafelargumente mit dem Abstand h und ist das Argument x in dem Intervall (x_0, x_1) gelegen, so rechnet man danach

$$f(x) \approx f(x_0) + \frac{x - x_0}{1!} \frac{\Delta f(x_0)}{h} + \frac{(x - x_0)(x - x_1)}{2!} \frac{\Delta^2 f(x_0)}{h^2} + \cdots + \frac{(x - x_0)(x - x_1) \cdots (x - x_{n-1})}{n!} \frac{\Delta^n f(x_0)}{h^n},$$

wobei die Differenzen erster und höherer Ordnung durch

$$\Delta f(x_\nu) \equiv \Delta^1 f(x_\nu) = f(x_{\nu+1}) - f(x_\nu) \quad \text{und} \quad \Delta^k f(x_\nu) = \Delta^{k-1} f(x_{\nu+1}) - \Delta^{k-1} f(x_\nu) \quad (k = 2, 3, \ldots)$$

definiert sind. Man wird sich mit linearer Interpolation entsprechend der Formel 1. Ordnung

$$f(x) \approx f(x_0) + \frac{x - x_0}{h} \Delta f(x_0)$$

begnügen, wenn für die angestrebte Genauigkeit die durch das Glied 2. Ordnung gelieferte Verbesserung vernachlässigt werden kann. Diese Verbesserung beträgt maximal $\frac{1}{8} |\Delta^2 f(x_0)|$.

Die zur *linearen Interpolation* nötigen *Differenzen 1. Ordnung* sind in den Tafeln I und II für das Hauptintervall $0 \leqq x \leqq 3{,}15$ beigegeben. Zur Bequemlichkeit des Rechners sind sie in der Tafel II verdoppelt, d. h. auf den Tafelschritt 10^{-3} umgerechnet. Das hat den Vorteil, daß in beiden Tafeln die bei linearer Interpolation an dem Tafelwert anzubringende Änderung einfach durch Multiplikation der überhängenden Ziffern des Argumentwertes x mit der aus der Tafel abzulesenden Differenz erhalten wird. Andrerseits ist bei der Berechnung der *Differenzen höherer Ordnung* — zur Einführung in die Interpolationsformel und insbesondere zur Beurteilung der durch das Glied 2. Ordnung derselben gelieferten Verbesserung — zu beachten, daß in Tafel II die aus den eingedruckten Differenzen errechneten Werte durchweg zu halbieren sind.

Die beiden Tafeln I und II sind so eingerichtet, daß im Hauptintervall $0 \leqq x \leqq 3{,}15$ fast überall lineare Interpolation ausreicht, wenn ein *Interpolationsfehler bis zu 2 Einheiten* der letzten Stelle in Kauf genommen wird. Übersteigt der Fehler bei linearer Interpolation 2 Einheiten der letzten Stelle, so wird darauf durch den *Schrägdruck* oder das *Fehlen der Differenzen* hingewiesen.

Einige *Beispiele* mögen die vorstehenden Ausführungen noch näher erläutern:

1. Tafel I ist $\mathfrak{Sin}\, x$ *für* $x = 0{,}055235$ *zu entnehmen.*

Mit $f(x) = \mathfrak{Sin}\, x$ liest man an der Stelle $x_0 = 0{,}0552$ ab

$$f(x_0) = 0{,}05522\,8037, \qquad \Delta f(x_0) = 100153$$

und erhält durch lineare Interpolation

$$\begin{aligned} f(x_0) \qquad\qquad\qquad\qquad\quad &= 0{,}05522\,8037 \\ \frac{x - x_0}{h} \cdot \Delta f(x_0) = 0{,}35 \cdot 100153 \quad &= \qquad\quad 3\,5054 \\ \hline f(x) \qquad\qquad\qquad\qquad\quad &= 0{,}05526\,3091. \end{aligned}$$

(Beachte: Der Faktor 0,35 ist aus den überhängenden Ziffern von x gebildet.)

2. Tafel II ist e^x für $x = 0{,}8507$ zu entnehmen.

Mit $f(x) = e^x$ liest man an der Stelle $x_0 = 0{,}8505$ ab

$$f(x_0) = 2{,}3408\,170, \qquad \Delta f(x_0) = 23\,414$$

und erhält durch lineare Interpolation

$$\begin{array}{ll} f(x_0) & = 2{,}3408\,170 \\ \frac{x - x_0}{h} \cdot \Delta f(x_0) = 0{,}2 \cdot 23414 & = \phantom{2{,}341}4\,683 \\ \hline f(x) & = 2{,}3412\,853. \end{array}$$

(Beachte: Der Faktor 0,2 ist aus den überhängenden Ziffern von x gebildet.)

Für das auf x_0 folgende Argument $x_1 = 0{,}8510$ entnimmt man der Tafel den Wert $\Delta f(x_1) = 23426$ und errechnet damit (unter Berücksichtigung des Umstands, daß sich die dem Tafelschritt $h = 5 \cdot 10^{-4}$ entsprechenden tatsächlichen Differenzen durch Halbierung der eingedruckten Differenzenwerte ergeben) die Differenz 2. Ordnung $\Delta^2 f(x_0) = \frac{1}{2}(23426 - 23414) = 6$. Die Verbesserung durch das Glied 2. Ordnung der Interpolationsformel ist daher $\leqq \frac{1}{8} \cdot 6 = 0{,}75$ Einheiten der letzten Stelle. Tatsächlich ist der auf 7 Dezimalen genaue Wert $f(x) = 2{,}3412\,852$.

3. Tafel II ist arc sin x *für $x = 0{,}9652$ zu entnehmen.*

Mit $f(x) = \text{arc sin}\, x$ liest man an der Stelle $x_0 = 0{,}9650$ ab

$$f(x_0) = 1{,}3054\,434, \qquad \Delta f(x_0) = 38\,266$$

und erhält durch lineare Interpolation

$$\begin{array}{ll} f(x_0) & = 1{,}3054\,434 \\ \frac{x - x_0}{h} \cdot \Delta f(x_0) = 0{,}2 \cdot 38266 & = \phantom{1{,}305}7\,653 \\ \hline f(x) & = 1{,}3062\,087. \end{array}$$

Der Schrägdruck der Differenz weist darauf hin, daß in diesem Falle die lineare Interpolation möglicherweise einen Fehler von mehr als 2 Einheiten der letzten Stelle ergibt. Zur Berechnung des Glieds 2. Ordnung der Interpolationsformel liest man für das auf x_0 folgende Tafelargument $x_1 = 0{,}9655$ ab

$$\Delta f(x_1) = 38\,540.$$

Damit findet man (unter Berücksichtigung des Umstands, daß sich die dem Tafelschritt $h = 5 \cdot 10^{-4}$ entsprechenden tatsächlichen Differenzen durch Halbierung der abgelesenen Differenzenwerte ergeben) als Differenz 2. Ordnung

$$\Delta^2 f(x_0) = \frac{1}{2}(38\,540 - 38\,266) = 137$$

und erhält nun durch quadratische Interpolation

$$\begin{array}{ll} f(x_0) & = 1{,}3054\,434 \\ \frac{x - x_0}{h} \cdot \Delta f(x_0) = 0{,}2 \cdot 38266 & = \phantom{1{,}305}7\,653_2 \\ \frac{(x - x_0)\,(x - x_1)}{h^2} \cdot \frac{\Delta^2 f(x_0)}{2!} = -\frac{0{,}2 \cdot 0{,}3}{0{,}5^2} \cdot \frac{137}{2} & = - \phantom{1{,}3054\,4}16_4 \\ \hline f(x) & = 1{,}3062\,071. \end{array}$$

Der Wert stimmt auf 7 Dezimalen mit dem exakten Wert überein.

TAFEL I

Neunstellige Werte der elementaren transzendenten Funktionen für $x = 0\ (0{,}0001)\ 0{,}1$

x	φ	sin x*)	cos x	Diff.	tg x**)	Sin x**)	Cof x	Diff.	Tg x*)
	0°	0,00	1,00000		0,00	0,00	1,00000		0,00
0,0000	00′ 00″	0	0	– 05	0	0	0	05	0
01	00 20,63	010 0000	*9995	– 15	010 0000	010 0000	0005	15	010 0000
02	00 41,25	020 0000	9980	– 25	020 0000	020 0000	0020	25	020 0000
03	01 01,88	030 0000	9955	– 35	030 0000	030 0000	0045	35	030 0000
04	01 22,51	040 0000	9920	– 45	040 0000	040 0000	0080	45	040 0000
05	01 43,13	050 0000	9875	– 55	050 0000	050 0000	0125	55	050 0000
06	02 03,76	060 0000	9820	– 65	060 0000	060 0000	0180	65	060 0000
07	02 24,39	070 0000	9755	– 75	070 0000	070 0000	0245	75	070 0000
08	02 45,01	080 0000	9680	– 85	080 0000	080 0000	0320	85	080 0000
09	03 05,64	090 0000	9595	– 95	090 0000	090 0000	0405	95	090 0000
0,0010	03 26,26	100 0000	9500	– 105	100 0000	100 0000	0500	105	100 0000
11	03 46,89	110 0000	9395	– 115	110 0000	110 0000	0605	115	110 0000
12	04 07,52	120 0000	9280	– 125	120 0001	120 0000	0720	125	119 9999
13	04 28,14	130 0000	9155	– 135	130 0001	130 0000	0845	135	129 9999
14	04 48,77	140 0000	9020	– 145	140 0001	140 0000	0980	145	139 9999
15	05 09,40	149 9999	8875	– 155	150 0001	150 0001	1125	155	149 9999
16	05 30,02	159 9999	8720	– 165	160 0001	160 0001	1280	165	159 9999
17	05 50,65	169 9999	8555	– 175	170 0002	170 0001	1445	175	169 9998
18	06 11,28	179 9999	8380	– 185	180 0002	180 0001	1620	185	179 9998
19	06 31,90	189 9999	8195	– 195	190 0002	190 0001	1805	195	189 9998
0,0020	06 52,53	199 9999	8000	– 205	200 0003	200 0001	2000	205	199 9997
21	07 13,16	209 9998	7795	– 215	210 0003	210 0002	2205	215	209 9997
22	07 33,78	219 9998	7580	– 225	220 0004	220 0002	2420	225	219 9996
23	07 54,41	229 9998	7355	– 235	230 0004	230 0002	2645	235	229 9996
24	08 15,04	239 9998	7120	– 245	240 0005	240 0002	2880	245	239 9995
25	08 35,66	249 9997	6875	– 255	250 0005	250 0003	3125	255	249 9995
26	08 56,29	259 9997	6620	– 265	260 0006	260 0003	3380	265	259 9994
27	09 16,91	269 9997	6355	– 275	270 0007	270 0003	3645	275	269 9993
28	09 37,54	279 9996	6080	– 285	280 0007	280 0004	3920	285	279 9993
29	09 58,17	289 9996	5795	– 295	290 0008	290 0004	4205	295	289 9992
0,0030	10 18,79	299 9996	5500	– 305	300 0009	300 0005	4500	305	299 9991
31	10 39,42	309 9995	5195	– 315	310 0010	310 0005	4805	315	309 9990
32	11 00,05	319 9995	4880	– 325	320 0011	320 0005	5120	325	319 9989
33	11 20,67	329 9994	4555	– 335	330 0012	330 0006	5445	335	329 9988
34	11 41,30	339 9993	4220	– 345	340 0013	340 0007	5780	345	339 9987
35	12 01,93	349 9993	3875	– 355	350 0014	350 0007	6125	355	349 9986
36	12 22,55	359 9992	3520	– 365	360 0016	360 0008	6480	365	359 9984
37	12 43,18	369 9992	3155	– 375	370 0017	370 0008	6845	375	369 9983
38	13 03,81	379 9991	2780	– 385	380 0018	380 0009	7220	385	379 9982
39	13 24,43	389 9990	2395	– 395	390 0020	390 0010	7605	395	389 9980
0,0040	13 45,06	399 9989	2000	– 405	400 0021	400 0011	8000	405	399 9979
41	14 05,69	409 9989	1595	– 415	410 0023	410 0011	8405	415	409 9977
42	14 26,31	419 9988	1180	– 425	420 0025	420 0012	8820	425	419 9975
43	14 46,94	429 9987	0755	– 435	430 0027	430 0013	9245	435	429 9973
44	15 07,57	439 9986	0320	– 445	440 0028	440 0014	9680	445	439 9972
45	15 28,19	449 9985	**9875	– 455	450 0030	450 0015	*0125	455	449 9970
46	15 48,82	459 9984	9420	– 465	460 0032	460 0016	0580	465	459 9968
47	16 09,44	469 9983	8955	– 475	470 0035	470 0017	1045	475	469 9965
48	16 30,07	479 9982	8480	– 485	480 0037	480 0018	1520	485	479 9963
49	16 50,70	489 9980	7995	– 495	490 0039	490 0020	2005	495	489 9961
0,0050	17′ 11,32″	499 9979	7500		500 0042	500 0021	2500		499 9958
	0°	0,00	0,99998		0,00	0,00	1,00001		0,00

*) Die 1. Differenz liegt zwischen 10 0000 und 9 9997

**) Die 1. Differenz liegt zwischen 10 0000 und 10 0003

x	ln x	e^x		e^{-x}		arc sin x**)	arc tg x*)	𝔄𝔯 𝔖𝔦𝔫 x*)	𝔄𝔯 𝔗𝔤 x**)
		1,00	**100**	**1,00**	**–99**	**0,00**	**0,00**	**0,00**	**0,00**
0,0000	—∞	0	005	0	995	0	0	0	0
01	–9,21034 0372	010 0005	015	*990 0005	985	010 0000	010 0000	010 0000	010 0000
02	–8,51719 3191	020 0020	025	980 0020	975	020 0000	020 0000	020 0000	020 0000
03	–8,11172 8083	030 0045	035	970 0045	965	030 0000	030 0000	030 0000	030 0000
04	–7,82404 6011	040 0080	045	960 0080	955	040 0000	040 0000	040 0000	040 0000
05	–7,60090 2460	050 0125	055	950 0125	945	050 0000	050 0000	050 0000	050 0000
06	–7,41858 0903	060 0180	065	940 0180	935	060 0000	060 0000	060 0000	060 0000
07	–7,26443 0223	070 0245	075	930 0245	925	070 0000	070 0000	070 0000	070 0000
08	–7,13089 8830	080 0320	085	920 0320	915	080 0000	080 0000	080 0000	080 0000
09	–7,01311 5795	090 0405	095	910 0405	905	090 0000	090 0000	090 0000	090 0000
0,0010	–6,90775 5279	100 0500	105	900 0500	895	100 0000	100 0000	100 0000	100 0000
11	–6,81244 5099	110 0605	115	890 0605	885	110 0000	110 0000	110 0000	110 0000
12	–6,72543 3722	120 0720	125	880 0720	875	120 0000	119 9999	120 0000	120 0001
13	–6,64539 1015	130 0845	135	870 0845	865	130 0000	129 9999	130 0000	130 0001
14	–6,57128 3042	140 0980	146	860 0980	856	140 0000	139 9999	140 0000	140 0001
15	–6,50229 0171	150 1126	155	850 1124	845	150 0001	149 9999	149 9999	150 0001
16	–6,43775 1650	160 1281	165	840 1279	835	160 0001	159 9999	159 9999	160 0001
17	–6,37712 7028	170 1446	175	830 1444	825	170 0001	169 9998	169 9999	170 0002
18	–6,31996 8614	180 1621	185	820 1619	815	180 0001	179 9998	179 9999	180 0002
19	–6,26590 1393	190 1806	195	810 1804	805	190 0001	189 9998	189 9999	190 0002
0,0020	–6,21460 8098	200 2001	206	800 1999	796	200 0001	199 9997	199 9999	200 0003
21	–6,16581 7934	210 2207	215	790 2203	785	210 0002	209 9997	209 9998	210 0003
22	–6,11929 7919	220 2422	225	780 2418	775	220 0002	219 9996	219 9998	220 0004
23	–6,07484 6156	230 2647	235	770 2643	765	230 0002	229 9996	229 9998	230 0004
24	–6,03228 6542	240 2882	246	760 2878	756	240 0002	239 9995	239 9998	240 0005
25	–5,99146 4547	250 3128	255	750 3122	745	250 0003	249 9995	249 9997	250 0005
26	–5,95224 3834	260 3383	265	740 3377	735	260 0003	259 9994	259 9997	260 0006
27	–5,91450 3506	270 3648	276	730 3642	726	270 0003	269 9993	269 9997	270 0007
28	–5,87813 5862	280 3924	285	720 3916	715	280 0004	279 9993	279 9996	280 0007
29	–5,84304 4542	290 4209	296	710 4201	705	290 0004	289 9992	289 9996	290 0008
0,0030	–5,80914 2990	300 4505	305	700 4496	696	300 0005	299 9991	299 9996	300 0009
31	–5,77635 3167	310 4810	315	690 4800	685	310 0005	309 9990	309 9995	310 0010
32	–5,74460 4469	320 5125	326	680 5115	676	320 0005	319 9989	319 9995	320 0011
33	–5,71383 2811	330 5451	336	670 5439	666	330 0006	329 9988	329 9994	330 0012
34	–5,68397 9847	340 5787	345	660 5773	655	340 0007	339 9987	339 9993	340 0013
35	–5,65499 2310	350 6132	356	650 6118	646	350 0007	349 9986	349 9993	350 0014
36	–5,62682 1434	360 6488	365	640 6472	635	360 0008	359 9984	359 9992	360 0016
37	–5,59942 2459	370 6853	376	630 6837	626	370 0008	369 9983	369 9992	370 0017
38	–5,57275 4212	380 7229	386	620 7211	616	380 0009	379 9982	379 9991	380 0018
39	–5,54677 8726	390 7615	396	610 7595	606	390 0010	389 9980	389 9990	390 0020
0,0040	–5,52146 0918	400 8011	405	600 7989	595	400 0011	399 9979	399 9989	400 0021
41	–5,49676 8305	410 8416	416	590 8394	586	410 0011	409 9977	409 9989	410 0023
42	–5,47267 0754	420 8832	426	580 8808	576	420 0012	419 9975	419 9988	420 0025
43	–5,44914 0256	430 9258	436	570 9232	566	430 0013	429 9973	429 9987	430 0027
44	–5,42615 0738	440 9694	446	560 9666	556	440 0014	439 9972	439 9986	440 0028
45	–5,40367 7882	451 0140	456	551 0110	546	450 0015	449 9970	449 9985	450 0030
46	–5,38169 8975	461 0596	466	541 0564	536	460 0016	459 9968	459 9984	460 0032
47	–5,36019 2770	471 1062	476	531 1028	526	470 0017	469 9965	469 9983	470 0035
48	–5,33913 9361	481 1538	487	521 1502	517	480 0018	479 9963	479 9982	480 0037
49	–5,31852 0074	491 2025	496	511 1985	506	490 0020	489 9961	489 9980	490 0039
0,0050	–5,29831 7367	501 2521		501 2479		500 0021	499 9958	499 9979	500 0042
		1,00	**100**	**0,99**	**–99**	**0,00**	**0,00**	**0,00**	**0,00**

*) Die 1. Differenz liegt zwischen 100000 und 99997

**) Die 1. Differenz liegt zwischen 100000 und 100003

x	φ	sin x		cos x		tg x		𝔖in x		𝔈of x		𝔗g x	
	0°	**0,00**	**999**	**0,9999**		**0,00**	**100**	**0,00**	**100**	**1,0000**		**0,00**	**999**
0,0050	17′ 11,″32	499 9979	99	8 7500	− 505	500 0042	002	500 0021	001	1 2500	505	499 9958	98
51	17 31,95	509 9978	99	8 6995	− 515	510 0044	003	510 0022	001	1 3005	515	509 9956	97
52	17 52,58	519 9977	98	8 6480	− 525	520 0047	003	520 0023	002	1 3520	525	519 9953	97
53	18 13,20	529 9975	99	8 5955	− 535	530 0050	002	530 0025	001	1 4045	535	529 9950	98
54	18 33,83	539 9974	98	8 5420	− 545	540 0052	003	540 0026	002	1 4580	545	539 9948	97
55	18 54,46	549 9972	99	8 4875	− 555	550 0055	004	550 0028	001	1 5125	555	549 9945	96
56	19 15,08	559 9971	98	8 4320	− 565	560 0059	003	560 0029	002	1 5680	565	559 9941	97
57	19 35,71	569 9969	98	8 3755	− 575	570 0062	003	570 0031	002	1 6245	575	569 9938	97
58	19 56,34	579 9967	99	8 3180	− 585	580 0065	003	580 0033	001	1 6820	585	579 9935	97
59	20 16,96	589 9966	98	8 2595	− 595	590 0068	004	590 0034	002	1 7405	595	589 9932	96
0,0060	20 37,59	599 9964	98	8 2000	− 605	600 0072	004	600 0036	002	1 8000	605	599 9928	96
61	20 58,22	609 9962	98	8 1395	− 615	610 0076	003	610 0038	002	1 8605	615	609 9924	97
62	21 18,84	619 9960	98	8 0780	− 625	620 0079	004	620 0040	002	1 9220	625	619 9921	96
63	21 39,47	629 9958	98	8 0155	− 635	630 0083	004	630 0042	002	1 9845	635	629 9917	96
64	22 00,09	639 9956	98	7 9520	− 645	640 0087	005	640 0044	002	2 0480	645	639 9913	95
65	22 20,72	649 9954	98	7 8875	− 655	650 0092	004	650 0046	002	2 1125	655	649 9908	96
66	22 41,35	659 9952	98	7 8220	− 665	660 0096	004	660 0048	002	2 1780	665	659 9904	96
67	23 01,97	669 9950	98	7 7555	− 675	670 0100	005	670 0050	002	2 2445	675	669 9900	95
68	23 22,60	679 9948	97	7 6880	− 685	680 0105	005	680 0052	003	2 3120	685	679 9895	95
69	23 43,23	689 9945	98	7 6195	− 695	690 0110	004	690 0055	002	2 3805	695	689 9890	96
0,0070	24 03,85	699 9943	97	7 5500	− 705	700 0114	005	700 0057	003	2 4500	705	699 9886	95
71	24 24,48	709 9940	98	7 4795	− 715	710 0119	005	710 0060	002	2 5205	715	709 9881	95
72	24 45,11	719 9938	97	7 4080	− 725	720 0124	006	720 0062	003	2 5920	725	719 9876	94
73	25 05,73	729 9935	97	7 3355	− 735	730 0130	005	730 0065	003	2 6645	735	729 9870	95
74	25 26,36	739 9932	98	7 2620	− 745	740 0135	006	740 0068	002	2 7380	745	739 9865	94
75	25 46,99	749 9930	97	7 1875	− 755	750 0141	005	750 0070	003	2 8125	755	749 9859	95
76	26 07,61	759 9927	97	7 1120	− 765	760 0146	006	760 0073	003	2 8880	765	759 9854	94
77	26 28,24	769 9924	97	7 0355	− 775	770 0152	006	770 0076	003	2 9645	775	769 9848	94
78	26 48,87	779 9921	97	6 9580	− 785	780 0158	006	780 0079	003	3 0420	785	779 9842	94
79	27 09,49	789 9918	97	6 8795	− 795	790 0164	007	790 0082	003	3 1205	795	789 9836	93
0,0080	27 30,12	799 9915	96	6 8000	− 805	800 0171	006	800 0085	004	3 2000	805	799 9829	94
81	27 50,74	809 9911	97	6 7195	− 815	810 0177	007	810 0089	003	3 2805	815	809 9823	93
82	28 11,37	819 9908	97	6 6380	− 825	820 0184	007	820 0092	003	3 3620	825	819 9816	93
83	28 32,00	829 9905	96	6 5555	− 835	830 0191	007	830 0095	004	3 4445	835	829 9809	93
84	28 52,62	839 9901	97	6 4720	− 845	840 0198	007	840 0099	003	3 5280	845	839 9802	93
85	29 13,25	849 9898	96	6 3875	− 855	850 0205	007	850 0102	004	3 6125	855	849 9795	93
86	29 33,88	859 9894	96	6 3020	− 865	860 0212	008	860 0106	004	3 6980	865	859 9788	93
87	29 54,50	869 9890	96	6 2155	− 875	870 0220	007	870 0110	004	3 7845	875	869 9781	92
88	30 15,13	879 9886	97	6 1280	− 885	880 0227	008	880 0114	003	3 8720	885	879 9773	92
89	30 35,76	889 9883	96	6 0395	− 895	890 0235	008	890 0117	005	3 9605	895	889 9765	92
0,0090	30 56,38	899 9879	95	5 9500	− 905	900 0243	008	900 0122	004	4 0500	905	899 9757	92
91	31 17,01	909 9874	96	5 8595	− 915	910 0251	009	910 0126	004	4 1405	915	909 9749	91
92	31 37,64	919 9870	96	5 7680	− 925	920 0260	008	920 0130	004	4 2320	925	919 9740	92
93	31 58,26	929 9866	96	5 6755	− 935	930 0268	009	930 0134	004	4 3245	935	929 9732	91
94	32 18,89	939 9862	95	5 5820	− 945	940 0277	009	940 0138	005	4 4180	945	939 9723	91
95	32 39,52	949 9857	96	5 4875	− 955	950 0286	009	950 0143	004	4 5125	955	949 9714	91
96	33 00,14	959 9853	95	5 3920	− 965	960 0295	009	960 0147	005	4 6080	965	959 9705	91
97	33 20,77	969 9848	95	5 2955	− 975	970 0304	010	970 0152	005	4 7045	975	969 9696	90
98	33 41,40	979 9843	95	5 1980	− 985	980 0314	009	980 0157	005	4 8020	985	979 9686	91
99	34 02,02	989 9838	95	5 0995	− 995	990 0323	010	990 0162	005	4 9005	995	989 9677	90
0,0100	34′ 22,″65	999 9833		5 0000		*000 0333		*000 0167		5 0000		999 9667	
	0°	**0,00**	**999**	**0,9999**		**0,01**	**100**	**0,01**	**100**	**1,0000**		**0,00**	**999**

x	$\ln x$	e^x		e^{-x}		arc sin x		arc tg x		Ar Sin x		Ar Tg x	
	—5,	**1,00**	100	**0,99**	–99	**0,00**	100	**0,00**	999	**0,00**	999	**0,00**	100
0,0050	29831 7367	501 2521	506	501 2479	496	500 0021	001	499 9958	98	499 9979	99	500 0042	002
51	27851 4739	511 3027	516	491 2983	486	510 0022	001	509 9956	97	509 9978	99	510 0044	003
52	25909 6653	521 3543	527	481 3497	477	520 0023	002	519 9953	97	519 9977	98	520 0047	003
53	24004 8458	531 4070	536	471 4020	466	530 0025	001	529 9950	98	529 9975	99	530 0050	002
54	22135 6325	541 4606	547	461 4554	457	540 0026	002	539 9948	97	539 9974	98	540 0052	003
55	20300 7187	551 5153	556	451 5097	446	550 0028	001	549 9945	96	549 9972	99	550 0055	004
56	18498 8681	561 5709	567	441 5651	437	560 0029	002	559 9941	97	559 9971	98	560 0059	003
57	16728 9104	571 6276	577	431 6214	426	570 0031	002	569 9938	97	569 9969	98	570 0062	003
58	14989 7361	581 6853	586	421 6788	417	580 0033	001	579 9935	97	579 9967	99	580 0065	003
59	13280 2928	591 7439	597	411 7371	407	590 0034	002	589 9932	96	589 9966	98	590 0068	004
0,0060	11599 5810	601 8036	607	401 7964	397	600 0036	002	599 9928	96	599 9964	98	600 0072	004
61	09946 6508	611 8643	617	391 8567	387	610 0038	002	609 9924	97	609 9962	98	610 0076	003
62	08320 5987	621 9260	627	381 9180	377	620 0040	002	619 9921	96	619 9960	98	620 0079	004
63	06720 5646	631 9887	637	371 9803	367	630 0042	002	629 9917	96	629 9958	98	630 0083	004
64	05145 7289	642 0524	647	362 0436	357	640 0044	002	639 9913	95	639 9956	98	640 0087	005
65	03595 3102	652 1171	657	352 1079	347	650 0046	002	649 9908	96	649 9954	98	650 0092	004
66	02068 5630	662 1828	667	342 1732	337	660 0048	002	659 9904	96	659 9952	98	660 0096	004
67	00564 7753	672 2495	677	332 2395	327	670 0050	002	669 9900	95	669 9950	98	670 0100	005
68	*99083 2667	682 3172	688	322 3068	318	680 0052	003	679 9895	96	679 9948	97	680 0105	005
69	97623 3867	692 3860	697	312 3750	307	690 0055	002	689 9891	95	689 9945	98	690 0110	004
0,0070	96184 5130	702 4557	708	302 4443	298	700 0057	003	699 9886	95	699 9943	97	700 0114	005
71	94766 0495	712 5265	717	292 5145	287	710 0060	002	709 9881	95	709 9940	98	710 0119	005
72	93367 4253	722 5982	728	282 5858	278	720 0062	003	719 9876	94	719 9938	97	720 0124	006
73	91988 0931	732 6710	738	272 6580	267	730 0065	003	729 9870	95	729 9935	97	730 0130	005
74	90627 5279	742 7448	747	262 7313	258	740 0068	002	739 9865	94	739 9932	98	740 0135	006
75	89285 2258	752 8195	758	252 8055	248	750 0070	003	749 9859	95	749 9930	97	750 0141	005
76	87960 7032	762 8953	768	242 8807	238	760 0073	003	759 9854	94	759 9927	97	760 0146	006
77	86653 4950	772 9721	778	232 9569	228	770 0076	003	769 9848	94	769 9924	97	770 0152	006
78	85363 1545	783 0499	788	223 0341	218	780 0079	003	779 9842	94	779 9921	97	780 0158	006
79	84089 2520	793 1287	799	213 1123	208	790 0082	003	789 9836	93	789 9918	97	790 0164	007
0,0080	82831 3737	803 2086	808	203 1915	198	800 0085	004	799 9829	94	799 9915	96	800 0171	006
81	81589 1217	813 2894	818	193 2717	189	810 0089	003	809 9823	93	809 9911	97	810 0177	007
82	80362 1125	823 3712	828	183 3528	178	820 0092	003	819 9816	93	819 9908	97	820 0184	007
83	79149 9764	833 4540	839	173 4350	169	830 0095	004	829 9809	93	829 9905	96	830 0191	007
84	77952 3573	843 5379	849	163 5181	158	840 0099	003	839 9802	93	839 9901	97	840 0198	007
85	76768 9115	853 6228	858	153 6023	149	850 0102	004	849 9795	93	849 9898	96	850 0205	007
86	75599 3076	863 7086	869	143 6874	139	860 0106	004	859 9788	93	859 9894	96	860 0212	008
87	74443 2253	873 7955	879	133 7735	128	870 0110	004	869 9781	92	869 9890	96	870 0220	007
88	73300 3557	883 8834	889	123 8607	119	880 0114	003	879 9773	92	879 9886	97	880 0227	008
89	72170 4002	893 9723	899	113 9488	109	890 0117	005	889 9765	92	889 9883	96	890 0235	008
0,0090	71053 0702	904 0622	909	104 0379	099	900 0122	004	899 9757	92	899 9879	95	900 0243	008
91	69948 0865	914 1531	919	094 1280	089	910 0126	004	909 9749	91	909 9874	96	910 0251	009
92	68855 1795	924 2450	929	084 2191	080	920 0130	004	919 9740	92	919 9870	96	920 0260	008
93	67774 0879	934 3379	940	074 3111	069	930 0134	004	929 9732	91	929 9866	96	930 0268	009
94	66704 5590	944 4319	949	064 4042	060	940 0138	005	939 9723	91	939 9862	95	940 0277	009
95	65646 3480	954 5268	960	054 4982	049	950 0143	004	949 9714	91	949 9857	96	950 0286	009
96	64599 2181	964 6228	969	044 5933	040	960 0147	005	959 9705	91	959 9853	95	960 0295	009
97	63562 9393	974 7197	980	034 6893	029	970 0152	005	969 9696	90	969 9848	95	970 0304	010
98	62537 2893	984 8177	990	024 7864	020	980 0157	005	979 9686	91	979 9843	95	980 0314	009
99	61522 0522	994 9167	*000	014 8844	010	990 0162	005	989 9677	90	989 9838	95	990 0323	010
0,0100	60517 0186	*005 0167		004 9834		*000 0167		999 9667		999 9833		*000 0333	
	—4,	**1,01**	101	**0,99**	–99	**0,01**	100	**0,00**	999	**0,00**	999	**0,01**	100

x	φ	sin x		cos x		tg x		Sin x		Cos x		Tg x	
	0°	**0,00**	999	**0,9999**	−1	**0,01**	100	**0,01**	100	**1,0000**	1	**0,00**	999
0,0100	34′ 22,65″	999 9833	95	5 0000	005	000 0333	010	000 0167	005	5 0000	005	999 9667	90
01	34 43,27	*009 9828	95	4 8995	015	010 0343	011	010 0172	005	5 1005	015	*009 9657	89
02	35 03,90	019 9823	95	4 7980	025	020 0354	010	020 0177	005	5 2020	025	019 9646	90
03	35 24,53	029 9818	95	4 6955	035	030 0364	011	030 0182	005	5 3045	035	029 9636	89
04	35 45,15	039 9813	94	4 5920	044	040 0375	011	040 0187	006	5 4080	046	039 9625	89
05	36 05,78	049 9807	94	4 4876	055	050 0386	011	050 0193	006	5 5126	055	049 9614	89
06	36 26,41	059 9801	95	4 3821	065	060 0397	011	060 0199	005	5 6181	065	059 9603	89
07	36 47,03	069 9796	94	4 2756	075	070 0408	012	070 0204	006	5 7246	075	069 9592	88
08	37 07,66	079 9790	94	4 1681	085	080 0420	012	080 0210	006	5 8321	085	079 9580	88
09	37 28,29	089 9784	94	4 0596	095	090 0432	012	090 0216	006	5 9406	095	089 9568	88
0,0110	37 48,91	099 9778	94	3 9501	105	100 0444	012	100 0222	006	6 0501	105	099 9556	88
11	38 09,54	109 9772	94	3 8396	115	110 0456	012	110 0228	006	6 1606	115	109 9544	88
12	38 30,17	119 9766	94	3 7281	125	120 0468	013	120 0234	006	6 2721	125	119 9532	87
13	38 50,79	129 9760	93	3 6156	135	130 0481	013	130 0240	007	6 3846	135	129 9519	87
14	39 11,42	139 9753	94	3 5021	145	140 0494	013	140 0247	006	6 4981	145	139 9506	87
15	39 32,05	149 9747	93	3 3876	155	150 0507	013	150 0253	007	6 6126	155	149 9493	87
16	39 52,67	159 9740	93	3 2721	165	160 0520	014	160 0260	007	6 7281	165	159 9480	86
17	40 13,30	169 9733	93	3 1556	175	170 0534	014	170 0267	007	6 8446	175	169 9466	86
18	40 33,92	179 9726	93	3 0381	185	180 0548	014	180 0274	007	6 9621	185	179 9452	86
19	40 54,55	189 9719	93	2 9196	195	190 0562	014	190 0281	007	7 0806	195	189 9438	86
0,0120	41 15,18	199 9712	93	2 8001	205	200 0576	015	200 0288	007	7 2001	205	199 9424	86
21	41 35,80	209 9705	92	2 6796	215	210 0591	014	210 0295	008	7 3206	215	209 9410	85
22	41 56,43	219 9697	93	2 5581	225	220 0605	015	220 0303	007	7 4421	225	219 9395	85
23	42 17,06	229 9690	92	2 4356	235	230 0620	016	230 0310	008	7 5646	235	229 9380	84
24	42 37,68	239 9682	92	2 3121	245	240 0636	015	240 0318	008	7 6881	245	239 9364	85
25	42 58,31	249 9674	93	2 1876	255	250 0651	016	250 0326	007	7 8126	255	249 9349	84
26	43 18,94	259 9667	92	2 0621	265	260 0667	016	260 0333	008	7 9381	265	259 9333	84
27	43 39,56	269 9659	91	1 9356	275	270 0683	016	270 0341	009	8 0646	275	269 9317	84
28	44 00,19	279 9650	92	1 8081	285	280 0699	017	280 0350	008	8 1921	285	279 9301	83
29	44 20,82	289 9642	92	1 6796	295	290 0716	016	290 0358	008	8 3206	295	289 9284	84
0,0130	44 41,44	299 9634	91	1 5501	305	300 0732	017	300 0366	009	8 4501	305	299 9268	83
31	45 02,07	309 9625	92	1 4196	315	310 0749	018	310 0375	008	8 5806	315	309 9251	82
32	45 22,70	319 9617	91	1 2881	325	320 0767	017	320 0383	009	8 7121	325	319 9233	83
33	45 43,32	329 9608	91	1 1556	335	330 0784	018	330 0392	009	8 8446	335	329 9216	82
34	46 03,95	339 9599	91	1 0221	345	340 0802	018	340 0401	009	8 9781	345	339 9198	82
35	46 24,57	349 9590	91	0 8876	355	350 0820	019	350 0410	009	9 1126	355	349 9180	82
36	46 45,20	359 9581	90	0 7521	365	360 0839	018	360 0419	010	9 2481	365	359 9162	81
37	47 05,83	369 9571	91	0 6156	374	370 0857	019	370 0429	009	9 3846	376	369 9143	81
38	47 26,45	379 9562	90	0 4782	385	380 0876	019	380 0438	010	9 5222	385	379 9124	81
39	47 47,08	389 9552	91	0 3397	395	390 0895	020	390 0448	009	9 6607	395	389 9105	80
0,0140	48 07,71	399 9543	90	0 2002	405	400 0915	019	400 0457	010	9 8002	405	399 9085	81
41	48 28,33	409 9533	90	0 0597	415	410 0934	021	410 0467	010	9 9407	415	409 9066	80
42	48 48,96	419 9523	90	*9 9182	425	420 0955	020	420 0477	010	*0 0822	425	419 9046	79
43	49 09,59	429 9513	89	9 7757	435	430 0975	020	430 0487	011	0 2247	435	429 9025	80
44	49 30,21	439 9502	90	9 6322	445	440 0995	021	440 0498	010	0 3682	445	439 9005	79
45	49 50,84	449 9492	89	9 4877	455	450 1016	021	450 0508	011	0 5127	455	449 8984	79
46	50 11,47	459 9481	90	9 3422	465	460 1037	022	460 0519	010	0 6582	465	459 8963	78
47	50 32,09	469 9471	89	9 1957	475	470 1059	022	470 0529	011	0 8047	475	469 8941	78
48	50 52,72	479 9460	89	9 0482	485	480 1081	022	480 0540	011	0 9522	485	479 8919	78
49	51 13,35	489 9449	89	8 8997	495	490 1103	022	490 0551	012	1 1007	495	489 8897	78
0,0150	51′ 33,97″	499 9438		8 7502		500 1125		500 0563		1 2502		499 8875	
	0°	**0,01**	999	**0,9998**	−1	**0,01**	100	**0,01**	100	**1,0001**	1	**0,01**	999

x	$\ln x$	e^x		e^{-x}		arc sin x		arc tg x		Ar Sin x		Ar Tg x	
	—4,	1,01	101	0,99	—99	0,01	100	0,00	999	0,00	999	0,01	100
0,0100	60517 0186	005 0167	010	004 9834	000	000 0167	005	999 9667	90	999 9833	95	000 0333	010
01	59521 9855	015 1177	020	*995 0834	*990	010 0172	005	*009 9657	89	*009 9828	95	010 0343	011
02	58536 7559	025 2197	031	985 1844	981	020 0177	005	019 9646	90	019 9823	95	020 0354	010
03	57561 1384	035 3228	040	975 2863	970	030 0182	005	029 9636	89	029 9818	95	030 0364	011
04	56594 9473	045 4268	050	965 3893	960	040 0187	006	039 9625	89	039 9813	94	040 0375	011
05	55638 0022	055 5318	061	955 4933	951	050 0193	006	049 9614	89	049 9807	95	050 0386	011
06	54690 1278	065 6379	071	945 5982	941	060 0199	005	059 9603	89	059 9802	94	060 0397	011
07	53751 1538	075 7450	081	935 7041	930	070 0204	006	069 9592	88	069 9796	94	070 0408	012
08	52820 9145	085 8531	090	925 8111	921	080 0210	006	079 9580	88	079 9790	94	080 0420	012
09	51899 2490	095 9621	101	915 9190	911	090 0216	006	089 9568	88	089 9784	94	090 0432	012
0,0110	50986 0006	106 0722	112	906 0279	901	100 0222	006	099 9556	88	099 9778	94	100 0444	012
11	50081 0171	116 1834	121	896 1378	892	110 0228	006	109 9544	88	109 9772	94	110 0456	012
12	49184 1501	126 2955	131	886 2486	881	120 0234	006	119 9532	87	119 9766	94	120 0468	013
13	48295 2553	136 4086	142	876 3605	871	130 0240	007	129 9519	87	129 9760	93	130 0481	013
14	47414 1924	146 5228	151	866 4734	862	140 0247	006	139 9506	87	139 9753	94	140 0494	013
15	46540 8244	156 6379	162	856 5872	851	150 0253	007	149 9493	87	149 9747	93	150 0507	013
16	45675 0181	166 7541	172	846 7021	842	160 0260	007	159 9480	86	159 9740	93	160 0520	014
17	44816 6437	176 8713	182	836 8179	832	170 0267	007	169 9466	86	169 9733	93	170 0534	014
18	43965 5748	186 9895	192	826 9347	822	180 0274	007	179 9452	86	179 9726	93	180 0548	014
19	43121 6879	197 1087	202	817 0525	812	190 0281	007	189 9438	86	189 9719	93	190 0562	014
0,0120	42284 8629	207 2289	212	807 1713	802	200 0288	007	199 9424	86	199 9712	93	200 0576	015
21	41454 9826	217 3501	223	797 2911	793	210 0295	008	209 9410	85	209 9705	92	210 0591	014
22	40631 9327	227 4724	232	787 4118	782	220 0303	007	219 9395	85	219 9697	93	220 0605	015
23	39815 6017	237 5956	243	777 5336	773	230 0310	008	229 9380	85	229 9690	92	230 0620	016
24	39005 8806	247 7199	253	767 6563	763	240 0318	008	239 9365	84	239 9682	93	240 0636	015
25	38202 6635	257 8452	262	757 7800	752	250 0326	007	249 9349	84	249 9675	92	250 0651	016
26	37405 8465	267 9714	273	747 9048	743	260 0333	008	259 9333	84	259 9667	92	260 0667	016
27	36615 3286	278 0987	284	738 0305	733	270 0341	009	269 9317	84	269 9659	92	270 0683	016
28	35831 0108	288 2271	293	728 1572	724	280 0350	008	279 9301	84	279 9651	91	280 0699	017
29	35052 7968	298 3564	303	718 2848	713	290 0358	008	289 9285	83	289 9642	92	290 0716	016
0,0130	34280 5922	308 4867	314	708 4135	703	300 0366	009	299 9268	83	299 9634	91	300 0732	017
31	33514 3049	318 6181	324	698 5432	694	310 0375	008	309 9251	82	309 9625	92	310 0749	018
32	32753 8449	328 7505	333	688 6738	684	320 0383	009	319 9233	83	319 9617	91	320 0767	017
33	31999 1244	338 8838	344	678 8054	674	330 0392	009	329 9216	82	329 9608	91	330 0784	018
34	31250 0572	349 0182	354	668 9380	664	340 0401	009	339 9198	82	339 9599	91	340 0802	018
35	30506 5594	359 1536	365	659 0716	654	350 0410	009	349 9180	82	349 9590	91	350 0820	019
36	29768 5486	369 2901	374	649 2062	644	360 0419	010	359 9162	81	359 9581	90	360 0839	018
37	29035 9446	379 4275	385	639 3418	635	370 0429	009	369 9143	81	369 9571	91	370 0857	019
38	28308 6687	389 5660	394	629 4783	624	380 0438	010	379 9124	81	379 9562	90	380 0876	019
39	27586 6439	399 7054	405	619 6159	615	390 0448	009	389 9105	80	389 9552	91	390 0895	020
0,0140	26869 7949	409 8459	415	609 7544	605	400 0457	010	399 9085	81	399 9543	90	400 0915	020
41	26158 0482	419 9874	425	599 8939	595	410 0467	010	409 9066	80	409 9533	90	410 0935	020
42	25451 3314	430 1299	435	590 0344	585	420 0477	010	419 9046	79	419 9523	90	420 0955	020
43	24749 5742	440 2734	445	580 1759	575	430 0487	011	429 9025	80	429 9513	89	430 0975	020
44	24052 7072	450 4179	456	570 3184	565	440 0498	010	439 9005	79	439 9502	90	440 0995	021
45	23360 6630	460 5635	466	560 4619	556	450 0508	011	449 8984	79	449 9492	89	450 1016	022
46	22673 3750	470 7101	475	550 6063	545	460 0519	010	459 8963	78	459 9481	90	460 1038	021
47	21990 7785	480 8576	486	540 7518	536	470 0529	011	469 8941	79	469 9471	89	470 1059	022
48	21312 8098	491 0062	496	530 8982	526	480 0540	011	479 8920	77	479 9460	89	480 1081	022
49	20639 4066	501 1558	507	521 0456	516	490 0551	012	489 8897	78	489 9449	89	490 1103	022
0,0150	19970 5078	511 3065		511 1940		500 0563		499 8875		499 9438		500 1125	
	—4,	1,01	101	0,98	—98	0,01	100	0,01	999	0,01	999	0,01	100

x	φ	$\sin x$		$\cos x$		$\operatorname{tg} x$		$\operatorname{Sin} x$		$\operatorname{Cos} x$		$\operatorname{Tg} x$	
	0°	**0,01**	999	**0,9998**	−1	**0,01**	100	**0,01**	100	**1,0001**	1	**0,01**	999
0,0150	51′ 33,97″	499 9438	88	8 7502	505	500 1125	023	500 0563	011	1 2502	505	499 8875	77
51	51 54,60	509 9426	89	8 5997	515	510 1148	023	510 0574	011	1 4007	515	509 8852	78
52	52 15,23	519 9415	88	8 4482	525	520 1171	023	520 0585	012	1 5522	525	519 8830	76
53	52 35,85	529 9403	88	8 2957	535	530 1194	024	530 0597	012	1 7047	535	529 8806	77
54	52 56,48	539 9391	88	8 1422	545	540 1218	023	540 0609	012	1 8582	545	539 8783	76
55	53 17,10	549 9379	88	7 9877	555	550 1241	025	550 0621	012	2 0127	555	549 8759	76
56	53 37,73	559 9367	88	7 8322	564	560 1266	024	560 0633	012	2 1682	566	559 8735	75
57	53 58,36	569 9355	88	7 6758	575	570 1290	025	570 0645	012	2 3248	575	569 8710	75
58	54 18,98	579 9343	87	7 5183	585	580 1315	025	580 0657	013	2 4823	585	579 8685	75
59	54 39,61	589 9330	87	7 3598	595	590 1340	025	590 0670	013	2 6408	595	589 8660	75
0,0160	55 00,24	599 9317	87	7 2003	605	600 1365	026	600 0683	013	2 8003	605	599 8635	74
61	55 20,86	609 9304	87	7 0398	615	610 1391	026	610 0696	013	2 9608	615	609 8609	74
62	55 41,49	619 9291	87	6 8783	625	620 1417	027	620 0709	013	3 1223	625	619 8583	74
63	56 02,12	629 9278	87	6 7158	635	630 1444	026	630 0722	013	3 2848	635	629 8557	73
64	56 22,74	639 9265	86	6 5523	645	640 1470	028	640 0735	014	3 4483	645	639 8530	73
65	56 43,37	649 9251	87	6 3878	655	650 1498	027	650 0749	013	3 6128	655	649 8503	72
66	57 04,00	659 9238	86	6 2223	665	660 1525	028	660 0762	014	3 7783	665	659 8475	73
67	57 24,62	669 9224	86	6 0558	675	670 1553	028	670 0776	014	3 9448	675	669 8448	72
68	57 45,25	679 9210	86	5 8883	685	680 1581	028	680 0790	014	4 1123	685	679 8420	71
69	58 05,88	689 9196	85	5 7198	695	690 1609	029	690 0804	015	4 2808	695	689 8391	72
0,0170	58 26,50	699 9181	86	5 5503	704	700 1638	029	700 0819	014	4 4503	706	699 8363	70
71	58 47,13	709 9167	85	5 3799	715	710 1667	029	710 0833	015	4 6209	715	709 8333	71
72	59 07,75	719 9152	85	5 2084	725	720 1696	030	720 0848	015	4 7924	725	719 8304	70
73	59 28,38	729 9137	85	5 0359	735	730 1726	030	730 0863	015	4 9649	735	729 8274	70
74	59 49,01	739 9122	85	4 8624	745	740 1756	031	740 0878	015	5 1384	745	739 8244	70
75	*00 09,63	749 9107	84	4 6879	755	750 1787	030	750 0893	016	5 3129	755	749 8214	69
76	00 30,26	759 9091	85	4 5124	765	760 1817	032	760 0909	015	5 4884	765	759 8183	69
77	00 50,89	769 9076	84	4 3359	775	770 1849	031	770 0924	016	5 6649	775	769 8152	68
78	01 11,51	779 9060	84	4 1584	785	780 1880	032	780 0940	016	5 8424	785	779 8120	68
79	01 32,14	789 9044	84	3 9799	795	790 1912	032	790 0956	016	6 0209	795	789 8088	68
0,0180	01 52,77	799 9028	84	3 8004	805	800 1944	033	800 0972	016	6 2004	805	799 8056	68
81	02 13,39	809 9012	83	3 6199	814	810 1977	033	810 0988	017	6 3809	816	809 8024	67
82	02 34,02	819 8995	84	3 4385	825	820 2010	033	820 1005	016	6 5625	825	819 7991	66
83	02 54,65	829 8979	83	3 2560	835	830 2043	034	830 1021	017	6 7450	835	829 7957	67
84	03 15,27	839 8962	83	3 0725	845	840 2077	034	840 1038	017	6 9285	845	839 7924	66
85	03 35,90	849 8945	83	2 8880	855	850 2111	034	850 1055	017	7 1130	855	849 7890	65
86	03 56,53	859 8928	82	2 7025	865	860 2145	035	860 1072	018	7 2985	865	859 7855	66
87	04 17,15	869 8910	83	2 5160	875	870 2180	035	870 1090	017	7 4850	875	869 7821	64
88	04 37,78	879 8893	82	2 3285	885	880 2215	036	880 1107	018	7 6725	885	879 7785	65
89	04 58,40	889 8875	82	2 1400	895	890 2251	036	890 1125	018	7 8610	895	889 7750	64
0,0190	05 19,03	899 8857	82	1 9505	904	900 2287	036	900 1143	018	8 0505	906	899 7714	64
91	05 39,66	909 8839	81	1 7601	915	910 2323	037	910 1161	019	8 2411	915	909 7678	63
92	06 00,28	919 8820	82	1 5686	925	920 2360	037	920 1180	018	8 4326	925	919 7641	63
93	06 20,91	929 8802	81	1 3761	935	930 2397	037	930 1198	019	8 6251	935	929 7604	63
94	06 41,54	939 8783	81	1 1826	945	940 2434	038	940 1217	019	8 8186	945	939 7567	62
95	07 02,16	949 8764	81	0 9881	955	950 2472	038	950 1236	019	9 0131	955	949 7529	62
96	07 22,79	959 8745	81	0 7926	965	960 2510	039	960 1255	019	9 2086	965	959 7491	61
97	07 43,42	969 8726	80	0 5961	975	970 2549	039	970 1274	020	9 4051	975	969 7452	61
98	08 04,04	979 8706	81	0 3986	984	980 2588	039	980 1294	019	9 6026	986	979 7413	61
99	08 24,67	989 8687	80	0 2002	995	990 2627	040	990 1313	020	9 8012	995	989 7374	60
0,0200	08′ 45,30″	999 8667		0 0007		*000 2667		*000 1333		*0 0007		999 7334	
	1°	**0,01**	999	**0,9998**	−1	**0,02**	100	**0,02**	100	**1,0002**	1	**0,01**	999

x	ln x	e^x		e^{-x}		arc sin x		arc tg x		Ar Sin x		Ar Tg x	
	—4,1	**1,01**	**101**	**0,98**	**—98**	**0,01**	**100**	**0,01**	**999**	**0,01**	**999**	**0,01**	**100**
0,0150	9970 5078	511 3065	516	511 1940	507	500 0563	011	499 8875	78	499 9438	88	500 1125	023
51	9306 0535	521 4581	527	501 3433	496	510 0574	011	509 8853	77	509 9426	89	510 1148	023
52	8645 9851	531 6108	536	491 4937	487	520 0585	012	519 8830	76	519 9415	88	520 1171	023
53	7990 2451	541 7644	547	481 6450	476	530 0597	012	529 8806	77	529 9403	88	530 1194	024
54	7338 7770	551 9191	557	471 7974	467	540 0609	012	539 8783	76	539 9391	88	540 1218	023
55	6691 5255	562 0748	567	461 9507	457	550 0621	012	549 8759	76	549 9379	88	550 1241	025
56	6048 4365	572 2315	578	452 1050	447	560 0633	012	559 8735	75	559 9367	88	560 1266	024
57	5409 4567	582 3893	587	442 2603	438	570 0645	012	569 8710	75	569 9355	88	570 1290	025
58	4774 5339	592 5480	598	432 4165	427	580 0657	013	579 8685	75	579 9343	87	580 1315	025
59	4143 6170	602 7078	607	422 5738	418	590 0670	013	589 8660	75	589 9330	87	590 1340	026
0,0160	3516 6557	612 8685	618	412 7320	408	600 0683	013	599 8635	74	599 9317	88	600 1366	025
61	2893 6007	623 0303	628	402 8912	398	610 0696	013	609 8609	74	609 9305	86	610 1391	026
62	2274 4037	633 1931	639	393 0514	388	620 0709	013	619 8583	74	619 9291	87	620 1417	027
63	1659 0171	643 3570	648	383 2126	378	630 0722	013	629 8557	73	629 9278	87	630 1444	027
64	1047 3944	653 5218	659	373 3748	369	640 0735	014	639 8530	73	639 9265	86	640 1471	027
65	0439 4898	663 6877	669	363 5379	358	650 0749	013	649 8503	72	649 9251	87	650 1498	027
66	*9835 2584	673 8546	678	353 7021	349	660 0762	014	659 8475	73	659 9238	86	660 1525	028
67	9234 6560	684 0224	690	343 8672	339	670 0776	014	669 8448	72	669 9224	86	670 1553	028
68	8637 6393	694 1914	699	334 0333	329	680 0790	015	679 8420	71	679 9210	86	680 1581	028
69	8044 1657	704 3613	709	324 2004	319	690 0805	014	689 8391	72	689 9196	85	690 1609	029
0,0170	7454 1935	714 5322	720	314 3685	310	700 0819	014	699 8363	71	699 9181	86	700 1638	029
71	6867 6815	724 7042	730	304 5375	299	710 0833	015	709 8334	70	709 9167	85	710 1667	029
72	6284 5895	734 8772	740	294 7076	290	720 0848	015	719 8304	70	719 9152	85	720 1696	030
73	5704 8777	745 0512	750	284 8786	280	730 0863	015	729 8274	70	729 9137	85	730 1726	030
74	5128 5073	755 2262	760	275 0506	270	740 0878	015	739 8244	70	739 9122	85	740 1756	031
75	4555 4398	765 4022	771	265 2236	261	750 0893	016	749 8214	69	749 9107	84	750 1787	031
76	3985 6377	775 5793	780	255 3975	250	760 0909	015	759 8183	69	759 9091	85	760 1818	031
77	3419 0639	785 7573	791	245 5725	241	770 0924	016	769 8152	68	769 9076	84	770 1849	031
78	2855 6822	795 9364	801	235 7484	231	780 0940	016	779 8120	69	779 9060	84	780 1880	032
79	2295 4566	806 1165	811	225 9253	221	790 0956	016	789 8089	67	789 9044	84	790 1912	032
0,0180	1738 3521	816 2976	822	216 1032	211	800 0972	016	799 8056	68	799 9028	84	800 1944	033
81	1184 3341	826 4798	831	206 2821	201	810 0988	017	809 8024	67	809 9012	83	810 1977	033
82	0633 3685	836 6629	842	196 4620	192	820 1005	017	819 7991	67	819 8995	84	820 2010	033
83	0085 4219	846 8471	852	186 6428	181	830 1022	016	829 7958	66	829 8979	83	830 2043	034
84	**9540 4614	857 0323	862	176 8247	172	840 1038	017	839 7924	66	839 8962	83	840 2077	034
85	8998 4547	867 2185	872	167 0075	163	850 1055	018	849 7890	65	849 8945	83	850 2111	034
86	8459 3698	877 4057	883	157 1912	152	860 1073	017	859 7855	66	859 8928	82	860 2145	035
87	7923 1755	887 5940	893	147 3760	142	870 1090	018	869 7821	65	869 8910	83	870 2180	035
88	7389 8409	897 7833	903	137 5618	133	880 1108	017	879 7786	64	879 8893	82	880 2215	036
89	6859 3357	907 9736	913	127 7485	123	890 1125	018	889 7750	64	889 8875	82	890 2251	036
0,0190	6331 6300	918 1649	923	117 9362	113	900 1143	019	899 7714	64	899 8857	82	900 2287	036
91	5806 6944	928 3572	933	108 1249	103	910 1162	018	909 7678	63	909 8839	82	910 2323	037
92	5284 5000	938 5505	944	098 3146	093	920 1180	018	919 7641	63	919 8821	81	920 2360	037
93	4765 0183	948 7449	954	088 5053	084	930 1198	019	929 7604	63	929 8802	81	930 2397	037
94	4248 2213	958 9403	964	078 6969	074	940 1217	019	939 7567	62	939 8783	81	940 2434	038
95	3734 0813	969 1367	974	068 8895	064	950 1236	019	949 7529	62	949 8764	81	950 2472	038
96	3222 5713	979 3341	985	059 0831	054	960 1255	019	959 7491	61	959 8745	81	960 2510	039
97	2713 6643	989 5326	994	049 2777	044	970 1274	020	969 7452	61	969 8726	80	970 2549	039
98	2207 3341	999 7320	*005	039 4733	035	980 1294	020	979 7413	61	979 8706	81	980 2588	039
99	1703 5547	*009 9325	015	029 6698	025	990 1314	020	989 7374	60	989 8687	80	990 2627	040
0,0200	1202 3005	020 1340		019 8673		*000 1334		999 7334		999 8667		*000 2667	
	—3,9	**1,02**	**102**	**0,98**	**98**	**0,02**	**100**	**0,01**	**999**	**0,01**	**999**	**0,02**	**100**

x	φ	sin x		cos x		tg x		Sin x		Cos x		Tg x	
	1°	**0,01**	999	**0,9998**	−2	**0,02**	100	**0,02**	100	**1,0002**	2	**0,01**	999
0,0200	08′ 45,″30	999 8667	80	0 0007	005	000 2667	040	000 1333	020	0 0007	005	999 7334	60
01	09 05,92	*009 8647	79	*9 8002	015	010 2707	041	010 1353	021	0 2012	015	*009 7294	59
02	09 26,55	019 8626	80	9 5987	025	020 2748	041	020 1374	020	0 4027	025	019 7253	59
03	09 47,18	029 8606	79	9 3962	035	030 2789	041	030 1394	021	0 6052	035	029 7212	59
04	10 07,80	039 8585	79	9 1927	045	040 2830	042	040 1415	021	0 8087	045	039 7171	58
05	10 28,43	049 8564	79	8 9882	054	050 2872	042	050 1436	021	1 0132	056	049 7129	58
06	10 49,06	059 8543	79	8 7828	065	060 2914	043	060 1457	021	1 2188	065	059 7087	57
07	11 09,68	069 8522	78	8 5763	075	070 2957	043	070 1478	022	1 4253	075	069 7044	57
08	11 30,31	079 8500	78	8 3688	085	080 3000	044	080 1500	022	1 6328	085	079 7001	56
09	11 50,93	089 8478	79	8 1603	095	090 3044	044	090 1522	022	1 8413	095	089 6957	57
0,0210	12 11,56	099 8457	77	7 9508	105	100 3088	044	100 1544	022	2 0508	105	099 6914	55
11	12 32,19	109 8434	78	7 7403	115	110 3132	045	110 1566	022	2 2613	115	109 6869	56
12	12 52,81	119 8412	77	7 5288	124	120 3177	045	120 1588	023	2 4728	126	119 6825	54
13	13 13,44	129 8389	78	7 3164	135	130 3222	045	130 1611	022	2 6854	135	129 6779	55
14	13 34,07	139 8367	77	7 1029	145	140 3267	046	140 1633	023	2 8989	145	139 6734	54
15	13 54,69	149 8344	76	6 8884	155	150 3313	047	150 1656	024	3 1134	155	149 6688	53
16	14 15,32	159 8320	77	6 6729	165	160 3360	047	160 1680	023	3 3289	165	159 6641	54
17	14 35,95	169 8297	76	6 4564	175	170 3407	047	170 1703	024	3 5454	175	169 6595	52
18	14 56,57	179 8273	76	6 2389	184	180 3454	048	180 1727	024	3 7629	186	179 6547	53
19	15 17,20	189 8249	76	6 0205	195	190 3502	048	190 1751	024	3 9815	195	189 6500	51
0,0220	15 37,83	199 8225	76	5 8010	205	200 3550	049	200 1775	024	4 2010	205	199 6451	52
21	15 58,45	209 8201	76	5 5805	215	210 3599	049	210 1799	025	4 4215	215	209 6403	51
22	16 19,08	219 8177	75	5 3590	225	220 3648	049	220 1824	024	4 6430	225	219 6354	50
23	16 39,71	229 8152	75	5 1365	235	230 3697	050	230 1848	025	4 8655	235	229 6304	50
24	17 00,33	239 8127	75	4 9130	244	240 3747	051	240 1873	025	5 0890	246	239 6254	50
25	17 20,96	249 8102	74	4 6886	255	250 3798	051	250 1898	026	5 3136	255	249 6204	49
26	17 41,58	259 8076	75	4 4631	265	260 3849	051	260 1924	026	5 5391	265	259 6153	49
27	18 02,21	269 8051	74	4 2366	275	270 3900	052	270 1950	025	5 7656	275	269 6102	48
28	18 22,84	279 8025	74	4 0091	285	280 3952	052	280 1975	027	5 9931	285	279 6050	48
29	18 43,46	289 7999	73	3 7806	294	290 4004	053	290 2002	026	6 2216	296	289 5998	47
0,0230	19 04,09	299 7972	74	3 5512	305	300 4057	053	300 2028	026	6 4512	305	299 5945	47
31	19 24,72	309 7946	73	3 3207	315	310 4110	053	310 2054	027	6 6817	315	309 5892	47
32	19 45,34	319 7919	73	3 0892	325	320 4163	054	320 2081	027	6 9132	325	319 5839	45
33	20 05,97	329 7892	73	2 8567	335	330 4217	055	330 2108	028	7 1457	335	329 5784	46
34	20 26,60	339 7865	72	2 6232	344	340 4272	055	340 2136	027	7 3792	346	339 5730	45
35	20 47,22	349 7837	72	2 3888	355	350 4327	055	350 2163	028	7 6138	355	349 5675	45
36	21 07,85	359 7809	72	2 1533	365	360 4382	056	360 2191	028	7 8493	365	359 5620	44
37	21 28,48	369 7781	72	1 9168	375	370 4438	057	370 2219	028	8 0858	375	369 5564	43
38	21 49,10	379 7753	72	1 6793	384	380 4495	057	380 2247	028	8 3233	386	379 5507	43
39	22 09,73	389 7725	71	1 4409	395	390 4552	057	390 2275	029	8 5619	395	389 5450	43
0,0240	22 30,36	399 7696	71	1 2014	405	400 4609	058	400 2304	029	8 8014	405	399 5393	42
41	22 50,98	409 7667	71	0 9609	415	410 4667	058	410 2333	029	9 0419	415	409 5335	42
42	23 11,61	419 7638	71	0 7194	424	420 4725	059	420 2362	030	9 2834	426	419 5277	41
43	23 32,23	429 7609	70	0 4770	435	430 4784	059	430 2392	029	9 5260	435	429 5218	41
44	23 52,86	439 7579	70	0 2335	445	440 4843	060	440 2421	030	9 7695	445	439 5159	40
45	24 13,49	449 7549	70	**9 9890	455	450 4903	061	450 2451	030	*0 0140	455	449 5099	40
46	24 34,11	459 7519	70	9 7435	464	460 4964	060	460 2481	031	0 2595	466	459 5039	39
47	24 54,74	469 7489	69	9 4971	475	470 5024	062	470 2512	030	0 5061	475	469 4978	39
48	25 15,37	479 7458	69	9 2496	485	480 5086	061	480 2542	031	0 7536	485	479 4917	38
49	25 35,99	489 7427	69	9 0011	495	490 5147	063	490 2573	031	1 0021	495	489 4855	38
0,0250	25′ 56,″62	499 7396		8 7516		500 5210		500 2604		1 2516		499 4793	
	1°	**0,02**	999	**0,9996**	−2	**0,02**	100	**0,02**	100	**1,0003**	2	**0,02**	999

x	$\ln x$	e^x		e^{-x}		arc sin x		arc tg x		Ar Sin x		Ar Tg x	
	—3,	**1,02**	102	**0,98**	—98	**0,02**	100	**0,01**	999	**0,01**	999	**0,02**	100
0,0200	91202 3005	020 1340	025	019 8673	015	000 1334	020	999 7334	60	999 8667	80	000 2667	041
01	90703 5464	030 3365	036	010 0658	005	010 1354	020	*009 7294	59	*009 8647	80	010 2708	040
02	90207 2675	040 5401	045	000 2653	*995	020 1374	020	019 7253	59	019 8627	79	020 2748	041
03	89713 4393	050 7446	056	*990 4658	986	030 1394	021	029 7212	59	029 8606	79	030 2789	042
04	89222 0378	060 9502	066	980 6672	976	040 1415	021	039 7171	58	039 8585	79	040 2831	041
05	88733 0393	071 1568	077	970 8696	965	050 1436	021	049 7129	58	049 8564	79	050 2872	043
06	88246 4203	081 3645	086	961 0731	957	060 1457	022	059 7087	57	059 8543	79	060 2915	042
07	87762 1579	091 5731	097	951 2774	946	070 1479	021	069 7044	57	069 8522	78	070 2957	043
08	87280 2292	101 7828	107	941 4828	937	080 1500	022	079 7001	57	079 8500	79	080 3000	044
09	86800 6120	111 9935	117	931 6891	926	090 1522	022	089 6958	56	089 8479	78	090 3044	044
0,0210	86323 2841	122 2052	127	921 8965	917	100 1544	022	099 6914	56	099 8457	78	100 3088	044
11	85848 2239	132 4179	137	912 1048	908	110 1566	022	109 6870	55	109 8435	77	110 3132	045
12	85375 4097	142 6316	148	902 3140	897	120 1588	023	119 6825	55	119 8412	78	120 3177	045
13	84904 8206	152 8464	158	892 5243	888	130 1611	023	129 6780	54	129 8390	77	130 3222	046
14	84436 4357	163 0622	168	882 7355	878	140 1634	023	139 6734	54	139 8367	77	140 3268	046
15	83970 2344	173 2790	179	872 9477	868	150 1657	023	149 6688	54	149 8344	77	150 3314	046
16	83506 1964	183 4969	188	863 1609	858	160 1680	023	159 6642	53	159 8321	76	160 3360	047
17	83044 3018	193 7157	199	853 3751	848	170 1703	024	169 6595	53	169 8297	77	170 3407	047
18	82584 5309	203 9356	209	843 5903	839	180 1727	024	179 6548	52	179 8274	76	180 3454	048
19	82126 8642	214 1565	219	833 8064	829	190 1751	024	189 6500	52	189 8250	76	190 3502	048
0,0220	81671 2826	224 3784	230	824 0235	819	200 1775	024	199 6452	51	199 8226	75	200 3550	049
21	81217 7670	234 6014	240	814 2416	809	210 1799	025	209 6403	51	209 8201	76	210 3599	049
22	80766 2990	244 8254	250	804 4607	800	220 1824	025	219 6354	51	219 8177	75	220 3648	050
23	80316 8601	255 0504	260	794 6807	790	230 1849	025	229 6305	50	229 8152	75	230 3698	050
24	79869 4320	265 2764	270	784 9017	780	240 1874	025	239 6255	49	239 8127	75	240 3748	050
25	79423 9970	275 5034	281	775 1237	770	250 1899	025	249 6204	49	249 8102	75	250 3798	051
26	78980 5373	285 7315	291	765 3467	761	260 1924	026	259 6153	49	259 8077	74	260 3849	051
27	78539 0354	295 9606	301	755 5706	750	270 1950	026	269 6102	48	269 8051	74	270 3900	052
28	78099 4743	306 1907	311	745 7956	741	280 1976	026	279 6050	48	279 8025	74	280 3952	052
29	77661 8368	316 4218	322	736 0215	731	290 2002	026	289 5998	48	289 7999	74	290 4004	053
0,0230	77226 1063	326 6540	331	726 2484	722	300 2028	027	299 5946	47	299 7973	73	300 4057	053
31	76792 2661	336 8871	342	716 4762	711	310 2055	027	309 5893	46	309 7946	73	310 4110	054
32	76360 3000	347 1213	353	706 7051	702	320 2082	027	319 5839	46	319 7919	73	320 4164	054
33	75930 1918	357 3566	362	696 9349	692	330 2109	027	329 5785	45	329 7892	73	330 4218	054
34	75501 9257	367 5928	373	687 1657	682	340 2136	028	339 5730	45	339 7865	73	340 4272	055
35	75075 4858	377 8301	383	677 3975	673	350 2164	027	349 5675	45	349 7838	72	350 4327	056
36	74650 8567	388 0684	393	667 6302	663	360 2191	028	359 5620	44	359 7810	72	360 4383	056
37	74228 0231	398 3077	403	657 8639	653	370 2219	028	369 5564	44	369 7782	72	370 4439	056
38	73806 9698	408 5480	414	648 0986	643	380 2247	029	379 5508	43	379 7754	71	380 4495	057
39	73387 6820	418 7894	424	638 3343	633	390 2276	029	389 5451	43	389 7725	72	390 4552	058
0,0240	72970 1449	429 0318	434	628 5710	624	400 2305	029	399 5394	42	399 7697	71	400 4610	057
41	72554 3438	439 2752	444	618 8086	614	410 2334	029	409 5336	41	409 7668	71	410 4667	059
42	72140 2646	449 5196	455	609 0472	604	420 2363	029	419 5277	42	419 7639	70	420 4726	059
43	71727 8929	459 7651	465	599 2868	594	430 2392	030	429 5219	40	429 7609	71	430 4785	059
44	71317 2147	470 0116	475	589 5274	585	440 2422	030	439 5159	41	439 7580	70	440 4844	060
45	70908 2161	480 2591	485	579 7689	575	450 2452	030	449 5100	39	449 7550	70	450 4904	060
46	70500 8836	490 5076	496	570 0114	565	460 2482	030	459 5039	40	459 7520	69	460 4964	061
47	70095 2035	500 7572	506	560 2549	555	470 2512	031	469 4979	39	469 7489	70	470 5025	061
48	69691 1626	511 0078	516	550 4994	546	480 2543	031	479 4918	38	479 7459	69	480 5086	062
49	69288 7476	521 2594	527	540 7448	536	490 2574	031	489 4856	38	489 7428	69	490 5148	062
0,0250	68887 9454	531 5121		530 9912		500 2605		499 4794		499 7397		500 5210	
	—3,	**1,02**	102	**0,97**	—97	**0,02**	100	**0,02**	999	**0,02**	999	**0,02**	100

x	φ	sin x		cos x		tg x		Sin x		Cos x		Tg x	
	1°	**0,02**	999	**0,9996**	−2	**0,02**	100	**0,02**	100	**1,0003**	2	**0,02**	999
0,0250	25′56″,62	499 7396	69	8 7516	504	500 5210	062	500 2604	032	1 2516	506	499 4793	37
51	26 17,25	509 7365	68	8 5012	515	510 5272	064	510 2636	031	1 5022	515	509 4730	37
52	26 37,87	519 7333	68	8 2497	525	520 5336	063	520 2667	032	1 7537	525	519 4667	36
53	26 58,50	529 7301	68	7 9972	535	530 5399	065	530 2699	032	2 0062	535	529 4603	36
54	27 19,13	539 7269	68	7 7437	544	540 5464	065	540 2731	033	2 2597	546	539 4539	35
55	27 39,75	549 7237	67	7 4893	555	550 5529	065	550 2764	032	2 5143	555	549 4474	35
56	28 00,38	559 7204	67	7 2338	565	560 5594	066	560 2796	033	2 7698	565	559 4409	34
57	28 21,01	569 7171	67	6 9773	575	570 5660	066	570 2829	033	3 0263	575	569 4343	34
58	28 41,63	579 7138	66	6 7198	584	580 5726	067	580 2862	034	3 2838	586	579 4277	33
59	29 02,26	589 7104	67	6 4614	595	590 5793	067	590 2896	033	3 5424	595	589 4210	33
0,0260	29 22,88	599 7071	66	6 2019	605	600 5860	068	600 2929	034	3 8019	605	599 4143	32
61	29 43,51	609 7037	66	5 9414	614	610 5928	069	610 2963	035	4 0624	616	609 4075	32
62	30 04,14	619 7003	65	5 6800	625	620 5997	068	620 2998	034	4 3240	625	619 4007	31
63	30 24,76	629 6968	65	5 4175	635	630 6065	070	630 3032	035	4 5865	635	629 3938	30
64	30 45,39	639 6933	66	5 1540	644	640 6135	070	640 3067	035	4 8500	646	639 3868	31
65	31 06,02	649 6899	64	4 8896	655	650 6205	070	650 3102	035	5 1146	655	649 3799	29
66	31 26,64	659 6863	65	4 6241	665	660 6275	072	660 3137	035	5 3801	665	659 3728	29
67	31 47,27	669 6828	64	4 3576	675	670 6347	071	670 3172	036	5 6466	675	669 3657	29
68	32 07,90	679 6792	64	4 0901	684	680 6418	072	680 3208	036	5 9141	686	679 3586	28
69	32 28,52	689 6756	64	3 8217	695	690 6490	073	690 3244	037	6 1827	695	689 3514	27
0,0270	32 49,15	699 6720	63	3 5522	705	700 6563	073	700 3281	036	6 4522	705	699 3441	27
71	33 09,78	709 6683	63	3 2817	714	710 6636	074	710 3317	037	6 7227	716	709 3368	26
72	33 30,40	719 6646	63	3 0103	725	720 6710	074	720 3354	037	6 9943	725	719 3294	26
73	33 51,03	729 6609	63	2 7378	735	730 6784	075	730 3391	038	7 2668	735	729 3220	25
74	34 11,66	739 6572	62	2 4643	744	740 6859	075	740 3429	037	7 5403	746	739 3145	25
75	34 32,28	749 6534	62	2 1899	755	750 6934	076	750 3466	038	7 8149	755	749 3070	24
76	34 52,91	759 6496	62	1 9144	764	760 7010	077	760 3504	038	8 0904	766	759 2994	24
77	35 13,54	769 6458	61	1 6380	775	770 7087	077	770 3542	039	8 3670	775	769 2918	23
78	35 34,16	779 6419	62	1 3605	785	780 7164	077	780 3581	039	8 6445	785	779 2841	22
79	35 54,79	789 6381	60	1 0820	794	790 7241	079	790 3620	039	8 9230	796	789 2763	22
0,0280	36 15,41	799 6341	61	0 8026	805	800 7320	078	800 3659	039	9 2026	805	799 2685	21
81	36 36,04	809 6302	61	0 5221	815	810 7398	080	810 3698	040	9 4831	815	809 2606	21
82	36 56,67	819 6263	60	0 2406	824	820 7478	079	820 3738	040	9 7646	826	819 2527	20
83	37 17,29	829 6223	59	*9 9582	835	830 7557	081	830 3778	040	*0 0472	835	829 2447	20
84	37 37,92	839 6182	60	9 6747	845	840 7638	081	840 3818	040	0 3307	845	839 2367	19
85	37 58,55	849 6142	59	9 3902	854	850 7719	081	850 3858	041	0 6152	856	849 2286	19
86	38 19,17	859 6101	59	9 1048	865	860 7800	083	860 3899	041	0 9008	865	859 2205	18
87	38 39,80	869 6060	59	8 8183	874	870 7883	082	870 3940	041	1 1873	876	869 2123	17
88	39 00,43	879 6019	58	8 5309	885	880 7965	084	880 3981	042	1 4749	885	879 2040	17
89	39 21,05	889 5977	58	8 2424	895	890 8049	083	890 4023	042	1 7634	895	889 1957	16
0,0290	39 41,68	899 5935	58	7 9529	904	900 8132	085	900 4065	042	2 0529	906	899 1873	16
91	40 02,31	909 5893	58	7 6625	915	910 8217	085	910 4107	043	2 3435	915	909 1789	15
92	40 22,93	919 5851	57	7 3710	924	920 8302	085	920 4150	042	2 6350	926	919 1704	14
93	40 43,56	929 5808	57	7 0786	935	930 8387	087	930 4192	044	2 9276	935	929 1618	14
94	41 04,19	939 5765	56	6 7851	944	940 8474	086	940 4236	043	3 2211	946	939 1532	14
95	41 24,81	949 5721	57	6 4907	955	950 8560	088	950 4279	044	3 5157	955	949 1446	12
96	41 45,44	959 5678	56	6 1952	965	960 8648	088	960 4323	044	3 8112	965	959 1358	12
97	42 06,06	969 5634	56	5 8987	974	970 8736	088	970 4367	044	4 1077	976	969 1270	12
98	42 26,69	979 5590	55	5 6013	985	980 8824	089	980 4411	044	4 4053	985	979 1182	11
99	42 47,32	989 5545	55	5 3028	994	990 8913	090	990 4455	045	4 7038	996	989 1093	10
0,0300	43′ 07″,94	999 5500		5 0034		*000 9003		*000 4500		5 0034		999 1003	
	1°	**0,02**	999	**0,9995**	−2	**0,03**	100	**0,03**	100	**1,0004**	2	**0,02**	999

x	$\ln x$	e^x		e^{-x}		arc sin x		arc tg x		Ar Sin x		Ar Tg x	
	—3,6	**1,02**	**102**	**0,97**	**—97**	**0,02**	**100**	**0,02**	**999**	**0,02**	**999**	**0,02**	**100**
0,0250	8887 9454	531 5121	536	530 9912	526	500 2605	031	499 4794	37	499 7397	68	500 5210	063
51	8488 7433	541 7657	547	521 2386	516	510 2636	032	509 4731	37	509 7365	69	510 5273	063
52	8091 1284	552 0204	557	511 4870	507	520 2668	032	519 4668	36	519 7334	68	520 5336	064
53	7695 0883	562 2761	568	501 7363	497	530 2700	032	529 4604	36	529 7302	68	530 5400	064
54	7300 6105	572 5329	577	491 9866	487	540 2732	032	539 4540	35	539 7270	67	540 5464	065
55	6907 6827	582 7906	588	482 2379	477	550 2764	033	549 4475	35	549 7237	68	550 5529	066
56	6516 2927	593 0494	598	472 4902	468	560 2797	033	559 4410	34	559 7205	67	560 5595	065
57	6126 4287	603 3092	609	462 7434	458	570 2830	033	569 4344	34	569 7172	67	570 5660	067
58	5738 0787	613 5701	619	452 9976	448	580 2863	034	579 4278	33	579 7139	66	580 5727	067
59	5351 2310	623 8320	628	443 2528	438	590 2897	033	589 4211	33	589 7105	67	590 5794	067
0,0260	4965 8741	634 0948	640	433 5090	429	600 2930	034	599 4144	32	599 7072	66	600 5861	068
61	4581 9965	644 3588	649	423 7661	419	610 2964	034	609 4076	32	609 7038	65	610 5929	068
62	4199 5868	654 6237	660	414 0242	409	620 2998	035	619 4008	31	619 7003	66	620 5997	069
63	3818 6340	664 8897	670	404 2833	399	630 3033	035	629 3939	30	629 6969	65	630 6066	070
64	3439 1269	675 1567	680	394 5434	390	640 3068	035	639 3869	30	639 6934	65	640 6136	070
65	3061 0546	685 4247	691	384 8044	380	650 3103	035	649 3799	30	649 6899	65	650 6206	070
66	2684 4063	695 6938	701	375 0664	370	660 3138	035	659 3729	29	659 6864	65	660 6276	071
67	2309 1714	705 9639	711	365 3294	361	670 3173	036	669 3658	28	669 6829	64	670 6347	072
68	1935 3391	716 2350	721	355 5933	350	680 3209	036	679 3586	28	679 6793	64	680 6419	072
69	1562 8992	726 5071	732	345 8583	341	690 3245	037	689 3514	28	689 6757	64	690 6491	073
0,0270	1191 8413	736 7803	742	336 1242	332	700 3282	036	699 3442	27	699 6721	63	700 6564	073
71	0822 1551	747 0545	752	326 3910	321	710 3318	037	709 3369	26	709 6684	63	710 6637	074
72	0453 8306	757 3297	762	316 6589	312	720 3355	037	719 3295	26	719 6647	63	720 6711	074
73	0086 8577	767 6059	773	306 9277	302	730 3392	038	729 3221	25	729 6610	63	730 6785	075
74	*9721 2266	777 8832	783	297 1975	292	740 3430	037	739 3146	25	739 6573	62	740 6860	075
75	9356 9274	788 1615	793	287 4683	283	750 3467	038	749 3071	24	749 6535	62	750 6935	076
76	8993 9506	798 4408	804	277 7400	273	760 3505	039	759 2995	24	759 6497	62	760 7011	077
77	8632 2866	808 7212	814	268 0127	263	770 3544	038	769 2919	23	769 6459	61	770 7088	077
78	8271 9258	819 0026	824	258 2864	253	780 3582	039	779 2842	22	779 6420	62	780 7165	078
79	7912 8590	829 2850	834	248 5611	244	790 3621	039	789 2764	22	789 6382	61	790 7243	078
0,0280	7555 0769	839 5684	845	238 8367	234	800 3660	039	799 2686	21	799 6343	60	800 7321	079
81	7198 5703	849 8529	855	229 1133	224	810 3699	040	809 2607	21	809 6303	61	810 7400	079
82	6843 3301	860 1384	865	219 3909	215	820 3739	040	819 2528	21	819 6264	60	820 7479	080
83	6489 3474	870 4249	876	209 6694	205	830 3779	040	829 2449	19	829 6224	60	830 7559	080
84	6136 6134	880 7125	886	199 9489	195	840 3819	041	839 2368	19	839 6184	59	840 7639	081
85	5785 1192	891 0011	896	190 2294	185	850 3860	040	849 2287	19	849 6143	59	850 7720	082
86	5434 8561	901 2907	906	180 5109	176	860 3900	041	859 2206	18	859 6102	59	860 7802	082
87	5085 8156	911 5813	917	170 7933	166	870 3941	042	869 2124	17	869 6061	59	870 7884	083
88	4737 9892	921 8730	927	161 0767	156	880 3983	041	879 2041	17	879 6020	59	880 7967	083
89	4391 3684	932 1657	937	151 3611	147	890 4024	042	889 1958	16	889 5979	58	890 8050	084
0,0290	4045 9449	942 4594	948	141 6464	136	900 4066	043	899 1874	16	899 5937	58	900 8134	084
91	3701 7105	952 7542	958	131 9328	127	910 4109	042	909 1790	15	909 5895	57	910 8218	085
92	3358 6570	963 0500	968	122 2201	118	920 4151	043	919 1705	15	919 5852	57	920 8303	086
93	3016 7763	973 3468	979	112 5083	107	930 4194	043	929 1620	14	929 5809	57	930 8389	086
94	2676 0605	983 6447	988	102 7976	098	940 4237	043	939 1534	13	939 5766	57	940 8475	087
95	2336 5016	993 9435	*000	093 0878	089	950 4280	044	949 1447	13	949 5723	56	950 8562	087
96	1998 0918	*004 2435	009	083 3789	078	960 4324	044	959 1360	12	959 5679	56	960 8649	088
97	1660 8233	014 5444	020	073 6711	069	970 4368	044	969 1272	11	969 5635	56	970 8737	089
98	1324 6885	024 8464	030	063 9642	059	980 4412	045	979 1183	11	979 5591	56	980 8826	089
99	0989 6799	035 1494	040	054 2583	049	990 4457	045	989 1094	11	989 5547	55	990 8915	090
0,0300	0655 7897	045 4534		044 5534		*000 4502		999 1005		999 5502		*000 9005	
	—3,5	**1,03**	**103**	**0,97**	**—97**	**0,03**	**100**	**0,02**	**999**	**0,02**	**999**	**0,03**	**100**

x	φ	sin x		cos x		tg x		Sin x		Cos x		Tg x	
	1°	**0,02**	999	**0,9995**	−3	**0,03**	100	**0,03**	100	**1,0004**	3	**0,02**	999
0,0300	43′ 07,94″	999 5500	55	5 0034	005	000 9003	091	000 4500	045	5 0034	005	999 1003	10
01	43 28,57	*009 5455	55	4 7029	014	010 9094	091	010 4545	046	5 3039	016	*009 0913	09
02	43 49,20	019 5410	54	4 4015	025	020 9185	091	020 4591	046	5 6055	025	019 0822	09
03	44 09,82	029 5364	54	4 0990	034	030 9276	092	030 4637	046	5 9080	036	029 0731	08
04	44 30,45	039 5318	53	3 7956	045	040 9368	093	040 4683	046	6 2116	045	039 0639	07
05	44 51,08	049 5271	54	3 4911	054	050 9461	093	050 4729	047	6 5161	056	049 0546	07
06	45 11,70	059 5225	53	3 1857	065	060 9554	094	060 4776	047	6 8217	065	059 0453	06
07	45 32,33	069 5178	53	2 8792	075	070 9648	095	070 4823	047	7 1282	075	069 0359	05
08	45 52,96	079 5131	52	2 5717	084	080 9743	095	080 4870	048	7 4357	086	079 0264	05
09	46 13,58	089 5083	52	2 2633	095	090 9838	096	090 4918	047	7 7443	095	089 0169	04
0,0310	46 34,21	099 5035	52	1 9538	104	100 9934	097	100 4965	049	8 0538	106	099 0073	04
11	46 54,84	109 4987	51	1 6434	115	111 0031	097	110 5014	048	8 3644	115	108 9977	03
12	47 15,46	119 4938	52	1 3319	124	121 0128	097	120 5062	049	8 6759	126	118 9880	03
13	47 36,09	129 4890	50	1 0195	134	131 0225	099	130 5111	049	8 9885	136	128 9783	01
14	47 56,71	139 4840	51	0 7061	145	141 0324	099	140 5160	050	9 3021	145	138 9684	02
15	48 17,34	149 4791	50	0 3916	154	151 0423	099	150 5210	049	9 6166	156	148 9586	00
16	48 37,97	159 4741	50	0 0762	165	161 0522	101	160 5259	050	9 9322	165	158 9486	00
17	48 58,59	169 4691	50	*9 7597	174	171 0623	100	170 5309	051	*0 2487	176	168 9386	*99
18	49 19,22	179 4641	49	9 4423	185	181 0723	102	180 5360	051	0 5663	185	178 9285	99
19	49 39,85	189 4590	49	9 1238	194	191 0825	102	190 5411	051	0 8848	196	188 9184	98
0,0320	50 00,47	199 4539	49	8 8044	205	201 0927	103	200 5462	051	1 2044	205	198 9082	97
21	50 21,10	209 4488	48	8 4839	214	211 1030	103	210 5513	052	1 5249	216	208 8979	97
22	50 41,73	219 4436	48	8 1625	225	221 1133	104	220 5565	052	1 8465	225	218 8876	96
23	51 02,35	229 4384	48	7 8400	234	231 1237	105	230 5617	052	2 1690	236	228 8772	95
24	51 22,98	239 4332	47	7 5166	245	241 1342	106	240 5669	053	2 4926	245	238 8667	95
25	51 43,61	249 4279	47	7 1921	254	251 1448	106	250 5722	053	2 8171	256	248 8562	94
26	52 04,23	259 4226	47	6 8667	264	261 1554	106	260 5775	053	3 1427	266	258 8456	94
27	52 24,86	269 4173	46	6 5403	275	271 1660	108	270 5828	054	3 4693	275	268 8350	93
28	52 45,49	279 4119	46	6 2128	284	281 1768	108	280 5882	054	3 7968	286	278 8243	92
29	53 06,11	289 4065	46	5 8844	295	291 1876	108	290 5936	054	4 1254	295	288 8135	91
0,0330	53 26,74	299 4011	45	5 5549	304	301 1984	110	300 5990	054	4 4549	306	298 8026	91
31	53 47,37	309 3956	45	5 2245	314	311 2094	110	310 6044	055	4 7855	316	308 7917	90
32	54 07,99	319 3901	45	4 8931	325	321 2204	110	320 6099	056	5 1171	325	318 7807	90
33	54 28,62	329 3846	44	4 5606	334	331 2314	111	330 6155	055	5 4496	336	328 7697	89
34	54 49,24	339 3790	44	4 2272	345	341 2425	112	340 6210	056	5 7832	345	338 7586	88
35	55 09,87	349 3734	44	3 8927	354	351 2537	113	350 6266	057	6 1177	356	348 7474	87
36	55 30,50	359 3678	44	3 5573	364	361 2650	113	360 6323	056	6 4533	366	358 7361	87
37	55 51,12	369 3622	43	3 2209	375	371 2763	114	370 6379	057	6 7899	375	368 7248	86
38	56 11,75	379 3565	42	2 8834	384	381 2877	115	380 6436	057	7 1274	386	378 7134	86
39	56 32,38	389 3507	43	2 5450	394	391 2992	115	390 6493	058	7 4660	396	388 7020	85
0,0340	56 53,00	399 3450	42	2 2056	405	401 3107	116	400 6551	058	7 8056	405	398 6905	84
41	57 13,63	409 3392	41	1 8651	414	411 3223	117	410 6609	058	8 1461	416	408 6789	83
42	57 34,26	419 3333	42	1 5237	424	421 3340	118	420 6667	059	8 4877	426	418 6672	83
43	57 54,88	429 3275	41	1 1813	435	431 3458	118	430 6726	059	8 8303	435	428 6555	82
44	58 15,51	439 3216	40	0 8378	444	441 3576	118	440 6785	059	9 1738	446	438 6437	82
45	58 36,14	449 3156	41	0 4934	454	451 3694	120	450 6844	060	9 5184	456	448 6319	80
46	58 56,76	459 3097	40	0 1480	465	461 3814	120	460 6904	060	9 8640	465	458 6199	80
47	59 17,39	469 3037	39	**9 8015	474	471 3934	121	470 6964	060	**0 2105	476	468 6079	80
48	59 38,02	479 2976	40	9 4541	484	481 4055	121	480 7024	061	0 5581	486	478 5959	78
49	59 58,64	489 2916	39	9 1057	494	491 4176	123	490 7085	061	0 9067	496	488 5837	78
0,0350	*00′ 19,27″	499 2855		8 7563		501 4299		500 7146		1 2563		498 5715	
	2°	**0,03**	999	**0,9993**	−3	**0,03**	100	**0,03**	100	**1,0006**	3	**0,03**	998

x	ln x	e^x		e^{-x}		arc sin x		arc tg x		Ar Sin x		Ar Tg x	
	—3,5	**1,03**	**103**	**0,97**	**—97**	**0,03**	**100**	**0,02**	**999**	**0,02**	**999**	**0,03**	**100**
0,0300	0655 7897	045 4534	051	044 5534	040	000 4502	045	999 1005	10	999 5502	55	000 9005	090
01	0323 0107	055 7585	060	034 8494	030	010 4547	045	*009 0915	09	*009 5457	54	010 9095	091
02	*9991 3355	066 0645	072	025 1464	020	020 4592	046	019 0824	08	019 5411	55	020 9186	092
03	9660 7566	076 3717	081	015 4444	011	030 4638	046	029 0732	08	029 5366	54	030 9278	092
04	9331 2671	086 6798	092	005 7433	001	040 4684	047	039 0640	08	039 5320	53	040 9370	093
05	9002 8595	096 9890	102	*996 0432	*991	050 4731	046	049 0548	06	049 5273	54	050 9463	093
06	8675 5270	107 2992	113	986 3441	982	060 4777	047	059 0454	07	059 5227	53	060 9556	094
07	8349 2624	117 6105	122	976 6459	971	070 4824	048	069 0361	05	069 5180	52	070 9650	095
08	8024 0589	127 9227	133	966 9488	963	080 4872	047	079 0266	05	079 5132	53	080 9745	095
09	7699 9095	138 2360	144	957 2525	952	090 4919	048	089 0171	04	089 5085	52	090 9840	096
0,0310	7376 8074	148 5504	154	947 5573	943	100 4967	049	099 0075	04	099 5037	52	100 9936	097
11	7054 7460	158 8658	164	937 8630	933	110 5016	048	108 9979	03	109 4989	51	111 0033	097
12	6733 7184	169 1822	174	928 1697	923	120 5064	049	118 9882	03	119 4940	52	121 0130	097
13	6413 7181	179 4996	185	918 4774	914	130 5113	049	128 9785	01	129 4892	50	131 0227	099
14	6094 7386	189 8181	195	908 7860	904	140 5162	050	138 9686	02	139 4842	51	141 0326	099
15	5776 7733	200 1376	205	899 0956	894	150 5212	049	148 9588	00	149 4793	50	151 0425	099
16	5459 8158	210 4581	216	889 4062	884	160 5261	051	158 9488	00	159 4743	50	161 0524	101
17	5143 8598	220 7797	225	879 7178	875	170 5312	050	168 9388	*99	169 4693	50	171 0625	101
18	4828 8989	231 1022	237	870 0303	865	180 5362	051	178 9287	99	179 4643	49	181 0726	101
19	4514 9269	241 4259	246	860 3438	856	190 5413	051	188 9186	98	189 4592	49	191 0827	102
0,0320	4201 9376	251 7505	257	850 6582	846	200 5464	051	198 9084	97	199 4541	49	201 0929	103
21	3889 9249	262 0762	267	840 9736	836	210 5515	052	208 8981	97	209 4490	48	211 1032	104
22	3578 8826	272 4029	278	831 2900	826	220 5567	052	218 8878	96	219 4438	48	221 1136	104
23	3268 8049	282 7307	288	821 6074	817	230 5619	052	228 8774	96	229 4386	48	231 1240	105
24	2959 6856	293 0595	298	811 9257	807	240 5671	053	238 8670	95	239 4334	47	241 1345	105
25	2651 5190	303 3893	309	802 2450	798	250 5724	053	248 8565	94	249 4281	47	251 1450	106
26	2344 2991	313 7202	319	792 5652	787	260 5777	053	258 8459	93	259 4228	47	261 1556	107
27	2038 0201	324 0521	329	782 8865	778	270 5830	054	268 8352	93	269 4175	47	271 1663	107
28	1732 6764	334 3850	339	773 2087	769	280 5884	054	278 8245	92	279 4122	46	281 1770	108
29	1428 2621	344 7189	350	763 5318	758	290 5938	054	288 8137	92	289 4068	45	291 1878	109
0,0330	1124 7718	355 0539	360	753 8560	749	300 5992	055	298 8029	91	299 4013	46	301 1987	109
31	0822 1997	365 3899	371	744 1811	740	310 6047	055	308 7920	90	309 3959	45	311 2096	110
32	0520 5403	375 7270	381	734 5071	729	320 6102	055	318 7810	90	319 3904	45	321 2206	111
33	0219 7882	386 0651	391	724 8342	720	330 6157	056	328 7700	88	329 3849	44	331 2317	111
34	**9919 9379	396 4042	402	715 1622	711	340 6213	056	338 7588	89	339 3793	44	341 2428	112
35	9620 9840	406 7444	412	705 4911	700	350 6269	056	348 7477	87	349 3737	44	351 2540	113
36	9322 9212	417 0856	422	695 8211	691	360 6325	057	358 7364	87	359 3681	43	361 2653	113
37	9025 7442	427 4278	432	686 1520	682	370 6382	057	368 7251	86	369 3624	44	371 2766	114
38	8729 4476	437 7710	443	676 4838	671	380 6439	057	378 7137	86	379 3568	42	381 2880	115
39	8434 0265	448 1153	454	666 8167	662	390 6496	058	388 7023	85	389 3510	43	391 2995	115
0,0340	8139 4754	458 4607	463	657 1505	653	400 6554	058	398 6908	84	399 3453	42	401 3110	117
41	7845 7895	468 8070	474	647 4852	642	410 6612	058	408 6792	83	409 3395	42	411 3227	116
42	7552 9635	479 1544	485	637 8210	633	420 6670	059	418 6675	83	419 3337	41	421 3343	118
43	7260 9925	489 5029	494	628 1577	624	430 6729	059	428 6558	82	429 3278	41	431 3461	118
44	6969 8715	499 8523	505	618 4953	613	440 6788	060	438 6440	82	439 3219	41	441 3579	119
45	6679 5955	510 2028	516	608 8340	604	450 6848	059	448 6322	81	449 3160	40	451 3698	119
46	6390 1597	520 5544	525	599 1736	595	460 6907	060	458 6203	80	459 3100	40	461 3817	120
47	6101 5592	530 9069	537	589 5141	584	470 6967	061	468 6083	79	469 3040	40	471 3937	121
48	5813 7892	541 2606	546	579 8557	575	480 7028	061	478 5962	79	479 2980	39	481 4058	122
49	5526 8450	551 6152	557	570 1982	566	490 7089	061	488 5841	78	489 2919	39	491 4180	122
0,0350	5240 7217	561 9709		560 5416		500 7150		498 5719		499 2858		501 4302	
	—3,3	**1,03**	**103**	**0,96**	**—96**	**0,03**	**100**	**0,03**	**998**	**0,03**	**999**	**0,03**	**100**

x	φ	$\sin x$		$\cos x$		$\operatorname{tg} x$		$\mathfrak{Sin}\, x$		$\mathfrak{Cos}\, x$		$\mathfrak{Tg}\, x$	
	2°	0,03	999	0,9993	−3	0,03	100	0,03	100	1,0006	3	0,03	998
0,0350	00′ 19″,27	499 2855	38	8 7563	505	501 4299	123	500 7146	062	1 2563	505	498 5715	78
51	00 39,89	509 2793	38	8 4058	514	511 4422	123	510 7208	061	1 6068	516	508 5593	76
52	01 00,52	519 2731	38	8 0544	524	521 4545	125	520 7269	063	1 9584	526	518 5469	76
53	01 21,15	529 2669	38	7 7020	535	531 4670	125	530 7332	062	2 3110	535	528 5345	75
54	01 41,77	539 2607	37	7 3485	544	541 4795	125	540 7394	063	2 6645	546	538 5220	75
55	02 02,40	549 2544	37	6 9941	554	551 4920	127	550 7457	063	3 0191	556	548 5095	73
56	02 23,03	559 2481	36	6 6387	564	561 5047	127	560 7520	064	3 3747	566	558 4968	73
57	02 43,65	569 2417	36	6 2823	575	571 5174	128	570 7584	064	3 7313	575	568 4841	73
58	03 04,28	579 2353	36	5 9248	584	581 5302	129	580 7648	064	4 0888	586	578 4714	71
59	03 24,91	589 2289	36	5 5664	594	591 5431	129	590 7712	065	4 4474	596	588 4585	71
0,0360	03 45,53	599 2225	35	5 2070	604	601 5560	130	600 7777	064	4 8070	606	598 4456	70
61	04 06,16	609 2160	34	4 8466	614	611 5690	131	610 7841	066	5 1676	616	608 4326	70
62	04 26,79	619 2094	35	4 4852	625	621 5821	131	620 7907	066	5 5292	625	618 4196	68
63	04 47,41	629 2029	33	4 1227	634	631 5952	133	630 7973	066	5 8917	636	628 4064	68
64	05 08,04	639 1962	34	3 7593	644	641 6085	133	640 8039	066	6 2553	646	638 3932	68
65	05 28,67	649 1896	33	3 3949	654	651 6218	133	650 8105	067	6 6199	656	648 3800	66
66	05 49,29	659 1829	33	3 0295	664	661 6351	135	660 8172	067	6 9855	666	658 3666	66
67	06 09,92	669 1762	33	2 6631	675	671 6486	135	670 8239	068	7 3521	675	668 3532	65
68	06 30,54	679 1695	32	2 2956	684	681 6621	136	680 8307	067	7 7196	686	678 3397	64
69	06 51,17	689 1627	31	1 9272	694	691 6757	137	690 8374	069	8 0882	696	688 3261	64
0,0370	07 11,80	699 1558	32	1 5578	704	701 6894	137	700 8443	068	8 4578	706	698 3125	63
71	07 32,42	709 1490	31	1 1874	714	711 7031	138	710 8511	069	8 8284	716	708 2988	62
72	07 53,05	719 1421	30	0 8160	724	721 7169	139	720 8580	070	9 2000	726	718 2850	61
73	08 13,68	729 1351	31	0 4436	734	731 7308	140	730 8650	070	9 5726	736	728 2711	61
74	08 34,30	739 1282	30	0 0702	745	741 7448	140	740 8720	070	9 9462	745	738 2572	60
75	08 54,93	749 1212	29	*9 6957	754	751 7588	141	750 8790	070	*0 3207	756	748 2432	59
76	09 15,56	759 1141	29	9 3203	764	761 7729	142	760 8860	071	0 6963	766	758 2291	58
77	09 36,18	769 1070	29	8 9439	774	771 7871	143	770 8931	071	1 0729	776	768 2149	58
78	09 56,81	779 0999	28	8 5665	784	781 8014	143	780 9002	072	1 4505	786	778 2007	57
79	10 17,44	789 0927	28	8 1881	794	791 8157	144	790 9074	072	1 8291	796	788 1864	56
0,0380	10 38,06	799 0855	28	7 8087	804	801 8301	145	800 9146	072	2 2087	806	798 1720	55
81	10 58,69	809 0783	27	7 4283	814	811 8446	146	810 9218	073	2 5893	816	808 1575	55
82	11 19,32	819 0710	27	7 0469	824	821 8592	146	820 9291	073	2 9709	826	818 1430	54
83	11 39,94	829 0637	27	6 6645	834	831 8738	148	830 9364	074	3 3535	836	828 1284	53
84	12 00,57	839 0564	26	6 2811	844	841 8886	147	840 9438	074	3 7371	846	838 1137	52
85	12 21,20	849 0490	25	5 8967	855	851 9033	149	850 9512	074	4 1217	856	848 0989	52
86	12 41,82	859 0415	26	5 5112	864	861 9182	150	860 9586	075	4 5073	865	858 0841	50
87	13 02,45	869 0341	25	5 1248	874	871 9332	150	870 9661	075	4 8938	876	868 0691	50
88	13 23,07	879 0266	24	4 7374	884	881 9482	151	880 9736	075	5 2814	886	878 0541	50
89	13 43,70	889 0190	24	4 3490	894	891 9633	152	890 9811	076	5 6700	896	888 0391	48
0,0390	14 04,33	899 0114	24	3 9596	904	901 9785	153	900 9887	077	6 0596	906	898 0239	48
91	14 24,95	909 0038	23	3 5692	914	911 9938	153	910 9964	076	6 4502	916	908 0087	47
92	14 45,58	918 9961	23	3 1778	924	922 0091	154	921 0040	077	6 8418	926	917 9934	46
93	15 06,21	928 9884	23	2 7854	934	932 0245	155	931 0117	078	7 2344	936	927 9780	45
94	15 26,83	938 9807	22	2 3920	944	942 0400	156	941 0195	077	7 6280	946	937 9625	45
95	15 47,46	948 9729	22	1 9976	954	952 0556	157	951 0272	079	8 0226	956	947 9470	43
96	16 08,09	958 9651	21	1 6022	964	962 0713	157	961 0351	078	8 4182	967	957 9313	43
97	16 28,71	968 9572	21	1 2058	973	972 0870	158	971 0429	079	8 8149	976	967 9156	42
98	16 49,34	978 9493	21	0 8085	984	982 1028	159	981 0508	080	9 2125	986	977 8998	42
99	17 09,97	988 9414	20	0 4101	994	992 1187	160	991 0588	080	9 6111	996	987 8840	40
0,0400	17′ 30″,59	998 9334		0 0107		*002 1347		*001 0668		**0 0107		997 8680	
	2°	0,03	999	0,9992	−3	0,04	100	0,04	100	1,0008	3	0,03	998

x	ln x	e^x		e^{-x}		arc sin x		arc tg x		Ar Sin x		Ar Tg x	
	—3,3	**1,03**	103	**0,96**	—96	**0,03**	100	**0,03**	998	**0,03**	999	**0,03**	100
0,0350	5240 7217	561 9709	567	560 5416	555	500 7150	061	498 5719	77	499 2858	39	501 4302	123
51	4955 4149	572 3276	577	550 8861	547	510 7211	062	508 5596	77	509 2797	38	511 4425	124
52	4670 9196	582 6853	588	541 2314	536	520 7273	062	518 5473	76	519 2735	38	521 4549	124
53	4387 2315	593 0441	599	531 5778	527	530 7335	063	528 5349	75	529 2673	38	531 4673	125
54	4104 3459	603 4040	608	521 9251	517	540 7398	063	538 5224	74	539 2611	37	541 4798	126
55	3822 2583	613 7648	619	512 2734	507	550 7461	063	548 5098	74	549 2548	37	551 4924	127
56	3540 9641	624 1267	629	502 6227	498	560 7524	064	558 4972	73	559 2485	36	561 5051	127
57	3260 4590	634 4896	640	492 9729	488	570 7588	064	568 4845	73	569 2421	36	571 5178	128
58	2980 7386	644 8536	650	483 3241	479	580 7652	064	578 4718	71	579 2357	36	581 5306	129
59	2701 7983	655 2186	660	473 6762	469	590 7716	065	588 4589	71	589 2293	36	591 5435	129
0,0360	2423 6341	665 5846	671	464 0293	459	600 7781	065	598 4460	70	599 2229	35	601 5564	130
61	2146 2414	675 9517	681	454 3834	449	610 7846	065	608 4330	70	609 2164	34	611 5694	131
62	1869 6160	686 3198	692	444 7385	440	620 7911	066	618 4200	69	619 2098	35	621 5825	132
63	1593 7538	696 6890	702	435 0945	430	630 7977	066	628 4069	68	629 2033	34	631 5957	132
64	1318 6504	707 0592	712	425 4515	421	640 8043	066	638 3937	67	639 1967	33	641 6089	133
65	1044 3018	717 4304	723	415 8094	411	650 8109	067	648 3804	66	649 1900	34	651 6222	134
66	0770 7039	727 8027	733	406 1683	401	660 8176	067	658 3670	66	659 1834	33	661 6356	134
67	0497 8524	738 1760	743	396 5282	392	670 8243	068	668 3536	65	669 1767	32	671 6490	136
68	0225 7434	748 5503	754	386 8890	382	680 8311	068	678 3401	65	679 1699	32	681 6626	135
69	*9954 3728	758 9257	764	377 2508	373	690 8379	068	688 3266	64	689 1631	32	691 6761	137
0,0370	9683 7366	769 3021	774	367 6135	362	700 8447	069	698 3130	62	699 1563	31	701 6898	138
71	9413 8309	779 6795	785	357 9773	354	710 8516	069	708 2992	63	709 1494	32	711 7036	138
72	9144 6518	790 0580	795	348 3419	343	720 8585	070	718 2855	61	719 1426	30	721 7174	139
73	8876 1952	800 4375	806	338 7076	334	730 8655	069	728 2716	61	729 1356	31	731 7313	140
74	8608 4575	810 8181	816	329 0742	324	740 8724	071	738 2577	60	739 1287	29	741 7453	140
75	8341 4346	821 1997	826	319 4418	315	750 8795	070	748 2437	59	749 1216	30	751 7593	141
76	8075 1229	831 5823	837	309 8103	305	760 8865	071	758 2296	58	759 1146	29	761 7734	142
77	7809 5185	841 9660	847	300 1798	295	770 8936	071	768 2154	58	769 1075	29	771 7876	143
78	7544 6176	852 3507	858	290 5503	286	780 9007	072	778 2012	57	779 1004	29	781 8019	143
79	7280 4167	862 7365	868	280 9217	276	790 9079	072	788 1869	56	789 0933	28	791 8162	145
0,0380	7016 9119	873 1233	878	271 2941	267	800 9151	073	798 1725	56	799 0861	27	801 8307	145
81	6754 0997	883 5111	889	261 6674	256	810 9224	073	808 1581	54	809 0788	28	811 8452	145
82	6491 9763	893 9000	899	252 0418	248	820 9297	073	818 1435	54	819 0716	27	821 8597	147
83	6230 5383	904 2899	909	242 4170	237	830 9370	073	828 1289	53	829 0643	26	831 8744	147
84	5969 7819	914 6808	920	232 7933	228	840 9443	074	838 1142	53	839 0569	26	841 8891	148
85	5709 7038	925 0728	931	223 1705	219	850 9517	075	848 0995	51	849 0495	26	851 9039	149
86	5450 3003	935 4659	940	213 5486	208	860 9592	075	858 0846	51	859 0421	25	861 9188	150
87	5191 5679	945 8599	951	203 9278	199	870 9667	075	868 0697	50	869 0346	25	871 9338	150
88	4933 5032	956 2550	962	194 3079	190	880 9742	075	878 0547	50	879 0271	25	881 9488	151
89	4676 1028	966 6512	972	184 6889	180	890 9817	076	888 0397	48	889 0196	24	891 9639	152
0,0390	4419 3633	977 0484	982	175 0709	170	900 9893	077	898 0245	48	899 0120	24	901 9791	153
91	4163 2812	987 4466	993	165 4539	161	910 9970	076	908 0093	47	909 0044	24	911 9944	153
92	3907 8532	997 8459	*003	155 8378	151	921 0046	077	917 9940	46	918 9968	23	922 0097	155
93	3653 0760	*008 2462	013	146 2227	141	931 0123	078	927 9786	45	928 9891	22	932 0252	155
94	3398 9463	018 6475	024	136 6086	132	941 0201	078	937 9631	45	938 9813	23	942 0407	156
95	3145 4607	029 0499	034	126 9954	122	951 0279	078	947 9476	44	948 9736	21	952 0563	156
96	2892 6161	039 4533	045	117 3832	113	961 0357	079	957 9320	43	958 9657	22	962 0719	158
97	2640 4091	049 8578	055	107 7719	103	971 0436	079	967 9163	42	968 9579	21	972 0877	158
98	2388 8367	060 2633	065	098 1616	093	981 0515	079	977 9005	41	978 9500	21	982 1035	159
99	2137 8955	070 6698	076	088 5523	084	991 0594	080	987 8846	41	988 9421	20	992 1194	160
0,0400	1887 5825	081 0774		078 9439		*001 0674		997 8687		998 9341		*002 1354	
	—3,2	**1,04**	104	**0,96**	—96	**0,04**	100	**0,03**	998	**0,03**	999	**0,04**	100

x	φ	$\sin x$		$\cos x$		$\operatorname{tg} x$		$\operatorname{Sin} x$		$\operatorname{Cos} x$		$\operatorname{Tg} x$	
	2°	**0,03**	999	**0,999**	−4	**0,04**	100	**0,04**	100	**1,0008**	4	**0,03**	998
0,0400	17′ 30,″59	998 9334	20	20 0107	004	002 1347	161	001 0668	080	0 0107	006	997 8680	40
01	17 51,22	*008 9254	19	19 6103	014	012 1508	161	011 0748	080	0 4113	016	*007 8520	39
02	18 11,85	018 9173	19	19 2089	024	022 1669	162	021 0828	081	0 8129	026	017 8359	38
03	18 32,47	028 9092	19	18 8065	034	032 1831	163	031 0909	082	1 2155	036	027 8197	38
04	18 53,10	038 9011	18	18 4031	044	042 1994	164	041 0991	082	1 6191	046	037 8035	36
05	19 13,72	048 8929	18	17 9987	054	052 2158	165	051 1073	082	2 0237	056	047 7871	36
06	19 34,35	058 8847	17	17 5933	064	062 2323	165	061 1155	082	2 4293	066	057 7707	35
07	19 54,98	068 8764	17	17 1869	074	072 2488	166	071 1237	083	2 8359	076	067 7542	34
08	20 15,60	078 8681	17	16 7795	083	082 2654	167	081 1320	084	3 2435	087	077 7376	33
09	20 36,23	088 8598	16	16 3712	094	092 2821	168	091 1404	084	3 6522	096	087 7209	33
0,0410	20 56,86	098 8514	16	15 9618	104	102 2989	169	101 1488	084	4 0618	106	097 7042	31
11	21 17,48	108 8430	15	15 5514	114	112 3158	169	111 1572	085	4 4724	116	107 6873	31
12	21 38,11	118 8345	15	15 1400	124	122 3327	171	121 1657	085	4 8840	126	117 6704	30
13	21 58,74	128 8260	15	14 7276	134	132 3498	171	131 1742	085	5 2966	136	127 6534	30
14	22 19,36	138 8175	14	14 3142	143	142 3669	172	141 1827	086	5 7102	147	137 6364	28
15	22 39,99	148 8089	13	13 8999	154	152 3841	173	151 1913	087	6 1249	156	147 6192	28
16	23 00,62	158 8002	14	13 4845	164	162 4014	173	161 2000	086	6 5405	166	157 6020	26
17	23 21,24	168 7916	13	13 0681	174	172 4187	175	171 2086	088	6 9571	176	167 5846	26
18	23 41,87	178 7829	12	12 6507	184	182 4362	175	181 2174	087	7 3747	186	177 5672	25
19	24 02,50	188 7741	12	12 2323	193	192 4537	176	191 2261	088	7 7933	197	187 5497	24
0,0420	24 23,12	198 7653	12	11 8130	204	202 4713	177	201 2349	089	8 2130	206	197 5321	24
21	24 43,75	208 7565	11	11 3926	214	212 4890	178	211 2438	088	8 6336	216	207 5145	22
22	25 04,37	218 7476	11	10 9712	224	222 5068	179	221 2526	090	9 0552	226	217 4967	22
23	25 25,00	228 7387	10	10 5488	233	232 5247	180	231 2616	089	9 4778	237	227 4789	21
24	25 45,63	238 7297	10	10 1255	244	242 5427	180	241 2705	090	9 9015	246	237 4610	20
25	26 06,25	248 7207	09	09 7011	254	252 5607	181	251 2795	091	*0 3261	256	247 4430	19
26	26 26,88	258 7116	09	09 2757	263	262 5788	182	261 2886	091	0 7517	267	257 4249	18
27	26 47,51	268 7025	09	08 8494	274	272 5970	183	271 2977	091	1 1784	276	267 4067	18
28	27 08,13	278 6934	08	08 4220	284	282 6153	184	281 3068	092	1 6060	286	277 3885	16
29	27 28,76	288 6842	08	07 9936	294	292 6337	185	291 3160	092	2 0346	296	287 3701	16
0,0430	27 49,39	298 6750	07	07 5642	303	302 6522	186	301 3252	093	2 4642	307	297 3517	15
31	28 10,01	308 6657	07	07 1339	314	312 6708	186	311 3345	093	2 8949	316	307 3332	14
32	28 30,64	318 6564	07	06 7025	324	322 6894	187	321 3438	094	3 3265	326	317 3146	13
33	28 51,27	328 6471	06	06 2701	333	332 7081	188	331 3532	094	3 7591	337	327 2959	13
34	29 11,89	338 6377	05	05 8368	344	342 7269	189	341 3626	094	4 1928	346	337 2772	11
35	29 32,52	348 6282	06	05 4024	353	352 7458	190	351 3720	095	4 6274	357	347 2583	11
36	29 53,15	358 6188	04	04 9671	364	362 7648	191	361 3815	095	5 0631	366	357 2394	09
37	30 13,77	368 6092	05	04 5307	374	372 7839	192	371 3910	096	5 4997	376	367 2203	09
38	30 34,40	378 5997	04	04 0933	383	382 8031	192	381 4006	096	5 9373	387	377 2012	08
39	30 55,02	388 5901	03	03 6550	394	392 8223	194	391 4102	097	6 3760	396	387 1820	07
0,0440	31 15,65	398 5804	03	03 2156	403	402 8417	194	401 4199	097	6 8156	407	397 1627	07
41	31 36,28	408 5707	03	02 7753	414	412 8611	195	411 4296	097	7 2563	416	407 1434	05
42	31 56,90	418 5610	02	02 3339	424	422 8806	196	421 4393	098	7 6979	426	417 1239	04
43	32 17,53	428 5512	01	01 8915	433	432 9002	197	431 4491	099	8 1405	437	427 1043	04
44	32 38,16	438 5413	02	01 4482	444	442 9199	198	441 4590	098	8 5842	446	437 0847	03
45	32 58,78	448 5315	00	01 0038	453	452 9397	199	451 4688	100	9 0288	457	447 0650	01
46	33 19,41	458 5215	01	00 5585	464	462 9596	199	461 4788	099	9 4745	466	457 0451	01
47	33 40,04	468 5116	00	00 1121	473	472 9795	201	471 4887	100	9 9211	477	467 0252	00
48	34 00,66	478 5016	*99	*99 6648	484	482 9996	201	481 4987	101	**0 3688	486	477 0052	*99
49	34 21,29	488 4915	99	99 2164	493	493 0197	203	491 5088	101	0 8174	497	486 9851	99
0,0450	34′ 41,″92	498 4814		98 7671		503 0400		501 5189		1 2671		496 9650	
	2°	**0,04**	998	**0,998**	−4	**0,04**	100	**0,04**	100	**1,0010**	4	**0,04**	997

x	ln x	e^x		e^{-x}		arc sin x		arc tg x		𝔄𝔯 𝔖𝔦𝔫 x		𝔄𝔯 𝔗𝔤 x	
	—3,2	**1,04**	**104**	**0,96**	**—96**	**0,04**	**100**	**0,03**	**998**	**0,03**	**999**	**0,04**	**100**
0,0400	1887 5825	081 0774	086	078 9439	074	001 0674	081	997 8687	40	998 9341	20	002 1354	160
01	1637 8945	091 4860	097	069 3365	065	011 0755	080	*007 8527	39	*008 9261	19	012 1514	162
02	1388 8283	101 8957	107	059 7300	054	021 0835	081	017 8366	38	018 9180	19	022 1676	162
03	1140 3810	112 3064	118	050 1246	046	031 0916	082	027 8204	38	028 9099	19	032 1838	163
04	0892 5494	122 7182	128	040 5200	035	041 0998	082	037 8042	36	038 9018	18	042 2001	164
05	0645 3305	133 1310	138	030 9165	027	051 1080	082	047 7878	36	048 8936	18	052 2165	165
06	0398 7212	143 5448	149	021 3138	016	061 1162	083	057 7714	35	058 8854	18	062 2330	165
07	0152 7187	153 9597	159	011 7122	007	071 1245	083	067 7549	34	068 8772	17	072 2495	167
08	*9907 3198	164 3756	170	002 1115	*997	081 1328	084	077 7383	34	078 8689	17	082 2662	167
09	9662 5216	174 7926	180	*992 5118	988	091 1412	084	087 7217	32	088 8606	16	092 2829	168
0,0410	9418 3212	185 2106	190	982 9130	978	101 1496	084	097 7049	32	098 8522	16	102 2997	169
11	9174 7157	195 6296	201	973 3152	969	111 1580	085	107 6881	31	108 8438	15	112 3166	169
12	8931 7023	206 0497	211	963 7183	959	121 1665	085	117 6712	30	118 8353	15	122 3335	171
13	8689 2779	216 4708	222	954 1224	949	131 1750	085	127 6542	30	128 8268	15	132 3506	171
14	8447 4398	226 8930	232	944 5275	940	141 1835	086	137 6372	28	138 8183	14	142 3677	172
15	8206 1852	237 3162	242	934 9335	930	151 1921	087	147 6200	28	148 8097	14	152 3849	173
16	7965 5112	247 7404	253	925 3405	920	161 2008	087	157 6028	27	158 8011	13	162 4022	174
17	7725 4150	258 1657	264	915 7485	911	171 2095	087	167 5855	26	168 7924	13	172 4196	174
18	7485 8939	268 5921	274	906 1574	902	181 2182	088	177 5681	25	178 7837	13	182 4370	176
19	7246 9452	279 0195	284	896 5672	891	191 2270	088	187 5506	24	188 7750	12	192 4546	176
0,0420	7008 5661	289 4479	294	886 9781	883	201 2358	088	197 5330	24	198 7662	11	202 4722	177
21	6770 7538	299 8773	306	877 3898	872	211 2446	089	207 5154	22	208 7573	12	212 4899	178
22	6533 5058	310 3079	315	867 8026	863	221 2535	090	217 4976	22	218 7485	11	222 5077	179
23	6296 8193	320 7394	326	858 2163	854	231 2625	089	227 4798	21	228 7396	10	232 5256	180
24	6060 6917	331 1720	336	848 6309	843	241 2714	091	237 4619	20	238 7306	10	242 5436	180
25	5825 1203	341 6056	347	839 0466	835	251 2805	090	247 4439	19	248 7216	10	252 5616	182
26	5590 1026	352 0403	357	829 4631	824	261 2895	091	257 4258	19	258 7126	09	262 5798	182
27	5355 6359	362 4760	368	819 8807	815	271 2986	092	267 4077	17	268 7035	09	272 5980	183
28	5121 7176	372 9128	378	810 2992	806	281 3078	092	277 3894	17	278 6944	08	282 6163	184
29	4888 3453	383 3506	389	800 7186	796	291 3170	092	287 3711	16	288 6852	08	292 6347	185
0,0430	4655 5163	393 7895	399	791 1390	786	301 3262	093	297 3527	15	298 6760	07	302 6532	185
31	4423 2282	404 2294	409	781 5604	777	311 3355	093	307 3342	14	308 6667	07	312 6717	187
32	4191 4784	414 6703	420	771 9827	767	321 3448	094	317 3156	13	318 6574	07	322 6904	187
33	3960 2644	425 1123	431	762 4060	758	331 3542	094	327 2969	13	328 6481	06	332 7091	189
34	3729 5838	435 5554	440	752 8302	748	341 3636	095	337 2782	11	338 6387	06	342 7280	189
35	3499 4341	445 9994	452	743 2554	738	351 3731	094	347 2593	11	348 6293	05	352 7469	190
36	3269 8129	456 4446	461	733 6816	729	361 3825	096	357 2404	10	358 6198	05	362 7659	191
37	3040 7177	466 8907	472	724 1087	720	371 3921	096	367 2214	09	368 6103	04	372 7850	192
38	2812 1462	477 3379	483	714 5367	709	381 4017	096	377 2023	08	378 6007	04	382 8042	192
39	2584 0959	487 7862	493	704 9658	701	391 4113	097	387 1831	07	388 5911	04	392 8234	194
0,0440	2356 5645	498 2355	503	695 3957	690	401 4210	097	397 1638	07	398 5815	03	402 8428	194
41	2129 5497	508 6858	514	685 8267	681	411 4307	097	407 1445	05	408 5718	03	412 8622	195
42	1903 0490	519 1372	525	676 2586	672	421 4404	099	417 1250	05	418 5621	02	422 8817	197
43	1677 0602	529 5897	534	666 6914	662	431 4503	098	427 1055	03	428 5523	02	432 9014	197
44	1451 5810	540 0431	546	657 1252	652	441 4601	099	437 0858	03	438 5425	01	442 9211	198
45	1226 6090	550 4977	555	647 5600	643	451 4700	099	447 0661	02	448 5326	01	452 9409	199
46	1002 1420	560 9532	567	637 9957	633	461 4799	100	457 0463	01	458 5227	01	462 9608	199
47	0778 1777	571 4099	576	628 4324	624	471 4899	100	467 0264	00	468 5128	00	472 9807	201
48	0554 7140	581 8675	587	618 8700	614	481 4999	101	477 0064	*99	478 5028	*99	483 0008	201
49	0331 7484	592 3262	598	609 3086	604	491 5100	101	486 9863	99	488 4927	99	493 0209	203
0,0450	0109 2789	602 7860		599 7482		501 5201		496 9662		498 4826		503 0412	
	—3,1	**1,04**	**104**	**0,95**	**—95**	**0,04**	**100**	**0,04**	**997**	**0,04**	**998**	**0,04**	**100**

x	φ	sin x		cos x		tg x		Sin x		Cos x		Tg x	
	2°	**0,04**	998	**0,998**	−4	**0,04**	100	**0,04**	100	**1,0010**	4	**0,04**	997
0,0450	34′ 41,″92	498 4814	99	98 7671	504	503 0400	203	501 5189	102	1 2671	506	496 9650	97
51	35 02,54	508 4713	98	98 3167	513	513 0603	204	511 5291	101	1 7177	517	506 9447	96
52	35 23,17	518 4611	97	97 8654	524	523 0807	205	521 5392	103	2 1694	526	516 9243	96
53	35 43,80	528 4508	97	97 4130	533	533 1012	206	531 5495	103	2 6220	537	526 9039	94
54	36 04,42	538 4405	97	96 9597	543	543 1218	207	541 5598	103	3 0757	547	536 8833	94
55	36 25,05	548 4302	97	96 5054	554	553 1425	208	551 5701	104	3 5304	556	546 8627	93
56	36 45,68	558 4199	95	96 0500	563	563 1633	208	561 5805	104	3 9860	567	556 8420	92
57	37 06,30	568 4094	96	95 5937	574	573 1841	210	571 5909	105	4 4427	576	566 8212	91
58	37 26,93	578 3990	95	95 1363	583	583 2051	210	581 6014	105	4 9003	587	576 8003	90
59	37 47,55	588 3885	94	94 6780	593	593 2261	212	591 6119	105	5 3590	597	586 7793	89
0,0460	38 08,18	598 3779	94	94 2187	604	603 2473	212	601 6224	106	5 8187	606	596 7582	88
61	38 28,81	608 3673	94	93 7583	613	613 2685	213	611 6330	107	6 2793	617	606 7370	88
62	38 49,43	618 3567	93	93 2970	624	623 2898	215	621 6437	107	6 7410	626	616 7158	86
63	39 10,06	628 3460	92	92 8346	633	633 3113	215	631 6544	107	7 2036	637	626 6944	86
64	39 30,69	638 3352	92	92 3713	643	643 3328	216	641 6651	108	7 6673	647	636 6730	84
65	39 51,31	648 3244	92	91 9070	654	653 3544	217	651 6759	109	8 1320	657	646 6514	84
66	40 11,94	658 3136	91	91 4416	663	663 3761	218	661 6868	108	8 5977	666	656 6298	82
67	40 32,57	668 3027	91	90 9753	673	673 3979	219	671 6976	110	9 0643	677	666 6080	82
68	40 53,19	678 2918	90	90 5080	683	683 4198	220	681 7086	110	9 5320	687	676 5862	81
69	41 13,82	688 2808	90	90 0397	694	693 4418	220	691 7196	110	*0 0007	696	686 5643	80
0,0470	41 34,45	698 2698	89	89 5703	703	703 4638	222	701 7306	110	0 4703	707	696 5423	79
71	41 55,07	708 2587	89	89 1000	713	713 4860	223	711 7416	112	0 9410	717	706 5202	78
72	42 15,70	718 2476	89	88 6287	723	723 5083	223	721 7528	111	1 4127	727	716 4980	77
73	42 36,33	728 2365	88	88 1564	734	733 5306	225	731 7639	112	1 8854	736	726 4757	76
74	42 56,95	738 2253	87	87 6830	743	743 5531	225	741 7751	113	2 3590	747	736 4533	75
75	43 17,58	748 2140	87	87 2087	753	753 5756	227	751 7864	113	2 8337	757	746 4308	74
76	43 38,20	758 2027	87	86 7334	763	763 5983	227	761 7977	114	3 3094	767	756 4082	74
77	43 58,83	768 1914	86	86 2571	773	773 6210	228	771 8091	114	3 7861	777	766 3856	72
78	44 19,46	778 1800	85	85 7798	784	783 6438	230	781 8205	114	4 2638	786	776 3628	72
79	44 40,08	788 1685	85	85 3014	793	793 6668	230	791 8319	115	4 7424	797	786 3400	70
0,0480	45 00,71	798 1570	85	84 8221	803	803 6898	231	801 8434	116	5 2221	807	796 3170	69
81	45 21,34	808 1455	84	84 3418	813	813 7129	232	811 8550	116	5 7028	817	806 2939	69
82	45 41,96	818 1339	83	83 8605	823	823 7361	234	821 8666	116	6 1845	827	816 2708	67
83	46 02,59	828 1222	84	83 3782	833	833 7595	234	831 8782	117	6 6672	837	826 2475	67
84	46 23,22	838 1106	82	82 8949	843	843 7829	235	841 8899	117	7 1509	847	836 2242	66
85	46 43,84	848 0988	82	82 4106	854	853 8064	236	851 9016	118	7 6356	856	846 2008	64
86	47 04,47	858 0870	82	81 9252	863	863 8300	237	861 9134	119	8 1212	867	856 1772	64
87	47 25,10	868 0752	81	81 4389	873	873 8537	238	871 9253	118	8 6079	877	866 1536	63
88	47 45,72	878 0633	81	80 9516	883	883 8775	239	881 9371	120	9 0956	887	876 1299	62
89	48 06,35	888 0514	80	80 4633	893	893 9014	240	891 9491	120	9 5843	897	886 1061	60
0,0490	48 26,98	898 0394	80	79 9740	903	903 9254	241	901 9611	120	**0 0740	907	896 0821	60
91	48 47,60	908 0274	79	79 4837	913	913 9495	242	911 9731	121	0 5647	917	906 0581	59
92	49 08,23	918 0153	79	78 9924	923	923 9737	243	921 9852	121	1 0564	927	916 0340	58
93	49 28,85	928 0032	78	78 5001	933	933 9980	244	931 9973	122	1 5491	937	926 0098	57
94	49 49,48	937 9910	78	78 0068	943	944 0224	245	942 0095	122	2 0428	947	935 9855	55
95	50 10,11	947 9788	77	77 5125	953	954 0469	246	952 0217	123	2 5375	957	945 9610	55
96	50 30,73	957 9665	77	77 0172	963	964 0715	247	962 0340	123	3 0332	967	955 9365	54
97	50 51,36	967 9542	76	76 5209	973	974 0962	248	972 0463	124	3 5299	977	965 9119	53
98	51 11,99	977 9418	76	76 0236	983	984 1210	248	982 0587	124	4 0276	987	975 8872	52
99	51 32,61	987 9294	75	75 5253	993	994 1458	250	992 0711	125	4 5263	997	985 8624	51
0,0500	51′ 53,″24	997 9169		75 0260		*004 1708		*002 0836		5 0260		995 8375	
	2°	**0,04**	998	**0,998**	−4	**0,05**	100	**0,05**	100	**1,0012**	4	**0,04**	997

x	$\ln x$	e^x		e^{-x}		arc sin x		arc tg x		Ar Sin x		Ar Tg x	
	—3,1	**1,04**	**104**	**0,95**	**—95**	**0,04**	**100**	**0,04**	**997**	**0,04**	**998**	**0,04**	**100**
0,0450	0109 2789	602 7860	608	599 7482	595	501 5201	102	496 9662	97	498 4826	99	503 0412	203
51	*9887 3032	613 2468	618	590 1887	586	511 5303	102	506 9459	97	508 4725	98	513 0615	205
52	9665 8192	623 7086	629	580 6301	575	521 5405	103	516 9256	96	518 4623	98	523 0820	205
53	9444 8246	634 1715	640	571 0726	567	531 5508	103	526 9052	94	528 4521	97	533 1025	206
54	9224 3174	644 6355	650	561 5159	556	541 5611	103	536 8846	94	538 4418	97	543 1231	207
55	9004 2953	655 1005	660	551 9603	548	551 5714	104	546 8640	93	548 4315	97	553 1438	208
56	8784 7562	665 5665	671	542 4055	537	561 5818	104	556 8433	92	558 4212	96	563 1646	209
57	8565 6981	676 0336	681	532 8518	528	571 5922	105	566 8225	91	568 4108	95	573 1855	209
58	8347 1188	686 5017	692	523 2990	519	581 6027	105	576 8016	90	578 4003	95	583 2064	211
59	8129 0162	696 9709	702	513 7471	509	591 6132	106	586 7806	90	588 3898	95	593 2275	212
0,0460	7911 3882	707 4411	713	504 1962	499	601 6238	106	596 7596	88	598 3793	94	603 2487	212
61	7694 2329	717 9124	723	494 6463	490	611 6344	107	606 7384	88	608 3687	94	613 2699	214
62	7477 5481	728 3847	733	485 0973	480	621 6451	107	616 7172	86	618 3581	93	623 2913	214
63	7261 3318	738 8580	744	475 5493	471	631 6558	108	626 6958	86	628 3474	93	633 3127	215
64	7045 5820	749 3324	755	466 0022	461	641 6666	108	636 6744	85	638 3367	92	643 3342	216
65	6830 2966	759 8079	765	456 4561	452	651 6774	108	646 6529	83	648 3259	92	653 3558	218
66	6615 4738	770 2844	776	446 9109	442	661 6882	109	656 6312	83	658 3151	91	663 3776	218
67	6401 1114	780 7620	786	437 3667	433	671 6991	110	666 6095	82	668 3042	91	673 3994	219
68	6187 2076	791 2406	796	427 8234	423	681 7101	110	676 5877	81	678 2933	90	683 4213	220
69	5973 7604	801 7202	807	418 2811	413	691 7211	110	686 5658	80	688 2823	90	693 4433	221
0,0470	5760 7677	812 2009	818	408 7398	404	701 7321	111	696 5438	79	698 2713	90	703 4654	221
71	5548 2278	822 6827	827	399 1994	395	711 7432	111	706 5217	78	708 2603	89	713 4875	223
72	5336 1386	833 1654	839	389 6599	385	721 7543	112	716 4995	78	718 2492	88	723 5098	224
73	5124 4983	843 6493	849	380 1214	375	731 7655	112	726 4773	76	728 2380	89	733 5322	225
74	4913 3050	854 1342	859	370 5839	366	741 7767	113	736 4549	75	738 2269	87	743 5547	225
75	4702 5568	864 6201	870	361 0473	356	751 7880	113	746 4324	75	748 2156	87	753 5772	227
76	4492 2518	875 1071	880	351 5117	347	761 7993	114	756 4099	73	758 2043	87	763 5999	228
77	4282 3881	885 5951	891	341 9770	337	771 8107	114	766 3872	73	768 1930	86	773 6227	228
78	4072 9639	896 0842	902	332 4433	328	781 8221	115	776 3645	71	778 1816	86	783 6455	230
79	3863 9775	906 5744	911	322 9105	318	791 8336	115	786 3416	71	788 1702	85	793 6685	230
0,0480	3655 4268	917 0655	923	313 3787	309	801 8451	116	796 3187	70	798 1587	85	803 6915	231
81	3447 3102	927 5578	932	303 8478	299	811 8567	116	806 2957	68	808 1472	84	813 7146	233
82	3239 6258	938 0510	944	294 3179	289	821 8683	117	816 2725	68	818 1356	84	823 7379	233
83	3032 3718	948 5454	954	284 7890	280	831 8800	117	826 2493	67	828 1240	83	833 7612	235
84	2825 5465	959 0408	964	275 2610	271	841 8917	117	836 2260	66	838 1123	83	843 7847	235
85	2619 1481	969 5372	975	265 7339	261	851 9034	118	846 2026	64	848 1006	82	853 8082	236
86	2413 1748	980 0347	985	256 2078	251	861 9152	119	856 1790	64	858 0888	82	863 8318	237
87	2207 6249	990 5332	996	246 6827	242	871 9271	119	866 1554	63	868 0770	82	873 8555	239
88	2002 4966	*001 0328	*006	237 1585	232	881 9390	119	876 1317	62	878 0652	81	883 8794	239
89	1797 7883	011 5334	017	227 6353	223	891 9509	120	886 1079	61	888 0533	80	893 9033	240
0,0490	1593 4981	022 0351	027	218 1130	214	901 9629	121	896 0840	60	898 0413	80	903 9273	241
91	1389 6244	032 5378	038	208 5916	203	911 9750	121	906 0600	59	908 0293	79	913 9514	242
92	1186 1655	043 0416	048	199 0713	195	921 9871	121	916 0359	58	918 0172	79	923 9756	243
93	0983 1198	053 5464	059	189 5518	185	931 9992	122	926 0117	57	928 0051	79	933 9999	245
94	0780 4855	064 0523	069	180 0333	175	942 0114	123	935 9874	56	937 9930	78	944 0244	245
95	0578 2609	074 5592	080	170 5158	166	952 0237	123	945 9630	55	947 9808	77	954 0489	246
96	0376 4445	085 0672	090	160 9992	156	962 0360	123	955 9385	54	957 9685	77	964 0735	247
97	0175 0346	095 5762	101	151 4836	147	972 0483	124	965 9139	53	967 9562	77	974 0982	248
98	**9974 0295	106 0863	112	141 9689	137	982 0607	125	975 8892	53	977 9439	76	984 1230	249
99	9773 4276	116 5975	121	132 4552	127	992 0732	125	985 8645	51	987 9315	75	994 1479	250
0,0500	9573 2274	127 1096		122 9425		*002 0857		995 8396		997 9190		*004 1729	
	—2,9	**1,05**	**105**	**0,95**	**—95**	**0,05**	**100**	**0,04**	**997**	**0,04**	**998**	**0,05**	**100**

x	φ	sin x		cos x		tg x		Sin x		Cos x		Tg x	
	2°	**0,04**	**998**	**0,998**	**–5**	**0,05**	**100**	**0,05**	**100**	**1,001**	**5**	**0,04**	**997**
0,0500	51′ 53,24″	997 9169	75	75 0260	003	004 1708	251	002 0836	125	25 0260	008	995 8375	50
01	52 13,87	*007 9044	74	74 5257	012	014 1959	252	012 0961	126	25 5268	017	*005 8125	49
02	52 34,49	017 8918	74	74 0245	023	024 2211	253	022 1087	126	26 0285	027	015 7874	48
03	52 55,12	027 8792	73	73 5222	033	034 2464	254	032 1213	127	26 5312	037	025 7622	47
04	53 15,75	037 8665	73	73 0189	043	044 2718	255	042 1340	127	27 0349	047	035 7369	46
05	53 36,37	047 8538	72	72 5146	053	054 2973	256	052 1467	128	27 5396	057	045 7115	44
06	53 57,00	057 8410	72	72 0093	063	064 3229	257	062 1595	128	28 0453	067	055 6859	44
07	54 17,63	067 8282	71	71 5030	073	074 3486	258	072 1723	129	28 5520	078	065 6603	43
08	54 38,25	077 8153	71	70 9957	082	084 3744	259	082 1852	130	29 0598	087	075 6346	42
09	54 58,88	087 8024	70	70 4875	093	094 4003	260	092 1982	129	29 5685	097	085 6088	41
0,0510	55 19,51	097 7894	70	69 9782	103	104 4263	261	102 2111	131	30 0782	107	095 5829	40
11	55 40,13	107 7764	69	69 4679	113	114 4524	262	112 2242	131	30 5889	117	105 5569	39
12	56 00,76	117 7633	69	68 9566	122	124 4786	263	122 2373	131	31 1006	128	115 5308	37
13	56 21,38	127 7502	68	68 4444	133	134 5049	264	132 2504	132	31 6134	137	125 5045	37
14	56 42,01	137 7370	68	67 9311	143	144 5313	266	142 2636	132	32 1271	147	135 4782	36
15	57 02,64	147 7238	67	67 4168	153	154 5579	266	152 2768	133	32 6418	157	145 4518	35
16	57 23,26	157 7105	67	66 9015	162	164 5845	267	162 2901	133	33 1575	168	155 4253	33
17	57 43,89	167 6972	66	66 3853	173	174 6112	268	172 3034	134	33 6743	177	165 3986	33
18	58 04,52	177 6838	65	65 8680	183	184 6380	270	182 3168	135	34 1920	187	175 3719	32
19	58 25,14	187 6703	66	65 3497	192	194 6650	270	192 3303	135	34 7107	198	185 3451	30
0,0520	58 45,77	197 6569	64	64 8305	203	204 6920	271	202 3438	135	35 2305	207	195 3181	30
21	59 06,40	207 6433	64	64 3102	213	214 7191	273	212 3573	136	35 7512	217	205 2911	28
22	59 27,02	217 6297	64	63 7889	222	224 7464	273	222 3709	137	36 2729	228	215 2639	28
23	59 47,65	227 6161	63	63 2667	233	234 7737	275	232 3846	137	36 7957	237	225 2367	26
24	*00 08,28	237 6024	62	62 7434	242	244 8012	276	242 3983	138	37 3194	248	235 2093	26
25	00 28,90	247 5886	62	62 2192	253	254 8288	276	252 4121	138	37 8442	257	245 1819	24
26	00 49,53	257 5748	62	61 6939	263	264 8564	278	262 4259	138	38 3699	267	255 1543	23
27	01 10,16	267 5610	60	61 1676	272	274 8842	279	272 4397	139	38 8966	278	265 1266	23
28	01 30,78	277 5470	61	60 6404	283	284 9121	280	282 4536	140	39 4244	287	275 0989	21
29	01 51,41	287 5331	60	60 1121	292	294 9401	280	292 4676	140	39 9531	298	285 0710	20
0,0530	02 12,03	297 5191	59	59 5829	303	304 9681	282	302 4816	141	40 4829	307	295 0430	19
31	02 32,66	307 5050	59	59 0526	312	314 9963	283	312 4957	141	41 0136	318	305 0149	18
32	02 53,29	317 4909	58	58 5214	323	325 0246	285	322 5098	142	41 5454	327	314 9867	17
33	03 13,91	327 4767	58	57 9891	332	335 0531	285	332 5240	143	42 0781	338	324 9584	16
34	03 34,54	337 4625	57	57 4559	343	345 0816	286	342 5383	142	42 6119	347	334 9300	15
35	03 55,17	347 4482	57	56 9216	352	355 1102	287	352 5525	144	43 1466	358	344 9015	14
36	04 15,79	357 4339	56	56 3864	363	365 1389	289	362 5669	144	43 6824	368	354 8729	12
37	04 36,42	367 4195	55	55 8501	372	375 1678	289	372 5813	144	44 2192	377	364 8441	12
38	04 57,05	377 4050	55	55 3129	382	385 1967	291	382 5957	145	44 7569	388	374 8153	11
39	05 17,67	387 3905	55	54 7747	393	395 2258	291	392 6102	146	45 2957	397	384 7864	09
0,0540	05 38,30	397 3760	54	54 2354	402	405 2549	293	402 6248	146	45 8354	408	394 7573	09
41	05 58,93	407 3614	53	53 6952	412	415 2842	294	412 6394	147	46 3762	418	404 7282	07
42	06 19,55	417 3467	53	53 1540	423	425 3136	295	422 6541	147	46 9180	427	414 6989	06
43	06 40,18	427 3320	52	52 6117	432	435 3431	296	432 6688	148	47 4607	438	424 6695	05
44	07 00,81	437 3172	52	52 0685	442	445 3727	297	442 6836	148	48 0045	448	434 6400	04
45	07 21,43	447 3024	51	51 5243	453	455 4024	298	452 6984	149	48 5493	457	444 6104	04
46	07 42,06	457 2875	51	50 9790	462	465 4322	299	462 7133	149	49 0950	468	454 5808	01
47	08 02,68	467 2726	50	50 4328	472	475 4621	301	472 7282	150	49 6418	478	464 5509	01
48	08 23,31	477 2576	50	49 8856	483	485 4922	301	482 7432	150	50 1896	488	474 5210	00
49	08 43,94	487 2426	49	49 3373	492	495 5223	303	492 7582	151	50 7384	497	484 4910	*99
0,0550	09′ 04,56″	497 2275		48 7881		505 5526		502 7733		51 2881		494 4609	
	3°	**0,05**	**998**	**0,998**	**–5**	**0,05**	**100**	**0,05**	**100**	**1,001**	**5**	**0,05**	**996**

x	ln x	e^x	Δ	e^{-x}	Δ	arc sin x	Δ	arc tg x	Δ	𝔄𝔯 𝔖𝔦𝔫 x	Δ	𝔄𝔯 𝔗𝔤 x	Δ
	—2,9	**1,05**	**105**	**0,95**	**—95**	**0,05**	**100**	**0,04**	**997**	**0,04**	**998**	**0,05**	**100**
0,0500	9573 2274	127 1096	133	122 9425	119	002 0857	125	995 8396	50	997 9190	75	004 1729	251
01	9373 4271	137 6229	143	113 4306	108	012 0982	126	*005 8146	49	*007 9065	75	014 1980	253
02	9174 0252	148 1372	153	103 9198	100	022 1108	127	015 7895	48	017 8940	74	024 2233	253
03	8975 0202	158 6525	164	094 4098	089	032 1235	127	025 7643	47	027 8814	73	034 2486	254
04	8776 4104	169 1689	174	084 9009	080	042 1362	127	035 7390	46	037 8687	73	044 2740	255
05	8578 1943	179 6863	185	075 3929	071	052 1489	128	045 7136	45	047 8560	72	054 2995	256
06	8380 3703	190 2048	196	065 8858	061	062 1617	129	055 6881	45	057 8432	72	064 3251	257
07	8182 9368	200 7244	206	056 3797	052	072 1746	129	065 6626	43	067 8304	72	074 3508	259
08	7985 8924	211 2450	216	046 8745	042	082 1875	129	075 6369	42	077 8176	71	084 3767	259
09	7789 2355	221 7666	227	037 3703	032	092 2004	130	085 6111	41	087 8047	70	094 4026	260
0,0510	7592 9646	232 2893	238	027 8671	024	102 2134	131	095 5852	40	097 7917	70	104 4286	261
11	7397 0782	242 8131	248	018 3647	013	112 2265	131	105 5592	39	107 7787	70	114 4547	263
12	7201 5747	253 3379	259	008 8634	004	122 2396	132	115 5331	38	117 7657	69	124 4810	263
13	7006 4527	263 8638	269	*999 3630	*995	132 2528	132	125 5069	37	127 7526	68	134 5073	264
14	6811 7107	274 3907	279	989 8635	985	142 2660	132	135 4806	36	137 7394	68	144 5337	266
15	6617 3471	284 9186	290	980 3650	976	152 2792	133	145 4542	35	147 7262	67	154 5603	266
16	6423 3606	295 4476	301	970 8674	966	162 2925	134	155 4277	34	157 7129	67	164 5869	268
17	6229 7497	305 9777	311	961 3708	956	172 3059	134	165 4011	33	167 6996	67	174 6137	268
18	6036 5130	316 5088	322	951 8752	948	182 3193	135	175 3744	32	177 6863	65	184 6405	270
19	5843 6489	327 0410	333	942 3804	937	192 3328	135	185 3476	31	187 6728	66	194 6675	271
0,0520	5651 1560	337 5743	342	932 8867	928	202 3463	136	195 3207	29	197 6594	65	204 6946	271
21	5459 0330	348 1085	354	923 3939	919	212 3599	136	205 2936	29	207 6459	64	214 7217	273
22	5267 2784	358 6439	364	913 9020	909	222 3735	137	215 2665	28	217 6323	64	224 7490	274
23	5075 8908	369 1803	374	904 4111	900	232 3872	137	225 2393	27	227 6187	63	234 7764	274
24	4884 8688	379 7177	385	894 9211	890	242 4009	138	235 2120	25	237 6050	63	244 8038	276
25	4694 2109	390 2562	396	885 4321	881	252 4147	139	245 1845	25	247 5913	62	254 8314	277
26	4503 9159	400 7958	406	875 9440	871	262 4286	138	255 1570	23	257 5775	62	264 8591	278
27	4313 9823	411 3364	416	866 4569	862	272 4424	140	265 1293	23	267 5637	61	274 8869	279
28	4124 4088	421 8780	427	856 9707	852	282 4564	140	275 1016	21	277 5498	60	284 9148	280
29	3935 1940	432 4207	438	847 4855	843	292 4704	140	285 0737	21	287 5358	60	294 9428	281
0,0530	3746 3365	442 9645	448	838 0012	833	302 4844	141	295 0458	19	297 5218	60	304 9709	283
31	3557 8351	453 5093	459	828 5179	824	312 4985	142	305 0177	18	307 5078	58	314 9992	283
32	3369 6883	464 0552	469	819 0355	814	322 5127	142	314 9895	18	317 4936	60	325 0275	284
33	3181 8948	474 6021	480	809 5541	805	332 5269	143	324 9613	16	327 4796	58	335 0559	286
34	2994 4533	485 1501	491	800 0736	795	342 5412	143	334 9329	15	337 4654	57	345 0845	286
35	2807 3625	495 6992	501	790 5941	786	352 5555	143	344 9044	14	347 4511	57	355 1131	288
36	2620 6211	506 2493	511	781 1155	776	362 5698	145	354 8758	13	357 4368	56	365 1419	289
37	2434 2277	516 8004	522	771 6379	767	372 5843	144	364 8471	12	367 4224	56	375 1708	289
38	2248 1812	527 3526	533	762 1612	758	382 5987	146	374 8183	11	377 4080	56	385 1997	291
39	2062 4801	537 9059	543	752 6854	747	392 6133	145	384 7894	10	387 3936	54	395 2288	292
0,0540	1877 1232	548 4602	554	743 2107	739	402 6278	147	394 7604	08	397 3790	55	405 2580	293
41	1692 1093	559 0156	564	733 7368	729	412 6425	147	404 7312	08	407 3645	53	415 2873	294
42	1507 4371	569 5720	575	724 2639	719	422 6572	147	414 7020	07	417 3498	54	425 3167	295
43	1323 1052	580 1295	585	714 7920	711	432 6719	148	424 6727	05	427 3352	52	435 3462	297
44	1139 1125	590 6880	596	705 3209	700	442 6867	149	434 6432	04	437 3204	52	445 3759	297
45	0955 4577	601 2476	607	695 8509	691	452 7016	149	444 6136	04	447 3056	52	455 4056	298
46	0772 1396	611 8083	617	686 3818	682	462 7165	150	454 5840	02	457 2908	51	465 4354	300
47	0589 1570	622 3700	628	676 9136	672	472 7315	150	464 5542	01	467 2759	50	475 4654	301
48	0406 5085	632 9328	638	667 4464	663	482 7465	151	474 5243	00	477 2609	50	485 4955	301
49	0224 1930	643 4966	649	657 9801	653	492 7616	151	484 4943	*99	487 2459	50	495 5256	303
0,0550	0042 2094	654 0615		648 5148		502 7767		494 4642		497 2309		505 5559	
	—2,9	**1,05**	**105**	**0,94**	**—94**	**0,05**	**100**	**0,05**	**996**	**0,05**	**998**	**0,05**	**100**

x	φ	sin x	Δ	cos x	Δ	tg x	Δ	Sin x	Δ	Cof x	Δ	Tg x	Δ
	3°	0,05	998	0,998	−5	0,05	100	0,05	100	1,001	5	0,05	996
0,0550	09′ 04″,56	497 2275	49	48 7881	502	505 5526	303	502 7733	152	51 2881	508	494 4609	97
51	09 25,19	507 2124	48	48 2379	512	515 5829	305	512 7885	152	51 8389	518	504 4306	97
52	09 45,82	517 1972	47	47 6867	522	525 6134	306	522 8037	153	52 3907	528	514 4003	95
53	10 06,44	527 1819	47	47 1345	533	535 6440	307	532 8190	153	52 9435	538	524 3698	94
54	10 27,07	537 1666	46	46 5812	542	545 6747	308	542 8343	154	53 4973	547	534 3392	93
55	10 47,70	547 1512	46	46 0270	552	555 7055	309	552 8497	154	54 0520	558	544 3085	93
56	11 08,32	557 1358	45	45 4718	562	565 7364	310	562 8651	155	54 6078	568	554 2778	90
57	11 28,95	567 1203	45	44 9156	572	575 7674	312	572 8806	155	55 1646	578	564 2468	90
58	11 49,58	577 1048	44	44 3584	582	585 7986	312	582 8961	156	55 7224	588	574 2158	89
59	12 10,20	587 0892	43	43 8002	592	595 8298	314	592 9117	157	56 2812	598	584 1847	88
0,0560	12 30,83	597 0735	43	43 2410	602	605 8612	315	602 9274	157	56 8410	608	594 1535	86
61	12 51,46	607 0578	43	42 6808	612	615 8927	316	612 9431	158	57 4018	618	604 1221	86
62	13 12,08	617 0421	41	42 1196	622	625 9243	317	622 9589	158	57 9636	628	614 0907	84
63	13 32,71	627 0262	42	41 5574	632	635 9560	318	632 9747	159	58 5264	638	624 0591	83
64	13 53,34	637 0104	40	40 9942	642	645 9878	320	642 9906	159	59 0902	648	634 0274	82
65	14 13,96	646 9944	41	40 4300	652	656 0198	320	653 0065	160	59 6550	658	643 9956	81
66	14 34,59	656 9785	39	39 8648	662	666 0518	322	663 0225	161	60 2208	668	653 9637	80
67	14 55,21	666 9624	39	39 2986	672	676 0840	322	673 0386	161	60 7876	678	663 9317	78
68	15 15,84	676 9463	39	38 7314	682	686 1162	324	683 0547	161	61 3554	688	673 8995	78
69	15 36,47	686 9302	38	38 1632	692	696 1486	325	693 0708	163	61 9242	698	683 8673	76
0,0570	15 57,09	696 9140	37	37 5940	702	706 1811	327	703 0871	162	62 4940	708	693 8349	75
71	16 17,72	706 8977	37	37 0238	712	716 2138	327	713 1033	164	63 0648	718	703 8024	74
72	16 38,35	716 8814	36	36 4526	722	726 2465	328	723 1197	164	63 6366	728	713 7698	73
73	16 58,97	726 8650	35	35 8804	732	736 2793	330	733 1361	164	64 2094	738	723 7371	72
74	17 19,60	736 8485	35	35 3072	742	746 3123	331	743 1525	165	64 7832	749	733 7043	71
75	17 40,23	746 8320	35	34 7330	751	756 3454	332	753 1690	166	65 3581	758	743 6714	69
76	18 00,85	756 8155	34	34 1579	762	766 3786	333	763 1856	166	65 9339	768	753 6383	69
77	18 21,48	766 7989	33	33 5817	772	776 4119	334	773 2022	167	66 5107	778	763 6052	67
78	18 42,11	776 7822	33	33 0045	782	786 4453	335	783 2189	167	67 0885	788	773 5719	66
79	19 02,73	786 7655	32	32 4263	792	796 4788	337	793 2356	168	67 6673	799	783 5385	65
0,0580	19 23,36	796 7487	31	31 8471	801	806 5125	338	803 2524	169	68 2472	808	793 5050	64
81	19 43,99	806 7318	31	31 2670	812	816 5463	339	813 2693	169	68 8280	818	803 4714	62
82	20 04,61	816 7149	31	30 6858	822	826 5802	340	823 2862	169	69 4098	828	813 4376	62
83	20 25,24	826 6980	30	30 1036	831	836 6142	341	833 3031	171	69 9926	839	823 4038	60
84	20 45,86	836 6810	29	29 5205	842	846 6483	342	843 3202	171	70 5765	848	833 3698	59
85	21 06,49	846 6639	28	28 9363	852	856 6825	344	853 3373	171	71 1613	858	843 3357	58
86	21 27,12	856 6467	28	28 3511	861	866 7169	345	863 3544	172	71 7471	869	853 3015	57
87	21 47,74	866 6295	28	27 7650	872	876 7514	346	873 3716	173	72 3340	878	863 2672	56
88	22 08,37	876 6123	27	27 1778	882	886 7860	347	883 3889	173	72 9218	889	873 2328	54
89	22 29,00	886 5950	26	26 5896	891	896 8207	348	893 4062	174	73 5107	898	883 1982	54
0,0590	22 49,62	896 5776	26	26 0005	902	906 8555	350	903 4236	174	74 1005	908	893 1636	52
91	23 10,25	906 5602	25	25 4103	911	916 8905	350	913 4410	175	74 6913	919	903 1288	51
92	23 30,88	916 5427	24	24 8192	922	926 9255	352	923 4585	176	75 2832	928	913 0939	49
93	23 51,50	926 5251	24	24 2270	931	936 9607	353	933 4761	176	75 8760	939	923 0588	49
94	24 12,13	936 5075	24	23 6339	942	946 9960	355	943 4937	177	76 4699	948	933 0237	47
95	24 32,76	946 4899	22	23 0397	951	957 0315	355	953 5114	177	77 0647	959	942 9884	47
96	24 53,38	956 4721	23	22 4446	962	967 0670	357	963 5291	178	77 6606	968	952 9531	45
97	25 14,01	966 4544	21	21 8484	971	977 1027	358	973 5469	179	78 2574	979	962 9176	43
98	25 34,64	976 4365	21	21 2513	982	987 1385	359	983 5648	179	78 8553	988	972 8819	43
99	25 55,26	986 4186	20	20 6531	991	997 1744	360	993 5827	179	79 4541	999	982 8462	42
0,0600	26′15″,89	996 4006		20 0540		*007 2104		*003 6006		80 0540		992 8104	
	3°	0,05	998	0,998	−5	0,06	100	0,06	100	1,001	5	0,05	996

x	ln x	e^x		e^{-x}		arc sin x		arc tg x		Ar Sin x		Ar Tg x	
	—2,9	**1,05**	**105**	**0,94**	**—94**	**0,05**	**100**	**0,05**	**996**	**0,05**	**998**	**0,05**	**100**
0,0550	0042 2094	654 0615	659	648 5148	644	502 7767	152	494 4642	98	497 2309	48	505 5559	304
51	*9860 5563	664 6274	670	639 0504	634	512 7919	152	504 4340	97	507 2157	49	515 5863	305
52	9679 2326	675 1944	680	629 5870	625	522 8071	153	514 4037	95	517 2006	47	525 6168	306
53	9498 2370	685 7624	691	620 1245	615	532 8224	154	524 3732	95	527 1853	47	535 6474	308
54	9317 5685	696 3315	702	610 6630	606	542 8378	154	534 3427	93	537 1700	47	545 6782	308
55	9137 2258	706 9017	712	601 2024	597	552 8532	155	544 3120	93	547 1547	46	555 7090	310
56	8957 2078	717 4729	723	591 7427	587	562 8687	155	554 2813	91	557 1393	46	565 7400	310
57	8777 5132	728 0452	733	582 2840	577	572 8842	155	564 2504	90	567 1239	45	575 7710	312
58	8598 1410	738 6185	744	572 8263	568	582 8997	157	574 2194	89	577 1084	44	585 8022	313
59	8419 0899	749 1929	755	563 3695	559	592 9154	157	584 1883	88	587 0928	44	595 8335	314
0,0560	8240 3588	759 7684	765	553 9136	549	602 9311	157	594 1571	87	597 0772	43	605 8649	315
61	8061 9466	770 3449	775	544 4587	540	612 9468	158	604 1258	86	607 0615	43	615 8964	316
62	7883 8522	780 9224	787	535 0047	530	622 9626	159	614 0944	84	617 0458	42	625 9280	318
63	7706 0744	791 5011	796	525 5517	521	632 9785	159	624 0628	84	627 0300	42	635 9598	318
64	7528 6120	802 0807	808	516 0996	512	642 9944	160	634 0312	82	637 0142	41	645 9916	320
65	7351 4641	812 6615	818	506 6484	501	653 0104	160	643 9994	81	646 9983	40	656 0236	321
66	7174 6294	823 2433	828	497 1983	493	663 0264	161	653 9675	81	656 9823	40	666 0557	322
67	6998 1068	833 8261	839	487 7490	483	673 0425	161	663 9356	78	666 9663	40	676 0879	323
68	6821 8953	844 4100	850	478 3007	474	683 0586	162	673 9034	78	676 9503	38	686 1202	324
69	6645 9938	854 9950	860	468 8533	464	693 0748	163	683 8712	77	686 9341	39	696 1526	326
0,0570	6470 4011	865 5810	871	459 4069	454	703 0911	163	693 8389	76	696 9180	37	706 1852	326
71	6295 1162	876 1681	882	449 9615	446	713 1074	164	703 8065	74	706 9017	37	716 2178	328
72	6120 1381	886 7563	892	440 5169	435	723 1238	164	713 7739	73	716 8854	37	726 2506	329
73	5945 4655	897 3455	902	431 0734	427	733 1402	165	723 7412	73	726 8691	36	736 2835	330
74	5771 0976	907 9357	914	421 6307	417	743 1567	165	733 7085	71	736 8527	35	746 3165	331
75	5597 0331	918 5271	923	412 1890	407	753 1732	166	743 6756	70	746 8362	35	756 3496	332
76	5423 2711	929 1194	935	402 7483	398	763 1898	167	753 6426	68	756 8197	34	766 3828	334
77	5249 8105	939 7129	945	393 3085	389	773 2065	167	763 6094	68	766 8031	34	776 4162	334
78	5076 6503	950 3074	956	383 8696	379	783 2232	168	773 5762	66	776 7865	33	786 4496	336
79	4903 7894	960 9030	966	374 4317	370	793 2400	168	783 5428	66	786 7698	32	796 4832	337
0,0580	4731 2268	971 4996	977	364 9947	360	803 2568	169	793 5094	64	796 7530	32	806 5169	338
81	4558 9615	982 0973	987	355 5587	351	813 2737	169	803 4758	63	806 7362	32	816 5507	339
82	4386 9924	992 6960	998	346 1236	341	823 2906	170	813 4421	62	816 7194	31	826 5846	341
83	4215 3186	*003 2958	*008	336 6895	332	833 3076	171	823 4083	60	826 7025	30	836 6187	341
84	4043 9389	013 8966	020	327 2563	323	843 3247	171	833 3743	60	836 6855	29	846 6528	343
85	3872 8525	024 4986	029	317 8240	313	853 3418	172	843 3403	58	846 6684	29	856 6871	344
86	3702 0582	035 1015	041	308 3927	303	863 3590	173	853 3061	57	856 6513	29	866 7215	345
87	3531 5552	045 7056	051	298 9624	295	873 3763	173	863 2718	56	866 6342	28	876 7560	347
88	3361 3424	056 3107	062	289 5329	284	883 3936	173	873 2374	55	876 6170	27	886 7907	347
89	3191 4188	066 9169	072	280 1045	276	893 4109	175	883 2029	54	886 5997	27	896 8254	349
0,0590	3021 7835	077 5241	083	270 6769	266	903 4284	174	893 1683	52	896 5824	26	906 8603	350
91	2852 4355	088 1324	093	261 2503	256	913 4458	176	903 1335	52	906 5650	25	916 8953	351
92	2683 3737	098 7417	104	251 8247	247	923 4634	176	913 0987	50	916 5475	25	926 9304	352
93	2514 5973	109 3521	115	242 4000	238	933 4810	176	923 0637	49	926 5300	25	936 9656	354
94	2346 1053	119 9636	125	232 9762	228	943 4986	178	933 0286	48	936 5125	23	947 0010	354
95	2177 8966	130 5761	136	223 5534	219	953 5164	177	942 9934	46	946 4948	23	957 0364	356
96	2009 9705	141 1897	146	214 1315	210	963 5341	179	952 9580	46	956 4771	23	967 0720	357
97	1842 3259	151 8043	157	204 7105	200	973 5520	179	962 9226	44	966 4594	22	977 1077	359
98	1674 9618	162 4200	168	195 2905	190	983 5699	179	972 8870	43	976 4416	21	987 1436	359
99	1507 8774	173 0368	179	185 8715	181	993 5878	180	982 8513	42	986 4237	21	997 1795	361
0,0600	1341 0717	183 6547		176 4534		*003 6058		992 8155		996 4058		*007 2156	
	—2,8	**1,06**	**106**	**0,94**	**—94**	**0,06**	**100**	**0,05**	**996**	**0,05**	**998**	**0,06**	**100**

x	φ	$\sin x$		$\cos x$		$\operatorname{tg} x$		$\operatorname{Sin} x$		$\operatorname{Cos} x$		$\operatorname{Tg} x$	
	3°	**0,05**	**998**	**0,998**	**−6**	**0,06**	**100**	**0,06**	**100**	**1,001**	**6**	**0,05**	**996**
0,0600	26′ 15,″89	996 4006	20	20 0540	001	007 2104	361	003 6006	181	80 0540	009	992 8104	40
01	26 36,51	*006 3826	19	19 4539	012	017 2465	363	013 6187	181	80 6549	018	*002 7744	39
02	26 57,14	016 3645	19	18 8527	021	027 2828	364	023 6368	181	81 2567	029	012 7383	38
03	27 17,77	026 3464	18	18 2506	032	037 3192	365	033 6549	183	81 8596	039	022 7021	36
04	27 38,39	036 3282	17	17 6474	041	047 3557	366	043 6732	182	82 4635	048	032 6657	36
05	27 59,02	046 3099	17	17 0433	051	057 3923	368	053 6914	184	83 0683	059	042 6293	34
06	28 19,65	056 2916	16	16 4382	061	067 4291	369	063 7098	184	83 6742	069	052 5927	33
07	28 40,27	066 2732	16	15 8321	072	077 4660	370	073 7282	184	84 2811	078	062 5560	32
08	29 00,90	076 2548	15	15 2249	081	087 5030	371	083 7466	185	84 8889	089	072 5192	31
09	29 21,53	086 2363	14	14 6168	091	097 5401	372	093 7651	186	85 4978	099	082 4823	29
0,0610	29 42,15	096 2177	14	14 0077	101	107 5773	374	103 7837	187	86 1077	109	092 4452	28
11	30 02,78	106 1991	13	13 3976	112	117 6147	375	113 8024	187	86 7186	119	102 4080	27
12	30 23,41	116 1804	12	12 7864	121	127 6522	376	123 8211	187	87 3305	128	112 3707	26
13	30 44,03	126 1616	12	12 1743	131	137 6898	377	133 8398	189	87 9433	139	122 3333	25
14	31 04,66	136 1428	11	11 5612	141	147 7275	379	143 8587	188	88 5572	149	132 2958	23
15	31 25,29	146 1239	11	10 9471	151	157 7654	379	153 8775	190	89 1721	159	142 2581	22
16	31 45,91	156 1050	10	10 3320	161	167 8033	381	163 8965	190	89 7880	169	152 2203	21
17	32 06,54	166 0860	09	09 7159	171	177 8414	383	173 9155	191	90 4049	179	162 1824	20
18	32 27,17	176 0669	09	09 0988	181	187 8797	383	183 9346	191	91 0228	189	172 1444	18
19	32 47,79	186 0478	08	08 4807	191	197 9180	385	193 9537	192	91 6417	199	182 1062	17
0,0620	33 08,42	196 0286	08	07 8616	201	207 9565	386	203 9729	193	92 2616	209	192 0679	16
21	33 29,04	206 0094	07	07 2415	211	217 9951	387	213 9922	193	92 8825	219	202 0295	15
22	33 49,67	215 9901	06	06 6204	221	228 0338	389	224 0115	194	93 5044	229	211 9910	13
23	34 10,30	225 9707	06	05 9983	231	238 0727	390	234 0309	194	94 1273	239	221 9523	13
24	34 30,92	235 9513	05	05 3752	241	248 1117	391	244 0503	195	94 7512	249	231 9136	11
25	34 51,55	245 9318	04	04 7511	251	258 1508	392	254 0698	196	95 3761	259	241 8747	10
26	35 12,18	255 9122	04	04 1260	261	268 1900	393	264 0894	196	96 0020	269	251 8357	08
27	35 32,80	265 8926	03	03 4999	271	278 2293	395	274 1090	197	96 6289	279	261 7965	07
28	35 53,43	275 8729	03	02 8728	281	288 2688	396	284 1287	198	97 2568	289	271 7572	06
29	36 14,06	285 8532	02	02 2447	291	298 3084	398	294 1485	198	97 8857	299	281 7178	05
0,0630	36 34,68	295 8334	01	01 6156	301	308 3482	398	304 1683	199	98 5156	310	291 6783	04
31	36 55,31	305 8135	01	00 9855	310	318 3880	400	314 1882	199	99 1466	319	301 6387	02
32	37 15,94	315 7936	00	00 3545	321	328 4280	401	324 2081	200	99 7785	329	311 5989	01
33	37 36,56	325 7736	*99	*99 7224	331	338 4681	403	334 2281	201	*00 4114	339	321 5590	00
34	37 57,19	335 7535	99	99 0893	341	348 5084	403	344 2482	201	01 0453	350	331 5190	*98
35	38 17,82	345 7334	98	98 4552	350	358 5487	405	354 2683	202	01 6803	359	341 4788	97
36	38 38,44	355 7132	98	97 8202	361	368 5892	406	364 2885	203	02 3162	369	351 4385	96
37	38 59,07	365 6930	96	97 1841	371	378 6298	408	374 3088	203	02 9531	379	361 3981	95
38	39 19,69	375 6726	97	96 5470	380	388 6706	409	384 3291	204	03 5910	390	371 3576	93
39	39 40,32	385 6523	95	95 9090	391	398 7115	410	394 3495	205	04 2300	399	381 3169	93
0,0640	40 00,95	395 6318	95	95 2699	401	408 7525	411	404 3700	205	04 8699	410	391 2762	90
41	40 21,57	405 6113	95	94 6298	410	418 7936	413	414 3905	206	05 5109	419	401 2352	90
42	40 42,20	415 5908	93	93 9888	421	428 8349	414	424 4111	206	06 1528	429	411 1942	88
43	41 02,83	425 5701	93	93 3467	430	438 8763	415	434 4317	207	06 7957	440	421 1530	87
44	41 23,45	435 5494	93	92 7037	441	448 9178	416	444 4524	208	07 4397	449	431 1117	86
45	41 44,08	445 5287	91	92 0596	450	458 9594	418	454 4732	208	08 0846	460	441 0703	85
46	42 04,71	455 5078	91	91 4146	461	469 0012	419	464 4940	209	08 7306	469	451 0288	83
47	42 25,33	465 4869	91	90 7685	470	479 0431	421	474 5149	210	09 3775	480	460 9871	82
48	42 45,96	475 4660	90	90 1215	481	489 0852	422	484 5359	211	10 0255	489	470 9453	80
49	43 06,59	485 4450	89	89 4734	490	499 1274	423	494 5570	211	10 6744	500	480 9033	80
0,0650	43′ 27,″21	495 4239		88 8244		509 1697		504 5781		11 3244		490 8613	
	3°	**0,06**	**997**	**0,997**	**−6**	**0,06**	**100**	**0,06**	**100**	**1,002**	**6**	**0,06**	**995**

x	ln x	e^x		e^{-x}		arc sin x		arc tg x		Ar Sin x		Ar Tg x	
	—2,8	**1,06**	**106**	**0,94**	**—94**	**0,06**	**100**	**0,05**	**996**	**0,05**	**998**	**0,06**	**100**
0,0600	1341 0717	183 6547	189	176 4534	172	003 6058	181	992 8155	41	996 4058	20	007 2156	362
01	1174 5437	194 2736	199	167 0362	162	013 6239	182	*002 7796	39	*006 3878	20	017 2518	363
02	1008 2927	204 8935	210	157 6200	153	023 6421	182	012 7435	39	016 3698	19	027 2881	364
03	0842 3175	215 5145	221	148 2047	144	033 6603	182	022 7074	37	026 3517	18	037 3245	366
04	0676 6174	226 1366	232	138 7903	134	043 6785	183	032 6711	36	036 3335	18	047 3611	367
05	0511 1914	236 7598	242	129 3769	125	053 6968	184	042 6347	34	046 3153	17	057 3978	368
06	0346 0386	247 3840	252	119 9644	115	063 7152	185	052 5981	34	056 2970	17	067 4346	369
07	0181 1581	258 0092	264	110 5529	106	073 7337	185	062 5615	32	066 2787	16	077 4715	370
08	0016 5490	268 6356	274	101 1423	096	083 7522	185	072 5247	31	076 2603	15	087 5085	372
09	*9852 2104	279 2630	284	091 7327	087	093 7707	187	082 4878	30	086 2418	15	097 5457	373
0,0610	9688 1415	289 8914	295	082 3240	078	103 7894	187	092 4508	29	096 2233	14	107 5830	374
11	9524 3413	300 5209	306	072 9162	068	113 8081	187	102 4137	27	106 2047	14	117 6204	375
12	9360 8089	311 1515	317	063 5094	059	123 8268	188	112 3764	27	116 1861	13	127 6579	377
13	9197 5436	321 7832	327	054 1035	049	133 8456	189	122 3391	25	126 1674	12	137 6956	378
14	9034 5444	332 4159	338	044 6986	040	143 8645	189	132 3016	23	136 1486	12	147 7334	379
15	8871 8104	343 0497	348	035 2946	031	153 8834	190	142 2639	23	146 1298	11	157 7713	380
16	8709 3408	353 6845	359	025 8915	021	163 9024	191	152 2262	21	156 1109	10	167 8093	381
17	8547 1348	364 3204	370	016 4894	012	173 9215	191	162 1883	20	166 0919	10	177 8474	383
18	8385 1915	374 9574	380	007 0882	002	183 9406	192	172 1503	19	176 0729	10	187 8857	384
19	8223 5099	385 5954	391	*997 6880	*993	193 9598	192	182 1122	18	186 0539	08	197 9241	385
0,0620	8062 0894	396 2345	401	988 2887	984	203 9790	193	192 0740	17	196 0347	08	207 9626	387
21	7900 9290	406 8746	412	978 8903	974	213 9983	194	202 0357	15	206 0155	08	218 0013	388
22	7740 0279	417 5158	423	969 4929	965	224 0177	194	211 9972	14	215 9963	06	228 0401	389
23	7579 3853	428 1581	434	960 0964	955	234 0371	195	221 9586	12	225 9769	07	238 0790	390
24	7419 0004	438 8015	444	950 7009	946	244 0566	196	231 9198	12	235 9576	05	248 1180	391
25	7258 8722	449 4459	455	941 3063	937	254 0762	196	241 8810	10	245 9381	05	258 1571	393
26	7099 0001	460 0914	465	931 9126	927	264 0958	197	251 8420	09	255 9186	05	268 1964	394
27	6939 3831	470 7379	476	922 5199	918	274 1155	197	261 8029	08	265 8991	03	278 2358	396
28	6780 0206	481 3855	487	913 1281	908	284 1352	198	271 7637	07	275 8794	03	288 2754	396
29	6620 9115	492 0342	497	903 7373	899	294 1550	199	281 7244	05	285 8597	03	298 3150	398
0,0630	6462 0553	502 6839	508	894 3474	890	304 1749	199	291 6849	04	295 8400	02	308 3548	399
31	6303 4509	513 3347	519	884 9584	880	314 1948	200	301 6453	03	305 8202	01	318 3947	401
32	6145 0978	523 9866	529	875 5704	871	324 2148	201	311 6056	01	315 8003	00	328 4348	401
33	5986 9950	534 6395	540	866 1833	862	334 2349	201	321 5657	01	325 7803	00	338 4749	403
34	5829 1418	545 2935	551	856 7971	852	344 2550	202	331 5258	*99	335 7603	00	348 5152	404
35	5671 5373	555 9486	561	847 4119	842	354 2752	203	341 4857	97	345 7403	*98	358 5556	406
36	5514 1809	566 6047	572	838 0277	834	364 2955	203	351 4454	97	355 7201	98	368 5962	407
37	5357 0716	577 2619	583	828 6443	824	374 3158	204	361 4051	95	365 6999	98	378 6369	408
38	5200 2089	587 9202	593	819 2619	814	384 3362	204	371 3646	94	375 6797	97	388 6777	409
39	5043 5918	598 5795	604	809 8805	805	394 3566	205	381 3240	93	385 6594	96	398 7186	411
0,0640	4887 2196	609 2399	614	800 5000	796	404 3771	206	391 2833	91	395 6390	95	408 7597	412
41	4731 0915	619 9013	626	791 1204	787	414 3977	207	401 2424	90	405 6185	95	418 8009	413
42	4575 2068	630 5639	635	781 7417	777	424 4184	207	411 2014	89	415 5980	94	428 8422	414
43	4419 5648	641 2274	647	772 3640	767	434 4391	207	421 1603	88	425 5774	94	438 8836	416
44	4264 1646	651 8921	657	762 9873	759	444 4598	209	431 1191	86	435 5568	93	448 9252	417
45	4109 0055	662 5578	668	753 6114	749	454 4807	209	441 0777	85	445 5361	92	458 9669	419
46	3954 0868	673 2246	679	744 2365	739	464 5016	209	451 0362	84	455 5153	92	469 0088	419
47	3799 4077	683 8925	689	734 8626	730	474 5225	211	460 9946	83	465 4945	91	479 0507	421
48	3644 9676	694 5614	700	725 4896	721	484 5436	210	470 9529	81	475 4736	90	489 0928	423
49	3490 7655	705 2314	710	716 1175	712	494 5646	212	480 9110	80	485 4526	90	499 1351	423
0,0650	3336 8009	715 9024		706 7463		504 5858		490 8690		495 4316		509 1774	
	—2,7	**1,06**	**106**	**0,93**	**—93**	**0,06**	**100**	**0,06**	**995**	**0,06**	**997**	**0,06**	**100**

x	φ	sin x		cos x		tg x		𝔖𝔦𝔫 x		ℭ𝔬𝔣 x		𝔗𝔤 x	
	3°	0,06	997	0,997	−6	0,06	100	0,06	100	1,002	6	0,06	995
0,0650	43′ 27,21″	495 4239	88	88 8244	501	509 1697	424	504 5781	211	11 3244	509	490 8613	78
51	43 47,84	505 4027	88	88 1743	510	519 2121	426	514 5992	212	11 9753	520	500 8191	77
52	44 08,47	515 3815	87	87 5233	521	529 2547	427	524 6204	213	12 6273	530	510 7768	75
53	44 29,09	525 3602	87	86 8712	530	539 2974	428	534 6417	214	13 2803	539	520 7343	74
54	44 49,72	535 3389	86	86 2182	540	549 3402	429	544 6631	214	13 9342	550	530 6917	73
55	45 10,34	545 3175	85	85 5642	550	559 3831	431	554 6845	215	14 5892	560	540 6490	72
56	45 30,97	555 2960	85	84 9092	561	569 4262	433	564 7060	216	15 2452	569	550 6062	70
57	45 51,60	565 2745	84	84 2531	570	579 4695	433	574 7276	216	15 9021	580	560 5632	69
58	46 12,22	575 2529	83	83 5961	580	589 5128	435	584 7492	217	16 5601	590	570 5201	67
59	46 32,85	585 2312	82	82 9381	591	599 5563	436	594 7709	217	17 2191	600	580 4768	67
0,0660	46 53,48	595 2094	82	82 2790	600	609 5999	438	604 7926	219	17 8791	610	590 4335	65
61	47 14,10	605 1876	82	81 6190	610	619 6437	439	614 8145	219	18 5401	619	600 3900	63
62	47 34,73	615 1658	80	80 9580	620	629 6876	440	624 8364	219	19 2020	630	610 3463	63
63	47 55,36	625 1438	80	80 2960	630	639 7316	441	634 8583	220	19 8650	640	620 3026	61
64	48 15,98	635 1218	80	79 6330	640	649 7757	443	644 8803	221	20 5290	650	630 2587	60
65	48 36,61	645 0998	78	78 9690	650	659 8200	444	654 9024	222	21 1940	660	640 2147	58
66	48 57,24	655 0776	78	78 3040	660	669 8644	446	664 9246	222	21 8600	670	650 1705	57
67	49 17,86	665 0554	77	77 6380	670	679 9090	447	674 9468	223	22 5270	680	660 1262	56
68	49 38,49	675 0331	77	76 9710	680	689 9537	448	684 9691	223	23 1950	690	670 0818	54
69	49 59,12	685 0108	76	76 3030	690	699 9985	450	694 9914	224	23 8640	700	680 0372	53
0,0670	50 19,74	694 9884	75	75 6340	700	710 0435	451	705 0138	225	24 5340	710	689 9925	52
71	50 40,37	704 9659	75	74 9640	710	720 0886	452	715 0363	226	25 2050	720	699 9477	51
72	51 00,99	714 9434	74	74 2930	720	730 1338	453	725 0589	226	25 8770	730	709 9028	49
73	51 21,62	724 9208	73	73 6210	730	740 1791	455	735 0815	227	26 5500	740	719 8577	47
74	51 42,25	734 8981	73	72 9480	740	750 2246	457	745 1042	227	27 2240	750	729 8124	47
75	52 02,87	744 8754	72	72 2740	750	760 2703	457	755 1269	229	27 8990	760	739 7671	45
76	52 23,50	754 8526	71	71 5990	760	770 3160	460	765 1498	229	28 5750	770	749 7216	44
77	52 44,13	764 8297	71	70 9230	770	780 3620	460	775 1727	229	29 2520	781	759 6760	42
78	53 04,75	774 8068	70	70 2460	779	790 4080	462	785 1956	231	29 9301	790	769 6302	41
79	53 25,38	784 7838	69	69 5681	790	800 4542	463	795 2187	230	30 6091	800	779 5843	40
0,0680	53 46,01	794 7607	68	68 8891	800	810 5005	464	805 2417	232	31 2891	810	789 5383	38
81	54 06,63	804 7375	68	68 2091	810	820 5469	466	815 2649	232	31 9701	821	799 4921	37
82	54 27,26	814 7143	67	67 5281	819	830 5935	468	825 2881	233	32 6522	830	809 4458	36
83	54 47,89	824 6910	67	66 8462	830	840 6403	468	835 3114	234	33 3352	840	819 3994	34
84	55 08,51	834 6677	66	66 1632	840	850 6871	470	845 3348	234	34 0192	851	829 3528	33
85	55 29,14	844 6443	65	65 4792	849	860 7341	472	855 3582	235	34 7043	860	839 3061	32
86	55 49,77	854 6208	64	64 7943	860	870 7813	472	865 3817	236	35 3903	870	849 2593	30
87	56 10,39	864 5972	64	64 1083	870	880 8285	474	875 4053	237	36 0773	881	859 2123	29
88	56 31,02	874 5736	63	63 4213	879	890 8759	476	885 4290	237	36 7654	890	869 1652	27
89	56 51,65	884 5499	63	62 7334	890	900 9235	477	895 4527	238	37 4544	901	879 1179	26
0,0690	57 12,27	894 5262	61	62 0444	899	910 9712	478	905 4765	238	38 1445	910	889 0705	25
91	57 32,90	904 5023	61	61 3545	910	921 0190	480	915 5003	239	38 8355	921	899 0230	23
92	57 53,52	914 4784	61	60 6635	919	931 0670	481	925 5242	240	39 5276	930	908 9753	22
93	58 14,15	924 4545	59	59 9716	930	941 1151	483	935 5482	241	40 2206	941	918 9275	21
94	58 34,78	934 4304	59	59 2786	939	951 1634	483	945 5723	241	40 9147	950	928 8796	19
95	58 55,40	944 4063	58	58 5847	949	961 2117	486	955 5964	242	41 6097	961	938 8315	18
96	59 16,03	954 3821	58	57 8898	960	971 2603	486	965 6206	243	42 3058	971	948 7833	16
97	59 36,66	964 3579	57	57 1938	969	981 3089	488	975 6449	243	43 0029	980	958 7349	15
98	59 57,28	974 3336	56	56 4969	979	991 3577	490	985 6692	244	43 7009	991	968 6864	14
99	*00 17,91	984 3092	55	55 7990	990	*001 4067	491	995 6936	245	44 4000	*001	978 6378	12
0,0700	00′ 38,54″	994 2847		55 1000		011 4558		*005 7181		45 1001		988 5890	
	4°	0,06	997	0,997	−6	0,07	100	0,07	100	1,002	7	0,06	995

x	ln x	e^x		e^{-x}		arc sin x		arc tg x		Ar Sin x		Ar Tg x	
	—2,7	**1,06**	**106**	**0,93**	**—93**	**0,06**	**100**	**0,06**	**995**	**0,06**	**997**	**0,06**	**100**
0,0650	3336 8009	715 9024	722	706 7463	702	504 5858	212	490 8690	78	495 4316	89	509 1774	425
51	3183 0730	726 5746	732	697 3761	692	514 6070	213	500 8268	78	505 4105	89	519 2199	427
52	3029 5810	737 2478	742	688 0069	684	524 6283	214	510 7846	76	515 3894	87	529 2626	427
53	2876 3243	747 9220	753	678 6385	674	534 6497	214	520 7422	74	525 3681	87	539 3053	429
54	2723 3021	758 5973	764	669 2711	664	544 6711	215	530 6996	74	535 3468	87	549 3482	430
55	2570 5136	769 2737	775	659 9047	655	554 6926	215	540 6570	72	545 3255	86	559 3912	432
56	2417 9583	779 9512	785	650 5392	646	564 7141	217	550 6142	71	555 3041	85	569 4344	433
57	2265 6353	790 6297	796	641 1746	637	574 7358	216	560 5713	69	565 2826	85	579 4777	434
58	2113 5441	801 3093	807	631 8109	627	584 7574	218	570 5282	69	575 2611	83	589 5211	435
59	1961 6837	811 9900	817	622 4482	618	594 7792	218	580 4851	67	585 2394	84	599 5646	437
0,0660	1810 0537	822 6717	828	613 0864	608	604 8010	219	590 4418	65	595 2178	82	609 6083	438
61	1658 6532	833 3545	839	603 7256	599	614 8229	220	600 3983	65	605 1960	82	619 6521	440
62	1507 4816	844 0384	849	594 3657	590	624 8449	220	610 3548	63	615 1742	81	629 6961	441
63	1356 5382	854 7233	860	585 0067	580	634 8669	221	620 3111	61	625 1523	81	639 7402	442
64	1205 8222	865 4093	871	575 6487	571	644 8890	221	630 2672	61	635 1304	80	649 7844	443
65	1055 3331	876 0964	882	566 2916	562	654 9111	222	640 2233	59	645 1084	79	659 8287	445
66	0905 0701	886 7846	892	556 9354	552	664 9333	223	650 1792	58	655 0863	79	669 8732	447
67	0755 0326	897 4738	902	547 5802	543	674 9556	224	660 1350	56	665 0642	78	679 9179	447
68	0605 2198	908 1640	914	538 2259	533	684 9780	224	670 0906	55	675 0420	77	689 9626	449
69	0455 6312	918 8554	924	528 8726	525	695 0004	225	680 0461	54	685 0197	77	700 0075	450
0,0670	0306 2660	929 5478	935	519 5201	515	705 0229	225	690 0015	52	694 9974	76	710 0525	452
71	0157 1235	940 2413	946	510 1686	505	715 0454	226	699 9567	51	704 9750	75	720 0977	453
72	0008 2031	950 9359	956	500 8181	496	725 0680	227	709 9118	50	714 9525	75	730 1430	454
73	*9859 5042	961 6315	967	491 4685	487	735 0907	228	719 8668	49	724 9300	74	740 1884	456
74	9711 0261	972 3282	978	482 1198	477	745 1135	228	729 8217	47	734 9074	73	750 2340	457
75	9562 7681	983 0260	988	472 7721	468	755 1363	229	739 7764	45	744 8847	73	760 2797	458
76	9414 7296	993 7248	999	463 4253	459	765 1592	230	749 7309	45	754 8620	72	770 3255	460
77	9266 9099	*004 4247	*010	454 0794	450	775 1822	230	759 6854	43	764 8392	71	780 3715	461
78	9119 3084	015 1257	020	444 7344	440	785 2052	231	769 6397	42	774 8163	70	790 4176	463
79	8971 9244	025 8277	031	435 3904	430	795 2283	232	779 5939	40	784 7933	70	800 4639	463
0,0680	8824 7574	036 5308	042	426 0474	422	805 2515	232	789 5479	39	794 7703	70	810 5102	466
81	8677 8066	047 2350	053	416 7052	412	815 2747	233	799 5018	38	804 7473	68	820 5568	466
82	8531 0714	057 9403	063	407 3640	403	825 2980	234	809 4556	36	814 7241	68	830 6034	468
83	8384 5512	068 6466	074	398 0237	393	835 3214	234	819 4092	35	824 7009	67	840 6502	470
84	8238 2454	079 3540	085	388 6844	384	845 3448	235	829 3627	34	834 6776	67	850 6972	470
85	8092 1534	090 0625	095	379 3460	375	855 3683	236	839 3161	32	844 6543	66	860 7442	472
86	7946 2744	100 7720	106	370 0085	365	865 3919	237	849 2693	31	854 6309	65	870 7914	474
87	7800 6080	111 4826	117	360 6720	356	875 4156	237	859 2224	30	864 6074	65	880 8388	475
88	7655 1534	122 1943	128	351 3364	347	885 4393	238	869 1754	28	874 5839	63	890 8863	476
89	7509 9101	132 9071	138	342 0017	337	895 4631	238	879 1282	27	884 5602	63	900 9339	478
0,0690	7364 8774	143 6209	149	332 6680	328	905 4869	239	889 0809	25	894 5365	63	910 9817	479
91	7220 0548	154 3358	160	323 3352	319	915 5108	240	899 0334	24	904 5128	62	921 0296	480
92	7075 4416	165 0518	170	314 0033	309	925 5348	241	908 9858	23	914 4890	61	931 0776	482
93	6931 0373	175 7688	181	304 6724	300	935 5589	241	918 9381	21	924 4651	60	941 1258	484
94	6786 8411	186 4869	192	295 3424	291	945 5830	242	928 8902	20	934 4411	60	951 1742	484
95	6642 8526	197 2061	203	286 0133	281	955 6072	243	938 8422	19	944 4171	59	961 2226	486
96	6499 0712	207 9264	213	276 6852	272	965 6315	244	948 7941	17	954 3930	58	971 2712	488
97	6355 4961	218 6477	224	267 3580	263	975 6559	244	958 7458	16	964 3688	58	981 3200	489
98	6212 1269	229 3701	235	258 0317	253	985 6803	245	968 6974	15	974 3446	57	991 3689	490
99	6068 9630	240 0936	245	248 7064	244	995 7048	245	978 6489	13	984 3203	56	*001 4179	492
0,0700	5926 0037	250 8181		239 3820		*005 7293		988 6002		994 2959		011 4671	
	—2,6	**1,07**	**107**	**0,93**	**—93**	**0,07**	**100**	**0,06**	**995**	**0,06**	**997**	**0,07**	**100**

x	φ	$\sin x$		$\cos x$		$\operatorname{tg} x$		$\operatorname{Sin} x$		$\operatorname{Cos} x$		$\operatorname{Tg} x$	
	4°	**0,06**	**997**	**0,997**	**−6**	**0,07**	**100**	**0,07**	**100**	**1,002**	**7**	**0,06**	**995**
0,0700	00′ 38,″54	994 2847	55	55 1000	999	011 4558	492	005 7181	245	45 1001	010	988 5890	11
01	00 59,16	*004 2602	54	54 4001	*009	021 5050	494	015 7426	246	45 8011	021	998 5401	10
02	01 19,79	014 2356	53	53 6992	019	031 5544	495	025 7672	247	46 5032	031	*008 4911	08
03	01 40,42	024 2109	53	52 9973	030	041 6039	497	035 7919	248	47 2063	041	018 4419	07
04	02 01,04	034 1862	52	52 2943	039	051 6536	498	045 8167	248	47 9104	050	028 3926	05
05	02 21,67	044 1614	51	51 5904	049	061 7034	499	055 8415	249	48 6154	061	038 3431	04
06	02 42,30	054 1365	51	50 8855	059	071 7533	501	065 8664	250	49 3215	071	048 2935	02
07	03 02,92	064 1116	50	50 1796	069	081 8034	502	075 8914	250	50 0286	081	058 2437	01
08	03 23,55	074 0866	49	49 4727	079	091 8536	504	085 9164	251	50 7367	091	068 1938	00
09	03 44,17	084 0615	48	48 7648	089	101 9040	505	095 9415	252	51 4458	101	078 1438	*98
0,0710	04 04,80	094 0363	48	48 0559	099	111 9545	506	105 9667	252	52 1559	111	088 0936	97
11	04 25,43	104 0111	47	47 3460	109	122 0051	508	115 9919	254	52 8670	121	098 0433	96
12	04 46,05	113 9858	46	46 6351	119	132 0559	510	126 0173	254	53 5791	131	107 9929	94
13	05 06,68	123 9604	46	45 9232	129	142 1069	510	136 0427	254	54 2922	141	117 9423	92
14	05 27,31	133 9350	45	45 2103	139	152 1579	513	146 0681	256	55 0063	151	127 8915	92
15	05 47,93	143 9095	44	44 4964	149	162 2092	513	156 0937	256	55 7214	161	137 8407	89
16	06 08,56	153 8839	43	43 7815	159	172 2605	515	166 1193	256	56 4375	171	147 7896	89
17	06 29,19	163 8582	43	43 0656	169	182 3120	517	176 1449	258	57 1546	182	157 7385	87
18	06 49,81	173 8325	42	42 3487	179	192 3637	518	186 1707	258	57 8728	191	167 6872	85
19	07 10,44	183 8067	41	41 6308	188	202 4155	520	196 1965	259	58 5919	201	177 6357	84
0,0720	07 31,07	193 7808	41	40 9120	199	212 4675	520	206 2224	260	59 3120	211	187 5841	83
21	07 51,69	203 7549	40	40 1921	209	222 5195	523	216 2484	260	60 0331	221	197 5324	81
22	08 12,32	213 7289	39	39 4712	219	232 5718	524	226 2744	261	60 7552	232	207 4805	80
23	08 32,95	223 7028	38	38 7493	228	242 6242	525	236 3005	262	61 4784	241	217 4285	79
24	08 53,57	233 6766	38	38 0265	239	252 6767	527	246 3267	263	62 2025	251	227 3764	76
25	09 14,20	243 6504	37	37 3026	249	262 7294	528	256 3530	263	62 9276	262	237 3240	76
26	09 34,82	253 6241	36	36 5777	258	272 7822	530	266 3793	264	63 6538	271	247 2716	74
27	09 55,45	263 5977	35	35 8519	269	282 8352	531	276 4057	265	64 3809	282	257 2190	73
28	10 16,08	273 5712	35	35 1250	278	292 8883	532	286 4322	265	65 1091	291	267 1663	71
29	10 36,70	283 5447	34	34 3972	289	302 9415	534	296 4587	266	65 8382	301	277 1134	69
0,0730	10 57,33	293 5181	33	33 6683	298	312 9949	536	306 4853	267	66 5683	312	287 0603	69
31	11 17,96	303 4914	33	32 9385	309	323 0485	537	316 5120	268	67 2995	321	297 0072	67
32	11 38,58	313 4647	32	32 2076	318	333 1022	538	326 5388	268	68 0316	332	306 9539	65
33	11 59,21	323 4379	31	31 4758	329	343 1560	540	336 5656	270	68 7648	342	316 9004	64
34	12 19,84	333 4110	30	30 7429	338	353 2100	542	346 5926	269	69 4990	351	326 8468	62
35	12 40,46	343 3840	30	30 0091	349	363 2642	543	356 6195	271	70 2341	362	336 7930	61
36	13 01,09	353 3570	29	29 2742	358	373 3185	544	366 6466	271	70 9703	372	346 7391	60
37	13 21,72	363 3299	28	28 5384	368	383 3729	546	376 6737	272	71 7075	381	356 6851	58
38	13 42,34	373 3027	27	27 8016	379	393 4275	547	386 7009	273	72 4456	392	366 6309	56
39	14 02,97	383 2754	27	27 0637	388	403 4822	549	396 7282	274	73 1848	402	376 5765	56
0,0740	14 23,60	393 2481	26	26 3249	398	413 5371	551	406 7556	274	73 9250	411	386 5221	53
41	14 44,22	403 2207	25	25 5851	408	423 5922	551	416 7830	275	74 6661	422	396 4674	52
42	15 04,85	413 1932	25	24 8443	418	433 6473	554	426 8105	276	75 4083	432	406 4126	51
43	15 25,48	423 1657	24	24 1025	429	443 7027	555	436 8381	276	76 1515	442	416 3577	49
44	15 46,10	433 1381	23	23 3596	438	453 7582	556	446 8657	278	76 8957	452	426 3026	48
45	16 06,73	443 1104	22	22 6158	448	463 8138	558	456 8935	278	77 6409	462	436 2474	46
46	16 27,35	453 0826	21	21 8710	458	473 8696	559	466 9213	279	78 3871	472	446 1920	45
47	16 47,98	463 0547	21	21 1252	468	483 9255	561	476 9492	279	79 1343	482	456 1365	44
48	17 08,61	473 0268	20	20 3784	478	493 9816	562	486 9771	280	79 8825	492	466 0809	41
49	17 29,23	482 9988	19	19 6306	488	504 0378	564	497 0051	281	80 6317	502	476 0250	41
0,0750	17′ 49,″86	492 9707		18 8818		514 0942		507 0332		81 3819		485 9691	
	4°	**0,07**	**997**	**0,997**	**−7**	**0,07**	**100**	**0,07**	**100**	**1,002**	**7**	**0,07**	**994**

x	ln x	e^x		e^{-x}		arc sin x		arc tg x		Ar Sin x		Ar Tg x	
	—2,6	**1,07**	**107**	**0,93**	**—93**	**0,07**	**100**	**0,06**	**995**	**0,06**	**997**	**0,07**	**100**
0,0700	5926 0037	250 8181	256	239 3820	235	005 7293	246	988 6002	11	994 2959	56	011 4671	493
01	5783 2485	261 5437	267	230 0585	225	015 7539	247	998 5513	11	*004 2715	54	021 5164	494
02	5640 6968	272 2704	278	220 7360	216	025 7786	248	*008 5024	09	014 2469	55	031 5658	496
03	5498 3480	282 9982	288	211 4144	207	035 8034	248	018 4533	07	024 2224	53	041 6154	498
04	5356 2016	293 7270	299	202 0937	197	045 8282	249	028 4040	06	034 1977	53	051 6652	498
05	5214 2569	304 4569	310	192 7740	189	055 8531	250	038 3546	05	044 1730	52	061 7150	501
06	5072 5134	315 1879	321	183 4551	178	065 8781	251	048 3051	03	054 1482	51	071 7651	501
07	4930 9706	325 9200	331	174 1373	170	075 9032	251	058 2554	02	064 1233	51	081 8152	503
08	4789 6278	336 6531	342	164 8203	160	085 9283	252	068 2056	01	074 0984	50	091 8655	505
09	4648 4845	347 3873	353	155 5043	151	095 9535	253	078 1557	*99	084 0734	49	101 9160	506
0,0710	4507 5402	358 1226	363	146 1892	141	105 9788	253	088 1056	98	094 0483	49	111 9666	507
11	4366 7942	368 8589	375	136 8751	133	116 0041	254	098 0554	96	104 0232	47	122 0173	509
12	4226 2461	379 5964	385	127 5618	123	126 0295	255	108 0050	95	113 9979	48	132 0682	510
13	4085 8952	390 3349	395	118 2495	113	136 0550	255	117 9545	93	123 9727	46	142 1192	512
14	3945 7410	401 0744	407	108 9382	104	146 0805	257	127 9038	92	133 9473	46	152 1704	513
15	3805 7829	411 8151	417	099 6278	095	156 1062	257	137 8530	91	143 9219	45	162 2217	515
16	3666 0205	422 5568	428	090 3183	086	166 1319	257	147 8021	89	153 8964	44	172 2732	516
17	3526 4531	433 2996	438	081 0097	076	176 1576	259	157 7510	88	163 8708	44	182 3248	517
18	3387 0803	444 0434	450	071 7021	067	186 1835	259	167 6998	87	173 8452	43	192 3765	519
19	3247 9014	454 7884	460	062 3954	058	196 2094	260	177 6485	85	183 8195	42	202 4284	520
0,0720	3108 9160	465 5344	471	053 0896	049	206 2354	260	187 5970	83	193 7937	41	212 4804	522
21	2970 1235	476 2815	482	043 7847	039	216 2614	261	197 5453	82	203 7678	41	222 5326	524
22	2831 5233	487 0297	492	034 4808	030	226 2875	262	207 4935	81	213 7419	40	232 5850	524
23	2693 1150	497 7789	503	025 1778	020	236 3137	263	217 4416	79	223 7159	39	242 6374	526
24	2554 8980	508 5292	514	015 8758	011	246 3400	264	227 3895	78	233 6898	39	252 6900	528
25	2416 8717	519 2806	525	006 5747	002	256 3664	264	237 3373	76	243 6637	38	262 7428	529
26	2279 0357	530 0331	535	*997 2745	*993	266 3928	265	247 2849	75	253 6375	37	272 7957	531
27	2141 3894	540 7866	546	987 9752	983	276 4193	266	257 2324	74	263 6112	36	282 8488	532
28	2003 9324	551 5412	557	978 6769	974	286 4459	266	267 1798	72	273 5848	36	292 9020	534
29	1866 6640	562 2969	568	969 3795	965	296 4725	267	277 1270	71	283 5584	35	302 9554	535
0,0730	1729 5838	573 0537	578	960 0830	955	306 4992	268	287 0741	69	293 5319	34	313 0089	536
31	1592 6912	583 8115	590	950 7875	947	316 5260	269	297 0210	68	303 5053	34	323 0625	538
32	1455 9858	594 5705	599	941 4928	936	326 5529	269	306 9678	66	313 4787	32	333 1163	539
33	1319 4670	605 3304	611	932 1992	928	336 5798	270	316 9144	65	323 4519	32	343 1702	541
34	1183 1343	616 0915	622	922 9064	918	346 6068	271	326 8609	63	333 4251	32	353 2243	543
35	1046 9873	626 8537	632	913 6146	909	356 6339	272	336 8072	62	343 3983	30	363 2786	544
36	0911 0253	637 6169	643	904 3237	900	366 6611	272	346 7534	61	353 3713	30	373 3330	545
37	0775 2480	648 3812	654	895 0337	890	376 6883	273	356 6995	59	363 3443	29	383 3875	547
38	0639 6547	659 1466	664	885 7447	881	386 7156	274	366 6454	57	373 3172	29	393 4422	548
39	0504 2451	669 9130	675	876 4566	872	396 7430	274	376 5911	56	383 2901	28	403 4970	550
0,0740	0369 0186	680 6805	687	867 1694	863	406 7704	276	386 5367	55	393 2629	27	413 5520	552
41	0233 9747	691 4492	696	857 8831	853	416 7980	276	396 4822	53	403 2356	26	423 6072	552
42	0099 1129	702 2188	708	848 5978	844	426 8256	276	406 4275	52	413 2082	25	433 6624	555
43	*9964 4327	712 9896	718	839 3134	835	436 8532	278	416 3727	50	423 1807	25	443 7179	556
44	9829 9337	723 7614	730	830 0299	825	446 8810	278	426 3177	49	433 1532	24	453 7735	557
45	9695 6154	734 5344	739	820 7474	816	456 9088	279	436 2626	47	443 1256	23	463 8292	559
46	9561 4772	745 3083	751	811 4658	807	466 9367	280	446 2073	46	453 0979	23	473 8851	560
47	9427 5187	756 0834	762	802 1851	797	476 9647	281	456 1519	44	463 0702	22	483 9411	562
48	9293 7394	766 8596	772	792 9054	789	486 9928	281	466 0963	43	473 0424	21	493 9973	564
49	9160 1388	777 6368	783	783 6265	779	497 0209	282	476 0406	42	483 0145	20	504 0537	565
0,0750	9026 7165	788 4151		774 3486		507 0491		485 9848		492 9865		514 1102	
	—2,5	**1,07**	**107**	**0,92**	**—92**	**0,07**	**100**	**0,07**	**994**	**0,07**	**997**	**0,07**	**100**

x	φ	sin x		cos x		tg x		𝔖𝔦𝔫 x		ℭ𝔬𝔣 x		𝔗𝔤 x	
	4°	**0,07**	**997**	**0,997**	**−7**	**0,07**	**100**	**0,07**	**100**	**1,002**	**7**	**0,07**	**994**
0,0750	17′49,″86	492 9707	19	18 8818	498	514 0942	566	507 0332	282	81 3819	512	485 9691	39
51	18 10,49	502 9426	18	18 1320	508	524 1508	566	517 0614	283	82 1331	522	495 9130	37
52	18 31,11	512 9144	17	17 3812	518	534 2074	569	527 0897	283	82 8853	532	505 8567	36
53	18 51,74	522 8861	16	16 6294	528	544 2643	570	537 1180	284	83 6385	542	515 8003	34
54	19 12,37	532 8577	15	15 8766	537	554 3213	571	547 1464	285	84 3927	552	525 7437	33
55	19 32,99	542 8292	15	15 1229	548	564 3784	573	557 1749	285	85 1479	562	535 6870	31
56	19 53,62	552 8007	14	14 3681	558	574 4357	575	567 2034	286	85 9041	573	545 6301	30
57	20 14,25	562 7721	13	13 6123	568	584 4932	576	577 2320	287	86 6614	582	555 5731	29
58	20 34,87	572 7434	13	12 8555	577	594 5508	577	587 2607	288	87 4196	592	565 5160	27
59	20 55,50	582 7147	11	12 0978	588	604 6085	579	597 2895	289	88 1788	602	575 4587	25
0,0760	21 16,13	592 6858	11	11 3390	598	614 6664	581	607 3184	289	88 9390	613	585 4012	24
61	21 36,75	602 6569	11	10 5792	607	624 7245	582	617 3473	290	89 7003	622	595 3436	22
62	21 57,38	612 6280	09	09 8185	618	634 7827	584	627 3763	291	90 4625	632	605 2858	21
63	22 18,00	622 5989	09	09 0567	628	644 8411	585	637 4054	292	91 2257	643	615 2279	19
64	22 38,63	632 5698	08	08 2939	637	654 8996	587	647 4346	292	91 9900	652	625 1698	18
65	22 59,26	642 5406	07	07 5302	648	664 9583	588	657 4638	293	92 7552	663	635 1116	16
66	23 19,88	652 5113	06	06 7654	657	675 0171	590	667 4931	294	93 5215	672	645 0532	15
67	23 40,51	662 4819	06	05 9997	668	685 0761	591	677 5225	295	94 2887	683	654 9947	13
68	24 01,14	672 4525	05	05 2329	677	695 1352	593	687 5520	295	95 0570	692	664 9360	12
69	24 21,76	682 4230	04	04 4652	688	705 1945	594	697 5815	296	95 8262	703	674 8772	10
0,0770	24 42,39	692 3934	03	03 6964	697	715 2539	596	707 6111	297	96 5965	713	684 8182	09
71	25 03,02	702 3637	03	02 9267	707	725 3135	598	717 6408	298	97 3678	722	694 7591	07
72	25 23,64	712 3340	01	02 1560	718	735 3733	599	727 6706	299	98 1400	733	704 6998	06
73	25 44,27	722 3041	01	01 3842	727	745 4332	601	737 7005	299	98 9133	743	714 6404	04
74	26 04,90	732 2742	01	00 6115	737	755 4933	602	747 7304	300	99 6876	752	724 5808	02
75	26 25,52	742 2443	*99	*99 8378	747	765 5535	604	757 7604	301	*00 4628	763	734 5210	01
76	26 46,15	752 2142	99	99 0631	758	775 6139	605	767 7905	302	01 2391	773	744 4611	00
77	27 06,78	762 1841	98	98 2873	767	785 6744	607	777 8207	302	02 0164	783	754 4011	*98
78	27 27,40	772 1539	97	97 5106	777	795 7351	609	787 8509	303	02 7947	793	764 3409	96
79	27 48,03	782 1236	96	96 7329	787	805 7960	610	797 8812	304	03 5740	803	774 2805	95
0,0780	28 08,65	792 0932	96	95 9542	797	815 8570	612	807 9116	305	04 3543	813	784 2200	93
81	28 29,28	802 0628	94	95 1745	807	825 9182	613	817 9421	305	05 1356	822	794 1593	92
82	28 49,91	812 0322	94	94 3938	817	835 9795	615	827 9726	307	05 9178	833	804 0985	90
83	29 10,53	822 0016	94	93 6121	827	846 0410	616	838 0033	307	06 7011	843	814 0375	89
84	29 31,16	831 9710	92	92 8294	837	856 1026	618	848 0340	308	07 4854	854	823 9764	87
85	29 51,79	841 9402	92	92 0457	847	866 1644	620	858 0648	308	08 2708	863	833 9151	85
86	30 12,41	851 9094	91	91 2610	857	876 2264	621	868 0956	310	09 0571	873	843 8536	84
87	30 33,04	861 8785	90	90 4753	867	886 2885	622	878 1266	310	09 8444	883	853 7920	83
88	30 53,67	871 8475	89	89 6886	877	896 3507	625	888 1576	311	10 6327	893	863 7303	81
89	31 14,29	881 8164	88	88 9009	886	906 4132	626	898 1887	312	11 4220	903	873 6684	79
0,0790	31 34,92	891 7852	88	88 1123	897	916 4758	627	908 2199	312	12 2123	913	883 6063	78
91	31 55,55	901 7540	87	87 3226	907	926 5385	629	918 2511	314	13 0036	924	893 5441	76
92	32 16,17	911 7227	86	86 5319	917	936 6014	631	928 2825	314	13 7960	933	903 4817	74
93	32 36,80	921 6913	86	85 7402	926	946 6645	632	938 3139	315	14 5893	943	913 4191	73
94	32 57,43	931 6599	84	84 9476	937	956 7277	634	948 3454	316	15 3836	954	923 3564	72
95	33 18,05	941 6283	84	84 1539	947	966 7911	636	958 3770	316	16 1790	963	933 2936	70
96	33 38,68	951 5967	83	83 3592	956	976 8547	637	968 4086	318	16 9753	974	943 2306	68
97	33 59,31	961 5650	82	82 5636	967	986 9184	638	978 4404	318	17 7727	983	953 1674	66
98	34 19,93	971 5332	81	81 7669	976	996 9822	641	988 4722	319	18 5710	994	963 1040	66
99	34 40,56	981 5013	81	80 9693	987	*007 0463	642	998 5041	320	19 3704	*003	973 0406	63
0,0800	35′ 01,″18	991 4694		80 1706		017 1105		*008 5361		20 1707		982 9769	
	4°	**0,07**	**996**	**0,996**	**−7**	**0,08**	**100**	**0,08**	**100**	**1,003**	**8**	**0,07**	**993**

x	ln x	e^x		e^{-x}		arc sin x		arc tg x		Ar Sin x		Ar Tg x	
	—2,5	**1,07**	**107**	**0,92**	**—92**	**0,07**	**100**	**0,07**	**994**	**0,07**	**997**	**0,07**	**100**
0,0750	9026 7165	788 4151	794	774 3486	769	507 0491	283	485 9848	40	492 9865	19	514 1102	566
51	8893 4720	799 1945	804	765 0717	761	517 0774	283	495 9288	38	502 9584	19	524 1668	568
52	8760 4048	809 9749	816	755 7956	751	527 1057	285	505 8726	37	512 9303	18	534 2236	569
53	8627 5144	820 7565	826	746 5205	742	537 1342	285	515 8163	35	522 9021	18	544 2805	571
54	8494 8004	831 5391	837	737 2463	732	547 1627	286	525 7598	34	532 8739	16	554 3376	573
55	8362 2623	842 3228	847	727 9731	724	557 1913	286	535 7032	33	542 8455	16	564 3949	574
56	8229 8996	853 1075	859	718 7007	714	567 2199	288	545 6465	31	552 8171	15	574 4523	576
57	8097 7119	863 8934	869	709 4293	705	577 2487	288	555 5896	29	562 7886	14	584 5099	577
58	7965 6986	874 6803	880	700 1588	695	587 2775	289	565 5325	28	572 7600	14	594 5676	578
59	7833 8595	885 4683	891	690 8893	686	597 3064	289	575 4753	27	582 7314	13	604 6254	581
0,0760	7702 1939	896 2574	902	681 6207	677	607 3353	291	585 4180	25	592 7027	12	614 6835	581
61	7570 7014	907 0476	912	672 3530	668	617 3644	291	595 3605	23	602 6739	11	624 7416	584
62	7439 3816	917 8388	923	663 0862	659	627 3935	292	605 3028	22	612 6450	11	634 8000	584
63	7308 2341	928 6311	935	653 8203	649	637 4227	293	615 2450	21	622 6161	10	644 8584	587
64	7177 2583	939 4246	944	644 5554	640	647 4520	293	625 1871	18	632 5871	09	654 9171	588
65	7046 4538	950 2190	956	635 2914	630	657 4813	295	635 1289	18	642 5580	08	664 9759	589
66	6915 8202	961 0146	966	626 0284	622	667 5108	295	645 0707	16	652 5288	07	675 0348	591
67	6785 3571	971 8112	978	616 7662	612	677 5403	296	655 0123	14	662 4995	07	685 0939	593
68	6655 0639	982 6090	988	607 5050	603	687 5699	296	664 9537	13	672 4702	06	695 1532	594
69	6524 9402	993 4078	998	598 2447	593	697 5995	298	674 8950	11	682 4408	05	705 2126	595
0,0770	6394 9857	*004 2076	*010	588 9854	585	707 6293	298	684 8361	10	692 4113	05	715 2721	598
71	6265 1998	015 0086	020	579 7269	575	717 6591	299	694 7771	09	702 3818	04	725 3319	598
72	6135 5822	025 8106	032	570 4694	566	727 6890	299	704 7180	06	712 3522	03	735 3917	601
73	6006 1323	036 6138	042	561 2128	556	737 7189	301	714 6586	06	722 3225	02	745 4518	602
74	5876 8498	047 4180	052	551 9572	548	747 7490	301	724 5992	03·	732 2927	01	755 5120	603
75	5747 7343	058 2232	064	542 7024	538	757 7791	302	734 5395	03	742 2628	01	765 5723	605
76	5618 7852	069 0296	075	533 4486	529	767 8093	303	744 4798	00	752 2329	00	775 6328	607
77	5490 0022	079 8371	085	524 1957	519	777 8396	304	754 4198	*99	762 2029	*99	785 6935	608
78	5361 3848	090 6456	096	514 9438	510	787 8700	304	764 3597	98	772 1728	98	795 7543	610
79	5232 9326	101 4552	107	505 6928	501	797 9004	305	774 2995	96	782 1426	98	805 8153	611
0,0780	5104 6452	112 2659	117	496 4427	492	807 9309	306	784 2391	94	792 1124	97	815 8764	613
81	4976 5222	123 0776	129	487 1935	483	817 9615	307	794 1785	93	802 0821	96	825 9377	614
82	4848 5631	133 8905	139	477 9452	473	827 9922	308	804 1178	92	812 0517	95	835 9991	616
83	4720 7676	144 7044	150	468 6979	464	838 0230	308	814 0570	90	822 0212	94	846 0607	618
84	4593 1352	155 5194	161	459 4515	455	848 0538	309	823 9960	88	831 9906	94	856 1225	619
85	4465 6654	166 3355	172	450 2060	446	858 0847	310	833 9348	87	841 9600	93	866 1844	621
86	4338 3580	177 1527	182	440 9614	436	868 1157	311	843 8735	85	851 9293	92	876 2465	623
87	4211 2124	187 9709	194	431 7178	427	878 1468	311	853 8120	84	861 8985	91	886 3088	624
88	4084 2282	198 7903	204	422 4751	418	888 1779	313	863 7504	82	871 8676	91	896 3712	625
89	3957 4051	209 6107	215	413 2333	409	898 2092	313	873 6886	80	881 8367	90	906 4337	628
0,0790	3830 7427	220 4322	226	403 9924	399	908 2405	314	883 6266	79	891 8057	89	916 4965	628
91	3704 2404	231 2548	237	394 7525	390	918 2719	314	893 5645	78	901 7746	88	926 5593	631
92	3577 8980	242 0785	247	385 5135	381	928 3033	316	903 5023	76	911 7434	87	936 6224	632
93	3451 7150	252 9032	258	376 2754	372	938 3349	316	913 4399	74	921 7121	87	946 6856	633
94	3325 6911	263 7290	270	367 0382	362	948 3665	317	923 3773	73	931 6808	86	956 7489	636
95	3199 8257	274 5560	279	357 8020	353	958 3982	318	933 3146	71	941 6494	85	966 8125	636
96	3074 1186	285 3839	291	348 5667	344	968 4300	319	943 2517	69	951 6179	84	976 8761	639
97	2948 5693	296 2130	302	339 3323	335	978 4619	320	953 1886	68	961 5863	84	986 9400	640
98	2823 1775	307 0432	312	330 0988	325	988 4939	320	963 1254	67	971 5547	83	997 0040	642
99	2697 9426	317 8744	324	320 8663	317	998 5259	321	973 0621	65	981 5230	81	*007 0682	643
0,0800	2572 8644	328 7068		311 6346		*008 5580		982 9986		991 4911		017 1325	
	—2,5	**1,08**	**108**	**0,92**	**—92**	**0,08**	**100**	**0,07**	**993**	**0,07**	**996**	**0,08**	**100**

x	φ	sin x		cos x		tg x		Sin x		Cos x		Tg x	
	4°	**0,07**	**996**	**0,996**	**−7**	**0,08**	**100**	**0,08**	**100**	**1,003**	**8**	**0,07**	**993**
0,0800	35′ 01″,18	991 4694	80	80 1706	996	017 1105	643	008 5361	320	20 1707	014	982 9769	62
01	35 21,81	*001 4374	79	79 3710	*007	027 1748	645	018 5681	322	20 9721	023	992 9131	60
02	35 42,44	011 4053	78	78 5703	016	037 2393	647	028 6003	322	21 7744	034	*002 8491	59
03	36 03,06	021 3731	77	77 7687	026	047 3040	649	038 6325	323	22 5778	043	012 7850	57
04	36 23,69	031 3408	77	76 9661	037	057 3689	650	048 6648	324	23 3821	054	022 7207	56
05	36 44,32	041 3085	76	76 1624	046	067 4339	651	058 6972	324	24 1875	064	032 6563	54
06	37 04,94	051 2761	75	75 3578	056	077 4990	654	068 7296	326	24 9939	074	042 5917	52
07	37 25,57	061 2436	74	74 5522	066	087 5644	654	078 7622	326	25 8013	083	052 5269	51
08	37 46,20	071 2110	73	73 7456	077	097 6298	657	088 7948	327	26 6096	094	062 4620	49
09	38 06,82	081 1783	73	72 9379	086	107 6955	658	098 8275	328	27 4190	104	072 3969	48
0,0810	38 27,45	091 1456	71	72 1293	096	117 7613	660	108 8603	328	28 2294	114	082 3317	46
11	38 48,08	101 1127	71	71 3197	106	127 8273	661	118 8931	330	29 0408	124	092 2663	44
12	39 08,70	111 0798	70	70 5091	116	137 8934	663	128 9261	330	29 8532	134	102 2007	43
13	39 29,33	121 0468	70	69 6975	126	147 9597	665	138 9591	331	30 6666	144	112 1350	41
14	39 49,96	131 0138	68	68 8849	136	158 0262	667	148 9922	332	31 4810	154	122 0691	39
15	40 10,58	140 9806	68	68 0713	146	168 0929	668	159 0254	333	32 2964	164	132 0030	38
16	40 31,21	150 9474	67	67 2567	156	178 1597	669	169 0587	333	33 1128	174	141 9368	37
17	40 51,83	160 9141	66	66 4411	166	188 2266	671	179 0920	334	33 9302	184	151 8705	34
18	41 12,46	170 8807	65	65 6245	176	198 2937	673	189 1254	336	34 7486	194	161 8039	33
19	41 33,09	180 8472	64	64 8069	186	208 3610	675	199 1590	336	35 5680	204	171 7372	32
0,0820	41 53,71	190 8136	64	63 9883	195	218 4285	676	209 1926	336	36 3884	214	181 6704	29
21	42 14,34	200 7800	63	63 1688	206	228 4961	678	219 2262	338	37 2098	225	191 6033	29
22	42 34,97	210 7463	61	62 3482	216	238 5639	680	229 2600	338	38 0323	234	201 5362	26
23	42 55,59	220 7124	62	61 5266	226	248 6319	681	239 2938	340	38 8557	244	211 4688	25
24	43 16,22	230 6786	60	60 7040	235	258 7000	683	249 3278	340	39 6801	255	221 4013	23
25	43 36,85	240 6446	59	59 8805	246	268 7683	684	259 3618	341	40 5056	264	231 3336	22
26	43 57,47	250 6105	59	59 0559	255	278 8367	687	269 3959	341	41 3320	274	241 2658	20
27	44 18,10	260 5764	58	58 2304	266	288 9054	688	279 4300	343	42 1594	285	251 1978	18
28	44 38,73	270 5422	57	57 4038	276	298 9742	689	289 4643	343	42 9879	294	261 1296	17
29	44 59,35	280 5079	56	56 5762	285	309 0431	691	299 4986	345	43 8173	305	271 0613	15
0,0830	45 19,98	290 4735	55	55 7477	295	319 1122	693	309 5331	345	44 6478	314	280 9928	14
31	45 40,61	300 4390	55	54 9182	306	329 1815	695	319 5676	346	45 4792	325	290 9242	11
32	46 01,23	310 4045	53	54 0876	315	339 2510	696	329 6022	346	46 3117	335	300 8553	10
33	46 21,86	320 3698	53	53 2561	326	349 3206	698	339 6368	348	47 1452	344	310 7863	09
34	46 42,48	330 3351	52	52 4235	335	359 3904	700	349 6716	348	47 9796	355	320 7172	07
35	47 03,11	340 3003	52	51 5900	345	369 4604	701	359 7064	350	48 8151	365	330 6479	05
36	47 23,74	350 2655	50	50 7555	355	379 5305	703	369 7414	350	49 6516	374	340 5784	03
37	47 44,36	360 2305	49	49 9200	366	389 6008	705	379 7764	351	50 4890	385	350 5087	02
38	48 04,99	370 1954	49	49 0834	375	399 6713	706	389 8115	351	51 3275	395	360 4389	00
39	48 25,62	380 1603	48	48 2459	385	409 7419	708	399 8466	353	52 1670	405	370 3689	*99
0,0840	48 46,24	390 1251	47	47 4074	395	419 8127	710	409 8819	353	53 0075	415	380 2988	97
41	49 06,87	400 0898	46	46 5679	405	429 8837	711	419 9172	355	53 8490	425	390 2285	95
42	49 27,50	410 0544	45	45 7274	415	439 9548	714	429 9527	355	54 6915	435	400 1580	94
43	49 48,12	420 0189	45	44 8859	425	450 0262	715	439 9882	356	55 5350	445	410 0874	92
44	50 08,75	429 9834	43	44 0434	435	460 0977	716	450 0238	356	56 3795	455	420 0166	90
45	50 29,38	439 9477	43	43 1999	445	470 1693	718	460 0594	358	57 2250	465	429 9456	88
46	50 50,00	449 9120	42	42 3554	455	480 2411	720	470 0952	359	58 0715	475	439 8744	87
47	51 10,63	459 8762	41	41 5099	465	490 3131	722	480 1311	359	58 9190	485	449 8031	85
48	51 31,26	469 8403	40	40 6634	475	500 3853	724	490 1670	360	59 7675	495	459 7316	84
49	51 51,88	479 8043	40	39 8159	484	510 4577	725	500 2030	361	60 6170	506	469 6600	82
0,0850	52′ 12″,51	489 7683		38 9675		520 5302		510 2391		61 4676		479 5882	
	4°	**0,08**	**996**	**0,996**	**−8**	**0,08**	**100**	**0,08**	**100**	**1,003**	**8**	**0,08**	**992**

x	$\ln x$	e^x		e^{-x}		arc sin x		arc tg x		Ar Sin x		Ar Tg x	
	—2,5	**1,08**	**108**	**0,92**	**—92**	**0,08**	**100**	**0,07**	**993**	**0,07**	**996**	**0,08**	**100**
0,0800	2572 8644	328 7068	334	311 6346	307	008 5580	322	982 9986	63	991 4911	82	017 1325	645
01	2447 9425	339 5402	345	302 4039	297	018 5902	323	992 9349	62	*001 4593	80	027 1970	647
02	2323 1764	350 3747	356	293 1742	289	028 6225	323	*002 8711	60	011 4273	80	037 2617	648
03	2198 5658	361 2103	366	283 9453	279	038 6548	325	012 8071	58	021 3953	78	047 3265	650
04	2074 1103	372 0469	378	274 7174	270	048 6873	325	022 7429	57	031 3631	78	057 3915	651
05	1949 8095	382 8847	388	265 4904	261	058 7198	326	032 6786	56	041 3309	77	067 4566	653
06	1825 6629	393 7235	399	256 2643	252	068 7524	327	042 6142	53	051 2986	77	077 5219	655
07	1701 6704	404 5634	410	247 0391	242	078 7851	327	052 5495	53	061 2663	75	087 5874	656
08	1577 8313	415 4044	421	237 8149	234	088 8178	329	062 4848	50	071 2338	75	097 6530	658
09	1454 1455	426 2465	432	228 5915	224	098 8507	329	072 4198	49	081 2013	74	107 7188	660
0,0810	1330 6124	437 0897	442	219 3691	214	108 8836	330	082 3547	47	091 1687	73	117 7848	661
11	1207 2318	447 9339	453	210 1477	206	118 9166	331	092 2894	46	101 1360	72	127 8509	663
12	1084 0032	458 7792	465	200 9271	196	128 9497	332	102 2240	44	111 1032	72	137 9172	664
13	0960 9262	469 6257	475	191 7075	187	138 9829	332	112 1584	43	121 0704	71	147 9836	667
14	0838 0006	480 4732	486	182 4888	178	149 0161	334	122 0927	41	131 0375	70	158 0503	667
15	0715 2259	491 3218	496	173 2710	169	159 0495	334	132 0268	39	141 0045	69	168 1170	670
16	0592 6017	502 1714	508	164 0541	159	169 0829	335	141 9607	38	150 9714	68	178 1840	671
17	0470 1277	513 0222	518	154 8382	150	179 1164	336	151 8945	36	160 9382	68	188 2511	673
18	0347 8035	523 8740	530	145 6232	142	189 1500	336	161 8281	35	170 9050	66	198 3184	674
19	0225 6288	534 7270	540	136 4090	131	199 1836	338	171 7616	33	180 8716	66	208 3858	676
0,0820	0103 6032	545 5810	551	127 1959	123	209 2174	338	181 6949	31	190 8382	65	218 4534	678
21	*9981 7263	556 4361	562	117 9836	113	219 2512	339	191 6280	30	200 8047	65	228 5212	680
22	9859 9977	567 2923	572	108 7723	104	229 2851	340	201 5610	28	210 7712	63	238 5892	681
23	9738 4171	578 1495	584	099 5619	095	239 3191	341	211 4938	26	220 7375	63	248 6573	683
24	9616 9842	589 0079	594	090 3524	086	249 3532	342	221 4264	25	230 7038	62	258 7256	684
25	9495 6986	599 8673	606	081 1438	077	259 3874	342	231 3589	23	240 6700	61	268 7940	686
26	9374 5598	610 7279	616	071 9361	067	269 4216	344	241 2912	21	250 6361	60	278 8626	688
27	9253 5677	621 5895	627	062 7294	058	279 4560	344	251 2233	20	260 6021	59	288 9314	689
28	9132 7218	632 4522	638	053 5236	049	289 4904	345	261 1553	19	270 5680	59	299 0003	692
29	9012 0217	643 3160	649	044 3187	040	299 5249	345	271 0872	16	280 5339	57	309 0695	692
0,0830	8891 4671	654 1809	659	035 1147	030	309 5594	347	281 0188	15	290 4996	57	319 1387	695
31	8771 0577	665 0468	671	025 9117	022	319 5941	348	290 9503	14	300 4653	56	329 2082	696
32	8650 7931	675 9139	681	016 7095	012	329 6289	348	300 8817	11	310 4309	56	339 2778	698
33	8530 6730	686 7820	692	007 5083	003	339 6637	349	310 8128	10	320 3965	54	349 3476	700
34	8410 6970	697 6512	703	*998 3080	*993	349 6986	350	320 7438	09	330 3619	54	359 4176	701
35	8290 8647	708 5215	714	989 1087	985	359 7336	351	330 6747	07	340 3273	52	369 4877	703
36	8171 1759	719 3929	725	979 9102	975	369 7687	352	340 6054	05	350 2925	52	379 5580	704
37	8051 6301	730 2654	736	970 7127	966	379 8039	352	350 5359	03	360 2577	52	389 6284	707
38	7932 2271	741 1390	746	961 5161	957	389 8391	354	360 4662	02	370 2229	50	399 6991	708
39	7812 9666	752 0136	758	952 3204	948	399 8745	354	370 3964	00	380 1879	49	409 7699	710
0,0840	7693 8480	762 8894	768	943 1256	938	409 9099	355	380 3264	*99	390 1528	49	419 8409	711
41	7574 8712	773 7662	779	933 9318	930	419 9454	356	390 2563	97	400 1177	48	429 9120	713
42	7456 0358	784 6441	790	924 7388	920	429 9810	357	400 1860	95	410 0825	47	439 9833	715
43	7337 3414	795 5231	801	915 5468	911	440 0167	357	410 1155	93	420 0472	46	450 0548	717
44	7218 7877	806 4032	812	906 3557	902	450 0524	359	420 0448	92	430 0118	45	460 1265	718
45	7100 3745	817 2844	823	897 1655	892	460 0883	359	429 9740	90	439 9763	45	470 1983	720
46	6982 1012	828 1667	834	887 9763	884	470 1242	361	439 9030	89	449 9408	43	480 2703	722
47	6863 9677	839 0501	844	878 7879	874	480 1603	361	449 8319	87	459 9051	43	490 3425	723
48	6745 9736	849 9345	855	869 6005	865	490 1964	362	459 7606	85	469 8694	42	500 4148	725
49	6628 1186	860 8200	867	860 4140	856	500 2326	362	469 6891	84	479 8336	41	510 4873	727
0,0850	6510 4022	871 7067		851 2284		510 2688		479 6175		489 7977		520 5600	
	—2,4	**1,08**	**108**	**0,91**	**—91**	**0,08**	**100**	**0,08**	**992**	**0,08**	**996**	**0,08**	**100**

x	φ	$\sin x$	Δ	$\cos x$	Δ	tg x	Δ	Sin x	Δ	Cof x	Δ	Tg x	Δ
	4°	0,08	996	0,996	−8	0,08	100	0,08	100	1,003	8	0,08	992
0,0850	52′ 12,51″	489 7683	38	38 9675	495	520 5302	727	510 2391	362	61 4676	515	479 5882	80
51	52 33,14	499 7321	38	38 1180	505	530 6029	728	520 2753	363	62 3191	525	489 5162	78
52	52 53,76	509 6959	37	37 2675	515	540 6757	730	530 3116	363	63 1716	535	499 4440	77
53	53 14,39	519 6596	36	36 4160	524	550 7487	732	540 3479	365	64 0251	546	509 3717	75
54	53 35,01	529 6232	35	35 5636	535	560 8219	734	550 3844	365	64 8797	555	519 2992	73
55	53 55,64	539 5867	34	34 7101	544	570 8953	736	560 4209	366	65 7352	566	529 2265	72
56	54 16,27	549 5501	34	33 8557	555	580 9689	737	570 4575	367	66 5918	575	539 1537	70
57	54 36,89	559 5135	32	33 0002	564	591 0426	739	580 4942	368	67 4493	586	549 0807	68
58	54 57,52	569 4767	32	32 1438	575	601 1165	740	590 5310	369	68 3079	595	559 0075	67
59	55 18,15	579 4399	31	31 2863	584	611 1905	743	600 5679	370	69 1674	606	568 9342	65
0,0860	55 38,77	589 4030	30	30 4279	595	621 2648	744	610 6049	370	70 0280	615	578 8607	63
61	55 59,40	599 3660	29	29 5684	604	631 3392	746	620 6419	371	70 8895	626	588 7870	61
62	56 20,03	609 3289	28	28 7080	614	641 4138	747	630 6790	373	71 7521	636	598 7131	60
63	56 40,65	619 2917	28	27 8466	625	651 4885	750	640 7163	373	72 6157	645	608 6391	58
64	57 01,28	629 2545	26	26 9841	634	661 5635	751	650 7536	373	73 4802	656	618 5649	57
65	57 21,91	639 2171	26	26 1207	644	671 6386	753	660 7909	375	74 3458	666	628 4906	54
66	57 42,53	649 1797	25	25 2563	654	681 7139	754	670 8284	376	75 2124	676	638 4160	53
67	58 03,16	659 1422	24	24 3909	664	691 7893	757	680 8660	376	76 0800	686	648 3413	51
68	58 23,79	669 1046	23	23 5245	674	701 8650	758	690 9036	378	76 9486	696	658 2664	50
69	58 44,41	679 0669	22	22 6571	685	711 9408	760	700 9414	378	77 8182	706	668 1914	48
0,0870	59 05,04	689 0291	21	21 7886	694	722 0168	761	710 9792	379	78 6888	716	678 1162	46
71	59 25,66	698 9912	21	20 9192	704	732 0929	764	721 0171	380	79 5604	726	688 0408	44
72	59 46,29	708 9533	19	20 0488	713	742 1693	765	731 0551	381	80 4330	736	697 9652	42
73	*00 06,92	718 9152	19	19 1775	724	752 2458	767	741 0932	382	81 3066	746	707 8894	41
74	00 27,54	728 8771	18	18 3051	734	762 3225	768	751 1314	382	82 1812	756	717 8135	39
75	00 48,17	738 8389	17	17 4317	744	772 3993	771	761 1696	384	83 0568	766	727 7374	38
76	01 08,80	748 8006	16	16 5573	754	782 4764	772	771 2080	384	83 9334	776	737 6612	36
77	01 29,42	758 7622	15	15 6819	764	792 5536	774	781 2464	386	84 8110	787	747 5848	33
78	01 50,05	768 7237	15	14 8055	773	802 6310	776	791 2850	386	85 6897	796	757 5081	33
79	02 10,68	778 6852	13	13 9282	784	812 7086	777	801 3236	387	86 5693	806	767 4314	30
0,0880	02 31,30	788 6465	13	13 0498	794	822 7863	779	811 3623	388	87 4499	817	777 3544	29
81	02 51,93	798 6078	12	12 1704	803	832 8642	782	821 4011	388	88 3316	826	787 2773	27
82	03 12,56	808 5690	10	11 2901	814	842 9424	782	831 4399	390	89 2142	837	797 2000	25
83	03 33,18	818 5300	10	10 4087	823	853 0206	785	841 4789	391	90 0979	846	807 1225	23
84	03 53,81	828 4910	10	09 5264	834	863 0991	787	851 5180	391	90 9825	857	817 0448	22
85	04 14,44	838 4520	08	08 6430	843	873 1778	788	861 5571	392	91 8682	866	826 9670	20
86	04 35,06	848 4128	07	07 7587	853	883 2566	790	871 5963	393	92 7548	877	836 8890	18
87	04 55,69	858 3735	06	06 8734	864	893 3356	792	881 6356	395	93 6425	887	846 8108	17
88	05 16,31	868 3341	06	05 9870	873	903 4148	793	891 6751	395	94 5312	896	856 7325	15
89	05 36,94	878 2947	05	05 0997	883	913 4941	796	901 7146	395	95 4208	907	866 6540	12
0,0890	05 57,57	888 2552	03	04 2114	894	923 5737	797	911 7541	397	96 3115	917	876 5752	12
91	06 18,19	898 2155	03	03 3220	903	933 6534	799	921 7938	398	97 2032	927	886 4964	09
92	06 38,82	908 1758	02	02 4317	913	943 7333	801	931 8336	398	98 0959	936	896 4173	08
93	06 59,45	918 1360	01	01 5404	923	953 8134	802	941 8734	400	98 9895	947	906 3381	06
94	07 20,07	928 0961	01	00 6481	933	963 8936	805	951 9134	400	99 8842	957	916 2587	04
95	07 40,70	938 0562	*99	*99 7548	943	973 9741	806	961 9534	401	*00 7799	967	926 1791	02
96	08 01,33	948 0161	98	98 8605	953	984 0547	808	971 9935	402	01 6766	977	936 0993	01
97	08 21,95	957 9759	98	97 9652	963	994 1355	810	982 0337	403	02 5743	987	946 0194	*98
98	08 42,58	967 9357	96	97 0689	973	*004 2165	811	992 0740	404	03 4730	997	955 9392	98
99	09 03,21	977 8953	96	96 1716	983	014 2976	814	*002 1144	405	04 3727	*007	965 8590	95
0,0900	09′ 23,83″	987 8549		95 2733		024 3790		012 1549		05 2734		975 7785	
	5°	0,08	995	0,995	−8	0,09	100	0,09	100	1,004	9	0,08	991

x	ln x	e^x		e^{-x}		arc sin x		arc tg x		𝔄𝔯 𝔖𝔦𝔫 x		𝔄𝔯 𝔗𝔤 x	
	—2,4	**1,08**	**108**	**0,91**	**—91**	**0,08**	**100**	**0,08**	**992**	**0,08**	**996**	**0,08**	**100**
0,0850	6510 4022	871 7067	877	851 2284	846	510 2688	364	479 6175	81	489 7977	40	520 5600	729
51	6392 8243	882 5944	888	842 0438	838	520 3052	365	489 5456	81	499 7617	40	530 6329	730
52	6275 3845	893 4832	899	832 8600	828	530 3417	365	499 4737	78	509 7257	38	540 7059	732
53	6158 0824	904 3731	910	823 6772	819	540 3782	366	509 4015	77	519 6895	38	550 7791	734
54	6040 9178	915 2641	920	814 4953	810	550 4148	367	519 3292	75	529 6533	37	560 8525	736
55	5923 8903	926 1561	932	805 3143	801	560 4515	368	529 2567	73	539 6170	36	570 9261	737
56	5806 9996	937 0493	942	796 1342	791	570 4883	369	539 1840	72	549 5806	35	580 9998	739
57	5690 2453	947 9435	954	786 9551	783	580 5252	370	549 1112	70	559 5441	35	591 0737	741
58	5573 6272	958 8389	964	777 7768	773	590 5622	370	559 0382	69	569 5076	33	601 1478	742
59	5457 1450	969 7353	975	768 5995	764	600 5992	372	568 9651	66	579 4709	33	611 2220	745
0,0860	5340 7983	980 6328	986	759 4231	755	610 6364	372	578 8917	65	589 4342	32	621 2965	746
61	5224 5868	991 5314	997	750 2476	745	620 6736	373	588 8182	64	599 3974	31	631 3711	747
62	5108 5101	*002 4311	*008	741 0731	737	630 7109	374	598 7446	61	609 3605	30	641 4458	750
63	4992 5681	013 3319	019	731 8994	727	640 7483	375	608 6707	60	619 3235	29	651 5208	751
64	4876 7603	024 2338	030	722 7267	718	650 7858	376	618 5967	58	629 2864	28	661 5959	753
65	4761 0865	035 1368	040	713 5549	709	660 8234	377	628 5225	57	639 2492	28	671 6712	755
66	4645 5463	046 0408	052	704 3840	700	670 8611	377	638 4482	54	649 2120	27	681 7467	756
67	4530 1395	056 9460	062	695 2140	691	680 8988	379	648 3736	53	659 1747	26	691 8223	758
68	4414 8657	067 8522	074	686 0449	681	690 9367	379	658 2989	52	669 1373	25	701 8981	760
69	4299 7247	078 7596	084	676 8768	672	700 9746	380	668 2241	49	679 0998	24	711 9741	762
0,0870	4184 7160	089 6680	095	667 7096	663	711 0126	381	678 1490	48	689 0622	23	722 0503	764
71	4069 8395	100 5775	106	658 5433	654	721 0507	382	688 0738	47	699 0245	22	732 1267	765
72	3955 0948	111 4881	117	649 3779	645	731 0889	383	697 9985	44	708 9867	22	742 2032	767
73	3840 4816	122 3998	128	640 2134	636	741 1272	384	707 9229	43	718 9489	20	752 2799	769
74	3725 9996	133 3126	138	631 0498	626	751 1656	384	717 8472	41	728 9109	20	762 3568	771
75	3611 6486	144 2264	150	621 8872	618	761 2040	386	727 7713	39	738 8729	19	772 4339	772
76	3497 4281	155 1414	161	612 7254	608	771 2426	386	737 6952	38	748 8348	18	782 5111	774
77	3383 3380	166 0575	171	603 5646	599	781 2812	387	747 6190	36	758 7966	18	792 5885	776
78	3269 3778	176 9746	183	594 4047	590	791 3199	388	757 5426	34	768 7584	16	802 6661	778
79	3155 5474	187 8929	193	585 2457	580	801 3587	389	767 4660	32	778 7200	15	812 7439	780
0,0880	3041 8465	198 8122	204	576 0877	572	811 3976	390	777 3892	31	788 6815	15	822 8219	781
81	2928 2746	209 7326	215	566 9305	562	821 4366	391	787 3123	29	798 6430	14	832 9000	783
82	2814 8316	220 6541	227	557 7743	553	831 4757	392	797 2352	27	808 6044	13	842 9783	785
83	2701 5171	231 5768	237	548 6190	544	841 5149	392	807 1579	26	818 5657	11	853 0568	787
84	2588 3309	242 5005	248	539 4646	535	851 5541	394	817 0805	23	828 5268	12	863 1355	788
85	2475 2727	253 4253	258	530 3111	526	861 5935	394	827 0028	22	838 4880	10	873 2143	791
86	2362 3421	264 3511	270	521 1585	517	871 6329	395	836 9250	21	848 4490	09	883 2934	792
87	2249 5390	275 2781	281	512 0068	507	881 6724	397	846 8471	18	858 4099	09	893 3726	794
88	2136 8629	286 2062	292	502 8561	498	891 7121	397	856 7689	17	868 3708	07	903 4520	795
89	2024 3136	297 1354	302	493 7063	489	901 7518	398	866 6906	15	878 3315	07	913 5315	798
0,0890	1911 8909	308 0656	314	484 5574	480	911 7916	398	876 6121	13	888 2922	06	923 6113	799
91	1799 5945	318 9970	324	475 4094	471	921 8314	400	886 5334	12	898 2528	05	933 6912	801
92	1687 4239	329 9294	336	466 2623	462	931 8714	401	896 4546	09	908 2133	04	943 7713	803
93	1575 3791	340 8630	346	457 1161	452	941 9115	402	906 3755	08	918 1737	03	953 8516	805
94	1463 4597	351 7976	357	447 9709	444	951 9517	402	916 2963	07	928 1340	02	963 9321	807
95	1351 6654	362 7333	369	438 8265	434	961 9919	403	926 2170	04	938 0942	02	974 0128	808
96	1239 9959	373 6702	379	429 6831	425	972 0322	405	936 1374	03	948 0544	00	984 0936	810
97	1128 4510	384 6081	390	420 5406	416	982 0727	405	946 0577	01	958 0144	00	994 1746	812
98	1017 0304	395 5471	401	411 3990	407	992 1132	406	955 9778	*99	967 9744	*99	*004 2558	814
99	0905 7338	406 4872	412	402 2583	398	*002 1538	407	965 8977	97	977 9343	98	014 3372	816
0,0900	0794 5609	417 4284		393 1185		012 1945		975 8174		987 8941		024 4188	
	—2,4	**1,09**	**109**	**0,91**	**—91**	**0,09**	**100**	**0,08**	**991**	**0,08**	**995**	**0,09**	**100**

x	φ	sin x		cos x		tg x		Sin x		Cof x		Tg x	
	5°	0,08	995	0,995	−8	0,09	100	0,09	100	1,004	9	0,08	991
0,0900	09′ 23,83″	987 8549	95	95 2733	993	024 3790	815	012 1549	406	05 2734	018	975 7785	93
01	09 44,46	997 8144	94	94 3740	*003	034 4605	817	022 1955	407	06 1752	027	985 6978	92
02	10 05,09	*007 7738	93	93 4737	012	044 5422	819	032 2362	407	07 0779	037	995 6170	90
03	10 25,71	017 7331	92	92 5725	023	054 6241	821	042 2769	409	07 9816	047	*005 5360	88
04	10 46,34	027 6923	91	91 6702	033	064 7062	823	052 3178	409	08 8863	058	015 4548	86
05	11 06,96	037 6514	91	90 7669	042	074 7885	824	062 3587	410	09 7921	067	025 3734	85
06	11 27,59	047 6105	89	89 8627	053	084 8709	826	072 3997	411	10 6988	078	035 2919	82
07	11 48,22	057 5694	89	88 9574	063	094 9535	828	082 4408	412	11 6066	087	045 2101	81
08	12 08,84	067 5283	87	88 0511	072	105 0363	830	092 4820	413	12 5153	098	055 1282	80
09	12 29,47	077 4870	87	87 1439	082	115 1193	832	102 5233	414	13 4251	107	065 0462	77
0,0910	12 50,10	087 4457	86	86 2357	093	125 2025	834	112 5647	415	14 3358	118	074 9639	75
11	13 10,72	097 4043	84	85 3264	102	135 2859	835	122 6062	416	15 2476	127	084 8814	74
12	13 31,35	107 3627	84	84 4162	113	145 3694	838	132 6478	416	16 1603	138	094 7988	72
13	13 51,98	117 3211	83	83 5049	122	155 4532	839	142 6894	418	17 0741	148	104 7160	70
14	14 12,60	127 2794	83	82 5927	132	165 5371	841	152 7312	418	17 9889	157	114 6330	69
15	14 33,23	137 2377	81	81 6795	142	175 6212	843	162 7730	420	18 9046	168	124 5499	66
16	14 53,86	147 1958	80	80 7653	153	185 7055	844	172 8150	420	19 8214	178	134 4665	65
17	15 14,48	157 1538	80	79 8500	162	195 7899	847	182 8570	421	20 7392	188	144 3830	63
18	15 35,11	167 1118	78	78 9338	172	205 8746	848	192 8991	422	21 6580	198	154 2993	61
19	15 55,74	177 0696	78	78 0166	182	215 9594	850	202 9413	423	22 5778	208	164 2154	59
0,0920	16 16,36	187 0274	76	77 0984	192	226 0444	853	212 9836	424	23 4986	218	174 1313	58
21	16 36,99	196 9850	76	76 1792	202	236 1297	854	223 0260	425	24 4204	228	184 0471	55
22	16 57,62	206 9426	75	75 2590	212	246 2151	855	233 0685	426	25 3432	238	193 9626	54
23	17 18,24	216 9001	74	74 3378	222	256 3006	858	243 1111	427	26 2670	248	203 8780	52
24	17 38,87	226 8575	73	73 4156	231	266 3864	860	253 1538	427	27 1918	258	213 7932	50
25	17 59,49	236 8148	72	72 4925	242	276 4724	861	263 1965	429	28 1176	268	223 7082	48
26	18 20,12	246 7720	71	71 5683	252	286 5585	864	273 2394	429	29 0444	279	233 6230	47
27	18 40,75	256 7291	70	70 6431	262	296 6449	865	283 2823	431	29 9723	288	243 5377	45
28	19 01,37	266 6861	69	69 7169	271	306 7314	867	293 3254	431	30 9011	298	253 4522	42
29	19 22,00	276 6430	68	68 7898	282	316 8181	869	303 3685	432	31 8309	309	263 3664	41
0,0930	19 42,63	286 5998	68	67 8616	292	326 9050	871	313 4117	434	32 7618	318	273 2805	39
31	20 03,25	296 5566	66	66 9324	301	336 9921	872	323 4551	434	33 6936	329	283 1944	38
32	20 23,88	306 5132	66	66 0023	312	347 0793	875	333 4985	435	34 6265	338	293 1082	35
33	20 44,51	316 4698	64	65 0711	321	357 1668	877	343 5420	436	35 5603	349	303 0217	34
34	21 05,13	326 4262	64	64 1390	331	367 2545	878	353 5856	437	36 4952	358	312 9351	32
35	21 25,76	336 3826	63	63 2059	342	377 3423	880	363 6293	438	37 4310	369	322 8483	30
36	21 46,39	346 3389	62	62 2717	351	387 4303	882	373 6731	439	38 3679	379	332 7613	28
37	22 07,01	356 2951	61	61 3366	361	397 5185	885	383 7170	439	39 3058	388	342 6741	26
38	22 27,64	366 2512	59	60 4005	372	407 6070	886	393 7609	441	40 2446	399	352 5867	24
39	22 48,27	376 2071	59	59 4633	381	417 6956	887	403 8050	442	41 1845	409	362 4991	23
0,0940	23 08,89	386 1630	59	58 5252	391	427 7843	890	413 8492	442	42 1254	419	372 4114	20
41	23 29,52	396 1189	57	57 5861	401	437 8733	892	423 8934	444	43 0673	429	382 3234	19
42	23 50,14	406 0746	56	56 6460	411	447 9625	893	433 9378	444	44 0102	439	392 2353	17
43	24 10,77	416 0302	55	55 7049	421	458 0518	896	443 9822	446	44 9541	449	402 1470	15
44	24 31,40	425 9857	54	54 7628	431	468 1414	897	454 0268	446	45 8990	459	412 0585	13
45	24 52,02	435 9411	54	53 8197	441	478 2311	900	464 0714	448	46 8449	469	421 9698	12
46	25 12,65	445 8965	52	52 8756	451	488 3211	901	474 1162	448	47 7918	479	431 8810	09
47	25 33,28	455 8517	52	51 9305	461	498 4112	903	484 1610	449	48 7397	489	441 7919	08
48	25 53,90	465 8069	50	50 9844	471	508 5015	905	494 2059	450	49 6886	500	451 7027	05
49	26 14,53	475 7619	50	50 0373	480	518 5920	907	504 2509	451	50 6386	509	461 6132	04
0,0950	26′ 35,16″	485 7169		49 0893		528 6827		514 2960		51 5895		471 5236	
	5°	0,09	995	0,995	−9	0,09	100	0,09	100	1,004	9	0,09	991

x	$\ln x$	e^x		e^{-x}		arc sin x		arc tg x		𝔄𝔯 𝔖𝔦𝔫 x		𝔄𝔯 𝔗𝔤 x	
	—2,4	1,09	109	0,91	—91	0,09	100	0,08	991	0,08	995	0,09	100
0,0900	0794 5609	417 4284	423	393 1185	388	012 1945	408	975 8174	96	987 8941	97	024 4188	817
01	0683 5114	428 3707	433	383 9797	380	022 2353	409	985 7370	94	997 8538	96	034 5005	820
02	0572 5852	439 3140	445	374 8417	370	032 2762	410	995 6564	92	*007 8134	95	044 5825	821
03	0461 7819	450 2585	456	365 7047	361	042 3172	410	*005 5756	90	017 7729	94	054 6646	823
04	0351 1012	461 2041	467	356 5686	352	052 3582	412	015 4946	89	027 7323	94	064 7469	825
05	0240 5428	472 1508	477	347 4334	343	062 3994	412	025 4135	86	037 6917	92	074 8294	827
06	0130 1066	483 0985	489	338 2991	334	072 4406	414	035 3321	85	047 6509	92	084 9121	828
07	0019 7922	494 0474	499	329 1657	324	082 4820	414	045 2506	83	057 6101	91	094 9949	830
08	*9909 5993	504 9973	511	320 0333	316	092 5234	415	055 1689	82	067 5692	90	105 0779	833
09	9799 5278	515 9484	521	310 9017	306	102 5649	417	065 0871	79	077 5282	89	115 1612	834
0,0910	9689 5772	526 9005	533	301 7711	297	112 6066	417	075 0050	78	087 4871	88	125 2446	836
11	9579 7475	537 8538	543	292 6414	288	122 6483	418	084 9228	76	097 4459	87	135 3282	838
12	9470 0382	548 8081	554	283 5126	279	132 6901	419	094 8404	74	107 4046	86	145 4120	839
13	9360 4491	559 7635	565	274 3847	270	142 7320	419	104 7578	73	117 3632	85	155 4959	842
14	9250 9801	570 7200	577	265 2577	261	152 7739	421	114 6751	70	127 3217	85	165 5801	843
15	9141 6307	581 6777	587	256 1316	251	162 8160	422	124 5921	69	137 2802	83	175 6644	845
16	9032 4007	592 6364	598	247 0065	243	172 8582	423	134 5090	67	147 2385	83	185 7489	847
17	8923 2900	603 5962	609	237 8822	233	182 9005	423	144 4257	66	157 1968	82	195 8336	849
18	8814 2981	614 5571	620	228 7589	224	192 9428	425	154 3423	63	167 1550	81	205 9185	851
19	8705 4250	625 5191	631	219 6365	215	202 9853	425	164 2586	62	177 1131	80	216 0036	853
0,0920	8596 6702	636 4822	642	210 5150	206	213 0278	427	174 1748	59	187 0711	79	226 0889	854
21	8488 0336	647 4464	653	201 3944	197	223 0705	427	184 0907	58	197 0290	78	236 1743	857
22	8379 5148	658 4117	664	192 2747	188	233 1132	428	194 0065	57	206 9868	77	246 2600	858
23	8271 1137	669 3781	675	183 1559	179	243 1560	429	203 9222	54	216 9445	76	256 3458	860
24	8162 8300	680 3456	686	174 0380	169	253 1989	430	213 8376	52	226 9021	75	266 4318	862
25	8054 6634	691 3142	696	164 9211	160	263 2419	431	223 7528	51	236 8596	75	276 5180	864
26	7946 6137	702 2838	708	155 8051	152	273 2850	432	233 6679	49	246 8171	73	286 6044	866
27	7838 6806	713 2546	719	146 6899	142	283 3282	433	243 5828	47	256 7744	73	296 6910	868
28	7730 8639	724 2265	730	137 5757	133	293 3715	434	253 4975	45	266 7317	72	306 7778	870
29	7623 1633	735 1995	740	128 4624	124	303 4149	435	263 4120	44	276 6889	71	316 8648	871
0,0930	7515 5786	746 1735	752	119 3500	114	313 4584	436	273 3264	41	286 6460	69	326 9519	873
31	7408 1095	757 1487	763	110 2386	106	323 5020	436	283 2405	40	296 6029	69	337 0392	876
32	7300 7557	768 1250	773	101 1280	097	333 5456	438	293 1545	38	306 5598	68	347 1268	877
33	7193 5171	779 1023	785	092 0183	087	343 5894	439	303 0683	36	316 5166	68	357 2145	879
34	7086 3934	790 0808	795	082 9096	079	353 6333	439	312 9819	35	326 4734	66	367 3024	881
35	6979 3843	801 0603	807	073 8017	069	363 6772	441	322 8954	32	336 4300	65	377 3905	883
36	6872 4895	812 0410	817	064 6948	060	373 7213	441	332 8086	31	346 3865	64	387 4788	885
37	6765 7090	823 0227	829	055 5888	051	383 7654	442	342 7217	28	356 3429	64	397 5673	886
38	6659 0423	834 0056	839	046 4837	042	393 8096	444	352 6345	27	366 2993	62	407 6559	889
39	6552 4893	844 9895	851	037 3795	033	403 8540	444	362 5472	25	376 2555	62	417 7448	890
0,0940	6446 0497	855 9746	861	028 2762	023	413 8984	445	372 4597	23	386 2117	61	427 8338	893
41	6339 7232	866 9607	873	019 1739	015	423 9429	446	382 3720	22	396 1678	59	437 9231	894
42	6233 5097	877 9480	883	010 0724	006	433 9875	448	392 2842	19	406 1237	59	448 0125	897
43	6127 4089	888 9363	895	000 9718	*996	444 0323	448	402 1961	18	416 0796	58	458 1022	898
44	6021 4206	899 9258	905	*991 8722	987	454 0771	449	412 1079	16	426 0354	57	468 1920	900
45	5915 5444	910 9163	917	982 7735	979	464 1220	450	422 0195	14	435 9911	56	478 2820	902
46	5809 7803	921 9080	927	973 6756	969	474 1670	451	431 9309	12	445 9467	55	488 3722	904
47	5704 1279	932 9007	938	964 5787	960	484 2121	452	441 8421	10	455 9022	54	498 4626	906
48	5598 5870	943 8945	950	955 4827	951	494 2573	452	451 7531	08	465 8576	53	508 5532	908
49	5493 1573	954 8895	960	946 3876	942	504 3025	454	461 6639	07	475 8129	52	518 6440	909
0,0950	5387 8387	965 8855		937 2934		514 3479		471 5746		485 7681		528 7349	
	—2,3	1,09	109	0,90	—90	0,09	100	0,09	991	0,09	995	0,09	100

x	φ	$\sin x$		$\cos x$		$\operatorname{tg} x$		$\mathfrak{Sin}\, x$		$\mathfrak{Cof}\, x$		$\mathfrak{Tg}\, x$	
	5°	**0,09**	995	**0,995**	−9	**0,09**	100	**0,09**	100	**1,004**	9	**0,09**	991
0,0950	26′ 35,16″	485 7169	48	49 0893	491	528 6827	909	514 2960	452	51 5895	519	471 5236	02
51	26 55,78	495 6717	48	48 1402	501	538 7736	911	524 3412	453	52 5414	529	481 4338	00
52	27 16,41	505 6265	47	47 1901	510	548 8647	913	534 3865	454	53 4943	540	491 3438	*99
53	27 37,04	515 5812	45	46 2391	521	558 9560	914	544 4319	455	54 4483	549	501 2537	96
54	27 57,66	525 5357	45	45 2870	530	569 0474	917	554 4774	456	55 4032	560	511 1633	94
55	28 18,29	535 4902	44	44 3340	541	579 1391	919	564 5230	457	56 3592	569	521 0727	93
56	28 38,92	545 4446	43	43 3799	550	589 2310	920	574 5687	458	57 3161	580	530 9820	90
57	28 59,54	555 3989	42	42 4249	561	599 3230	923	584 6145	459	58 2741	590	540 8910	89
58	29 20,17	565 3531	41	41 4688	570	609 4153	924	594 6604	459	59 2331	599	550 7999	87
59	29 40,79	575 3072	40	40 5118	580	619 5077	926	604 7063	461	60 1930	610	560 7086	85
0,0960	30 01,42	585 2612	39	39 5538	590	629 6003	928	614 7524	462	61 1540	620	570 6171	83
61	30 22,05	595 2151	38	38 5948	601	639 6931	931	624 7986	462	62 1160	630	580 5254	81
62	30 42,67	605 1689	37	37 6347	610	649 7862	932	634 8448	464	63 0790	639	590 4335	80
63	31 03,30	615 1226	36	36 6737	620	659 8794	934	644 8912	464	64 0429	650	600 3415	77
64	31 23,93	625 0762	36	35 7117	630	669 9728	936	654 9376	466	65 0079	660	610 2492	76
65	31 44,55	635 0298	34	34 7487	640	680 0664	938	664 9842	466	65 9739	670	620 1568	73
66	32 05,18	644 9832	33	33 7847	650	690 1602	940	675 0308	468	66 9409	680	630 0641	72
67	32 25,81	654 9365	33	32 8197	660	700 2542	942	685 0776	468	67 9089	691	639 9713	70
68	32 46,43	664 8898	31	31 8537	670	710 3484	944	695 1244	469	68 8780	700	649 8783	67
69	33 07,06	674 8429	30	30 8867	679	720 4428	946	705 1713	471	69 8480	710	659 7850	66
0,0970	33 27,69	684 7959	30	29 9188	690	730 5374	948	715 2184	471	70 8190	720	669 6916	64
71	33 48,31	694 7489	28	28 9498	700	740 6322	949	725 2655	472	71 7910	730	679 5980	62
72	34 08,94	704 7017	28	27 9798	710	750 7271	952	735 3127	474	72 7640	741	689 5042	61
73	34 29,57	714 6545	26	27 0088	719	760 8223	954	745 3601	474	73 7381	750	699 4103	58
74	34 50,19	724 6071	26	26 0369	730	770 9177	955	755 4075	475	74 7131	761	709 3161	56
75	35 10,82	734 5597	24	25 0639	739	781 0132	958	765 4550	476	75 6892	770	719 2217	55
76	35 31,45	744 5121	24	24 0900	750	791 1090	960	775 5026	477	76 6662	781	729 1272	52
77	35 52,07	754 4645	23	23 1150	759	801 2050	961	785 5503	478	77 6443	790	739 0324	51
78	36 12,70	764 4168	21	22 1391	770	811 3011	964	795 5981	480	78 6233	801	748 9375	48
79	36 33,32	774 3689	21	21 1621	779	821 3975	966	805 6461	480	79 6034	810	758 8423	47
0,0980	36 53,95	784 3210	20	20 1842	789	831 4941	967	815 6941	481	80 5844	821	768 7470	45
81	37 14,58	794 2730	18	19 2053	800	841 5908	970	825 7422	482	81 5665	831	778 6515	42
82	37 35,20	804 2248	18	18 2253	809	851 6878	971	835 7904	483	82 5496	841	788 5557	41
83	37 55,83	814 1766	17	17 2444	819	861 7849	974	845 8387	484	83 5337	851	798 4598	39
84	38 16,46	824 1283	16	16 2625	829	871 8823	975	855 8871	485	84 5188	861	808 3637	37
85	38 37,08	834 0799	14	15 2796	839	881 9798	978	865 9356	486	85 5049	870	818 2674	35
86	38 57,71	844 0313	14	14 2957	849	892 0776	979	875 9842	487	86 4919	881	828 1709	33
87	39 18,34	853 9827	13	13 3108	859	902 1755	982	886 0329	488	87 4800	892	838 0742	32
88	39 38,96	863 9340	12	12 3249	869	912 2737	983	896 0817	489	88 4692	901	847 9774	29
89	39 59,59	873 8852	11	11 3380	879	922 3720	986	906 1306	490	89 4593	911	857 8803	27
0,0990	40 20,22	883 8363	10	10 3501	889	932 4706	988	916 1796	491	90 4504	921	867 7830	25
91	40 40,84	893 7873	08	09 3612	898	942 5694	989	926 2287	492	91 4425	931	877 6855	24
92	41 01,47	903 7381	08	08 3714	909	952 6683	992	936 2779	493	92 4356	942	887 5879	21
93	41 22,10	913 6889	07	07 3805	919	962 7675	993	946 3272	494	93 4298	951	897 4900	19
94	41 42,72	923 6396	06	06 3886	928	972 8668	996	956 3766	494	94 4249	961	907 3919	18
95	42 03,35	933 5902	05	05 3958	939	982 9664	997	966 4260	496	95 4210	972	917 2937	15
96	42 23,97	943 5407	04	04 4019	948	993 0661	*000	976 4756	497	96 4182	981	927 1952	14
97	42 44,60	953 4911	03	03 4071	959	*003 1661	002	986 5253	498	97 4163	992	937 0966	11
98	43 05,23	963 4414	02	02 4112	968	013 2663	003	996 5751	499	98 4155	*001	946 9977	10
99	43 25,85	973 3916	01	01 4144	979	023 3666	006	*006 6250	500	99 4156	012	956 8987	08
0,1000	43′ 46,48″	983 3417		00 4165		033 4672		016 6750		*00 4168		966 7995	
	5°	**0,09**	995	**0,995**	−9	**0,10**	101	**0,10**	100	**1,005**	10	**0,09**	990

x	ln x	e^x		e^{-x}		arc sin x		arc tg x		𝔄𝔯 𝔖𝔦𝔫 x		𝔄𝔯 𝔗𝔤 x	
	—2,3	**1,09**	**109**	**0,90**	**—90**	**0,09**	**100**	**0,09**	**991**	**0,09**	**995**	**0,09**	**100**
0,0950	5387 8387	965 8855	972	937 2934	932	514 3479	455	471 5746	05	485 7681	52	528 7349	912
51	5282 6309	976 8827	982	928 2002	924	524 3934	456	481 4851	02	495 7233	50	538 8261	914
52	5177 5337	987 8809	993	919 1078	914	534 4390	457	491 3953	01	505 6783	50	548 9175	915
53	5072 5468	998 8802	*005	910 0164	906	544 4847	457	501 3054	*99	515 6333	48	559 0090	918
54	4967 6701	*009 8807	015	900 9258	896	554 5304	459	511 2153	97	525 5881	48	569 1008	919
55	4862 9031	020 8822	026	891 8362	888	564 5763	460	521 1250	96	535 5429	46	579 1927	921
56	4758 2459	031 8848	038	882 7474	878	574 6223	460	531 0346	93	545 4975	46	589 2848	924
57	4653 6981	042 8886	048	873 6596	869	584 6683	462	540 9439	92	555 4521	45	599 3772	925
58	4549 2594	053 8934	060	864 5727	860	594 7145	462	550 8531	89	565 4066	43	609 4697	927
59	4444 9297	064 8994	070	855 4867	851	604 7607	464	560 7620	88	575 3609	43	619 5624	930
0,0960	4340 7088	075 9064	081	846 4016	842	614 8071	464	570 6708	86	585 3152	42	629 6554	931
61	4236 5963	086 9145	093	837 3174	833	624 8535	466	580 5794	84	595 2694	41	639 7485	933
62	4132 5921	097 9238	103	828 2341	823	634 9001	466	590 4878	82	605 2235	40	649 8418	935
63	4028 6960	108 9341	115	819 1518	815	644 9467	468	600 3960	80	615 1775	39	659 9353	937
64	3924 9077	119 9456	125	810 0703	805	654 9935	468	610 3040	79	625 1314	38	670 0290	939
65	3821 2271	130 9581	137	800 9898	797	665 0403	470	620 2119	76	635 0852	37	680 1229	941
66	3717 6538	141 9718	147	791 9101	787	675 0873	470	630 1195	75	645 0389	36	690 2170	943
67	3614 1877	152 9865	159	782 8314	779	685 1343	471	640 0270	72	654 9925	36	700 3113	945
68	3510 8285	164 0024	169	773 7535	769	695 1814	473	649 9342	71	664 9461	34	710 4058	947
69	3407 5760	175 0193	181	764 6766	760	705 2287	473	659 8413	69	674 8995	33	720 5005	948
0,0970	3304 4300	186 0374	191	755 6006	751	715 2760	474	669 7482	67	684 8528	33	730 5953	951
71	3201 3904	197 0565	203	746 5255	742	725 3234	475	679 6549	65	694 8061	31	740 6904	953
72	3098 4568	208 0768	213	737 4513	733	735 3709	477	689 5614	63	704 7592	31	750 7857	955
73	2995 6290	219 0981	225	728 3780	724	745 4186	477	699 4677	61	714 7123	29	760 8812	957
74	2892 9068	230 1206	236	719 3056	714	755 4663	478	709 3738	59	724 6652	29	770 9769	958
75	2790 2901	241 1442	246	710 2342	706	765 5141	479	719 2797	58	734 6181	27	781 0727	961
76	2687 7786	252 1688	258	701 1636	697	775 5620	481	729 1855	55	744 5708	27	791 1688	963
77	2585 3720	263 1946	269	692 0939	687	785 6101	481	739 0910	54	754 5235	25	801 2651	965
78	2483 0702	274 2215	279	683 0252	679	795 6582	482	748 9964	51	764 4760	25	811 3616	966
79	2380 8729	285 2494	291	673 9573	669	805 7064	483	758 9015	50	774 4285	24	821 4582	969
0,0980	2278 7800	296 2785	302	664 8904	661	815 7547	484	768 8065	48	784 3809	23	831 5551	971
81	2176 7912	307 3087	313	655 8243	651	825 8031	486	778 7113	45	794 3332	21	841 6522	972
82	2074 9064	318 3400	324	646 7592	642	835 8517	486	788 6158	44	804 2853	21	851 7494	975
83	1973 1252	329 3724	334	637 6950	633	845 9003	487	798 5202	42	814 2374	20	861 8469	977
84	1871 4475	340 4058	346	628 6317	624	855 9490	488	808 4244	40	824 1894	19	871 9446	979
85	1769 8731	351 4404	357	619 5693	615	865 9978	489	818 3284	39	834 1413	18	882 0425	980
86	1668 4017	362 4761	368	610 5078	606	876 0467	490	828 2323	36	844 0931	17	892 1405	983
87	1567 0333	373 5129	379	601 4472	597	886 0957	492	838 1359	34	854 0448	16	902 2388	985
88	1465 7674	384 5508	390	592 3875	588	896 1449	492	848 0393	32	863 9964	15	912 3373	987
89	1364 6040	395 5898	402	583 3287	579	906 1941	493	857 9425	31	873 9479	14	922 4360	988
0,0990	1263 5429	406 6300	412	574 2708	570	916 2434	494	867 8456	28	883 8993	13	932 5348	991
91	1162 5838	417 6712	423	565 2138	560	926 2928	495	877 7484	27	893 8506	12	942 6339	993
92	1061 7265	428 7135	434	556 1578	552	936 3423	497	887 6511	24	903 8018	11	952 7332	995
93	0960 9708	439 7569	445	547 1026	543	946 3920	497	897 5535	23	913 7529	10	962 8327	997
94	0860 3165	450 8014	457	538 0483	533	956 4417	498	907 4558	21	923 7039	09	972 9324	999
95	0759 7635	461 8471	467	528 9950	525	966 4915	499	917 3579	18	933 6548	08	983 0323	*001
96	0659 3114	472 8938	479	519 9425	515	976 5414	500	927 2597	17	943 6056	07	993 1324	003
97	0558 9602	483 9417	489	510 8910	506	986 5914	502	937 1614	15	953 5563	06	*003 2327	005
98	0458 7096	494 9906	501	501 8404	498	996 6416	502	947 0629	13	963 5069	06	013 3332	007
99	0358 5593	506 0407	511	492 7906	488	*006 6918	503	956 9642	10	973 4575	04	023 4339	009
0,1000	0258 5093	517 0918		483 7418		016 7421		966 8652		983 4079		033 5348	
	—2,3	**1,10**	**110**	**0,90**	**—90**	**0,10**	**100**	**0,09**	**990**	**0,09**	**995**	**0,10**	**101**

TAFEL II

Siebenstellige Werte der elementaren transzendenten Funktionen

für $x = 0{,}1\ (0{,}0005)\ 3{,}15$

$x = 3\ (0{,}01)\ 10$

$x = 10\ (0{,}1)\ 20$

x	φ	sin x		cos x		tg x		Sin x		Cos x		Tg x	
	5°	0,0	99	0,99	−10	0,10	10	0,10	10	1,005	10	0,0	99
0,1000	43′ 46,″48	998 334	50	50 042	02	03 347	100	01 668	050	0 042	04	996 680	00
05	45 29,61	*003 309	50	49 541	06	08 397	102	06 693	050	0 544	08	*001 630	00
10	47 12,75	008 284	48	49 038	10	13 448	104	11 718	052	1 048	14	006 580	*98
15	48 55,88	013 258	48	48 533	16	18 500	104	16 744	052	1 555	20	011 529	96
20	50 39,01	018 232	48	48 025	20	23 552	106	21 770	052	2 065	24	016 477	96
25	52 22,14	023 206	48	47 515	26	28 605	106	26 796	052	2 577	30	021 425	96
30	54 05,28	028 180	46	47 002	30	33 658	108	31 822	054	3 092	34	026 373	94
35	55 48,41	033 153	46	46 487	36	38 712	108	36 849	054	3 609	40	031 320	94
40	57 31,54	038 126	46	45 969	42	43 766	110	41 876	054	4 129	44	036 267	92
45	59 14,67	043 099	46	45 448	44	48 821	110	46 903	054	4 651	50	041 213	90
0,1050	*00 57,80	048 072	44	44 926	52	53 876	112	51 930	056	5 176	54	046 158	90
55	02 40,94	053 044	44	44 400	54	58 932	112	56 958	056	5 703	60	051 103	90
60	04 24,07	058 016	44	43 873	62	63 988	114	61 986	056	6 233	64	056 048	88
65	06 07,20	062 988	42	43 342	64	69 045	114	67 014	058	6 765	70	060 992	86
70	07 50,33	067 959	44	42 810	72	74 102	116	72 043	058	7 300	74	065 935	86
75	09 33,47	072 931	42	42 274	74	79 160	118	77 072	058	7 837	80	070 878	84
80	11 16,60	077 902	40	41 737	82	84 219	118	82 101	058	8 377	84	075 820	84
85	12 59,73	082 872	42	41 196	84	89 278	118	87 130	060	8 919	90	080 762	84
90	14 42,86	087 843	40	40 654	90	94 337	122	92 160	060	9 464	94	085 704	80
95	16 26,00	092 813	40	40 109	96	99 398	120	97 190	060	*0 011	*00	090 644	82
0,1100	18 09,13	097 783	40	39 561	*00	*04 458	124	*02 220	060	0 561	04	095 585	78
05	19 52,26	102 753	38	39 011	06	09 520	122	07 250	062	1 113	10	100 524	80
10	21 35,39	107 722	38	38 458	10	14 581	126	12 281	062	1 668	16	105 464	76
15	23 18,53	112 691	38	37 903	14	19 644	126	17 312	062	2 226	20	110 402	76
20	25 01,66	117 660	36	37 346	22	24 707	126	22 343	064	2 786	24	115 340	76
25	26 44,79	122 628	38	36 785	24	29 770	128	27 375	062	3 348	30	120 278	74
30	28 27,92	127 597	36	36 223	30	34 834	130	32 406	064	3 913	34	125 215	72
35	30 11,06	132 565	34	35 658	36	39 899	130	37 438	066	4 480	40	130 151	72
40	31 54,19	137 532	36	35 090	40	44 964	132	42 471	066	5 050	46	135 087	70
45	33 37,32	142 500	34	34 520	44	50 030	134	47 504	064	5 623	50	140 022	70
0,1150	35 20,45	147 467	34	33 948	50	55 097	134	52 536	068	6 198	54	144 957	68
55	37 03,59	152 434	32	33 373	56	60 164	134	57 570	066	6 775	60	149 891	68
60	38 46,72	157 400	34	32 795	60	65 231	136	62 603	068	7 355	66	154 825	66
65	40 29,85	162 367	30	32 215	64	70 299	138	67 637	068	7 938	70	159 758	64
70	42 12,98	167 332	32	31 633	70	75 368	138	72 671	070	8 523	76	164 690	64
75	43 56,11	172 298	32	31 048	74	80 437	140	77 706	068	9 111	80	169 622	64
80	45 39,25	177 264	30	30 461	80	85 507	142	82 740	070	9 701	84	174 554	60
85	47 22,38	182 229	28	29 871	84	90 578	142	87 775	072	**0 293	92	179 484	60
90	49 05,51	187 193	30	29 279	90	95 649	144	92 811	070	0 889	94	184 414	60
95	50 48,64	192 158	28	28 684	96	**00 721	144	97 846	072	1 486	**00	189 344	58
0,1200	52 31,78	197 122	28	28 086	98	05 793	146	**02 882	072	2 086	06	194 273	56
05	54 14,91	202 086	28	27 487	**06	10 866	148	07 918	074	2 689	10	199 201	56
10	55 58,04	207 050	26	26 884	08	15 940	148	12 955	074	3 294	16	204 129	54
15	57 41,17	212 013	26	26 280	16	21 014	150	17 992	074	3 902	20	209 056	54
20	59 24,31	216 976	26	25 672	18	26 089	152	23 029	074	4 512	26	213 983	52
25	**01 07,44	221 939	24	25 063	26	31 165	152	28 066	076	5 125	30	218 909	50
30	02 50,57	226 901	24	24 450	28	36 241	152	33 104	076	5 740	36	223 834	50
35	04 33,70	231 863	24	23 836	36	41 317	156	38 142	076	6 358	42	228 759	48
40	06 16,84	236 825	22	23 218	38	46 395	156	43 180	078	6 979	44	233 683	48
45	07 59,97	241 786	22	22 599	44	51 473	156	48 219	078	7 601	52	238 607	46
0,1250	09′ 43,″10	246 747		21 977		56 551		53 258		8 227		243 530	
	7°	0,1	99	0,99	−12	0,12	10	0,12	10	1,007	12	0,1	98

x	ln x		e^x		e^{-x}		arc sin x		arc tg x		Ar Sin x		Ar Tg x	
	—2,	9	**1,1**	11	**0,90**	−90	**0,10**	10	**0,0**	99	**0,0**	99	**0,10**	10
0,1000	3025 851	9750	051 709	054	48 374	46	01 674	052	996 687	00	998 341	50	03 353	102
05	2975 976	9256	057 236	060	43 851	42	06 700	050	*001 637	00	*003 316	50	08 404	104
10	2926 348	8766	062 766	066	39 330	36	11 725	052	006 587	*98	008 291	48	13 456	102
15	2876 965	8280	068 299	072	34 812	32	16 751	052	011 536	98	013 265	50	18 507	106
20	2827 825	7800	073 835	076	30 296	30	21 777	052	016 485	96	018 240	48	23 560	104
25	2778 925	7324	079 373	082	25 781	22	26 803	054	021 433	96	023 214	46	28 612	108
30	2730 263	6852	084 914	088	21 270	20	31 830	054	026 381	94	028 187	48	33 666	108
35	2681 837	6386	090 458	094	16 760	14	36 857	054	031 328	94	033 161	46	38 720	108
40	2633 644	5924	096 005	098	12 253	10	41 884	054	036 275	92	038 134	46	43 774	110
45	2585 682	5466	101 554	104	07 748	06	46 911	056	041 221	92	043 107	46	48 829	110
0,1050	2537 949	5012	107 106	110	03 245	00	51 939	056	046 167	90	048 080	46	53 884	112
55	2490 443	4562	112 661	116	*98 745	*98	56 967	056	051 112	88	053 053	44	58 940	114
60	2443 162	4118	118 219	120	94 246	92	61 995	058	056 056	90	058 025	44	63 997	114
65	2396 103	3678	123 779	128	89 750	86	67 024	056	061 001	86	062 997	44	69 054	116
70	2349 264	3240	129 343	132	85 257	84	72 052	058	065 944	86	067 969	42	74 112	116
75	2302 644	2806	134 909	136	80 765	78	77 081	060	070 887	86	072 940	42	79 170	118
80	2256 241	2380	140 477	144	76 276	74	82 111	058	075 830	84	077 911	42	84 229	118
85	2210 051	1954	146 049	150	71 789	70	87 140	060	080 772	84	082 882	42	89 288	120
90	2164 074	1534	151 624	154	67 304	64	92 170	060	085 714	82	087 853	42	94 348	120
95	2118 307	1116	157 201	160	62 822	62	97 200	060	090 655	80	092 824	40	99 408	122
0,1100	2072 749	0702	162 781	164	58 341	56	*02 230	062	095 595	80	097 794	40	*04 469	124
05	2027 398	0294	168 363	172	53 863	52	07 261	062	100 535	80	102 764	38	09 531	124
10	1982 251	*9888	173 949	176	49 387	46	12 292	062	105 475	78	107 733	40	14 593	124
15	1937 307	9486	179 537	184	44 914	42	17 323	064	110 414	76	112 703	38	19 655	128
20	1892 564	9086	185 129	188	40 443	40	22 355	064	115 352	76	117 672	36	24 719	126
25	1848 021	8692	190 723	192	35 973	32	27 387	064	120 290	74	122 640	38	29 782	130
30	1803 675	8302	196 319	200	31 507	30	32 419	064	125 227	74	127 609	36	34 847	130
35	1759 524	7912	201 919	204	27 042	24	37 451	066	130 164	72	132 577	36	39 912	130
40	1715 568	7526	207 521	210	22 580	22	42 484	066	135 100	70	137 545	36	44 977	132
45	1671 805	7146	213 126	216	18 119	16	47 517	066	140 035	70	142 513	34	50 043	134
0,1150	1628 232	6770	218 734	222	13 661	10	52 550	068	144 970	70	147 480	34	55 110	136
55	1584 847	6392	224 345	228	09 206	08	57 584	066	149 905	68	152 447	34	60 178	134
60	1541 651	6022	229 959	232	04 752	02	62 617	070	154 839	66	157 414	34	65 245	138
65	1498 640	5654	235 575	238	00 301	**98	67 652	068	159 772	66	162 381	32	70 314	138
70	1455 813	5288	241 194	244	**95 852	94	72 686	070	164 705	64	167 347	32	75 383	140
75	1413 169	4924	246 816	250	91 405	88	77 721	070	169 637	64	172 313	32	80 453	140
80	1370 707	4568	252 441	256	86 961	86	82 756	070	174 569	62	177 279	30	85 523	142
85	1328 423	4210	258 069	260	82 518	80	87 791	072	179 500	60	182 244	30	90 594	142
90	1286 318	3858	263 699	266	78 078	76	92 827	072	184 430	60	187 209	30	95 665	146
95	1244 389	3508	269 332	274	73 640	72	97 863	072	189 360	58	192 174	30	**00 738	144
0,1200	1202 635	3160	274 969	276	69 204	66	**02 899	072	194 289	58	197 139	28	05 810	148
05	1161 055	2816	280 607	284	64 771	62	07 935	074	199 218	56	202 103	28	10 884	148
10	1119 647	2474	286 249	290	60 340	58	12 972	074	204 146	56	207 067	26	15 958	148
15	1078 410	2136	291 894	294	55 911	54	18 009	076	209 074	54	212 030	28	21 032	150
20	1037 342	1800	297 541	300	51 484	50	23 047	076	214 001	52	216 994	26	26 107	152
25	0996 442	1466	303 191	306	47 059	44	28 085	076	218 927	52	221 957	24	31 183	154
30	0955 709	1136	308 844	312	42 637	42	33 123	076	223 853	50	226 919	26	36 260	154
35	0915 141	0808	314 500	318	38 216	36	38 161	078	228 778	50	231 882	24	41 337	156
40	0874 737	0482	320 159	322	33 798	30	43 200	078	233 703	48	236 844	24	46 415	156
45	0834 496	0162	325 820	330	29 383	28	48 239	078	238 627	46	241 806	22	51 493	158
0,1250	0794 415		331 485		24 969		53 278		243 550		246 767		56 572	
	—2,	8	**1,1**	11	**0,88**	−88	**0,12**	10	**0,1**	98	**0,1**	99	**0,12**	10

x	φ	sin x		cos x		tg x		Sin x		Cos x		Tg x	
	7°	**0,12**	**99**	**0,99**	**−12**	**0,1**	**10**	**0,1**	**10**	**1,00**	**1**	**0,12**	**98**
0,1250	09′ 43,″10	46 747	22	21 977	50	256 551	160	253 258	078	78 227	256	43 530	44
55	11 26,23	51 708	22	21 352	54	261 631	160	258 297	080	78 855	260	48 452	44
60	13 09,37	56 669	20	20 725	60	266 711	160	263 337	080	79 485	266	53 374	42
65	14 52,50	61 629	20	20 095	64	271 791	162	268 377	080	80 118	270	58 295	42
70	16 35,63	66 589	18	19 463	68	276 872	164	273 417	080	80 753	276	63 216	40
75	18 18,76	71 548	20	18 829	74	281 954	166	278 457	082	81 391	282	68 136	38
80	20 01,90	76 508	18	18 192	80	287 037	166	283 498	082	82 032	286	73 055	38
85	21 45,03	81 467	16	17 552	84	292 120	168	288 539	084	82 675	290	77 974	36
90	23 28,16	86 425	16	16 910	88	297 204	168	293 581	084	83 320	296	82 892	34
95	25 11,29	91 383	16	16 266	94	302 288	170	298 623	084	83 968	302	87 809	34
0,1300	26 54,42	96 341	16	15 619	98	307 373	172	303 665	084	84 619	306	92 726	32
05	28 37,56	*01 299	14	14 970	*04	312 459	172	308 707	086	85 272	312	97 642	30
10	30 20,69	06 256	14	14 318	10	317 545	176	313 750	086	85 928	316	*02 557	30
15	32 03,82	11 213	14	13 663	14	322 633	174	318 793	088	86 586	322	07 472	28
20	33 46,95	16 170	12	13 006	18	327 720	178	323 837	086	87 247	326	12 386	28
25	35 30,09	21 126	12	12 347	24	332 809	178	328 880	090	87 910	330	17 300	26
30	37 13,22	26 082	12	11 685	28	337 898	180	333 925	088	88 575	338	22 213	24
35	38 56,35	31 038	10	11 021	34	342 988	180	338 969	090	89 244	340	27 125	24
40	40 39,48	35 993	10	10 354	38	348 078	184	344 014	090	89 914	348	32 037	22
45	42 22,62	40 948	10	09 685	44	353 170	182	349 059	090	90 588	350	36 948	20
0,1350	44 05,75	45 903	08	09 013	48	358 261	186	354 104	092	91 263	358	41 858	20
55	45 48,88	50 857	08	08 339	54	363 354	186	359 150	092	91 942	362	46 768	18
60	47 32,01	55 811	08	07 662	58	368 447	188	364 196	094	92 623	366	51 677	16
65	49 15,15	60 765	06	06 983	62	373 541	190	369 243	094	93 306	372	56 585	16
70	50 58,28	65 718	06	06 302	68	378 636	190	374 290	094	93 992	376	61 493	14
75	52 41,41	70 671	06	05 618	74	383 731	192	379 337	094	94 680	382	66 400	12
80	54 24,54	75 624	04	04 931	78	388 827	194	384 384	096	95 371	388	71 306	12
85	56 07,68	80 576	04	04 242	84	393 924	196	389 432	096	96 065	392	76 212	10
90	57 50,81	85 528	04	03 550	88	399 022	196	394 480	098	96 761	396	81 117	08
95	59 33,94	90 480	02	02 856	92	404 120	198	399 529	098	97 459	402	86 021	06
0,1400	*01 17,07	95 431	02	02 160	98	409 219	200	404 578	098	98 160	408	90 924	06
05	03 00,21	**00 382	02	01 461	**02	414 319	200	409 627	100	98 864	412	95 827	06
10	04 43,34	05 333	00	00 760	08	419 419	202	414 677	100	99 570	416	**00 730	02
15	06 26,47	10 283	00	00 056	14	424 520	204	419 727	100	*00 278	424	05 631	02
20	08 09,60	15 233	*98	*99 349	18	429 622	204	424 777	102	00 990	426	10 532	00
25	09 52,73	20 182	98	98 640	22	434 724	208	429 828	102	01 703	432	15 432	00
30	11 35,87	25 131	98	97 929	28	439 828	208	434 879	102	02 419	438	20 332	*98
35	13 19,00	30 080	98	97 215	32	444 932	210	439 930	104	03 138	442	25 231	96
40	15 02,13	35 029	96	96 499	38	450 037	210	444 982	104	03 859	448	30 129	94
45	16 45,26	39 977	94	95 780	42	455 142	212	450 034	104	04 583	452	35 026	94
0,1450	18 28,40	44 924	96	95 059	48	460 248	214	455 086	106	05 309	458	39 923	92
55	20 11,53	49 872	94	94 335	52	465 355	216	460 139	106	06 038	462	44 819	90
60	.21 54,66	54 819	92	93 609	56	470 463	216	465 192	108	06 769	468	49 714	88
65	23 37,79	59 765	94	92 881	64	475 571	220	470 246	108	07 503	474	54 608	88
70	25 20,93	64 712	90	92 149	66	480 681	220	475 300	108	08 240	478	59 502	86
75	27 04,06	69 657	92	91 416	72	485 791	220	480 354	110	08 979	482	64 395	86
80	28 47,19	74 603	90	90 680	78	490 901	224	485 409	110	09 720	488	69 288	84
85	30 30,32	79 548	90	89 941	82	496 013	224	490 464	110	10 464	494	74 180	82
90	32 13,46	84 493	88	89 200	86	501 125	226	495 519	112	11 211	498	79 071	80
95	33 56,59	89 437	88	88 457	92	506 238	228	500 575	112	11 960	502	83 961	78
0,1500	35′ 39,″72	94 381		87 711		511 352		505 631		12 711		88 850	
	8°	**0,14**	**98**	**0,98**	**−14**	**0,1**	**10**	**0,1**	**10**	**1,01**	**1**	**0,14**	**97**

x	$\ln x$		e^x		e^{-x}		arc sin x		arc tg x		Ar Sin x		Ar Tg x	
	—2,0	7	**1,1**	11	**0,88**	−88	**0,1**	10	**0,12**	98	**0,12**	99	**0,1**	10
0,1250	794 415	9840	331 485	334	24 969	22	253 278	080	43 550	46	46 767	24	256 572	160
55	754 495	9522	337 152	340	20 558	20	258 318	080	48 473	44	51 729	22	261 652	160
60	714 734	9208	342 822	346	16 148	14	263 358	080	53 395	42	56 690	20	266 732	162
65	675 130	8896	348 495	350	11 741	08	268 398	082	58 316	42	61 650	22	271 813	164
70	635 682	8586	354 170	358	07 337	06	273 439	082	63 237	42	66 611	20	276 895	164
75	596 389	8278	359 849	362	02 934	00	278 480	082	68 158	38	71 571	18	281 977	166
80	557 250	7972	365 530	368	*98 534	*96	283 521	084	73 077	40	76 530	20	287 060	168
85	518 264	7670	371 214	374	94 136	92	288 563	084	77 997	36	81 490	18	292 144	168
90	479 429	7370	376 901	380	89 740	88	293 605	084	82 915	36	86 449	16	297 228	170
95	440 744	7072	382 591	386	85 346	84	298 647	086	87 833	34	91 407	18	302 313	172
0,1300	402 208	6774	388 284	390	80 954	78	303 690	086	92 750	34	96 366	16	307 399	172
05	363 821	6482	393 979	398	76 565	74	308 733	086	97 667	32	*01 324	16	312 485	174
10	325 580	6192	399 678	402	72 178	70	313 776	088	*02 583	30	06 282	14	317 572	174
15	287 484	5900	405 379	408	67 793	66	318 820	088	07 498	30	11 239	14	322 659	178
20	249 534	5616	411 083	414	63 410	62	323 864	088	12 413	28	16 196	14	327 748	178
25	211 726	5328	416 790	420	59 029	56	328 908	090	17 327	26	21 153	14	332 837	178
30	174 062	5048	422 500	426	54 651	52	333 953	090	22 240	26	26 110	12	337 926	182
35	136 538	4766	428 213	430	50 275	48	338 998	090	27 153	24	31 066	12	343 017	182
40	099 155	4488	433 928	438	45 901	44	344 043	092	32 065	22	36 022	10	348 108	184
45	061 911	4212	439 647	442	41 529	40	349 089	092	36 976	22	40 977	12	353 200	184
0,1350	024 805	3938	445 368	448	37 159	34	354 135	092	41 887	20	45 933	10	358 292	186
55	*987 836	3664	451 092	454	32 792	32	359 181	094	46 797	20	50 888	08	363 385	188
60	951 004	3394	456 819	460	28 426	26	364 228	094	51 707	18	55 842	08	368 479	190
65	914 307	3126	462 549	464	24 063	22	369 275	094	56 616	16	60 796	08	373 574	190
70	877 744	2860	468 281	472	19 702	18	374 322	096	61 524	16	65 750	08	378 669	192
75	841 314	2596	474 017	478	15 343	12	379 370	096	66 432	14	70 704	06	383 765	194
80	805 016	2332	479 756	482	10 987	08	384 418	098	71 339	12	75 657	06	388 862	194
85	768 850	2074	485 497	488	06 633	06	389 467	096	76 245	10	80 610	04	393 959	196
90	732 813	1812	491 241	494	02 280	00	394 515	100	81 150	10	85 562	06	399 057	198
95	696 907	1556	496 988	500	**97 930	**96	399 565	098	86 055	08	90 515	04	404 156	200
0,1400	661 129	1302	502 738	506	93 582	90	404 614	100	90 959	08	95 467	02	409 256	200
05	625 478	1048	508 491	510	89 237	88	409 664	100	95 863	06	**00 418	02	414 356	202
10	589 954	0796	514 246	518	84 893	82	414 714	102	**00 766	04	05 369	02	419 457	204
15	554 556	0548	520 005	522	80 552	78	419 765	102	05 668	04	10 320	02	424 559	204
20	519 282	0298	525 766	530	76 213	74	424 816	102	10 570	00	15 271	00	429 661	208
25	484 133	0054	531 531	534	71 876	70	429 867	104	15 470	02	20 221	00	434 765	208
30	449 106	*9808	537 298	540	67 541	66	434 919	104	20 371	*98	25 171	*98	439 869	208
35	414 202	9564	543 068	546	63 208	62	439 971	106	25 270	98	30 120	98	444 973	212
40	379 420	9324	548 841	552	58 877	56	445 024	106	30 169	96	35 069	98	450 079	212
45	344 758	9086	554 617	558	54 549	52	450 077	106	35 067	94	40 018	96	455 185	214
0,1450	310 215	8846	560 396	562	50 223	48	455 130	106	39 964	94	44 966	98	460 292	216
55	275 792	8610	566 177	570	45 899	44	460 183	108	44 861	92	49 915	94	465 400	218
60	241 487	8376	571 962	574	41 577	40	465 237	110	49 757	90	54 862	96	470 509	218
65	207 299	8144	577 749	582	37 257	34	470 292	108	54 652	90	59 810	94	475 618	220
70	173 227	7912	583 540	586	32 940	32	475 346	110	59 547	88	64 757	92	480 728	222
75	139 271	7682	589 333	592	28 624	26	480 401	112	64 441	86	69 703	94	485 839	222
80	105 430	7454	595 129	598	24 311	22	485 457	112	69 334	84	74 650	92	490 950	226
85	071 703	7226	600 928	604	20 000	18	490 513	112	74 226	84	79 596	90	496 063	226
90	038 090	7002	606 730	610	15 691	14	495 569	114	79 118	82	84 541	90	501 176	228
95	004 589	6778	612 535	614	11 384	08	500 626	114	84 009	80	89 486	90	506 290	228
0,1500	**971 200		618 342		07 080		505 683		88 899		94 431		511 404	
	—1,8	6	**1,1**	11	**0,86**	−86	**0,1**	10	**0,14**	97	**0,14**	98	**0,1**	10

x	φ	sin x		cos x		tg x		Sin x		Cos x		Tg x	
	8°	**0,1**	**98**	**0,98**	**−1**	**0,15**	**10**	**0,15**	**10**	**1,01**	**15**	**0,1**	**97**
0,1500	35′ 39,72″	494 381	88	87 711	498	11 352	230	05 631	114	12 711	08	488 850	78
05	37 22,85	499 325	86	86 962	502	16 467	230	10 688	114	13 465	14	493 739	76
10	39 05,99	504 268	86	86 211	506	21 582	232	15 745	114	14 222	18	498 627	76
15	40 49,12	509 211	86	85 458	512	26 698	234	20 802	116	14 981	24	503 515	72
20	42 32,25	514 154	84	84 702	516	31 815	236	25 860	116	15 743	28	508 401	72
25	44 15,38	519 096	84	83 944	522	36 933	236	30 918	116	16 507	34	513 287	70
30	45 58,52	524 038	82	83 183	526	42 051	240	35 976	118	17 274	38	518 172	70
35	47 41,65	528 979	82	82 420	532	47 171	240	41 035	118	18 043	44	523 057	66
40	49 24,78	533 920	82	81 654	536	52 291	242	46 094	120	18 815	48	527 940	66
45	51 07,91	538 861	80	80 886	542	57 412	242	51 154	120	19 589	54	532 823	64
0,1550	52 51,04	543 801	80	80 115	546	62 533	246	56 214	120	20 366	58	537 705	64
55	54 34,18	548 741	78	79 342	550	67 656	246	61 274	122	21 145	64	542 587	60
60	56 17,31	553 680	78	78 567	558	72 779	248	66 335	122	21 927	68	547 467	60
65	58 00,44	558 619	78	77 788	560	77 903	250	71 396	124	22 711	74	552 347	58
70	59 43,57	563 558	76	77 008	566	83 028	252	76 458	124	23 498	80	557 226	58
75	*01 26,71	568 496	76	76 225	572	88 154	252	81 520	124	24 288	84	562 105	54
80	03 09,84	573 434	76	75 439	576	93 280	256	86 582	126	25 080	88	566 982	54
85	04 52,97	578 372	74	74 651	580	98 408	256	91 645	126	25 874	96	571 859	52
90	06 36,10	583 309	74	73 861	586	*03 536	258	96 708	126	26 672	98	576 735	52
95	08 19,24	588 246	72	73 068	590	08 665	260	*01 771	128	27 471	*04	581 611	48
0,1600	10 02,37	593 182	72	72 273	596	13 795	260	06 835	130	28 273	10	586 485	48
05	11 45,50	598 118	72	71 475	600	18 925	264	11 900	128	29 078	14	591 359	46
10	13 28,63	603 054	70	70 675	606	24 057	264	16 964	132	29 885	20	596 232	44
15	15 11,77	607 989	68	69 872	610	29 189	266	22 030	130	30 695	24	601 104	42
20	16 54,90	612 923	70	69 067	616	34 322	268	27 095	132	31 507	30	605 975	42
25	18 38,03	617 858	68	68 259	620	39 456	270	32 161	134	32 322	34	610 846	40
30	20 21,16	622 792	66	67 449	626	44 591	272	37 228	132	33 139	40	615 716	38
35	22 04,30	627 725	66	66 636	630	49 727	272	42 294	134	33 959	46	620 585	36
40	23 47,43	632 658	66	65 821	634	54 863	274	47 361	136	34 782	50	625 453	36
45	25 30,56	637 591	64	65 004	640	60 000	278	52 429	136	35 607	54	630 321	34
0,1650	27 13,69	642 523	64	64 184	646	65 139	278	57 497	136	36 434	60	635 188	30
55	28 56,83	647 455	64	63 361	650	70 278	280	62 565	138	37 264	66	640 053	32
60	30 39,96	652 387	62	62 536	654	75 418	280	67 634	140	38 097	70	644 919	28
65	32 23,09	657 318	60	61 709	660	80 558	284	72 704	138	38 932	74	649 783	26
70	34 06,22	662 248	62	60 879	666	85 700	286	77 773	140	39 769	82	654 646	26
75	35 49,36	667 179	58	60 046	668	90 843	286	82 843	142	40 610	84	659 509	24
80	37 32,49	672 108	60	59 212	676	95 986	288	87 914	142	41 452	90	664 371	22
85	39 15,62	677 038	58	58 374	678	**01 130	290	92 985	142	42 297	96	669 232	20
90	40 58,75	681 967	56	57 535	686	06 275	292	98 056	144	43 145	**02	674 092	20
95	42 41,88	686 895	56	56 692	688	11 421	294	**03 128	144	43 996	04	678 952	16
0,1700	44 25,02	691 823	56	55 848	694	16 568	296	08 200	146	44 848	12	683 810	16
05	46 08,15	696 751	54	55 001	700	21 716	298	13 273	146	45 704	16	688 668	14
10	47 51,28	701 678	54	54 151	704	26 865	298	18 346	146	46 562	20	693 525	12
15	49 34,41	706 605	54	53 299	710	32 014	302	23 419	148	47 422	26	698 381	12
20	51 17,55	711 532	52	52 444	714	37 165	302	28 493	150	48 285	32	703 237	08
25	53 00,68	716 458	50	51 587	718	42 316	304	33 568	148	49 151	36	708 091	08
30	54 43,81	721 383	52	50 728	724	47 468	306	38 642	152	50 019	40	712 945	06
35	56 26,94	726 309	48	49 866	728	52 621	308	43 718	150	50 889	46	717 798	04
40	58 10,08	731 233	50	49 002	734	57 775	310	48 793	152	51 762	52	722 650	02
45	59 53,21	736 158	46	48 135	740	62 930	312	53 869	154	52 638	56	727 501	02
0,1750	**01′ 36,34″	741 081		47 265		68 086		58 946		53 516		732 352	
	10°	**0,1**	**98**	**0,98**	**−1**	**0,17**	**10**	**0,17**	**10**	**1,01**	**17**	**0,1**	**97**

x	ln x		e^x		e^{-x}		arc sin x		arc tg x		Ar Sin x		Ar Tg x	
	—1,8	**6**	**1,1**	**11**	**0,8**	**—8**	**0,15**	**10**	**0,1**	**97**	**0,1**	**98**	**0,15**	**10**
0,1500	971 200	*6556*	618 342	622	607 080	606	05 683	114	488 899	80	494 431	90	11 404	232
05	937 922	*6336*	624 153	628	602 777	600	10 740	116	493 789	78	499 376	88	16 520	232
10	904 754	*6114*	629 967	632	598 477	596	15 798	116	498 678	76	504 320	88	21 636	234
15	871 697	*5898*	635 783	638	594 179	592	20 856	118	503 566	76	509 264	86	26 753	236
20	838 748	*5682*	641 602	646	589 883	588	25 915	118	508 454	72	514 207	86	31 871	238
25	805 907	*5466*	647 425	650	585 589	584	30 974	118	513 340	72	519 150	86	36 990	238
30	773 174	*5254*	653 250	656	581 297	578	36 033	120	518 226	72	524 093	84	42 109	240
35	740 547	*5040*	659 078	662	577 008	576	41 093	120	523 112	68	529 035	84	47 229	242
40	708 027	*4830*	664 909	668	572 720	570	46 153	122	527 996	68	533 977	84	52 350	244
45	675 612	*4620*	670 743	674	568 435	566	51 214	122	532 880	66	538 919	82	57 472	246
0,1550	643 302	*4414*	676 580	678	564 152	562	56 275	122	537 763	64	543 860	82	62 595	246
55	611 095	*4204*	682 419	686	559 871	558	61 336	124	542 645	64	548 801	80	67 718	250
60	578 993	*4000*	688 262	692	555 592	554	66 398	124	547 527	62	553 741	80	72 843	250
65	546 993	*3796*	694 108	696	551 315	548	71 460	124	552 408	60	558 681	80	77 968	252
70	515 095	*3594*	699 956	704	547 041	546	76 522	126	557 288	58	563 621	78	83 094	254
75	483 298	*3392*	705 808	708	542 768	540	81 585	128	562 167	58	568 560	78	88 221	254
80	451 602	*3190*	711 662	714	538 498	536	86 649	128	567 046	56	573 499	76	93 348	258
85	420 007	*2992*	717 519	720	534 230	532	91 713	128	571 924	54	578 437	78	98 477	258
90	388 511	*2794*	723 379	728	529 964	528	96 777	128	576 801	52	583 376	74	*03 606	260
95	357 114	*2598*	729 243	732	525 700	524	*01 841	132	581 677	52	588 313	76	08 736	262
0,1600	325 815	*2404*	735 109	738	521 438	520	06 907	130	586 553	48	593 251	74	13 867	264
05	294 613	*2208*	740 978	744	517 178	514	11 972	132	591 427	48	598 188	72	18 999	264
10	263 509	*2016*	746 850	750	512 921	512	17 038	132	596 301	48	603 124	74	24 131	268
15	232 501	*1824*	752 725	754	508 665	506	22 104	134	601 175	44	608 061	72	29 265	268
20	201 589	*1632*	758 602	762	504 412	502	27 171	134	606 047	44	612 997	70	34 399	270
25	170 773	*1444*	764 483	768	500 161	498	32 238	136	610 919	42	617 932	70	39 534	272
30	140 051	*1256*	770 367	774	495 912	494	37 306	136	615 790	40	622 867	70	44 670	274
35	109 423	*1068*	776 254	778	491 665	490	42 374	136	620 660	40	627 802	68	49 807	276
40	078 889	*0884*	782 143	786	487 420	484	47 442	138	625 530	36	632 736	68	54 945	278
45	048 447	*0698*	788 036	790	483 178	482	52 511	138	630 398	36	637 670	66	60 084	278
0,1650	018 098	*0514*	793 931	798	478 937	476	57 580	140	635 266	34	642 603	66	65 223	282
55	*987 841	*0332*	799 830	802	474 699	474	62 650	140	640 133	34	647 536	66	70 364	282
60	957 675	*0150*	805 731	808	470 462	468	67 720	142	645 000	30	652 469	64	75 505	284
65	927 600	**9970*	811 635	816	466 228	464	72 791	142	649 865	30	657 401	64	80 647	286
70	897 615	*9792*	817 543	820	461 996	460	77 862	142	654 730	28	662 333	64	85 790	288
75	867 719	*9612*	823 453	826	457 766	456	82 933	144	659 594	26	667 265	62	90 934	290
80	837 913	*9436*	829 366	832	453 538	450	88 005	144	664 457	24	672 196	62	96 079	290
85	808 195	*9258*	835 282	838	449 313	448	93 077	146	669 319	24	677 127	60	**01 224	294
90	778 566	*9084*	841 201	844	445 089	442	98 150	146	674 181	22	682 057	60	06 371	294
95	749 024	*8912*	847 123	852	440 868	440	**03 223	148	679 042	20	686 987	58	11 518	298
0,1700	719 568	*8736*	853 049	856	436 648	434	08 297	148	683 902	18	691 916	58	16 667	298
05	690 200	*8566*	858 977	860	432 431	430	13 371	148	688 761	16	696 845	58	21 816	300
10	660 917	*8394*	864 907	868	428 216	426	18 445	150	693 619	16	701 774	56	26 966	302
15	631 720	*8224*	870 841	874	424 003	422	23 520	152	698 477	12	706 702	56	32 117	304
20	602 608	*8056*	876 778	880	419 792	418	28 596	152	703 333	12	711 630	56	37 269	306
25	573 580	*7886*	882 718	886	415 583	414	33 672	152	708 189	10	716 558	54	42 422	308
30	544 637	*7720*	888 661	892	411 376	408	38 748	154	713 044	10	721 485	52	47 576	308
35	515 777	*7554*	894 607	898	407 172	406	43 825	154	717 899	06	726 411	52	52 730	312
40	487 000	*7390*	900 556	902	402 969	400	48 902	156	722 752	06	731 337	52	57 886	314
45	458 305	*7224*	906 507	910	398 769	398	53 980	156	727 605	04	736 263	52	63 043	314
0,1750	429 693		912 462		394 570		59 058		732 457		741 189		68 200	
	—1,7	**5**	**1,1**	**11**	**0,8**	**—8**	**0,17**	**10**	**0,1**	**97**	**0,1**	**98**	**0,17**	**10**

x	φ	sin x		cos x		tg x		Sin x		Cof x		Tg x	
	10°	0,17	98	0,98	−17	0,1	10	0,1	10	1,01	1	0,17	96
0,1750	01′ 36,″34	41 081	48	47 265	42	768 086	314	758 946	154	53 516	762	32 352	98
55	03 19,47	46 005	46	46 394	50	773 243	316	764 023	154	54 397	766	37 201	98
60	05 02,61	50 928	44	45 519	52	778 401	316	769 100	156	55 280	772	42 050	96
65	06 45,74	55 850	44	44 643	58	783 559	320	774 178	158	56 166	776	46 898	94
70	08 28,87	60 772	44	43 764	64	788 719	320	779 257	156	57 054	782	51 745	92
75	10 12,00	65 694	42	42 882	68	793 879	324	784 335	158	57 945	788	56 591	90
80	11 55,14	70 615	42	41 998	74	799 041	324	789 414	160	58 839	792	61 436	90
85	13 38,27	75 536	40	41 111	78	804 203	326	794 494	160	59 735	796	66 281	86
90	15 21,40	80 456	40	40 222	82	809 366	328	799 574	162	60 633	802	71 124	86
95	17 04,53	85 376	40	39 331	88	814 530	330	804 655	162	61 534	808	75 967	84
0,1800	18 47,67	90 296	38	38 437	92	819 695	332	809 736	162	62 438	812	80 809	82
05	20 30,80	95 215	36	37 541	98	824 861	334	814 817	164	63 344	818	85 650	80
10	22 13,93	*00 133	36	36 642	*04	830 028	336	819 899	164	64 253	822	90 490	78
15	23 57,06	05 051	36	35 740	06	835 196	338	824 981	166	65 164	828	95 329	78
20	25 40,19	09 969	34	34 837	14	840 365	340	830 064	168	66 078	832	*00 168	74
25	27 23,33	14 886	34	33 930	16	845 535	342	835 148	166	66 994	838	05 005	74
30	29 06,46	19 803	32	33 022	22	850 706	342	840 231	168	67 913	842	09 842	70
35	30 49,59	24 719	32	32 111	28	855 877	346	845 315	170	68 834	848	14 677	70
40	32 32,72	29 635	30	31 197	32	861 050	348	850 400	170	69 758	854	19 512	68
45	34 15,86	34 550	30	30 281	36	866 224	348	855 485	172	70 685	858	24 346	68
0,1850	35 58,99	39 465	30	29 363	42	871 398	352	860 571	172	71 614	862	29 180	64
55	37 42,12	44 380	28	28 442	48	876 574	354	865 657	172	72 545	868	34 012	62
60	39 25,25	49 294	26	27 518	52	881 751	354	870 743	174	73 479	874	38 843	62
65	41 08,39	54 207	26	26 592	56	886 928	358	875 830	176	74 416	878	43 674	58
70	42 51,52	59 120	26	25 664	62	892 107	358	880 918	176	75 355	884	48 503	58
75	44 34,65	64 033	24	24 733	66	897 286	362	886 006	176	76 297	888	53 332	56
80	46 17,78	68 945	24	23 800	72	902 467	362	891 094	178	77 241	894	58 160	54
85	48 00,92	73 857	22	22 864	76	907 648	364	896 183	178	78 188	898	62 987	52
90	49 44,05	78 768	22	21 926	82	912 830	368	901 272	180	79 137	904	67 813	50
95	51 27,18	83 679	20	20 985	86	918 014	368	906 362	180	80 089	910	72 638	48
0,1900	53 10,31	88 589	20	20 042	90	923 198	372	911 452	182	81 044	914	77 462	46
05	54 53,45	93 499	18	19 097	96	928 384	372	916 543	182	82 001	918	82 285	46
10	56 36,58	98 408	18	18 149	**02	933 570	376	921 634	184	82 960	924	87 108	42
15	58 19,71	**03 317	16	17 198	04	938 758	376	926 726	184	83 922	930	91 929	42
20	*00 02,84	08 225	16	16 246	12	943 946	380	931 818	186	84 887	934	96 750	38
25	01 45,98	13 133	16	15 290	16	949 136	380	936 911	186	85 854	940	**01 569	38
30	03 29,11	18 041	12	14 332	20	954 326	384	942 004	188	86 824	944	06 388	36
35	05 12,24	22 947	14	13 372	26	959 518	384	947 098	188	87 796	950	11 206	34
40	06 55,37	27 854	12	12 409	30	964 710	388	952 192	190	88 771	954	16 023	32
45	08 38,50	32 760	10	11 444	34	969 904	388	957 287	190	89 748	960	20 839	30
0,1950	10 21,64	37 665	10	10 477	40	975 098	392	962 382	190	90 728	966	25 654	28
55	12 04,77	42 570	10	09 507	46	980 294	392	967 477	192	91 711	970	30 468	26
60	13 47,90	47 475	08	08 534	50	985 490	396	972 573	194	92 696	974	35 281	26
65	15 31,03	52 379	06	07 559	54	990 688	398	977 670	194	93 683	980	40 094	22
70	17 14,17	57 282	06	06 582	60	995 887	398	982 767	196	94 673	985	44 905	20
75	18 57,30	62 185	06	05 602	64	*001 086	402	987 865	196	95 666	990	49 715	20
80	20 40,43	67 088	04	04 620	70	006 287	404	992 963	196	96 661	996	54 525	16
85	22 23,56	71 990	04	03 635	74	011 489	406	998 061	198	97 659	*000	59 333	16
90	24 06,70	76 892	02	02 648	80	016 692	406	*003 160	200	98 659	006	64 141	14
95	25 49,83	81 793	00	01 658	84	021 895	410	008 260	200	99 662	012	68 948	10
0,2000	27′ 32,″96	86 693		00 666		027 100		013 360		*00 668		73 753	
	11°	0,19	98	0,98	−19	0,2	10	0,2	10	1,02	2	0,19	96

x	$\ln x$		e^x		e^{-x}		arc sin x		arc tg x		Ar Sin x		Ar Tg x	
	—1,7	**5**	**1,1**	**11**	**0,83**	**–83**	**0,1**	**10**	**0,17**	**97**	**0,17**	**98**	**0,1**	**10**
0,1750	429 693	7062	912 462	916	94 570	92	759 058	156	32 457	02	41 189	50	768 200	318
55	401 162	6898	918 420	922	90 374	88	764 136	158	37 308	00	46 114	48	773 359	318
60	372 713	6738	924 381	926	86 180	84	769 215	160	42 158	*98	51 038	48	778 518	320
65	344 344	6578	930 344	934	81 988	80	774 295	160	47 007	98	55 962	48	783 678	324
70	316 055	6416	936 311	940	77 798	76	779 375	160	51 856	94	60 886	46	788 840	324
75	287 847	6260	942 281	944	73 610	72	784 455	162	56 703	94	65 809	46	794 002	326
80	259 717	6100	948 253	952	69 424	66	789 536	164	61 550	92	70 732	44	799 165	328
85	231 667	5944	954 229	956	65 241	64	794 618	162	66 396	92	75 654	44	804 329	330
90	203 695	5788	960 207	964	61 059	58	799 699	166	71 242	88	80 576	44	809 494	332
95	175 801	5634	966 189	970	56 880	56	804 782	166	76 086	86	85 498	42	814 660	334
0,1800	147 984	5478	972 174	974	52 702	50	809 865	166	80 929	86	90 419	42	819 827	336
05	120 245	5326	978 161	982	48 527	46	814 948	168	85 772	84	95 340	40	824 995	338
10	092 582	5172	984 152	986	44 354	44	820 032	168	90 614	82	*00 260	40	830 164	338
15	064 996	5020	990 145	994	40 182	38	825 116	168	95 455	80	05 180	38	835 333	342
20	037 486	4870	996 142	*000	36 013	34	830 200	172	*00 295	78	10 099	38	840 504	344
25	010 051	4720	*002 142	004	31 846	28	835 286	170	05 134	78	15 018	38	845 676	346
30	*982 691	4570	008 144	012	27 682	26	840 371	172	09 973	74	19 937	36	850 849	348
35	955 406	4422	014 150	016	23 519	22	845 457	174	14 810	74	24 855	36	856 023	348
40	928 195	4274	020 158	024	19 358	18	850 544	174	19 647	72	29 773	34	861 197	352
45	901 058	4126	026 170	028	15 199	12	855 631	176	24 483	70	34 690	34	866 373	354
0,1850	873 995	3982	032 184	036	11 043	10	860 719	176	29 318	68	39 607	32	871 550	354
55	847 004	3836	038 202	042	06 888	04	865 807	176	34 152	66	44 523	32	876 727	358
60	820 086	3692	044 223	046	02 736	00	870 895	178	38 985	64	49 439	30	881 906	360
65	793 240	3546	050 246	054	*98 586	*98	875 984	180	43 817	64	54 354	30	887 086	360
70	766 467	3406	056 273	058	94 437	92	881 074	180	48 649	60	59 269	30	892 266	364
75	739 764	3262	062 302	066	90 291	88	886 164	180	53 479	60	64 184	28	897 448	366
80	713 133	3120	068 335	072	86 147	84	891 254	182	58 309	58	69 098	28	902 631	366
85	686 573	2980	074 371	078	82 005	80	896 345	184	63 138	56	74 012	26	907 814	370
90	660 083	2840	080 410	082	77 865	76	901 437	184	67 966	54	78 925	26	912 999	372
95	633 663	2702	086 451	090	73 727	72	906 529	184	72 793	52	83 838	24	918 185	374
0,1900	607 312	2562	092 496	096	69 591	66	911 621	186	77 619	52	88 750	24	923 372	374
05	581 031	2424	098 544	102	65 458	64	916 714	188	82 445	48	93 662	22	928 559	378
10	554 819	2288	104 595	106	61 326	60	921 808	188	87 269	48	98 573	22	933 748	380
15	528 675	2152	110 648	114	57 196	54	926 902	190	92 093	46	**03 484	22	938 938	382
20	502 599	2016	116 705	120	53 069	52	931 997	190	96 916	42	08 395	20	944 129	384
25	476 591	1880	122 765	126	48 943	46	937 092	190	**01 737	42	13 305	20	949 321	386
30	450 651	1746	128 828	132	44 820	44	942 187	192	06 558	40	18 215	18	954 514	388
35	424 778	1614	134 894	138	40 698	38	947 283	194	11 378	38	23 124	18	959 708	390
40	398 971	1480	140 963	144	36 579	34	952 380	194	16 197	36	28 033	16	964 903	392
45	373 231	1348	147 035	150	32 462	30	957 477	196	21 015	36	32 941	16	970 099	394
0,1950	347 557	1216	153 110	156	28 347	28	962 575	196	25 833	32	37 849	14	975 296	396
55	321 949	1086	159 188	162	24 233	22	967 673	196	30 649	32	42 756	14	980 494	398
60	296 406	0956	165 269	168	20 122	18	972 771	198	35 465	28	47 663	12	985 693	402
65	270 928	0824	171 353	174	16 013	14	977 870	200	40 279	28	52 569	12	990 894	402
70	245 516	0698	177 440	182	11 906	10	982 970	200	45 093	26	57 475	12	996 095	404
75	220 167	0570	183 531	186	07 801	04	988 070	202	49 906	22	62 381	10	*001 297	408
80	194 882	0440	189 624	192	03 699	02	993 171	202	54 717	22	67 286	08	006 501	408
85	169 662	0314	195 720	200	**99 598	**98	998 272	204	59 528	20	72 190	08	011 705	412
90	144 505	0190	201 820	204	95 499	94	*003 374	204	64 338	18	77 094	08	016 911	414
95	119 410	0062	207 922	212	91 402	88	008 476	206	69 147	18	81 998	06	022 118	416
0,2000	094 379		214 028		87 308		013 579		73 956		86 901		027 326	
	—1,6	**5**	**1,2**	**12**	**0,81**	**–81**	**0,2**	**10**	**0,19**	**96**	**0,19**	**98**	**0,2**	**10**

x	φ	sin x		cos x		tg x		Sin x		Cos x		Tg x	
	11°	**0,1**	**98**	**0,98**	**−1**	**0,20**	**10**	**0,20**	**10**	**1,02**	**20**	**0,1**	**96**
0,2000	27′ 32″,96	986 693	00	00 666	990	27 100	412	13 360	202	00 668	16	973 753	10
05	29 16,09	991 593	00	*99 671	994	32 306	414	18 461	202	01 676	20	978 558	08
10	30 59,23	996 493	*98	98 674	998	37 513	416	23 562	202	02 686	26	983 362	06
15	32 42,36	*001 392	98	97 675	*004	42 721	420	28 663	204	03 699	32	988 165	02
20	34 25,49	006 291	96	96 673	010	47 931	420	33 765	206	04 715	36	992 966	02
25	36 08,62	011 189	94	95 668	012	53 141	422	38 868	206	05 733	42	997 767	00
30	37 51,76	016 086	94	94 662	020	58 352	426	43 971	208	06 754	46	*002 567	*98
35	39 34,89	020 983	94	93 652	022	63 565	426	49 075	208	07 777	52	007 366	96
40	41 18,02	025 880	92	92 641	030	68 778	430	54 179	210	08 803	56	012 164	94
45	43 01,15	030 776	92	91 626	032	73 993	430	59 284	210	09 831	62	016 961	94
0,2050	44 44,29	035 672	90	90 610	038	79 208	434	64 389	210	10 862	66	021 758	90
55	46 27,42	040 567	88	89 591	044	84 425	436	69 494	214	11 895	72	026 553	88
60	48 10,55	045 461	88	88 569	048	89 643	438	74 601	212	12 931	78	031 347	86
65	49 53,68	050 355	88	87 545	052	94 862	440	79 707	216	13 970	82	036 140	84
70	51 36,81	055 249	86	86 519	058	*00 082	442	84 815	214	15 011	88	040 932	84
75	53 19,95	060 142	84	85 490	062	05 303	444	89 922	218	16 055	92	045 724	80
80	55 03,08	065 034	84	84 459	068	10 525	446	95 031	216	17 101	98	050 514	78
85	56 46,21	069 926	84	83 425	072	15 748	448	*00 139	220	18 150	*02	055 303	76
90	58 29,34	074 818	82	82 389	078	20 972	452	05 249	220	19 201	08	060 091	76
95	*00 12,48	079 709	80	81 350	082	26 198	452	10 359	220	20 255	14	064 879	72
0,2100	01 55,61	084 599	80	80 309	086	31 424	456	15 469	222	21 312	18	069 665	70
05	03 38,74	089 489	78	79 266	092	36 652	458	20 580	222	22 371	22	074 450	70
10	05 21,87	094 378	78	78 220	098	41 881	460	25 691	224	23 432	28	079 235	66
15	07 05,01	099 267	76	77 171	102	47 111	462	30 803	226	24 496	34	084 018	64
20	08 48,14	104 155	76	76 120	106	52 342	464	35 916	226	25 563	38	088 800	64
25	10 31,27	109 043	76	75 067	112	57 574	466	41 029	228	26 632	44	093 582	60
30	12 14,40	113 931	72	74 011	116	62 807	470	46 143	228	27 704	48	098 362	58
35	13 57,54	118 817	72	72 953	120	68 042	472	51 257	228	28 778	54	103 141	58
40	15 40,67	123 703	72	71 893	128	73 278	472	56 371	232	29 855	60	107 920	54
45	17 23,80	128 589	70	70 829	130	78 514	476	61 487	230	30 935	64	112 697	52
0,2150	19 06,93	133 474	70	69 764	136	83 752	478	66 602	234	32 017	68	117 473	52
55	20 50,07	138 359	68	68 696	140	88 991	480	71 719	232	33 101	74	122 249	48
60	22 33,20	143 243	68	67 626	146	94 231	484	76 835	236	34 188	80	127 023	46
65	24 16,33	148 127	66	66 553	152	99 473	484	81 953	236	35 278	84	131 796	46
70	25 59,46	153 010	64	65 477	154	**04 715	488	87 071	236	36 370	90	136 569	42
75	27 42,60	157 892	64	64 400	160	09 959	488	92 189	238	37 465	96	141 340	40
80	29 25,73	162 774	62	63 320	166	15 203	492	97 308	240	38 563	98	146 110	38
85	31 08,86	167 655	62	62 237	170	20 449	496	**02 428	240	39 662	**06	150 879	36
90	32 51,99	172 536	60	61 152	176	25 697	496	07 548	240	40 765	10	155 647	34
95	34 35,12	177 416	60	60 064	180	30 945	498	12 668	244	41 870	16	160 414	34
0,2200	36 18,26	182 296	58	58 974	184	36 194	502	17 790	242	42 978	20	165 181	30
05	38 01,39	187 175	58	57 882	190	41 445	504	22 911	246	44 088	26	169 946	28
10	39 44,52	192 054	56	56 787	194	46 697	506	28 034	246	45 201	30	174 710	26
15	41 27,65	196 932	56	55 690	200	51 950	508	33 157	246	46 316	36	179 473	24
20	43 10,79	201 810	54	54 590	204	57 204	510	38 280	248	47 434	40	184 235	22
25	44 53,92	206 687	52	53 488	208	62 459	514	43 404	250	48 554	46	188 996	20
30	46 37,05	211 563	52	52 384	214	67 716	514	48 529	250	49 677	52	193 756	16
35	48 20,18	216 439	52	51 277	220	72 973	518	53 654	250	50 803	56	198 514	16
40	50 03,32	221 315	48	50 167	224	78 232	520	58 779	254	51 931	60	203 272	14
45	51 46,45	226 189	50	49 055	228	83 492	524	63 906	252	53 061	68	208 029	12
0,2250	53′ 29″,58	231 064		47 941		88 754		69 032		54 195		212 785	
	12°	**0,2**	**97**	**0,97**	**−2**	**0,22**	**10**	**0,22**	**10**	**1,02**	**22**	**0,2**	**95**

x	$\ln x$		e^x		e^{-x}		arc sin x		arc tg x		$\mathfrak{Ar\ Sin}\ x$		$\mathfrak{Ar\ Tg}\ x$	
	—1,6	**4**	**1,2**	**12**	**0,81**	**−81**	**0,20**	**10**	**0,1**	**96**	**0,1**	**98**	**0,20**	**10**
0,2000	094 379	9938	214 028	216	87 308	86	13 579	208	973 956	14	986 901	06	27 326	416
05	069 410	9812	220 136	224	83 215	82	18 683	206	978 763	12	991 804	04	32 534	420
10	044 504	9690	226 248	228	79 124	76	23 786	210	983 569	12	996 706	04	37 744	422
15	019 659	9566	232 362	236	75 036	74	28 891	210	988 375	08	*001 608	02	42 955	426
20	*994 876	9444	238 480	242	70 949	68	33 996	210	993 179	06	006 509	02	48 168	426
25	970 154	9322	244 601	248	66 865	66	39 101	212	997 982	06	011 410	00	53 381	428
30	945 493	9200	250 725	254	62 782	60	44 207	214	*002 785	04	016 310	00	58 595	432
35	920 893	9080	256 852	260	58 702	56	49 314	214	007 587	00	021 210	*98	63 811	432
40	896 353	8960	262 982	266	54 624	54	54 421	216	012 387	00	026 109	98	69 027	436
45	871 873	8840	269 115	272	50 547	48	59 529	216	017 187	*98	031 008	96	74 245	438
0,2050	847 453	8722	275 251	278	46 473	44	64 637	218	021 986	96	035 906	96	79 464	440
55	823 092	8602	281 390	284	42 401	40	69 746	218	026 784	94	040 804	96	84 684	442
60	798 791	8484	287 532	290	38 331	36	74 855	220	031 581	92	045 702	94	89 905	444
65	774 549	8368	293 677	298	34 263	34	79 965	220	036 377	90	050 599	92	95 127	446
70	750 365	8252	299 826	302	30 196	28	85 075	222	041 172	88	055 495	92	*00 350	448
75	726 239	8134	305 977	310	26 132	24	90 186	224	045 966	86	060 391	92	05 574	452
80	702 172	8020	312 132	314	22 070	20	95 298	224	050 759	84	065 287	88	10 800	454
85	678 162	7904	318 289	322	18 010	16	*00 410	226	055 551	82	070 181	90	16 027	454
90	654 210	7790	324 450	328	13 952	12	05 523	226	060 342	82	075 076	88	21 254	458
95	630 315	7676	330 614	334	09 896	08	10 636	228	065 133	78	079 970	88	26 483	460
0,2100	606 477	7562	336 781	340	05 842	02	15 750	228	069 922	76	084 864	86	31 713	464
05	582 696	7450	342 951	346	01 791	00	20 864	230	074 710	76	089 757	84	36 945	464
10	558 971	7336	349 124	352	*97 741	*96	25 979	230	079 498	72	094 649	84	42 177	468
15	535 303	7226	355 300	358	93 693	92	31 094	232	084 284	70	099 541	84	47 411	468
20	511 690	7114	361 479	364	89 647	88	36 210	234	089 069	70	104 433	82	52 645	472
25	488 133	7004	367 661	372	85 603	84	41 327	234	093 854	66	109 324	80	57 881	474
30	464 631	6894	373 847	376	81 561	78	46 444	236	098 637	66	114 214	80	63 118	478
35	441 184	6782	380 035	384	77 522	76	51 562	236	103 420	62	119 104	80	68 357	478
40	417 793	6676	386 227	388	73 484	72	56 680	238	108 201	62	123 994	78	73 596	480
45	394 455	6564	392 421	396	69 448	68	61 799	238	112 982	60	128 883	76	78 836	484
0,2150	371 173	6458	398 619	402	65 414	62	66 918	240	117 762	56	133 771	76	84 078	486
55	347 944	6350	404 820	408	61 383	60	72 038	242	122 540	56	138 659	76	89 321	488
60	324 769	6244	411 024	414	57 353	56	77 159	242	127 318	52	143 547	74	94 565	492
65	301 647	6136	417 231	420	53 325	50	82 280	244	132 094	52	148 434	74	99 811	492
70	278 579	6030	423 441	426	49 300	48	87 402	244	136 870	50	153 321	72	**05 057	496
75	255 564	5924	429 654	434	45 276	44	92 524	246	141 645	46	158 207	70	10 305	498
80	232 602	5818	435 871	438	41 254	38	97 647	248	146 418	46	163 092	70	15 554	500
85	209 693	5716	442 090	446	37 235	36	**02 771	248	151 191	44	167 977	70	20 804	502
90	186 835	5610	448 313	450	33 217	30	07 895	248	155 963	40	172 862	68	26 055	504
95	164 030	5506	454 538	458	29 202	28	13 019	252	160 733	40	177 746	66	31 307	508
0,2200	141 277	5402	460 767	464	25 188	24	18 145	252	165 503	38	182 629	66	36 561	510
05	118 576	5300	466 999	470	21 176	18	23 271	252	170 272	34	187 512	64	41 816	512
10	095 926	5198	473 234	476	17 167	16	28 397	254	175 039	34	192 394	64	47 072	514
15	073 327	5096	479 472	484	13 159	10	33 524	256	179 806	32	197 276	64	52 329	518
20	050 779	4994	485 714	488	09 154	08	38 652	256	184 572	28	202 158	62	57 588	520
25	028 282	4894	491 958	496	05 150	04	43 780	258	189 336	28	207 039	60	62 848	522
30	005 835	4792	498 206	500	01 148	**98	48 909	258	194 100	26	211 919	60	68 109	524
35	**983 439	4694	504 456	508	**97 149	96	54 038	260	198 863	22	216 799	58	73 371	528
40	961 092	4592	510 710	514	93 151	90	59 168	262	203 624	22	221 678	58	78 635	528
45	938 796	4494	516 967	520	89 156	88	64 299	262	208 385	18	226 557	58	83 899	532
0,2250	916 549		523 227		85 162		69 430		213 144		231 436		89 165	
	—1,4	**4**	**1,2**	**12**	**0,79**	**−79**	**0,22**	**10**	**0,2**	**95**	**0,2**	**97**	**0,22**	**10**

x	φ	sin x		cos x		tg x		𝔖in x		𝔆of x		𝔗g x	
	12°	**0,22**	**9**	**0,97**	**−22**	**0,2**	**10**	**0,2**	**10**	**1,02**	**2**	**0,22**	**95**
0,2250	53′ 29,″58	31 064	746	47 941	34	288 754	524	269 032	256	54 195	270	12 785	08
55	55 12,71	35 937	746	46 824	38	294 016	528	274 160	256	55 330	278	17 539	08
60	56 55,85	40 810	746	45 705	42	299 280	530	279 288	256	56 469	282	22 293	04
65	58 38,98	45 683	744	44 584	50	304 545	532	284 416	258	57 610	286	27 045	04
70	*00 22,11	50 555	742	43 459	52	309 811	534	289 545	260	58 753	292	31 797	00
75	02 05,24	55 426	742	42 333	58	315 078	538	294 675	260	59 899	298	36 547	00
80	03 48,38	60 297	742	41 204	62	320 347	540	299 805	262	61 048	302	41 297	*96
85	05 31,51	65 168	738	40 073	68	325 617	542	304 936	264	62 199	308	46 045	94
90	07 14,64	70 037	740	38 939	72	330 888	544	310 068	262	63 353	312	50 792	92
95	08 57,77	74 907	736	37 803	78	336 160	548	315 199	266	64 509	318	55 538	92
0,2300	10 40,91	79 775	736	36 664	82	341 434	548	320 332	266	65 668	324	60 284	88
05	12 24,04	84 643	736	35 523	88	346 708	552	325 465	268	66 830	328	65 028	84
10	14 07,17	89 511	734	34 379	92	351 984	556	330 599	268	67 994	332	69 770	84
15	15 50,30	94 378	732	33 233	96	357 262	556	335 733	270	69 160	338	74 512	82
20	17 33,44	99 244	732	32 085	*02	362 540	560	340 868	270	70 329	344	79 253	80
25	19 16,57	*04 110	730	30 934	06	367 820	562	346 003	274	71 501	348	83 993	76
30	20 59,70	08 975	730	29 781	12	373 101	564	351 140	272	72 675	354	88 731	76
35	22 42,83	13 840	728	28 625	16	378 383	566	356 276	274	73 852	360	93 469	72
40	24 25,96	18 704	726	27 467	22	383 666	570	361 413	276	75 032	364	98 205	72
45	26 09,10	23 567	726	26 306	26	388 951	572	366 551	278	76 214	368	*02 941	68
0,2350	27 52,23	28 430	724	25 143	30	394 237	574	371 690	278	77 398	374	07 675	66
55	29 35,36	33 292	724	23 978	36	399 524	578	376 829	278	78 585	380	12 408	64
60	31 18,49	38 154	722	22 810	40	404 813	580	381 968	280	79 775	384	17 140	62
65	33 01,63	43 015	720	21 640	46	410 103	582	387 108	282	80 967	390	21 871	60
70	34 44,76	47 875	720	20 467	50	415 394	584	392 249	284	82 162	394	26 601	58
75	36 27,89	52 735	720	19 292	56	420 686	588	397 391	284	83 359	400	31 330	56
80	38 11,02	57 595	718	18 114	60	425 980	590	402 533	284	84 559	406	36 058	52
85	39 54,16	62 454	716	16 934	64	431 275	592	407 675	286	85 762	410	40 784	52
90	41 37,29	67 312	714	15 752	70	436 571	594	412 818	288	86 967	416	45 510	48
95	43 20,42	72 169	714	14 567	74	441 868	598	417 962	288	88 175	420	50 234	46
0,2400	45 03,55	77 026	714	13 380	80	447 167	600	423 106	290	89 385	426	54 957	46
05	46 46,69	81 883	710	12 190	84	452 467	602	428 251	292	90 598	430	59 680	42
10	48 29,82	86 738	712	10 998	90	457 768	606	433 397	292	91 813	436	64 401	40
15	50 12,95	91 594	708	09 803	94	463 071	608	438 543	294	93 031	442	69 121	36
20	51 56,08	96 448	708	08 606	98	468 375	610	443 690	296	94 252	446	73 839	36
25	53 39,22	**01 302	708	07 407	**04	473 680	614	448 838	296	95 475	452	78 557	34
30	55 22,35	06 156	704	06 205	08	478 987	616	453 986	296	96 701	456	83 274	30
35	57 05,48	11 008	706	05 001	14	484 295	618	459 134	298	97 929	462	87 989	28
40	58 48,61	15 861	702	03 794	18	489 604	622	464 283	300	99 160	466	92 703	28
45	**00 31,75	20 712	702	02 585	24	494 915	624	469 433	302	*00 393	472	97 417	24
0,2450	02 14,88	25 563	702	01 373	28	500 227	626	474 584	302	01 629	478	**02 129	22
55	03 58,01	30 414	698	00 159	32	505 540	628	479 735	304	02 868	482	06 840	18
60	05 41,14	35 263	700	*98 943	38	510 854	632	484 887	304	04 109	488	11 549	18
65	07 24,27	40 113	696	97 724	42	516 170	636	490 039	306	05 353	492	16 258	16
70	09 07,41	44 961	696	96 503	48	521 488	636	495 192	308	06 599	498	20 966	12
75	10 50,54	49 809	694	95 279	52	526 806	640	500 346	308	07 848	502	25 672	10
80	12 33,67	54 656	694	94 053	58	532 126	642	505 500	310	09 099	508	30 377	08
85	14 16,80	59 503	692	92 824	62	537 447	646	510 655	310	10 353	514	35 081	06
90	15 59,94	64 349	692	91 593	66	542 770	648	515 810	312	11 610	518	39 784	04
95	17 43,07	69 195	690	90 360	72	548 094	650	520 966	314	12 869	524	44 486	02
0,2500	19′ 26,″20	74 040		89 124		553 419		526 123		14 131		49 187	
	14°	**0,24**	**9**	**0,96**	**−24**	**0,2**	**10**	**0,2**	**10**	**1,03**	**2**	**0,24**	**94**

x	$\ln x$		e^x		e^{-x}		arc sin x		arc tg x		Ar Sin x		Ar Tg x	
	—1,4	4	1,2	12	0,79	—79	0,2	10	0,22	95	0,22	97	0,2	10
0,2250	916 549	4396	523 227	526	85 162	82	269 430	264	13 144	18	31 436	54	289 165	536
55	894 351	4296	529 490	534	81 171	80	274 562	266	17 903	16	36 313	56	294 433	536
60	872 203	4200	535 757	538	77 181	76	279 695	266	22 661	12	41 191	52	299 701	540
65	850 103	4100	542 026	546	73 193	70	284 828	268	27 417	12	46 067	54	304 971	542
70	828 053	4006	548 299	550	69 208	68	289 962	268	32 173	08	50 944	50	310 242	544
75	806 050	3906	554 574	558	65 224	62	295 096	270	36 927	06	55 819	50	315 514	548
80	784 097	3812	560 853	564	61 243	60	300 231	270	41 680	06	60 694	50	320 788	550
85	762 191	3716	567 135	570	57 263	56	305 366	274	46 433	02	65 569	48	326 063	552
90	740 333	3622	573 420	578	53 285	50	310 503	272	51 184	02	70 443	48	331 339	554
95	718 522	3524	579 709	582	49 310	48	315 639	276	55 935	*98	75 317	46	336 616	558
0,2300	696 760	3432	586 000	590	45 336	44	320 777	276	60 684	96	80 190	44	341 895	560
05	675 044	3336	592 295	594	41 364	38	325 915	278	65 432	94	85 062	44	347 175	562
10	653 376	3244	598 592	602	37 395	36	331 054	278	70 179	94	89 934	44	352 456	564
15	631 754	3150	604 893	608	33 427	32	336 193	280	74 926	90	94 806	42	357 738	568
20	610 179	3056	611 197	614	29 461	28	341 333	280	79 671	88	99 677	40	363 022	570
25	588 651	2966	617 504	622	25 497	22	346 473	284	84 415	86	*04 547	40	368 307	574
30	567 168	2872	623 815	626	21 536	20	351 615	282	89 158	84	09 417	38	373 594	574
35	545 732	2780	630 128	634	17 576	16	356 756	286	93 900	82	14 286	38	378 881	578
40	524 342	2690	636 445	640	13 618	12	361 899	286	98 641	80	19 155	36	384 170	580
45	502 997	2598	642 765	646	09 662	08	367 042	288	*03 381	78	24 023	36	389 460	584
0,2350	481 698	2508	649 088	652	05 708	02	372 186	288	08 120	74	28 891	34	394 752	586
55	460 444	2418	655 414	658	01 757	00	377 330	290	12 857	74	33 758	32	400 045	588
60	439 235	2328	661 743	666	*97 807	*96	382 475	292	17 594	72	38 624	32	405 339	592
65	418 071	2240	668 076	670	93 859	92	387 621	292	22 330	68	43 490	32	410 635	594
70	396 951	2148	674 411	678	89 913	88	392 767	294	27 064	68	48 356	30	415 932	596
75	375 877	2062	680 750	684	85 969	84	397 914	296	31 798	66	53 221	28	421 230	598
80	354 846	1972	687 092	690	82 027	80	403 062	296	36 531	62	58 085	28	426 529	602
85	333 860	1886	693 437	696	78 087	76	408 210	298	41 262	60	62 949	28	431 830	606
90	312 917	1796	699 785	704	74 149	72	413 359	298	45 992	60	67 813	24	437 133	606
95	292 019	1710	706 137	710	70 213	68	418 508	302	50 722	56	72 675	24	442 436	610
0,2400	271 164	1624	712 492	714	66 279	66	423 659	300	55 450	54	77 537	24	447 741	612
05	250 352	1538	718 849	722	62 346	60	428 809	304	60 177	52	82 399	22	453 047	616
10	229 583	1450	725 210	730	58 416	56	433 961	304	64 903	50	87 260	22	458 355	618
15	208 858	1364	731 575	734	54 488	52	439 113	306	69 628	48	92 121	20	463 664	620
20	188 176	1280	737 942	740	50 562	50	444 266	306	74 352	46	96 981	18	468 974	624
25	167 536	1196	744 312	748	46 637	44	449 419	310	79 075	44	**01 840	18	474 286	626
30	146 938	1110	750 686	754	42 715	40	454 574	308	83 797	40	06 699	16	479 599	630
35	126 383	1024	757 063	760	38 795	38	459 728	312	88 517	40	11 557	16	484 914	630
40	105 871	0942	763 443	768	34 876	32	464 884	312	93 237	36	16 415	14	490 229	636
45	085 400	0858	769 827	772	30 960	30	470 040	314	97 955	36	21 272	14	495 547	636
0,2450	064 971	0776	776 213	780	27 045	24	475 197	314	**02 673	32	26 129	12	500 865	640
55	044 583	0692	782 603	786	23 133	22	480 354	318	07 389	30	30 985	12	506 185	644
60	024 237	0608	788 996	792	19 222	16	485 513	316	12 104	28	35 841	10	511 507	644
65	003 933	0528	795 392	798	15 314	14	490 671	320	16 818	26	40 696	08	516 829	650
70	*983 669	0444	801 791	806	11 407	10	495 831	320	21 531	24	45 550	08	522 154	650
75	963 447	0364	808 194	810	07 502	06	500 991	322	26 243	22	50 404	06	527 479	654
80	943 265	0282	814 599	818	03 599	00	506 152	324	30 954	20	55 257	06	532 806	658
85	923 124	0200	821 008	824	**99 699	**98	511 314	324	35 664	18	60 110	04	538 135	658
90	903 024	0120	827 420	832	95 800	94	516 476	326	40 373	14	64 962	04	543 464	662
95	882 964	0040	833 836	836	91 903	90	521 639	328	45 080	14	69 814	02	548 795	666
0,2500	862 944		840 254		88 008		526 803		49 787		74 665		554 128	
	—1,3	4	1,2	12	0,77	—77	0,2	10	0,24	94	0,24	97	0,2	10

x	φ	$\sin x$		$\cos x$		$\operatorname{tg} x$		$\mathfrak{Sin}\, x$		$\mathfrak{Cof}\, x$		$\mathfrak{Tg}\, x$	
	14°	0,2	96	0,96	−2	0,2	10	0,25	10	1,03	25	0,24	93
0,2500	19′ 26,″20	474 040	88	89 124	476	553 419	654	26 123	316	14 131	28	49 187	98
05	21 09,33	478 884	86	87 886	482	558 746	656	31 281	316	15 395	34	53 886	96
10	22 52,47	483 727	86	86 645	486	564 074	658	36 439	316	16 662	40	58 584	96
15	24 35,60	488 570	86	85 402	490	569 403	662	41 597	318	17 932	44	63 282	92
20	26 18,73	493 413	84	84 157	496	574 734	664	46 756	320	19 204	50	67 978	90
25	28 01,86	498 255	82	82 909	500	580 066	668	51 916	322	20 479	54	72 673	86
30	29 45,00	503 096	80	81 659	506	585 400	670	57 077	322	21 756	60	77 366	86
35	31 28,13	507 936	80	80 406	510	590 735	672	62 238	324	23 036	64	82 059	82
40	33 11,26	512 776	78	79 151	516	596 071	676	67 400	324	24 318	70	86 750	80
45	34 54,39	517 615	78	77 893	520	601 409	678	72 562	328	25 603	76	91 440	78
0,2550	36 37,53	522 454	76	76 633	524	606 748	680	77 726	326	26 891	80	96 129	76
55	38 20,66	527 292	74	75 371	530	612 088	684	82 889	330	28 181	84	*00 817	74
60	40 03,79	532 129	74	74 106	536	617 430	686	88 054	330	29 473	92	05 504	72
65	41 46,92	536 966	72	72 838	538	622 773	690	93 219	332	30 769	96	10 190	68
70	43 30,06	541 802	72	71 569	544	628 118	692	98 385	332	32 067	*00	14 874	66
75	45 13,19	546 638	70	70 297	550	633 464	694	*03 551	334	33 367	06	19 557	64
80	46 56,32	551 473	68	69 022	554	638 811	698	08 718	336	34 670	12	24 239	62
85	48 39,45	556 307	66	67 745	558	644 160	702	13 886	336	35 976	16	28 920	60
90	50 22,58	561 140	66	66 466	564	649 511	702	19 054	338	37 284	22	33 600	56
95	52 05,72	565 973	66	65 184	568	654 862	706	24 223	340	38 595	26	38 278	54
0,2600	53 48,85	570 806	62	63 900	574	660 215	710	29 393	340	39 908	32	42 955	52
05	55 31,98	575 637	62	62 613	578	665 570	712	34 563	342	41 224	38	47 631	50
10	57 15,11	580 468	60	61 324	582	670 926	714	39 734	342	42 543	42	52 306	48
15	58 58,25	585 298	60	60 033	588	676 283	718	44 905	346	43 864	48	56 980	44
20	*00 41,38	590 128	58	58 739	592	681 642	720	50 078	346	45 188	52	61 652	44
25	02 24,51	594 957	58	57 443	598	687 002	724	55 251	346	46 514	58	66 324	40
30	04 07,64	599 786	54	56 144	602	692 364	726	60 424	348	47 843	64	70 994	38
35	05 50,78	604 613	54	54 843	608	697 727	730	65 598	350	49 175	68	75 663	34
40	07 33,91	609 440	54	53 539	612	703 092	732	70 773	352	50 509	72	80 330	34
45	09 17,04	614 267	52	52 233	616	708 458	736	75 949	352	51 845	80	84 997	30
0,2650	11 00,17	619 093	50	50 925	622	713 826	738	81 125	354	53 185	82	89 662	28
55	12 43,31	623 918	48	49 614	626	719 195	740	86 302	356	54 526	90	94 326	26
60	14 26,44	628 742	48	48 301	630	724 565	744	91 480	356	55 871	94	98 989	24
65	16 09,57	633 566	46	46 986	636	729 937	746	96 658	358	57 218	**00	**03 651	20
70	17 52,70	638 389	46	45 668	642	735 310	750	**01 837	358	58 568	04	08 311	20
75	19 35,84	643 212	44	44 347	646	740 685	752	07 016	362	59 920	10	12 971	16
80	21 18,97	648 034	42	43 024	650	746 061	756	12 197	362	61 275	14	17 629	12
85	23 02,10	652 855	40	41 699	656	751 439	758	17 378	362	62 632	20	22 285	12
90	24 45,23	657 675	40	40 371	660	756 818	762	22 559	366	63 992	26	26 941	08
95	26 28,37	662 495	38	39 041	664	762 199	764	27 742	366	65 355	30	31 595	06
0,2700	28 11,50	667 314	38	37 709	670	767 581	768	32 925	366	66 720	34	36 248	04
05	29 54,63	672 133	36	36 374	674	772 965	770	38 108	370	68 087	42	40 900	02
10	31 37,76	676 951	34	35 037	680	778 350	774	43 293	370	69 458	46	45 551	*98
15	33 20,89	681 768	32	33 697	684	783 737	776	48 478	372	70 831	50	50 200	98
20	35 04,03	686 584	32	32 355	688	789 125	780	53 664	372	72 206	56	54 849	94
25	36 47,16	691 400	30	31 011	694	794 515	782	58 850	374	73 584	62	59 496	90
30	38 30,29	696 215	30	29 664	700	799 906	786	64 037	376	74 965	66	64 141	90
35	40 13,42	701 030	28	28 314	702	805 299	788	69 225	378	76 348	72	68 786	86
40	41 56,56	705 844	26	26 963	708	810 693	792	74 414	378	77 734	78	73 429	84
45	43 39,69	710 657	24	25 609	714	816 089	794	79 603	380	79 123	82	78 071	82
0,2750	45′ 22,″82	715 469		24 252		821 486		84 793		80 514		82 712	
	15°	0,2	96	0,96	−2	0,2	10	0,27	10	1,03	27	0,26	92

x	$\ln x$		e^x		e^{-x}		arc sin x		arc tg x		Ar Sin x		Ar Tg x	
	—1,3	**3**	**1,2**	**12**	**0,77**	**−77**	**0,25**	**10**	**0,24**	**94**	**0,2**	**97**	**0,2**	**10**
0,2500	862 944	9960	840 254	844	88 008	86	26 803	328	49 787	10	474 665	00	554 128	668
05	842 964	9882	846 676	850	84 115	82	31 967	330	54 492	08	479 515	00	559 462	672
10	823 023	9800	853 101	856	80 224	78	37 132	332	59 196	06	484 365	*98	564 798	674
15	803 123	9722	859 529	862	76 335	76	42 298	332	63 899	04	489 214	98	570 135	676
20	783 262	9644	865 960	870	72 447	70	47 464	334	68 601	02	494 063	96	575 473	680
25	763 440	9564	872 395	876	68 562	66	52 631	336	73 302	00	498 911	96	580 813	682
30	743 658	9486	878 833	882	64 679	64	57 799	336	78 002	*98	503 759	94	586 154	686
35	723 915	9410	885 274	888	60 797	58	62 967	340	82 701	94	508 606	92	591 497	688
40	704 210	9332	891 718	896	56 918	54	68 137	338	87 398	94	513 452	92	596 841	690
45	684 544	9254	898 166	900	53 041	52	73 306	342	92 095	90	518 298	90	602 186	694
0,2550	664 917	9176	904 616	908	49 165	48	78 477	342	96 790	88	523 143	90	607 533	698
55	645 329	9102	911 070	914	45 291	42	83 648	344	*01 484	86	527 988	88	612 882	700
60	625 778	9024	917 527	922	41 420	40	88 820	346	06 177	84	532 832	86	618 232	702
65	606 266	8948	923 988	926	37 550	36	93 993	346	10 869	82	537 675	86	623 583	706
70	586 792	8872	930 451	934	33 682	32	99 166	350	15 560	78	542 518	86	628 936	708
75	567 356	8798	936 918	940	29 816	28	*04 341	348	20 249	78	547 361	82	634 290	712
80	547 957	8722	943 388	946	25 952	24	09 515	352	24 938	74	552 202	84	639 646	714
85	528 596	8648	949 861	954	22 090	20	14 691	352	29 625	74	557 044	80	645 003	718
90	509 272	8572	956 338	960	18 230	16	19 867	354	34 312	70	561 884	80	650 362	720
95	489 986	8500	962 818	966	14 372	12	25 044	356	38 997	68	566 724	78	655 722	724
0,2600	470 736	8424	969 301	972	10 516	08	30 222	356	43 681	64	571 563	78	661 084	726
05	451 524	8350	975 787	980	06 662	06	35 400	360	48 363	64	576 402	78	666 447	730
10	432 349	8278	982 277	984	02 809	00	40 580	360	53 045	62	581 241	74	671 812	732
15	413 210	8204	988 769	992	*98 959	*98	45 760	360	57 726	58	586 078	74	677 178	736
20	394 108	8132	995 265	*000	95 110	92	50 940	362	62 405	56	590 915	74	682 546	738
25	375 042	8060	*001 765	004	91 264	90	56 121	366	67 083	54	595 752	72	687 915	742
30	356 012	7986	008 267	012	87 419	86	61 304	364	71 760	52	600 588	70	693 286	744
35	337 019	7914	014 773	018	83 576	82	66 486	368	76 436	50	605 423	68	698 658	748
40	318 062	7844	021 282	024	79 735	78	71 670	368	81 111	48	610 257	70	704 032	752
45	299 140	7770	027 794	032	75 896	74	76 854	370	85 785	44	615 092	66	709 408	754
0,2650	280 255	7702	034 310	038	72 059	70	82 039	372	90 457	44	619 925	66	714 785	756
55	261 404	7628	040 829	044	68 224	66	87 225	372	95 129	40	624 758	64	720 163	760
60	242 590	7560	047 351	050	64 391	62	92 411	376	99 799	38	629 590	64	725 543	762
65	223 810	7488	053 876	056	60 560	58	97 599	376	**04 468	36	634 422	62	730 924	766
70	205 066	7418	060 404	064	56 731	56	**02 787	376	09 136	32	639 253	60	736 307	770
75	186 357	7348	066 936	070	52 903	50	07 975	380	13 802	32	644 083	60	741 692	772
80	167 683	7278	073 471	078	49 078	48	13 165	380	18 468	28	648 913	60	747 078	776
85	149 044	7210	080 010	082	45 254	42	18 355	382	23 132	26	653 743	56	752 466	778
90	130 439	7140	086 551	090	41 433	40	23 546	384	27 795	24	658 571	56	757 855	782
95	111 869	7072	093 096	098	37 613	36	28 738	384	32 457	22	663 399	56	763 246	784
0,2700	093 333	7002	099 645	102	33 795	32	33 930	388	37 118	20	668 227	54	768 638	788
05	074 832	6934	106 196	110	29 979	28	39 124	388	41 778	18	673 054	52	774 032	792
10	056 365	6868	112 751	116	26 165	24	44 318	388	46 437	14	677 880	50	779 428	794
15	037 931	6798	119 309	122	22 353	20	49 512	392	51 094	12	682 705	50	784 825	796
20	019 532	6730	125 870	130	18 543	18	54 708	392	55 750	10	687 530	50	790 223	802
25	001 167	6664	132 435	134	14 734	12	59 904	394	60 405	08	692 355	48	795 624	804
30	*982 835	6596	139 002	144	10 928	10	65 101	396	65 059	04	697 179	46	801 026	806
35	964 537	6530	145 574	148	07 123	04	70 299	398	69 711	04	702 002	44	806 429	810
40	946 272	6464	152 148	156	03 321	02	75 498	398	74 363	00	706 824	44	811 834	814
45	928 040	6396	158 726	162	**99 520	**98	80 697	400	79 013	**98	711 646	44	817 241	816
0,2750	909 842		165 307		95 721		85 897		83 662		716 468		822 649	
	—1,2	**3**	**1,3**	**13**	**0,75**	**−75**	**0,27**	**10**	**0,26**	**92**	**0,2**	**96**	**0,2**	**10**

x	φ	sin x		cos x		tg x		Sin x		Cof x		Tg x	
	15°	**0,27**	**96**	**0,96**	**−27**	**0,28**	**10**	**0,2**	**10**	**1,03**	**2**	**0,2**	**92**
0,2750	45′22,″82	15 469	24	24 252	18	21 486	798	784 793	380	80 514	788	682 712	78
55	47 05,95	20 281	22	22 893	22	26 885	800	789 983	384	81 908	792	687 351	78
60	48 49,09	25 092	22	21 532	28	32 285	804	795 175	384	83 304	798	691 990	74
65	50 32,22	29 903	18	20 168	32	37 687	808	800 367	384	84 703	802	696 627	70
70	52 15,35	34 712	18	18 802	38	43 091	808	805 559	388	86 104	808	701 262	70
75	53 58,48	39 521	18	17 433	42	48 495	814	810 753	388	87 508	814	705 897	66
80	55 41,62	44 330	16	16 062	46	53 902	816	815 947	390	88 915	818	710 530	64
85	57 24,75	49 138	14	14 689	52	59 310	818	821 142	390	90 324	824	715 162	62
90	59 07,88	53 945	12	13 313	56	64 719	824	826 337	392	91 736	830	719 793	60
95	*00 51,01	58 751	10	11 935	62	70 131	824	831 533	394	93 151	834	724 423	56
0,2800	02 34,15	63 556	10	10 554	66	75 543	828	836 730	396	94 568	838	729 051	54
05	04 17,28	68 361	10	09 171	70	80 957	832	841 928	396	95 987	846	733 678	52
10	06 00,41	73 166	06	07 786	76	86 373	836	847 126	398	97 410	850	738 304	48
15	07 43,54	77 969	06	06 398	80	91 791	836	852 325	400	98 835	854	742 928	46
20	09 26,68	82 772	04	05 008	86	97 209	842	857 525	402	*00 262	860	747 551	44
25	11 09,81	87 574	04	03 615	90	*02 630	844	862 726	402	01 692	866	752 173	42
30	12 52,94	92 376	00	02 220	94	08 052	848	867 927	404	03 125	870	756 794	38
35	14 36,07	97 176	00	00 823	*00	13 476	850	873 129	404	04 560	876	761 413	36
40	16 19,20	*01 976	00	*99 423	04	18 901	854	878 331	408	05 998	880	766 031	34
45	18 02,34	06 776	*98	98 021	08	24 328	856	883 535	408	07 438	886	770 648	32
0,2850	19 45,47	11 575	94	96 617	14	29 756	860	888 739	410	08 881	892	775 264	28
55	21 28,60	16 372	96	95 210	20	35 186	864	893 944	410	10 327	896	779 878	26
60	23 11,73	21 170	92	93 800	24	40 618	866	899 149	412	11 775	902	784 491	22
65	24 54,87	25 966	92	92 388	28	46 051	868	904 355	414	13 226	908	789 102	22
70	26 38,00	30 762	90	90 974	32	51 485	874	909 562	416	14 680	912	793 713	18
75	28 21,13	35 557	90	89 558	38	56 922	876	914 770	418	16 136	916	798 322	16
80	30 04,26	40 352	86	88 139	44	62 360	878	919 979	418	17 594	924	802 930	12
85	31 47,40	45 145	86	86 717	48	67 799	884	925 188	420	19 056	928	807 536	12
90	33 30,53	49 938	86	85 293	52	73 241	884	930 398	420	20 520	932	812 142	06
95	35 13,66	54 731	82	83 867	56	78 683	890	935 608	424	21 986	938	816 745	06
0,2900	36 56,79	59 522	82	82 439	62	84 128	892	940 820	424	23 455	944	821 348	02
05	38 39,93	64 313	80	81 008	68	89 574	896	946 032	426	24 927	948	825 949	02
10	40 23,06	69 103	80	79 574	70	95 022	898	951 245	426	26 401	954	830 550	*96
15	42 06,19	73 893	76	78 139	76	**00 471	902	956 458	428	27 878	960	835 148	96
20	43 49,32	78 681	76	76 701	82	05 922	906	961 672	430	29 358	964	839 746	92
25	45 32,46	83 469	76	75 260	86	11 375	908	966 887	432	30 840	970	844 342	90
30	47 15,59	88 257	72	73 817	90	16 829	912	972 103	434	32 325	974	848 937	86
35	48 58,72	93 043	72	72 372	96	22 285	914	977 320	434	33 812	980	853 530	84
40	50 41,85	97 829	70	70 924	**00	27 742	918	982 537	436	35 302	986	858 122	82
45	52 24,99	**02 614	70	69 474	06	33 201	922	987 755	438	36 795	990	862 713	80
0,2950	54 08,12	07 399	66	68 021	08	38 662	926	992 974	438	38 290	996	867 303	76
55	55 51,25	12 182	66	66 567	16	44 125	928	998 193	442	39 788	*000	871 891	74
60	57 34,38	16 965	64	65 109	18	49 589	932	*003 414	442	41 288	006	876 478	72
65	59 17,52	21 747	64	63 650	26	55 055	934	008 635	442	42 791	012	881 064	68
70	**01 00,65	26 529	60	62 187	28	60 522	938	013 856	446	44 297	016	885 648	66
75	02 43,78	31 309	60	60 723	34	65 991	942	019 079	446	45 805	022	890 231	64
80	04 26,91	36 089	60	59 256	38	71 462	946	024 302	448	47 316	026	894 813	60
85	06 10,04	40 869	56	57 787	44	76 935	948	029 526	450	48 829	032	899 393	58
90	07 53,18	45 647	56	56 315	48	82 409	952	034 751	452	50 345	038	903 972	56
95	09 36,31	50 425	54	54 841	52	87 885	954	039 977	452	51 864	042	908 550	52
0,3000	11′ 19,″44	55 202		53 365		93 362		045 203		53 385		913 126	
	17°	**0,29**	**95**	**0,95**	**−29**	**0,30**	**10**	**0,3**	**10**	**1,04**	**3**	**0,2**	**91**

x	ln x		e^x		e^{-x}		arc sin x		arc tg x		Ar Sin x		Ar Tg x	
	—1,2	3	**1,3**	13	**0,75**	−75	**0,2**	10	**0,2**	92	**0,27**	96	**0,28**	10
0,2750	909 842	6330	165 307	168	95 721	94	785 897	402	683 662	96	16 468	40	22 649	820
55	891 677	6266	171 891	176	91 924	90	791 098	404	688 310	94	21 288	40	28 059	822
60	873 544	6198	178 479	182	88 129	86	796 300	404	692 957	90	26 108	40	33 470	826
65	855 445	6134	185 070	188	84 336	82	801 502	406	697 602	88	30 928	38	38 883	830
70	837 378	6070	191 664	194	80 545	78	806 705	408	702 246	88	35 747	36	44 298	834
75	819 343	6002	198 261	202	76 756	76	811 909	410	706 890	82	40 565	36	49 715	834
80	801 342	5940	204 862	208	72 968	70	817 114	412	711 531	82	45 383	34	55 132	840
85	783 372	5874	211 466	214	69 183	68	822 320	412	716 172	80	50 200	32	60 552	842
90	765 435	5810	218 073	222	65 399	64	827 526	414	720 812	76	55 016	32	65 973	846
95	747 530	5746	224 684	228	61 617	60	832 733	416	725 450	74	59 832	30	71 396	850
0,2800	729 657	5682	231 298	234	57 837	56	837 941	418	730 087	72	64 647	28	76 821	852
05	711 816	5620	237 915	242	54 059	52	843 150	418	734 723	70	69 461	28	82 247	856
10	694 006	5556	244 536	248	50 283	48	848 359	422	739 358	66	74 275	28	87 675	858
15	676 228	5492	251 160	254	46 509	44	853 570	422	743 991	64	79 089	24	93 104	862
20	658 482	5430	257 787	262	42 737	42	858 781	424	748 623	62	83 901	24	98 535	866
25	640 767	5366	264 418	268	38 966	36	863 993	424	753 254	60	88 713	24	*03 968	870
30	623 084	5304	271 052	274	35 198	34	869 205	428	757 884	58	93 525	20	09 403	872
35	605 432	5244	277 689	280	31 431	30	874 419	428	762 513	54	98 335	20	14 839	876
40	587 810	5180	284 329	288	27 666	24	879 633	430	767 140	54	*03 145	20	20 277	878
45	570 220	5118	290 973	294	23 904	22	884 848	432	771 767	50	07 955	18	25 716	882
0,2850	552 661	5058	297 620	302	20 143	20	890 064	434	776 392	46	12 764	16	31 157	886
55	535 132	4994	304 271	308	16 383	14	895 281	436	781 015	46	17 572	14	36 600	890
60	517 635	4936	310 925	314	12 626	10	900 499	436	785 638	42	22 379	14	42 045	892
65	500 167	4872	317 582	320	08 871	08	905 717	438	790 259	40	27 186	14	47 491	896
70	482 731	4814	324 242	328	05 117	02	910 936	440	794 879	38	31 993	10	52 939	900
75	465 324	4752	330 906	334	01 366	00	916 156	442	799 498	36	36 798	10	58 389	902
80	447 948	4692	337 573	340	*97 616	*96	921 377	444	804 116	32	41 603	10	63 840	906
85	430 602	4632	344 243	348	93 868	92	926 599	444	808 732	32	46 408	08	69 293	910
90	413 286	4572	350 917	354	90 122	88	931 821	446	813 348	26	51 212	06	74 748	912
95	396 000	4512	357 594	362	86 378	84	937 044	448	817 961	26	56 015	04	80 204	918
0,2900	378 744	4454	364 275	368	82 636	82	942 268	450	822 574	24	60 817	04	85 663	920
05	361 517	4394	370 959	374	78 895	76	947 493	452	827 186	20	65 619	02	91 123	922
10	344 320	4334	377 646	380	75 157	74	952 719	454	831 796	18	70 420	02	96 584	928
15	327 153	4276	384 336	388	71 420	70	957 946	454	836 405	16	75 221	00	**02 048	930
20	310 015	4218	391 030	394	67 685	66	963 173	456	841 013	12	80 021	*98	07 513	934
25	292 906	4158	397 727	402	63 952	62	968 401	458	845 619	12	84 820	96	12 980	938
30	275 827	4102	404 428	408	60 221	58	973 630	460	850 225	08	89 618	96	18 449	940
35	258 776	4042	411 132	414	56 492	54	978 860	462	854 829	06	94 416	96	23 919	944
40	241 755	3984	417 839	422	52 765	52	984 091	464	859 432	02	99 214	92	29 391	948
45	224 763	3928	424 550	428	49 039	46	989 323	464	864 033	00	**04 010	92	34 865	952
0,2950	207 799	3870	431 264	434	45 316	44	994 555	466	868 633	00	08 806	92	40 341	954
55	190 864	3812	437 981	442	41 594	40	999 788	470	873 233	*94	13 602	88	45 818	960
60	173 958	3754	444 702	448	37 874	36	*005 023	470	877 830	94	18 396	88	51 298	962
65	157 081	3700	451 426	454	34 156	32	010 258	470	882 427	90	23 190	88	56 779	964
70	140 231	3640	458 153	462	30 440	28	015 493	474	887 022	88	27 984	86	62 261	970
75	123 411	3586	464 884	468	26 726	26	020 730	476	891 616	86	32 777	84	67 746	972
80	106 618	3530	471 618	474	23 013	20	025 968	476	896 209	84	37 569	82	73 232	978
85	089 853	3472	478 355	482	19 303	18	031 206	478	900 801	80	42 360	82	78 721	980
90	073 117	3416	485 096	488	15 594	14	036 445	482	905 391	78	47 151	80	84 211	982
95	056 409	3362	491 840	496	11 887	10	041 686	482	909 980	76	51 941	78	89 702	988
0,3000	039 728		498 588		08 182		046 927		914 568		56 730		95 196	
	—1,2	3	**1,3**	13	**0,74**	−74	**0,3**	10	**0,2**	91	**0,29**	95	**0,30**	10

x	φ	sin x		cos x		tg x		Sin x		Cof x		Tg x	
	17°	0,29	95	0,95	−29	0,3	10	0,3	10	1,04	3	0,29	91
0,3000	11′ 19,″44	55 202	52	53 365	58	093 362	960	045 203	454	53 385	048	13 126	50
05	13 02,57	59 978	52	51 886	62	098 842	962	050 430	456	54 909	054	17 701	48
10	14 45,71	64 754	50	50 405	68	104 323	964	055 658	456	56 436	058	22 275	44
15	16 28,84	69 529	48	48 921	72	109 805	970	060 886	460	57 965	062	26 847	42
20	18 11,97	74 303	46	47 435	76	115 290	972	066 116	460	59 496	070	31 418	40
25	19 55,10	79 076	46	45 947	82	120 776	976	071 346	462	61 031	074	35 988	36
30	21 38,24	83 849	44	44 456	86	126 264	978	076 577	464	62 568	078	40 556	34
35	23 21,37	88 621	42	42 963	90	131 753	984	081 809	464	64 107	086	45 123	32
40	25 04,50	93 392	40	41 468	96	137 245	986	087 041	466	65 650	088	49 689	28
45	26 47,63	98 162	40	39 970	*00	142 738	988	092 274	468	67 194	096	54 253	26
0,3050	28 30,77	*02 932	38	38 470	06	148 232	994	097 508	470	68 742	100	58 816	24
55	30 13,90	07 701	36	36 967	10	153 729	996	102 743	470	70 292	106	63 378	20
60	31 57,03	12 469	34	35 462	16	159 227	000	107 978	474	71 845	110	67 938	18
65	33 40,16	17 236	34	33 954	18	164 727	002	113 215	474	73 400	116	72 497	14
70	35 23,30	22 003	32	32 445	26	170 228	008	118 452	476	74 958	120	77 054	12
75	37 06,43	26 769	30	30 932	28	175 732	010	123 690	476	76 518	128	81 610	10
80	38 49,56	31 534	28	29 418	34	181 237	014	128 928	480	78 082	130	86 165	08
85	40 32,69	36 298	28	27 901	38	186 744	016	134 168	480	79 647	138	90 719	04
90	42 15,83	41 062	24	26 382	44	192 252	022	139 408	482	81 216	142	95 271	02
95	43 58,96	45 824	24	24 860	48	197 763	024	144 649	484	82 787	146	99 822	*98
0,3100	45 42,09	50 586	24	23 336	54	203 275	028	149 891	484	84 360	154	*04 371	96
05	47 25,22	55 348	20	21 809	58	208 789	032	155 133	488	85 937	156	08 919	94
10	49 08,35	60 108	20	20 280	62	214 305	034	160 377	488	87 515	164	13 466	90
15	50 51,49	64 868	18	18 749	68	219 822	038	165 621	490	89 097	168	18 011	88
20	52 34,62	69 627	16	17 215	72	225 341	042	170 866	492	90 681	174	22 555	84
25	54 17,75	74 385	16	15 679	76	230 862	046	176 112	492	92 268	178	27 097	82
30	56 00,88	79 143	12	14 141	82	236 385	050	181 358	494	93 857	184	31 638	80
35	57 44,02	83 899	12	12 600	86	241 910	052	186 605	498	95 449	190	36 178	78
40	59 27,15	88 655	10	11 057	90	247 436	056	191 854	496	97 044	194	40 717	74
45	*01 10,28	93 410	10	09 512	96	252 964	060	197 102	500	98 641	200	45 254	70
0,3150	02 53,41	98 165	06	07 964	**00	258 494	064	202 352	502	*00 241	204	49 789	68
55	04 36,55	**02 918	06	06 414	06	264 026	068	207 603	502	01 843	212	54 323	66
60	06 19,68	07 671	04	04 861	10	269 560	070	212 854	504	03 449	214	58 856	64
65	08 02,81	12 423	02	03 306	16	275 095	074	218 106	506	05 056	222	63 388	60
70	09 45,94	17 174	02	01 748	18	280 632	078	223 359	508	06 667	226	67 918	58
75	11 29,08	21 925	00	00 189	24	286 171	082	228 613	508	08 280	230	72 447	54
80	13 12,21	26 675	*98	*98 627	30	291 712	086	233 867	512	09 895	236	76 974	52
85	14 55,34	31 424	96	97 062	34	297 255	090	239 123	512	11 513	242	81 500	48
90	16 38,47	36 172	94	95 495	38	302 800	092	244 379	514	13 134	248	86 024	46
95	18 21,61	40 919	94	93 926	44	308 346	096	249 636	516	14 758	252	90 547	44
0,3200	20 04,74	45 666	90	92 354	48	313 894	100	254 894	516	16 384	258	95 069	42
05	21 47,87	50 411	90	90 780	52	319 444	104	260 152	520	18 013	262	99 590	36
10	23 31,00	55 156	90	89 204	58	324 996	108	265 412	520	19 644	268	**04 108	36
15	25 14,14	59 901	86	87 625	62	330 550	110	270 672	522	21 278	274	08 626	32
20	26 57,27	64 644	86	86 044	68	336 105	116	275 933	524	22 915	278	13 142	30
25	28 40,40	69 387	82	84 460	72	341 663	118	281 195	524	24 554	284	17 657	26
30	30 23,53	74 128	84	82 874	76	347 222	122	286 457	528	26 196	290	22 170	24
35	32 06,66	78 870	80	81 286	80	352 783	126	291 721	528	27 841	294	26 682	22
40	33 49,80	83 610	78	79 696	86	358 346	130	296 985	530	29 488	300	31 193	18
45	35 32,93	88 349	78	78 103	92	363 911	134	302 250	532	31 138	304	35 702	14
0,3250	37′ 16,″06	93 088		76 507		369 478		307 516		32 790		40 209	
	18°	0,31	94	0,94	−31	0,3	11	0,3	10	1,05	3	0,31	90

x	$\ln x$		e^x		e^{-x}		arc sin x		arc tg x		Ar Sin x		Ar Tg x	
	—1,2	3	1,3	13	0,74	—74	0,3	10	0,29	91	0,29	95	0,3	10
0,3000	039 728	3306	498 588	502	08 182	06	046 927	482	14 568	72	56 730	78	095 196	990
05	023 075	3250	505 339	508	04 479	02	052 168	486	19 154	72	61 519	76	100 691	996
10	006 450	3194	512 093	516	00 778	00	057 411	488	23 740	68	66 307	76	106 189	998
15	*989 853	3140	518 851	522	*97 078	*94	062 655	488	28 324	64	71 095	74	111 688	*002
20	973 283	3086	525 612	530	93 381	92	067 899	490	32 906	64	75 882	72	117 189	004
25	956 740	3030	532 377	536	89 685	88	073 144	494	37 488	60	80 668	70	122 691	010
30	940 225	2976	539 145	542	85 991	84	078 391	494	42 068	58	85 453	70	128 196	012
35	923 737	2922	545 916	550	82 299	80	083 638	496	46 647	56	90 238	68	133 702	016
40	907 276	2868	552 691	556	78 609	78	088 886	498	51 225	52	95 022	68	139 210	020
45	890 842	2814	559 469	562	74 920	72	094 135	498	55 801	50	99 806	66	144 720	024
0,3050	874 435	2760	566 250	570	71 234	70	099 384	502	60 376	48	*04 589	64	150 232	028
55	858 055	2706	573 035	576	67 549	66	104 635	502	64 950	46	09 371	62	155 746	032
60	841 702	2654	579 823	584	63 866	62	109 886	506	69 523	42	14 152	62	161 262	034
65	825 375	2600	586 615	590	60 185	58	115 139	506	74 094	40	18 933	60	166 779	040
70	809 075	2546	593 410	596	56 506	54	120 392	508	78 664	36	23 713	60	172 299	042
75	792 802	2494	600 208	604	52 829	52	125 646	510	83 232	36	28 493	58	177 820	046
80	776 555	2442	607 010	610	49 153	46	130 901	512	87 800	32	33 272	56	183 343	050
85	760 334	2388	613 815	618	45 480	44	136 157	514	92 366	30	38 050	54	188 868	054
90	744 140	2336	620 624	624	41 808	40	141 414	516	96 931	26	42 827	54	194 395	056
95	727 972	2284	627 436	630	38 138	36	146 672	516	*01 494	26	47 604	52	199 923	062
0,3100	711 830	2232	634 251	638	34 470	34	151 930	520	06 057	22	52 380	52	205 454	066
05	695 714	2180	641 070	644	30 803	28	157 190	520	10 618	18	57 156	48	210 987	068
10	679 624	2130	647 892	652	27 139	26	162 450	524	15 177	18	61 930	50	216 521	072
15	663 559	2076	654 718	658	23 476	22	167 712	524	19 736	14	66 705	46	222 057	078
20	647 521	2026	661 547	664	19 815	18	172 974	526	24 293	12	71 478	46	227 596	080
25	631 508	1974	668 379	672	16 156	14	178 237	528	28 849	08	76 251	44	233 136	084
30	615 521	1924	675 215	680	12 499	10	183 501	530	33 403	06	81 023	42	238 678	088
35	599 559	1872	682 055	684	08 844	08	188 766	532	37 956	04	85 794	42	244 222	092
40	583 623	1822	688 897	694	05 190	02	194 032	534	42 508	02	90 565	40	249 768	096
45	567 712	1772	695 744	698	01 539	00	199 299	536	47 059	*98	95 335	38	255 316	100
0,3150	551 826	1720	702 593	706	**97 889	**96	204 567	536	51 608	96	**00 104	38	260 866	102
55	535 966	1670	709 446	714	94 241	92	209 835	540	56 156	94	04 873	36	266 417	108
60	520 131	1622	716 303	718	90 595	90	215 105	540	60 703	90	09 641	34	271 971	112
65	504 320	1570	723 162	728	86 950	84	220 375	544	65 248	88	14 408	34	277 527	114
70	488 535	1520	730 026	732	83 308	82	225 647	544	69 792	86	19 175	32	283 084	120
75	472 775	1472	736 892	742	79 667	78	230 919	546	74 335	84	23 941	30	288 644	122
80	457 039	1422	743 763	746	76 028	74	236 192	550	78 877	80	28 706	28	294 205	128
85	441 328	1372	750 636	754	72 391	72	241 467	550	83 417	78	33 470	28	299 769	130
90	425 642	1324	757 513	762	68 755	66	246 742	552	87 956	74	38 234	26	305 334	136
95	409 980	1274	764 394	768	65 122	64	252 018	554	92 493	72	42 997	26	310 902	138
0,3200	394 343	1226	771 278	774	61 490	58	257 295	556	97 029	70	47 760	24	316 471	142
05	378 730	1176	778 165	782	57 861	56	262 573	558	**01 564	68	52 522	22	322 042	148
10	363 142	1130	785 056	788	54 233	54	267 852	560	06 098	64	57 283	20	327 616	150
15	347 577	1080	791 950	796	50 606	48	273 132	560	10 630	62	62 043	20	333 191	156
20	332 037	1032	798 848	802	46 982	46	278 412	564	15 161	60	66 803	18	338 769	158
25	316 521	0982	805 749	810	43 359	40	283 694	566	19 691	56	71 562	16	344 348	162
30	301 030	0936	812 654	816	39 739	38	288 977	568	24 219	54	76 320	16	349 929	168
35	285 562	0888	819 562	822	36 120	36	294 261	568	28 746	52	81 078	14	355 513	170
40	270 118	0842	826 473	830	32 502	30	299 545	572	33 272	48	85 835	12	361 098	176
45	254 697	0792	833 388	836	28 887	26	304 831	572	37 796	46	90 591	10	366 686	178
0,3250	239 301		840 306		25 274		310 117		42 319		95 346		372 275	
	—1,1	3	1,3	13	0,72	—72	0,3	10	0,31	90	0,31	95	0,3	11

x	φ	sin x		cos x		tg x		Sin x		Cos x		Tg x	
	18°	0,3	94	0,94	−3	0,3	11	0,33	10	1,05	33	0,31	90
0,3250	37′ 16,″06	193 088	76	76 507	194	369 478	136	07 516	534	32 790	10	40 209	12
55	38 59,19	197 826	74	74 910	202	375 046	142	12 783	536	34 445	16	44 715	10
60	40 42,33	202 563	72	73 309	204	380 617	144	18 051	536	36 103	20	49 220	08
65	42 25,46	207 299	70	71 707	210	386 189	148	23 319	540	37 763	26	53 724	04
70	44 08,59	212 034	70	70 102	214	391 763	152	28 589	540	39 426	32	58 226	00
75	45 51,72	216 769	68	68 495	220	397 339	156	33 859	542	41 092	36	62 726	*98
80	47 34,86	221 503	66	66 885	224	402 917	160	39 130	544	42 760	42	67 225	96
85	49 17,99	226 236	64	65 273	228	408 497	164	44 402	544	44 431	46	71 723	92
90	51 01,12	230 968	64	63 659	234	414 079	168	49 674	548	46 104	54	76 219	90
95	52 44,25	235 700	60	62 042	238	419 663	172	54 948	548	47 781	56	80 714	88
0,3300	54 27,39	240 430	60	60 423	242	425 249	174	60 222	550	49 459	64	85 208	84
05	56 10,52	245 160	58	58 802	248	430 836	180	65 497	552	51 141	68	89 700	80
10	57 53,65	249 889	56	57 178	252	436 426	182	70 773	554	52 825	74	94 190	78
15	59 36,78	254 617	56	55 552	256	442 017	186	76 050	556	54 512	78	98 679	76
20	*01 19,92	259 345	52	53 924	262	447 610	192	81 328	556	56 201	84	*03 167	72
25	03 03,05	264 071	52	52 293	266	453 206	194	86 606	560	57 893	88	07 653	70
30	04 46,18	268 797	50	50 660	272	458 803	198	91 886	560	59 587	96	12 138	68
35	06 29,31	273 522	48	49 024	276	464 402	202	97 166	562	61 285	*00	16 622	64
40	08 12,45	278 246	46	47 386	280	470 003	206	*02 447	564	62 985	04	21 104	60
45	09 55,58	282 969	46	45 746	286	475 606	210	07 729	564	64 687	10	25 584	58
0,3350	11 38,71	287 692	42	44 103	290	481 211	214	13 011	568	66 392	16	30 063	56
55	13 21,84	292 413	42	42 458	294	486 818	218	18 295	570	68 100	22	34 541	52
60	15 04,97	297 134	40	40 811	300	492 427	222	23 580	570	69 811	26	39 017	50
65	16 48,11	301 854	38	39 161	304	498 038	226	28 865	572	71 524	32	43 492	46
70	18 31,24	306 573	38	37 509	310	503 651	228	34 151	574	73 240	36	47 965	44
75	20 14,37	311 292	34	35 854	312	509 265	234	39 438	576	74 958	42	52 437	40
80	21 57,50	316 009	34	34 198	320	514 882	238	44 726	578	76 679	48	56 907	38
85	23 40,64	320 726	32	32 538	322	520 501	240	50 015	578	78 403	52	61 376	34
90	25 23,77	325 442	30	30 877	328	526 121	246	55 304	582	80 129	58	65 843	32
95	27 06,90	330 157	28	29 213	332	531 744	250	60 595	582	81 858	64	70 309	30
0,3400	28 50,03	334 871	26	27 547	338	537 369	252	65 886	586	83 590	68	74 774	26
05	30 33,17	339 584	26	25 878	342	542 995	258	71 179	586	85 324	74	79 237	24
10	32 16,30	344 297	22	24 207	346	548 624	262	76 472	588	87 061	78	83 699	20
15	33 59,43	349 008	22	22 534	352	554 255	264	81 766	588	88 800	86	88 159	16
20	35 42,56	353 719	20	20 858	356	559 887	270	87 060	592	90 543	88	92 617	16
25	37 25,70	358 429	20	19 180	360	565 522	274	92 356	594	92 287	96	97 075	10
30	39 08,83	363 139	16	17 500	366	571 159	276	97 653	594	94 035	**00	**01 530	10
35	40 51,96	367 847	14	15 817	370	576 797	282	**02 950	598	95 785	06	05 985	04
40	42 35,09	372 554	14	14 132	376	582 438	286	08 249	598	97 538	10	10 437	04
45	44 18,23	377 261	12	12 444	378	588 081	288	13 548	600	99 293	16	14 889	00
0,3450	46 01,36	381 967	10	10 755	386	593 725	294	18 848	602	*01 051	22	19 339	**96
55	47 44,49	386 672	08	09 062	388	599 372	298	24 149	604	02 812	28	23 787	94
60	49 27,62	391 376	06	07 368	394	605 021	302	29 451	604	04 576	32	28 234	90
65	51 10,76	396 079	06	05 671	398	610 672	306	34 753	608	06 342	36	32 679	88
70	52 53,89	400 782	02	03 972	404	616 325	310	40 057	608	08 110	44	37 123	86
75	54 37,02	405 483	02	02 270	408	621 980	314	45 361	612	09 882	48	41 566	80
80	56 20,15	410 184	00	00 566	412	627 637	318	50 667	612	11 656	52	46 006	80
85	58 03,28	414 884	*98	*98 860	418	633 296	322	55 973	614	13 432	60	50 446	76
90	59 46,42	419 583	96	97 151	422	638 957	326	61 280	616	15 212	64	54 884	72
95	**01 29,55	424 281	94	95 440	426	644 620	330	66 588	618	16 994	68	59 320	70
0,3500	03′ 12,″68	428 978		93 727		650 285		71 897		18 778		63 755	
	20°	0,3	93	0,93	−3	0,3	11	0,35	10	1,06	35	0,33	88

x	ln x		e^x		e^{-x}		arc sin x		arc tg x		Ar Sin x		Ar Tg x	
	—1,1	**30**	**1,3**	**13**	**0,72**	−72	**0,33**	**10**	**0,31**	**90**	**0,3**	**95**	**0,3**	**11**
0,3250	239 301	746	840 306	844	25 274	24	10 117	576	42 319	44	195 346	10	372 275	184
55	223 928	698	847 228	852	21 662	20	15 405	576	46 841	40	200 101	08	377 867	186
60	208 579	652	854 154	856	18 052	16	20 693	580	51 361	38	204 855	08	383 460	192
65	193 253	604	861 082	866	14 444	14	25 983	580	55 880	36	209 609	04	389 056	196
70	177 951	558	868 015	872	10 837	08	31 273	582	60 398	32	214 361	04	394 654	198
75	162 672	510	874 951	878	07 233	06	36 564	586	64 914	30	219 113	04	400 253	204
80	147 417	466	881 890	884	03 630	02	41 857	586	69 429	28	223 865	00	405 855	208
85	132 184	418	888 832	894	00 029	*98	47 150	588	73 943	24	228 615	00	411 459	212
90	116 975	372	895 779	898	*96 430	94	52 444	592	78 455	22	233 365	*98	417 065	216
95	101 789	326	902 728	906	92 833	92	57 740	592	82 966	20	238 114	98	422 673	220
0,3300	086 626	280	909 681	914	89 237	86	63 036	594	87 476	16	242 863	96	428 283	224
05	071 486	234	916 638	920	85 644	84	68 333	596	91 984	14	247 611	94	433 895	228
10	056 369	188	923 598	926	82 052	80	73 631	598	96 491	10	252 358	92	439 509	232
15	041 275	144	930 561	934	78 462	78	78 930	600	*00 996	10	257 104	92	445 125	236
20	026 203	098	937 528	942	74 873	72	84 230	604	05 501	06	261 850	90	450 743	242
25	011 154	052	944 499	948	71 287	70	89 532	604	10 004	02	266 595	88	456 364	244
30	*996 128	008	951 473	954	67 702	66	94 834	606	14 505	00	271 339	88	461 986	250
35	981 124	*962	958 450	962	64 119	62	*00 137	608	19 005	*98	276 083	84	467 611	254
40	966 143	918	965 431	970	60 538	60	05 441	610	23 504	96	280 825	86	473 238	258
45	951 184	874	972 416	976	56 958	54	10 746	612	28 002	92	285 568	82	478 867	262
0,3350	936 247	828	979 404	982	53 381	52	16 052	614	32 498	90	290 309	82	484 498	266
55	921 333	784	986 395	990	49 805	48	21 359	618	36 993	86	295 050	80	490 131	270
60	906 441	740	993 390	998	46 231	44	26 668	618	41 486	84	299 790	78	495 766	274
65	891 571	696	*000 389	*004	42 659	42	31 977	620	45 978	82	304 529	76	501 403	280
70	876 723	650	007 391	010	39 088	36	37 287	622	50 469	80	309 267	76	507 043	284
75	861 898	608	014 396	018	35 520	34	42 598	624	54 959	76	314 005	74	512 685	286
80	847 094	564	021 405	024	31 953	30	47 910	626	59 447	72	318 742	74	518 328	292
85	832 312	520	028 417	032	28 388	28	53 223	630	63 933	72	323 479	70	523 974	298
90	817 552	478	035 433	040	24 824	22	58 538	630	68 419	66	328 214	70	529 623	300
95	802 813	432	042 453	046	21 263	20	63 853	632	72 902	66	332 949	70	535 273	304
0,3400	788 097	390	049 476	052	17 703	16	69 169	634	77 385	62	337 684	66	540 925	310
05	773 402	348	056 502	060	14 145	12	74 486	638	81 866	60	342 417	66	546 580	314
10	758 728	304	063 532	068	10 589	08	79 805	638	86 346	58	347 150	64	552 237	318
15	744 076	262	070 566	074	07 035	06	85 124	640	90 825	54	351 882	62	557 896	322
20	729 445	218	077 603	082	03 482	02	90 444	644	95 302	50	356 613	62	563 557	326
25	714 836	176	084 644	088	**99 931	**98	95 766	644	99 777	50	361 344	60	569 220	332
30	700 248	132	091 688	094	96 382	94	**01 088	646	**04 252	46	366 074	58	574 886	336
35	685 682	092	098 735	102	92 835	92	06 411	650	08 725	42	370 803	56	580 554	340
40	671 136	048	105 786	110	89 289	86	11 736	650	13 196	42	375 531	56	586 224	344
45	656 612	006	112 841	116	85 746	84	17 061	654	17 667	38	380 259	54	591 896	348
0,3450	642 109	**966	119 899	124	82 204	82	22 388	654	22 136	34	384 986	52	597 570	354
55	627 626	922	126 961	130	78 663	76	27 715	658	26 603	32	389 712	52	603 247	358
60	613 165	880	134 026	138	75 125	74	33 044	660	31 069	30	394 438	50	608 926	362
65	598 725	840	141 095	144	71 588	70	38 374	660	35 534	26	399 163	48	614 607	366
70	584 305	798	148 167	152	68 053	66	43 704	664	39 997	24	403 887	46	620 290	372
75	569 906	756	155 243	158	64 520	62	49 036	666	44 459	22	408 610	46	625 976	376
80	555 528	716	162 322	166	60 989	60	54 369	668	48 920	18	413 333	42	631 664	380
85	541 170	672	169 405	174	57 459	56	59 703	670	53 379	16	418 054	42	637 354	384
90	526 834	634	176 492	180	53 931	52	65 038	672	57 837	12	422 775	42	643 046	390
95	512 517	592	183 582	186	50 405	48	70 374	674	62 293	10	427 496	40	648 741	394
0,3500	498 221		190 675		46 881		75 711		66 748		432 216		654 438	
	—1,0	**28**	**1,4**	**14**	**0,70**	−70	**0,35**	**10**	**0,33**	**89**	**0,3**	**94**	**0,3**	**11**

x	φ	sin x		cos x		tg x		𝔖in x		𝔆of x		𝔗g x	
	20°	0,34	93	0,93	−34	0,3	11	0,3	10	1,06	3	0,33	88
0,3500	03′12,″68	28 978	94	93 727	32	650 285	334	571 897	620	18 778	574	63 755	68
05	04 55,81	33 675	90	92 011	36	655 952	340	577 207	622	20 565	580	68 189	64
10	06 38,95	38 370	90	90 293	40	661 622	342	582 518	622	22 355	586	72 621	60
15	08 22,08	43 065	88	88 573	46	667 293	346	587 829	626	24 148	590	77 051	60
20	10 05,21	47 759	86	86 850	50	672 966	352	593 142	626	25 943	596	81 481	54
25	11 48,34	52 452	84	85 125	54	678 642	356	598 455	630	27 741	602	85 908	52
30	13 31,48	57 144	82	83 398	60	684 320	358	603 770	630	29 542	606	90 334	50
35	15 14,61	61 835	80	81 668	64	689 999	364	609 085	632	31 345	612	94 759	46
40	16 57,74	66 525	80	79 936	68	695 681	368	614 401	634	33 151	616	99 182	42
45	18 40,87	71 215	78	78 202	74	701 365	372	619 718	636	34 959	622	*03 603	40
0,3550	20 24,01	75 904	74	76 465	78	707 051	376	625 036	638	36 770	628	08 023	38
55	22 07,14	80 591	74	74 726	84	712 739	382	630 355	640	38 584	634	12 442	34
60	23 50,27	85 278	72	72 984	88	718 430	384	635 675	640	40 401	638	16 859	30
65	25 33,40	89 964	72	71 240	92	724 122	390	640 995	644	42 220	644	21 274	28
70	27 16,54	94 650	68	69 494	96	729 817	392	646 317	644	44 042	648	25 688	26
75	28 59,67	99 334	66	67 746	*02	735 513	398	651 639	648	45 866	654	30 101	22
80	30 42,80	*04 017	66	65 995	06	741 212	402	656 963	648	47 693	660	34 512	18
85	32 25,93	08 700	64	64 242	12	746 913	406	662 287	650	49 523	666	38 921	16
90	34 09,07	13 382	60	62 486	16	752 616	410	667 612	652	51 356	670	43 329	12
95	35 52,20	18 062	60	60 728	20	758 321	416	672 938	654	53 191	676	47 735	10
0,3600	37 35,33	22 742	58	58 968	24	764 029	418	678 265	656	55 029	680	52 140	08
05	39 18,46	27 421	58	57 206	30	769 738	424	683 593	658	56 869	686	56 544	04
10	41 01,60	32 100	54	55 441	34	775 450	426	688 922	660	58 712	692	60 946	00
15	42 44,73	36 777	52	53 674	40	781 163	432	694 252	662	60 558	698	65 346	*98
20	44 27,86	41 453	52	51 904	44	786 879	436	699 583	664	62 407	702	69 745	94
25	46 10,99	46 129	48	50 132	48	792 597	442	704 915	664	64 258	706	74 142	92
30	47 54,12	50 803	48	48 358	54	798 318	444	710 247	668	66 111	714	78 538	88
35	49 37,26	55 477	46	46 581	58	804 040	450	715 581	668	67 968	718	82 932	86
40	51 20,39	60 150	44	44 802	62	809 765	454	720 915	670	69 827	724	87 325	82
45	53 03,52	64 822	42	43 021	66	815 492	458	726 250	674	71 689	728	91 716	78
0,3650	54 46,65	69 493	40	41 238	72	821 221	462	731 587	674	73 553	734	96 105	78
55	56 29,79	74 163	38	39 452	78	826 952	466	736 924	676	75 420	740	**00 494	72
60	58 12,92	78 832	38	37 663	80	832 685	472	742 262	678	77 290	746	04 880	70
65	59 56,05	83 501	34	35 873	86	838 421	474	747 601	680	79 163	750	09 265	68
70	*01 39,18	88 168	34	34 080	90	844 158	480	752 941	682	81 038	756	13 649	64
75	03 22,32	92 835	32	32 285	96	849 898	486	758 282	684	82 916	760	18 031	60
80	05 05,45	97 501	28	30 487	**00	855 641	488	763 624	686	84 796	766	22 411	58
85	06 48,58	**02 165	28	28 687	04	861 385	494	768 967	688	86 679	772	26 790	54
90	08 31,71	06 829	26	26 885	10	867 132	498	774 311	690	88 565	778	31 167	52
95	10 14,85	11 492	24	25 080	14	872 881	502	779 656	690	90 454	782	35 543	48
0,3700	11 57,98	16 154	24	23 273	18	878 632	506	785 001	694	92 345	788	39 917	46
05	13 41,11	20 816	20	21 464	22	884 385	510	790 348	696	94 239	792	44 290	42
10	15 24,24	25 476	18	19 653	28	890 140	516	795 696	696	96 135	798	48 661	38
15	17 07,38	30 135	18	17 839	32	895 898	520	801 044	700	98 034	804	53 030	38
20	18 50,51	34 794	14	16 023	38	901 658	526	806 394	700	99 936	810	57 399	32
25	20 33,64	39 451	14	14 204	42	907 421	528	811 744	704	*01 841	814	61 765	30
30	22 16,77	44 108	12	12 383	46	913 185	534	817 096	704	03 748	820	66 130	26
35	23 59,91	48 764	08	10 560	52	918 952	538	822 448	706	05 658	824	70 493	24
40	25 43,04	53 418	08	08 734	56	924 721	542	827 801	708	07 570	832	74 855	20
45	27 26,17	58 072	06	06 906	60	930 492	548	833 155	712	09 486	834	79 215	18
0,3750	29′ 09,″30	62 725		05 076		936 266		838 511		11 403		83 574	
	21°	0,36	93	0,93	−36	0,3	11	0,3	10	1,07	3	0,35	87

x	ln x		e^x		e^{-x}		arc sin x		arc tg x		Ar Sin x		Ar Tg x	
	—1,0	28	**1,4**	14	**0,70**	−70	**0,3**	10	**0,33**	89	**0,34**	94	**0,3**	11
0,3500	498 221	550	190 675	196	46 881	46	575 711	676	66 748	08	32 216	36	654 438	398
05	483 946	510	197 773	200	43 358	40	581 049	678	71 202	04	36 934	38	660 137	402
10	469 691	470	204 873	208	39 838	40	586 388	682	75 654	02	41 653	34	665 838	408
15	455 456	430	211 977	216	36 318	34	591 729	682	80 105	*98	46 370	34	671 542	412
20	441 241	388	219 085	224	32 801	30	597 070	684	84 554	98	51 087	32	677 248	416
25	427 047	350	226 197	228	29 286	28	602 412	688	89 003	92	55 803	30	682 956	422
30	412 872	308	233 311	238	25 772	24	607 756	688	93 449	92	60 518	30	688 667	426
35	398 718	268	240 430	244	22 260	20	613 100	692	97 895	86	65 233	26	694 380	430
40	384 584	230	247 552	250	18 750	18	618 446	694	*02 338	86	69 946	26	700 095	434
45	370 469	188	254 677	260	15 241	14	623 793	696	06 781	82	74 659	26	705 812	440
0,3550	356 375	150	261 807	264	11 734	10	629 141	698	11 222	80	79 372	22	711 532	444
55	342 300	110	268 939	272	08 229	06	634 490	700	15 662	76	84 083	22	717 254	450
60	328 245	070	276 075	280	04 726	02	639 840	702	20 100	74	88 794	20	722 979	454
65	314 210	030	283 215	288	01 225	00	645 191	704	24 537	70	93 504	18	728 706	458
70	300 195	*992	290 359	294	*97 725	*96	650 543	706	28 972	68	98 213	18	734 435	462
75	286 199	952	297 506	300	94 227	92	655 896	708	33 406	66	*02 922	16	740 166	468
80	272 223	914	304 656	308	90 731	90	661 250	712	37 839	62	07 630	14	745 900	472
85	258 266	874	311 810	316	87 236	84	666 606	712	42 270	60	12 337	12	751 636	478
90	244 329	836	318 968	322	83 744	82	671 962	716	46 700	58	17 043	10	757 375	482
95	230 411	798	326 129	330	80 253	80	677 320	718	51 129	54	21 748	10	763 116	486
0,3600	216 512	758	333 294	338	76 763	74	682 679	720	55 556	50	26 453	08	768 859	492
05	202 633	720	340 463	344	73 276	72	688 039	722	59 981	50	31 157	08	774 605	496
10	188 773	682	347 635	350	69 790	68	693 400	724	64 406	44	35 861	04	780 353	500
15	174 932	642	354 810	358	66 306	64	698 762	726	68 828	44	40 563	04	786 103	506
20	161 111	606	361 989	366	62 824	62	704 125	728	73 250	40	45 265	02	791 856	510
25	147 308	568	369 172	374	59 343	58	709 489	732	77 670	36	49 966	00	797 611	516
30	133 524	528	376 359	380	55 864	54	714 855	734	82 088	36	54 666	00	803 369	520
35	119 760	492	383 549	386	52 387	50	720 222	734	86 506	30	59 366	*98	809 129	524
40	106 014	454	390 742	394	48 912	48	725 589	738	90 921	30	64 065	96	814 891	530
45	092 287	416	397 939	402	45 438	42	730 958	740	95 336	26	68 763	94	820 656	536
0,3650	078 579	378	405 140	408	41 967	42	736 328	742	99 749	22	73 460	94	826 424	538
55	064 890	342	412 344	416	38 496	36	741 699	744	**04 160	20	78 157	90	832 193	544
60	051 219	302	419 552	424	35 028	34	747 071	748	08 570	18	82 852	90	837 965	550
65	037 568	268	426 764	430	31 561	30	752 445	748	12 979	14	87 547	90	843 740	554
70	023 934	228	433 979	438	28 096	26	757 819	752	17 386	12	92 242	86	849 517	560
75	010 320	194	441 198	444	24 633	22	763 195	754	21 792	08	96 935	86	855 297	564
80	*996 723	154	448 420	452	21 172	20	768 572	756	26 196	06	**01 628	84	861 079	568
85	983 146	120	455 646	460	17 712	16	773 950	758	30 599	02	06 320	82	866 863	574
90	969 586	082	462 876	466	14 254	12	779 329	760	35 000	02	11 011	82	872 650	578
95	956 045	044	470 109	474	10 798	10	784 709	762	39 401	**96	15 702	78	878 439	584
0,3700	942 523	010	477 346	482	07 343	06	790 090	766	43 799	94	20 391	78	884 231	588
05	929 018	**972	484 587	488	03 890	02	795 473	766	48 196	92	25 080	76	890 025	594
10	915 532	936	491 831	494	00 439	**98	800 856	770	52 592	90	29 768	76	895 822	598
15	902 064	900	499 078	504	**96 990	96	806 241	772	56 987	84	34 456	72	901 621	604
20	888 614	864	506 330	510	93 542	90	811 627	774	61 379	84	39 142	72	907 423	610
25	875 182	826	513 585	516	90 097	90	817 014	778	65 771	80	43 828	70	913 228	612
30	861 769	792	520 843	526	86 652	84	822 403	778	70 161	78	48 513	70	919 034	620
35	848 373	756	528 106	532	83 210	82	827 792	782	74 550	74	53 198	66	924 844	624
40	834 995	720	535 372	538	79 769	78	833 183	784	78 937	70	57 881	66	930 656	628
45	821 635	684	542 641	546	76 330	74	838 575	786	83 322	70	62 564	64	936 470	634
0,3750	808 293		549 914		72 893		843 968		87 707		67 246		942 287	
	—0,9	26	**1,4**	14	**0,68**	−68	**0,3**	10	**0,35**	87	**0,36**	93	**0,3**	11

x	φ	sin x		cos x		tg x		Sin x		Cos x		Tg x	
	21°	0,36	93	0,93	−36	0,3	11	0,3	10	1,07	3	0,35	87
0,3750	29′ 09,″30	62 725	04	05 076	64	936 266	552	838 511	712	11 403	842	83 574	14
55	30 52,43	67 377	04	03 244	70	942 042	556	843 867	714	13 324	846	87 931	12
60	32 35,57	72 029	00	01 409	74	947 820	560	849 224	716	15 247	852	92 287	08
65	34 18,70	76 679	*98	*99 572	80	953 600	566	854 582	718	17 173	858	96 641	04
70	36 01,83	81 328	98	97 732	84	959 383	570	859 941	720	19 102	862	*00 993	02
75	37 44,96	85 977	94	95 890	88	965 168	574	865 301	722	21 033	868	05 344	*98
80	39 28,10	90 624	94	94 046	92	970 955	580	870 662	724	22 967	874	09 693	96
85	41 11,23	95 271	90	92 200	98	976 745	584	876 024	726	24 904	878	14 041	92
90	42 54,36	99 916	90	90 351	*02	982 537	588	881 387	728	26 843	884	18 387	90
95	44 37,49	*04 561	88	88 500	08	988 331	592	886 751	730	28 785	890	22 732	86
0,3800	46 20,63	09 205	86	86 646	10	994 127	598	892 116	732	30 730	894	27 075	82
05	48 03,76	13 848	82	84 791	16	999 926	602	897 482	734	32 677	900	31 416	80
10	49 46,89	18 489	82	82 933	22	*005 727	608	902 849	734	34 627	906	35 756	76
15	51 30,02	23 130	82	81 072	26	011 531	610	908 216	738	36 580	912	40 094	74
20	53 13,16	27 771	78	79 209	30	017 336	618	913 585	740	38 536	916	44 431	70
25	54 56,29	32 410	76	77 344	34	023 145	620	918 955	742	40 494	922	48 766	68
30	56 39,42	37 048	74	75 477	40	028 955	626	924 326	742	42 455	926	53 100	64
35	58 22,55	41 685	74	73 607	44	034 768	630	929 697	746	44 418	932	57 432	60
40	*00 05,69	46 322	70	71 735	48	040 583	634	935 070	748	46 384	938	61 762	58
45	01 48,82	50 957	66	69 861	54	046 400	640	940 444	748	48 353	944	66 091	54
0,3850	03 31,95	55 591	68	67 984	58	052 220	644	945 818	752	50 325	948	70 418	50
55	05 15,08	60 225	64	66 105	62	058 042	650	951 194	754	52 299	954	74 743	50
60	06 58,22	64 857	64	64 224	66	063 867	654	956 571	754	54 276	960	79 068	44
65	08 41,35	69 489	62	62 341	72	069 694	658	961 948	758	56 256	964	83 390	42
70	10 24,48	74 120	60	60 455	78	075 523	664	967 327	760	58 238	970	87 711	38
75	12 07,61	78 750	56	58 566	80	081 355	668	972 707	760	60 223	976	92 030	36
80	13 50,74	83 378	56	56 676	86	087 189	672	978 087	764	62 211	980	96 348	32
85	15 33,88	88 006	54	54 783	90	093 025	678	983 469	764	64 201	986	**00 664	28
90	17 17,01	92 633	52	52 888	96	098 864	684	988 851	768	66 194	992	04 978	26
95	19 00,14	97 259	50	50 990	98	104 706	686	994 235	770	68 190	996	09 291	22
0,3900	20 43,27	**01 884	48	49 091	**04	110 549	692	999 620	770	70 188	*002	13 602	20
05	22 26,41	06 508	46	47 189	10	116 395	698	*005 005	774	72 189	008	17 912	16
10	24 09,54	11 131	46	45 284	14	122 244	700	010 392	774	74 193	014	22 220	12
15	25 52,67	15 754	42	43 377	18	128 094	708	015 779	778	76 200	018	26 526	10
20	27 35,80	20 375	40	41 468	22	133 948	710	021 168	780	78 209	024	30 831	08
25	29 18,94	24 995	38	39 557	28	139 803	718	026 558	780	80 221	030	35 135	02
30	31 02,07	29 614	38	37 643	32	145 662	720	031 948	784	82 236	034	39 436	00
35	32 45,20	34 233	34	35 727	36	151 522	726	037 340	784	84 253	040	43 736	**98
40	34 28,33	38 850	32	33 809	40	157 385	730	042 732	788	86 273	046	48 035	92
45	36 11,47	43 466	32	31 889	46	163 250	736	048 126	790	88 296	050	52 331	92
0,3950	37 54,60	48 082	28	29 966	52	169 118	742	053 521	790	90 321	056	56 627	86
55	39 37,73	52 696	28	28 040	54	174 989	744	058 916	794	92 349	062	60 920	84
60	41 20,86	57 310	26	26 113	60	180 861	752	064 313	796	94 380	068	65 212	82
65	43 04,00	61 923	22	24 183	64	186 737	754	069 711	798	96 414	072	69 503	76
70	44 47,13	66 534	22	22 251	68	192 614	760	075 110	798	98 450	078	73 791	74
75	46 30,26	71 145	18	20 317	74	198 494	766	080 509	802	*00 489	082	78 078	72
80	48 13,39	75 754	18	18 380	78	204 377	770	085 910	804	02 530	090	82 364	68
85	49 56,53	80 363	16	16 441	82	210 262	776	091 312	806	04 575	094	86 648	64
90	51 39,66	84 971	14	14 500	88	216 150	780	096 715	806	06 622	098	90 930	62
95	53 22,79	89 578	10	12 556	92	222 040	784	102 118	810	08 671	106	95 211	58
0,4000	55′ 05,″92	94 183		10 610		227 932		107 523		10 724		99 490	
	22°	0,38	92	0,92	−38	0,4	11	0,4	10	1,08	4	0,37	85

x	ln x		e^x		e^{-x}		arc sin x		arc tg x		𝔄𝔯 𝔖𝔦𝔫 x		𝔄𝔯 𝔗𝔤 x	
	—0,9	**26**	**1,4**	**14**	**0,68**	**−68**	**0,3**	**10**	**0,3**	**87**	**0,3**	**93**	**0,3**	**11**
0,3750	808 293	650	549 914	554	72 893	72	843 968	788	587 707	66	667 246	62	942 287	638
55	794 968	614	557 191	560	69 457	68	849 362	790	592 090	62	671 927	62	948 106	644
60	781 661	578	564 471	568	66 023	64	854 757	794	596 471	60	676 608	60	953 928	650
65	768 372	542	571 755	576	62 591	60	860 154	796	600 851	56	681 288	56	959 753	654
70	755 101	508	579 043	582	59 161	58	865 552	796	605 229	54	685 966	58	965 580	660
75	741 847	472	586 334	590	55 732	54	870 950	802	609 606	52	690 645	54	971 410	664
80	728 611	438	593 629	598	52 305	50	876 351	802	613 982	48	695 322	54	977 242	670
85	715 392	402	600 928	604	48 880	48	881 752	804	618 356	46	699 999	52	983 077	674
90	702 191	368	608 230	612	45 456	44	887 154	808	622 729	42	704 675	50	988 914	680
95	689 007	334	615 536	620	42 034	40	892 558	810	627 100	40	709 350	48	994 754	686
0,3800	675 840	298	622 846	626	38 614	36	897 963	812	631 470	36	714 024	46	*000 597	690
05	662 691	264	630 159	634	35 196	34	903 369	814	635 838	34	718 697	46	006 442	694
10	649 559	230	637 476	642	31 779	30	908 776	818	640 205	32	723 370	44	012 289	702
15	636 444	194	644 797	648	28 364	26	914 185	820	644 571	28	728 042	42	018 140	706
20	623 347	162	652 121	656	24 951	24	919 595	820	648 935	24	732 713	42	023 993	710
25	610 266	126	659 449	662	21 539	20	925 005	826	653 297	24	737 384	38	029 848	718
30	597 203	092	666 780	672	18 129	16	930 418	826	657 659	18	742 053	38	035 707	720
35	584 157	060	674 116	676	14 721	14	935 831	828	662 018	16	746 722	36	041 567	728
40	571 127	024	681 454	686	11 314	10	941 245	832	666 376	14	751 390	36	047 431	732
45	558 115	*992	688 797	692	07 909	06	946 661	834	670 733	10	756 058	32	053 297	738
0,3850	545 119	956	696 143	700	04 506	02	952 078	836	675 088	08	760 724	32	059 166	742
55	532 141	924	703 493	708	01 105	00	957 496	840	679 442	06	765 390	30	065 037	748
60	519 179	890	710 847	714	*97 705	*96	962 916	842	683 795	00	770 055	28	070 911	754
65	506 234	856	718 204	722	94 307	92	968 337	842	688 145	00	774 719	26	076 788	758
70	493 306	824	725 565	730	90 911	90	973 758	848	692 495	*96	779 382	26	082 667	766
75	480 394	790	732 930	736	87 516	86	979 182	848	696 843	92	784 045	24	088 550	768
80	467 499	756	740 298	744	84 123	82	984 606	852	701 189	90	788 707	22	094 434	776
85	454 621	724	747 670	752	80 732	78	990 032	852	705 534	88	793 368	20	100 322	780
90	441 759	690	755 046	758	77 343	76	995 458	858	709 878	84	798 028	20	106 212	786
95	428 914	658	762 425	766	73 955	72	*000 887	858	714 220	82	802 688	16	112 105	790
0,3900	416 085	624	769 808	774	70 569	70	006 316	862	718 561	78	807 346	16	118 000	798
05	403 273	592	777 195	780	67 184	64	011 747	862	722 900	76	812 004	14	123 899	802
10	390 477	558	784 585	788	63 802	62	017 178	866	727 238	72	816 661	14	129 800	806
15	377 698	528	791 979	796	60 421	60	022 611	870	731 574	70	821 318	10	135 703	814
20	364 934	494	799 377	804	57 041	56	028 046	870	735 909	66	825 973	10	141 610	818
25	352 187	460	806 779	810	53 663	52	033 481	874	740 242	64	830 628	08	147 519	824
30	339 457	430	814 184	818	50 287	48	038 918	876	744 574	60	835 282	06	153 431	830
35	326 742	396	821 593	824	46 913	44	044 356	880	748 904	58	839 935	04	159 346	834
40	314 044	366	829 005	834	43 541	42	049 796	882	753 233	54	844 587	04	165 263	840
45	301 361	332	836 422	840	40 170	40	055 237	884	757 560	52	849 239	00	171 183	846
0,3950	288 695	300	843 842	848	36 800	34	060 679	886	761 886	50	853 889	00	177 106	852
55	276 045	268	851 266	854	33 433	32	066 122	888	766 211	46	858 539	00	183 032	856
60	263 411	238	858 693	862	30 067	28	071 566	892	770 534	42	863 189	*96	188 960	864
65	250 792	204	866 124	870	26 703	26	077 012	894	774 855	40	867 837	96	194 892	868
70	238 190	174	873 559	878	23 340	22	082 459	896	779 175	36	872 485	92	200 826	874
75	225 603	140	880 998	884	19 979	18	087 907	900	783 493	36	877 131	92	206 763	878
80	213 033	110	888 440	892	16 620	14	093 357	902	787 811	30	881 777	90	212 702	886
85	200 478	078	895 886	900	13 263	12	098 808	904	792 126	28	886 422	90	218 645	890
90	187 939	048	903 336	908	09 907	08	104 260	908	796 440	26	891 067	86	224 590	896
95	175 415	016	910 790	914	06 553	06	109 714	908	800 753	22	895 710	86	230 538	902
0,4000	162 907		918 247		03 200		115 168		805 064		900 353		236 489	
	—0,9	**25**	**1,4**	**14**	**0,67**	**−67**	**0,4**	**10**	**0,3**	**86**	**0,3**	**92**	**0,4**	**11**

x	φ	sin x		cos x		tg x		Sin x		Cos x		Tg x	
	22°	0,3	92	0,92	−3	0,4	11	0,41	10	1,08	41	0,3	85
0,4000	55′ 05,″92	894 183	10	10 610	896	227 932	790	07 523	812	10 724	10	799 490	54
05	56 49,05	898 788	08	08 662	902	233 827	796	12 929	814	12 779	16	803 767	52
10	58 32,19	903 392	06	06 711	906	239 725	800	18 336	816	14 837	20	808 043	48
15	*00 15,32	907 995	04	04 758	910	245 625	804	23 744	818	16 897	26	812 317	44
20	01 58,45	912 597	02	02 803	914	251 527	810	29 153	820	18 960	32	816 589	42
25	03 41,58	917 198	00	00 846	920	257 432	816	34 563	822	21 026	38	820 860	38
30	05 24,72	921 798	*98	*98 886	924	263 340	820	39 974	824	23 095	42	825 129	36
35	07 07,85	926 397	96	96 924	928	269 250	824	45 386	826	25 166	48	829 397	32
40	08 50,98	930 995	94	94 960	934	275 162	832	50 799	828	27 240	54	833 663	28
45	10 34,11	935 592	92	92 993	938	281 078	834	56 213	830	29 317	60	837 927	26
0,4050	12 17,25	940 188	90	91 024	942	286 995	840	61 628	834	31 397	64	842 190	22
55	14 00,38	944 783	88	89 053	948	292 915	846	67 045	834	33 479	70	846 451	20
60	15 43,51	949 377	86	87 079	952	298 838	850	72 462	836	35 564	74	850 711	14
65	17 26,64	953 970	84	85 103	956	304 763	856	77 880	840	37 651	80	854 968	12
70	19 09,78	958 562	82	83 125	960	310 691	862	83 300	840	39 741	86	859 224	10
75	20 52,91	963 153	80	81 145	966	316 622	866	88 720	842	41 834	92	863 479	06
80	22 36,04	967 743	78	79 162	970	322 555	870	94 141	846	43 930	98	867 732	02
85	24 19,17	972 332	76	77 177	974	328 490	876	99 564	846	46 029	*02	871 983	00
90	26 02,31	976 920	74	75 190	980	334 428	882	*04 987	850	48 130	08	876 233	*96
95	27 45,44	981 507	72	73 200	984	340 369	886	10 412	852	50 234	12	880 481	92
0,4100	29 28,57	986 093	70	71 208	988	346 312	892	15 838	852	52 340	18	884 727	88
05	31 11,70	990 678	68	69 214	992	352 258	896	21 264	856	54 449	24	888 971	86
10	32 54,84	995 262	68	67 218	998	358 206	902	26 692	858	56 561	30	893 214	84
15	34 37,97	999 846	64	65 219	*002	364 157	908	32 121	860	58 676	36	897 456	78
20	36 21,10	*004 428	62	63 218	008	370 111	912	37 551	862	60 794	40	901 695	76
25	38 04,23	009 009	60	61 214	010	376 067	918	42 982	864	62 914	46	905 933	74
30	39 47,36	013 589	58	59 209	016	382 026	922	48 414	866	65 037	50	910 170	68
35	41 30,50	018 168	56	57 201	020	387 987	928	53 847	868	67 162	56	914 404	66
40	43 13,63	022 746	54	55 191	026	393 951	934	59 281	870	69 290	62	918 637	64
45	44 56,76	027 323	52	53 178	030	399 918	938	64 716	872	71 421	68	922 869	60
0,4150	46 39,89	031 899	50	51 163	034	405 887	944	70 152	876	73 555	74	927 099	56
55	48 23,03	036 474	48	49 146	038	411 859	950	75 590	876	75 692	78	931 327	52
60	50 06,16	041 048	48	47 127	044	417 834	954	81 028	878	77 831	84	935 553	50
65	51 49,29	045 622	44	45 105	048	423 811	960	86 467	882	79 973	88	939 778	46
70	53 32,42	050 194	42	43 081	052	429 791	964	91 908	884	82 117	94	944 001	42
75	55 15,56	054 765	40	41 055	058	435 773	970	97 350	884	84 264	**02	948 222	40
80	56 58,69	059 335	38	39 026	060	441 758	976	**02 792	888	86 415	04	952 442	36
85	58 41,82	063 904	36	36 996	068	447 746	982	08 236	890	88 567	12	956 660	34
90	**00 24,95	068 472	34	34 962	070	453 737	986	13 681	892	90 723	16	960 877	28
95	02 08,09	073 039	32	32 927	076	459 730	990	19 127	894	92 881	22	965 091	26
0,4200	03 51,22	077 605	28	30 889	080	465 725	998	24 574	896	95 042	28	969 304	24
05	05 34,35	082 169	28	28 849	084	471 724	*002	30 022	898	97 206	32	973 516	18
10	07 17,48	086 733	26	26 807	088	477 725	008	35 471	900	99 372	38	977 725	16
15	09 00,62	091 296	24	24 763	094	483 729	012	40 921	902	*01 541	44	981 933	14
20	10 43,75	095 858	22	22 716	098	489 735	020	46 372	906	03 713	48	986 140	10
25	12 26,88	100 419	20	20 667	102	495 745	024	51 825	906	05 887	56	990 345	06
30	14 10,01	104 979	18	18 616	108	501 757	028	57 278	910	08 065	60	994 548	02
35	15 53,15	109 538	14	16 562	112	507 771	036	62 733	912	10 245	64	998 749	00
40	17 36,28	114 095	14	14 506	116	513 789	040	68 189	912	12 427	72	*002 949	**96
45	19 19,41	118 652	12	12 448	122	519 809	046	73 645	916	14 613	76	007 147	92
0,4250	21′ 02,″54	123 208		10 387		525 832		79 103		16 801		011 343	
	24°	0,4	91	0,91	−4	0,4	12	0,43	10	1,09	43	0,4	83

x	$\ln x$		e^x		e^{-x}		arc sin x		arc tg x		Ar Sin x		Ar Tg x	
	—0,9	**24**	**1,4**	**14**	**0,67**	**–67**	**0,41**	**10**	**0,38**	**86**	**0,39**	**92**	**0,4**	**11**
0,4000	162 907	984	918 247	922	03 200	00	15 168	914	05 064	18	00 353	84	236 489	908
05	150 415	952	925 708	930	*99 850	*98	20 625	914	09 373	16	04 995	82	242 443	914
10	137 939	924	933 173	936	96 501	96	26 082	918	13 681	14	09 636	82	248 400	918
15	125 477	890	940 641	944	93 153	92	31 541	920	17 988	10	14 277	78	254 359	926
20	113 032	860	948 113	952	89 807	88	37 001	922	22 293	08	18 916	78	260 322	930
25	100 602	830	955 589	960	86 463	84	42 462	926	26 597	04	23 555	76	266 287	936
30	088 187	798	963 069	966	83 121	82	47 925	928	30 899	02	28 193	74	272 255	942
35	075 788	768	970 552	974	79 780	78	53 389	930	35 200	*98	32 830	74	278 226	948
40	063 404	738	978 039	982	76 441	74	58 854	932	39 499	96	37 467	70	284 200	952
45	051 035	706	985 530	990	73 104	72	64 320	936	43 797	92	42 102	70	290 176	960
0,4050	038 682	676	993 025	996	69 768	68	69 788	940	48 093	88	46 737	68	296 156	964
55	026 344	646	*000 523	*006	66 434	64	75 258	940	52 387	88	51 371	66	302 138	972
60	014 021	616	008 026	010	63 102	62	80 728	944	56 681	82	56 004	64	308 124	976
65	001 713	584	015 531	020	59 771	58	86 200	946	60 972	82	60 636	64	314 112	982
70	*989 421	556	023 041	026	56 442	54	91 673	950	65 263	76	65 268	62	320 103	988
75	977 143	524	030 554	036	53 115	52	97 148	952	69 551	74	69 899	58	326 097	996
80	964 881	494	038 072	042	49 789	48	*02 624	954	73 838	72	74 528	60	332 095	*000
85	952 634	466	045 593	048	46 465	46	08 101	956	78 124	68	79 158	56	338 095	004
90	940 401	434	053 117	058	43 142	40	13 579	960	82 408	66	83 786	54	344 097	012
95	928 184	406	060 646	064	39 822	38	19 059	964	86 691	62	88 413	54	350 103	018
0,4100	915 981	374	068 178	072	36 503	36	24 541	964	90 972	60	93 040	52	356 112	024
05	903 794	346	075 714	080	33 185	32	30 023	968	95 252	56	97 666	50	362 124	030
10	891 621	316	083 254	086	29 869	28	35 507	972	99 530	54	*02 291	48	368 139	036
15	879 463	288	090 797	094	26 555	24	40 993	972	*03 807	50	06 915	48	374 157	040
20	867 319	256	098 344	102	23 243	22	46 479	976	08 082	48	11 539	44	380 177	048
25	855 191	228	105 895	110	19 932	18	51 967	980	12 356	44	16 161	44	386 201	054
30	843 077	198	113 450	118	16 623	16	57 457	980	16 628	42	20 783	42	392 228	060
35	830 978	170	121 009	124	13 315	10	62 947	986	20 899	38	25 404	40	398 258	064
40	818 893	140	128 571	132	10 010	10	68 440	986	25 168	34	30 024	38	404 290	072
45	806 823	110	136 137	140	06 705	04	73 933	990	29 435	34	34 643	38	410 326	078
0,4150	794 768	082	143 707	148	03 403	02	79 428	992	33 702	28	39 262	36	416 365	084
55	782 727	054	151 281	156	00 102	**98	84 924	996	37 966	26	43 880	34	422 407	088
60	770 700	024	158 859	162	**96 803	96	90 422	998	42 229	24	48 497	32	428 451	096
65	758 688	*994	166 440	170	93 505	92	95 921	*000	46 491	20	53 113	30	434 499	102
70	746 691	968	174 025	178	90 209	88	**01 421	004	50 751	18	57 728	28	440 550	108
75	734 707	938	181 614	186	86 915	86	06 923	006	55 010	14	62 342	28	446 604	114
80	722 738	908	189 207	192	83 622	82	12 426	010	59 267	10	66 956	26	452 661	120
85	710 784	880	196 803	202	80 331	78	17 931	012	63 522	08	71 569	24	458 721	128
90	698 844	852	204 404	208	77 042	76	23 437	014	67 776	06	76 181	22	464 785	132
95	686 918	824	212 008	216	73 754	72	28 944	018	72 029	02	80 792	20	470 851	138
0,4200	675 006	796	219 616	222	70 468	68	34 453	020	76 280	**98	85 402	20	476 920	146
05	663 108	768	227 227	232	67 184	66	39 963	024	80 529	96	90 012	16	482 993	150
10	651 224	738	234 843	238	63 901	62	45 475	026	84 777	94	94 620	16	489 068	158
15	639 355	710	242 462	246	60 620	60	50 988	028	89 024	90	99 228	14	495 147	164
20	627 500	684	250 085	254	57 340	54	56 502	032	93 269	86	**03 835	12	501 229	170
25	615 658	654	257 712	262	54 063	54	62 018	036	97 512	84	08 441	12	507 314	176
30	603 831	626	265 343	270	50 786	48	67 536	036	**01 754	80	13 047	08	513 402	182
35	592 018	600	272 978	276	47 512	46	73 054	040	05 994	78	17 651	08	519 493	188
40	580 218	570	280 616	284	44 239	42	78 574	044	10 233	76	22 255	06	525 587	196
45	568 433	544	288 258	292	40 968	40	84 096	046	14 471	70	26 858	04	531 685	200
0,4250	556 661		295 904		37 698		89 619		18 706		31 460		537 785	
	—0,8	**23**	**1,5**	**15**	**0,65**	**–65**	**0,43**	**11**	**0,40**	**84**	**0,41**	**92**	**0,4**	**12**

x	φ	sin x		cos x		tg x		𝔖in x		ℭoſ x		𝔗g x	
	24°	**0,41**	**91**	**0,91**	**−41**	**0,4**	**12**	**0,4**	**10**	**1,09**	**4**	**0,40**	**83**
0,4250	21′ 02,″54	23 208	08	10 387	24	525 832	050	379 103	918	16 801	382	11 343	88
55	22 45,68	27 762	08	08 325	30	531 857	056	384 562	920	18 992	388	15 537	86
60	24 28,81	32 316	06	06 260	36	537 885	062	390 022	922	21 186	392	19 730	84
65	26 11,94	36 869	02	04 192	38	543 916	068	395 483	926	23 382	398	23 922	78
70	27 55,07	41 420	02	02 123	44	549 950	072	400 946	926	25 581	404	28 111	76
75	29 38,20	45 971	*98	00 051	48	555 986	080	406 409	928	27 783	408	32 299	72
80	31 21,34	50 520	98	*97 977	54	562 026	084	411 873	932	29 987	416	36 485	70
85	33 04,47	55 069	94	95 900	56	568 068	088	417 339	934	32 195	420	40 670	66
90	34 47,60	59 616	94	93 822	62	574 112	096	422 806	934	34 405	426	44 853	62
95	36 30,73	64 163	90	91 741	68	580 160	100	428 273	938	36 618	430	49 034	58
0,4300	38 13,87	68 708	88	89 657	70	586 210	106	433 742	940	38 833	436	53 213	56
05	39 57,00	73 252	88	87 572	76	592 263	112	439 212	942	41 051	442	57 391	52
10	41 40,13	77 796	84	85 484	80	598 319	118	444 683	944	43 272	448	61 567	48
15	43 23,26	82 338	82	83 394	84	604 378	122	450 155	948	45 496	452	65 741	46
20	45 06,40	86 879	80	81 302	90	610 439	128	455 629	948	47 722	460	69 914	42
25	46 49,53	91 419	78	79 207	94	616 503	134	461 103	952	49 952	464	74 085	38
30	48 32,66	95 958	76	77 110	98	622 570	140	466 579	952	52 184	468	78 254	36
35	50 15,79	*00 496	74	75 011	*02	628 640	146	472 055	956	54 418	476	82 422	30
40	51 58,93	05 033	72	72 910	08	634 713	150	477 533	958	56 656	480	86 587	30
45	53 42,06	09 569	70	70 806	12	640 788	156	483 012	960	58 896	486	90 752	24
0,4350	55 25,19	14 104	68	68 700	16	646 866	164	488 492	962	61 139	490	94 914	22
55	57 08,32	18 638	66	66 592	20	652 948	166	493 973	964	63 384	498	99 075	18
60	58 51,46	23 171	62	64 482	26	659 031	174	499 455	968	65 633	502	*03 234	14
65	*00 34,59	27 702	62	62 369	30	665 118	180	504 939	968	67 884	508	07 391	12
70	02 17,72	32 233	60	60 254	34	671 208	184	510 423	972	70 138	512	11 547	08
75	04 00,85	36 763	56	58 137	40	677 300	192	515 909	974	72 394	518	15 701	04
80	05 43,99	41 291	56	56 017	42	683 396	196	521 396	976	74 653	526	19 853	00
85	07 27,12	45 819	52	53 896	48	689 494	202	526 884	978	76 916	528	24 003	*98
90	09 10,25	50 345	50	51 772	54	695 595	208	532 373	980	79 180	536	28 152	94
95	10 53,38	54 870	50	49 645	56	701 699	212	537 863	982	81 448	540	32 299	90
0,4400	12 36,51	59 395	46	47 517	62	707 805	220	543 354	984	83 718	546	36 444	88
05	14 19,65	63 918	44	45 386	66	713 915	224	548 846	988	85 991	552	40 588	84
10	16 02,78	68 440	42	43 253	72	720 027	232	554 340	990	88 267	558	44 730	80
15	17 45,91	72 961	40	41 117	74	726 143	236	559 835	992	90 546	562	48 870	78
20	19 29,04	77 481	38	38 980	80	732 261	242	565 331	994	92 827	568	53 009	72
25	21 12,18	82 000	36	36 840	84	738 382	248	570 828	996	95 111	574	57 145	70
30	22 55,31	86 518	34	34 698	90	744 506	254	576 326	998	97 398	578	61 280	68
35	24 38,44	91 035	32	32 553	92	750 633	260	581 825	*000	99 687	586	65 414	62
40	26 21,57	95 551	28	30 407	98	756 763	266	587 325	004	*01 980	590	69 545	60
45	28 04,71	**00 065	28	28 258	**02	762 896	272	592 827	006	04 275	594	73 675	56
0,4450	29 47,84	04 579	24	26 107	08	769 032	276	598 330	006	06 572	602	77 803	54
55	31 30,97	09 091	24	23 953	10	775 170	284	603 833	010	08 873	606	81 930	50
60	33 14,10	13 603	20	21 798	16	781 312	288	609 338	014	11 176	612	86 055	46
65	34 57,24	18 113	18	19 640	22	787 456	296	614 845	014	13 482	618	90 178	42
70	36 40,37	22 622	18	17 479	24	793 604	300	620 352	016	15 791	624	94 299	38
75	38 23,50	27 131	14	15 317	30	799 754	308	625 860	020	18 103	628	98 418	36
80	40 06,63	31 638	12	13 152	34	805 908	312	631 370	022	20 417	634	**02 536	32
85	41 49,77	36 144	10	10 985	38	812 064	318	636 881	024	22 734	640	06 652	30
90	43 32,90	40 649	08	08 816	42	818 223	324	642 393	026	25 054	644	10 767	24
95	45 16,03	45 153	04	06 645	48	824 385	332	647 906	028	27 376	652	14 879	22
0,4500	46′ 59,″16	49 655		04 471		830 551		653 420		29 702		18 990	
	25°	**0,43**	**90**	**0,90**	**−43**	**0,4**	**12**	**0,4**	**11**	**1,10**	**4**	**0,42**	**82**

x	$\ln x$		e^x		e^{-x}		arc sin x		arc tg x		Ar Sin x		Ar Tg x	
	—0,8	**23**	**1,5**	**15**	**0,65**	**−65**	**0,4**	**11**	**0,40**	**84**	**0,41**	**92**	**0,4**	**12**
0,4250	556 661	516	295 904	300	37 698	36	389 619	048	18 706	70	31 460	02	537 785	208
55	544 903	488	303 554	308	34 430	34	395 143	052	22 941	66	36 061	02	543 889	214
60	533 159	460	311 208	314	31 163	28	400 669	054	27 174	62	40 662	*98	549 996	220
65	521 429	432	318 865	324	27 899	26	406 196	058	31 405	58	45 261	98	556 106	228
70	509 713	406	326 527	330	24 636	24	411 725	060	35 634	58	49 860	96	562 220	232
75	498 010	378	334 192	338	21 374	20	417 255	064	39 863	52	54 458	94	568 336	240
80	486 321	352	341 861	346	18 114	16	422 787	066	44 089	50	59 055	92	574 456	246
85	474 645	322	349 534	352	14 856	14	428 320	068	48 314	48	63 651	92	580 579	252
90	462 984	298	357 210	362	11 599	10	433 854	072	52 538	44	68 247	88	586 705	258
95	451 335	268	364 891	368	08 344	06	439 390	076	56 760	42	72 841	88	592 834	266
0,4300	439 701	242	372 575	376	05 091	04	444 928	078	60 981	38	77 435	86	598 967	272
05	428 080	216	380 263	384	01 839	00	450 467	080	65 200	34	82 028	84	605 103	278
10	416 472	188	387 955	392	*98 589	*96	456 007	084	69 417	32	86 620	82	611 242	284
15	404 878	162	395 651	400	95 341	94	461 549	086	73 633	28	91 211	82	617 384	292
20	393 297	134	403 351	408	92 094	90	467 092	090	77 847	26	95 802	78	623 530	296
25	381 730	108	411 055	414	88 849	88	472 637	092	82 060	24	*00 391	78	629 678	306
30	370 176	082	418 762	424	85 605	84	478 183	096	86 272	18	04 980	76	635 831	310
35	358 635	056	426 474	430	82 363	80	483 731	098	90 481	18	09 568	74	641 986	318
40	347 107	028	434 189	438	79 123	78	489 280	102	94 690	12	14 155	72	648 145	324
45	335 593	002	441 908	446	75 884	74	494 831	104	98 896	12	18 741	72	654 307	330
0,4350	324 092	*974	449 631	452	72 647	72	500 383	106	*03 102	06	23 327	68	660 472	338
55	312 605	950	457 357	462	69 411	68	505 936	112	07 305	04	27 911	68	666 641	342
60	301 130	922	465 088	468	66 177	64	511 492	112	11 507	02	32 495	66	672 812	352
65	289 669	896	472 822	478	62 945	62	517 048	116	15 708	*98	37 078	64	678 988	356
70	278 221	870	480 561	484	59 714	58	522 606	120	19 907	94	41 660	62	685 166	364
75	266 786	844	488 303	492	56 485	54	528 166	122	24 104	92	46 241	60	691 348	370
80	255 364	818	496 049	500	53 258	52	533 727	126	28 300	90	50 821	60	697 533	378
85	243 955	792	503 799	508	50 032	48	539 290	128	32 495	86	55 401	58	703 722	384
90	232 559	766	511 553	516	46 808	46	544 854	132	36 688	82	59 980	56	709 914	390
95	221 176	740	519 311	522	43 585	42	550 420	134	40 879	80	64 558	54	716 109	398
0,4400	209 806	716	527 072	532	40 364	38	555 987	136	45 069	76	69 135	52	722 308	404
05	198 448	688	534 838	538	37 145	36	561 555	142	49 257	74	73 711	50	728 510	412
10	187 104	662	542 607	546	33 927	32	567 126	142	53 444	70	78 286	48	734 716	416
15	175 773	638	550 380	554	30 711	30	572 697	148	57 629	66	82 860	48	740 924	426
20	164 454	612	558 157	562	27 496	26	578 271	148	61 812	64	87 434	46	747 137	430
25	153 148	586	565 938	570	24 283	22	583 845	154	65 994	62	92 007	44	753 352	440
30	141 855	560	573 723	578	21 072	20	589 422	156	70 175	58	96 579	42	759 572	444
35	130 575	536	581 512	586	17 862	16	595 000	158	74 354	54	**01 150	40	765 794	452
40	119 307	510	589 305	592	14 654	12	600 579	162	78 531	52	05 720	38	772 020	460
45	108 052	484	597 101	602	11 448	10	606 160	166	82 707	50	10 289	38	778 250	464
0,4450	096 810	460	604 902	608	08 243	08	611 743	168	86 882	44	14 858	36	784 482	474
55	085 580	434	612 706	618	05 039	02	617 327	170	91 054	42	19 426	34	790 719	480
60	074 363	408	620 515	624	01 838	00	622 912	174	95 225	40	23 993	32	796 959	486
65	063 159	384	628 327	632	**98 638	**98	628 499	178	99 395	36	28 559	30	803 202	494
70	051 967	360	636 143	640	95 439	94	634 088	180	**03 563	34	33 124	28	809 449	500
75	040 787	334	643 963	648	92 242	90	639 678	184	07 730	30	37 688	26	815 699	508
80	029 620	308	651 787	656	89 047	88	645 270	188	11 895	26	42 251	26	821 953	514
85	018 466	284	659 615	664	85 853	84	650 864	190	16 058	24	46 814	24	828 210	522
90	007 324	260	667 447	670	82 661	82	656 459	192	20 220	20	51 376	22	834 471	528
95	*996 194	234	675 282	680	79 470	76	662 055	196	24 380	18	55 937	20	840 735	536
0,4500	985 077		683 122		76 282		667 653		28 539		60 497		847 003	
	—0,7	**22**	**1,5**	**15**	**0,63**	**−63**	**0,4**	**11**	**0,42**	**83**	**0,43**	**91**	**0,4**	**12**

x	φ	$\sin x$		$\cos x$		tg x		Sin x		Cof x		Tg x	
	25°	**0,43**	**90**	**0,90**	**−43**	**0,4**	**12**	**0,4**	**11**	**1,10**	**4**	**0,42**	**82**
0,4500	46′ 59,″16	49 655	04	04 471	52	830 551	336	653 420	032	29 702	656	18 990	18
05	48 42,30	54 157	02	02 295	56	836 719	342	658 936	032	32 030	662	23 099	16
10	50 25,43	58 658	*98	00 117	62	842 890	348	664 452	036	34 361	666	27 207	10
15	52 08,56	63 157	98	*97 936	64	849 064	354	669 970	038	36 694	674	31 312	08
20	53 51,69	67 656	94	95 754	70	855 241	362	675 489	040	39 031	678	35 416	04
25	55 34,82	72 153	92	93 569	74	861 422	366	681 009	042	41 370	684	39 518	02
30	57 17,96	76 649	90	91 382	80	867 605	372	686 530	046	43 712	688	43 619	*98
35	59 01,09	81 144	88	89 192	84	873 791	378	692 053	046	46 056	696	47 718	94
40	*00 44,22	85 638	86	87 000	88	879 980	384	697 576	050	48 404	700	51 815	90
45	02 27,35	90 131	84	84 806	92	886 172	392	703 101	052	50 754	706	55 910	86
0,4550	04 10,49	94 623	82	82 610	96	892 368	396	708 627	054	53 107	710	60 003	84
55	05 53,62	99 114	80	80 412	*02	898 566	402	714 154	058	55 462	718	64 095	80
60	07 36,75	*03 604	76	78 211	06	904 767	410	719 683	058	57 821	722	68 185	76
65	09 19,88	08 092	76	76 008	10	910 972	414	725 212	062	60 182	728	72 273	74
70	11 03,02	12 580	72	73 803	14	917 179	420	730 743	064	62 546	734	76 360	70
75	12 46,15	17 066	70	71 596	20	923 389	428	736 275	066	64 913	738	80 445	66
80	14 29,28	21 551	68	69 386	24	929 603	434	741 808	068	67 282	746	84 528	62
85	16 12,41	26 035	66	67 174	28	935 820	438	747 342	070	69 655	750	88 609	58
90	17 55,55	30 518	64	64 960	32	942 039	446	752 877	074	72 030	756	92 688	56
95	19 38,68	35 000	62	62 744	38	948 262	452	758 414	076	74 408	760	96 766	52
0,4600	21 21,81	39 481	60	60 525	42	954 488	458	763 952	078	76 788	768	*00 842	48
05	23 04,94	43 961	56	58 304	46	960 717	464	769 491	080	79 172	772	04 916	46
10	24 48,08	48 439	56	56 081	50	966 949	470	775 031	082	81 558	778	08 989	42
15	26 31,21	52 917	52	53 856	56	973 184	476	780 572	086	83 947	782	13 060	38
20	28 14,34	57 393	50	51 628	60	979 422	482	786 115	088	86 338	790	17 129	34
25	29 57,47	61 868	50	49 398	64	985 663	490	791 659	090	88 733	794	21 196	30
30	31 40,61	66 343	46	47 166	68	991 908	494	797 204	092	91 130	800	25 261	28
35	33 23,74	70 816	44	44 932	74	998 155	502	802 750	094	93 530	806	29 325	24
40	35 06,87	75 288	40	42 695	76	*004 406	506	808 297	098	95 933	810	33 387	20
45	36 50,00	79 758	40	40 457	82	010 659	514	813 846	098	98 338	816	37 447	18
0,4650	38 33,13	84 228	38	38 216	88	016 916	520	819 395	102	*00 746	824	41 506	12
55	40 16,27	88 697	34	35 972	90	023 176	528	824 946	106	03 158	826	45 562	10
60	41 59,40	93 164	32	33 727	96	029 440	532	830 499	106	05 571	834	49 617	06
65	43 42,53	97 630	30	31 479	**00	035 706	538	836 052	110	07 988	838	53 670	04
70	45 25,66	**02 095	30	29 229	04	041 975	546	841 607	110	10 407	846	57 722	00
75	47 08,80	06 560	24	26 977	08	048 248	552	847 162	114	12 830	850	61 772	**94
80	48 51,93	11 022	24	24 723	14	054 524	558	852 719	118	15 255	854	65 819	92
85	50 35,06	15 484	22	22 466	18	060 803	564	858 278	118	17 682	862	69 865	90
90	52 18,19	19 945	18	20 207	22	067 085	570	863 837	122	20 113	866	73 910	84
95	54 01,33	24 404	18	17 946	26	073 370	578	869 398	124	22 546	872	77 952	82
0,4700	55 44,46	28 863	14	15 683	32	079 659	584	874 960	126	24 982	878	81 993	78
05	57 27,59	33 320	12	13 417	34	085 951	590	880 523	128	27 421	884	86 032	74
10	59 10,72	37 776	10	11 150	40	092 246	596	886 087	132	29 863	888	90 069	72
15	**00 53,86	42 231	08	08 880	46	098 544	602	891 653	132	32 307	894	94 105	68
20	02 36,99	46 685	06	06 607	48	104 845	610	897 219	136	34 754	900	98 139	64
25	04 20,12	51 138	02	04 333	54	111 150	616	902 787	140	37 204	906	**02 171	60
30	06 03,25	55 589	02	02 056	58	117 458	622	908 357	140	39 657	912	06 201	56
35	07 46,39	60 040	**98	**99 777	62	123 769	628	913 927	144	42 113	916	10 229	54
40	09 29,52	64 489	96	97 496	66	130 083	634	919 499	146	44 571	922	14 256	50
45	11 12,65	68 937	94	95 213	72	136 400	642	925 072	148	47 032	928	18 281	46
0,4750	12′ 55,″78	73 384		92 927		142 721		930 646		49 496		22 304	
	27°	**0,45**	**88**	**0,88**	**−45**	**0,5**	**12**	**0,4**	**11**	**1,11**	**4**	**0,44**	**80**

x	$\ln x$		e^x		e^{-x}		arc sin x		arc tg x		Ar Sin x		Ar Tg x	
	—0,7	**22**	**1,5**	**15**	**0,63**	**−63**	**0,4**	**11**	**0,42**	**83**	**0,43**	**91**	**0,4**	**12**
0,4500	985 077	210	683 122	686	76 282	76	667 653	200	28 539	14	60 497	18	847 003	542
05	973 972	186	690 965	696	73 094	72	673 253	202	32 696	12	65 056	16	853 274	550
10	962 879	160	698 813	702	69 908	68	678 854	206	36 852	08	69 614	16	859 549	558
15	951 799	136	706 664	710	66 724	64	684 457	210	41 006	06	74 172	12	865 828	564
20	940 731	112	714 519	720	63 542	62	690 062	212	45 159	02	78 728	12	872 110	570
25	929 675	086	722 379	726	60 361	60	695 668	214	49 310	*98	83 284	10	878 395	578
30	918 632	064	730 242	734	57 181	54	701 275	220	53 459	96	87 839	08	884 684	586
35	907 600	038	738 109	742	54 004	54	706 885	222	57 607	92	92 393	06	890 977	592
40	896 581	014	745 980	750	50 827	48	712 496	224	61 753	90	96 946	06	897 273	600
45	885 574	*990	753 855	758	47 653	46	718 108	228	65 898	86	*01 499	02	903 573	608
0,4550	874 579	966	761 734	766	44 480	44	723 722	232	70 041	84	06 050	02	909 877	614
55	863 596	942	769 617	772	41 308	40	729 338	234	74 183	80	10 601	*98	916 184	622
60	852 625	918	777 503	782	38 138	36	734 955	238	78 323	78	15 150	98	922 495	628
65	841 666	894	785 394	790	34 970	34	740 574	242	82 462	74	19 699	96	928 809	636
70	830 719	870	793 289	796	31 803	30	746 195	244	86 599	70	24 247	96	935 127	644
75	819 784	846	801 187	806	28 638	26	751 817	248	90 734	68	28 795	92	941 449	652
80	808 861	822	809 090	814	25 475	24	757 441	250	94 868	64	33 341	90	947 775	658
85	797 950	798	816 997	820	22 313	22	763 066	254	99 000	62	37 886	90	954 104	664
90	787 051	776	824 907	828	19 152	16	768 693	258	*03 131	58	42 431	88	960 436	674
95	776 163	750	832 821	838	15 994	16	774 322	260	07 260	54	46 975	86	966 773	680
0,4600	765 288	728	840 740	844	12 836	10	779 952	264	11 387	52	51 518	84	973 113	688
05	754 424	704	848 662	854	09 681	08	785 584	268	15 513	50	56 060	82	979 457	694
10	743 572	680	856 589	860	06 527	06	791 218	270	19 638	46	60 601	80	985 804	702
15	732 732	656	864 519	868	03 374	02	796 853	274	23 761	42	65 141	78	992 155	710
20	721 904	634	872 453	876	00 223	*98	802 490	276	27 882	40	69 680	78	998 510	718
25	711 087	610	880 391	884	*97 074	96	808 128	282	32 002	36	74 219	76	*004 869	726
30	700 282	586	888 333	894	93 926	92	813 769	282	36 120	32	78 757	74	011 232	732
35	689 489	564	896 280	900	90 780	88	819 410	288	40 236	30	83 294	72	017 598	740
40	678 707	540	904 230	908	87 636	86	825 054	290	44 351	28	87 830	70	023 968	746
45	667 937	516	912 184	916	84 493	84	830 699	294	48 465	24	92 365	68	030 341	756
0,4650	657 179	494	920 142	924	81 351	80	836 346	298	52 577	20	96 899	66	036 719	762
55	646 432	472	928 104	932	78 211	76	841 995	300	56 687	18	**01 432	66	043 100	770
60	635 696	446	936 070	940	75 073	74	847 645	304	60 796	14	05 965	62	049 485	778
65	624 973	426	944 040	948	71 936	70	853 297	306	64 903	10	10 496	62	055 874	786
70	614 260	402	952 014	956	68 801	68	858 950	312	69 008	08	15 027	60	062 267	792
75	603 559	378	959 992	964	65 667	64	864 606	314	73 112	06	19 557	58	068 663	802
80	592 870	356	967 974	972	62 535	60	870 263	316	77 215	02	24 086	56	075 064	808
85	582 192	334	975 960	980	59 405	58	875 921	322	81 316	**98	28 614	56	081 468	816
90	571 525	310	983 950	988	56 276	56	881 582	324	85 415	96	33 142	52	087 876	824
95	560 870	288	991 944	996	53 148	50	887 244	328	89 513	92	37 668	52	094 288	830
0,4700	550 226	266	999 942	*004	50 023	50	892 908	330	93 609	88	42 194	48	100 703	840
05	539 593	242	*007 944	012	46 898	44	898 573	336	97 703	86	46 718	48	107 123	846
10	528 972	220	015 950	020	43 776	42	904 241	336	**01 796	84	51 242	46	113 546	856
15	518 362	198	023 960	028	40 655	40	909 909	342	05 888	80	55 765	44	119 974	862
20	507 763	176	031 974	036	37 535	36	915 580	344	09 978	76	60 287	42	126 405	870
25	497 175	152	039 992	044	34 417	32	921 252	350	14 066	74	64 808	42	132 840	878
30	486 599	130	048 014	052	31 301	30	926 927	350	18 153	70	69 329	38	139 279	886
35	476 034	108	056 040	060	28 186	26	932 602	356	22 238	66	73 848	38	145 722	894
40	465 480	086	064 070	068	25 073	24	938 280	358	26 321	64	78 367	34	152 169	902
45	454 937	064	072 104	076	21 961	20	943 959	362	30 403	60	82 884	34	158 620	910
0,4750	444 405		080 142		18 851		949 640		34 483		87 401		165 075	
	—0,7	**21**	**1,6**	**16**	**0,62**	**−62**	**0,4**	**11**	**0,44**	**81**	**0,45**	**90**	**0,5**	**12**

x	φ	sin x		cos x		tg x		Sin x		Cos x		Tg x	
	27°	0,45	88	0,88	−45	0,5	12	0,4	11	1,11	4	0,44	80
0,4750	12′ 55,″78	73 384	92	92 927	76	142 721	648	930 646	150	49 496	934	22 304	42
55	14 38,92	77 830	90	90 639	80	149 045	654	936 221	154	51 963	938	26 325	38
60	16 22,05	82 275	88	88 349	84	155 372	662	941 798	156	54 432	946	30 344	36
65	18 05,18	86 719	84	86 057	88	161 703	668	947 376	158	56 905	950	34 362	32
70	19 48,31	91 161	82	83 763	94	168 037	674	952 955	160	59 380	956	38 378	28
75	21 31,44	95 602	82	81 466	98	174 374	680	958 535	162	61 858	960	42 392	24
80	23 14,58	*00 043	78	79 167	*02	180 714	688	964 116	166	64 338	968	46 404	22
85	24 57,71	04 482	74	76 866	06	187 058	694	969 699	168	66 822	972	50 415	18
90	26 40,84	08 919	74	74 563	12	193 405	700	975 283	172	69 308	978	54 424	14
95	28 23,97	13 356	72	72 257	16	199 755	706	980 869	172	71 797	984	58 431	10
0,4800	30 07,11	17 792	68	69 949	20	206 108	714	986 455	176	74 289	990	62 436	08
05	31 50,24	22 226	66	67 639	24	212 465	720	992 043	178	76 784	994	66 440	02
10	33 33,37	26 659	64	65 327	28	218 825	728	997 632	180	79 281	*000	70 441	00
15	35 16,50	31 091	62	63 013	34	225 189	734	*003 222	184	81 781	006	74 441	*96
20	36 59,64	35 522	60	60 696	38	231 556	740	008 814	184	84 284	012	78 439	92
25	38 42,77	39 952	58	58 377	42	237 926	746	014 406	188	86 790	018	82 435	90
30	40 25,90	44 381	54	56 056	46	244 299	754	020 000	192	89 299	022	86 430	86
35	42 09,03	48 808	54	53 733	52	250 676	760	025 596	192	91 810	028	90 423	82
40	43 52,17	53 235	50	51 407	56	257 056	768	031 192	196	94 324	034	94 414	78
45	45 35,30	57 660	48	49 079	60	263 440	774	036 790	198	96 841	040	98 403	74
0,4850	47 18,43	62 084	44	46 749	64	269 827	780	042 389	200	99 361	046	*02 390	70
55	49 01,56	66 506	44	44 417	68	276 217	786	047 989	204	*01 884	050	06 375	68
60	50 44,70	70 928	40	42 083	74	282 610	794	053 591	206	04 409	056	10 359	64
65	52 27,83	75 348	40	39 746	76	289 007	802	059 194	208	06 937	062	14 341	60
70	54 10,96	79 768	36	37 408	82	295 408	808	064 798	210	09 468	068	18 321	58
75	55 54,09	84 186	34	35 067	88	301 812	814	070 403	214	12 002	074	22 300	52
80	57 37,23	88 603	32	32 723	90	308 219	820	076 010	216	14 539	078	26 276	50
85	59 20,36	93 019	28	30 378	96	314 629	828	081 618	218	17 078	084	30 251	46
90	*01 03,49	97 433	28	28 030	98	321 043	836	087 227	220	19 620	090	34 224	42
95	02 46,62	**01 847	24	25 681	**04	327 461	840	092 837	224	22 165	096	38 195	38
0,4900	04 29,76	06 259	22	23 329	10	333 881	850	098 449	226	24 713	102	42 164	36
05	06 12,89	10 670	20	20 974	12	340 306	854	104 062	228	27 264	106	46 132	32
10	07 56,02	15 080	18	18 618	18	346 733	862	109 676	232	29 817	112	50 098	28
15	09 39,15	19 489	14	16 259	22	353 164	870	115 292	234	32 373	118	54 062	24
20	11 22,28	23 896	12	13 898	26	359 599	876	120 909	236	34 932	124	58 024	20
25	13 05,42	28 302	12	11 535	30	366 037	882	126 527	238	37 494	130	61 984	16
30	14 48,55	32 708	08	09 170	34	372 478	890	132 146	242	40 059	134	65 942	14
35	16 31,68	37 112	04	06 803	40	378 923	898	137 767	244	42 626	142	69 899	10
40	18 14,81	41 514	04	04 433	44	385 372	904	143 389	246	45 197	146	73 854	06
45	19 57,95	45 916	02	02 061	48	391 824	910	149 012	250	47 770	152	77 807	02
0,4950	21 41,08	50 317	*98	*99 687	52	398 279	918	154 637	250	50 346	156	81 758	00
55	23 24,21	54 716	96	97 311	58	404 738	924	160 262	256	52 924	164	85 708	**96
60	25 07,34	59 114	94	94 932	60	411 200	932	165 890	256	55 506	168	89 656	90
65	26 50,48	63 511	90	92 552	66	417 666	938	171 518	260	58 090	176	93 601	88
70	28 33,61	67 906	90	90 169	70	424 135	946	177 148	262	60 678	178	97 545	86
75	30 16,74	72 301	86	87 784	74	430 608	952	182 779	264	63 267	186	**01 488	80
80	31 59,87	76 694	84	85 397	80	437 084	960	188 411	268	65 860	192	05 428	78
85	33 43,01	81 086	82	83 007	84	443 564	968	194 045	268	68 456	196	09 367	72
90	35 26,14	85 477	80	80 615	86	450 048	972	199 679	274	71 054	204	13 303	70
95	37 09,27	89 867	76	78 222	92	456 534	982	205 316	274	73 656	208	17 238	68
0,5000	38′ 52,″40	94 255		75 826		463 025		210 953		76 260		21 172	
	28°	0,47	87	0,87	−47	0,5	12	0,5	11	1,12	5	0,46	78

x	$\ln x$		e^x		e^{-x}		arc sin x		arc tg x		Ar Sin x		Ar Tg x	
	—0,7	21	**1,6**	16	**0,62**	−62	**0,4**	11	**0,44**	81	**0,4**	90	**0,5**	12
0,4750	444 405	042	080 142	084	18 851	18	949 640	366	34 483	58	587 401	32	165 075	918
55	433 884	020	088 184	092	15 742	14	955 323	370	38 562	54	591 917	30	171 534	926
60	423 374	*996	096 230	100	12 635	12	961 008	372	42 639	52	596 432	28	177 997	932
65	412 876	976	104 280	108	09 529	08	966 694	376	46 715	48	600 946	28	184 463	942
70	402 388	954	112 334	118	06 425	04	972 382	380	50 789	44	605 460	24	190 934	950
75	391 911	932	120 393	124	03 323	02	978 072	382	54 861	42	609 972	24	197 409	958
80	381 445	908	128 455	132	00 222	*98	983 763	388	58 932	38	614 484	20	203 888	964
85	370 991	888	136 521	140	*97 123	96	989 457	390	63 001	36	618 994	20	210 370	974
90	360 547	866	144 591	150	94 025	92	995 152	394	67 069	32	623 504	18	216 857	982
95	350 114	844	152 666	156	90 929	90	*000 849	396	71 135	30	628 013	16	223 348	990
0,4800	339 692	822	160 744	164	87 834	86	006 547	402	75 200	26	632 521	14	229 843	998
05	329 281	802	168 826	174	84 741	84	012 248	404	79 263	22	637 028	14	236 342	*006
10	318 880	780	176 913	180	81 649	80	017 950	408	83 324	20	641 535	10	242 845	014
15	308 490	756	185 003	190	78 559	76	023 654	410	87 384	16	646 040	10	249 352	022
20	298 112	736	193 098	196	75 471	74	029 359	416	91 442	14	650 545	06	255 863	030
25	287 744	716	201 196	206	72 384	72	035 067	418	95 499	10	655 048	06	262 378	038
30	277 386	692	209 299	214	69 298	68	040 776	422	99 554	06	659 551	04	268 897	048
35	267 040	672	217 406	220	66 214	64	046 487	426	*03 607	04	664 053	02	275 421	054
40	256 704	652	225 516	230	63 132	62	052 200	430	07 659	00	668 554	00	281 948	064
45	246 378	628	233 631	238	60 051	58	057 915	434	11 709	*98	673 054	*98	288 480	072
0,4850	236 064	608	241 750	246	56 972	56	063 632	436	15 758	94	677 553	98	295 016	080
55	225 760	586	249 873	254	53 894	52	069 350	440	19 805	90	682 052	94	301 556	088
60	215 467	566	258 000	262	50 818	50	075 070	444	23 850	88	686 549	94	308 100	096
65	205 184	544	266 131	270	47 743	46	080 792	448	27 894	84	691 046	90	314 648	106
70	194 912	524	274 266	278	44 670	42	086 516	452	31 936	82	695 541	90	321 201	112
75	184 650	502	282 405	286	41 599	40	092 242	454	35 977	78	700 036	88	327 757	122
80	174 399	482	290 548	296	38 529	38	097 969	460	40 016	76	704 530	86	334 318	130
85	164 158	460	298 696	302	35 460	34	103 699	462	44 054	70	709 023	84	340 883	138
90	153 928	440	306 847	312	32 393	30	109 430	466	48 089	70	713 515	84	347 452	148
95	143 708	418	315 003	318	29 328	28	115 163	470	52 124	66	718 007	80	354 026	154
0,4900	133 499	398	323 162	328	26 264	24	120 898	472	56 157	62	722 497	80	360 603	164
05	123 300	376	331 326	336	23 202	22	126 634	478	60 188	58	726 987	76	367 185	172
10	113 112	358	339 494	342	20 141	20	132 373	480	64 217	56	731 475	76	373 771	182
15	102 933	334	347 665	352	17 081	14	138 113	484	68 245	54	735 963	74	380 362	190
20	092 766	316	355 841	360	14 024	14	143 855	490	72 272	48	740 450	72	386 957	198
25	082 608	294	364 021	368	10 967	08	149 600	492	76 296	46	744 936	70	393 556	206
30	072 461	274	372 205	376	07 913	08	155 346	494	80 319	44	749 421	68	400 159	216
35	062 324	252	380 393	386	04 859	02	161 093	500	84 341	40	753 905	66	406 767	222
40	052 198	234	388 586	392	01 808	00	166 843	504	88 361	36	758 388	66	413 378	234
45	042 081	212	396 782	400	**98 758	**98	172 595	506	92 379	34	762 871	62	419 995	240
0,4950	031 975	192	404 982	410	95 709	94	178 348	512	96 396	30	767 352	62	426 615	250
55	021 879	170	413 187	418	92 662	92	184 104	514	**00 411	28	771 833	60	433 240	258
60	011 794	152	421 396	424	89 616	88	189 861	518	04 425	24	776 313	56	439 869	268
65	001 718	130	429 608	434	86 572	84	195 620	522	08 437	20	780 791	56	446 503	276
70	*991 653	112	437 825	442	83 530	82	201 381	526	12 447	18	785 269	54	453 141	284
75	981 597	090	446 046	450	80 489	80	207 144	530	16 456	14	789 746	54	459 783	294
80	971 552	070	454 271	458	77 449	76	212 909	534	20 463	12	794 223	50	466 430	302
85	961 517	050	462 500	468	74 411	72	218 676	538	24 469	08	798 698	48	473 081	312
90	951 492	030	470 734	474	71 375	70	224 445	540	28 473	04	803 172	48	479 737	320
95	941 477	010	478 971	484	68 340	66	230 215	546	32 475	02	807 646	44	486 397	328
0,5000	931 472		487 213		65 307		235 988		36 476		812 118		493 061	
	—0,6	20	**1,6**	16	**0,60**	−60	**0,5**	11	**0,46**	80	**0,4**	89	**0,5**	13

x	φ	sin x		cos x		tg x		Sin x		Cof x		Tg x	
	28°	**0,4**	**87**	**0,87**	**−4**	**0,5**	**12**	**0,52**	**11**	**1,12**	**52**	**0,46**	**78**
0,5000	38′ 52,″40	794 255	76	75 826	798	463 025	988	10 953	278	76 260	14	21 172	62
05	40 35,54	798 643	72	73 427	800	469 519	994	16 592	280	78 867	18	25 103	58
10	42 18,67	803 029	70	71 027	806	476 016	*004	22 232	282	81 476	26	29 032	56
15	44 01,80	807 414	66	68 624	808	482 518	008	27 873	286	84 089	30	32 960	52
20	45 44,93	811 797	66	66 220	814	489 022	018	33 516	288	86 704	36	36 886	48
25	47 28,07	816 180	62	63 813	820	495 531	022	39 160	290	89 322	42	40 810	44
30	49 11,20	820 561	60	61 403	822	502 042	032	44 805	294	91 943	48	44 732	42
35	50 54,33	824 941	58	58 992	828	508 558	038	50 452	296	94 567	54	48 653	36
40	52 37,46	829 320	56	56 578	830	515 077	044	56 100	298	97 194	58	52 571	34
45	54 20,59	833 698	52	54 163	836	521 599	054	61 749	302	99 823	64	56 488	30
0,5050	56 03,73	838 074	52	51 745	840	528 126	058	67 400	304	*02 455	72	60 403	26
55	57 46,86	842 450	48	49 325	846	534 655	068	73 052	306	05 091	76	64 316	22
60	59 29,99	846 824	46	46 902	848	541 189	074	78 705	308	07 729	80	68 227	20
65	*01 13,12	851 197	42	44 478	854	547 726	082	84 359	312	10 369	88	72 137	16
70	02 56,26	855 568	42	42 051	858	554 267	088	90 015	314	13 013	92	76 045	10
75	04 39,39	859 939	38	39 622	862	560 811	096	95 672	318	15 659	*00	79 950	08
80	06 22,52	864 308	36	37 191	866	567 359	102	*01 331	320	18 309	04	83 854	04
85	08 05,65	868 676	34	34 758	872	573 910	112	06 991	322	20 961	10	87 756	02
90	09 48,79	873 043	30	32 322	874	580 466	118	12 652	324	23 616	14	91 657	*96
95	11 31,92	877 408	28	29 885	880	587 025	124	18 314	328	26 273	22	95 555	94
0,5100	13 15,05	881 772	28	27 445	884	593 587	132	23 978	330	28 934	26	99 452	90
05	14 58,18	886 136	22	25 003	888	600 153	140	29 643	334	31 597	34	*03 347	86
10	16 41,32	890 497	22	22 559	892	606 723	148	35 310	334	34 264	38	07 240	82
15	18 24,45	894 858	20	20 113	898	613 297	154	40 977	340	36 933	42	11 131	78
20	20 07,58	899 218	16	17 664	902	619 874	162	46 647	340	39 604	50	15 020	76
25	21 50,71	903 576	14	15 213	904	626 455	170	52 317	344	42 279	56	18 908	72
30	23 33,85	907 933	12	12 761	912	633 040	176	57 989	346	44 957	60	22 794	66
35	25 16,98	912 289	08	10 305	914	639 628	184	63 662	350	47 637	66	26 677	64
40	27 00,11	916 643	06	07 848	918	646 220	192	69 337	350	50 320	74	30 559	62
45	28 43,24	920 996	04	05 389	924	652 816	200	75 012	356	53 007	76	34 440	56
0,5150	30 26,38	925 348	02	02 927	928	659 416	206	80 690	356	55 695	84	38 318	52
55	32 09,51	929 699	00	00 463	930	666 019	214	86 368	360	58 387	90	42 194	50
60	33 52,64	934 049	*96	*97 998	938	672 626	222	92 048	362	61 082	94	46 069	46
65	35 35,77	938 397	94	95 529	940	679 237	230	97 729	366	63 779	**02	49 942	42
70	37 18,90	942 744	92	93 059	944	685 852	236	**03 412	368	66 480	06	53 813	38
75	39 02,04	947 090	90	90 587	950	692 470	244	09 096	370	69 183	12	57 682	34
80	40 45,17	951 435	88	88 112	954	699 092	252	14 781	374	71 889	16	61 549	32
85	42 28,30	955 779	84	85 635	958	705 718	260	20 468	374	74 597	24	65 415	26
90	44 11,43	960 121	82	83 156	962	712 348	266	26 155	380	77 309	30	69 278	24
95	45 54,57	964 462	78	80 675	966	718 981	274	31 845	382	80 024	34	73 140	20
0,5200	47 37,70	968 801	78	78 192	972	725 618	282	37 536	384	82 741	40	77 000	16
05	49 20,83	973 140	74	75 706	974	732 259	290	43 228	386	85 461	46	80 858	12
10	51 03,96	977 477	72	73 219	980	738 904	298	48 921	390	88 184	52	84 714	10
15	52 47,10	981 813	70	70 729	984	745 553	304	54 616	392	90 910	58	88 569	04
20	54 30,23	986 148	66	68 237	988	752 205	314	60 312	394	93 639	62	92 421	02
25	56 13,36	990 481	66	65 743	994	758 862	320	66 009	398	96 370	70	96 272	**98
30	57 56,49	994 814	62	63 246	996	765 522	328	71 708	400	99 105	74	**00 121	94
35	59 39,63	999 145	58	60 748	*002	772 186	336	77 408	404	**01 842	80	03 968	90
40	**01 22,76	*003 474	58	58 247	006	778 854	342	83 110	406	04 582	86	07 813	88
45	03 05,89	007 803	54	55 744	010	785 525	352	88 813	408	07 325	92	11 657	82
0,5250	04′ 49,″02	012 130		53 239		792 201		94 517		10 071		15 498	
	30°	**0,5**	**86**	**0,86**	**−5**	**0,5**	**13**	**0,54**	**11**	**1,14**	**54**	**0,48**	**76**

x	$\ln x$	Δ	e^x	Δ	e^{-x}	Δ	arc sin x	Δ	arc tg x	Δ	Ar Sin x	Δ	Ar Tg x	Δ
	—0,6	**19**	**1,6**	**16**	**0,60**	**−60**	**0,5**	**11**	**0,46**	**79**	**0,48**	**89**	**0,5**	**13**
0,5000	931 472	990	487 213	490	65 307	64	235 988	548	36 476	98	12 118	44	493 061	338
05	921 477	970	495 458	500	62 275	62	241 762	554	40 475	96	16 590	42	499 730	348
10	911 492	950	503 708	508	59 244	58	247 539	556	44 473	92	21 061	40	506 404	354
15	901 517	930	511 962	516	56 215	54	253 317	560	48 469	88	25 531	38	513 081	366
20	891 552	912	520 220	524	53 188	52	259 097	564	52 463	86	30 000	36	519 764	374
25	881 596	890	528 482	534	50 162	48	264 879	570	56 456	82	34 468	34	526 451	382
30	871 651	870	536 749	540	47 138	46	270 664	572	60 447	80	38 935	32	533 142	392
35	861 716	852	545 019	550	44 115	42	276 450	576	64 437	76	43 401	32	539 838	400
40	851 790	832	553 294	556	41 094	40	282 238	580	68 425	72	47 867	28	546 538	410
45	841 874	812	561 572	566	38 074	36	288 028	584	72 411	70	52 331	28	553 243	418
0,5050	831 968	792	569 855	574	35 056	34	293 820	588	76 396	66	56 795	26	559 952	428
55	822 072	772	578 142	582	32 039	30	299 614	590	80 379	64	61 258	22	566 666	436
60	812 186	752	586 433	592	29 024	28	305 409	596	84 361	60	65 719	22	573 384	446
65	802 310	734	594 729	598	26 010	24	311 207	600	88 341	56	70 180	20	580 107	456
70	792 443	714	603 028	608	22 998	22	317 007	604	92 319	54	74 640	18	586 835	464
75	782 586	696	611 332	614	19 987	18	322 809	608	96 296	50	79 099	18	593 567	474
80	772 738	674	619 639	624	16 978	16	328 613	612	*00 271	48	83 558	14	600 304	484
85	762 901	656	627 951	632	13 970	12	334 419	614	04 245	44	88 015	12	607 046	492
90	753 073	638	636 267	642	10 964	10	340 226	620	08 217	40	92 471	12	613 792	500
95	743 254	616	644 588	648	07 959	06	346 036	624	12 187	38	96 927	10	620 542	512
0,5100	733 446	600	652 912	656	04 956	04	351 848	628	16 156	34	*01 382	06	627 298	520
05	723 646	578	661 240	666	01 954	00	357 662	630	20 123	30	05 835	06	634 058	528
10	713 857	560	669 573	674	*98 954	*98	363 477	636	24 088	28	10 288	04	640 822	540
15	704 077	540	677 910	682	95 955	94	369 295	640	28 052	26	14 740	02	647 592	548
20	694 307	522	686 251	690	92 958	92	375 115	644	32 015	20	19 191	00	654 366	556
25	684 546	504	694 596	700	89 962	88	380 937	648	35 975	18	23 641	*98	661 144	568
30	674 794	484	702 946	706	86 968	86	386 761	652	39 934	16	28 090	98	667 928	576
35	665 052	464	711 299	716	83 975	82	392 587	656	43 892	12	32 539	94	674 716	586
40	655 320	446	719 657	724	80 984	80	398 415	660	47 848	08	36 986	94	681 509	596
45	645 597	426	728 019	732	77 994	76	404 245	662	51 802	06	41 433	90	688 307	604
0,5150	635 884	408	736 385	740	75 006	74	410 076	670	55 755	02	45 878	90	695 109	614
55	626 180	390	744 755	750	72 019	70	415 911	672	59 706	*98	50 323	88	701 916	624
60	616 485	370	753 130	756	69 034	68	421 747	676	63 655	96	54 767	86	708 728	634
65	606 800	352	761 508	766	66 050	64	427 585	680	67 603	92	59 210	84	715 545	644
70	597 124	332	769 891	774	63 068	62	433 425	684	71 549	90	63 652	82	722 367	652
75	587 458	316	778 278	784	60 087	58	439 267	690	75 494	86	68 093	80	729 193	662
80	577 800	294	786 670	790	57 108	56	445 112	692	79 437	82	72 533	78	736 024	672
85	568 153	278	795 065	800	54 130	52	450 958	696	83 378	80	76 972	76	742 860	682
90	558 514	258	803 465	806	51 154	50	456 806	702	87 318	76	81 410	76	749 701	692
95	548 885	240	811 868	816	48 179	48	462 657	706	91 256	74	85 848	72	756 547	702
0,5200	539 265	222	820 276	826	45 205	42	468 510	708	95 193	70	90 284	72	763 398	710
05	529 654	204	828 689	832	42 234	42	474 364	714	99 128	66	94 720	70	770 253	720
10	520 052	184	837 105	842	39 263	38	480 221	718	**03 061	64	99 155	68	777 113	732
15	510 460	166	845 526	850	36 294	34	486 080	722	06 993	60	**03 589	66	783 979	740
20	500 877	148	853 951	858	33 327	32	491 941	726	10 923	58	08 022	64	790 849	750
25	491 303	130	862 380	866	30 361	28	497 804	730	14 852	54	12 454	62	797 724	760
30	481 738	112	870 813	876	27 397	26	503 669	734	18 779	50	16 885	60	804 604	770
35	472 182	092	879 251	882	24 434	24	509 536	740	22 704	46	21 315	58	811 489	780
40	462 636	074	887 692	892	21 472	20	515 406	742	26 627	46	25 744	56	818 379	790
45	453 099	058	896 138	900	18 512	16	521 277	748	30 550	40	30 172	56	825 274	800
0,5250	443 570		904 588		15 554		527 151		34 470		34 600		832 174	
	—0,6	**19**	**1,6**	**16**	**0,59**	**−59**	**0,5**	**11**	**0,48**	**78**	**0,50**	**88**	**0,5**	**13**

x	φ	sin x		cos x		tg x		Sin x		Cos x		Tg x	
	30°	**0,50**	**86**	**0,86**	**−50**	**0,5**	**13**	**0,5**	**11**	**1,14**	**5**	**0,48**	**76**
0,5250	04′ 49,″02	12 130	52	53 239	14	792 201	358	494 517	412	10 071	498	15 498	80
55	06 32,16	16 456	50	50 732	18	798 880	368	500 223	414	12 820	502	19 338	74
60	08 15,29	20 781	46	48 223	24	805 564	374	505 930	418	15 571	510	23 175	72
65	09 58,42	25 104	44	45 711	26	812 251	382	511 639	420	18 326	514	27 011	68
70	11 41,55	29 426	42	43 198	32	818 942	390	517 349	422	21 083	520	30 845	66
75	13 24,69	33 747	40	40 682	36	825 637	398	523 060	424	23 843	526	34 678	60
80	15 07,82	38 067	38	38 164	40	832 336	404	528 772	428	26 606	532	38 508	56
85	16 50,95	42 386	34	35 644	44	839 038	414	534 486	432	29 372	536	42 336	54
90	18 34,08	46 703	32	33 122	50	845 745	422	540 202	434	32 140	544	46 163	50
95	20 17,21	51 019	28	30 597	52	852 456	428	545 919	436	34 912	548	49 988	46
0,5300	22 00,35	55 333	28	28 071	58	859 170	438	551 637	438	37 686	556	53 811	42
05	23 43,48	59 647	24	25 542	62	865 889	444	557 356	442	40 464	560	57 632	38
10	25 26,61	63 959	22	23 011	66	872 611	452	563 077	444	43 244	566	61 451	36
15	27 09,74	68 270	18	20 478	70	879 337	462	568 799	448	46 027	572	65 269	30
20	28 52,88	72 579	18	17 943	76	886 068	468	574 523	450	48 813	576	69 084	28
25	30 36,01	76 888	14	15 405	78	892 802	476	580 248	454	51 601	584	72 898	24
30	32 19,14	81 195	12	12 866	84	899 540	484	585 975	456	54 393	588	76 710	20
35	34 02,27	85 501	08	10 324	88	906 282	494	591 703	458	57 187	594	80 520	16
40	35 45,41	89 805	06	07 780	92	913 029	500	597 432	462	59 984	602	84 328	12
45	37 28,54	94 108	04	05 234	96	919 779	508	603 163	464	62 785	606	88 134	08
0,5350	39 11,67	98 410	02	02 686	*00	926 533	516	608 895	466	65 588	612	91 938	06
55	40 54,80	*02 711	00	00 136	04	933 291	524	614 628	470	68 394	616	95 741	00
60	42 37,94	07 011	*96	*97 584	10	940 053	534	620 363	472	71 202	624	99 541	*98
65	44 21,07	11 309	94	95 029	14	946 820	540	626 099	476	74 014	628	*03 340	94
70	46 04,20	15 606	90	92 472	18	953 590	548	631 837	478	76 828	636	07 137	90
75	47 47,33	19 901	88	89 913	22	960 364	556	637 576	482	79 646	640	10 932	86
80	49 30,47	24 195	88	87 352	26	967 142	566	643 317	484	82 466	646	14 725	84
85	51 13,60	28 489	82	84 789	30	973 925	572	649 059	486	85 289	652	18 517	78
90	52 56,73	32 780	82	82 224	36	980 711	582	654 802	490	88 115	658	22 306	76
95	54 39,86	37 071	78	79 656	38	987 502	588	660 547	492	90 944	664	26 094	72
0,5400	56 23,00	41 360	76	77 087	44	994 296	598	666 293	496	93 776	668	29 880	68
05	58 06,13	45 648	72	74 515	48	*001 095	606	672 041	498	96 610	676	33 664	64
10	59 49,26	49 934	72	71 941	52	007 898	612	677 790	500	99 448	680	37 446	60
15	*01 32,39	54 220	68	69 365	56	014 704	622	683 540	504	*02 288	686	41 226	56
20	03 15,52	58 504	66	66 787	60	021 515	630	689 292	506	05 131	692	45 004	52
25	04 58,66	62 787	62	64 207	66	028 330	638	695 045	510	07 977	698	48 780	50
30	06 41,79	67 068	60	61 624	68	035 149	648	700 800	512	10 826	704	52 555	46
35	08 24,92	71 348	58	59 040	74	041 973	654	706 556	516	13 678	710	56 328	40
40	10 08,05	75 627	56	56 453	78	048 800	662	712 314	518	16 533	714	60 098	38
45	11 51,19	79 905	52	53 864	82	055 631	672	718 073	520	19 390	722	63 867	34
0,5450	13 34,32	84 181	50	51 273	86	062 467	680	723 833	524	22 251	726	67 634	32
55	15 17,45	88 456	48	48 680	92	069 307	688	729 595	526	25 114	732	71 400	26
60	17 00,58	92 730	44	46 084	94	076 151	696	735 358	530	27 980	740	75 163	22
65	18 43,72	97 002	42	43 487	**00	082 999	704	741 123	532	30 850	744	78 924	20
70	20 26,85	**01 273	40	40 887	02	089 851	712	746 889	536	33 722	748	82 684	16
75	22 09,98	05 543	36	38 286	08	096 707	722	752 657	538	36 596	756	86 442	12
80	23 53,11	09 811	36	35 682	12	103 568	730	758 426	540	39 474	762	90 198	06
85	25 36,25	14 079	30	33 076	16	110 433	738	764 196	544	42 355	766	93 951	06
90	27 19,38	18 344	30	30 468	20	117 302	746	769 968	546	45 238	774	97 704	00
95	29 02,51	22 609	26	27 858	26	124 175	754	775 741	550	48 125	778	**01 454	**96
0,5500	30′ 45,″64	26 872		25 245		131 052		781 516		51 014		05 202	
	31°	**0,52**	**85**	**0,85**	**−52**	**0,6**	**13**	**0,5**	**11**	**1,15**	**5**	**0,50**	**74**

x	$\ln x$		e^x		e^{-x}		arc sin x		arc tg x		Ar Sin x		Ar Tg x	
	—0,6	19	**1,6**	16	**0,59**	—59	**0,5**	11	**0,48**	78	**0,50**	88	**0,5**	13
0,5250	443 570	038	904 588	910	15 554	14	527 151	752	34 470	38	34 600	52	832 174	810
55	434 051	020	913 043	918	12 597	12	533 027	756	38 389	34	39 026	52	839 079	820
60	424 541	004	921 502	924	09 641	08	538 905	760	42 306	32	43 452	50	845 989	830
65	415 039	*984	929 964	934	06 687	06	544 785	764	46 222	28	47 877	48	852 904	842
70	405 547	966	938 431	944	03 734	02	550 667	770	50 136	24	52 301	44	859 825	850
75	396 064	948	946 903	950	00 783	*98	556 552	772	54 048	22	56 723	44	866 750	860
80	386 590	930	955 378	960	*97 834	98	562 438	778	57 959	18	61 145	42	873 680	870
85	377 125	914	963 858	968	94 885	92	568 327	782	61 868	16	65 566	42	880 615	882
90	367 668	894	972 342	978	91 939	92	574 218	784	65 776	10	69 987	38	887 556	890
95	358 221	876	980 831	984	88 993	86	580 110	792	69 681	10	74 406	36	894 501	902
0,5300	348 783	860	989 323	994	86 050	86	586 006	794	73 586	04	78 824	36	901 452	910
05	339 353	840	997 820	*002	83 107	80	591 903	798	77 488	04	83 242	32	908 407	922
10	329 933	824	*006 321	010	80 167	80	597 802	804	81 390	*98	87 658	32	915 368	932
15	320 521	806	014 826	020	77 227	76	603 704	808	85 289	96	92 074	28	922 334	942
20	311 118	788	023 336	028	74 289	72	609 608	812	89 187	92	96 488	28	929 305	954
25	301 724	770	031 850	036	71 353	70	615 514	816	93 083	90	*00 902	26	936 282	962
30	292 339	754	040 368	044	68 418	66	621 422	822	96 978	86	05 315	24	943 263	974
35	282 962	736	048 890	052	65 485	64	627 333	826	*00 871	82	09 727	22	950 250	984
40	273 594	718	057 416	062	62 553	62	633 246	828	04 762	80	14 138	20	957 242	994
45	264 235	700	065 947	070	59 622	58	639 160	834	08 652	76	18 548	18	964 239	*004
0,5350	254 885	682	074 482	080	56 693	56	645 077	840	12 540	74	22 957	16	971 241	016
55	245 544	666	083 022	086	53 765	52	650 997	842	16 427	70	27 365	16	978 249	026
60	236 211	648	091 565	096	50 839	50	656 918	848	20 312	66	31 773	12	985 262	036
65	226 887	630	100 113	106	47 914	46	662 842	852	24 195	64	36 179	12	992 280	046
70	217 572	614	108 666	112	44 991	44	668 768	856	28 077	60	40 585	08	999 303	058
75	208 265	596	117 222	122	42 069	40	674 696	862	31 957	56	44 989	08	*006 332	068
80	198 967	578	125 783	130	39 149	38	680 627	864	35 835	54	49 393	06	013 366	080
85	189 678	562	134 348	138	36 230	34	686 559	870	39 712	50	53 796	02	020 406	088
90	180 397	544	142 917	148	33 313	32	692 494	876	43 587	48	58 197	02	027 450	102
95	171 125	528	151 491	156	30 397	28	698 432	878	47 461	44	62 598	00	034 501	110
0,5400	161 861	510	160 069	164	27 483	26	704 371	884	51 333	40	66 998	*98	041 556	122
05	152 606	492	168 651	172	24 570	24	710 313	888	55 203	38	71 397	96	048 617	132
10	143 360	476	177 237	182	21 658	20	716 257	892	59 072	34	75 795	96	055 683	144
15	134 122	458	185 828	190	18 748	18	722 203	898	62 939	30	80 193	92	062 755	154
20	124 893	442	194 423	198	15 839	14	728 152	902	66 804	28	84 589	90	069 832	164
25	115 672	424	203 022	208	12 932	12	734 103	906	70 668	26	88 984	90	076 914	176
30	106 460	408	211 626	216	10 026	08	740 056	910	74 531	20	93 379	86	084 002	188
35	097 256	392	220 234	224	07 122	06	746 011	916	78 391	18	97 772	86	091 096	198
40	088 060	374	228 846	234	04 219	02	751 969	920	82 250	16	**02 165	84	098 195	208
45	078 873	356	237 463	242	01 318	00	757 929	924	86 108	10	06 557	80	105 299	220
0,5450	069 695	340	246 084	250	**98 418	**98	763 891	930	89 963	10	10 947	80	112 409	230
55	060 525	324	254 709	260	95 519	94	769 856	934	93 818	04	15 337	78	119 524	242
60	051 363	306	263 339	266	92 622	90	775 823	938	97 670	02	19 726	76	126 645	254
65	042 210	290	271 972	278	89 727	88	781 792	944	**01 521	**98	24 114	74	133 772	264
70	033 065	274	280 611	284	86 833	86	787 764	948	05 370	96	28 501	74	140 904	274
75	023 928	256	289 253	294	83 940	82	793 738	952	09 218	92	32 888	70	148 041	286
80	014 800	240	297 900	302	81 049	80	799 714	956	13 064	90	37 273	68	155 184	298
85	005 680	224	306 551	310	78 159	78	805 692	962	16 909	84	41 657	66	162 333	310
90	*996 568	206	315 206	320	75 270	72	811 673	968	20 751	84	46 040	66	169 488	320
95	987 465	190	323 866	328	72 384	72	817 657	970	24 593	78	50 423	62	176 648	330
0,5500	978 370		332 530		69 498		823 642		28 432		54 804		183 813	
	—0,5	18	**1,7**	17	**0,57**	—57	**0,5**	11	**0,50**	76	**0,52**	87	**0,6**	14

x	φ	sin x		cos x		tg x		Sin x		Cos x		Tg x	
	31°	**0,52**	**85**	**0,85**	**−52**	**0,6**	**13**	**0,5**	**11**	**1,15**	**5**	**0,50**	**74**
0,5500	30′ 45″,64	26 872	24	25 245	28	131 052	764	781 516	552	51 014	784	05 202	94
05	32 28,78	31 134	22	22 631	34	137 934	772	787 292	556	53 906	790	08 949	88
10	34 11,91	35 395	18	20 014	38	144 820	780	793 070	558	56 801	796	12 693	86
15	35 55,04	39 654	16	17 395	42	151 710	788	798 849	562	59 699	802	16 436	82
20	37 38,17	43 912	14	14 774	46	158 604	796	804 630	564	62 600	808	20 177	78
25	39 21,31	48 169	10	12 151	50	165 502	806	810 412	566	65 504	814	23 916	74
30	41 04,44	52 424	10	09 526	54	172 405	814	816 195	570	68 411	818	27 653	70
35	42 47,57	56 679	04	06 899	58	179 312	824	821 980	572	71 320	826	31 388	66
40	44 30,70	60 931	04	04 270	64	186 224	830	827 766	576	74 233	830	35 121	64
45	46 13,84	65 183	00	01 638	68	193 139	840	833 554	580	77 148	836	38 853	58
0,5550	47 56,97	69 433	*98	*99 004	70	200 059	848	839 344	580	80 066	842	42 582	56
55	49 40,10	73 682	94	96 369	76	206 983	858	845 134	586	82 987	848	46 310	52
60	51 23,23	77 929	94	93 731	80	213 912	866	850 927	586	85 911	854	50 036	48
65	53 06,36	82 176	88	91 091	84	220 845	874	856 720	590	88 838	860	53 760	44
70	54 49,50	86 420	88	88 449	90	227 782	882	862 515	594	91 768	866	57 482	40
75	56 32,63	90 664	84	85 804	92	234 723	892	868 312	596	94 701	870	61 202	36
80	58 15,76	94 906	82	83 158	98	241 669	900	874 110	600	97 636	878	64 920	32
85	59 58,89	99 147	80	80 509	*00	248 619	908	879 910	602	*00 575	882	68 636	30
90	*01 42,03	*03 387	76	77 859	06	255 573	918	885 711	604	03 516	890	72 351	26
95	03 25,16	07 625	74	75 206	10	262 532	926	891 513	608	06 461	894	76 064	20
0,5600	05 08,29	11 862	72	72 551	14	269 495	936	897 317	612	09 408	900	79 774	18
05	06 51,42	16 098	68	69 894	18	276 463	944	903 123	614	12 358	906	83 483	14
10	08 34,56	20 332	66	67 235	22	283 435	952	908 930	616	15 311	912	87 190	10
15	10 17,69	24 565	62	64 574	28	290 411	962	914 738	620	18 267	918	90 895	06
20	12 00,82	28 796	62	61 910	30	297 392	970	920 548	622	21 226	922	94 598	04
25	13 43,95	33 027	58	59 245	36	304 377	978	926 359	626	24 187	930	98 300	*98
30	15 27,09	37 256	54	56 577	38	311 366	988	932 172	628	27 152	936	*01 999	96
35	17 10,22	41 483	54	53 908	44	318 360	996	937 986	632	30 120	940	05 697	90
40	18 53,35	45 710	50	51 236	48	325 358	*006	943 802	634	33 090	946	09 392	88
45	20 36,48	49 935	46	48 562	52	332 361	014	949 619	638	36 063	954	13 086	84
0,5650	22 19,62	54 158	44	45 886	56	339 368	024	955 438	640	39 040	958	16 778	80
55	24 02,75	58 380	42	43 208	60	346 380	032	961 258	644	42 019	964	20 468	76
60	25 45,88	62 601	40	40 528	66	353 396	040	967 080	646	45 001	970	24 156	72
65	27 29,01	66 821	36	37 845	68	360 416	050	972 903	650	47 986	976	27 842	70
70	29 12,15	71 039	34	35 161	74	367 441	060	978 728	652	50 974	982	31 527	64
75	30 55,28	75 256	32	32 474	76	374 471	068	984 554	656	53 965	986	35 209	62
80	32 38,41	79 472	28	29 786	82	381 505	076	990 382	658	56 958	994	38 890	56
85	34 21,54	83 686	26	27 095	86	388 543	086	996 211	662	59 955	*000	42 568	54
90	36 04,67	87 899	22	24 402	90	395 586	096	*002 042	664	62 955	004	46 245	50
95	37 47,81	92 110	20	21 707	94	402 634	104	007 874	668	65 957	010	49 920	46
0,5700	39 30,94	96 320	18	19 010	98	409 686	112	013 708	670	68 962	018	53 593	42
05	41 14,07	**00 529	16	16 311	**04	416 742	122	019 543	674	71 971	022	57 264	38
10	42 57,20	04 737	12	13 609	06	423 803	132	025 380	676	74 982	028	60 933	34
15	44 40,34	08 943	10	10 906	12	430 869	140	031 218	680	77 996	034	64 600	32
20	46 23,47	13 148	06	08 200	14	437 939	148	037 058	682	81 013	040	68 266	26
25	48 06,60	17 351	04	05 493	20	445 013	158	042 899	686	84 033	046	71 929	24
30	49 49,73	21 553	02	02 783	24	452 092	168	048 742	688	87 056	052	75 591	20
35	51 32,87	25 754	**98	00 071	28	459 176	178	054 586	692	90 082	058	79 251	14
40	53 16,00	29 953	96	**97 357	32	466 265	184	060 432	694	93 111	062	82 908	12
45	54 59,13	34 151	94	94 641	36	473 357	196	066 279	698	96 142	070	86 564	08
0,5750	56′ 42″,26	38 348		91 923		480 455		072 128		99 177		90 218	
	32°	**0,54**	**83**	**0,83**	**−54**	**0,6**	**14**	**0,6**	**11**	**1,16**	**6**	**0,51**	**73**

x	$\ln x$		e^x		e^{-x}		arc sin x		arc tg x		Ar Sin x		Ar Tg x	
	—0,5	**18**	**1,7**	**17**	**0,57**	**−57**	**0,5**	**11**	**0,50**	**76**	**0,52**	**87**	**0,6**	**14**
0,5500	978 370	174	332 530	338	69 498	68	823 642	976	28 432	76	54 804	62	183 813	342
05	969 283	156	341 199	344	66 614	66	829 630	982	32 270	72	59 185	60	190 984	354
10	960 205	142	349 871	354	63 731	62	835 621	986	36 106	70	63 565	58	198 161	366
15	951 134	124	358 548	364	60 850	58	841 614	990	39 941	66	67 944	54	205 344	376
20	942 072	108	367 230	372	57 971	58	847 609	994	43 774	64	72 321	54	212 532	388
25	933 018	090	375 916	380	55 092	52	853 606	*000	47 606	60	76 698	52	219 726	400
30	923 973	076	384 606	388	52 216	52	859 606	004	51 436	56	81 074	50	226 926	412
35	914 935	058	393 300	398	49 340	48	865 608	010	55 264	52	85 449	48	234 132	422
40	905 906	042	401 999	406	46 466	44	871 613	014	59 090	50	89 823	48	241 343	434
45	896 885	026	410 702	416	43 594	42	877 620	020	62 915	48	94 197	44	248 560	446
0,5550	887 872	010	419 410	424	40 723	40	883 630	024	66 739	44	98 569	42	255 783	456
55	878 867	*994	428 122	432	37 853	36	889 642	028	70 561	40	*02 940	42	263 011	470
60	869 870	978	436 838	442	34 985	34	895 656	034	74 381	36	07 311	38	270 246	480
65	860 881	962	445 559	450	32 118	30	901 673	038	78 199	34	11 680	38	277 486	492
70	851 900	944	454 284	458	29 253	28	907 692	042	82 016	30	16 049	34	284 732	504
75	842 928	930	463 013	468	26 389	26	913 713	048	85 831	28	20 416	34	291 984	516
80	833 963	912	471 747	476	23 526	22	919 737	054	89 645	24	24 783	32	299 242	526
85	825 007	898	480 485	484	20 665	18	925 764	058	93 457	20	29 149	30	306 505	540
90	816 058	880	489 227	494	17 806	18	931 793	062	97 267	18	33 514	28	313 775	550
95	807 118	866	497 974	502	14 947	12	937 824	068	*01 076	14	37 878	26	321 050	564
0,5600	798 185	850	506 725	512	12 091	12	943 858	072	04 883	12	42 241	24	328 332	574
05	789 260	832	515 481	518	09 235	08	949 894	078	08 689	08	46 603	22	335 619	588
10	780 344	818	524 240	530	06 381	04	955 933	082	12 493	04	50 964	20	342 913	598
15	771 435	802	533 005	536	03 529	02	961 974	088	16 295	02	55 324	18	350 212	610
20	762 534	786	541 773	548	00 678	00	968 018	092	20 096	*98	59 683	18	357 517	622
25	753 641	768	550 547	554	*97 828	*96	974 064	098	23 895	94	64 042	14	364 828	636
30	744 757	756	559 324	564	94 980	94	980 113	102	27 692	92	68 399	14	372 146	646
35	735 879	738	568 106	572	92 133	90	986 164	108	31 488	88	72 756	10	379 469	658
40	727 010	722	576 892	582	89 288	88	992 218	112	35 282	84	77 111	10	386 798	672
45	718 149	708	585 683	590	86 444	86	998 274	118	39 074	82	81 466	08	394 134	682
0,5650	709 295	690	594 478	598	83 601	82	*004 333	122	42 865	80	85 820	04	401 475	696
55	700 450	676	603 277	608	80 760	78	010 394	126	46 655	74	90 172	04	408 823	708
60	691 612	660	612 081	616	77 921	78	016 457	134	50 442	72	94 524	02	416 177	720
65	682 782	644	620 889	626	75 082	72	022 524	136	54 228	70	98 875	00	423 537	732
70	673 960	630	629 702	634	72 246	72	028 592	144	58 013	66	**03 225	*98	430 903	744
75	665 145	612	638 519	644	69 410	68	034 664	148	61 796	62	07 574	96	438 275	756
80	656 339	598	647 341	650	66 576	64	040 738	152	65 577	58	11 922	94	445 653	770
85	647 540	584	656 166	662	63 744	64	046 814	158	69 356	56	16 269	92	453 038	780
90	638 748	566	664 997	668	60 912	58	052 893	162	73 134	54	20 615	92	460 428	794
95	629 965	552	673 831	680	58 083	58	058 974	170	76 911	48	24 961	88	467 825	806
0,5700	621 189	536	682 671	686	55 254	54	065 059	172	80 685	46	29 305	86	475 228	820
05	612 421	520	691 514	696	52 427	50	071 145	178	84 458	44	33 648	86	482 638	832
10	603 661	506	700 362	704	49 602	48	077 234	184	88 230	40	37 991	84	490 054	844
15	594 908	490	709 214	714	46 778	46	083 326	190	92 000	36	42 333	80	497 476	856
20	586 163	476	718 071	722	43 955	42	089 421	194	95 768	32	46 673	80	504 904	870
25	577 425	458	726 932	732	41 134	40	095 518	198	99 534	30	51 013	78	512 339	880
30	568 696	446	735 798	740	38 314	36	101 617	204	**03 299	28	55 352	74	519 779	896
35	559 973	428	744 668	750	35 496	34	107 719	210	07 063	22	59 689	74	527 227	906
40	551 259	414	753 543	758	32 679	32	113 824	214	10 824	20	64 026	72	534 680	920
45	542 552	400	762 422	766	29 863	28	119 931	220	14 584	18	68 362	70	542 140	934
0,5750	533 852		771 305		27 049		126 041		18 343		72 697		549 607	
	—0,5	**17**	**1,7**	**17**	**0,56**	**−56**	**0,6**	**12**	**0,52**	**75**	**0,54**	**86**	**0,6**	**14**

x	φ	sin x		cos x		tg x		Sin x		Cos x		Tg x	
	32°	**0,54**	**83**	**0,83**	**−54**	**0,6**	**14**	**0,6**	**11**	**1,16**	**6**	**0,51**	**73**
0,5750	56′ 42,″26	38 348	90	91 923	40	480 455	204	072 128	702	99 177	076	90 218	04
55	58 25,40	42 543	88	89 203	46	487 557	214	077 979	704	*02 215	080	93 870	02
60	*00 08,53	46 737	86	86 480	48	494 664	222	083 831	706	05 255	086	97 521	*96
65	01 51,66	50 930	82	83 756	52	501 775	232	089 684	710	08 298	094	*01 169	92
70	03 34,79	55 121	80	81 030	58	508 891	242	095 539	712	11 345	098	04 815	90
75	05 17,93	59 311	76	78 301	62	516 012	250	101 395	716	14 394	104	08 460	86
80	07 01,06	63 499	74	75 570	66	523 137	260	107 253	720	17 446	110	12 103	80
85	08 44,19	67 686	72	72 837	68	530 267	268	113 113	722	20 501	116	15 743	78
90	10 27,32	71 872	68	70 103	74	537 401	280	118 974	724	23 559	122	19 382	74
95	12 10,46	76 056	66	67 366	80	544 541	286	124 836	728	26 620	128	23 019	70
0,5800	13 53,59	80 239	64	64 626	82	551 684	298	130 700	732	29 684	134	26 654	66
05	15 36,72	84 421	60	61 885	86	558 833	306	136 566	734	32 751	140	30 287	64
10	17 19,85	88 601	58	59 142	90	565 986	316	142 433	738	35 821	144	33 919	58
15	19 02,98	92 780	56	56 397	96	573 144	326	148 302	740	38 893	152	37 548	56
20	20 46,12	96 958	52	53 649	98	580 307	334	154 172	744	41 969	156	41 176	50
25	22 29,25	*01 134	50	50 900	*04	587 474	344	160 044	746	45 047	164	44 801	48
30	24 12,38	05 309	46	48 148	08	594 646	354	165 917	750	48 129	168	48 425	42
35	25 55,51	09 482	44	45 394	10	601 823	364	171 792	752	51 213	176	52 046	40
40	27 38,65	13 654	42	42 639	16	609 005	372	177 668	756	54 301	180	55 666	36
45	29 21,78	17 825	38	39 881	20	616 191	382	183 546	760	57 391	186	59 284	32
0,5850	31 04,91	21 994	36	37 121	24	623 382	392	189 426	762	60 484	192	62 900	28
55	32 48,04	26 162	32	34 359	28	630 578	402	195 307	764	63 580	200	66 514	26
60	34 31,18	30 328	30	31 595	34	637 779	410	201 189	768	66 680	204	70 127	20
65	36 14,31	34 493	28	28 828	36	644 984	420	207 073	772	69 782	210	73 737	16
70	37 57,44	38 657	24	26 060	40	652 194	430	212 959	774	72 887	216	77 345	14
75	39 40,57	42 819	22	23 290	46	659 409	440	218 846	778	75 995	220	80 952	10
80	41 23,71	46 980	20	20 517	48	666 629	450	224 735	780	79 105	228	84 557	04
85	43 06,84	51 140	16	17 743	54	673 854	458	230 625	784	82 219	234	88 159	02
90	44 49,97	55 298	14	14 966	56	681 083	468	236 517	788	85 336	240	91 760	**98
95	46 33,10	59 455	10	12 188	62	688 317	478	242 411	790	88 456	246	95 359	94
0,5900	48 16,24	63 610	08	09 407	66	695 556	488	248 306	792	91 579	250	98 956	90
05	49 59,37	67 764	06	06 624	70	702 800	498	254 202	796	94 704	258	**02 551	86
10	51 42,50	71 917	02	03 839	74	710 049	508	260 100	800	97 833	262	06 144	84
15	53 25,63	76 068	00	01 052	78	717 303	516	266 000	802	**00 964	270	09 736	78
20	55 08,77	80 218	*96	*98 263	82	724 561	528	271 901	806	04 099	274	13 325	76
25	56 51,90	84 366	94	95 472	86	731 825	536	277 804	810	07 236	282	16 913	70
30	58 35,03	88 513	92	92 679	92	739 093	546	283 709	812	10 377	286	20 498	68
35	**00 18,16	92 659	88	89 883	94	746 366	558	289 615	814	13 520	292	24 082	64
40	02 01,29	96 803	86	87 086	**00	753 645	566	295 522	818	16 666	298	27 664	58
45	03 44,43	**00 946	84	84 286	02	760 928	576	301 431	822	19 815	306	31 243	56
0,5950	05 27,56	05 088	80	81 485	08	768 216	584	307 342	824	22 968	310	34 821	52
55	07 10,69	09 228	76	78 681	10	775 508	596	313 254	828	26 123	316	38 397	48
60	08 53,82	13 366	74	75 876	16	782 806	606	319 168	830	29 281	322	41 971	46
65	10 36,96	17 503	72	73 068	20	790 109	616	325 083	834	32 442	328	45 544	40
70	12 20,09	21 639	70	70 258	24	797 417	626	331 000	838	35 606	334	49 114	36
75	14 03,22	25 774	66	67 446	28	804 730	634	336 919	840	38 773	340	52 682	34
80	15 46,35	29 907	62	64 632	32	812 047	646	342 839	844	41 943	346	56 249	28
85	17 29,49	34 038	62	61 816	36	819 370	656	348 761	846	45 116	352	59 813	26
90	19 12,62	38 169	56	58 998	40	826 698	664	354 684	850	48 292	356	63 376	22
95	20 55,75	42 297	56	56 178	44	834 030	676	360 609	854	51 470	364	66 937	18
0,6000	22′38,″88	46 425		53 356		841 368		366 536		54 652		70 496	
	34°	**0,56**	**82**	**0,82**	**−56**	**0,6**	**14**	**0,6**	**11**	**1,18**	**6**	**0,53**	**71**

x	ln x		e^x		e^{-x}		arc sin x		arc tg x		Ar Sin x		Ar Tg x	
	—0,5	17	**1,7**	17	**0,56**	–56	**0,6**	12	**0,52**	75	**0,54**	86	**0,6**	14
0,5750	533 852	382	771 305	776	27 049	26	126 041	226	18 343	14	72 697	68	549 607	946
55	525 161	370	780 193	784	24 236	24	132 154	230	22 100	10	77 031	66	557 080	958
60	516 476	354	789 085	794	21 424	20	138 269	236	25 855	06	81 364	66	564 559	972
65	507 799	338	797 982	802	18 614	16	144 387	242	29 608	04	85 697	62	572 045	984
70	499 130	324	806 883	812	15 806	14	150 508	246	33 360	02	90 028	60	579 537	998
75	490 468	308	815 789	820	12 999	12	156 631	252	37 111	*96	94 358	58	587 036	*010
80	481 814	294	824 699	830	10 193	10	162 757	256	40 859	94	98 687	58	594 541	024
85	473 167	278	833 614	838	07 388	06	168 885	264	44 606	92	*03 016	54	602 053	036
90	464 528	264	842 533	846	04 585	02	175 017	266	48 352	88	07 343	54	609 571	050
95	455 896	248	851 456	856	01 784	00	181 150	274	52 096	84	11 670	52	617 096	062
0,5800	447 272	234	860 384	866	*98 984	*98	187 287	278	55 838	82	15 996	48	624 627	076
05	438 655	220	869 317	874	96 185	96	193 426	284	59 579	76	20 320	48	632 165	090
10	430 045	204	878 254	882	93 387	92	199 568	290	63 317	76	24 644	46	639 710	102
15	421 443	190	887 195	892	90 591	88	205 713	294	67 055	72	28 967	44	647 261	116
20	412 848	174	896 141	900	87 797	86	211 860	300	70 791	68	33 289	42	654 819	128
25	404 261	160	905 091	910	85 004	84	218 010	306	74 525	64	37 610	40	662 383	142
30	395 681	146	914 046	918	82 212	82	224 163	310	78 257	62	41 930	38	669 954	156
35	387 108	130	923 005	928	79 421	78	230 318	316	81 988	58	46 249	36	677 532	170
40	378 543	116	931 969	936	76 632	74	236 476	322	85 717	56	50 567	34	685 117	182
45	369 985	102	940 937	946	73 845	72	242 637	328	89 445	52	54 884	32	692 708	196
0,5850	361 434	086	949 910	954	71 059	70	248 801	332	93 171	48	59 200	32	700 306	210
55	352 891	072	958 887	964	68 274	68	254 967	338	96 895	46	63 516	28	707 911	222
60	344 355	058	967 869	972	65 490	64	261 136	344	*00 618	42	67 830	26	715 522	236
65	335 826	042	976 855	982	62 708	60	267 308	348	04 339	38	72 143	26	723 140	252
70	327 305	030	985 846	990	59 928	60	273 482	356	08 058	36	76 456	22	730 766	264
75	318 790	014	994 841	998	57 148	56	279 660	360	11 776	32	80 767	22	738 398	276
80	310 283	*998	*003 840	*010	54 370	52	285 840	366	15 492	30	85 078	18	746 036	292
85	301 784	986	012 845	016	51 594	50	292 023	372	19 207	26	89 387	18	753 682	306
90	293 291	970	021 853	026	48 819	48	298 209	376	22 920	22	93 696	16	761 335	318
95	284 806	958	030 866	036	46 045	44	304 397	382	26 631	20	98 004	14	768 994	334
0,5900	276 327	942	039 884	044	43 273	42	310 588	390	30 341	16	**02 311	12	776 661	346
05	267 856	926	048 906	054	40 502	40	316 783	392	34 049	14	06 617	10	784 334	360
10	259 393	914	057 933	062	37 732	36	322 979	400	37 756	10	10 922	08	792 014	376
15	250 936	900	066 964	072	34 964	34	329 179	406	41 461	06	15 226	06	799 702	388
20	242 486	884	076 000	080	32 197	30	335 382	410	45 164	02	19 529	04	807 396	402
25	234 044	870	085 040	090	29 432	28	341 587	416	48 865	00	23 831	02	815 097	418
30	225 609	856	094 085	098	26 668	26	347 795	422	52 565	**98	28 132	00	822 806	430
35	217 181	842	103 134	108	23 905	22	354 006	428	56 264	94	32 432	*98	830 521	444
40	208 760	828	112 188	118	21 144	20	360 220	434	59 961	90	36 731	98	838 243	460
45	200 346	814	121 247	124	18 384	16	366 437	438	63 656	86	41 030	94	845 973	474
0,5950	191 939	800	130 309	136	15 626	14	372 656	446	67 349	84	45 327	94	853 710	488
55	183 539	786	139 377	144	12 869	12	378 879	450	71 041	80	49 624	90	861 454	502
60	175 146	772	148 449	152	10 113	10	385 104	456	74 731	78	53 919	90	869 205	516
65	166 760	756	157 525	162	07 358	06	391 332	464	78 420	74	58 214	86	876 963	530
70	158 382	744	166 606	172	04 605	02	397 564	468	82 107	70	62 507	86	884 728	544
75	150 010	730	175 692	180	01 854	00	403 798	472	85 792	68	66 800	84	892 500	560
80	141 645	714	184 782	190	**99 104	**98	410 034	480	89 476	64	71 092	80	900 280	574
85	133 288	702	193 877	198	96 355	96	416 274	486	93 158	62	75 382	80	908 067	588
90	124 937	688	202 976	208	93 607	92	422 517	492	96 839	58	79 672	78	915 861	604
95	116 593	674	212 080	216	90 861	90	428 763	496	**00 518	54	83 961	76	923 663	618
0,6000	108 256		221 188		88 116		435 011		04 195		88 249		931 472	
	—0,5	16	**1,8**	18	**0,54**	–54	**0,6**	12	**0,54**	73	**0,56**	85	**0,6**	15

x	φ	$\sin x$		$\cos x$		$\operatorname{tg} x$		$\mathfrak{Sin}\, x$		$\mathfrak{Cos}\, x$		$\mathfrak{Tg}\, x$	
	34° ″	**0,56**	**82**	**0,82**	**−56**	**0,6**	**14**	**0,6**	**11**	**1,18**	**6**	**0,53**	**71**
0,6000	22′ 38,88	46 425	52	53 356	48	841 368	686	366 536	856	54 652	370	70 496	14
05	24 22,02	50 551	48	50 532	52	848 711	696	372 464	860	57 837	376	74 053	10
10	26 05,15	54 675	46	47 706	58	856 059	704	378 394	862	61 025	380	77 608	06
15	27 48,28	58 798	44	44 877	60	863 411	716	384 325	866	64 215	388	81 161	02
20	29 31,41	62 920	40	42 047	66	870 769	726	390 258	868	67 409	394	84 712	*98
25	31 14,55	67 040	38	39 214	68	878 132	736	396 192	872	70 606	398	88 261	96
30	32 57,68	71 159	36	36 380	74	885 500	746	402 128	876	73 805	406	91 809	90
35	34 40,81	75 277	32	33 543	78	892 873	756	408 066	878	77 008	410	95 354	88
40	36 23,94	79 393	30	30 704	80	900 251	766	414 005	882	80 213	418	98 898	82
45	38 07,08	83 508	26	27 864	86	907 634	778	419 946	886	83 422	422	*02 439	80
0,6050	39 50,21	87 621	24	25 021	90	915 023	786	425 889	888	86 633	430	05 979	76
55	41 33,34	91 733	20	22 176	94	922 416	798	431 833	892	89 848	434	09 517	72
60	43 16,47	95 843	18	19 329	98	929 815	806	437 779	894	93 065	440	13 053	68
65	44 59,60	99 952	14	16 480	*02	937 218	818	443 726	898	96 285	448	16 587	64
70	46 42,74	*04 059	14	13 629	06	944 627	828	449 675	902	99 509	452	20 119	60
75	48 25,87	08 166	08	10 776	10	952 041	838	455 626	904	*02 735	458	23 649	56
80	50 09,00	12 270	06	07 921	14	959 460	850	461 578	908	05 964	466	27 177	52
85	51 52,13	16 373	04	05 064	18	966 885	858	467 532	910	09 197	470	30 703	50
90	53 35,27	20 475	02	02 205	24	974 314	870	473 487	914	12 432	476	34 228	44
95	55 18,40	24 576	*98	*99 343	26	981 749	880	479 444	918	15 670	482	37 750	42
0,6100	57 01,53	28 675	94	96 480	30	989 189	890	485 403	920	18 911	490	41 271	38
05	58 44,66	32 772	92	93 615	36	996 634	900	491 363	924	22 156	494	44 790	32
10	*00 27,80	36 868	90	90 747	38	*004 084	910	497 325	926	25 403	500	48 306	30
15	02 10,93	40 963	86	87 878	44	011 539	922	503 288	930	28 653	506	51 821	26
20	03 54,06	45 056	84	85 006	46	019 000	932	509 253	934	31 906	512	55 334	22
25	05 37,19	49 148	80	82 133	52	026 466	942	515 220	938	35 162	518	58 845	18
30	07 20,33	53 238	78	79 257	54	033 937	954	521 189	940	38 421	524	62 354	14
35	09 03,46	57 327	76	76 380	60	041 414	962	527 159	942	41 683	530	65 861	12
40	10 46,59	61 415	72	73 500	64	048 895	974	533 130	948	44 948	536	69 367	06
45	12 29,72	65 501	68	70 618	68	056 382	986	539 104	950	48 216	542	72 870	02
0,6150	14 12,86	69 585	66	67 734	70	063 875	994	545 079	952	51 487	550	76 371	00
55	15 55,99	73 668	64	64 849	76	071 372	*006	551 055	956	54 762	554	79 871	**96
60	17 39,12	77 750	60	61 961	80	078 875	016	557 033	960	58 039	560	83 369	90
65	19 22,25	81 830	58	59 071	84	086 383	028	563 013	964	61 319	566	86 864	88
70	21 05,39	85 909	56	56 179	88	093 897	038	568 995	966	64 602	572	90 358	84
75	22 48,52	89 987	50	53 285	92	101 416	048	574 978	968	67 888	578	93 850	80
80	24 31,65	94 062	50	50 389	96	108 940	058	580 962	974	71 177	582	97 340	76
85	26 14,78	98 137	46	47 491	**00	116 469	070	586 949	976	74 468	590	**00 828	72
90	27 57,92	**02 210	42	44 591	04	124 004	080	592 937	980	77 763	596	04 314	68
95	29 41,05	06 281	42	41 689	08	131 544	092	598 927	982	81 061	602	07 798	64
0,6200	31 24,18	10 352	36	38 785	14	139 090	102	604 918	986	84 362	608	11 280	62
05	33 07,31	14 420	34	35 878	16	146 641	114	610 911	990	87 666	614	14 761	56
10	34 50,44	18 487	32	32 970	20	154 198	122	616 906	992	90 973	620	18 239	54
15	36 33,58	22 553	30	30 060	24	161 759	136	622 902	996	94 283	626	21 716	48
20	38 16,71	26 618	24	27 148	30	169 327	144	628 900	*000	97 596	632	25 190	46
25	39 59,84	30 680	24	24 233	32	176 899	156	634 900	002	**00 912	638	28 663	40
30	41 42,97	34 742	20	21 317	36	184 477	168	640 901	006	04 231	644	32 133	38
35	43 26,11	38 802	16	18 399	42	192 061	178	646 904	008	07 553	650	35 602	34
40	45 09,24	42 860	14	15 478	44	199 650	188	652 908	014	10 878	656	39 069	30
45	46 52,37	46 917	12	12 556	50	207 244	200	658 915	016	14 206	662	42 534	26
0,6250	48′ 35,″50	50 973		09 631		214 844		664 923		17 537		45 997	
	35°	**0,58**	**81**	**0,81**	**−58**	**0,7**	**15**	**0,6**	**12**	**1,20**	**6**	**0,55**	**69**

x	$\ln x$		e^x		e^{-x}		arc sin x		arc tg x		Ar Sin x		Ar Tg x	
	—0,5	16	**1,8**	18	**0,54**	−54	**0,6**	12	**0,54**	73	**0,5**	85	**0,6**	15
0,6000	108 256	660	221 188	226	88 116	86	435 011	504	04 195	52	688 249	74	931 472	632
05	099 926	646	230 301	234	85 373	84	441 263	508	07 871	48	692 536	72	939 288	646
10	091 603	632	239 418	244	82 631	82	447 517	514	11 545	44	696 822	70	947 111	662
15	083 287	618	248 540	254	79 890	78	453 774	522	15 217	42	701 107	68	954 942	678
20	074 978	604	257 667	262	77 151	76	460 035	526	18 888	38	705 391	66	962 781	690
25	066 676	590	266 798	272	74 413	72	466 298	532	22 557	36	709 674	66	970 626	706
30	058 381	578	275 934	280	71 677	70	472 564	538	26 225	32	713 957	62	978 479	722
35	050 092	562	285 074	290	68 942	68	478 833	544	29 891	28	718 238	60	986 340	736
40	041 811	550	294 219	298	66 208	66	485 105	552	33 555	26	722 518	60	994 208	750
45	033 536	536	303 368	308	63 475	62	491 381	556	37 218	22	726 798	56	*002 083	766
0,6050	025 268	522	312 522	318	60 744	58	497 659	562	40 879	18	731 076	56	009 966	782
55	017 007	508	321 681	326	58 015	58	503 940	568	44 538	16	735 354	52	017 857	796
60	008 753	494	330 844	334	55 286	54	510 224	574	48 196	12	739 630	52	025 755	812
65	000 506	482	340 011	346	52 559	50	516 511	580	51 852	10	743 906	50	033 661	826
70	*992 265	468	349 184	354	49 834	50	522 801	586	55 507	06	748 181	46	041 574	842
75	984 031	454	358 361	362	47 109	44	529 094	594	59 160	02	752 454	46	049 495	856
80	975 804	440	367 542	372	44 387	44	535 391	598	62 811	00	756 727	44	057 423	872
85	967 584	428	376 728	382	41 665	40	541 690	604	66 461	*96	760 999	42	065 359	888
90	959 370	414	385 919	390	38 945	38	547 992	612	70 109	92	765 270	40	073 303	902
95	951 163	400	395 114	400	36 226	34	554 298	616	73 755	90	769 540	38	081 254	920
0,6100	942 963	386	404 314	408	33 509	32	560 606	622	77 400	86	773 809	36	089 214	934
05	934 770	374	413 518	420	30 793	30	566 917	630	81 043	84	778 077	34	097 181	948
10	926 583	360	422 728	426	28 078	26	573 232	636	84 685	80	782 344	32	105 155	966
15	918 403	346	431 941	436	25 365	24	579 550	640	88 325	76	786 610	30	113 138	980
20	910 230	334	441 159	446	22 653	22	585 870	648	91 963	74	790 875	30	121 128	996
25	902 063	320	450 382	456	19 942	18	592 194	654	95 600	70	795 140	26	129 126	*012
30	893 903	306	459 610	464	17 233	16	598 521	660	99 235	68	799 403	24	137 132	028
35	885 750	292	468 842	474	14 525	14	604 851	666	*02 869	64	803 665	24	145 146	042
40	877 604	282	478 079	482	11 818	10	611 184	672	06 501	60	807 927	20	153 167	060
45	869 463	266	487 320	492	09 113	08	617 520	680	10 131	58	812 187	20	161 197	076
0,6150	861 330	254	496 566	502	06 409	06	623 860	684	13 760	54	816 447	16	169 235	090
55	853 203	240	505 817	510	03 706	02	630 202	692	17 387	50	820 705	16	177 280	106
60	845 083	226	515 072	520	01 005	00	636 548	698	21 012	48	824 963	12	185 333	124
65	836 970	214	524 332	528	*98 305	*96	642 897	704	24 636	44	829 219	12	193 395	138
70	828 863	202	533 596	538	95 607	94	649 249	710	28 258	42	833 475	10	201 464	156
75	820 762	188	542 865	548	92 910	92	655 604	716	31 879	38	837 730	08	209 542	170
80	812 668	174	552 139	556	90 214	88	661 962	722	35 498	34	841 984	06	217 627	188
85	804 581	162	561 417	566	87 520	86	668 323	730	39 115	32	846 237	02	225 721	204
90	796 500	148	570 700	576	84 827	84	674 688	736	42 731	28	850 488	02	233 823	220
95	788 426	136	579 988	584	82 135	82	681 056	742	46 345	24	854 739	00	241 933	236
0,6200	780 358	122	589 280	594	79 444	78	687 427	748	49 957	22	858 989	*98	250 051	252
05	772 297	110	598 577	604	76 755	74	693 801	756	53 568	18	863 238	96	258 177	270
10	764 242	096	607 879	612	74 068	74	700 179	760	57 177	16	867 486	96	266 312	284
15	756 194	084	617 185	622	71 381	70	706 559	768	60 785	12	871 734	92	274 454	302
20	748 152	070	626 496	632	68 696	66	712 943	776	64 391	08	875 980	90	282 605	318
25	740 117	058	635 812	640	66 013	66	719 331	780	67 995	06	880 225	88	290 764	336
30	732 088	046	645 132	650	63 330	62	725 721	788	71 598	02	884 469	88	298 932	352
35	724 065	032	654 457	658	60 649	58	732 115	794	75 199	00	888 713	84	307 108	368
40	716 049	020	663 786	670	57 970	58	738 512	800	78 799	**96	892 955	82	315 292	384
45	708 039	006	673 121	678	55 291	54	744 912	806	82 397	92	897 196	82	323 484	402
0,6250	700 036		682 460		52 614		751 315		85 993		901 437		331 685	
	—0,4	16	**1,8**	18	**0,53**	−53	**0,6**	12	**0,55**	71	**0,5**	84	**0,7**	16

x	φ	sin x		cos x		tg x		Sin x		Cos x		Tg x	
	35°	**0,58**	**81**	**0,81**	**–58**	**0,7**	**15**	**0,6**	**12**	**1,20**	**6**	**0,55**	**69**
0,6250	48′ 35,50″	50 973	08	09 631	52	214 844	212	664 923	018	17 537	668	45 997	22
55	50 18,64	55 027	04	06 705	58	222 450	222	670 932	024	20 871	674	49 458	20
60	52 01,77	59 079	04	03 776	60	230 061	232	676 944	024	24 208	680	52 918	14
65	53 44,90	63 131	*98	00 846	66	237 677	244	682 956	030	27 548	686	56 375	10
70	55 28,03	67 180	98	*97 913	70	245 299	256	688 971	032	30 891	692	59 830	08
75	57 11,17	71 229	92	94 978	72	252 927	266	694 987	036	34 237	698	63 284	02
80	58 54,30	75 275	92	92 042	78	260 560	276	701 005	040	37 586	704	66 735	00
85	*00 37,43	79 321	86	89 103	82	268 198	288	707 025	042	40 938	710	70 185	*96
90	02 20,56	83 364	86	86 162	84	275 842	300	713 046	046	44 293	716	73 633	90
95	04 03,70	87 407	82	83 220	90	283 492	310	719 069	050	47 651	722	77 078	88
0,6300	05 46,83	91 448	78	80 275	94	291 147	322	725 094	052	51 012	728	80 522	84
05	07 29,96	95 487	76	77 328	96	298 808	334	731 120	056	54 376	734	83 964	80
10	09 13,09	99 525	72	74 380	*02	306 475	344*	737 148	060	57 743	740	87 404	76
15	10 56,23	*03 561	70	71 429	06	314 147	354	743 178	062	61 113	746	90 842	72
20	12 39,36	07 596	68	68 476	10	321 824	368	749 209	066	64 486	752	94 278	70
25	14 22,49	11 630	64	65 521	14	329 508	376	755 242	070	67 862	758	97 713	64
30	16 05,62	15 662	60	62 564	16	337 196	390	761 277	074	71 241	766	*01 145	60
35	17 48,75	19 692	58	59 606	22	344 891	400	767 314	076	74 624	770	04 575	58
40	19 31,89	23 721	56	56 645	26	352 591	412	773 352	080	78 009	776	08 004	52
45	21 15,02	27 749	52	53 682	30	360 297	424	779 392	082	81 397	782	11 430	50
0,6350	22 58,15	31 775	50	50 717	34	368 009	434	785 433	088	84 788	788	14 855	46
55	24 41,28	35 800	46	47 750	38	375 726	446	791 477	088	88 182	796	18 278	40
60	26 24,42	39 823	44	44 781	42	383 449	456	797 521	094	91 580	800	21 698	38
65	28 07,55	43 845	40	41 810	46	391 177	470	803 568	096	94 980	806	25 117	34
70	29 50,68	47 865	36	38 837	50	398 912	480	809 616	100	98 383	814	28 534	30
75	31 33,81	51 883	36	35 862	54	406 652	490	815 666	104	*01 790	818	31 949	26
80	33 16,95	55 901	30	32 885	58	414 397	504	821 718	108	05 199	824	35 362	24
85	35 00,08	59 916	28	29 906	60	422 149	514	827 772	110	08 611	832	38 774	18
90	36 43,21	63 930	26	26 926	66	429 906	526	833 827	114	12 027	836	42 183	14
95	38 26,34	67 943	22	23 943	70	437 669	538	839 884	116	15 445	844	45 590	12
0,6400	40 09,48	71 954	20	20 958	74	445 438	550	845 942	122	18 867	848	48 996	06
05	41 52,61	75 964	16	17 971	78	453 213	560	852 003	124	22 201	856	52 399	04
10	43 35,74	79 972	14	14 982	82	460 993	572	858 065	126	25 719	860	55 801	**98
15	45 18,87	83 979	10	11 991	86	468 779	586	864 128	132	29 149	868	59 200	96
20	47 02,01	87 984	08	08 998	90	476 572	594	870 194	134	32 583	872	62 598	92
25	48 45,14	91 988	04	06 003	94	484 369	608	876 261	138	36 019	880	65 994	88
30	50 28,27	95 990	02	03 006	98	492 173	620	882 330	140	39 459	886	69 388	84
35	52 11,40	99 991	**98	00 007	**02	499 983	630	888 400	146	42 902	890	72 780	80
40	53 54,54	**03 990	96	**97 006	06	507 798	642	894 473	148	46 347	898	76 170	76
45	55 37,67	07 988	92	94 003	10	515 619	656	900 547	150	49 796	904	79 558	72
0,6450	57 20,80	11 984	90	90 998	14	523 447	666	906 622	156	53 248	910	82 944	68
55	59 03,93	15 979	86	87 991	18	531 280	678	912 700	158	56 703	916	86 328	64
60	**00 47,06	19 972	84	84 982	22	539 119	688	918 779	162	60 161	920	89 710	62
65	02 30,20	23 964	80	81 971	26	546 963	702	924 860	166	63 621	928	93 091	56
70	04 13,33	27 954	78	78 958	30	554 814	714	930 943	168	67 085	934	96 469	54
75	05 56,46	31 943	74	75 943	34	562 671	726	937 027	172	70 552	940	99 846	48
80	07 39,59	35 930	72	72 926	38	570 534	736	943 113	176	74 022	948	**03 220	46
85	09 22,73	39 916	68	69 907	42	578 402	750	949 201	180	77 496	952	06 593	42
90	11 05,86	43 900	66	66 886	46	586 277	760	955 291	182	80 972	958	09 964	38
95	12 48,99	47 883	62	63 863	50	594 157	774	961 382	186	84 451	964	13 333	34
0,6500	14′ 32,12″	51 864		60 838		602 044		967 475		87 933		16 700	
	37°	**0,60**	**79**	**0,79**	**–60**	**0,7**	**15**	**0,6**	**12**	**1,21**	**6**	**0,57**	**67**

x	ln x		e^x		e^{-x}		arc sin x		arc tg x		Ar Sin x		Ar Tg x	
	—0,4	15	1,8	18	0,53	−53	0,6	12	0,55	71	0,59	84	0,7	16
0,6250	700 036	994	682 460	686	52 614	50	751 315	814	85 993	90	01 437	78	331 685	420
55	692 039	980	691 803	696	49 939	50	757 722	820	89 588	86	05 676	78	339 895	434
60	684 049	968	701 151	706	47 264	46	764 132	828	93 181	82	09 915	76	348 112	454
65	676 065	956	710 504	716	44 591	42	770 546	832	96 772	80	14 153	72	356 339	468
70	668 087	942	719 862	724	41 920	42	776 962	840	*00 362	76	18 389	72	364 573	488
75	660 116	930	729 224	734	39 249	36	783 382	846	03 950	74	22 625	70	372 817	502
80	652 151	916	738 591	744	36 581	36	789 805	854	07 537	70	26 860	66	381 068	522
85	644 193	906	747 963	752	33 913	32	796 232	860	11 122	68	31 093	66	389 329	538
90	636 240	892	757 339	762	31 247	30	802 662	866	14 706	62	35 326	64	397 598	554
95	628 294	878	766 720	772	28 582	28	809 095	874	18 287	60	39 558	62	405 875	572
0,6300	620 355	868	776 106	780	25 918	24	815 532	880	21 867	58	43 789	60	414 161	590
05	612 421	854	785 496	790	23 256	22	821 972	888	25 446	54	48 019	58	422 456	608
10	604 494	842	794 891	800	20 595	20	828 416	892	29 023	50	52 248	56	430 760	624
15	596 573	828	804 291	810	17 935	16	834 862	902	32 598	48	56 476	54	439 072	642
20	588 659	816	813 696	818	15 277	14	841 313	906	36 172	44	60 703	52	447 393	660
25	580 751	804	823 105	828	12 620	12	847 766	914	39 744	42	64 929	52	455 723	676
30	572 849	792	832 519	836	09 964	08	854 223	920	43 315	36	69 155	48	464 061	696
35	564 953	780	841 937	848	07 310	06	860 683	928	46 883	36	73 379	46	472 409	712
40	557 063	766	851 361	856	04 657	04	867 147	936	50 451	30	77 602	46	480 765	730
45	549 180	754	860 789	864	02 005	00	873 615	940	54 016	28	81 825	42	489 130	748
0,6350	541 303	742	870 221	876	*99 355	*98	880 085	948	57 580	26	86 046	40	497 504	764
55	533 432	730	879 659	884	96 706	96	886 559	956	61 143	22	90 266	40	505 886	784
60	525 567	716	889 101	894	94 058	92	893 037	962	64 704	18	94 486	36	514 278	802
65	517 709	706	898 548	904	91 412	90	899 518	968	68 263	14	98 704	36	522 679	820
70	509 856	692	908 000	912	88 767	88	906 002	976	71 820	12	*02 922	34	531 089	836
75	502 010	680	917 456	922	86 123	84	912 490	984	75 376	10	07 139	30	539 507	856
80	494 170	668	926 917	932	83 481	82	918 982	990	78 931	04	11 354	30	547 935	874
85	486 336	656	936 383	940	80 840	80	925 477	996	82 483	02	15 569	28	556 372	892
90	478 508	642	945 853	952	78 200	78	931 975	*004	86 034	00	19 783	24	564 818	910
95	470 687	632	955 329	960	75 561	74	938 477	012	89 584	*96	23 995	24	573 273	928
0,6400	462 871	618	964 809	970	72 924	72	944 983	018	93 132	92	28 207	22	581 737	948
05	455 062	608	974 294	978	70 288	68	951 492	024	96 678	90	32 418	20	590 211	966
10	447 258	594	983 783	988	67 654	66	958 004	032	**00 223	86	36 628	18	598 694	982
15	439 461	582	993 277	998	65 021	64	964 520	040	03 766	82	40 837	16	607 185	*004
20	431 670	570	*002 776	*008	62 389	62	971 040	046	07 307	80	45 045	14	615 687	020
25	423 885	558	012 280	018	59 758	58	977 563	054	10 847	78	49 252	12	624 197	040
30	416 106	546	021 789	026	57 129	56	984 090	060	14 386	72	53 458	10	632 717	058
35	408 333	534	031 302	036	54 501	52	990 620	068	17 922	70	57 663	10	641 246	076
40	400 566	522	040 820	046	51 875	52	997 154	076	21 457	68	61 868	06	649 784	096
45	392 805	510	050 343	054	49 249	48	*003 692	082	24 991	62	66 071	04	658 332	114
0,6450	385 050	498	059 870	066	46 625	44	010 233	090	28 522	62	70 273	02	666 889	134
55	377 301	486	069 403	074	44 003	44	016 778	096	32 053	56	74 474	02	675 456	152
60	369 558	474	078 940	084	41 381	40	023 326	104	35 581	54	78 675	*98	684 032	172
65	361 821	462	088 482	092	38 761	36	029 878	112	39 108	52	82 874	98	692 618	190
70	354 090	450	098 028	104	36 143	36	036 434	118	42 634	46	87 073	94	701 213	210
75	346 365	438	107 580	112	33 525	32	042 993	126	46 157	46	91 270	94	709 818	230
80	338 646	426	117 136	122	30 909	30	049 556	132	49 680	40	95 467	90	718 433	248
85	330 933	414	126 697	130	28 294	26	056 122	142	53 200	38	99 662	90	727 057	266
90	323 226	404	136 262	142	25 681	24	062 693	148	56 719	34	**03 857	86	735 690	288
95	315 524	390	145 833	150	23 069	22	069 267	154	60 236	32	08 050	86	744 334	306
0,6500	307 829		155 408		20 458		075 844		63 752		12 243		752 987	
	—0,4	15	1,9	19	0,52	−52	0,7	13	0,57	70	0,61	83	0,7	17

x	φ	sin x		cos x		tg x		Sin x		Cos x		Tg x	
	37°	0,60	79	0,79	−60	0,7	15	0,6	12	1,21	6	0,57	67
0,6500	14′ 32,″12	51 864	60	60 838	54	602 044	786	967 475	190	87 933	970	16 700	30
05	16 15,26	55 844	56	57 811	58	609 937	796	973 570	194	91 418	978	20 065	26
10	17 58,39	59 822	54	54 782	62	617 835	810	979 667	196	94 907	982	23 428	22
15	19 41,52	63 799	50	51 751	66	625 740	820	985 765	200	98 398	988	26 789	18
20	21 24,65	67 774	46	48 718	70	633 650	834	991 865	204	*01 892	996	30 148	14
25	23 07,79	71 747	44	45 683	72	641 567	846	997 967	206	05 390	*000	33 505	12
30	24 50,92	75 719	42	42 647	78	649 490	856	*004 070	212	08 890	008	36 861	06
35	26 34,05	79 690	38	39 608	82	657 418	870	010 176	214	12 394	014	40 214	04
40	28 17,18	83 659	34	36 567	86	665 353	882	016 283	218	15 901	018	43 566	*98
45	30 00,32	87 626	32	33 524	90	673 294	894	022 392	220	19 410	026	46 915	96
0,6550	31 43,45	91 592	30	30 479	94	681 241	906	028 502	226	22 923	032	50 263	92
55	33 26,58	95 557	26	27 432	96	689 194	920	034 615	228	26 439	038	53 609	88
60	35 09,71	99 520	22	24 384	*02	697 154	930	040 729	232	29 958	042	56 953	84
65	36 52,85	*03 481	20	21 333	06	705 119	942	046 845	234	33 479	050	60 295	80
70	38 35,98	07 441	18	18 280	08	713 090	956	052 962	240	37 004	056	63 635	76
75	40 19,11	11 400	12	15 226	14	721 068	968	059 082	242	40 532	062	66 973	72
80	42 02,24	15 356	12	12 169	18	729 052	980	065 203	246	44 063	070	70 309	68
85	43 45,37	19 312	08	09 110	20	737 042	992	071 326	248	47 598	074	73 643	64
90	45 28,51	23 266	04	06 050	26	745 038	*006	077 450	254	51 135	080	76 975	62
95	47 11,64	27 218	02	02 987	30	753 041	016	083 577	256	54 675	086	80 306	56
0,6600	48 54,77	31 169	*98	*99 922	32	761 049	030	089 705	260	58 218	094	83 634	54
05	50 37,90	35 118	94	96 856	38	769 064	042	095 835	264	61 765	098	86 961	48
10	52 21,04	39 065	94	93 787	40	777 085	054	101 967	266	65 314	106	90 285	46
15	54 04,17	43 012	88	90 717	46	785 112	068	108 100	272	68 867	110	93 608	42
20	55 47,30	46 956	86	87 644	48	793 146	080	114 236	274	72 422	118	96 929	36
25	57 30,43	50 899	84	84 570	54	801 186	092	120 373	278	75 981	124	*00 247	34
30	59 13,57	54 841	80	81 493	56	809 232	104	126 512	280	79 543	128	03 564	30
35	*00 56,70	58 781	76	78 415	60	817 284	118	132 652	286	83 107	136	06 879	26
40	02 39,83	62 719	74	75 335	66	825 343	130	138 795	288	86 675	142	10 192	22
45	04 22,96	66 656	70	72 252	68	833 408	142	144 939	292	90 246	148	13 503	20
0,6650	06 06,10	70 591	68	69 168	72	841 479	154	151 085	296	93 820	154	16 813	14
55	07 49,23	74 525	64	66 082	78	849 556	168	157 233	298	97 397	160	20 120	10
60	09 32,36	78 457	62	62 993	80	857 640	182	163 382	304	**00 977	168	23 425	08
65	11 15,49	82 388	58	59 903	84	865 731	192	169 534	306	04 561	172	26 729	02
70	12 58,63	86 317	56	56 811	88	873 827	206	175 687	310	08 147	178	30 030	00
75	14 41,76	90 245	52	53 717	92	881 930	220	181 842	314	11 736	186	33 330	**94
80	16 24,89	94 171	50	50 621	96	890 040	232	187 999	316	15 329	190	36 627	92
85	18 08,02	98 096	46	47 523	**00	898 156	244	194 157	322	18 924	198	39 923	88
90	19 51,16	**02 019	42	44 423	04	906 278	258	200 318	324	22 523	204	43 217	84
95	21 34,29	05 940	40	41 321	08	914 407	270	206 480	328	26 125	208	46 509	80
0,6700	23 17,42	09 860	36	38 217	12	922 542	282	212 644	330	29 729	216	49 799	76
05	25 00,55	13 778	34	35 111	16	930 683	296	218 809	336	33 337	222	53 087	72
10	26 43,68	17 695	30	32 003	20	938 831	310	224 977	338	36 948	228	56 373	68
15	28 26,82	21 610	28	28 893	24	946 986	322	231 146	344	40 562	234	59 657	64
20	30 09,95	25 524	24	25 781	26	955 147	334	237 318	346	44 179	242	62 939	62
25	31 53,08	29 436	22	22 668	32	963 314	348	243 491	348	47 800	246	66 220	56
30	33 36,21	33 347	18	19 552	36	971 488	362	249 665	354	51 423	252	69 498	54
35	35 19,35	37 256	14	16 434	38	979 669	374	255 842	356	55 049	260	72 775	48
40	37 02,48	41 163	12	13 315	44	987 856	386	262 020	362	58 679	264	76 049	46
45	38 45,61	45 069	08	10 193	46	996 049	400	268 201	364	62 311	272	79 322	42
0,6750	40′ 28,″74	48 973		07 070		*004 249		274 383		65 947		82 593	
	38°	0,62	78	0,78	−62	0,8	16	0,7	12	1,23	7	0,58	65

x	$\ln x$		e^x		e^{-x}		arc sin x		arc tg x		Ar Sin x		Ar Tg x	
	—0,4	**15**	**1,9**	**19**	**0,52**	**−52**	**0,7**	**13**	**0,57**	**70**	**0,61**	**83**	**0,7**	**17**
0,6500	307 829	378	155 408	160	20 458	20	075 844	164	63 752	28	12 243	84	752 987	326
05	300 140	368	164 988	170	17 848	16	082 426	170	67 266	26	16 435	82	761 650	346
10	292 456	354	174 573	180	15 240	14	089 011	178	70 779	22	20 626	78	770 323	364
15	284 779	344	184 163	188	12 633	12	095 600	184	74 290	18	24 815	78	779 005	384
20	277 107	332	193 757	200	10 027	08	102 192	192	77 799	16	29 004	76	787 697	406
25	269 441	320	203 357	208	07 423	06	108 788	200	81 307	12	33 192	74	796 400	424
30	261 781	308	212 961	218	04 820	04	115 388	208	84 813	08	37 379	72	805 112	444
35	254 127	296	222 570	226	02 218	00	121 992	216	88 317	06	41 565	70	813 834	464
40	246 479	284	232 183	238	*99 618	00	128 600	222	91 820	04	45 750	68	822 566	482
45	238 837	274	241 802	246	97 018	*94	135 211	230	95 322	*98	49 934	66	831 307	504
0,6550	231 200	260	251 425	256	94 421	94	141 826	238	98 821	96	54 117	66	840 059	524
55	223 570	250	261 053	266	91 824	90	148 445	246	*02 319	94	58 300	62	848 821	544
60	215 945	238	270 686	276	89 229	88	155 068	252	05 816	90	62 481	60	857 593	566
65	208 326	226	280 324	286	86 635	86	161 694	262	09 311	86	66 661	58	866 376	584
70	200 713	216	289 967	294	84 042	82	168 325	268	12 804	84	70 840	58	875 168	604
75	193 105	204	299 614	304	81 451	80	174 959	276	16 296	80	75 019	54	883 970	626
80	185 503	190	309 266	314	78 861	78	181 597	284	19 786	76	79 196	52	892 783	646
85	177 908	182	318 923	324	76 272	76	188 239	292	23 274	74	83 372	52	901 606	666
90	170 317	168	328 585	334	73 684	72	194 885	298	26 761	70	87 548	48	910 439	688
95	162 733	158	338 252	342	71 098	70	201 534	308	30 246	68	91 722	48	919 283	706
0,6600	155 154	144	347 923	354	68 513	66	208 188	314	33 730	64	95 896	44	928 136	728
05	147 582	136	357 600	362	65 930	66	214 845	322	37 212	62	*00 068	44	937 000	750
10	140 014	122	367 281	372	63 347	62	221 506	330	40 693	56	04 240	42	945 875	770
15	132 453	112	376 967	382	60 766	58	228 171	340	44 171	56	08 411	38	954 760	790
20	124 897	100	386 658	392	58 187	58	234 841	346	47 649	50	12 580	38	963 655	812
25	117 347	088	396 354	400	55 608	54	241 514	354	51 124	48	16 749	36	972 561	834
30	109 803	078	406 054	412	53 031	52	248 191	362	54 598	46	20 917	34	981 478	854
35	102 264	066	415 760	420	50 455	48	254 872	368	58 071	42	25 084	32	990 405	874
40	094 731	054	425 470	430	47 881	48	261 556	378	61 542	38	29 250	28	999 342	898
45	087 204	044	435 185	440	45 307	44	268 245	386	65 011	36	33 414	28	*008 291	916
0,6650	079 682	032	444 905	450	42 735	40	274 938	394	68 479	32	37 578	26	017 249	940
55	072 166	020	454 630	460	40 165	40	281 635	402	71 945	28	41 741	24	026 219	960
60	064 656	010	464 360	468	37 595	36	288 336	410	75 409	26	45 903	22	035 199	982
65	057 151	*998	474 094	480	35 027	34	295 041	418	78 872	22	50 064	20	044 190	*004
70	049 652	986	483 834	488	32 460	32	301 750	426	82 333	20	54 224	20	053 192	026
75	042 159	976	493 578	500	29 894	28	308 463	432	85 793	16	58 384	16	062 205	046
80	034 671	964	503 328	508	27 330	26	315 179	442	89 251	14	62 542	14	071 228	068
85	027 189	954	513 082	518	24 767	24	321 900	452	92 708	08	66 699	12	080 262	092
90	019 712	942	522 841	526	22 205	20	328 626	458	96 162	08	70 855	12	089 308	112
95	012 241	930	532 604	538	19 645	18	335 355	466	99 616	02	75 011	08	098 364	134
0,6700	004 776	920	542 373	548	17 086	16	342 088	474	**03 067	02	79 165	06	107 431	158
05	*997 316	910	552 147	556	14 528	14	348 825	484	06 518	**96	83 318	06	116 510	178
10	989 861	896	561 925	568	11 971	10	355 567	490	09 966	94	87 471	02	125 599	200
15	982 413	888	571 709	576	09 416	08	362 312	500	13 413	90	91 622	02	134 699	224
20	974 969	874	581 497	586	06 862	06	369 062	508	16 858	88	95 773	*98	143 811	246
25	967 532	866	591 290	596	04 309	02	375 816	516	20 302	84	99 922	98	152 934	268
30	960 099	852	601 088	606	01 758	02	382 574	524	23 744	82	**04 071	94	162 068	290
35	952 673	842	610 891	616	**99 207	**98	389 336	532	27 185	78	08 218	94	171 213	312
40	945 252	832	620 699	626	96 658	94	396 102	540	30 624	74	12 365	92	180 369	336
45	937 836	820	630 512	636	94 111	94	402 872	550	34 061	72	16 511	88	189 537	358
0,6750	930 426		640 330		91 564		409 647		37 497		20 655		198 716	
	—0,3	**14**	**1,9**	**19**	**0,50**	**−50**	**0,7**	**13**	**0,59**	**68**	**0,63**	**82**	**0,8**	**18**

x	φ	sin x	Δ	cos x	Δ	tg x	Δ	𝔖𝔦𝔫 x	Δ	𝔈𝔬𝔰 x	Δ	𝔗𝔤 x	Δ
	38°	**0,62**	**78**	**0,78**	**−62**	**0,8**	**16**	**0,7**	**12**	**1,23**	**7**	**0,58**	**65**
0,6750	40′ 28,″74	48 973	06	07 070	52	004 249	414	274 383	368	65 947	278	82 593	36
55	42 11,88	52 876	02	03 944	54	012 456	426	280 567	370	69 586	284	85 861	34
60	43 55,01	56 777	00	00 817	60	020 669	440	286 752	376	73 228	288	89 128	30
65	45 38,14	60 677	*96	*97 687	62	028 889	454	292 940	378	76 872	296	92 393	26
70	47 21,27	64 575	92	94 556	66	037 116	466	299 129	382	80 520	304	95 656	22
75	49 04,41	68 471	90	91 423	72	045 349	478	305 320	386	84 172	308	98 917	18
80	50 47,54	72 366	88	88 287	74	053 588	494	311 513	390	87 826	314	*02 176	16
85	52 30,67	76 260	82	85 150	78	061 835	506	317 708	394	91 483	322	05 434	10
90	54 13,80	80 151	82	82 011	82	070 088	518	323 905	396	95 144	326	08 689	06
95	55 56,94	84 042	76	78 870	86	078 347	534	330 103	402	98 807	334	11 942	04
0,6800	57 40,07	87 930	74	75 727	90	086 614	546	336 304	404	*02 474	338	15 194	00
05	59 23,20	91 817	72	72 582	94	094 887	558	342 506	408	06 143	346	18 444	*94
10	*01 06,33	95 703	68	69 435	96	103 166	574	348 710	412	09 816	352	21 691	92
15	02 49,47	99 587	64	66 287	*02	111 453	586	354 916	414	13 492	358	24 937	88
20	04 32,60	*03 469	62	63 136	06	119 746	600	361 123	420	17 171	364	28 181	84
25	06 15,73	07 350	58	59 983	10	128 046	614	367 333	422	20 853	370	31 423	78
30	07 58,86	11 229	56	56 828	12	136 353	626	373 544	426	24 538	378	34 662	78
35	09 42,00	15 107	52	53 672	18	144 666	640	379 757	430	28 227	382	37 901	72
40	11 25,13	18 983	48	50 513	20	152 986	654	385 972	434	31 918	390	41 137	68
45	13 08,26	22 857	46	47 353	26	161 313	668	392 189	438	35 613	394	44 371	64
0,6850	14 51,39	26 730	42	44 190	28	169 647	680	398 408	442	39 310	402	47 603	60
55	16 34,52	30 601	40	41 026	32	177 987	696	404 629	444	43 011	408	50 833	58
60	18 17,66	34 471	36	37 860	36	186 335	708	410 851	448	46 715	414	54 062	52
65	20 00,79	38 339	34	34 692	40	194 689	722	417 075	452	50 422	420	57 288	50
70	21 43,92	42 206	30	31 522	46	203 050	736	423 301	456	54 132	426	60 513	46
75	23 27,05	46 071	26	28 349	48	211 418	750	429 529	460	57 845	434	63 736	40
80	25 10,19	49 934	24	25 175	50	219 793	764	435 759	464	61 562	438	66 956	38
85	26 53,32	53 796	20	22 000	56	228 175	776	441 991	468	65 281	446	70 175	34
90	28 36,45	57 656	18	18 822	60	236 563	792	448 225	470	69 004	450	73 392	30
95	30 19,58	61 515	14	15 642	64	244 959	804	454 460	474	72 729	458	76 607	26
0,6900	32 02,72	65 372	10	12 460	66	253 361	818	460 697	478	76 458	464	79 820	22
05	33 45,85	69 227	08	09 277	72	261 770	834	466 936	484	80 190	470	83 031	18
10	35 28,98	73 081	04	06 091	76	270 187	846	473 178	484	83 925	476	86 240	16
15	37 12,11	76 933	02	02 903	78	278 610	860	479 420	490	87 663	482	89 448	10
20	38 55,25	80 784	**98	**99 714	82	287 040	876	485 665	494	91 404	490	92 653	06
25	40 38,38	84 633	96	96 523	88	295 478	888	491 912	496	95 149	494	95 856	04
30	42 21,51	88 481	90	93 329	90	303 922	902	498 160	502	98 896	502	99 058	00
35	44 04,64	92 326	90	90 134	94	312 373	916	504 411	504	**02 647	508	**02 258	**94
40	45 47,78	96 171	84	86 937	98	320 831	932	510 663	508	06 401	514	05 455	92
45	47 30,91	**00 013	82	83 738	**02	329 297	944	516 917	512	10 158	520	08 651	88
0,6950	49 14,04	03 854	80	80 537	06	337 769	960	523 173	516	13 918	526	11 845	84
55	50 57,17	07 694	76	77 334	10	346 249	972	529 431	520	17 681	532	15 037	80
60	52 40,31	11 532	72	74 129	12	354 735	988	535 691	522	21 447	538	18 227	76
65	54 23,44	15 368	70	70 923	18	363 229	*000	541 952	528	25 216	546	21 415	72
70	56 06,57	19 203	66	67 714	22	371 729	016	548 216	530	28 989	552	24 601	68
75	57 49,70	23 036	62	64 503	24	380 237	030	554 481	536	32 765	556	27 785	66
80	59 32,83	26 867	60	61 291	28	388 752	044	560 749	538	36 543	564	30 968	60
85	**01 15,97	30 697	56	58 077	34	397 274	060	567 018	542	40 325	570	34 148	58
90	02 59,10	34 525	54	54 860	36	405 804	072	573 289	546	44 110	578	37 327	52
95	04 42,23	38 352	50	51 642	40	414 340	088	579 562	550	47 899	582	40 503	50
0,7000	06′ 25,″36	42 177		48 422		422 884		585 837		51 690		43 678	
	40°	**0,64**	**76**	**0,76**	**−64**	**0,8**	**17**	**0,7**	**12**	**1,25**	**7**	**0,60**	**63**

x	$\ln x$		e^x		e^{-x}		arc sin x		arc tg x		Ar Sin x		Ar Tg x	
	—0,3	**14**	**1,9**	**19**	**0,50**	**−50**	**0,7**	**13**	**0,59**	**68**	**0,63**	**82**	**0,8**	**18**
0,6750	930 426	810	640 330	644	91 564	90	409 647	558	37 497	68	20 655	88	198 716	382
55	923 021	798	650 152	656	89 019	88	416 426	566	40 931	64	24 799	86	207 907	404
60	915 622	788	659 980	664	86 475	84	423 209	574	44 363	62	28 942	84	217 109	426
65	908 228	776	669 812	676	83 933	84	429 996	584	47 794	60	33 084	82	226 322	450
70	900 840	766	679 650	684	81 391	80	436 788	590	51 224	56	37 225	80	235 547	474
75	893 457	754	689 492	694	78 851	78	443 583	600	54 652	52	41 365	76	244 784	496
80	886 080	744	699 339	704	76 312	74	450 383	610	58 078	48	45 503	76	254 032	518
85	878 708	732	709 191	714	73 775	72	457 188	616	61 502	46	49 641	76	263 291	544
90	871 342	724	719 048	724	71 239	70	463 996	626	64 925	44	53 779	72	272 563	566
95	863 980	710	728 910	734	68 704	68	470 809	634	68 347	40	57 915	70	281 846	588
0,6800	856 625	700	738 777	744	66 170	66	477 626	644	71 767	36	62 050	68	291 140	614
05	849 275	690	748 649	754	63 637	62	484 448	652	75 185	32	66 184	66	300 447	636
10	841 930	680	758 526	764	61 106	60	491 274	660	78 601	32	70 317	64	309 765	660
15	834 590	668	768 408	772	58 576	56	498 104	668	82 017	26	74 449	64	319 095	684
20	827 256	656	778 294	784	56 048	56	504 938	678	85 430	24	78 581	60	328 437	708
25	819 928	648	788 186	794	53 520	52	511 777	686	88 842	20	82 711	58	337 791	732
30	812 604	636	798 083	802	50 994	50	518 620	696	92 252	18	86 840	58	347 157	756
35	805 286	624	807 984	814	48 469	46	525 468	704	95 661	14	90 969	54	356 535	780
40	797 974	616	817 891	822	45 946	46	532 320	712	99 068	12	95 096	52	365 925	804
45	790 666	604	827 802	832	43 423	42	539 176	722	*02 474	08	99 222	52	375 327	828
0,6850	783 364	592	837 718	844	40 902	40	546 037	730	05 878	04	*03 348	48	384 741	852
55	776 068	582	847 640	852	38 382	36	552 902	740	09 280	02	07 472	48	394 167	878
60	768 777	572	857 566	862	35 864	34	559 772	748	12 681	*98	11 596	46	403 606	900
65	761 491	562	867 497	872	33 347	32	566 646	758	16 080	94	15 719	42	413 056	926
70	754 210	552	877 433	884	30 831	30	573 525	766	19 477	92	19 840	42	422 519	952
75	746 934	540	887 375	892	28 316	28	580 408	774	22 873	90	23 961	40	431 995	974
80	739 664	528	897 321	902	25 802	24	587 295	784	26 268	86	28 081	38	441 482	*002
85	732 400	520	907 272	912	23 290	22	594 187	794	29 661	82	32 200	34	450 983	024
90	725 140	508	917 228	922	20 779	20	601 084	802	33 052	80	36 317	34	460 495	050
95	717 886	498	927 189	932	18 269	16	607 985	812	36 442	76	40 434	32	470 020	076
0,6900	710 637	488	937 155	942	15 761	16	614 891	820	39 830	72	44 550	30	479 558	100
05	703 393	476	947 126	952	13 253	12	621 801	828	43 216	70	48 665	28	489 108	124
10	696 155	468	957 102	964	10 747	08	628 715	840	46 601	68	52 779	26	498 670	152
15	688 921	456	967 084	972	08 243	08	635 635	848	49 985	62	56 892	24	508 246	176
20	681 693	446	977 070	982	05 739	04	642 559	856	53 366	62	61 004	22	517 834	202
25	674 470	434	987 061	992	03 237	02	649 487	866	56 747	56	65 115	20	527 435	226
30	667 253	426	997 057	*002	00 736	00	656 420	876	60 125	54	69 225	18	537 048	254
35	660 040	414	*007 058	012	*98 236	*96	663 358	884	63 502	52	73 334	16	546 675	278
40	652 833	404	017 064	022	95 738	96	670 300	894	66 878	46	77 442	16	556 314	304
45	645 631	394	027 075	032	93 240	92	677 247	904	70 251	46	81 550	12	565 966	330
0,6950	638 434	382	037 091	042	90 744	88	684 199	912	73 624	40	85 656	10	575 631	356
55	631 243	374	047 112	052	88 250	88	691 155	922	76 994	40	89 761	10	585 309	384
60	624 056	362	057 138	062	85 756	84	698 116	932	80 364	34	93 866	06	595 001	408
65	616 875	352	067 169	072	83 264	82	705 082	942	83 731	32	97 969	04	604 705	434
70	609 699	342	077 205	082	80 773	80	712 053	950	87 097	28	**02 071	04	614 422	462
75	602 528	332	087 246	092	78 283	76	719 028	960	90 461	26	06 173	00	624 153	488
80	595 362	322	097 292	102	75 795	76	726 008	968	93 824	22	10 273	00	633 897	514
85	588 201	312	107 343	114	73 307	72	732 992	980	97 185	20	14 373	*96	643 654	540
90	581 045	300	117 400	122	70 821	68	739 982	988	**00 545	16	18 471	96	653 424	568
95	573 895	292	127 461	132	68 337	68	746 976	998	03 903	14	22 569	94	663 208	594
0,7000	566 749		137 527		65 853		753 975		07 260		26 666		673 005	
	—0,3	**14**	**2,0**	**20**	**0,49**	**−49**	**0,7**	**13**	**0,61**	**67**	**0,65**	**81**	**0,8**	**19**

x	φ	sin x		cos x		tg x		Sin x		Cos x		Tg x	
	40°	0,64	76	0,76	−64	0,8	17	0,7	12	1,25	7	0,60	63
0,7000	06′ 25,″36	42 177	46	48 422	44	422 884	102	585 837	554	51 690	590	43 678	46
05	08 08,50	46 000	44	45 200	48	431 435	116	592 114	558	55 485	594	46 851	40
10	09 51,63	49 822	40	41 976	52	439 993	130	598 393	560	59 282	602	50 021	38
15	11 34,76	53 642	38	38 750	56	448 558	146	604 673	566	63 083	608	53 190	34
20	13 17,89	57 461	34	35 522	58	457 131	158	610 956	568	66 887	614	56 357	30
25	15 01,03	61 278	30	32 293	64	465 710	174	617 240	572	70 694	620	59 522	26
30	16 44,16	65 093	28	29 061	68	474 297	190	623 526	576	74 504	626	62 685	24
35	18 27,29	68 907	24	25 827	70	482 892	202	629 814	582	78 317	634	65 847	18
40	20 10,42	72 719	20	22 592	74	491 493	218	636 105	584	82 134	640	69 006	14
45	21 53,56	76 529	18	19 355	78	500 102	232	642 397	588	85 954	644	72 163	12
0,7050	23 36,69	80 338	16	16 116	84	508 718	248	648 691	590	89 776	652	75 319	06
55	25 19,82	84 146	10	12 874	86	517 342	262	654 986	596	93 602	658	78 472	04
60	27 02,95	87 951	08	09 631	90	525 973	276	661 284	600	97 431	664	81 624	00
65	28 46,09	91 755	06	06 386	92	534 611	292	667 584	602	*01 263	672	84 774	*96
70	30 29,22	95 558	00	03 140	98	543 257	306	673 885	608	05 099	676	87 922	92
75	32 12,35	99 358	*98	*99 891	*02	551 910	320	680 189	610	08 937	684	91 068	88
80	33 55,48	*03 157	96	96 640	04	560 570	336	686 494	616	12 779	690	94 212	84
85	35 38,62	06 955	92	93 388	10	569 238	352	692 802	618	16 624	696	97 354	80
90	37 21,75	10 751	88	90 133	12	577 914	364	699 111	622	20 472	702	*00 494	76
95	39 04,88	14 545	86	86 877	16	586 596	382	705 422	626	24 323	708	03 632	72
0,7100	40 48,01	18 338	82	83 619	20	595 287	394	711 735	630	28 177	716	06 768	70
05	42 31,14	22 129	78	80 359	24	603 984	412	718 050	634	32 035	720	09 903	64
10	44 14,28	25 918	76	77 097	28	612 690	424	724 367	638	35 895	728	13 035	62
15	45 57,41	29 706	72	73 833	32	621 402	440	730 686	642	39 759	734	16 166	56
20	47 40,54	33 492	68	70 567	36	630 122	456	737 007	646	43 626	740	19 294	54
25	49 23,67	37 276	66	67 299	38	638 850	470	743 330	650	47 496	746	22 421	50
30	51 06,81	41 059	62	64 030	44	647 585	486	749 655	652	51 369	754	25 546	46
35	52 49,94	44 840	60	60 758	46	656 328	502	755 981	658	55 246	758	28 669	42
40	54 33,07	48 620	56	57 485	50	665 079	516	762 310	660	59 125	766	31 790	38
45	56 16,20	52 398	52	54 210	56	673 837	530	768 640	666	63 008	772	34 909	34
0,7150	57 59,34	56 174	50	50 932	58	682 602	546	774 973	668	66 894	778	38 026	32
55	59 42,47	59 949	46	47 653	62	691 375	562	781 307	674	70 783	784	41 142	26
60	*01 25,60	63 722	42	44 372	64	700 156	578	787 644	676	74 675	792	44 255	22
65	03 08,73	67 493	40	41 090	70	708 945	592	793 982	680	78 571	796	47 366	20
70	04 51,87	71 263	36	37 805	74	717 741	606	800 322	684	82 469	804	50 476	16
75	06 35,00	75 031	32	34 518	76	726 544	624	806 664	690	86 371	810	53 584	10
80	08 18,13	78 797	30	31 230	80	735 356	638	813 009	692	90 276	816	56 689	08
85	10 01,26	82 562	26	27 940	86	744 175	654	819 355	696	94 184	822	59 793	04
90	11 44,40	86 325	24	24 647	88	753 002	670	825 703	700	98 095	830	62 895	00
95	13 27,53	90 087	20	21 353	92	761 837	684	832 053	704	**02 010	834	65 995	**96
0,7200	15 10,66	93 847	16	18 057	96	770 679	700	838 405	708	05 927	842	69 093	92
05	16 53,79	97 605	12	14 759	98	779 529	716	844 759	712	09 848	848	72 189	88
10	18 36,93	**01 361	10	11 460	**04	788 387	732	851 115	714	13 772	854	75 283	86
15	20 20,06	05 116	08	08 158	06	797 253	746	857 472	720	17 699	862	78 376	80
20	22 03,19	08 870	02	04 855	12	806 126	762	863 832	724	21 630	866	81 466	78
25	23 46,32	12 621	00	01 549	14	815 007	780	870 194	728	25 563	874	84 555	72
30	25 29,45	16 371	**96	**98 242	18	823 897	794	876 558	732	29 500	880	87 641	70
35	27 12,59	20 119	94	94 933	22	832 794	808	882 924	734	33 440	886	90 726	66
40	28 55,72	23 866	90	91 622	26	841 698	826	889 291	740	37 383	892	93 809	62
45	30 38,85	27 611	86	88 309	30	850 611	842	895 661	744	41 329	898	96 890	58
0,7250	32′ 21,″98	31 354		84 994		859 532		902 033		45 278		99 969	
	41°	0,66	74	0,74	−66	0,8	17	0,7	12	1,27	7	0,61	61

x	$\ln x$		e^x		e^{-x}		arc sin x		arc tg x		Ar Sin x		Ar Tg x	
	−0,3	**14**	**2,0**	**20**	**0,49**	**−49**	**0,7**	**14**	**0,61**	**67**	**0,65**	**81**	**0,8**	**19**
0,7000	566 749	280	137 527	142	65 853	64	753 975	008	07 260	10	26 666	90	673 005	622
05	559 609	270	147 598	154	63 371	62	760 979	016	10 615	06	30 761	90	682 816	648
10	552 474	260	157 675	162	60 890	60	767 987	028	13 968	04	34 856	88	692 640	676
15	545 344	250	167 756	172	58 410	58	775 001	036	17 320	00	38 950	86	702 478	702
20	538 219	240	177 842	184	55 931	54	782 019	046	20 670	*96	43 043	82	712 329	730
25	531 099	230	187 934	192	53 454	52	789 042	056	24 018	96	47 134	82	722 194	758
30	523 984	220	198 030	204	50 978	50	796 070	066	27 366	90	51 225	80	732 073	784
35	516 874	210	208 132	212	48 503	48	803 103	076	30 711	88	55 315	78	741 965	812
40	509 769	200	218 238	224	46 029	44	810 141	086	34 055	84	59 404	76	751 871	840
45	502 669	188	228 350	234	43 557	42	817 184	094	37 397	82	63 492	74	761 791	868
0,7050	495 575	180	238 467	244	41 086	40	824 231	106	40 738	78	67 579	72	771 725	896
55	488 485	170	248 589	252	38 616	38	831 284	116	44 077	76	71 665	70	781 673	924
60	481 400	158	258 715	264	36 147	34	838 342	124	47 415	72	75 750	68	791 635	952
65	474 321	150	268 847	274	33 680	34	845 404	136	50 751	68	79 834	68	801 611	980
70	467 246	140	278 984	284	31 213	30	852 472	144	54 085	66	83 918	64	811 601	*008
75	460 176	128	289 126	294	28 748	26	859 544	156	57 418	62	88 000	62	821 605	036
80	453 112	120	299 273	306	26 285	26	866 622	164	60 749	60	92 081	60	831 623	064
85	446 052	108	309 426	314	23 822	22	873 704	176	64 079	56	96 161	60	841 655	094
90	438 998	100	319 583	324	21 361	20	880 792	184	67 407	54	*00 241	56	851 702	122
95	431 948	090	329 745	336	18 901	18	887 884	196	70 734	50	04 319	54	861 763	152
0,7100	424 903	080	339 913	344	16 442	16	894 982	206	74 059	46	08 396	54	871 839	180
05	417 863	070	350 085	356	13 984	12	902 085	216	77 382	44	12 473	50	881 929	208
10	410 828	058	360 263	364	11 528	10	909 193	226	80 704	42	16 548	50	892 033	238
15	403 799	050	370 445	376	09 073	08	916 306	236	84 025	36	20 623	46	902 152	266
20	396 774	040	380 633	386	06 619	06	923 424	246	87 343	36	24 696	46	912 285	298
25	389 754	030	390 826	396	04 166	02	930 547	258	90 661	30	28 769	44	922 434	324
30	382 739	022	401 024	406	01 715	00	937 676	266	93 976	28	32 841	40	932 596	356
35	375 728	010	411 227	416	*99 265	00	944 809	278	97 290	26	36 911	40	942 774	384
40	368 723	000	421 435	426	96 815	*94	951 948	288	*00 603	22	40 981	38	952 966	416
45	361 723	*992	431 648	438	94 368	94	959 092	298	03 914	18	45 050	34	963 174	444
0,7150	354 727	980	441 867	446	91 921	90	966 241	308	07 223	16	49 117	34	973 396	474
55	347 737	972	452 090	458	89 476	88	973 395	320	10 531	12	53 184	32	983 633	504
60	340 751	962	462 319	468	87 032	86	980 555	330	13 837	10	57 250	30	993 885	534
65	333 770	952	472 553	476	84 589	84	987 720	340	17 142	06	61 315	28	*004 152	566
70	326 794	942	482 791	488	82 147	80	994 890	352	20 445	02	65 379	26	014 435	594
75	319 823	932	493 035	500	79 707	80	*002 066	362	23 746	00	69 442	24	024 732	626
80	312 857	922	503 285	508	77 267	76	009 247	372	27 046	**98	73 504	22	035 045	656
85	305 896	914	513 539	518	74 829	72	016 433	382	30 345	94	77 565	20	045 373	688
90	298 939	902	523 798	530	72 393	72	023 624	394	33 642	90	81 625	18	055 717	718
95	291 988	894	534 063	538	69 957	68	030 821	404	36 937	88	85 684	16	066 076	748
0,7200	285 041	884	544 332	550	67 523	68	038 023	416	40 231	84	89 742	14	076 450	780
05	278 099	876	554 607	560	65 089	64	045 231	426	43 523	80	93 799	14	086 840	810
10	271 161	864	564 887	570	62 657	60	052 444	436	46 813	78	97 856	10	097 245	842
15	264 229	856	575 172	580	60 227	60	059 662	448	50 102	76	**01 911	08	107 666	874
20	257 301	844	585 462	590	57 797	56	066 886	458	53 390	72	05 965	08	118 103	904
25	250 379	836	595 757	602	55 369	54	074 115	470	56 676	68	10 019	04	128 555	938
30	243 461	828	606 058	610	52 942	52	081 350	480	59 960	66	14 071	02	139 024	968
35	236 547	816	616 363	622	50 516	50	088 590	492	63 243	62	18 122	02	149 508	**000
40	229 639	808	626 674	632	48 091	46	095 836	502	66 524	60	22 173	*98	160 008	032
45	222 735	798	636 990	642	45 668	44	103 087	514	69 804	56	26 222	98	170 524	064
0,7250	215 836		647 311		43 246		110 344		73 082		30 271		181 056	
	−0,3	**13**	**2,0**	**20**	**0,48**	**−48**	**0,8**	**14**	**0,62**	**65**	**0,67**	**80**	**0,9**	**21**

x	φ	sin x		cos x		tg x		Sin x		Cos x		Tg x	
	41°	**0,66**	**74**	**0,74**	**−66**	**0,8**	**17**	**0,7**	**12**	**1,27**	**7**	**0,61**	**61**
0,7250	32′ 21,″98	31 354	84	84 994	32	859 532	856	902 033	746	45 278	906	99 969	54
55	34 05,12	35 096	80	81 678	38	868 460	874	908 406	752	49 231	912	*03 046	50
60	35 48,25	38 836	76	78 359	40	877 397	888	914 782	754	53 187	918	06 121	46
65	37 31,38	42 574	74	75 039	44	886 341	904	921 159	760	57 146	924	09 194	42
70	39 14,51	46 311	70	71 717	50	895 293	922	927 539	764	61 108	930	12 265	40
75	40 57,65	50 046	68	68 392	50	904 254	936	933 921	766	65 073	938	15 335	34
80	42 40,78	53 780	62	65 067	56	913 222	952	940 304	772	69 042	944	18 402	32
85	44 23,91	57 511	60	61 739	60	922 198	970	946 690	774	73 014	950	21 468	28
90	46 07,04	61 241	58	58 409	64	931 183	984	953 077	780	76 989	956	24 532	24
95	47 50,18	64 970	52	55 077	66	940 175	*000	959 467	782	80 967	962	27 594	18
0,7300	49 33,31	68 696	50	51 744	70	949 175	018	965 858	788	84 948	970	30 653	16
05	51 16,44	72 421	48	48 409	74	958 184	032	972 252	790	88 933	974	33 711	14
10	52 59,57	76 145	42	45 072	78	967 200	050	978 647	794	92 920	982	36 768	08
15	54 42,71	79 866	40	41 733	82	976 225	064	985 044	800	96 911	988	39 822	04
20	56 25,84	83 586	38	38 392	86	985 257	082	991 444	802	*00 905	996	42 874	00
25	58 08,97	87 305	34	35 049	90	994 298	098	997 845	808	04 903	*000	45 924	*98
30	59 52,10	91 022	30	31 704	92	*003 347	114	*004 249	810	08 903	008	48 973	92
35	*01 35,24	94 737	26	28 358	96	012 404	132	010 654	816	12 907	014	52 019	90
40	03 18,37	98 450	24	25 010	*00	021 470	146	017 062	818	16 914	020	55 064	86
45	05 01,50	*02 162	20	21 660	04	030 543	164	023 471	824	20 924	026	58 107	82
0,7350	06 44,63	05 872	16	18 308	08	039 625	178	029 883	826	24 937	034	61 148	78
55	08 27,76	09 580	14	14 954	12	048 714	198	036 296	832	28 954	040	64 187	74
60	10 10,90	13 287	08	11 598	16	057 813	212	042 712	834	32 974	046	67 224	70
65	11 54,03	16 991	08	08 240	18	066 919	228	049 129	840	36 997	052	70 259	66
70	13 37,16	20 695	02	04 881	22	076 033	246	055 549	842	41 023	058	73 292	62
75	15 20,29	24 396	00	01 520	26	085 156	262	061 970	848	45 052	066	76 323	60
80	17 03,43	28 096	*98	*98 157	30	094 287	280	068 394	850	49 085	070	79 353	54
85	18 46,56	31 795	92	94 792	34	103 427	296	074 819	856	53 120	078	82 380	52
90	20 29,69	35 491	90	91 425	38	112 575	312	081 247	858	57 159	086	85 406	48
95	22 12,82	39 186	86	88 056	40	121 731	328	087 676	864	61 202	090	88 430	44
0,7400	23 55,96	42 879	84	84 686	46	130 895	346	094 108	868	65 247	098	91 452	40
05	25 39,09	46 571	78	81 313	48	140 068	362	100 542	870	69 296	104	94 472	36
10	27 22,22	50 260	78	77 939	52	149 249	380	106 977	876	73 348	110	97 490	32
15	29 05,35	53 949	72	74 563	56	158 439	396	113 415	880	77 403	116	**00 506	28
20	30 48,49	57 635	70	71 185	60	167 637	414	119 855	882	81 461	124	03 520	24
25	32 31,62	61 320	66	67 805	62	176 844	430	126 296	888	85 523	128	06 532	22
30	34 14,75	65 003	62	64 424	68	186 059	446	132 740	892	89 587	136	09 543	16
35	35 57,88	68 684	60	61 040	70	195 282	464	139 186	896	93 655	144	12 551	14
40	37 41,02	72 364	56	57 655	74	204 514	480	145 634	900	97 727	148	15 558	10
45	39 24,15	76 042	52	54 268	78	213 754	498	152 084	904	**01 801	156	18 563	04
0,7450	41 07,28	79 718	50	50 879	82	223 003	516	158 536	908	05 879	162	21 565	02
55	42 50,41	83 393	46	47 488	84	232 261	532	164 990	912	09 960	168	24 566	**98
60	44 33,55	87 066	42	44 096	90	241 527	548	171 446	916	14 044	174	27 565	96
65	46 16,68	90 737	38	40 701	92	250 801	566	177 904	920	18 131	182	30 563	90
70	47 59,81	94 406	36	37 305	96	260 084	584	184 364	924	22 222	186	33 558	86
75	49 42,94	98 074	32	33 907	**00	269 376	602	190 826	928	26 315	194	36 551	84
80	51 26,08	**01 740	30	30 507	04	278 677	618	197 290	932	30 412	202	39 543	78
85	53 09,21	05 405	24	27 105	08	287 986	634	203 756	938	34 513	206	42 532	76
90	54 52,34	09 067	22	23 701	10	297 303	654	210 225	940	38 616	214	45 520	72
95	56 35,47	12 728	20	20 296	14	306 630	670	216 695	944	42 723	220	48 506	68
0,7500	58′ 18,″60	16 388		16 889		315 965		223 167		46 833		51 490	
	42°	**0,68**	**73**	**0,73**	**−68**	**0,9**	**18**	**0,8**	**12**	**1,29**	**8**	**0,63**	**59**

x	$\ln x$		e^x		e^{-x}		arc sin x		arc tg x		Ar Sin x		Ar Tg x	
	—0,3	**13**	**2,0**	**20**	**0,48**	**−48**	**0,8**	**14**	**0,62**	**65**	**0,67**	**80**	**0,9**	**21**
0,7250	215 836	788	647 311	652	43 246	42	110 344	524	73 082	52	30 271	94	181 056	096
55	208 942	778	657 637	664	40 825	40	117 606	536	76 358	50	34 318	94	191 604	130
60	202 053	770	667 969	672	38 405	38	124 874	548	79 633	48	38 365	92	202 169	160
65	195 168	760	678 305	684	35 986	34	132 148	558	82 907	44	42 411	88	212 749	194
70	188 288	750	688 647	694	33 569	32	139 427	568	86 179	40	46 455	88	223 346	228
75	181 413	742	698 994	704	31 153	30	146 711	582	89 449	38	50 499	86	233 960	258
80	174 542	730	709 346	714	28 738	28	154 002	592	92 718	34	54 542	84	244 589	294
85	167 677	724	719 703	726	26 324	26	161 298	602	95 985	32	58 584	82	255 236	324
90	160 815	712	730 066	734	23 911	22	168 599	616	99 251	28	62 625	78	265 898	360
95	153 959	704	740 433	746	21 500	20	175 907	626	*02 515	26	66 664	78	276 578	392
0,7300	147 107	694	750 806	756	19 090	18	183 220	636	05 778	22	70 703	76	287 274	424
05	140 260	684	761 184	766	16 681	16	190 538	650	09 039	18	74 741	74	297 986	460
10	133 418	674	771 567	778	14 273	12	197 863	660	12 298	16	78 778	72	308 716	492
15	126 581	666	781 956	786	11 867	12	205 193	672	15 556	12	82 814	70	319 462	528
20	119 748	658	792 349	798	09 461	08	212 529	684	18 812	10	86 849	68	330 226	560
25	112 919	646	802 748	808	07 057	06	219 871	694	22 067	06	90 883	68	341 006	594
30	106 096	638	813 152	818	04 654	02	227 218	708	25 320	04	94 917	64	351 803	630
35	099 277	628	823 561	830	02 253	02	234 572	718	28 572	00	98 949	62	362 618	662
40	092 463	620	833 976	838	*99 852	*98	241 931	730	31 822	*98	*02 980	60	373 449	698
45	085 653	610	844 395	850	97 453	96	249 296	742	35 071	94	07 010	60	384 298	732
0,7350	078 848	602	854 820	860	95 055	94	256 667	754	38 318	90	11 040	56	395 164	768
55	072 047	590	865 250	870	92 658	92	264 044	764	41 563	88	15 068	54	406 048	802
60	065 252	584	875 685	882	90 262	90	271 426	778	44 807	86	19 095	54	416 949	838
65	058 460	572	886 126	890	87 867	86	278 815	790	48 050	82	23 122	50	427 868	872
70	051 674	564	896 571	902	85 474	84	286 210	800	51 291	78	27 147	50	438 804	906
75	044 892	554	907 022	912	83 082	82	293 610	814	54 530	76	31 172	46	449 757	944
80	038 115	546	917 478	924	80 691	80	301 017	826	57 768	72	35 195	46	460 729	978
85	031 342	536	927 940	932	78 301	76	308 430	836	61 004	70	39 218	42	471 718	*016
90	024 574	528	938 406	944	75 913	76	315 848	850	64 239	66	43 239	42	482 726	050
95	017 810	518	948 878	954	73 525	72	323 273	862	67 472	62	47 260	40	493 751	086
0,7400	011 051	510	959 355	964	71 139	70	330 704	872	70 703	60	51 280	36	504 794	122
05	004 296	498	969 837	976	68 754	68	338 140	886	73 933	58	55 298	36	515 855	158
10	*997 547	492	980 325	986	66 370	64	345 583	898	77 162	54	59 316	34	526 934	196
15	990 801	482	990 818	996	63 988	64	353 032	910	80 389	50	63 333	32	538 032	232
20	984 060	472	*001 316	*006	61 606	60	360 487	924	83 614	48	67 349	30	549 148	268
25	977 324	464	011 819	018	59 226	58	367 949	934	86 838	44	71 364	28	560 282	306
30	970 592	454	022 328	026	56 847	56	375 416	948	90 060	42	75 378	26	571 435	342
35	963 865	446	032 841	038	54 469	52	382 890	960	93 281	38	79 391	24	582 606	380
40	957 142	436	043 360	050	52 093	52	390 370	972	96 500	36	83 403	22	593 796	416
45	950 424	426	053 885	058	49 717	48	397 856	984	99 718	32	87 414	20	605 004	454
0,7450	943 711	420	064 414	070	47 343	46	405 348	998	**02 934	30	91 424	18	616 231	492
55	937 001	408	074 949	080	44 970	44	412 847	*010	06 149	26	95 433	16	627 477	530
60	930 297	400	085 489	092	42 598	42	420 352	022	09 362	22	99 441	14	638 742	568
65	923 597	392	096 035	100	40 227	38	427 863	036	12 573	20	**03 448	14	650 026	606
70	916 901	382	106 585	112	37 858	38	435 381	048	15 783	18	07 455	10	661 329	644
75	910 210	374	117 141	122	35 489	34	442 905	060	18 992	14	11 460	08	672 651	682
80	903 523	364	127 702	134	33 122	32	450 435	074	22 199	10	15 464	06	683 992	722
85	896 841	356	138 269	144	30 756	28	457 972	086	25 404	08	19 467	06	695 353	760
90	890 163	346	148 841	154	28 392	28	465 515	100	28 608	04	23 470	02	706 733	798
95	883 490	338	159 418	164	26 028	24	473 065	112	31 810	02	27 471	02	718 132	838
0,7500	876 821		170 000		23 666		480 621		35 011		31 472		729 551	
	—0,2	**13**	**2,1**	**21**	**0,47**	**−47**	**0,8**	**15**	**0,64**	**64**	**0,69**	**80**	**0,9**	**22**

x	φ	sin x		cos x		tg x		Sin x		Cos x		Tg x	
	42°	**0,68**	**73**	**0,73**	**−68**	**0,9**	**18**	**0,8**	**12**	**1,29**	**8**	**0,63**	**59**
0,7500	58′18,″60	16 388	14	16 889	18	315 965	686	223 167	950	46 833	226	51 490	64
05	*00 01,74	20 045	12	13 480	22	325 308	706	229 642	952	50 946	232	54 472	60
10	01 44,87	23 701	08	10 069	26	334 661	722	236 118	958	55 062	240	57 452	56
15	03 28,00	27 355	06	06 656	30	344 022	740	242 597	960	59 182	246	60 430	52
20	05 11,13	31 008	02	03 241	32	353 392	758	249 077	966	63 305	252	63 406	48
25	06 54,27	34 659	*98	*99 825	36	362 771	774	255 560	970	67 431	260	66 380	46
30	08 37,40	38 308	94	96 407	40	372 158	792	262 045	974	71 561	264	69 353	42
35	10 20,53	41 955	92	92 987	44	381 554	810	268 532	978	75 693	272	72 324	36
40	12 03,66	45 601	86	89 565	48	390 959	828	275 021	982	79 829	278	75 292	34
45	13 46,80	49 244	86	86 141	52	400 373	846	281 512	986	83 968	286	78 259	30
0,7550	15 29,93	52 887	80	82 715	54	409 796	864	288 005	990	88 111	290	81 224	26
55	17 13,06	56 527	78	79 288	58	419 228	880	294 500	994	92 256	298	84 187	22
60	18 56,19	60 166	74	75 859	62	428 668	900	300 997	998	96 405	304	87 148	20
65	20 39,33	63 803	70	72 428	66	438 118	916	307 496	*002	*00 557	312	90 108	14
70	22 22,46	67 438	68	68 995	70	447 576	934	313 997	008	04 713	316	93 065	10
75	24 05,59	71 072	64	65 560	72	457 043	954	320 501	010	08 871	324	96 020	08
80	25 48,72	74 704	60	62 124	76	466 520	970	327 006	016	13 033	330	98 974	04
85	27 31,86	78 334	58	58 686	80	476 005	988	333 514	018	17 198	338	*01 926	00
90	29 14,99	81 963	52	55 246	84	485 499	*006	340 023	024	21 367	342	04 876	*96
95	30 58,12	85 589	50	51 804	88	495 002	026	346 535	028	25 538	350	07 824	92
0,7600	32 41,25	89 214	48	48 360	90	504 515	042	353 049	032	29 713	356	10 770	88
05	34 24,39	92 838	42	44 915	96	514 036	060	359 565	036	33 891	364	13 714	84
10	36 07,52	96 459	40	41 467	98	523 566	080	366 083	040	38 073	368	16 656	80
15	37 50,65	*00 079	36	38 018	*02	533 106	096	372 603	044	42 257	376	19 596	78
20	39 33,78	03 697	34	34 567	06	542 654	116	379 125	048	46 445	384	22 535	74
25	41 16,91	07 314	28	31 114	08	552 212	134	385 649	054	50 637	388	25 472	68
30	43 00,05	10 928	26	27 660	12	561 779	152	392 176	056	54 831	396	28 406	66
35	44 43,18	14 541	24	24 204	18	571 355	170	398 704	062	59 029	402	31 339	62
40	46 26,31	18 153	18	20 745	20	580 940	188	405 235	064	63 230	408	34 270	58
45	48 09,44	21 762	16	17 285	22	590 534	208	411 767	070	67 434	416	37 199	54
0,7650	49 52,58	25 370	12	13 824	28	600 138	224	418 302	074	71 642	420	40 126	52
55	51 35,71	28 976	08	10 360	30	609 750	244	424 839	078	75 852	428	43 052	46
60	53 18,84	32 580	06	06 895	36	619 372	264	431 378	082	80 066	436	45 975	44
65	55 01,97	36 183	02	03 427	38	629 004	280	437 919	086	84 284	440	48 897	38
70	56 45,11	39 784	**98	**99 958	40	638 644	300	444 462	092	88 504	448	51 816	36
75	58 28,24	43 383	94	96 488	46	648 294	318	451 008	094	92 728	454	54 734	32
80	**00 11,37	46 980	92	93 015	48	657 953	338	457 555	100	96 955	462	57 650	28
85	01 54,50	50 576	88	89 541	54	667 622	356	464 105	102	**01 186	466	60 564	24
90	03 37,64	54 170	84	86 064	56	677 300	374	470 656	108	05 419	474	63 476	20
95	05 20,77	57 762	80	82 586	58	686 987	392	477 210	112	09 656	482	66 386	18
0,7700	07 03,90	61 352	78	79 107	64	696 683	412	483 766	116	13 897	486	69 295	12
05	08 47,03	64 941	74	75 625	66	706 389	432	490 324	120	18 140	494	72 201	10
10	10 30,17	68 528	70	72 142	70	716 105	450	496 884	124	22 387	500	75 106	04
15	12 13,30	72 113	68	68 657	74	725 830	468	503 446	130	26 637	506	78 008	02
20	13 56,43	75 697	62	65 170	78	735 564	488	510 011	132	30 890	514	80 909	**98
25	15 39,56	79 278	60	61 681	82	745 308	506	516 577	138	35 147	520	83 808	94
30	17 22,70	82 858	58	58 190	84	755 061	526	523 146	142	39 407	526	86 705	90
35	19 05,83	86 437	52	54 698	88	764 824	544	529 717	146	43 670	534	89 600	88
40	20 48,96	90 013	50	51 204	92	774 596	564	536 290	150	47 937	538	92 494	82
45	22 32,09	93 588	46	47 708	96	784 378	584	542 865	154	52 206	548	95 385	80
0,7750	24′ 15,″22	97 161		44 210		794 170		549 442		56 480		98 275	
	44°	**0,69**	**71**	**0,71**	**−69**	**0,9**	**19**	**0,8**	**13**	**1,31**	**8**	**0,64**	**57**

x	ln x		e^x		e^{-x}		arc sin x		arc tg x		Ar Sin x		Ar Tg x	
	—0,2	**13**	**2,1**	**21**	**0,47**	**−47**	**0,8**	**15**	**0,64**	**63**	**0,69**	**79**	**0,9**	**2**
0,7500	876 821	330	170 000	176	23 666	24	480 621	124	35 011	98	31 472	98	729 551	2876
05	870 156	320	180 588	186	21 304	20	488 183	138	38 210	96	35 471	98	740 989	2916
10	863 496	310	191 181	196	18 944	18	495 752	152	41 408	92	39 470	94	752 447	2956
15	856 841	302	201 779	208	16 585	14	503 328	164	44 604	90	43 467	94	763 925	2996
20	850 190	294	212 383	216	14 228	14	510 910	178	47 799	86	47 464	92	775 423	3034
25	843 543	284	222 991	230	11 871	10	518 499	190	50 992	82	51 460	90	786 940	3076
30	836 901	276	233 606	238	09 516	08	526 094	204	54 183	80	55 455	86	798 478	3114
35	830 263	268	244 225	250	07 162	06	533 696	216	57 373	78	59 448	86	810 035	3156
40	823 629	258	254 850	260	04 809	04	541 304	230	60 562	74	63 441	84	821 613	3196
45	817 000	250	265 480	270	02 457	02	548 919	244	63 749	70	67 433	82	833 211	3238
0,7550	810 375	240	276 115	282	00 106	*98	556 541	258	66 934	68	71 424	80	844 830	3276
55	803 755	232	286 756	292	*97 757	98	564 170	270	70 118	66	75 414	78	856 468	3320
60	797 139	224	297 402	302	95 408	94	571 805	284	73 301	60	79 403	76	868 128	3360
65	790 527	214	308 053	314	93 061	92	579 447	298	76 481	60	83 391	74	879 808	3400
70	783 920	206	318 710	324	90 715	88	587 096	310	79 661	56	87 378	72	891 508	3444
75	777 317	196	329 372	334	88 371	88	594 751	324	82 839	52	91 364	70	903 230	3484
80	770 719	188	340 039	346	86 027	84	602 413	340	86 015	50	95 349	68	914 972	3526
85	764 125	180	350 712	356	83 685	84	610 083	352	89 190	46	99 333	66	926 735	3568
90	757 535	170	361 390	366	81 343	80	617 759	364	92 363	42	*03 316	66	938 519	3610
95	750 950	164	372 073	378	79 003	78	625 441	380	95 534	40	07 299	62	950 324	3654
0,7600	744 368	152	382 762	388	76 664	74	633 131	394	98 704	38	11 280	60	962 151	3696
05	737 792	146	393 456	400	74 327	74	640 828	406	*01 873	34	15 260	60	973 999	3738
10	731 219	136	404 156	408	71 990	70	648 531	422	05 040	32	19 240	56	985 868	3780
15	724 651	128	414 860	422	69 655	70	656 242	436	08 206	28	23 218	54	997 758	3826
20	718 087	118	425 571	430	67 320	66	663 960	448	11 370	24	27 195	54	*009 671	3868
25	711 528	112	436 286	442	64 987	64	671 684	464	14 532	22	31 172	50	021 605	3910
30	704 972	100	447 007	452	62 655	60	679 416	478	17 693	20	35 147	50	033 560	3956
35	698 422	094	457 733	464	60 325	60	687 155	490	20 853	16	39 122	48	045 538	3998
40	691 875	084	468 465	472	57 995	56	694 900	506	24 011	12	43 096	44	057 537	4044
45	685 333	078	479 201	486	55 667	56	702 653	520	27 167	10	47 068	44	069 559	4086
0,7650	678 794	066	489 944	494	53 339	52	710 413	534	30 322	06	51 040	42	081 602	4132
55	672 261	060	500 691	506	51 013	50	718 180	550	33 475	04	55 011	40	093 668	4176
60	665 731	050	511 444	518	48 688	46	725 955	562	36 627	00	58 981	36	105 756	4222
65	659 206	042	522 203	528	46 365	46	733 736	578	39 777	*98	62 949	36	117 867	4266
70	652 685	034	532 967	538	44 042	44	741 525	592	42 926	96	66 917	34	130 000	4312
75	646 168	026	543 736	548	41 720	40	749 321	608	46 074	90	70 884	32	142 156	4356
80	639 655	016	554 510	560	39 400	38	757 125	620	49 219	90	74 850	30	154 334	4404
85	633 147	008	565 290	572	37 081	36	764 935	636	52 364	84	78 815	28	166 536	4448
90	626 643	000	576 076	580	34 763	34	772 753	652	55 506	82	82 779	26	178 760	4494
95	620 143	*990	586 866	594	32 446	30	780 579	666	58 647	80	86 742	24	191 007	4542
0,7700	613 648	984	597 663	602	30 131	30	788 412	680	61 787	76	90 704	24	203 278	4586
05	607 156	974	608 464	614	27 816	26	796 252	694	64 925	74	94 666	20	215 571	4634
10	600 669	966	619 271	624	25 503	24	804 099	710	68 062	70	98 626	18	227 888	4682
15	594 186	958	630 083	636	23 191	22	811 954	726	71 197	68	**02 585	16	240 229	4728
20	587 707	948	640 901	646	20 880	20	819 817	740	74 331	64	06 543	16	252 593	4774
25	581 233	942	651 724	658	18 570	18	827 687	756	77 463	60	10 501	12	264 980	4822
30	574 762	932	662 553	668	16 261	14	835 565	770	80 593	60	14 457	10	277 391	4872
35	568 296	924	673 387	678	13 954	14	843 450	786	83 723	54	18 412	10	289 827	4918
40	561 834	916	684 226	690	11 647	10	851 343	800	86 850	52	22 367	06	302 286	4966
45	555 376	908	695 071	700	09 342	08	859 243	816	89 976	50	26 320	06	314 769	5014
0,7750	548 922		705 921		07 038		867 151		93 101		30 273		327 276	
	—0,2	**12**	**2,1**	**21**	**0,46**	**−46**	**0,8**	**15**	**0,65**	**62**	**0,71**	**79**	**1,0**	**2**

x	φ	sin x		cos x		tg x		Sin x		Cos x		Tg x	
	44°	**0,69**	**71**	**0,71**	**−69**	**0,9**	**19**	**0,8**	**13**	**1,31**	**8**	**0,64**	**57**
0,7750	24′ 15,″22	97 161	42	44 210	98	794 170	602	549 442	158	56 480	552	98 275	74
55	25 58,36	*00 732	38	40 711	*02	803 971	620	556 021	162	60 756	560	*01 162	72
60	27 41,49	04 301	36	37 210	06	813 781	642	562 602	168	65 036	566	04 048	68
65	29 24,62	07 869	32	33 707	10	823 602	660	569 186	172	69 319	572	06 932	64
70	31 07,75	11 435	28	30 202	14	833 432	678	575 772	176	73 605	578	09 814	60
75	32 50,89	14 999	26	26 695	16	843 271	700	582 360	180	77 894	586	12 694	58
80	34 34,02	18 562	22	23 187	20	853 121	718	588 950	184	82 187	592	15 573	52
85	36 17,15	22 123	18	19 677	24	862 980	738	595 542	188	86 483	600	18 449	50
90	38 00,28	25 682	14	16 165	28	872 849	756	602 136	194	90 783	604	21 324	44
95	39 43,42	29 239	10	12 651	32	882 727	776	608 733	196	95 085	612	24 196	42
0,7800	41 26,55	32 794	08	09 135	34	892 615	796	615 331	202	99 391	620	27 067	38
05	43 09,68	36 348	04	05 618	38	902 513	816	621 932	206	*03 701	624	29 936	34
10	44 52,81	39 900	00	02 099	42	912 421	836	628 535	210	08 013	632	32 803	30
15	46 35,95	43 450	*96	*98 578	44	922 339	856	635 140	214	12 329	638	35 668	28
20	48 19,08	46 998	94	95 056	50	932 267	874	641 747	220	16 648	646	38 532	22
25	50 02,21	50 545	90	91 531	52	942 204	894	648 357	222	20 971	652	41 393	20
30	51 45,34	54 090	86	88 005	56	952 151	916	654 968	228	25 297	658	44 253	14
35	53 28,48	57 633	82	84 477	60	962 109	934	661 582	232	29 626	664	47 110	12
40	55 11,61	61 174	80	80 947	62	972 076	954	668 198	236	33 958	672	49 966	08
45	56 54,74	64 714	76	77 416	66	982 053	974	674 816	240	38 294	678	52 820	04
0,7850	58 37,87	68 252	72	73 883	70	992 040	994	681 436	246	42 633	686	55 672	00
55	*00 21,01	71 788	68	70 348	74	*002 037	*014	688 059	248	46 976	690	58 522	*98
60	02 04,14	75 322	66	66 811	78	012 044	034	694 683	254	51 321	698	61 371	92
65	03 47,27	78 855	60	63 272	80	022 061	054	701 310	258	55 670	706	64 217	90
70	05 30,40	82 385	58	59 732	84	032 088	074	707 939	262	60 023	710	67 062	86
75	07 13,53	85 914	56	56 190	88	042 125	096	714 570	266	64 378	718	69 905	80
80	08 56,67	89 442	50	52 646	90	052 173	114	721 203	272	68 737	724	72 745	80
85	10 39,80	92 967	48	49 101	96	062 230	134	727 839	274	73 099	732	75 585	74
90	12 22,93	96 491	44	45 553	98	072 297	156	734 476	280	77 465	738	78 422	70
95	14 06,06	**00 013	40	42 004	**02	082 375	176	741 116	284	81 834	744	81 257	66
0,7900	15 49,20	03 533	36	38 453	04	092 463	196	747 758	288	86 206	752	84 090	64
05	17 32,33	07 051	34	34 901	10	102 561	216	754 402	294	90 582	758	86 922	60
10	19 15,46	10 568	28	31 346	12	112 669	236	761 049	296	94 961	764	89 752	54
15	20 58,59	14 082	26	27 790	16	122 787	258	767 697	302	99 343	770	92 579	52
20	22 41,73	17 595	24	24 232	20	132 916	278	774 348	306	**03 728	778	95 405	48
25	24 24,86	21 107	18	20 672	22	143 055	298	781 001	310	08 117	784	98 229	46
30	26 07,99	24 616	16	17 111	26	153 204	320	787 656	316	12 509	792	**01 052	40
35	27 51,12	28 124	12	13 548	30	163 364	340	794 314	318	16 905	798	03 872	38
40	29 34,26	31 630	08	09 983	34	173 534	360	800 973	324	21 304	804	06 691	32
45	31 17,39	35 134	04	06 416	36	183 714	382	807 635	328	25 706	810	09 507	30
0,7950	33 00,52	38 636	02	02 848	42	193 905	402	814 299	332	30 111	818	12 322	26
55	34 43,65	42 137	**96	**99 277	42	204 106	422	820 965	336	34 520	824	15 135	22
60	36 26,79	45 635	94	95 706	48	214 317	444	827 633	342	38 932	832	17 946	18
65	38 09,92	49 132	90	92 132	52	224 539	464	834 304	346	43 348	836	20 755	16
70	39 53,05	52 627	88	88 556	54	234 771	486	840 977	350	47 766	846	23 563	10
75	41 36,18	56 121	82	84 979	58	245 014	506	847 652	354	52 189	850	26 368	08
80	43 19,32	59 612	80	81 400	60	255 267	528	854 329	358	56 614	858	29 172	04
85	45 02,45	63 102	76	77 820	66	265 531	548	861 008	364	61 043	864	31 974	**98
90	46 45,58	66 590	72	74 237	68	275 805	570	867 690	368	65 475	872	34 773	96
95	48 28,71	70 076	70	70 653	72	286 090	592	874 374	372	69 911	876	37 571	94
0,8000	50′ 11,″84	73 561		67 067		296 386		881 060		74 349		40 368	
	45°	**0,71**	**69**	**0,69**	**−71**	**1,0**	**20**	**0,8**	**13**	**1,33**	**8**	**0,66**	**55**

x	$\ln x$		e^x		e^{-x}		arc sin x		arc tg x		Ar Sin x		Ar Tg x	
	—0,2	12	2,1	21	0,46	—46	0,8	15	0,65	62	0,71	79	1,0	25
0,7750	548 922	898	705 921	712	07 038	06	867 151	832	93 101	46	30 273	04	327 276	064
55	542 473	890	716 777	722	04 735	04	875 067	846	96 224	42	34 225	00	339 808	112
60	536 028	884	727 638	734	02 433	02	882 990	862	99 345	40	38 175	00	352 364	162
65	529 586	874	738 505	744	00 132	*98	890 921	878	*02 465	38	42 125	*98	364 945	210
70	523 149	866	749 377	754	*97 833	96	898 860	894	05 584	34	46 074	94	377 550	260
75	516 716	856	760 254	766	95 535	96	906 807	908	08 701	30	50 021	94	390 180	310
80	510 288	850	771 137	776	93 237	92	914 761	926	11 816	28	53 968	92	402 835	360
85	503 863	842	782 025	788	90 941	90	922 724	940	14 930	26	57 914	90	415 515	410
90	497 442	832	792 919	798	88 646	86	930 694	956	18 043	22	61 859	88	428 220	460
95	491 026	824	803 818	810	86 353	86	938 672	972	21 154	18	65 803	86	440 950	510
0,7800	484 614	818	814 723	820	84 060	82	946 658	988	24 263	16	69 746	84	453 705	562
05	478 205	808	825 633	830	81 769	82	954 652	*004	27 371	12	73 688	82	466 486	614
10	471 801	800	836 548	842	79 478	78	962 654	020	30 477	10	77 629	80	479 293	664
15	465 401	792	847 469	854	77 189	76	970 664	036	33 582	08	81 569	78	492 125	716
20	459 005	782	858 396	864	74 901	74	978 682	052	36 686	04	85 508	78	504 983	768
25	452 614	776	869 328	874	72 614	70	986 708	070	39 788	00	89 447	74	517 867	818
30	446 226	768	880 265	886	70 329	70	994 743	084	42 888	*98	93 384	72	530 776	872
35	439 842	758	891 208	896	68 044	68	*002 785	102	45 987	94	97 320	70	543 712	926
40	433 463	752	902 156	908	65 760	64	010 836	116	49 084	92	*01 255	70	556 675	976
45	427 087	742	913 110	918	63 478	62	018 894	134	52 180	88	05 190	66	569 663	*030
0,7850	420 716	736	924 069	930	61 197	60	026 961	150	55 274	86	09 123	66	582 678	084
55	414 348	726	935 034	940	58 917	58	035 036	168	58 367	84	13 056	62	595 720	138
60	407 985	718	946 004	952	56 638	56	043 120	184	61 459	80	16 987	62	608 789	190
65	401 626	712	956 980	962	54 360	52	051 212	200	64 549	76	20 918	58	621 884	246
70	395 270	702	967 961	974	52 084	52	059 312	216	67 637	74	24 847	58	635 007	298
75	388 919	694	978 948	984	49 808	48	067 420	234	70 724	70	28 776	56	648 156	354
80	382 572	686	989 940	996	47 534	46	075 537	252	73 809	68	32 704	54	661 333	410
85	376 229	678	*000 938	*006	45 261	44	083 663	268	76 893	64	36 631	50	674 538	464
90	369 890	672	011 941	018	42 989	42	091 797	284	79 975	62	40 556	50	687 770	518
95	363 554	662	022 950	028	40 718	40	099 939	302	83 056	60	44 481	48	701 029	576
0,7900	357 223	654	033 964	040	38 448	38	108 090	318	86 136	56	48 405	46	714 317	630
05	350 896	646	044 984	050	36 179	34	116 249	338	89 214	52	52 328	44	727 632	688
10	344 573	638	056 009	062	33 912	34	124 418	352	92 290	50	56 250	42	740 976	742
15	338 254	630	067 040	072	31 645	30	132 594	372	95 365	46	60 171	40	754 347	802
20	331 939	622	078 076	084	29 380	28	140 780	388	98 438	44	64 091	38	767 748	856
25	325 628	614	089 118	094	27 116	26	148 974	406	**01 510	42	68 010	36	781 176	914
30	319 321	608	100 165	106	24 853	24	157 177	422	04 581	36	71 928	36	794 633	972
35	313 017	598	111 218	118	22 591	22	165 388	440	07 649	36	75 846	32	808 119	**030
40	306 718	590	122 277	128	20 330	18	173 608	460	10 717	32	79 762	30	821 634	088
45	300 423	582	133 341	138	18 071	18	181 838	476	13 783	28	83 677	28	835 178	148
0,7950	294 132	576	144 410	150	15 812	14	190 076	494	16 847	26	87 591	28	848 752	204
55	287 844	566	155 485	160	13 555	12	198 323	512	19 910	24	91 505	24	862 354	264
60	281 561	560	166 565	174	11 299	10	206 579	530	22 972	18	95 417	24	875 986	324
65	275 281	550	177 652	182	09 044	08	214 844	548	26 031	18	99 329	20	889 648	384
70	269 006	544	188 743	194	06 790	06	223 118	564	29 090	14	**03 239	20	903 340	442
75	262 734	534	199 840	206	04 537	04	231 400	586	32 147	10	07 149	18	917 061	504
80	256 467	528	210 943	216	02 285	00	239 693	602	35 202	08	11 058	14	930 813	562
85	250 203	520	222 051	228	00 035	00	247 994	620	38 256	06	14 965	14	944 594	626
90	243 943	512	233 165	238	**97 785	**96	256 304	638	41 309	02	18 872	12	958 407	684
95	237 687	502	244 284	250	95 537	94	264 623	658	44 360	**98	22 778	10	972 249	748
0,8000	231 436		255 409		93 290		272 952		47 409		26 683		986 123	
	—0,2	12	2,2	22	0,44	—44	0,9	16	0,67	60	0,73	78	1,0	27

x	φ	sin x		cos x		tg x		Sin x		Cos x		Tg x	
	45°	**0,71**	**69**	**0,69**	**−71**	**1,0**	**20**	**0,8**	**13**	**1,3**	**8**	**0,66**	**55**
0,8000	50′11,″84	73 561	66	67 067	76	296 386	612	881 060	376	374 349	886	40 368	88
05	51 54,98	77 044	60	63 479	78	306 692	632	887 748	382	378 792	890	43 162	86
10	53 38,11	80 524	58	59 890	82	317 008	656	894 439	384	383 237	898	45 955	80
15	55 21,24	84 003	56	56 299	86	327 336	676	901 131	390	387 686	904	48 745	78
20	57 04,37	87 481	50	52 706	90	337 674	696	907 826	394	392 138	912	51 534	74
25	58 47,51	90 956	48	49 111	92	348 022	720	914 523	400	396 594	918	54 321	70
30	*00 30,64	94 430	44	45 515	96	358 382	740	921 223	404	401 053	924	57 106	66
35	02 13,77	97 902	40	41 917	*00	368 752	762	927 925	406	405 515	932	59 889	64
40	03 56,90	*01 372	36	38 317	02	379 133	784	934 628	414	409 981	938	62 671	58
45	05 40,04	04 840	32	34 716	08	389 525	804	941 335	416	414 450	944	65 450	56
0,8050	07 23,17	08 306	30	31 112	10	399 927	828	948 043	420	418 922	952	68 228	52
55	09 06,30	11 771	26	27 507	12	410 341	848	954 753	426	423 398	958	71 004	46
60	10 49,43	15 234	22	23 901	18	420 765	870	961 466	430	427 877	964	73 777	46
65	12 32,57	18 695	18	20 292	20	431 200	892	968 181	436	432 359	972	76 550	40
70	14 15,70	22 154	16	16 682	24	441 646	914	974 899	438	436 845	978	79 320	36
75	15 58,83	25 612	10	13 070	28	452 103	934	981 618	444	441 334	986	82 088	34
80	17 41,96	29 067	08	09 456	30	462 570	958	988 340	448	445 827	992	84 855	30
85	19 25,10	32 521	04	05 841	34	473 049	980	995 064	452	450 323	998	87 620	24
90	21 08,23	35 973	00	02 224	38	483 539	*002	*001 790	458	454 822	*004	90 382	22
95	22 51,36	39 423	*98	*98 605	42	494 040	022	008 519	462	459 324	012	93 143	20
0,8100	24 34,49	42 872	92	94 984	44	504 551	046	015 250	466	463 830	020	95 903	14
05	26 17,63	46 318	90	91 362	48	515 074	068	021 983	470	468 340	024	98 660	10
10	28 00,76	49 763	86	87 738	52	525 608	090	028 718	474	472 852	032	*01 415	08
15	29 43,89	53 206	82	84 112	54	536 153	112	035 455	480	477 368	040	04 169	04
20	31 27,02	56 647	80	80 485	58	546 709	134	042 195	484	481 888	044	06 921	00
25	33 10,16	60 087	74	76 856	62	557 276	158	048 937	490	486 410	054	09 671	*96
30	34 53,29	63 524	72	73 225	66	567 855	178	055 682	492	490 937	058	12 419	92
35	36 36,42	66 960	68	69 592	68	578 444	202	062 428	498	495 466	066	15 165	88
40	38 19,55	70 394	64	65 958	72	589 045	224	069 177	502	499 999	072	17 909	86
45	40 02,68	73 826	60	62 322	76	599 657	246	075 928	508	504 535	080	20 652	82
0,8150	41 45,82	77 256	56	58 684	80	610 280	270	082 682	510	509 075	086	23 393	78
55	43 28,95	80 684	54	55 044	82	620 915	292	089 437	516	513 618	092	26 132	74
60	45 12,08	84 111	50	51 403	86	631 561	314	096 195	522	518 164	100	28 869	70
65	46 55,21	87 536	46	47 760	88	642 218	336	102 956	524	522 714	106	31 604	66
70	48 38,35	90 959	42	44 116	94	652 886	360	109 718	530	527 267	114	34 337	64
75	50 21,48	94 380	38	40 469	96	663 566	384	116 483	534	531 824	120	37 069	58
80	52 04,61	97 799	36	36 821	98	674 258	404	123 250	538	536 384	126	39 798	56
85	53 47,74	**01 217	30	33 172	**04	684 960	430	130 019	544	540 947	134	42 526	52
90	55 30,88	04 632	28	29 520	06	695 675	450	136 791	548	545 514	140	45 252	48
95	57 14,01	08 046	24	25 867	10	706 400	474	143 565	552	550 084	146	47 976	46
0,8200	58 57,14	11 458	20	22 212	14	717 137	498	150 341	556	554 657	154	50 699	40
05	**00 40,27	14 868	18	18 555	16	727 886	520	157 119	562	559 234	162	53 419	38
10	02 23,41	18 277	12	14 897	20	738 646	544	163 900	566	563 815	166	56 138	34
15	04 06,54	21 683	10	11 237	22	749 418	566	170 683	572	568 398	174	58 855	30
20	05 49,67	25 088	06	07 576	28	760 201	590	177 469	574	572 985	182	61 570	26
25	07 32,80	28 491	02	03 912	30	770 996	612	184 256	580	577 576	188	64 283	22
30	09 15,94	31 892	**98	00 247	34	781 802	638	191 046	584	582 170	194	66 994	20
35	10 59,07	35 291	96	**96 580	36	792 621	660	197 838	590	586 767	200	69 704	14
40	12 42,20	38 689	90	92 912	40	803 451	682	204 633	594	591 367	208	72 411	12
45	14 25,33	42 084	88	89 242	44	814 292	706	211 430	598	595 971	216	75 117	08
0,8250	16′ 08,″47	45 478		85 570		825 145		218 229		600 579		77 821	
	47°	**0,73**	**67**	**0,67**	**−73**	**1,0**	**21**	**0,9**	**13**	**1,3**	**9**	**0,67**	**54**

x	$\ln x$		e^x		e^{-x}		arc sin x		arc tg x		𝔄𝔯 𝔖𝔦𝔫 x		𝔄𝔯 𝔗𝔤 x	
	—0,2	12	**2,2**	22	**0,44**	−44	**0,9**	16	**0,67**	60	**0,73**	78	**1,0**	2
0,8000	231 436	498	255 409	262	93 290	92	272 952	676	47 409	96	26 683	06	986 123	7808
05	225 187	488	266 540	272	91 044	90	281 290	694	50 457	94	30 586	06	*000 027	7872
10	218 943	480	277 676	282	88 799	88	289 637	714	53 504	90	34 489	04	013 963	7932
15	212 703	472	288 817	296	86 555	86	297 994	732	56 549	88	38 391	02	027 929	7996
20	206 467	466	299 965	304	84 312	84	306 360	750	59 593	84	42 292	00	041 927	8058
25	200 234	456	311 117	318	82 070	80	314 735	770	62 635	80	46 192	*98	055 956	8122
30	194 006	450	322 276	328	79 830	78	323 120	788	65 675	78	50 091	98	070 017	8186
35	187 781	442	333 440	338	77 591	78	331 514	808	68 714	76	53 990	94	084 110	8250
40	181 560	434	344 609	350	75 352	74	339 918	828	71 752	72	57 887	92	098 235	8314
45	175 343	426	355 784	362	73 115	72	348 332	846	74 788	70	61 783	90	112 392	8380
0,8050	169 130	418	366 965	372	70 879	70	356 755	864	77 823	66	65 678	90	126 582	8442
55	162 921	412	378 151	384	68 644	66	365 187	886	80 856	64	69 573	86	140 803	8510
60	156 715	402	389 343	396	66 411	66	373 630	904	83 888	60	73 466	86	155 058	8574
65	150 514	396	400 541	406	64 178	64	382 082	922	86 918	58	77 359	82	169 345	8642
70	144 316	388	411 744	416	61 946	60	390 543	944	89 947	54	81 250	82	183 666	8706
75	138 122	380	422 952	430	59 716	58	399 015	962	92 974	52	85 141	78	198 019	8774
80	131 932	372	434 167	440	57 487	56	407 496	984	96 000	48	89 030	78	212 406	8840
85	125 746	364	445 387	450	55 259	56	415 988	*002	99 024	46	92 919	76	226 826	8908
90	119 564	358	456 612	462	53 031	50	424 489	022	*02 047	42	96 807	72	241 280	8976
95	113 385	350	467 843	474	50 806	50	433 000	042	05 068	40	*00 693	72	255 768	9044
0,8100	107 210	342	479 080	484	48 581	48	441 521	062	08 088	38	04 579	70	270 290	9114
05	101 039	334	490 322	496	46 357	46	450 052	084	11 107	34	08 464	68	284 847	9180
10	094 872	326	501 570	508	44 134	42	458 594	102	14 124	30	12 348	66	299 437	9252
15	088 709	320	512 824	518	41 913	42	467 145	124	17 139	28	16 231	64	314 063	9320
20	082 549	310	524 083	530	39 692	38	475 707	142	20 153	26	20 113	62	328 723	9390
25	076 394	304	535 348	540	37 473	36	484 278	164	23 166	22	23 994	60	343 418	9460
30	070 242	296	546 618	552	35 255	34	492 860	186	26 177	18	27 874	58	358 148	9532
35	064 094	290	557 894	564	33 038	32	501 453	204	29 186	16	31 753	56	372 914	9602
40	057 949	280	569 176	576	30 822	30	510 055	226	32 194	14	35 631	56	387 715	9674
45	051 809	274	580 464	586	28 607	28	518 668	248	35 201	10	39 509	52	402 552	9746
0,8150	045 672	266	591 757	596	26 393	24	527 292	268	38 206	08	43 385	50	417 425	9818
55	039 539	260	603 055	610	24 181	24	535 926	288	41 210	04	47 260	50	432 334	9890
60	033 409	250	614 360	620	21 969	20	544 570	310	44 212	02	51 135	46	447 279	9964
65	027 284	244	625 670	630	19 759	20	553 225	332	47 213	*98	55 008	46	462 261	*0038
70	021 162	236	636 985	644	17 549	16	561 891	352	50 212	96	58 881	42	477 280	0110
75	015 044	230	648 307	654	15 341	14	570 567	374	53 210	92	62 752	42	492 335	0186
80	008 929	220	659 634	664	13 134	12	579 254	396	56 206	90	66 623	38	507 428	0260
85	002 819	214	670 966	678	10 928	10	587 952	418	59 201	86	70 492	38	522 558	0336
90	*996 712	206	682 305	688	08 723	08	596 661	438	62 194	84	74 361	36	537 726	0410
95	990 609	200	693 649	698	06 519	04	605 380	460	65 186	80	78 229	34	552 931	0488
0,8200	984 509	190	704 998	712	04 317	04	614 110	482	68 176	78	82 096	30	568 175	0562
05	978 414	184	716 354	722	02 115	02	622 851	506	71 165	76	85 961	30	583 456	0640
10	972 322	178	727 715	732	*99 914	*98	631 604	526	74 153	72	89 826	28	598 776	0718
15	966 233	168	739 081	746	97 715	96	640 367	548	77 139	70	93 690	26	614 135	0796
20	960 149	162	750 454	756	95 517	94	649 141	570	80 124	66	97 553	24	629 533	0872
25	954 068	154	761 832	768	93 320	94	657 926	594	83 107	62	**01 415	24	644 969	0952
30	947 991	148	773 216	778	91 123	90	666 723	616	86 088	62	05 277	20	660 445	1032
35	941 917	140	784 605	790	88 928	88	675 531	638	89 069	56	09 137	18	675 961	1110
40	935 847	132	796 000	802	86 734	84	684 350	660	92 047	56	12 996	16	691 516	1190
45	929 781	124	807 401	814	84 542	84	693 180	684	95 025	50	16 854	16	707 111	1270
0,8250	923 719		818 808		82 350		702 022		98 000		20 712		722 746	
	—0,1	12	**2,2**	22	**0,43**	−43	**0,9**	17	**0,68**	59	**0,75**	77	**1,1**	3

x	φ	sin x		cos x		tg x		Sin x		Cos x		Tg x	
	47°	**0,73**	**67**	**0,67**	**−73**	**1,0**	**21**	**0,9**	**13**	**1,36**	**9**	**0,67**	**54**
0,8250	16′ 08,″47	45 478	84	85 570	48	825 145	730	218 229	602	00 579	222	77 821	04
55	17 51,60	48 870	80	81 896	50	836 010	754	225 030	608	05 190	228	80 523	00
60	19 34,73	52 260	76	78 221	54	846 887	778	231 834	612	09 804	234	83 223	*98
65	21 17,86	55 648	72	74 544	58	857 776	800	238 640	616	14 421	242	85 922	94
70	23 00,99	59 034	70	70 865	60	868 676	826	245 448	622	19 042	250	88 619	88
75	24 44,13	62 419	64	67 185	64	879 589	848	252 259	626	23 667	256	91 313	86
80	26 27,26	65 801	62	63 503	68	890 513	872	259 072	630	28 295	262	94 006	84
85	28 10,39	69 182	58	59 819	70	901 449	896	265 887	636	32 926	270	96 698	78
90	29 53,52	72 561	54	56 134	76	912 397	920	272 705	640	37 561	276	99 387	74
95	31 36,66	75 938	52	52 446	76	923 357	944	279 525	644	42 199	282	*02 074	72
0,8300	33 19,79	79 314	46	48 758	82	934 329	968	286 347	650	46 840	290	04 760	68
05	35 02,92	82 687	44	45 067	84	945 313	992	293 172	654	51 485	296	07 444	64
10	36 46,05	86 059	40	41 375	88	956 309	*016	299 999	658	56 133	304	10 126	60
15	38 29,19	89 429	34	37 681	92	967 317	040	306 828	664	60 785	310	12 806	56
20	40 12,32	92 796	34	33 985	94	978 337	066	313 660	666	65 440	318	15 484	54
25	41 55,45	96 163	28	30 288	98	989 370	088	320 493	674	70 099	324	18 161	50
30	43 38,58	99 527	24	26 589	*00	*000 414	114	327 330	676	74 761	330	20 836	46
35	45 21,72	*02 889	22	22 889	06	011 471	136	334 168	682	79 426	338	23 509	42
40	47 04,85	06 250	16	19 186	08	022 539	162	341 009	686	84 095	344	26 180	38
45	48 47,98	09 608	14	15 482	10	033 620	186	347 852	692	88 767	352	28 849	34
0,8350	50 31,11	12 965	10	11 777	14	044 713	212	354 698	696	93 443	358	31 516	32
55	52 14,25	16 320	06	08 070	18	055 819	234	361 546	700	98 122	364	34 182	28
60	53 57,38	19 673	02	04 361	22	066 936	260	368 396	706	*02 804	372	36 846	24
65	55 40,51	23 024	00	00 650	26	078 066	286	375 249	708	07 490	378	39 508	20
70	57 23,64	26 374	*94	*96 937	28	089 209	310	382 103	716	12 179	386	42 168	16
75	59 06,78	29 721	92	93 223	30	100 364	334	388 961	718	16 872	392	44 826	14
80	*00 49,91	33 067	88	89 508	36	111 531	358	395 820	724	21 568	400	47 483	08
85	02 33,04	36 411	84	85 790	38	122 710	384	402 682	730	26 268	406	50 137	06
90	04 16,17	39 753	80	82 071	40	133 902	410	409 547	732	30 971	414	52 790	02
95	05 59,30	43 093	76	78 351	46	145 107	432	416 413	738	35 678	420	55 441	00
0,8400	07 42,44	46 431	74	74 628	48	156 323	460	423 282	744	40 388	426	58 091	**94
05	09 25,57	49 768	68	70 904	52	167 553	484	430 154	746	45 101	434	60 738	92
10	11 08,70	53 102	66	67 178	54	178 795	508	437 027	752	49 818	440	63 384	86
15	12 51,83	56 435	62	63 451	58	190 049	536	443 903	758	54 538	448	66 027	84
20	14 34,97	59 766	56	59 722	62	201 317	558	450 782	762	59 262	454	68 669	82
25	16 18,10	63 094	56	55 991	64	212 596	586	457 663	766	63 989	460	71 310	76
30	18 01,23	66 422	50	52 259	68	223 889	610	464 546	770	68 719	468	73 948	72
35	19 44,36	69 747	46	48 525	72	235 194	636	471 431	776	73 453	476	76 584	70
40	21 27,50	73 070	44	44 789	74	246 512	660	478 319	782	78 191	482	79 219	66
45	23 10,63	76 392	38	41 052	78	257 842	688	485 210	784	82 932	488	81 852	62
0,8450	24 53,76	79 711	36	37 313	82	269 186	712	492 102	790	87 676	496	84 483	58
55	26 36,89	83 029	32	33 572	84	280 542	738	498 997	796	92 424	502	87 112	56
60	28 20,03	86 345	28	29 830	88	291 911	764	505 895	798	97 175	510	89 740	52
65	30 03,16	89 659	24	26 086	92	303 293	788	512 794	806	**01 930	516	92 366	46
70	31 46,29	92 971	20	22 340	94	314 687	816	519 697	808	06 688	522	94 989	46
75	33 29,42	96 281	16	18 593	98	326 095	840	526 601	814	11 449	530	97 612	40
80	35 12,56	99 589	14	14 844	**02	337 515	868	533 508	818	16 214	538	**00 232	36
85	36 55,69	**02 896	08	11 093	04	348 949	892	540 417	824	20 983	544	02 850	34
90	38 38,82	06 200	06	07 341	08	360 395	920	547 329	828	25 755	550	05 467	30
95	40 21,95	09 503	02	03 587	12	371 855	944	554 243	834	30 530	558	08 082	26
0,8500	42′ 05,″09	12 804		**99 831		383 327		561 160		35 309		10 695	
	48°	**0,75**	**66**	**0,65**	**−75**	**1,1**	**22**	**0,9**	**13**	**1,38**	**9**	**0,69**	**52**

x	$\ln x$		e^x		e^{-x}		arc sin x		arc tg x		Ar Sin x		Ar Tg x	
	—0,1	12	**2,2**	22	**0,43**	−43	**0,9**	17	**0,68**	59	**0,75**	77	**1,1**	3
0,8250	923 719	118	818 808	824	82 350	82	702 022	706	98 000	50	20 712	12	722 746	1352
55	917 660	110	830 220	836	80 159	78	710 875	730	*00 975	46	24 568	10	738 422	1434
60	911 605	102	841 638	848	77 970	78	719 740	752	03 948	42	28 423	10	754 139	1514
65	905 554	096	853 062	858	75 781	74	728 616	776	06 919	40	32 278	08	769 896	1598
70	899 506	088	864 491	870	73 594	72	737 504	798	09 889	38	36 132	04	785 695	1680
75	893 462	082	875 926	882	71 408	70	746 403	822	12 858	34	39 984	04	801 535	1762
80	887 421	074	887 367	892	69 223	68	755 314	846	15 825	30	43 836	02	817 416	1848
85	881 384	066	898 813	906	67 039	66	764 237	870	18 790	28	47 687	*98	833 340	1930
90	875 351	058	910 266	916	64 856	64	773 172	892	21 754	26	51 536	98	849 305	2016
95	869 322	052	921 724	926	62 674	62	782 118	918	24 717	22	55 385	96	865 313	2102
0,8300	863 296	046	933 187	940	60 493	60	791 077	940	27 678	20	59 233	94	881 364	2188
05	857 273	036	944 657	950	58 313	56	800 047	966	30 638	16	63 080	92	897 458	2272
10	851 255	030	956 132	962	56 135	56	809 030	988	33 596	14	66 926	90	913 594	2360
15	845 240	024	967 613	974	53 957	52	818 024	*014	36 553	12	70 771	88	929 774	2448
20	839 228	014	979 100	984	51 781	52	827 031	036	39 509	08	74 615	86	945 998	2534
25	833 221	010	990 592	996	49 605	48	836 049	062	42 463	04	78 458	84	962 265	2624
30	827 216	000	*002 090	*008	47 431	46	845 080	088	45 415	02	82 300	84	978 577	2712
35	821 216	*994	013 594	020	45 258	44	854 124	110	48 366	00	86 142	80	994 933	2802
40	815 219	988	025 104	030	43 086	42	863 179	136	51 316	*96	89 982	78	*011 334	2892
45	809 225	978	036 619	042	40 915	40	872 247	162	54 264	94	93 821	78	027 780	2982
0,8350	803 236	974	048 140	054	38 745	38	881 328	186	57 211	90	97 660	74	044 271	3074
55	797 249	964	059 667	066	36 576	36	890 421	212	60 156	88	*01 497	74	060 808	3166
60	791 267	958	071 200	078	34 408	32	899 527	236	63 100	84	05 334	70	077 391	3256
65	785 288	952	082 739	088	32 242	32	908 645	262	66 042	82	09 169	70	094 019	3350
70	779 312	944	094 283	100	30 076	30	917 776	288	68 983	80	13 004	68	110 694	3444
75	773 340	936	105 833	112	27 911	26	926 920	312	71 923	76	16 838	66	127 416	3538
80	767 372	930	117 389	122	25 748	24	936 076	340	74 861	72	20 671	62	144 185	3632
85	761 407	922	128 950	136	23 586	24	945 246	364	77 797	70	24 502	62	161 001	3726
90	755 446	916	140 518	146	21 424	20	954 428	392	80 732	68	28 333	60	177 864	3824
95	749 488	908	152 091	158	19 264	18	963 624	416	83 666	64	32 163	58	194 776	3918
0,8400	743 534	902	163 670	168	17 105	16	972 832	444	86 598	62	35 992	56	211 735	4016
05	737 583	894	175 254	182	14 947	14	982 054	470	89 529	58	39 820	54	228 743	4114
10	731 636	886	186 845	192	12 790	12	991 289	496	92 458	56	43 647	54	245 800	4212
15	725 693	880	198 441	204	10 634	08	*000 537	524	95 386	54	47 474	50	262 906	4310
20	719 753	874	210 043	216	08 480	08	009 799	550	98 313	50	51 299	48	280 061	4410
25	713 816	866	221 651	228	06 326	06	019 074	576	**01 238	46	55 123	46	297 266	4510
30	707 883	858	233 265	240	04 173	02	028 362	604	04 161	46	58 946	46	314 521	4610
35	701 954	852	244 885	250	02 022	02	037 664	630	07 084	40	62 769	42	331 826	4712
40	696 028	846	256 510	262	*99 871	*98	046 979	660	10 004	40	66 590	42	349 182	4814
45	690 105	836	268 141	274	97 722	96	056 309	686	12 924	34	70 411	38	366 589	4916
0,8450	684 187	832	279 778	286	95 574	96	065 652	712	15 841	34	74 230	38	384 047	5020
55	678 271	824	291 421	298	93 426	92	075 008	742	18 758	30	78 049	36	401 557	5124
60	672 359	816	303 070	308	91 280	90	084 379	770	21 673	26	81 867	32	419 119	5228
65	666 451	810	314 724	320	89 135	88	093 764	796	24 586	24	85 683	32	436 733	5334
70	660 546	804	326 384	332	86 991	86	103 162	826	27 498	22	89 499	30	454 400	5440
75	654 644	796	338 050	344	84 848	84	112 575	854	30 409	18	93 314	28	472 120	5548
80	648 746	788	349 722	356	82 706	82	122 002	882	33 318	16	97 128	26	489 894	5654
85	642 852	782	361 400	368	80 565	78	131 443	912	36 226	12	**00 941	24	507 721	5762
90	636 961	776	373 084	378	78 426	78	140 899	940	39 132	10	04 753	22	525 602	5872
95	631 073	768	384 773	392	76 287	76	150 369	968	42 037	08	08 564	20	543 538	5980
0,8500	625 189		396 469		74 149		159 853		44 941		12 374		561 528	
	—0,1	11	**2,3**	23	**0,42**	−42	**1,0**	18	**0,70**	58	**0,77**	76	**1,2**	3

x	φ	sin x	Δ	cos x	Δ	tg x	Δ	Sin x	Δ	Cos x	Δ	Tg x	Δ
	48°	**0,75**	**65**	**0,65**	**−75**	**1,1**	**22**	**0,9**	**13**	**1,38**	**9**	**0,69**	**52**
0,8500	42′ 05,″09	12 804	98	99 831	14	383 327	972	561 160	836	35 309	564	10 695	22
05	43 48,22	16 103	94	96 074	18	394 813	996	568 078	844	40 091	572	13 306	18
10	45 31,35	19 400	90	92 315	20	406 311	*024	575 000	846	44 877	578	15 915	16
15	47 14,48	22 695	88	88 555	24	417 823	050	581 923	852	49 666	586	18 523	12
20	48 57,61	25 989	82	84 793	28	429 348	076	588 849	858	54 459	592	21 129	08
25	50 40,75	29 280	80	81 029	32	440 886	102	595 778	862	59 255	600	23 733	04
30	52 23,88	32 570	74	77 263	34	452 437	130	602 709	866	64 055	606	26 335	00
35	54 07,01	35 857	72	73 496	36	464 002	156	609 642	870	68 858	612	28 935	*98
40	55 50,14	39 143	68	69 728	42	475 580	182	616 577	878	73 664	620	31 534	94
45	57 33,28	42 427	64	65 957	44	487 171	208	623 516	880	78 474	628	34 131	90
0,8550	59 16,41	45 709	60	62 185	48	498 775	236	630 456	886	83 288	634	36 726	86
55	*00 59,54	48 989	58	58 411	50	510 393	262	637 399	890	88 105	640	39 319	82
60	02 42,67	52 268	52	54 636	54	522 024	290	644 344	896	92 925	648	41 910	80
65	04 25,81	55 544	48	50 859	56	533 669	316	651 292	900	97 749	656	44 500	76
70	06 08,94	58 818	46	47 081	62	545 327	342	658 242	904	*02 577	660	47 088	72
75	07 52,07	62 091	42	43 300	64	556 998	370	665 194	910	07 407	670	49 674	68
80	09 35,20	65 362	38	39 518	66	568 683	398	672 149	916	12 242	676	52 258	64
85	11 18,34	68 631	32	35 735	70	580 382	424	679 107	918	17 080	682	54 840	62
90	13 01,47	71 897	30	31 950	74	592 094	450	686 066	924	21 921	690	57 421	58
95	14 44,60	75 162	28	28 163	76	603 819	480	693 028	930	26 766	696	60 000	54
0,8600	16 27,73	78 426	22	24 375	80	615 559	504	699 993	934	31 614	704	62 577	50
05	18 10,87	81 687	18	20 585	84	627 311	534	706 960	940	36 466	710	65 152	46
10	19 54,00	84 946	16	16 793	86	639 078	560	713 930	942	41 321	718	67 725	44
15	21 37,13	88 204	10	13 000	90	650 858	588	720 901	950	46 180	724	70 297	40
20	23 20,26	91 459	08	09 205	94	662 652	616	727 876	952	51 042	730	72 867	36
25	25 03,40	94 713	04	05 408	96	674 460	644	734 852	960	55 907	740	75 435	32
30	26 46,53	97 965	*98	01 610	*00	686 282	670	741 832	962	60 777	744	78 001	30
35	28 29,66	*01 214	96	*97 810	02	698 117	698	748 813	968	65 649	752	80 566	24
40	30 12,79	04 462	92	94 009	06	709 966	726	755 797	974	70 525	760	83 128	22
45	31 55,93	07 708	90	90 206	10	721 829	754	762 784	978	75 405	766	85 689	18
0,8650	33 39,06	10 953	84	86 401	12	733 706	782	769 773	982	80 288	774	88 248	16
55	35 22,19	14 195	80	82 595	16	745 597	810	776 764	988	85 175	780	90 806	10
60	37 05,32	17 435	78	78 787	20	757 502	838	783 758	992	90 065	788	93 361	08
65	38 48,45	20 674	72	74 977	22	769 421	866	790 754	998	94 959	794	95 915	04
70	40 31,59	23 910	70	71 166	24	781 354	894	797 753	*002	99 856	800	98 467	00
75	42 14,72	27 145	66	67 354	30	793 301	922	804 754	008	**04 756	808	*01 017	**98
80	43 57,85	30 378	60	63 539	32	805 262	952	811 758	012	09 660	816	03 566	92
85	45 40,98	33 608	58	59 723	34	817 238	978	818 764	016	14 568	822	06 112	90
90	47 24,12	36 837	54	55 906	40	829 227	**008	825 772	022	19 479	830	08 657	86
95	49 07,25	40 064	50	52 086	42	841 231	036	832 783	028	24 394	836	11 200	82
0,8700	50 50,38	43 289	48	48 265	44	853 249	064	839 797	030	29 312	844	13 741	80
05	52 33,51	46 513	42	44 443	48	865 281	092	846 812	038	34 234	850	16 281	74
10	54 16,65	49 734	38	40 619	52	877 327	122	853 831	042	39 159	856	18 818	72
15	55 59,78	52 953	36	36 793	54	889 388	150	860 852	046	44 087	866	21 354	70
20	57 42,91	56 171	30	32 966	58	901 463	178	867 875	052	49 020	870	23 889	64
25	59 26,04	59 386	28	29 137	60	913 552	208	874 901	056	53 955	880	26 421	60
30	**01 09,18	62 600	22	25 307	64	925 656	236	881 929	060	58 895	884	28 951	58
35	02 52,31	65 811	20	21 475	68	937 774	266	888 959	068	63 837	894	31 480	54
40	04 35,44	69 021	16	17 641	72	949 907	294	895 993	070	68 784	898	34 007	52
45	06 18,57	72 229	12	13 805	72	962 054	324	903 028	076	73 733	908	36 533	46
0,8750	08′ 01,″71	75 435		09 969		974 216		910 066		78 687		39 056	
	50°	**0,76**	**64**	**0,64**	**−76**	**1,1**	**24**	**0,9**	**14**	**1,40**	**9**	**0,70**	**50**

x	$\ln x$		e^x		e^{-x}		arc sin x		arc tg x		Ar Sin x		Ar Tg x	
	—0,1	**11**	**2,3**	**23**	**0,42**	**−42**	**1,0**	**18**	**0,70**	**58**	**0,77**	**76**	**1,2**	**3**
0,8500	625 189	760	396 469	402	74 149	72	159 853	998	44 941	04	12 374	20	561 528	6092
05	619 309	754	408 170	414	72 013	72	169 352	*026	47 843	00	16 184	16	579 574	6202
10	613 432	748	419 877	426	69 877	68	178 865	056	50 743	*98	19 992	14	597 675	6314
15	607 558	740	431 590	436	67 743	66	188 393	086	53 642	96	23 799	14	615 832	6428
20	601 688	734	443 308	450	65 610	66	197 936	116	56 540	94	27 606	10	634 046	6540
25	595 821	728	455 033	460	63 477	62	207 494	146	59 437	88	31 411	10	652 316	6654
30	589 957	720	466 763	474	61 346	60	217 067	176	62 331	88	35 216	06	670 643	6770
35	584 097	712	478 500	484	59 216	58	226 655	204	65 225	84	39 019	06	689 028	6886
40	578 241	.706	490 242	496	57 087	56	236 257	236	68 117	82	42 822	04	707 471	7002
45	572 388	700	501 990	508	54 959	54	245 875	266	71 008	78	46 624	00	725 972	7118
0,8550	566 538	692	513 744	520	52 832	52	255 508	298	73 897	74	50 424	00	744 531	7238
55	560 692	686	525 504	530	50 706	50	265 157	328	76 784	74	54 224	*98	763 150	7356
60	554 849	678	537 269	544	48 581	48	274 821	358	79 671	70	58 023	96	781 828	7476
65	549 010	672	549 041	554	46 457	44	284 500	390	82 556	66	61 821	94	800 566	7598
70	543 174	666	560 818	568	44 335	44	294 195	422	85 439	64	65 618	92	819 365	7718
75	537 341	658	572 602	578	42 213	40	303 906	452	88 321	62	69 414	90	838 224	7840
80	531 512	652	584 391	590	40 093	40	313 632	484	91 202	58	73 209	88	857 144	7964
85	525 686	644	596 186	602	37 973	36	323 374	516	94 081	56	77 003	88	876 126	8088
90	519 864	638	607 987	614	35 855	36	333 132	550	96 959	52	80 797	84	895 170	8214
95	514 045	632	619 794	626	33 737	32	342 907	580	99 835	50	84 589	82	914 277	8340
0,8600	508 229	624	631 607	638	31 621	30	352 697	612	*02 710	48	88 380	82	933 447	8466
05	502 417	618	643 426	648	29 506	30	362 503	646	05 584	44	92 171	78	952 680	8594
10	496 608	612	655 250	662	27 391	26	372 326	678	08 456	40	95 960	78	971 977	8722
15	490 802	604	667 081	672	25 278	24	382 165	710	11 326	40	99 749	76	991 338	8852
20	485 000	598	678 917	686	23 166	22	392 020	744	14 196	34	*03 537	72	*010 764	8982
25	479 201	590	690 760	696	21 055	20	401 892	778	17 063	34	07 323	72	030 255	9114
30	473 406	584	702 608	708	18 945	18	411 781	810	19 930	30	11 109	70	049 812	9248
35	467 614	578	714 462	722	16 836	16	421 686	844	22 795	26	14 894	68	069 436	9380
40	461 825	570	726 323	732	14 728	14	431 608	880	25 658	26	18 678	66	089 126	9514
45	456 040	564	738 189	744	12 621	10	441 548	912	28 521	20	22 461	64	108 883	9650
0,8650	450 258	558	750 061	756	10 516	10	451 504	946	31 381	20	26 243	62	128 708	9786
55	444 479	550	761 939	768	08 411	08	461 477	980	34 241	16	30 024	60	148 601	9924
60	438 704	544	773 823	780	06 307	06	471 467	**016	37 099	12	33 804	58	168 563	*0062
65	432 932	538	785 713	792	04 204	02	481 475	050	39 955	10	37 583	58	188 594	0202
70	427 163	530	797 609	802	02 103	02	491 500	086	42 810	08	41 362	54	208 695	0342
75	421 398	524	809 510	816	00 002	*98	501 543	122	45 664	04	45 139	52	228 866	0484
80	415 636	518	821 418	828	*97 903	98	511 604	156	48 516	02	48 915	52	249 108	0628
85	409 877	510	833 332	838	95 804	94	521 682	192	51 367	**98	52 691	48	269 422	0770
90	404 122	506	845 251	852	93 707	92	531 778	226	54 216	98	56 465	48	289 807	0916
95	398 369	496	857 177	864	91 611	92	541 891	264	57 065	92	60 239	46	310 265	1062
0,8700	392 621	492	869 109	874	89 515	88	552 023	300	59 911	90	64 012	44	330 796	1210
05	386 875	484	881 046	888	87 421	86	562 173	336	62 756	88	67 784	40	351 401	1358
10	381 133	478	892 990	898	85 328	84	572 341	374	65 600	86	71 554	40	372 080	1506
15	375 394	470	904 939	912	83 236	82	582 528	410	68 443	82	75 324	38	392 833	1658
20	369 659	466	916 895	922	81 145	80	592 733	448	71 284	78	79 093	36	413 662	1810
25	363 926	458	928 856	934	79 055	78	602 957	484	74 123	76	82 861	34	434 567	1962
30	358 197	452	940 823	948	76 966	76	613 199	524	76 961	74	86 628	32	455 548	2118
35	352 471	444	952 797	958	74 878	74	623 461	560	79 798	70	90 394	32	476 607	2272
40	346 749	438	964 776	972	72 791	72	633 741	598	82 633	68	94 160	28	497 743	2428
45	341 030	432	976 762	982	70 705	70	644 040	636	85 467	66	97 924	26	518 957	2588
0,8750	335 314		988 753		68 620		654 358		88 300		**01 687		540 251	
	—0,1	**11**	**2,3**	**23**	**0,41**	**−41**	**1,0**	**20**	**0,71**	**56**	**0,79**	**75**	**1,3**	**4**

x	φ	sin x		cos x		tg x		Sin x		Cos x		Tg x	
	50°	0,76	64	0,64	−76	1,1	24	0,9	14	1,4	9	0,70	50
0,8750	08′ 01,″71	75 435	08	09 969	78	974 216	354	910 066	082	078 687	912	39 056	44
55	09 44,84	78 639	04	06 130	80	986 393	382	917 107	086	083 643	922	41 578	40
60	11 27,97	81 841	00	02 290	84	998 584	410	924 150	092	088 604	928	44 098	36
65	13 11,10	85 041	*98	*98 448	86	*010 789	442	931 196	096	093 568	934	46 616	32
70	14 54,24	88 240	92	94 605	90	023 010	470	938 244	100	098 535	942	49 132	30
75	16 37,37	91 436	88	90 760	94	035 245	498	945 294	106	103 506	948	51 647	26
80	18 20,50	94 630	86	86 913	96	047 494	530	952 347	112	108 480	956	54 160	22
85	20 03,63	97 823	80	83 065	98	059 759	558	959 403	116	113 458	964	56 671	18
90	21 46,76	*01 013	78	79 216	*04	072 038	588	966 461	120	118 440	970	59 180	14
95	23 29,90	04 202	74	75 364	06	084 332	618	973 521	126	123 425	976	61 687	12
0,8800	25 13,03	07 389	70	71 511	08	096 641	648	980 584	130	128 413	984	64 193	08
05	26 56,16	10 574	64	67 657	12	108 965	678	987 649	136	133 405	992	66 697	04
10	28 39,29	13 756	62	63 801	16	121 304	708	994 717	142	138 401	998	69 199	02
15	30 22,43	16 937	58	59 943	18	133 658	738	*001 788	146	143 400	*006	71 700	*96
20	32 05,56	20 116	54	56 084	22	146 027	766	008 861	150	148 403	012	74 198	94
25	33 48,69	23 293	52	52 223	24	158 410	798	015 936	156	153 409	018	76 695	92
30	35 31,82	26 469	46	48 361	28	170 809	828	023 014	162	158 418	028	79 191	86
35	37 14,96	29 642	42	44 497	32	183 223	858	030 095	166	163 432	034	81 684	84
40	38 58,09	32 813	38	40 631	34	195 652	890	037 178	170	168 449	040	84 176	78
45	40 41,22	35 982	36	36 764	38	208 097	918	044 263	176	173 469	048	86 665	76
0,8850	42 24,35	39 150	30	32 895	40	220 556	950	051 351	182	178 493	054	89 153	74
55	44 07,49	42 315	28	29 025	44	233 031	980	058 442	186	183 520	062	91 640	68
60	45 50,62	45 479	24	25 153	48	245 521	*010	065 535	190	188 551	070	94 124	66
65	47 33,75	48 641	18	21 279	50	258 026	042	072 630	196	193 586	076	96 607	62
70	49 16,88	51 800	16	17 404	54	270 547	072	079 728	202	198 624	084	99 088	58
75	51 00,02	54 958	12	13 527	56	283 083	102	086 829	206	203 666	090	*01 567	56
80	52 43,15	58 114	08	09 649	60	295 634	134	093 932	210	208 711	096	04 045	52
85	54 26,28	61 268	02	05 769	62	308 201	164	101 037	218	213 759	106	06 521	48
90	56 09,41	64 419	00	01 888	66	320 783	196	108 146	220	218 812	112	08 995	44
95	57 52,55	67 569	**96	**98 005	70	333 381	228	115 256	226	223 868	118	11 467	40
0,8900	59 35,68	70 717	94	94 120	72	345 995	258	122 369	232	228 927	126	13 937	38
05	*01 18,81	73 864	88	90 234	76	358 624	288	129 485	236	233 990	134	16 406	34
10	03 01,94	77 008	84	86 346	78	371 268	320	136 603	242	239 057	140	18 873	30
15	04 45,07	80 150	80	82 457	82	383 928	352	143 724	248	244 127	146	21 338	28
20	06 28,21	83 290	76	78 566	84	396 604	384	150 848	250	249 200	154	23 802	22
25	08 11,34	86 428	74	74 674	88	409 296	414	157 973	258	254 277	162	26 263	20
30	09 54,47	89 565	68	70 780	92	422 003	448	165 102	262	259 358	170	28 723	16
35	11 37,60	92 699	66	66 884	94	434 727	478	172 233	266	264 443	174	31 181	14
40	13 20,74	95 832	60	62 987	98	447 466	510	179 366	272	269 530	184	33 638	10
45	15 03,87	98 962	58	59 088	**00	460 221	540	186 502	278	274 622	190	36 093	06
0,8950	16 47,00	**02 091	52	55 188	04	472 991	574	193 641	282	279 717	198	38 546	02
55	18 30,13	05 217	50	51 286	06	485 778	606	200 782	288	284 816	204	40 997	**98
60	20 13,27	08 342	46	47 383	10	498 581	638	207 926	292	289 918	210	43 446	96
65	21 56,40	11 465	42	43 478	14	511 400	668	215 072	298	295 023	220	45 894	92
70	23 39,53	14 586	36	39 571	16	524 234	702	222 221	302	300 133	226	48 340	88
75	25 22,66	17 704	34	35 663	18	537 085	734	229 372	308	305 246	232	50 784	84
80	27 05,80	20 821	30	31 754	22	549 952	766	236 526	314	310 362	240	53 226	82
85	28 48,93	23 936	26	27 843	26	562 835	800	243 683	318	315 482	248	55 667	78
90	30 32,06	27 049	22	23 930	28	575 735	830	250 842	322	320 606	254	58 106	74
95	32 15,19	30 160	18	20 016	32	588 650	864	258 003	328	325 733	262	60 543	72
0,9000	33′ 58,″33	33 269		16 100		601 582		265 167		330 864		62 979	
	51°	0,78	62	0,62	−78	1,2	25	1,0	14	1,4	10	0,71	48

x	$\ln x$		e^x		e^{-x}		arc sin x		arc tg x		Ar Sin x		Ar Tg x	
	—0,1	11	**2,3**	23	**0,41**	−41	**1,0**	20	**0,71**	56	**0,79**	75	**1,3**	4
0,8750	335 314	426	988 753	994	68 620	68	654 358	676	88 300	62	01 687	26	540 251	2746
55	329 601	418	*000 750	*008	66 536	64	664 696	714	91 131	60	05 450	22	561 624	2908
60	323 892	412	012 754	018	64 454	64	675 053	752	93 961	56	09 211	22	583 078	3068
65	318 186	406	024 763	030	62 372	62	685 429	794	96 789	54	12 972	18	604 612	3232
70	312 483	400	036 778	044	60 291	58	695 826	830	99 616	52	16 731	18	626 228	3398
75	306 783	392	048 800	054	58 212	58	706 241	872	*02 442	48	20 490	16	647 927	3562
80	301 087	386	060 827	068	56 133	54	716 677	912	05 266	46	24 248	14	669 708	3730
85	295 394	380	072 861	078	54 056	54	727 133	952	08 089	42	28 005	10	691 573	3898
90	289 704	374	084 900	092	51 979	50	737 609	992	10 910	40	31 760	10	713 522	4070
95	284 017	366	096 946	102	49 904	50	748 105	*034	13 730	38	35 515	08	735 557	4240
0,8800	278 334	360	108 997	116	47 829	46	758 622	074	16 549	34	39 269	08	757 677	4412
05	272 654	354	121 055	126	45 756	46	769 159	116	19 366	30	43 023	04	779 883	4588
10	266 977	348	133 118	140	43 683	42	779 717	158	22 181	30	46 775	02	802 177	4762
15	261 303	342	145 188	150	41 612	40	790 296	198	24 996	26	50 526	00	824 558	4940
20	255 632	334	157 263	164	39 542	40	800 895	242	27 809	22	54 276	00	847 028	5120
25	249 965	328	169 345	176	37 472	36	811 516	284	30 620	20	58 026	*96	869 588	5300
30	244 301	322	181 433	186	35 404	34	822 158	326	33 430	18	61 774	96	892 238	5482
35	238 640	316	193 526	200	33 337	32	832 821	370	36 239	16	65 522	92	914 979	5664
40	232 982	308	205 626	212	31 271	30	843 506	412	39 047	12	69 268	92	937 811	5850
45	227 328	304	217 732	224	29 206	28	854 212	456	41 853	08	73 014	90	960 736	6038
0,8850	221 676	296	229 844	236	27 142	26	864 940	500	44 657	06	76 759	86	983 755	6224
55	216 028	290	241 962	248	25 079	24	875 690	544	47 460	04	80 502	86	*006 867	6416
60	210 383	282	254 086	260	23 017	22	886 462	590	50 262	02	84 245	84	030 075	6608
65	204 742	278	266 216	272	20 956	20	897 257	632	53 063	*98	87 987	82	053 379	6800
70	199 103	270	278 352	284	18 896	18	908 073	678	55 862	94	91 728	80	076 779	6994
75	193 468	266	290 494	298	16 837	16	918 912	724	58 659	94	95 468	80	100 276	7192
80	187 835	258	302 643	308	14 779	14	929 774	770	61 456	90	99 208	76	123 872	7392
85	182 206	252	314 797	320	12 722	12	940 659	816	64 251	86	*02 946	74	147 568	7590
90	176 580	244	326 957	334	10 666	10	951 567	862	67 044	84	06 683	72	171 363	7794
95	170 958	240	339 124	346	08 611	06	962 498	908	69 836	82	10 419	72	195 260	7998
0,8900	165 338	232	351 297	356	06 558	06	973 452	954	72 627	78	14 155	68	219 259	8202
05	159 722	226	363 475	370	04 505	04	984 429	**004	75 416	76	17 889	68	243 360	8412
10	154 109	222	375 660	382	02 453	02	995 431	050	78 204	74	21 623	66	267 566	8620
15	148 498	214	387 851	394	00 402	*98	*006 456	098	80 991	70	25 356	62	291 876	8834
20	142 891	206	400 048	406	*98 353	98	017 505	146	83 776	68	29 087	62	316 293	9046
25	137 288	202	412 251	418	96 304	96	028 578	194	86 560	64	32 818	60	340 816	9262
30	131 687	196	424 460	430	94 256	92	039 675	244	89 342	62	36 548	58	365 447	9478
35	126 089	188	436 675	444	92 210	92	050 797	294	92 123	60	40 277	56	390 186	9700
40	120 495	182	448 897	454	90 164	88	061 944	344	94 903	56	44 005	54	415 036	9920
45	114 904	176	461 124	468	88 120	88	073 116	392	97 681	54	47 732	52	439 996	*0146
0,8950	109 316	170	473 358	480	86 076	86	084 312	444	**00 458	50	51 458	52	465 069	0370
55	103 731	164	485 598	490	84 033	82	095 534	494	03 233	50	55 184	48	490 254	0600
60	098 149	158	497 843	504	81 992	82	106 781	546	06 008	44	58 908	46	515 554	0830
65	092 570	152	510 095	518	79 951	78	118 054	596	08 780	44	62 631	46	540 969	1062
70	086 994	144	522 354	528	77 912	76	129 352	650	11 552	40	66 354	42	566 500	1298
75	081 422	140	534 618	540	75 874	76	140 677	700	14 322	36	70 075	42	592 149	1534
80	075 852	132	546 888	554	73 836	72	152 027	754	17 090	36	73 796	40	617 916	1774
85	070 286	128	559 165	564	71 800	72	163 404	808	19 858	30	77 516	38	643 803	2016
90	064 722	120	571 447	578	69 764	68	174 808	860	22 623	30	81 235	34	669 811	2260
95	059 162	114	583 736	590	67 730	66	186 238	914	25 388	26	84 952	34	695 941	2508
0,9000	053 605		596 031		65 697		197 695		28 151		88 669		722 195	
	—0,1	11	**2,4**	24	**0,40**	−40	**1,1**	22	**0,73**	55	**0,80**	74	**1,4**	5

x	φ	sin x		cos x		tg x		Sin x		Cos x		Tg x	
	51°	**0,78**	**62**	**0,62**	**−78**	**1,2**	**25**	**1,0**	**14**	**1,43**	**10**	**0,71**	**48**
0,9000	33′ 58,″33	33 269	14	16 100	36	601 582	896	265 167	334	30 864	268	62 979	66
05	35 41,46	36 376	10	12 182	38	614 530	930	272 334	338	35 998	276	65 412	64
10	37 24,59	39 481	06	08 263	40	627 495	962	279 503	344	41 136	284	67 844	62
15	39 07,72	42 584	04	04 343	44	640 476	994	286 675	350	46 278	290	70 275	56
20	40 50,86	45 686	*98	00 421	48	653 473	*028	293 850	354	51 423	298	72 703	54
25	42 33,99	48 785	94	*96 497	50	666 487	060	301 027	358	56 572	304	75 130	50
30	44 17,12	51 882	90	92 572	54	679 517	094	308 206	364	61 724	312	77 555	46
35	46 00,25	54 977	88	88 645	56	692 564	126	315 388	370	66 880	318	79 978	44
40	47 43,38	58 071	82	84 717	60	705 627	160	322 573	374	72 039	326	82 400	38
45	49 26,52	61 162	80	80 787	62	718 707	194	329 760	380	77 202	334	84 819	36
0,9050	51 09,65	64 252	74	76 856	66	731 804	226	336 950	386	82 369	340	87 237	34
55	52 52,78	67 339	70	72 923	70	744 917	260	344 143	390	87 539	348	89 654	28
60	54 35,91	70 424	68	68 988	72	758 047	294	351 338	394	92 713	356	92 068	26
65	56 19,05	73 508	64	65 052	74	771 194	326	358 535	402	97 891	362	94 481	22
70	58 02,18	76 590	58	61 115	78	784 357	362	365 736	404	*03 072	368	96 892	20
75	59 45,31	79 669	56	57 176	82	797 538	394	372 938	412	08 256	378	99 302	14
80	*01 28,44	82 747	50	53 235	84	810 735	428	380 144	416	13 445	384	*01 709	12
85	03 11,58	85 822	48	49 293	88	823 949	462	387 352	422	18 637	390	04 115	08
90	04 54,71	88 896	44	45 349	90	837 180	498	394 563	426	23 832	398	06 519	06
95	06 37,84	91 968	38	41 404	94	850 429	530	401 776	432	29 031	406	08 922	02
0,9100	08 20,97	95 037	36	37 457	96	863 694	564	408 992	436	34 234	412	11 323	*98
05	10 04,11	98 105	32	33 509	*00	876 976	598	416 210	442	39 440	420	13 722	94
10	11 47,24	*01 171	28	29 559	02	890 275	634	423 431	448	44 650	428	16 119	90
15	13 30,37	04 235	24	25 608	06	903 592	668	430 655	452	49 864	434	18 514	88
20	15 13,50	07 297	18	21 655	08	916 926	702	437 881	458	55 081	440	20 908	84
25	16 56,64	10 356	16	17 701	12	930 277	736	445 110	462	60 301	450	23 300	80
30	18 39,77	13 414	12	13 745	16	943 645	772	452 341	468	65 526	456	25 690	78
35	20 22,90	16 470	08	09 787	18	957 031	804	459 575	474	70 754	462	28 079	74
40	22 06,03	19 524	04	05 828	20	970 433	842	466 812	478	75 985	472	30 466	70
45	23 49,17	22 576	00	01 868	24	983 854	876	474 051	484	81 221	476	32 851	68
0,9150	25 32,30	25 626	**96	**97 906	28	997 292	910	481 293	490	86 459	486	35 235	62
55	27 15,43	28 674	92	93 942	30	*010 747	944	488 538	494	91 702	492	37 616	60
60	28 58,56	31 720	88	89 977	34	024 219	982	495 785	500	96 948	500	39 996	56
65	30 41,69	34 764	84	86 010	36	037 710	**016	503 035	504	**02 198	506	42 374	54
70	32 24,83	37 806	80	82 042	38	051 218	050	510 287	510	07 451	514	44 751	50
75	34 07,96	40 846	76	78 073	44	064 743	086	517 542	516	12 708	522	47 126	46
80	35 51,09	43 884	72	74 101	44	078 286	122	524 800	520	17 969	528	49 499	42
85	37 34,22	46 920	68	70 129	48	091 847	158	532 060	526	23 233	536	51 870	40
90	39 17,36	49 954	64	66 155	52	105 426	194	539 323	532	28 501	542	54 240	36
95	41 00,49	52 986	60	62 179	54	119 023	228	546 589	536	33 772	550	56 608	32
0,9200	42 43,62	56 016	56	58 202	58	132 637	264	553 857	542	39 047	558	58 974	30
05	44 26,75	59 044	52	54 223	60	146 269	300	561 128	546	44 326	564	61 339	24
10	46 09,89	62 070	50	50 243	64	159 919	338	568 401	552	49 608	572	63 701	24
15	47 53,02	65 095	44	46 261	68	173 588	372	575 677	558	54 894	580	66 063	18
20	49 36,15	68 117	40	42 277	68	187 274	408	582 956	562	60 184	586	68 422	16
25	51 19,28	71 137	36	38 293	74	200 978	444	590 237	568	65 477	594	70 780	10
30	53 02,42	74 155	32	34 306	76	214 700	482	597 521	574	70 774	602	73 135	10
35	54 45,55	77 171	28	30 318	78	228 441	518	604 808	580	76 075	608	75 490	04
40	56 28,68	80 185	24	26 329	82	242 200	552	612 098	584	81 379	616	77 842	02
45	58 11,81	83 197	22	22 338	84	255 976	592	619 390	588	86 687	622	80 193	**98
0,9250	59′ 54,″95	86 208		18 346		269 772		626 684		91 998		82 542	
	52°	**0,79**	**60**	**0,60**	**−79**	**1,3**	**27**	**1,0**	**14**	**1,45**	**10**	**0,72**	**46**

x	ln x		e^x		e^{-x}		arc sin x		arc tg x		Ar Sin x		Ar Tg x	
	—0,1	**11**	**2,4**	**24**	**0,40**	**−40**	**1,1**	**2**	**0,73**	**55**	**0,80**	**74**	**1,**	**5**
0,9000	053 605	108	596 031	602	65 697	66	197 695	2970	28 151	24	88 669	32	4722 195	2756
05	048 051	102	608 332	614	63 664	62	209 180	3022	30 913	20	92 385	30	4748 573	3008
10	042 500	096	620 639	628	61 633	60	220 691	3080	33 673	18	96 100	30	4775 077	3264
15	036 952	088	632 953	638	59 603	60	232 231	3134	36 432	16	99 815	26	4801 709	3520
20	031 408	084	645 272	652	57 573	56	243 798	3190	39 190	12	*03 528	24	4828 469	3780
25	025 866	078	657 598	664	55 545	54	255 393	3248	41 946	10	07 240	24	4855 359	4040
30	020 327	070	669 930	676	53 518	52	267 017	3302	44 701	06	10 952	20	4882 379	4308
35	014 792	066	682 268	688	51 492	52	278 668	3362	47 454	06	14 662	20	4909 533	4574
40	009 259	058	694 612	702	49 466	48	290 349	3420	50 207	00	18 372	16	4936 820	4846
45	003 730	054	706 963	712	47 442	46	302 059	3476	52 957	00	22 080	16	4964 243	5118
0,9050	*998 203	046	719 319	726	45 419	44	313 797	3536	55 707	*96	25 788	14	4991 802	5394
55	992 680	040	731 682	738	43 397	44	325 565	3596	58 455	92	29 495	12	5019 499	5676
60	987 160	036	744 051	750	41 375	40	337 363	3656	61 201	92	33 201	08	5047 337	5956
65	981 642	028	756 426	762	39 355	38	349 191	3714	63 947	88	36 905	08	5075 315	6242
70	976 128	022	768 807	776	37 336	36	361 048	3776	66 691	84	40 609	08	5103 436	6530
75	970 617	016	781 195	788	35 318	34	372 936	3838	69 433	84	44 313	04	5131 701	6820
80	965 109	010	793 589	798	33 301	32	384 855	3898	72 175	78	48 015	02	5160 111	7116
85	959 604	004	805 988	814	31 285	32	396 804	3962	74 914	78	51 716	00	5188 669	7416
90	954 102	*998	818 395	824	29 269	28	408 785	4024	77 653	74	55 416	00	5217 377	7714
95	948 603	992	830 807	836	27 255	26	420 797	4088	80 390	72	59 116	*96	5246 234	8020
0,9100	943 107	986	843 225	850	25 242	24	432 841	4150	83 126	68	62 814	96	5275 244	8328
05	937 614	980	855 650	862	23 230	22	444 916	4216	85 860	66	66 512	92	5304 408	8640
10	932 124	974	868 081	874	21 219	20	457 024	4280	88 593	64	70 208	92	5333 728	8954
15	926 637	968	880 518	888	19 209	18	469 164	4346	91 325	60	73 904	90	5363 205	9272
20	921 153	962	892 962	898	17 200	16	481 337	4412	94 055	58	77 599	88	5392 841	9596
25	915 672	956	905 411	912	15 192	14	493 543	4480	96 784	56	81 293	86	5422 639	9920
30	910 194	950	917 867	924	13 185	12	505 783	4546	99 512	52	84 986	84	5452 599	*0250
35	904 719	944	930 329	936	11 179	12	518 056	4612	*02 238	50	88 678	82	5482 724	0584
40	899 247	938	942 797	950	09 173	08	530 362	4684	04 963	46	92 369	80	5513 016	0922
45	893 778	932	955 272	962	07 169	06	542 704	4750	07 686	46	96 059	78	5543 477	1262
0,9150	888 312	926	967 753	974	05 166	04	555 079	4822	10 409	40	99 748	78	5574 108	1608
55	882 849	920	980 240	986	03 164	02	567 490	4890	13 129	40	**03 437	74	5604 912	1958
60	877 389	914	992 733	998	01 163	00	579 935	4962	15 849	36	07 124	74	5635 891	2310
65	871 932	908	*005 232	*012	*99 163	*98	592 416	5034	18 567	34	10 811	70	5667 046	2670
70	866 478	902	017 738	024	97 164	96	604 933	5106	21 284	30	14 496	70	5698 381	3030
75	861 027	896	030 250	036	95 166	94	617 486	5180	23 999	28	18 181	68	5729 896	3398
80	855 579	890	042 768	050	93 169	92	630 076	5252	26 713	26	21 865	66	5761 595	3768
85	850 134	884	055 293	062	91 173	90	642 702	5326	29 426	22	25 548	64	5793 479	4146
90	844 692	880	067 824	074	89 178	88	655 365	5402	32 137	20	29 230	62	5825 552	4524
95	839 252	872	080 361	086	87 184	88	668 066	5478	34 847	18	32 911	60	5857 814	4910
0,9200	833 816	866	092 904	098	85 190	84	680 805	5554	37 556	14	36 591	58	5890 269	5300
05	828 383	862	105 453	112	83 198	82	693 582	5630	40 263	12	40 270	56	5922 919	5696
10	822 952	854	118 009	124	81 207	80	706 397	5710	42 969	10	43 948	56	5955 767	6094
15	817 525	848	130 571	138	79 217	78	719 252	5786	45 674	06	47 626	52	5988 814	6500
20	812 101	844	143 140	150	77 228	76	732 145	5868	48 377	04	51 302	52	6022 064	6910
25	806 679	838	155 715	162	75 240	74	745 079	5948	51 079	00	54 978	48	6055 519	7326
30	801 260	830	168 296	174	73 253	72	758 053	6028	53 779	00	58 652	48	6089 182	7746
35	795 845	826	180 883	188	71 267	72	771 067	6110	56 479	**94	62 326	46	6123 055	8172
40	790 432	820	193 477	198	69 281	68	784 122	6192	59 176	94	65 999	44	6157 141	8606
45	785 022	814	206 076	214	67 297	66	797 218	6276	61 873	90	69 671	42	6191 444	9044
0,9250	779 615		218 683		65 314		810 356		64 568		73 342		6225 966	
	—0,0	**10**	**2,5**	**25**	**0,39**	**−39**	**1,1**	**2**	**0,74**	**53**	**0,82**	**73**	**1,**	**6**

x	φ	$\sin x$		$\cos x$		$\operatorname{tg} x$		$\mathfrak{Sin}\, x$		$\mathfrak{Cos}\, x$		$\mathfrak{Tg}\, x$	
	52°	**0,79**	**60**	**0,60**	**−79**	**1,3**	**27**	**1,0**	**14**	**1,4**	**10**	**0,72**	**46**
0,9250	59′ 54,″95	86 208	16	18 346	88	269 772	626	626 684	596	591 998	632	82 542	94
55	*01 38,08	89 216	12	14 352	90	283 585	664	633 982	600	597 314	636	84 889	92
60	03 21,21	92 222	08	10 357	94	297 417	700	641 282	604	602 632	646	87 235	88
65	05 04,34	95 226	04	06 360	98	311 267	738	648 584	610	607 955	652	89 579	84
70	06 47,48	98 228	02	02 361	98	325 136	774	655 889	616	613 281	660	91 921	82
75	08 30,61	*01 229	*96	*98 362	*04	339 023	812	663 197	622	618 611	666	94 262	78
80	10 13,74	04 227	92	94 360	06	352 929	848	670 508	626	623 944	674	96 601	74
85	11 56,87	07 223	88	90 357	08	366 853	886	677 821	632	629 281	682	98 938	70
90	13 40,01	10 217	84	86 353	12	380 796	924	685 137	638	634 622	688	*01 273	68
95	15 23,14	13 209	80	82 347	14	394 758	960	692 456	642	639 966	696	03 607	64
0,9300	17 06,27	16 199	78	78 340	18	408 738	998	699 777	648	645 314	704	05 939	60
05	18 49,40	19 188	72	74 331	20	422 737	*036	707 101	654	650 666	712	08 269	58
10	20 32,53	22 174	68	70 321	24	436 755	074	714 428	658	656 022	718	10 598	54
15	22 15,67	25 158	64	66 309	28	450 792	112	721 757	664	661 381	724	12 925	50
20	23 58,80	28 140	60	62 295	28	464 848	148	729 089	670	666 743	734	15 250	48
25	25 41,93	31 120	56	58 281	34	478 922	188	736 424	674	672 110	740	17 574	42
30	27 25,06	34 098	52	54 264	34	493 016	224	743 761	682	677 480	746	19 895	40
35	29 08,20	37 074	50	50 247	40	507 128	264	751 102	684	682 853	756	22 215	38
40	30 51,33	40 049	44	46 227	40	521 260	302	758 444	692	688 231	762	24 534	34
45	32 34,46	43 021	40	42 207	46	535 411	340	765 790	696	693 612	770	26 851	30
0,9350	34 17,59	45 991	36	38 184	46	549 581	378	773 138	702	698 997	776	29 166	26
55	36 00,73	48 959	32	34 161	52	563 770	416	780 489	706	704 385	784	31 479	22
60	37 43,86	51 925	28	30 135	52	577 978	456	787 842	714	709 777	792	33 790	20
65	39 26,99	54 889	24	26 109	58	592 206	494	795 199	718	715 173	798	36 100	18
70	41 10,12	57 851	20	22 080	58	606 453	534	802 558	722	720 572	806	38 409	12
75	42 53,26	60 811	16	18 051	62	620 720	572	809 919	728	725 975	814	40 715	10
80	44 36,39	63 769	12	14 020	66	635 006	610	817 283	736	731 382	822	43 020	06
85	46 19,52	66 725	08	09 987	68	649 311	650	824 651	738	736 793	828	45 323	04
90	48 02,65	69 679	04	05 953	72	663 636	690	832 020	746	742 207	836	47 625	*98
95	49 45,79	72 631	00	01 917	74	677 981	728	839 393	750	747 625	842	49 924	98
0,9400	51 28,92	75 581	**96	**97 880	76	692 345	768	846 768	756	753 046	850	52 223	92
05	53 12,05	78 529	92	93 842	80	706 729	806	854 146	760	758 471	858	54 519	90
10	54 55,18	81 475	88	89 802	84	721 132	848	861 526	768	763 900	866	56 814	85
15	56 38,32	84 419	84	85 760	86	735 556	886	868 910	772	769 333	872	59 107	82
20	58 21,45	87 361	78	81 717	88	749 999	926	876 296	776	774 769	880	61 398	80
25	**00 04,58	90 300	76	77 673	92	764 462	966	883 684	784	780 209	888	63 688	76
30	01 47,71	93 238	72	73 627	94	778 945	**006	891 076	788	785 653	894	65 976	72
35	03 30,84	96 174	68	69 580	98	793 448	046	898 470	794	791 100	902	68 262	68
40	05 13,98	99 108	64	65 531	**00	807 971	086	905 867	800	796 551	910	70 546	66
45	06 57,11	**02 040	58	61 481	04	822 514	126	913 267	804	802 006	918	72 829	64
0,9450	08 40,24	04 969	56	57 429	06	837 077	166	920 669	810	807 465	924	75 111	58
55	10 23,37	07 897	52	53 376	10	851 660	208	928 074	816	812 927	932	77 390	56
60	12 06,51	10 823	46	49 321	12	866 264	248	935 482	822	818 393	938	79 668	52
65	13 49,64	13 746	44	45 265	16	880 888	288	942 893	826	823 862	948	81 944	50
70	15 32,77	16 668	40	41 207	18	895 532	328	950 306	832	829 336	954	84 219	46
75	17 15,90	19 588	34	37 148	20	910 196	370	957 722	838	834 813	960	86 492	42
80	18 59,04	22 505	32	33 088	24	924 881	412	965 141	842	840 293	970	88 763	38
85	20 42,17	25 421	26	29 026	28	939 587	450	972 562	848	845 778	976	91 032	36
90	22 25,30	28 334	24	24 962	30	954 312	494	979 986	854	851 266	984	93 300	32
95	24 08,43	31 246	18	20 897	32	969 059	534	987 413	860	856 758	990	95 566	30
0,9500	25′ 51,″57	34 155		16 831		983 826		994 843		862 253		97 831	
	54°	**0,81**	**58**	**0,58**	**−81**	**1,3**	**29**	**1,0**	**14**	**1,4**	**10**	**0,73**	**45**

x	$\ln x$		e^x		e^{-x}		arc sin x		arc tg x		𝔄𝔯 𝔖𝔦𝔫 x		𝔄𝔯 𝔗𝔤 x
	—0,07	10	**2,5**	25	**0,39**	−39	**1,1**	2	**0,74**	53	**0,82**	7	**1,**
0,9250	79 615	808	218 683	224	65 314	64	810 356	*6360*	64 568	88	73 342	340	6225 966
55	74 211	802	231 295	238	63 332	62	823 536	*6446*	67 262	86	77 012	338	6260 709
60	68 810	796	243 914	250	61 351	60	836 759	*6532*	69 955	82	80 681	336	6295 677
65	63 412	790	256 539	262	59 371	60	850 025	*6618*	72 646	80	84 349	334	6330 874
70	58 017	784	269 170	276	57 391	56	863 334	*6706*	75 336	76	88 016	334	6366 301
75	52 625	780	281 808	288	55 413	54	876 687	*6796*	78 024	74	91 683	330	6401 963
80	47 235	772	294 452	302	53 436	52	890 085	*6884*	80 711	72	95 348	330	6437 862
85	41 849	768	307 103	312	51 460	50	903 527	*6976*	83 397	68	99 013	326	6474 002
90	36 465	760	319 759	326	49 485	50	917 015	*7068*	86 081	66	*02 676	326	6510 386
95	31 085	756	332 422	340	47 510	46	930 549	*7158*	88 764	64	06 339	324	6547 017
0,9300	25 707	750	345 092	350	45 537	44	944 128	*7254*	91 446	62	10 001	322	6583 900
05	20 332	744	357 767	366	43 565	42	957 755	*7348*	94 127	58	13 662	320	6621 038
10	14 960	738	370 450	376	41 594	42	971 429	*7444*	96 806	56	17 322	318	6658 434
15	09 591	732	383 138	390	39 623	38	985 151	*7540*	99 484	52	20 981	316	6696 092
20	04 225	728	395 833	402	37 654	36	998 921	*7640*	*02 160	50	24 639	314	6734 017
25	*98 861	720	408 534	414	35 686	36	*012 741	*7736*	04 835	48	28 296	314	6772 211
30	93 501	716	421 241	428	33 718	32	026 609	*7838*	07 509	44	31 953	310	6810 679
35	88 143	710	433 955	440	31 752	32	040 528	*7940*	10 181	42	35 608	310	6849 426
40	82 788	702	446 675	454	29 786	28	054 498	*8040*	12 852	40	39 263	306	6888 455
45	77 437	700	459 402	466	27 822	26	068 518	*8146*	15 522	38	42 916	306	6927 770
0,9350	72 087	692	472 135	478	25 859	26	082 591	*8248*	18 191	34	46 569	304	6967 377
55	66 741	686	484 874	490	23 896	22	096 715	*8356*	20 858	30	50 221	302	7007 279
60	61 398	680	497 619	504	21 935	22	110 893	*8464*	23 523	30	53 872	298	7047 481
65	56 058	676	510 371	518	19 974	18	125 125	*8572*	26 188	26	57 521	300	7087 988
70	50 720	670	523 130	530	18 015	18	139 411	*8680*	28 851	24	61 171	296	7128 805
75	45 385	664	535 895	542	16 056	14	153 751	*8794*	31 513	20	64 819	294	7169 936
80	40 053	658	548 666	554	14 099	14	168 148	*8904*	34 173	18	68 466	292	7211 387
85	34 724	652	561 443	568	12 142	10	182 600	*9020*	36 832	16	72 112	292	7253 163
90	29 398	646	574 227	580	10 187	10	197 110	*9134*	39 490	14	75 758	288	7295 269
95	24 075	642	587 017	594	08 232	08	211 677	*9252*	42 147	10	79 402	288	7337 711
0,9400	18 754	636	599 814	606	06 278	04	226 303	*9370*	44 802	08	83 046	284	7380 493
05	13 436	630	612 617	620	04 326	04	240 988	*9490*	47 456	04	86 688	284	7423 623
10	08 121	624	625 427	632	02 374	02	255 733	*9612*	50 108	02	90 330	282	7467 106
15	02 809	618	638 243	644	00 423	*98	270 539	*9734*	52 759	00	93 971	280	7510 947
20	**97 500	612	651 065	658	*98 474	98	285 406	*9858*	55 409	*98	97 611	278	7555 153
25	92 194	608	663 894	670	96 525	96	300 335	*9986*	58 058	94	**01 250	276	7599 731
30	86 890	602	676 729	684	94 577	94	315 328	**0112*	60 705	92	04 888	274	7644 686
35	81 589	596	689 571	696	92 630	92	330 384	*0242*	63 351	88	08 525	274	7690 026
40	76 291	590	702 419	708	90 684	88	345 505	*0374*	65 995	88	12 162	270	7735 756
45	70 996	584	715 273	722	88 740	88	360 692	*0508*	68 639	84	15 797	270	7781 886
0,9450	65 704	580	728 134	734	86 796	86	375 946	*0642*	71 281	80	19 432	266	7828 420
55	60 414	574	741 001	748	84 853	84	391 267	*0780*	73 921	80	23 065	266	7875 368
60	55 127	568	753 875	760	82 911	82	406 657	*0918*	76 561	76	26 698	264	7922 736
65	49 843	562	766 755	774	80 970	80	422 116	*1058*	79 199	72	30 330	262	7970 533
70	44 562	558	779 642	786	79 030	78	437 645	*1202*	81 835	72	33 961	260	8018 765
75	39 283	550	792 535	798	77 091	76	453 246	*1348*	84 471	68	37 591	258	8067 443
80	34 008	546	805 434	812	75 153	74	468 920	*1492*	87 105	64	41 220	256	8116 574
85	28 735	540	818 340	824	73 216	72	484 666	*1644*	89 737	64	44 848	254	8166 167
90	23 465	536	831 252	838	71 280	72	500 488	*1794*	92 369	60	48 475	254	8216 230
95	18 197	528	844 171	852	69 344	68	516 385	*1948*	94 999	58	52 102	250	8266 774
0,9500	12 933		857 097		67 410		532 359		97 628		55 727		8317 808
	—0,05	10	**2,5**	25	**0,38**	−38	**1,2**	3	**0,75**	52	**0,84**	7	**1,**

x	φ	$\sin x$		$\cos x$		$\operatorname{tg} x$		$\mathfrak{Sin}\, x$		$\mathfrak{Cos}\, x$		$\mathfrak{Tg}\, x$	
	54°	**0,81**	**58**	**0,58**	**−81**	**1,3**	**29**	**1,0**	**14**	**1,4**	**11**	**0,73**	**45**
0,9500	25′ 51,″57	34 155	14	16 831	36	983 826	576	994 843	866	862 253	000	97 831	24
05	27 34,70	37 062	12	12 763	38	998 614	616	*002 276	870	867 753	006	*00 093	22
10	29 17,83	39 968	06	08 694	42	*013 422	658	009 711	876	873 256	012	02 354	20
15	31 00,96	42 871	02	04 623	44	028 251	700	017 149	882	878 762	022	04 614	16
20	32 44,10	45 772	00	00 551	48	043 101	742	024 590	886	884 273	028	06 872	12
25	34 27,23	48 672	*94	*96 477	50	057 972	784	032 033	892	889 787	036	09 128	08
30	36 10,36	51 569	90	92 402	52	072 864	826	039 479	900	895 305	042	11 382	06
35	37 53,49	54 464	86	88 326	56	087 777	866	046 929	902	900 826	052	13 635	02
40	39 36,63	57 357	82	84 248	60	102 710	910	054 380	910	906 352	058	15 886	*98
45	41 19,76	60 248	78	80 168	60	117 665	952	061 835	914	911 881	066	18 135	96
0,9550	43 02,89	63 137	74	76 088	66	132 641	996	069 292	920	917 414	072	20 383	92
55	44 46,02	66 024	70	72 005	66	147 639	*036	076 752	926	922 950	080	22 629	88
60	46 29,15	68 909	66	67 922	72	162 657	080	084 215	932	928 490	088	24 873	86
65	48 12,29	71 792	62	63 836	72	177 697	122	091 681	936	934 034	096	27 116	82
70	49 55,42	74 673	58	59 750	76	192 758	164	099 149	942	939 582	104	29 357	80
75	51 38,55	77 552	54	55 662	80	207 840	208	106 620	948	945 134	110	31 597	74
80	53 21,68	80 429	50	51 572	82	222 944	250	114 094	954	950 689	118	33 834	72
85	55 04,82	83 304	44	47 481	84	238 069	294	121 571	960	956 248	124	36 070	70
90	56 47,95	86 176	42	43 389	88	253 216	338	129 051	964	961 810	134	38 305	66
95	58 31,08	89 047	38	39 295	90	268 385	380	136 533	970	967 377	140	40 538	62
0,9600	*00 14,21	91 916	32	35 200	94	283 575	424	144 018	976	972 947	148	42 769	58
05	01 57,35	94 782	30	31 103	96	298 787	466	151 506	980	978 521	154	44 998	56
10	03 40,48	97 647	24	27 005	98	314 020	512	158 996	988	984 098	164	47 226	52
15	05 23,61	*00 509	22	22 906	*02	329 276	554	166 490	992	989 680	170	49 452	48
20	07 06,74	03 370	16	18 805	06	344 553	600	173 986	998	995 265	178	51 676	46
25	08 49,88	06 228	12	14 702	08	359 853	642	181 485	*004	*000 854	184	53 899	42
30	10 33,01	09 084	10	10 598	10	375 174	686	188 987	010	006 446	194	56 120	40
35	12 16,14	11 939	04	06 493	14	390 517	732	196 492	014	012 043	200	58 340	36
40	13 59,27	14 791	00	02 386	16	405 883	774	203 999	020	017 643	208	60 558	32
45	15 42,41	17 641	**96	**98 278	18	421 270	820	211 509	026	023 247	214	62 774	28
0,9650	17 25,54	20 489	92	94 169	22	436 680	864	219 022	032	028 854	224	64 988	26
55	19 08,67	23 335	88	90 058	26	452 112	908	226 538	038	034 466	230	67 201	22
60	20 51,80	26 179	84	85 945	26	467 566	954	234 057	042	040 081	238	69 412	20
65	22 34,94	29 021	80	81 832	32	483 043	998	241 578	048	045 700	244	71 622	16
70	24 18,07	31 861	76	77 716	32	498 542	**044	249 102	056	051 322	254	73 830	12
75	26 01,20	34 699	72	73 600	36	514 064	088	256 630	058	056 949	260	76 036	10
80	27 44,33	37 535	66	69 482	40	529 608	134	264 159	066	062 579	268	78 241	06
85	29 27,46	40 368	64	65 362	42	545 175	178	271 692	072	068 213	276	80 444	02
90	31 10,60	43 200	60	61 241	44	560 764	224	279 228	076	073 851	282	82 645	00
95	32 53,73	46 030	54	57 119	48	576 376	270	286 766	082	079 492	290	84 845	**96
0,9700	34 36,86	48 857	52	52 995	50	592 011	316	294 307	088	085 137	300	87 043	92
05	36 19,99	51 683	46	48 870	52	607 669	362	301 851	094	090 787	304	89 239	90
10	38 03,13	54 506	42	44 744	56	623 350	406	309 398	100	096 439	314	91 434	86
15	39 46,26	57 327	40	40 616	60	639 053	454	316 948	104	102 096	320	93 627	84
20	41 29,39	60 147	34	36 486	60	654 780	500	324 500	110	107 756	328	95 819	78
25	43 12,52	62 964	30	32 356	66	670 530	544	332 055	116	113 420	336	98 008	78
30	44 55,66	65 779	26	28 223	66	686 302	592	339 613	122	119 088	344	**00 197	72
35	46 38,79	68 592	22	24 090	70	702 098	640	347 174	128	124 760	352	02 383	70
40	48 21,92	71 403	18	19 955	74	717 918	684	354 738	134	130 436	358	04 568	66
45	50 05,05	74 212	14	15 818	74	733 760	732	362 305	138	136 115	366	06 751	64
0,9750	51′ 48,″19	77 019		11 681		749 626		369 874		141 798		08 933	
	55°	**0,82**	**56**	**0,56**	**−82**	**1,4**	**31**	**1,1**	**15**	**1,5**	**11**	**0,75**	**43**

x	$\ln x$		e^x		e^{-x}		arc sin x		arc tg x		𝔄𝔯 𝔖𝔦𝔫 x		𝔄𝔯 𝔗𝔤 x
	—0,0	**10**	**2,5**	**25**	**0,38**	**−38**	**1,2**	**3**	**0,75**	**52**	**0,84**	**72**	**1,**
0,9500	512 933	524	857 097	862	67 410	66	532 359	2104	97 628	54	55 727	50	8317 808
05	507 671	518	870 028	878	65 477	64	548 411	2262	*00 255	52	59 352	46	8369 342
10	502 412	512	882 967	888	63 545	64	564 542	2424	02 881	50	62 975	46	8421 385
15	497 156	508	895 911	904	61 613	60	580 754	2586	05 506	48	66 598	44	8473 949
20	491 902	500	908 863	914	59 683	58	597 047	2754	08 130	44	70 220	42	8527 044
25	486 652	496	921 820	928	57 754	58	613 424	2920	10 752	42	73 841	40	8580 681
30	481 404	490	934 784	942	55 825	54	629 884	3094	13 373	38	77 461	38	8634 872
35	476 159	486	947 755	954	53 898	54	646 431	3266	15 992	38	81 080	36	8689 628
40	470 916	480	960 732	968	51 971	50	663 064	3444	18 611	34	84 698	34	8744 962
45	465 676	474	973 716	980	50 046	50	679 786	3624	21 228	30	88 315	34	8800 887
0,9550	460 439	468	986 706	992	48 121	46	696 598	3806	23 843	30	91 932	30	8857 415
55	455 205	462	999 702	*008	46 198	46	713 501	3994	26 458	26	95 547	30	8914 560
60	449 974	458	*012 706	018	44 275	42	730 498	4182	29 071	22	99 162	28	8972 336
65	444 745	452	025 715	032	42 354	42	747 589	4374	31 682	22	*02 776	24	9030 758
70	439 519	446	038 731	046	40 433	40	764 776	4572	34 293	18	06 388	24	9089 839
75	434 296	442	051 754	058	38 513	38	782 062	4770	36 902	16	10 000	22	9149 597
80	429 075	436	064 783	072	36 594	34	799 447	4974	39 510	12	13 611	20	9210 046
85	423 857	430	077 819	084	34 677	34	816 934	5180	42 116	12	17 221	18	9271 204
90	418 642	424	090 861	098	32 760	32	834 524	5390	44 722	08	20 830	18	9333 087
95	413 430	420	103 910	110	30 844	30	852 219	5606	47 326	04	24 439	14	9395 713
0,9600	408 220	414	116 965	122	28 929	28	870 022	5824	49 928	04	28 046	14	9459 101
05	403 013	408	130 026	138	27 015	26	887 934	6048	52 530	00	31 653	10	9523 271
10	397 809	404	143 095	150	25 102	24	905 958	6274	55 130	*96	35 258	10	9588 241
15	392 607	398	156 170	162	23 190	22	924 095	6506	57 728	96	38 863	08	9654 033
20	387 408	392	169 251	176	21 279	22	942 348	6742	60 326	92	42 467	06	9720 667
25	382 212	386	182 339	188	19 368	18	960 719	6984	62 922	90	46 070	04	9788 168
30	377 019	382	195 433	202	17 459	16	979 211	7230	65 517	88	49 672	02	9856 556
35	371 828	376	208 534	216	15 551	14	997 826	7480	68 111	84	53 273	00	9925 858
40	366 640	372	221 642	228	13 644	14	*016 566	7736	70 703	82	56 873	*98	9996 098
45	361 454	364	234 756	242	11 737	10	035 434	8000	73 294	78	60 472	98	*0067 302
0,9650	356 272	360	247 877	254	09 832	08	054 434	8266	75 883	78	64 071	94	0139 497
55	351 092	356	261 004	268	07 928	08	073 567	8540	78 472	74	67 668	94	0212 713
60	345 914	348	274 138	280	06 024	04	092 837	8818	81 059	72	71 265	90	0286 979
65	340 740	344	287 278	294	04 122	04	112 246	9106	83 645	68	74 860	90	0362 326
70	335 568	338	300 425	306	02 220	02	131 799	9398	86 229	66	78 455	88	0438 786
75	330 399	334	313 578	320	00 319	*98	151 498	9696	88 812	64	82 049	86	0516 394
80	325 232	328	326 738	334	*98 420	98	171 346	*0002	91 394	62	85 642	84	0595 186
85	320 068	322	339 905	346	96 521	96	191 347	0318	93 975	58	89 234	82	0675 198
90	314 907	318	353 078	360	94 623	94	211 506	0638	96 554	56	92 825	82	0756 469
95	309 748	312	366 258	374	92 726	92	231 825	0966	99 132	54	96 416	78	0839 041
0,9700	304 592	306	379 445	386	90 830	90	252 308	1304	**01 709	52	**00 005	76	0922 957
05	299 439	302	392 638	398	88 935	88	272 960	1652	04 285	48	03 593	76	1008 262
10	294 288	296	405 837	412	87 041	86	293 786	2006	06 859	46	07 181	74	1095 002
15	289 140	290	419 043	426	85 148	84	314 789	2372	09 432	42	10 768	72	1183 229
20	283 995	286	432 256	440	83 256	82	335 975	2744	12 003	42	14 354	70	1272 995
25	278 852	280	445 476	452	81 365	80	357 347	3132	14 574	38	17 939	68	1364 355
30	273 712	274	458 702	464	79 475	78	378 913	3526	17 143	36	21 523	66	1457 368
35	268 575	270	471 934	480	77 586	78	400 676	3934	19 711	32	25 106	64	1552 096
40	263 440	264	485 174	492	75 697	74	422 643	4352	22 277	30	28 688	62	1648 603
45	258 308	260	498 420	504	73 810	72	444 819	4782	24 842	28	32 269	62	1746 960
0,9750	253 178		511 672		71 924		467 210		27 406		35 850		1847 239
	—0,0	**10**	**2,6**	**26**	**0,37**	**−37**	**1,3**	**4**	**0,77**	**51**	**0,86**	**71**	**2,**

x	φ	sin x	Δ	cos x	Δ	tg x	Δ	Sin x	Δ	Cos x	Δ	Tg x	Δ
	55°	**0,82**	**56**	**0,56**	**−82**	**1,4**	**3**	**1,1**	**15**	**1,5**	**11**	**0,75**	**43**
0,9750	51′ 48,″19	77 019	10	11 681	80	749 626	1778	369 874	146	141 798	374	08 933	60
55	53 31,32	79 824	04	07 541	80	765 515	1826	377 447	150	147 485	380	11 113	56
60	55 14,45	82 626	02	03 401	84	781 428	1872	385 022	156	153 175	390	13 291	54
65	56 57,58	85 427	*98	*99 259	88	797 364	1920	392 600	162	158 870	396	15 468	50
70	58 40,72	88 226	92	95 115	90	813 324	1968	400 181	166	164 568	404	17 643	46
75	*00 23,85	91 022	90	90 970	92	829 308	2014	407 764	174	170 270	412	19 816	44
80	02 06,98	93 817	84	86 824	94	845 315	2062	415 351	178	175 976	418	21 988	40
85	03 50,11	96 609	80	82 677	98	861 346	2110	422 940	186	181 685	428	24 158	38
90	05 33,25	99 399	78	78 528	*02	877 401	2158	430 533	190	187 399	434	26 327	34
95	07 16,38	*02 188	72	74 377	04	893 480	2206	438 128	196	193 116	442	28 494	30
0,9800	08 59,51	04 974	68	70 225	06	909 583	2252	445 726	202	198 837	448	30 659	28
05	10 42,64	07 758	64	66 072	08	925 709	2302	453 327	206	204 561	458	32 823	24
10	12 25,77	10 540	60	61 918	12	941 860	2350	460 930	214	210 290	464	34 985	20
15	14 08,91	13 320	56	57 762	16	958 035	2400	468 537	218	216 022	474	37 145	18
20	15 52,04	16 098	50	53 604	16	974 235	2446	476 146	226	221 759	480	39 304	14
25	17 35,17	18 873	48	49 446	20	990 458	2496	483 759	230	227 499	486	41 461	10
30	19 18,30	21 647	44	45 286	24	*006 706	2544	491 374	236	233 242	496	43 616	08
35	21 01,44	24 419	38	41 124	26	022 978	2594	498 992	242	238 990	502	45 770	06
40	22 44,57	27 188	36	36 961	28	039 275	2642	506 613	248	244 741	512	47 923	00
45	24 27,70	29 956	30	32 797	32	055 596	2692	514 237	252	250 497	518	50 073	*98
0,9850	26 10,83	32 721	26	28 631	34	071 942	2742	521 863	260	256 256	524	52 222	96
55	27 53,97	35 484	22	24 464	36	088 313	2790	529 493	264	262 018	534	54 370	90
60	29 37,10	38 245	18	20 296	40	104 708	2840	537 125	272	267 785	542	56 515	90
65	31 20,23	41 004	14	16 126	42	121 128	2890	544 761	276	273 556	548	58 660	84
70	33 03,36	43 761	10	11 955	46	137 573	2940	552 399	282	279 330	556	60 802	82
75	34 46,50	46 516	06	07 782	48	154 043	2988	560 040	288	285 108	564	62 943	78
80	36 29,63	49 269	02	03 608	50	170 537	3040	567 684	294	290 890	572	65 082	76
85	38 12,76	52 020	**98	**99 433	54	187 057	3090	575 331	300	296 676	578	67 220	72
90	39 55,89	54 769	92	95 256	56	203 602	3140	582 981	304	302 465	588	69 356	68
95	41 39,03	57 515	90	91 078	58	220 172	3190	590 633	312	308 259	594	71 490	66
0,9900	43 22,16	60 260	84	86 899	62	236 767	3242	598 289	316	314 056	602	73 623	62
05	45 05,29	63 002	82	82 718	64	253 388	3292	605 947	324	319 857	610	75 754	60
10	46 48,42	65 743	76	78 536	68	270 034	3342	613 609	328	325 662	616	77 884	56
15	48 31,56	68 481	72	74 352	70	286 705	3394	621 273	334	331 470	626	80 012	52
20	50 14,69	71 217	68	70 167	72	303 402	3446	628 940	340	337 283	632	82 138	50
25	51 57,82	73 951	64	65 981	76	320 125	3496	636 610	346	343 099	642	84 263	46
30	53 40,95	76 683	60	61 793	78	336 873	3548	644 283	352	348 920	648	86 386	44
35	55 24,09	79 413	54	57 604	80	353 647	3598	651 959	358	354 744	656	88 508	40
40	57 07,22	82 140	52	53 414	84	370 446	3652	659 638	364	360 572	662	90 628	36
45	58 50,35	84 866	48	49 222	86	387 272	3702	667 320	368	366 403	672	92 746	34
0,9950	**00 33,48	87 590	42	45 029	90	404 123	3756	675 004	376	372 239	678	94 863	30
55	02 16,61	90 311	38	40 834	90	421 001	3806	682 692	382	378 078	688	96 978	26
60	03 59,75	93 030	36	36 639	96	437 904	3860	690 383	386	383 922	694	99 091	24
65	05 42,88	95 748	30	32 441	96	454 834	3910	698 076	392	389 769	702	*01 203	22
70	07 26,01	98 463	26	28 243	**00	471 789	3964	705 772	400	395 620	710	03 314	16
75	09 09,14	**01 176	22	24 043	02	488 771	4018	713 472	404	401 475	716	05 422	14
80	10 52,28	03 887	18	19 842	06	505 780	4068	721 174	410	407 333	726	07 529	12
85	12 35,41	06 596	14	15 639	08	522 814	4122	728 879	416	413 196	732	09 635	08
90	14 18,54	09 303	08	11 435	10	539 875	4176	736 587	422	419 062	740	11 739	04
95	16 01,67	12 007	06	07 230	14	556 963	4228	744 298	428	424 932	748	13 841	02
1,0000	17′ 44,″81	14 710		03 023		574 077		752 012		430 806		15 942	
	57°	**0,84**	**54**	**0,54**	**−84**	**1,5**	**3**	**1,1**	**15**	**1,5**	**11**	**0,76**	**42**

x	$\ln x$		e^x		e^{-x}		arc sin x	arc tg x		Ar Sin x		Ar Tg x
	—0,02	**10**	**2,6**	**26**	**0,37**	**−37**	**1,3**	**0,77**	**51**	**0,86**	**71**	
0,9750	53 178	254	511 672	518	71 924	72	467 210	27 406	26	35 850	58	2,1847 239
55	48 051	248	524 931	532	70 038	70	489 824	29 969	22	39 429	58	2,1949 518
60	42 927	244	538 197	544	68 153	66	512 667	32 530	20	43 008	56	2,2053 880
65	37 805	238	551 469	560	66 270	66	535 747	35 090	18	46 586	54	2,2160 412
70	32 686	232	564 749	570	64 387	62	559 070	37 649	16	50 163	52	2,2269 208
75	27 570	228	578 034	586	62 506	62	582 645	40 207	12	53 739	50	2,2380 367
80	22 456	222	591 327	598	60 625	60	606 481	42 763	10	57 314	48	2,2493 995
85	17 345	218	604 626	610	58 745	58	630 586	45 318	06	60 888	46	2,2610 207
90	12 236	212	617 931	624	56 866	56	654 970	47 871	06	64 461	46	2,2729 123
95	07 130	206	631 243	638	54 988	54	679 642	50 424	02	68 034	42	2,2850 873
0,9800	02 027	202	644 562	652	53 111	52	704 615	52 975	00	71 605	42	2,2975 599
05	*96 926	196	657 888	664	51 235	50	729 898	55 525	*96	75 176	38	2,3103 451
10	91 828	190	671 220	678	49 360	48	755 505	58 073	96	78 745	38	2,3234 590
15	86 733	186	684 559	692	47 486	48	781 447	60 621	92	82 314	36	2,3369 193
20	81 640	182	697 905	704	45 612	44	807 739	63 167	90	85 882	34	2,3507 450
25	76 549	174	711 257	718	43 740	42	834 395	65 712	86	89 449	32	2,3649 565
30	71 462	172	724 616	732	41 869	42	861 432	68 255	84	93 015	32	2,3795 764
35	66 376	164	737 982	744	39 998	38	888 866	70 797	82	96 581	28	2,3946 289
40	61 294	160	751 354	758	38 129	38	916 715	73 338	80	*00 145	28	2,4101 408
45	56 214	156	764 733	772	36 260	36	944 999	75 878	76	03 709	24	2,4261 411
0,9850	51 136	148	778 119	784	34 392	32	973 740	78 416	74	07 271	24	2,4426 620
55	46 062	146	791 511	798	32 526	32	*002 960	80 953	72	10 833	22	2,4597 387
60	40 989	138	804 910	812	30 660	30	032 685	83 489	70	14 394	20	2,4774 103
65	35 920	136	818 316	826	28 795	28	062 941	86 024	66	17 954	18	2,4957 199
70	30 852	128	831 729	838	26 931	26	093 760	88 557	64	21 513	16	2,5147 159
75	25 788	124	845 148	852	25 068	24	125 173	91 089	62	25 071	14	2,5344 521
80	20 726	120	858 574	864	23 206	22	157 217	93 620	60	28 628	12	2,5549 889
85	15 666	114	872 006	880	21 345	20	189 931	96 150	56	32 184	12	2,5763 944
90	10 609	108	885 446	892	19 485	20	223 361	98 678	54	35 740	08	2,5987 460
95	05 555	104	898 892	906	17 625	16	257 555	*01 205	52	39 294	08	2,6221 317
0,9900	00 503	098	912 345	918	15 767	16	292 569	03 731	48	42 848	06	2,6466 524
05	**95 454	094	925 804	934	13 909	12	328 465	06 255	48	46 401	04	2,6724 247
10	90 407	088	939 271	946	12 053	12	365 314	08 779	42	49 953	02	2,6995 839
15	85 363	082	952 744	958	10 197	08	403 197	11 300	42	53 504	00	2,7282 886
20	80 322	078	966 223	974	08 343	08	442 207	13 821	40	57 054	*98	2,7587 264
25	75 283	074	979 710	986	06 489	06	482 452	16 341	36	60 603	98	2,7911 212
30	70 246	068	993 203	*000	04 636	04	524 056	18 859	34	64 152	94	2,8257 431
35	65 212	062	*006 703	014	02 784	00	567 169	21 376	30	67 699	94	2,8629 225
40	60 181	058	020 210	026	00 934	00	611 970	23 891	30	71 246	90	2,9030 692
45	55 152	054	033 723	040	*99 084	00	658 673	26 406	26	74 791	90	2,9467 003
0,9950	50 125	046	047 243	054	97 234	*96	707 546	28 919	24	78 336	88	2,9944 807
55	45 102	044	060 770	068	95 386	94	758 924	31 431	22	81 880	86	3,0472 863
60	40 080	038	074 304	082	93 539	92	813 238	33 942	18	85 423	84	3,1063 030
65	35 061	032	087 845	094	91 693	92	871 059	36 451	16	88 965	84	3,1731 940
70	30 045	028	101 392	108	89 847	88	933 173	38 959	14	92 507	80	3,2503 945
75	25 031	022	114 946	122	88 003	88	**000 709	41 466	12	96 047	80	3,3416 805
80	20 020	018	128 507	136	86 159	84	075 402	43 972	08	99 587	76	3,4533 774
85	15 011	012	142 075	148	84 317	84	160 172	46 476	06	**03 125	76	3,5973 435
90	10 005	008	155 649	162	82 475	82	260 712	48 979	04	06 663	74	3,8002 012
95	05 001	002	169 230	176	80 634	80	391 722	51 481	02	10 200	72	4,1468 998
1,0000	0		182 818		78 794		707 963	53 982		13 736		∞
	—0,00	**10**	**2,7**	**27**	**0,36**	**−36**	**1,5**	**0,78**	**50**	**0,88**	**70**	

x	φ	$\sin x$		$\cos x$		$\operatorname{tg} x$		Sin x		Cof x		Tg x	
	57° ″	0,84	5	0,5	−84	1,5	3	1,1	15	1,5	11	0,76	41
1,0000	17′ 44,81	14 710	400	403 023	16	574 077	4282	752 012	434	430 806	756	15 942	98
05	19 27,94	17 410	398	398 815	18	591 218	4336	759 729	440	436 684	764	18 041	94
10	21 11,07	20 109	392	394 606	22	608 386	4388	767 449	444	442 566	772	20 138	92
15	22 54,20	22 805	388	390 395	24	625 580	4444	775 171	452	448 452	778	22 234	88
20	24 37,34	25 499	384	386 183	28	642 802	4496	782 897	458	454 341	788	24 328	86
25	26 20,47	28 191	380	381 969	28	660 050	4552	790 626	462	460 235	794	26 421	82
30	28 03,60	30 881	376	377 755	32	677 326	4604	798 357	470	466 132	802	28 512	80
35	29 46,73	33 569	372	373 539	36	694 628	4660	806 092	474	472 033	810	30 602	74
40	31 29,87	36 255	366	369 321	38	711 958	4714	813 829	482	477 938	818	32 689	74
45	33 13,00	38 938	364	365 102	40	729 315	4768	821 570	486	483 847	826	34 776	68
1,0050	34 56,13	41 620	358	360 882	42	746 699	4822	829 313	494	489 760	832	36 860	68
55	36 39,26	44 299	354	356 661	46	764 110	4880	837 060	498	495 676	842	38 944	62
60	38 22,40	46 976	350	352 438	48	781 550	4932	844 809	504	501 597	848	41 025	60
65	40 05,53	49 651	348	348 214	52	799 016	4988	852 561	510	507 521	856	43 105	56
70	41 48,66	52 325	340	343 988	54	816 510	5044	860 316	518	513 449	864	45 183	54
75	43 31,79	54 995	338	339 761	56	834 032	5100	868 075	522	519 381	872	47 260	50
80	45 14,92	57 664	334	335 533	58	851 582	5156	875 836	528	525 317	880	49 335	48
85	46 58,06	60 331	330	331 304	62	869 160	5210	883 600	534	531 257	888	51 409	44
90	48 41,19	62 996	324	327 073	64	886 765	5268	891 367	540	537 201	894	53 481	40
95	50 24,32	65 658	320	322 841	68	904 399	5322	899 137	546	543 148	904	55 551	38
1,0100	52 07,45	68 318	318	318 607	70	922 060	5380	906 910	552	549 100	910	57 620	34
05	53 50,59	70 977	312	314 372	72	939 750	5436	914 686	558	555 055	920	59 687	32
10	55 33,72	73 633	308	310 136	74	957 468	5492	922 465	564	561 015	926	61 753	28
15	57 16,85	76 287	304	305 899	78	975 214	5550	930 247	570	566 978	934	63 817	26
20	58 59,98	78 939	298	301 660	80	992 989	5606	938 032	576	572 945	942	65 880	22
25	*00 43,12	81 588	296	297 420	84	*010 792	5662	945 820	582	578 916	950	67 941	18
30	02 26,25	84 236	292	293 178	84	028 623	5720	953 611	588	584 891	956	70 000	16
35	04 09,38	86 882	286	288 936	90	046 483	5778	961 405	594	590 869	966	72 058	12
40	05 52,51	89 525	282	284 691	90	064 372	5836	969 202	600	596 852	974	74 114	10
45	07 35,65	92 166	280	280 446	94	082 290	5892	977 002	606	602 839	980	76 169	06
1,0150	09 18,78	94 806	274	276 199	96	100 236	5952	984 805	612	608 829	988	78 222	02
55	11 01,91	97 443	268	271 951	98	118 212	6008	992 611	618	614 823	998	80 273	00
60	12 45,04	*00 077	266	267 702	*02	136 216	6066	*000 420	624	620 822	*004	82 323	*96
65	14 28,18	02 710	262	263 451	04	154 249	6126	008 232	628	626 824	012	84 371	94
70	16 11,31	05 341	256	259 199	06	172 312	6184	016 046	636	632 830	020	86 418	90
75	17 54,44	07 969	254	254 946	10	190 404	6242	023 864	642	638 840	028	88 463	88
80	19 37,57	10 596	248	250 691	12	208 525	6300	031 685	648	644 854	036	90 507	84
85	21 20,71	13 220	244	246 435	14	226 675	6360	039 509	654	650 872	042	92 549	80
90	23 03,84	15 842	240	242 178	18	244 855	6420	047 336	660	656 893	052	94 589	78
95	24 46,97	18 462	236	237 919	18	263 065	6478	055 166	666	662 919	060	96 628	74
1,0200	26 30,10	21 080	232	233 660	24	281 304	6538	062 999	672	668 949	066	98 665	72
05	28 13,23	23 696	228	229 398	24	299 573	6598	070 835	678	674 982	074	*00 701	68
10	29 56,37	26 310	222	225 136	28	317 872	6656	078 674	684	681 019	084	02 735	66
15	31 39,50	28 921	218	220 872	30	336 200	6718	086 516	690	687 061	090	04 768	62
20	33 22,63	31 530	216	216 607	34	354 559	6778	094 361	696	693 106	098	06 799	58
25	35 05,76	34 138	210	212 340	34	372 948	6836	102 209	702	699 155	106	08 828	56
30	36 48,90	36 743	206	208 073	38	391 366	6898	110 060	708	705 208	114	10 856	54
35	38 32,03	39 346	202	203 804	42	409 815	6960	117 914	716	711 265	122	12 883	48
40	40 15,16	41 947	196	199 533	42	428 295	7018	125 772	720	717 326	130	14 907	48
45	41 58,29	44 545	194	195 262	46	446 804	7080	133 632	726	723 391	138	16 931	42
1,0250	43′ 41,43″	47 142		190 989		465 344		141 495		729 460		18 952	
	58°	0,85	5	0,5	−85	1,6	3	1,2	15	1,5	12	0,77	40

x	ln x		e^x		e^{-x}		arc tg x		Ar Sin x		Ar Cos x	Ar Ctg x
	0,00	**99**	**2,7**	**27**	**0,36**	**−36**	**0,78**	**49**	**0,88**	**70**	**0,0**	
1,0000	0	98	182 818	190	78 794	78	53 982	98	13 736	70	0	∞
05	04 999	92	196 413	204	76 955	76	56 481	96	17 271	68	316 215	4,1471 498
10	09 995	88	210 015	216	75 117	74	58 979	94	20 805	66	447 176	3,8007 012
15	14 989	82	223 623	230	73 280	72	61 476	92	24 338	66	547 654	3,5980 935
20	19 980	78	237 238	244	71 444	70	63 972	88	27 871	62	632 350	3,4543 774
25	24 969	72	250 860	258	69 609	68	66 466	86	31 402	62	706 960	3,3429 305
30	29 955	68	264 489	272	67 775	68	68 959	84	34 933	60	774 403	3,2518 945
35	34 939	62	278 125	284	65 941	64	71 451	82	38 463	58	836 416	3,1749 440
40	39 920	58	291 767	300	64 109	64	73 942	78	41 992	56	894 129	3,1083 031
45	44 899	52	305 417	312	62 277	62	76 431	76	45 520	54	948 328	3,0495 363
1,0050	49 875	48	319 073	326	60 446	58	78 919	74	49 047	52	999 584	2,9969 807
55	54 849	44	332 736	338	58 617	58	81 406	72	52 573	52	*048 329	2,9494 503
60	59 821	38	346 405	354	56 788	56	83 892	68	56 099	48	094 898	2,9060 692
65	64 790	32	360 082	368	54 960	54	86 376	66	59 623	48	139 559	2,8661 725
70	69 756	28	373 766	380	53 133	52	88 859	64	63 147	46	182 527	2,8292 431
75	74 720	24	387 456	394	51 307	52	91 341	62	66 670	42	223 981	2,7948 712
80	79 682	18	401 153	408	49 481	48	93 822	60	70 191	42	264 069	2,7627 265
85	84 641	12	414 857	422	47 657	46	96 302	56	73 712	42	302 919	2,7325 386
90	89 597	10	428 568	436	45 834	46	98 780	54	77 233	38	340 637	2,7040 839
95	94 552	02	442 286	448	44 011	42	*01 257	50	80 752	36	377 316	2,6771 747
1,0100	99 503	00	456 010	464	42 190	42	03 732	50	84 270	36	413 038	2,6516 525
05	*04 453	*92	469 742	476	40 369	40	06 207	46	87 788	32	447 873	2,6273 817
10	09 399	90	483 480	490	38 549	36	08 680	44	91 304	32	481 883	2,6042 461
15	14 344	84	497 225	504	36 731	36	11 152	42	94 820	30	515 125	2,5821 445
20	19 286	78	510 977	518	34 913	34	13 623	40	98 335	28	547 648	2,5609 889
25	24 225	74	524 736	532	33 096	32	16 093	36	*01 849	26	579 496	2,5407 022
30	29 162	70	538 502	546	31 280	32	18 561	34	05 362	24	610 710	2,5212 160
35	34 097	64	552 275	558	29 464	28	21 028	32	08 874	22	641 325	2,5024 700
40	39 029	60	566 054	574	27 650	26	23 494	30	12 385	22	671 374	2,4844 104
45	43 959	54	579 841	586	25 837	26	25 959	26	15 896	18	700 888	2,4669 888
1,0150	48 886	50	593 634	600	24 024	22	28 422	24	19 405	18	729 893	2,4501 621
55	53 811	44	607 434	614	22 213	22	30 884	22	22 914	16	758 415	2,4338 913
60	58 733	42	621 241	628	20 402	20	33 345	20	26 422	14	786 478	2,4181 410
65	63 654	34	635 055	642	18 592	18	35 805	16	29 929	12	814 102	2,4028 791
70	68 571	30	648 876	656	16 783	14	38 263	14	33 435	10	841 307	2,3880 766
75	73 486	26	662 704	670	14 976	14	40 720	12	36 940	08	868 111	2,3737 068
80	78 399	22	676 539	684	13 169	14	43 176	10	40 444	06	894 532	2,3597 452
85	83 310	16	690 381	698	11 362	10	45 631	08	43 947	06	920 585	2,3461 696
90	88 218	10	704 230	710	09 557	08	48 085	04	47 450	04	946 286	2,3329 593
95	93 123	06	718 085	726	07 753	08	50 537	02	50 952	00	971 647	2,3200 954
1,0200	98 026	02	731 948	738	05 949	04	52 988	00	54 452	00	996 682	2,3075 603
05	**02 927	**96	745 817	752	04 147	04	55 438	*98	57 952	*98	**021 402	2,2953 377
10	07 825	92	759 693	768	02 345	00	57 887	94	61 451	98	045 821	2,2834 126
15	12 721	88	773 577	780	00 545	00	60 334	94	64 950	94	069 947	2,2717 711
20	17 615	82	787 467	794	*98 745	*98	62 781	88	68 447	92	093 791	2,2604 000
25	22 506	78	801 364	808	96 946	96	65 225	88	71 943	92	117 363	2,2492 872
30	27 395	72	815 268	824	95 148	94	67 669	86	75 439	90	140 671	2,2384 213
35	32 281	68	829 180	836	93 351	94	70 112	82	78 934	86	163 725	2,2277 918
40	37 165	64	843 098	850	91 554	90	72 553	80	82 427	86	186 532	2,2173 886
45	42 047	58	857 023	864	89 759	88	74 993	78	85 920	84	209 100	2,2072 025
1,0250	46 926		870 955		87 965		77 432		89 412		231 436	2,1972 246
	0,02	**97**	**2,7**	**27**	**0,35**	**−35**	**0,79**	**48**	**0,89**	**69**	**0,2**	

x	φ	sin x		cos x		tg x		Sin x		Cos x		Tg x	
	58°	**0,85**	**51**	**0,51**	**−85**	**1,6**	**3**	**1,2**	**15**	**1,5**	**12**	**0,77**	**40**
1,0250	43′ 41,″43	47 142	88	90 989	48	465 344	7142	141 495	732	729 460	144	18 952	40
55	45 24,56	49 736	86	86 715	52	483 915	7202	149 361	740	735 532	154	20 972	38
60	47 07,69	52 329	80	82 439	54	502 516	7264	157 231	744	741 609	162	22 991	34
65	48 50,82	54 919	76	78 162	56	521 148	7326	165 103	750	747 690	168	25 008	30
70	50 33,96	57 507	72	73 884	58	539 811	7388	172 978	758	753 774	178	27 023	28
75	52 17,09	60 093	66	69 605	62	558 505	7450	180 857	762	759 863	184	29 037	26
80	54 00,22	62 676	64	65 324	64	577 230	7510	188 738	770	765 955	192	31 050	20
85	55 43,35	65 258	58	61 042	66	595 985	7574	196 623	774	772 051	202	33 060	20
90	57 26,49	67 837	56	56 759	70	614 772	7636	204 510	782	778 152	208	35 070	14
95	59 09,62	70 415	50	52 474	72	633 590	7700	212 401	786	784 256	216	37 077	12
1,0300	*00 52,75	72 990	46	48 188	74	652 440	7762	220 294	794	790 364	224	39 083	10
05	02 35,88	75 563	42	43 901	76	671 321	7824	228 191	800	796 476	232	41 088	06
10	04 19,02	78 134	38	39 613	80	690 233	7888	236 091	806	802 592	240	43 091	02
15	06 02,15	80 703	32	35 323	82	709 177	7952	243 994	812	808 712	248	45 092	00
20	07 45,28	83 269	30	31 032	84	728 153	8014	251 900	818	814 836	256	47 092	*98
25	09 28,41	85 834	24	26 740	88	747 160	8080	259 809	824	820 964	264	49 091	92
30	11 11,54	88 396	20	22 446	88	766 200	8142	267 721	830	827 096	272	51 087	92
35	12 54,68	90 956	16	18 152	94	785 271	8206	275 636	836	833 232	280	53 083	86
40	14 37,81	93 514	12	13 855	94	804 374	8272	283 554	842	839 372	286	55 076	86
45	16 20,94	96 070	08	09 558	98	823 510	8334	291 475	848	845 515	296	57 069	80
1,0350	18 04,07	98 624	02	05 259	*00	842 677	8400	299 399	856	851 663	304	59 059	78
55	19 47,21	*01 175	00	00 959	02	861 877	8466	307 327	860	857 815	310	61 048	76
60	21 30,34	03 725	*94	*96 658	04	881 110	8530	315 257	868	863 970	320	63 036	72
65	23 13,47	06 272	90	92 356	08	900 375	8594	323 191	872	870 130	328	65 022	68
70	24 56,60	08 817	86	88 052	10	919 672	8660	331 127	880	876 294	334	67 006	66
75	26 39,74	11 360	82	83 747	12	939 002	8726	339 067	886	882 461	344	68 989	64
80	28 22,87	13 901	76	79 441	16	958 365	8792	347 010	892	888 633	350	70 971	58
85	30 06,00	16 439	74	75 133	18	977 761	8856	354 956	896	894 808	360	72 950	58
90	31 49,13	18 976	68	70 824	20	997 189	8924	362 904	906	900 988	366	74 929	52
95	33 32,27	21 510	64	66 514	22	*016 651	8990	370 857	910	907 171	374	76 905	52
1,0400	35 15,40	24 042	60	62 203	26	036 146	9056	378 812	916	913 358	384	78 881	46
05	36 58,53	26 572	56	57 890	28	055 674	9124	386 770	922	919 550	390	80 854	44
10	38 41,66	29 100	52	53 576	30	075 236	9190	394 731	930	925 745	400	82 826	42
15	40 24,80	31 626	46	49 261	34	094 831	9256	402 696	934	931 945	406	84 797	38
20	42 07,93	34 149	44	44 944	34	114 459	9324	410 663	942	938 148	414	86 766	36
25	43 51,06	36 671	38	40 627	38	134 121	9392	418 634	948	944 355	424	88 734	32
30	45 34,19	39 190	34	36 308	42	153 817	9460	426 608	952	950 567	430	90 700	28
35	47 17,33	41 707	30	31 987	42	173 547	9526	434 584	960	956 782	438	92 664	26
40	49 00,46	44 222	26	27 666	46	193 310	9596	442 564	966	963 001	446	94 627	24
45	50 43,59	46 735	20	23 343	48	213 108	9662	450 547	974	969 224	456	96 589	20
1,0450	52 26,72	49 245	18	19 019	50	232 939	9732	458 534	978	975 452	462	98 549	16
55	54 09,85	51 754	12	14 694	52	252 805	9800	466 523	984	981 683	470	*00 507	14
60	55 52,99	54 260	08	10 368	56	272 705	9870	474 515	992	987 918	478	02 464	10
65	57 36,12	56 764	04	06 040	58	292 640	9938	482 511	996	994 157	488	04 419	08
70	59 19,25	59 266	00	01 711	62	312 609	*0006	490 509	*004	*000 401	494	06 373	04
75	**01 02,38	61 766	**94	**97 380	62	332 612	0078	498 511	010	006 648	502	08 325	02
80	02 45,52	64 263	92	93 049	66	352 651	0146	506 516	016	012 899	512	10 276	**98
85	04 28,65	66 759	86	88 716	68	372 724	0216	514 524	022	019 155	518	12 225	96
90	06 11,78	69 252	82	84 382	70	392 832	0286	522 535	028	025 414	526	14 173	92
95	07 54,91	71 743	78	80 047	74	412 975	0356	530 549	036	031 677	534	16 119	90
1,0500	09′ 38,″05	74 232		75 710		433 153		538 567		037 944		18 064	
	60°	**0,86**	**49**	**0,49**	**−86**	**1,7**	**4**	**1,2**	**16**	**1,6**	**12**	**0,78**	**38**

x	$\ln x$		e^x		e^{-x}		arc tg x		Ar Sin x		Ar Cos x		Ar Ctg x
	0,02	**97**	**2,7**	**27**	**0,35**	**−35**	**0,79**	**48**	**0,89**	**69**	**0,2**	**4**	**2,**
1,0250	46 926	54	870 955	878	87 965	88	77 432	76	89 412	84	231 436	4220	1972 246
55	51 803	48	884 894	892	86 171	86	79 870	72	92 904	80	253 546	3786	1874 467
60	56 677	46	898 840	904	84 378	82	82 306	72	96 394	78	275 439	3360	1778 611
65	61 550	38	912 792	920	82 587	82	84 742	68	99 883	78	297 119	2948	1684 604
70	66 419	36	926 752	934	80 796	80	87 176	64	*03 372	76	318 593	2546	1592 376
75	71 287	30	940 719	948	79 006	78	89 608	64	06 860	72	339 866	2158	1501 864
80	76 152	24	954 693	962	77 217	76	92 040	60	10 346	72	360 945	1776	1413 004
85	81 014	22	968 674	976	75 429	76	94 470	58	13 832	70	381 833	1406	1325 739
90	85 875	14	982 662	990	73 641	72	96 899	56	17 317	70	402 536	1048	1240 013
95	90 732	12	996 657	*002	71 855	70	99 327	54	20 802	66	423 060	0694	1155 772
1,0300	95 588	06	*010 658	018	70 070	70	*01 754	52	24 285	64	443 407	0352	1072 968
05	*00 441	02	024 667	032	68 285	68	04 180	48	27 767	64	463 583	0018	0991 553
10	05 292	*98	038 683	046	66 501	64	06 604	46	31 249	62	483 592	*9692	0911 482
15	10 141	92	052 706	060	64 719	64	09 027	44	34 730	60	503 438	9372	0832 711
20	14 987	86	066 736	074	62 937	62	11 449	42	38 210	58	523 124	9062	0755 200
25	19 830	84	080 773	086	61 156	62	13 870	38	41 689	56	542 655	8758	0678 909
30	24 672	78	094 816	102	59 375	58	16 289	36	45 167	54	562 034	8460	0603 801
35	29 511	74	108 867	116	57 596	56	18 707	34	48 644	52	581 264	8168	0529 841
40	34 348	68	122 925	130	55 818	56	21 124	32	52 120	52	600 348	7886	0456 995
45	39 182	64	136 990	144	54 040	52	23 540	30	55 596	50	619 291	7608	0385 230
1,0350	44 014	60	151 062	158	52 264	52	25 955	26	59 071	46	638 095	7334	0314 515
55	48 844	54	165 141	172	50 488	50	28 368	24	62 544	46	656 762	7068	0244 820
60	53 671	52	179 227	188	48 713	48	30 780	24	66 017	44	675 296	6808	0176 117
65	58 497	44	193 321	200	46 939	46	33 192	18	69 489	42	693 700	6552	0108 378
70	63 319	42	207 421	214	45 166	44	35 601	18	72 960	42	711 976	6300	0041 578
75	68 140	36	221 528	228	43 394	42	38 010	14	76 431	38	730 126	6056	*9975 690
80	72 958	32	235 642	244	41 623	40	40 417	14	79 900	38	748 154	5814	9910 690
85	77 774	26	249 764	256	39 853	40	42 824	10	83 369	34	766 061	5578	9846 556
90	82 587	22	263 892	272	38 083	36	45 229	06	86 836	34	783 850	5346	9783 266
95	87 398	18	278 028	284	36 315	36	47 632	06	90 303	32	801 523	5120	9720 796
1,0400	92 207	14	292 170	300	34 547	34	50 035	02	93 769	30	819 083	4896	9659 128
05	97 014	08	306 320	312	32 780	32	52 436	02	97 234	30	836 531	4678	9598 241
10	**01 818	04	320 476	328	31 014	30	54 837	*98	**00 699	26	853 870	4462	9538 115
15	06 620	**98	334 640	342	29 249	28	57 236	94	04 162	26	871 101	4250	9478 733
20	11 419	96	348 811	356	27 485	28	59 633	94	07 625	22	888 226	4044	9420 077
25	16 217	90	362 989	370	25 721	24	62 030	90	11 086	22	905 248	3840	9362 129
30	21 012	84	377 174	384	23 959	22	64 425	90	14 547	20	922 168	3638	9304 872
35	25 804	82	391 366	398	22 198	22	66 820	86	18 007	18	938 987	3444	9248 292
40	30 595	76	405 565	414	20 437	20	69 213	82	21 466	16	955 709	3248	9192 372
45	35 383	72	419 772	426	18 677	18	71 604	82	24 924	14	972 333	3058	9137 097
1,0450	40 169	66	433 985	442	16 918	16	73 995	78	28 381	14	988 862	2872	9082 453
55	44 952	64	448 206	454	15 160	14	76 384	78	31 838	12	*005 298	2688	9028 426
60	49 734	58	462 433	470	13 403	12	78 773	74	35 294	08	021 642	2506	8975 003
65	54 513	52	476 668	484	11 647	12	81 160	72	38 748	08	037 895	2328	8922 170
70	59 289	50	490 910	498	09 891	08	83 546	68	42 202	06	054 059	2152	8869 915
75	64 064	44	505 159	512	08 137	08	85 930	68	45 655	04	070 135	1980	8818 226
80	68 836	40	519 415	528	06 383	06	88 314	64	49 107	04	086 125	1810	8767 090
85	73 606	34	533 679	540	04 630	02	90 696	62	52 559	00	102 030	1642	8716 496
90	78 373	32	547 949	554	02 879	02	93 077	60	56 009	00	117 851	1478	8666 434
95	83 139	26	562 226	570	01 128	02	95 457	58	59 459	*96	133 590	1316	8616 892
1,0500	87 902		576 511		*99 377		97 836		62 907		149 248		8567 860
	0,04	**95**	**2,8**	**28**	**0,34**	**−35**	**0,80**	**47**	**0,91**	**68**	**0,3**	**3**	**1,**

x	φ	sin x		cos x		tg x		Sin x		Cof x		Tg x	
	60°	0,86	49	0,49	−86	1,7	4	1,2	16	1,6	12	0,78	38
1,0500	09′ 38″,05	74 232	74	75 710	74	433 153	0426	538 567	040	037 944	544	18 064	86
05	11 21,18	76 719	70	71 373	78	453 366	0498	546 587	048	044 216	550	20 007	82
10	13 04,31	79 204	64	67 034	80	473 615	0568	554 611	054	050 491	558	21 948	80
15	14 47,44	81 686	60	62 694	84	493 899	0640	562 638	060	056 770	568	23 888	78
20	16 30,58	84 166	56	58 352	86	514 219	0710	570 668	066	063 054	574	25 827	74
25	18 13,71	86 644	52	54 009	88	534 574	0782	578 701	072	069 341	582	27 764	72
30	19 56,84	89 120	48	49 665	90	554 965	0854	586 737	080	075 632	592	29 700	68
35	21 39,97	91 594	44	45 320	92	575 392	0924	594 777	084	081 928	598	31 634	64
40	23 23,11	94 066	38	40 974	96	595 854	0998	602 819	092	088 227	606	33 566	62
45	25 06,24	96 535	34	36 626	98	616 353	1070	610 865	098	094 530	616	35 497	60
1,0550	26 49,37	99 002	30	32 277	*00	636 888	1142	618 914	104	100 838	622	37 427	56
55	28 32,50	*01 467	26	27 927	02	657 459	1216	626 966	110	107 149	632	39 355	52
60	30 15,64	03 930	22	23 576	06	678 067	1288	635 021	116	113 465	638	41 281	50
65	31 58,77	06 391	16	19 223	08	698 711	1360	643 079	124	119 784	648	43 206	48
70	33 41,90	08 849	14	14 869	10	719 391	1434	651 141	128	126 108	656	45 130	42
75	35 25,03	11 306	08	10 514	12	740 108	1508	659 205	136	132 436	662	47 051	42
80	37 08,17	13 760	04	06 158	14	760 862	1582	667 273	142	138 767	672	48 972	38
85	38 51,30	16 212	00	01 801	18	781 653	1656	675 344	148	145 103	680	50 891	34
90	40 34,43	18 662	*94	*97 442	20	802 481	1730	683 418	154	151 443	686	52 808	32
95	42 17,56	21 109	92	93 082	22	823 346	1804	691 495	162	157 786	696	54 724	30
1,0600	44 00,69	23 555	86	88 721	26	844 248	1880	699 576	168	164 134	704	56 639	26
05	45 43,83	25 998	82	84 358	26	865 188	1954	707 660	172	170 486	712	58 552	22
10	47 26,96	28 439	78	79 995	30	886 165	2028	715 746	180	176 842	720	60 463	20
15	49 10,09	30 878	74	75 630	32	907 179	2106	723 836	188	183 202	726	62 373	16
20	50 53,22	33 315	68	71 264	34	928 232	2180	731 930	192	189 565	736	64 281	14
25	52 36,36	35 749	66	66 897	38	949 322	2254	740 026	200	195 933	746	66 188	12
30	54 19,49	38 182	60	62 528	40	970 449	2332	748 126	204	202 306	752	68 094	06
35	56 02,62	40 612	56	58 158	40	991 615	2408	756 228	212	208 682	760	69 997	06
40	57 45,75	43 040	52	53 788	46	*012 819	2486	764 334	218	215 062	768	71 900	02
45	59 28,89	45 466	46	49 415	46	034 062	2560	772 443	226	221 446	776	73 801	*98
1,0650	*01 12,02	47 889	44	45 042	48	055 342	2638	780 556	230	227 834	786	75 700	96
55	02 55,15	50 311	38	40 668	52	076 661	2716	788 671	238	234 227	792	77 598	94
60	04 38,28	52 730	34	36 292	54	098 019	2792	796 790	244	240 623	800	79 495	88
65	06 21,42	55 147	30	31 915	56	119 415	2870	804 912	250	247 023	810	81 389	88
70	08 04,55	57 562	26	27 537	60	140 850	2948	813 037	256	253 428	816	83 283	84
75	09 47,68	59 975	20	23 157	60	162 324	3026	821 165	264	259 836	826	85 175	80
80	11 30,81	62 385	16	18 777	64	183 837	3104	829 297	268	266 249	834	87 065	78
85	13 13,95	64 793	12	14 395	66	205 389	3184	837 431	276	272 666	840	88 954	76
90	14 57,08	67 199	08	10 012	68	226 981	3262	845 569	284	279 086	850	90 842	72
95	16 40,21	69 603	04	05 628	72	248 612	3340	853 711	288	285 511	858	92 728	68
1,0700	18 23,34	72 005	00	01 242	72	270 282	3420	861 855	294	291 940	866	94 612	66
05	20 06,48	74 405	**94	**96 856	76	291 992	3500	870 002	302	298 373	874	96 495	64
10	21 49,61	76 802	90	92 468	78	313 742	3578	878 153	308	304 810	882	98 377	60
15	23 32,74	79 197	86	88 079	80	335 531	3660	886 307	316	311 251	890	*00 257	56
20	25 15,87	81 590	82	83 689	84	357 361	3740	894 465	320	317 696	900	02 135	54
25	26 59,00	83 981	76	79 297	84	379 231	3820	902 625	328	324 146	906	04 012	52
30	28 42,14	86 369	74	74 905	88	401 141	3900	910 789	334	330 599	914	05 888	48
35	30 25,27	88 756	68	70 511	90	423 091	3982	918 956	340	337 056	924	07 762	46
40	32 08,40	91 140	64	66 116	92	445 082	4062	927 126	346	343 518	932	09 635	42
45	33 51,53	93 522	60	61 720	96	467 113	4144	935 299	354	349 984	938	11 506	40
1,0750	35′ 34″,67	95 902		57 322		489 185		943 476		356 453		13 376	
	61°	0,87	47	0,47	−87	1,8	4	1,2	16	1,6	12	0,79	37

x	$\ln x$		e^x		e^{-x}		arc tg x		Ar Sin x		Ar Cos x		Ar Ctg x
	0,0	**95**	**2,8**	**28**	**0,34**	**−34**	**0,80**	**47**	**0,91**	**68**	**0,3**	**3**	**1,8**
1,0500	487 902	20	576 511	584	99 377	98	97 836	54	62 907	96	149 248	1154	567 860
05	492 662	18	590 803	598	97 628	96	*00 213	54	66 355	94	164 825	0998	519 328
10	497 421	12	605 102	612	95 880	96	02 590	50	69 802	92	180 324	0842	471 286
15	502 177	08	619 408	626	94 132	92	04 965	48	73 248	92	195 745	0690	423 724
20	506 931	04	633 721	642	92 386	92	07 339	44	76 694	88	211 090	0538	376 632
25	511 683	*98	648 042	654	90 640	90	09 711	44	80 138	86	226 359	0388	330 003
30	516 432	96	662 369	670	88 895	88	12 083	42	83 581	86	241 553	0244	283 828
35	521 180	90	676 704	684	87 151	86	14 454	38	87 024	84	256 675	0098	238 096
40	525 925	84	691 046	698	85 408	84	16 823	36	90 466	82	271 724	*9954	192 802
45	530 667	82	705 395	714	83 666	84	19 191	34	93 907	80	286 701	9816	147 935
1,0550	535 408	76	719 752	726	81 924	80	21 558	30	97 347	78	301 609	9676	103 490
55	540 146	72	734 115	742	80 184	80	23 923	30	*00 786	78	316 447	9538	059 457
60	544 882	68	748 486	754	78 444	78	26 288	26	04 225	74	331 216	9404	015 830
65	549 616	62	762 863	772	76 705	76	28 651	24	07 662	74	345 918	9270	*972 601
70	554 347	58	777 249	784	74 967	74	31 013	22	11 099	72	360 553	9138	929 763
75	559 076	54	791 641	798	73 230	72	33 374	20	14 535	70	375 122	9010	887 310
80	563 803	50	806 040	814	71 494	70	35 734	18	17 970	68	389 627	8880	845 235
85	568 528	46	820 447	828	69 759	70	38 093	14	21 404	66	404 067	8754	803 530
90	573 251	40	834 861	842	68 024	66	40 450	12	24 837	64	418 444	8628	762 191
95	577 971	36	849 282	856	66 291	66	42 806	10	28 269	64	432 758	8506	721 211
1,0600	582 689	32	863 710	870	64 558	64	45 161	08	31 701	62	447 011	8382	680 583
05	587 405	28	878 145	886	62 826	62	47 515	06	35 132	58	461 202	8264	640 303
10	592 119	22	892 588	900	61 095	60	49 868	04	38 561	58	475 334	8144	600 364
15	596 830	18	907 038	914	59 365	58	52 220	00	41 990	58	489 406	8026	560 760
20	601 539	14	921 495	928	57 636	56	54 570	*98	45 419	54	503 419	7910	521 486
25	606 246	10	935 959	944	55 908	56	56 919	96	48 846	52	517 374	7796	482 538
30	610 951	06	950 431	958	54 180	54	59 267	94	52 272	52	531 272	7680	443 909
35	615 654	00	964 910	972	52 453	50	61 614	92	55 698	48	545 112	7570	405 595
40	620 354	**96	979 396	986	50 728	50	63 960	88	59 122	48	558 897	7460	367 590
45	625 052	92	993 889	*002	49 003	48	66 304	88	62 546	46	572 627	7348	329 891
1,0650	629 748	88	*008 390	016	47 279	48	68 648	84	65 969	44	586 301	7242	292 491
55	634 442	82	022 898	030	45 555	44	70 990	82	69 391	44	599 922	7134	255 387
60	639 133	80	037 413	044	43 833	42	73 331	80	72 813	40	613 489	7028	218 575
65	643 823	74	051 935	060	42 112	42	75 671	76	76 233	40	627 003	6924	182 048
70	648 510	70	066 465	074	40 391	40	78 009	76	79 653	36	640 465	6820	145 805
75	653 195	64	081 002	088	38 671	38	80 347	72	83 071	36	653 875	6718	109 839
80	657 877	62	095 546	102	36 952	36	82 683	72	86 489	34	667 234	6616	074 148
85	662 558	56	110 097	118	35 234	34	85 019	68	89 906	32	680 542	6516	038 726
90	667 236	52	124 656	132	33 517	32	87 353	64	93 322	32	693 800	6416	003 571
95	671 912	48	139 222	146	31 801	32	89 685	64	96 738	28	707 008	6320	**968 678
1,0700	676 586	44	153 795	162	30 085	28	92 017	62	**00 152	28	720 168	6222	934 043
05	681 258	40	168 376	174	28 371	28	94 348	58	03 566	24	733 279	6126	899 663
10	685 928	34	182 963	192	26 657	26	96 677	56	06 978	24	746 342	6030	865 535
15	690 595	32	197 559	204	24 944	24	99 005	54	10 390	22	759 357	5938	831 654
20	695 261	26	212 161	220	23 232	22	**01 332	52	13 801	22	772 326	5844	798 017
25	699 924	22	226 771	234	21 521	22	03 658	50	17 212	18	785 248	5752	764 622
30	704 585	16	241 388	248	19 810	18	05 983	46	20 621	16	798 124	5660	731 463
35	709 243	14	256 012	264	18 101	18	08 306	46	24 029	16	810 954	5572	698 539
40	713 900	08	270 644	278	16 392	16	10 629	42	27 437	14	823 740	5480	665 846
45	718 554	06	285 283	292	14 684	12	12 950	40	30 844	12	836 480	5394	633 382
1,0750	723 207		299 929		12 978		15 270		34 250		849 177		601 142
	0,0	**93**	**2,9**	**29**	**0,34**	**−34**	**0,82**	**46**	**0,93**	**68**	**0,3**	**2**	**1,6**

x	φ	sin x		cos x		tg x		Sin x		Cos x		Tg x	
	61°	0,87	47	0,47	−87	1,8	4	1,2	16	1,6	12	0,79	37
1,0750	35′ 34,67	95 902	54	57 322	96	489 185	4226	943 476	360	356 453	948	13 376	36
55	37 17,80	98 279	50	52 924	*00	511 298	4308	951 656	366	362 927	956	15 244	32
60	39 00,93	*00 654	48	48 524	02	533 452	4390	959 839	372	369 405	964	17 110	32
65	40 44,06	03 028	42	44 123	04	555 647	4472	968 025	380	375 887	972	18 976	26
70	42 27,20	05 399	36	39 721	06	577 883	4556	976 215	384	382 373	980	20 839	26
75	44 10,33	07 767	34	35 318	10	600 161	4638	984 407	392	388 863	988	22 702	20
80	45 53,46	10 134	28	30 913	10	622 480	4722	992 603	400	395 357	998	24 562	20
85	47 36,59	12 498	24	26 508	14	644 841	4804	*000 803	404	401 856	*004	26 422	16
90	49 19,73	14 860	20	22 101	16	667 243	4888	009 005	412	408 358	014	28 280	12
95	51 02,86	17 220	16	17 693	18	689 687	4972	017 211	418	414 865	020	30 136	10
1,0800	52 45,99	19 578	12	13 284	22	712 173	5058	025 420	424	421 375	030	31 991	06
05	54 29,12	21 934	06	08 873	22	734 702	5140	033 632	432	427 890	038	33 844	04
10	56 12,26	24 287	02	04 462	26	757 272	5226	041 848	438	434 409	046	35 696	02
15	57 55,39	26 638	*98	00 049	28	779 885	5312	050 067	444	440 932	054	37 547	*98
20	59 38,52	28 987	94	*95 635	30	802 541	5396	058 289	450	447 459	062	39 396	94
25	*01 21,65	31 334	88	91 220	32	825 239	5482	066 514	458	453 990	072	41 243	94
30	03 04,79	33 678	86	86 804	36	847 980	5568	074 743	464	460 526	078	43 090	88
35	04 47,92	36 021	80	82 386	36	870 764	5652	082 975	470	467 065	088	44 934	86
40	06 31,05	38 361	74	77 968	40	893 590	5740	091 210	476	473 609	094	46 777	84
45	08 14,18	40 698	72	73 548	42	916 460	5828	099 448	484	480 156	104	48 619	80
1,0850	09 57,31	43 034	68	69 127	44	939 374	5912	107 690	490	486 708	112	50 459	78
55	11 40,45	45 368	62	64 705	46	962 330	6002	115 935	496	493 264	120	52 298	74
60	13 23,58	47 699	58	60 282	50	985 331	6088	124 183	504	499 824	128	54 135	72
65	15 06,71	50 028	54	55 857	50	*008 375	6176	132 435	510	506 388	136	55 971	70
70	16 49,84	52 355	48	51 432	54	031 463	6262	140 690	516	512 956	146	57 806	66
75	18 32,98	54 679	46	47 005	56	054 594	6352	148 948	522	519 529	152	59 639	62
80	20 16,11	57 002	40	42 577	58	077 770	6442	157 209	530	526 105	162	61 470	60
85	21 59,24	59 322	36	38 148	60	100 991	6528	165 474	536	532 686	170	63 300	58
90	23 42,37	61 640	32	33 718	64	124 255	6618	173 742	542	539 271	178	65 129	54
95	25 25,51	63 956	26	29 286	64	147 564	6708	182 013	550	545 860	186	66 956	50
1,0900	27 08,64	66 269	22	24 854	68	170 918	6798	190 288	556	552 453	194	68 781	50
05	28 51,77	68 580	20	20 420	70	194 317	6886	198 566	562	559 050	202	70 606	44
10	30 34,90	70 890	12	15 985	72	217 760	6978	206 847	568	565 651	212	72 428	44
15	32 18,04	73 196	10	11 549	74	241 249	7068	215 131	576	572 257	220	74 250	40
20	34 01,17	75 501	06	07 112	76	264 783	7158	223 419	582	578 867	226	76 070	36
25	35 44,30	77 804	00	02 674	80	288 362	7250	231 710	590	585 480	236	77 888	34
30	37 27,43	80 104	**96	**98 234	82	311 987	7342	240 005	594	592 098	244	79 705	30
35	39 10,57	82 402	92	93 793	82	335 658	7432	248 302	602	598 720	254	81 520	28
40	40 53,70	84 698	86	89 352	86	359 374	7524	256 603	610	605 347	260	83 334	26
45	42 36,83	86 991	82	84 909	88	383 136	7618	264 908	614	611 977	268	85 147	22
1,0950	44 19,96	89 282	80	80 465	92	406 945	7708	273 215	622	618 611	278	86 958	20
55	46 03,10	91 572	74	76 019	92	430 799	7802	281 526	630	625 250	286	88 768	16
60	47 46,23	93 859	68	71 573	94	454 700	7896	289 841	634	631 893	294	90 576	14
65	49 29,36	96 143	66	67 126	98	478 648	7988	298 158	642	638 540	302	92 383	10
70	51 12,49	98 426	60	62 677	**00	502 642	8082	306 479	648	645 191	310	94 188	08
75	52 55,62	**00 706	56	58 227	02	526 683	8176	314 803	656	651 846	320	95 992	06
80	54 38,76	02 984	52	53 776	04	550 771	8272	323 131	662	658 506	328	97 795	02
85	56 21,89	05 260	46	49 324	06	574 907	8364	331 462	668	665 170	334	99 596	**98
90	58 05,02	07 533	44	44 871	08	599 089	8460	339 796	676	671 837	344	*01 395	96
95	59 48,15	09 805	38	40 417	12	623 319	8556	348 134	682	678 509	354	03 193	94
1,1000	**01′ 31,29″	12 074		35 961		647 597		356 475		685 186		04 990	
	63°	0,89	45	0,45	−89	1,9	4	1,3	16	1,6	13	0,80	35

x	$\ln x$		e^x		e^{-x}		arc tg x		Ar Sin x		Ar Cos x		Ar Ctg x	
	0,07	**9**	**2,9**	**29**	**0,34**	**−34**	**0,82**	**46**	**0,93**	**68**	**0,3**	**2**	**1,6**	**−6**
1,0750	23 207	300	299 929	308	12 978	14	15 270	38	34 250	10	849 177	5304	601 142	4036
55	27 857	296	314 583	322	11 271	10	17 589	36	37 655	08	861 829	5220	569 124	3598
60	32 505	290	329 244	336	09 566	08	19 907	32	41 059	06	874 439	5132	537 325	3166
65	37 150	288	343 912	352	07 862	08	22 223	32	44 462	06	887 005	5048	505 742	2740
70	41 794	282	358 588	364	06 158	04	24 539	28	47 865	04	899 529	4964	474 372	2318
75	46 435	280	373 270	382	04 456	04	26 853	26	51 267	02	912 011	4880	443 213	1902
80	51 075	274	387 961	394	02 754	02	29 166	24	54 668	00	924 451	4798	412 262	1492
85	55 712	270	402 658	410	01 053	00	31 478	22	58 068	*98	936 850	4716	381 516	1088
90	60 347	266	417 363	426	*99 353	*98	33 789	20	61 467	96	949 208	4634	350 972	0686
95	64 980	260	432 076	440	97 654	98	36 099	18	64 865	96	961 525	4554	320 629	0292
1,0800	69 610	258	446 796	454	95 955	94	38 408	14	68 263	92	973 802	4476	290 483	*9902
05	74 239	252	461 523	468	94 258	94	40 715	12	71 659	92	986 040	4396	260 532	9518
10	78 865	250	476 257	484	92 561	92	43 021	10	75 055	90	998 238	4318	230 773	9136
15	83 490	244	490 999	498	90 865	90	45 326	08	78 450	88	*010 397	4240	201 205	8760
20	88 112	240	505 748	514	89 170	88	47 630	06	81 844	86	022 517	4164	171 825	8390
25	92 732	236	520 505	528	87 476	86	49 933	04	85 237	86	034 599	4088	142 630	8022
30	97 350	230	535 269	542	85 783	86	52 235	00	88 630	82	046 643	4012	113 619	7660
35	*01 965	228	550 040	558	84 090	82	54 535	00	92 021	82	058 649	3938	084 789	7302
40	06 579	224	564 819	572	82 399	82	56 835	*96	95 412	80	070 618	3864	056 138	6948
45	11 191	218	579 605	586	80 708	80	59 133	94	98 802	78	082 550	3790	027 664	6600
1,0850	15 800	214	594 398	602	79 018	78	61 430	92	*02 191	76	094 445	3718	*999 364	6252
55	20 407	210	609 199	616	77 329	76	63 726	90	05 579	74	106 304	3646	971 238	5912
60	25 012	206	624 007	632	75 641	76	66 021	86	08 966	74	118 127	3574	943 282	5576
65	29 615	202	638 823	646	73 953	72	68 314	86	12 353	70	129 914	3504	915 494	5240
70	34 216	198	653 646	662	72 267	72	70 607	82	15 738	70	141 666	3432	887 874	4912
75	38 815	192	668 477	676	70 581	70	72 898	80	19 123	68	153 382	3364	860 418	4584
80	43 411	190	683 315	690	68 896	68	75 188	78	22 507	66	165 064	3294	833 126	4264
85	48 006	184	698 160	706	67 212	66	77 477	76	25 890	64	176 711	3226	805 994	3944
90	52 598	182	713 013	720	65 529	66	79 765	74	29 272	64	188 324	3158	779 022	3630
95	57 189	176	727 873	736	63 846	62	82 052	72	32 654	60	199 903	3090	752 207	3318
1,0900	61 777	172	742 741	750	62 165	62	84 338	68	36 034	60	211 448	3024	725 548	3008
05	66 363	168	757 616	764	60 484	60	86 622	68	39 414	58	222 960	2958	699 044	2706
10	70 947	164	772 498	780	58 804	58	88 906	64	42 793	56	234 439	2892	672 691	2404
15	75 529	160	787 388	796	57 125	56	91 188	62	46 171	54	245 885	2826	646 489	2106
20	80 109	154	802 286	810	55 447	54	93 469	60	49 548	54	257 298	2762	620 436	1810
25	84 686	152	817 191	824	53 770	52	95 749	58	52 925	50	268 679	2698	594 531	1520
30	89 262	148	832 103	840	52 094	52	98 028	56	56 300	50	280 028	2634	568 771	1230
35	93 836	142	847 023	854	50 418	50	*00 306	52	59 675	48	291 345	2572	543 156	0946
40	98 407	138	861 950	870	48 743	48	02 582	52	63 049	46	302 631	2508	517 683	0662
45	**02 976	136	876 885	884	47 069	46	04 858	48	66 422	44	313 885	2446	492 352	0384
1,0950	07 544	130	891 827	898	45 396	44	07 132	46	69 794	42	325 108	2386	467 160	0108
55	12 109	126	906 776	916	43 724	44	09 405	44	73 165	42	336 301	2322	442 106	**9834
60	16 672	122	921 734	928	42 052	40	11 677	42	76 536	38	347 462	2264	417 189	9562
65	21 233	118	936 698	944	40 382	40	13 948	40	79 905	38	358 594	2202	392 408	9296
70	25 792	114	951 670	960	38 712	38	16 218	36	83 274	36	369 695	2142	367 760	9030
75	30 349	108	966 650	974	37 043	36	18 486	36	86 642	34	380 766	2084	343 245	8766
80	34 903	106	981 637	990	35 375	34	20 754	32	90 009	32	391 808	2024	318 862	8508
85	39 456	102	996 632	*004	33 708	34	23 020	32	93 375	32	402 820	1966	294 608	8252
90	44 007	096	*011 634	018	32 041	30	25 286	28	96 741	30	413 803	1908	270 482	7996
95	48 555	094	026 643	034	30 376	30	27 550	26	**00 106	26	424 757	1852	246 484	7744
1,1000	53 102		041 660		28 711		29 813		03 469		435 683		222 612	
	0,09	**9**	**3,0**	**30**	**0,33**	**−33**	**0,83**	**45**	**0,95**	**67**	**0,4**	**2**	**1,5**	**−4**

x	φ	sin x		cos x		tg x		Sin x		Cof x		Tg x	
	63°	0,89	45	0,45	−89	1,9	4	1,3	16	1,6	13	0,80	35
1,1000	01′ 31,″29	12 074	32	35 961	12	647 597	8650	356 475	688	685 186	360	04 990	92
05	03 14,42	14 340	30	31 505	16	671 922	8746	364 819	696	691 866	368	06 786	86
10	04 57,55	16 605	26	27 047	18	696 295	8842	373 167	702	698 550	378	08 579	86
15	06 40,68	18 868	20	22 588	20	720 716	8940	381 518	708	705 239	386	10 372	82
20	08 23,82	21 128	16	18 128	22	745 186	9036	389 872	714	711 932	394	12 163	78
25	10 06,95	23 386	10	13 667	24	769 704	9132	398 229	722	718 629	402	13 952	76
30	11 50,08	25 641	08	09 205	28	794 270	9230	406 590	730	725 330	410	15 740	74
35	13 33,21	27 895	02	04 741	28	818 885	9328	414 955	734	732 035	420	17 527	70
40	15 16,35	30 146	*98	00 277	32	843 549	9426	423 322	744	738 745	428	19 312	68
45	16 59,48	32 395	94	*95 811	34	868 262	9524	431 694	748	745 459	436	21 096	66
1,1050	18 42,61	34 642	88	91 344	36	893 024	9622	440 068	756	752 177	444	22 879	60
55	20 25,74	36 886	86	86 876	38	917 835	9722	448 446	762	758 899	452	24 659	60
60	22 08,88	39 129	80	82 407	40	942 696	9820	456 827	768	765 625	462	26 439	56
65	23 52,01	41 369	76	77 937	42	967 606	9920	465 211	776	772 356	468	28 217	54
70	25 35,14	43 607	70	73 466	44	992 566	*0020	473 599	782	779 090	478	29 994	50
75	27 18,27	45 842	68	68 994	48	*017 576	0122	481 990	790	785 829	486	31 769	48
80	29 01,41	48 076	62	64 520	48	042 637	0220	490 385	796	792 572	496	33 543	44
85	30 44,54	50 307	58	60 046	52	067 747	0322	498 783	802	799 320	502	35 315	42
90	32 27,67	52 536	52	55 570	54	092 908	0424	507 184	810	806 071	512	37 086	40
95	34 10,80	54 762	50	51 093	56	118 120	0524	515 589	816	812 827	520	38 856	36
1,1100	35 53,93	56 987	44	46 615	58	143 382	0626	523 997	824	819 587	528	40 624	34
05	37 37,07	59 209	40	42 136	60	168 695	0730	532 409	830	826 351	536	42 391	30
10	39 20,20	61 429	36	37 656	62	194 060	0830	540 824	836	833 119	546	44 156	28
15	41 03,33	63 647	30	33 175	66	219 475	0936	549 242	842	839 892	552	45 920	24
20	42 46,46	65 862	26	28 692	66	244 943	1036	557 663	850	846 668	562	47 682	22
25	44 29,60	68 075	22	24 209	70	270 461	1142	566 088	858	853 449	572	49 443	20
30	46 12,73	70 286	18	19 724	70	296 032	1244	574 517	864	860 235	578	51 203	16
35	47 55,86	72 495	14	15 239	74	321 654	1350	582 949	870	867 024	586	52 961	14
40	49 38,99	74 702	08	10 752	76	347 329	1454	591 384	876	873 817	596	54 718	10
45	51 22,13	76 906	04	06 264	78	373 056	1558	599 822	886	880 615	604	56 473	08
1,1150	53 05,26	79 108	00	01 775	80	398 835	1664	608 265	890	887 417	614	58 227	06
55	54 48,39	81 308	**94	**97 285	82	424 667	1770	616 710	898	894 224	620	59 980	02
60	56 31,52	83 505	90	92 794	86	450 552	1876	625 159	904	901 034	630	61 731	00
65	58 14,66	85 700	86	88 301	86	476 490	1982	633 611	912	907 849	638	63 481	*96
70	59 57,79	87 893	82	83 808	90	502 481	2088	642 067	918	914 668	646	65 229	94
75	*01 40,92	90 084	78	79 313	90	528 525	2196	650 526	924	921 491	654	66 976	90
80	03 24,05	92 273	72	74 818	94	554 623	2302	658 988	932	928 318	664	68 721	88
85	05 07,19	94 459	68	70 321	96	580 774	2410	667 454	938	935 150	672	70 465	86
90	06 50,32	96 643	64	65 823	98	606 979	2520	675 923	946	941 986	680	72 208	82
95	08 33,45	98 825	58	61 324	*00	633 239	2628	684 396	952	948 826	688	73 949	80
1,1200	10 16,58	*01 004	56	56 824	02	659 553	2736	692 872	960	955 670	698	75 689	78
05	11 59,72	03 182	50	52 323	04	685 921	2844	701 352	966	962 519	704	77 428	74
10	13 42,85	05 357	46	47 821	06	712 343	2956	709 835	972	969 371	714	79 165	70
15	15 25,98	07 530	40	43 318	08	738 821	3064	718 321	980	976 228	724	80 900	70
20	17 09,11	09 700	36	38 814	12	765 353	3176	726 811	986	983 090	730	82 635	64
25	18 52,25	11 868	32	34 308	12	791 941	3286	735 304	994	989 955	740	84 367	64
30	20 35,38	14 034	28	29 802	16	818 584	3396	743 801	*000	996 825	748	86 099	60
35	22 18,51	16 198	24	25 294	16	845 282	3510	752 301	006	*003 699	756	87 829	58
40	24 01,64	18 360	18	20 786	20	872 037	3620	760 804	014	010 577	766	89 558	54
45	25 44,77	20 519	14	16 276	22	898 847	3732	769 311	022	017 460	774	91 285	52
1,1250	27′ 27,″91	22 676		11 765		925 713		777 822		024 347		93 011	
	64°	0,90	43	0,43	−90	2,0	5	1,3	17	1,7	13	0,80	34

x	$\ln x$		e^x		e^{-x}		arc tg x		Ar Sin x		Ar Cos x		Ar Ctg x	
	0,09	**90**	**3,0**	**30**	**0,33**	**−33**	**0,83**	**45**	**0,95**	**67**	**0,4**	**21**	**1,5**	**−4**
1,1000	53 102	88	041 660	050	28 711	28	29 813	24	03 469	26	435 683	792	222 612	7494
05	57 646	86	056 685	064	27 047	26	32 075	20	06 832	24	446 579	736	198 865	7248
10	62 189	80	071 717	080	25 384	24	34 335	20	10 194	24	457 447	682	175 241	7004
15	66 729	76	086 757	094	23 722	24	36 595	16	13 556	20	468 288	624	151 739	6760
20	71 267	72	101 804	108	22 060	22	38 853	16	16 916	20	479 100	568	128 359	6522
25	75 803	68	116 858	126	20 399	18	41 111	12	20 276	16	489 884	514	105 098	6284
30	80 337	64	131 921	138	18 740	18	43 367	10	23 634	16	500 641	460	081 956	6050
35	84 869	60	146 990	156	17 081	16	45 622	08	26 992	14	511 371	404	058 931	5816
40	89 399	56	162 068	168	15 423	16	47 876	06	30 349	14	522 073	350	036 023	5584
45	93 927	52	177 152	186	13 765	12	50 129	04	33 706	10	532 748	298	013 231	5358
1,1050	98 453	48	192 245	200	12 109	12	52 381	02	37 061	10	543 397	244	*990 552	5132
55	*02 977	44	207 345	214	10 453	10	54 632	*98	40 416	06	554 019	192	967 986	4906
60	07 499	40	222 452	230	08 798	08	56 881	96	43 769	06	564 615	138	945 533	4686
65	12 019	36	237 567	246	07 144	06	59 129	96	47 122	04	575 184	086	923 190	4464
70	16 537	30	252 690	260	05 491	04	61 377	92	50 474	04	585 727	036	900 958	4248
75	21 052	28	267 820	274	03 839	04	63 623	90	53 826	00	596 245	*984	878 834	4032
80	25 566	24	282 957	292	02 187	00	65 868	88	57 176	00	606 737	932	856 818	3816
85	30 078	18	298 103	306	00 537	00	68 112	86	60 526	*96	617 203	882	834 910	3608
90	34 587	16	313 256	320	*98 887	*98	70 355	84	63 874	96	627 644	832	813 106	3396
95	39 095	10	328 416	336	97 238	96	72 597	80	67 222	94	638 060	782	791 408	3188
1,1100	43 600	08	343 584	352	95 590	96	74 837	80	70 569	94	648 451	732	769 814	2982
05	48 104	02	358 760	366	93 942	92	77 077	76	73 916	90	658 817	682	748 323	2778
10	52 605	00	373 943	380	92 296	92	79 315	74	77 261	90	669 158	634	726 934	2576
15	57 105	*94	389 133	398	90 650	90	81 552	72	80 606	88	679 475	586	705 646	2374
20	61 602	90	404 332	412	89 005	88	83 788	70	83 950	84	689 768	536	684 459	2176
25	66 097	88	419 538	426	87 361	86	86 023	68	87 292	86	700 036	490	663 371	1980
30	70 591	82	434 751	444	85 718	86	88 257	66	90 635	82	710 281	440	642 381	1784
35	75 082	78	449 973	456	84 075	82	90 490	64	93 976	80	720 501	394	621 489	1590
40	79 571	76	465 201	474	82 434	82	92 722	60	97 316	80	730 698*	348	600 694	1400
45	84 059	70	480 438	488	80 793	80	94 952	60	*00 656	78	740 872	300	579 994	1208
1,1150	88 544	66	495 682	502	79 153	78	97 182	56	03 995	76	751 022	252	559 390	1020
55	93 027	64	510 933	520	77 514	78	99 410	56	07 333	74	761 148	208	538 880	0834
60	97 509	58	526 193	534	75 875	74	*01 638	52	10 670	72	771 252	162	518 463	0648
65	**01 988	54	541 460	548	74 238	74	03 864	50	14 006	70	781 333	114	498 139	0464
70	06 465	50	556 734	564	72 601	72	06 089	48	17 341	70	791 390	072	477 907	0284
75	10 940	48	572 016	580	70 965	70	08 313	46	20 676	68	801 426	024	457 765	0100
80	15 414	42	587 306	596	69 330	68	10 536	42	24 010	66	811 438	**982	437 715	*9924
85	19 885	38	602 604	610	67 696	68	12 757	42	27 343	64	821 429	936	417 753	9746
90	24 354	36	617 909	626	66 062	64	14 978	40	30 675	62	831 397	892	397 880	9568
95	28 822	30	633 222	640	64 430	64	17 198	36	34 006	62	841 343	848	378 096	9396
1,1200	33 287	26	648 542	656	62 798	62	19 416	34	37 337	60	851 267	804	358 398	9222
05	37 750	22	663 870	672	61 167	60	21 633	34	40 667	56	861 169	762	338 787	9050
10	42 211	20	679 206	686	59 537	60	23 850	30	43 995	56	871 050	718	319 262	8880
15	46 671	14	694 549	702	57 907	56	26 065	28	47 323	56	880 909	674	299 822	8712
20	51 128	10	709 900	718	56 279	56	28 279	26	50 651	52	890 746	634	280 466	8544
25	55 583	08	725 259	734	54 651	54	30 492	24	53 977	50	900 563	590	261 194	8376
30	60 037	02	740 626	748	53 024	52	32 704	20	57 302	50	910 358	548	242 006	8214
35	64 488	00	756 000	764	51 398	50	34 914	20	60 627	48	920 132	506	222 899	8050
40	68 938	**94	771 382	778	49 773	50	37 124	16	63 951	46	929 885	466	203 874	7888
45	73 385	90	786 771	794	48 148	46	39 332	16	67 274	44	939 618	422	184 930	7726
1,1250	77 830		802 168		46 525		41 540		70 596		949 329		166 067	
	0,11	**88**	**3,0**	**30**	**0,32**	**−32**	**0,84**	**44**	**0,96**	**66**	**0,4**	**19**	**1,4**	**−3**

x	φ	sin x		cos x		tg x		Sin x		Cos x		Tg x	
	64°	**0,90**	**4**	**0,4**	**−90**	**2,0**	**5**	**1,3**	**17**	**1,7**	**13**	**0,80**	**34**
1,1250	27′ 27,″91	22 676	310	311 765	24	925 713	3844	777 822	028	024 347	782	93 011	48
55	29 11,04	24 831	304	307 253	26	952 635	3958	786 336	034	031 238	790	94 735	46
60	30 54,17	26 983	300	302 740	28	979 614	4072	794 853	042	038 133	798	96 458	44
65	32 37,30	29 133	296	298 226	30	*006 650	4184	803 374	048	045 032	808	98 180	40
70	34 20,44	31 281	292	293 711	32	033 742	4300	811 898	056	051 936	816	99 900	38
75	36 03,57	33 427	288	289 195	34	060 892	4412	820 426	062	058 844	826	*01 619	36
80	37 46,70	35 571	282	284 678	38	088 098	4528	828 957	070	065 757	832	03 337	32
85	39 29,83	37 712	278	280 159	38	115 362	4644	837 492	076	072 673	842	05 053	28
90	41 12,97	39 851	272	275 640	40	142 684	4760	846 030	082	079 594	850	06 767	28
95	42 56,10	41 987	270	271 120	44	170 064	4874	854 571	090	086 519	860	08 481	24
1,1300	44 39,23	44 122	264	266 598	46	197 501	4992	863 116	098	093 449	866	10 193	20
05	46 22,36	46 254	260	262 075	46	224 997	5110	871 665	104	100 382	876	11 903	18
10	48 05,50	48 384	256	257 552	50	252 552	5224	880 217	110	107 320	886	13 612	16
15	49 48,63	50 512	250	253 027	52	280 164	5344	888 772	118	114 263	892	15 320	12
20	51 31,76	52 637	246	248 501	54	307 836	5462	897 331	124	121 209	902	17 026	10
25	53 14,89	54 760	242	243 974	54	335 567	5580	905 893	132	128 160	910	18 731	08
30	54 58,03	56 881	238	239 447	58	363 357	5698	914 459	138	135 115	918	20 435	04
35	56 41,16	59 000	232	234 918	60	391 206	5818	923 028	146	142 074	928	22 137	02
40	58 24,29	61 116	228	230 388	64	419 115	5938	931 601	152	149 038	936	23 838	00
45	*00 07,42	63 230	224	225 856	64	447 084	6058	940 177	160	156 006	944	25 538	*96
1,1350	01 50,56	65 342	218	221 324	66	475 113	6178	948 757	166	162 978	954	27 236	92
55	03 33,69	67 451	216	216 791	68	503 202	6300	957 340	174	169 955	962	28 932	92
60	05 16,82	69 559	210	212 257	70	531 352	6420	965 927	180	176 936	970	30 628	88
65	06 59,95	71 664	204	207 722	74	559 562	6544	974 517	188	183 921	978	32 322	84
70	08 43,08	73 766	202	203 185	74	587 834	6664	983 111	194	190 910	988	34 014	84
75	10 26,22	75 867	196	198 648	78	616 166	6786	991 708	202	197 904	996	35 706	78
80	12 09,35	77 965	192	194 109	78	644 559	6912	*000 309	208	204 902	*004	37 395	78
85	13 52,48	80 061	186	189 570	82	673 015	7032	008 913	216	211 904	014	39 084	74
90	15 35,61	82 154	184	185 029	82	701 531	7158	017 521	222	218 911	022	40 771	72
95	17 18,75	84 246	178	180 488	86	730 110	7282	026 132	230	225 922	030	42 457	68
1,1400	19 01,88	86 335	174	175 945	88	758 751	7408	034 747	236	232 937	038	44 141	66
05	20 45,01	88 422	168	171 401	88	787 455	7532	043 365	244	239 956	048	45 824	62
10	22 28,14	90 506	166	166 857	92	816 221	7658	051 987	250	246 980	056	47 505	62
15	24 11,28	92 589	160	162 311	94	845 050	7782	060 612	258	254 008	066	49 186	58
20	25 54,41	94 669	154	157 764	96	873 941	7912	069 241	264	261 041	074	50 865	54
25	27 37,54	96 746	152	153 216	98	902 897	8036	077 873	272	268 078	082	52 542	52
30	29 20,67	98 822	146	148 667	*00	931 915	8164	086 509	278	275 119	090	54 218	50
35	31 03,81	*00 895	142	144 117	02	960 997	8294	095 148	286	282 164	100	55 893	46
40	32 46,94	02 966	138	139 566	04	990 144	8420	103 791	292	289 214	108	57 566	44
45	34 30,07	05 035	132	135 014	06	**019 354	8550	112 437	300	296 268	116	59 238	42
1,1450	36 13,20	07 101	128	130 461	08	048 629	8678	121 087	308	303 326	126	60 909	38
55	37 56,34	09 165	124	125 907	10	077 968	8810	129 741	314	310 389	134	62 578	36
60	39 39,47	11 227	118	121 352	12	107 373	8938	138 398	320	317 456	142	64 246	34
65	41 22,60	13 286	116	116 796	14	136 842	9070	147 058	328	324 527	152	65 913	30
70	43 05,73	15 344	110	112 239	16	166 377	9200	155 722	336	331 603	160	67 578	28
75	44 48,87	17 399	104	107 681	18	195 977	9332	164 390	342	338 683	170	69 242	24
80	46 32,00	19 451	102	103 122	22	225 643	9464	173 061	348	345 768	176	70 904	24
85	48 15,13	21 502	096	098 561	22	255 375	9596	181 735	358	352 856	186	72 566	18
90	49 58,26	23 550	092	094 000	24	285 173	9730	190 414	362	359 949	196	74 225	18
95	51 41,39	25 596	086	089 438	28	315 038	9862	199 095	372	367 047	202	75 884	14
1,1500	53′ 24,″53	27 639		084 874		344 969		207 781		374 148		77 541	
	65°	**0,91**	**4**	**0,4**	**−91**	**2,2**	**5**	**1,4**	**17**	**1,7**	**14**	**0,81**	**33**

x	$\ln x$		e^x		e^{-x}		arc tg x		𝔄𝔯 𝔖𝔦𝔫 x		𝔄𝔯 ℭ𝔬𝔰 x		𝔄𝔯 ℭ𝔱𝔤 x	
	0,11	**88**	**3,0**	**30**	**0,32**	**−32**	**0,84**	**44**	**0,96**	**66**	**0,4**	**19**	**1,4**	**−3**
1,1250	77 830	88	802 168	810	46 525	46	41 540	12	70 596	44	949 329	382	166 067	7568
55	82 274	82	817 573	826	44 902	44	43 746	10	73 918	40	959 020	342	147 283	7410
60	86 715	80	832 986	840	43 280	42	45 951	10	77 238	40	968 691	302	128 578	7252
65	91 155	74	848 406	856	41 659	42	48 156	06	80 558	38	978 342	260	109 952	7096
70	95 592	72	863 834	872	40 038	40	50 359	04	83 877	36	987 972	220	091 404	6944
75	*00 028	68	879 270	888	38 418	36	52 561	02	87 195	34	997 582	180	072 932	6788
80	04 462	62	894 714	902	36 800	36	54 762	*98	90 512	34	*007 172	142	054 538	6638
85	08 893	60	910 165	918	35 182	34	56 961	98	93 829	30	016 743	100	036 219	6486
90	13 323	56	925 624	934	33 565	34	59 160	96	97 144	30	026 293	062	017 976	6336
95	17 751	50	941 091	948	31 948	30	61 358	92	*00 459	28	035 824	024	*999 808	6188
1,1300	22 176	48	956 565	964	30 333	30	63 554	92	03 773	26	045 336	*984	981 714	6040
05	26 600	44	972 047	980	28 718	28	65 750	88	07 086	26	054 828	946	963 694	5894
10	31 022	40	987 537	996	27 104	26	67 944	86	10 399	22	064 301	908	945 747	5750
15	35 442	36	*003 035	*010	25 491	26	70 137	84	13 710	22	073 755	870	927 872	5606
20	39 860	32	018 540	026	23 878	22	72 329	82	17 021	20	083 190	830	910 069	5462
25	44 276	28	034 053	042	22 267	22	74 520	80	20 331	18	092 605	794	892 338	5320
30	48 690	24	049 574	058	20 656	20	76 710	78	23 640	16	102 002	756	874 678	5180
35	53 102	20	065 103	072	19 046	18	78 899	76	26 948	16	111 380	720	857 088	5040
40	57 512	16	080 639	088	17 437	16	81 087	74	30 256	12	120 740	682	839 568	4900
45	61 920	14	096 183	104	15 829	16	83 274	70	33 562	12	130 081	644	822 118	4764
1,1350	66 327	08	111 735	120	14 221	12	85 459	70	36 868	10	139 403	608	804 736	4628
55	70 731	04	127 295	136	12 615	12	87 644	66	40 173	08	148 707	572	787 422	4490
60	75 133	02	142 863	150	11 009	12	89 827	66	43 477	08	157 993	536	770 177	4358
65	79 534	*96	158 438	166	09 403	08	92 010	62	46 781	04	167 261	500	752 998	4222
70	83 932	94	174 021	182	07 799	06	94 191	60	50 083	04	176 511	464	735 887	4092
75	88 329	88	189 612	198	06 196	06	96 371	60	53 385	02	185 743	426	718 841	3958
80	92 723	86	205 211	212	04 593	04	98 551	56	56 686	00	194 956	394	701 862	3828
85	97 116	82	220 817	230	02 991	02	*00 729	54	59 986	*98	204 153	356	684 948	3698
90	**01 507	78	236 432	244	01 390	00	02 906	50	63 285	96	213 331	322	668 099	3570
95	05 896	74	252 054	260	*99 790	00	05 081	50	66 583	96	222 492	288	651 314	3442
1,1400	10 283	70	267 684	274	98 190	*96	07 256	48	69 881	94	231 636	252	634 593	3314
05	14 668	66	283 321	292	96 592	96	09 430	46	73 178	92	240 762	218	617 936	3188
10	19 051	62	298 967	306	94 994	94	11 603	42	76 474	90	249 871	182	601 342	3064
15	23 432	58	314 620	324	93 397	94	13 774	42	79 769	88	258 962	150	584 810	2938
20	27 811	54	330 282	338	91 800	90	15 945	38	83 063	88	268 037	114	568 341	2816
25	32 188	52	345 951	354	90 205	90	18 114	38	86 357	84	277 094	082	551 933	2692
30	36 564	46	361 628	368	88 610	88	20 283	34	89 649	84	286 135	048	535 587	2572
35	40 937	44	377 312	386	87 016	86	22 450	32	92 941	82	295 159	014	519 301	2450
40	45 309	40	393 005	400	85 423	84	24 616	30	96 232	82	304 166	**980	503 076	2330
45	49 679	34	408 705	418	83 831	84	26 781	28	99 523	78	313 156	948	486 911	2212
1,1450	54 046	32	424 414	432	82 239	82	28 945	26	**02 812	78	322 130	914	470 805	2092
55	58 412	28	440 130	448	80 648	78	31 108	24	06 101	74	331 087	882	454 759	1974
60	62 776	24	455 854	464	79 059	80	33 270	22	09 388	74	340 028	848	438 772	1860
65	67 138	20	471 586	478	77 469	76	35 431	20	12 675	74	348 952	816	422 842	1742
70	71 498	18	487 325	496	75 881	74	37 591	18	15 962	70	357 860	784	406 971	1628
75	75 857	12	503 073	510	74 294	74	39 750	14	19 247	68	366 752	752	391 157	1512
80	80 213	08	518 828	528	72 707	72	41 907	14	22 531	68	375 628	720	375 401	1400
85	84 567	06	534 592	542	71 121	70	44 064	12	25 815	66	384 488	688	359 701	1286
90	88 920	02	550 363	558	69 536	70	46 220	08	29 098	64	393 332	656	344 058	1174
95	93 271	**96	566 142	574	67 951	66	48 374	06	32 380	64	402 160	626	328 471	1064
1,1500	97 619		581 929		66 368		50 527		35 662		410 973		312 939	
	0,13	**86**	**3,1**	**31**	**0,31**	**−31**	**0,85**	**43**	**0,98**	**65**	**0,5**	**17**	**1,3**	**−3**

x	φ	sin x		cos x		tg x		Sin x		Cos x		Tg x	
	65°	**0,91**	**40**	**0,40**	**−91**	**2,2**	**5**	**1,4**	**17**	**1,7**	**14**	**0,81**	**33**
1,1500	53′ 24,″53	27 639	84	84 874	28	344 969	9998	207 781	378	374 148	212	77 541	10
05	55 07,66	29 681	78	80 310	30	374 968	*0130	216 470	384	381 254	222	79 196	10
10	56 50,79	31 720	72	75 745	34	405 033	0268	225 162	392	388 365	230	80 851	06
15	58 33,92	33 756	70	71 178	34	435 167	0400	233 858	398	395 480	238	82 504	04
20	*00 17,06	35 791	64	66 611	36	465 367	0538	242 557	408	402 599	246	84 156	00
25	02 00,19	37 823	60	62 043	40	495 636	0674	251 261	412	409 722	256	85 806	*98
30	03 43,32	39 853	56	57 473	40	525 973	0810	259 967	420	416 850	264	87 455	94
35	05 26,45	41 881	50	52 903	44	556 378	0948	268 677	428	423 982	274	89 102	94
40	07 09,59	43 906	46	48 331	44	586 852	1086	277 391	434	431 119	282	90 749	90
45	08 52,72	45 929	42	43 759	48	617 395	1224	286 108	442	438 260	290	92 394	86
1,1550	10 35,85	47 950	36	39 185	48	648 007	1362	294 829	450	445 405	298	94 037	84
55	12 18,98	49 968	32	34 611	52	678 688	1502	303 554	456	452 554	308	95 679	82
60	14 02,12	51 984	28	30 035	52	709 439	1642	312 282	464	459 708	318	97 320	80
65	15 45,25	53 998	24	25 459	56	740 260	1782	321 014	470	466 867	324	98 960	76
70	17 28,38	56 010	18	20 881	56	771 151	1922	329 749	478	474 029	334	*00 598	74
75	19 11,51	58 019	14	16 303	60	802 112	2066	338 488	484	481 196	344	02 235	70
80	20 54,65	60 026	10	11 723	60	833 145	2206	347 230	492	488 368	352	03 870	68
85	22 37,78	62 031	04	07 143	64	864 248	2348	355 976	500	495 544	360	05 504	66
90	24 20,91	64 033	00	02 561	64	895 422	2492	364 726	506	502 724	368	07 137	64
95	26 04,04	66 033	*96	*97 979	68	926 668	2634	373 479	512	509 908	378	08 769	60
1,1600	27 47,18	68 031	92	93 395	68	957 985	2780	382 235	522	517 097	388	10 399	58
05	29 30,31	70 027	86	88 811	72	989 375	2924	390 996	528	524 291	394	12 028	54
10	31 13,44	72 020	82	84 225	72	*020 837	3068	399 760	534	531 488	404	13 655	52
15	32 56,57	74 011	78	79 639	76	052 371	3214	408 527	542	538 690	414	15 281	50
20	34 39,70	76 000	72	75 051	76	083 978	3360	417 298	550	545 897	422	16 906	46
25	36 22,84	77 986	68	70 463	80	115 658	3506	426 073	558	553 108	430	18 529	46
30	38 05,97	79 970	64	65 873	80	147 411	3654	434 852	564	560 323	440	20 152	40
35	39 49,10	81 952	58	61 283	84	179 238	3802	443 634	570	567 543	448	21 772	40
40	41 32,23	83 931	54	56 691	84	211 139	3950	452 419	578	574 767	456	23 392	36
45	43 15,37	85 908	50	52 099	88	243 114	4098	461 208	586	581 995	466	25 010	34
1,1650	44 58,50	87 883	46	47 505	88	275 163	4250	470 001	594	589 228	474	26 627	30
55	46 41,63	89 856	40	42 911	90	307 288	4398	478 798	600	596 465	484	28 242	28
60	48 24,76	91 826	36	38 316	94	339 487	4548	487 598	606	603 707	492	29 856	26
65	50 07,90	93 794	32	33 719	94	371 761	4700	496 401	616	610 953	500	31 469	24
70	51 51,03	95 760	26	29 122	98	404 111	4850	505 209	620	618 203	510	33 081	20
75	53 34,16	97 723	24	24 523	98	436 536	5004	514 019	630	625 458	518	34 691	18
80	55 17,29	99 685	16	19 924	*00	469 038	5156	522 834	636	632 717	528	36 300	14
85	57 00,43	*01 643	14	15 324	04	501 616	5308	531 652	644	639 981	536	37 907	12
90	58 43,56	03 600	08	10 722	04	534 270	5464	540 474	650	647 249	544	39 513	10
95	**00 26,69	05 554	04	06 120	06	567 002	5618	549 299	658	654 521	554	41 118	08
1,1700	02 09,82	07 506	00	01 517	08	599 811	5772	558 128	666	661 798	562	42 722	04
05	03 52,96	09 456	**94	**96 913	12	632 697	5928	566 961	674	669 079	572	44 324	02
10	05 36,09	11 403	90	92 307	12	665 661	6086	575 798	680	676 365	580	45 925	**98
15	07 19,22	13 348	86	87 701	14	698 704	6240	584 638	686	683 655	588	47 524	98
20	09 02,35	15 291	80	83 094	16	731 824	6400	593 481	696	690 949	598	49 123	94
25	10 45,49	17 231	76	78 486	18	765 024	6556	602 329	700	698 248	608	50 720	90
30	12 28,62	19 169	72	73 877	20	798 302	6716	611 179	710	705 552	616	52 315	90
35	14 11,75	21 105	66	69 267	22	831 660	6874	620 034	716	712 860	624	53 910	86
40	15 54,88	23 038	64	64 656	24	865 097	7034	628 892	724	720 172	634	55 503	82
45	17 38,01	24 970	56	60 044	26	898 614	7196	637 754	732	727 489	642	57 094	82
1,1750	19′ 21,″15	26 898		55 431		932 212		646 620		734 810		58 685	
	67°	**0,92**	**38**	**0,38**	**−92**	**2,3**	**6**	**1,4**	**17**	**1,7**	**14**	**0,82**	**31**

x	$\ln x$		e^x		e^{-x}		arc tg x		Ar Sin x		Ar Cos x		Ar Ctg x	
	0,1	**86**	**3,1**	**31**	**0,31**	**−31**	**0,85**	**43**	**0,98**	**65**	**0,5**	**17**	**1,3**	**−3**
1,1500	397 619	94	581 929	590	66 368	66	50 527	06	35 662	60	410 973	592	312 939	0952
05	401 966	90	597 724	606	64 785	64	52 680	02	38 942	60	419 769	564	297 463	0844
10	406 311	86	613 527	622	63 203	62	54 831	00	42 222	58	428 551	530	282 041	0732
15	410 654	84	629 338	636	61 622	62	56 981	*98	45 501	56	437 316	500	266 675	0626
20	414 996	78	645 156	654	60 041	58	59 130	96	48 779	54	446 066	470	251 362	0518
25	419 335	74	660 983	668	58 462	58	61 278	94	52 056	52	454 801	438	236 103	0410
30	423 672	72	676 817	686	56 883	56	63 425	92	55 332	52	463 520	408	220 898	0304
35	428 008	68	692 660	700	55 305	54	65 571	90	58 608	50	472 224	378	205 746	0200
40	432 342	62	708 510	716	53 728	54	67 716	88	61 883	48	480 913	348	190 646	0094
45	436 673	60	724 368	732	52 151	52	69 860	86	65 157	46	489 587	318	175 599	*9990
1,1550	441 003	58	740 234	748	50 575	50	72 003	82	68 430	44	498 246	286	160 604	9886
55	445 332	52	756 108	764	49 000	48	74 144	82	71 702	44	506 889	258	145 661	9782
60	449 658	48	771 990	780	47 426	46	76 285	80	74 974	42	515 518	228	130 770	9682
65	453 982	44	787 880	796	45 853	44	78 425	76	78 245	40	524 132	200	115 929	9580
70	458 304	42	803 778	812	44 281	44	80 563	76	81 515	38	532 732	168	101 139	9478
75	462 625	38	819 684	828	42 709	42	82 701	72	84 784	36	541 316	142	086 400	9378
80	466 944	34	835 598	844	41 138	40	84 837	70	88 052	36	549 887	110	071 711	9280
85	471 261	30	851 520	858	39 568	40	86 972	70	91 320	32	558 442	082	057 071	9180
90	475 576	26	867 449	876	37 998	36	89 107	66	94 586	32	566 983	054	042 481	9082
95	479 889	22	883 387	892	36 430	36	91 240	64	97 852	30	575 510	024	027 940	8984
1,1600	484 200	18	899 333	906	34 862	34	93 372	62	*01 117	30	584 022	*996	013 448	8886
05	488 509	16	915 286	924	33 295	32	95 503	60	04 382	26	592 520	968	*999 005	8790
10	492 817	12	931 248	940	31 729	32	97 633	58	07 645	26	601 004	940	984 610	8694
15	497 123	08	947 218	954	30 163	30	99 762	56	10 908	24	609 474	910	970 263	8600
20	501 427	04	963 195	972	28 598	28	*01 890	54	14 170	22	617 929	884	955 963	8504
25	505 729	00	979 181	986	27 034	26	04 017	52	17 431	20	626 371	856	941 711	8410
30	510 029	*96	995 174	*004	25 471	24	06 143	50	20 691	18	634 799	826	927 506	8316
35	514 327	92	*011 176	020	23 909	24	08 268	48	23 950	18	643 212	800	913 348	8224
40	518 623	90	027 186	034	22 347	20	10 392	44	27 209	16	651 612	772	899 236	8132
45	522 918	86	043 203	052	20 787	20	12 514	44	30 467	14	659 998	746	885 170	8038
1,1650	527 211	82	059 229	066	19 227	20	14 636	42	33 724	12	668 371	718	871 151	7948
55	531 502	78	075 262	084	17 667	16	16 757	38	36 980	12	676 730	690	857 177	7858
60	535 791	74	091 304	100	16 109	16	18 876	38	40 236	08	685 075	664	843 248	7766
65	540 078	72	107 354	114	14 551	14	20 995	34	43 490	08	693 407	636	829 365	7678
70	544 364	66	123 411	132	12 994	12	23 112	34	46 744	06	701 725	610	815 526	7588
75	548 647	64	139 477	148	11 438	10	25 229	30	49 997	04	710 030	582	801 732	7500
80	552 929	60	155 551	164	09 883	10	27 344	28	53 249	04	718 321	558	787 982	7412
85	557 209	56	171 633	180	08 328	06	29 458	28	56 501	00	726 600	530	774 276	7324
90	561 487	52	187 723	194	06 775	06	31 572	24	59 751	00	734 865	502	760 614	7238
95	565 763	48	203 820	212	05 222	06	33 684	22	63 001	*98	743 116	478	746 995	7150
1,1700	570 037	46	219 926	228	03 669	02	35 795	20	66 250	96	751 355	452	733 420	7064
05	574 310	42	236 040	244	02 118	02	37 905	18	69 498	96	759 581	426	719 888	6980
10	578 581	38	252 162	262	00 567	00	40 014	16	72 746	92	767 794	398	706 398	6894
15	582 850	34	268 293	276	*99 017	*98	42 122	14	75 992	92	775 993	374	692 951	6810
20	587 117	30	284 431	292	97 468	96	44 229	12	79 238	90	784 180	348	679 546	6726
25	591 382	28	300 577	308	95 920	96	46 335	10	82 483	88	792 354	322	666 183	6642
30	595 646	22	316 731	326	94 372	92	48 440	08	85 727	88	800 515	298	652 862	6560
35	599 907	20	332 894	340	92 826	92	50 544	06	88 971	84	808 664	272	639 582	6476
40	604 167	16	349 064	358	91 280	92	52 647	04	92 213	84	816 800	246	626 344	6396
45	608 425	12	365 243	372	89 734	88	54 749	02	95 455	82	824 923	222	613 146	6312
1,1750	612 681		381 429		88 190		56 850		98 696		833 034		599 990	
	0,1	**85**	**3,2**	**32**	**0,30**	**−30**	**0,86**	**42**	**0,99**	**64**	**0,5**	**16**	**1,2**	**−2**

x	φ	sin x		cos x		tg x		Sin x		Cos x		Tg x	
	67°	**0,92**	**38**	**0,38**	**−92**	**2,3**	**6**	**1,4**	**17**	**1,7**	**14**	**0,82**	**31**
1,1750	19′ 21,″15	26 898	54	55 431	28	932 212	7354	646 620	738	734 810	650	58 685	78
55	21 04,28	28 825	48	50 817	30	965 889	7518	655 489	746	742 135	660	60 274	74
60	22 47,41	30 749	44	46 202	32	999 648	7680	664 362	754	749 465	670	61 861	74
65	24 30,54	32 671	40	41 586	34	*033 488	7842	673 239	760	756 800	676	63 448	70
70	26 13,68	34 591	34	36 969	36	067 409	8006	682 119	768	764 138	688	65 033	68
75	27 56,81	36 508	30	32 351	36	101 412	8170	691 003	774	771 482	694	66 617	64
80	29 39,94	38 423	26	27 733	40	135 497	8334	699 890	782	778 829	706	68 199	62
85	31 23,07	40 336	20	23 113	42	169 664	8500	708 781	790	786 182	712	69 780	60
90	33 06,21	42 246	16	18 492	42	203 914	8666	717 676	798	793 538	722	71 360	58
95	34 49,34	44 154	12	13 871	46	238 247	8834	726 575	804	800 899	732	72 939	54
1,1800	36 32,47	46 060	08	09 248	46	272 664	9000	735 477	812	808 265	740	74 516	52
05	38 15,60	47 964	02	04 625	50	307 164	9168	744 383	820	815 635	748	76 092	50
10	39 58,74	49 865	*98	00 000	50	341 748	9336	753 293	826	823 009	758	77 667	46
15	41 41,87	51 764	92	*95 375	52	376 416	9506	762 206	834	830 388	766	79 240	44
20	43 25,00	53 660	88	90 749	56	411 169	9674	771 123	842	837 771	776	80 812	42
25	45 08,13	55 554	84	86 121	56	446 006	9846	780 044	850	845 159	784	82 383	38
30	46 51,27	57 446	80	81 493	58	480 929	*0018	788 969	856	852 551	794	83 952	38
35	48 34,40	59 336	74	76 864	60	515 938	0190	797 897	862	859 948	802	85 521	32
40	50 17,53	61 223	70	72 234	62	551 033	0362	806 828	872	867 349	812	87 087	32
45	52 00,66	63 108	66	67 603	64	586 214	0534	815 764	878	874 755	820	88 653	28
1,1850	53 43,80	64 991	60	62 971	66	621 481	0708	824 703	886	882 165	830	90 217	26
55	55 26,93	66 871	56	58 338	68	656 835	0884	833 646	894	889 580	838	91 780	24
60	57 10,06	68 749	52	53 704	70	692 277	1058	842 593	900	896 999	846	93 342	20
65	58 53,19	70 625	46	49 069	72	727 806	1236	851 543	908	904 422	856	94 902	18
70	*00 36,33	72 498	42	44 433	74	763 424	1410	860 497	916	911 850	866	96 461	16
75	02 19,46	74 369	38	39 796	74	799 129	1588	869 455	922	919 283	874	98 019	14
80	04 02,59	76 238	32	35 159	78	834 923	1768	878 416	932	926 720	882	99 576	10
85	05 45,72	78 104	28	30 520	78	870 807	1944	887 382	938	934 161	892	*01 131	08
90	07 28,85	79 968	24	25 881	82	906 779	2126	896 351	944	941 607	900	02 685	04
95	09 11,99	81 830	20	21 240	82	942 842	2304	905 323	954	949 057	910	04 237	04
1,1900	10 55,12	83 690	14	16 599	86	978 994	2486	914 300	960	956 512	920	05 789	00
05	12 38,25	85 547	10	11 956	86	**015 237	2666	923 280	968	963 972	928	07 339	*96
10	14 21,38	87 402	04	07 313	88	051 570	2850	932 264	974	971 436	936	08 887	96
15	16 04,52	89 254	00	02 669	90	087 995	3032	941 251	984	978 904	946	10 435	92
20	17 47,65	91 104	**96	**98 024	92	124 511	3216	950 243	990	986 377	954	11 981	90
25	19 30,78	92 952	92	93 378	94	161 119	3400	959 238	996	993 854	964	13 526	88
30	21 13,91	94 798	86	88 731	96	197 819	3586	968 236	*006	*001 336	972	15 070	84
35	22 57,05	96 641	82	84 083	98	234 612	3772	977 239	012	008 822	982	16 612	82
40	24 40,18	98 482	76	79 434	98	271 498	3958	986 245	020	016 313	992	18 153	80
45	26 23,31	*00 320	74	74 785	*02	308 477	4146	995 255	028	023 809	*000	19 693	76
1,1950	28 06,44	02 157	66	70 134	04	345 550	4334	*004 269	036	031 309	008	21 231	76
55	29 49,58	03 990	64	65 482	04	382 717	4522	013 287	042	038 813	018	22 769	72
60	31 32,71	05 822	58	60 830	06	419 978	4714	022 308	050	046 322	026	24 305	68
65	33 15,84	07 651	54	56 177	10	457 335	4902	031 333	058	053 835	036	25 839	68
70	34 58,97	09 478	50	51 522	10	494 786	5094	040 362	064	061 353	046	27 373	64
75	36 42,11	11 303	44	46 867	12	532 333	5286	049 394	074	068 876	054	28 905	60
80	38 25,24	13 125	40	42 211	14	569 976	5480	058 431	080	076 403	062	30 435	60
85	40 08,37	14 945	36	37 554	16	607 716	5672	067 471	088	083 934	072	31 965	56
90	41 51,50	16 763	30	32 896	18	645 552	5866	076 515	094	091 470	082	33 493	54
95	43 34,64	18 578	26	28 237	18	683 485	6062	085 562	104	099 011	090	35 020	52
1,2000	45′ 17,″77	20 391		23 578		721 516		094 614		106 556		36 546	
	68°	**0,93**	**36**	**0,36**	**−93**	**2,5**	**7**	**1,5**	**18**	**1,8**	**15**	**0,83**	**30**

x	ln x		e^x		e^{-x}		arc tg x		Ar Sin x		Ar Cos x		Ar Ctg x	
	0,16	**85**	**3,2**	**32**	**0,30**	**−30**	**0,86**	**42**	**0,99**	**64**	**0,5**	**16**	**1,2**	**−2**
1,1750	12 681	10	381 429	390	88 190	88	56 850	00	98 696	80	833 034	196	599 990	6232
55	16 936	04	397 624	406	86 646	86	58 950	*96	*01 936	80	841 132	172	586 874	6152
60	21 188	02	413 827	422	85 103	84	61 048	96	05 176	76	849 218	146	573 798	6072
65	25 439	*98	430 038	438	83 561	82	63 146	94	08 414	76	857 291	122	560 762	5990
70	29 688	94	446 257	454	82 020	82	65 243	90	11 652	74	865 352	096	547 767	5914
75	33 935	92	462 484	472	80 479	80	67 338	90	14 889	72	873 400	074	534 810	5832
80	38 181	86	478 720	486	78 939	78	69 433	86	18 125	72	881 437	048	521 894	5756
85	42 424	84	494 963	504	77 400	76	71 526	86	21 361	68	889 461	024	509 016	5676
90	46 666	80	511 215	518	75 862	76	73 619	82	24 595	68	897 473	000	496 178	5600
95	50 906	76	527 474	536	74 324	74	75 710	82	27 829	66	905 473	*976	483 378	5522
1,1800	55 144	74	543 742	552	72 787	72	77 801	78	31 062	64	913 461	952	470 617	5446
05	59 381	68	560 018	568	71 251	70	79 890	78	34 294	64	921 437	928	457 894	5370
10	63 615	66	576 302	584	69 716	68	81 979	74	37 526	60	929 401	904	445 209	5294
15	67 848	62	592 594	602	68 182	68	84 066	74	40 756	60	937 353	880	432 562	5220
20	72 079	58	608 895	616	66 648	66	86 153	70	43 986	58	945 293	856	419 952	5142
25	76 308	56	625 203	634	65 115	64	88 238	68	47 215	56	953 221	834	407 381	5070
30	80 536	50	641 520	650	63 583	64	90 322	66	50 443	56	961 138	810	394 846	4994
35	84 761	48	657 845	666	62 051	60	92 405	66	53 671	52	969 043	786	382 349	4922
40	88 985	44	674 178	682	60 521	60	94 488	62	56 897	52	976 936	764	369 888	4848
45	93 207	42	690 519	698	58 991	58	96 569	60	60 123	50	984 818	740	357 464	4776
1,1850	97 428	36	706 868	716	57 462	58	98 649	58	63 348	50	992 688	716	345 076	4702
55	*01 646	34	723 226	730	55 933	54	*00 728	56	66 573	46	*000 546	694	332 725	4630
60	05 863	30	739 591	748	54 406	54	02 806	54	69 796	46	008 393	672	320 410	4558
65	10 078	26	755 965	764	52 879	52	04 883	54	73 019	44	016 229	648	308 131	4488
70	14 291	24	772 347	782	51 353	50	06 960	50	76 241	42	024 053	626	295 887	4416
75	18 503	18	788 738	796	49 828	50	09 035	48	79 462	40	031 866	604	283 679	4346
80	22 712	16	805 136	814	48 303	48	11 109	46	82 682	38	039 668	580	271 506	4276
85	26 920	12	821 543	830	46 779	46	13 182	44	85 901	38	047 458	558	259 368	4206
90	31 126	10	837 958	846	45 256	44	15 254	42	89 120	36	055 237	536	247 265	4136
95	35 331	04	854 381	862	43 734	42	17 325	40	92 338	34	063 005	514	235 197	4066
1,1900	39 533	02	870 812	880	42 213	42	19 395	38	95 555	32	070 762	490	223 164	3998
05	43 734	**98	887 252	894	40 692	40	21 464	34	98 771	32	078 507	470	211 165	3930
10	47 933	94	903 699	912	39 172	38	23 531	34	**01 987	30	086 242	448	199 200	3862
15	52 130	92	920 155	928	37 653	38	25 598	32	05 202	28	093 966	424	187 269	3796
20	56 326	86	936 619	946	36 134	34	27 664	30	08 416	26	101 678	404	175 371	3726
25	60 519	84	953 092	962	34 617	34	29 729	28	11 629	24	109 380	382	163 508	3660
30	64 711	82	969 573	976	33 100	32	31 793	26	14 841	24	117 071	360	151 678	3594
35	68 902	76	986 061	996	31 584	32	33 856	24	18 053	22	124 751	338	139 881	3528
40	73 090	74	*002 559	*010	30 068	30	35 918	20	21 264	20	132 420	318	128 117	3460
45	77 277	70	019 064	028	28 553	26	37 978	20	24 474	18	140 079	296	116 387	3396
1,1950	81 462	66	035 578	044	27 040	28	40 038	18	27 683	16	147 727	274	104 689	3330
55	85 645	64	052 100	060	25 526	24	42 097	16	30 891	16	155 364	254	093 024	3266
60	89 827	58	068 630	076	24 014	24	44 155	14	34 099	14	162 991	232	081 391	3202
65	94 006	56	085 168	094	22 502	20	46 212	10	37 306	12	170 607	210	069 790	3136
70	98 184	54	101 715	110	20 992	22	48 267	10	40 512	10	178 212	190	058 222	3074
75	**02 361	48	118 270	126	19 481	18	50 322	08	43 717	08	185 807	168	046 685	3008
80	06 535	46	134 833	144	17 972	18	52 376	04	46 921	08	193 391	148	035 181	2948
85	10 708	42	151 405	160	16 463	14	54 428	04	50 125	06	200 965	128	023 707	2882
90	14 879	38	167 985	176	14 956	16	56 480	02	53 328	04	208 529	106	012 266	2820
95	19 048	36	184 573	192	13 448	12	58 531	00	56 530	02	216 082	086	000 856	2760
1,2000	23 216		201 169		11 942		60 581		59 731		223 625		*989 476	
	0,18	**83**	**3,3**	**33**	**0,30**	**−30**	**0,87**	**41**	**1,01**	**64**	**0,6**	**15**	**1,1**	**−2**

x	φ	$\sin x$		$\cos x$		$\mathrm{tg}\, x$		$\mathfrak{Sin}\, x$		$\mathfrak{Cos}\, x$		$\mathfrak{Tg}\, x$	
	68°	0,93	3	0,3	−93	2,5	7	1,5	18	1,8	15	0,83	30
1,2000	45′ 17,″77	20 391	620	623 578	22	721 516	6258	094 614	110	106 556	098	36 546	50
05	47 00,90	22 201	618	618 917	24	759 645	6454	103 669	118	114 105	108	38 071	46
10	48 44,03	24 010	612	614 255	24	797 872	6652	112 728	124	121 659	118	39 594	44
15	50 27,16	25 816	606	609 593	26	836 198	6850	121 790	134	129 218	126	41 116	40
20	52 10,30	27 619	604	604 930	30	874 623	7050	130 857	140	136 781	136	42 636	40
25	53 53,43	29 421	598	600 265	30	913 148	7250	139 927	148	144 349	144	44 156	36
30	55 36,56	31 220	592	595 600	32	951 773	7450	149 001	156	151 921	154	45 674	34
35	57 19,69	33 016	590	590 934	34	990 498	7650	158 079	164	159 498	162	47 191	30
40	59 02,83	34 811	584	586 267	36	*029 323	7854	167 161	170	167 079	172	48 706	30
45	*00 45,96	36 603	578	581 599	38	068 250	8058	176 246	178	174 665	180	50 221	26
1,2050	02 29,09	38 392	574	576 930	38	107 279	8260	185 335	186	182 255	190	51 734	22
55	04 12,22	40 179	570	572 261	42	146 409	8466	194 428	194	189 850	200	53 245	22
60	05 55,36	41 964	566	567 590	42	185 642	8672	203 525	202	197 450	208	54 756	18
65	07 38,49	43 747	560	562 919	44	224 978	8880	212 626	208	205 054	216	56 265	16
70	09 21,62	45 527	556	558 247	48	264 418	9084	221 730	218	212 662	228	57 773	14
75	11 04,75	47 305	552	553 573	48	303 960	9296	230 839	224	220 276	234	59 280	10
80	12 47,89	49 081	546	548 899	50	343 608	9502	239 951	230	227 893	246	60 785	10
85	14 31,02	50 854	542	544 224	52	383 359	9714	249 066	240	235 516	252	62 290	06
90	16 14,15	52 625	538	539 548	52	423 216	9924	258 186	248	243 142	264	63 793	02
95	17 57,28	54 394	532	534 872	56	463 178	*0136	267 310	254	250 774	272	65 294	02
1,2100	19 40,42	56 160	528	530 194	58	503 246	0348	276 437	262	258 410	280	66 795	*98
05	21 23,55	57 924	524	525 515	58	543 420	0562	285 568	270	266 050	290	68 294	96
10	23 06,68	59 686	518	520 836	60	583 701	0778	294 703	278	273 695	300	69 792	94
15	24 49,81	61 445	514	516 156	62	624 090	0992	303 842	284	281 345	308	71 289	90
20	26 32,95	63 202	508	511 475	64	664 586	1208	312 984	294	288 999	318	72 784	88
25	28 16,08	64 956	504	506 793	66	705 190	1426	322 131	300	296 658	326	74 278	86
30	29 59,21	66 708	500	502 110	68	745 903	1642	331 281	308	304 321	336	75 771	84
35	31 42,34	68 458	496	497 426	70	786 724	1864	340 435	316	311 989	346	77 263	82
40	33 25,47	70 206	490	492 741	70	827 656	2082	349 593	324	319 662	354	78 754	78
45	35 08,61	71 951	486	488 056	74	868 697	2304	358 755	330	327 339	362	80 243	76
1,2150	36 51,74	73 694	480	483 369	74	909 849	2524	367 920	340	335 020	374	81 731	72
55	38 34,87	75 434	478	478 682	76	951 111	2748	377 090	346	342 707	380	83 217	72
60	40 18,00	77 173	470	473 994	78	992 485	2972	386 263	354	350 397	392	84 703	68
65	42 01,14	78 908	468	469 305	80	**033 971	3196	395 440	362	358 093	400	86 187	66
70	43 44,27	80 642	462	464 615	82	075 569	3420	404 621	370	365 793	410	87 670	64
75	45 27,40	82 373	458	459 924	82	117 279	3648	413 806	378	373 498	418	89 152	60
80	47 10,53	84 102	452	455 233	86	159 103	3876	422 995	384	381 207	428	90 632	58
85	48 53,67	85 828	448	450 540	86	201 041	4104	432 187	392	388 921	436	92 111	56
90	50 36,80	87 552	444	445 847	88	243 093	4334	441 383	402	396 639	446	93 589	54
95	52 19,93	89 274	440	441 153	92	285 260	4564	450 584	408	404 362	456	95 066	52
1,2200	54 03,06	90 994	434	436 457	90	327 542	4796	459 788	416	412 090	464	96 542	48
05	55 46,20	92 711	428	431 762	94	369 940	5028	468 996	424	419 822	472	98 016	46
10	57 29,33	94 425	426	427 065	96	412 454	5260	478 208	430	427 558	484	99 489	44
15	59 12,46	96 138	420	422 367	96	455 084	5496	487 423	440	435 300	492	*00 961	40
20	**00 55,59	97 848	414	417 669	*00	497 832	5730	496 643	446	443 046	502	02 431	40
25	02 38,73	99 555	412	412 969	00	540 697	5968	505 866	456	450 797	510	03 901	36
30	04 21,86	*01 261	406	408 269	02	583 681	6204	515 094	462	458 552	520	05 369	34
35	06 04,99	02 964	400	403 568	04	626 783	6444	524 325	470	466 312	528	06 836	30
40	07 48,12	04 664	396	398 866	06	670 005	6684	533 560	478	474 076	538	08 301	30
45	09 31,26	06 362	392	394 163	06	713 347	6922	542 799	486	481 845	548	09 766	26
1,2250	11′ 14,″39	08 058		389 460		756 808		552 042		489 619		11 229	
	70°	0,94	3	0,3	−94	2,7	8	1,5	18	1,8	15	0,84	29

x	$\ln x$		e^x		e^{-x}		arc tg x		Ar Sin x		Ar Cos x		Ar Ctg x	
	0,18	**83**	**3,3**	**33**	**0,30**	**−30**	**0,87**	**40**	**1,01**	**64**	**0,6**	**15**	**1,1**	**−22**
1,2000	23 216	30	201 169	210	11 942	10	60 581	96	59 731	02	223 625	066	989 476	696
05	27 381	28	217 774	226	10 437	10	62 629	96	62 932	00	231 158	044	978 128	634
10	31 545	26	234 387	242	08 932	08	64 677	94	66 132	*98	238 680	024	966 811	574
15	35 708	20	251 008	260	07 428	08	66 724	90	69 331	96	246 192	004	955 524	512
20	39 868	18	267 638	276	05 924	04	68 769	90	72 529	94	253 694	*984	944 268	452
25	44 027	14	284 276	292	04 422	04	70 814	86	75 726	94	261 186	964	933 042	390
30	48 184	12	300 922	310	02 920	02	72 857	86	78 923	92	268 668	944	921 847	332
35	52 340	06	317 577	326	01 419	02	74 900	84	82 119	90	276 140	924	910 681	270
40	56 493	04	334 240	342	*99 918	*98	76 942	80	85 314	88	283 602	902	899 546	212
45	60 645	02	350 911	360	98 419	98	78 982	80	88 508	86	291 053	884	888 440	152
1,2050	64 796	*96	367 591	376	96 920	96	81 022	78	91 701	86	298 495	864	877 364	094
55	68 944	94	384 279	392	95 422	94	83 061	74	94 894	84	305 927	844	866 317	034
60	73 091	90	400 975	410	93 925	94	85 098	74	98 086	82	313 349	824	855 300	*976
65	77 236	86	417 680	426	92 428	92	87 135	72	*01 277	80	320 761	806	844 312	918
70	81 379	84	434 393	442	90 932	90	89 171	68	04 467	80	328 164	784	833 353	860
75	85 521	80	451 114	460	89 437	88	91 205	68	07 657	78	335 556	766	822 423	802
80	89 661	76	467 844	476	87 943	88	93 239	64	10 846	74	342 939	746	811 522	746
85	93 799	74	484 582	492	86 449	86	95 271	64	14 033	76	350 312	728	800 649	688
90	97 936	70	501 328	510	84 956	84	97 303	62	17 221	72	357 676	708	789 805	632
95	*02 071	66	518 083	528	83 464	82	99 334	58	20 407	72	365 030	688	778 989	576
1,2100	06 204	62	534 847	542	81 973	82	*01 363	58	23 593	70	372 374	668	768 201	518
05	10 335	60	551 618	560	80 482	80	03 392	56	26 778	68	379 708	652	757 442	464
10	14 465	56	568 398	578	78 992	78	05 420	52	29 962	66	387 034	630	746 710	408
15	18 593	52	585 187	592	77 503	76	07 446	52	33 145	64	394 349	612	736 006	352
20	22 719	48	601 983	612	76 015	76	09 472	50	36 327	64	401 655	594	725 330	296
25	26 843	46	618 789	626	74 527	74	11 497	46	39 509	62	408 952	576	714 682	242
30	30 966	42	635 602	644	73 040	72	13 520	46	42 690	60	416 240	556	704 061	188
35	35 087	40	652 424	662	71 554	70	15 543	44	45 870	60	423 518	536	693 467	134
40	39 207	36	669 255	676	70 069	70	17 565	40	49 050	56	430 786	518	682 900	078
45	43 325	32	686 093	696	68 584	68	19 585	40	52 228	56	438 045	502	672 361	026
1,2150	47 441	28	702 941	710	67 100	66	21 605	38	55 406	54	445 296	480	661 848	**972
55	51 555	26	719 796	728	65 617	64	23 624	34	58 583	52	452 536	464	651 362	918
60	55 668	22	736 660	746	64 135	64	25 641	34	61 759	52	459 768	444	640 903	864
65	59 779	18	753 533	762	62 653	62	27 658	32	64 935	48	466 990	428	630 471	814
70	63 888	16	770 414	778	61 172	60	29 674	30	68 109	48	474 204	408	620 064	760
75	67 996	12	787 303	796	59 692	60	31 689	26	71 283	46	481 408	390	609 684	706
80	72 102	08	804 201	814	58 212	58	33 702	26	74 456	46	488 603	372	599 331	656
85	76 206	06	821 108	828	56 733	56	35 715	24	77 629	42	495 789	354	589 003	604
90	80 309	00	838 022	848	55 255	54	37 727	22	80 800	42	502 966	336	578 701	552
95	84 409	00	854 946	862	53 778	52	39 738	20	83 971	40	510 134	318	568 425	500
1,2200	88 509	**94	871 877	882	52 302	52	41 748	16	87 141	38	517 293	300	558 175	450
05	92 606	92	888 818	896	50 826	50	43 756	16	90 310	38	524 443	282	547 950	398
10	96 702	88	905 766	914	49 351	48	45 764	14	93 479	36	531 584	264	537 751	348
15	**00 796	86	922 723	932	47 877	48	47 771	12	96 647	34	538 716	248	527 577	298
20	04 889	80	939 689	948	46 403	46	49 777	10	99 814	32	545 840	228	517 428	248
25	08 979	80	956 663	966	44 930	44	51 782	08	**02 980	30	552 954	212	507 304	196
30	13 069	74	973 646	982	43 458	42	53 786	06	06 145	30	560 060	194	497 206	148
35	17 156	72	990 637	998	41 987	42	55 789	04	09 310	28	567 157	178	487 132	098
40	21 242	68	*007 636	*016	40 516	40	57 791	02	12 474	26	574 246	158	477 083	048
45	25 326	64	024 644	034	39 046	38	59 792	00	15 637	24	581 325	142	467 059	000
1,2250	29 408		041 661		37 577		61 792		18 799		588 396		457 059	
	0,20	**81**	**3,4**	**34**	**0,29**	**−29**	**0,88**	**40**	**1,03**	**63**	**0,6**	**14**	**1,1**	**−20**

x	φ	sin x		cos x		tg x		Sin x		Cos x		Tg x	
	70°	0,94	33	0,33	−94	2,	8	1,5	18	1,8	15	0,84	29
1,2250	11′ 14,″39	08 058	88	89 460	10	7756 808	7166	552 042	494	489 619	556	11 229	24
55	12 57,52	09 752	82	84 755	10	7800 391	7408	561 289	500	497 397	566	12 691	22
60	14 40,65	11 443	78	80 050	12	7844 095	7650	570 539	510	505 180	576	14 152	18
65	16 23,78	13 132	72	75 344	14	7887 920	7896	579 794	516	512 968	584	15 611	16
70	18 06,92	14 818	70	70 637	16	7931 868	8142	589 052	526	520 760	594	17 069	14
75	19 50,05	16 503	62	65 929	18	7975 939	8390	598 315	532	528 557	602	18 526	12
80	21 33,18	18 184	60	61 220	18	8020 134	8636	607 581	540	536 358	612	19 982	10
85	23 16,31	19 864	54	56 511	22	8064 452	8886	616 851	548	544 164	622	21 437	06
90	24 59,45	21 541	50	51 800	22	8108 895	9138	626 125	556	551 975	632	22 890	04
95	26 42,58	23 216	44	47 089	24	8153 464	9386	635 403	564	559 791	640	24 342	02
1,2300	28 25,71	24 888	40	42 377	26	8198 157	9640	644 685	572	567 611	648	25 793	00
05	30 08,84	26 558	36	37 664	26	8242 977	9894	653 971	578	575 435	660	27 243	*96
10	31 51,98	28 226	30	32 951	30	8287 924	*0148	663 260	588	583 265	666	28 691	96
15	33 35,11	29 891	26	28 236	30	8332 998	0404	672 554	594	591 098	678	30 139	92
20	35 18,24	31 554	22	23 521	32	8378 200	0662	681 851	604	598 937	686	31 585	90
25	37 01,37	33 215	16	18 805	34	8423 531	0918	691 153	610	606 780	696	33 030	86
30	38 44,51	34 873	12	14 088	36	8468 990	1178	700 458	618	614 628	706	34 473	84
35	40 27,64	36 529	06	09 370	38	8514 579	1438	709 767	628	622 481	714	35 915	84
40	42 10,77	38 182	02	04 651	38	8560 298	1700	719 081	634	630 338	724	37 357	80
45	43 53,90	39 833	*98	*99 932	42	8606 148	1964	728 398	642	638 200	732	38 797	76
1,2350	45 37,04	41 482	92	95 211	42	8652 130	2226	737 719	650	646 066	744	40 235	76
55	47 20,17	43 128	90	90 490	44	8698 243	2492	747 044	658	653 938	750	41 673	72
60	49 03,30	44 773	82	85 768	46	8744 489	2758	756 373	666	661 813	762	43 109	70
65	50 46,43	46 414	80	81 045	46	8790 868	3024	765 706	672	669 694	770	44 544	68
70	52 29,57	48 054	74	76 322	50	8837 380	3294	775 042	682	677 579	780	45 978	66
75	54 12,70	49 691	68	71 597	50	8884 027	3564	784 383	690	685 469	790	47 411	62
80	55 55,83	51 325	64	66 872	52	8930 809	3836	793 728	698	693 364	798	48 842	60
85	57 38,96	52 957	60	62 146	54	8977 727	4106	803 077	704	701 263	808	50 272	58
90	59 22,09	54 587	56	57 419	56	9024 780	4382	812 429	714	709 167	816	51 701	56
95	*01 05,23	56 215	50	52 691	56	9071 971	4656	821 786	720	717 075	826	53 129	54
1,2400	02 48,36	57 840	46	47 963	58	9119 299	4930	831 146	730	724 988	836	54 556	50
05	04 31,49	59 463	40	43 234	62	9166 764	5210	840 511	736	732 906	846	55 981	50
10	06 14,62	61 083	36	38 503	62	9214 369	5488	849 879	746	740 829	854	57 406	46
15	07 57,76	62 701	32	33 772	62	9262 113	5766	859 252	752	748 756	864	58 829	42
20	09 40,89	64 317	26	29 041	66	9309 996	6048	868 628	760	756 688	874	60 250	42
25	11 24,02	65 930	22	24 308	66	9358 020	6332	878 008	770	764 625	882	61 671	38
30	13 07,15	67 541	18	19 575	68	9406 186	6614	887 393	776	772 566	892	63 090	38
35	14 50,29	69 150	12	14 841	70	9454 493	6900	896 781	784	780 512	902	64 509	34
40	16 33,42	70 756	08	10 106	72	9502 943	7186	906 173	792	788 463	910	65 926	30
45	18 16,55	72 360	04	05 370	74	9551 536	7472	915 569	800	796 418	922	67 341	30
1,2450	19 59,68	73 962	**98	00 633	74	9600 272	7762	924 969	810	804 379	928	68 756	26
55	21 42,82	75 561	92	**95 896	76	9649 153	8054	934 374	816	812 343	940	70 169	26
60	23 25,95	77 157	90	91 158	78	9698 180	8344	943 782	824	820 313	948	71 582	22
65	25 09,08	78 752	84	86 419	80	9747 352	8636	953 194	832	828 287	958	72 993	20
70	26 52,21	80 344	78	81 679	82	9796 670	8932	962 610	840	836 266	968	74 403	16
75	28 35,35	81 933	76	76 938	82	9846 136	9228	972 030	848	844 250	976	75 811	16
80	30 18,48	83 521	70	72 197	84	9895 750	9524	981 454	856	852 238	986	77 219	12
85	32 01,61	85 106	64	67 455	86	9945 512	9822	990 882	866	860 231	996	78 625	10
90	33 44,74	86 688	60	62 712	88	9995 423	**0124	*000 315	872	868 229	*006	80 030	08
95	35 27,88	88 268	56	57 968	88	*0045 485	0424	009 751	880	876 232	014	81 434	04
1,2500	37′ 11,″01	89 846		53 224		0095 697		019 191		884 239		82 836	
	71°	0,94	31	0,31	−94	3,	10	1,6	18	1,8	16	0,84	28

x	$\ln x$		e^x		e^{-x}		arc tg$x$		Ar Sin x		Ar Cos x		Ar Ctg x	
	0,20	**81**	**3,4**	**34**	**0,29**	**−29**	**0,88**	**39**	**1,03**	**63**	**0,6**	**14**	**1,1**	**−19**
1,2250	29 408	62	041 661	050	37 577	36	61 792	98	18 799	22	588 396	126	457 059	950
55	33 489	58	058 686	068	36 109	36	63 791	96	21 960	22	595 459	106	447 084	902
60	37 568	56	075 720	084	34 641	34	65 789	94	25 121	20	602 512	092	437 133	854
65	41 646	52	092 762	100	33 174	32	67 786	92	28 281	18	609 558	072	427 206	806
70	45 722	48	109 812	118	31 708	32	69 782	90	31 440	18	616 594	056	417 303	756
75	49 796	44	126 871	136	30 242	30	71 777	88	34 599	14	623 622	040	407 425	710
80	53 868	42	143 939	152	28 777	28	73 771	86	37 756	14	630 642	022	397 570	662
85	57 939	38	161 015	170	27 313	26	75 764	84	40 913	12	637 653	004	387 739	614
90	62 008	36	178 100	186	25 850	24	77 756	84	44 069	10	644 655	*990	377 932	568
95	66 076	32	195 193	204	24 388	24	79 748	80	47 224	10	651 650	970	368 148	520
1,2300	70 142	28	212 295	222	22 926	22	81 738	78	50 379	08	658 635	956	358 388	474
05	74 206	24	229 406	238	21 465	22	83 727	76	53 533	06	665 613	938	348 651	428
10	78 268	22	246 525	254	20 004	18	85 715	76	56 686	04	672 582	920	338 937	380
15	82 329	20	263 652	272	18 545	18	87 703	72	59 838	02	679 542	906	329 247	334
20	86 389	14	280 788	290	17 086	16	89 689	70	62 989	02	686 495	888	319 580	290
25	90 446	12	297 933	306	15 628	16	91 674	70	66 140	00	693 439	872	309 935	242
30	94 502	10	315 086	324	14 170	14	93 659	66	69 290	*98	700 375	856	300 314	198
35	98 557	04	332 248	342	12 713	12	95 642	64	72 439	96	707 303	838	290 715	152
40	*02 609	02	349 419	358	11 257	10	97 624	64	75 587	96	714 222	824	281 139	106
45	06 660	00	366 598	374	09 802	08	99 606	60	78 735	94	721 134	806	271 586	062
1,2350	10 710	*94	383 785	392	08 348	08	*01 586	60	81 882	92	728 037	790	262 055	018
55	14 757	94	400 981	410	06 894	06	03 566	58	85 028	90	734 932	774	252 546	*972
60	18 804	88	418 186	428	05 441	06	05 545	54	88 173	90	741 819	758	243 060	928
65	22 848	86	435 400	444	03 988	02	07 522	54	91 318	88	748 698	742	233 596	884
70	26 891	82	452 622	460	02 537	02	09 499	50	94 462	86	755 569	726	224 154	840
75	30 932	80	469 852	478	01 086	00	11 474	50	97 605	84	762 432	710	214 734	796
80	34 972	76	487 091	496	*99 636	00	13 449	48	*00 747	82	769 287	694	205 336	752
85	39 010	72	504 339	514	98 186	*98	15 423	46	03 888	82	776 134	678	195 960	710
90	43 046	70	521 596	530	96 737	96	17 396	44	07 029	80	782 973	662	186 605	666
95	47 081	66	538 861	548	95 289	94	19 368	40	10 169	78	789 804	646	177 272	622
1,2400	51 114	62	556 135	564	93 842	92	21 338	40	13 308	76	796 627	632	167 961	580
05	55 145	60	573 417	582	92 396	92	23 308	38	16 446	76	803 443	614	158 671	536
10	59 175	56	590 708	600	90 950	90	25 277	36	19 584	74	810 250	600	149 403	496
15	63 203	54	608 008	616	89 505	90	27 245	34	22 721	72	817 050	584	140 155	452
20	67 230	50	625 316	634	88 060	86	29 212	32	25 857	70	823 842	568	130 929	410
25	71 255	46	642 633	652	86 617	86	31 178	30	28 992	70	830 626	552	121 724	368
30	75 278	44	659 959	668	85 174	86	33 143	28	32 127	66	837 402	538	112 540	326
35	79 300	40	677 293	686	83 731	82	35 107	28	35 260	66	844 171	522	103 377	284
40	83 320	36	694 636	704	82 290	82	37 071	24	38 393	66	850 932	506	094 235	242
45	87 338	34	711 988	720	80 849	80	39 033	22	41 526	62	857 685	492	085 114	202
1,2450	91 355	32	729 348	738	79 409	78	40 994	20	44 657	62	864 431	476	076 013	160
55	95 371	26	746 717	756	77 970	78	42 954	20	47 788	60	871 169	462	066 933	120
60	99 384	24	764 095	772	76 531	76	44 914	16	50 918	58	877 900	444	057 873	078
65	**03 396	22	781 481	790	75 093	74	46 872	14	54 047	58	884 622	432	048 834	038
70	07 407	16	798 876	808	73 656	72	48 829	14	57 176	54	891 338	414	039 815	**998
75	11 415	16	816 280	824	72 220	72	50 786	10	60 303	54	898 045	402	030 816	958
80	15 423	10	833 692	844	70 784	70	52 741	10	63 430	52	904 746	384	021 837	916
85	19 428	08	851 114	860	69 349	70	54 696	08	66 556	52	911 438	372	012 879	878
90	23 432	06	868 544	876	67 914	66	56 650	04	69 682	48	918 124	354	003 940	836
95	27 435	02	885 982	896	66 481	66	58 602	04	72 806	48	924 801	342	*995 022	798
1,2500	31 436		903 430		65 048		60 554		75 930		931 472		986 123	
	0,22	**80**	**3,4**	**34**	**0,28**	**−28**	**0,89**	**39**	**1,04**	**62**	**0,6**	**13**	**1,0**	**−17**

x	φ	sin x		cos x		tg x		Sin x		Cos x		Tg x	
	71°	**0,94**	31	**0,31**	−94	**3,**	10	**1,6**	18	**1,8**	16	**0,84**	28
1,2500	37′ 11,″01	89 846	52	53 224	92	0095 697	0726	019 191	888	884 239	024	82 836	04
05	38 54,14	91 422	46	48 478	92	0146 060	1030	028 635	896	892 251	032	84 238	00
10	40 37,27	92 995	40	43 732	94	0196 575	1338	038 083	904	900 267	044	85 638	*98
15	42 20,41	94 565	38	38 985	94	0247 244	1642	047 535	912	908 289	052	87 037	96
20	44 03,54	96 134	32	34 238	98	0298 065	1952	056 991	922	916 315	062	88 435	94
25	45 46,67	97 700	26	29 489	98	0349 041	2262	066 452	928	924 346	070	89 832	90
30	47 29,80	99 263	22	24 740	*00	0400 172	2572	075 916	936	932 381	082	91 227	90
35	49 12,93	*00 824	18	19 990	02	0451 458	2886	085 384	944	940 422	090	92 622	86
40	50 56,07	02 383	14	15 239	02	0502 901	3200	094 856	952	948 467	100	94 015	84
45	52 39,20	03 940	08	10 488	06	0554 501	3516	104 332	962	956 517	108	95 407	82
1,2550	54 22,33	05 494	02	05 735	06	0606 259	3834	113 813	968	964 571	118	96 798	78
55	56 05,46	07 045	00	00 982	08	0658 176	4152	123 297	976	972 630	128	98 187	78
60	57 48,60	08 595	*94	*96 228	10	0710 252	4472	132 785	986	980 694	138	99 576	74
65	59 31,73	10 142	88	91 473	10	0762 488	4794	142 278	992	988 763	148	*00 963	72
70	*01 14,86	11 686	84	86 718	12	0814 885	5118	151 774	*000	996 837	156	02 349	70
75	02 57,99	13 228	80	81 962	14	0867 444	5442	161 274	010	*004 915	166	03 734	68
80	04 41,13	14 768	74	77 205	16	0920 165	5770	170 779	016	012 998	176	05 118	64
85	06 24,26	16 305	70	72 447	18	0973 050	6098	180 287	026	021 086	184	06 500	64
90	08 07,39	17 840	66	67 688	18	1026 099	6426	189 800	034	029 178	196	07 882	60
95	09 50,52	19 373	60	62 929	20	1079 312	6758	199 317	040	037 276	204	09 262	58
1,2600	11 33,66	20 903	56	58 169	22	1132 691	7092	208 837	050	045 378	212	10 641	56
05	13 16,79	22 431	52	53 408	22	1186 237	7426	218 362	058	053 484	224	12 019	54
10	14 59,92	23 957	46	48 647	26	1239 950	7762	227 891	066	061 596	232	13 396	50
15	16 43,05	25 480	42	43 884	26	1293 831	8098	237 424	074	069 712	242	14 771	50
20	18 26,19	27 001	36	39 121	28	1347 880	8440	246 961	080	077 833	252	16 146	46
25	20 09,32	28 519	32	34 357	28	1402 100	8780	256 501	090	085 959	262	17 519	44
30	21 52,45	30 035	28	29 593	32	1456 490	9122	266 046	100	094 090	270	18 891	42
35	23 35,58	31 549	22	24 827	32	1511 051	9468	275 596	106	102 225	280	20 262	38
40	25 18,72	33 060	18	20 061	34	1565 785	9812	285 149	114	110 365	290	21 631	38
45	27 01,85	34 569	12	15 294	34	1620 691	*0162	294 706	122	118 510	300	23 000	34
1,2650	28 44,98	36 075	08	10 527	38	1675 772	0510	304 267	132	126 660	310	24 367	32
55	30 28,11	37 579	04	05 758	38	1731 027	0862	313 833	138	134 815	318	25 733	30
60	32 11,24	39 081	**98	00 989	40	1786 458	1214	323 402	148	142 974	328	27 098	28
65	33 54,38	40 580	94	**96 219	42	1842 065	1570	332 976	154	151 138	338	28 462	26
70	35 37,51	42 077	90	91 448	42	1897 850	1926	342 553	164	159 307	348	29 825	22
75	37 20,64	43 572	84	86 677	44	1953 813	2284	352 135	172	167 481	356	31 186	22
80	39 03,77	45 064	80	81 905	46	2009 955	2644	361 721	180	175 659	366	32 547	18
85	40 46,91	46 554	74	77 132	48	2066 277	3006	371 311	186	183 842	376	33 906	16
90	42 30,04	48 041	70	72 358	48	2122 780	3370	380 904	198	192 030	386	35 264	14
95	44 13,17	49 526	66	67 584	50	2179 465	3734	390 503	204	200 223	396	36 621	12
1,2700	45 56,30	51 009	60	62 809	52	2236 332	4102	400 105	212	208 421	404	37 977	08
05	47 39,44	52 489	56	58 033	54	2293 383	4470	409 711	220	216 623	416	39 331	08
10	49 22,57	53 967	50	53 256	54	2350 618	4842	419 321	230	224 831	424	40 685	04
15	51 05,70	55 442	46	48 479	56	2408 039	5216	428 936	236	233 043	434	42 037	02
20	52 48,83	56 915	42	43 701	58	2465 647	5590	438 554	246	241 260	442	43 388	00
25	54 31,97	58 386	36	38 922	60	2523 442	5966	448 177	254	249 481	454	44 738	**98
30	56 15,10	59 854	32	34 142	60	2581 425	6344	457 804	262	257 708	462	46 087	94
35	57 58,23	61 320	26	29 362	62	2639 597	6724	467 435	270	265 939	472	47 434	94
40	59 41,36	62 783	22	24 581	64	2697 959	7108	477 070	278	274 175	482	48 781	90
45	**01 24,50	64 244	18	19 799	64	2756 513	7492	486 709	286	282 416	492	50 126	88
1,2750	03′ 07,″63	65 703		15 017		2815 259		496 352		290 662		51 470	
	73°	**0,95**	29	**0,29**	−95	**3,**	11	**1,6**	19	**1,9**	16	**0,85**	26

x	$\ln x$		e^x		e^{-x}		arc tg x		Ar Sin x		Ar Cos x		Ar Ctg x	
	0,22	**79**	**3,4**	**34**	**0,28**	**−28**	**0,89**	**39**	**1,04**	**62**	**0,6**	**13**	**1,0**	**−17**
1,2500	31 436	98	903 430	912	65 048	64	60 554	02	75 930	46	931 472	326	986 123	758
05	35 435	94	920 886	928	63 616	64	62 505	*98	79 053	46	938 135	310	977 244	718
10	39 432	92	938 350	948	62 184	60	64 454	98	82 176	42	944 790	298	968 385	680
15	43 428	90	955 824	964	60 754	60	66 403	96	85 297	42	951 439	280	959 545	640
20	47 423	86	973 306	982	59 324	60	68 351	94	88 418	40	958 079	268	950 725	602
25	51 416	82	990 797	*000	57 894	56	70 298	92	91 538	38	964 713	252	941 924	564
30	55 407	78	*008 297	018	56 466	56	72 244	90	94 657	38	971 339	238	933 142	524
35	59 396	76	025 806	034	55 038	54	74 189	88	97 776	36	977 958	224	924 380	486
40	63 384	74	043 323	052	53 611	54	76 133	86	*00 894	34	984 570	208	915 637	448
45	67 371	70	060 849	070	52 184	52	78 076	86	04 011	32	991 174	196	906 913	408
1,2550	71 356	66	078 384	086	50 758	50	80 019	82	07 127	30	997 772	180	898 209	372
55	75 339	64	095 927	106	49 333	48	81 960	80	10 242	30	*004 362	166	889 523	334
60	79 321	60	113 480	122	47 909	46	83 900	78	13 357	28	010 945	150	880 856	296
65	83 301	56	131 041	140	46 486	46	85 839	78	16 471	26	017 520	138	872 208	260
70	87 279	54	148 611	156	45 063	46	87 778	74	19 584	26	024 089	122	863 578	220
75	91 256	52	166 189	176	43 640	42	89 715	74	22 697	22	030 650	110	854 968	184
80	95 232	46	183 777	192	42 219	42	91 652	70	25 808	22	037 205	094	846 376	148
85	99 205	46	201 373	210	40 798	40	93 587	70	28 919	22	043 752	080	837 802	110
90	*03 178	40	218 978	228	39 378	38	95 522	68	32 030	18	050 292	068	829 247	072
95	07 148	38	236 592	246	37 959	38	97 456	66	35 139	18	056 826	052	820 711	038
1,2600	11 117	36	254 215	262	36 540	36	99 389	62	38 248	16	063 352	038	812 192	000
05	15 085	32	271 846	282	35 122	34	*01 320	62	41 356	14	069 871	024	803 692	*964
10	19 051	28	289 487	298	33 705	32	03 251	60	44 463	12	076 383	012	795 210	926
15	23 015	26	307 136	316	32 289	32	05 181	58	47 569	12	082 889	*996	786 747	892
20	26 978	22	324 794	334	30 873	30	07 110	56	50 675	10	089 387	984	778 301	856
25	30 939	18	342 461	350	29 458	30	09 038	54	53 780	08	095 879	968	769 873	820
30	34 898	16	360 136	370	28 043	26	10 965	54	56 884	06	102 363	956	761 463	784
35	38 856	14	377 821	386	26 630	26	12 892	50	59 987	06	108 841	942	753 071	748
40	42 813	10	395 514	404	25 217	24	14 817	48	63 090	04	115 312	928	744 697	714
45	46 768	06	413 216	422	23 805	24	16 741	48	66 192	02	121 776	914	736 340	678
1,2650	50 721	04	430 927	440	22 393	22	18 665	44	69 293	00	128 233	900	728 001	642
55	54 673	00	448 647	458	20 982	20	20 587	44	72 393	00	134 683	888	719 680	608
60	58 623	*98	466 376	476	19 572	18	22 509	40	75 493	*98	141 127	874	711 376	574
65	62 572	94	484 114	492	18 163	18	24 429	40	78 592	96	147 564	860	703 089	538
70	66 519	92	501 860	510	16 754	16	26 349	36	81 690	94	153 994	846	694 820	504
75	70 465	88	519 615	530	15 346	16	28 267	36	84 787	94	160 417	834	686 568	470
80	74 409	84	537 380	546	13 938	12	30 185	34	87 884	90	166 834	820	678 333	434
85	78 351	82	555 153	564	12 532	12	32 102	32	90 979	90	173 244	806	670 116	400
90	82 292	78	572 935	582	11 126	10	34 018	30	94 074	90	179 647	792	661 916	368
95	86 231	76	590 726	600	09 721	10	35 933	28	97 169	86	186 043	780	653 732	332
1,2700	90 169	72	608 526	616	08 316	08	37 847	26	**00 262	86	192 433	768	645 566	300
05	94 105	70	626 334	636	06 912	06	39 760	24	03 355	84	198 817	754	637 416	264
10	98 040	66	644 152	652	05 509	04	41 672	24	06 447	84	205 194	740	629 284	232
15	**01 973	64	661 978	672	04 107	04	43 584	20	09 539	80	211 564	726	621 168	198
20	05 905	60	679 814	688	02 705	02	45 494	18	12 629	80	217 927	716	613 069	166
25	09 835	56	697 658	708	01 304	00	47 403	18	15 719	78	224 285	700	604 986	132
30	13 763	54	715 512	724	*99 904	00	49 312	14	18 808	76	230 635	688	596 920	098
35	17 690	52	733 374	742	98 504	*98	51 219	14	21 896	76	236 979	676	588 871	066
40	21 616	46	751 245	760	97 105	96	53 126	12	24 984	74	243 317	662	580 838	034
45	25 539	46	769 125	778	95 707	94	55 032	08	28 071	72	249 648	648	572 821	000
1,2750	29 462		787 014		94 310		56 936		31 157		255 972		564 821	
	0,24	**78**	**3,5**	**35**	**0,27**	**−27**	**0,90**	**38**	**1,06**	**61**	**0,7**	**12**	**1,0**	**−16**

x	φ	sin x		cos x		tg x		Sin x		Cos x		Tg x	
	73°,,	**0,95**	2	**0,2**	−95	**3,**	11	**1,6**	19	**1,9**	16	**0,85**	26
1,2750	03′ 07,63	65 703	912	915 017	66	2815 259	7876	496 352	296	290 662	500	51 470	86
55	04 50,76	67 159	908	910 234	68	2874 197	8266	506 000	302	298 912	512	52 813	84
60	06 33,89	68 613	904	905 450	70	2933 330	8656	515 651	312	307 168	520	54 155	82
65	08 17,03	70 065	898	900 665	70	2992 658	9048	525 307	320	315 428	530	55 496	80
70	10 00,16	71 514	894	895 880	72	3052 182	9442	534 967	326	323 693	540	56 836	76
75	11 43,29	72 961	888	891 094	74	3111 903	9838	544 630	338	331 963	550	58 174	74
80	13 26,42	74 405	884	886 307	76	3171 822	*0236	554 299	344	340 238	558	59 511	74
85	15 09,55	75 847	880	881 519	76	3231 940	0638	563 971	352	348 517	570	60 848	70
90	16 52,69	77 287	874	876 731	78	3292 259	1038	573 647	362	356 802	578	62 183	66
95	18 35,82	78 724	870	871 942	80	3352 778	1444	583 328	368	365 091	588	63 516	66
1,2800	20 18,95	80 159	864	867 152	80	3413 500	1850	593 012	378	373 385	598	64 849	64
05	22 02,08	81 591	860	862 362	82	3474 425	2258	602 701	386	381 684	608	66 181	60
10	23 45,22	83 021	856	857 571	84	3535 554	2668	612 394	394	389 988	616	67 511	60
15	25 28,35	84 449	850	852 779	86	3596 888	3082	622 091	402	398 296	628	68 841	56
20	27 11,48	85 874	846	847 986	86	3658 429	3498	631 792	410	406 610	636	70 169	54
25	28 54,61	87 297	840	843 193	88	3720 178	3914	641 497	420	414 928	646	71 496	52
30	30 37,75	88 717	836	838 399	90	3782 135	4332	651 207	428	423 251	656	72 822	48
35	32 20,88	90 135	832	833 604	90	3844 301	4756	660 921	436	431 579	666	74 146	48
40	34 04,01	91 551	826	828 809	94	3906 679	5178	670 639	444	439 912	676	75 470	46
45	35 47,14	92 964	822	824 012	92	3969 268	5604	680 361	452	448 250	686	76 793	42
1,2850	37 30,28	94 375	816	819 216	96	4032 070	6034	690 087	460	456 593	694	78 114	40
55	39 13,41	95 783	812	814 418	96	4095 087	6462	699 817	470	464 940	706	79 434	38
60	40 56,54	97 189	808	809 620	98	4158 318	6896	709 552	478	473 293	714	80 753	36
65	42 39,67	98 593	802	804 821	*00	4221 766	7330	719 291	484	481 650	724	82 071	34
70	44 22,81	99 994	798	800 021	00	4285 431	7768	729 033	496	490 012	734	83 388	32
75	46 05,94	*01 393	792	795 221	02	4349 315	8208	738 781	502	498 379	744	84 704	28
80	47 49,07	02 789	788	790 420	04	4413 419	8650	748 532	510	506 751	752	86 018	28
85	49 32,20	04 183	784	785 618	04	4477 744	9094	758 287	520	515 127	764	87 332	24
90	51 15,34	05 575	778	780 816	06	4542 291	9542	768 047	528	523 509	772	88 644	22
95	52 58,47	06 964	774	776 013	08	4607 062	9990	777 811	536	531 895	784	89 955	20
1,2900	54 41,60	08 351	768	771 209	10	4672 057	**0440	787 579	544	540 287	792	91 265	18
05	56 24,73	09 735	764	766 404	10	4737 277	0896	797 351	554	548 683	802	92 574	16
10	58 07,86	11 117	760	761 599	12	4802 725	1352	807 128	560	557 084	812	93 882	14
15	59 51,00	12 497	754	756 793	12	4868 401	1810	816 908	570	565 490	822	95 189	10
20	*01 34,13	13 874	750	751 987	16	4934 306	2272	826 693	578	573 901	832	96 494	10
25	03 17,26	15 249	744	747 179	16	5000 442	2734	836 482	586	582 317	840	97 799	06
30	05 00,39	16 621	740	742 371	16	5066 809	3202	846 275	596	590 737	852	99 102	04
35	06 43,53	17 991	736	737 563	20	5133 410	3670	856 073	604	599 163	862	*00 404	04
40	08 26,66	19 359	730	732 753	20	5200 245	4142	865 875	610	607 594	870	01 706	*98
45	10 09,79	20 724	726	727 943	20	5267 316	4616	875 680	622	616 029	880	03 005	98
1,2950	11 52,92	22 087	720	723 133	24	5334 624	5092	885 491	628	624 469	890	04 304	96
55	13 36,06	23 447	716	718 321	24	5402 170	5572	895 305	636	632 914	900	05 602	94
60	15 19,19	24 805	710	713 509	26	5469 956	6052	905 123	646	641 364	912	06 899	90
65	17 02,32	26 160	708	708 696	26	5537 982	6538	914 946	654	649 820	918	08 194	90
70	18 45,45	27 514	700	703 883	28	5606 251	7024	924 773	664	658 279	930	09 489	86
75	20 28,59	28 864	698	699 069	30	5674 763	7514	934 605	670	666 744	940	10 782	84
80	22 11,72	30 213	692	694 254	30	5743 520	8008	944 440	680	675 214	950	12 074	82
85	23 54,85	31 559	686	689 439	32	5812 524	8502	954 280	688	683 689	958	13 365	80
90	25 37,98	32 902	682	684 623	34	5881 775	8998	964 124	696	692 168	970	14 655	78
95	27 21,12	34 243	678	679 806	36	5951 274	9500	973 972	704	700 653	978	15 944	76
1,3000	29′ 04,″25	35 582		674 988		6021 024		983 824		709 142		17 232	
	74°	**0,96**	2	**0,2**	−96	**3,**	13	**1,6**	19	**1,9**	16	**0,86**	25

x	$\ln x$		e^x		e^{-x}		arc tg x		Ar Sin x		Ar Cos x		Ar Ctg x	
	0,24	78	**3,5**	35	**0,27**	−27	**0,90**	38	**1,06**	61	**0,7**	12	**1,0**	−15
1,2750	29 462	42	787 014	796	94 310	94	56 936	08	31 157	70	255 972	638	564 821	968
55	33 383	38	804 912	814	92 913	92	58 840	06	34 242	70	262 291	622	556 837	934
60	37 302	36	822 819	832	91 517	92	60 743	04	37 327	68	268 602	612	548 870	904
65	41 220	32	840 735	850	90 121	88	62 645	02	40 411	66	274 908	598	540 918	870
70	45 136	28	858 660	868	88 727	88	64 546	00	43 494	64	281 207	584	532 983	840
75	49 050	28	876 594	884	87 333	88	66 446	00	46 576	64	287 499	572	525 063	806
80	52 964	22	894 536	904	85 939	84	68 346	*96	49 658	60	293 785	560	517 160	774
85	56 875	20	912 488	922	84 547	84	70 244	94	52 738	62	300 065	548	509 273	744
90	60 785	18	930 449	940	83 155	82	72 141	94	55 819	58	306 339	534	501 401	710
95	64 694	14	948 419	956	81 764	82	74 038	90	58 898	56	312 606	522	493 546	680
1,2800	68 601	10	966 397	976	80 373	80	75 933	90	61 976	56	318 867	510	485 706	650
05	72 506	08	984 385	994	78 983	78	77 828	88	65 054	54	325 122	496	477 881	616
10	76 410	06	*002 382	*010	77 594	76	79 722	84	68 131	54	331 370	484	470 073	586
15	80 313	02	020 387	030	76 206	76	81 614	84	71 208	50	337 612	472	462 280	556
20	84 214	*98	038 402	048	74 818	74	83 506	82	74 283	50	343 848	460	454 502	524
25	88 113	96	056 426	064	73 431	74	85 397	80	77 358	48	350 078	448	446 740	492
30	92 011	92	074 458	084	72 044	70	87 287	78	80 432	48	356 302	434	438 994	462
35	95 907	90	092 500	102	70 659	70	89 176	78	83 506	44	362 519	422	431 263	432
40	99 802	86	110 551	120	69 274	70	91 065	74	86 578	44	368 730	410	423 547	402
45	*03 695	84	128 611	138	67 889	66	92 952	72	89 650	42	374 935	398	415 846	370
1,2850	07 587	80	146 680	154	66 506	66	94 838	72	92 721	42	381 134	386	408 161	342
55	11 477	78	164 757	174	65 123	64	96 724	68	95 792	38	387 327	374	400 490	310
60	15 366	76	182 844	192	63 741	64	98 608	68	98 861	38	393 514	362	392 835	280
65	19 254	70	200 940	210	62 359	62	*00 492	66	*01 930	36	399 695	348	385 195	250
70	23 139	70	219 045	228	60 978	60	02 375	64	04 998	36	405 869	338	377 570	220
75	27 024	64	237 159	246	59 598	58	04 257	60	08 066	34	412 038	324	369 960	192
80	30 906	64	255 282	266	58 219	58	06 137	60	11 133	32	418 200	314	362 364	160
85	34 788	58	273 415	282	56 840	56	08 017	58	14 199	30	424 357	300	354 784	132
90	38 667	56	291 556	300	55 462	54	09 896	58	17 264	28	430 507	290	347 218	102
95	42 545	54	309 706	320	54 085	54	11 775	54	20 328	28	436 652	276	339 667	072
1,2900	46 422	50	327 866	336	52 708	52	13 652	52	23 392	26	442 790	266	332 131	044
05	50 297	48	346 034	356	51 332	52	15 528	52	26 455	24	448 923	254	324 609	014
10	54 171	44	364 212	372	49 956	48	17 404	48	29 517	24	455 050	240	317 102	*986
15	58 043	42	382 398	392	48 582	48	19 278	48	32 579	20	461 170	230	309 609	956
20	61 914	38	400 594	410	47 208	46	21 152	46	35 639	20	467 285	218	302 131	926
25	65 783	36	418 799	428	45 835	46	23 025	42	38 699	20	473 394	205	294 668	900
30	69 651	32	437 013	446	44 462	44	24 896	42	41 759	16	479 497	194	287 218	870
35	73 517	30	455 236	464	43 090	42	26 767	40	44 817	16	485 594	182	279 783	840
40	77 382	26	473 468	482	41 719	42	28 637	38	47 875	14	491 685	172	272 363	814
45	81 245	24	491 709	502	40 348	38	30 506	38	50 932	12	497 771	158	264 956	784
1,2950	85 107	20	509 960	518	38 979	40	32 375	34	53 988	12	503 850	148	257 564	756
55	88 967	18	528 219	538	37 609	36	34 242	32	57 044	10	509 924	136	250 186	728
60	92 826	14	546 488	556	36 241	36	36 108	32	60 099	08	515 992	124	242 822	702
65	96 683	12	564 766	574	34 873	34	37 974	28	63 153	06	522 054	114	235 471	672
70	**00 539	08	583 053	592	33 506	32	39 838	28	66 206	06	528 111	100	228 135	644
75	04 393	06	601 349	610	32 140	32	41 702	26	69 259	02	534 161	090	220 813	616
80	08 246	04	619 654	628	30 774	30	43 565	24	72 310	04	540 206	080	213 505	590
85	12 098	**98	637 968	648	29 409	28	45 427	22	75 362	00	546 246	066	206 210	560
90	15 947	98	656 292	666	28 045	28	47 288	20	78 412	00	552 279	056	198 930	534
95	19 796	94	674 625	684	26 681	26	49 148	18	81 462	*98	558 307	044	191 663	506
1,3000	23 643		692 967		25 318		51 007		84 511		564 329		184 410	
	0,26	76	**3,6**	36	**0,27**	−27	**0,91**	37	**1,07**	60	**0,7**	12	**1,0**	−14

x	φ	sin x		cos x		tg x		Sin x		Cos x		Tg x	
	74°	**0,96**	26	**0,26**	−96	**3,**	14	**1,6**	19	**1,9**	16	**0,86**	25
1,3000	29′ 04,″25	35 582	72	74 988	36	6021 024	0004	983 824	714	709 142	990	17 232	72
05	30 47,38	36 918	68	70 170	38	6091 026	0510	993 681	722	717 637	998	18 518	72
10	32 30,51	38 252	62	65 351	38	6161 281	1020	*003 542	730	726 136	*008	19 804	68
15	34 13,65	39 583	60	60 532	40	6231 791	1530	013 407	740	734 640	018	21 088	66
20	35 56,78	40 913	52	55 712	42	6302 556	2046	023 277	746	743 149	028	22 371	66
25	37 39,91	42 239	48	50 891	42	6373 579	2562	033 150	756	751 663	040	23 654	62
30	39 23,04	43 563	44	46 070	46	6444 860	3084	043 028	766	760 183	048	24 935	60
35	41 06,17	44 885	40	41 247	44	6516 402	3606	052 911	772	768 707	056	26 215	56
40	42 49,31	46 205	34	36 425	48	6588 205	4134	062 797	782	777 235	068	27 493	56
45	44 32,44	47 522	28	31 601	48	6660 272	4662	072 688	790	785 769	078	28 771	54
1,3050	46 15,57	48 836	24	26 777	50	6732 603	5196	082 583	798	794 308	088	30 048	50
55	47 58,70	50 148	20	21 952	50	6805 201	5730	092 482	808	802 852	098	31 323	50
60	49 41,84	51 458	16	17 127	52	6878 066	6270	102 386	814	811 401	106	32 598	46
65	51 24,97	52 766	10	12 301	54	6951 201	6810	112 293	826	819 954	118	33 871	46
70	53 08,10	54 071	04	07 474	54	7024 606	7354	122 206	832	828 513	128	35 144	42
75	54 51,23	55 373	00	02 647	56	7098 283	7904	132 122	842	837 077	136	36 415	40
80	56 34,37	56 673	*96	*97 819	58	7172 235	8452	142 043	850	845 645	148	37 685	38
85	58 17,50	57 971	90	92 990	58	7246 461	9008	151 968	858	854 219	156	38 954	36
90	*00 00,63	59 266	86	88 161	60	7320 965	9564	161 897	866	862 797	166	40 222	32
95	01 43,76	60 559	82	83 331	62	7395 747	*0126	171 830	876	871 380	178	41 488	32
1,3100	03 26,90	61 850	76	78 500	62	7470 810	0688	181 768	884	879 969	186	42 754	30
05	05 10,03	63 138	70	73 669	64	7546 154	1256	191 710	894	888 562	198	44 019	26
10	06 53,16	64 423	66	68 837	64	7621 782	1824	201 657	902	897 161	206	45 282	26
15	08 36,29	65 706	62	64 005	68	7697 694	2400	211 608	910	905 764	216	46 545	22
20	10 19,43	66 987	58	59 171	66	7773 894	2976	221 563	918	914 372	226	47 806	20
25	12 02,56	68 266	52	54 338	70	7850 382	3556	231 522	928	922 985	238	49 066	18
30	13 45,69	69 542	46	49 503	70	7927 160	4138	241 486	936	931 604	246	50 325	16
35	15 28,82	70 815	42	44 668	72	8004 229	4726	251 454	944	940 227	256	51 583	14
40	17 11,96	72 086	38	39 832	72	8081 592	5318	261 426	952	948 855	266	52 840	12
45	18 55,09	73 355	32	34 996	74	8159 251	5910	271 402	962	957 488	278	54 096	10
1,3150	20 38,22	74 621	28	30 159	76	8237 206	6506	281 383	972	966 127	286	55 351	08
55	22 21,35	75 885	24	25 321	76	8315 459	7110	291 369	978	974 770	296	56 605	04
60	24 04,49	77 147	18	20 483	78	8394 014	7712	301 358	988	983 418	306	57 857	04
65	25 47,62	78 406	12	15 644	78	8472 870	8320	311 352	996	992 071	316	59 109	00
70	27 30,75	79 662	08	10 805	80	8552 030	8934	321 350	*006	*000 729	326	60 359	00
75	29 13,88	80 916	04	05 965	82	8631 497	9546	331 353	014	009 392	338	61 609	*96
80	30 57,01	82 168	**98	01 124	84	8711 270	**0166	341 360	022	018 061	346	62 857	94
85	32 40,15	83 417	94	**96 282	84	8791 353	0790	351 371	030	026 734	356	64 104	92
90	34 23,28	84 664	90	91 440	84	8871 748	1414	361 386	040	035 412	366	65 350	90
95	36 06,41	85 909	84	86 598	86	8952 455	2046	371 406	048	044 095	376	66 595	88
1,3200	37 49,54	87 151	80	81 755	88	9033 478	2678	381 430	058	052 783	388	67 839	86
05	39 32,68	88 391	74	76 911	90	9114 817	3316	391 459	066	061 477	396	69 082	84
10	41 15,81	89 628	70	72 066	90	9196 475	3958	401 492	074	070 175	406	70 324	82
15	42 58,94	90 863	64	67 221	92	9278 454	4604	411 529	084	078 878	416	71 565	78
20	44 42,07	92 095	60	62 375	92	9360 756	5252	421 571	092	087 586	428	72 804	78
25	46 25,21	93 325	56	57 529	94	9443 382	5904	431 617	100	096 300	436	74 043	74
30	48 08,34	94 553	50	52 682	96	9526 334	6564	441 667	110	105 018	446	75 280	74
35	49 51,47	95 778	44	47 834	96	9609 616	7222	451 722	118	113 741	458	76 517	70
40	51 34,60	97 000	42	42 986	98	9693 227	7888	461 781	126	122 470	466	77 752	70
45	53 17,74	98 221	36	38 137	98	9777 171	8558	471 844	136	131 203	478	78 987	66
1,3250	55′ 00,″87	99 439		33 288		9861 450		481 912		139 942		80 220	
	75°	**0,96**	24	**0,24**	−96	**3,**	16	**1,7**	20	**2,0**	17	**0,86**	24

x	ln x		e^x		e^{-x}		arc tg x		Ar Sin x		Ar Cos x		Ar Ctg x	
	0,26	76	**3,6**	36	**0,27**	−27	**0,91**	37	**1,07**	60	**0,7**	12	**1,0**	−14
1,3000	23 643	90	692 967	702	25 318	24	51 007	16	84 511	96	564 329	034	184 410	480
05	27 488	88	711 318	720	23 956	24	52 865	16	87 559	94	570 346	020	177 170	452
10	31 332	84	729 678	738	22 594	22	54 723	12	90 606	94	576 356	012	169 944	424
15	35 174	82	748 047	758	21 233	20	56 579	12	93 653	92	582 362	*998	162 732	398
20	39 015	80	766 426	776	19 873	20	58 435	08	96 699	90	588 361	988	155 533	372
25	42 855	76	784 814	794	18 513	18	60 289	08	99 744	90	594 355	976	148 347	344
30	46 693	74	803 211	812	17 154	16	62 143	06	*02 789	86	600 343	966	141 175	316
35	50 530	70	821 617	830	15 796	16	63 996	04	05 832	86	606 326	954	134 017	290
40	54 365	66	840 032	850	14 438	12	65 848	02	08 875	86	612 303	944	126 872	264
45	58 198	64	858 457	868	13 082	14	67 699	02	11 918	82	618 275	932	119 740	238
1,3050	62 030	62	876 891	886	11 725	10	69 550	*98	14 959	82	624 241	920	112 621	212
55	65 861	58	895 334	904	10 370	10	71 399	96	18 000	80	630 201	910	105 515	184
60	69 690	56	913 786	924	09 015	08	73 247	96	21 040	80	636 156	900	098 423	158
65	73 518	52	932 248	942	07 661	08	75 095	94	24 080	76	642 106	888	091 344	132
70	77 344	50	950 719	960	06 307	04	76 942	90	27 118	76	648 050	876	084 278	108
75	81 169	48	969 199	978	04 955	06	78 787	90	30 156	74	653 988	866	077 224	080
80	84 993	42	987 688	996	03 602	02	80 632	88	33 193	74	659 921	856	070 184	054
85	88 814	42	*006 186	*016	02 251	02	82 476	86	36 230	70	665 849	844	063 157	028
90	92 635	38	024 694	034	00 900	00	84 319	84	39 265	70	671 771	834	056 143	004
95	96 454	34	043 211	052	*99 550	*98	86 161	84	42 300	70	677 688	822	049 141	*976
1,3100	*00 271	32	061 737	072	98 201	98	88 003	80	45 335	66	683 599	812	042 153	952
05	04 087	30	080 273	088	96 852	96	89 843	80	48 368	66	689 505	800	035 177	928
10	07 902	26	098 817	108	95 504	96	91 683	76	51 401	64	695 405	790	028 213	900
15	11 715	24	117 371	128	94 156	92	93 521	76	54 433	62	701 300	780	021 263	876
20	15 527	20	135 935	144	92 810	94	95 359	74	57 464	62	707 190	770	014 325	850
25	19 337	18	154 507	164	91 463	90	97 196	72	60 495	60	713 075	758	007 400	826
30	23 146	14	173 089	182	90 118	90	99 032	70	63 525	58	718 954	746	000 487	800
35	26 953	12	191 680	202	88 773	88	*00 867	68	66 554	56	724 827	738	*993 587	774
40	30 759	10	210 281	220	87 429	86	02 701	68	69 582	56	730 696	726	986 700	752
45	34 564	06	228 891	238	86 086	86	04 535	64	72 610	54	736 559	716	979 824	724
1,3150	38 367	02	247 510	256	84 743	84	06 367	64	75 637	52	742 417	704	972 962	702
55	42 168	00	266 138	276	83 401	82	08 199	60	78 663	52	748 269	694	966 111	676
60	45 968	*98	284 776	294	82 060	82	10 029	60	81 689	48	754 116	684	959 273	652
65	49 767	94	303 423	312	80 719	80	11 859	58	84 713	48	759 958	674	952 447	626
70	53 564	92	322 079	332	79 379	78	13 688	56	87 737	48	765 795	664	945 634	604
75	57 360	88	340 745	350	78 040	78	15 516	54	90 761	44	771 627	652	938 832	578
80	61 154	86	359 420	370	76 701	76	17 343	54	93 783	44	777 453	642	932 043	554
85	64 947	84	378 105	386	75 363	74	19 170	50	96 805	42	783 274	632	925 266	530
90	68 739	80	396 798	406	74 026	74	20 995	50	99 826	40	789 090	622	918 501	506
95	72 529	76	415 501	426	72 689	72	22 820	46	**02 846	40	794 901	610	911 748	482
1,3200	76 317	76	434 214	444	71 353	70	24 643	46	05 866	38	800 706	602	905 007	458
05	80 105	70	452 936	462	70 018	70	26 466	44	08 885	36	806 507	590	898 278	434
10	83 890	70	471 667	480	68 683	68	28 288	42	11 903	36	812 302	580	891 561	410
15	87 675	64	490 407	500	67 349	66	30 109	40	14 921	32	818 092	570	884 856	386
20	91 457	64	509 157	518	66 016	66	31 929	40	17 937	32	823 877	560	878 163	362
25	95 239	60	527 916	538	64 683	64	33 749	36	20 953	32	829 657	550	871 482	340
30	99 019	56	546 685	556	63 351	62	35 567	34	23 969	28	835 432	540	864 812	316
35	**02 797	56	565 463	576	62 020	62	37 384	34	26 983	28	841 202	528	858 154	292
40	06 575	50	584 251	592	60 689	60	39 201	32	29 997	26	846 966	520	851 508	268
45	10 350	50	603 047	614	59 359	58	41 017	30	33 010	26	852 726	508	844 874	246
1,3250	14 125		621 854		58 030		42 832		36 023		858 480		838 251	
	0,28	75	**3,7**	37	**0,26**	−26	**0,92**	36	**1,09**	60	**0,7**	11	**0,9**	−13

x	φ	sin x		cos x		tg x	Sin x		Cof x		Tg x	
	75°	0,96	2	0,2	−97	3,	1,7	20	2,0	17	0,86	24
1,3250	55′ 00,″87	99 439	430	433 288	00	9861 450	481 912	144	139 942	486	80 220	64
55	56 44,00	*00 654	426	428 438	02	9946 066	491 984	154	148 685	498	81 452	62
60	58 27,13	01 867	422	423 587	02	*0031 020	502 061	162	157 434	506	82 683	60
65	*00 10,27	03 078	416	418 736	04	0116 315	512 142	170	166 187	518	83 913	58
70	01 53,40	04 286	412	413 884	04	0201 952	522 227	180	174 946	526	85 142	56
75	03 36,53	05 492	406	409 032	06	0287 935	532 317	188	183 709	538	86 370	54
80	05 19,66	06 695	402	404 179	08	0374 265	542 411	196	192 478	548	87 597	50
85	07 02,80	07 896	396	399 325	08	0460 944	552 509	206	201 252	558	88 822	50
90	08 45,93	09 094	392	394 471	10	0547 974	562 612	214	210 031	566	90 047	48
95	10 29,06	10 290	388	389 616	10	0635 358	572 719	224	218 814	578	91 271	44
1,3300	12 12,19	11 484	382	384 761	14	0723 098	582 831	232	227 603	588	92 493	44
05	13 55,32	12 675	378	379 904	12	0811 196	592 947	240	236 397	598	93 715	40
10	15 38,46	13 864	372	375 048	14	0899 654	603 067	250	245 196	608	94 935	40
15	17 21,59	15 050	368	370 191	16	0988 475	613 192	258	254 000	618	96 155	36
20	19 04,72	16 234	362	365 333	18	1077 661	623 321	268	262 809	630	97 373	34
25	20 47,85	17 415	358	360 474	18	1167 213	633 455	276	271 624	638	98 590	32
30	22 30,99	18 594	354	355 615	18	1257 135	643 593	284	280 443	648	99 806	32
35	24 14,12	19 771	348	350 756	20	1347 429	653 735	294	289 267	660	*01 022	28
40	25 57,25	20 945	344	345 896	22	1438 097	663 882	302	298 097	668	02 236	26
45	27 40,38	22 117	338	341 035	22	1529 142	674 033	312	306 931	680	03 449	24
1,3350	29 23,52	23 286	334	336 174	24	1620 565	684 189	320	315 771	688	04 661	22
55	31 06,65	24 453	328	331 312	26	1712 370	694 349	328	324 615	700	05 872	18
60	32 49,78	25 617	324	326 449	26	1804 558	704 513	338	333 465	710	07 081	18
65	34 32,91	26 779	320	321 586	28	1897 133	714 682	348	342 320	720	08 290	16
70	36 16,05	27 939	314	316 722	28	1990 096	724 856	356	351 180	730	09 498	14
75	37 59,18	29 096	310	311 858	30	2083 450	735 034	364	360 045	740	10 705	10
80	39 42,31	30 251	304	306 993	30	2177 198	745 216	374	368 915	750	11 910	10
85	41 25,44	31 403	300	302 128	32	2271 343	755 403	382	377 790	760	13 115	08
90	43 08,58	32 553	294	297 262	34	2365 886	765 594	390	386 670	770	14 319	04
95	44 51,71	33 700	290	292 395	34	2460 830	775 789	400	395 555	782	15 521	02
1,3400	46 34,84	34 845	286	287 528	36	2556 179	785 989	410	404 446	790	16 722	02
05	48 17,97	35 988	280	282 660	36	2651 934	796 194	418	413 341	802	17 923	*98
10	50 01,11	37 128	276	277 792	38	2748 099	806 403	426	422 242	812	19 122	98
15	51 44,24	38 266	270	272 923	38	2844 675	816 616	436	431 148	822	20 321	94
20	53 27,37	39 401	266	268 054	40	2941 666	826 834	444	440 059	832	21 518	92
25	55 10,50	40 534	260	263 184	42	3039 075	837 056	454	448 975	842	22 714	90
30	56 53,63	41 664	256	258 313	42	3136 903	847 283	462	457 896	852	23 909	88
35	58 36,77	42 792	252	253 442	42	3235 155	857 514	470	466 822	862	25 103	88
40	**00 19,90	43 918	246	248 571	46	3333 832	867 749	482	475 753	874	26 297	84
45	02 03,03	45 041	240	243 698	46	3432 938	877 990	488	484 690	882	27 489	82
1,3450	03 46,16	46 161	238	238 825	46	3532 475	888 234	498	493 631	894	28 680	80
55	05 29,30	47 280	230	233 952	48	3632 446	898 483	508	502 578	904	29 870	78
60	07 12,43	48 395	228	229 078	48	3732 855	908 737	516	511 530	914	31 059	74
65	08 55,56	49 509	220	224 204	50	3833 704	918 995	524	520 487	924	32 246	74
70	10 38,69	50 619	218	219 329	52	3934 995	929 257	534	529 449	934	33 433	72
75	12 21,83	51 728	212	214 453	52	4036 733	939 524	544	538 416	944	34 619	70
80	14 04,96	52 834	208	209 577	54	4138 920	949 796	552	547 388	956	35 804	68
85	15 48,09	53 938	202	204 700	54	4241 558	960 072	560	556 366	964	36 988	66
90	17 31,22	55 039	196	199 823	56	4344 652	970 352	570	565 348	976	38 171	62
95	19 14,36	56 137	194	194 945	56	4448 204	980 637	578	574 336	986	39 352	62
1,3500	20′ 57,″49	57 234		190 067		4552 218	990 926		583 329		40 533	
	77°	0,97	2	0,2	−97	4,	1,7	20	2,0	17	0,87	23

x	ln x		e^x		e^{-x}		arc tg x		Ar Sin x		Ar Cos x		Ar Ctg x	
	0,28	75	**3,7**	37	**0,26**	−26	**0,92**	36	**1,09**	60	**0,7**	11	**0,9**	−13
1,3250	14 125	44	621 854	630	58 030	58	42 832	28	36 023	22	858 480	500	838 251	224
55	17 897	44	640 669	650	56 701	56	44 646	26	39 034	22	864 230	488	831 639	198
60	21 669	40	659 494	670	55 373	54	46 459	24	42 045	22	869 974	478	825 040	176
65	25 439	38	678 329	688	54 046	54	48 271	24	45 056	18	875 713	470	818 452	154
70	29 208	34	697 173	706	52 719	52	50 083	20	48 065	18	881 448	458	811 875	130
75	32 975	32	716 026	726	51 393	52	51 893	20	51 074	16	887 177	450	805 310	108
80	36 741	28	734 889	744	50 067	48	53 703	18	54 082	14	892 902	438	798 756	084
85	40 505	26	753 761	762	48 743	48	55 512	16	57 089	14	898 621	430	792 214	062
90	44 268	22	772 642	782	47 419	48	57 320	14	60 096	12	904 336	418	785 683	040
95	48 029	20	791 533	802	46 095	44	59 127	12	63 102	10	910 045	410	779 163	018
1,3300	51 789	18	810 434	820	44 773	44	60 933	10	66 107	08	915 750	398	772 654	*994
05	55 548	14	829 344	838	43 451	44	62 738	10	69 111	08	921 449	390	766 157	972
10	59 305	12	848 263	858	42 129	42	64 543	06	72 115	06	927 144	380	759 671	948
15	63 061	10	867 192	876	40 808	40	66 346	06	75 118	04	932 834	370	753 197	928
20	66 816	06	886 130	896	39 488	38	68 149	04	78 120	04	938 519	360	746 733	906
25	70 569	02	905 078	914	38 169	38	69 951	02	81 122	02	944 199	350	740 280	882
30	74 320	02	924 035	934	36 850	36	71 752	00	84 123	00	949 874	340	733 839	860
35	78 071	*96	943 002	952	35 532	34	73 552	*98	87 123	*98	955 544	332	727 409	840
40	81 819	96	961 978	972	34 215	34	75 351	98	90 122	98	961 210	320	720 989	816
45	85 567	92	980 964	990	32 898	32	77 150	94	93 121	96	966 870	312	714 581	796
1,3350	89 313	90	999 959	*010	31 582	32	78 947	94	96 119	94	972 526	302	708 183	772
55	93 058	86	*018 964	028	30 266	30	80 744	92	99 116	94	978 177	292	701 797	752
60	96 801	84	037 978	048	28 951	28	82 540	90	*02 113	90	983 823	282	695 421	730
65	*00 543	80	057 002	066	27 637	26	84 335	88	05 108	92	989 464	274	689 056	708
70	04 283	78	076 035	086	26 324	26	86 129	86	08 104	88	995 101	262	682 702	686
75	08 022	76	095 078	106	25 011	24	87 922	86	11 098	88	*000 732	254	676 359	666
80	11 760	72	114 131	122	23 699	24	89 715	82	14 092	84	006 359	246	670 026	644
85	15 496	70	133 192	144	22 387	22	91 506	82	17 084	86	011 982	234	663 704	622
90	19 231	66	152 264	162	21 076	20	93 297	80	20 077	82	017 599	226	657 393	600
95	22 964	64	171 345	180	19 766	18	95 087	78	23 068	82	023 212	216	651 093	580
1,3400	26 696	62	190 435	200	18 457	18	96 876	76	26 059	80	028 820	206	644 803	558
05	30 427	58	209 535	220	17 148	16	98 664	74	29 049	78	034 423	196	638 524	538
10	34 156	56	228 645	238	15 840	16	*00 451	72	32 038	78	040 021	188	632 255	516
15	37 884	52	247 764	256	14 532	14	02 237	72	35 027	76	045 615	178	625 997	496
20	41 610	50	266 892	278	13 225	12	04 023	68	38 015	74	051 204	170	619 749	474
25	45 335	48	286 031	294	11 919	12	05 807	68	41 002	74	056 789	160	613 512	454
30	49 059	44	305 178	316	10 613	10	07 591	66	43 989	70	062 369	150	607 285	432
35	52 781	42	324 336	334	09 308	08	09 374	64	46 974	70	067 944	140	601 069	414
40	56 502	40	343 503	352	08 004	08	11 156	64	49 959	70	073 514	132	594 862	390
45	60 222	36	362 679	372	06 700	06	12 938	60	52 944	66	079 080	122	588 667	372
1,3450	63 940	34	381 865	392	05 397	04	14 718	60	55 927	66	084 641	114	582 481	350
55	67 657	30	401 061	410	04 095	04	16 498	56	58 910	66	090 198	104	576 306	330
60	71 372	28	420 266	430	02 793	02	18 276	56	61 893	62	095 750	094	570 141	308
65	75 086	26	439 481	450	01 492	02	20 054	54	64 874	62	101 297	086	563 987	290
70	78 799	22	458 706	468	00 191	*98	21 831	52	67 855	60	106 840	076	557 842	268
75	82 510	20	477 940	488	*98 892	98	23 607	52	70 835	58	112 378	068	551 708	248
80	86 220	18	497 184	506	97 593	98	25 383	48	73 814	58	117 912	058	545 584	230
85	89 929	14	516 437	526	96 294	96	27 157	48	76 793	56	123 441	050	539 469	208
90	93 636	12	535 700	546	94 996	94	28 931	44	79 771	54	128 966	040	533 365	188
95	97 342	08	554 973	564	93 699	92	30 703	44	82 748	52	134 486	030	527 271	168
1,3500	**01 046		574 255		92 403		32 475		85 724		140 001		521 187	
	0,30	74	**3,8**	38	**0,25**	−25	**0,93**	35	**1,10**	59	**0,8**	11	**0,9**	−12

x	φ	$\sin x$		$\cos x$		$\operatorname{tg} x$	$\mathfrak{Sin}\, x$		$\mathfrak{Cof}\, x$		$\mathfrak{Tg}\, x$	
	77°	0,97	21	0,21	−97	4,	1,7	20	2,0	17	0,87	23
1,3500	20′ 57,″49	57 234	86	90 067	58	4552 218	990 926	588	583 329	996	40 533	60
05	22 40,62	58 327	84	85 188	58	4656 695	*001 220	598	592 327	*006	41 713	56
10	24 23,75	59 419	78	80 309	60	4761 641	011 519	606	601 330	018	42 891	56
15	26 06,89	60 508	72	75 429	62	4867 057	021 822	614	610 339	026	44 069	52
20	27 50,02	61 594	68	70 548	62	4972 947	032 129	624	619 352	038	45 245	52
25	29 33,15	62 678	64	65 667	64	5079 315	042 441	632	628 371	046	46 421	48
30	31 16,28	63 760	58	60 785	64	5186 163	052 757	642	637 394	058	47 595	48
35	32 59,42	64 839	54	55 903	64	5293 495	063 078	652	646 423	070	48 769	44
40	34 42,55	65 916	48	51 021	68	5401 314	073 404	660	655 458	078	49 941	44
45	36 25,68	66 990	44	46 137	66	5509 624	083 734	668	664 497	088	51 113	40
1,3550	38 08,81	68 062	38	41 254	70	5618 428	094 068	678	673 541	100	52 283	38
55	39 51,94	69 131	34	36 369	70	5727 729	104 407	688	682 591	110	53 452	38
60	41 35,08	70 198	30	31 484	70	5837 531	114 751	696	691 646	120	54 621	34
65	43 18,21	71 263	24	26 599	72	5947 838	125 099	706	700 706	130	55 788	32
70	45 01,34	72 325	20	21 713	72	6058 653	135 452	714	709 771	140	56 954	32
75	46 44,47	73 385	14	16 827	74	6169 979	145 809	722	718 841	152	58 120	28
80	48 27,61	74 442	08	11 940	76	6281 821	156 170	734	727 917	160	59 284	26
85	50 10,74	75 496	06	07 052	76	6394 181	166 537	740	736 997	172	60 447	24
90	51 53,87	76 549	00	02 164	76	6507 064	176 907	752	746 083	182	61 609	22
95	53 37,00	77 599	*94	*97 276	78	6620 473	187 283	760	755 174	192	62 770	22
1,3600	55 20,14	78 646	90	92 387	80	6734 412	197 663	768	764 270	204	63 931	18
05	57 03,27	79 691	86	87 497	80	6848 885	208 047	778	773 372	212	65 090	16
10	58 46,40	80 734	80	82 607	82	6963 895	218 436	788	782 478	224	66 248	14
15	*00 29,53	81 774	74	77 716	82	7079 447	228 830	796	791 590	234	67 405	12
20	02 12,67	82 811	70	72 825	82	7195 544	239 228	804	800 707	244	68 561	10
25	03 55,80	83 846	66	67 934	86	7312 190	249 630	814	809 829	256	69 716	08
30	05 38,93	84 879	60	63 041	84	7429 390	260 037	824	818 957	266	70 870	08
35	07 22,06	85 909	56	58 149	88	7547 146	270 449	834	828 090	274	72 024	04
40	09 05,20	86 937	52	53 255	86	7665 464	280 866	840	837 227	286	73 176	02
45	10 48,33	87 963	46	48 362	90	7784 347	291 286	852	846 370	298	74 327	00
1,3650	12 31,46	88 986	40	43 467	88	7903 800	301 712	860	855 519	306	75 477	*98
55	14 14,59	90 006	36	38 573	92	8023 826	312 142	870	864 672	318	76 626	96
60	15 57,73	91 024	32	33 677	90	8144 430	322 577	878	873 831	328	77 774	94
65	17 40,86	92 040	26	28 782	94	8265 616	333 016	888	882 995	338	78 921	92
70	19 23,99	93 053	22	23 885	92	8387 388	343 460	896	892 164	348	80 067	90
75	21 07,12	94 064	16	18 989	96	8509 751	353 908	906	901 338	360	81 212	88
80	22 50,25	95 072	12	14 091	94	8632 709	364 361	914	910 518	370	82 356	86
85	24 33,39	96 078	06	09 194	98	8756 267	374 818	926	919 703	380	83 499	84
90	26 16,52	97 081	02	04 295	96	8880 428	385 281	932	928 893	390	84 641	82
95	27 59,65	98 082	**98	**99 397	*00	9005 198	395 747	944	938 088	400	85 782	80
1,3700	29 42,78	99 081	92	94 497	00	9130 581	406 219	952	947 288	412	86 922	78
05	31 25,92	*00 077	86	89 597	00	9256 581	416 695	960	956 494	422	88 061	76
10	33 09,05	01 070	82	84 697	02	9383 203	427 175	970	965 705	432	89 199	74
15	34 52,18	02 061	78	79 796	02	9510 453	437 660	980	974 921	444	90 336	72
20	36 35,31	03 050	72	74 895	04	9638 333	448 150	988	984 143	452	91 472	70
25	38 18,45	04 036	68	69 993	04	9766 851	458 644	998	993 369	464	92 607	68
30	40 01,58	05 020	62	65 091	06	9896 009	469 143	*008	*002 601	474	93 741	66
35	41 44,71	06 001	58	60 188	06	*0025 813	479 647	016	011 838	486	94 874	64
40	43 27,84	06 980	54	55 285	08	0156 269	490 155	026	021 081	496	96 006	62
45	45 10,98	07 957	48	50 381	08	0287 380	500 668	036	030 329	506	97 137	60
1,3750	46′ 54,″11	08 931		45 477		0419 153	511 186		039 582		98 267	
	78°	0,98	19	0,19	−98	5,	1,8	21	2,1	18	0,87	22

x	ln x		e^x		e^{-x}		arc tg x		Ar Sin x		Ar Cos x		Ar Ctg x	
	0,30	**74**	**3,8**	**38**	**0,25**	**−25**	**0,93**	**35**	**1,10**	**59**	**0,8**	**11**	**0,9**	**−12**
1,3500	01 046	06	574 255	584	92 403	92	32 475	42	85 724	52	140 001	022	521 187	148
05	04 749	04	593 547	604	91 107	92	34 246	42	88 700	50	145 512	012	515 113	128
10	08 451	00	612 849	622	89 811	88	36 017	38	91 675	50	151 018	004	509 049	108
15	12 151	*98	632 160	642	88 517	88	37 786	36	94 650	46	156 520	*996	502 995	088
20	15 850	94	651 481	662	87 223	86	39 554	36	97 623	46	162 018	986	496 951	070
25	19 547	92	670 812	680	85 930	86	41 322	34	*00 596	44	167 511	976	490 916	048
30	23 243	90	690 152	700	84 637	84	43 089	32	03 568	44	172 999	968	484 892	030
35	26 938	88	709 502	718	83 345	82	44 855	30	06 540	42	178 483	958	478 877	010
40	30 632	84	728 861	740	82 054	82	46 620	28	09 511	40	183 962	952	472 872	*990
45	34 324	82	748 231	758	80 763	80	48 384	28	12 481	38	189 438	940	466 877	972
1,3550	38 015	78	767 610	776	79 473	78	50 148	24	15 450	38	194 908	932	460 891	952
55	41 704	76	786 998	798	78 184	78	51 910	24	18 419	36	200 374	924	454 915	932
60	45 392	74	806 397	816	76 895	76	53 672	22	21 387	34	205 836	914	448 949	912
65	49 079	70	825 805	834	75 607	76	55 433	20	24 354	34	211 293	906	442 993	894
70	52 764	68	845 222	856	74 319	74	57 193	18	27 321	32	216 746	898	437 046	876
75	56 448	64	864 650	874	73 032	72	58 952	18	30 287	30	222 195	888	431 108	856
80	60 130	62	884 087	894	71 746	70	60 711	14	33 252	28	227 639	880	425 180	836
85	63 811	60	903 534	914	70 461	70	62 468	14	36 216	28	233 079	870	419 262	818
90	67 491	58	922 991	932	69 176	70	64 225	12	39 180	26	238 514	862	413 353	798
95	71 170	54	942 457	952	67 891	66	65 981	10	42 143	24	243 945	854	407 454	780
1,3600	74 847	52	961 933	972	66 608	66	67 736	08	45 105	24	249 372	844	401 564	760
05	78 523	48	981 419	990	65 325	66	69 490	08	48 067	22	254 794	838	395 684	742
10	82 197	46	*000 914	*012	64 042	62	71 244	04	51 028	20	260 213	826	389 813	724
15	85 870	44	020 420	030	62 761	62	72 996	04	53 988	18	265 626	820	383 951	704
20	89 542	40	039 935	050	61 480	62	74 748	02	56 947	18	271 036	810	378 099	686
25	93 212	40	059 460	068	60 199	60	76 499	00	59 906	16	276 441	800	372 256	668
30	96 882	34	078 994	090	58 919	58	78 249	*98	62 864	16	281 841	794	366 422	648
35	*00 549	34	098 539	108	57 640	56	79 998	96	65 822	12	287 238	784	360 598	630
40	04 216	30	118 093	128	56 362	56	81 746	96	68 778	12	292 630	776	354 783	612
45	07 881	26	137 657	148	55 084	54	83 494	94	71 734	10	298 018	768	348 977	594
1,3650	11 544	26	157 231	166	53 807	54	85 241	90	74 689	10	303 402	758	343 180	576
55	15 207	22	176 814	186	52 530	52	86 986	92	77 644	08	308 781	750	337 392	556
60	18 868	18	196 407	206	51 254	50	88 732	88	80 598	06	314 156	742	331 614	540
65	22 527	18	216 010	226	49 979	50	90 476	86	83 551	04	319 527	734	325 844	520
70	26 186	14	235 623	246	48 704	48	92 219	86	86 503	04	324 894	726	320 084	502
75	29 843	10	255 246	266	47 430	46	93 962	82	89 455	02	330 257	716	314 333	486
80	33 498	08	274 879	284	46 157	46	95 703	82	92 406	00	335 615	708	308 590	466
85	37 152	06	294 521	304	44 884	44	97 444	80	95 356	00	340 969	700	302 857	448
90	40 805	04	314 173	324	43 612	44	99 184	78	98 306	*98	346 319	692	297 133	430
95	44 457	00	333 835	344	42 340	40	*00 923	78	**01 255	96	351 665	682	291 418	414
1,3700	48 107	**98	353 507	364	41 070	42	02 662	74	04 203	96	357 006	674	285 711	394
05	51 756	96	373 189	382	39 799	38	04 399	74	07 151	92	362 343	668	280 014	378
10	55 404	92	392 880	404	38 530	38	06 136	72	10 097	94	367 677	658	274 325	360
15	59 050	90	412 582	422	37 261	36	07 872	70	13 044	90	373 006	650	268 645	340
20	62 695	88	432 293	442	35 993	36	09 607	68	15 989	90	378 331	640	262 975	326
25	66 339	84	452 014	462	34 725	34	11 341	68	18 934	88	383 651	634	257 312	306
30	69 981	82	471 745	482	33 458	34	13 075	66	21 878	86	388 968	624	251 659	288
35	73 622	80	491 486	500	32 191	30	14 808	62	24 821	86	394 280	618	246 015	272
40	77 262	76	511 236	522	30 926	32	16 539	62	27 764	84	399 589	608	240 379	254
45	80 900	74	530 997	540	29 660	28	18 270	60	30 706	82	404 893	600	234 752	238
1,3750	84 537		550 767		28 396		20 000		33 647		410 193		229 133	
	0,31	**72**	**3,9**	**39**	**0,25**	**−25**	**0,94**	**34**	**1,12**	**58**	**0,8**	**10**	**0,9**	**−11**

x	φ	sin x	Δ	cos x	Δ	tg x	Sin x	Δ	Cos x	Δ	Tg x	Δ
	78°	**0,98**	**19**	**0,1**	**−98**	**5,**	**1,8**	**21**	**2,1**	**18**	**0,87**	**22**
1,3750	46′ 54,″11	08 931	42	945 477	10	0419 153	511 186	044	039 582	516	98 267	58
55	48 37,24	09 902	38	940 572	10	0551 591	521 708	052	048 840	526	99 396	56
60	50 20,37	10 871	34	935 667	10	0684 701	532 234	064	058 103	538	*00 524	54
65	52 03,51	11 838	28	930 762	14	0818 487	542 766	072	067 372	548	01 651	52
70	53 46,64	12 802	24	925 855	12	0952 954	553 302	080	076 646	558	02 777	50
75	55 29,77	13 764	18	920 949	14	1088 109	563 842	092	085 925	570	03 902	48
80	57 12,90	14 723	14	916 042	16	1223 956	574 388	100	095 210	580	05 026	46
85	58 56,04	15 680	08	911 134	16	1360 500	584 938	108	104 500	590	06 149	44
90	*00 39,17	16 634	04	906 226	18	1497 747	595 492	118	113 795	600	07 271	44
95	02 22,30	17 586	*98	901 317	18	1635 704	606 051	128	123 095	612	08 393	40
1,3800	04 05,43	18 535	94	896 408	18	1774 374	616 615	138	132 401	622	09 513	38
05	05 48,57	19 482	90	891 499	20	1913 764	627 184	146	141 712	632	10 632	36
10	07 31,70	20 427	84	886 589	22	2053 880	637 757	156	151 028	644	11 750	34
15	09 14,83	21 369	78	881 678	22	2194 727	648 335	164	160 350	652	12 867	32
20	10 57,96	22 308	76	876 767	22	2336 311	658 917	176	169 676	666	13 983	30
25	12 41,09	23 246	68	871 856	24	2478 638	669 505	182	179 009	674	15 098	30
30	14 24,23	24 180	66	866 944	24	2621 713	680 096	194	188 346	686	16 213	26
35	16 07,36	25 113	58	862 032	26	2765 544	690 693	202	197 689	696	17 326	24
40	17 50,49	26 042	56	857 119	26	2910 136	701 294	212	207 037	706	18 438	22
45	19 33,62	26 970	50	852 206	28	3055 494	711 900	222	216 390	718	19 549	22
1,3850	21 16,76	27 895	44	847 292	28	3201 626	722 511	230	225 749	726	20 660	18
55	22 59,89	28 817	40	842 378	30	3348 538	733 126	240	235 112	740	21 769	16
60	24 43,02	29 737	34	837 463	30	3496 235	743 746	248	244 482	748	22 877	16
65	26 26,15	30 654	32	832 548	30	3644 725	754 370	258	253 856	760	23 985	12
70	28 09,29	31 570	24	827 633	32	3794 013	764 999	268	263 236	770	25 091	12
75	29 52,42	32 482	20	822 717	34	3944 106	775 633	278	272 621	782	26 197	08
80	31 35,55	33 392	16	817 800	34	4095 012	786 272	286	282 012	790	27 301	06
85	33 18,68	34 300	10	812 883	34	4246 736	796 915	298	291 407	804	28 404	06
90	35 01,82	35 205	06	807 966	36	4399 285	807 564	304	300 809	812	29 507	02
95	36 44,95	36 108	00	803 048	36	4552 666	818 216	316	310 215	824	30 608	02
1,3900	38 28,08	37 008	**96	798 130	38	4706 886	828 874	324	319 627	834	31 709	*98
05	40 11,21	37 906	90	793 211	38	4861 953	839 536	334	329 044	844	32 808	98
10	41 54,35	38 801	86	788 292	40	5017 872	850 203	342	338 466	856	33 907	96
15	43 37,48	39 694	82	783 372	40	5174 652	860 874	354	347 894	866	35 005	92
20	45 20,61	40 585	76	778 452	40	5332 299	871 551	362	357 327	878	36 101	92
25	47 03,74	41 473	70	773 532	42	5490 821	882 232	370	366 766	886	37 197	90
30	48 46,88	42 358	66	768 611	44	5650 224	892 917	382	376 209	900	38 292	86
35	50 30,01	43 241	62	763 689	44	5810 518	903 608	390	385 659	908	39 385	86
40	52 13,14	44 122	56	758 767	44	5971 708	914 303	400	395 113	920	40 478	84
45	53 56,27	45 000	52	753 845	46	6133 804	925 003	410	404 573	930	41 570	82
1,3950	55 39,40	45 876	46	748 922	46	6296 811	935 708	418	414 038	942	42 661	80
55	57 22,54	46 749	42	743 999	46	6460 739	946 417	428	423 509	950	43 751	78
60	59 05,67	47 620	36	739 076	48	6625 595	957 131	438	432 984	964	44 840	76
65	**00 48,80	48 488	32	734 152	50	6791 388	967 850	448	442 466	972	45 928	74
70	02 31,93	49 354	26	729 227	50	6958 124	978 574	456	451 952	984	47 015	72
75	04 15,07	50 217	22	724 302	50	7125 813	989 302	466	461 444	996	48 101	70
80	05 58,20	51 078	18	719 377	52	7294 463	*000 035	476	470 942	*004	49 186	68
85	07 41,33	51 937	12	714 451	52	7464 082	010 773	486	480 444	016	50 270	66
90	09 24,46	52 793	06	709 525	54	7634 678	021 516	494	489 952	028	51 353	64
95	11 07,60	53 646	02	704 598	54	7806 260	032 263	504	499 466	038	52 435	62
1,4000	12′ 50,″73	54 497		699 671		7978 837	043 015		508 985		53 516	
	80°	**0,98**	**17**	**0,1**	**−98**	**5,**	**1,9**	**21**	**2,1**	**19**	**0,88**	**21**

x	ln x		e^x		e^{-x}		arc tg x		𝔄𝔯 𝔖𝔦𝔫 x		𝔄𝔯 ℭ𝔬𝔰 x		𝔄𝔯 ℭ𝔱𝔤 x	
	0,31	72	**3,9**	39	**0,25**	−25	**0,94**	34	**1,12**	58	**0,84**	10	**0,9**	−11
1,3750	84 537	72	550 767	562	28 396	28	20 000	60	33 647	80	10 193	592	229 133	218
55	88 173	68	570 548	580	27 132	26	21 730	56	36 587	80	15 489	584	223 524	202
60	91 807	66	590 338	600	25 869	26	23 458	56	39 527	78	20 781	576	217 923	186
65	95 440	64	610 138	620	24 606	24	25 186	54	42 466	78	26 069	568	212 330	168
70	99 072	62	629 948	640	23 344	22	26 913	52	45 405	74	31 353	560	206 746	150
75	*02 703	58	649 768	660	22 083	22	28 639	50	48 342	74	36 633	552	201 171	134
80	06 332	56	669 598	678	20 822	20	30 364	48	51 279	74	41 909	542	195 604	116
85	09 960	52	689 437	700	19 562	18	32 088	48	54 216	70	47 180	536	190 046	098
90	13 586	50	709 287	720	18 303	18	33 812	46	57 151	70	52 448	528	184 497	084
95	17 211	48	729 147	738	17 044	16	35 535	44	60 086	68	57 712	518	178 955	064
1,3800	20 835	46	749 016	760	15 786	16	37 257	42	63 020	68	62 971	512	173 423	050
05	24 458	42	768 896	778	14 528	14	38 978	40	65 954	66	68 227	504	167 898	032
10	28 079	40	788 785	800	13 271	12	40 698	40	68 887	64	73 479	494	162 382	014
15	31 699	36	808 685	818	12 015	12	42 418	36	71 819	62	78 726	488	156 875	*998
20	35 317	36	828 594	838	10 759	10	44 136	36	74 750	62	83 970	478	151 376	982
25	38 935	32	848 513	858	09 504	10	45 854	34	77 681	60	89 209	472	145 885	966
30	42 551	28	868 442	880	08 249	06	47 571	32	80 611	58	94 445	464	140 402	948
35	46 165	28	888 382	898	06 996	08	49 287	32	83 540	58	99 677	456	134 928	932
40	49 779	24	908 331	918	05 742	04	51 003	28	86 469	56	*04 905	446	129 462	914
45	53 391	20	928 290	938	04 490	04	52 717	28	89 397	54	10 128	440	124 005	900
1,3850	57 001	20	948 259	958	03 238	02	54 431	26	92 324	54	15 348	432	118 555	882
55	60 611	16	968 238	978	01 987	02	56 144	24	95 251	52	20 564	424	113 114	866
60	64 219	14	988 227	998	00 736	00	57 856	24	98 177	50	25 776	416	107 681	850
65	67 826	10	*008 226	*020	*99 486	*98	59 568	20	*01 102	48	30 984	410	102 256	832
70	71 431	10	028 236	038	98 237	98	61 278	20	04 026	48	36 189	400	096 840	818
75	75 036	06	048 255	058	96 988	96	62 988	18	06 950	46	41 389	392	091 431	800
80	78 639	02	068 284	078	95 740	96	64 697	16	09 873	46	46 585	386	086 031	786
85	82 240	02	088 323	098	94 492	94	66 405	14	12 796	44	51 778	376	080 638	768
90	85 841	*98	108 372	118	93 245	92	68 112	14	15 718	42	56 966	370	075 254	752
95	89 440	94	128 431	140	91 999	92	69 819	10	18 639	40	62 151	362	069 878	736
1,3900	93 037	94	148 501	158	90 753	90	71 524	10	21 559	40	67 332	354	064 510	722
05	96 634	90	168 580	178	89 508	88	73 229	08	24 479	36	72 509	346	059 149	704
10	**00 229	88	188 669	198	88 264	88	74 933	06	27 397	38	77 682	338	053 797	688
15	03 823	86	208 768	220	87 020	86	76 636	06	30 316	34	82 851	332	048 453	674
20	07 416	82	228 878	238	85 777	86	78 339	02	33 233	34	88 017	322	043 116	656
25	11 007	80	248 997	260	84 534	84	80 040	02	36 150	32	93 178	316	037 788	642
30	14 597	78	269 127	278	83 292	82	81 741	00	39 066	32	98 336	308	032 467	624
35	18 186	74	289 266	300	82 051	82	83 441	*98	41 982	30	**03 490	300	027 155	610
40	21 773	72	309 416	320	80 810	80	85 140	98	44 897	28	08 640	292	021 850	594
45	25 359	70	329 576	340	79 570	80	86 839	94	47 811	26	13 786	286	016 553	578
1,3950	28 944	68	349 746	360	78 330	76	88 536	94	50 724	26	18 929	278	011 264	564
55	32 528	64	369 926	380	77 092	78	90 233	92	53 637	24	24 068	270	005 982	546
60	36 110	62	390 116	400	75 853	74	91 929	90	56 549	22	29 203	262	000 709	532
65	39 691	60	410 316	420	74 616	74	93 624	90	59 460	22	34 334	254	*995 443	516
70	43 271	56	430 526	440	73 379	74	95 319	86	62 371	20	39 461	248	990 185	502
75	46 849	54	450 746	462	72 142	70	97 012	86	65 281	18	44 585	240	984 934	484
80	50 426	52	470 977	480	70 907	72	98 705	84	68 190	18	49 705	232	979 692	470
85	54 002	50	491 217	502	69 671	68	*00 397	82	71 099	16	54 821	226	974 457	456
90	57 577	46	511 468	522	68 437	68	02 088	82	74 007	14	59 934	216	969 229	440
95	61 150	44	531 729	542	67 203	66	03 779	78	76 914	12	65 042	210	964 009	424
1,4000	64 722		552 000		65 970		05 468		79 820		70 147		958 797	
	0,33	71	**4,0**	40	**0,24**	−24	**0,95**	33	**1,13**	58	**0,86**	10	**0,8**	−10

x	φ	$\sin x$		$\cos x$		$\operatorname{tg} x$	Sin x		Cos x		Tg x	
	80°	0,98	16	0,16	−98	5,	1,9	21	2,1	19	0,88	21
1,4000	12′ 50″,73	54 497	98	99 671	54	7978 837	043 015	514	508 985	048	53 516	62
05	14 33,86	55 346	92	94 744	56	8152 418	053 772	524	518 509	058	54 597	58
10	16 16,99	56 192	88	89 816	56	8327 010	064 534	532	528 038	070	55 676	56
15	18 00,13	57 036	82	84 888	58	8502 625	075 300	542	537 573	082	56 754	56
20	19 43,26	57 877	78	79 959	58	8679 269	086 071	552	547 114	090	57 832	52
25	21 26,39	58 716	72	75 030	60	8856 953	096 847	562	556 659	104	58 908	52
30	23 09,52	59 552	68	70 100	60	9035 686	107 628	570	566 211	112	59 984	48
35	24 52,66	60 386	62	65 170	60	9215 478	118 413	582	575 767	124	61 058	48
40	26 35,79	61 217	58	60 240	62	9396 337	129 204	590	585 329	134	62 132	46
45	28 18,92	62 046	52	55 309	62	9578 274	139 999	598	594 896	146	63 205	42
1,4050	30 02,05	62 872	48	50 378	64	9761 297	150 798	610	604 469	156	64 276	42
55	31 45,19	63 696	44	45 446	64	9945 418	161 603	618	614 047	168	65 347	40
60	33 28,32	64 518	38	40 514	64	*0130 646	172 412	630	623 631	178	66 417	38
65	35 11,45	65 337	32	35 582	66	0316 991	183 227	638	633 220	188	67 486	36
70	36 54,58	66 153	30	30 649	66	0504 463	194 046	646	642 814	200	68 554	34
75	38 37,71	66 968	22	25 716	68	0693 073	204 869	658	652 414	210	69 621	32
80	40 20,85	67 779	18	20 782	68	0882 832	215 698	668	662 019	220	70 687	30
85	42 03,98	68 588	14	15 848	70	1073 749	226 532	676	671 629	232	71 752	28
90	43 47,11	69 395	08	10 913	70	1265 836	237 370	686	681 245	244	72 816	26
95	45 30,24	70 199	04	05 978	70	1459 103	248 213	696	690 867	252	73 879	24
1,4100	47 13,38	71 001	*98	01 043	72	1653 561	259 061	704	700 493	266	74 941	24
05	48 56,51	71 800	94	*96 107	72	1849 223	269 913	716	710 126	274	76 003	20
10	50 39,64	72 597	88	91 171	72	2046 098	280 771	724	719 763	286	77 063	18
15	52 22,77	73 391	84	86 235	74	2244 198	291 633	734	729 406	298	78 122	18
20	54 05,91	74 183	80	81 298	74	2443 536	302 500	744	739 055	308	79 181	14
25	55 49,04	74 973	74	76 361	76	2644 122	313 372	754	748 709	318	80 238	14
30	57 32,17	75 760	68	71 423	76	2845 968	324 249	762	758 368	330	81 295	12
35	59 15,30	76 544	64	66 485	78	3049 087	335 130	774	768 033	340	82 351	08
40	*00 58,44	77 326	60	61 546	76	3253 491	346 017	782	777 703	352	83 405	08
45	02 41,57	78 106	54	56 608	80	3459 192	356 908	792	787 379	362	84 459	06
1,4150	04 24,70	78 883	48	51 668	78	3666 202	367 804	802	797 060	374	85 512	04
55	06 07,83	79 657	46	46 729	80	3874 535	378 705	812	806 747	384	86 564	02
60	07 50,97	80 430	38	41 789	82	4084 202	389 611	822	816 439	396	87 615	00
65	09 34,10	81 199	34	36 848	82	4295 218	400 522	830	826 137	406	88 665	*98
70	11 17,23	81 966	30	31 907	82	4507 594	411 437	840	835 840	416	89 714	96
75	13 00,36	82 731	24	26 966	82	4721 345	422 357	852	845 548	428	90 762	96
80	14 43,50	83 493	20	22 025	84	4936 484	433 283	860	855 262	438	91 810	92
85	16 26,63	84 253	14	17 083	86	5153 024	444 213	870	864 981	450	92 856	90
90	18 09,76	85 010	10	12 140	84	5370 980	455 148	878	874 706	462	93 901	90
95	19 52,89	85 765	06	07 198	86	5590 366	466 087	890	884 437	470	94 946	86
1,4200	21 36,02	86 518	00	02 255	88	5811 195	477 032	900	894 172	484	95 989	86
05	23 19,16	87 268	**94	**97 311	88	6033 482	487 982	908	903 914	492	97 032	84
10	25 02,29	88 015	90	92 367	88	6257 242	498 936	918	913 660	504	98 074	80
15	26 45,42	88 760	84	87 423	88	6482 489	509 895	928	923 412	516	99 114	80
20	28 28,55	89 502	80	82 479	90	6709 239	520 859	938	933 170	526	*00 154	78
25	30 11,69	90 242	76	77 534	92	6937 506	531 828	948	942 933	538	01 193	76
30	31 54,82	90 980	70	72 588	90	7167 307	542 802	958	952 702	548	02 231	74
35	33 37,95	91 715	66	67 643	92	7398 656	553 781	968	962 476	560	03 268	72
40	35 21,08	92 448	60	62 697	94	7631 570	564 765	976	972 256	570	04 304	70
45	37 04,22	93 178	54	57 750	92	7866 064	575 753	988	982 041	582	05 339	70
1,4250	38′ 47″,35	93 905		52 804		8102 156	586 747		991 832		06 374	
	81°	0,98	14	0,14	−98	6,	1,9	21	2,1	19	0,89	20

x	$\ln x$		e^x		e^{-x}		arc tg x		Ar Sin x		Ar Cos x		Ar Ctg x	
	0,33	71	**4,0**	40	**0,24**	−24	**0,95**	33	**1,13**	58	**0,8**	10	**0,89**	−10
1,4000	64 722	42	552 000	562	65 970	66	05 468	78	79 820	12	670 147	204	58 797	408
05	68 293	40	572 281	582	64 737	64	07 157	76	82 726	10	675 249	194	53 593	394
10	71 863	36	592 572	602	63 505	64	08 845	74	85 631	10	680 346	188	48 396	380
15	75 431	34	612 873	624	62 273	60	10 532	74	88 536	08	685 440	180	43 206	362
20	78 998	32	633 185	642	61 043	62	12 219	70	91 440	06	690 530	172	38 025	350
25	82 564	28	653 506	664	59 812	58	13 904	70	94 343	04	695 616	166	32 850	334
30	86 128	26	673 838	684	58 583	58	15 589	68	97 245	04	700 699	158	27 683	318
35	89 691	24	694 180	706	57 354	58	17 273	66	*00 147	02	705 778	152	22 524	304
40	93 253	22	714 533	724	56 125	54	18 956	66	03 048	00	710 854	142	17 372	288
45	96 814	18	734 895	744	54 898	54	20 639	62	05 948	00	715 925	136	12 228	274
1,4050	*00 373	16	755 267	766	53 671	54	22 320	62	08 848	*98	720 993	130	07 091	260
55	03 931	14	775 650	786	52 444	52	24 001	60	11 747	96	726 058	122	01 961	244
60	07 488	10	796 043	806	51 218	50	25 681	60	14 645	96	731 119	114	*96 839	230
65	11 043	10	816 446	828	49 993	50	27 361	56	17 543	94	736 176	106	91 724	216
70	14 598	06	836 860	846	48 768	48	29 039	56	20 440	92	741 229	100	86 616	200
75	18 151	04	857 283	868	47 544	46	30 717	52	23 336	92	746 279	092	81 516	186
80	21 703	00	877 717	888	46 321	46	32 393	54	26 232	90	751 325	086	76 423	170
85	25 253	*98	898 161	908	45 098	46	34 070	50	29 127	88	756 368	078	71 338	158
90	28 802	96	918 615	928	43 875	42	35 745	48	32 021	86	761 407	070	66 259	142
95	32 350	94	939 079	950	42 654	42	37 419	48	34 914	86	766 442	064	61 188	128
1,4100	35 897	92	959 554	970	41 433	42	39 093	46	37 807	84	771 474	056	56 124	112
05	39 443	88	980 039	990	40 212	38	40 766	44	40 699	84	776 502	050	51 068	100
10	42 987	86	*000 534	*010	38 993	40	42 438	42	43 591	82	781 527	042	46 018	084
15	46 530	82	021 039	032	37 773	36	44 109	42	46 482	80	786 548	036	40 976	070
20	50 071	82	041 555	052	36 555	36	45 780	40	49 372	78	791 566	026	35 941	056
25	53 612	78	062 081	072	35 337	34	47 450	38	52 261	78	796 579	022	30 913	042
30	57 151	76	082 617	094	34 120	34	49 119	36	55 150	76	801 590	014	25 892	026
35	60 689	74	103 164	112	32 903	32	50 787	34	58 038	74	806 597	006	20 879	014
40	64 226	70	123 720	134	31 687	32	52 454	34	60 925	74	811 600	000	15 872	*998
45	67 761	68	144 287	156	30 471	30	54 121	32	63 812	72	816 600	*992	10 873	986
1,4150	71 295	66	164 865	174	29 256	28	55 787	30	66 698	70	821 596	986	05 880	970
55	74 828	64	185 452	196	28 042	28	57 452	28	69 583	70	826 589	978	00 895	958
60	78 360	60	206 050	216	26 828	26	59 116	26	72 468	68	831 578	970	**95 916	942
65	81 890	60	226 658	238	25 615	26	60 779	26	75 352	66	836 563	966	90 945	928
70	85 420	56	247 277	258	24 402	22	62 442	24	78 235	66	841 546	956	85 981	916
75	88 948	52	267 906	278	23 191	24	64 104	22	81 118	64	846 524	950	81 023	900
80	92 474	52	288 545	298	21 979	20	65 765	20	84 000	62	851 499	944	76 073	886
85	96 000	48	309 194	320	20 769	20	67 425	20	86 881	62	856 471	936	71 130	874
90	99 524	46	329 854	340	19 559	20	69 085	18	89 762	60	861 439	930	66 193	860
95	**03 047	44	350 524	360	18 349	18	70 744	16	92 642	58	866 404	922	61 263	844
1,4200	06 569	40	371 204	382	17 140	16	72 402	14	95 521	56	871 365	916	56 341	832
05	10 089	38	391 895	402	15 932	16	74 059	12	98 399	56	876 323	908	51 425	818
10	13 608	38	412 596	424	14 724	14	75 715	12	**01 277	54	881 277	902	46 516	806
15	17 127	32	433 308	444	13 517	12	77 371	10	04 154	54	886 228	894	41 613	790
20	20 643	32	454 030	464	12 311	12	79 026	08	07 031	52	891 175	888	36 718	778
25	24 159	28	474 762	484	11 105	10	80 680	06	09 907	50	896 119	882	31 829	762
30	27 673	26	495 504	506	09 900	10	82 333	06	12 782	50	901 060	874	26 948	750
35	31 186	24	516 257	528	08 695	08	83 986	04	15 657	46	905 997	868	22 073	738
40	34 698	22	537 021	546	07 491	08	85 638	02	18 530	46	910 931	860	17 204	722
45	38 209	18	557 794	568	06 287	04	87 289	00	21 403	46	915 861	854	12 343	710
1,4250	41 718		578 578		05 085		88 939		24 276		920 788		07 488	
	0,35	70	**4,1**	41	**0,24**	−24	**0,95**	33	**1,15**	57	**0,8**	9	**0,87**	−9

x	φ	sin x		cos x		tg x	Sin x		Cos x		Tg x	
	81°	**0,98**	**14**	**0,14**	**−98**	**6,**	**1,9**	**21**	**2,1**	**19**	**0,89**	**20**
1,4250	38′ 47,″35	93 905	50	52 804	96	8102 156	586 747	996	991 832	592	06 374	66
55	40 30,48	94 630	46	47 856	94	8339 860	597 745	*008	*001 628	602	07 407	64
60	42 13,61	95 353	40	42 909	96	8579 195	608 749	016	011 429	614	08 439	64
65	43 56,75	96 073	36	37 961	96	8820 177	619 757	026	021 236	626	09 471	62
70	45 39,88	96 791	30	33 013	98	9062 822	630 770	036	031 049	636	10 502	58
75	47 23,01	97 506	26	28 064	98	9307 150	641 788	046	040 867	648	11 531	58
80	49 06,14	98 219	20	23 115	98	9553 176	652 811	054	050 691	658	12 560	56
85	50 49,28	98 929	16	18 166	*00	9800 920	663 838	066	060 520	670	13 588	54
90	52 32,41	99 637	12	13 216	00	*0050 399	674 871	076	070 355	680	14 615	52
95	54 15,54	*00 343	06	08 266	00	0301 632	685 909	084	080 195	692	15 641	50
1,4300	55 58,67	01 046	00	03 316	02	0554 638	696 951	096	090 041	702	16 666	48
05	57 41,81	01 746	*96	*98 365	02	0809 434	707 999	104	099 892	714	17 690	46
10	59 24,94	02 444	90	93 414	02	1066 042	719 051	116	109 749	724	18 713	46
15	*01 08,07	03 139	86	88 463	04	1324 479	730 109	124	119 611	736	19 736	42
20	02 51,20	03 832	82	83 511	04	1584 766	741 171	134	129 479	746	20 757	42
25	04 34,33	04 523	76	78 559	04	1846 924	752 238	144	139 352	758	21 778	38
30	06 17,47	05 211	72	73 607	06	2110 971	763 310	154	149 231	768	22 797	38
35	08 00,60	05 897	66	68 654	06	2376 930	774 387	164	159 115	780	23 816	36
40	09 43,73	06 580	60	63 701	08	2644 820	785 469	174	169 005	792	24 834	34
45	11 26,86	07 260	56	58 747	08	2914 664	796 556	184	178 901	802	25 851	32
1,4350	13 10,00	07 938	52	53 793	08	3186 482	807 648	194	188 802	812	26 867	30
55	14 53,13	08 614	46	48 839	08	3460 298	818 745	204	198 708	826	27 882	28
60	16 36,26	09 287	42	43 885	10	3736 131	829 847	214	208 621	834	28 896	28
65	18 19,39	09 958	36	38 930	10	4014 007	840 954	222	218 538	848	29 910	24
70	20 02,53	10 626	32	33 975	12	4293 946	852 065	234	228 462	856	30 922	22
75	21 45,66	11 292	26	29 019	10	4575 974	863 182	244	238 390	870	31 933	22
80	23 28,79	11 955	22	24 064	14	4860 112	874 304	254	248 325	880	32 944	20
85	25 11,92	12 616	16	19 107	12	5146 385	885 431	262	258 265	890	33 954	16
90	26 55,06	13 274	12	14 151	14	5434 818	896 562	274	268 210	902	34 962	16
95	28 38,19	13 930	06	09 194	14	5725 435	907 699	282	278 161	914	35 970	14
1,4400	30 21,32	14 583	02	04 237	14	6018 261	918 840	294	288 118	924	36 977	12
05	32 04,45	15 234	**98	**99 280	16	6313 321	929 987	302	298 080	936	37 983	12
10	33 47,59	15 883	92	94 322	16	6610 642	941 138	314	308 048	946	38 989	08
15	35 30,72	16 529	86	89 364	18	6910 249	952 295	322	318 021	958	39 993	06
20	37 13,85	17 172	82	84 405	16	7212 169	963 456	334	328 000	970	40 996	06
25	38 56,98	17 813	78	79 447	18	7516 430	974 623	342	337 985	980	41 999	02
30	40 40,12	18 452	72	74 488	20	7823 058	985 794	354	347 975	990	43 000	02
35	42 23,25	19 088	66	69 528	20	8132 082	996 971	362	357 970	*004	44 001	00
40	44 06,38	19 721	62	64 568	20	8443 530	*008 152	374	367 972	014	45 001	*98
45	45 49,51	20 352	58	59 608	20	8757 430	019 339	382	377 979	024	46 000	96
1,4450	47 32,65	20 981	52	54 648	22	9073 813	030 530	394	387 991	036	46 998	94
55	49 15,78	21 607	46	49 687	22	9392 707	041 727	402	398 009	048	47 995	92
60	50 58,91	22 230	44	44 726	22	9714 143	052 928	414	408 033	058	48 991	90
65	52 42,04	22 852	36	39 765	22	**0038 152	064 135	422	418 062	070	49 986	90
70	54 25,17	23 470	32	34 804	24	0364 764	075 346	434	428 097	080	50 981	86
75	56 08,31	24 086	28	29 842	24	0694 012	086 563	444	438 137	094	51 974	86
80	57 51,44	24 700	22	24 880	26	1025 928	097 785	452	448 184	102	52 967	84
85	59 34,57	25 311	18	19 917	26	1360 543	109 011	464	458 235	116	53 959	82
90	**01 17,70	25 920	12	14 954	26	1697 892	120 243	472	468 293	124	54 950	80
95	03 00,84	26 526	08	09 991	26	2038 009	131 479	484	478 355	138	55 940	78
1,4500	04′ 43,″97	27 130		05 028		2380 928	142 721		488 424		56 929	
	83°	**0,99**	**12**	**0,12**	**−99**	**8,**	**2,0**	**22**	**2,2**	**20**	**0,89**	**19**

x	ln x		e^x		e^{-x}		arc tg x		Ar Sin x		Ar Cos x		Ar Ctg x	
	0,35	**70**	**4,1**	**41**	**0,24**	**−24**	**0,95**	**32**	**1,15**	**57**	**0,89**	**9**	**0,8**	**−9**
1,4250	41 718	16	578 578	590	05 085	06	88 939	98	24 276	44	20 788	846	707 488	696
55	45 226	14	599 373	610	03 882	02	90 588	98	27 148	42	25 711	840	702 640	682
60	48 733	12	620 178	630	02 681	02	92 237	96	30 019	40	30 631	834	697 799	670
65	52 239	08	640 993	652	01 480	02	93 885	94	32 889	40	35 548	826	692 964	656
70	55 743	08	661 819	672	00 279	00	95 532	92	35 759	38	40 461	820	688 136	642
75	59 247	04	682 655	692	*99 079	*98	97 178	92	38 628	38	45 371	814	683 315	630
80	62 749	00	703 501	714	97 880	96	98 824	90	41 497	34	50 278	806	678 500	616
85	66 249	00	724 358	736	96 682	96	*00 469	88	44 364	34	55 181	800	673 692	604
90	69 749	*96	745 226	756	95 484	96	02 113	86	47 231	34	60 081	792	668 890	590
95	73 247	94	766 104	776	94 286	94	03 756	84	50 098	32	64 977	786	664 095	576
1,4300	76 744	92	786 992	798	93 089	92	05 398	84	52 964	30	69 870	780	659 307	564
05	80 240	90	807 891	818	91 893	92	07 040	82	55 829	28	74 760	772	654 525	552
10	83 735	86	828 800	838	90 697	90	08 681	80	58 693	28	79 646	766	649 749	536
15	87 228	86	849 719	862	89 502	88	10 321	80	61 557	26	84 529	760	644 981	526
20	90 721	82	870 650	880	88 308	88	11 961	76	64 420	24	89 409	752	640 218	512
25	94 212	78	891 590	902	87 114	86	13 599	76	67 282	24	94 285	746	635 462	498
30	97 701	78	912 541	924	85 921	86	15 237	74	70 144	22	99 158	740	630 713	486
35	*01 190	74	933 503	944	84 728	84	16 874	74	73 005	20	*04 028	734	625 970	472
40	04 677	74	954 475	964	83 536	82	18 511	70	75 865	20	08 895	726	621 234	460
45	08 164	68	975 457	986	82 345	82	20 146	70	78 725	18	13 758	720	616 504	448
1,4350	11 648	68	996 450	*008	81 154	82	21 781	68	81 584	16	18 618	712	611 780	434
55	15 132	66	*017 454	028	79 963	78	23 415	66	84 442	16	23 474	706	607 063	422
60	18 615	62	038 468	048	78 774	78	25 048	66	87 300	14	28 327	700	602 352	410
65	22 096	60	059 492	070	77 585	78	26 681	62	90 157	12	33 177	694	597 647	396
70	25 576	58	080 527	092	76 396	76	28 312	62	93 013	12	38 024	688	592 949	384
75	29 055	56	101 573	112	75 208	74	29 943	60	95 869	10	42 868	680	588 257	370
80	32 533	52	122 629	132	74 021	74	31 573	60	98 724	08	47 708	674	583 572	358
85	36 009	50	143 695	154	72 834	72	33 203	58	*01 578	08	52 545	666	578 893	346
90	39 484	48	164 772	176	71 648	70	34 832	54	04 432	06	57 378	662	574 220	334
95	42 958	46	185 860	196	70 463	70	36 459	56	07 285	04	62 209	654	569 553	320
1,4400	46 431	44	206 958	218	69 278	70	38 087	52	10 137	04	67 036	648	564 893	308
05	49 903	40	228 067	238	68 093	68	39 713	52	12 989	02	71 860	642	560 239	296
10	53 373	38	249 186	260	66 909	66	41 339	48	15 840	00	76 681	634	555 591	284
15	56 842	36	270 316	282	65 726	64	42 963	50	18 690	00	81 498	630	550 949	270
20	60 310	34	291 457	302	64 544	64	44 588	46	21 540	*98	86 313	622	546 314	258
25	63 777	32	312 608	322	63 362	64	46 211	44	24 389	96	91 124	614	541 685	246
30	67 243	28	333 769	344	62 180	60	47 833	44	27 237	96	95 931	610	537 062	234
35	70 707	26	354 941	366	61 000	62	49 455	42	30 085	94	**00 736	604	532 445	222
40	74 170	24	376 124	386	59 819	58	51 076	42	32 932	92	05 538	596	527 834	210
45	77 632	22	397 317	408	58 640	58	52 697	38	35 778	90	10 336	590	523 229	196
1,4450	81 093	20	418 521	430	57 461	58	54 316	38	38 623	90	15 131	584	518 631	186
55	84 553	16	439 736	450	56 282	56	55 935	36	41 468	90	19 923	576	514 038	172
60	88 011	14	460 961	472	55 104	54	57 553	34	44 313	86	24 711	572	509 452	160
65	91 468	12	482 197	492	53 927	52	59 170	34	47 156	86	29 497	564	504 872	150
70	94 924	10	503 443	514	52 751	54	60 787	30	49 999	86	34 279	560	500 297	136
75	98 379	08	524 700	536	51 574	50	62 402	30	52 842	82	39 059	552	495 729	124
80	**01 833	04	545 968	556	50 399	50	64 017	30	55 683	82	43 835	544	491 167	112
85	05 285	04	567 246	578	49 224	48	65 632	26	58 524	82	48 607	540	486 611	100
90	08 737	00	588 535	600	48 050	48	67 245	26	61 365	78	53 377	534	482 061	088
95	12 187	**98	609 835	620	46 876	46	68 858	24	64 204	78	58 144	526	477 517	076
1,4500	15 636		631 145		45 703		70 470		67 043		62 907		472 979	
	0,37	**68**	**4,2**	**42**	**0,23**	**−23**	**0,96**	**32**	**1,16**	**56**	**0,91**	**9**	**0,8**	**−9**

x	φ	sin x		cos x		tg x	Sin x		Cos x		Tg x	
	83°	0,99	1	0,1	−99	8,	2,0	22	2,2	20	0,89	19
1,4500	04′ 43,″97	27 130	202	205 028	28	2380 928	142 721	494	488 424	148	56 929	76
05	06 27,10	27 731	198	200 064	28	2726 683	153 968	504	498 498	160	57 917	74
10	08 10,23	28 330	192	195 100	28	3075 310	165 220	512	508 578	170	58 904	74
15	09 53,37	28 926	188	190 136	30	3426 845	176 476	524	518 663	182	59 891	70
20	11 36,50	29 520	182	185 171	30	3781 326	187 738	534	528 754	194	60 876	70
25	13 19,63	30 111	178	180 206	30	4138 789	199 005	544	538 851	204	61 861	68
30	15 02,76	30 700	174	175 241	32	4499 272	210 277	554	548 953	216	62 845	66
35	16 45,90	31 287	168	170 275	30	4862 815	221 554	564	559 061	228	63 828	64
40	18 29,03	31 871	162	165 310	32	5229 455	232 836	574	569 175	238	64 810	62
45	20 12,16	32 452	158	160 344	34	5599 234	244 123	586	579 294	250	65 791	60
1,4550	21 55,29	33 031	152	155 377	32	5972 192	255 416	594	589 419	262	66 771	60
55	23 38,43	33 607	148	150 411	34	6348 370	266 713	604	599 550	272	67 751	56
60	25 21,56	34 181	144	145 444	36	6727 810	278 015	614	609 686	284	68 729	56
65	27 04,69	34 753	138	140 476	34	7110 556	289 322	626	619 828	294	69 707	54
70	28 47,82	35 322	132	135 509	36	7496 650	300 635	634	629 975	306	70 684	52
75	30 30,96	35 888	128	130 541	36	7886 137	311 952	646	640 128	318	71 660	50
80	32 14,09	36 452	124	125 573	36	8279 062	323 275	656	650 287	330	72 635	48
85	33 57,22	37 014	118	120 605	38	8675 472	334 603	664	660 452	340	73 609	46
90	35 40,35	37 573	114	115 636	38	9075 412	345 935	676	670 622	352	74 582	44
95	37 23,48	38 130	108	110 667	38	9478 930	357 273	686	680 798	362	75 554	44
1,4600	39 06,62	38 684	102	105 698	40	9886 076	368 616	696	690 979	374	76 526	42
05	40 49,75	39 235	098	100 728	38	*0296 898	379 964	706	701 166	386	77 497	38
10	42 32,88	39 784	094	095 759	40	0711 446	391 317	718	711 359	396	78 466	38
15	44 16,01	40 331	088	090 789	42	1129 772	402 676	726	721 557	410	79 435	36
20	45 59,15	40 875	084	085 818	40	1551 927	414 039	736	731 762	420	80 403	36
25	47 42,28	41 417	078	080 848	42	1977 965	425 407	748	741 972	430	81 371	32
30	49 25,41	41 956	074	075 877	42	2407 940	436 781	758	752 187	442	82 337	30
35	51 08,54	42 493	068	070 906	44	2841 906	448 160	766	762 408	454	83 302	30
40	52 51,68	43 027	064	065 934	42	3279 921	459 543	778	772 635	466	84 267	28
45	54 34,81	43 559	058	060 963	44	3722 040	470 932	788	782 868	476	85 231	26
1,4650	56 17,94	44 088	054	055 991	44	4168 322	482 326	798	793 106	488	86 194	22
55	58 01,07	44 615	048	051 019	46	4618 827	493 725	810	803 350	500	87 155	24
60	59 44,21	45 139	044	046 046	46	5073 615	505 130	818	813 600	510	88 117	20
65	*01 27,34	45 661	038	041 073	46	5532 747	516 539	828	823 855	522	89 077	18
70	03 10,47	46 180	034	036 100	46	5996 286	527 953	840	834 116	534	90 036	18
75	04 53,60	46 697	028	031 127	46	6464 297	539 373	850	844 383	546	90 995	14
80	06 36,74	47 211	024	026 154	48	6936 844	550 798	860	854 656	556	91 952	14
85	08 19,87	47 723	018	021 180	48	7413 995	562 228	870	864 934	568	92 909	12
90	10 03,00	48 232	014	016 206	48	7895 816	573 663	880	875 218	580	93 865	10
95	11 46,13	48 739	008	011 232	50	8382 377	585 103	890	885 508	590	94 820	10
1,4700	13 29,27	49 243	004	006 257	48	8873 749	596 548	902	895 803	602	95 775	06
05	15 12,40	49 745	000	001 283	50	9370 003	607 999	910	906 104	614	96 728	04
10	16 55,53	50 245	*994	*996 308	52	9871 213	619 454	922	916 411	626	97 680	04
15	18 38,66	50 742	988	991 332	50	**0377 454	630 915	932	926 724	636	98 632	02
20	20 21,79	51 236	984	986 357	52	0888 802	642 381	942	937 042	648	99 583	00
25	22 04,93	51 728	978	981 381	52	1405 336	653 852	952	947 366	660	*00 533	*98
30	23 48,06	52 217	974	976 405	52	1927 133	665 328	964	957 696	670	01 482	96
35	25 31,19	52 704	970	971 429	54	2454 277	676 810	974	968 031	684	02 430	96
40	27 14,32	53 189	964	966 452	52	2986 849	688 297	982	978 373	694	03 378	92
45	28 57,46	53 671	958	961 476	54	3524 935	699 788	994	988 720	704	04 324	92
1,4750	30′ 40,″59	54 150		956 499		4068 619	711 285		999 072		05 270	
	84°	0,99		0,0	−99	10,	2,0	22	2,2	20	0,90	18

x	$\ln x$		e^x		e^{-x}		arc tg x		Ar Sin x		Ar Cos x		Ar Ctg x	
	0,37	**68**	**4,2**	**42**	**0,23**	**−23**	**0,96**	**3**	**1,16**	**56**	**0,91**	**9**	**0,84**	**−9**
1,4500	15 636	94	631 145	642	45 703	46	70 470	222	67 043	78	62 907	522	72 979	066
05	19 083	94	652 466	664	44 530	44	72 081	222	69 882	74	67 668	514	68 446	052
10	22 530	90	673 798	684	43 358	42	73 692	218	72 719	74	72 425	508	63 920	040
15	25 975	88	695 140	706	42 187	42	75 301	218	75 556	74	77 179	502	59 400	028
20	29 419	86	716 493	726	41 016	40	76 910	218	78 393	70	81 930	496	54 886	018
25	32 862	84	737 856	750	39 846	40	78 519	214	81 228	70	86 678	490	50 377	004
30	36 304	80	759 231	770	38 676	38	80 126	214	84 063	70	91 423	482	45 875	*994
35	39 744	80	780 616	790	37 507	36	81 733	212	86 898	66	96 164	478	41 378	982
40	43 184	76	802 011	814	36 339	36	83 339	210	89 731	66	*00 903	470	36 887	970
45	46 622	74	823 418	834	35 171	34	84 944	208	92 564	66	05 638	466	32 402	958
1,4550	50 059	72	844 835	854	34 004	34	86 548	208	95 397	64	10 371	458	27 923	946
55	53 495	68	866 262	878	32 837	32	88 152	206	98 229	62	15 100	452	23 450	936
60	56 929	68	887 701	898	31 671	32	89 755	204	*01 060	60	19 826	446	18 982	922
65	60 363	64	909 150	920	30 505	30	91 357	204	03 890	60	24 549	440	14 521	912
70	63 795	62	930 610	942	29 340	28	92 959	202	06 720	58	29 269	434	10 065	900
75	67 226	60	952 081	962	28 176	28	94 560	198	09 549	56	33 986	428	05 615	888
80	70 656	58	973 562	984	27 012	26	96 159	200	12 377	56	38 700	422	01 171	878
85	74 085	56	995 054	*006	25 849	26	97 759	196	15 205	54	43 411	416	*96 732	866
90	77 513	52	*016 557	028	24 686	24	99 357	196	18 032	52	48 119	410	92 299	854
95	80 939	50	038 071	048	23 524	22	*00 955	194	20 858	52	52 824	404	87 872	842
1,4600	84 364	48	059 595	070	22 363	22	02 552	192	23 684	50	57 526	398	83 451	832
05	87 788	46	081 130	092	21 202	20	04 148	192	26 509	50	62 225	390	79 035	820
10	91 211	44	102 676	114	20 042	20	05 744	188	29 334	48	66 920	386	74 625	808
15	94 633	42	124 233	136	18 882	18	07 338	190	32 158	46	71 613	380	70 221	798
20	98 054	38	145 801	156	17 723	18	08 933	186	34 981	44	76 303	372	65 822	786
25	*01 473	36	167 379	178	16 564	16	10 526	184	37 803	44	80 989	368	61 429	774
30	04 891	34	188 968	200	15 406	14	12 118	184	40 625	42	85 673	362	57 042	764
35	08 308	32	210 568	222	14 249	14	13 710	182	43 446	42	90 354	354	52 660	752
40	11 724	30	232 179	242	13 092	12	15 301	182	46 267	40	95 031	350	48 284	742
45	15 139	26	253 800	264	11 936	12	16 892	178	49 087	38	99 706	344	43 913	730
1,4650	18 552	26	275 432	288	10 780	10	18 481	178	51 906	36	**04 378	338	39 548	718
55	21 965	22	297 076	306	09 625	10	20 070	176	54 724	36	09 047	330	35 189	708
60	25 376	20	318 729	330	08 470	08	21 658	174	57 542	34	13 712	326	30 835	696
65	28 786	18	340 394	352	07 316	06	23 245	174	60 359	34	18 375	320	26 487	686
70	32 195	16	362 070	372	06 163	06	24 832	172	63 176	32	23 035	314	22 144	674
75	35 603	12	383 756	396	05 010	04	26 418	170	65 992	30	27 692	306	17 807	664
80	39 009	12	405 454	416	03 858	04	28 003	168	68 807	30	32 345	302	13 475	652
85	42 415	08	427 162	438	02 706	02	29 587	168	71 622	28	36 996	296	09 149	640
90	45 819	06	448 881	460	01 555	00	31 171	166	74 436	26	41 644	290	04 829	632
95	49 222	04	470 611	480	00 405	00	32 754	164	77 249	26	46 289	284	00 513	618
1,4700	52 624	02	492 351	504	*99 255	*98	34 336	164	80 062	24	50 931	278	**96 204	610
05	56 025	*98	514 103	526	98 106	98	35 918	160	82 874	22	55 570	274	91 899	596
10	59 424	98	535 866	546	96 957	96	37 498	160	85 685	22	60 207	266	87 601	588
15	62 823	94	557 639	568	95 809	96	39 078	160	88 496	20	64 840	260	83 307	576
20	66 220	92	579 423	590	94 661	94	40 658	156	91 306	18	69 470	256	79 019	564
25	69 616	90	601 218	612	93 514	94	42 236	156	94 115	18	74 098	248	74 737	556
30	73 011	88	623 024	634	92 367	90	43 814	154	96 924	16	78 722	244	70 459	542
35	76 405	86	644 841	656	91 222	92	45 391	152	99 732	14	83 344	236	66 188	534
40	79 798	82	666 669	678	90 076	90	46 967	152	**02 539	14	87 962	232	61 921	522
45	83 189	82	688 508	700	88 931	88	48 543	150	05 346	12	92 578	226	57 660	512
1,4750	86 580		710 358		87 787		50 118		08 152		97 191		53 404	
	0,38	**67**	**4,3**	**43**	**0,22**	**−22**	**0,97**	**3**	**1,18**	**56**	**0,93**	**9**	**0,82**	**−8**

x	φ	sin x		cos x		tg x	Sin x		Cof x		Tg x	
	84°	0,99	9	0,09	−99	1	2,0	23	2,2	20	0,90	18
1,4750	30′ 40,″59	54 150	54	56 499	54	0,4068 619	711 285	004	999 072	718	05 270	90
55	32 23,72	54 627	50	51 522	56	0,4617 992	722 787	016	*009 431	728	06 215	88
60	34 06,85	55 102	44	46 544	56	0,5173 142	734 295	024	019 795	740	07 159	86
65	35 49,99	55 574	38	41 566	54	0,5734 162	745 807	036	030 165	752	08 102	84
70	37 33,12	56 043	36	36 589	58	0,6301 145	757 325	046	040 541	764	09 044	82
75	39 16,25	56 511	28	31 610	56	0,6874 188	768 848	056	050 923	774	09 985	82
80	40 59,38	56 975	24	26 632	58	0,7453 387	780 376	066	061 310	786	10 926	80
85	42 42,52	57 437	20	21 653	56	0,8038 844	791 909	076	071 703	798	11 866	78
90	44 25,65	57 897	14	16 675	58	0,8630 661	803 447	088	082 102	808	12 805	76
95	46 08,78	58 354	08	11 696	60	0,9228 942	814 991	098	092 506	822	13 743	74
1,4800	47 51,91	58 808	06	06 716	58	0,9833 793	826 540	108	102 917	832	14 680	72
05	49 35,05	59 261	*98	01 737	60	1,0445 325	838 094	118	113 333	844	15 616	72
10	51 18,18	59 710	94	*96 757	60	1,1063 648	849 653	130	123 755	856	16 552	68
15	53 01,31	60 157	90	91 777	60	1,1688 876	861 218	138	134 183	866	17 486	68
20	54 44,44	60 602	84	86 797	62	1,2321 128	872 787	150	144 616	878	18 420	66
25	56 27,58	61 044	80	81 816	60	1,2960 520	884 362	162	155 055	892	19 353	64
30	58 10,71	61 484	74	76 836	62	1,3607 177	895 943	170	165 501	900	20 285	64
35	59 53,84	61 921	70	71 855	62	1,4261 221	907 528	180	175 951	914	21 217	60
40	*01 36,97	62 356	64	66 874	62	1,4922 782	919 118	192	186 408	926	22 147	60
45	03 20,10	62 788	60	61 893	64	1,5591 990	930 714	202	196 871	936	23 077	58
1,4850	05 03,24	63 218	54	56 911	64	1,6268 978	942 315	214	207 339	948	24 006	54
55	06 46,37	63 645	48	51 929	64	1,6953 884	953 922	222	217 813	960	24 933	56
60	08 29,50	64 069	46	46 947	64	1,7646 847	965 533	234	228 293	970	25 861	52
65	10 12,63	64 492	38	41 965	64	1,8348 010	977 150	244	238 778	984	26 787	50
70	11 55,77	64 911	36	36 983	66	1,9057 521	988 772	254	249 270	994	27 712	50
75	13 38,90	65 329	28	32 000	64	1,9775 530	*000 399	266	259 767	*006	28 637	48
80	15 22,03	65 743	26	27 018	66	2,0502 191	012 032	274	270 270	018	29 561	46
85	17 05,16	66 156	18	22 035	68	2,1237 661	023 669	288	280 779	030	30 484	44
90	18 48,30	66 565	16	17 051	66	2,1982 102	035 313	296	291 294	040	31 406	42
95	20 31,43	66 973	10	12 068	68	2,2735 680	046 961	306	301 814	054	32 327	40
1,4900	22 14,56	67 378	04	07 084	66	2,3498 564	058 614	318	312 341	064	33 247	40
05	23 57,69	67 780	00	02 101	68	2,4270 929	070 273	328	322 873	076	34 167	38
10	25 40,83	68 180	**94	**97 117	68	2,5052 951	081 937	340	333 411	088	35 086	36
15	27 23,96	68 577	90	92 133	70	2,5844 814	093 607	348	343 955	100	36 004	34
20	29 07,09	68 972	84	87 148	68	2,6646 706	105 281	360	354 505	110	36 921	32
25	30 50,22	69 364	80	82 164	70	2,7458 818	116 961	370	365 060	124	37 837	32
30	32 33,36	69 754	74	77 179	70	2,8281 347	128 646	382	375 622	134	38 753	28
35	34 16,49	70 141	70	72 194	70	2,9114 497	140 337	390	386 189	146	39 667	28
40	35 59,62	70 526	64	67 209	72	2,9958 473	152 032	402	396 762	158	40 581	26
45	37 42,75	70 908	60	62 223	70	3,0813 489	163 733	414	407 341	170	41 494	24
1,4950	39 25,89	71 288	56	57 238	72	3,1679 763	175 440	422	417 926	180	42 406	24
55	41 09,02	71 666	50	52 252	72	3,2557 521	187 151	434	428 516	194	43 318	20
60	42 52,15	72 041	44	47 266	72	3,3446 991	198 868	444	439 113	204	44 228	20
65	44 35,28	72 413	40	42 280	72	3,4348 411	210 590	456	449 715	218	45 138	18
70	46 18,41	72 783	34	37 294	74	3,5262 022	222 318	466	460 324	228	46 047	16
75	48 01,55	73 150	30	32 307	74	3,6188 076	234 051	476	470 938	240	46 955	14
80	49 44,68	73 515	26	27 320	72	3,7126 828	245 789	486	481 558	250	47 862	12
85	51 27,81	73 878	20	22 334	74	3,8078 542	257 532	498	492 183	264	48 768	12
90	53 10,94	74 238	14	17 347	76	3,9043 488	269 281	508	502 815	276	49 674	10
95	54 54,08	74 595	10	12 359	74	4,0021 945	281 035	520	513 453	286	50 579	08
1,5000	56′ 37,″21	74 950		07 372		4,1014 199	292 795		524 096		51 483	
	85°	0,99	7	0,07	−99	1	2,1	23	2,3	21	0,90	18

x	ln x		e^x		e^{-x}		arc tg x		Ar Sin x		Ar Cos x		Ar Ctg x	
	0,38	**67**	**4,3**	**43**	**0,22**	**−22**	**0,97**	**31**	**1,18**	**56**	**0,9**	**9**	**0,82**	**−8**
1,4750	86 580	78	710 358	720	87 787	86	50 118	48	08 152	12	397 191	220	53 404	500
55	89 969	76	732 218	744	86 644	86	51 692	46	10 958	10	401 801	214	49 154	490
60	93 357	74	754 090	764	85 501	86	53 265	46	13 763	08	406 408	208	44 909	480
65	96 744	72	775 972	788	84 358	84	54 838	44	16 567	06	411 012	204	40 669	468
70	*00 130	70	797 866	808	83 216	82	56 410	42	19 370	06	415 614	196	36 435	458
75	03 515	66	819 770	832	82 075	82	57 981	42	22 173	04	420 212	192	32 206	448
80	06 898	66	841 686	852	80 934	80	59 552	38	24 975	04	424 808	184	27 982	438
85	10 281	62	863 612	874	79 794	80	61 121	38	27 777	02	429 400	180	23 763	426
90	13 662	60	885 549	898	78 654	78	62 690	38	30 578	00	433 990	174	19 550	416
95	17 042	58	907 498	918	77 515	76	64 259	34	33 378	00	438 577	168	15 342	406
1,4800	20 421	56	929 457	940	76 377	76	65 826	34	36 178	*98	443 161	164	11 139	396
05	23 799	52	951 427	962	75 239	74	67 393	32	38 977	96	447 743	156	06 941	384
10	27 175	52	973 408	984	74 102	74	68 959	32	41 775	96	452 321	152	02 749	376
15	30 551	48	995 400	*008	72 965	72	70 525	28	44 573	94	456 897	146	*98 561	364
20	33 925	48	*017 404	028	71 829	72	72 089	28	47 370	92	461 470	138	94 379	354
25	37 299	44	039 418	050	70 693	70	73 653	26	50 166	92	466 039	136	90 202	342
30	40 671	42	061 443	072	69 558	70	75 216	26	52 962	90	470 607	128	86 031	334
35	44 042	38	083 479	096	68 423	66	76 779	24	55 757	88	475 171	122	81 864	322
40	47 411	38	105 527	116	67 290	68	78 341	22	58 551	88	479 732	118	77 703	314
45	50 780	36	127 585	138	66 156	66	79 902	20	61 345	86	484 291	112	73 546	302
1,4850	54 148	32	149 654	160	65 023	64	81 462	20	64 138	86	488 847	106	69 395	292
55	57 514	30	171 734	184	63 891	62	83 022	16	66 931	82	493 400	100	65 249	282
60	60 879	30	193 826	204	62 760	64	84 580	18	69 722	84	497 950	096	61 108	272
65	64 244	26	215 928	228	61 628	60	86 139	14	72 514	80	502 498	088	56 972	260
70	67 607	24	238 042	248	60 498	60	87 696	14	75 304	80	507 042	084	52 842	252
75	70 969	20	260 166	272	59 368	58	89 253	12	78 094	78	511 584	078	48 716	242
80	74 329	20	282 302	294	58 239	58	90 809	10	80 883	78	516 123	074	44 595	230
85	77 689	18	304 449	314	57 110	58	92 364	08	83 672	76	520 660	066	40 480	222
90	81 048	14	326 606	338	55 981	54	93 918	08	86 460	74	525 193	062	36 369	210
95	84 405	12	348 775	360	54 854	54	95 472	06	89 247	74	529 724	056	32 264	202
1,4900	87 761	10	370 955	382	53 727	54	97 025	06	92 034	72	534 252	050	28 163	192
05	91 116	08	393 146	404	52 600	52	98 578	02	94 820	70	538 777	044	24 067	180
10	94 470	06	415 348	428	51 474	52	*00 129	02	97 605	70	543 299	040	19 977	172
15	97 823	04	437 562	448	50 348	48	01 680	02	*00 390	68	547 819	034	15 891	160
20	**01 175	02	459 786	470	49 224	50	03 231	*98	03 174	63	552 336	028	11 811	152
25	04 526	*98	482 021	494	48 099	46	04 780	98	05 958	64	556 850	024	07 735	140
30	07 875	98	504 268	516	46 976	48	06 329	96	08 740	64	561 362	018	03 665	132
35	11 224	94	526 526	536	45 852	44	07 877	94	11 522	64	565 871	012	**99 599	122
40	14 571	92	548 794	560	44 730	44	09 424	94	14 304	62	570 377	006	95 538	112
45	17 917	90	571 074	584	43 608	44	10 971	92	17 085	60	574 880	000	91 482	102
1,4950	21 262	88	593 366	604	42 486	42	12 517	90	19 865	60	579 380	*996	87 431	092
55	24 606	86	615 668	626	41 365	40	14 062	90	22 645	58	583 878	990	83 385	082
60	27 949	82	637 981	650	40 245	40	15 607	88	25 424	56	588 373	986	79 344	072
65	31 290	82	660 306	672	39 125	38	17 151	86	28 202	56	592 866	978	75 308	064
70	34 631	80	682 642	692	38 006	38	18 694	84	30 980	54	597 355	974	71 276	052
75	37 971	76	704 988	716	36 887	36	20 236	84	33 757	52	601 842	968	67 250	044
80	41 309	74	727 346	740	35 769	36	21 778	82	36 533	52	606 326	964	63 228	034
85	44 646	72	749 716	760	34 651	34	23 319	80	39 309	50	610 808	958	59 211	024
90	47 982	70	772 096	784	33 534	32	24 859	78	42 084	48	615 287	952	55 199	014
95	51 317	68	794 488	806	32 418	32	26 398	78	44 858	48	619 763	948	51 192	004
1,5000	54 651		816 891		31 302		27 937		47 632		624 237		47 190	
	0,40	**66**	**4,4**	**44**	**0,22**	**−22**	**0,98**	**30**	**1,19**	**55**	**0,9**	**8**	**0,80**	**−8**

x	φ	sin x		cos x		tg x	Sin x		Cos x		Tg x	
	85°	**0,997**		**0,0**	**−99**	**1**	**2,1**	**23**	**2,3**	**21**	**0,90**	**18**
1,5000	56′ 37,″21	4 950	704	707 372	76	4,1014 199	292 795	528	524 096	298	51 483	06
05	58 20,34	5 302	700	702 384	74	4,2020 545	304 559	540	534 745	312	52 386	04
10	*00 03,47	5 652	696	697 397	76	4,3041 285	316 329	552	545 401	322	53 288	02
15	01 46,61	6 000	690	692 409	76	4,4076 732	328 105	560	556 062	334	54 189	02
20	03 29,74	6 345	684	687 421	78	4,5127 204	339 885	572	566 729	346	55 090	00
25	05 12,87	6 687	680	682 432	76	4,6193 034	351 671	584	577 402	356	55 990	*98
30	06 56,00	7 027	676	677 444	78	4,7274 559	363 463	592	588 080	370	56 889	96
35	08 39,14	7 365	670	672 455	76	4,8372 132	375 259	606	598 765	382	57 787	96
40	10 22,27	7 700	664	667 467	78	4,9486 110	387 062	614	609 456	392	58 685	92
45	12 05,40	8 032	660	662 478	78	5,0616 867	398 869	626	620 152	406	59 581	92
1,5050	13 48,53	8 362	656	657 489	80	5,1764 784	410 682	636	630 855	416	60 477	90
55	15 31,67	8 690	650	652 499	78	5,2930 255	422 500	646	641 563	428	61 372	88
60	17 14,80	9 015	644	647 510	80	5,4113 688	434 323	658	652 277	440	62 266	88
65	18 57,93	9 337	640	642 520	78	5,5315 500	446 152	668	662 997	452	63 160	84
70	20 41,06	9 657	636	637 531	80	5,6536 124	457 986	680	673 723	464	64 052	84
75	22 24,20	9 975	630	632 541	80	5,7776 007	469 826	690	684 455	476	64 944	82
80	24 07,33	*0 290	624	627 551	82	5,9035 607	481 671	700	695 193	488	65 835	80
85	25 50,46	0 602	620	622 560	80	6,0315 400	493 521	712	705 937	500	66 725	78
90	27 33,59	0 912	616	617 570	82	6,1615 876	505 377	722	716 687	510	67 614	78
95	29 16,73	1 220	610	612 579	80	6,2937 540	517 238	732	727 442	524	68 503	76
1,5100	30 59,86	1 525	604	607 589	82	6,4280 917	529 104	744	738 204	534	69 391	72
05	32 42,99	1 827	600	602 598	82	6,5646 545	540 976	754	748 971	548	70 277	74
10	34 26,12	2 127	596	597 607	82	6,7034 984	552 853	766	759 745	558	71 164	70
15	36 09,25	2 425	590	592 616	82	6,8446 810	564 736	776	770 524	572	72 049	68
20	37 52,39	2 720	586	587 625	84	6,9882 619	576 624	786	781 310	582	72 933	68
25	39 35,52	3 013	580	582 633	82	7,1343 029	588 517	798	792 101	594	73 817	66
30	41 18,65	3 303	574	577 642	84	7,2828 679	600 416	808	802 898	606	74 700	64
35	43 01,78	3 590	570	572 650	84	7,4340 229	612 320	818	813 701	618	75 582	62
40	44 44,92	3 875	566	567 658	84	7,5878 362	624 229	830	824 510	632	76 463	62
45	46 28,05	4 158	560	562 666	84	7,7443 789	636 144	842	835 326	642	77 344	58
1,5150	48 11,18	4 438	554	557 674	84	7,9037 241	648 065	850	846 147	654	78 223	58
55	49 54,31	4 715	552	552 682	86	8,0659 480	659 990	864	856 974	666	79 102	56
60	51 37,45	4 991	544	547 689	84	8,2311 293	671 922	872	867 807	676	79 980	56
65	53 20,58	5 263	540	542 697	86	8,3993 498	683 858	884	878 645	690	80 858	52
70	55 03,71	5 533	536	537 704	86	8,5706 942	695 800	896	889 490	702	81 734	52
75	56 46,84	5 801	530	532 711	86	8,7452 503	707 748	906	900 341	714	82 610	50
80	58 29,98	6 066	526	527 718	86	8,9231 096	719 701	916	911 198	726	83 485	48
85	**00 13,11	6 329	520	522 725	86	9,1043 666	731 659	928	922 061	738	84 359	46
90	01 56,24	6 589	514	517 732	88	9,2891 198	743 623	938	932 930	750	85 232	46
95	03 39,37	6 846	510	512 738	86	9,4774 715	755 592	950	943 805	760	86 105	44
1,5200	05 22,51	7 101	506	507 745	88	9,6695 278	767 567	960	954 685	774	86 977	42
05	07 05,64	7 354	500	502 751	88	9,8653 993	779 547	970	965 572	786	87 848	40
10	08 48,77	7 604	496	497 757	86	*0,0652 010	791 532	982	976 465	798	88 718	38
15	10 31,90	7 852	490	492 764	88	0,2690 523	803 523	992	987 364	808	89 587	38
20	12 15,04	8 097	486	487 770	88	0,4770 778	815 519	*004	998 268	822	90 456	34
25	13 58,17	8 340	480	482 776	90	0,6894 071	827 521	016	*009 179	834	91 323	34
30	15 41,30	8 580	474	477 781	88	0,9061 753	839 529	024	020 096	846	92 190	34
35	17 24,43	8 817	472	472 787	90	1,1275 232	851 541	038	031 019	858	93 057	30
40	19 07,56	9 053	464	467 792	88	1,3535 975	863 560	046	041 948	868	93 922	30
45	20 50,70	9 285	460	462 798	90	1,5845 515	875 583	060	052 882	882	94 787	28
1,5250	22′ 33,″83	9 515		457 803		1,8205 448	887 613		063 823		95 651	
	87°	**0,998**		**0,0**	**−99**	**2**	**2,1**	**24**	**2,4**	**21**	**0,90**	**17**

x	ln x		e^x		e^{-x}		arc tg x		Ar Sin x		Ar Cos x		Ar Ctg x	
	0,40	**66**	**4,4**	**44**	**0,22**	**−22**	**0,98**	**30**	**1,19**	**55**	**0,96**	**8**	**0,80**	**−7**
1,5000	54 651	66	816 891	828	31 302	32	27 937	76	47 632	46	24 237	940	47 190	996
05	57 984	64	839 305	850	30 186	30	29 475	76	50 405	46	28 707	936	43 192	986
10	61 316	60	861 730	872	29 071	28	31 013	72	53 178	44	33 175	932	39 199	976
15	64 646	60	884 166	896	27 957	28	32 549	72	55 950	42	37 641	926	35 211	966
20	67 976	56	906 614	918	26 843	26	34 085	72	58 721	42	42 104	920	31 228	958
25	71 304	54	929 073	940	25 730	24	35 621	68	61 492	40	46 564	914	27 249	946
30	74 631	52	951 543	964	24 618	24	37 155	68	64 262	38	51 021	910	23 276	938
35	77 957	50	974 025	984	23 506	24	38 689	66	67 031	38	55 476	904	19 307	930
40	81 282	48	996 517	*008	22 394	22	40 222	66	69 800	36	59 928	900	15 342	918
45	84 606	46	*019 021	030	21 283	20	41 755	62	72 568	34	64 378	892	11 383	910
1,5050	87 929	44	041 536	054	20 173	20	43 286	62	75 335	34	68 824	890	07 428	900
55	91 251	40	064 063	074	19 063	18	44 817	62	78 102	32	73 269	882	03 478	892
60	94 571	40	086 600	098	17 954	18	46 348	58	80 868	32	77 710	878	*99 532	880
65	97 891	36	109 149	122	16 845	16	47 877	58	83 634	30	82 149	872	95 592	874
70	*01 209	34	131 710	142	15 737	16	49 406	58	86 399	28	86 585	868	91 655	862
75	04 526	34	154 281	166	14 629	14	50 935	54	89 163	26	91 019	862	87 724	854
80	07 843	30	176 864	188	13 522	12	52 462	54	91 926	26	95 450	856	83 797	844
85	11 158	28	199 458	210	12 416	12	53 989	52	94 689	26	99 878	852	79 875	834
90	14 472	26	222 063	234	11 310	10	55 515	50	97 452	22	*04 304	846	75 958	826
95	17 785	24	244 680	256	10 205	10	57 040	50	*00 213	22	08 727	842	72 045	816
1,5100	21 097	20	267 308	278	09 100	08	58 565	48	02 974	22	13 148	836	68 137	808
05	24 407	20	289 947	302	07 996	08	60 089	46	05 735	20	17 566	830	64 233	798
10	27 717	16	312 598	324	06 892	06	61 612	46	08 495	18	21 981	826	60 334	790
15	31 025	16	335 260	346	05 789	06	63 135	44	11 254	16	26 394	820	56 439	778
20	34 333	12	357 933	370	04 686	04	64 657	42	14 012	16	30 804	814	52 550	772
25	37 639	10	380 618	392	03 584	04	66 178	40	16 770	16	35 211	810	48 664	762
30	40 944	08	403 314	414	02 482	02	67 698	40	19 528	12	39 616	806	44 783	752
35	44 248	08	426 021	438	01 381	00	69 218	38	22 284	12	44 019	800	40 907	742
40	47 552	04	448 740	460	00 281	00	70 737	38	25 040	10	48 419	794	37 036	734
45	50 854	00	471 470	482	*99 181	*98	72 256	34	27 795	10	52 816	788	33 169	726
1,5150	54 154	00	494 211	506	98 082	98	73 773	34	30 550	08	57 210	786	29 306	716
55	57 454	*98	516 964	528	96 983	96	75 290	34	33 304	08	61 603	778	25 448	708
60	60 753	94	539 728	552	95 885	96	76 807	30	36 058	06	65 992	774	21 594	698
65	64 050	94	562 504	574	94 787	94	78 322	30	38 811	04	70 379	768	17 745	688
70	67 347	90	585 291	596	93 690	92	79 837	28	41 563	02	74 763	764	13 901	682
75	70 642	90	608 089	620	92 594	94	81 351	28	44 314	02	79 145	760	10 060	670
80	73 937	86	630 899	642	91 497	90	82 865	26	47 065	02	83 525	752	06 225	662
85	77 230	84	653 720	666	90 402	90	84 378	24	49 816	*98	87 901	750	02 394	654
90	80 522	82	676 553	688	89 307	88	85 890	22	52 565	98	92 276	742	**98 567	644
95	83 813	80	699 397	710	88 213	88	87 401	22	55 314	98	96 647	738	94 745	636
1,5200	87 103	78	722 252	734	87 119	86	88 912	20	58 063	94	**01 016	734	90 927	628
05	90 392	76	745 119	756	86 026	86	90 422	18	60 810	96	05 383	728	87 113	618
10	93 680	74	767 997	780	84 933	84	91 931	18	63 558	92	09 747	722	83 304	608
15	96 967	72	790 887	802	83 841	84	93 440	16	66 304	92	14 108	718	79 500	600
20	**00 253	68	813 788	826	82 749	82	94 948	14	69 050	90	18 467	714	75 700	592
25	03 537	68	836 701	848	81 658	82	96 455	14	71 795	90	22 824	708	71 904	584
30	06 821	64	859 625	870	80 567	80	97 962	12	74 540	88	27 178	702	68 112	574
35	10 103	64	882 560	894	79 477	78	99 468	10	77 284	86	31 529	698	64 325	564
40	13 385	60	905 507	918	78 388	78	*00 973	10	80 027	86	35 878	694	60 543	558
45	16 665	58	928 466	940	77 299	76	02 478	06	82 770	84	40 225	688	56 764	548
1,5250	19 944		951 436		76 211		03 981		85 512		44 569		52 990	
	0,42	**65**	**4,5**	**45**	**0,21**	**−21**	**0,99**	**30**	**1,20**	**54**	**0,98**	**8**	**0,78**	**−7**

x	φ	sin x		cos x		tg x	Sin x		Cos x		Tg x	
	87° ″	**0,998**	**4**	**0,04**	**−99**	**2**	**2,1**	**24**	**2,4**	**21**	**0,90**	**17**
1,5250	22′ 33,83	9 515	56	57 803	90	1,8205 448	887 613	068	063 823	894	95 651	26
55	24 16,96	9 743	50	52 808	90	2,0617 445	899 647	080	074 770	906	96 514	24
60	26 00,09	9 968	46	47 813	90	2,3083 248	911 687	092	085 723	918	97 376	22
65	27 43,23	*0 191	40	42 818	90	2,5604 679	923 733	102	096 682	930	98 237	22
70	29 26,36	0 411	36	37 823	90	2,8183 644	935 784	114	107 647	940	99 098	20
75	31 09,49	0 629	30	32 828	90	3,0822 136	947 841	124	118 617	954	99 958	18
80	32 52,62	0 844	24	27 833	92	3,3522 242	959 903	134	129 594	966	*00 817	18
85	34 35,76	1 056	22	22 837	90	3,6286 145	971 970	146	140 577	978	01 676	14
90	36 18,89	1 267	14	17 842	92	3,9116 137	984 043	158	151 566	990	02 533	14
95	38 02,02	1 474	10	12 846	92	4,2014 617	996 122	168	162 561	*002	03 390	12
1,5300	39 45,15	1 679	06	07 850	92	4,4984 104	*008 206	178	173 562	016	04 246	10
05	41 28,29	1 882	00	02 854	92	4,8027 241	020 295	190	184 570	026	05 101	10
10	43 11,42	2 082	*96	*97 858	92	5,1146 804	032 390	202	195 583	038	05 956	06
15	44 54,55	2 280	90	92 862	92	5,4345 710	044 491	212	206 602	050	06 809	06
20	46 37,68	2 475	86	87 866	92	5,7627 027	056 597	224	217 627	064	07 662	04
25	48 20,82	2 668	80	82 870	94	6,0993 982	068 709	234	228 659	074	08 514	04
30	50 03,95	2 858	76	77 873	92	6,4449 975	080 826	244	239 696	086	09 366	00
35	51 47,08	3 046	70	72 877	94	6,7998 586	092 948	256	250 739	100	10 216	00
40	53 30,21	3 231	66	67 880	92	7,1643 591	105 076	268	261 789	110	11 066	*98
45	55 13,35	3 414	60	62 884	94	7,5388 974	117 210	278	272 844	124	11 915	96
1,5350	56 56,48	3 594	54	57 887	94	7,9238 941	129 349	290	283 906	136	12 763	96
55	58 39,61	3 771	52	52 890	94	8,3197 936	141 494	300	294 974	148	13 611	94
60	*00 22,74	3 947	44	47 893	94	8,7270 659	153 644	312	306 048	158	14 458	92
65	02 05,87	4 119	42	42 896	94	9,1462 085	165 800	322	317 127	172	15 304	90
70	03 49,01	4 290	34	37 899	94	9,5777 481	177 961	334	328 213	184	16 149	88
75	05 32,14	4 457	30	32 902	96	*0,0222 433	190 128	346	339 305	198	16 993	88
80	07 15,27	4 622	26	27 904	94	0,4802 866	202 301	356	350 404	208	17 837	86
85	08 58,40	4 785	20	22 907	94	0,9525 073	214 479	366	361 508	220	18 680	84
90	10 41,54	4 945	16	17 910	96	1,4395 742	226 662	378	372 618	232	19 522	82
95	12 24,67	5 103	10	12 912	94	1,9421 988	238 851	390	383 734	246	20 363	82
1,5400	14 07,80	5 258	06	07 915	96	2,4611 389	251 046	400	394 857	256	21 204	78
05	15 50,93	5 411	00	02 917	96	2,9972 023	263 246	412	405 985	270	22 043	80
10	17 34,07	5 561	**96	**97 919	96	3,5512 511	275 452	422	417 120	282	22 883	76
15	19 17,20	5 709	90	92 921	96	4,1242 060	287 663	434	428 261	294	23 721	74
20	21 00,33	5 854	86	87 923	94	4,7170 520	299 880	446	439 408	306	24 558	74
25	22 43,46	5 997	80	82 926	98	5,3308 434	312 103	456	450 561	318	25 395	72
30	24 26,60	6 137	76	77 927	96	5,9667 106	324 331	466	461 720	330	26 231	70
35	26 09,73	6 275	70	72 929	96	6,6258 666	336 564	480	472 885	342	27 066	70
40	27 52,86	6 410	66	67 931	96	7,3096 152	348 804	488	484 056	356	27 901	66
45	29 35,99	6 543	60	62 933	96	8,0193 591	361 048	502	495 234	366	28 734	66
1,5450	31 19,13	6 673	56	57 935	98	8,7566 099	373 299	512	506 417	380	29 567	64
55	33 02,26	6 801	50	52 936	96	9,5229 986	385 555	522	517 607	392	30 399	64
60	34 45,39	6 926	46	47 938	98	**0,3202 881	397 816	536	528 803	404	31 231	62
65	36 28,52	7 049	40	42 939	96	1,1503 858	410 084	544	540 005	416	32 062	58
70	38 11,66	7 169	36	37 941	98	2,0153 600	422 356	558	551 213	428	32 891	60
75	39 54,79	7 287	30	32 942	96	2,9174 563	434 635	568	562 427	442	33 721	56
80	41 37,92	7 402	24	27 944	98	3,8591 173	446 919	578	573 648	452	34 549	56
85	43 21,05	7 514	22	22 945	98	4,8430 046	459 208	592	584 874	466	35 377	52
90	45 04,18	7 625	14	17 946	98	5,8720 244	471 504	602	596 107	478	36 203	54
95	46 47,32	7 732	12	12 947	98	6,9493 555	483 805	612	607 346	490	37 030	50
1,5500	48′ 30,″45	7 838		07 948		8,0784 825	496 111		618 591		37 855	
	88°	**0,999**	**2**	**0,02**	**−99**	**4**	**2,2**	**24**	**2,4**	**22**	**0,91**	**16**

x	ln x	Δ	e^x	Δ	e^{-x}	Δ	arc tg x	Δ	Ar Sin x	Δ	Ar Cos x	Δ	Ar Ctg x	Δ
	0,42	**65**	**4,5**	**45**	**0,21**	**−21**	**0,99**	**30**	**1,20**	**54**	**0,98**	**86**	**0,78**	**−7**
1,5250	19 944	56	951 436	962	76 211	76	03 981	08	85 512	82	44 569	82	52 990	538
55	23 222	54	974 417	986	75 123	76	05 485	04	88 253	82	48 910	78	49 221	532
60	26 499	52	997 410	*010	74 035	72	06 987	04	90 994	80	53 249	74	45 455	522
65	29 775	50	*020 415	032	72 949	74	08 489	02	93 734	80	57 586	68	41 694	512
70	33 050	48	043 431	054	71 862	70	09 990	00	96 474	78	61 920	62	37 938	506
75	36 324	46	066 458	078	70 777	70	11 490	00	99 213	76	66 251	58	34 185	496
80	39 597	44	089 497	100	69 692	70	12 990	*98	*01 951	76	70 580	54	30 437	486
85	42 869	40	112 547	126	68 607	68	14 489	96	04 689	74	74 907	48	26 694	480
90	46 139	40	135 610	146	67 523	66	15 987	96	07 426	74	79 231	42	22 954	470
95	49 409	36	158 683	170	66 440	66	17 485	94	10 163	70	83 552	38	19 219	462
1,5300	52 677	36	181 768	194	65 357	66	18 982	92	12 898	72	87 871	34	15 488	454
05	55 945	32	204 865	216	64 274	64	20 478	92	15 634	68	92 188	28	11 761	444
10	59 211	30	227 973	240	63 192	62	21 974	88	18 368	68	96 502	24	08 039	438
15	62 476	30	251 093	262	62 111	62	23 468	90	21 102	66	*00 814	18	04 320	428
20	65 741	26	274 224	286	61 030	60	24 963	86	23 835	66	05 123	14	00 606	418
25	69 004	24	297 367	310	59 950	60	26 456	86	26 568	64	09 430	10	*96 897	412
30	72 266	22	320 522	332	58 870	58	27 949	84	29 300	64	13 735	04	93 191	402
35	75 527	20	343 688	354	57 791	56	29 441	84	32 032	60	18 037	*98	89 490	394
40	78 787	18	366 865	378	56 713	58	30 933	80	34 762	62	22 336	94	85 793	386
45	82 046	16	390 054	402	55 634	54	32 423	82	37 493	58	26 633	90	82 100	378
1,5350	85 304	14	413 255	426	54 557	54	33 914	78	40 222	58	30 928	84	78 411	370
55	88 561	10	436 468	448	53 480	54	35 403	78	42 951	56	35 220	80	74 726	360
60	91 816	10	459 692	470	52 403	52	36 892	76	45 679	56	39 510	74	71 046	354
65	95 071	08	482 927	496	51 327	50	38 380	74	48 407	54	43 797	70	67 369	344
70	98 325	04	506 175	518	50 252	50	39 867	74	51 134	54	48 082	66	63 697	336
75	*01 577	04	529 434	540	49 177	48	41 354	72	53 861	52	52 365	60	60 029	328
80	04 829	00	552 704	564	48 103	48	42 840	70	56 587	50	56 645	54	56 365	318
85	08 079	00	575 986	588	47 029	46	44 325	70	59 312	48	60 922	52	52 706	312
90	11 329	*96	599 280	612	45 956	46	45 810	68	62 036	48	65 198	46	49 050	302
95	14 577	94	622 586	634	44 883	44	47 294	66	64 760	48	69 471	40	45 399	296
1,5400	17 824	92	645 903	656	43 811	44	48 777	66	67 484	44	73 741	36	41 751	286
05	21 070	92	669 231	682	42 739	42	50 260	64	70 206	44	78 009	32	38 108	278
10	24 316	88	692 572	704	41 668	40	51 742	62	72 928	44	82 275	26	34 469	272
15	27 560	86	715 924	728	40 598	40	53 223	62	75 650	42	86 538	22	30 833	262
20	30 803	84	739 288	750	39 528	40	54 704	60	78 371	40	90 799	18	27 202	254
25	34 045	82	762 663	776	38 458	38	56 184	58	81 091	40	95 058	12	23 575	246
30	37 286	80	786 051	796	37 389	36	57 663	58	83 811	38	99 314	08	19 952	238
35	40 526	78	809 449	822	36 321	36	59 142	54	86 530	36	**03 568	02	16 333	230
40	43 765	74	832 860	844	35 253	34	60 619	56	89 248	36	07 819	**98	12 718	220
45	47 002	74	856 282	868	34 186	34	62 097	52	91 966	34	12 068	94	09 108	214
1,5450	50 239	72	879 716	892	33 119	34	63 573	52	94 683	32	16 315	88	05 501	206
55	53 475	70	903 162	914	32 052	30	65 049	50	97 399	32	20 559	84	01 898	198
60	56 710	66	926 619	940	30 987	32	66 524	50	**00 115	32	24 801	80	**98 299	190
65	59 943	66	950 089	962	29 921	28	67 999	48	02 831	28	29 041	74	94 704	182
70	63 176	62	973 570	984	28 857	28	69 473	46	05 545	28	33 278	70	91 113	172
75	66 407	62	997 062	**010	27 793	28	70 946	44	08 259	28	37 513	64	87 527	166
80	69 638	58	**020 567	032	26 729	26	72 418	44	10 973	24	41 745	60	83 944	158
85	72 867	58	044 083	056	25 666	26	73 890	42	13 685	26	45 975	56	80 365	150
90	76 096	54	067 611	078	24 603	24	75 361	42	16 398	22	50 203	52	76 790	142
95	79 323	52	091 150	104	23 541	22	76 832	40	19 109	22	54 429	46	73 219	134
1,5500	82 549		114 702		22 480		78 302		21 820		58 652		69 652	
	0,43	**64**	**4,7**	**47**	**0,21**	**−21**	**0,99**	**29**	**1,22**	**54**	**1,00**	**84**	**0,76**	**−7**

x	φ	sin x		cos x*)	tg x	Sin x		Cos x		Tg x	
	88°			**+0,0**		**2,2**	**24**	**2,4**	**22**	**0,91**	**16**
1,5500	48′ 30,″45	0,9997 838	204	207 948	48,0784 825	496 111	624	618 591	502	37 855	50
05	50 13,58	0,9997 940	202	202 949	49,2632 333	508 423	636	629 842	514	38 680	46
10	51 56,71	0,9998 041	194	197 950	50,5078 228	520 741	646	641 099	528	39 503	46
15	53 39,85	0,9998 138	192	192 951	51,8169 023	533 064	658	652 363	538	40 326	46
20	55 22,98	0,9998 234	184	187 952	53,1956 185	545 393	670	663 632	552	41 149	42
25	57 06,11	0,9998 326	180	182 953	54,6496 804	557 728	680	674 908	564	41 970	42
30	58 49,24	0,9998 416	176	177 954	56,1854 387	570 068	692	686 190	576	42 791	40
35	*00 32,38	0,9998 504	170	172 955	57,8099 783	582 414	704	697 478	588	43 611	40
40	02 15,51	0,9998 589	166	167 955	59,5312 280	594 766	714	708 772	602	44 431	36
45	03 58,64	0,9998 672	160	162 956	61,3580 893	607 123	726	720 073	614	45 249	36
1,5550	05 41,77	0,9998 752	156	157 957	63,3005 911	619 486	736	731 380	624	46 067	34
55	07 24,91	0,9998 830	150	152 957	65,3700 735	631 854	748	742 692	638	46 884	34
60	09 08,04	0,9998 905	146	147 958	67,5794 091	644 228	760	754 011	652	47 701	30
65	10 51,17	0,9998 978	140	142 958	69,9432 718	656 608	772	765 337	662	48 516	30
70	12 34,30	0,9999 048	136	137 959	72,4784 624	668 994	782	776 668	676	49 331	28
75	14 17,44	0,9999 116	130	132 959	75,2043 090	681 385	794	788 006	686	50 145	28
80	16 00,57	0,9999 181	126	127 960	78,1431 604	693 782	804	799 349	700	50 959	24
85	17 43,70	0,9999 244	120	122 960	81,3210 007	706 184	816	810 699	714	51 771	24
90	19 26,83	0,9999 304	116	117 961	84,7682 192	718 592	828	822 056	724	52 583	22
95	21 09,97	0,9999 362	110	112 961	88,5205 857	731 006	840	833 418	738	53 394	22
1,5600	22 53,10	0,9999 417	106	107 961	92,6204 963	743 426	850	844 787	748	54 205	18
05	24 36,23	0,9999 470	100	102 961	97,1185 823	755 851	862	856 161	762	55 014	18
10	26 19,36	0,9999 520	96	097 962	102,0758 118	768 282	874	867 542	776	55 823	16
15	28 02,49	0,9999 568	90	092 962	107,5662 694	780 719	884	878 930	786	56 631	16
20	29 45,63	0,9999 613	86	087 962	113,6808 842	793 161	896	890 323	800	57 439	12
25	31 28,76	0,9999 656	80	082 962	120,5325 057	805 609	908	901 723	812	58 245	12
30	33 11,89	0,9999 696	76	077 962	128,2629 327	818 063	918	913 129	824	59 051	12
35	34 55,02	0,9999 734	70	072 963	137,0528 326	830 522	930	924 541	836	59 857	08
40	36 38,16	0,9999 769	66	067 963	147,1360 388	842 987	942	935 959	850	60 661	08
45	38 21,29	0,9999 802	60	062 963	158,8206 613	855 458	954	947 384	862	61 465	06
1,5650	40 04,42	0,9999 832	56	057 963	172,5211 218	867 935	964	958 815	874	62 268	04
55	41 47,55	0,9999 860	50	052 963	188,8083 361	880 417	976	970 252	886	63 070	04
60	43 30,69	0,9999 885	46	047 963	208,4912 840	892 905	988	981 695	900	63 872	00
65	45 13,82	0,9999 908	40	042 963	232,7555 363	905 399	998	993 145	912	64 672	02
70	46 56,95	0,9999 928	36	037 963	263,4112 525	917 898	*010	*004 601	924	65 473	*98
75	48 40,08	0,9999 946	30	032 963	303,3668 809	930 403	022	016 063	936	66 272	96
80	50 23,22	0,9999 961	26	027 963	357,6110 615	942 914	034	027 531	950	67 070	96
85	52 06,35	0,9999 974	20	022 963	435,4773 217	955 431	044	039 006	960	67 868	96
90	53 49,48	0,9999 984	16	017 963	556,6909 803	967 953	056	050 486	976	68 666	92
95	55 32,61	0,9999 992	10	012 963	771,4099 900	980 481	068	061 974	986	69 462	92
1,5700	57 15,75	0,9999 997	6	007 963	1255,7655 915	993 015	080	073 467	*000	70 258	90
05	58 58,88	1,0000 000	0	002 963	3374,6525 389	*005 555	090	084 967	010	71 053	88
10	**00 42,01	1,0000 000	− 4	*002 037	−4909,8259 423	018 100	102	096 472	026	71 847	86
15	02 25,14	0,9999 998	−10	007 037	−1421,1139 883	030 651	114	107 985	036	72 640	86
20	04 08,28	0,9999 993	−16	012 037	− 830,7898 795	043 208	126	119 503	050	73 433	84
25	05 51,41	0,9999 985	−18	017 037	− 586,9664 614	055 771	136	131 028	062	74 225	82
30	07 34,54	0,9999 976	−26	022 037	− 453,7870 583	068 339	148	142 559	074	75 016	82
35	09 17,67	0,9999 963	−28	027 037	− 369,8662 847	080 913	160	154 096	088	75 807	80
40	11 00,81	0,9999 949	−36	032 037	− 312,1406 320	093 493	172	165 640	100	76 597	78
45	12 43,94	0,9999 931	−38	037 037	− 270,0009 888	106 079	182	177 190	112	77 386	76
1,5750	14′ 27,″07	0,9999 912		042 037	− 237,8857 872	118 670		188 746		78 174	
	90°			**—0,0**		**2,3**	**25**	**2,5**	**23**	**0,91**	**15**

*) Die 1. Differenz liegt zwischen —9 998 und —10 000

x	ln x		e^x		e^{-x}		arc tg x		Ar Sin x		Ar Cos x		Ar Ctg x	
	0,43	64	**4,7**	47	**0,21**	−21	**0,99**	29	**1,22**	54	**1,00**	84	**0,76**	−7
1,5500	82 549	52	114 702	126	22 480	22	78 302	38	21 820	20	58 652	42	69 652	126
05	85 775	48	138 265	150	21 419	22	79 771	38	24 530	20	62 873	36	66 089	118
10	88 999	46	161 840	174	20 358	20	81 240	34	27 240	18	67 091	32	62 530	112
15	92 222	44	185 427	198	19 298	18	82 707	36	29 949	18	71 307	28	58 974	102
20	95 444	42	209 026	220	18 239	18	84 175	32	32 658	16	75 521	24	55 423	094
25	98 665	40	232 636	244	17 180	16	85 641	32	35 366	14	79 733	18	51 876	088
30	*01 885	38	256 258	268	16 122	16	87 107	30	38 073	12	83 942	14	48 332	080
35	05 104	38	279 892	292	15 064	14	88 572	30	40 779	12	88 149	10	44 792	070
40	08 323	34	303 538	316	14 007	14	90 037	26	43 485	12	92 354	04	41 257	064
45	11 540	30	327 196	338	12 950	12	91 500	28	46 191	10	96 556	00	37 725	056
1,5550	14 755	30	350 865	364	11 894	12	92 964	24	48 896	08	*00 756	*96	34 197	048
55	17 970	28	374 547	386	10 838	10	94 426	24	51 600	06	04 954	90	30 673	040
60	21 184	26	398 240	410	09 783	10	95 888	22	54 303	06	09 149	86	27 153	034
65	24 397	24	421 945	434	08 728	08	97 349	22	57 006	06	13 342	82	23 636	024
70	27 609	22	445 662	458	07 674	06	98 810	18	59 709	02	17 533	76	20 124	018
75	30 820	18	469 391	480	06 621	06	*00 269	20	62 410	02	21 721	72	16 615	010
80	34 029	18	493 131	506	05 568	06	01 729	16	65 111	02	25 907	68	13 110	002
85	37 238	16	516 884	528	04 515	04	03 187	16	67 812	00	30 091	64	09 609	*994
90	40 446	14	540 648	552	03 463	02	04 645	14	70 512	*98	34 273	58	06 112	988
95	43 653	10	564 424	576	02 412	02	06 102	14	73 211	98	38 452	56	02 618	978
1,5600	46 858	10	588 212	602	01 361	02	07 559	10	75 910	96	42 630	48	*99 129	972
05	50 063	06	612 013	622	00 310	00	09 014	12	78 608	94	46 804	46	95 643	964
10	53 266	06	635 824	648	*99 260	*98	10 470	08	81 305	94	50 977	40	92 161	956
15	56 469	04	659 648	672	98 211	98	11 924	08	84 002	92	55 147	36	88 683	950
20	59 671	00	683 484	696	97 162	96	13 378	06	86 698	92	59 315	32	85 208	942
25	62 871	00	707 332	718	96 114	96	14 831	06	89 394	90	63 481	26	81 737	934
30	66 071	*96	731 191	744	95 066	94	16 284	04	92 089	88	67 644	24	78 270	926
35	69 269	94	755 063	768	94 019	94	17 736	02	94 783	88	71 806	18	74 807	918
40	72 466	94	778 947	790	92 972	92	19 187	02	97 477	86	75 965	12	71 348	912
45	75 663	90	802 842	814	91 926	92	20 638	00	*00 170	84	80 121	10	67 892	904
1,5650	78 858	90	826 749	840	90 880	90	22 088	*98	02 862	84	84 276	04	64 440	896
55	82 053	86	850 669	862	89 835	90	23 537	96	05 554	82	88 428	00	60 992	890
60	85 246	84	874 600	886	88 790	88	24 985	96	08 245	82	92 578	**96	57 547	880
65	88 438	84	898 543	912	87 746	86	26 433	96	10 936	80	96 726	92	54 107	876
70	91 630	80	922 499	934	86 703	88	27 881	92	13 626	80	**00 872	86	50 669	866
75	94 820	78	946 466	958	85 659	84	29 327	92	16 316	78	05 015	82	47 236	860
80	98 009	76	970 445	982	84 617	84	30 773	92	19 005	76	09 156	78	43 806	852
85	**01 197	76	994 436	*006	83 575	84	32 219	88	21 693	74	13 295	74	40 380	844
90	04 385	72	*018 439	032	82 533	82	33 663	88	24 380	74	17 432	68	36 958	838
95	07 571	70	042 455	054	81 492	80	35 107	88	27 067	74	21 566	64	33 539	830
1,5700	10 756	68	066 482	078	80 452	80	36 551	84	29 754	72	25 698	60	30 124	822
05	13 940	68	090 521	102	79 412	80	37 993	86	32 440	70	29 828	56	26 713	816
10	17 124	64	114 572	128	78 372	78	39 436	82	35 125	70	33 956	52	23 305	808
15	20 306	62	138 636	150	77 333	76	40 877	82	37 810	66	38 082	46	19 901	802
20	23 487	60	162 711	174	76 295	76	42 318	80	40 493	68	42 205	42	16 500	792
25	26 667	58	186 798	200	75 257	74	43 758	78	43 177	66	46 326	38	13 104	788
30	29 846	56	210 898	222	74 220	74	45 197	78	45 860	64	50 445	34	09 710	778
35	33 024	54	235 009	248	73 183	72	46 636	76	48 542	62	54 562	28	06 321	772
40	36 201	54	259 133	272	72 147	72	48 074	76	51 223	62	58 676	26	02 935	764
45	39 378	50	283 269	294	71 111	70	49 512	74	53 904	62	62 789	20	**99 553	758
1,5750	42 553		307 416		70 076		50 949		56 585		66 899		96 174	
	0,45	63	**4,8**	48	**0,20**	−20	**1,00**	28	**1,23**	53	**1,02**	82	**0,74**	−6

x	φ	sin x		cos x*)	tg x	Sin x		Cos x		Tg x	
	90°	**0,999**		**—0,00**		**2,3**	**25**	**2,5**	**23**	**0,91**	**15**
1,5750	14′ 27,″07	9 912	− 46	42 037	−237,8857 872	118 670	196	188 746	124	78 174	76
55	16 10,20	9 889	− 48	47 037	−212,5982 358	131 268	206	200 308	138	78 962	74
60	17 53,33	9 865	− 56	52 036	−192,1702 103	143 871	216	211 877	150	79 749	72
65	19 36,47	9 837	− 58	57 036	−175,3237 116	156 479	230	223 452	164	80 535	72
70	21 19,60	9 808	− 66	62 036	−161,1927 544	169 094	242	235 034	174	81 321	70
75	23 02,73	9 775	− 68	67 036	−149,1697 148	181 715	252	246 621	188	82 106	68
80	24 45,86	9 741	− 76	72 036	−138,8156 672	194 341	264	258 215	202	82 890	66
85	26 29,00	9 703	− 78	77 036	−129,8056 383	206 973	276	269 816	212	83 673	66
90	28 12,13	9 664	− 86	82 036	−121,8938 811	219 611	286	281 422	226	84 456	64
95	29 55,26	9 621	− 90	87 036	−114,8911 184	232 254	300	293 035	240	85 238	62
1,5800	31 38,39	9 576	− 94	92 035	−108,6492 036	244 904	310	304 655	250	86 019	60
05	33 21,53	9 529	−100	97 035	−103,0505 244	257 559	322	316 280	264	86 799	60
10	35 04,66	9 479	−104	*02 035	− 98,0005 214	270 220	334	327 912	276	87 579	58
15	36 47,79	9 427	−110	07 035	− 93,4223 038	282 887	344	339 550	290	88 358	58
20	38 30,92	9 372	−114	12 034	− 89,2527 067	295 559	358	351 195	302	89 137	54
25	40 14,06	9 315	−120	17 034	− 85,4393 594	308 238	368	362 846	314	89 914	54
30	41 57,19	9 255	−124	22 034	− 81,9384 737	320 922	380	374 503	328	90 691	52
35	43 40,32	9 193	−130	27 033	− 78,7131 555	333 612	392	386 167	340	91 467	52
40	45 23,45	9 128	−134	32 033	− 75,7320 991	346 308	404	397 837	352	92 243	50
45	47 06,59	9 061	−140	37 032	− 72,9685 674	359 010	416	409 513	366	93 018	48
1,5850	48 49,72	8 991	−144	42 032	− 70,3995 887	371 718	426	421 196	378	93 792	46
55	50 32,85	8 919	−150	47 031	− 68,0053 153	384 431	440	432 885	390	94 565	46
60	52 15,98	8 844	−154	52 031	− 65,7685 110	397 151	450	444 580	404	95 338	44
65	53 59,12	8 767	−160	57 030	− 63,6741 343	409 876	462	456 282	416	96 110	42
70	55 42,25	8 687	−164	62 030	− 61,7090 006	422 607	474	467 990	430	96 881	40
75	57 25,38	8 605	−170	67 029	− 59,8615 036	435 344	486	479 705	442	97 651	40
80	59 08,51	8 520	−174	72 028	− 58,1213 867	448 087	496	491 426	454	98 421	38
85	*00 51,64	8 433	−180	77 027	− 56,4795 516	460 835	510	503 153	466	99 190	38
90	02 34,78	8 343	−184	82 027	− 54,9278 999	473 590	520	514 886	480	99 959	34
95	04 17,91	8 251	−190	87 026	− 53,4591 990	486 350	534	526 626	494	*00 726	34
1,5900	06 01,04	8 156	−194	92 025	− 52,0669 697	499 117	544	538 373	504	01 493	34
05	07 44,17	8 059	−200	97 024	− 50,7453 902	511 889	556	550 125	520	02 260	30
10	09 27,31	7 959	−204	**02 023	− 49,4892 153	524 667	568	561 885	530	03 025	30
15	11 10,44	7 857	−210	07 022	− 48,2937 064	537 451	578	573 650	544	03 790	28
20	12 53,57	7 752	−214	12 021	− 47,1545 718	550 240	592	585 422	556	04 554	28
25	14 36,70	7 645	−220	17 020	− 46,0679 153	563 036	604	597 200	570	05 318	24
30	16 19,84	7 535	−224	22 018	− 45,0301 917	575 838	614	608 985	582	06 080	24
35	18 02,97	7 423	−230	27 017	− 44,0381 680	588 645	626	620 776	596	06 842	24
40	19 46,10	7 308	−234	32 016	− 43,0888 900	601 458	640	632 574	608	07 604	20
45	21 29,23	7 191	−240	37 015	− 42,1796 528	614 278	650	644 378	620	08 364	20
1,5950	23 12,37	7 071	−244	42 013	− 41,3079 747	627 103	662	656 188	634	09 124	20
55	24 55,50	6 949	−250	47 012	− 40,4715 752	639 934	674	668 005	646	09 884	16
60	26 38,63	6 824	−254	52 010	− 39,6683 547	652 771	686	679 828	660	10 642	16
65	28 21,76	6 697	−260	57 008	− 38,8963 770	665 614	696	691 658	672	11 400	14
70	30 04,90	6 567	−264	62 007	− 38,1538 536	678 462	710	703 494	684	12 157	14
75	31 48,03	6 435	−270	67 005	− 37,4391 300	691 317	722	715 336	698	12 914	10
80	33 31,16	6 300	−274	72 003	− 36,7506 734	704 178	732	727 185	710	13 669	12
85	35 14,29	6 163	−280	77 001	− 36,0870 614	717 044	746	739 040	724	14 425	08
90	36 57,43	6 023	−284	81 999	− 35,4469 728	729 917	756	750 902	736	15 179	08
95	38 40,56	5 881	−290	86 997	− 34,8291 783	742 795	770	762 770	750	15 933	06
1,6000	40′ 23,″69	5 736		91 995	− 34,2325 327	755 680		774 645		16 686	
	91°	**0,999**		**—0,02**		**2,3**	**25**	**2,5**	**23**	**0,92**	**15**

*) Die 1. Differenz liegt zwischen — 10 000 und — 9 996.

x	ln x		e^x		e^{-x}		arc tg x		𝔄𝔯 𝔖𝔦𝔫 x		𝔄𝔯 ℭ𝔬𝔰 x		𝔄𝔯 ℭ𝔱𝔤 x	
	0,45	**63**	**4,8**	**48**	**0,20**	**−20**	**1,00**	**28**	**1,23**	**53**	**1,02**	**82**	**0,74**	**−6**
1,5750	42 553	48	307 416	320	70 076	70	50 949	72	56 585	58	66 899	16	96 174	750
55	45 727	46	331 576	344	69 041	70	52 385	70	59 264	60	71 007	12	92 799	744
60	48 900	44	355 748	368	68 006	66	53 820	70	61 944	56	75 113	06	89 427	736
65	52 072	42	379 932	392	66 973	66	55 255	68	64 622	56	79 216	04	86 059	728
70	55 243	40	404 128	416	65 940	66	56 689	68	67 300	54	83 318	*98	82 695	722
75	58 413	38	428 336	440	64 907	64	58 123	66	69 977	54	87 417	94	79 334	714
80	61 582	36	452 556	464	63 875	64	59 556	64	72 654	52	91 514	90	75 977	708
85	64 750	34	476 788	490	62 843	62	60 988	64	75 330	52	95 609	86	72 623	700
90	67 917	32	501 033	512	61 812	62	62 420	62	78 006	48	99 702	82	69 273	694
95	71 083	30	525 289	538	60 781	60	63 851	60	80 680	50	*03 793	76	65 926	686
1,5800	74 248	30	549 558	562	59 751	60	65 281	60	83 355	46	07 881	74	62 583	680
05	77 413	26	573 839	586	58 721	58	66 711	58	86 028	48	11 968	68	59 243	672
10	80 576	24	598 132	610	57 692	56	68 140	58	88 702	44	16 052	64	55 907	664
15	83 738	22	622 437	634	56 664	56	69 569	54	91 374	44	20 134	60	52 575	658
20	86 899	20	646 754	660	55 636	56	70 996	56	94 046	42	24 214	54	49 246	652
25	90 059	18	671 084	682	54 608	54	72 424	52	96 717	42	28 291	52	45 920	644
30	93 218	16	695 425	708	53 581	54	73 850	52	99 388	40	32 367	46	42 598	638
35	96 376	14	719 779	732	52 554	52	75 276	50	*02 058	38	36 440	44	39 279	630
40	99 533	12	744 145	756	51 528	50	76 701	50	04 727	38	40 512	38	35 964	622
45	*02 689	10	768 523	782	50 503	50	78 126	48	07 396	36	44 581	34	32 653	616
1,5850	05 844	08	792 914	804	49 478	50	79 550	46	10 064	36	48 648	30	29 345	610
55	08 998	06	817 316	830	48 453	48	80 973	44	12 732	34	52 713	24	26 040	602
60	12 151	04	841 731	854	47 429	46	82 395	44	15 399	34	56 775	22	22 739	596
65	15 303	02	866 158	878	46 406	46	83 817	44	18 066	32	60 836	16	19 441	588
70	18 454	02	890 597	904	45 383	44	85 239	42	20 732	30	64 894	14	16 147	582
75	21 605	*98	915 049	926	44 361	44	86 660	40	23 397	28	68 951	08	12 856	574
80	24 754	96	939 512	952	43 339	44	88 080	38	26 061	28	73 005	04	09 569	568
85	27 902	94	963 988	976	42 317	42	89 499	38	28 725	28	77 057	00	06 285	562
90	31 049	92	988 476	*002	41 296	40	90 918	36	31 389	26	81 107	**96	03 004	554
95	34 195	90	*012 977	024	40 276	40	92 336	34	34 052	24	85 155	92	*99 727	548
1,5900	37 340	88	037 489	050	39 256	38	93 753	34	36 714	24	89 201	88	96 453	540
05	40 484	86	062 014	074	38 237	38	95 170	34	39 376	22	93 245	82	93 183	534
10	43 627	86	086 551	100	37 218	36	96 587	30	42 037	20	97 286	80	89 916	528
15	46 770	82	111 101	122	36 200	36	98 002	30	44 697	20	**01 326	74	86 652	520
20	49 911	80	135 662	148	35 182	36	99 417	28	47 357	18	05 363	72	83 392	514
25	53 051	78	160 236	174	34 164	32	*00 831	28	50 016	18	09 399	66	80 135	506
30	56 190	78	184 823	196	33 148	34	02 245	26	52 675	16	13 432	62	76 882	500
35	59 329	74	209 421	222	32 131	32	03 658	26	55 333	14	17 463	58	73 632	494
40	62 466	72	234 032	246	31 115	30	05 071	22	57 990	14	21 492	54	70 385	486
45	65 602	70	258 655	272	30 100	30	06 482	24	60 647	14	25 519	50	67 142	480
1,5950	68 737	70	283 291	296	29 085	28	07 894	20	63 304	10	29 544	46	63 902	474
55	71 872	66	307 939	320	28 071	28	09 304	20	65 959	10	33 567	42	60 665	466
60	75 005	64	332 599	344	27 057	26	10 714	18	68 614	10	37 588	36	57 432	460
65	78 137	64	357 271	370	26 044	26	12 123	18	71 269	08	41 606	34	54 202	454
70	81 269	60	381 956	394	25 031	24	13 532	16	73 923	06	45 623	28	50 975	446
75	84 399	58	406 653	420	24 019	24	14 940	14	76 576	06	49 637	26	47 752	440
80	87 528	58	431 363	442	23 007	22	16 347	14	79 229	04	53 650	20	44 532	432
85	90 657	54	456 084	470	21 996	22	17 754	12	81 881	02	57 660	18	41 316	428
90	93 784	54	480 819	492	20 985	20	19 160	10	84 532	02	61 669	12	38 102	420
95	96 911	50	505 565	518	19 975	20	20 565	10	87 183	00	65 675	08	34 892	414
1,6000	**00 036		530 324		18 965		21 970		89 833		69 679		31 685	
	0,47	**62**	**4,9**	**49**	**0,20**	**−20**	**1,01**	**28**	**1,24**	**53**	**1,04**	**80**	**0,73**	**−6**

x	φ	sin x		cos x		tg x	Sin x		Cos x		Tg x	
	91°	**0,999**		**−0,0**	**−99**	**—3**	**2,3**	**25**	**2,5**	**23**	**0,92**	**15**
1,6000	40′ 23,″69	5 736	−294	291 995	96	4,2325 327	755 680	780	774 645	762	16 686	04
05	42 06,82	5 589	−300	296 993	96	3,6559 682	768 570	792	786 526	774	17 438	02
10	43 49,95	5 439	−304	301 991	94	3,0984 873	781 466	804	798 413	788	18 189	02
15	45 33,09	5 287	−310	306 988	96	2,5591 578	794 368	816	810 307	802	18 940	02
20	47 16,22	5 132	−314	311 986	96	2,0371 072	807 276	828	822 208	814	19 691	*98
25	48 59,35	4 975	−320	316 984	94	1,5315 178	820 190	840	834 115	826	20 440	98
30	50 42,48	4 815	−324	321 981	94	1,0416 230	833 110	852	846 028	840	21 189	96
35	52 25,62	4 653	−330	326 978	96	0,5667 030	846 036	864	857 948	852	21 937	94
40	54 08,75	4 488	−334	331 976	94	0,1060 811	858 968	876	869 874	866	22 684	94
45	55 51,88	4 321	−340	336 973	94	*9,6591 211	871 906	888	881 807	878	23 431	92
1,6050	57 35,01	4 151	−344	341 970	94	9,2252 238	884 850	900	893 746	890	24 177	92
55	59 18,15	3 979	−350	346 967	94	8,8038 247	897 800	912	905 691	906	24 923	88
60	*01 01,28	3 804	−354	351 964	94	8,3943 911	910 756	924	917 644	916	25 667	88
65	02 44,41	3 627	−360	356 961	94	7,9964 204	923 718	936	929 602	930	26 411	88
70	04 27,54	3 447	−364	361 958	92	7,6094 377	936 686	946	941 567	944	27 155	84
75	06 10,68	3 265	−370	366 954	94	7,2329 938	949 659	960	953 539	956	27 897	84
80	07 53,81	3 080	−374	371 951	92	6,8666 640	962 639	972	965 517	970	28 639	84
85	09 36,94	2 893	−380	376 947	94	6,5100 457	975 625	984	977 502	982	29 381	80
90	11 20,07	2 703	−384	381 944	92	6,1627 577	988 617	994	989 493	994	30 121	80
95	13 03,21	2 511	−390	386 940	92	5,8244 384	*001 614	*008	*001 490	*008	30 861	78
1,6100	14 46,34	2 316	−394	391 936	92	5,4947 447	014 618	020	013 494	022	31 600	78
05	16 29,47	2 119	−400	396 932	92	5,1733 506	027 628	032	025 505	034	32 339	76
10	18 12,60	1 919	−404	401 928	92	4,8599 465	040 644	042	037 522	046	33 077	74
15	19 55,74	1 717	−410	406 924	92	4,5542 379	053 665	056	049 545	062	33 814	72
20	21 38,87	1 512	−414	411 920	92	4,2559 448	066 693	068	061 576	072	34 550	72
25	23 22,00	1 305	−418	416 916	90	3,9648 003	079 727	080	073 612	086	35 286	70
30	25 05,13	1 096	−426	421 911	92	3,6805 505	092 767	092	085 655	100	36 021	70
35	26 48,26	0 883	−428	426 907	90	3,4029 530	105 813	102	097 705	112	36 756	68
40	28 31,40	0 669	−436	431 902	92	3,1317 771	118 864	116	109 761	126	37 490	66
45	30 14,53	0 451	−438	436 898	90	2,8668 022	131 922	128	121 824	138	38 223	64
1,6150	31 57,66	0 232	−444	441 893	90	2,6078 179	144 986	140	133 893	152	38 955	64
55	33 40,79	0 010	−450	446 888	90	2,3546 232	158 056	152	145 969	164	39 687	62
60	35 23,93	*9 785	−454	451 883	90	2,1070 261	171 132	164	158 051	178	40 418	60
65	37 07,06	9 558	−460	456 878	88	1,8648 428	184 214	176	170 140	190	41 148	60
70	38 50,19	9 328	−464	461 872	90	1,6278 974	197 302	190	182 235	204	41 878	58
75	40 33,32	9 096	−470	466 867	88	1,3960 219	210 397	200	194 337	218	42 607	56
80	42 16,46	8 861	−474	471 861	90	1,1690 551	223 497	212	206 446	230	43 335	56
85	43 59,59	8 624	−480	476 856	88	0,9468 427	236 603	224	218 561	242	44 063	54
90	45 42,72	8 384	−484	481 850	88	0,7292 366	249 715	238	230 682	256	44 790	54
95	47 25,85	8 142	−490	486 844	88	0,5160 951	262 834	248	242 810	270	45 517	50
1,6200	49 08,99	7 897	−494	491 838	88	0,3072 820	275 958	262	254 945	282	46 242	50
05	50 52,12	7 650	−498	496 832	88	0,1026 668	289 089	272	267 086	296	46 967	50
10	52 35,25	7 401	−506	501 826	88	**9,9021 239	302 225	286	279 234	310	47 692	46
15	54 18,38	7 148	−508	506 820	86	9,7055 329	315 368	298	291 389	322	48 415	46
20	56 01,52	6 894	−514	511 813	86	9,5127 780	328 517	308	303 550	334	49 138	46
25	57 44,65	6 637	−520	516 806	88	9,3237 480	341 671	322	315 717	348	49 861	42
30	59 27,78	6 377	−524	521 800	86	9,1383 358	354 832	334	327 891	362	50 582	42
35	**01 10,91	6 115	−530	526 793	86	8,9564 384	367 999	346	340 072	374	51 303	42
40	02 54,05	5 850	−534	531 786	86	8,7779 568	381 172	360	352 259	388	52 024	38
45	04 37,18	5 583	−540	536 779	84	8,6027 956	394 352	370	364 453	402	52 743	38
1,6250	06′ 20,″31	5 313		541 771		8,4308 628	407 537		376 654		53 462	
	93°	**0,998**		**−0,0**	**−99**	**—1**	**2,4**	**26**	**2,6**	**24**	**0,92**	**14**

x	ln x		e^x		e^{-x}		arc tg x		Ar Sin x		Ar Cos x		Ar Ctg x	
	0,47	**62**	**4,9**	**49**	**0,20**	**−20**	**1,01**	**28**	**1,24**	**53**	**1,04**	**80**	**0,73**	**−6**
1,6000	00 036	50	530 324	544	18 965	18	21 970	08	89 833	00	69 679	04	31 685	406
05	03 161	46	555 096	566	17 956	18	23 374	08	92 483	*98	73 681	00	28 482	400
10	06 284	46	579 879	592	16 947	16	24 778	06	95 132	98	77 681	*98	25 282	394
15	09 407	42	604 675	618	15 939	16	26 181	04	97 781	94	81 680	92	22 085	388
20	12 528	42	629 484	642	14 931	14	27 583	04	*00 428	96	85 676	88	18 891	380
25	15 649	40	654 305	666	13 924	14	28 985	02	03 076	94	89 670	84	15 701	374
30	18 769	36	679 138	692	12 917	12	30 386	00	05 723	92	93 662	78	12 514	368
35	21 887	36	703 984	716	11 911	12	31 786	00	08 369	90	97 651	76	09 330	362
40	25 005	34	728 842	742	10 905	10	33 186	*98	11 014	90	*01 639	72	06 149	354
45	28 122	32	753 713	766	09 900	08	34 585	98	13 659	88	05 625	68	02 972	350
1,6050	31 238	28	778 596	792	08 896	10	35 984	94	16 303	88	09 609	64	*99 797	340
55	34 352	28	803 492	816	07 891	06	37 381	96	18 947	86	13 591	60	96 627	336
60	37 466	26	828 400	840	06 888	08	38 779	92	21 590	86	17 571	54	93 459	330
65	40 579	24	853 320	866	05 884	04	40 175	92	24 233	84	21 548	52	90 294	322
70	43 691	22	878 253	890	04 882	04	41 571	92	26 875	82	25 524	48	87 133	316
75	46 802	20	903 198	916	03 880	04	42 967	88	29 516	82	29 498	42	83 975	310
80	49 912	18	928 156	940	02 878	02	44 361	90	32 157	80	33 469	40	80 820	302
85	53 021	16	953 126	966	01 877	02	45 756	86	34 797	80	37 439	36	77 669	298
90	56 129	14	978 109	990	00 876	00	47 149	86	37 437	78	41 407	30	74 520	290
95	59 236	12	*003 104	*016	*99 876	00	48 542	84	40 076	76	45 372	28	71 375	284
1,6100	62 342	10	028 112	042	98 876	*98	49 934	84	42 714	76	49 336	24	68 233	278
05	65 447	08	053 133	064	97 877	98	51 326	82	45 352	74	53 298	18	65 094	272
10	68 551	06	078 165	092	96 878	96	52 717	80	47 989	74	57 257	16	61 958	266
15	71 654	04	103 211	116	95 880	96	54 107	80	50 626	72	61 215	12	58 825	258
20	74 756	04	128 269	140	94 882	94	55 497	78	53 262	72	65 171	06	55 696	252
25	77 858	00	153 339	166	93 885	94	56 886	78	55 898	68	69 124	04	52 570	246
30	80 958	*98	178 422	190	92 888	92	58 275	76	58 532	70	73 076	00	49 447	240
35	84 057	98	203 517	216	91 892	90	59 663	74	61 167	66	77 026	**94	46 327	234
40	87 156	94	228 625	242	90 897	92	61 050	74	63 800	68	80 973	92	43 210	228
45	90 253	94	253 746	266	89 901	88	62 437	72	66 434	64	84 919	88	40 096	220
1,6150	93 350	90	278 879	292	88 907	90	63 823	70	69 066	64	88 863	82	36 986	216
55	96 445	90	304 025	316	87 912	86	65 208	70	71 698	62	92 804	80	33 878	208
60	99 540	86	329 183	342	86 919	86	66 593	68	74 329	62	96 744	76	30 774	202
65	*02 633	86	354 354	368	85 926	86	67 977	66	76 960	60	**00 682	72	27 673	198
70	05 726	82	379 538	392	84 933	84	69 360	66	79 590	60	04 618	68	24 574	190
75	08 817	82	404 734	416	83 941	84	70 743	66	82 220	58	08 552	62	21 479	184
80	11 908	80	429 942	444	82 949	82	72 126	62	84 849	56	12 483	60	18 387	176
85	14 998	78	455 164	468	81 958	82	73 507	64	87 477	56	16 413	56	15 299	172
90	18 087	76	480 398	492	80 967	80	74 889	60	90 105	54	20 341	52	12 213	166
95	21 175	72	505 644	518	79 977	80	76 269	60	92 732	54	24 267	48	09 130	158
1,6200	24 261	72	530 903	544	78 987	78	77 649	58	95 359	52	28 191	44	06 051	154
05	27 347	70	556 175	568	77 998	78	79 028	58	97 985	50	32 113	40	02 974	146
10	30 432	68	581 459	594	77 009	76	80 407	56	**00 610	50	36 033	38	**99 901	142
15	33 516	68	606 756	620	76 021	76	81 785	54	03 235	50	39 952	32	96 830	134
20	36 600	64	632 066	644	75 033	74	83 162	54	05 860	46	43 868	28	93 763	128
25	39 682	62	657 388	670	74 046	74	84 539	52	08 483	46	47 782	24	90 699	124
30	42 763	60	682 723	696	73 059	72	85 915	52	11 106	46	51 694	22	87 637	116
35	45 843	58	708 071	722	72 073	72	87 291	48	13 729	44	55 605	16	84 579	110
40	48 922	58	733 432	746	71 087	70	88 665	50	16 351	42	59 513	14	81 524	104
45	52 001	54	758 805	770	70 102	70	90 040	46	18 972	42	63 420	08	78 472	098
1,6250	55 078		784 190		69 117		91 413		21 593		67 324		75 423	
	0,48	**61**	**5,0**	**50**	**0,19**	**−19**	**1,01**	**27**	**1,26**	**52**	**1,06**	**78**	**0,71**	**−6**

x	φ	sin x		cos x		tg x	Sin x		Cos x		Tg x	
	93°	**0,998**	−5	**−0,05**	−99	**−1**	**2,4**	26	**2,6**	24	**0,92**	14
1,6250	06′ 20,″31	5 313	44	41 771	86	8,4308 628	407 537	382	376 654	414	53 462	38
55	08 03,44	5 041	48	46 764	84	8,2620 699	420 728	396	388 861	426	54 181	34
60	09 46,57	4 767	54	51 756	86	8,0963 316	433 926	406	401 074	442	54 898	34
65	11 29,71	4 490	60	56 749	84	7,9335 658	447 129	420	413 295	452	55 615	34
70	13 12,84	4 210	64	61 741	84	7,7736 929	460 339	432	425 521	468	56 332	30
75	14 55,97	3 928	70	66 733	84	7,6166 365	473 555	444	437 755	480	57 047	30
80	16 39,10	3 643	74	71 725	84	7,4623 228	486 777	456	449 995	494	57 762	30
85	18 22,24	3 356	80	76 717	82	7,3106 805	500 005	468	462 242	506	58 477	26
90	20 05,37	3 066	84	81 708	84	7,1616 406	513 239	480	474 495	520	59 190	26
95	21 48,50	2 774	88	86 700	82	7,0151 368	526 479	494	486 755	532	59 903	26
1,6300	23 31,63	2 480	94	91 691	82	6,8711 047	539 726	504	499 021	548	60 616	24
05	25 14,77	2 183	*00	96 682	82	6,7294 823	552 978	518	511 295	558	61 328	22
10	26 57,90	1 883	04	*01 673	82	6,5902 094	566 237	530	523 574	574	62 039	20
15	28 41,03	1 581	10	06 664	82	6,4532 282	579 502	542	535 861	586	62 749	20
20	30 24,16	1 276	14	11 655	80	6,3184 823	592 773	554	548 154	600	63 459	18
25	32 07,30	0 969	18	16 645	82	6,1859 175	606 050	566	560 454	612	64 168	16
30	33 50,43	0 660	24	21 636	80	6,0554 811	619 333	580	572 760	626	64 876	16
35	35 33,56	0 348	30	26 626	80	5,9271 223	632 623	590	585 073	640	65 584	14
40	37 16,69	0 033	34	31 616	80	5,8007 917	645 918	604	597 393	652	66 291	14
45	38 59,83	*9 716	38	36 606	80	5,6764 416	659 220	616	609 719	666	66 998	10
1,6350	40 42,96	9 397	46	41 596	78	5,5540 257	672 528	628	622 052	678	67 703	12
55	42 26,09	9 074	48	46 585	80	5,4334 992	685 842	642	634 391	694	68 409	08
60	44 09,22	8 750	54	51 575	78	5,3148 186	699 163	652	646 738	706	69 113	08
65	45 52,36	8 423	60	56 564	78	5,1979 417	712 489	666	659 091	718	69 817	06
70	47 35,49	8 093	64	61 553	78	5,0828 277	725 822	676	671 450	732	70 520	06
75	49 18,62	7 761	68	66 542	78	4,9694 370	739 160	690	683 816	746	71 223	04
80	51 01,75	7 427	74	71 531	78	4,8577 310	752 505	704	696 189	760	71 925	02
85	52 44,89	7 090	80	76 520	76	4,7476 726	765 857	714	708 569	772	72 626	00
90	54 28,02	6 750	84	81 508	76	4,6392 253	779 214	728	720 955	786	73 326	00
95	56 11,15	6 408	88	86 496	76	4,5323 541	792 578	738	733 348	800	74 026	00
1,6400	57 54,28	6 064	94	91 484	76	4,4270 248	805 947	752	745 748	812	74 726	*96
05	59 37,41	5 717	**00	96 472	76	4,3232 041	819 323	766	758 154	826	75 424	96
10	*01 20,55	5 367	04	**01 460	76	4,2208 600	832 706	776	770 567	840	76 122	96
15	03 03,68	5 015	08	06 448	74	4,1199 610	846 094	788	782 987	852	76 820	92
20	04 46,81	4 661	14	11 435	74	4,0204 767	859 488	802	795 413	866	77 516	92
25	06 29,94	4 304	20	16 422	76	3,9223 775	872 889	814	807 846	880	78 212	92
30	08 13,08	3 944	22	21 410	72	3,8256 346	886 296	828	820 286	894	78 908	90
35	09 56,21	3 583	30	26 396	74	3,7302 201	899 710	838	832 733	906	79 603	88
40	11 39,34	3 218	34	31 383	74	3,6361 067	913 129	852	845 186	920	80 297	86
45	13 22,47	2 851	38	36 370	72	3,5432 680	926 555	864	857 646	932	80 990	86
1,6450	15 05,61	2 482	44	41 356	72	3,4516 782	939 987	876	870 112	948	81 683	84
55	16 48,74	2 110	50	46 342	72	3,3613 121	953 425	888	882 586	960	82 375	84
60	18 31,87	1 735	54	51 328	72	3,2721 455	966 869	902	895 066	974	83 067	82
65	20 15,00	1 358	58	56 314	70	3,1841 545	980 320	914	907 553	986	83 758	80
70	21 58,14	0 979	64	61 299	72	3,0973 159	993 777	926	920 046	*000	84 448	80
75	23 41,27	0 597	68	66 285	70	3,0116 074	*007 240	938	932 546	014	85 138	78
80	25 24,40	0 213	74	71 270	70	2,9270 068	020 709	952	945 053	028	85 827	76
85	27 07,53	**9 826	78	76 255	70	2,8434 928	034 185	964	957 567	042	86 515	76
90	28 50,67	9 437	84	81 240	68	2,7610 446	047 667	976	970 088	054	87 203	74
95	30 33,80	9 045	90	86 224	70	2,6796 419	061 155	990	982 615	068	87 890	72
1,6500	32′ 16,″93	8 650		91 209		2,5992 648	074 650		995 149		88 576	
	94°	**0,996**	−7	**−0,07**	−99	**−1**	**2,5**	26	**2,6**	25	**0,92**	13

x	$\ln x$		e^x		e^{-x}		arc tg x		Ar Sin x		Ar Cos x		Ar Ctg x	
	0,48	**61**	**5,0**	**50**	**0,19**	**−19**	**1,01**	**27**	**1,26**	**52**	**1,06**	**78**	**0,71**	**−60**
1,6250	55 078	54	784 190	798	69 117	70	91 413	48	21 593	40	67 324	06	75 423	92
55	58 155	50	809 589	822	68 132	66	92 787	44	24 213	40	71 227	02	72 377	88
60	61 230	50	835 000	848	67 149	68	94 159	44	26 833	38	75 128	*96	69 333	80
65	64 305	46	860 424	872	66 165	66	95 531	42	29 452	36	79 026	94	66 293	74
70	67 378	46	885 860	900	65 182	64	96 902	42	32 070	36	82 923	90	63 256	68
75	70 451	44	911 310	924	64 200	64	98 273	40	34 688	36	86 818	86	60 222	62
80	73 523	40	936 772	948	63 218	62	99 643	38	37 306	32	90 711	82	57 191	56
85	76 593	40	962 246	976	62 237	62	*01 012	38	39 922	32	94 602	78	54 163	50
90	79 663	38	987 734	*000	61 256	60	02 381	36	42 538	32	98 491	76	51 138	44
95	82 732	36	*013 234	026	60 276	60	03 749	36	45 154	30	*02 379	70	48 116	38
1,6300	85 800	34	038 747	052	59 296	60	05 117	34	47 769	28	06 264	66	45 097	34
05	88 867	32	064 273	076	58 316	58	06 484	32	50 383	28	10 147	64	42 080	26
10	91 933	30	089 811	104	57 337	56	07 850	32	52 997	26	14 029	60	39 067	20
15	94 998	30	115 363	128	56 359	56	09 216	30	55 610	26	17 909	54	36 057	16
20	98 063	26	140 927	154	55 381	54	10 581	30	58 223	24	21 786	52	33 049	08
25	*01 126	24	166 504	178	54 404	54	11 946	26	60 835	22	25 662	48	30 045	02
30	04 188	24	192 093	206	53 427	54	13 309	28	63 446	22	29 536	44	27 044	*98
35	07 250	20	217 696	230	52 450	52	14 673	26	66 057	20	33 408	40	24 045	90
40	10 310	18	243 311	256	51 474	50	16 036	24	68 667	20	37 278	36	21 050	86
45	13 369	18	268 939	282	50 499	50	17 398	22	71 277	18	41 146	34	18 057	80
1,6350	16 428	16	294 580	308	49 524	50	18 759	22	73 886	18	45 013	28	15 067	72
55	19 486	12	320 234	332	48 549	48	20 120	20	76 495	16	48 877	26	12 081	68
60	22 542	12	345 900	360	47 575	46	21 480	20	79 103	14	52 740	20	09 097	62
65	25 598	10	371 580	384	46 602	46	22 840	18	81 710	14	56 600	18	06 116	56
70	28 653	08	397 272	410	45 629	46	24 199	18	84 317	12	60 459	14	03 138	50
75	31 707	06	422 977	436	44 656	44	25 558	14	86 923	12	64 316	10	00 163	46
80	34 760	04	448 695	462	43 684	44	26 915	16	89 529	10	68 171	06	*97 190	38
85	37 812	02	474 426	486	42 712	42	28 273	12	92 134	08	72 024	04	94 221	34
90	40 863	00	500 169	514	41 741	40	29 629	12	94 738	08	75 876	**98	91 254	26
95	43 913	*98	525 926	538	40 771	42	30 985	12	97 342	06	79 725	94	88 291	22
1,6400	46 962	98	551 695	564	39 800	38	32 341	10	99 945	06	83 572	92	85 330	16
05	50 011	94	577 477	592	38 831	38	33 696	08	*02 548	04	87 418	88	82 372	10
10	53 058	94	603 273	616	37 862	38	35 050	08	05 150	04	91 262	84	79 417	04
15	56 105	90	629 081	642	36 893	36	36 404	06	07 752	02	95 104	80	76 465	**98
20	59 150	90	654 902	668	35 925	36	37 757	04	10 353	00	98 944	76	73 516	92
25	62 195	86	680 736	692	34 957	34	39 109	04	12 953	00	**02 782	74	70 570	88
30	65 238	86	706 582	720	33 990	34	40 461	02	15 553	00	06 619	68	67 626	82
35	68 281	84	732 442	746	33 023	32	41 812	02	18 153	*96	10 453	66	64 685	76
40	71 323	82	758 315	770	32 057	32	43 163	00	20 751	96	14 286	62	61 747	70
45	74 364	80	784 200	798	31 091	30	44 513	*98	23 349	96	18 117	58	58 812	64
1,6450	77 404	78	810 099	824	30 126	30	45 862	98	25 947	94	21 946	54	55 880	58
55	80 443	76	836 011	848	29 161	30	47 211	98	28 544	92	25 773	50	52 951	54
60	83 481	74	861 935	876	28 196	26	48 560	94	31 140	92	29 598	46	50 024	48
65	86 518	74	887 873	900	27 233	28	49 907	94	33 736	90	33 421	44	47 100	40
70	89 555	70	913 823	926	26 269	26	51 254	94	36 331	90	37 243	40	44 180	38
75	92 590	68	939 786	954	25 306	24	52 601	92	38 926	88	41 063	36	41 261	30
80	95 624	68	965 763	978	24 344	24	53 947	90	41 520	88	44 881	32	38 346	24
85	98 658	64	991 752	**004	23 382	22	55 292	90	44 114	86	48 697	28	35 434	20
90	**01 690	64	**017 754	032	22 421	22	56 637	88	46 707	84	52 511	26	32 524	14
95	04 722	62	043 770	056	21 460	22	57 981	86	49 299	84	56 324	20	29 617	08
1,6500	07 753		069 798		20 499		59 324		51 891		60 134		26 713	
	0,50	**60**	**5,2**	**52**	**0,19**	**−19**	**1,02**	**26**	**1,27**	**51**	**1,08**	**76**	**0,70**	**−58**

x	φ	sin x		cos x		tg x	Sin x		Cof x		Tg x	
	94°	**0,996**		**—0,0**	**−99**		**2,5**	**27**	**2,6**	**25**	**0,92**	**13**
1,6500	32′ 16,″93	8 650	−794	791 209	68	−12,5992 648	074 650	000	995 149	080	88 576	72
05	34 00,06	8 253	−798	796 193	68	−12,5198 941	088 150	014	*007 689	096	89 262	70
10	35 43,20	7 854	−804	801 177	68	−12,4415 108	101 657	028	020 237	108	89 947	70
15	37 26,33	7 452	−808	806 161	68	−12,3640 968	115 171	038	032 791	122	90 632	68
20	39 09,46	7 048	−814	811 145	66	−12,2876 341	128 690	052	045 352	136	91 316	66
25	40 52,59	6 641	−818	816 128	66	−12,2121 051	142 216	064	057 920	148	91 999	64
30	42 35,72	6 232	−824	821 111	66	−12,1374 929	155 748	076	070 494	162	92 681	64
35	44 18,86	5 820	−828	826 094	66	−12,0637 809	169 286	090	083 075	178	93 363	64
40	46 01,99	5 406	−834	831 077	66	−11,9909 528	182 831	102	095 664	188	94 045	62
45	47 45,12	4 989	−838	836 060	64	−11,9189 927	196 382	114	108 258	204	94 726	60
1,6550	49 28,25	4 570	−844	841 042	64	−11,8478 853	209 939	128	120 860	216	95 406	58
55	51 11,39	4 148	−848	846 024	64	−11,7776 154	223 503	140	133 468	230	96 085	58
60	52 54,52	3 724	−854	851 006	64	−11,7081 682	237 073	152	146 083	244	96 764	56
65	54 37,65	3 297	−858	855 988	62	−11,6395 294	250 649	166	158 705	258	97 442	56
70	56 20,78	2 868	−864	860 969	64	−11,5716 849	264 232	176	171 334	272	98 120	54
75	58 03,92	2 436	−868	865 951	62	−11,5046 210	277 820	190	183 970	284	98 797	52
80	59 47,05	2 002	−874	870 932	62	−11,4383 242	291 415	204	196 612	298	99 473	52
85	*01 30,18	1 565	−878	875 913	60	−11,3727 814	305 017	216	209 261	312	*00 149	50
90	03 13,31	1 126	−884	880 893	62	−11,3079 798	318 625	228	221 917	326	00 824	48
95	04 56,45	0 684	−888	885 874	60	−11,2439 069	332 239	240	234 580	338	01 498	48
1,6600	06 39,58	0 240	−894	890 854	60	−11,1805 504	345 859	254	247 249	352	02 172	46
05	08 22,71	*9 793	−898	895 834	60	−11,1178 982	359 486	266	259 925	368	02 845	46
10	10 05,84	9 344	−904	900 814	60	−11,0559 388	373 119	280	272 609	380	03 518	42
15	11 48,98	8 892	−908	905 794	58	−10,9946 607	386 759	292	285 299	392	04 189	44
20	13 32,11	8 438	−912	910 773	58	−10,9340 526	400 405	304	297 995	408	04 861	40
25	15 15,24	7 982	−918	915 752	58	−10,8741 036	414 057	316	310 699	420	05 531	40
30	16 58,37	7 523	−924	920 731	56	−10,8148 029	427 715	330	323 409	436	06 201	40
35	18 41,51	7 061	−928	925 709	58	−10,7561 401	441 380	342	336 127	448	06 871	38
40	20 24,64	6 597	−934	930 688	56	−10,6981 050	455 051	356	348 851	462	07 540	36
45	22 07,77	6 130	−938	935 666	56	−10,6406 874	468 729	368	361 582	476	08 208	34
1,6650	23 50,90	5 661	−942	940 644	56	−10,5838 775	482 413	380	374 320	488	08 875	34
55	25 34,03	5 190	−948	945 622	54	−10,5276 657	496 103	394	387 064	504	09 542	34
60	27 17,17	4 716	−954	950 599	54	−10,4720 427	509 800	406	399 816	516	10 209	30
65	29 00,30	4 239	−958	955 576	54	−10,4169 990	523 503	420	412 574	530	10 874	30
70	30 43,43	3 760	−964	960 553	54	−10,3625 258	537 213	430	425 339	544	11 539	30
75	32 26,56	3 278	−968	965 530	54	−10,3086 142	550 928	446	438 111	558	12 204	28
80	34 09,70	2 794	−972	970 507	52	−10,2552 554	564 651	456	450 890	572	12 868	26
85	35 52,83	2 308	−978	975 483	52	−10,2024 411	578 379	470	463 676	584	13 531	24
90	37 35,96	1 819	−984	980 459	52	−10,1501 629	592 114	484	476 468	600	14 193	24
95	39 19,09	1 327	−988	985 435	50	−10,0984 126	605 856	496	489 268	612	14 855	24
1,6700	41 02,23	0 833	−992	990 410	52	−10,0471 823	619 604	508	502 074	628	15 517	22
05	42 45,36	0 337	−998	995 386	50	− 9,9964 641	633 358	522	514 888	640	16 178	20
10	44 28,49	**9 838	−1002	*000 361	48	− 9,9462 505	647 119	534	527 708	654	16 838	18
15	46 11,62	9 337	−1008	005 335	50	− 9,8965 338	660 886	546	540 535	668	17 497	18
20	47 54,76	8 833	−1014	010 310	48	− 9,8473 067	674 659	560	553 369	680	18 156	16
25	49 37,89	8 326	−1018	015 284	48	− 9,7985 619	688 439	572	566 209	696	18 814	16
30	51 21,02	7 817	−1022	020 258	48	− 9,7502 925	702 225	586	579 057	710	19 472	14
35	53 04,15	7 306	−1028	025 232	48	− 9,7024 914	716 018	598	591 912	722	20 129	14
40	54 47,29	6 792	−1032	030 206	46	− 9,6551 519	729 817	612	604 773	736	20 786	10
45	56 30,42	6 276	−1038	035 179	46	− 9,6082 673	743 623	624	617 641	752	21 441	12
1,6750	58′ 13,″55	5 757		040 152		− 9,5618 310	757 435		630 517		22 097	
	95°	**0,994**		**—0,1**	**−99**		**2,5**	**27**	**2,7**	**25**	**0,93**	**13**

x	$\ln x$		e^x		e^{-x}		arc tg x		Ar Sin x		Ar Cos x		Ar Ctg x	
	0,50	**60**	**5,2**	**52**	**0,19**	**−19**	**1,02**	**26**	**1,27**	**51**	**1,08**	**76**	**0,70**	**−5**
1,6500	07 753	60	069 798	084	20 499	20	59 324	86	51 891	82	60 134	18	26 713	804
05	10 783	58	095 840	108	19 539	18	60 667	84	54 482	82	63 943	14	23 811	796
10	13 812	56	121 894	136	18 580	20	62 009	84	57 073	80	67 750	10	20 913	792
15	16 840	54	147 962	160	17 620	16	63 351	82	59 663	78	71 555	06	18 017	786
20	19 867	52	174 042	188	16 662	16	64 692	82	62 252	78	75 358	04	15 124	780
25	22 893	50	200 136	212	15 704	16	66 033	80	64 841	78	79 160	00	12 234	776
30	25 918	50	226 242	240	14 746	14	67 373	78	67 430	74	82 960	*94	09 346	770
35	28 943	46	252 362	266	13 789	14	68 712	78	70 017	76	86 757	92	06 461	764
40	31 966	44	278 495	290	12 832	12	70 051	76	72 605	72	90 553	90	03 579	758
45	34 988	44	304 640	318	11 876	10	71 389	74	75 191	72	94 348	84	00 700	754
1,6550	38 010	42	330 799	344	10 921	12	72 726	74	77 777	72	98 140	82	*97 823	746
55	41 031	40	356 971	370	09 965	08	74 063	74	80 363	70	*01 931	78	94 950	742
60	44 051	36	383 156	396	09 011	10	75 400	70	82 948	68	05 720	74	92 079	738
65	47 069	36	409 354	424	08 056	06	76 735	70	85 532	68	09 507	70	89 210	730
70	50 087	34	435 566	448	07 103	08	78 070	70	88 116	66	13 292	66	86 345	726
75	53 104	34	461 790	474	06 149	06	79 405	68	90 699	66	17 075	64	83 482	720
80	56 121	30	488 027	502	05 196	04	80 739	66	93 282	64	20 857	60	80 622	716
85	59 136	28	514 278	528	04 244	04	82 072	66	95 864	62	24 637	56	77 764	710
90	62 150	28	540 542	552	03 292	02	83 405	66	98 445	62	28 415	52	74 909	704
95	65 164	24	566 818	580	02 341	02	84 738	62	*01 026	60	32 191	50	72 057	698
1,6600	68 176	24	593 108	608	01 390	02	86 069	62	03 606	60	35 966	46	69 208	694
05	71 188	20	619 412	632	00 439	00	87 400	62	06 186	58	39 739	42	66 361	688
10	74 198	20	645 728	658	*99 489	*98	88 731	60	08 765	58	43 510	38	63 517	682
15	77 208	18	672 057	686	98 540	98	90 061	58	11 344	56	47 279	34	60 676	678
20	80 217	16	698 400	712	97 591	98	91 390	58	13 922	56	51 046	32	57 837	672
25	83 225	14	724 756	738	96 642	96	92 719	56	16 500	54	54 812	26	55 001	666
30	86 232	12	751 125	764	95 694	94	94 047	54	19 077	52	58 575	26	52 168	662
35	89 238	10	777 507	790	94 747	96	95 374	54	21 653	52	62 338	20	49 337	656
40	92 243	10	803 902	818	93 799	92	96 701	52	24 229	50	66 098	16	46 509	650
45	95 248	06	830 311	842	92 853	92	98 027	52	26 804	50	69 856	14	43 684	646
1,6650	98 251	06	856 732	870	91 907	92	99 353	50	29 379	48	73 613	10	40 861	640
55	*01 254	02	883 167	898	90 961	90	*00 678	50	31 953	46	77 368	06	38 041	634
60	04 255	02	909 616	922	90 016	90	02 003	48	34 526	46	81 121	04	35 224	630
65	07 256	00	936 077	950	89 071	88	03 327	46	37 099	44	84 873	**98	32 409	624
70	10 256	*98	962 552	976	88 127	88	04 650	46	39 671	44	88 622	96	29 597	618
75	13 255	96	989 040	*002	87 183	88	05 973	46	42 243	44	92 370	94	26 788	614
80	16 253	94	*015 541	028	86 239	86	07 296	42	44 815	40	96 117	88	23 981	608
85	19 250	92	042 055	056	85 296	84	08 617	42	47 385	40	99 861	86	21 177	604
90	22 246	92	068 583	082	84 354	84	09 938	42	49 955	40	**03 604	82	18 375	596
95	25 242	88	095 124	108	83 412	82	11 259	40	52 525	38	07 345	78	15 577	594
1,6700	28 236	88	121 678	134	82 471	82	12 579	38	55 094	36	11 084	74	12 780	588
05	31 230	84	148 245	162	81 530	82	13 898	38	57 662	36	14 821	72	09 986	582
10	34 222	84	174 826	188	80 589	80	15 217	36	60 230	34	18 557	68	07 195	576
15	37 214	82	201 420	216	79 649	80	16 535	36	62 797	34	22 291	64	04 407	572
20	40 205	80	228 028	240	78 709	78	17 853	34	65 364	32	26 023	62	01 621	566
25	43 195	78	254 648	268	77 770	76	19 170	32	67 930	32	29 754	58	**98 838	562
30	46 184	76	281 282	296	76 832	76	20 486	32	70 496	30	33 483	54	96 057	556
35	49 172	76	307 930	320	75 894	76	21 802	30	73 061	28	37 210	50	93 279	552
40	52 160	72	334 590	348	74 956	74	23 117	30	75 625	28	40 935	46	90 503	546
45	55 146	72	361 264	374	74 019	74	24 432	28	78 189	28	44 658	44	87 730	540
1,6750	58 132		387 951		73 082		25 746		80 753		48 380		84 960	
	0,51	**59**	**5,3**	**53**	**0,18**	**−18**	**1,03**	**26**	**1,28**	**51**	**1,10**	**74**	**0,68**	**−5**

x	φ	sin x		cos x		tg x	Sin x		Cos x		Tg x	
	95°	**0,99**	−10	**—0,10**	−99	**—9,**	**2,5**	27	**2,7**	25	**0,93**	1
1,6750	58′ 13,″55	45 757	42	40 152	46	5618 310	757 435	636	630 517	764	22 097	308
55	59 56,68	45 236	48	45 125	44	5158 365	771 253	650	643 399	778	22 751	308
60	*01 39,82	44 712	52	50 097	44	4702 777	785 078	664	656 288	792	23 405	308
65	03 22,95	44 186	58	55 069	44	4251 483	798 910	674	669 184	806	24 059	306
70	05 06,08	43 657	62	60 041	44	3804 423	812 747	690	682 087	820	24 712	304
75	06 49,21	43 126	68	65 013	42	3361 537	826 592	700	694 997	832	25 364	302
80	08 32,34	42 592	72	69 984	44	2922 766	840 442	716	707 913	848	26 015	302
85	10 15,48	42 056	78	74 956	42	2488 054	854 300	726	720 837	862	26 666	302
90	11 58,61	41 517	82	79 927	40	2057 344	868 163	740	733 768	874	27 317	298
95	13 41,74	40 976	88	84 897	42	1630 580	882 033	754	746 705	890	27 966	300
1,6800	15 24,87	40 432	92	89 868	40	1207 709	895 910	766	759 650	902	28 616	296
05	17 08,01	39 886	98	94 838	38	0788 678	909 793	780	772 601	918	29 264	296
10	18 51,14	39 337	*02	99 807	40	0373 434	923 683	792	785 560	930	29 912	294
15	20 34,27	38 786	08	*04 777	38	*9961 925	937 579	804	798 525	944	30 559	294
20	22 17,40	38 232	12	09 746	38	9554 102	951 481	818	811 497	958	31 206	292
25	24 00,54	37 676	16	14 715	38	9149 915	965 390	832	824 476	974	31 852	292
30	25 43,67	37 118	22	19 684	36	8749 315	979 306	844	837 463	986	32 498	290
35	27 26,80	36 557	28	24 652	36	8352 255	993 228	856	850 456	*000	33 143	288
40	29 09,93	35 993	32	29 620	36	7958 688	*007 156	870	863 456	014	33 787	288
45	30 53,07	35 427	38	34 588	36	7568 567	021 091	884	876 463	028	34 431	286
1,6850	32 36,20	34 858	42	39 556	34	7181 848	035 033	894	889 477	042	35 074	284
55	34 19,33	34 287	46	44 523	34	6798 485	048 980	910	902 498	056	35 716	284
60	36 02,46	33 714	52	49 490	34	6418 435	062 935	922	915 526	070	36 358	284
65	37 45,60	33 138	58	54 457	32	6041 656	076 896	936	928 561	084	37 000	280
70	39 28,73	32 559	60	59 423	32	5668 105	090 864	948	941 603	098	37 640	280
75	41 11,86	31 979	68	64 389	32	5297 740	104 838	960	954 652	112	38 280	280
80	42 54,99	31 395	72	69 355	32	4930 521	118 818	974	967 708	124	38 920	278
85	44 38,13	30 809	76	74 321	30	4566 407	132 805	988	980 770	140	39 559	276
90	46 21,26	30 221	82	79 286	30	4205 360	146 799	*000	993 840	154	40 197	276
95	48 04,39	29 630	86	84 251	30	3847 340	160 799	014	*006 917	168	40 835	274
1,6900	49 47,52	29 037	92	89 216	28	3492 310	174 806	026	020 001	182	41 472	274
05	51 30,65	28 441	98	94 180	28	3140 231	188 819	040	033 092	196	42 109	272
10	53 13,79	27 842	**00	99 144	28	2791 068	202 839	052	046 190	210	42 745	270
15	54 56,92	27 242	08	**04 108	26	2444 783	216 865	066	059 295	224	43 380	270
20	56 40,05	26 638	12	09 071	28	2101 342	230 898	080	072 407	238	44 015	268
25	58 23,18	26 032	16	14 035	24	1760 709	244 938	092	085 526	252	44 649	266
30	**00 06,32	25 424	22	18 997	26	1422 849	258 984	104	098 652	266	45 282	266
35	01 49,45	24 813	26	23 960	24	1087 729	273 036	120	111 785	280	45 915	266
40	03 32,58	24 200	30	28 922	24	0755 316	287 096	130	124 925	294	46 548	264
45	05 15,71	23 585	38	33 884	24	0425 576	301 161	146	138 072	308	47 180	262
1,6950	06 58,85	22 966	40	38 846	22	0098 478	315 234	158	151 226	322	47 811	262
55	08 41,98	22 346	46	43 807	22	**9773 989	329 313	170	164 387	336	48 442	260
60	10 25,11	21 723	52	48 768	22	9452 079	343 398	184	177 555	352	49 072	258
65	12 08,24	21 097	56	53 729	20	9132 716	357 490	198	190 731	364	49 701	258
70	13 51,38	20 469	62	58 689	20	8815 870	371 589	210	203 913	378	50 330	256
75	15 34,51	19 838	66	63 649	20	8501 512	385 694	224	217 102	392	50 958	256
80	17 17,64	19 205	70	68 609	20	8189 612	399 806	236	230 298	408	51 586	254
85	19 00,77	18 570	76	73 569	18	7880 141	413 924	250	243 502	420	52 213	252
90	20 43,91	17 932	82	78 528	16	7573 071	428 049	264	256 712	436	52 839	252
95	22 27,04	17 291	86	83 486	18	7268 373	442 181	276	269 930	450	53 465	252
1,7000	24′ 10,″17	16 648		88 445		6966 021	456 319		283 155		54 091	
	97°	**0,99**	−12	**—0,12**	−99	**—7,**	**2,6**	28	**2,8**	26	**0,93**	1

x	ln x		e^x		e^{-x}		arc tg x		Ar Sin x		Ar Cos x		Ar Ctg x	
	0,51	**59**	**5,3**	**53**	**0,18**	**−18**	**1,03**	**26**	**1,28**	**51**	**1,10**	**74**	**0,68**	**−5**
1,6750	58 132	68	387 951	402	73 082	74	25 746	28	80 753	24	48 380	40	84 960	536
55	61 116	68	414 652	428	72 145	70	27 060	26	83 315	26	52 100	38	82 192	530
60	64 100	66	441 366	456	71 210	72	28 373	24	85 878	22	55 819	32	79 427	526
65	67 083	64	468 094	480	70 274	70	29 685	24	88 439	22	59 535	30	76 664	520
70	70 065	62	494 834	508	69 339	68	30 997	22	91 000	22	63 250	28	73 904	516
75	73 046	60	521 588	536	68 405	68	32 308	22	93 561	20	66 964	22	71 146	510
80	76 026	58	548 356	562	67 471	68	33 619	20	96 121	18	70 675	20	68 391	504
85	79 005	58	575 137	588	66 537	66	34 929	20	98 680	18	74 385	16	65 639	500
90	81 984	54	601 931	616	65 604	64	36 239	16	*01 239	16	78 093	12	62 889	496
95	84 961	54	628 739	642	64 672	64	37 547	18	03 797	16	81 799	10	60 141	490
1,6800	87 938	52	655 560	668	63 740	64	38 856	16	06 355	14	85 504	06	57 396	484
05	90 914	50	682 394	696	62 808	62	40 164	14	08 912	14	89 207	02	54 654	480
10	93 889	48	709 242	722	61 877	62	41 471	12	11 469	12	92 908	00	51 914	474
15	96 863	46	736 103	750	60 946	60	42 777	14	14 025	10	96 608	*96	49 177	470
20	99 836	44	762 978	776	60 016	60	44 084	10	16 580	10	*00 306	92	46 442	464
25	*02 808	42	789 866	804	59 086	58	45 389	10	19 135	08	04 002	88	43 710	460
30	05 779	42	816 768	830	58 157	58	46 694	08	21 689	08	07 696	86	40 980	454
35	08 750	38	843 683	858	57 228	56	47 998	08	24 243	06	11 389	82	38 253	450
40	11 719	38	870 612	884	56 300	56	49 302	06	26 796	06	15 080	78	35 528	444
45	14 688	36	897 554	910	55 372	56	50 605	06	29 349	04	18 769	76	32 806	440
1,6850	17 656	34	924 509	938	54 444	54	51 908	04	31 901	04	22 457	72	30 086	434
55	20 623	32	951 478	966	53 517	52	53 210	02	34 453	02	26 143	68	27 369	430
60	23 589	30	978 461	992	52 591	52	54 511	02	37 004	00	29 827	66	24 654	426
65	26 554	28	*005 457	*018	51 665	52	55 812	02	39 554	00	33 510	62	21 941	418
70	29 518	26	032 466	046	50 739	50	57 113	00	42 104	*98	37 191	58	19 232	416
75	32 481	26	059 489	074	49 814	50	58 413	*98	44 653	98	40 870	56	16 524	410
80	35 444	24	086 526	100	48 889	48	59 712	96	47 202	96	44 548	50	13 819	404
85	38 406	20	113 576	126	47 965	48	61 010	96	49 750	96	48 223	50	11 117	400
90	41 366	20	140 639	154	47 041	46	62 308	96	52 298	94	51 898	44	08 417	396
95	44 326	18	167 716	182	46 118	46	63 606	94	54 845	92	55 570	42	05 719	390
1,6900	47 285	16	194 807	208	45 195	44	64 903	92	57 391	92	59 241	38	03 024	384
05	50 243	16	221 911	236	44 273	44	66 199	92	59 937	92	62 910	36	00 332	380
10	53 201	12	249 029	262	43 351	42	67 495	90	62 483	88	66 578	32	*97 642	376
15	56 157	12	276 160	290	42 430	42	68 790	90	65 027	90	70 244	28	94 954	370
20	59 113	08	303 305	318	41 509	42	70 085	88	67 572	86	73 908	24	92 269	366
25	62 067	08	330 464	344	40 588	40	71 379	88	70 115	86	77 570	22	89 586	362
30	65 021	06	357 636	370	39 668	40	72 673	84	72 658	86	81 231	18	86 905	354
35	67 974	04	384 821	398	38 748	38	73 965	86	75 201	84	84 890	16	84 228	352
40	70 926	02	412 020	426	37 829	36	75 258	84	77 743	84	88 548	12	81 552	346
45	73 877	00	439 233	454	36 911	38	76 550	82	80 285	82	92 204	08	78 879	342
1,6950	76 827	00	466 460	480	35 992	34	77 841	82	82 826	80	95 858	06	76 208	336
55	79 777	*96	493 700	506	35 075	36	79 132	80	85 366	80	99 511	02	73 540	332
60	82 725	96	520 953	536	34 157	34	80 422	78	87 906	78	**03 162	**98	70 874	326
65	85 673	94	548 221	562	33 240	32	81 711	78	90 445	78	06 811	96	68 211	322
70	88 620	92	575 502	588	32 324	32	83 000	78	92 984	76	10 459	92	65 550	318
75	91 566	90	602 796	616	31 408	30	84 289	76	95 522	74	14 105	88	62 891	312
80	94 511	88	630 104	644	30 493	30	85 577	74	98 059	74	17 749	86	60 235	308
85	97 455	86	657 426	672	29 578	30	86 864	74	**00 596	74	21 392	82	57 581	304
90	**00 398	86	684 762	698	28 663	28	88 151	72	03 133	72	25 033	78	54 929	298
95	03 341	84	712 111	726	27 749	28	89 437	72	05 669	70	28 672	76	52 280	292
1,7000	06 283		739 474		26 835		90 723		08 204		32 310		49 634	
	0,53	**58**	**5,4**	**54**	**0,18**	**−18**	**1,03**	**25**	**1,30**	**50**	**1,12**	**72**	**0,67**	**−5**

x	φ	sin x		cos x		tg x	Sin x		Cos x		Tg x	
	97°	0,99	−1	—0,1	−99	—7,	2,6	28	2,8	26	0,93	12
1,7000	24′ 10,″17	16 648	290	288 445	16	6966 021	456 319	290	283 155	462	54 091	48
05	25 53,30	16 003	296	293 403	16	6665 988	470 464	304	296 386	478	54 715	50
10	27 36,44	15 355	302	298 361	14	6368 245	484 616	316	309 625	492	55 340	46
15	29 19,57	14 704	306	303 318	16	6072 768	498 774	330	322 871	506	55 963	46
20	31 02,70	14 051	310	308 276	14	5779 530	512 939	342	336 124	520	56 586	46
25	32 45,83	13 396	316	313 233	12	5488 506	527 110	356	349 384	534	57 209	42
30	34 28,97	12 738	320	318 189	12	5199 670	541 288	370	362 651	548	57 830	44
35	36 12,10	12 078	326	323 145	12	4912 999	555 473	382	375 925	562	58 452	40
40	37 55,23	11 415	330	328 101	12	4628 466	569 664	396	389 206	578	59 072	42
45	39 38,36	10 750	336	333 057	10	4346 050	583 862	408	402 495	590	59 693	38
1,7050	41 21,49	10 082	340	338 012	10	4065 725	598 066	424	415 790	606	60 312	38
55	43 04,63	09 412	346	342 967	08	3787 469	612 278	434	429 093	620	60 931	36
60	44 47,76	08 739	350	347 921	08	3511 258	626 495	450	442 403	632	61 549	36
65	46 30,89	08 064	356	352 875	08	3237 071	640 720	462	455 719	648	62 167	34
70	48 14,02	07 386	360	357 829	08	2964 884	654 951	476	469 043	662	62 784	34
75	49 57,16	06 706	366	362 783	06	2694 676	669 189	490	482 374	676	63 401	32
80	51 40,29	06 023	370	367 736	06	2426 425	683 434	502	495 712	692	64 017	30
85	53 23,42	05 338	374	372 689	04	2160 111	697 685	516	509 058	704	64 632	30
90	55 06,55	04 651	380	377 641	06	1895 710	711 943	528	522 410	720	65 247	30
95	56 49,69	03 961	386	382 594	02	1633 204	726 207	542	535 770	732	65 862	26
1,7100	58 32,82	03 268	390	387 545	04	1372 572	740 478	556	549 136	748	66 475	28
05	*00 15,95	02 573	394	392 497	02	1113 793	754 756	570	562 510	762	67 089	24
10	01 59,08	01 876	400	397 448	02	0856 848	769 041	582	575 891	776	67 701	24
15	03 42,22	01 176	406	402 399	00	0601 718	783 332	596	589 279	790	68 313	24
20	05 25,35	00 473	410	407 349	00	0348 382	797 630	610	602 674	806	68 925	22
25	07 08,48	*99 768	414	412 299	00	0096 822	811 935	622	616 077	818	69 536	20
30	08 51,61	99 061	420	417 249	*98	*9847 019	826 246	636	629 486	834	70 146	20
35	10 34,75	98 351	424	422 198	98	9598 955	840 564	650	642 903	848	70 756	18
40	12 17,88	97 639	430	427 147	98	9352 612	854 889	664	656 327	862	71 365	16
45	14 01,01	96 924	434	432 096	96	9107 971	869 221	676	669 758	876	71 973	16
1,7150	15 44,14	96 207	440	437 044	96	8865 015	883 559	690	683 196	892	72 581	16
55	17 27,28	95 487	444	441 992	96	8623 726	897 904	704	696 642	904	73 189	14
60	19 10,41	94 765	450	446 940	94	8384 087	912 256	716	710 094	920	73 796	12
65	20 53,54	94 040	454	451 887	94	8146 082	926 614	730	723 554	934	74 402	12
70	22 36,67	93 313	460	456 834	92	7909 693	940 979	744	737 021	948	75 008	10
75	24 19,80	92 583	464	461 780	92	7674 904	955 351	758	750 495	962	75 613	10
80	26 02,94	91 851	470	466 726	92	7441 698	969 730	770	763 976	976	76 218	08
85	27 46,07	91 116	474	471 672	90	7210 060	984 115	784	777 464	992	76 822	06
90	29 29,20	90 379	478	476 617	90	6979 974	998 507	798	790 960	*006	77 425	06
95	31 12,33	89 640	484	481 562	90	6751 423	*012 906	812	804 463	020	78 028	04
1,7200	32 55,47	88 898	490	486 507	88	6524 393	027 312	824	817 973	034	78 630	04
05	34 38,60	88 153	494	491 451	88	6298 869	041 724	838	831 490	050	79 232	02
10	36 21,73	87 406	498	496 395	88	6074 834	056 143	852	845 015	062	79 833	02
15	38 04,86	86 657	504	501 339	86	5852 275	070 569	866	858 546	078	80 434	00
20	39 48,00	85 905	510	506 282	86	5631 177	085 002	878	872 085	092	81 034	00
25	41 31,13	85 150	512	511 225	84	5411 526	099 441	892	885 631	108	81 634	*98
30	43 14,26	84 394	520	516 167	84	5193 306	113 887	906	899 185	120	82 233	96
35	44 57,39	83 634	522	521 109	84	4976 504	128 340	920	912 745	136	82 831	96
40	46 40,53	82 873	530	526 051	82	4761 107	142 800	934	926 313	150	83 429	94
45	48 23,66	82 108	532	530 992	82	4547 100	157 267	946	939 888	164	84 026	94
1,7250	50′ 06,″79	81 342		535 933		4334 469	171 740		953 470		84 623	
	98°	0,98	−1	—0,1	−98	—6,	2,7	28	2,8	27	0,93	11

x	$\ln x$		e^x		e^{-x}		$\operatorname{arc\,tg} x$		$\operatorname{Ar\,Sin} x$		$\operatorname{Ar\,Cos} x$		$\operatorname{Ar\,Ctg} x$	
	0,53	58	**5,4**	54	**0,18**	−1	**1,03**	25	**1,30**	50	**1,12**	72	**0,67**	−52
1,7000	06 283	80	739 474	752	26 835	826	90 723	70	08 204	70	32 310	72	49 634	90
05	09 223	80	766 850	782	25 922	826	92 008	68	10 739	68	35 946	68	46 989	84
10	12 163	78	794 241	808	25 009	824	93 292	68	13 273	68	39 580	66	44 347	78
15	15 102	76	821 645	834	24 097	824	94 576	66	15 807	66	43 213	64	41 708	74
20	18 040	76	849 062	864	23 185	822	95 859	66	18 340	66	46 845	58	39 071	70
25	20 978	72	876 494	890	22 274	822	97 142	66	20 873	64	50 474	56	36 436	66
30	23 914	72	903 939	918	21 363	822	98 425	62	23 405	62	54 102	54	33 803	60
35	26 850	68	931 398	944	20 452	820	99 706	62	25 936	62	57 729	48	31 173	56
40	29 784	68	958 870	974	19 542	818	*00 987	62	28 467	62	61 353	46	28 545	50
45	32 718	66	986 357	*000	18 633	818	02 268	60	30 998	60	64 976	44	25 920	46
1,7050	35 651	64	*013 857	026	17 724	818	03 548	60	33 528	58	68 598	40	23 297	42
55	38 583	62	041 370	056	16 815	816	04 828	56	36 057	58	72 218	36	20 676	36
60	41 514	62	068 898	082	15 907	816	06 106	58	38 586	56	75 836	34	18 058	32
65	44 445	58	096 439	110	14 999	814	07 385	56	41 114	54	79 453	30	15 442	28
70	47 374	58	123 994	138	14 092	814	08 663	54	43 641	56	83 068	26	12 828	22
75	50 303	56	151 563	166	13 185	812	09 940	52	46 169	52	86 681	24	10 217	18
80	53 231	54	179 146	194	12 279	812	11 216	54	48 695	52	90 293	20	07 608	14
85	56 158	52	206 743	220	11 373	812	12 493	50	51 221	52	93 903	18	05 001	08
90	59 084	50	234 353	248	10 467	810	13 768	50	53 747	48	97 512	14	02 397	06
95	62 009	50	261 977	276	09 562	808	15 043	50	56 271	50	*01 119	10	*99 794	*98
1,7100	64 934	46	289 615	302	08 658	808	16 318	48	58 796	48	04 724	08	97 195	96
05	67 857	46	317 266	332	07 754	808	17 592	46	61 320	46	08 328	04	94 597	90
10	70 780	44	344 932	358	06 850	806	18 865	46	63 843	44	11 930	02	92 002	86
15	73 702	42	372 611	388	05 947	806	20 138	44	66 365	46	15 531	*98	89 409	80
20	76 623	40	400 305	414	05 044	804	21 410	44	68 888	42	19 130	94	86 819	78
25	79 543	38	428 012	442	04 142	804	22 682	42	71 409	42	22 727	92	84 230	72
30	82 462	38	455 733	468	03 240	802	23 953	40	73 930	42	26 323	88	81 644	66
35	85 381	34	483 467	498	02 339	802	25 223	40	76 451	40	29 917	86	79 061	64
40	88 298	34	511 216	526	01 438	802	26 493	40	78 971	38	33 510	82	76 479	58
45	91 215	32	538 979	552	00 537	800	27 763	38	81 490	38	37 101	78	73 900	54
1,7150	94 131	30	566 755	580	*99 637	798	29 032	36	84 009	36	40 690	76	71 323	48
55	97 046	28	594 545	610	98 738	800	30 300	36	86 527	36	44 278	74	68 749	44
60	99 960	26	622 350	636	97 838	796	31 568	34	89 045	34	47 865	68	66 177	40
65	*02 873	26	650 168	664	96 940	796	32 835	34	91 562	34	51 449	66	63 607	36
70	05 786	22	678 000	692	96 042	796	34 102	32	94 079	32	55 032	64	61 039	32
75	08 697	22	705 846	720	95 144	796	35 368	32	96 595	30	58 614	60	58 473	26
80	11 608	20	733 706	748	94 246	794	36 634	30	99 110	32	62 194	56	55 910	22
85	14 518	18	761 580	774	93 349	792	37 899	28	*01 626	28	65 772	54	53 349	18
90	17 427	18	789 467	804	92 453	792	39 163	28	04 140	28	69 349	50	50 790	12
95	20 336	14	817 369	832	91 557	792	40 427	28	06 654	26	72 924	48	48 234	08
1,7200	23 243	12	845 285	858	90 661	790	41 691	24	09 167	26	76 498	44	45 680	04
05	26 149	12	873 214	888	89 766	788	42 953	26	11 680	24	80 070	42	43 128	00
10	29 055	10	901 158	914	88 872	788	44 216	22	14 192	24	83 641	38	40 578	**96
15	31 960	08	929 115	944	87 978	788	45 477	24	16 704	22	87 210	34	38 030	90
20	34 864	06	957 087	972	87 084	788	46 739	20	19 215	22	90 777	32	35 485	86
25	37 767	06	985 073	998	86 190	784	47 999	22	21 726	20	94 343	28	32 942	82
30	40 670	02	**013 072	**028	85 298	786	49 260	18	24 236	20	97 907	26	30 401	76
35	43 571	02	041 086	054	84 405	784	50 519	18	26 746	18	**01 470	22	27 863	74
40	46 472	00	069 113	084	83 513	782	51 778	18	29 255	16	05 031	20	25 326	68
45	49 372	*98	097 155	110	82 622	782	53 037	16	31 763	16	08 591	16	22 792	64
1,7250	52 271		125 210		81 731		54 295		34 271		12 149		20 260	
	0,54	57	**5,6**	56	**0,17**	−1	**1,04**	25	**1,31**	50	**1,14**	71	**0,66**	−50

x	φ	$\sin x$		$\cos x$		$\operatorname{tg} x$	$\mathfrak{Sin}\, x$		$\mathfrak{Cos}\, x$		$\mathfrak{Tg}\, x$	
	98°	**0,98**	−15	**—0,15**	−98	**—6,**	**2,7**	28	**2,8**	27	**0,93**	11
1,7250	50′ 06,″79	81 342	40	35 933	80	4334 469	171 740	960	953 470	180	84 623	92
55	51 49,92	80 572	42	40 873	80	4123 203	186 220	974	967 060	194	85 219	92
60	53 33,06	79 801	48	45 813	80	3913 286	200 707	988	980 657	208	85 815	90
65	55 16,19	79 027	54	50 753	78	3704 708	215 201	*000	994 261	222	86 410	88
70	56 59,32	78 250	58	55 692	78	3497 453	229 701	016	*007 872	236	87 004	88
75	58 42,45	77 471	64	60 631	78	3291 511	244 209	028	021 490	252	87 598	86
80	*00 25,59	76 689	68	65 570	76	3086 868	258 723	042	035 116	266	88 191	86
85	02 08,72	75 905	72	70 508	76	2883 511	273 244	054	048 749	280	88 784	84
90	03 51,85	75 119	78	75 446	74	2681 430	287 771	070	062 389	296	89 376	84
95	05 34,98	74 330	84	80 383	74	2480 611	302 306	082	076 037	310	89 968	82
1,7300	07 18,11	73 538	86	85 320	74	2281 043	316 847	098	089 692	324	90 559	82
05	09 01,25	72 745	94	90 257	72	2082 714	331 396	110	103 354	338	91 150	80
10	10 44,38	71 948	98	95 193	72	1885 613	345 951	124	117 023	354	91 740	78
15	12 27,51	71 149	*02	*00 129	70	1689 728	360 513	138	130 700	368	92 329	78
20	14 10,64	70 348	08	05 064	70	1495 047	375 082	150	144 384	382	92 918	78
25	15 53,78	69 544	12	09 999	68	1301 560	389 657	166	158 075	396	93 507	76
30	17 36,91	68 738	18	14 933	70	1109 255	404 240	178	171 773	412	94 095	74
35	19 20,04	67 929	22	19 868	66	0918 122	418 829	192	185 479	426	94 682	74
40	21 03,17	67 118	26	24 801	68	0728 150	433 425	206	199 192	440	95 269	72
45	22 46,31	66 305	34	29 735	66	0539 328	448 028	220	212 912	456	95 855	70
1,7350	24 29,44	65 488	36	34 668	64	0351 646	462 638	234	226 640	470	96 440	70
55	26 12,57	64 670	42	39 600	64	0165 092	477 255	246	240 375	484	97 025	70
60	27 55,70	63 849	48	44 532	64	*9979 658	491 878	262	254 117	500	97 610	68
65	29 38,84	63 025	52	49 464	62	9795 333	506 509	274	267 867	514	98 194	66
70	31 21,97	62 199	56	54 395	62	9612 107	521 146	290	281 624	528	98 777	66
75	33 05,10	61 371	62	59 326	62	9429 969	535 791	302	295 388	544	99 360	66
80	34 48,23	60 540	66	64 257	60	9248 911	550 442	316	309 160	556	99 943	62
85	36 31,37	59 707	72	69 187	58	9068 923	565 100	330	322 938	574	*00 524	64
90	38 14,50	58 871	76	74 116	60	8889 994	579 765	342	336 725	586	01 106	60
95	39 57,63	58 033	82	79 046	56	8712 117	594 436	358	350 518	602	01 686	60
1,7400	41 40,76	57 192	86	83 974	58	8535 280	609 115	372	364 319	616	02 266	60
05	43 23,90	56 349	92	88 903	56	8359 476	623 801	384	378 127	632	02 846	58
10	45 07,03	55 503	96	93 831	54	8184 694	638 493	400	391 943	646	03 425	58
15	46 50,16	54 655	**02	98 758	54	8010 927	653 193	412	405 766	660	04 004	56
20	48 33,29	53 804	06	**03 685	54	7838 165	667 899	426	419 596	676	04 582	54
25	50 16,42	52 951	10	08 612	52	7666 399	682 612	440	433 434	690	05 159	54
30	51 59,56	52 096	16	13 538	52	7495 620	697 332	456	447 279	704	05 736	52
35	53 42,69	51 238	22	18 464	52	7325 821	712 060	468	461 131	720	06 312	52
40	55 25,82	50 377	26	23 390	50	7156 993	726 794	482	474 991	734	06 888	50
45	57 08,95	49 514	30	28 315	48	6989 126	741 535	494	488 858	748	07 463	50
1,7450	58 52,09	48 649	36	33 239	48	6822 214	756 282	510	502 732	764	08 038	48
55	**00 35,22	47 781	40	38 163	48	6656 247	771 037	524	516 614	778	08 612	48
60	02 18,35	46 911	46	43 087	46	6491 218	785 799	538	530 503	794	09 186	46
65	04 01,48	46 038	50	48 010	46	6327 119	800 568	550	544 400	808	09 759	44
70	05 44,62	45 163	56	52 933	44	6163 941	815 343	566	558 304	822	10 331	44
75	07 27,75	44 285	60	57 855	44	6001 677	830 126	580	572 215	838	10 903	44
80	09 10,88	43 405	66	62 777	44	5840 320	844 916	592	586 134	852	11 475	42
85	10 54,01	42 522	70	67 699	42	5679 861	859 712	608	600 060	868	12 046	40
90	12 37,15	41 637	76	72 620	40	5520 292	874 516	620	613 994	882	12 616	40
95	14 20,28	40 749	80	77 540	42	5361 608	889 326	636	627 935	896	13 186	38
1,7500	16′ 03,″41	39 859		82 461		5203 799	904 144		641 883		13 755	
	100°	**0,98**	−17	**—0,17**	−98	**—5,**	**2,7**	29	**2,9**	27	**0,94**	11

x	ln x		e^x		e^{-x}		arc tg x		Ar Sin x		Ar Cos x		Ar Ctg x	
	0,54	57	**5,6**	56	**0,17**	−17	**1,04**	25	**1,31**	50	**1,14**	71	**0,66**	−50
1,7250	52 271	96	125 210	140	81 731	82	54 295	14	34 271	14	12 149	12	20 260	58
55	55 169	94	153 280	168	80 840	80	55 552	14	36 778	14	15 705	10	17 731	56
60	58 066	92	181 364	194	79 950	80	56 809	12	39 285	14	19 260	08	15 203	50
65	60 962	92	209 461	224	79 060	78	58 065	12	41 792	10	22 814	02	12 678	46
70	63 858	90	237 573	252	78 171	78	59 321	10	44 297	10	26 365	02	10 155	42
75	66 753	88	265 699	280	77 282	78	60 576	10	46 802	10	29 916	*96	07 634	38
80	69 647	86	293 839	308	76 393	76	61 831	08	49 307	08	33 464	96	05 115	34
85	72 540	84	321 993	336	75 505	74	63 085	06	51 811	08	37 012	90	02 598	28
90	75 432	82	350 161	364	74 618	74	64 338	06	54 315	06	40 557	88	00 084	24
95	78 323	82	378 343	392	73 731	74	65 591	06	56 818	04	44 101	86	*97 572	20
1,7300	81 214	80	406 539	420	72 844	72	66 844	04	59 320	04	47 644	82	95 062	16
05	84 104	78	434 749	450	71 958	72	68 096	02	61 822	04	51 185	80	92 554	12
10	86 993	76	462 974	476	71 072	70	69 347	02	64 324	02	54 725	76	90 048	06
15	89 881	74	491 212	506	70 187	70	70 598	00	66 825	00	58 263	72	87 545	02
20	92 768	74	519 465	534	69 302	68	71 848	00	69 325	00	61 799	70	85 044	00
25	95 655	70	547 732	562	68 418	68	73 098	00	71 825	*98	65 334	66	82 544	*94
30	98 540	70	576 013	590	67 534	68	74 348	*96	74 324	98	68 867	64	80 047	88
35	*01 425	68	604 308	618	66 650	66	75 596	96	76 823	96	72 399	62	77 553	86
40	04 309	66	632 617	646	65 767	66	76 844	96	79 321	94	75 930	56	75 060	82
45	07 192	64	660 940	676	64 884	64	78 092	94	81 818	96	79 458	56	72 569	76
1,7350	10 074	64	689 278	704	64 002	64	79 339	94	84 316	92	82 986	50	70 081	72
55	12 956	60	717 630	732	63 120	62	80 586	92	86 812	92	86 511	50	67 595	68
60	15 836	60	745 996	760	62 239	62	81 832	90	89 308	92	90 036	44	65 111	64
65	18 716	58	774 376	788	61 358	60	83 077	90	91 804	88	93 558	44	62 629	60
70	21 595	56	802 770	818	60 478	60	84 322	88	94 298	90	97 080	38	60 149	56
75	24 473	54	831 179	844	59 598	60	85 566	88	96 793	88	*00 599	38	57 671	50
80	27 350	54	859 601	874	58 718	58	86 810	88	99 287	86	04 118	32	55 196	46
85	30 227	50	888 038	902	57 839	58	88 054	84	*01 780	86	07 634	30	52 723	44
90	33 102	50	916 489	932	56 960	56	89 296	86	04 273	84	11 149	28	50 251	38
95	35 977	48	944 955	958	56 082	56	90 539	82	06 765	84	14 663	24	47 782	34
1,7400	38 851	46	973 434	988	55 204	54	91 780	82	09 257	82	18 175	22	45 315	30
05	41 724	46	*001 928	*016	54 327	54	93 021	82	11 748	80	21 686	18	42 850	26
10	44 597	42	030 436	046	53 450	54	94 262	80	14 238	80	25 195	16	40 387	20
15	47 468	42	058 959	072	52 573	52	95 502	80	16 728	80	28 703	12	37 927	18
20	50 339	40	087 495	102	51 697	52	96 742	78	19 218	78	32 209	08	35 468	12
25	53 209	38	116 046	130	50 821	50	97 981	76	21 707	76	35 713	06	33 012	10
30	56 078	36	144 611	160	49 946	48	99 219	76	24 195	76	39 216	04	30 557	04
35	58 946	34	173 191	186	49 072	50	*00 457	76	26 683	76	42 718	00	28 105	00
40	61 813	34	201 784	216	48 197	48	01 695	74	29 171	74	46 218	**98	25 655	**96
45	64 680	32	230 392	246	47 323	46	02 932	72	31 658	72	49 717	94	23 207	92
1,7450	67 546	28	259 015	272	46 450	46	04 168	72	34 144	72	53 214	92	20 761	88
55	70 410	30	287 651	302	45 577	46	05 404	70	36 630	70	56 710	88	18 317	84
60	73 275	26	316 302	332	44 704	44	06 639	70	39 115	70	60 204	84	15 875	80
65	76 138	24	344 968	358	43 832	44	07 874	68	41 600	68	63 696	84	13 435	74
70	79 000	24	373 647	388	42 960	42	09 108	68	44 084	68	67 188	78	10 998	72
75	81 862	22	402 341	418	42 089	42	10 342	66	46 568	66	70 677	78	08 562	68
80	84 723	20	431 050	444	41 218	40	11 575	64	49 051	64	74 166	72	06 128	62
85	87 583	18	459 772	474	40 348	40	12 807	66	51 533	64	77 652	72	03 697	58
90	90 442	16	488 509	504	39 478	38	14 040	62	54 015	64	81 138	66	01 268	56
95	93 300	16	517 261	532	38 609	40	15 271	62	56 497	62	84 621	66	**98 840	50
1,7500	96 158		546 027		37 739		16 502		58 978		88 104		96 415	
	0,55	57	**5,7**	57	**0,17**	−17	**1,05**	24	**1,32**	49	**1,15**	69	**0,64**	−48

x	φ	sin x		cos x		tg x	𝔖in x		ℭof x		𝔗g x	
	100°	0,98	−1	—0,1	−98	—5,	2,7	29	2,9	27	0,94	11
1,7500	16′ 03,″41	39 859	784	782 461	38	5203 799	904 144	648	641 883	912	13 755	38
05	17 46,54	38 967	790	787 380	40	5046 859	918 968	664	655 839	926	14 324	36
10	19 29,68	38 072	794	792 300	36	4890 781	933 800	676	669 802	942	14 892	36
15	21 12,81	37 175	800	797 218	38	4735 557	948 638	690	683 773	956	15 460	34
20	22 55,94	36 275	804	802 137	36	4581 181	963 483	706	697 751	970	16 027	34
25	24 39,07	35 373	810	807 055	34	4427 644	978 336	718	711 736	986	16 594	32
30	26 22,21	34 468	814	811 972	34	4274 942	993 195	732	725 729	*000	17 160	32
35	28 05,34	33 561	820	816 889	34	4123 065	*008 061	748	739 729	016	17 726	30
40	29 48,47	32 651	824	821 806	32	3972 009	022 935	760	753 737	030	18 291	28
45	31 31,60	31 739	830	826 722	30	3821 765	037 815	774	767 752	046	18 855	28
1,7550	33 14,73	30 824	834	831 637	32	3672 328	052 702	790	781 775	060	19 419	28
55	34 57,87	29 907	838	836 553	28	3523 691	067 597	802	795 805	076	19 983	26
60	36 41,00	28 988	844	841 467	30	3375 848	082 498	818	809 843	088	20 546	24
65	38 24,13	28 066	850	846 382	26	3228 791	097 407	830	823 887	106	21 108	24
70	40 07,26	27 141	854	851 295	28	3082 515	112 322	846	837 940	120	21 670	22
75	41 50,40	26 214	858	856 209	26	2937 014	127 245	858	852 000	134	22 231	22
80	43 33,53	25 285	864	861 122	24	2792 280	142 174	874	866 067	150	22 792	20
85	45 16,66	24 353	868	866 034	24	2648 309	157 111	886	880 142	164	23 352	20
90	46 59,79	23 419	874	870 946	22	2505 094	172 054	902	894 224	180	23 912	18
95	48 42,93	22 482	878	875 857	22	2362 629	187 005	916	908 314	194	24 471	18
1,7600	50 26,06	21 543	882	880 768	22	2220 907	201 963	928	922 411	210	25 030	16
05	52 09,19	20 602	890	885 679	20	2079 924	216 927	944	936 516	224	25 588	16
10	53 52,32	19 657	892	890 589	20	1939 674	231 899	958	950 628	240	26 146	14
15	55 35,46	18 711	898	895 499	18	1800 149	246 878	972	964 748	254	26 703	14
20	57 18,59	17 762	902	900 408	16	1661 346	261 864	986	978 875	270	27 260	12
25	59 01,72	16 811	908	905 316	18	1523 258	276 857	*000	993 010	284	27 816	10
30	*00 44,85	15 857	914	910 225	14	1385 880	291 857	014	*007 152	300	28 371	10
35	02 27,99	14 900	916	915 132	14	1249 205	306 864	028	021 302	314	28 926	10
40	04 11,12	13 942	924	920 039	14	1113 230	321 878	044	035 459	330	29 481	08
45	05 54,25	12 980	926	924 946	12	0977 947	336 900	056	049 624	344	30 035	06
1,7650	07 37,38	12 017	934	929 852	12	0843 353	351 928	070	063 796	358	30 588	06
55	09 20,52	11 050	936	934 758	10	0709 441	366 963	086	077 975	376	31 141	06
60	11 03,65	10 082	942	939 663	10	0576 206	382 006	098	092 163	388	31 694	04
65	12 46,78	09 111	948	944 568	10	0443 644	397 055	114	106 357	406	32 246	02
70	14 29,91	08 137	952	949 473	06	0311 749	412 112	128	120 560	420	32 797	02
75	16 13,05	07 161	956	954 376	08	0180 515	427 176	142	134 770	434	33 348	00
80	17 56,18	06 183	962	959 280	06	0049 938	442 247	156	148 987	450	33 898	00
85	19 39,31	05 202	966	964 183	04	*9920 014	457 325	170	163 212	464	34 448	*98
90	21 22,44	04 219	972	969 085	04	9790 736	472 410	184	177 444	480	34 997	98
95	23 05,57	03 233	976	973 987	02	9662 100	487 502	200	191 684	496	35 546	96
1,7700	24 48,71	02 245	982	978 888	02	9534 102	502 602	212	205 932	510	36 094	96
05	26 31,84	01 254	986	983 789	00	9406 736	517 708	228	220 187	524	36 642	94
10	28 14,97	00 261	992	988 689	00	9279 998	532 822	242	234 449	542	37 189	94
15	29 58,10	*99 265	996	993 589	00	9153 883	547 943	256	248 720	554	37 736	92
20	31 41,24	98 267	*000	998 489	*98	9028 386	563 071	270	262 997	572	38 282	92
25	33 24,37	97 267	006	*003 388	96	8903 503	578 206	284	277 283	586	38 828	90
30	35 07,50	96 264	010	008 286	96	8779 229	593 348	298	291 576	600	39 373	90
35	36 50,63	95 259	016	013 184	94	8655 560	608 497	314	305 876	616	39 918	88
40	38 33,77	94 251	020	018 081	94	8532 491	623 654	328	320 184	632	40 462	86
45	40 16,90	93 241	026	022 978	92	8410 018	638 818	340	334 500	646	41 005	88
1,7750	42′ 00,″03	92 228		027 874		8288 137	653 988		348 823		41 549	
	101°	0,97	−2	—0,2	−97	—4,	2,8	30	3,0	28	0,94	10

x	ln x		e^x		e^{-x}		arc tg x		Ar Sin x		Ar Cos x		Ar Ctg x	
	0,55	**57**	**5,7**	**57**	**0,17**	**−17**	**1,05**	**24**	**1,32**	**49**	**1,15**	**69**	**0,64**	**−48**
1,7500	96 158	14	546 027	560	37 739	36	16 502	62	58 978	60	88 104	60	96 415	46
05	99 015	12	574 807	590	36 871	36	17 733	60	61 458	60	91 584	60	93 992	42
10	*01 871	10	603 602	618	36 003	36	18 963	58	63 938	58	95 064	56	91 571	40
15	04 726	08	632 411	646	35 135	36	20 192	58	66 417	58	98 542	52	89 151	34
20	07 580	06	661 234	676	34 267	32	21 421	56	68 896	56	*02 018	50	86 734	30
25	10 433	06	690 072	704	33 401	34	22 649	56	71 374	56	05 493	46	84 319	26
30	13 286	04	718 924	734	32 534	32	23 877	56	73 852	54	08 966	44	81 906	22
35	16 138	02	747 791	762	31 668	32	25 105	52	76 329	54	12 438	42	79 495	16
40	18 989	00	776 672	790	30 802	30	26 331	54	78 806	52	15 909	38	77 087	14
45	21 839	00	805 567	820	29 937	30	27 558	50	81 282	52	19 378	36	74 680	10
1,7550	24 689	*96	834 477	850	29 072	28	28 783	52	83 758	50	22 846	32	72 275	06
55	27 537	96	863 402	878	28 208	28	30 009	48	86 233	50	26 312	28	69 872	02
60	30 385	94	892 341	906	27 344	26	31 233	48	88 708	48	29 776	28	67 471	*96
65	33 232	92	921 294	936	26 481	26	32 457	48	91 182	46	33 240	22	65 073	94
70	36 078	90	950 262	964	25 618	26	33 681	46	93 655	46	36 701	22	62 676	90
75	38 923	90	979 244	994	24 755	24	34 904	46	96 128	46	40 162	16	60 281	86
80	41 768	88	*008 241	*024	23 893	24	36 127	44	98 601	42	43 620	16	57 888	80
85	44 612	86	037 253	052	23 031	22	37 349	42	*01 072	44	47 078	12	55 498	78
90	47 455	84	066 279	080	22 170	22	38 570	42	03 544	42	50 534	08	53 109	74
95	50 297	82	095 319	110	21 309	20	39 791	42	06 015	40	53 988	06	50 722	68
1,7600	53 138	82	124 374	138	20 449	20	41 012	40	08 485	40	57 441	04	48 338	66
05	55 979	78	153 443	168	19 589	20	42 232	38	10 955	38	60 893	00	45 955	62
10	58 818	78	182 527	198	18 729	18	43 451	38	13 424	38	64 343	*98	43 574	56
15	61 657	76	211 626	226	17 870	18	44 670	38	15 893	36	67 792	94	41 196	54
20	64 495	76	240 739	256	17 011	16	45 889	34	18 361	36	71 239	92	38 819	50
25	67 333	72	269 867	284	16 153	16	47 106	36	20 829	34	74 685	88	36 444	46
30	70 169	72	299 009	314	15 295	14	48 324	34	23 296	32	78 129	86	34 071	40
35	73 005	70	328 166	342	14 438	14	49 541	32	25 762	32	81 572	82	31 701	38
40	75 840	68	357 337	372	13 581	14	50 757	32	28 228	32	85 013	80	29 332	34
45	78 674	66	386 523	402	12 724	12	51 973	30	30 694	30	88 453	78	26 965	30
1,7650	81 507	64	415 724	430	11 868	12	53 188	30	33 159	28	91 892	74	24 600	24
55	84 339	64	444 939	460	11 012	10	54 403	28	35 623	28	95 329	72	22 238	22
60	87 171	62	474 169	488	10 157	10	55 617	28	38 087	28	98 765	68	19 877	18
65	90 002	60	503 413	518	09 302	08	56 831	26	40 551	26	**02 199	66	17 518	14
70	92 832	58	532 672	548	08 448	08	58 044	24	43 014	24	05 632	64	15 161	10
75	95 661	58	561 946	576	07 594	08	59 256	26	45 476	24	09 064	60	12 806	06
80	98 490	54	591 234	606	06 740	06	60 469	22	47 938	22	12 494	56	10 453	02
85	**01 317	54	620 537	634	05 887	06	61 680	22	50 399	22	15 922	54	08 102	**98
90	04 144	52	649 854	666	05 034	04	62 891	22	52 860	20	19 349	52	05 753	94
95	06 970	50	679 187	694	04 182	04	64 102	20	55 320	20	22 775	48	03 406	92
1,7700	09 795	50	708 534	722	03 330	04	65 312	20	57 780	18	26 199	46	01 060	86
05	12 620	48	737 895	754	02 478	02	66 522	18	60 239	18	29 622	44	*98 717	82
10	15 444	44	767 272	780	01 627	00	67 731	16	62 698	16	33 044	40	96 376	80
15	18 266	46	796 662	812	00 777	00	68 939	16	65 156	16	36 464	38	94 036	74
20	21 089	42	826 068	842	*99 927	00	70 147	16	67 614	14	39 883	34	91 699	70
25	23 910	40	855 489	870	99 077	*98	71 355	12	70 071	12	43 300	32	89 364	68
30	26 730	40	884 924	898	98 228	98	72 561	14	72 527	12	46 716	28	87 030	64
35	29 550	38	914 373	930	97 379	98	73 768	12	74 983	12	50 130	26	84 698	58
40	32 369	36	943 838	958	96 530	96	74 974	10	77 439	10	53 543	24	82 369	56
45	35 187	34	973 317	988	95 682	96	76 179	10	79 894	10	56 955	20	80 041	52
1,7750	38 004		**002 811		94 834		77 384		82 349		60 365		77 715	
	0,57	**56**	**5,9**	**58**	**0,16**	**−16**	**1,05**	**24**	**1,33**	**49**	**1,17**	**68**	**0,63**	**−46**

x	φ	sin x		cos x		tg x	Sin x		Cof x		Tg x	
	101°	**0,97**	**-20**	**—0,20**	**-97**	**—4,**	**2,8**	**30**	**3,0**	**28**	**0,944**	**10**
1,7750	42′ 00,″03	92 228	30	27 874	92	8288 137	653 988	356	348 823	662	1 549	84
55	43 43,16	91 213	36	32 770	92	8166 843	669 166	372	363 154	676	2 091	84
60	45 26,30	90 195	40	37 666	88	8046 131	684 352	384	377 492	692	2 633	84
65	47 09,43	89 175	46	42 560	90	7925 998	699 544	398	391 838	708	3 175	82
70	48 52,56	88 152	48	47 455	88	7806 439	714 743	414	406 192	722	3 716	80
75	50 35,69	87 128	56	52 349	86	7687 451	729 950	428	420 553	738	4 256	80
80	52 18,83	86 100	60	57 242	86	7569 029	745 164	442	434 922	752	4 796	80
85	54 01,96	85 070	64	62 135	84	7451 168	760 385	456	449 298	768	5 336	78
90	55 45,09	84 038	70	67 027	84	7333 866	775 613	472	463 682	784	5 875	78
95	57 28,22	83 003	74	71 919	82	7217 118	790 849	484	478 074	798	6 414	76
1,7800	59 11,36	81 966	80	76 810	82	7100 919	806 091	500	492 473	814	6 952	74
05	*00 54,49	80 926	84	81 701	80	6985 267	821 341	514	506 880	828	7 489	74
10	02 37,62	79 884	88	86 591	80	6870 156	836 598	528	521 294	844	8 026	74
15	04 20,75	78 840	94	91 481	78	6755 584	851 862	544	535 716	860	8 563	72
20	06 03,88	77 793	*00	96 370	76	6641 547	867 134	558	550 146	874	9 099	70
25	07 47,02	76 743	02	*01 258	78	6528 040	882 413	572	564 583	890	9 634	70
30	09 30,15	75 692	10	06 147	74	6415 060	897 699	586	579 028	906	*0 169	68
35	11 13,28	74 637	12	11 034	74	6302 603	912 992	600	593 481	920	0 703	68
40	12 56,41	73 581	20	15 921	74	6190 665	928 292	616	607 941	936	1 237	68
45	14 39,55	72 521	22	20 808	72	6079 244	943 600	628	622 409	952	1 771	66
1,7850	16 22,68	71 460	28	25 694	70	5968 334	958 914	644	636 885	966	2 304	64
55	18 05,81	70 396	34	30 579	70	5857 934	974 236	660	651 368	982	2 836	64
60	19 48,94	69 329	38	35 464	68	5748 038	989 566	672	665 859	998	3 368	64
65	21 32,08	68 260	42	40 348	68	5638 644	*004 902	688	680 358	*012	3 900	62
70	23 15,21	67 189	48	45 232	68	5529 748	020 246	702	694 864	028	4 431	60
75	24 58,34	66 115	52	50 116	64	5421 347	035 597	718	709 378	044	4 961	60
80	26 41,47	65 039	58	54 998	66	5313 437	050 956	730	723 900	058	5 491	58
85	28 24,61	63 960	62	59 881	62	5206 015	066 321	746	738 429	074	6 020	58
90	30 07,74	62 879	68	64 762	64	5099 078	081 694	760	752 966	090	6 549	58
95	31 50,87	61 795	72	69 644	60	4992 622	097 074	774	767 511	104	7 078	56
1,7900	33 34,00	60 709	76	74 524	60	4886 643	112 461	790	782 063	120	7 606	54
05	35 17,14	59 621	82	79 404	60	4781 139	127 856	804	796 623	136	8 133	54
10	37 00,27	58 530	88	84 284	58	4676 107	143 258	818	811 191	152	8 660	52
15	38 43,40	57 436	90	89 163	56	4571 543	158 667	834	825 767	166	9 186	52
20	40 26,53	56 341	98	94 041	56	4467 444	174 084	848	840 350	182	9 712	52
25	42 09,67	55 242	**00	98 919	56	4363 807	189 508	862	854 941	196	**0 238	50
30	43 52,80	54 142	06	**03 797	52	4260 628	204 939	876	869 539	214	0 763	48
35	45 35,93	53 039	12	08 673	54	4157 905	220 377	892	884 146	228	1 287	48
40	47 19,06	51 933	16	13 550	50	4055 635	235 823	906	898 760	242	1 811	48
45	49 02,19	50 825	20	18 425	50	3953 814	251 276	920	913 381	260	2 335	46
1,7950	50 45,33	49 715	26	23 300	50	3852 440	266 736	936	928 011	274	2 858	44
55	52 28,46	48 602	32	28 175	48	3751 510	282 204	950	942 648	290	3 380	44
60	54 11,59	47 486	34	33 049	46	3651 020	297 679	964	957 293	306	3 902	44
65	55 54,72	46 369	40	37 922	46	3550 968	313 161	980	971 946	320	4 424	42
70	57 37,86	45 249	46	42 795	46	3451 350	328 651	994	986 606	336	4 945	40
75	59 20,99	44 126	50	47 668	42	3352 165	344 148	*008	*001 274	352	5 465	40
80	**01 04,12	43 001	56	52 539	44	3253 408	359 652	024	015 950	368	5 985	40
85	02 47,25	41 873	60	57 411	40	3155 078	375 164	038	030 634	384	6 505	38
90	04 30,39	40 743	64	62 281	40	3057 171	390 683	052	045 326	398	7 024	36
95	06 13,52	39 611	70	67 151	40	2959 685	406 209	068	060 025	414	7 542	36
1,8000	07′ 56,″65	38 476		72 021		2862 617	421 743		074 732		8 060	
	103°	**0,97**	**-22**	**—0,22**	**-97**	**—4,**	**2,9**	**31**	**3,1**	**29**	**0,946**	**10**

x	$\ln x$		e^x		e^{-x}		arc tg x		Ar Sin x		Ar Cos x		Ar Ctg x	
	0,57	**56**	**5,9**	**59**	**0,16**	**−16**	**1,05**	**24**	**1,33**	**49**	**1,17**	**68**	**0,63**	**−46**
1,7750	38 004	34	002 811	018	94 834	94	77 384	10	82 349	06	60 365	18	77 715	48
55	40 821	30	032 320	048	93 987	92	78 589	06	84 802	08	63 774	14	75 391	44
60	43 636	30	061 844	076	93 141	94	79 792	08	87 256	06	67 181	12	73 069	40
65	46 451	28	091 382	106	92 294	92	80 996	06	89 709	04	70 587	08	70 749	36
70	49 265	28	120 935	136	91 448	90	82 199	04	92 161	04	73 991	08	68 431	34
75	52 079	24	150 503	166	90 603	90	83 401	04	94 613	02	77 395	02	66 114	28
80	54 891	24	180 086	194	89 758	90	84 603	02	97 064	02	80 796	02	63 800	24
85	57 703	22	209 683	224	88 913	88	85 804	02	99 515	00	84 197	*98	61 488	22
90	60 514	20	239 295	254	88 069	88	87 005	00	*01 965	00	87 596	94	59 177	18
95	63 324	20	268 922	284	87 225	88	88 205	00	04 415	*98	90 993	92	56 868	14
1,7800	66 134	16	298 564	314	86 381	86	89 405	*98	06 864	98	94 389	90	54 561	08
05	68 942	16	328 221	342	85 538	84	90 604	98	09 313	96	97 784	88	52 257	06
10	71 750	14	357 892	374	84 696	84	91 803	96	11 761	96	*01 178	84	49 954	04
15	74 557	12	387 579	402	83 854	84	93 001	96	14 209	94	04 570	80	47 652	*98
20	77 363	12	417 280	432	83 012	82	94 199	94	16 656	94	07 960	78	45 353	94
25	80 169	08	446 996	462	82 171	82	95 396	94	19 103	92	11 349	76	43 056	92
30	82 973	08	476 727	492	81 330	82	96 593	92	21 549	92	14 737	74	40 760	86
35	85 777	06	506 473	520	80 489	80	97 789	90	23 995	90	18 124	70	38 467	84
40	88 580	06	536 233	552	79 649	78	98 984	92	26 440	88	21 509	66	36 175	80
45	91 383	02	566 009	580	78 810	78	*00 180	88	28 884	88	24 892	66	33 885	76
1,7850	94 184	02	595 799	612	77 971	78	01 374	88	31 328	88	28 275	62	31 597	72
55	96 985	00	625 605	640	77 132	78	02 568	88	33 772	86	31 656	58	29 311	68
60	99 785	*98	655 425	670	76 293	74	03 762	86	36 215	84	35 035	56	27 027	66
65	*02 584	96	685 260	700	75 456	76	04 955	86	38 657	84	38 413	54	24 744	60
70	05 382	96	715 110	730	74 618	74	06 148	84	41 099	82	41 790	50	22 464	58
75	08 180	94	744 975	760	73 781	74	07 340	82	43 540	82	45 165	48	20 185	54
80	10 977	92	774 855	790	72 944	72	08 531	84	45 981	82	48 539	46	17 908	50
85	13 773	90	804 750	820	72 108	72	09 723	80	48 422	80	51 912	42	15 633	46
90	16 568	90	834 660	850	71 272	70	10 913	80	50 862	78	55 283	40	13 360	42
95	19 363	86	864 585	880	70 437	70	12 103	80	53 301	78	58 653	38	11 089	38
1,7900	22 156	86	894 525	908	69 602	70	13 293	78	55 740	76	62 022	34	08 820	36
05	24 949	84	924 479	940	68 767	68	14 482	76	58 178	76	65 389	32	06 552	32
10	27 741	84	954 449	970	67 933	68	15 670	76	60 616	74	68 755	28	04 286	28
15	30 533	80	984 434	*000	67 099	66	16 858	76	63 053	74	72 119	26	02 022	24
20	33 323	80	*014 434	028	66 266	66	18 046	74	65 490	72	75 482	24	*99 760	20
25	36 113	78	044 448	060	65 433	66	19 233	74	67 926	72	78 844	20	97 500	16
30	38 902	76	074 478	090	64 600	64	20 420	72	70 362	70	82 204	18	95 242	14
35	41 690	76	104 523	120	63 768	62	21 606	70	72 797	70	85 563	16	92 985	10
40	44 478	72	134 583	148	62 937	64	22 791	70	75 232	68	88 921	12	90 730	06
45	47 264	72	164 657	180	62 105	60	23 976	70	77 666	66	92 277	10	88 477	02
1,7950	50 050	70	194 747	210	61 275	62	25 161	68	80 099	68	95 632	08	86 226	**98
55	52 835	70	224 852	240	60 444	60	26 345	66	82 533	64	98 986	04	83 977	94
60	55 620	66	254 972	270	59 614	60	27 528	66	84 965	64	**02 338	02	81 730	92
65	58 403	66	285 107	300	58 784	58	28 711	66	87 397	64	05 689	00	79 484	88
70	61 186	64	315 257	330	57 955	56	29 894	64	89 829	62	09 039	**96	77 240	84
75	63 968	62	345 422	362	57 127	58	31 076	62	92 260	60	12 387	92	74 998	80
80	66 749	62	375 603	390	56 298	56	32 257	62	94 690	60	15 733	92	72 758	78
85	69 530	60	405 798	420	55 470	54	33 438	62	97 120	60	19 079	88	70 519	72
90	72 310	56	436 008	452	54 643	54	34 619	60	99 550	58	22 423	86	68 283	70
95	75 088	58	466 234	482	53 816	54	35 799	58	**01 979	56	25 766	82	66 048	66
1,8000	77 867		496 475		52 989		36 978		04 407		29 107		63 815	
	0,58	**55**	**6,0**	**60**	**0,16**	**−16**	**1,06**	**23**	**1,35**	**48**	**1,19**	**66**	**0,62**	**−44**

x	φ	sin x		cos x		tg x	Sin x		Cof x		Tg x	
	103°	0,97	−2	—0,2	−97	—4,	2,9	31	3,1	29	0,94	10
1,8000	07′ 56,″65	38 476	274	272 021	38	2862 617	421 743	082	074 732	430	68 060	36
05	09 39,78	37 339	280	276 890	36	2765 964	437 284	096	089 447	444	68 578	34
10	11 22,92	36 199	284	281 758	36	2669 723	452 832	112	104 169	460	69 095	32
15	13 06,05	35 057	288	286 626	34	2573 892	468 388	126	118 899	476	69 611	32
20	14 49,18	33 913	294	291 493	34	2478 469	483 951	142	133 637	492	70 127	32
25	16 32,31	32 766	300	296 360	32	2383 449	499 522	156	148 383	508	70 643	30
30	18 15,45	31 616	302	301 226	32	2288 832	515 100	170	163 137	522	71 158	30
35	19 58,58	30 465	310	306 092	30	2194 614	530 685	186	177 898	540	71 673	28
40	21 41,71	29 310	312	310 957	28	2100 793	546 278	200	192 668	554	72 187	26
45	23 24,84	28 154	318	315 821	28	2007 365	561 878	214	207 445	570	72 700	28
1,8050	25 07,98	26 995	324	320 685	26	1914 330	577 485	230	222 230	584	73 214	24
55	26 51,11	25 833	328	325 548	26	1821 684	593 100	244	237 022	602	73 726	24
60	28 34,24	24 669	332	330 411	24	1729 424	608 722	260	251 823	616	74 238	24
65	30 17,37	23 503	338	335 273	22	1637 548	624 352	274	266 631	632	74 750	22
70	32 00,50	22 334	344	340 134	22	1546 054	639 989	288	281 447	648	75 261	22
75	33 43,64	21 162	346	344 995	20	1454 940	655 633	304	296 271	664	75 772	20
80	35 26,77	19 989	352	349 855	20	1364 202	671 285	318	311 103	678	76 282	20
85	37 09,90	18 813	358	354 715	18	1273 839	686 944	334	325 942	696	76 792	18
90	38 53,03	17 634	362	359 574	18	1183 849	702 611	348	340 790	710	77 301	18
95	40 36,17	16 453	366	364 433	14	1094 228	718 285	362	355 645	726	77 810	16
1,8100	42 19,30	15 270	372	369 290	16	1004 974	733 966	378	370 508	742	78 318	16
05	44 02,43	14 084	378	374 148	14	0916 086	749 655	394	385 379	758	78 826	16
10	45 45,56	12 895	380	379 005	12	0827 561	765 352	408	400 258	772	79 334	14
15	47 28,70	11 705	386	383 861	10	0739 396	781 056	422	415 144	790	79 841	12
20	49 11,83	10 512	392	388 716	10	0651 590	796 767	438	430 039	804	80 347	12
25	50 54,96	09 316	396	393 571	10	0564 141	812 486	452	444 941	820	80 853	10
30	52 38,09	08 118	400	398 426	06	0477 045	828 212	468	459 851	836	81 358	10
35	54 21,23	06 918	406	403 279	08	0390 301	843 946	482	474 769	852	81 863	10
40	56 04,36	05 715	412	408 133	04	0303 906	859 687	496	489 695	868	82 368	08
45	57 47,49	04 509	414	412 985	04	0217 859	875 435	512	504 629	882	82 872	06
1,8150	59 30,62	03 302	420	417 837	02	0132 158	891 191	528	519 570	900	83 375	06
55	*01 13,76	02 092	426	422 688	02	0046 800	906 955	542	534 520	914	83 878	06
60	02 56,89	00 879	430	427 539	00	*9961 783	922 726	556	549 477	932	84 381	04
65	04 40,02	*99 664	434	432 389	00	9877 105	938 504	572	564 443	946	84 883	04
70	06 23,15	98 447	440	437 239	*98	9792 764	954 290	588	579 416	962	85 385	02
75	08 06,29	97 227	444	442 088	96	9708 758	970 084	602	594 397	978	85 886	00
80	09 49,42	96 005	450	446 936	96	9625 084	985 885	616	609 386	994	86 386	02
85	11 32,55	94 780	454	451 784	94	9541 742	*001 693	632	624 383	*010	86 887	*98
90	13 15,68	93 553	460	456 631	92	9458 729	017 509	648	639 388	024	87 386	98
95	14 58,81	92 323	464	461 477	92	9376 042	033 333	660	654 400	042	87 885	98
1,8200	16 41,95	91 091	468	466 323	90	9293 681	049 163	678	669 421	058	88 384	98
05	18 25,08	89 857	474	471 168	90	9211 642	065 002	692	684 450	072	88 883	94
10	20 08,21	88 620	478	476 013	88	9129 925	080 848	706	699 486	088	89 380	96
15	21 51,34	87 381	484	480 857	86	9048 527	096 701	722	714 530	106	89 878	94
20	23 34,48	86 139	488	485 700	86	8967 446	112 562	738	729 583	120	90 375	92
25	25 17,61	84 895	492	490 543	84	8886 680	128 431	752	744 643	136	90 871	92
30	27 00,74	83 649	498	495 385	84	8806 228	144 307	768	759 711	152	91 367	90
35	28 43,87	82 400	504	500 227	82	8726 087	160 191	782	774 787	168	91 862	90
40	30 27,01	81 148	506	505 068	80	8646 256	176 082	798	789 871	184	92 357	90
45	32 10,14	79 895	512	509 908	80	8566 733	191 981	812	804 963	200	92 852	88
1,8250	33′ 53,″27	78 639		514 748		8487 516	207 887		820 063		93 346	
	104°	0,96	−2	—0,2	−96	—3,	3,0	31	3,1	30	0,94	9

x	$\ln x$		e^x		e^{-x}		arc tg x		Ar Sin x		Ar Cos x		Ar Ctg x	
	0,58	**55**	**6,0**	**60**	**0,16**	**−16**	**1,06**	**23**	**1,35**	**48**	**1,19**	**66**	**0,62**	**−44**
1,8000	77 867	54	496 475	510	52 989	52	36 978	58	04 407	56	29 107	80	63 815	62
05	80 644	54	526 730	542	52 163	52	38 157	58	06 835	56	32 447	78	61 584	60
10	83 421	52	557 001	572	51 337	52	39 336	56	09 263	54	35 786	76	59 354	56
15	86 197	50	587 287	604	50 511	50	40 514	54	11 690	52	39 124	72	57 126	50
20	88 972	48	617 589	632	49 686	48	41 691	54	14 116	52	42 460	68	54 901	50
25	91 746	46	647 905	664	48 862	50	42 868	54	16 542	50	45 794	68	52 676	44
30	94 519	46	678 237	692	48 037	46	44 045	52	18 967	50	49 128	64	50 454	40
35	97 292	44	708 583	724	47 214	48	45 221	50	21 392	50	52 460	62	48 234	38
40	*00 064	42	738 945	754	46 390	46	46 396	50	23 817	46	55 791	58	46 015	34
45	02 835	42	769 322	784	45 567	44	47 571	50	26 240	48	59 120	56	43 798	30
1,8050	05 606	40	799 714	816	44 745	46	48 746	48	28 664	46	62 448	54	41 583	28
55	08 376	38	830 122	846	43 922	42	49 920	46	31 087	44	65 775	50	39 369	22
60	11 145	36	860 545	874	43 101	44	51 093	46	33 509	44	69 100	48	37 158	20
65	13 913	34	890 982	908	42 279	42	52 266	46	35 931	42	72 424	46	34 948	16
70	16 680	34	921 436	936	41 458	40	53 439	44	38 352	42	75 747	42	32 740	14
75	19 447	32	951 904	968	40 638	40	54 611	42	40 773	40	79 068	42	30 533	08
80	22 213	30	982 388	996	39 818	40	55 782	42	43 193	40	82 389	36	28 329	06
85	24 978	28	*012 886	*028	38 998	38	56 953	42	45 613	38	85 707	36	26 126	02
90	27 742	28	043 400	060	38 179	38	58 124	40	48 032	38	89 025	32	23 925	00
95	30 506	24	073 930	088	37 360	38	59 294	38	50 451	36	92 341	30	21 725	*94
1,8100	33 268	26	104 474	120	36 541	36	60 463	38	52 869	36	95 656	26	19 528	92
05	36 031	22	135 034	150	35 723	34	61 632	38	55 287	34	98 969	26	17 332	88
10	38 792	20	165 609	182	34 906	36	62 801	36	57 704	32	*02 282	20	15 138	86
15	41 552	20	196 200	212	34 088	32	63 969	36	60 120	34	05 592	20	12 945	80
20	44 312	18	226 806	242	33 272	34	65 137	34	62 537	30	08 902	16	10 755	78
25	47 071	16	257 427	272	32 455	32	66 304	32	64 952	30	12 210	14	08 566	76
30	49 829	16	288 063	304	31 639	32	67 470	32	67 367	30	15 517	12	06 378	70
35	52 587	14	318 715	334	30 823	30	68 636	32	69 782	28	18 823	08	04 193	68
40	55 344	10	349 382	364	30 008	30	69 802	30	72 196	28	22 127	06	02 009	64
45	58 099	12	380 064	396	29 193	28	70 967	30	74 610	26	25 430	04	*99 827	60
1,8150	60 855	08	410 762	426	28 379	28	72 132	28	77 023	24	28 732	00	97 647	56
55	63 609	08	441 475	456	27 565	26	73 296	26	79 435	24	32 032	*98	95 469	54
60	66 363	06	472 203	488	26 752	28	74 459	26	81 847	24	35 331	96	93 292	50
65	69 116	04	502 947	518	25 938	24	75 622	26	84 259	22	38 629	94	91 117	48
70	71 868	02	533 706	550	25 126	26	76 785	24	86 670	22	41 926	90	88 943	42
75	74 619	02	564 481	580	24 313	24	77 947	24	89 081	20	45 221	88	86 772	40
80	77 370	00	595 271	610	23 501	22	79 109	22	91 491	18	48 515	84	84 602	36
85	80 120	*98	626 076	642	22 690	22	80 270	22	93 900	18	51 807	84	82 434	34
90	82 869	96	656 897	672	21 879	22	81 431	20	96 309	18	55 099	78	80 267	30
95	85 617	96	687 733	702	21 068	20	82 591	20	98 718	16	58 388	78	78 102	26
1,8200	88 365	94	718 584	736	20 258	20	83 751	18	*01 126	14	61 677	76	75 939	22
05	91 112	92	749 452	764	19 448	20	84 910	16	03 533	14	64 965	72	73 778	20
10	93 858	90	780 334	796	18 638	18	86 068	18	05 940	14	68 251	70	71 618	16
15	96 603	90	811 232	826	17 829	18	87 227	14	08 347	12	71 536	66	69 460	12
20	99 348	88	842 145	858	17 020	16	88 384	16	10 753	10	74 819	64	67 304	10
25	**02 092	86	873 074	888	16 212	16	89 542	12	13 158	10	78 101	62	65 149	06
30	04 835	84	904 018	920	15 404	14	90 698	14	15 563	08	81 382	60	62 996	02
35	07 577	84	934 978	950	14 597	16	91 855	12	17 967	08	84 662	56	60 845	00
40	10 319	82	965 953	982	13 789	12	93 011	10	20 371	08	87 940	54	58 695	**96
45	13 060	80	996 944	**012	12 983	14	94 166	10	22 775	06	91 217	52	56 547	92
1,8250	15 800		**027 950		12 176		95 321		25 178		94 493		54 401	
	0,60	**54**	**6,2**	**62**	**0,16**	**−16**	**1,06**	**23**	**1,36**	**48**	**1,20**	**65**	**0,61**	**−42**

x	φ	sin x		cos x		tg x		Sin x		Cos x		Tg x	
	104°	**0,96**	−25	**—0,25**	−96	**—3,**	15	**3,0**	31	**3,1**	30	**0,949**	9
1,8250	33′ 53,27″	78 639	18	14 748	78	8487 516	7824	207 887	828	820 063	216	3 346	88
55	35 36,40	77 380	22	19 587	76	8408 604	7222	223 801	842	835 171	232	3 840	86
60	37 19,54	76 119	26	24 425	76	8329 993	6618	239 722	858	850 287	248	4 333	84
65	39 02,67	74 856	32	29 263	74	8251 684	6020	255 651	872	865 411	264	4 825	84
70	40 45,80	73 590	38	34 100	72	8173 674	5426	271 587	890	880 543	280	5 317	84
75	42 28,93	72 321	40	38 936	72	8095 961	4836	287 532	902	895 683	294	5 809	82
80	44 12,07	71 051	46	43 772	70	8018 543	4248	303 483	918	910 830	312	6 300	82
85	45 55,20	69 778	52	48 607	70	7941 419	3664	319 442	934	925 986	328	6 791	82
90	47 38,33	68 502	56	53 442	68	7864 587	3082	335 409	948	941 150	342	7 282	78
95	49 21,46	67 224	60	58 276	66	7788 046	2506	351 383	964	956 321	360	7 771	80
1,8300	51 04,60	65 944	66	63 109	66	7711 793	1932	367 365	980	971 501	376	8 261	78
05	52 47,73	64 661	70	67 942	64	7635 827	1360	383 355	994	986 689	390	8 750	76
10	54 30,86	63 376	76	72 774	62	7560 147	0794	399 352	*010	*001 884	408	9 238	76
15	56 13,99	62 088	80	77 605	62	7484 750	0228	415 357	024	017 088	424	9 726	76
20	57 57,13	60 798	84	82 436	60	7409 636	*9668	431 369	040	032 300	440	*0 214	74
25	59 40,26	59 506	90	87 266	58	7334 802	9112	447 389	056	047 520	454	0 701	72
30	*01 23,39	58 211	94	92 095	58	7260 246	8554	463 417	070	062 747	472	1 187	72
35	03 06,52	56 914	*00	96 924	56	7185 969	8006	479 452	086	077 983	488	1 673	72
40	04 49,65	55 614	04	*01 752	56	7111 966	7456	495 495	100	093 227	502	2 159	70
45	06 32,79	54 312	08	06 580	54	7038 238	6910	511 545	116	108 478	520	2 644	70
1,8350	08 15,92	53 008	14	11 407	52	6964 783	6370	527 603	132	123 738	536	3 129	68
55	09 59,05	51 701	20	16 233	50	6891 598	5830	543 669	146	139 006	552	3 613	68
60	11 42,18	50 391	22	21 058	50	6818 683	5294	559 742	162	154 282	568	4 097	68
65	13 25,32	49 080	30	25 883	48	6746 036	4760	575 823	178	169 566	584	4 581	66
70	15 08,45	47 765	32	30 707	48	6673 656	4232	591 912	192	184 858	600	5 064	64
75	16 51,58	46 449	38	35 531	46	6601 540	3704	608 008	208	200 158	616	5 546	64
80	18 34,71	45 130	42	40 354	44	6529 688	3180	624 112	224	215 466	632	6 028	64
85	20 17,85	43 809	48	45 176	44	6458 098	2660	640 224	238	230 782	648	6 510	62
90	22 00,98	42 485	52	49 998	42	6386 768	2142	656 343	254	246 106	664	6 991	60
95	23 44,11	41 159	58	54 819	40	6315 697	1624	672 470	268	261 438	680	7 471	60
1,8400	25 27,24	39 830	62	59 639	38	6244 885	1114	688 604	284	276 778	698	7 951	60
05	27 10,38	38 499	66	64 458	38	6174 328	0604	704 746	300	292 127	712	8 431	58
10	28 53,51	37 166	72	69 277	38	6104 026	0098	720 896	316	307 483	730	8 910	58
15	30 36,64	35 830	78	74 096	34	6033 977	**9592	737 054	330	322 848	744	9 389	58
20	32 19,77	34 491	80	78 913	34	5964 181	9092	753 219	346	338 220	762	9 868	54
25	34 02,91	33 151	86	83 730	32	5894 635	8594	769 392	362	353 601	778	**0 345	56
30	35 46,04	31 808	92	88 546	32	5825 338	8098	785 573	376	368 990	792	0 823	54
35	37 29,17	30 462	96	93 362	30	5756 289	7606	801 761	392	384 386	810	1 300	52
40	39 12,30	29 114	**00	98 177	28	5687 486	7114	817 957	408	399 791	826	1 776	52
45	40 55,44	27 764	06	**02 991	26	5618 929	6628	834 161	422	415 204	844	2 252	52
1,8450	42 38,57	26 411	10	07 804	26	5550 615	6144	850 372	440	430 626	858	2 728	50
55	44 21,70	25 056	14	12 617	26	5482 543	5660	866 592	452	446 055	874	3 203	50
60	46 04,83	23 699	20	17 430	22	5414 713	5180	882 818	470	461 492	892	3 678	48
65	47 47,96	22 339	26	22 241	22	5347 123	4704	899 053	484	476 938	906	4 152	48
70	49 31,10	20 976	28	27 052	20	5279 771	4230	915 295	500	492 391	924	4 626	46
75	51 14,23	19 612	34	31 862	18	5212 656	3758	931 545	516	507 853	940	5 099	46
80	52 57,36	18 245	40	36 671	18	5145 777	3288	947 803	532	523 323	956	5 572	46
85	54 40,49	16 875	44	41 480	16	5079 133	2822	964 069	546	538 801	972	6 045	44
90	56 23,63	15 503	48	46 288	16	5012 722	2356	980 342	562	554 287	988	6 517	42
95	58 06,76	14 129	54	51 096	12	4946 544	1896	996 623	578	569 781	*004	6 988	44
1,8500	59′ 49,89″	12 752		55 902		4880 596		*012 912		585 283		7 460	
	105°	**0,96**	−27	**—0,27**	−96	**—3,**	13	**3,1**	32	**3,2**	31	**0,951**	9

x	ln x		e^x		e^{-x}		arc tg x		Ar Sin x		Ar Cof x		Ar Ctg x	
	0,60	**54**	**6,2**	**62**	**0,16**	**−16**	**1,06**	**23**	**1,36**	**48**	**1,20**	**65**	**0,61**	**−42**
1,8250	15 800	78	027 950	044	12 176	10	95 321	08	25 178	04	94 493	50	54 401	88
55	18 539	78	058 972	074	11 371	12	96 475	08	27 580	04	97 768	46	52 257	86
60	21 278	76	090 009	106	10 565	10	97 629	06	29 982	02	*01 041	44	50 114	82
65	24 016	74	121 062	136	09 760	10	98 782	06	32 383	02	04 313	42	47 973	80
70	26 753	72	152 130	168	08 955	08	99 935	04	34 784	02	07 584	38	45 833	74
75	29 489	72	183 214	198	08 151	08	*01 087	04	37 185	00	10 853	36	43 696	74
80	32 225	70	214 313	230	07 347	06	02 239	04	39 585	*98	14 121	34	41 559	68
85	34 960	68	245 428	262	06 544	06	03 391	02	41 984	98	17 388	32	39 425	66
90	37 694	66	276 559	292	05 741	06	04 542	00	44 383	96	20 654	28	37 292	62
95	40 427	66	307 705	324	04 938	04	05 692	00	46 781	96	23 918	26	35 161	60
1,8300	43 160	64	338 867	354	04 136	04	06 842	*98	49 179	96	27 181	24	33 031	54
05	45 892	62	370 044	386	03 334	04	07 991	98	51 577	92	30 443	20	30 904	54
10	48 623	60	401 237	416	02 532	02	09 140	98	53 973	94	33 703	18	28 777	48
15	51 353	60	432 445	448	01 731	00	10 289	96	56 370	92	36 962	16	26 653	46
20	54 083	58	463 669	480	00 931	02	11 437	96	58 766	90	40 220	14	24 530	42
25	56 812	56	494 909	510	00 130	00	12 585	94	61 161	90	43 477	12	22 409	40
30	59 540	54	526 164	542	*99 330	*98	13 732	92	63 556	88	46 733	08	20 289	36
35	62 267	54	557 435	572	98 531	98	14 878	92	65 950	88	49 987	06	18 171	32
40	64 994	52	588 721	606	97 732	98	16 024	92	68 344	86	53 240	02	16 055	30
45	67 720	50	620 024	634	96 933	96	17 170	90	70 737	86	56 491	02	13 940	26
1,8350	70 445	48	651 341	668	96 135	96	18 315	90	73 130	84	59 742	*98	11 827	22
55	73 169	48	682 675	698	95 337	94	19 460	88	75 522	84	62 991	96	09 716	20
60	75 893	46	714 024	730	94 540	94	20 604	88	77 914	84	66 239	92	07 606	16
65	78 616	44	745 389	762	93 743	94	21 748	86	80 306	80	69 485	92	05 498	12
70	81 338	44	776 770	792	92 946	92	22 891	84	82 696	82	72 731	88	03 392	10
75	84 060	40	808 166	824	92 150	92	24 033	86	85 087	80	75 975	86	01 287	06
80	86 780	40	839 578	854	91 354	92	25 176	84	87 477	78	79 218	82	*99 184	04
85	89 500	38	871 005	888	90 558	90	26 318	82	89 866	78	82 459	80	97 082	00
90	92 219	38	902 449	918	89 763	88	27 459	82	92 255	76	85 699	80	94 982	*96
95	94 938	36	933 908	950	88 969	90	28 600	80	94 643	76	88 939	74	92 884	94
1,8400	97 656	34	965 383	980	88 174	88	29 740	80	97 031	74	92 176	74	90 787	90
05	*00 373	32	996 873	*012	87 380	86	30 880	78	99 418	74	95 413	70	88 692	86
10	03 089	32	*028 379	046	86 587	86	32 019	78	*01 805	72	98 648	68	86 599	84
15	05 805	28	059 902	074	85 794	86	33 158	76	04 191	72	**01 882	66	84 507	82
20	08 519	28	091 439	108	85 001	84	34 296	76	06 577	70	05 115	64	82 416	76
25	11 233	28	122 993	138	84 209	84	35 434	76	08 962	70	08 347	60	80 328	74
30	13 947	24	154 562	172	83 417	84	36 572	74	11 347	70	11 577	58	78 241	72
35	16 659	24	186 148	202	82 625	82	37 709	72	13 732	66	14 806	56	76 155	68
40	19 371	22	217 749	232	81 834	80	38 845	72	16 115	68	18 034	54	74 071	64
45	22 082	22	249 365	266	81 044	82	39 981	72	18 499	66	21 261	50	71 989	60
1,8450	24 793	18	280 998	296	80 253	80	41 117	70	20 882	64	24 486	48	69 909	58
55	27 502	18	312 646	330	79 463	78	42 252	70	23 264	64	27 710	46	67 830	56
60	30 211	18	344 311	360	78 674	78	43 387	68	25 646	62	30 933	44	65 752	52
65	32 920	14	375 991	392	77 885	78	44 521	68	28 027	62	34 155	42	63 676	48
70	35 627	14	407 687	422	77 096	76	45 655	66	30 408	60	37 376	38	61 602	46
75	38 334	12	439 398	456	76 308	76	46 788	64	32 788	60	40 595	36	59 529	42
80	41 040	10	471 126	486	75 520	76	47 920	66	35 168	58	43 813	34	57 458	38
85	43 745	10	502 869	520	74 732	74	49 053	62	37 547	58	47 030	30	55 389	36
90	46 450	06	534 629	550	73 945	74	50 184	64	39 926	56	50 245	28	53 321	34
95	49 153	06	566 404	582	73 158	72	51 316	62	42 304	56	53 459	26	51 254	28
1,8500	51 856		598 195		72 372		52 447		44 682		56 672		49 190	
	0,61	**54**	**6,3**	**63**	**0,15**	**−15**	**1,07**	**22**	**1,37**	**47**	**1,22**	**64**	**0,60**	**−41**

x	φ	sin x		cos x		tg x		Sin x		Cos x		Tg x	
	105°	**0,96**	**−27**	**—0,27**	**−96**	**—3,**	**13**	**3,1**	**32**	**3,2**	**31**	**0,95**	
1,8500	59′ 49,″89	12 752	58	55 902	12	4880 596	1436	012 912	592	585 283	022	17 460	940
05	*01 33,02	11 373	64	60 708	12	4814 878	0980	029 208	610	600 794	038	17 930	940
10	03 16,16	09 991	68	65 514	08	4749 388	0526	045 513	624	616 313	052	18 400	940
15	04 59,29	08 607	72	70 318	08	4684 125	0072	061 825	638	631 839	070	18 870	940
20	06 42,42	07 221	78	75 122	08	4619 089	*9624	078 144	656	647 374	088	19 340	936
25	08 25,55	05 832	82	79 926	04	4554 277	9178	094 472	670	662 918	102	19 808	938
30	10 08,69	04 441	86	84 728	04	4489 688	8730	110 807	686	678 469	118	20 277	936
35	11 51,82	03 048	92	89 530	02	4425 323	8290	127 150	702	694 028	136	20 745	934
40	13 34,95	01 652	98	94 331	02	4361 178	7850	143 501	718	709 596	152	21 212	936
45	15 18,08	00 253	*02	99 132	00	4297 253	7412	159 860	734	725 172	168	21 680	932
1,8550	17 01,22	*98 852	06	*03 932	*98	4233 547	6976	176 227	748	740 756	184	22 146	932
55	18 44,35	97 449	10	08 731	96	4170 059	6542	192 601	764	756 348	202	22 612	932
60	20 27,48	96 044	16	13 529	96	4106 788	6114	208 983	780	771 949	216	23 078	932
65	22 10,61	94 636	22	18 327	94	4043 731	5682	225 373	794	787 557	234	23 544	928
70	23 53,75	93 225	24	23 124	92	3980 890	5258	241 770	812	803 174	250	24 008	930
75	25 36,88	91 813	32	27 920	90	3918 261	4834	258 176	826	818 799	266	24 473	928
80	27 20,01	90 397	34	32 715	90	3855 844	4410	274 589	842	834 432	284	24 937	926
85	29 03,14	88 980	40	37 510	88	3793 639	3992	291 010	858	850 074	298	25 400	928
90	30 46,27	87 560	44	42 304	88	3731 643	3574	307 439	874	865 723	316	25 864	924
95	32 29,41	86 138	50	47 098	86	3669 856	3158	323 876	890	881 381	332	26 326	924
1,8600	34 12,54	84 713	54	51 891	84	3608 277	2746	340 321	904	897 047	348	26 788	924
05	35 55,67	83 286	60	56 683	82	3546 904	2334	356 773	920	912 721	366	27 250	924
10	37 38,80	81 856	64	61 474	80	3485 737	1926	373 233	938	928 404	382	27 712	922
15	39 21,94	80 424	68	66 264	80	3424 774	1518	389 702	952	944 095	396	28 173	920
20	41 05,07	78 990	74	71 054	78	3364 015	1114	406 178	966	959 793	416	28 633	920
25	42 48,20	77 553	78	75 843	78	3303 458	0710	422 661	984	975 501	430	29 093	920
30	44 31,33	76 114	82	80 632	76	3243 103	0312	439 153	*000	991 216	448	29 553	918
35	46 14,47	74 673	88	85 420	74	3182 947	**9910	455 653	014	*006 940	464	30 012	918
40	47 57,60	73 229	94	90 207	72	3122 992	9516	472 160	030	022 672	480	30 471	916
45	49 40,73	71 782	96	94 993	70	3063 234	9122	488 675	046	038 412	496	30 929	916
1,8650	51 23,86	70 334	**02	99 778	70	3003 673	8728	505 198	062	054 160	514	31 387	914
55	53 07,00	68 883	08	**04 563	68	2944 309	8338	521 729	078	069 917	530	31 844	914
60	54 50,13	67 429	12	09 347	68	2885 140	7948	538 268	094	085 682	546	32 301	914
65	56 33,26	65 973	16	14 131	64	2826 166	7564	554 815	110	101 455	564	32 758	912
70	58 16,39	64 515	22	18 913	64	2767 384	7178	571 370	124	117 237	580	33 214	910
75	59 59,53	63 054	26	23 695	62	2708 795	6796	587 932	142	133 027	596	33 669	912
80	**01 42,66	61 591	30	28 476	62	2650 397	6414	604 503	156	148 825	612	34 125	908
85	03 25,79	60 126	36	33 257	58	2592 190	6036	621 081	172	164 631	630	34 579	910
90	05 08,92	58 658	40	38 036	58	2534 172	5660	637 667	190	180 446	646	35 034	908
95	06 52,06	57 188	46	42 815	58	2476 342	5284	654 262	204	196 269	662	35 488	906
1,8700	08 35,19	55 715	50	47 594	54	2418 700	4910	670 864	220	212 100	680	35 941	906
05	10 18,32	54 240	54	52 371	54	2361 245	4540	687 474	236	227 940	696	36 394	906
10	12 01,45	52 763	60	57 148	52	2303 975	4170	704 092	250	243 788	712	36 847	904
15	13 44,58	51 283	64	61 924	50	2246 890	3802	720 717	268	259 644	728	37 299	904
20	15 27,72	49 801	70	66 699	50	2189 989	3438	737 351	284	275 508	746	37 751	902
25	17 10,85	48 316	74	71 474	46	2133 270	3072	753 993	300	291 381	762	38 202	902
30	18 53,98	46 829	78	76 247	46	2076 734	2712	770 643	314	307 262	780	38 653	902
35	20 37,11	45 340	84	81 020	46	2020 378	2350	787 300	332	323 152	796	39 104	900
40	22 20,25	43 848	88	85 793	42	1964 203	1992	803 966	346	339 050	812	39 554	898
45	24 03,38	42 354	92	90 564	42	1908 207	1636	820 639	364	354 956	828	40 003	900
1,8750	25′ 46,″51	40 858		95 335		1852 389		837 321		370 870		40 453	
	107°	**0,95**	**−29**	**—0,29**	**−95**	**—3,**	**11**	**3,1**	**33**	**3,3**	**31**	**0,95**	

x	$\ln x$		e^x		e^{-x}		arc tg x		Ar Sin x		Ar Cos x		Ar Ctg x	
	0,61	**54**	**6,3**	**63**	**0,15**	**−15**	**1,07**	**22**	**1,37**	**47**	**1,22**	**64**	**0,60**	**−41**
1,8500	51 856	06	598 195	614	72 372	72	52 447	60	44 682	56	56 672	24	49 190	28
05	54 559	02	630 002	646	71 586	72	53 577	60	47 060	52	59 884	22	47 126	22
10	57 260	02	661 825	678	70 800	70	54 707	58	49 436	54	63 095	18	45 065	20
15	59 961	00	693 664	710	70 015	70	55 836	58	51 813	52	66 304	16	43 005	18
20	62 661	00	725 519	742	69 230	68	56 965	58	54 189	50	69 512	14	40 946	14
25	65 361	*96	757 390	772	68 446	68	58 094	56	56 564	50	72 719	12	38 889	10
30	68 059	96	789 276	806	67 662	68	59 222	54	58 939	48	75 925	10	36 834	08
35	70 757	96	821 179	836	66 878	66	60 349	54	61 313	48	79 130	06	34 780	04
40	73 455	92	853 097	870	66 095	66	61 476	54	63 687	46	82 333	04	32 728	02
45	76 151	92	885 032	902	65 312	66	62 603	52	66 060	46	85 535	02	30 677	*98
1,8550	78 847	90	916 983	932	64 529	64	63 729	50	68 433	46	88 736	00	28 628	94
55	81 542	88	948 949	964	63 747	62	64 854	52	70 806	44	91 936	*96	26 581	92
60	84 236	88	980 931	998	62 966	64	65 980	48	73 178	42	95 134	94	24 535	90
65	86 930	86	*012 930	*028	62 184	62	67 104	48	75 549	42	98 331	92	22 490	86
70	89 623	84	044 944	062	61 403	60	68 228	48	77 920	40	*01 527	90	20 447	82
75	92 315	82	076 975	092	60 623	60	69 352	46	80 290	40	04 722	88	18 406	80
80	95 006	82	109 021	126	59 843	60	70 475	46	82 660	40	07 916	84	16 366	76
85	97 697	80	141 084	156	59 063	58	71 598	46	85 030	36	11 108	82	14 328	74
90	*00 387	78	173 162	190	58 284	58	72 721	44	87 398	38	14 299	80	12 291	70
95	03 076	78	205 257	222	57 505	58	73 843	42	89 767	36	17 489	78	10 256	66
1,8600	05 765	76	237 368	252	56 726	56	74 964	42	92 135	34	20 678	74	08 223	66
05	08 453	74	269 494	286	55 948	56	76 085	40	94 502	34	23 865	74	06 190	60
10	11 140	72	301 637	318	55 170	54	77 205	40	96 869	34	27 052	70	04 160	58
15	13 826	72	333 796	350	54 393	54	78 325	40	99 236	32	30 237	68	02 131	56
20	16 512	70	365 971	382	53 616	54	79 445	38	*01 602	30	33 421	64	00 103	52
25	19 197	68	398 162	414	52 839	52	80 564	38	03 967	30	36 603	64	*98 077	48
30	21 881	66	430 369	446	52 063	52	81 683	36	06 332	28	39 785	60	96 053	46
35	24 564	66	462 592	480	51 287	50	82 801	34	08 696	28	42 965	58	94 030	42
40	27 247	64	494 832	510	50 512	50	83 918	36	11 060	28	46 144	56	92 009	40
45	29 929	64	527 087	544	49 737	50	85 036	32	13 424	26	49 322	54	89 989	36
1,8650	32 611	60	559 359	576	48 962	48	86 152	34	15 787	24	52 499	52	87 971	34
55	35 291	60	591 647	608	48 188	48	87 269	30	18 149	24	55 675	48	85 954	32
60	37 971	58	623 951	640	47 414	48	88 384	32	20 511	24	58 849	46	83 938	26
65	40 650	58	656 271	672	46 640	46	89 500	30	22 873	22	62 022	44	81 925	26
70	43 329	54	688 607	704	45 867	44	90 615	28	25 234	20	65 194	42	79 912	20
75	46 006	54	720 959	738	45 095	46	91 729	28	27 594	20	68 365	38	77 902	20
80	48 683	54	753 328	770	44 322	44	92 843	28	29 954	20	71 534	38	75 892	14
85	51 360	50	785 713	800	43 550	42	93 957	26	32 314	18	74 703	34	73 885	14
90	54 035	50	818 113	836	42 779	44	95 070	24	34 673	18	77 870	32	71 878	08
95	56 710	48	850 531	866	42 007	40	96 182	24	37 032	16	81 036	30	69 874	08
1,8700	59 384	48	882 964	900	41 237	42	97 294	24	39 390	14	84 201	28	67 870	02
05	62 058	44	915 414	930	40 466	40	98 406	22	41 747	14	87 365	24	65 869	00
10	64 730	44	947 879	964	39 696	40	99 517	22	44 104	14	90 527	22	63 869	**98
15	67 402	44	980 361	998	38 926	38	*00 628	20	46 461	12	93 688	20	61 870	94
20	70 074	40	**012 860	**028	38 157	38	01 738	20	48 817	12	96 848	18	59 873	92
25	72 744	40	045 374	062	37 388	36	02 848	18	51 173	10	**00 007	16	57 877	88
30	75 414	38	077 905	094	36 620	36	03 957	18	53 528	10	03 165	14	55 883	86
35	78 083	38	110 452	128	35 852	36	05 066	18	55 883	08	06 322	10	53 890	84
40	80 752	36	143 016	158	35 084	34	06 175	16	58 237	06	09 477	08	51 898	78
45	83 420	34	175 595	192	34 317	34	07 283	14	60 590	08	12 631	06	49 909	78
1,8750	86 087		208 191		33 550		08 390		62 944		15 784		47 920	
	0,62	**53**	**6,5**	**65**	**0,15**	**−15**	**1,08**	**22**	**1,38**	**47**	**1,24**	**63**	**0,59**	**−39**

x	φ	sin x		cos x		tg x		Sin x		Cos x		Tg x	
	107°	**0,95**	-2	**—0,2**	-95	**—3,1**	11	**3,1**	33	**3,3**	31	**0,954**	8
1,8750	25′ 46,″51	40 858	998	995 335	40	852 389	1280	837 321	378	370 870	846	0 453	96
55	27 29,64	39 359	*002	*000 105	38	796 749	0926	854 010	396	386 793	862	0 901	98
60	29 12,78	37 858	008	004 874	38	741 286	0576	870 708	410	402 724	880	1 350	96
65	30 55,91	36 354	012	009 643	36	685 998	0226	887 413	426	418 664	896	1 798	94
70	32 39,04	34 848	016	014 411	34	630 885	*9878	904 126	444	434 612	912	2 245	94
75	34 22,17	33 340	022	019 178	32	575 946	9530	920 848	458	450 568	930	2 692	94
80	36 05,31	31 829	026	023 944	32	521 181	9186	937 577	474	466 533	946	3 139	92
85	37 48,44	30 316	032	028 710	28	466 588	8844	954 314	490	482 506	962	3 585	92
90	39 31,57	28 800	036	033 474	28	412 166	8502	971 059	508	498 487	980	4 031	90
95	41 14,70	27 282	040	038 238	28	357 915	8162	987 813	522	514 477	996	4 476	90
1,8800	42 57,84	25 762	046	043 002	24	303 834	7824	*004 574	538	530 475	*012	4 921	90
05	44 40,97	24 239	050	047 764	24	249 922	7488	021 343	554	546 481	030	5 366	88
10	46 24,10	22 714	054	052 526	22	196 178	7154	038 120	572	562 496	046	5 810	86
15	48 07,23	21 187	060	057 287	20	142 601	6820	054 906	586	578 519	064	6 253	88
20	49 50,37	19 657	064	062 047	20	089 191	6488	071 699	602	594 551	080	6 697	84
25	51 33,50	18 125	070	066 807	16	035 947	6158	088 500	618	610 591	098	7 139	86
30	53 16,63	16 590	074	071 565	16	*982 868	5830	105 309	636	626 640	112	7 582	84
35	54 59,76	15 053	078	076 323	14	929 953	5504	122 127	650	642 696	132	8 024	82
40	56 42,89	13 514	084	081 080	14	877 201	5176	138 952	666	658 762	146	8 465	84
45	58 26,03	11 972	088	085 837	10	824 613	4854	155 785	684	674 835	166	8 907	80
1,8850	*00 09,16	10 428	094	090 592	10	772 186	4532	172 627	698	690 918	180	9 347	80
55	01 52,29	08 881	096	095 347	08	719 920	4212	189 476	716	707 008	198	9 787	80
60	03 35,42	07 333	104	100 101	06	667 814	3892	206 334	732	723 107	214	*0 227	80
65	05 18,56	05 781	106	104 854	06	615 868	3574	223 200	746	739 214	232	0 667	78
70	07 01,69	04 228	112	109 607	04	564 081	3260	240 073	764	755 330	248	1 106	76
75	08 44,82	02 672	118	114 359	02	512 451	2944	256 955	780	771 454	266	1 544	78
80	10 27,95	01 113	120	119 110	00	460 979	2630	273 845	794	787 587	282	1 983	74
85	12 11,09	*99 553	126	123 860	*98	409 664	2320	290 742	812	803 728	300	2 420	76
90	13 54,22	97 990	132	128 609	98	358 504	2008	307 648	828	819 878	316	2 858	74
95	15 37,35	96 424	136	133 358	96	307 500	1700	324 562	844	836 036	332	3 295	72
1,8900	17 20,48	94 856	140	138 106	94	256 650	1394	341 484	862	852 202	350	3 731	72
05	19 03,62	93 286	146	142 853	92	205 953	1088	358 415	876	868 377	368	4 167	72
10	20 46,75	91 713	150	147 599	90	155 409	0782	375 353	892	884 561	384	4 603	70
15	22 29,88	90 138	154	152 344	90	105 018	0480	392 299	908	900 753	400	5 038	70
20	24 13,01	88 561	160	157 089	88	054 778	0178	409 253	926	916 953	418	5 473	70
25	25 56,15	86 981	164	161 833	86	004 689	**9878	426 216	942	933 162	434	5 908	68
30	27 39,28	85 399	168	166 576	84	**954 750	9580	443 187	956	949 379	452	6 342	66
35	29 22,41	83 815	174	171 318	84	904 960	9282	460 165	974	965 605	470	6 775	66
40	31 05,54	82 228	178	176 060	82	855 319	8986	477 152	990	981 840	484	7 208	66
45	32 48,68	80 639	184	180 801	78	805 826	8692	494 147	*006	998 082	504	7 641	66
1,8950	34 31,81	79 047	188	185 540	80	756 480	8398	511 150	024	*014 334	520	8 074	64
55	36 14,94	77 453	192	190 280	76	707 281	8108	528 162	038	030 594	536	8 506	62
60	37 58,07	75 857	198	195 018	74	658 227	7816	545 181	054	046 862	554	8 937	62
65	39 41,21	74 258	202	199 755	74	609 319	7526	562 208	072	063 139	570	9 368	62
70	41 24,34	72 657	206	204 492	72	560 556	7240	579 244	088	079 424	588	9 799	60
75	43 07,47	71 054	212	209 228	70	511 936	6952	596 288	104	095 718	604	**0 229	60
80	44 50,60	69 448	216	213 963	70	463 460	6666	613 340	120	112 020	622	0 659	60
85	46 33,73	67 840	222	218 698	66	415 127	6384	630 400	136	128 331	640	1 089	58
90	48 16,87	66 229	226	223 431	66	366 935	6100	647 468	154	144 651	656	1 518	56
95	50 00,00	64 616	230	228 164	64	318 885	5820	664 545	168	160 979	672	1 946	58
1,9000	51′ 43,″13	63 001		232 896		270 975		681 629		177 315		2 375	
	108°	**0,94**	-3	**—0,3**	-94	**—2,9**	9	**3,2**	34	**3,4**	32	**0,956**	8

x	$\ln x$		e^x		e^{-x}		arc tg x		Ar Sin x		Ar Cos x		Ar Ctg x	
	0,62	**53**	**6,5**	**65**	**0,15**	**−1**	**1,08**	**2**	**1,38**	**47**	**1,24**	**63**	**0,59**	**−39**
1,8750	86 087	32	208 191	224	33 550	534	08 390	214	62 944	04	15 784	04	47 920	74
55	88 753	32	240 803	258	32 783	532	09 497	214	65 296	06	18 936	02	45 933	70
60	91 419	28	273 432	290	32 017	532	10 604	212	67 649	02	22 087	*98	43 948	68
65	94 083	30	306 077	322	31 251	530	11 710	210	70 000	02	25 236	98	41 964	64
70	96 748	26	338 738	356	30 486	530	12 815	212	72 351	02	28 385	94	39 982	62
75	99 411	26	371 416	388	29 721	530	13 921	208	74 702	00	31 532	92	38 001	60
80	*02 074	24	404 110	420	28 956	528	15 025	210	77 052	00	34 678	90	36 021	56
85	04 736	22	436 820	452	28 192	528	16 130	206	79 402	00	37 823	86	34 043	52
90	07 397	22	469 546	486	27 428	528	17 233	208	81 752	*96	40 966	86	32 067	50
95	10 058	20	502 289	520	26 664	526	18 337	206	84 100	98	44 109	82	30 092	48
1,8800	12 718	18	535 049	550	25 901	526	19 440	204	86 449	94	47 250	80	28 118	44
05	15 377	18	567 824	584	25 138	524	20 542	204	88 796	96	50 390	78	26 146	40
10	18 036	14	600 616	618	24 376	524	21 644	204	91 144	94	53 529	76	24 176	40
15	20 693	14	633 425	650	23 614	524	22 746	202	93 491	92	56 667	74	22 206	34
20	23 350	14	666 250	682	22 852	522	23 847	200	95 837	92	59 804	70	20 239	34
25	26 007	10	699 091	716	22 091	522	24 947	202	98 183	90	62 939	70	18 272	30
30	28 662	10	731 949	748	21 330	520	26 048	198	*00 528	90	66 074	66	16 307	26
35	31 317	10	764 823	782	20 570	520	27 147	200	02 873	90	69 207	64	14 344	24
40	33 972	06	797 714	814	19 810	520	28 247	196	05 218	88	72 339	62	12 382	20
45	36 625	06	830 621	846	19 050	518	29 345	198	07 562	86	75 470	58	10 422	18
1,8850	39 278	04	863 544	880	18 291	518	30 444	196	09 905	86	78 599	58	08 463	16
55	41 930	04	896 484	914	17 532	518	31 542	194	12 248	84	81 728	54	06 505	12
60	44 582	02	929 441	946	16 773	516	32 639	194	14 590	84	84 855	54	04 549	10
65	47 233	00	962 414	978	16 015	516	33 736	194	16 932	84	87 982	50	02 594	06
70	49 883	*98	995 403	*012	15 257	514	34 833	192	19 274	82	91 107	48	00 641	04
75	52 532	98	*028 409	046	14 500	514	35 929	190	21 615	80	94 231	46	*98 689	00
80	55 181	96	061 432	078	13 743	514	37 024	190	23 955	82	97 354	42	96 739	*98
85	57 829	94	094 471	110	12 986	512	38 119	190	26 296	78	*00 475	42	94 790	96
90	60 476	92	127 526	144	12 230	512	39 214	188	28 635	78	03 596	38	92 842	92
95	63 122	92	160 598	178	11 474	512	40 308	188	30 974	78	06 715	36	90 896	88
1,8900	65 768	90	193 687	210	10 718	510	41 402	188	33 313	76	09 833	34	88 952	88
05	68 413	90	226 792	244	09 963	510	42 496	186	35 651	76	12 950	32	87 008	82
10	71 058	88	259 914	276	09 208	508	43 589	184	37 989	74	16 066	30	85 067	82
15	73 702	86	293 052	310	08 454	508	44 681	184	40 326	72	19 181	28	83 126	78
20	76 345	84	326 207	342	07 700	508	45 773	184	42 662	74	22 295	24	81 187	74
25	78 987	84	359 378	376	06 946	506	46 865	182	44 999	70	25 407	24	79 250	72
30	81 629	82	392 566	410	06 193	506	47 956	180	47 334	72	28 519	20	77 314	70
35	84 270	80	425 771	442	05 440	506	49 046	182	49 670	68	31 629	18	75 379	66
40	86 910	80	458 992	476	04 687	504	50 137	178	52 004	70	34 738	16	73 446	64
45	89 550	76	492 230	508	03 935	504	51 226	180	54 339	66	37 846	14	71 514	62
1,8950	92 188	78	525 484	542	03 183	502	52 316	176	56 672	68	40 953	10	69 583	58
55	94 827	74	558 755	576	02 432	502	53 404	178	59 006	64	44 058	10	67 654	54
60	97 464	74	592 043	608	01 681	502	54 493	176	61 338	66	47 163	06	65 727	54
65	**00 101	72	625 347	642	00 930	500	55 581	174	63 671	64	50 266	04	63 800	48
70	02 737	70	658 668	676	00 180	500	56 668	174	66 003	62	53 368	04	61 876	48
75	05 372	70	692 006	708	*99 430	498	57 755	174	68 334	62	56 470	00	59 952	44
80	08 007	68	725 360	742	98 681	500	58 842	172	70 665	60	59 570	**96	58 030	40
85	10 641	66	758 731	776	97 931	496	59 928	172	72 995	60	62 668	96	56 110	40
90	13 274	66	792 119	808	97 183	498	61 014	170	75 325	60	65 766	94	54 190	34
95	15 907	64	825 523	842	96 434	496	62 099	170	77 655	58	68 863	90	52 273	34
1,9000	18 539		858 944		95 686		63 184		79 984		71 958		50 356	
	0,64	**52**	**6,6**	**66**	**0,14**	**−1**	**1,08**	**2**	**1,39**	**46**	**1,25**	**61**	**0,58**	**−38**

x	φ	sin x		cos x		tg x		𝔖𝔦𝔫 x		ℭ𝔬𝔰 x		𝔗𝔤 x	
	108°	**0,94**	**−32**	**—0,32**	**−94**	**—2,9**	**9**	**3,2**	**34**	**3,4**	**32**	**0,956**	**8**
1,9000	51′ 43,″13	63 001	36	32 896	62	270 975	5538	681 629	186	177 315	690	2 375	54
05	53 26,26	61 383	40	37 627	60	223 206	5262	698 722	202	193 660	708	2 802	56
10	55 09,40	59 763	44	42 357	60	175 575	4982	715 823	218	210 014	724	3 230	54
15	56 52,53	58 141	50	47 087	56	128 084	4706	732 932	234	226 376	742	3 657	54
20	58 35,66	56 516	54	51 815	56	080 731	4432	750 049	252	242 747	758	4 084	52
25	*00 18,79	54 889	58	56 543	54	033 515	4158	767 175	266	259 126	776	4 510	52
30	02 01,93	53 260	64	61 270	52	*986 436	3886	784 308	284	275 514	794	4 936	50
35	03 45,06	51 628	68	65 996	52	939 493	3614	801 450	300	291 911	810	5 361	50
40	05 28,19	49 994	74	70 722	48	892 686	3344	818 600	316	308 316	826	5 786	48
45	07 11,32	48 357	78	75 446	48	846 014	3074	835 758	334	324 729	844	6 210	50
1,9050	08 54,46	46 718	82	80 170	46	799 477	2808	852 925	350	341 151	862	6 635	46
55	10 37,59	45 077	88	84 893	44	753 073	2540	870 100	366	357 582	878	7 058	48
60	12 20,72	43 433	92	89 615	42	706 803	2276	887 283	382	374 021	896	7 482	46
65	14 03,85	41 787	96	94 336	42	660 665	2012	904 474	398	390 469	914	7 905	44
70	15 46,99	40 139	*02	99 057	40	614 659	1748	921 673	416	406 926	930	8 327	44
75	17 30,12	38 488	06	*03 777	36	568 785	1488	938 881	430	423 391	948	8 749	44
80	19 13,25	36 835	10	08 495	36	523 041	1226	956 096	448	439 865	964	9 171	44
85	20 56,38	35 180	16	13 213	36	477 428	0966	973 320	466	456 347	982	9 593	42
90	22 39,52	33 522	20	17 931	32	431 945	0708	990 553	480	472 838	*000	*0 014	40
95	24 22,65	31 862	26	22 647	30	386 591	0452	*007 793	498	489 338	016	0 434	40
1,9100	26 05,78	30 199	30	27 362	30	341 365	0196	025 042	514	505 846	034	0 854	40
05	27 48,91	28 534	34	32 077	28	296 267	*9940	042 299	530	522 363	050	1 274	38
10	29 32,04	26 867	38	36 791	26	251 297	9688	059 564	548	538 888	068	1 693	38
15	31 15,18	25 198	44	41 504	24	206 453	9434	076 838	564	555 422	086	2 112	38
20	32 58,31	23 526	50	46 216	24	161 736	9182	094 120	580	571 965	102	2 531	36
25	34 41,44	21 851	52	50 928	20	117 145	8932	111 410	596	588 516	120	2 949	36
30	36 24,57	20 175	58	55 638	20	072 679	8684	128 708	614	605 076	138	3 367	34
35	38 07,71	18 496	64	60 348	18	028 337	8434	146 015	630	621 645	154	3 784	34
40	39 50,84	16 814	66	65 057	16	**984 120	8188	163 330	646	638 222	172	4 201	32
45	41 33,97	15 131	72	69 765	14	940 026	7942	180 653	664	654 808	190	4 617	34
1,9150	43 17,10	13 445	78	74 472	12	896 055	7696	197 985	680	671 403	206	5 034	30
55	45 00,24	11 756	80	79 178	10	852 207	7454	215 325	696	688 006	224	5 449	32
60	46 43,37	10 066	88	83 883	10	808 480	7210	232 673	712	704 618	242	5 865	30
65	48 26,50	08 372	90	88 588	08	764 875	6968	250 029	730	721 239	260	6 280	28
70	50 09,63	06 677	96	93 292	06	721 391	6726	267 394	746	737 869	276	6 694	28
75	51 52,77	04 979	**00	97 995	04	678 028	6488	284 767	764	754 507	292	7 108	28
80	53 35,90	03 279	06	**02 697	02	634 784	6250	302 149	778	771 153	312	7 522	26
85	55 19,03	01 576	08	07 398	00	591 659	6010	319 538	796	787 809	328	7 935	26
90	57 02,16	*99 872	16	12 098	00	548 654	5776	336 936	814	804 473	346	8 348	26
95	58 45,30	98 164	18	16 798	*98	505 766	5538	354 343	830	821 146	362	8 761	24
1,9200	**00 28,43	96 455	24	21 497	94	462 997	5306	371 758	846	837 827	380	9 173	24
05	02 11,56	94 743	28	26 194	94	420 344	5070	389 181	862	854 517	398	9 585	22
10	03 54,69	93 029	34	30 891	92	377 809	4838	406 612	880	871 216	416	9 996	22
15	05 37,83	91 312	38	35 587	92	335 390	4608	424 052	896	887 924	432	**0 407	22
20	07 20,96	89 593	42	40 283	88	293 086	4376	441 500	912	904 640	452	0 818	20
25	09 04,09	87 872	48	44 977	86	250 898	4146	458 956	930	921 366	466	1 228	20
30	10 47,22	86 148	52	49 670	86	208 825	3918	476 421	948	938 099	486	1 638	18
35	12 30,35	84 422	56	54 363	84	166 866	3690	493 895	962	954 842	502	2 047	18
40	14 13,49	82 694	62	59 055	82	125 021	3464	511 376	980	971 593	520	2 456	18
45	15 56,62	80 963	66	63 746	80	083 289	3236	528 866	998	988 353	538	2 865	16
1,9250	17′ 39,″75	79 230		68 436		041 671		546 365		*005 122		3 273	
	110°	**0,93**	**−34**	**—0,34**	**−93**	**—2,7**	**8**	**3,3**	**34**	**3,5**	**33**	**0,958**	**8**

x	$\ln x$		e^x		e^{-x}		arc tg x		Ar Sin x		Ar Cos x		Ar Ctg x	
	0,64	5	**6,6**	66	**0,14**	−14	**1,08**	21	**1,39**	46	**1,25**	61	**0,58**	−38
1,9000	18 539	262	858 944	876	95 686	94	63 184	68	79 984	56	71 958	90	50 356	30
05	21 170	262	892 382	910	94 939	96	64 268	68	82 312	56	75 053	86	48 441	26
10	23 801	258	925 837	942	94 191	94	65 352	68	84 640	56	78 146	84	46 528	26
15	26 430	260	959 308	976	93 444	92	66 436	66	86 968	54	81 238	82	44 615	20
20	29 060	256	992 796	*010	92 698	92	67 519	64	89 295	52	84 329	80	42 705	20
25	31 688	256	*026 301	042	91 952	92	68 601	66	91 621	52	87 419	78	40 795	16
30	34 316	254	059 822	078	91 206	92	69 684	62	93 947	52	90 508	74	38 887	14
35	36 943	252	093 361	110	90 460	90	70 765	62	96 273	50	93 595	74	36 980	10
40	39 569	252	126 916	144	89 715	88	71 846	62	98 598	50	96 682	70	35 075	08
45	42 195	250	160 488	176	88 971	90	72 927	62	*00 923	48	99 767	68	33 171	04
1,9050	44 820	248	194 076	212	88 226	88	74 008	60	03 247	48	*02 851	66	31 269	04
55	47 444	248	227 682	244	87 482	86	75 088	58	05 571	46	05 934	64	29 367	*98
60	50 068	246	261 304	278	86 739	86	76 167	58	07 894	46	09 016	62	27 468	98
65	52 691	244	294 943	312	85 996	86	77 246	58	10 217	44	12 097	60	25 569	94
70	55 313	244	328 599	346	85 253	84	78 325	56	12 539	44	15 177	58	23 672	90
75	57 935	242	362 272	378	84 511	86	79 403	56	14 861	42	18 256	54	21 777	90
80	60 556	240	395 961	414	83 768	82	80 481	54	17 182	42	21 333	54	19 882	86
85	63 176	238	429 668	446	83 027	84	81 558	54	19 503	40	24 410	50	17 989	82
90	65 795	238	463 391	480	82 285	82	82 635	52	21 823	40	27 485	50	16 098	80
95	68 414	236	497 131	514	81 544	80	83 711	52	24 143	40	30 560	46	14 208	78
1,9100	71 032	236	530 888	548	80 804	80	84 787	50	26 463	36	33 633	44	12 319	76
05	73 650	234	564 662	582	80 064	80	85 862	50	28 781	38	36 705	42	10 431	72
10	76 267	232	598 453	614	79 324	80	86 937	50	31 100	36	39 776	38	08 545	70
15	78 883	230	632 260	650	78 584	78	88 012	48	33 418	34	42 845	38	06 660	66
20	81 498	230	666 085	682	77 845	78	89 086	48	35 735	34	45 914	36	04 777	64
25	84 113	228	699 926	718	77 106	76	90 160	46	38 052	34	48 982	32	02 895	62
30	86 727	226	733 785	750	76 368	76	91 233	46	40 369	32	52 048	32	01 014	58
35	89 340	226	767 660	786	75 630	76	92 306	44	42 685	32	55 114	28	*99 135	56
40	91 953	224	801 553	818	74 892	74	93 378	44	45 001	30	58 178	26	97 257	54
45	94 565	222	835 462	852	74 155	74	94 450	44	47 316	28	61 241	24	95 380	50
1,9150	97 176	222	869 388	886	73 418	72	95 522	42	49 630	30	64 303	22	93 505	48
55	99 787	220	903 331	920	72 682	72	96 593	42	51 945	26	67 364	20	91 631	44
60	*02 397	218	937 291	954	71 946	72	97 664	40	54 258	28	70 424	18	89 759	44
65	05 006	218	971 268	990	71 210	72	98 734	40	56 572	24	73 483	16	87 887	40
70	07 615	216	**005 263	**022	70 474	70	99 804	38	58 884	26	76 541	12	86 017	36
75	10 223	214	039 274	056	69 739	68	*00 873	38	61 197	22	79 597	12	84 149	34
80	12 830	212	073 302	090	69 005	70	01 942	36	63 508	24	82 653	08	82 282	32
85	15 436	212	107 347	124	68 270	68	03 010	36	65 820	22	85 707	06	80 416	30
90	18 042	210	141 409	158	67 536	66	04 078	36	68 131	20	88 760	06	78 551	26
95	20 647	210	175 488	194	66 803	66	05 146	34	70 441	20	91 813	02	76 688	24
1,9200	23 252	208	209 585	226	66 070	66	06 213	34	72 751	18	94 864	00	74 826	20
05	25 856	206	243 698	260	65 337	66	07 280	32	75 060	18	97 914	*98	72 966	20
10	28 459	204	277 828	296	64 604	64	08 346	32	77 369	18	**00 963	96	71 106	16
15	31 061	204	311 976	328	63 872	64	09 412	30	79 678	16	04 011	92	69 248	12
20	33 663	202	346 140	364	63 140	62	10 477	30	81 986	14	07 057	92	67 392	10
25	36 264	202	380 322	398	62 409	62	11 542	30	84 293	14	10 103	90	65 537	08
30	38 865	198	414 521	432	61 678	62	12 607	28	86 600	14	13 148	86	63 683	06
35	41 464	200	448 737	464	60 947	60	13 671	26	88 907	12	16 191	86	61 830	02
40	44 064	196	482 969	500	60 217	60	14 734	28	91 213	12	19 234	82	59 979	00
45	46 662	196	517 219	536	59 487	58	15 798	24	93 519	10	22 275	80	58 129	**98
1,9250	49 260		551 487		58 758		16 860		95 824		25 315		56 280	
	0,65	5	**6,8**	68	**0,14**	−14	**1,09**	21	**1,40**	46	**1,27**	60	**0,57**	−36

x	φ	sin x		cos x		tg x		Sin x		Cos x		Tg x	
	110°	**0,93**	–3	**—0,3**	–93	**—2,7**	8	**3,3**	35	**3,5**	33	**0,958**	8
1,9250	17′ 39,″75	79 230	472	468 436	78	041 671	3014	546 365	012	005 122	556	3 273	16
55	19 22,88	77 494	474	473 125	76	000 164	2790	563 871	030	021 900	572	3 681	14
60	21 06,02	75 757	480	477 813	76	*958 769	2566	581 386	048	038 686	590	4 088	14
65	22 49,15	74 017	486	482 501	72	917 486	2344	598 910	064	055 481	608	4 495	14
70	24 32,28	72 274	490	487 187	72	876 314	2122	616 442	080	072 285	626	4 902	12
75	26 15,41	70 529	494	491 873	70	835 253	1904	633 982	098	089 098	642	5 308	12
80	27 58,55	68 782	498	496 558	68	794 301	1684	651 531	114	105 919	660	5 714	12
85	29 41,68	67 033	504	501 242	66	753 459	1466	669 088	132	122 749	678	6 120	10
90	31 24,81	65 281	508	505 925	64	712 726	1248	686 654	148	139 588	696	6 525	10
95	33 07,94	63 527	512	510 607	62	672 102	1032	704 228	164	156 436	712	6 930	08
1,9300	34 51,08	61 771	518	515 288	62	631 586	0816	721 810	182	173 292	732	7 334	08
05	36 34,21	60 012	522	519 969	58	591 178	0602	739 401	198	190 158	748	7 738	08
10	38 17,34	58 251	528	524 648	58	550 877	0388	757 000	216	207 032	766	8 142	06
15	40 00,47	56 487	532	529 327	56	510 683	0176	774 608	232	223 915	782	8 545	06
20	41 43,61	54 721	536	534 005	54	470 595	*9964	792 224	250	240 806	802	8 948	04
25	43 26,74	52 953	540	538 682	52	430 613	9752	809 849	266	257 707	818	9 350	04
30	45 09,87	51 183	546	543 358	50	390 737	9542	827 482	284	274 616	836	9 752	04
35	46 53,00	49 410	550	548 033	48	350 966	9334	845 124	300	291 534	854	*0 154	02
40	48 36,14	47 635	556	552 707	48	311 299	9124	862 774	316	308 461	872	0 555	02
45	50 19,27	45 857	560	557 381	44	271 737	8916	880 432	334	325 397	890	0 956	00
1,9350	52 02,40	44 077	564	562 053	44	232 279	8710	898 099	350	342 342	906	1 356	00
55	53 45,53	42 295	570	566 725	40	192 924	8504	915 774	368	359 295	924	1 756	00
60	55 28,66	40 510	572	571 395	40	153 672	8300	933 458	386	376 257	944	2 156	*98
65	57 11,80	38 724	580	576 065	38	114 522	8094	951 151	400	393 229	960	2 555	98
70	58 54,93	36 934	582	580 734	36	075 475	7892	968 851	420	410 209	976	2 954	98
75	*00 38,06	35 143	588	585 402	34	036 529	7688	986 561	436	427 197	996	3 353	96
80	02 21,19	33 349	592	590 069	34	**997 685	7488	*004 279	452	444 195	*014	3 751	96
85	04 04,33	31 553	598	594 736	30	958 941	7286	022 005	470	461 202	030	4 149	94
90	05 47,46	29 754	602	599 401	28	920 298	7086	039 740	486	478 217	048	4 546	94
95	07 30,59	27 953	606	604 065	28	881 755	6888	057 483	504	495 241	068	4 943	94
1,9400	09 13,72	26 150	610	608 729	24	843 311	6688	075 235	522	512 275	084	5 340	92
05	10 56,86	24 345	616	613 391	24	804 967	6492	092 996	536	529 317	102	5 736	92
10	12 39,99	22 537	620	618 053	22	766 721	6294	110 764	556	546 368	118	6 132	92
15	14 23,12	20 727	626	622 714	20	728 574	6098	128 542	572	563 427	138	6 528	90
20	16 06,25	18 914	630	627 374	18	690 525	5902	146 328	588	580 496	156	6 923	90
25	17 49,39	17 099	634	632 033	16	652 574	5708	164 122	606	597 574	172	7 318	88
30	19 32,52	15 282	640	636 691	14	614 720	5516	181 925	624	614 660	192	7 712	88
35	21 15,65	13 462	642	641 348	12	576 962	5320	199 737	640	631 756	208	8 106	88
40	22 58,78	11 641	650	646 004	12	539 302	5130	217 557	658	648 860	226	8 500	86
45	24 41,92	09 816	652	650 660	08	501 737	4938	235 386	674	665 973	244	8 893	86
1,9450	26 25,05	07 990	658	655 314	08	464 268	4748	253 223	692	683 095	262	9 286	84
55	28 08,18	06 161	662	659 968	04	426 894	4558	271 069	708	700 226	280	9 678	84
60	29 51,31	04 330	666	664 620	04	389 615	4370	288 923	726	717 366	298	**0 070	84
65	31 34,45	02 497	672	669 272	02	352 430	4180	306 786	744	734 515	316	0 462	84
70	33 17,58	00 661	676	673 923	00	315 340	3992	324 658	760	751 673	334	0 854	82
75	35 00,71	*98 823	682	678 573	*98	278 344	3808	342 538	778	768 840	352	1 245	80
80	36 43,84	96 982	686	683 222	96	241 440	3620	360 427	794	786 016	368	1 635	80
85	38 26,97	95 139	690	687 870	94	204 630	3434	378 324	812	803 200	388	2 025	80
90	40 10,11	93 294	694	692 517	92	167 913	3250	396 230	828	820 394	406	2 415	80
95	41 53,24	91 447	700	697 163	90	131 288	3066	414 144	848	837 597	422	2 805	78
1,9500	43′ 36,″37	89 597		701 808		094 755		432 068		854 808		3 194	
	111°	**0,92**	–3	**—0,3**	–92	**—2,5**	7	**3,4**	35	**3,5**	34	**0,960**	7

x	$\ln x$		e^x		e^{-x}		arc tg x		Ar Sin x		Ar Cos x		Ar Ctg x	
	0,65	51	**6,8**	68	**0,14**	−14	**1,09**	21	**1,40**	46	**1,27**	60	**0,57**	−36
1,9250	49 260	94	551 487	568	58 758	60	16 860	26	95 824	10	25 315	80	56 280	94
55	51 857	92	585 771	602	58 028	56	17 923	24	98 129	08	28 355	76	54 433	92
60	54 453	92	620 072	638	57 300	58	18 985	22	*00 433	08	31 393	74	52 587	90
65	57 049	90	654 391	672	56 571	56	20 046	22	02 737	06	34 430	72	50 742	86
70	59 644	88	688 727	706	55 843	56	21 107	22	05 040	06	37 466	70	48 899	84
75	62 238	88	723 080	740	55 115	54	22 168	20	07 343	04	40 501	66	47 057	82
80	64 832	86	757 450	774	54 388	54	23 228	20	09 645	04	43 534	66	45 216	80
85	67 425	84	791 837	810	53 661	54	24 288	18	11 947	02	46 567	64	43 376	76
90	70 017	84	826 242	842	52 934	52	25 347	18	14 248	02	49 599	60	41 538	74
95	72 609	82	860 663	878	52 208	52	26 406	16	16 549	02	52 629	60	39 701	70
1,9300	75 200	80	895 102	914	51 482	52	27 464	16	18 850	00	55 659	56	37 866	70
05	77 790	80	929 559	946	50 756	50	28 522	16	21 150	*98	58 687	56	36 031	66
10	80 380	78	964 032	982	50 031	50	29 580	14	23 449	98	61 715	52	34 198	62
15	82 969	76	998 523	*016	49 306	48	30 637	14	25 748	98	64 741	50	32 367	62
20	85 557	76	*033 031	050	48 582	48	31 694	12	28 047	96	67 766	48	30 536	58
25	88 145	74	067 556	084	47 858	48	32 750	12	30 345	96	70 790	46	28 707	56
30	90 732	72	102 098	120	47 134	46	33 806	10	32 643	94	73 813	44	26 879	52
35	93 318	72	136 658	154	46 411	46	34 861	10	34 940	94	76 835	42	25 053	50
40	95 904	70	171 235	188	45 688	46	35 916	10	37 237	92	79 856	40	23 228	48
45	98 489	68	205 829	224	44 965	44	36 971	08	39 533	92	82 876	38	21 404	46
1,9350	*01 073	68	240 441	256	44 243	44	38 025	08	41 829	90	85 895	36	19 581	42
55	03 657	66	275 069	294	43 521	44	39 079	06	44 124	90	88 913	32	17 760	40
60	06 240	64	309 716	326	42 799	42	40 132	06	46 419	88	91 929	32	15 940	38
65	08 822	64	344 379	362	42 078	42	41 185	04	48 713	88	94 945	30	14 121	36
70	11 404	62	379 060	396	41 357	40	42 237	04	51 007	88	97 960	26	12 303	32
75	13 985	60	413 758	432	40 637	42	43 289	04	53 301	86	*00 973	26	10 487	30
80	16 565	60	448 474	466	39 916	38	44 341	02	55 594	84	03 986	22	08 672	28
85	19 145	58	483 207	500	39 197	40	45 392	00	57 886	84	06 997	20	06 858	24
90	21 724	56	517 957	536	38 477	38	46 442	02	60 178	84	10 007	20	05 046	22
95	24 302	56	552 725	570	37 758	38	47 493	00	62 470	82	13 017	16	03 235	20
1,9400	26 880	54	587 510	604	37 039	36	48 543	*98	64 761	82	16 025	14	01 425	18
05	29 457	52	622 312	640	36 321	36	49 592	98	67 052	80	19 032	12	*99 616	14
10	32 033	52	657 132	674	35 603	34	50 641	98	69 342	80	22 038	10	97 809	12
15	34 609	50	691 969	710	34 886	36	51 690	96	71 632	78	25 043	08	96 003	10
20	37 184	48	726 824	744	34 168	34	52 738	94	73 921	78	28 047	06	94 198	06
25	39 758	48	761 696	780	33 451	32	53 785	96	76 210	76	31 050	04	92 395	06
30	42 332	46	796 586	814	32 735	32	54 833	92	78 498	76	34 052	02	90 592	02
35	44 905	44	831 493	848	32 019	32	55 879	94	80 786	74	37 053	00	88 791	*98
40	47 477	44	866 417	884	31 303	32	56 926	92	83 073	74	40 053	*96	86 992	98
45	50 049	42	901 359	920	30 587	30	57 972	90	85 360	72	43 051	96	85 193	94
1,9450	52 620	40	936 319	952	29 872	30	59 017	92	87 646	72	46 049	94	83 396	92
55	55 190	40	971 295	990	29 157	28	60 063	88	89 932	72	49 046	90	81 600	90
60	57 760	38	**006 290	**024	28 443	28	61 107	90	92 218	70	52 041	90	79 805	86
65	60 329	36	041 302	058	27 729	28	62 152	88	94 503	70	55 036	86	78 012	86
70	62 897	36	076 331	094	27 015	26	63 196	86	96 788	68	58 029	86	76 219	82
75	65 465	34	111 378	130	26 302	26	64 239	86	99 072	66	61 022	82	74 428	78
80	68 032	32	146 443	164	25 589	26	65 282	86	**01 355	68	64 013	82	72 639	78
85	70 598	32	181 525	198	24 876	24	66 325	84	03 639	64	67 004	78	70 850	74
90	73 164	30	216 624	234	24 164	24	67 367	84	05 921	66	69 993	76	69 063	72
95	75 729	30	251 741	270	23 452	22	68 409	82	08 204	64	72 981	74	67 277	70
1,9500	78 294		286 876		22 741		69 450		10 486		75 968		65 492	
	0,66	51	**7,0**	70	**0,14**	−14	**1,09**	20	**1,42**	45	**1,28**	59	**0,56**	−35

x	φ	$\sin x$		$\cos x$		$\operatorname{tg} x$		$\mathfrak{Sin}\, x$		$\mathfrak{Cos}\, x$		$\mathfrak{Tg}\, x$	
	111°	**0,92**	−37	**—0,37**	−92	**—2,5**	7	**3,4**	35	**3,5**	34	**0,960**	7
1,9500	43′ 36,″37	89 597	04	01 808	90	094 755	2884	432 068	862	854 808	442	3 194	78
05	45 19,50	87 745	08	06 453	86	058 313	2700	449 999	882	872 029	458	3 583	76
10	47 02,64	85 891	14	11 096	86	021 963	2520	467 940	898	889 258	478	3 971	76
15	48 45,77	84 034	18	15 739	82	*985 703	2338	485 889	914	906 497	494	4 359	76
20	50 28,90	82 175	22	20 380	82	949 534	2158	503 846	932	923 744	514	4 747	74
25	52 12,03	80 314	28	25 021	78	913 455	1978	521 812	950	941 001	530	5 134	74
30	53 55,17	78 450	32	29 660	78	877 466	1800	539 787	968	958 266	548	5 521	72
35	55 38,30	76 584	36	34 299	76	841 566	1622	557 771	984	975 540	568	5 907	72
40	57 21,43	74 716	42	38 937	74	805 755	1444	575 763	*000	992 824	584	6 293	72
45	59 04,56	72 845	46	43 574	72	770 033	1266	593 763	020	*010 116	604	6 679	72
1,9550	*00 47,70	70 972	50	48 210	70	734 400	1092	611 773	036	027 418	620	7 065	70
55	02 30,83	69 097	56	52 845	68	698 854	0916	629 791	052	044 728	638	7 450	68
60	04 13,96	67 219	60	57 479	66	663 396	0740	647 817	072	062 047	658	7 834	70
65	05 57,09	65 339	64	62 112	64	628 026	0568	665 853	088	079 376	674	8 219	68
70	07 40,23	63 457	68	66 744	64	592 742	0394	683 897	106	096 713	694	8 603	66
75	09 23,36	61 573	74	71 376	60	557 545	0220	701 950	122	114 060	710	8 986	66
80	11 06,49	59 686	78	76 006	58	522 435	0050	720 011	140	131 415	730	9 369	66
85	12 49,62	57 797	84	80 635	58	487 410	*9878	738 081	158	148 780	746	9 752	66
90	14 32,76	55 905	88	85 264	54	452 471	9706	756 160	174	166 153	766	*0 135	64
95	16 15,89	54 011	92	89 891	54	417 618	9538	774 247	192	183 536	782	0 517	62
1,9600	17 59,02	52 115	96	94 518	50	382 849	9368	792 343	210	200 927	802	0 898	64
05	19 42,15	50 217	*02	99 143	50	348 165	9198	810 448	228	218 328	820	1 280	62
10	21 25,29	48 316	06	*03 768	48	313 566	9032	828 562	244	235 738	838	1 661	60
15	23 08,42	46 413	10	08 392	44	279 050	8862	846 684	262	253 157	856	2 041	62
20	24 51,55	44 508	16	13 014	44	244 619	8698	864 815	278	270 585	874	2 422	58
25	26 34,68	42 600	20	17 636	42	210 270	8530	882 954	298	288 022	892	2 801	60
30	28 17,81	40 690	24	22 257	40	176 005	8366	901 103	314	305 468	910	3 181	58
35	30 00,95	38 778	30	26 877	38	141 822	8200	919 260	332	322 923	928	3 560	58
40	31 44,08	36 863	34	31 496	36	107 722	8036	937 426	348	340 387	946	3 939	56
45	33 27,21	34 946	38	36 114	34	073 704	7874	955 600	368	357 860	964	4 317	56
1,9650	35 10,34	33 027	42	40 731	32	039 767	7708	973 784	384	375 342	984	4 695	56
55	36 53,48	31 106	48	45 347	30	005 913	7548	991 976	400	392 834	*000	5 073	54
60	38 36,61	29 182	52	49 962	28	**972 139	7386	*010 176	420	410 334	020	5 450	54
65	40 19,74	27 256	58	54 576	26	938 446	7224	028 386	436	427 844	038	5 827	54
70	42 02,87	25 327	62	59 189	24	904 834	7064	046 604	454	445 363	056	6 204	52
75	43 46,01	23 396	66	63 801	22	871 302	6904	064 831	472	462 891	074	6 580	52
80	45 29,14	21 463	70	68 412	22	837 850	6744	083 067	490	480 428	092	6 956	52
85	47 12,27	19 528	76	73 023	18	804 478	6586	101 312	506	497 974	110	7 332	50
90	48 55,40	17 590	80	77 632	16	771 185	6428	119 565	524	515 529	128	7 707	50
95	50 38,54	15 650	84	82 240	16	737 971	6272	137 827	542	533 093	148	8 082	48
1,9700	52 21,67	13 708	90	86 848	12	704 835	6112	156 098	560	550 667	164	8 456	48
05	54 04,80	11 763	92	91 454	10	671 779	5958	174 378	576	568 249	184	8 830	48
10	55 47,93	09 817	**00	96 059	10	638 800	5802	192 666	596	585 841	202	9 204	46
15	57 31,07	07 867	02	**00 664	06	605 899	5646	210 964	612	603 442	220	9 577	46
20	59 14,20	05 916	08	05 267	06	573 076	5492	229 270	630	621 052	238	9 950	46
25	**00 57,33	03 962	12	09 870	02	540 330	5338	247 585	648	638 671	258	**0 323	44
30	02 40,46	02 006	16	14 471	02	507 661	5184	265 909	664	656 300	274	0 695	44
35	04 23,60	00 048	22	19 072	*98	475 069	5032	284 241	682	673 937	294	1 067	44
40	06 06,73	*98 087	26	23 671	98	442 553	4878	302 582	702	691 584	312	1 439	42
45	07 49,86	96 124	30	28 270	94	410 114	4728	320 933	718	709 240	330	1 810	42
1,9750	09′ 32,″99	94 159		32 867		377 750		339 292		726 905		2 181	
	113°	**0,91**	−39	**—0,39**	−91	**—2,3**	6	**3,5**	36	**3,6**	35	**0,962**	7

x	ln x		e^x		e^{-x}		arc tg x		Ar Sin x		Ar Cof x		Ar Ctg x	
	0,66	**51**	**7,0**	**70**	**0,14**	**−1**	**1,09**	**20**	**1,42**	**45**	**1,28**	**59**	**0,56**	**−35**
1,9500	78 294	26	286 876	304	22 741	422	69 450	82	10 486	62	75 968	74	65 492	66
05	80 857	28	322 028	340	22 030	422	70 491	80	12 767	62	78 955	70	63 709	64
10	83 421	24	357 198	374	21 319	422	71 531	80	15 048	60	81 940	68	61 927	62
15	85 983	24	392 385	410	20 608	420	72 571	80	17 328	60	84 924	66	60 146	60
20	88 545	22	427 590	446	19 898	420	73 611	78	19 608	60	87 907	64	58 366	58
25	91 106	22	462 813	480	19 188	418	74 650	78	21 888	58	90 889	62	56 587	54
30	93 667	18	498 053	516	18 479	418	75 689	76	24 167	56	93 870	60	54 810	52
35	96 226	20	533 311	550	17 770	418	76 727	76	26 445	56	96 850	58	53 034	50
40	98 786	16	568 586	586	17 061	416	77 765	76	28 723	56	99 829	56	51 259	48
45	*01 344	16	603 879	622	16 353	416	78 803	74	31 001	54	*02 807	54	49 485	44
1,9550	03 902	14	639 190	658	15 645	416	79 840	74	33 278	54	05 784	52	47 713	42
55	06 459	14	674 519	692	14 937	414	80 877	72	35 555	52	08 760	50	45 942	40
60	09 016	12	709 865	728	14 230	414	81 913	72	37 831	52	11 735	48	44 172	38
65	11 572	10	745 229	762	13 523	414	82 949	70	40 107	50	14 709	44	42 403	34
70	14 127	08	780 610	798	12 816	412	83 984	70	42 382	50	17 681	44	40 636	34
75	16 681	08	816 009	834	12 110	412	85 019	70	44 657	50	20 653	42	38 869	30
80	19 235	08	851 426	870	11 404	410	86 054	68	46 932	48	23 624	40	37 104	28
85	21 789	04	886 861	904	10 699	412	87 088	68	49 206	46	26 594	36	35 340	24
90	24 341	04	922 313	940	09 993	408	88 122	66	51 479	46	29 562	36	33 578	24
95	26 893	04	957 783	976	09 289	410	89 155	66	53 752	46	32 530	34	31 816	20
1,9600	29 445	00	993 271	*010	08 584	408	90 188	66	56 025	44	35 497	30	30 056	18
05	31 995	00	*028 776	046	07 880	408	91 221	64	58 297	44	38 462	30	28 297	14
10	34 545	00	064 299	082	07 176	406	92 253	62	60 569	42	41 427	26	26 540	14
15	37 095	*98	099 840	118	06 473	406	93 284	64	62 840	40	44 390	26	24 783	10
20	39 644	96	135 399	154	05 770	406	94 316	62	65 110	42	47 353	22	23 028	08
25	42 192	94	170 976	188	05 067	404	95 347	60	67 381	40	50 314	22	21 274	06
30	44 739	94	206 570	224	04 365	404	96 377	60	69 651	38	53 275	18	19 521	04
35	47 286	92	242 182	260	03 663	404	97 407	60	71 920	38	56 234	18	17 769	02
40	49 832	92	277 812	296	02 961	402	98 437	58	74 189	36	59 193	14	16 018	*98
45	52 378	88	313 460	332	02 260	402	99 466	56	76 457	36	62 150	14	14 269	96
1,9650	54 922	90	349 126	366	01 559	402	*00 494	58	78 725	36	65 107	10	12 521	94
55	57 467	86	384 809	404	00 858	400	01 523	56	80 993	34	68 062	10	10 774	92
60	60 010	86	420 511	438	00 158	400	02 551	54	83 260	34	71 017	06	09 028	88
65	62 553	84	456 230	474	*99 458	398	03 578	54	85 527	32	73 970	04	07 284	86
70	65 095	84	491 967	510	98 759	400	04 605	54	87 793	30	76 922	04	05 541	84
75	67 637	82	527 722	546	98 059	398	05 632	52	90 058	32	79 874	00	03 799	82
80	70 178	80	563 495	580	97 360	396	06 658	52	92 324	28	82 824	*98	02 058	80
85	72 718	80	599 285	618	96 662	396	07 684	52	94 588	30	85 773	98	00 318	78
90	75 258	78	635 094	652	95 964	396	08 710	50	96 853	28	88 722	94	*98 579	74
95	77 797	76	670 920	690	95 266	394	09 735	48	99 117	26	91 669	92	96 842	72
1,9700	80 335	76	706 765	724	94 569	396	10 759	48	*01 380	26	94 615	92	95 106	70
05	82 873	74	742 627	762	93 871	392	11 783	48	03 643	24	97 561	88	93 371	68
10	85 410	74	778 508	796	93 175	394	12 807	48	05 905	26	**00 505	86	91 637	66
15	87 947	72	814 406	832	92 478	392	13 831	44	08 168	22	03 448	86	89 904	62
20	90 483	70	850 322	868	91 782	392	14 853	46	10 429	22	06 391	82	88 173	60
25	93 018	68	886 256	904	91 086	390	15 876	44	12 690	22	09 332	80	86 443	58
30	95 552	68	922 208	940	90 391	390	16 898	44	14 951	20	12 272	78	84 714	56
35	98 086	66	958 178	976	89 696	390	17 920	42	17 211	20	15 211	78	82 986	54
40	**00 619	66	994 166	**012	89 001	388	18 941	42	19 471	18	18 150	74	81 259	50
45	03 152	64	**030 172	050	88 307	388	19 962	42	21 730	18	21 087	72	79 534	50
1,9750	05 684		066 197		87 613		20 983		23 989		24 023		77 809	
	0,68	**50**	**7,2**	**72**	**0,13**	**−1**	**1,10**	**20**	**1,43**	**45**	**1,30**	**58**	**0,55**	**−34**

x	φ	sin x		cos x		tg x		Sin x		Cof x		Tg x	
	113°	**0,91**	**−39**	**—0,39**	**−91**	**—2,3**	**6**	**3,5**	**36**	**3,6**	**35**	**0,962**	**7**
1,9750	09′ 32,″99	94 159	36	32 867	94	377 750	4578	339 292	736	726 905	348	2 181	40
55	11 16,12	92 191	40	37 464	90	345 461	4424	357 660	752	744 579	366	2 551	40
60	12 59,26	90 221	44	42 059	90	313 249	4276	376 036	772	762 262	386	2 921	40
65	14 42,39	88 249	48	46 654	88	281 111	4128	394 422	788	779 955	404	3 291	40
70	16 25,52	86 275	54	51 248	84	249 047	3976	412 816	808	797 657	422	3 661	38
75	18 08,65	84 298	58	55 840	84	217 059	3830	431 220	824	815 368	440	4 030	36
80	19 51,79	82 319	64	60 432	82	185 144	3680	449 632	842	833 088	460	4 398	38
85	21 34,92	80 337	66	65 023	78	153 304	3534	468 053	858	850 818	476	4 767	36
90	23 18,05	78 354	72	69 612	78	121 537	3388	486 482	878	868 556	496	5 135	34
95	25 01,18	76 368	76	74 201	76	089 843	3242	504 921	896	886 304	514	5 502	36
1,9800	26 44,32	74 380	82	78 789	72	058 222	3094	523 369	912	904 061	532	5 870	34
05	28 27,45	72 389	86	83 375	72	026 675	2950	541 825	932	921 827	552	6 237	32
10	30 10,58	70 396	90	87 961	70	*995 200	2806	560 291	948	939 603	570	6 603	34
15	31 53,71	68 401	94	92 546	68	963 797	2662	578 765	966	957 388	588	6 970	32
20	33 36,85	66 404	*00	97 130	64	932 466	2518	597 248	984	975 182	606	7 336	30
25	35 19,98	64 404	04	*01 712	64	901 207	2376	615 740	*002	992 985	624	7 701	30
30	37 03,11	62 402	08	06 294	62	870 019	2232	634 241	020	*010 797	644	8 066	30
35	38 46,24	60 398	14	10 875	58	838 903	2090	652 751	038	028 619	662	8 431	30
40	40 29,38	58 391	18	15 454	58	807 858	1950	671 270	054	046 450	680	8 796	28
45	42 12,51	56 382	22	20 033	56	776 883	1808	689 797	074	064 290	700	9 160	28
1,9850	43 55,64	54 371	26	24 611	52	745 979	1668	708 334	090	082 140	718	9 524	26
55	45 38,77	52 358	32	29 187	52	715 145	1528	726 879	110	099 999	736	9 887	26
60	47 21,91	50 342	36	33 763	50	684 381	1388	745 434	126	117 867	754	*0 250	26
65	49 05,04	48 324	42	38 338	46	653 687	1250	763 997	146	135 744	774	0 613	24
70	50 48,17	46 303	44	42 911	46	623 062	1112	782 570	162	153 631	792	0 975	24
75	52 31,30	44 281	50	47 484	44	592 506	0972	801 151	180	171 527	810	1 337	24
80	54 14,43	42 256	54	52 056	40	562 020	0836	819 741	198	189 432	830	1 699	22
85	55 57,57	40 229	60	56 626	40	531 602	0700	838 340	216	207 347	846	2 060	22
90	57 40,70	38 199	62	61 196	36	501 252	0562	856 948	236	225 270	866	2 421	22
95	59 23,83	36 168	68	65 764	36	470 971	0426	875 566	252	243 203	886	2 782	20
1,9900	*01 06,96	34 134	74	70 332	34	440 758	0292	894 192	270	261 146	904	3 142	20
05	02 50,10	32 097	76	74 899	30	410 612	0156	912 827	288	279 098	922	3 502	20
10	04 33,23	30 059	82	79 464	30	380 534	0022	931 471	306	297 059	940	3 862	18
15	06 16,36	28 018	86	84 029	26	350 523	*9886	950 124	324	315 029	960	4 221	18
20	07 59,49	25 975	92	88 592	26	320 580	9756	968 786	342	333 009	978	4 580	16
25	09 42,63	23 929	94	93 155	22	290 702	9620	987 457	360	350 998	996	4 938	18
30	11 25,76	21 882	**00	97 716	22	260 892	9488	*006 137	378	368 996	*016	5 297	16
35	13 08,89	19 832	06	**02 277	18	231 148	9358	024 826	396	387 004	034	5 655	14
40	14 52,02	17 779	08	06 836	16	201 469	9224	043 524	414	405 021	054	6 012	14
45	16 35,16	15 725	14	11 394	16	171 857	9094	062 231	432	423 048	070	6 369	14
1,9950	18 18,29	13 668	18	15 952	12	142 310	8962	080 947	450	441 083	092	6 726	14
55	20 01,42	11 609	24	20 508	10	112 829	8834	099 672	468	459 129	108	7 083	12
60	21 44,55	09 547	26	25 063	10	083 412	8702	118 406	486	477 183	128	7 439	12
65	23 27,69	07 484	32	29 618	06	054 061	8574	137 149	504	495 247	146	7 795	10
70	25 10,82	05 418	36	34 171	04	024 774	8444	155 901	522	513 320	166	8 150	10
75	26 53,95	03 350	42	38 723	02	**995 552	8316	174 662	542	531 403	184	8 505	10
80	28 37,08	01 279	46	43 274	00	966 394	8188	193 433	558	549 495	202	8 860	10
85	30 20,22	*99 206	50	47 824	*98	937 300	8062	212 212	576	567 596	222	9 215	08
90	32 03,35	97 131	54	52 373	96	908 269	7934	231 000	596	585 707	240	9 569	06
95	33 46,48	95 054	60	56 921	94	879 302	7806	249 798	612	603 827	260	9 922	08
2,0000	35′ 29,″61	92 974		61 468		850 399		268 604		621 957		**0 276	
	114°	**0,90**	**−41**	**—0,41**	**−90**	**—2,1**	**5**	**3,6**	**37**	**3,7**	**36**	**0,964**	**7**

x	$\ln x$		e^x		e^{-x}		arc tg x		Ar Sin x		Ar Cos x		Ar Ctg x	
	0,68	**50**	**7,2**	**72**	**0,13**	**−13**	**1,10**	**20**	**1,43**	**45**	**1,30**	**58**	**0,55**	**−34**
1,9750	05 684	62	066 197	*084*	87 613	88	20 983	40	23 989	16	24 023	72	77 809	46
55	08 215	62	102 239	*120*	86 919	86	22 003	38	26 247	16	26 959	68	76 086	44
60	10 746	60	138 299	*156*	86 226	86	23 022	40	28 505	16	29 893	66	74 364	42
65	13 276	58	174 377	*192*	85 533	84	24 042	36	30 763	14	32 826	64	72 643	38
70	15 805	58	210 473	*228*	84 841	86	25 060	38	33 020	14	35 758	64	70 924	38
75	18 334	56	246 587	*266*	84 148	82	26 079	36	35 277	12	38 690	60	69 205	34
80	20 862	56	282 720	*300*	83 457	84	27 097	34	37 533	10	41 620	58	67 488	32
85	23 390	54	318 870	*338*	82 765	82	28 114	36	39 788	12	44 549	58	65 772	30
90	25 917	52	355 039	*372*	82 074	82	29 132	32	42 044	08	47 478	54	64 057	28
95	28 443	50	391 225	*410*	81 383	82	30 148	34	44 298	10	50 405	52	62 343	26
1,9800	30 968	50	427 430	*446*	80 692	80	31 165	32	46 553	06	53 331	52	60 630	22
05	33 493	50	463 653	*482*	80 002	80	32 181	30	48 806	08	56 257	48	58 919	22
10	36 018	46	499 894	*518*	79 312	78	33 196	32	51 060	06	59 181	46	57 208	18
15	38 541	46	536 153	*554*	78 623	78	34 212	28	53 313	04	62 104	46	55 499	16
20	41 064	46	572 430	*590*	77 934	78	35 226	30	55 565	04	65 027	42	53 791	14
25	43 587	42	608 725	*626*	77 245	76	36 241	28	57 817	04	67 948	40	52 084	12
30	46 108	44	645 038	*664*	76 557	78	37 255	26	60 069	02	70 868	40	50 378	08
35	48 630	40	681 370	*700*	75 868	74	38 268	26	62 320	02	73 788	36	48 674	08
40	51 150	40	717 720	*736*	75 181	76	39 281	26	64 571	00	76 706	36	46 970	04
45	53 670	38	754 088	*772*	74 493	74	40 294	24	66 821	00	79 624	32	45 268	02
1,9850	56 189	38	790 474	*808*	73 806	74	41 306	24	69 071	*98	82 540	32	43 567	00
55	58 708	36	826 878	*846*	73 119	72	42 318	24	71 320	98	85 456	28	41 867	*98
60	61 226	34	863 301	*880*	72 433	72	43 330	22	73 569	96	88 370	28	40 168	96
65	63 743	34	899 741	*918*	71 747	72	44 341	20	75 817	96	91 284	24	38 470	92
70	66 260	32	936 200	*956*	71 061	70	45 351	22	78 065	96	94 196	24	36 774	92
75	68 776	30	972 678	*990*	70 376	70	46 362	18	80 313	94	97 108	20	35 078	88
80	71 291	30	*009 173	**028*	69 691	70	47 371	20	82 560	94	*00 018	20	33 384	86
85	73 806	28	045 687	*064*	69 006	68	48 381	18	84 807	92	02 928	16	31 691	84
90	76 320	28	082 219	*100*	68 322	68	49 390	18	87 053	90	05 836	16	29 999	82
95	78 834	24	118 769	*138*	67 638	68	50 399	16	89 298	92	08 744	14	28 308	78
1,9900	81 346	26	155 338	*172*	66 954	66	51 407	16	91 544	90	11 651	10	26 619	78
05	83 859	22	191 924	*212*	66 271	66	52 415	14	93 789	88	14 556	10	24 930	74
10	86 370	22	228 530	*246*	65 588	66	53 422	14	96 033	88	17 461	08	23 243	74
15	88 881	22	265 153	*284*	64 905	64	54 429	14	98 277	86	20 365	04	21 556	70
20	91 392	18	301 795	*320*	64 223	64	55 436	12	*00 520	86	23 267	04	19 871	68
25	93 901	18	338 455	*356*	63 541	62	56 442	12	02 763	86	26 169	02	18 187	66
30	96 410	18	375 133	*394*	62 860	64	57 448	10	05 006	84	29 070	00	16 504	64
35	98 919	16	411 830	*430*	62 178	62	58 453	10	07 248	84	31 970	*96	14 822	60
40	*01 427	14	448 545	*466*	61 497	60	59 458	10	09 490	82	34 868	96	13 142	60
45	03 934	14	485 278	*504*	60 817	60	60 463	08	11 731	82	37 766	94	11 462	56
1,9950	06 441	10	522 030	*540*	60 137	60	61 467	08	13 972	80	40 663	92	09 784	54
55	08 946	12	558 800	*578*	59 457	60	62 471	06	16 212	80	43 559	90	08 107	54
60	11 452	08	595 589	*614*	58 777	58	63 474	06	18 452	78	46 454	88	06 430	50
65	13 956	10	632 396	*650*	58 098	58	64 477	06	20 691	78	49 348	86	04 755	48
70	16 461	06	669 221	*688*	57 419	58	65 480	04	22 930	78	52 241	84	03 081	44
75	18 964	06	706 065	*726*	56 740	56	66 482	04	25 169	76	55 133	82	01 409	44
80	21 467	04	742 928	*760*	56 062	56	67 484	02	27 407	76	58 024	80	*99 737	42
85	23 969	04	779 808	*798*	55 384	54	68 485	02	29 645	74	60 914	80	98 066	38
90	26 471	00	816 707	*836*	54 707	54	69 486	02	31 882	72	63 804	76	96 397	36
95	28 971	02	853 625	*872*	54 030	54	70 487	00	34 118	74	66 692	74	94 729	36
2,0000	31 472		890 561		53 353		71 487		36 355		69 579		93 061	
	0,69	**50**	**7,3**	**73**	**0,13**	**−13**	**1,10**	**20**	**1,44**	**44**	**1,31**	**57**	**0,54**	**−33**

x	φ	sin x		cos x		tg x		Sin x		Cos x		Tg x	
	114°	**0,90**	**−41**	**—0,41**	**−90**	**—2,1**	**5**	**3,6**	**37**	**3,7**	**36**	**0,964**	**7**
2,0000	35′ 29,″61	92 974	64	61 468	92	850 399	7682	268 604	632	621 957	278	0 276	06
05	37 12,74	90 892	68	66 014	90	821 558	7554	287 420	648	640 096	296	0 629	06
10	38 55,88	88 808	72	70 559	88	792 781	7430	306 244	668	658 244	316	0 982	04
15	40 39,01	86 722	78	75 103	86	764 066	7306	325 078	686	676 402	334	1 334	04
20	42 22,14	84 633	82	79 646	84	735 413	7180	343 921	702	694 569	354	1 686	04
25	44 05,27	82 542	86	84 188	82	706 823	7058	362 772	722	712 746	372	2 038	02
30	45 48,41	80 449	92	88 729	78	678 294	6932	381 633	740	730 932	392	2 389	02
35	47 31,54	78 353	94	93 268	78	649 828	6810	400 503	758	749 128	410	2 740	02
40	49 14,67	76 256	*00	97 807	74	621 423	6688	419 382	778	767 333	428	3 091	00
45	50 57,80	74 156	06	*02 344	74	593 079	6564	438 271	794	785 547	448	3 441	00
2,0050	52 40,94	72 053	08	06 881	72	564 797	6444	457 168	812	803 771	466	3 791	00
55	54 24,07	69 949	14	11 417	68	536 575	6322	476 074	832	822 004	486	4 141	*98
60	56 07,20	67 842	18	15 951	66	508 414	6200	494 990	850	840 247	504	4 490	98
65	57 50,33	65 733	24	20 484	66	480 314	6080	513 915	868	858 499	524	4 839	98
70	59 33,47	63 621	26	25 017	62	452 274	5960	532 849	884	876 761	542	5 188	96
75	*01 16,60	61 508	32	29 548	60	424 294	5840	551 791	906	895 032	562	5 536	96
80	02 59,73	59 392	36	34 078	58	396 374	5722	570 744	922	913 313	580	5 884	96
85	04 42,86	57 274	42	38 607	56	368 513	5602	589 705	940	931 603	598	6 232	96
90	06 26,00	55 153	44	43 135	56	340 712	5484	608 675	960	949 902	620	6 580	94
95	08 09,13	53 031	50	47 663	52	312 970	5364	627 655	976	968 212	636	6 927	92
2,0100	09 52,26	50 906	56	52 189	48	285 288	5248	646 643	996	986 530	656	7 273	94
05	11 35,39	48 778	58	56 713	48	257 664	5130	665 641	*014	*004 858	676	7 620	92
10	13 18,53	46 649	64	61 237	46	230 099	5014	684 648	032	023 196	694	7 966	90
15	15 01,66	44 517	68	65 760	44	202 592	4896	703 664	052	041 543	712	8 311	92
20	16 44,79	42 383	72	70 282	40	175 144	4782	722 690	068	059 899	734	8 657	90
25	18 27,92	40 247	78	74 802	40	147 753	4664	741 724	088	078 266	750	9 002	88
30	20 11,05	38 108	80	79 322	38	120 421	4550	760 768	106	096 641	770	9 346	90
35	21 54,19	35 968	86	83 841	34	093 146	4434	779 821	124	115 026	790	9 691	88
40	23 37,32	33 825	92	88 358	32	065 929	4320	798 883	142	133 421	808	*0 035	86
45	25 20,45	31 679	94	92 874	32	038 769	4206	817 954	162	151 825	828	0 378	88
2,0150	27 03,58	29 532	**00	97 390	28	011 666	4092	837 035	180	170 239	846	0 722	86
55	28 46,72	27 382	04	**01 904	26	*984 620	3980	856 125	198	188 662	866	1 065	84
60	30 29,85	25 230	10	06 417	24	957 630	3866	875 224	216	207 095	884	1 407	86
65	32 12,98	23 075	12	10 929	22	930 697	3752	894 332	234	225 537	904	1 750	84
70	33 56,11	20 919	18	15 440	20	903 821	3642	913 449	254	243 989	924	2 092	82
75	35 39,25	18 760	22	19 950	18	877 000	3528	932 576	272	262 451	942	2 433	84
80	37 22,38	16 599	26	24 459	16	850 236	3418	951 712	290	280 922	962	2 775	82
85	39 05,51	14 436	32	28 967	12	823 527	3306	970 857	308	299 403	980	3 116	80
90	40 48,64	12 270	36	33 473	12	796 874	3196	990 011	328	317 893	*000	3 456	82
95	42 31,78	10 102	40	37 979	08	770 276	3086	*009 175	344	336 393	018	3 797	80
2,0200	44 14,91	07 932	44	42 483	08	743 733	2974	028 347	364	354 902	038	4 137	80
05	45 58,04	05 760	50	46 987	04	717 246	2866	047 529	384	373 421	058	4 477	78
10	47 41,17	03 585	54	51 489	02	690 813	2756	066 721	400	391 950	076	4 816	78
15	49 24,31	01 408	58	55 990	02	664 435	2648	085 921	420	410 488	094	5 155	78
20	51 07,44	*99 229	62	60 491	*98	638 111	2540	105 131	438	429 035	116	5 494	76
25	52 50,57	97 048	68	64 990	96	611 841	2430	124 350	458	447 593	134	5 832	76
30	54 33,70	94 864	72	69 488	94	585 626	2322	143 579	476	466 160	152	6 170	76
35	56 16,84	92 678	76	73 985	90	559 465	2216	162 817	494	484 736	174	6 508	74
40	57 59,97	90 490	80	78 480	90	533 357	2108	182 064	512	503 323	190	6 845	76
45	59 43,10	88 300	86	82 975	88	507 303	2002	201 320	532	521 918	212	7 183	72
2,0250	**01′ 26,″23	86 107		87 469		481 302		220 586		540 524		7 519	
	116°	**0,89**	**−43**	**—0,43**	**−89**	**—2,0**	**5**	**3,7**	**38**	**3,8**	**37**	**0,965**	**6**

x	$\ln x$		e^x		e^{-x}		arc tg x		Ar Sin x		Ar Cos x		Ar Ctg x	
	0,69		**7,3**	**73**	**0,13**	**−13**	**1,10**	**20**	**1,44**	**44**	**1,31**	**57**	**0,54**	**−33**
2,0000	31 472	4998	890 561	910	53 353	54	71 487	00	36 355	72	69 579	72	93 061	32
05	33 971	5000	927 516	946	52 676	52	72 487	*98	38 591	70	72 465	72	91 395	30
10	36 471	4996	964 489	982	52 000	52	73 486	98	40 826	70	75 351	68	89 730	28
15	38 969	4996	*001 480	*020	51 324	50	74 485	98	43 061	68	78 235	66	88 066	24
20	41 467	4994	038 490	056	50 649	50	75 484	96	45 295	70	81 118	66	86 404	24
25	43 964	4994	075 518	096	49 974	50	76 482	96	47 530	66	84 001	62	84 742	22
30	46 461	4992	112 566	130	49 299	50	77 480	94	49 763	66	86 882	62	83 081	18
35	48 957	4990	149 631	168	48 624	48	78 477	94	51 996	66	89 763	58	81 422	16
40	51 452	4990	186 715	206	47 950	48	79 474	94	54 229	64	92 642	58	79 764	16
45	53 947	4988	223 818	242	47 276	46	80 471	92	56 461	64	95 521	54	78 106	12
2,0050	56 441	4986	260 939	280	46 603	46	81 467	92	58 693	62	98 398	54	76 450	10
55	58 934	4986	298 079	316	45 930	46	82 463	90	60 924	62	*01 275	52	74 795	08
60	61 427	4984	335 237	354	45 257	44	83 458	90	63 155	62	04 151	50	73 141	06
65	63 919	4984	372 414	390	44 585	46	84 453	90	65 386	60	07 026	48	71 488	04
70	66 411	4982	409 609	430	43 912	42	85 448	88	67 616	60	09 900	44	69 836	00
75	68 902	4980	446 824	464	43 241	44	86 442	88	69 846	58	12 772	44	68 186	00
80	71 392	4980	484 056	504	42 569	42	87 436	88	72 075	56	15 644	42	66 536	*96
85	73 882	4978	521 308	540	41 898	42	88 430	86	74 303	58	18 515	40	64 888	96
90	76 371	4976	558 578	576	41 227	40	89 423	84	76 532	54	21 385	38	63 240	92
95	78 859	4976	595 866	614	40 557	40	90 415	84	78 759	56	24 254	38	61 594	90
2,0100	81 347	4974	633 173	652	39 887	40	91 407	84	80 987	54	27 123	34	59 949	88
05	83 834	4974	670 499	690	39 217	38	92 399	84	83 214	52	29 990	32	58 305	86
10	86 321	4972	707 844	726	38 548	40	93 391	82	85 440	52	32 856	30	56 662	84
15	88 807	4972	745 207	764	37 878	36	94 382	80	87 666	52	35 721	30	55 020	82
20	91 293	4968	782 589	802	37 210	38	95 372	82	89 892	50	38 586	26	53 379	80
25	93 777	4968	819 990	838	36 541	36	96 363	80	92 117	50	41 449	24	51 739	78
30	96 261	4968	857 409	876	35 873	36	97 353	78	94 342	48	44 311	24	50 100	74
35	98 745	4966	894 847	914	35 205	34	98 342	78	96 566	48	47 173	20	48 463	74
40	*01 228	4964	932 304	952	34 538	34	99 331	78	98 790	46	50 033	20	46 826	72
45	03 710	4964	969 780	988	33 871	34	*00 320	76	*01 013	46	52 893	18	45 190	68
2,0150	06 192	4962	**007 274	**026	33 204	32	01 308	76	03 236	46	55 752	14	43 556	66
55	08 673	4962	044 787	064	32 538	34	02 296	76	05 459	44	58 609	14	41 923	64
60	11 154	4958	082 319	100	31 871	30	03 284	74	07 681	42	61 466	12	40 291	64
65	13 633	4960	119 869	138	31 206	32	04 271	72	09 902	44	64 322	10	38 659	60
70	16 113	4956	157 438	178	30 540	30	05 257	74	12 124	40	67 177	08	37 029	58
75	18 591	4956	195 027	214	29 875	30	06 244	72	14 344	42	70 031	06	35 400	56
80	21 069	4956	232 634	250	29 210	28	07 230	70	16 565	38	72 884	04	33 772	54
85	23 547	4952	270 259	290	28 546	28	08 215	70	18 784	40	75 736	02	32 145	52
90	26 023	4954	307 904	326	27 882	28	09 200	70	21 004	38	78 587	02	30 519	48
95	28 500	4950	345 567	364	27 218	26	10 185	70	23 223	36	81 438	*98	28 895	48
2,0200	30 975	4950	383 249	402	26 555	26	11 170	66	25 441	36	84 287	96	27 271	46
05	33 450	4948	420 950	440	25 892	26	12 153	68	27 659	36	87 135	96	25 648	42
10	35 924	4948	458 670	478	25 229	26	13 137	66	29 877	34	89 983	92	24 027	42
15	38 398	4946	496 409	516	24 566	24	14 120	66	32 094	34	92 829	92	22 406	38
20	40 871	4946	534 167	552	23 904	24	15 103	64	34 311	32	95 675	88	20 787	38
25	43 344	4944	571 943	592	23 242	22	16 085	66	36 527	32	98 519	88	19 168	34
30	45 816	4942	609 739	628	22 581	22	17 068	62	38 743	32	**01 363	86	17 551	32
35	48 287	4942	647 553	666	21 920	22	18 049	62	40 959	30	04 206	84	15 935	30
40	50 758	4940	685 386	704	21 259	20	19 030	62	43 174	28	07 048	82	14 320	30
45	53 228	4938	723 238	742	20 599	22	20 011	62	45 388	28	09 889	80	12 705	26
2,0250	55 697		761 109		19 938		20 992		47 602		12 729		11 092	
	0,70		**7,5**	**75**	**0,13**	**−13**	**1,11**	**19**	**1,45**	**44**	**1,33**	**56**	**0,54**	**−32**

x	φ	sin x		cos x		tg x		Sin x		Cof x		Tg x	
	116°	**0,89**	**−4**	**—0,4**	**−89**	**—2,0**	**5**	**3,7**	**38**	**3,8**	**37**	**0,965**	**6**
2,0250	01′ 26,″23	86 107	390	387 469	84	481 302	1896	220 586	548	540 524	230	7 519	74
55	03 09,37	83 912	394	391 961	84	455 354	1788	239 860	570	559 139	250	7 856	72
60	04 52,50	81 715	398	396 453	80	429 460	1684	259 145	586	577 764	268	8 192	72
65	06 35,63	79 516	404	400 943	78	403 618	1578	278 438	606	596 398	288	8 528	70
70	08 18,76	77 314	408	405 432	76	377 829	1474	297 741	624	615 042	308	8 863	70
75	10 01,89	75 110	412	409 920	74	352 092	1368	317 053	644	633 696	326	9 198	70
80	11 45,03	72 904	416	414 407	72	326 408	1264	336 375	662	652 359	346	9 533	70
85	13 28,16	70 696	422	418 893	70	300 776	1160	355 706	680	671 032	366	9 868	68
90	15 11,29	68 485	426	423 378	68	275 196	1056	375 046	698	689 715	384	*0 202	68
95	16 54,42	66 272	430	427 862	64	249 668	0954	394 395	718	708 407	404	0 536	66
2,0300	18 37,56	64 057	434	432 344	64	224 191	0850	413 754	736	727 109	424	0 869	68
05	20 20,69	61 840	438	436 826	60	198 766	0748	433 122	756	745 821	444	1 203	64
10	22 03,82	59 621	444	441 306	58	173 392	0646	452 500	774	764 543	462	1 535	66
15	23 46,95	57 399	448	445 785	56	148 069	0544	471 887	792	783 274	480	1 868	64
20	25 30,09	55 175	452	450 263	54	122 797	0442	491 283	812	802 014	502	2 200	64
25	27 13,22	52 949	458	454 740	52	097 576	0340	510 689	830	820 765	520	2 532	64
30	28 56,35	50 720	462	459 216	50	072 406	0240	530 104	850	839 525	540	2 864	62
35	30 39,48	48 489	466	463 691	48	047 286	0138	549 529	866	858 295	560	3 195	62
40	32 22,62	46 256	470	468 165	44	022 217	0040	568 962	888	877 075	578	3 526	62
45	34 05,75	44 021	474	472 637	44	*997 197	*9938	588 406	904	895 864	598	3 857	60
2,0350	35 48,88	41 784	480	477 109	40	972 228	9840	607 858	924	914 663	618	4 187	60
55	37 32,01	39 544	484	481 579	38	947 308	9740	627 320	944	933 472	636	4 517	60
60	39 15,15	37 302	488	486 048	36	922 438	9640	646 792	962	952 290	658	4 847	58
65	40 58,28	35 058	492	490 516	34	897 618	9542	666 273	980	971 119	676	5 176	58
70	42 41,41	32 812	498	494 983	32	872 847	9444	685 763	998	989 957	694	5 505	58
75	44 24,54	30 563	502	499 449	30	848 125	9346	705 262	*020	*008 804	716	5 834	56
80	46 07,68	28 312	506	503 914	28	823 452	9248	724 772	036	027 662	734	6 162	56
85	47 50,81	26 059	510	508 378	24	798 828	9152	744 290	056	046 529	754	6 490	56
90	49 33,94	23 804	516	512 840	22	774 252	9054	763 818	076	065 406	774	6 818	56
95	51 17,07	21 546	518	517 301	22	749 725	8956	783 356	092	084 293	794	7 146	54
2,0400	53 00,20	19 287	524	521 762	18	725 247	8860	802 902	114	103 190	812	7 473	54
05	54 43,34	17 025	530	526 221	16	700 817	8764	822 459	132	122 096	832	7 800	52
10	56 26,47	14 760	532	530 679	12	676 435	8668	842 025	150	141 012	852	8 126	52
15	58 09,60	12 494	538	535 135	12	652 101	8574	861 600	168	159 938	872	8 452	52
20	59 52,73	10 225	542	539 591	10	627 814	8478	881 184	190	178 874	890	8 778	52
25	*01 35,87	07 954	546	544 046	06	603 575	8382	900 779	206	197 819	910	9 104	50
30	03 19,00	05 681	550	548 499	04	579 384	8288	920 382	226	216 774	930	9 429	50
35	05 02,13	03 406	556	552 951	02	555 240	8194	939 995	246	235 739	950	9 754	50
40	06 45,26	01 128	560	557 402	00	531 143	8098	959 618	264	254 714	970	**0 079	48
45	08 28,40	*98 848	564	561 852	*98	507 094	8006	979 250	284	273 699	990	0 403	48
2,0450	10 11,53	96 566	568	566 301	96	483 091	7914	998 892	302	292 694	*008	0 727	48
55	11 54,66	94 282	572	570 749	94	459 134	7818	*018 543	320	311 698	028	1 051	46
60	13 37,79	91 996	578	575 196	90	435 225	7726	038 203	342	330 712	048	1 374	46
65	15 20,93	89 707	582	579 641	88	411 362	7634	057 874	358	349 736	068	1 697	46
70	17 04,06	87 416	586	584 085	86	387 545	7542	077 553	378	368 770	088	2 020	44
75	18 47,19	85 123	592	588 528	84	363 774	7450	097 242	398	387 814	106	2 342	46
80	20 30,32	82 827	594	592 970	82	340 049	7358	116 941	416	406 867	128	2 665	42
85	22 13,46	80 530	600	597 411	80	316 370	7266	136 649	436	425 931	146	2 986	44
90	23 56,59	78 230	604	601 851	78	292 737	7176	156 367	454	445 004	166	3 308	42
95	25 39,72	75 928	608	606 290	74	269 149	7084	176 094	474	464 087	186	3 629	42
2,0500	27′ 22,″85	73 624		610 727		245 607		195 831		483 180		3 950	
	117°	**0,88**	**−4**	**—0,4**	**−88**	**—1,9**	**4**	**3,8**	**39**	**3,9**	**38**	**0,967**	**6**

x	$\ln x$		e^x		e^{-x}		arc tg x		Ar Sin x		Ar Cos x		Ar Ctg x	
	0,70	**49**	**7,5**	**75**	**0,13**	**−13**	**1,11**	**19**	**1,45**	**44**	**1,33**	**56**	**0,54**	**−32**
2,0250	55 697	38	761 109	780	19 938	18	20 992	60	47 602	28	12 729	78	11 092	24
55	58 166	36	798 999	818	19 279	20	21 972	58	49 816	26	15 568	76	09 480	22
60	60 634	36	836 908	856	18 619	18	22 951	60	52 029	26	18 406	74	07 869	20
65	63 102	34	874 836	894	17 960	18	23 931	58	54 242	24	21 243	72	06 259	18
70	65 569	32	912 783	932	17 301	16	24 910	56	56 454	24	24 079	72	04 650	14
75	68 035	32	950 749	970	16 643	16	25 888	56	58 666	24	26 915	68	03 043	14
80	70 501	30	988 734	*008	15 985	16	26 866	56	60 878	22	29 749	68	01 436	12
85	72 966	30	*026 738	046	15 327	16	27 844	54	63 089	22	32 583	64	*99 830	10
90	75 431	28	064 761	084	14 669	14	28 821	54	65 300	20	35 415	64	98 225	06
95	77 895	26	102 803	122	14 012	14	29 798	54	67 510	18	38 247	62	96 622	06
2,0300	80 358	26	140 864	160	13 355	12	30 775	52	69 719	20	41 078	58	95 019	02
05	82 821	24	178 944	198	12 699	12	31 751	52	71 929	18	43 907	58	93 418	02
10	85 283	22	217 043	236	12 043	12	32 727	50	74 138	16	46 736	56	91 817	00
15	87 744	22	255 161	274	11 387	12	33 702	50	76 346	16	49 564	54	90 217	*96
20	90 205	22	293 298	312	10 731	10	34 677	50	78 554	16	52 391	52	88 619	94
25	92 666	18	331 454	350	10 076	10	35 652	48	80 762	14	55 217	52	87 022	94
30	95 125	18	369 629	390	09 421	08	36 626	48	82 969	12	58 043	48	85 425	90
35	97 584	18	407 824	426	08 767	10	37 600	48	85 175	14	60 867	46	83 830	88
40	*00 043	16	446 037	466	08 112	08	38 574	46	87 382	10	63 690	46	82 236	88
45	02 501	14	484 270	502	07 458	06	39 547	46	89 587	12	66 513	42	80 642	84
2,0350	04 958	14	522 521	542	06 805	06	40 520	44	91 793	10	69 334	42	79 050	82
55	07 415	12	560 792	580	06 152	06	41 492	44	93 998	08	72 155	40	77 459	80
60	09 871	10	599 082	618	05 499	06	42 464	42	96 202	08	74 975	38	75 869	80
65	12 326	10	637 391	656	04 846	04	43 435	44	98 406	08	77 794	36	74 279	76
70	14 781	10	675 719	696	04 194	04	44 407	40	*00 610	06	80 612	34	72 691	74
75	17 236	06	714 067	734	03 542	04	45 377	42	02 813	06	83 429	32	71 104	72
80	19 689	06	752 434	770	02 890	02	46 348	40	05 016	04	86 245	30	69 518	70
85	22 142	06	790 819	810	02 239	02	47 318	40	07 218	04	89 060	28	67 933	68
90	24 595	04	829 224	850	01 588	02	48 288	38	09 420	02	91 874	28	66 349	66
95	27 047	02	867 649	886	00 937	00	49 257	38	11 621	02	94 688	24	64 766	64
2,0400	29 498	02	906 092	926	00 287	00	50 226	36	13 822	02	97 500	24	63 184	62
05	31 949	00	944 555	964	*99 637	00	51 194	36	16 023	00	*00 312	20	61 603	60
10	34 399	*98	983 037	**002	98 987	*98	52 162	36	18 223	00	03 122	20	60 023	58
15	36 848	98	**021 538	040	98 338	98	53 130	34	20 423	*98	05 932	18	58 444	56
20	39 297	96	060 058	080	97 689	98	54 097	34	22 622	98	08 741	16	56 866	54
25	41 745	96	098 598	118	97 040	96	55 064	34	24 821	96	11 549	14	55 289	52
30	44 193	94	137 157	156	96 392	96	56 031	32	27 019	96	14 356	12	53 713	48
35	46 640	94	175 735	194	95 744	96	56 997	32	29 217	96	17 162	10	52 139	48
40	49 087	92	214 332	234	95 096	94	57 963	30	31 415	94	19 967	08	50 565	46
45	51 533	90	252 949	272	94 449	94	58 928	32	33 612	92	22 771	08	48 992	44
2,0450	53 978	90	291 585	312	93 802	94	59 894	28	35 808	94	25 575	04	47 420	42
55	56 423	88	330 241	350	93 155	92	60 858	30	38 005	92	28 377	04	45 849	40
60	58 867	86	368 916	388	92 509	92	61 823	26	40 201	90	31 179	02	44 279	36
65	61 310	86	407 610	426	91 863	92	62 786	28	42 396	90	33 980	*98	42 711	36
70	63 753	84	446 323	466	91 217	92	63 750	26	44 591	88	36 779	98	41 143	34
75	66 195	84	485 056	504	90 571	90	64 713	26	46 785	88	39 578	96	39 576	32
80	68 637	82	523 808	544	89 926	88	65 676	24	48 979	88	42 376	96	38 010	30
85	71 078	82	562 580	582	89 282	90	66 638	24	51 173	86	45 174	92	36 445	26
90	73 519	80	601 371	620	88 637	88	67 600	24	53 366	86	47 970	90	34 882	26
95	75 959	78	640 181	660	87 993	88	68 562	22	55 559	84	50 765	90	33 319	24
2,0500	78 398		679 011		87 349		69 523		57 751		53 560		31 757	
	0,71	**48**	**7,7**	**77**	**0,12**	**−12**	**1,11**	**19**	**1,46**	**43**	**1,34**	**55**	**0,53**	**−31**

x	φ	sin x		cos x		tg x		Sin x		Cos x		Tg x	
	117°	**0,88**	**−46**	**—0,46**	**−88**	**—1,9**	**4**	**3,8**	**39**	**3,9**	**38**	**0,967**	**6**
2,0500	27′ 22″,85	73 624	14	10 727	72	245 607	6994	195 831	492	483 180	206	3 950	42
05	29 05,99	71 317	16	15 163	70	222 110	6904	215 577	512	502 283	226	4 271	40
10	30 49,12	69 009	22	19 598	68	198 658	6814	235 333	532	521 396	244	4 591	40
15	32 32,25	66 698	28	24 032	66	175 251	6724	255 099	550	540 518	266	4 911	38
20	34 15,38	64 384	30	28 465	64	151 889	6636	274 874	568	559 651	284	5 230	40
25	35 58,51	62 069	34	32 897	60	128 571	6546	294 658	590	578 793	304	5 550	38
30	37 41,65	59 752	40	37 327	58	105 298	6456	314 453	606	597 945	326	5 869	38
35	39 24,78	57 432	44	41 756	56	082 070	6368	334 256	628	617 108	344	6 188	36
40	41 07,91	55 110	48	46 184	54	058 886	6280	354 070	646	636 280	364	6 506	36
45	42 51,04	52 786	54	50 611	52	035 746	6192	373 893	664	655 462	384	6 824	36
2,0550	44 34,18	50 459	56	55 037	50	012 650	6104	393 725	684	674 654	402	7 142	34
55	46 17,31	48 131	62	59 462	46	*989 598	6018	413 567	704	693 855	424	7 459	36
60	48 00,44	45 800	66	63 885	46	966 589	5930	433 419	722	713 067	444	7 777	32
65	49 43,57	43 467	72	68 308	42	943 624	5842	453 280	742	732 289	462	8 093	34
70	51 26,71	41 131	74	72 729	40	920 703	5756	473 151	762	751 520	484	8 410	32
75	53 09,84	38 794	80	77 149	38	897 825	5670	493 032	780	770 762	502	8 726	32
80	54 52,97	36 454	84	81 568	34	874 990	5582	512 922	800	790 013	524	9 042	32
85	56 36,10	34 112	88	85 985	34	852 199	5498	532 822	818	809 275	542	9 358	30
90	58 19,24	31 768	92	90 402	30	829 450	5412	552 731	838	828 546	564	9 673	30
95	*00 02,37	29 422	96	94 817	28	806 744	5328	572 650	858	847 828	582	9 988	30
2,0600	01 45,50	27 074	*02	99 231	26	784 080	5242	592 579	878	867 119	602	*0 303	28
05	03 28,63	24 723	06	*03 644	24	761 459	5156	612 518	896	886 420	622	0 617	30
10	05 11,77	22 370	10	08 056	20	738 881	5072	632 466	914	905 731	644	0 932	26
15	06 54,90	20 015	16	12 466	20	716 345	4988	652 423	936	925 053	662	1 245	28
20	08 38,03	17 657	18	16 876	16	693 851	4904	672 391	954	944 384	682	1 559	26
25	10 21,16	15 298	24	21 284	14	671 399	4820	692 368	972	963 725	702	1 872	26
30	12 04,30	12 936	28	25 691	12	648 989	4738	712 354	994	983 076	722	2 185	26
35	13 47,43	10 572	32	30 097	10	626 620	4652	732 351	*012	*002 437	744	2 498	24
40	15 30,56	08 206	36	34 502	06	604 294	4572	752 357	032	021 809	762	2 810	24
45	17 13,69	05 838	42	38 905	06	582 008	4488	772 373	050	041 190	782	3 122	24
2,0650	18 56,82	03 467	46	43 308	02	559 764	4404	792 398	070	060 581	802	3 434	22
55	20 39,96	01 094	50	47 709	00	537 562	4324	812 433	090	079 982	822	3 745	22
60	22 23,09	*98 719	54	52 109	*96	515 400	4240	832 478	110	099 393	844	4 056	22
65	24 06,22	96 342	58	56 507	96	493 280	4160	852 533	128	118 815	862	4 367	22
70	25 49,35	93 963	64	60 905	92	471 200	4078	872 597	148	138 246	882	4 678	20
75	27 32,49	91 581	66	65 301	92	449 161	3996	892 671	168	157 687	904	4 988	20
80	29 15,62	89 198	72	69 697	88	427 163	3916	912 755	186	177 139	922	5 298	18
85	30 58,75	86 812	76	74 091	84	405 205	3834	932 848	206	196 600	942	5 607	20
90	32 41,88	84 424	82	78 483	84	383 288	3756	952 951	226	216 071	964	5 917	18
95	34 25,02	82 033	84	82 875	80	361 410	3674	973 064	246	235 553	982	6 226	16
2,0700	36 08,15	79 641	90	87 265	80	339 573	3594	993 187	264	255 044	*004	6 534	18
05	37 51,28	77 246	94	91 655	76	317 776	3514	*013 319	284	274 546	024	6 843	16
10	39 34,41	74 849	98	96 043	74	296 019	3434	033 461	304	294 058	044	7 151	16
15	41 17,55	72 450	**02	**00 430	70	274 302	3356	053 613	324	313 580	062	7 459	14
20	43 00,68	70 049	08	04 815	70	252 624	3276	073 775	342	333 111	084	7 766	14
25	44 43,81	67 645	12	09 200	66	230 986	3198	093 946	362	352 653	104	8 073	14
30	46 26,94	65 239	16	13 583	64	209 387	3118	114 127	382	372 205	124	8 380	14
35	48 10,08	62 831	20	17 965	62	187 828	3040	134 318	402	391 767	146	8 687	12
40	49 53,21	60 421	24	22 346	58	166 308	2964	154 519	422	411 340	164	8 993	12
45	51 36,34	58 009	28	26 725	58	144 826	2884	174 730	440	430 922	184	9 299	12
2,0750	53′ 19″,47	55 595		31 104		123 384		194 950		450 514		9 605	
	118°	**0,87**	**−48**	**—0,48**	**−87**	**—1,8**	**4**	**3,9**	**40**	**4,0**	**39**	**0,968**	**6**

x	$\ln x$		e^x		e^{-x}		arc tg x		Ar Sin x		Ar Cos x		Ar Ctg x	
	0,71	**48**	**7,7**	**77**	**0,12**	**−12**	**1,11**	**19**	**1,46**	**43**	**1,34**	**55**	**0,53**	**−31**
2,0500	78 398	78	679 011	*698*	87 349	86	69 523	22	57 751	84	53 560	86	31 757	22
05	80 837	76	717 860	*738*	86 706	88	70 484	22	59 943	84	56 353	86	30 196	18
10	83 275	74	756 729	*776*	86 062	86	71 445	20	62 135	82	59 146	84	28 637	18
15	85 712	74	795 617	*816*	85 419	84	72 405	20	64 326	80	61 938	80	27 078	16
20	88 149	74	834 525	*854*	84 777	84	73 365	18	66 516	80	64 728	80	25 520	14
25	90 586	70	873 452	*892*	84 135	84	74 324	18	68 706	80	67 518	78	23 963	12
30	93 021	72	912 398	*932*	83 493	84	75 283	18	70 896	80	70 307	78	22 407	08
35	95 457	68	951 364	*970*	82 851	82	76 242	16	73 086	76	73 096	74	20 853	08
40	97 891	68	990 349	**010*	82 210	82	77 200	16	75 274	78	75 883	72	19 299	06
45	*00 325	66	*029 354	*050*	81 569	82	78 158	14	77 463	76	78 669	72	17 746	04
2,0550	02 758	66	068 379	*088*	80 928	80	79 115	14	79 651	74	81 455	70	16 194	02
55	05 191	64	107 423	*126*	80 288	80	80 072	14	81 838	76	84 240	66	14 643	00
60	07 623	64	146 486	*166*	79 648	80	81 029	12	84 026	72	87 023	66	13 093	*96
65	10 055	62	185 569	*206*	79 008	78	81 985	12	86 212	74	89 806	64	11 545	96
70	12 486	62	224 672	*244*	78 369	78	82 941	12	88 399	72	92 588	62	09 997	94
75	14 917	58	263 794	*284*	77 730	78	83 897	10	90 585	70	95 369	60	08 450	92
80	17 346	60	302 936	*322*	77 091	76	84 852	10	92 770	70	98 149	60	06 904	90
85	19 776	56	342 097	*362*	76 453	76	85 807	08	94 955	70	*00 929	56	05 359	88
90	22 204	56	381 278	*400*	75 815	76	86 761	10	97 140	68	03 707	56	03 815	86
95	24 632	56	420 478	*440*	75 177	74	87 716	06	99 324	66	06 485	52	02 272	84
2,0600	27 060	54	459 698	*480*	74 540	74	88 669	08	*01 507	68	09 261	52	00 730	82
05	29 487	52	498 938	*518*	73 903	74	89 623	06	03 691	66	12 037	50	*99 189	80
10	31 913	52	538 197	*558*	73 266	74	90 576	04	05 874	64	14 812	48	97 649	78
15	34 339	50	577 476	*598*	72 629	72	91 528	04	08 056	64	17 586	46	96 110	76
20	36 764	48	616 775	*636*	71 993	72	92 480	04	10 238	64	20 359	46	94 572	74
25	39 188	48	656 093	*676*	71 357	70	93 432	04	12 420	62	23 132	42	93 035	72
30	41 612	48	695 431	*714*	70 722	70	94 384	02	14 601	62	25 903	42	91 499	72
35	44 036	44	734 788	*754*	70 087	70	95 335	02	16 782	60	28 674	38	89 963	68
40	46 458	46	774 165	*794*	69 452	70	96 286	00	18 962	60	31 443	38	88 429	66
45	48 881	42	813 562	*834*	68 817	68	97 236	00	21 142	58	34 212	36	86 896	64
2,0650	51 302	42	852 979	*872*	68 183	68	98 186	00	23 321	58	36 980	34	85 364	62
55	53 723	42	892 415	*912*	67 549	68	99 136	*98	25 500	58	39 747	32	83 833	62
60	56 144	40	931 871	*952*	66 915	66	*00 085	98	27 679	56	42 513	30	82 302	58
65	58 564	38	971 347	*992*	66 282	66	01 034	96	29 857	56	45 278	30	80 773	56
70	60 983	36	**010 843	***030*	65 649	66	01 982	96	32 035	54	48 043	26	79 245	56
75	63 401	38	050 358	*070*	65 016	64	02 930	96	34 212	54	50 806	26	77 717	52
80	65 820	34	089 893	*110*	64 384	64	03 878	96	36 389	52	53 569	24	76 191	52
85	68 237	34	129 448	*150*	63 752	64	04 826	94	38 565	52	56 331	20	74 665	48
90	70 654	32	169 023	*188*	63 120	62	05 773	92	40 741	52	59 091	22	73 141	48
95	73 070	32	208 617	*228*	62 489	62	06 719	94	42 917	50	61 852	18	71 617	44
2,0700	75 486	30	248 231	*268*	61 858	62	07 666	90	45 092	50	64 611	16	70 095	44
05	77 901	30	287 865	*308*	61 227	60	08 611	92	47 267	48	67 369	14	68 573	42
10	80 316	28	327 519	*348*	60 597	62	09 557	90	49 441	48	70 126	14	67 052	38
15	82 730	26	367 193	*386*	59 966	58	10 502	90	51 615	48	72 883	12	65 533	38
20	85 143	26	406 886	*428*	59 337	60	11 447	88	53 789	46	75 639	08	64 014	36
25	87 556	24	446 600	*466*	58 707	58	12 391	88	55 962	44	78 393	08	62 496	34
30	89 968	24	486 333	*506*	58 078	58	13 335	88	58 134	44	81 147	08	60 979	32
35	92 380	22	526 086	*546*	57 449	58	14 279	86	60 306	44	83 901	04	59 463	30
40	94 791	22	565 859	*586*	56 820	56	15 222	86	62 478	44	86 653	02	57 948	28
45	97 202	20	605 652	*626*	56 192	56	16 165	86	64 650	40	89 404	02	56 434	26
2,0750	99 612		645 465		55 564		17 108		66 820		92 155		54 921	
	0,72	**48**	**7,9**	**79**	**0,12**	**−12**	**1,12**	**18**	**1,47**	**43**	**1,35**	**55**	**0,52**	**−30**

x	φ	sin x		cos x		tg x		Sin x		Cos x		Tg x	
	118°	**0,87**	**−48**	**−0,48**	**−87**	**−1,8**	**4**	**3,9**	**40**	**4,0**	**39**	**0,968**	**6**
2,0750	53′ 19,″47	55 595	34	31 104	54	123 384	2806	194 950	460	450 514	206	9 605	10
55	55 02,61	53 178	38	35 481	52	101 981	2730	215 180	480	470 117	226	9 910	10
60	56 45,74	50 759	42	39 857	50	080 616	2652	235 420	500	489 730	244	*0 215	10
65	58 28,87	48 338	46	44 232	46	059 290	2576	255 670	520	509 352	266	0 520	10
70	*00 12,00	45 915	50	48 605	44	038 002	2498	275 930	538	528 985	286	0 825	08
75	01 55,13	43 490	56	52 977	44	016 753	2422	296 199	558	548 628	306	1 129	08
80	03 38,27	41 062	60	57 349	40	*995 542	2346	316 478	578	568 281	328	1 433	08
85	05 21,40	38 632	64	61 719	36	974 369	2270	336 767	598	587 945	346	1 737	06
90	07 04,53	36 200	68	66 087	36	953 234	2194	357 066	618	607 618	368	2 040	06
95	08 47,66	33 766	72	70 455	32	932 137	2118	377 375	638	627 302	388	2 343	06
2,0800	10 30,80	31 330	78	74 821	30	911 078	2044	397 694	656	646 996	408	2 646	04
05	12 13,93	28 891	80	79 186	28	890 056	1968	418 022	676	666 700	428	2 948	06
10	13 57,06	26 451	86	83 550	26	869 072	1892	438 360	696	686 414	448	3 251	02
15	15 40,19	24 008	90	87 913	22	848 126	1818	458 708	716	706 138	468	3 552	04
20	17 23,33	21 563	96	92 274	20	827 217	1744	479 066	736	725 872	490	3 854	02
25	19 06,46	19 115	98	96 634	18	806 345	1670	499 434	756	745 617	510	4 155	02
30	20 49,59	16 666	*04	*00 993	16	785 510	1596	519 812	776	765 372	530	4 456	02
35	22 32,72	14 214	06	05 351	12	764 712	1522	540 200	794	785 137	550	4 757	02
40	24 15,86	11 761	12	09 707	12	743 951	1448	560 597	816	804 912	570	5 058	00
45	25 58,99	09 305	16	14 063	08	723 227	1374	581 005	834	824 697	592	5 358	00
2,0850	27 42,12	06 847	22	18 417	04	702 540	1302	601 422	854	844 493	612	5 658	*98
55	29 25,25	04 386	24	22 769	04	681 889	1228	621 849	874	864 299	632	5 957	98
60	31 08,39	01 924	30	27 121	00	661 275	1156	642 286	894	884 115	652	6 256	98
65	32 51,52	*99 459	34	31 471	*98	640 697	1082	662 733	914	903 941	674	6 555	98
70	34 34,65	96 992	38	35 820	96	620 156	1012	683 190	934	923 778	692	6 854	98
75	36 17,78	94 523	42	40 168	94	599 650	0938	703 657	954	943 624	714	7 153	96
80	38 00,92	92 052	46	44 515	90	579 181	0866	724 134	972	963 481	734	7 451	94
85	39 44,05	89 579	52	48 860	90	558 748	0796	744 620	994	983 348	756	7 748	96
90	41 27,18	87 103	54	53 205	84	538 350	0724	765 117	*014	*003 226	776	8 046	94
95	43 10,31	84 626	60	57 547	84	517 988	0652	785 624	032	023 114	796	8 343	94
2,0900	44 53,45	82 146	64	61 889	82	497 662	0582	806 140	054	043 012	816	8 640	94
05	46 36,58	79 664	68	66 230	78	477 371	0510	826 667	072	062 920	836	8 937	92
10	48 19,71	77 180	74	70 569	76	457 116	0440	847 203	092	082 838	858	9 233	92
15	50 02,84	74 693	76	74 907	72	436 896	0370	867 749	114	102 767	878	9 529	92
20	51 45,97	72 205	82	79 243	72	416 711	0298	888 306	132	122 706	898	9 825	92
25	53 29,11	69 714	86	83 579	68	396 562	0230	908 872	152	142 655	920	**0 121	90
30	55 12,24	67 221	90	87 913	66	376 447	0158	929 448	174	162 615	940	0 416	90
35	56 55,37	64 726	94	92 246	64	356 368	0090	950 035	192	182 585	960	0 711	90
40	58 38,50	62 229	98	96 578	60	336 323	0020	970 631	212	202 565	980	1 006	88
45	**00 21,64	59 730	**04	**00 908	60	316 313	*9952	991 237	234	222 555	*002	1 300	88
2,0950	02 04,77	57 228	08	05 238	56	296 337	9880	*011 854	252	242 556	022	1 594	88
55	03 47,90	54 724	12	09 566	52	276 397	9814	032 480	272	262 567	044	1 888	86
60	05 31,03	52 218	16	13 892	52	256 490	9744	053 116	294	282 589	062	2 181	88
65	07 14,17	49 710	20	18 218	48	236 618	9676	073 763	312	302 620	084	2 475	86
70	08 57,30	47 200	24	22 542	46	216 780	9608	094 419	332	322 662	106	2 768	84
75	10 40,43	44 688	30	26 865	44	196 976	9540	115 085	354	342 715	124	3 060	86
80	12 23,56	42 173	32	31 187	40	177 206	9472	135 762	372	362 777	146	3 353	84
85	14 06,70	39 657	38	35 507	38	157 470	9404	156 448	392	382 850	168	3 645	84
90	15 49,83	37 138	42	39 826	36	137 768	9336	177 144	414	402 934	188	3 937	82
95	17 32,96	34 617	46	44 144	34	118 100	9270	197 851	432	423 028	208	4 228	82
2,1000	19′ 16,″09	32 094		48 461		098 465		218 567		443 132		4 519	
	120°	**0,86**	**−50**	**−0,50**	**−86**	**−1,7**	**3**	**4,0**	**41**	**4,1**	**40**	**0,970**	**5**

x	$\ln x$		e^x		e^{-x}		arc tg x		Ar Sin x		Ar Cos x		Ar Ctg x	
	0,72	48	**7,9**	79	**0,12**	−12	**1,12**	18	**1,47**	43	**1,35**	54	**0,52**	−30
2,0750	99 612	18	645 465	664	55 564	54	17 108	84	66 820	42	92 155	98	54 921	24
55	*02 021	18	685 297	706	54 937	56	18 050	84	68 991	40	94 904	98	53 409	22
60	04 430	16	725 150	744	54 309	54	18 992	82	71 161	40	97 653	96	51 898	20
65	06 838	14	765 022	786	53 682	52	19 933	84	73 331	38	*00 401	94	50 388	20
70	09 245	14	804 915	824	53 056	54	20 875	80	75 500	38	03 148	92	48 878	16
75	11 652	14	844 827	866	52 429	52	21 815	82	77 669	36	05 894	90	47 370	14
80	14 059	12	884 760	904	51 803	52	22 756	80	79 837	36	08 639	90	45 863	14
85	16 465	10	924 712	944	51 177	50	23 696	78	82 005	36	11 384	88	44 356	10
90	18 870	10	964 684	986	50 552	50	24 635	80	84 173	34	14 128	84	42 851	10
95	21 275	08	*004 677	*024	49 927	50	25 575	78	86 340	32	16 870	84	41 346	06
2,0800	23 679	06	044 689	064	49 302	48	26 514	76	88 506	34	19 612	82	39 843	06
05	26 082	06	084 721	106	48 678	50	27 452	76	90 673	30	22 353	80	38 340	04
10	28 485	06	124 774	144	48 053	46	28 390	76	92 838	32	25 093	80	36 838	00
15	30 888	04	164 846	186	47 430	48	29 328	74	95 004	30	27 833	76	35 338	00
20	33 290	02	204 939	224	46 806	46	30 265	76	97 169	28	30 571	76	33 838	*98
25	35 691	02	245 051	266	46 183	46	31 203	72	99 333	30	33 309	74	32 339	96
30	38 092	00	285 184	304	45 560	46	32 139	74	*01 498	26	36 046	72	30 841	94
35	40 492	*98	325 336	346	44 937	44	33 076	72	03 661	28	38 782	70	29 344	92
40	42 891	98	365 509	386	44 315	44	34 012	70	05 825	24	41 517	68	27 848	90
45	45 290	98	405 702	426	43 693	44	34 947	70	07 987	26	44 251	66	26 353	90
2,0850	47 689	94	445 915	466	43 071	42	35 882	70	10 150	24	46 984	66	24 858	86
55	50 086	96	486 148	506	42 450	42	36 817	70	12 312	24	49 717	62	23 365	84
60	52 484	92	526 401	546	41 829	42	37 752	68	14 474	22	52 448	62	21 873	84
65	54 880	92	566 674	588	41 208	40	38 686	68	16 635	22	55 179	60	20 381	80
70	57 276	92	606 968	626	40 588	42	39 620	66	18 796	20	57 909	58	18 891	80
75	59 672	90	647 281	668	39 967	38	40 553	66	20 956	20	60 638	56	17 401	78
80	62 067	88	687 615	708	39 348	40	41 486	66	23 116	18	63 366	56	15 912	74
85	64 461	88	727 969	748	38 728	38	42 419	64	25 275	18	66 094	52	14 425	74
90	66 855	86	768 343	788	38 109	38	43 351	64	27 434	18	68 820	52	12 938	72
95	69 248	86	808 737	830	37 490	38	44 283	64	29 593	16	71 546	50	11 452	70
2,0900	71 641	84	849 152	868	36 871	36	45 215	62	31 751	16	74 271	48	09 967	68
05	74 033	82	889 586	910	36 253	36	46 146	62	33 909	16	76 995	46	08 483	66
10	76 424	82	930 041	950	35 635	36	47 077	62	36 067	14	79 718	44	07 000	64
15	78 815	80	970 516	992	35 017	34	48 008	60	38 224	12	82 440	44	05 518	64
20	81 205	80	**011 012	**030	34 400	34	48 938	58	40 380	12	85 162	42	04 036	60
25	83 595	78	051 527	072	33 783	34	49 867	60	42 536	12	87 883	38	02 556	60
30	85 984	78	092 063	112	33 166	32	50 797	58	44 692	10	90 602	38	01 076	56
35	88 373	76	132 619	154	32 550	32	51 726	58	46 847	10	93 321	36	*99 598	56
40	90 761	76	173 196	194	31 934	32	52 655	56	49 002	10	96 039	36	98 120	52
45	93 149	74	213 793	234	31 318	32	53 583	56	51 157	08	98 757	32	96 644	52
2,0950	95 536	72	254 410	274	30 702	30	54 511	56	53 311	06	**01 473	32	95 168	50
55	97 922	72	295 047	316	30 087	30	55 439	54	55 464	08	04 189	28	93 693	48
60	**00 308	70	335 705	356	29 472	28	56 366	54	57 618	04	06 903	28	92 219	46
65	02 693	70	376 383	396	28 858	30	57 293	52	59 770	06	09 617	28	90 746	44
70	05 078	68	417 081	438	28 243	26	58 219	54	61 923	04	12 331	24	89 274	44
75	07 462	66	457 800	478	27 630	28	59 146	50	64 075	02	15 043	22	87 802	40
80	09 845	66	498 539	518	27 016	26	60 071	52	66 226	02	17 754	22	86 332	38
85	12 228	64	539 298	560	26 403	28	60 997	50	68 377	02	20 465	18	84 863	38
90	14 610	64	580 078	600	25 789	24	61 922	50	70 528	00	23 174	18	83 394	36
95	16 992	62	620 878	642	25 177	26	62 847	48	72 678	00	25 883	16	81 926	32
2,1000	19 373		661 699		24 564		63 771		74 828		28 591		80 460	
	0,74	47	**8,1**	81	**0,12**	−12	**1,12**	18	**1,48**	43	**1,37**	54	**0,51**	−29

x	φ	sin x		cos x		tg x		Sin x		Cos x		Tg x	
	120°	**0,86**	**−50**	**−0,50**	**−86**	**−1,7**	**3**	**4,0**	**41**	**4,1**	**40**	**0,970**	**5**
2,1000	19′ 16,″09	32 094	52	48 461	30	098 465	9202	218 567	454	443 132	228	4 519	82
05	20 59,23	29 568	54	52 776	30	078 864	9134	239 294	474	463 246	250	4 810	82
10	22 42,36	27 041	60	57 091	26	059 297	9070	260 031	492	483 371	270	5 101	80
15	24 25,49	24 511	64	61 404	22	039 762	9002	280 777	514	503 506	292	5 391	82
20	26 08,62	21 979	66	65 715	20	020 261	8936	301 534	534	523 652	312	5 682	78
25	27 51,76	19 446	74	70 025	20	000 793	8868	322 301	554	543 808	332	5 971	80
30	29 34,89	16 909	76	74 335	14	*981 359	8804	343 078	574	563 974	354	6 261	78
35	31 18,02	14 371	80	78 642	14	961 957	8738	363 865	594	584 151	374	6 550	78
40	33 01,15	11 831	86	82 949	10	942 588	8672	384 662	614	604 338	394	6 839	78
45	34 44,28	09 288	88	87 254	08	923 252	8608	405 469	636	624 535	416	7 128	76
2,1050	36 27,42	06 744	94	91 558	06	903 948	8542	426 287	654	644 743	438	7 416	78
55	38 10,55	04 197	98	95 861	02	884 677	8476	447 114	676	664 962	458	7 705	74
60	39 53,68	01 648	*02	*00 162	02	865 439	8412	467 952	694	685 191	478	7 992	76
65	41 36,81	*99 097	08	04 463	*98	846 233	8348	488 799	716	705 430	498	8 280	74
70	43 19,95	96 543	10	08 762	94	827 059	8282	509 657	736	725 679	520	8 567	74
75	45 03,08	93 988	16	13 059	94	807 918	8218	530 525	756	745 939	542	8 854	74
80	46 46,21	91 430	20	17 356	90	788 809	8156	551 403	776	766 210	562	9 141	74
85	48 29,34	88 870	22	21 651	86	769 731	8090	572 291	798	786 491	582	9 428	72
90	50 12,48	86 309	30	25 944	86	750 686	8026	593 190	816	806 782	604	9 714	72
95	51 55,61	83 744	32	30 237	82	731 673	7964	614 098	838	827 084	624	*0 000	72
2,1100	53 38,74	81 178	36	34 528	80	712 691	7900	635 017	856	847 396	646	0 286	70
05	55 21,87	78 610	42	38 818	78	693 741	7836	655 945	878	867 719	666	0 571	70
10	57 05,01	76 039	44	43 107	74	674 823	7774	676 884	898	888 052	688	0 856	70
15	58 48,14	73 467	50	47 394	72	655 936	7710	697 833	920	908 396	708	1 141	68
20	*00 31,27	70 892	54	51 680	70	637 081	7648	718 793	938	928 750	730	1 425	70
25	02 14,40	68 315	58	55 965	68	618 257	7586	739 762	960	949 115	750	1 710	68
30	03 57,54	65 736	62	60 249	64	599 464	7522	760 742	980	969 490	770	1 994	66
35	05 40,67	63 155	66	64 531	62	580 703	7462	781 732	*000	989 875	794	2 277	68
40	07 23,80	60 572	72	68 812	58	561 972	7398	802 732	020	*010 272	812	2 561	66
45	09 06,93	57 986	76	73 091	58	543 273	7338	823 742	040	030 678	834	2 844	66
2,1150	10 50,07	55 398	78	77 370	54	524 604	7274	844 762	062	051 095	856	3 127	64
55	12 33,20	52 809	84	81 647	50	505 967	7214	865 793	082	071 523	876	3 409	66
60	14 16,33	50 217	88	85 922	50	487 360	7154	886 834	102	091 961	898	3 692	64
65	15 59,46	47 623	92	90 197	46	468 783	7092	907 885	122	112 410	918	3 974	64
70	17 42,59	45 027	98	94 470	44	450 237	7030	928 946	144	132 869	940	4 256	62
75	19 25,73	42 428	**00	98 742	42	431 722	6970	950 018	164	153 339	960	4 537	62
80	21 08,86	39 828	06	**03 013	38	413 237	6908	971 100	184	173 819	982	4 818	62
85	22 51,99	37 225	08	07 282	36	394 783	6850	992 192	204	194 310	*002	5 099	62
90	24 35,12	34 621	14	11 550	32	376 358	6788	*013 294	226	214 811	024	5 380	62
95	26 18,26	32 014	18	15 816	32	357 964	6728	034 407	244	235 323	046	5 661	60
2,1200	28 01,39	29 405	22	20 082	28	339 600	6668	055 529	266	255 846	066	5 941	60
05	29 44,52	26 794	28	24 346	26	321 266	6608	076 662	288	276 379	086	6 221	58
10	31 27,65	24 180	30	28 609	22	302 962	6550	097 806	306	296 922	108	6 500	60
15	33 10,79	21 565	34	32 870	20	284 687	6488	118 959	328	317 476	130	6 780	58
20	34 53,92	18 948	40	37 130	18	266 443	6432	140 123	348	338 041	152	7 059	58
25	36 37,05	16 328	44	41 389	14	248 227	6370	161 297	370	358 617	172	7 338	56
30	38 20,18	13 706	48	45 646	14	230 042	6312	182 482	390	379 203	192	7 616	56
35	40 03,32	11 082	52	49 903	10	211 886	6254	203 677	410	399 799	214	7 894	56
40	41 46,45	08 456	56	54 158	06	193 759	6194	224 882	430	420 406	236	8 172	56
45	43 29,58	05 828	60	58 411	04	175 662	6136	246 097	452	441 024	256	8 450	54
2,1250	45′ 12,″71	03 198		62 663		157 594		267 323		461 652		8 727	
	121°	**0,85**	**−52**	**−0,52**	**−85**	**−1,6**	**3**	**4,1**	**42**	**4,2**	**41**	**0,971**	**5**

x	ln x		e^x		e^{-x}		arc tg x		Ar Sin x		Ar Cos x		Ar Ctg x	
	0,74	**47**	**8,1**	**81**	**0,12**	**−1**	**1,12**	**18**	**1,48**	**43**	**1,37**	**54**	**0,51**	**−29**
2,1000	19 373	62	661 699	682	24 564	224	63 771	48	74 828	00	28 591	16	80 460	32
05	21 754	60	702 540	724	23 952	224	64 695	48	76 978	*98	31 299	12	78 994	30
10	24 134	60	743 402	764	23 340	222	65 619	46	79 127	96	34 005	12	77 529	28
15	26 514	58	784 284	804	22 729	222	66 542	46	81 275	98	36 711	08	76 065	26
20	28 893	56	825 186	846	22 118	222	67 465	46	83 424	94	39 415	08	74 602	24
25	31 271	56	866 109	886	21 507	222	68 388	44	85 571	96	42 119	06	73 140	24
30	33 649	54	907 052	928	20 896	220	69 310	44	87 719	94	44 822	06	71 678	20
35	36 026	54	948 016	968	20 286	220	70 232	42	89 866	92	47 525	02	70 218	20
40	38 403	52	989 000	*010	19 676	220	71 153	44	92 012	92	50 226	02	68 758	16
45	40 779	52	*030 005	050	19 066	218	72 075	40	94 158	92	52 927	*98	67 300	16
2,1050	43 155	50	071 030	092	18 457	218	72 995	42	96 304	92	55 626	98	65 842	14
55	45 530	48	112 076	132	17 848	218	73 916	40	98 450	88	58 325	96	64 385	12
60	47 904	48	153 142	174	17 239	218	74 836	40	*00 594	90	61 023	96	62 929	10
65	50 278	46	194 229	214	16 630	216	75 756	38	02 739	88	63 721	92	61 474	08
70	52 651	46	235 336	256	16 022	216	76 675	38	04 883	88	66 417	92	60 020	06
75	55 024	44	276 464	298	15 414	214	77 594	38	07 027	86	69 113	90	58 567	06
80	57 396	44	317 613	338	14 807	214	78 513	36	09 170	86	71 808	88	57 114	02
85	59 768	42	358 782	380	14 200	214	79 431	36	11 313	84	74 502	86	55 663	02
90	62 139	42	399 972	420	13 593	214	80 349	36	13 455	84	77 195	84	54 212	00
95	64 510	38	441 182	462	12 986	212	81 267	34	15 597	82	79 887	82	52 762	*96
2,1100	66 879	40	482 413	502	12 380	212	82 184	34	17 738	84	82 578	82	51 314	96
05	69 249	38	523 664	546	11 774	212	83 101	32	19 880	80	85 269	80	49 866	94
10	71 618	36	564 937	584	11 168	212	84 017	34	22 020	82	87 959	78	48 419	94
15	73 986	36	606 229	628	10 562	210	84 934	30	24 161	80	90 648	76	46 972	90
20	76 354	34	647 543	668	09 957	208	85 849	32	26 301	78	93 336	76	45 527	88
25	78 721	32	688 877	710	09 353	210	86 765	30	28 440	78	96 024	72	44 083	88
30	81 087	32	730 232	750	08 748	208	87 680	30	30 579	78	98 710	72	42 639	86
35	83 453	32	771 607	792	08 144	208	88 595	28	32 718	76	*01 396	70	41 196	82
40	85 819	30	813 003	834	07 540	208	89 509	28	34 856	76	04 081	68	39 755	82
45	88 184	28	854 420	876	06 936	206	90 423	28	36 994	74	06 765	66	38 314	80
2,1150	90 548	28	895 858	916	06 333	206	91 337	26	39 131	74	09 448	66	36 874	78
55	92 912	26	937 316	958	05 730	206	92 250	26	41 268	74	12 131	64	35 435	78
60	95 275	26	978 795	**000	05 127	204	93 163	26	43 405	72	14 813	60	33 996	74
65	97 638	24	**020 295	040	04 525	204	94 076	24	45 541	72	17 493	60	32 559	74
70	*00 000	22	061 815	084	03 923	204	94 988	24	47 677	70	20 173	60	31 122	70
75	02 361	22	103 357	124	03 321	204	95 900	24	49 812	70	22 853	56	29 687	70
80	04 722	22	144 919	164	02 719	202	96 812	22	51 947	70	25 531	56	28 252	68
85	07 083	20	186 501	208	02 118	202	97 723	22	54 082	68	28 209	52	26 818	66
90	09 443	18	228 105	250	01 517	200	98 634	22	56 216	68	30 885	52	25 385	64
95	11 802	18	269 730	290	00 917	202	99 545	20	58 350	66	33 561	52	23 953	62
2,1200	14 161	16	311 375	332	00 316	200	*00 455	20	60 483	66	36 237	48	22 522	62
05	16 519	16	353 041	374	*99 716	198	01 365	18	62 616	64	38 911	46	21 091	58
10	18 877	14	394 728	416	99 117	200	02 274	18	64 748	64	41 584	46	19 662	58
15	21 234	12	436 436	456	98 517	198	03 183	18	66 880	64	44 257	44	18 233	56
20	23 590	12	478 164	500	97 918	198	04 092	16	69 012	62	46 929	42	16 805	54
25	25 946	12	519 914	540	97 319	196	05 000	18	71 143	62	49 600	40	15 378	52
30	28 302	10	561 684	584	96 721	196	05 909	14	73 274	60	52 270	40	13 952	50
35	30 657	08	603 476	624	96 123	196	06 816	16	75 404	60	54 940	38	12 527	50
40	33 011	08	645 288	666	95 525	196	07 724	14	77 534	60	57 609	36	11 102	46
45	35 365	06	687 121	708	94 927	194	08 631	12	79 664	58	60 277	34	09 679	46
2,1250	37 718		728 975		94 330		09 537		81 793		62 944		08 256	
	0,75	**47**	**8,3**	**83**	**0,11**	**−1**	**1,13**	**18**	**1,49**	**42**	**1,38**	**53**	**0,51**	**−28**

x	φ	sin x		cos x		tg x		Sin x		Cos x		Tg x	
	121°	**0,85**	**−52**	**—0,52**	**−85**	**—1,6**	**3**	**4,1**	**42**	**4,2**	**41**	**0,971**	**5**
2,1250	45′ 12,″71	03 198	64	62 663	02	157 594	6078	267 323	472	461 652	278	8 727	56
55	46 55,85	00 566	70	66 914	00	139 555	6018	288 559	492	482 291	300	9 005	54
60	48 38,98	*97 931	74	71 164	*96	121 546	5962	309 805	514	502 941	320	9 282	52
65	50 22,11	95 294	76	75 412	94	103 565	5904	331 062	532	523 601	342	9 558	54
70	52 05,24	92 656	82	79 659	92	085 613	5846	352 328	556	544 272	362	9 835	52
75	53 48,38	90 015	86	83 905	88	067 690	5788	373 606	574	564 953	386	*0 111	52
80	55 31,51	87 372	90	88 149	86	049 796	5730	394 893	596	585 646	404	0 387	50
85	57 14,64	84 727	96	92 392	84	031 931	5674	416 191	618	606 348	428	0 662	50
90	58 57,77	82 079	98	96 634	80	014 094	5618	437 500	638	627 062	448	0 937	50
95	*00 40,90	79 430	*04	*00 874	78	*996 285	5558	458 819	658	647 786	470	1 212	50
2,1300	02 24,04	76 778	06	05 113	76	978 506	5504	480 148	678	668 521	490	1 487	50
05	04 07,17	74 125	12	09 351	74	960 754	5446	501 487	700	689 266	512	1 762	48
10	05 50,30	71 469	16	13 588	70	943 031	5390	522 837	720	710 022	534	2 036	48
15	07 33,43	68 811	20	17 823	66	925 336	5334	544 197	742	730 789	554	2 310	48
20	09 16,57	66 151	24	22 056	66	907 669	5276	565 568	762	751 566	576	2 584	46
25	10 59,70	63 489	28	26 289	62	890 031	5222	586 949	782	772 354	598	2 857	46
30	12 42,83	60 825	32	30 520	60	872 420	5166	608 340	804	793 153	620	3 130	46
35	14 25,96	58 159	38	34 750	56	854 837	5110	629 742	824	813 963	640	3 403	46
40	16 09,10	55 490	40	38 978	54	837 282	5054	651 154	846	834 783	662	3 676	44
45	17 52,23	52 820	46	43 205	52	819 755	4998	672 577	866	855 614	682	3 948	44
2,1350	19 35,36	50 147	50	47 431	48	802 256	4944	694 010	886	876 455	706	4 220	44
55	21 18,49	47 472	54	51 655	46	784 784	4888	715 453	908	897 308	726	4 492	44
60	23 01,63	44 795	58	55 878	44	767 340	4834	736 907	928	918 171	748	4 764	42
65	24 44,76	42 116	62	60 100	40	749 923	4778	758 371	950	939 045	768	5 035	42
70	26 27,89	39 435	66	64 320	38	732 534	4724	779 846	970	959 929	792	5 306	42
75	28 11,02	36 752	70	68 539	36	715 172	4670	801 331	992	980 825	812	5 577	40
80	29 54,16	34 067	76	72 757	32	697 837	4614	822 827	*012	*001 731	832	5 847	42
85	31 37,29	31 379	78	76 973	30	680 530	4562	844 333	032	022 647	856	6 118	40
90	33 20,42	28 690	84	81 188	28	663 249	4506	865 849	054	043 575	876	6 388	38
95	35 03,55	25 998	88	85 402	24	645 996	4452	887 376	076	064 513	898	6 657	40
2,1400	36 46,69	23 304	92	89 614	22	628 770	4400	908 914	096	085 462	920	6 927	38
05	38 29,82	20 608	96	93 825	20	611 570	4346	930 462	116	106 422	942	7 196	38
10	40 12,95	17 910	**00	98 035	16	594 397	4290	952 020	138	127 393	962	7 465	38
15	41 56,08	15 210	04	**02 243	14	577 252	4240	973 589	160	148 374	984	7 734	36
20	43 39,21	12 508	08	06 450	12	560 132	4184	995 169	180	169 366	*006	8 002	36
25	45 22,35	09 804	12	10 656	08	543 040	4132	*016 759	200	190 369	028	8 270	36
30	47 05,48	07 098	18	14 860	06	525 974	4080	038 359	222	211 383	050	8 538	36
35	48 48,61	04 389	20	19 063	04	508 934	4026	059 970	244	232 408	070	8 806	34
40	50 31,74	01 679	26	23 265	00	491 921	3974	081 592	262	253 443	092	9 073	34
45	52 14,88	**98 966	30	27 465	**96	474 934	3920	103 223	286	274 489	114	9 340	34
2,1450	53 58,01	96 251	34	31 663	96	457 974	3870	124 866	306	295 546	136	9 607	34
55	55 41,14	93 534	38	35 861	92	441 039	3816	146 519	328	316 614	158	9 874	32
60	57 24,27	90 815	42	40 057	90	424 131	3764	168 183	348	337 693	178	**0 140	32
65	59 07,41	88 094	46	44 252	86	407 249	3712	189 857	368	358 782	202	0 406	32
70	**00 50,54	85 371	50	48 445	84	390 393	3662	211 541	392	379 883	222	0 672	32
75	02 33,67	82 646	56	52 637	82	373 562	3608	233 237	410	400 994	244	0 938	30
80	04 16,80	79 918	58	56 828	78	356 758	3558	254 942	434	422 116	266	1 203	30
85	05 59,94	77 189	64	61 017	76	339 979	3506	276 659	454	443 249	288	1 468	30
90	07 43,07	74 457	66	65 205	72	323 226	3454	298 386	474	464 393	308	1 733	28
95	09 26,20	71 724	72	69 391	72	306 499	3402	320 123	496	485 547	332	1 997	30
2,1500	11′ 09,″33	68 988		73 577		289 798		341 871		506 713		2 262	
	123°	**0,83**	**−54**	**—0,54**	**−83**	**—1,5**	**3**	**4,2**	**43**	**4,3**	**42**	**0,973**	**5**

x	$\ln x$		e^x		e^{-x}		arc tg x		Ar Sin x		Ar Cos x		Ar Ctg x	
	0,75	47	**8,3**	83	**0,11**	−11	**1,13**	18	**1,49**	42	**1,38**	53	**0,51**	−28
2,1250	37 718	06	728 975	750	94 330	94	09 537	14	81 793	58	62 944	32	08 256	44
55	40 071	04	770 850	792	93 733	94	10 444	12	83 922	56	65 610	30	06 834	40
60	42 423	02	812 746	834	93 136	92	11 350	10	86 050	56	68 275	30	05 414	42
65	44 774	02	854 663	874	92 540	94	12 255	12	88 178	56	70 940	28	03 993	38
70	47 125	02	896 600	918	91 943	90	13 161	10	90 306	54	73 604	26	02 574	36
75	49 476	00	938 559	960	91 348	92	14 066	08	92 433	54	76 267	24	01 156	36
80	51 826	*98	980 539	*002	90 752	90	14 970	10	94 560	52	78 929	24	*99 738	32
85	54 175	98	*022 540	044	90 157	90	15 875	06	96 686	52	81 591	20	98 322	32
90	56 524	96	064 562	084	89 562	90	16 778	08	98 812	50	84 251	20	96 906	30
95	58 872	96	106 604	128	88 967	88	17 682	06	*00 937	52	86 911	18	95 491	28
2,1300	61 220	94	148 668	170	88 373	88	18 585	06	03 063	48	89 570	16	94 077	26
05	63 567	94	190 753	212	87 779	88	19 488	06	05 187	50	92 228	16	92 664	26
10	65 914	92	232 859	254	87 185	86	20 391	04	07 312	46	94 886	12	91 251	22
15	68 260	90	274 986	296	86 592	86	21 293	04	09 435	48	97 542	12	89 840	22
20	70 605	90	317 134	338	85 999	86	22 195	02	11 559	46	*00 198	10	88 429	20
25	72 950	88	359 303	380	85 406	86	23 096	02	13 682	46	02 853	08	87 019	18
30	75 294	88	401 493	422	84 813	84	23 997	02	15 805	44	05 507	08	85 610	16
35	77 638	88	443 704	466	84 221	84	24 898	00	17 927	44	08 161	06	84 202	14
40	79 982	84	485 937	506	83 629	84	25 798	00	20 049	42	10 814	02	82 795	14
45	82 324	84	528 190	550	83 037	82	26 698	00	22 170	42	13 465	02	81 388	10
2,1350	84 666	84	570 465	592	82 446	82	27 598	00	24 291	42	16 116	02	79 983	10
55	87 008	82	612 761	634	81 855	82	28 498	*98	26 412	40	18 767	*98	78 578	08
60	89 349	82	655 078	676	81 264	80	29 397	96	28 532	40	21 416	98	77 174	06
65	91 690	80	697 416	718	80 674	82	30 295	98	30 652	38	24 065	96	75 771	04
70	94 030	78	739 775	762	80 083	80	31 194	96	32 771	38	26 713	94	74 369	04
75	96 369	78	782 156	802	79 493	78	32 092	94	34 890	38	29 360	92	72 967	00
80	98 708	76	824 557	846	78 904	78	32 989	96	37 009	36	32 006	92	71 567	00
85	*01 046	76	866 980	888	78 315	78	33 887	94	39 127	36	34 652	88	70 167	*98
90	03 384	76	909 424	932	77 726	78	34 784	92	41 245	34	37 296	88	68 768	96
95	05 722	72	951 890	972	77 137	78	35 680	94	43 362	34	39 940	86	67 370	94
2,1400	08 058	72	994 376	**016	76 548	76	36 577	92	45 479	32	42 583	86	65 973	94
05	10 394	72	**036 884	058	75 960	76	37 473	90	47 595	34	45 226	82	64 576	90
10	12 730	70	079 413	102	75 372	74	38 368	90	49 712	30	47 867	82	63 181	90
15	15 065	70	121 964	142	74 785	74	39 263	90	51 827	32	50 508	80	61 786	88
20	17 400	68	164 535	186	74 198	74	40 158	90	53 943	28	53 148	78	60 392	86
25	19 734	66	207 128	228	73 611	74	41 053	88	56 057	30	55 787	78	58 999	84
30	22 067	66	249 742	272	73 024	72	41 947	88	58 172	28	58 426	74	57 607	84
35	24 400	64	292 378	314	72 438	72	42 841	88	60 286	28	61 063	74	56 215	80
40	26 732	64	335 035	356	71 852	72	43 735	86	62 400	26	63 700	72	54 825	80
45	29 064	64	377 713	398	71 266	72	44 628	86	64 513	26	66 336	70	53 435	78
2,1450	31 396	60	420 412	442	70 680	70	45 521	84	66 626	26	68 971	70	52 046	76
55	33 726	60	463 133	486	70 095	70	46 413	84	68 739	24	71 606	66	50 658	74
60	36 056	60	505 876	526	69 510	68	47 305	84	70 851	22	74 239	66	49 271	72
65	38 386	58	548 639	570	68 926	70	48 197	84	72 962	24	76 872	64	47 885	72
70	40 715	58	591 424	614	68 341	68	49 089	82	75 074	20	79 504	64	46 499	70
75	43 044	56	634 231	654	67 757	66	49 980	82	77 184	22	82 136	60	45 114	68
80	45 372	54	677 058	700	67 174	68	50 871	80	79 295	20	84 766	60	43 730	66
85	47 699	54	719 908	740	66 590	66	51 761	80	81 405	20	87 396	58	42 347	64
90	50 026	54	762 778	784	66 007	66	52 651	80	83 515	18	90 025	56	40 965	64
95	52 353	50	805 670	828	65 424	64	53 541	80	85 624	18	92 653	56	39 583	60
2,1500	54 678		848 584		64 842		54 431		87 733		95 281		38 203	
	0,76	46	**8,5**	85	**0,11**	−11	**1,13**	17	**1,50**	42	**1,39**	52	**0,50**	−27

x	φ	sin x		cos x		tg x		Sin x		Cos x		Tg x	
	123°	0,83	−54	−0,54	−83	−1,5	33	4,2	43	4,3	42	0,973	5
2,1500	11′ 09,33″	68 988	76	73 577	66	289 798	354	341 871	518	506 713	352	2 262	28
05	12 52,47	66 250	80	77 760	66	273 121	300	363 630	538	527 889	374	2 526	26
10	14 35,60	63 510	84	81 943	62	256 471	252	385 399	560	549 076	398	2 789	28
15	16 18,73	60 768	88	86 124	60	239 845	200	407 179	580	570 275	418	3 053	26
20	18 01,86	58 024	92	90 304	56	223 245	148	428 969	602	591 484	440	3 316	26
25	19 45,00	55 278	96	94 482	54	206 671	100	450 770	624	612 704	460	3 579	26
30	21 28,13	52 530	*02	98 659	52	190 121	048	472 582	644	633 934	484	3 842	24
35	23 11,26	49 779	04	*02 835	48	173 597	000	494 404	666	655 176	506	4 104	26
40	24 54,39	47 027	10	07 009	46	157 097	*948	516 237	688	676 429	526	4 367	24
45	26 37,53	44 272	12	11 182	42	140 623	900	538 081	708	697 692	550	4 629	22
2,1550	28 20,66	41 516	18	15 353	40	124 173	848	559 935	730	718 967	570	4 890	24
55	30 03,79	38 757	22	19 523	38	107 749	800	581 800	750	740 252	594	5 152	22
60	31 46,92	35 996	26	23 692	34	091 349	750	603 675	772	761 549	614	5 413	22
65	33 30,05	33 233	30	27 859	32	074 974	702	625 561	794	782 856	636	5 674	22
70	35 13,19	30 468	34	32 025	30	058 623	650	647 458	814	804 174	658	5 935	20
75	36 56,32	27 701	38	36 190	26	042 298	604	669 365	838	825 503	682	6 195	20
80	38 39,45	24 932	42	40 353	22	025 996	552	691 284	856	846 844	702	6 455	20
85	40 22,58	22 161	48	44 514	22	009 720	506	713 212	880	868 195	724	6 715	20
90	42 05,72	19 387	50	48 675	18	*993 467	456	735 152	900	889 557	746	6 975	18
95	43 48,85	16 612	54	52 834	14	977 239	408	757 102	922	910 930	768	7 234	20
2,1600	45 31,98	13 835	60	56 991	14	961 035	358	779 063	942	932 314	790	7 494	18
05	47 15,11	11 055	64	61 148	10	944 856	310	801 034	964	953 709	812	7 753	16
10	48 58,25	08 273	66	65 303	06	928 701	264	823 016	986	975 115	834	8 011	18
15	50 41,38	05 490	72	69 456	04	912 569	214	845 009	*008	996 532	856	8 270	16
20	52 24,51	02 704	76	73 608	02	896 462	166	867 013	028	*017 960	878	8 528	16
25	54 07,64	*99 916	80	77 759	*98	880 379	120	889 027	050	039 399	900	8 786	14
30	55 50,78	97 126	84	81 908	96	864 319	070	911 052	072	060 849	922	9 043	16
35	57 33,91	94 334	88	86 056	92	848 284	024	933 088	094	082 310	944	9 301	14
40	59 17,04	91 540	92	90 202	90	832 272	**976	955 135	114	103 782	966	9 558	14
45	*01 00,17	88 744	96	94 347	88	816 284	928	977 192	136	125 265	988	9 815	14
2,1650	02 43,31	85 946	**00	98 491	84	800 320	882	999 260	158	146 759	*010	*0 072	12
55	04 26,44	83 146	06	**02 633	82	784 379	834	*021 339	178	168 264	034	0 328	12
60	06 09,57	80 343	08	06 774	80	768 462	786	043 428	200	189 781	054	0 584	12
65	07 52,70	77 539	14	10 914	76	752 569	742	065 528	222	211 308	076	0 840	12
70	09 35,84	74 732	16	15 052	72	736 698	692	087 639	244	232 846	098	1 096	10
75	11 18,97	71 924	22	19 188	72	720 852	648	109 761	266	254 395	122	1 351	10
80	13 02,10	69 113	26	23 324	66	705 028	600	131 894	286	275 956	142	1 606	10
85	14 45,23	66 300	28	27 457	66	689 228	554	154 037	308	297 527	166	1 861	10
90	16 28,36	63 486	34	31 590	62	673 451	508	176 191	330	319 110	188	2 116	10
95	18 11,50	60 669	38	35 721	60	657 697	462	198 356	352	340 704	208	2 371	08
2,1700	19 54,63	57 850	42	39 851	56	641 966	416	220 532	374	362 308	232	2 625	08
05	21 37,76	55 029	46	43 979	54	626 258	370	242 719	394	383 924	254	2 879	06
10	23 20,89	52 206	50	48 106	50	610 573	324	264 916	416	405 551	276	3 132	08
15	25 04,03	49 381	54	52 231	48	594 911	278	287 124	438	427 189	298	3 386	06
20	26 47,16	46 554	58	56 355	46	579 272	232	309 343	460	448 838	320	3 639	06
25	28 30,29	43 725	64	60 478	42	563 656	188	331 573	482	470 498	344	3 892	06
30	30 13,42	40 893	66	64 599	38	548 062	142	353 814	502	492 170	364	4 145	04
35	31 56,56	38 060	70	68 718	38	532 491	096	376 065	526	513 852	388	4 397	04
40	33 39,69	35 225	76	72 837	34	516 943	052	398 328	546	535 546	410	4 649	04
45	35 22,82	32 387	78	76 954	30	501 417	008	420 601	568	557 251	430	4 901	04
2,1750	37′ 05,95″	29 548		81 069		485 913		442 885		578 966		5 153	
	124°	0,82	−56	−0,56	−82	−1,4	31	4,3	44	4,4	43	0,974	5

x	ln x		e^x		e^{-x}		arc tg x		𝔄𝔯 𝔖𝔦𝔫 x		𝔄𝔯 ℭ𝔬𝔰 x		𝔄𝔯 ℭ𝔱𝔤 x	
	0,76	**46**	**8,**	**8**	**0,11**	−11	**1,13**	**17**	**1,50**	**4**	**1,39**	**52**	**0,50**	**−27**
2,1500	54 678	52	5848 584	*5870*	64 842	66	54 431	78	87 733	216	95 281	52	38 203	60
05	57 004	50	5891 519	*5912*	64 259	64	55 320	76	89 841	216	97 907	52	36 823	58
10	59 329	48	5934 475	*5956*	63 677	62	56 208	78	91 949	216	*00 533	50	35 444	58
15	61 653	46	5977 453	*6000*	63 096	64	57 097	76	94 057	214	03 158	50	34 065	54
20	63 976	48	6020 453	*6042*	62 514	62	57 985	76	96 164	214	05 783	46	32 688	54
25	66 300	44	6063 474	*6084*	61 933	62	58 873	74	98 271	212	08 406	46	31 311	50
30	68 622	44	6106 516	*6128*	61 352	60	59 760	74	*00 377	212	11 029	44	29 936	50
35	70 944	44	6149 580	*6172*	60 772	60	60 647	74	02 483	212	13 651	42	28 561	48
40	73 266	42	6192 666	*6214*	60 192	60	61 534	72	04 589	210	16 272	40	27 187	48
45	75 587	40	6235 773	*6258*	59 612	60	62 420	72	06 694	210	18 892	40	25 813	44
2,1550	77 907	40	6278 902	*6300*	59 032	58	63 306	72	08 799	210	21 512	38	24 441	44
55	80 227	40	6322 052	*6344*	58 453	60	64 192	70	10 904	208	24 131	36	23 069	42
60	82 547	36	6365 224	*6386*	57 873	56	65 077	72	13 008	206	26 749	34	21 698	40
65	84 865	38	6408 417	*6430*	57 295	58	65 963	68	15 111	206	29 366	34	20 328	38
70	87 184	34	6451 632	*6474*	56 716	56	66 847	70	17 214	206	31 983	32	18 959	38
75	89 501	36	6494 869	*6516*	56 138	56	67 732	68	19 317	206	34 599	30	17 590	34
80	91 819	32	6538 127	*6560*	55 560	56	68 616	66	21 420	204	37 214	28	16 223	34
85	94 135	34	6581 407	*6604*	54 982	54	69 499	68	23 522	202	39 828	26	14 856	32
90	96 452	30	6624 709	*6646*	54 405	54	70 383	66	25 623	204	42 441	26	13 490	30
95	98 767	30	6668 032	*6690*	53 828	54	71 266	64	27 725	200	45 054	24	12 125	30
2,1600	*01 082	30	6711 377	*6732*	53 251	52	72 148	66	29 825	202	47 666	22	10 760	28
05	03 397	28	6754 743	*6776*	52 675	52	73 031	64	31 926	200	50 277	22	09 396	24
10	05 711	26	6798 131	*6820*	52 099	52	73 913	62	34 026	198	52 888	18	08 034	24
15	08 024	26	6841 541	*6864*	51 523	52	74 794	64	36 125	200	55 497	18	06 672	24
20	10 337	26	6884 973	*6906*	50 947	50	75 676	62	38 225	196	58 106	16	05 310	20
25	12 650	22	6928 426	*6950*	50 372	50	76 557	60	40 323	198	60 714	16	03 950	20
30	14 961	24	6971 901	*6994*	49 797	50	77 437	62	42 422	196	63 322	12	02 590	16
35	17 273	22	7015 398	*7038*	49 222	50	78 318	60	44 520	196	65 928	12	01 232	16
40	19 584	20	7058 917	*7080*	48 647	48	79 198	58	46 618	194	68 534	10	*99 874	16
45	21 894	20	7102 457	*7124*	48 073	48	80 077	60	48 715	194	71 139	08	98 516	12
2,1650	24 204	18	7146 019	*7168*	47 499	46	80 957	58	50 812	192	73 743	08	97 160	12
55	26 513	16	7189 603	*7212*	46 926	48	81 836	56	52 908	192	76 347	04	95 804	10
60	28 821	18	7233 209	*7254*	46 352	46	82 714	58	55 004	192	78 949	04	94 449	08
65	31 130	14	7276 836	*7300*	45 779	44	83 593	56	57 100	190	81 551	04	93 095	06
70	33 437	14	7320 486	*7342*	45 207	46	84 471	54	59 195	190	84 153	00	91 742	04
75	35 744	14	7364 157	*7386*	44 634	44	85 348	56	61 290	188	86 753	00	90 390	04
80	38 051	12	7407 850	*7430*	44 062	44	86 226	54	63 384	188	89 353	*98	89 038	02
85	40 357	10	7451 565	*7472*	43 490	42	87 103	52	65 478	188	91 952	96	87 687	00
90	42 662	10	7495 301	*7518*	42 919	44	87 979	54	67 572	186	94 550	94	86 337	*98
95	44 967	10	7539 060	*7560*	42 347	42	88 856	52	69 665	186	97 147	94	84 988	98
2,1700	47 272	08	7582 840	*7606*	41 776	42	89 732	50	71 758	184	99 744	92	83 639	96
05	49 576	06	7626 643	*7648*	41 205	40	90 607	52	73 850	184	**02 340	90	82 291	92
10	51 879	06	7670 467	*7692*	40 635	40	91 483	50	75 942	184	04 935	88	80 945	94
15	54 182	04	7714 313	*7736*	40 065	40	92 358	48	78 034	182	07 529	88	79 598	90
20	56 484	04	7758 181	*7780*	39 495	40	93 232	50	80 125	182	10 123	86	78 253	90
25	58 786	02	7802 071	*7824*	38 925	38	94 107	48	82 216	180	12 716	84	76 908	86
30	61 087	02	7845 983	*7868*	38 356	38	94 981	46	84 306	182	15 308	82	75 565	86
35	63 388	00	7889 917	*7912*	37 787	38	95 854	48	86 397	178	17 899	82	74 222	84
40	65 688	00	7933 873	*7956*	37 218	36	96 728	46	88 486	178	20 490	78	72 880	84
45	67 988	*98	7977 851	*8000*	36 650	36	97 601	44	90 575	178	23 079	78	71 538	82
2,1750	70 287		8021 851		36 082		98 473		92 664		25 668		70 197	
	0,77	**45**	**8,**	**8**	**0,11**	−11	**1,13**	**17**	**1,51**	**4**	**1,41**	**51**	**0,49**	**−26**

x	φ	sin x		cos x		tg x		𝔖𝔦𝔫 x		ℭ𝔬𝔰 x		𝔗𝔤 x	
	124°	0,82	−56	—0,56	−82	—1,4	30	4,3	44	4,4	43	0,974	5
2,1750	37′ 05,″95	29 548	84	81 069	28	485 913	960	442 885	590	578 966	454	5 153	02
55	38 49,09	26 706	88	85 183	26	470 433	918	465 180	612	600 693	478	5 404	04
60	40 32,22	23 862	90	89 296	22	454 974	872	487 486	632	622 432	498	5 656	02
65	42 15,35	21 017	96	93 407	20	439 538	828	509 802	656	644 181	520	5 907	00
70	43 58,48	18 169	*00	97 517	16	424 124	784	532 130	676	665 941	544	6 157	02
75	45 41,62	15 319	04	*01 625	14	408 732	738	554 468	698	687 713	566	6 408	00
80	47 24,75	12 467	08	05 732	12	393 363	696	576 817	722	709 496	588	6 658	00
85	49 07,88	09 613	10	09 838	08	378 015	650	599 178	742	731 290	610	6 908	00
90	50 51,01	06 758	16	13 942	04	362 690	606	621 549	764	753 095	632	7 158	00
95	52 34,15	03 900	22	18 044	04	347 387	564	643 931	786	774 911	656	7 408	*98
2,1800	54 17,28	01 039	24	22 146	00	332 105	518	666 324	806	796 739	678	7 657	98
05	56 00,41	*98 177	28	26 246	*96	316 846	476	688 727	830	818 578	700	7 906	98
10	57 43,54	95 313	32	30 344	94	301 608	432	711 142	852	840 428	722	8 155	96
15	59 26,67	92 447	36	34 441	90	286 392	388	733 568	874	862 289	744	8 403	96
20	*01 09,81	89 579	42	38 536	88	271 198	346	756 005	894	884 161	768	8 651	98
25	02 52,94	86 708	44	42 630	86	256 025	302	778 452	918	906 045	790	8 900	94
30	04 36,07	83 836	48	46 723	82	240 874	258	800 911	938	927 940	812	9 147	96
35	06 19,20	80 962	54	50 814	80	225 745	216	823 380	960	949 846	834	9 395	94
40	08 02,34	78 085	56	54 904	76	210 637	172	845 860	984	971 763	858	9 642	94
45	09 45,47	75 207	62	58 992	74	195 551	130	868 352	*004	993 692	878	9 889	94
2,1850	11 28,60	72 326	64	63 079	72	180 486	088	890 854	026	*015 631	902	*0 136	94
55	13 11,73	69 444	70	67 165	68	165 442	044	913 367	050	037 582	926	0 383	92
60	14 54,87	66 559	72	71 249	64	150 420	002	935 892	070	059 545	946	0 629	92
65	16 38,00	63 673	78	75 331	62	135 419	*960	958 427	092	081 518	970	0 875	92
70	18 21,13	60 784	82	79 412	60	120 439	918	980 973	114	103 503	992	1 121	92
75	20 04,26	57 893	86	83 492	56	105 480	876	*003 530	138	125 499	*016	1 367	90
80	21 47,40	55 000	88	87 570	54	090 542	832	026 099	158	147 507	036	1 612	92
85	23 30,53	52 106	94	91 647	50	075 626	792	048 678	180	169 525	060	1 858	90
90	25 13,66	49 209	98	95 722	48	060 730	750	071 268	204	191 555	084	2 103	88
95	26 56,79	46 310	**02	99 796	46	045 855	708	093 870	224	213 597	104	2 347	90
2,1900	28 39,93	43 409	06	**03 869	42	031 001	666	116 482	246	235 649	128	2 592	88
05	30 23,06	40 506	10	07 940	38	016 168	624	139 105	270	257 713	150	2 836	88
10	32 06,19	37 601	14	12 009	36	001 356	582	161 740	290	279 788	174	3 080	88
15	33 49,32	34 694	18	16 077	34	*986 565	542	184 385	312	301 875	196	3 324	86
20	35 32,46	31 785	22	20 144	30	971 794	502	207 041	336	323 973	218	3 567	86
25	37 15,59	28 874	26	24 209	28	957 043	458	229 709	358	346 082	242	3 810	88
30	38 58,72	25 961	30	28 273	24	942 314	418	252 388	378	368 203	262	4 054	84
35	40 41,85	23 046	36	32 335	22	927 605	378	275 077	402	390 334	288	4 296	86
40	42 24,98	20 128	38	36 396	18	912 916	336	297 778	424	412 478	308	4 539	84
45	44 08,12	17 209	42	40 455	16	898 248	296	320 490	444	434 632	332	4 781	84
2,1950	45 51,25	14 288	46	44 513	12	883 600	256	343 212	468	456 798	354	5 023	84
55	47 34,38	11 365	52	48 569	10	868 972	214	365 946	490	478 975	378	5 265	84
60	49 17,51	08 439	54	52 624	08	854 365	174	388 691	514	501 164	400	5 507	82
65	51 00,65	05 512	58	56 678	04	839 778	134	411 448	534	523 364	422	5 748	82
70	52 43,78	02 583	64	60 730	00	825 211	094	434 215	556	545 575	446	5 989	82
75	54 26,91	**99 651	66	64 780	**98	810 664	052	456 993	580	567 798	468	6 230	82
80	56 10,04	96 718	72	68 829	96	796 138	014	479 783	600	590 032	492	6 471	80
85	57 53,18	93 782	74	72 877	92	781 631	**974	502 583	624	612 278	514	6 711	82
90	59 36,31	90 845	78	76 923	90	767 144	934	525 395	646	634 535	536	6 952	80
95	**01 19,44	87 906	84	80 968	86	752 677	892	548 218	668	656 803	560	7 192	78
2,2000	03′ 02,″57	84 964		85 011		738 231		571 052		679 083		7 431	
	126°	0,80	−58	—0,58	−80	—1,3	28	4,4	45	4,5	44	0,975	4

x	$\ln x$		e^x		e^{-x}		arc tg x		Ar Sin x		Ar Cof x		Ar Ctg x	
	0,77	**45**	**8,8**	**88**	**0,11**	**−11**	**1,13**	**17**	**1,51**	**41**	**1,41**	**51**	**0,49**	**−26**
2,1750	70 287	96	021 851	*044*	36 082	36	98 473	46	92 664	78	25 668	78	70 197	78
55	72 585	96	065 873	*088*	35 514	36	99 346	44	94 753	76	28 257	74	68 858	80
60	74 883	96	109 917	*132*	34 946	34	*00 218	42	96 841	76	30 844	74	67 518	76
65	77 181	94	153 983	*176*	34 379	34	01 089	44	98 929	74	33 431	72	66 180	74
70	79 478	92	198 071	*220*	33 812	34	01 961	42	*01 016	74	36 017	70	64 843	74
75	81 774	92	242 181	*264*	33 245	34	02 832	40	03 103	72	38 602	70	63 506	72
80	84 070	92	286 313	*308*	32 678	32	03 702	42	05 189	72	41 187	68	62 170	70
85	86 366	90	330 467	*354*	32 112	32	04 573	40	07 275	72	43 771	66	60 835	70
90	88 661	88	374 644	*396*	31 546	30	05 443	40	09 361	70	46 354	64	59 500	66
95	90 955	88	418 842	*442*	30 981	32	06 313	38	11 446	70	48 936	64	58 167	66
2,1800	93 249	86	463 063	*484*	30 415	30	07 182	38	13 531	70	51 518	60	56 834	64
05	95 542	86	507 305	*530*	29 850	30	08 051	38	15 616	68	54 098	60	55 502	64
10	97 835	84	551 570	*574*	29 285	28	08 920	36	17 700	68	56 678	60	54 170	60
15	*00 127	84	595 857	*618*	28 721	28	09 788	36	19 784	66	59 258	56	52 840	60
20	02 419	82	640 166	*662*	28 157	28	10 656	36	21 867	66	61 836	56	51 510	58
25	04 710	82	684 497	*706*	27 593	28	11 524	34	23 950	64	64 414	54	50 181	56
30	07 001	80	728 850	*752*	27 029	26	12 391	34	26 032	64	66 991	52	48 853	56
35	09 291	80	773 226	*794*	26 466	26	13 258	34	28 114	64	69 567	52	47 525	52
40	11 581	78	817 623	*840*	25 903	26	14 125	32	30 196	64	72 143	50	46 199	52
45	13 870	76	862 043	*886*	25 340	26	14 991	34	32 278	62	74 718	48	44 873	50
2,1850	16 158	76	906 486	*928*	24 777	24	15 858	30	34 359	60	77 292	46	43 548	50
55	18 446	76	950 950	*972*	24 215	24	16 723	32	36 439	60	79 865	46	42 223	46
60	20 734	74	995 436	**018*	23 653	24	17 589	30	38 519	60	82 438	44	40 900	46
65	23 021	72	*039 945	*062*	23 091	22	18 454	30	40 599	58	85 010	42	39 577	44
70	25 307	72	084 476	*108*	22 530	22	19 319	28	42 678	58	87 581	40	38 255	44
75	27 593	72	129 030	*150*	21 969	22	20 183	28	44 757	58	90 151	40	36 933	40
80	29 879	70	173 605	*196*	21 408	22	21 047	28	46 836	56	92 721	36	35 613	40
85	32 164	68	218 203	*242*	20 847	20	21 911	26	48 914	56	95 289	38	34 293	38
90	34 448	68	262 824	*284*	20 287	20	22 774	28	50 992	56	97 858	34	32 974	36
95	36 732	66	307 466	*330*	19 727	20	23 638	24	53 070	54	*00 425	34	31 656	36
2,1900	39 015	66	352 131	*374*	19 167	18	24 500	26	55 147	52	02 992	30	30 338	34
05	41 298	66	396 818	*420*	18 608	18	25 363	24	57 223	52	05 557	32	29 021	32
10	43 581	62	441 528	*464*	18 049	18	26 225	24	59 299	52	08 123	28	27 705	30
15	45 862	64	486 260	*508*	17 490	18	27 087	22	61 375	52	10 687	28	26 390	28
20	48 144	60	531 014	*554*	16 931	16	27 948	22	63 451	50	13 251	26	25 076	28
25	50 424	62	575 791	*598*	16 373	16	28 809	22	65 526	48	15 814	24	23 762	26
30	52 705	58	620 590	*644*	15 815	16	29 670	22	67 600	50	18 376	22	22 449	24
35	54 984	60	665 412	*686*	15 257	14	30 531	20	69 675	48	20 937	22	21 137	24
40	57 264	56	710 255	*734*	14 700	14	31 391	20	71 749	46	23 498	20	19 825	22
45	59 542	56	755 122	*778*	14 143	14	32 251	20	73 822	46	26 058	18	18 514	18
2,1950	61 820	56	800 011	*822*	13 586	14	33 111	18	75 895	46	28 617	18	17 205	20
55	64 098	54	844 922	*866*	13 029	12	33 970	18	77 968	44	31 176	16	15 895	16
60	66 375	54	889 855	*914*	12 473	14	34 829	16	80 040	44	33 734	14	14 587	16
65	68 652	52	934 812	*956*	11 916	10	35 687	18	82 112	44	36 291	12	13 279	14
70	70 928	52	979 790	***002*	11 361	12	36 546	14	84 184	42	38 847	12	11 972	12
75	73 204	50	**024 791	*048*	10 805	10	37 403	16	86 255	42	41 403	08	10 666	10
80	75 479	48	069 815	*092*	10 250	10	38 261	14	88 326	40	43 957	08	09 361	10
85	77 753	48	114 861	*138*	09 695	10	39 118	14	90 396	40	46 511	08	08 056	08
90	80 027	48	159 930	*182*	09 140	08	39 975	14	92 466	40	49 065	06	06 752	06
95	82 301	46	205 021	*228*	08 586	08	40 832	12	94 536	38	51 618	02	05 449	06
2,2000	84 574		250 135		08 032		41 688		96 605		54 169		04 146	
	0,78	**45**	**9,0**	**90**	**0,11**	**−11**	**1,14**	**17**	**1,52**	**41**	**1,42**	**51**	**0,49**	**−26**

x	φ	sin x		cos x		tg x		Sin x		Cos x		Tg x	
	126°	**0,80**	−58	**—0,58**	−80	**—1,3**	28	**4,4**	45	**4,5**	44	**0,975**	4
2,2000	03′ 02,″57	84 964	86	85 011	84	738 231	854	571 052	690	679 083	584	7 431	80
05	04 45,71	82 021	92	89 053	80	723 804	816	593 897	712	701 375	604	7 671	78
10	06 28,84	79 075	96	93 093	78	709 396	774	616 753	734	723 677	628	7 910	78
15	08 11,97	76 127	98	97 132	74	695 009	736	639 620	758	745 991	652	8 149	78
20	09 55,10	73 178	*04	*01 169	72	680 641	696	662 499	780	768 317	674	8 388	78
25	11 38,24	70 226	06	05 205	70	666 293	658	685 389	802	790 654	696	8 627	76
30	13 21,37	67 273	12	09 240	64	651 964	618	708 290	824	813 002	720	8 865	76
35	15 04,50	64 317	16	13 272	64	637 655	578	731 202	846	835 362	742	9 103	76
40	16 47,63	61 359	18	17 304	60	623 366	542	754 125	870	857 733	766	9 341	74
45	18 30,77	58 400	24	21 334	56	609 095	500	777 060	890	880 116	788	9 578	76
2,2050	20 13,90	55 438	28	25 362	54	594 845	464	800 005	914	902 510	812	9 816	74
55	21 57,03	52 474	30	29 389	52	580 613	424	822 962	936	924 916	834	*0 053	74
60	23 40,16	49 509	36	33 415	48	566 401	384	845 930	958	947 333	858	0 290	74
65	25 23,29	46 541	40	37 439	44	552 209	348	868 909	982	969 762	880	0 527	72
70	27 06,43	43 571	44	41 461	42	538 035	308	891 900	*004	992 202	904	0 763	74
75	28 49,56	40 599	46	45 482	40	523 881	270	914 902	026	*014 654	926	1 000	72
80	30 32,69	37 626	52	49 502	36	509 746	232	937 915	048	037 117	950	1 236	70
85	32 15,82	34 650	56	53 520	34	495 630	196	960 939	070	059 592	972	1 471	72
90	33 58,96	31 672	60	57 537	30	481 532	156	983 974	094	082 078	996	1 707	70
95	35 42,09	28 692	62	61 552	26	467 454	118	*007 021	116	104 576	*018	1 942	70
2,2100	37 25,22	25 711	68	65 565	24	453 395	080	030 079	138	127 085	042	2 177	70
05	39 08,35	22 727	72	69 577	22	439 355	042	053 148	160	149 606	064	2 412	70
10	40 51,49	19 741	76	73 588	18	425 334	006	076 228	184	172 138	088	2 647	68
15	42 34,62	16 753	80	77 597	16	411 331	*968	099 320	206	194 682	112	2 881	70
20	44 17,75	13 763	82	81 605	12	397 347	930	122 423	228	217 238	134	3 116	66
25	46 00,88	10 772	88	85 611	08	383 382	892	145 537	252	239 805	156	3 349	68
30	47 44,02	07 778	92	89 615	08	369 436	856	168 663	274	262 383	180	3 583	68
35	49 27,15	04 782	96	93 619	02	355 508	818	191 800	296	284 973	204	3 817	66
40	51 10,28	01 784	**00	97 620	00	341 599	782	214 948	318	307 575	226	4 050	66
45	52 53,41	*98 784	02	**01 620	*98	327 708	744	238 107	342	330 188	250	4 283	66
2,2150	54 36,55	95 783	08	05 619	94	313 836	708	261 278	364	352 813	274	4 516	64
55	56 19,68	92 779	12	09 616	92	299 982	670	284 460	386	375 450	296	4 748	66
60	58 02,81	89 773	16	13 612	88	286 147	634	307 653	410	398 098	318	4 981	64
65	59 45,94	86 765	20	17 606	86	272 330	598	330 858	432	420 757	342	5 213	64
70	*01 29,08	83 755	22	21 599	82	258 531	560	354 074	456	443 428	366	5 445	64
75	03 12,21	80 744	28	25 590	78	244 751	524	377 302	476	466 111	390	5 677	62
80	04 55,34	77 730	32	29 579	76	230 989	488	400 540	500	488 806	412	5 908	62
85	06 38,47	74 714	36	33 567	74	217 245	450	423 790	524	511 512	436	6 139	62
90	08 21,61	71 696	40	37 554	70	203 520	416	447 052	546	534 230	458	6 370	62
95	10 04,74	68 676	42	41 539	68	189 812	380	470 325	568	556 959	482	6 601	62
2,2200	11 47,87	65 655	48	45 523	64	176 122	342	493 609	590	579 700	506	6 832	60
05	13 31,00	62 631	52	49 505	60	162 451	308	516 904	614	602 453	528	7 062	60
10	15 14,13	59 605	56	53 485	58	148 797	270	540 211	638	625 217	552	7 292	60
15	16 57,27	56 577	58	57 464	56	135 162	236	563 530	658	647 993	574	7 522	60
20	18 40,40	53 548	64	61 442	52	121 544	200	586 859	682	670 780	600	7 752	58
25	20 23,53	50 516	68	65 418	48	107 944	164	610 200	706	693 580	622	7 981	58
30	22 06,66	47 482	70	69 392	46	094 362	128	633 553	728	716 391	644	8 210	58
35	23 49,80	44 447	76	73 365	44	080 798	092	656 917	750	739 213	668	8 439	58
40	25 32,93	41 409	80	77 337	40	067 252	058	680 292	774	762 047	692	8 668	58
45	27 16,06	38 369	82	81 307	36	053 723	022	703 679	796	784 893	716	8 897	56
2,2250	28′ 59,′′19	35 328		85 275		040 212		727 077		807 751		9 125	
	127°	**0,79**	−60	**—0,60**	−79	**—1,3**	27	**4,5**	46	**4,6**	45	**0,976**	4

x	ln x		e^x		e^{-x}		arc tg x		Ar Sin x		Ar Cos x		Ar Ctg x	
	0,78	**45**	**9,0**	**90**	**0,110**	**−1**	**1,14**	**17**	**1,52**	**41**	**1,42**	**51**	**0,49**	**−26**
2,2000	84 574	44	250 135	272	8 032	108	41 688	12	96 605	38	54 169	04	04 146	02
05	86 846	44	295 271	318	7 478	108	42 544	12	98 674	36	56 721	00	02 845	02
10	89 118	42	340 430	364	6 924	106	43 400	10	*00 742	36	59 271	00	01 544	02
15	91 389	42	385 612	408	6 371	106	44 255	10	02 810	36	61 821	*98	00 243	*98
20	93 660	42	430 816	454	5 818	106	45 110	10	04 878	34	64 370	96	*98 944	98
25	95 931	40	476 043	498	5 265	106	45 965	10	06 945	34	66 918	96	97 645	96
30	98 201	38	521 292	544	4 712	104	46 820	08	09 012	34	69 466	92	96 347	94
35	*00 470	38	566 564	588	4 160	104	47 674	06	11 079	32	72 012	92	95 050	94
40	02 739	36	611 858	636	3 608	102	48 527	08	13 145	30	74 558	92	93 753	90
45	05 007	36	657 176	680	3 057	104	49 381	06	15 210	32	77 104	88	92 458	90
2,2050	07 275	34	702 516	724	2 505	102	50 234	06	17 276	30	79 648	88	91 163	90
55	09 542	34	747 878	772	1 954	102	51 087	04	19 341	28	82 192	88	89 868	86
60	11 809	32	793 264	816	1 403	100	51 939	04	21 405	28	84 736	84	88 575	86
65	14 075	32	838 672	860	0 853	102	52 791	04	23 469	28	87 278	84	87 282	84
70	16 341	32	884 102	908	0 302	100	53 643	04	25 533	26	89 820	82	85 990	82
75	18 607	28	929 556	952	*9 752	098	54 495	02	27 596	26	92 361	80	84 699	82
80	20 871	30	975 032	998	9 203	100	55 346	02	29 659	26	94 901	80	83 408	80
85	23 136	26	*020 531	*042	8 653	098	56 197	00	31 722	24	97 441	76	82 118	78
90	25 399	26	066 052	090	8 104	098	57 047	00	33 784	24	99 979	78	80 829	76
95	27 662	26	111 597	134	7 555	098	57 897	00	35 846	22	*02 518	74	79 541	76
2,2100	29 925	24	157 164	180	7 006	096	58 747	00	37 907	24	05 055	74	78 253	74
05	32 187	24	202 754	226	6 458	096	59 597	*98	39 969	20	07 592	72	76 966	72
10	34 449	22	248 367	270	5 910	096	60 446	98	42 029	20	10 128	70	75 680	72
15	36 710	22	294 002	318	5 362	094	61 295	98	44 089	20	12 663	68	74 394	68
20	38 971	20	339 661	362	4 815	096	62 144	96	46 149	20	15 197	68	73 110	68
25	41 231	20	385 342	408	4 267	094	62 992	96	48 209	18	17 731	66	71 826	68
30	43 491	18	431 046	454	3 720	092	63 840	96	50 268	18	20 264	64	70 542	64
35	45 750	16	476 773	500	3 174	094	64 688	94	52 327	16	22 796	64	69 260	64
40	48 008	16	522 523	546	2 627	092	65 535	94	54 385	16	25 328	62	67 978	62
45	50 266	16	568 296	590	2 081	092	66 382	94	56 443	16	27 859	60	66 697	62
2,2150	52 524	14	614 091	638	1 535	090	67 229	92	58 501	14	30 389	60	65 416	58
55	54 781	14	659 910	682	0 990	092	68 075	92	60 558	14	32 919	56	64 137	58
60	57 038	12	705 751	728	0 444	090	68 921	92	62 615	12	35 447	56	62 858	56
65	59 294	10	751 615	776	**9 899	090	69 767	92	64 671	12	37 975	56	61 580	56
70	61 549	10	797 503	820	9 354	088	70 613	90	66 727	12	40 503	52	60 302	54
75	63 804	10	843 413	866	8 810	090	71 458	90	68 783	10	43 029	52	59 025	52
80	66 059	08	889 346	912	8 265	088	72 303	88	70 838	10	45 555	50	57 749	50
85	68 313	06	935 302	958	7 721	086	73 147	88	72 893	08	48 080	50	56 474	48
90	70 566	06	981 281	**006	7 178	088	73 991	88	74 947	08	50 605	48	55 200	48
95	72 819	06	**027 284	050	6 634	086	74 835	88	77 001	08	53 129	46	53 926	46
2,2200	75 072	04	073 309	096	6 091	086	75 679	86	79 055	08	55 652	44	52 653	46
05	77 324	02	119 357	142	5 548	084	76 522	86	81 109	04	58 174	44	51 380	44
10	79 575	02	165 428	188	5 006	086	77 365	84	83 161	06	60 696	40	50 108	42
15	81 826	02	211 522	236	4 463	084	78 207	86	85 214	04	63 216	42	48 837	40
20	84 077	00	257 640	280	3 921	084	79 050	84	87 266	04	65 737	38	47 567	38
25	86 327	*98	303 780	326	3 379	082	79 892	82	89 318	02	68 256	38	46 298	38
30	88 576	98	349 943	374	2 838	084	80 733	84	91 369	02	70 775	36	45 029	36
35	90 825	98	396 130	418	2 296	082	81 575	82	93 420	02	73 293	34	43 761	36
40	93 074	96	442 339	466	1 755	080	82 416	80	95 471	00	75 810	34	42 493	32
45	95 322	94	488 572	512	1 215	082	83 256	82	97 521	00	78 327	32	41 227	32
2,2250	97 569		534 828		0 674		84 097		99 571		80 843		39 961	
	0,79	**44**	**9,2**	**92**	**0,108**	**−1**	**1,14**	**16**	**1,53**	**41**	**1,43**	**50**	**0,48**	**−25**

x	φ	$\sin x$		$\cos x$		$\operatorname{tg} x$		$\mathfrak{Sin}\, x$		$\mathfrak{Cof}\, x$		$\mathfrak{Tg}\, x$	
	127°	**0,79**	−60	**—0,60**	−79	**—1,3**	26	**4,5**	46	**4,6**	45	**0,976**	4
2,2250	28′ 59,″19	35 328	88	85 275	34	040 212	988	727 077	820	807 751	740	9 125	56
55	30 42,33	32 284	92	89 242	32	026 718	952	750 487	842	830 621	762	9 353	56
60	32 25,46	29 238	94	93 208	26	013 242	916	773 908	864	853 502	784	9 581	56
65	34 08,59	26 191	*00	97 171	26	*999 784	882	797 340	888	876 394	810	9 809	54
70	35 51,72	23 141	02	*01 134	22	986 343	848	820 784	910	899 299	832	*0 036	54
75	37 34,86	20 090	08	05 095	18	972 919	812	844 239	934	922 215	856	0 263	54
80	39 17,99	17 036	10	09 054	16	959 513	778	867 706	956	945 143	880	0 490	54
85	41 01,12	13 981	16	13 012	12	946 124	742	891 184	980	968 083	902	0 717	54
90	42 44,25	10 923	18	16 968	08	932 753	710	914 674	*004	991 034	928	0 944	52
95	44 27,39	07 864	24	20 922	08	919 398	672	938 176	024	*013 998	950	1 170	52
2,2300	46 10,52	04 802	26	24 876	02	906 062	640	961 688	048	036 973	972	1 396	52
05	47 53,65	01 739	32	28 827	00	892 742	606	985 212	072	059 959	998	1 622	50
10	49 36,78	*98 673	34	32 777	*98	879 439	570	*008 748	094	082 958	*020	1 847	52
15	51 19,92	95 606	38	36 726	94	866 154	538	032 295	118	105 968	044	2 073	50
20	53 03,05	92 537	44	40 673	92	852 885	502	055 854	140	128 990	068	2 298	50
25	54 46,18	89 465	46	44 619	86	839 634	468	079 424	164	152 024	090	2 523	50
30	56 29,31	86 392	50	48 562	86	826 400	436	103 006	188	175 069	116	2 748	48
35	58 12,44	83 317	54	52 505	82	813 182	400	126 600	208	198 127	138	2 972	50
40	59 55,58	80 240	60	56 446	78	799 982	366	150 204	234	221 196	162	3 197	48
45	*01 38,71	77 160	62	60 385	76	786 799	334	173 821	256	244 277	186	3 421	48
2,2350	03 21,84	74 079	66	64 323	72	773 632	300	197 449	278	267 370	210	3 645	48
55	05 04,97	70 996	70	68 259	70	760 482	266	221 088	302	290 475	232	3 869	46
60	06 48,11	67 911	74	72 194	66	747 349	234	244 739	326	313 591	256	4 092	46
65	08 31,24	64 824	78	76 127	64	734 232	198	268 402	348	336 719	280	4 315	46
70	10 14,37	61 735	82	80 059	60	721 133	166	292 076	372	359 859	304	4 538	46
75	11 57,50	58 644	86	83 989	56	708 050	134	315 762	394	383 011	328	4 761	46
80	13 40,64	55 551	90	87 917	54	694 983	100	339 459	418	406 175	352	4 984	44
85	15 23,77	52 456	94	91 844	52	681 933	066	363 168	440	429 351	374	5 206	44
90	17 06,90	49 359	98	95 770	48	668 900	034	386 888	464	452 538	400	5 428	44
95	18 50,03	46 260	**02	99 694	44	655 883	000	410 620	488	475 738	422	5 650	44
2,2400	20 33,17	43 159	06	**03 616	42	642 883	*968	434 364	510	498 949	446	5 872	42
05	22 16,30	40 056	08	07 537	38	629 899	934	458 119	534	522 172	470	6 093	44
10	23 59,43	36 952	14	11 456	36	616 932	904	481 886	558	545 407	494	6 315	42
15	25 42,56	33 845	18	15 374	32	603 980	870	505 665	580	568 654	518	6 536	42
20	27 25,70	30 736	20	19 290	30	591 045	836	529 455	604	591 913	540	6 757	40
25	29 08,83	27 626	26	23 205	26	578 127	804	553 257	626	615 183	566	6 977	42
30	30 51,96	24 513	28	27 118	22	565 225	774	577 070	650	638 466	588	7 198	40
35	32 35,09	21 399	34	31 029	20	552 338	740	600 895	674	661 760	614	7 418	40
40	34 18,23	18 282	36	34 939	16	539 468	706	624 732	696	685 067	636	7 638	40
45	36 01,36	15 164	42	38 847	14	526 615	676	648 580	720	708 385	660	7 858	38
2,2450	37 44,49	12 043	44	42 754	10	513 777	644	672 440	744	731 715	686	8 077	40
55	39 27,62	08 921	48	46 659	08	500 955	612	696 312	766	755 058	708	8 297	38
60	41 10,75	05 797	54	50 563	04	488 149	578	720 195	790	778 412	732	8 516	38
65	42 53,89	02 670	56	54 465	02	475 360	548	744 090	814	801 778	756	8 735	36
70	44 37,02	**99 542	60	58 366	**98	462 586	516	767 997	836	825 156	780	8 953	38
75	46 20,15	96 412	64	62 265	94	449 828	484	791 915	860	848 546	804	9 172	36
80	48 03,28	93 280	68	66 162	92	437 086	452	815 845	884	871 948	828	9 390	36
85	49 46,42	90 146	72	70 058	88	424 360	420	839 787	908	895 362	852	9 608	36
90	51 29,55	87 010	76	73 952	86	411 650	390	863 741	930	918 788	874	9 826	36
95	53 12,68	83 872	80	77 845	82	398 955	358	887 706	954	942 225	900	**0 044	34
2,2500	54′ 55,″81	80 732		81 736		386 276		911 683		965 675		0 261	
	128°	**0,77**	−62	**—0,62**	−77	**—1,2**	25	**4,6**	47	**4,7**	46	**0,978**	4

x	$\ln x$		e^x		e^{-x}		arc tg x		Ar Sin x		Ar Cos x		Ar Ctg x	
	0,79	**44**	**9,2**	**92**	**0,10**	**−10**	**1,14**	**16**	**1,53**	**41**	**1,43**	**50**	**0,48**	**−25**
2,2250	97 569	94	534 828	558	80 674	80	84 097	80	99 571	00	80 843	30	39 961	32
55	99 816	94	581 107	604	80 134	80	84 937	80	*01 621	*98	83 358	30	38 695	28
60	*02 063	90	627 409	650	79 594	80	85 777	78	03 670	98	85 873	26	37 431	28
65	04 308	92	673 734	698	79 054	78	86 616	78	05 719	96	88 386	28	36 167	26
70	06 554	90	720 083	744	78 515	78	87 455	78	07 767	96	90 900	24	34 904	26
75	08 799	88	766 455	788	77 976	78	88 294	78	09 815	96	93 412	24	33 641	22
80	11 043	88	812 849	836	77 437	78	89 133	76	11 863	94	95 924	22	32 380	22
85	13 287	88	859 267	884	76 898	76	89 971	76	13 910	94	98 435	20	31 119	22
90	15 531	84	905 709	928	76 360	76	90 809	74	15 957	92	*00 945	18	29 858	18
95	17 773	86	952 173	976	75 822	76	91 646	76	18 003	92	03 454	18	28 599	18
2,2300	20 016	84	998 661	*022	75 284	74	92 484	74	20 049	92	05 963	16	27 340	16
05	22 258	82	*045 172	068	74 747	74	93 321	72	22 095	90	08 471	16	26 082	16
10	24 499	82	091 706	114	74 210	74	94 157	74	24 140	90	10 979	14	24 824	14
15	26 740	80	138 263	162	73 673	74	94 994	72	26 185	88	13 486	12	23 567	12
20	28 980	80	184 844	208	73 136	74	95 830	70	28 229	90	15 992	10	22 311	10
25	31 220	80	231 448	256	72 599	72	96 665	72	30 274	86	18 497	10	21 056	10
30	33 460	78	278 076	300	72 063	72	97 501	70	32 317	88	21 002	08	19 801	08
35	35 699	76	324 726	348	71 527	70	98 336	70	34 361	86	23 506	06	18 547	06
40	37 937	76	371 400	396	70 992	72	99 171	68	36 404	84	26 009	04	17 294	04
45	40 175	74	418 098	442	70 456	70	*00 005	68	38 446	86	28 511	04	16 042	04
2,2350	42 412	74	464 819	488	69 921	70	00 839	68	40 489	84	31 013	02	14 790	02
55	44 649	74	511 563	534	69 386	68	01 673	68	42 531	82	33 514	02	13 539	02
60	46 886	70	558 330	582	68 852	68	02 507	66	44 572	82	36 015	00	12 288	00
65	49 121	72	605 121	628	68 318	68	03 340	66	46 613	82	38 515	*98	11 038	*98
70	51 357	70	651 935	676	67 784	68	04 173	64	48 654	80	41 014	96	09 789	96
75	53 592	68	698 773	722	67 250	68	05 005	66	50 694	80	43 512	96	08 541	96
80	55 826	68	745 634	770	66 716	66	05 838	64	52 734	80	46 010	94	07 293	94
85	58 060	66	792 519	816	66 183	66	06 670	62	54 774	78	48 507	92	06 046	92
90	60 293	66	839 427	862	65 650	66	07 501	64	56 813	78	51 003	90	04 800	90
95	62 526	66	886 358	910	65 117	64	08 333	62	58 852	76	53 498	90	03 555	90
2,2400	64 759	64	933 313	956	64 585	64	09 164	60	60 890	76	55 993	88	02 310	88
05	66 991	62	980 291	**004	64 053	64	09 994	62	62 928	76	58 487	88	01 066	88
10	69 222	62	**027 293	052	63 521	64	10 825	60	64 966	74	60 981	86	*99 822	86
15	71 453	60	074 319	096	62 989	62	11 655	60	67 003	74	63 474	84	98 579	84
20	73 683	60	121 367	146	62 458	62	12 485	58	69 040	74	65 966	82	97 337	82
25	75 913	60	168 440	192	61 927	62	13 314	60	71 077	72	68 457	82	96 096	82
30	78 143	56	215 536	238	61 396	60	14 144	56	73 113	72	70 948	80	94 855	80
35	80 371	58	262 655	288	60 866	62	14 972	58	75 149	70	73 438	78	93 615	78
40	82 600	56	309 799	332	60 335	60	15 801	56	77 184	70	75 927	78	92 376	78
45	84 828	54	356 965	382	59 805	60	16 629	56	79 219	70	78 416	76	91 137	76
2,2450	87 055	54	404 156	426	59 275	58	17 457	56	81 254	68	80 904	74	89 899	74
55	89 282	54	451 369	476	58 746	58	18 285	54	83 288	68	83 391	74	88 662	74
60	91 509	50	498 607	522	58 217	58	19 112	54	85 322	66	85 878	70	87 425	72
65	93 734	52	545 868	570	57 688	58	19 939	54	87 355	68	88 363	72	86 189	70
70	95 960	50	593 153	616	57 159	56	20 766	52	89 389	64	90 849	68	84 954	68
75	98 185	48	640 461	664	56 631	58	21 592	54	91 421	66	93 333	68	83 720	68
80	**00 409	48	687 793	712	56 102	56	22 419	50	93 454	64	95 817	66	82 486	66
85	02 633	48	735 149	758	55 574	54	23 244	52	95 486	62	98 300	64	81 253	66
90	04 857	46	782 528	808	55 047	56	24 070	50	97 517	64	**00 782	64	80 020	64
95	07 080	44	829 932	852	54 519	54	24 895	50	99 549	62	03 264	62	78 788	62
2,2500	09 302		877 358		53 992		25 720		**01 580		05 745		77 557	
	0,81	**44**	**9,4**	**94**	**0,10**	**−10**	**1,15**	**16**	**1,55**	**40**	**1,45**	**49**	**0,47**	**−24**

x	φ	sin x		cos x		tg x		Sin x		Cos x		Tg x	
	128°	0,77	−62	—0,62	−77	—1,2	25	4,6	47	4,7	46	0,978	4
2,2500	54′ 55,″81	80 732	84	81 736	80	386 276	326	911 683	978	965 675	924	0 261	34
05	56 38,95	77 590	88	85 626	76	373 613	294	935 672	*000	989 137	948	0 478	34
10	58 22,08	74 446	90	89 514	72	360 966	264	959 672	024	*012 611	972	0 695	34
15	*00 05,21	71 301	96	93 400	70	348 334	234	983 684	048	036 097	996	0 912	34
20	01 48,34	68 153	*00	97 285	66	335 717	200	*007 708	072	059 595	*020	1 129	32
25	03 31,48	65 003	02	*01 168	64	323 117	172	031 744	094	083 105	042	1 345	32
30	05 14,61	61 852	08	05 050	60	310 531	138	055 791	120	106 626	068	1 561	32
35	06 57,74	58 698	10	08 930	58	297 962	110	079 851	142	130 160	092	1 777	32
40	08 40,87	55 543	16	12 809	54	285 407	076	103 922	164	153 706	116	1 993	30
45	10 24,01	52 385	18	16 686	50	272 869	048	128 004	190	177 264	140	2 208	32
2,2550	12 07,14	49 226	22	20 561	48	260 345	016	152 099	212	200 834	164	2 424	30
55	13 50,27	46 065	26	24 435	44	247 837	*986	176 205	236	224 416	188	2 639	30
60	15 33,40	42 902	30	28 307	42	235 344	954	200 323	260	248 010	214	2 854	28
65	17 16,54	39 737	34	32 178	38	222 867	926	224 453	284	271 617	236	3 068	30
70	18 59,67	36 570	38	36 047	34	210 404	894	248 595	306	295 235	260	3 283	28
75	20 42,80	33 401	42	39 914	32	197 957	864	272 748	332	318 865	286	3 497	28
80	22 25,93	30 230	46	43 780	30	185 525	834	296 914	354	342 508	308	3 711	28
85	24 09,06	27 057	50	47 645	24	173 108	802	321 091	378	366 162	334	3 925	28
90	25 52,20	23 882	54	51 507	24	160 707	774	345 280	402	389 829	356	4 139	26
95	27 35,33	20 705	56	55 369	18	148 320	742	369 481	424	413 507	382	4 352	26
2,2600	29 18,46	17 527	62	59 228	16	135 949	714	393 693	450	437 198	406	4 565	26
05	31 01,59	14 346	64	63 086	14	123 592	684	417 918	472	460 901	430	4 778	26
10	32 44,73	11 164	70	66 943	08	111 250	652	442 154	498	484 616	454	4 991	26
15	34 27,86	07 979	72	70 797	06	098 924	624	466 403	520	508 343	480	5 204	24
20	36 10,99	04 793	78	74 650	04	086 612	594	490 663	544	532 083	502	5 416	24
25	37 54,12	01 604	80	78 502	00	074 315	564	514 935	566	555 834	528	5 628	24
30	39 37,26	*98 414	84	82 352	*98	062 033	534	539 218	592	579 598	550	5 840	24
35	41 20,39	95 222	88	86 201	92	049 766	506	563 514	616	603 373	576	6 052	24
40	43 03,52	92 028	92	90 047	92	037 513	474	587 822	638	627 161	600	6 264	22
45	44 46,65	88 832	96	93 893	86	025 276	446	612 141	664	650 961	624	6 475	22
2,2650	46 29,79	85 634	**00	97 736	84	013 053	418	636 473	686	674 773	650	6 686	22
55	48 12,92	82 434	02	**01 578	82	000 844	386	660 816	710	698 598	672	6 897	22
60	49 56,05	79 233	08	05 419	76	*988 651	358	685 171	736	722 434	698	7 108	20
65	51 39,18	76 029	12	09 257	76	976 472	330	709 539	758	746 283	722	7 318	22
70	53 22,32	72 823	14	13 095	70	964 307	300	733 918	782	770 144	746	7 529	20
75	55 05,45	69 616	20	16 930	68	952 157	270	758 309	806	794 017	770	7 739	20
80	56 48,58	66 406	22	20 764	66	940 022	242	782 712	830	817 902	794	7 949	18
85	58 31,71	63 195	26	24 597	60	927 901	214	807 127	854	841 799	820	8 158	20
90	**00 14,85	59 982	30	28 427	60	915 794	184	831 554	876	865 709	844	8 368	18
95	01 57,98	56 767	34	32 257	54	903 702	156	855 992	902	889 631	868	8 577	18
2,2700	03 41,11	53 550	38	36 084	52	891 624	126	880 443	926	913 565	892	8 786	18
05	05 24,24	50 331	42	39 910	50	879 561	098	904 906	950	937 511	918	8 995	18
10	07 07,37	47 110	46	43 735	44	867 512	070	929 381	972	961 470	942	9 204	16
15	08 50,51	43 887	50	47 557	42	855 477	040	953 867	998	985 441	966	9 412	18
20	10 33,64	40 662	54	51 378	40	843 457	014	978 366	**022	**009 424	990	9 621	16
25	12 16,77	37 435	56	55 198	36	831 450	**984	**002 877	046	033 419	**016	9 829	14
30	13 59,90	34 207	62	59 016	32	819 458	956	027 400	068	057 427	038	*0 036	16
35	15 43,04	30 976	64	62 832	30	807 480	926	051 934	094	081 446	066	0 244	16
40	17 26,17	27 744	68	66 647	26	795 517	900	076 481	118	105 479	088	0 452	14
45	19 09,30	24 510	72	70 460	22	783 567	872	101 040	142	129 523	114	0 659	14
2,2750	20′ 52,″43	21 274		74 271		771 631		125 611		153 580		0 866	
	130°	0,76	−64	—0,64	−76	—1,1	23	4,8	49	4,9	48	0,979	4

x	ln x		e^x		e^{-x}		arc tg x		Ar Sin x		Ar Cos x		Ar Ctg x	
	0,81	**44**	**9,**	**9**	**0,10**	**−10**	**1,15**	**16**	**1,55**	**40**	**1,45**	**49**	**0,47**	**−24**
2,2500	09 302	44	4877 358	*4902*	53 992	54	25 720	50	01 580	60	05 745	60	77 557	60
05	11 524	44	4924 809	*4948*	53 465	52	26 545	48	03 610	60	08 225	60	76 327	60
10	13 746	42	4972 283	*4996*	52 939	54	27 369	48	05 640	60	10 705	58	75 097	58
15	15 967	40	5019 781	*5044*	52 412	52	28 193	46	07 670	58	13 184	56	73 868	56
20	18 187	40	5067 303	*5090*	51 886	50	29 016	48	09 699	58	15 662	56	72 640	56
25	20 407	40	5114 848	*5140*	51 361	52	29 840	46	11 728	58	18 140	54	71 412	54
30	22 627	38	5162 418	*5186*	50 835	50	30 663	46	13 757	56	20 617	52	70 185	52
35	24 846	36	5210 011	*5234*	50 310	50	31 486	44	15 785	56	23 093	52	68 959	52
40	27 064	36	5257 628	*5282*	49 785	50	32 308	44	17 813	56	25 569	50	67 733	50
45	29 282	36	5305 269	*5328*	49 260	50	33 130	44	19 841	54	28 044	48	66 508	48
2,2550	31 500	34	5352 933	*5376*	48 735	48	33 952	44	21 868	52	30 518	46	65 284	48
55	33 717	32	5400 621	*5426*	48 211	48	34 774	42	23 894	54	32 991	46	64 060	46
60	35 933	32	5448 334	*5472*	47 687	46	35 595	42	25 921	52	35 464	44	62 837	44
65	38 149	32	5496 070	*5520*	47 164	48	36 416	40	27 947	50	37 936	44	61 615	44
70	40 365	30	5543 830	*5568*	46 640	46	37 236	42	29 972	52	40 408	42	60 393	42
75	42 580	30	5591 614	*5614*	46 117	46	38 057	40	31 998	48	42 879	40	59 172	40
80	44 795	28	5639 421	*5664*	45 594	46	38 877	38	34 022	50	45 349	38	57 952	40
85	47 009	26	5687 253	*5712*	45 071	44	39 696	40	36 047	48	47 818	38	56 732	38
90	49 222	26	5735 109	*5758*	44 549	44	40 516	38	38 071	48	50 287	36	55 513	36
95	51 435	26	5782 988	*5808*	44 027	44	41 335	38	40 095	46	52 755	34	54 295	36
2,2600	53 648	24	5830 892	*5854*	43 505	44	42 154	36	42 118	46	55 222	34	53 077	34
05	55 860	24	5878 819	*5902*	42 983	42	42 972	38	44 141	46	57 689	32	51 860	32
10	58 072	22	5926 770	*5952*	42 462	42	43 791	34	46 164	44	60 155	30	50 644	30
15	60 283	22	5974 746	*5998*	41 941	42	44 608	36	48 186	44	62 620	30	49 429	30
20	62 494	20	6022 745	*6048*	41 420	42	45 426	34	50 208	42	65 085	28	48 214	30
25	64 704	20	6070 769	*6094*	40 899	40	46 243	34	52 229	44	67 549	26	46 999	26
30	66 914	18	6118 816	*6142*	40 379	40	47 060	34	54 251	40	70 012	26	45 786	26
35	69 123	18	6166 887	*6192*	39 859	40	47 877	32	56 271	42	72 475	24	44 573	24
40	71 332	16	6214 983	*6238*	39 339	38	48 693	32	58 292	40	74 937	22	43 361	24
45	73 540	16	6263 102	*6288*	38 820	40	49 509	32	60 312	38	77 398	22	42 149	22
2,2650	75 748	14	6311 246	*6336*	38 300	38	50 325	32	62 331	40	79 859	20	40 938	20
55	77 955	14	6359 414	*6382*	37 781	36	51 141	30	64 351	36	82 319	18	39 728	20
60	80 162	12	6407 605	*6432*	37 263	38	51 956	30	66 369	38	84 778	16	38 518	18
65	82 368	12	6455 821	*6480*	36 744	36	52 771	28	68 388	36	87 236	16	37 309	16
70	84 574	10	6504 061	*6528*	36 226	36	53 585	30	70 406	36	89 694	16	36 101	14
75	86 779	10	6552 325	*6578*	35 708	36	54 400	28	72 424	34	92 152	12	34 894	14
80	88 984	08	6600 614	*6624*	35 190	34	55 214	26	74 441	34	94 608	12	33 687	14
85	91 188	08	6648 926	*6674*	34 673	36	56 027	28	76 458	34	97 064	10	32 480	10
90	93 392	06	6697 263	*6720*	34 155	34	56 841	26	78 475	32	99 519	10	31 275	10
95	95 595	06	6745 623	*6770*	33 638	32	57 654	24	80 491	32	*01 974	08	30 070	10
2,2700	97 798	06	6794 008	*6818*	33 122	34	58 466	26	82 507	32	04 428	06	28 865	06
05	*00 001	04	6842 417	*6868*	32 605	32	59 279	24	84 523	30	06 881	06	27 662	06
10	02 203	02	6890 851	*6914*	32 089	32	60 091	24	86 538	30	09 334	02	26 459	06
15	04 404	02	6939 308	*6964*	31 573	30	60 903	24	88 553	28	11 785	04	25 256	02
20	06 605	00	6987 790	*7012*	31 058	32	61 715	22	90 567	28	14 237	00	24 055	02
25	08 805	00	7036 296	*7060*	30 542	30	62 526	22	92 581	28	16 687	00	22 854	02
30	11 005	00	7084 826	*7110*	30 027	30	63 337	22	94 595	26	19 137	*98	21 653	*98
35	13 205	*98	7133 381	*7158*	29 512	28	64 148	20	96 608	26	21 586	98	20 454	98
40	15 404	96	7181 960	*7206*	28 998	30	64 958	20	98 621	26	24 035	96	19 255	98
45	17 602	98	7230 563	*7254*	28 483	28	65 768	20	*00 634	24	26 483	94	18 056	96
2,2750	19 801		7279 190		27 969		66 578		02 646		28 930		16 858	
	0,82	**43**	**9,**	**9**	**0,10**	**−10**	**1,15**	**16**	**1,56**	**40**	**1,46**	**48**	**0,47**	**−23**

x	φ	sin x		cos x		tg x		Sin x		Cos x		Tg x	
	130°	**0,76**	−64	**—0,64**	−76	**—1,1**	23	**4,8**	49	**4,9**	48	**0,979**	
2,2750	20′ 52,″43	21 274	78	74 271	20	771 631	842	125 611	164	153 580	138	0 866	414
55	22 35,57	18 035	80	78 081	16	759 710	816	150 193	190	177 649	162	1 073	412
60	24 18,70	14 795	82	81 889	14	747 802	786	174 788	214	201 730	186	1 279	414
65	26 01,83	11 554	88	85 696	10	735 909	760	199 395	238	225 823	212	1 486	412
70	27 44,96	08 310	92	89 501	06	724 029	732	224 014	262	249 929	236	1 692	412
75	29 28,10	05 064	96	93 304	04	712 163	702	248 645	286	274 047	262	1 898	412
80	31 11,23	01 816	98	97 106	00	700 312	676	273 288	310	298 178	286	2 104	412
85	32 54,36	*98 567	*02	*00 906	*98	688 474	648	297 943	334	322 321	310	2 310	410
90	34 37,49	95 316	08	04 705	92	676 650	622	322 610	360	346 476	334	2 515	410
95	36 20,63	92 062	10	08 501	92	664 839	592	347 290	382	370 643	360	2 720	410
2,2800	38 03,76	88 807	14	12 297	86	653 043	566	371 981	406	394 823	384	2 925	410
05	39 46,89	85 550	18	16 090	84	641 260	538	396 684	432	419 015	410	3 130	410
10	41 30,02	82 291	22	19 882	80	629 491	512	421 400	456	443 220	434	3 335	408
15	43 13,16	79 030	26	23 672	78	617 735	482	446 128	478	467 437	458	3 539	408
20	44 56,29	75 767	28	27 461	74	605 994	456	470 867	504	491 666	484	3 743	408
25	46 39,42	72 503	34	31 248	72	594 266	430	495 619	528	515 908	508	3 947	408
30	48 22,55	69 236	36	35 034	66	582 551	402	520 383	554	540 162	532	4 151	408
35	50 05,69	65 968	42	38 817	66	570 850	376	545 160	576	564 428	558	4 355	406
40	51 48,82	62 697	44	42 600	60	559 162	346	569 948	600	588 707	582	4 558	408
45	53 31,95	59 425	48	46 380	58	547 489	322	594 748	626	612 998	606	4 762	406
2,2850	55 15,08	56 151	52	50 159	54	535 828	294	619 561	650	637 301	632	4 965	404
55	56 58,21	52 875	56	53 936	52	524 181	268	644 386	672	661 617	658	5 167	406
60	58 41,35	49 597	60	57 712	48	512 547	240	669 222	698	685 946	682	5 370	404
65	*00 24,48	46 317	64	61 486	44	500 927	214	694 071	724	710 287	706	5 572	406
70	02 07,61	43 035	66	65 258	42	489 320	186	718 933	746	734 640	732	5 775	404
75	03 50,74	39 752	72	69 029	38	477 727	162	743 806	772	759 006	756	5 977	404
80	05 33,88	36 466	74	72 798	34	466 146	134	768 692	796	783 384	780	6 179	402
85	07 17,01	33 179	78	76 565	32	454 579	106	793 590	820	807 774	806	6 380	404
90	09 00,14	29 890	82	80 331	28	443 026	082	818 500	844	832 177	832	6 582	402
95	10 43,27	26 599	86	84 095	26	431 485	054	843 422	868	856 593	856	6 783	402
2,2900	12 26,41	23 306	90	87 858	22	419 958	028	868 356	894	881 021	880	6 984	402
05	14 09,54	20 011	94	91 619	18	408 444	004	893 303	918	905 461	906	7 185	400
10	15 52,67	16 714	96	95 378	14	396 942	*976	918 262	942	929 914	930	7 385	402
15	17 35,80	13 416	**02	99 135	12	385 454	948	943 233	966	954 379	956	7 586	400
20	19 18,94	10 115	04	**02 891	08	373 980	924	968 216	990	978 857	982	7 786	400
25	21 02,07	06 813	10	06 645	06	362 518	898	993 211	*016	*003 348	*004	7 986	400
30	22 45,20	03 508	12	10 398	02	351 069	872	*018 219	040	027 850	032	8 186	400
35	24 28,33	00 202	16	14 149	**98	339 633	846	043 239	066	052 366	056	8 386	398
40	26 11,47	**96 894	20	17 898	96	328 210	820	068 272	088	076 894	080	8 585	400
45	27 54,60	93 584	22	21 646	92	316 800	794	093 316	114	101 434	106	8 785	398
2,2950	29 37,73	90 273	28	25 392	88	305 403	768	118 373	138	125 987	130	8 984	398
55	31 20,86	86 959	32	29 136	86	294 019	742	143 442	164	150 552	156	9 183	396
60	33 04,00	83 643	34	32 879	82	282 648	718	168 524	186	175 130	182	9 381	398
65	34 47,13	80 326	38	36 620	78	271 289	692	193 617	212	199 721	206	9 580	396
70	36 30,26	77 007	42	40 359	76	259 943	664	218 723	238	224 324	232	9 778	396
75	38 13,39	73 686	46	44 097	72	248 611	642	243 842	260	248 940	256	9 976	396
80	39 56,52	70 363	50	47 833	68	237 290	614	268 972	286	273 568	282	*0 174	396
85	41 39,66	67 038	54	51 567	66	225 983	590	294 115	312	298 209	306	0 372	394
90	43 22,79	63 711	56	55 300	62	214 688	564	319 271	334	322 862	332	0 569	396
95	45 05,92	60 383	62	59 031	58	203 406	540	344 438	360	347 528	356	0 767	394
2,3000	46′ 49,″05	57 052		62 760		192 136		369 618		372 206		0 964	
	131°	**0,74**	−66	**—0,66**	−74	**—1,1**	22	**4,9**	50	**5,0**	49	**0,980**	

x	$\ln x$		e^x		e^{-x}		arc tg x		Ar Sin x		Ar Cos x		Ar Ctg x	
	0,82	43	**9,7**	97	**0,102**	−10	**1,15**	1	**1,56**	40	**1,46**	48	**0,47**	−23
2,2750	19 801	94	279 190	304	7 969	28	66 578	618	02 646	24	28 930	92	16 858	94
55	21 998	94	327 842	352	7 455	26	67 387	618	04 658	22	31 376	92	15 661	92
60	24 195	94	376 518	400	6 942	28	68 196	618	06 669	22	33 822	90	14 465	92
65	26 392	92	425 218	450	6 428	26	69 005	618	08 680	22	36 267	90	13 269	90
70	28 588	92	473 943	498	5 915	26	69 814	616	10 691	20	38 712	88	12 074	90
75	30 784	90	522 692	548	5 402	24	70 622	616	12 701	20	41 156	86	10 879	86
80	32 979	88	571 466	596	4 890	26	71 430	616	14 711	20	43 599	84	09 686	88
85	35 173	90	620 264	644	4 377	24	72 238	614	16 721	18	46 041	84	08 492	84
90	37 368	86	669 086	694	3 865	22	73 045	614	18 730	18	48 483	84	07 300	84
95	39 561	86	717 933	742	3 354	24	73 852	614	20 739	16	50 925	80	06 108	82
2,2800	41 754	86	766 804	792	2 842	22	74 659	614	22 747	16	53 365	80	04 917	82
05	43 947	84	815 700	840	2 331	22	75 466	612	24 755	16	55 805	78	03 726	80
10	46 139	84	864 620	888	1 820	22	76 272	612	26 763	16	58 244	78	02 536	78
15	48 331	84	913 564	938	1 309	22	77 078	610	28 771	14	60 683	76	01 347	78
20	50 523	80	962 533	988	0 798	20	77 883	612	30 778	12	63 121	74	00 158	76
25	52 713	82	*011 527	*036	0 288	20	78 689	610	32 784	14	65 558	72	*98 970	74
30	54 904	80	060 545	084	*9 778	20	79 494	610	34 791	10	67 994	72	97 783	74
35	57 094	78	109 587	134	9 268	18	80 299	608	36 796	12	70 430	72	96 596	72
40	59 283	78	158 654	184	8 759	18	81 103	608	38 802	10	72 866	68	95 410	72
45	61 472	76	207 746	232	8 250	18	81 907	608	40 807	10	75 300	68	94 224	68
2,2850	63 660	76	256 862	282	7 741	18	82 711	608	42 812	08	77 734	66	93 040	70
55	65 848	76	306 003	330	7 232	18	83 515	606	44 816	08	80 167	66	91 855	66
60	68 036	74	355 168	380	6 723	16	84 318	606	46 820	08	82 600	64	90 672	66
65	70 223	72	404 358	430	6 215	16	85 121	604	48 824	06	85 032	62	89 489	64
70	72 409	72	453 573	478	5 707	16	85 923	606	50 827	06	87 463	62	88 307	64
75	74 595	72	502 812	526	5 199	14	86 726	604	52 830	06	89 894	60	87 125	62
80	76 781	70	552 075	578	4 692	14	87 528	604	54 833	04	92 324	58	85 944	60
85	78 966	68	601 364	626	4 185	14	88 330	602	56 835	04	94 753	58	84 764	60
90	81 150	70	650 677	674	3 678	14	89 131	602	58 837	04	97 182	56	83 584	58
95	83 335	66	700 014	726	3 171	12	89 932	602	60 839	02	99 610	54	82 405	56
2,2900	85 518	66	749 377	774	2 665	14	90 733	602	62 840	02	*02 037	54	81 227	56
05	87 701	66	798 764	824	2 158	12	91 534	600	64 841	00	04 464	52	80 049	54
10	89 884	64	848 176	872	1 652	10	92 334	600	66 841	00	06 890	52	78 872	54
15	92 066	64	897 612	922	1 147	12	93 134	600	68 841	00	09 316	48	77 695	52
20	94 248	62	947 073	972	0 641	10	93 934	598	70 841	*98	11 740	48	76 519	50
25	96 429	62	996 559	**022	0 136	10	94 733	600	72 840	98	14 164	48	75 344	48
30	98 610	60	**046 070	070	**9 631	10	95 533	596	74 839	96	16 588	46	74 170	48
35	*00 790	60	095 605	120	9 126	08	96 331	598	76 837	98	19 011	44	72 996	48
40	02 970	60	145 165	170	8 622	08	97 130	596	78 836	94	21 433	42	71 822	46
45	05 150	56	194 750	220	8 118	08	97 928	596	80 833	96	23 854	42	70 649	44
2,2950	07 328	58	244 360	270	7 614	08	98 726	596	82 831	94	26 275	40	69 477	42
55	09 507	56	293 995	318	7 110	06	99 524	594	84 828	94	28 695	40	68 306	42
60	11 685	54	343 654	368	6 607	06	*00 321	594	86 825	92	31 115	38	67 135	40
65	13 862	54	393 338	418	6 104	06	01 118	594	88 821	92	33 534	36	65 965	40
70	16 039	54	443 047	468	5 601	06	01 915	594	90 817	92	35 952	36	64 795	38
75	18 216	52	492 781	518	5 098	04	02 712	592	92 813	90	38 370	34	63 626	36
80	20 392	50	542 540	568	4 596	06	03 508	592	94 808	90	40 787	32	62 458	36
85	22 567	50	592 324	618	4 093	02	04 304	590	96 803	88	43 203	30	61 290	34
90	24 742	50	642 133	666	3 592	04	05 099	592	98 797	90	45 618	30	60 123	32
95	26 917	48	691 966	718	3 090	04	05 895	590	*00 792	86	48 033	30	58 957	32
2,3000	29 091		741 825		2 588		06 690		02 785		50 448		57 791	
	0,83	43	**9,9**	99	**0,100**	−10	**1,16**	1	**1,57**	39	**1,47**	48	**0,46**	−23

x	φ	sin x		cos x		tg x		Sin x		Cos x		Tg x	
	131°	**0,74**	**−66**	**—0,66**	**−74**	**—1,1**	**22**	**4,9**	**50**	**5,0**	**49**	**0,980**	**3**
2,3000	46′ 49,05″	57 052	64	62 760	56	192 136	512	369 618	384	372 206	384	0 964	94
05	48 32,19	53 720	68	66 488	52	180 880	490	394 810	410	396 898	406	1 161	94
10	50 15,32	50 386	72	70 214	48	169 635	464	420 015	434	421 601	434	1 358	92
15	51 58,45	47 050	76	73 938	46	158 403	438	445 232	458	446 318	458	1 554	94
20	53 41,58	43 712	80	77 661	42	147 184	414	470 461	484	471 047	482	1 751	92
25	55 24,72	40 372	84	81 382	38	135 977	388	495 703	508	495 788	508	1 947	92
30	57 07,85	37 030	86	85 101	36	124 783	364	520 957	534	520 542	534	2 143	92
35	58 50,98	33 687	92	88 819	32	113 601	338	546 224	556	545 309	558	2 339	90
40	*00 34,11	30 341	94	92 535	28	102 432	314	571 502	584	570 088	586	2 534	92
45	02 17,25	26 994	98	96 249	26	091 275	290	596 794	606	594 881	608	2 730	90
2,3050	04 00,38	23 645	*02	99 962	22	080 130	264	622 097	632	619 685	636	2 925	90
55	05 43,51	20 294	04	*03 673	18	068 998	240	647 413	658	644 503	660	3 120	90
60	07 26,64	16 942	10	07 382	16	057 878	216	672 742	682	669 333	684	3 315	88
65	09 09,78	13 587	14	11 090	12	046 770	190	698 083	706	694 175	712	3 509	90
70	10 52,91	10 230	16	14 796	08	035 675	166	723 436	732	719 031	736	3 704	88
75	12 36,04	06 872	20	18 500	06	024 592	142	748 802	756	743 899	762	3 898	88
80	14 19,17	03 512	24	22 203	02	013 521	118	774 180	780	768 780	786	4 092	88
85	16 02,31	00 150	28	25 904	*98	002 462	094	799 570	808	793 673	812	4 286	88
90	17 45,44	*96 786	32	29 603	94	*991 415	068	824 974	830	818 579	838	4 480	86
95	19 28,57	93 420	34	33 300	92	980 381	046	850 389	856	843 498	864	4 673	88
2,3100	21 11,70	90 053	40	36 996	90	969 358	020	875 817	880	868 430	888	4 867	86
05	22 54,83	86 683	42	40 691	84	958 348	*996	901 257	906	893 374	914	5 060	86
10	24 37,97	83 312	46	44 383	82	947 350	972	926 710	932	918 331	940	5 253	86
15	26 21,10	79 939	50	48 074	78	936 364	950	952 176	956	943 301	964	5 446	84
20	28 04,23	76 564	54	51 763	74	925 389	924	977 654	980	968 283	990	5 638	84
25	29 47,36	73 187	56	55 450	72	914 427	900	*003 144	*006	993 278	*016	5 830	86
30	31 30,50	69 809	62	59 136	68	903 477	876	028 647	030	*018 286	042	6 023	84
35	33 13,63	66 428	64	62 820	66	892 539	854	054 162	056	043 307	066	6 215	82
40	34 56,76	63 046	68	66 503	60	881 612	828	079 690	082	068 340	094	6 406	84
45	36 39,89	59 662	72	70 183	58	870 698	806	105 231	106	093 387	118	6 598	84
2,3150	38 23,03	56 276	76	73 862	56	859 795	782	130 784	130	118 446	142	6 790	82
55	40 06,16	52 888	80	77 540	50	848 904	758	156 349	156	143 517	170	6 981	82
60	41 49,29	49 498	84	81 215	48	838 025	734	181 927	182	168 602	194	7 172	82
65	43 32,42	46 106	86	84 889	44	827 158	712	207 518	206	193 699	220	7 363	80
70	45 15,56	42 713	90	88 561	42	816 302	686	233 121	232	218 809	246	7 553	82
75	46 58,69	39 318	94	92 232	38	805 459	664	258 737	256	243 932	272	7 744	80
80	48 41,82	35 921	98	95 901	34	794 627	642	284 365	282	269 068	298	7 934	80
85	50 24,95	32 522	**02	99 568	30	783 806	616	310 006	306	294 217	322	8 124	80
90	52 08,09	29 121	04	**03 233	28	772 998	596	335 659	332	319 378	348	8 314	80
95	53 51,22	25 719	10	06 897	24	762 200	570	361 325	358	344 552	374	8 504	80
2,3200	55 34,35	22 314	12	10 559	20	751 415	548	387 004	382	369 739	400	8 694	78
05	57 17,48	18 908	16	14 219	18	740 641	524	412 695	408	394 939	426	8 883	78
10	59 00,62	15 500	20	17 878	14	729 879	502	438 399	432	420 152	452	9 072	78
15	**00 43,75	12 090	22	21 535	10	719 128	478	464 115	458	445 378	476	9 261	78
20	02 26,88	08 679	28	25 190	06	708 389	456	489 844	484	470 616	504	9 450	78
25	04 10,01	05 265	30	28 843	04	697 661	432	515 586	508	495 868	528	9 639	76
30	05 53,14	01 850	34	32 495	00	686 945	410	541 340	534	521 132	554	9 827	76
35	07 36,28	**98 433	38	36 145	**98	676 240	386	567 107	558	546 409	580	*0 015	78
40	09 19,41	95 014	42	39 794	92	665 547	364	592 886	584	571 699	606	0 204	74
45	11 02,54	91 593	46	43 440	90	654 865	342	618 678	610	597 002	632	0 391	76
2,3250	12′ 45,67″	88 170		47 085		644 194		644 483		622 318		0 579	
	133°	**0,72**	**−68**	**—0,68**	**−72**	**—1,0**	**21**	**5,0**	**51**	**5,1**	**50**	**0,981**	**3**

x	ln x		e^x		e^{-x}		arc tg x		Ar Sin x		Ar Cos x		Ar Ctg x	
	0,83	**43**	**9,**	**9**	**0,10**		**1,16**	**15**	**1,57**	**39**	**1,47**	**48**	**0,46**	**−23**
2,3000	29 091	48	9741 825	9766	02 588	−1002	06 690	90	02 785	88	50 448	28	57 791	30
05	31 265	46	9791 708	9816	02 087	−1002	07 485	88	04 779	86	52 862	26	56 626	30
10	33 438	46	9841 616	9868	01 586	−1000	08 279	88	06 772	86	55 275	24	55 461	28
15	35 611	44	9891 550	9916	01 086	−1002	09 073	88	08 765	84	57 687	24	54 297	26
20	37 783	44	9941 508	9966	00 585	−1000	09 867	88	10 757	84	60 099	22	53 134	26
25	39 955	42	9991 491	*0016	00 085	−1000	10 661	86	12 749	84	62 510	20	51 971	24
30	42 126	42	*0041 499	0068	*99 585	− 998	11 454	86	14 741	82	64 920	20	50 809	22
35	44 297	40	0091 533	0116	99 086	−1000	12 247	86	16 732	82	67 330	18	49 648	22
40	46 467	40	0141 591	0166	98 586	− 998	13 040	84	18 723	80	69 739	18	48 487	20
45	48 637	40	0191 674	0218	98 087	− 998	13 832	84	20 713	82	72 148	16	47 327	20
2,3050	50 807	38	0241 783	0266	97 588	−998	14 624	84	22 704	78	74 556	14	46 167	18
55	52 976	36	0291 916	0316	97 089	−996	15 416	84	24 693	80	76 963	14	45 008	16
60	55 144	36	0342 074	0368	96 591	−996	16 208	82	26 683	78	79 370	12	43 850	16
65	57 312	36	0392 258	0418	96 093	−996	16 999	82	28 672	78	81 776	10	42 692	14
70	59 480	34	0442 467	0466	95 595	−996	17 790	82	30 661	76	84 181	10	41 535	12
75	61 647	32	0492 700	0518	95 097	−994	18 581	80	32 649	76	86 586	08	40 379	12
80	63 813	34	0542 959	0568	94 600	−994	19 371	80	34 637	76	88 990	06	39 223	12
85	65 980	30	0593 243	0620	94 103	−994	20 161	80	36 625	74	91 393	06	38 067	08
90	68 145	32	0643 553	0668	93 606	−994	20 951	80	38 612	74	93 796	04	36 913	08
95	70 311	28	0693 887	0720	93 109	−992	21 741	78	40 599	72	96 198	02	35 759	08
2,3100	72 475	30	0744 247	0768	92 613	−994	22 530	78	42 585	72	98 599	02	34 605	06
05	74 640	26	0794 631	0820	92 116	−992	23 319	78	44 571	72	*01 000	00	33 452	04
10	76 803	28	0845 041	0870	91 620	−990	24 108	76	46 557	72	03 400	00	32 300	02
15	78 967	26	0895 476	0922	91 125	−992	24 896	76	48 543	70	05 800	*98	31 149	02
20	81 130	24	0945 937	0970	90 629	−990	25 684	76	50 528	70	08 199	96	29 998	02
25	83 292	24	0996 422	1022	90 134	−990	26 472	76	52 513	68	10 597	96	28 847	*98
30	85 454	22	1046 933	1072	89 639	−990	27 260	74	54 497	68	12 995	94	27 698	98
35	87 615	22	1097 469	1124	89 144	−988	28 047	74	56 481	68	15 392	92	26 549	98
40	89 776	22	1148 031	1172	88 650	−988	28 834	74	58 465	66	17 788	92	25 400	96
45	91 937	20	1198 617	1224	88 156	−988	29 621	72	60 448	66	20 184	90	24 252	94
2,3150	94 097	18	1249 229	1274	87 662	−988	30 407	72	62 431	64	22 579	88	23 105	94
55	96 256	20	1299 866	1326	87 168	−986	31 193	72	64 413	66	24 973	88	21 958	92
60	98 416	16	1350 529	1376	86 675	−988	31 979	72	66 396	62	27 367	86	20 812	90
65	*00 574	16	1401 217	1426	86 181	−986	32 765	70	68 377	64	29 760	86	19 667	90
70	02 732	16	1451 930	1478	85 688	−984	33 550	70	70 359	62	32 153	84	18 522	90
75	04 890	14	1502 669	1528	85 196	−986	34 335	70	72 340	62	34 545	82	17 377	86
80	07 047	14	1553 433	1578	84 703	−984	35 120	68	74 321	60	36 936	82	16 234	86
85	09 204	14	1604 222	1630	84 211	−984	35 904	68	76 301	60	39 327	80	15 091	86
90	11 361	10	1655 037	1680	83 719	−984	36 688	68	78 281	60	41 717	78	13 948	84
95	13 516	12	1705 877	1732	83 227	−982	37 472	66	80 261	58	44 106	78	12 806	82
2,3200	15 672	10	1756 743	1782	82 736	−982	38 255	68	82 240	58	46 495	76	11 665	80
05	17 827	08	1807 634	1834	82 245	−982	39 039	66	84 219	58	48 883	76	10 525	80
10	19 981	08	1858 551	1884	81 754	−982	39 822	64	86 198	56	51 271	74	09 385	80
15	22 135	08	1909 493	1934	81 263	−982	40 604	66	88 176	56	53 658	72	08 245	78
20	24 289	06	1960 460	1986	80 772	−980	41 387	64	90 154	56	56 044	70	07 106	76
25	26 442	06	2011 453	2038	80 282	−980	42 169	64	92 132	54	58 429	70	05 968	74
30	28 595	04	2062 472	2088	79 792	−980	42 951	62	94 109	54	60 814	70	04 831	74
35	30 747	02	2113 516	2138	79 302	−978	43 732	64	96 086	52	63 199	66	03 694	74
40	32 898	04	2164 585	2190	78 813	−980	44 514	62	98 062	52	65 582	66	02 557	72
45	35 050	00	2215 680	2242	78 323	−978	45 295	60	*00 038	52	67 965	66	01 421	70
2,3250	37 200		2266 801		77 834		46 075		02 014		70 348		00 286	
	0,84	**43**	**10,**	**10**	**0,09**		**1,16**	**15**	**1,58**	**39**	**1,48**	**47**	**0,46**	**−22**

x	φ	sin x		cos x		tg x		Sin x		Cof x		Tg x	
	133°	**0,72**	−68	**—0,68**	−72	**—1,0**	21	**5,0**	51	**5,1**	50	**0,981**	3
2,3250	12′ 45,67″	88 170	48	47 085	86	644 194	318	644 483	636	622 318	656	0 579	76
55	14 28,81	84 746	52	50 728	84	633 535	296	670 301	660	647 646	684	0 767	74
60	16 11,94	81 320	58	54 370	80	622 887	274	696 131	686	672 988	708	0 954	74
65	17 55,07	77 891	58	58 010	76	612 250	250	721 974	710	698 342	736	1 141	74
70	19 38,20	74 462	64	61 648	72	601 625	228	747 829	736	723 710	760	1 328	74
75	21 21,34	71 030	68	65 284	70	591 011	206	773 697	762	749 090	788	1 515	74
80	23 04,47	67 596	70	68 919	66	580 408	184	799 578	788	774 484	812	1 702	72
85	24 47,60	64 161	74	72 552	62	569 816	160	825 472	812	799 890	838	1 888	72
90	26 30,73	60 724	78	76 183	58	559 236	138	851 378	838	825 309	864	2 074	72
95	28 13,87	57 285	82	79 812	56	548 667	118	877 297	864	850 741	890	2 260	72
2,3300	29 57,00	53 844	86	83 440	52	538 108	094	903 229	888	876 186	918	2 446	72
05	31 40,13	50 401	88	87 066	50	527 561	072	929 173	916	901 645	942	2 632	70
10	33 23,26	46 957	92	90 691	44	517 025	048	955 131	940	927 116	968	2 817	72
15	35 06,40	43 511	98	94 313	42	506 501	028	981 101	964	952 600	994	3 003	70
20	36 49,53	40 062	98	97 934	38	495 987	006	*007 083	992	978 097	*020	3 188	70
25	38 32,66	36 613	*04	*01 553	36	485 484	*984	033 079	*016	*003 607	046	3 373	70
30	40 15,79	33 161	08	05 171	30	474 992	962	059 087	042	029 130	072	3 558	68
35	41 58,93	29 707	10	08 786	28	464 511	938	085 108	066	054 666	098	3 742	70
40	43 42,06	26 252	14	12 400	26	454 042	918	111 141	094	080 215	124	3 927	68
45	45 25,19	22 795	18	16 013	20	443 583	896	137 188	118	105 777	150	4 111	68
2,3350	47 08,32	19 336	22	19 623	18	433 135	874	163 247	144	131 352	176	4 295	68
55	48 51,45	15 875	24	23 232	14	422 698	854	189 319	170	156 940	202	4 479	68
60	50 34,59	12 413	28	26 839	10	412 271	830	215 404	196	182 541	230	4 663	66
65	52 17,72	08 949	34	30 444	08	401 856	808	241 502	220	208 156	254	4 846	68
70	54 00,85	05 482	34	34 048	04	391 452	788	267 612	248	233 783	280	5 030	66
75	55 43,98	02 015	40	37 650	00	381 058	766	293 736	272	259 423	308	5 213	66
80	57 27,12	*98 545	44	41 250	*96	370 675	744	319 872	298	285 077	332	5 396	66
85	59 10,25	95 073	46	44 848	94	360 303	724	346 021	324	310 743	360	5 579	64
90	*00 53,38	91 600	50	48 445	90	349 941	700	372 183	348	336 423	384	5 761	66
95	02 36,51	88 125	54	52 040	86	339 591	680	398 357	376	362 115	412	5 944	64
2,3400	04 19,65	84 648	58	55 633	84	329 251	660	424 545	400	387 821	438	6 126	64
05	06 02,78	81 169	60	59 225	78	318 921	636	450 745	426	413 540	464	6 308	64
10	07 45,91	77 689	66	62 814	76	308 603	616	476 958	452	439 272	490	6 490	64
15	09 29,04	74 206	68	66 402	74	298 295	596	503 184	478	465 017	516	6 672	62
20	11 12,18	70 722	72	69 989	68	287 997	574	529 423	504	490 775	542	6 853	64
25	12 55,31	67 236	74	73 573	66	277 710	552	555 675	530	516 546	570	7 035	62
30	14 38,44	63 749	80	77 156	62	267 434	532	581 940	554	542 331	594	7 216	62
35	16 21,57	60 259	82	80 737	58	257 168	510	608 217	582	568 128	622	7 397	62
40	18 04,71	56 768	86	84 316	56	246 913	490	634 508	606	593 939	648	7 578	60
45	19 47,84	53 275	90	87 894	50	236 668	468	660 811	634	619 763	674	7 758	62
2,3450	21 30,97	49 780	94	91 469	48	226 434	448	687 128	658	645 600	700	7 939	60
55	23 14,10	46 283	96	95 043	46	216 210	426	713 457	684	671 450	726	8 119	60
60	24 57,24	42 785	**00	98 616	40	205 997	406	739 799	710	697 313	754	8 299	60
65	26 40,37	39 285	04	**02 186	38	195 794	384	766 154	736	723 190	778	8 479	60
70	28 23,50	35 783	08	05 755	34	185 602	366	792 522	762	749 079	806	8 659	60
75	30 06,63	32 279	10	09 322	30	175 419	342	818 903	788	774 982	832	8 839	58
80	31 49,77	28 774	16	12 887	28	165 248	324	845 297	814	800 898	858	9 018	58
85	33 32,90	25 266	18	16 451	24	155 086	302	871 704	840	826 827	886	9 197	58
90	35 16,03	21 757	22	20 013	20	144 935	282	898 124	866	852 770	912	9 376	58
95	36 59,16	18 246	24	23 573	16	134 794	260	924 557	892	878 726	936	9 555	58
2,3500	38′ 42,29″	14 734		27 131		124 664		951 003		904 694		9 734	
	134°	**0,71**	−70	**—0,70**	−71	**—1,0**	20	**5,1**	52	**5,2**	51	**0,981**	3

x	$\ln x$		e^x		e^{-x}		arc tg x		Ar Sin x		Ar Cos x		Ar Ctg x	
	0,84	**43**	**10,2**	**10**	**0,097**	**−9**	**1,16**	**15**	**1,58**	**39**	**1,48**	**47**	**0,46**	**−22**
2,3250	37 200	02	266 801	2292	7 834	76	46 075	62	02 014	50	70 348	64	00 286	70
55	39 351	00	317 947	2344	7 346	78	46 856	60	03 989	50	72 730	62	*99 151	68
60	41 501	*98	369 119	2394	6 857	76	47 636	60	05 964	50	75 111	60	98 017	66
65	43 650	98	420 316	2446	6 369	76	48 416	58	07 939	48	77 491	60	96 884	66
70	45 799	96	471 539	2498	5 881	76	49 195	60	09 913	48	79 871	60	95 751	64
75	47 947	96	522 788	2548	5 393	76	49 975	58	11 887	48	82 251	56	94 619	64
80	50 095	96	574 062	2600	4 905	74	50 754	56	13 861	46	84 629	56	93 487	62
85	52 243	94	625 362	2650	4 418	74	51 532	58	15 834	46	87 007	56	92 356	60
90	54 390	94	676 687	2702	3 931	74	52 311	56	17 807	44	89 385	54	91 226	60
95	56 537	92	728 038	2754	3 444	74	53 089	56	19 779	44	91 762	52	90 096	58
2,3300	58 683	90	779 415	2806	2 957	72	53 867	54	21 751	44	94 138	50	88 967	58
05	60 828	92	830 818	2856	2 471	72	54 644	56	23 723	44	96 513	50	87 838	56
10	62 974	88	882 246	2908	1 985	72	55 422	54	25 695	42	98 888	50	86 710	54
15	65 118	90	933 700	2960	1 499	70	56 199	52	27 666	42	*01 263	46	85 583	54
20	67 263	88	985 180	3010	1 014	72	56 975	54	29 637	40	03 636	46	84 456	54
25	69 407	86	*036 685	3064	0 528	70	57 752	52	31 607	40	06 009	46	83 329	50
30	71 550	86	088 217	3114	0 043	70	58 528	52	33 577	40	08 382	44	82 204	50
35	73 693	84	139 774	3164	*9 558	70	59 304	52	35 547	38	10 754	42	81 079	50
40	75 835	84	191 356	3218	9 073	68	60 080	50	37 516	38	13 125	40	79 954	48
45	77 977	84	242 965	3268	8 589	68	60 855	50	39 485	36	15 495	40	78 830	46
2,3350	80 119	82	294 599	3322	8 105	68	61 630	50	41 453	38	17 865	40	77 707	46
55	82 260	82	346 260	3372	7 621	68	62 405	48	43 422	36	20 235	36	76 584	44
60	84 401	80	397 946	3422	7 137	66	63 179	50	45 390	34	22 603	36	75 462	44
65	86 541	80	449 657	3476	6 654	66	63 954	48	47 357	34	24 971	36	74 340	40
70	88 681	78	501 395	3528	6 171	66	64 728	46	49 324	34	27 339	34	73 220	42
75	90 820	78	553 159	3578	5 688	66	65 501	48	51 291	32	29 706	32	72 099	40
80	92 959	76	604 948	3632	5 205	66	66 275	46	53 257	34	32 072	32	70 979	38
85	95 097	76	656 764	3682	4 722	64	67 048	46	55 224	30	34 438	30	69 860	38
90	97 235	74	708 605	3734	4 240	64	67 821	44	57 189	32	36 803	28	68 741	36
95	99 372	74	760 472	3788	3 758	64	68 593	44	59 155	30	39 167	28	67 623	34
2,3400	*01 509	74	812 366	3838	3 276	62	69 365	44	61 120	28	41 531	26	66 506	34
05	03 646	72	864 285	3890	2 795	62	70 137	44	63 084	30	43 894	24	65 389	32
10	05 782	70	916 230	3942	2 314	62	70 909	42	65 049	28	46 256	24	64 273	32
15	07 917	72	968 201	3994	1 833	62	71 680	44	67 013	26	48 618	22	63 157	30
20	10 053	68	**020 198	4046	1 352	62	72 452	40	68 976	28	50 979	22	62 042	30
25	12 187	70	072 221	4098	0 871	60	73 222	42	70 940	24	53 340	20	60 927	28
30	14 322	66	124 270	4152	0 391	60	73 993	40	72 902	26	55 700	20	59 813	26
35	16 455	68	176 346	4202	**9 911	60	74 763	40	74 865	24	58 060	16	58 700	26
40	18 589	66	228 447	4254	9 431	60	75 533	40	76 827	24	60 418	18	57 587	24
45	20 722	64	280 574	4306	8 951	58	76 303	40	78 789	24	62 777	14	56 475	24
2,3450	22 854	64	332 727	4360	8 472	58	77 073	38	80 751	22	65 134	14	55 363	22
55	24 986	64	384 907	4410	7 993	58	77 842	38	82 712	20	67 491	14	54 252	20
60	27 118	62	437 112	4464	7 514	58	78 611	36	84 672	22	69 848	10	53 142	20
65	29 249	60	489 344	4516	7 035	56	79 379	38	86 633	20	72 203	10	52 032	18
70	31 379	60	541 602	4566	6 557	56	80 148	36	88 593	20	74 558	10	50 923	18
75	33 509	60	593 885	4620	6 079	56	80 916	36	90 553	18	76 913	08	49 814	16
80	35 639	58	646 195	4674	5 601	56	81 684	34	92 512	18	79 267	06	48 706	16
85	37 768	58	698 532	4724	5 123	54	82 451	36	94 471	18	81 620	06	47 598	14
90	39 897	56	750 894	4778	4 646	54	83 219	34	96 430	16	83 973	04	46 491	12
95	42 025	56	803 283	4828	4 169	54	83 986	32	98 388	16	86 325	02	45 385	12
2,3500	44 153		855 697		3 692		84 752		*00 346		88 676		44 279	
	0,85	**42**	**10,4**	**10**	**0,095**	**−9**	**1,16**	**15**	**1,59**	**39**	**1,49**	**47**	**0,45**	**−22**

x	φ	sin x		cos x		tg x		Sin x		Cof x		Tg x	
	134°	0,71	−70	—0,70	−71	—1,0	20	5,1	52	5,2	51	0,981	3
2,3500	38′ 42″,29	14 734	30	27 131	12	124 664	242	951 003	918	904 694	966	9 734	58
05	40 25,43	11 219	32	30 687	10	114 543	220	977 462	942	930 677	990	9 913	56
10	42 08,56	07 703	36	34 242	06	104 433	200	*003 933	970	956 672	*016	*0 091	56
15	43 51,69	04 185	40	37 795	02	094 333	178	030 418	996	982 680	044	0 269	56
20	45 34,82	00 665	44	41 346	00	084 244	160	056 916	*022	*008 702	070	0 447	56
25	47 17,96	*97 143	46	44 896	*94	074 164	138	083 427	048	034 737	098	0 625	56
30	49 01,09	93 620	50	48 443	92	064 095	118	109 951	074	060 786	122	0 803	54
35	50 44,22	90 095	54	51 989	88	054 036	100	136 488	100	086 847	150	0 980	56
40	52 27,35	86 568	56	55 533	86	043 986	078	163 038	126	112 922	176	1 158	54
45	54 10,49	83 040	62	59 076	80	033 947	058	189 601	152	139 010	204	1 335	54
2,3550	55 53,62	79 509	64	62 616	78	023 918	038	216 177	178	165 112	230	1 512	54
55	57 36,75	75 977	68	66 155	74	013 899	016	242 766	204	191 227	256	1 689	52
60	59 19,88	72 443	72	69 692	72	003 891	*998	269 368	230	217 355	282	1 865	54
65	*01 03,02	68 907	74	73 228	66	*993 892	978	295 983	258	243 496	310	2 042	52
70	02 46,15	65 370	80	76 761	64	983 903	958	322 612	282	269 651	336	2 218	52
75	04 29,28	61 830	82	80 293	60	973 924	938	349 253	308	295 819	362	2 394	52
80	06 12,41	58 289	84	83 823	56	963 955	918	375 907	336	322 000	388	2 570	52
85	07 55,55	54 747	90	87 351	54	953 996	898	402 575	362	348 194	416	2 746	50
90	09 38,68	51 202	92	90 878	50	944 047	880	429 256	386	374 402	444	2 921	52
95	11 21,81	47 656	96	94 403	46	934 107	858	455 949	414	400 624	468	3 097	50
2,3600	13 04,94	44 108	*00	97 926	42	924 178	840	482 656	440	426 858	496	3 272	50
05	14 48,08	40 558	04	*01 447	38	914 258	818	509 376	466	453 106	524	3 447	50
10	16 31,21	37 006	06	04 966	36	904 349	800	536 109	494	479 368	548	3 622	50
15	18 14,34	33 453	10	08 484	32	894 449	780	562 856	518	505 642	578	3 797	48
20	19 57,47	29 898	14	12 000	28	884 559	762	589 615	544	531 931	602	3 971	50
25	21 40,60	26 341	18	15 514	24	874 678	740	616 387	572	558 232	630	4 146	48
30	23 23,74	22 782	20	19 026	20	864 808	722	643 173	598	584 547	656	4 320	48
35	25 06,87	19 222	24	22 536	18	854 947	702	669 972	624	610 875	684	4 494	48
40	26 50,00	15 660	28	26 045	14	845 096	684	696 784	650	637 217	710	4 668	48
45	28 33,13	12 096	32	29 552	10	835 254	662	723 609	678	663 572	738	4 842	46
2,3650	30 16,27	08 530	34	33 057	08	825 423	646	750 448	702	689 941	764	5 015	46
55	31 59,40	04 963	38	36 561	02	815 600	624	777 299	730	716 323	790	5 188	48
60	33 42,53	01 394	42	40 062	00	805 788	606	804 164	756	742 718	818	5 362	46
65	35 25,66	**97 823	46	43 562	**96	795 985	586	831 042	782	769 127	844	5 535	46
70	37 08,80	94 250	48	47 060	92	786 192	568	857 933	808	795 549	872	5 708	44
75	38 51,93	90 676	54	50 556	90	776 408	548	884 837	836	821 985	898	5 880	46
80	40 35,06	87 099	54	54 051	84	766 634	530	911 755	862	848 434	924	6 053	44
85	42 18,19	83 522	60	57 543	82	756 869	510	938 686	888	874 896	952	6 225	44
90	44 01,33	79 942	62	61 034	78	747 114	490	965 630	914	901 372	980	6 397	44
95	45 44,46	76 361	68	64 523	76	737 369	472	992 587	942	927 862	**006	6 569	44
2,3700	47 27,59	72 777	68	68 011	70	727 633	454	**019 558	968	954 365	034	6 741	44
05	49 10,72	69 193	74	71 496	68	717 906	434	046 542	994	980 882	060	6 913	42
10	50 53,86	65 606	76	74 980	64	708 189	416	073 539	**020	**007 412	086	7 084	44
15	52 36,99	62 018	82	78 462	60	698 481	396	100 549	048	033 955	114	7 256	42
20	54 20,12	58 427	82	81 942	56	688 783	378	127 573	074	060 512	142	7 427	42
25	56 03,25	54 836	88	85 420	54	679 094	360	154 610	100	087 083	168	7 598	42
30	57 46,39	51 242	90	88 897	48	669 414	340	181 660	126	113 667	194	7 769	40
35	59 29,52	47 647	94	92 371	46	659 744	322	208 723	154	140 264	222	7 939	42
40	**01 12,65	44 050	98	95 844	42	650 083	302	235 800	180	166 875	250	8 110	40
45	02 55,78	40 451	**02	99 315	40	640 432	286	262 890	206	193 500	276	8 280	40
2,3750	04′ 38″,91	36 850		**02 785		630 789		289 993		220 138		8 450	
	136°	0,69	−72	—0,72	−69	—0,9	19	5,3	54	5,4	53	0,982	3

x	ln x		e^x		e^{-x}		arc tg x		Ar Sin x		Ar Cos x		Ar Ctg x	
	0,85	**42**	**10,**	**10**	**0,095**	**−9**	**1,16**	**15**	**1,59**	**39**	**1,49**	**47**	**0,45**	**−22**
2,3500	44 153	56	4855 697	8482	3 692	54	84 752	34	00 346	16	88 676	02	44 279	12
05	46 281	54	4908 138	4934	3 215	54	85 519	32	02 304	14	91 027	00	43 173	08
10	48 408	52	4960 605	4988	2 738	52	86 285	32	04 261	14	93 377	00	42 069	08
15	50 534	52	5013 099	5038	2 262	52	87 051	30	06 218	12	95 727	*98	40 965	08
20	52 660	52	5065 618	5092	1 786	52	87 816	32	08 174	12	98 076	96	39 861	06
25	54 786	50	5118 164	5146	1 310	50	88 582	30	10 130	12	*00 424	96	38 758	04
30	56 911	50	5170 737	5196	0 835	50	89 347	30	12 086	12	02 772	94	37 656	04
35	59 036	48	5223 335	5250	0 360	52	90 112	28	14 042	10	05 119	94	36 554	04
40	61 160	48	5275 960	5302	*9 884	48	90 876	28	15 997	10	07 466	92	35 452	00
45	63 284	46	5328 611	5356	9 410	50	91 640	28	17 952	08	09 812	90	34 352	00
2,3550	65 407	46	5381 289	5406	8 935	48	92 404	28	19 906	08	12 157	90	33 252	00
55	67 530	46	5433 992	5462	8 461	48	93 168	26	21 860	08	14 502	88	32 152	*98
60	69 653	44	5486 723	5512	7 987	48	93 931	28	23 814	06	16 846	88	31 053	96
65	71 775	42	5539 479	5566	7 513	48	94 695	24	25 767	06	19 190	86	29 955	96
70	73 896	42	5592 262	5618	7 039	46	95 457	26	27 720	06	21 533	84	28 857	96
75	76 017	42	5645 071	5672	6 566	46	96 220	24	29 673	04	23 875	84	27 759	92
80	78 138	40	5697 907	5724	6 093	46	96 982	24	31 625	04	26 217	82	26 663	94
85	80 258	40	5750 769	5778	5 620	46	97 744	24	33 577	04	28 558	80	25 566	90
90	82 378	38	5803 658	5830	5 147	46	98 506	24	35 529	02	30 898	80	24 471	90
95	84 497	38	5856 573	5884	4 674	44	99 268	22	37 480	02	33 238	80	23 376	90
2,3600	86 616	38	5909 515	5936	4 202	44	*00 029	22	39 431	02	35 578	76	22 281	88
05	88 735	36	5962 483	5988	3 730	42	00 790	20	41 382	00	37 916	76	21 187	86
10	90 853	34	6015 477	6042	3 259	44	01 550	22	43 332	00	40 254	76	20 094	86
15	92 970	34	6068 498	6096	2 787	42	02 311	20	45 282	*98	42 592	74	19 001	84
20	95 087	34	6121 546	6148	2 316	42	03 071	20	47 231	98	44 929	72	17 909	84
25	97 204	32	6174 620	6200	1 845	42	03 831	18	49 180	98	47 265	72	16 817	82
30	99 320	32	6227 720	6254	1 374	42	04 590	20	51 129	98	49 601	70	15 726	80
35	*01 436	30	6280 847	6308	0 903	40	05 350	18	53 078	96	51 936	68	14 636	80
40	03 551	30	6334 001	6360	0 433	40	06 109	16	55 026	96	54 270	68	13 546	78
45	05 666	28	6387 181	6414	**9 963	40	06 867	18	56 974	94	56 604	68	12 457	78
2,3650	07 780	28	6440 388	6468	9 493	40	07 626	16	58 921	94	58 938	64	11 368	78
55	09 894	28	6493 622	6520	9 023	38	08 384	16	60 868	94	61 270	64	10 279	74
60	12 008	26	6546 882	6574	8 554	38	09 142	16	62 815	92	63 602	64	09 192	74
65	14 121	24	6600 169	6626	8 085	38	09 900	14	64 761	92	65 934	62	08 105	74
70	16 233	24	6653 482	6680	7 616	38	10 657	14	66 707	92	68 265	60	07 018	72
75	18 345	24	6706 822	6734	7 147	36	11 414	14	68 653	90	70 595	60	05 932	72
80	20 457	22	6760 189	6786	6 679	36	12 171	14	70 598	90	72 925	58	04 846	70
85	22 568	22	6813 582	6840	6 211	36	12 928	12	72 543	90	75 254	56	03 761	68
90	24 679	22	6867 002	6894	5 743	36	13 684	12	74 488	88	77 582	56	02 677	68
95	26 790	20	6920 449	6948	5 275	36	14 440	12	76 432	88	79 910	54	01 593	66
2,3700	28 900	18	6973 923	7000	4 807	34	15 196	10	78 376	88	82 237	54	00 510	66
05	31 009	18	7027 423	7054	4 340	34	15 951	12	80 320	86	84 564	52	*99 427	64
10	33 118	18	7080 950	7108	3 873	34	16 707	10	82 263	86	86 890	52	98 345	62
15	35 227	16	7134 504	7162	3 406	32	17 462	08	84 206	84	89 216	50	97 264	62
20	37 335	16	7188 085	7214	2 940	34	18 216	10	86 148	84	91 541	48	96 183	62
25	39 443	14	7241 692	7268	2 473	32	18 971	08	88 090	84	93 865	48	95 102	60
30	41 550	14	7295 326	7324	2 007	32	19 725	08	90 032	84	96 189	46	94 022	58
35	43 657	12	7348 988	7374	1 541	30	20 479	06	91 974	82	98 512	44	92 943	58
40	45 763	12	7402 675	7430	1 076	32	21 232	08	93 915	82	**00 834	44	91 864	56
45	47 869	10	7456 390	7484	0 610	30	21 986	06	95 856	80	03 156	44	90 786	56
2,3750	49 974		7510 132		0 145		22 739		97 796		05 478		89 708	
	0,86	**42**	**10,**	**10**	**0,093**	**−9**	**1,17**	**15**	**1,59**	**38**	**1,51**	**46**	**0,44**	**−21**

x	φ	sin x		cos x		tg x		Sin x		Cos x		Tg x	
	136°	**0,69**	−72	**—0,72**	−69	**—0,9**	19	**5,3**	54	**5,4**	53	**0,982**	3
2,3750	04′ 38,″91	36 850	04	02 785	34	630 789	264	289 993	234	220 138	304	8 450	40
55	06 22,05	33 248	08	06 252	32	621 157	248	317 110	260	246 790	330	8 620	40
60	08 05,18	29 644	12	09 718	28	611 533	230	344 240	288	273 455	358	8 790	40
65	09 48,31	26 038	14	13 182	24	601 918	210	371 384	312	300 134	386	8 960	38
70	11 31,44	22 431	18	16 644	20	592 313	192	398 540	342	326 827	412	9 129	40
75	13 14,58	18 822	22	20 104	18	582 717	174	425 711	366	353 533	440	9 299	38
80	14 57,71	15 211	26	23 563	14	573 130	154	452 894	394	380 253	466	9 468	38
85	16 40,84	11 598	28	27 020	08	563 553	138	480 091	420	406 986	494	9 637	38
90	18 23,97	07 984	32	30 474	08	553 984	118	507 301	446	433 733	520	9 806	36
95	20 07,11	04 368	36	33 928	02	544 425	102	534 524	474	460 493	548	9 974	38
2,3800	21 50,24	00 750	40	37 379	*98	534 874	082	561 761	502	487 267	576	*0 143	36
05	23 33,37	*97 130	42	40 828	96	525 333	064	589 012	526	514 055	602	0 311	36
10	25 16,50	93 509	46	44 276	92	515 801	046	616 275	556	540 856	630	0 479	36
15	26 59,64	89 886	50	47 722	88	506 278	028	643 553	580	567 671	658	0 647	36
20	28 42,77	86 261	52	51 166	84	496 764	010	670 843	608	594 500	684	0 815	36
25	30 25,90	82 635	56	54 608	80	487 259	*990	698 147	636	621 342	712	0 983	34
30	32 09,03	79 007	60	58 048	78	477 764	974	725 465	660	648 198	738	1 150	36
35	33 52,17	75 377	64	61 487	74	468 277	956	752 795	690	675 067	768	1 318	34
40	35 35,30	71 745	66	64 924	70	458 799	938	780 140	714	701 951	794	1 485	34
45	37 18,43	68 112	70	68 359	66	449 330	920	807 497	742	728 848	820	1 652	34
2,3850	39 01,56	64 477	74	71 792	62	439 870	902	834 868	770	755 758	850	1 819	32
55	40 44,70	60 840	76	75 223	60	430 419	886	862 253	796	782 683	874	1 985	34
60	42 27,83	57 202	82	78 653	54	420 976	866	889 651	824	809 620	904	2 152	32
65	44 10,96	53 561	82	82 080	52	411 543	848	917 063	850	836 572	932	2 318	32
70	45 54,09	49 920	88	85 506	48	402 119	832	944 488	876	863 538	958	2 484	32
75	47 37,22	46 276	90	88 930	46	392 703	814	971 926	904	890 517	984	2 650	32
80	49 20,36	42 631	94	92 353	40	383 296	794	999 378	932	917 509	*014	2 816	32
85	51 03,49	38 984	98	95 773	38	373 899	780	*026 844	958	944 516	040	2 982	32
90	52 46,62	35 335	*02	99 192	32	364 509	760	054 323	984	971 536	068	3 148	30
95	54 29,75	31 684	04	*02 608	30	355 129	742	081 815	*012	998 570	096	3 313	30
2,3900	56 12,89	28 032	08	06 023	26	345 758	726	109 321	040	*025 618	124	3 478	30
05	57 56,02	24 378	10	09 436	24	336 395	708	136 841	066	052 680	150	3 643	30
10	59 39,15	20 723	14	12 848	18	327 041	692	164 374	094	079 755	178	3 808	30
15	*01 22,28	17 066	18	16 257	16	317 695	672	191 921	120	106 844	206	3 973	28
20	03 05,42	13 407	22	19 665	12	308 359	656	219 481	148	133 947	234	4 137	30
25	04 48,55	09 746	26	23 071	06	299 031	638	247 055	174	161 064	260	4 302	28
30	06 31,68	06 083	28	26 474	06	289 712	622	274 642	202	188 194	288	4 466	28
35	08 14,81	02 419	30	29 877	00	280 401	604	302 243	228	215 338	316	4 630	28
40	09 57,95	**98 754	36	33 277	**96	271 099	586	329 857	256	242 496	344	4 794	28
45	11 41,08	95 086	33	36 675	94	261 806	570	357 485	284	269 668	372	4 958	26
2,3950	13 24,21	91 417	42	40 072	90	252 521	552	385 127	310	296 854	398	5 121	28
55	15 07,34	87 746	46	43 467	86	243 245	536	412 782	338	324 053	426	5 285	26
60	16 50,48	84 073	48	46 860	82	233 977	518	440 451	364	351 266	456	5 448	26
65	18 33,61	80 399	52	50 251	78	224 718	500	468 133	392	378 494	482	5 611	26
70	20 16,74	76 723	54	53 640	76	215 468	484	495 829	420	405 735	508	5 774	26
75	21 59,87	73 046	60	57 028	70	206 226	468	523 539	446	432 989	538	5 937	26
80	23 43,01	69 366	62	60 413	68	196 992	450	551 262	474	460 258	566	6 100	24
85	25 26,14	65 685	66	63 797	64	187 767	432	578 999	502	487 541	592	6 262	24
90	27 09,27	62 002	68	67 179	60	178 551	416	606 750	528	514 837	620	6 424	26
95	28 52,40	58 318	72	70 559	56	169 343	400	634 514	556	542 147	650	6 587	24
2,4000	30′ 35,″53	54 632		73 937		160 143		662 292		569 472		6 749	
	137°	**0,67**	−73	**—0,73**	−67	**—0,9**	18	**5,4**	55	**5,5**	54	**0,983**	3

x	ln x		e^x		e^{-x}		arc tg x		𝔄𝔯 𝔖𝔦𝔫 x		𝔄𝔯 ℭ𝔬𝔣 x		𝔄𝔯 ℭ𝔱𝔤 x	
	0,86	4	**10,**	10	**0,09**	−9	**1,17**	1	**1,59**	38	**1,51**	46	**0,44**	−21
2,3750	49 974	210	7510 132	7536	30 145	30	22 739	506	97 796	80	05 478	40	89 708	54
55	52 079	210	7563 900	7592	29 680	30	23 492	504	99 736	80	07 798	40	88 631	54
60	54 184	208	7617 696	7644	29 215	28	24 244	504	*01 676	80	10 118	40	87 554	52
65	56 288	208	7671 518	7698	28 751	30	24 996	504	03 616	78	12 438	38	86 478	50
70	58 392	206	7725 367	7752	28 286	28	25 748	504	05 555	76	14 757	36	85 403	50
75	60 495	206	7779 243	7808	27 822	26	26 500	504	07 493	78	17 075	36	84 328	50
80	62 598	204	7833 147	7860	27 359	28	27 252	502	09 432	76	19 393	34	83 253	48
85	64 700	204	7887 077	7914	26 895	26	28 003	502	11 370	74	21 710	34	82 179	46
90	66 802	204	7941 034	7968	26 432	26	28 754	500	13 307	76	24 027	32	81 106	46
95	68 904	202	7995 018	8022	25 969	26	29 504	502	15 245	74	26 343	30	80 033	44
2,3800	71 005	200	8049 029	8076	25 506	26	30 255	500	17 182	72	28 658	30	78 961	44
05	73 105	202	8103 067	8130	25 043	24	31 005	500	19 118	74	30 973	28	77 889	42
10	75 206	198	8157 132	8184	24 581	24	31 755	498	21 055	72	33 287	28	76 818	40
15	77 305	200	8211 224	8238	24 119	24	32 504	500	22 991	70	35 601	26	75 748	40
20	79 405	198	8265 343	8292	23 657	24	33 254	498	24 926	72	37 914	24	74 678	40
25	81 504	196	8319 489	8346	23 195	24	34 003	496	26 862	68	40 226	24	73 608	38
30	83 602	196	8373 662	8402	22 733	22	34 751	498	28 796	70	42 538	24	72 539	36
35	85 700	194	8427 863	8454	22 272	22	35 500	496	30 731	68	44 850	20	71 471	36
40	87 797	196	8482 090	8510	21 811	22	36 248	496	32 665	68	47 160	20	70 403	34
45	89 895	192	8536 345	8564	21 350	20	36 996	496	34 599	68	49 470	20	69 336	34
2,3850	91 991	192	8590 627	8618	20 890	22	37 744	494	36 533	66	51 780	18	68 269	32
55	94 087	192	8644 936	8672	20 429	20	38 491	496	38 466	66	54 089	16	67 203	32
60	96 183	192	8699 272	8726	19 969	20	39 239	494	40 399	64	56 397	16	66 137	30
65	98 279	188	8753 635	8780	19 509	18	39 986	492	42 331	64	58 705	14	65 072	30
70	*00 373	190	8808 025	8836	19 050	20	40 732	494	44 263	64	61 012	14	64 007	28
75	02 468	188	8862 443	8890	18 590	18	41 479	492	46 195	64	63 319	12	62 943	26
80	04 562	188	8916 888	8944	18 131	18	42 225	492	48 127	62	65 625	10	61 880	26
85	06 656	186	8971 360	8998	17 672	16	42 971	490	50 058	62	67 930	10	60 817	26
90	08 749	184	9025 859	9054	17 214	18	43 716	490	51 989	60	70 235	08	59 754	24
95	10 841	186	9080 386	9106	16 755	16	44 461	490	53 919	60	72 539	08	58 692	22
2,3900	12 934	182	9134 939	9164	16 297	16	45 206	490	55 849	60	74 843	06	57 631	22
05	15 025	184	9189 521	9216	15 839	16	45 951	490	57 779	58	77 146	04	56 570	20
10	17 117	182	9244 129	9272	15 381	16	46 696	488	59 708	58	79 448	04	55 510	20
15	19 208	180	9298 765	9326	14 923	14	47 440	488	61 637	58	81 750	04	54 450	18
20	21 298	180	9353 428	9380	14 466	14	48 184	488	63 566	58	84 052	00	53 391	18
25	23 388	180	9408 118	9436	14 009	14	48 928	486	65 495	56	86 352	00	52 332	16
30	25 478	178	9462 836	9490	13 552	14	49 671	486	67 423	54	88 652	00	51 274	16
35	27 567	178	9517 581	9544	13 095	12	50 414	486	69 350	56	90 952	*98	50 216	14
40	29 656	176	9572 353	9600	12 639	12	51 157	486	71 278	54	93 251	96	49 159	12
45	31 744	176	9627 153	9656	12 183	12	51 900	484	73 205	52	95 549	96	48 103	12
2,3950	33 832	176	9681 981	9708	11 727	12	52 642	486	75 131	54	97 847	96	47 047	12
55	35 920	174	9736 835	9764	11 271	10	53 385	482	77 058	52	*00 145	92	45 991	10
60	38 007	172	9791 717	9820	10 816	12	54 126	484	78 984	50	02 441	92	44 936	08
65	40 093	174	9846 627	9874	10 360	10	54 868	482	80 909	52	04 737	92	43 882	08
70	42 180	170	9901 564	9930	09 905	10	55 609	484	82 835	48	07 033	90	42 828	06
75	44 265	172	9956 529	9984	09 450	08	56 351	480	84 759	50	09 328	88	41 775	06
80	46 351	168	*0011 521	*0038	08 996	10	57 091	482	86 684	48	11 622	88	40 722	04
85	48 435	170	0066 540	0094	08 541	08	57 832	480	88 608	48	13 916	86	39 670	04
90	50 520	168	0121 587	0150	08 087	08	58 572	480	90 532	48	16 209	86	38 618	02
95	52 604	166	0176 662	0204	07 633	06	59 312	480	92 456	46	18 502	84	37 567	02
2,4000	54 687		0231 764		07 180		60 052		94 379		20 794		36 516	
	0,87	4	**11,**	11	**0,09**	−9	**1,17**	1	**1,60**	38	**1,52**	45	**0,44**	−21

x	φ	sin x		cos x		tg x		Sin x		Cof x		Tg x	
	137°	**0,67**	**−73**	**−0,73**	**−67**	**−0,9**	**18**	**5,4**	**55**	**5,5**	**54**	**0,983**	**3**
2,4000	30′ 35,″53	54 632	76	73 937	54	160 143	382	662 292	584	569 472	676	6 749	22
05	32 18,67	50 944	80	77 314	48	150 952	366	690 084	610	596 810	704	6 910	24
10	34 01,80	47 254	82	80 688	46	141 769	350	717 889	638	624 162	732	7 072	24
15	35 44,93	43 563	86	84 061	42	132 594	332	745 708	664	651 528	758	7 234	22
20	37 28,06	39 870	88	87 432	38	123 428	314	773 540	694	678 907	788	7 395	22
25	39 11,20	36 176	92	90 801	34	114 271	300	801 387	720	706 301	816	7 556	22
30	40 54,33	32 480	96	94 168	30	105 121	282	829 247	746	733 709	842	7 717	22
35	42 37,46	28 782	*00	97 533	28	095 980	264	857 120	776	761 130	872	7 878	22
40	44 20,59	25 082	02	*00 897	22	086 848	250	885 008	802	788 566	898	8 039	20
45	46 03,73	21 381	06	04 258	20	077 723	232	912 909	830	816 015	928	8 199	22
2,4050	47 46,86	17 678	10	07 618	16	068 607	216	940 824	858	843 479	954	8 360	20
55	49 29,99	13 973	12	10 976	12	059 499	198	968 753	884	870 956	984	8 520	20
60	51 13,12	10 267	16	14 332	08	050 400	184	996 695	912	898 448	*010	8 680	20
65	52 56,26	06 559	20	17 686	06	041 308	166	*024 651	940	925 953	038	8 840	20
70	54 39,39	02 849	22	21 039	00	032 225	150	052 621	966	953 472	068	9 000	20
75	56 22,52	*99 138	26	24 389	*98	023 150	132	080 604	996	981 006	094	9 160	18
80	58 05,65	95 425	30	27 738	92	014 084	118	108 602	*022	*008 553	122	9 319	18
85	59 48,79	91 710	32	31 084	90	005 025	102	136 613	050	036 114	152	9 478	18
90	*01 31,92	87 994	36	34 429	86	*995 974	084	164 638	078	063 690	178	9 637	18
95	03 15,05	84 276	40	37 772	84	986 932	068	192 677	104	091 279	206	9 796	18
2,4100	04 58,18	80 556	42	41 114	78	977 898	052	220 729	134	118 882	236	9 955	18
05	06 41,32	76 835	48	44 453	74	968 872	036	248 796	160	146 500	262	*0 114	18
10	08 24,45	73 111	48	47 790	72	959 854	020	276 876	188	174 131	290	0 273	16
15	10 07,58	69 387	54	51 126	68	950 844	004	304 970	216	201 776	320	0 431	16
20	11 50,71	65 660	56	54 460	64	941 842	*988	333 078	242	229 436	348	0 589	16
25	13 33,85	61 932	58	57 792	60	932 848	970	361 199	272	257 110	374	0 747	16
30	15 16,98	58 203	64	61 122	56	923 863	956	389 335	298	284 797	404	0 905	16
35	17 00,11	54 471	66	64 450	52	914 885	940	417 484	326	312 499	432	1 063	14
40	18 43,24	50 738	70	67 776	50	905 915	924	445 647	354	340 215	460	1 220	16
45	20 26,37	47 003	72	71 101	44	896 953	908	473 824	382	367 945	486	1 378	14
2,4150	22 09,51	43 267	76	74 423	42	887 999	890	502 015	410	395 688	518	1 535	14
55	23 52,64	39 529	80	77 744	38	879 054	876	530 220	438	423 447	544	1 692	14
60	25 35,77	35 789	82	81 063	34	870 116	860	558 439	464	451 219	572	1 849	14
65	27 18,90	32 048	86	84 380	30	861 186	844	586 671	494	479 005	600	2 006	14
70	29 02,04	28 305	90	87 695	26	852 264	830	614 918	520	506 805	630	2 163	12
75	30 45,17	24 560	92	91 008	22	843 349	812	643 178	548	534 620	658	2 319	14
80	32 28,30	20 814	96	94 319	20	834 443	796	671 452	576	562 449	684	2 476	12
85	34 11,43	17 066	**00	97 629	14	825 545	782	699 740	604	590 291	714	2 632	12
90	35 54,57	13 316	02	**00 936	12	816 654	766	728 042	634	618 148	742	2 788	12
95	37 37,70	09 565	06	04 242	08	807 771	750	756 359	658	646 019	772	2 944	12
2,4200	39 20,83	05 812	10	07 546	04	798 896	734	784 688	688	673 905	798	3 100	10
05	41 03,96	02 057	12	10 848	00	790 029	718	813 032	716	701 804	828	3 255	12
10	42 47,10	**98 301	16	14 148	**96	781 170	704	841 390	744	729 718	854	3 411	10
15	44 30,23	94 543	18	17 446	94	772 318	686	869 762	772	757 645	884	3 566	10
20	46 13,36	90 784	22	20 743	88	763 475	672	898 148	800	785 587	914	3 721	10
25	47 56,49	87 023	26	24 037	86	754 639	658	926 548	826	813 544	940	3 876	10
30	49 39,63	83 260	30	27 330	80	745 810	640	954 961	856	841 514	970	4 031	08
35	51 22,76	79 495	32	30 620	78	736 990	626	983 389	884	869 499	996	4 185	10
40	53 05,89	75 729	36	33 909	74	728 177	610	**011 831	912	897 497	**026	4 340	08
45	54 49,02	71 961	38	37 196	70	719 372	596	040 287	940	925 510	056	4 494	10
2,4250	56′ 32,″16	68 192		40 481		710 574		068 757		953 538		4 649	
	138°	**0,65**	**−75**	**−0,75**	**−65**	**−0,8**	**17**	**5,6**	**56**	**5,6**	**56**	**0,984**	**3**

x	$\ln x$		e^x		e^{-x}		$\operatorname{arc\,tg} x$		$\operatorname{Ar\,Sin} x$		$\operatorname{Ar\,Cos} x$		$\operatorname{Ar\,Ctg} x$	
	0,87	41	**11,**	11	**0,090**		**1,17**	14	**1,60**	38	**1,52**	45	**0,44**	−21
2,4000	54 687	66	0231 764	0258	7 180	−908	60 052	80	94 379	46	20 794	82	36 516	00
05	56 770	66	0286 893	0316	6 726	−906	60 792	78	96 302	46	23 085	82	35 466	00
10	58 853	64	0342 051	0370	6 273	−906	61 531	78	98 225	44	25 376	80	34 416	*98
15	60 935	64	0397 236	0424	5 820	−906	62 270	78	*00 147	44	27 666	80	33 367	96
20	63 017	64	0452 448	0480	5 367	−906	63 009	76	02 069	42	29 956	78	32 319	98
25	65 099	62	0507 688	0536	4 914	−904	63 747	76	03 990	42	32 245	78	31 270	94
30	67 180	60	0562 956	0590	4 462	−904	64 485	76	05 911	42	34 534	76	30 223	94
35	69 260	60	0618 251	0646	4 010	−904	65 223	76	07 832	42	36 822	74	29 176	92
40	71 340	60	0673 574	0702	3 558	−904	65 961	74	09 753	40	39 109	74	28 130	92
45	73 420	58	0728 925	0756	3 106	−902	66 698	74	11 673	40	41 396	72	27 084	92
2,4050	75 499	58	0784 303	0812	2 655	−902	67 435	74	13 593	38	43 682	72	26 038	90
55	77 578	56	0839 709	0868	2 204	−902	68 172	74	15 512	40	45 968	70	24 993	88
60	79 656	56	0895 143	0922	1 753	−902	68 909	72	17 432	36	48 253	70	23 949	88
65	81 734	56	0950 604	0978	1 302	−902	69 645	72	19 350	38	50 538	68	22 905	86
70	83 812	54	1006 093	1034	0 851	−900	70 381	72	21 269	36	52 822	66	21 862	86
75	85 889	52	1061 610	1090	0 401	−900	71 117	72	23 187	36	55 105	66	20 819	84
80	87 965	52	1117 155	1144	*9 951	−900	71 853	70	25 105	34	57 388	64	19 777	84
85	90 041	52	1172 727	1200	9 501	−898	72 588	70	27 022	34	59 670	64	18 735	82
90	92 117	52	1228 327	1258	9 052	−900	73 323	70	28 939	34	61 952	62	17 694	82
95	94 193	48	1283 956	1310	8 602	−898	74 058	70	30 856	34	64 233	60	16 653	80
2,4100	96 267	50	1339 611	1368	8 153	−898	74 793	68	32 773	32	66 513	60	15 613	80
05	98 342	48	1395 295	1424	7 704	−898	75 527	68	34 689	30	68 793	60	14 573	78
10	*00 416	48	1451 007	1478	7 255	−896	76 261	68	36 604	32	71 073	58	13 534	76
15	02 490	46	1506 746	1536	6 807	−898	76 995	66	38 520	30	73 352	56	12 496	78
20	04 563	46	1562 514	1590	6 358	−896	77 728	66	40 435	30	75 630	56	11 457	74
25	06 636	44	1618 309	1646	5 910	−894	78 461	66	42 350	28	77 908	54	10 420	74
30	08 708	44	1674 132	1702	5 463	−896	79 194	66	44 264	28	80 185	52	09 383	74
35	10 780	42	1729 983	1758	5 015	−894	79 927	66	46 178	28	82 461	52	08 346	72
40	12 851	42	1785 862	1814	4 568	−896	80 660	64	48 092	26	84 737	52	07 310	70
45	14 922	42	1841 769	1870	4 120	−894	81 392	64	50 005	26	87 013	48	06 275	70
2,4150	16 993	40	1897 704	1924	3 673	−892	82 124	64	51 918	26	89 287	50	05 240	70
55	19 063	40	1953 666	1982	3 227	−894	82 856	62	53 831	24	91 562	46	04 205	68
60	21 133	38	2009 657	2038	2 780	−892	83 587	62	55 743	24	93 835	48	03 171	66
65	23 202	38	2065 676	2094	2 334	−892	84 318	62	57 655	24	96 109	44	02 138	66
70	25 271	36	2121 723	2150	1 888	−892	85 049	62	59 567	24	98 381	44	01 105	64
75	27 339	38	2177 798	2206	1 442	−892	85 780	60	61 479	22	*00 653	44	00 073	64
80	29 408	34	2233 901	2262	0 996	−890	86 510	60	63 390	20	02 925	40	*99 041	64
85	31 475	34	2290 032	2318	0 551	−890	87 240	60	65 300	22	05 195	42	98 009	60
90	33 542	34	2346 191	2374	0 106	−890	87 970	60	67 211	20	07 466	40	96 979	62
95	35 609	32	2402 378	2430	**9 661	−890	88 700	58	69 121	18	09 736	38	95 948	60
2,4200	37 675	32	2458 593	2488	9 216	−888	89 429	58	71 030	20	12 005	36	94 918	58
05	39 741	32	2514 837	2542	8 772	−890	90 158	58	72 940	18	14 273	36	93 889	58
10	41 807	30	2571 108	2600	8 327	−888	90 887	58	74 849	16	16 541	36	92 860	56
15	43 872	28	2627 408	2654	7 883	−886	91 616	56	76 757	18	18 809	34	91 832	56
20	45 936	30	2683 735	2712	7 440	−888	92 344	56	78 666	16	21 076	32	90 804	54
25	48 001	26	2740 091	2768	6 996	−886	93 072	56	80 574	14	23 342	32	89 777	54
30	50 064	28	2796 475	2826	6 553	−888	93 800	56	82 481	16	25 608	30	88 750	52
35	52 128	26	2852 888	2880	6 109	−886	94 528	54	84 389	14	27 873	30	87 724	52
40	54 191	24	2909 328	2938	5 666	−884	95 255	54	86 296	12	30 138	28	86 698	50
45	56 253	24	2965 797	2994	5 224	−886	95 982	54	88 202	14	32 402	26	85 673	50
2,4250	58 315		3022 294		4 781		96 709		90 109		34 665		84 648	
	0,88	41	**11,**	11	**0,088**		**1,17**	14	**1,61**	38	**1,53**	45	**0,43**	−20

x	φ	sin x		cos x		tg x		Sin x		Cos x		Tg x	
	138°	0,65	−75	—0,75	−65	—0,8	17	5,6	56	5,6	56	0,984	
2,4250	56′ 32,″16	68 192	42	40 481	66	710 574	580	068 757	966	953 538	082	4 649	308
55	58 15,29	64 421	46	43 764	64	701 784	564	097 240	996	981 579	112	4 803	308
60	59 58,42	60 648	48	47 046	58	693 002	550	125 738	*024	*009 635	140	4 957	306
65	*01 41,55	56 874	52	50 325	54	684 227	534	154 250	052	037 705	168	5 110	308
70	03 24,68	53 098	56	53 602	52	675 460	518	182 776	080	065 789	198	5 264	306
75	05 07,82	49 320	58	56 878	48	666 701	504	211 316	108	093 888	226	5 417	308
80	06 50,95	45 541	62	60 152	44	657 949	488	239 870	136	122 001	254	5 571	306
85	08 34,08	41 760	66	63 424	38	649 205	474	268 438	164	150 128	282	5 724	306
90	10 17,21	37 977	68	66 693	38	640 468	458	297 020	192	178 269	312	5 877	306
95	12 00,35	34 193	70	69 962	32	631 739	442	325 616	220	206 425	340	6 030	304
2,4300	13 43,48	30 408	76	73 228	28	623 018	430	354 226	250	234 595	368	6 182	306
05	15 26,61	26 620	78	76 492	24	614 303	412	382 851	276	262 779	396	6 335	304
10	17 09,74	22 831	82	79 754	22	605 597	398	411 489	306	290 977	426	6 487	306
15	18 52,88	19 040	84	83 015	16	596 898	384	440 142	332	319 190	456	6 640	304
20	20 36,01	15 248	88	86 273	14	588 206	368	468 808	362	347 418	482	6 792	304
25	22 19,14	11 454	92	89 530	10	579 522	354	497 489	390	375 659	512	6 944	304
30	24 02,27	07 658	94	92 785	06	570 845	338	526 184	418	403 915	540	7 096	302
35	25 45,41	03 861	98	96 038	02	562 176	324	554 893	446	432 185	570	7 247	304
40	27 28,54	00 062	*00	99 289	*98	553 514	308	583 616	474	460 470	598	7 399	302
45	29 11,67	*96 262	04	*02 538	94	544 860	294	612 353	504	488 769	626	7 550	302
2,4350	30 54,80	92 460	08	05 785	90	536 213	280	641 105	530	517 082	656	7 701	302
55	32 37,94	88 656	10	09 030	88	527 573	264	669 870	560	545 410	684	7 852	302
60	34 21,07	84 851	14	12 274	82	518 941	250	698 650	588	573 752	714	8 003	302
65	36 04,20	81 044	18	15 515	80	510 316	236	727 444	616	602 109	742	8 154	302
70	37 47,33	77 235	20	18 755	74	501 698	220	756 252	646	630 480	770	8 305	300
75	39 30,47	73 425	24	21 992	72	493 088	206	785 075	672	658 865	800	8 455	300
80	41 13,60	69 613	26	25 228	68	484 485	192	813 911	702	687 265	828	8 605	302
85	42 56,73	65 800	30	28 462	64	475 889	176	842 762	730	715 679	856	8 756	300
90	44 39,86	61 985	34	31 694	60	467 301	162	871 627	758	744 107	886	8 906	300
95	46 22,99	58 168	36	34 924	56	458 720	148	900 506	786	772 550	916	9 056	298
2,4400	48 06,13	54 350	40	38 152	52	450 146	134	929 399	816	801 008	944	9 205	300
05	49 49,26	50 530	42	41 378	50	441 579	118	958 307	844	829 480	972	9 355	298
10	51 32,39	46 709	48	44 603	44	433 020	104	987 229	872	857 966	*002	9 504	300
15	53 15,52	42 885	48	47 825	40	424 468	090	*016 165	900	886 467	030	9 654	298
20	54 58,66	39 061	54	51 045	38	415 923	076	045 115	930	914 982	060	9 803	298
25	56 41,79	35 234	54	54 264	34	407 385	062	074 080	958	943 512	090	9 952	298
30	58 24,92	31 407	60	57 481	28	398 854	046	103 059	986	972 057	116	*0 101	296
35	**00 08,05	27 577	62	60 695	26	390 331	032	132 052	**016	**000 615	148	0 249	298
40	01 51,19	23 746	66	63 908	22	381 815	020	161 060	042	029 189	174	0 398	296
45	03 34,32	19 913	68	67 119	18	373 305	004	190 081	072	057 776	206	0 546	298
2,4450	05 17,45	16 079	72	70 328	14	364 803	*990	219 117	102	086 379	232	0 695	296
55	07 00,58	12 243	76	73 535	10	356 308	974	248 168	128	114 995	264	0 843	296
60	08 43,72	08 405	78	76 740	08	347 821	962	277 232	158	143 627	292	0 991	294
65	10 26,85	04 566	82	79 944	02	339 340	948	306 311	188	172 273	320	1 138	296
70	12 09,98	00 725	84	83 145	**98	330 866	934	335 405	214	200 933	350	1 286	296
75	13 53,11	**96 883	88	86 344	96	322 399	918	364 512	244	229 608	380	1 434	294
80	15 36,25	93 039	92	89 542	90	313 940	906	393 634	274	258 298	408	1 581	294
85	17 19,38	89 193	94	92 737	88	305 487	890	422 771	300	287 002	436	1 728	294
90	19 02,51	85 346	98	95 931	84	297 042	878	451 921	330	315 720	468	1 875	294
95	20 45,64	81 497	**00	99 123	80	288 603	862	481 086	360	344 454	496	2 022	294
2,4500	22′ 28,″78	77 647		**02 313		280 172		510 266		373 202		2 169	
	140°	0,63	−77	—0,77	−63	—0,8	16	5,7	58	5,8	57	0,985	

x	ln x		e^x		e^{-x}		arc tg x		Ar Sin x		Ar Cos x		Ar Ctg x	
	0,88	**41**	**11,3**	**11**	**0,088**	**−8**	**1,17**	**14**	**1,61**	**3**	**1,53**	**45**	**0,43**	**−20**
2,4250	58 315	24	022 294	3050	4 781	84	96 709	52	90 109	812	34 665	26	84 648	48
55	60 377	22	078 819	3108	4 339	84	97 435	54	92 015	810	36 928	26	83 624	48
60	62 438	22	135 373	3164	3 897	84	98 162	52	93 920	810	39 191	24	82 600	46
65	64 499	20	191 955	3220	3 455	84	98 888	50	95 825	810	41 453	22	81 577	44
70	66 559	20	248 565	3276	3 013	82	99 613	52	97 730	810	43 714	22	80 555	46
75	68 619	20	305 203	3334	2 572	82	*00 339	50	99 635	808	45 975	20	79 532	42
80	70 679	18	361 870	3390	2 131	82	01 064	50	*01 539	808	48 235	18	78 511	42
85	72 738	18	418 565	3448	1 690	82	01 789	50	03 443	808	50 494	18	77 490	42
90	74 797	16	475 289	3504	1 249	80	02 514	50	05 347	806	52 753	18	76 469	40
95	76 855	16	532 041	3560	0 809	82	03 239	48	07 250	806	55 012	16	75 449	40
2,4300	78 913	14	588 821	3616	0 368	80	03 963	48	09 153	806	57 270	14	74 429	38
05	80 970	14	645 629	3674	*9 928	80	04 687	48	11 056	804	59 527	14	73 410	38
10	83 027	14	702 466	3732	9 488	78	05 411	46	12 958	804	61 784	12	72 391	36
15	85 084	12	759 332	3788	9 049	80	06 134	46	14 860	804	64 040	12	71 373	34
20	87 140	10	816 226	3844	8 609	78	06 857	46	16 762	802	66 296	10	70 356	36
25	89 195	12	873 148	3902	8 170	78	07 580	46	18 663	802	68 551	10	69 338	32
30	91 251	10	930 099	3958	7 731	78	08 303	44	20 564	802	70 806	08	68 322	32
35	93 306	08	987 078	4016	7 292	76	09 025	46	22 465	800	73 060	06	67 306	32
40	95 360	08	*044 086	4072	6 854	76	09 748	44	24 365	800	75 313	06	66 290	30
45	97 414	08	101 122	4130	6 416	78	10 470	42	26 265	798	77 566	04	65 275	30
2,4350	99 468	06	158 187	4186	5 977	74	11 191	44	28 164	800	79 818	04	64 260	28
55	*01 521	04	215 280	4244	5 540	76	11 913	42	30 064	798	82 070	02	63 246	26
60	03 573	06	272 402	4302	5 102	76	12 634	42	31 963	796	84 321	02	62 233	26
65	05 626	04	329 553	4358	4 664	74	13 355	42	33 861	798	86 572	00	61 220	26
70	07 678	02	386 732	4416	4 227	74	14 076	40	35 760	794	88 822	00	60 207	24
75	09 729	02	443 940	4472	3 790	74	14 796	40	37 657	796	91 072	*98	59 195	24
80	11 780	02	501 176	4530	3 353	72	15 516	40	39 555	794	93 321	96	58 183	22
85	13 831	00	558 441	4586	2 917	72	16 236	40	41 452	794	95 569	96	57 172	20
90	15 881	00	615 734	4646	2 481	74	16 956	38	43 349	794	97 817	94	56 162	22
95	17 931	*98	673 057	4700	2 044	70	17 675	38	45 246	792	*00 064	94	55 151	18
2,4400	19 980	98	730 407	4760	1 609	72	18 394	38	47 142	792	02 311	92	54 142	18
05	22 029	98	787 787	4816	1 173	72	19 113	38	49 038	792	04 557	92	53 133	18
10	24 078	96	845 195	4874	0 737	70	19 832	36	50 934	790	06 803	90	52 124	16
15	26 126	96	902 632	4932	0 302	70	20 550	38	52 829	790	09 048	90	51 116	16
20	28 174	94	960 098	4988	**9 867	70	21 269	36	54 724	790	11 293	88	50 108	14
25	30 221	94	**017 592	5046	9 432	68	21 987	34	56 619	788	13 537	86	49 101	12
30	32 268	92	075 115	5104	8 998	70	22 704	36	58 513	788	15 780	86	48 095	14
35	34 314	92	132 667	5162	8 563	68	23 422	34	60 407	788	18 023	86	47 088	10
40	36 360	92	190 248	5220	8 129	68	24 139	34	62 301	786	20 266	82	46 083	10
45	38 406	90	247 858	5276	7 695	68	24 856	32	64 194	786	22 507	84	45 078	10
2,4450	40 451	90	305 496	5334	7 261	66	25 572	34	66 087	784	24 749	80	44 073	08
55	42 496	88	363 163	5392	6 828	66	26 289	32	67 979	786	26 989	82	43 069	08
60	44 540	88	420 859	5450	6 395	68	27 005	32	69 872	784	29 230	78	42 065	06
65	46 584	88	478 584	5508	5 961	64	27 721	32	71 764	782	31 469	78	41 062	06
70	48 628	86	536 338	5564	5 529	66	28 437	30	73 655	784	33 708	78	40 059	04
75	50 671	86	594 120	5624	5 096	66	29 152	30	75 547	782	35 947	76	39 057	04
80	52 714	84	651 932	5680	4 663	64	29 867	30	77 438	780	38 185	74	38 055	02
85	54 756	84	709 772	5740	4 231	64	30 582	30	79 328	782	40 422	74	37 054	02
90	56 798	82	767 642	5796	3 799	64	31 297	28	81 219	780	42 659	72	36 053	00
95	58 839	82	825 540	5854	3 367	62	32 011	28	83 109	778	44 895	72	35 053	00
2,4500	60 880		883 467		2 936		32 725		84 998		47 131		34 053	
	0,89	**40**	**11,5**	**11**	**0,086**	**−8**	**1,18**	**14**	**1,62**	**3**	**1,54**	**44**	**0,43**	**−20**

x	φ	sin x		cos x		tg x		Sin x		Cos x		Tg x	
	140°	**0,63**	**−77**	**—0,77**	**−63**	**—0,8**	**16**	**5,7**	**58**	**5,8**	**57**	**0,985**	**2**
2,4500	22′ 28″,78	77 647	04	02 313	74	280 172	850	510 266	386	373 202	524	2 169	94
05	24 11,91	73 795	06	05 500	72	271 747	834	539 459	418	401 964	554	2 316	92
10	25 55,04	69 942	12	08 686	68	263 330	822	568 668	444	430 741	584	2 462	94
15	27 38,17	66 086	12	11 870	64	254 919	808	597 890	474	459 533	612	2 609	92
20	29 21,30	62 230	18	15 052	62	246 515	794	627 127	504	488 339	642	2 755	92
25	31 04,44	58 371	20	18 233	56	238 118	780	656 379	530	517 160	670	2 901	92
30	32 47,57	54 511	22	21 411	52	229 728	766	685 644	562	545 995	700	3 047	92
35	34 30,70	50 650	26	24 587	48	221 345	752	714 925	588	574 845	730	3 193	90
40	36 13,83	46 787	30	27 761	46	212 969	738	744 219	618	603 710	760	3 338	92
45	37 56,97	42 922	32	30 934	40	204 600	724	773 528	648	632 590	788	3 484	90
2,4550	39 40,10	39 056	36	34 104	38	196 238	712	802 852	676	661 484	816	3 629	92
55	41 23,23	35 188	38	37 273	34	187 882	696	832 190	704	690 392	848	3 775	90
60	43 06,36	31 319	42	40 440	28	179 534	684	861 542	734	719 316	876	3 920	90
65	44 49,50	27 448	46	43 604	26	171 192	670	890 909	762	748 254	906	4 065	88
70	46 32,63	23 575	48	46 767	22	162 857	656	920 290	792	777 207	934	4 209	90
75	48 15,76	19 701	52	49 928	18	154 529	644	949 686	822	806 174	966	4 354	90
80	49 58,89	15 825	54	53 087	14	146 207	628	979 097	848	835 157	992	4 499	88
85	51 42,03	11 948	58	56 244	10	137 893	616	*008 521	880	864 153	*024	4 643	88
90	53 25,16	08 069	62	59 399	06	129 585	602	037 961	908	893 165	052	4 787	88
95	55 08,29	04 188	64	62 552	02	121 284	590	067 415	936	922 191	082	4 931	88
2,4600	56 51,42	00 306	66	65 703	*98	112 989	574	096 883	966	951 232	112	5 075	88
05	58 34,56	*96 423	72	68 852	94	104 702	562	126 366	994	980 288	142	5 219	88
10	*00 17,69	92 537	72	71 999	92	096 421	550	155 863	*024	*009 359	170	5 363	86
15	02 00,82	88 651	78	75 145	86	088 146	534	185 375	054	038 444	200	5 506	88
20	03 43,95	84 762	80	78 288	82	079 879	522	214 902	082	067 544	230	5 650	86
25	05 27,09	80 872	82	81 429	80	071 618	508	244 443	110	096 659	260	5 793	86
30	07 10,22	76 981	86	84 569	74	063 364	496	273 998	142	125 789	288	5 936	86
35	08 53,35	73 088	90	87 706	72	055 116	482	303 569	168	154 933	318	6 079	86
40	10 36,48	69 193	92	90 842	66	046 875	468	333 153	200	184 092	348	6 222	84
45	12 19,61	65 297	96	93 975	64	038 641	456	362 753	228	213 266	378	6 364	86
2,4650	14 02,75	61 399	98	97 107	60	030 413	442	392 367	256	242 455	408	6 507	84
55	15 45,88	57 500	*02	*00 237	56	022 192	428	421 995	286	271 659	436	6 649	86
60	17 29,01	53 599	06	03 365	50	013 978	416	451 638	316	300 877	466	6 792	84
65	19 12,14	49 696	08	06 490	48	005 770	404	481 296	344	330 110	496	6 934	84
70	20 55,28	45 792	10	09 614	44	*997 568	388	510 968	374	359 358	526	7 076	82
75	22 38,41	41 887	14	12 736	40	989 374	378	540 655	404	388 621	556	7 217	84
80	24 21,54	37 980	18	15 856	36	981 185	362	570 357	432	417 899	586	7 359	84
85	26 04,67	34 071	20	18 974	32	973 004	352	600 073	462	447 192	614	7 501	82
90	27 47,81	30 161	24	22 090	28	964 828	336	629 804	492	476 499	644	7 642	82
95	29 30,94	26 249	26	25 204	26	956 660	324	659 550	520	505 821	676	7 783	84
2,4700	31 14,07	22 336	30	28 317	20	948 498	312	689 310	550	535 159	704	7 925	82
05	32 57,20	18 421	34	31 427	16	940 342	298	719 085	578	564 511	734	8 066	80
10	34 40,34	14 504	36	34 535	12	932 193	286	748 874	610	593 878	764	8 206	82
15	36 23,47	10 586	40	37 641	10	924 050	272	778 679	638	623 260	792	8 347	82
20	38 06,60	06 666	42	40 746	04	915 914	260	808 498	666	652 656	824	8 488	80
25	39 49,73	02 745	44	43 848	00	907 784	248	838 331	698	682 068	854	8 628	80
30	41 32,87	**98 823	50	46 948	**98	899 660	234	868 180	726	711 495	882	8 768	82
35	43 16,00	94 898	50	50 047	92	891 543	220	898 043	756	740 936	914	8 909	80
40	44 59,13	90 973	56	53 143	90	883 433	210	927 921	784	770 393	942	9 049	80
45	46 42,26	87 045	58	56 238	84	875 328	194	957 813	816	799 864	974	9 189	78
2,4750	48′ 25″,40	83 116		59 330		867 231		987 721		829 351		9 328	
	141°	**0,61**	**−78**	**—0,78**	**−61**	**—0,7**	**16**	**5,8**	**59**	**5,9**	**58**	**0,985**	**2**

x	ln x		e^x		e^{-x}		arc tg x		Ar Sin x		Ar Cos x		Ar Ctg x	
	0,89	40	**11,**	11	**0,086**	−8	**1,18**	14	**1,62**	37	**1,54**	44	**0,43**	−19
2,4500	60 880	82	5883 467	5912	2 936	62	32 725	28	84 998	80	47 131	70	34 053	98
05	62 921	80	5941 423	5972	2 505	64	33 439	28	86 888	78	49 366	70	33 054	98
10	64 961	80	5999 409	6028	2 073	62	34 153	26	88 777	76	51 601	68	32 055	96
15	67 001	78	6057 423	6086	1 642	60	34 866	26	90 665	76	53 835	68	31 057	96
20	69 040	78	6115 466	6144	1 212	62	35 579	26	92 553	76	56 069	66	30 059	94
25	71 079	78	6173 538	6204	0 781	60	36 292	26	94 441	76	58 302	64	29 062	94
30	73 118	76	6231 640	6260	0 351	60	37 005	24	96 329	74	60 534	64	28 065	92
35	75 156	74	6289 770	6318	*9 921	60	37 717	24	98 216	76	62 766	64	27 069	92
40	77 193	76	6347 929	6378	9 491	60	38 429	24	*00 104	72	64 998	62	26 073	90
45	79 231	74	6406 118	6434	9 061	58	39 141	24	01 990	74	67 229	60	25 078	90
2,4550	81 268	72	6464 335	6494	8 632	58	39 853	22	03 877	72	69 459	60	24 083	90
55	83 304	72	6522 582	6552	8 203	58	40 564	24	05 763	70	71 689	58	23 088	86
60	85 340	72	6580 858	6610	7 774	58	41 276	22	07 648	72	73 918	58	22 095	88
65	87 376	70	6639 163	6668	7 345	58	41 987	20	09 534	70	76 147	56	21 101	86
70	89 411	70	6697 497	6728	6 916	56	42 697	22	11 419	68	78 375	54	20 108	84
75	91 446	68	6755 861	6784	6 488	56	43 408	20	13 303	70	80 602	54	19 116	84
80	93 480	68	6814 253	6844	6 060	56	44 118	20	15 188	68	82 829	54	18 124	84
85	95 514	68	6872 675	6902	5 632	56	44 828	18	17 072	66	85 056	52	17 132	82
90	97 548	66	6931 126	6960	5 204	54	45 537	20	18 955	68	87 282	50	16 141	80
95	99 581	64	6989 606	7018	4 777	54	46 247	18	20 839	66	89 507	50	15 151	80
2,4600	*01 613	66	7048 115	7078	4 350	56	46 956	18	22 722	66	91 732	50	14 161	80
05	03 646	64	7106 654	7136	3 922	52	47 665	18	24 605	64	93 957	46	13 171	78
10	05 678	62	7165 222	7194	3 496	54	48 374	16	26 487	64	96 180	48	12 182	76
15	07 709	62	7223 819	7254	3 069	52	49 082	16	28 369	64	98 404	44	11 194	78
20	09 740	62	7282 446	7312	2 643	54	49 790	16	30 251	62	*00 626	46	10 205	74
25	11 771	60	7341 102	7370	2 216	52	50 498	16	32 132	62	02 849	42	09 218	74
30	13 801	60	7399 787	7430	1 790	50	51 206	14	34 013	62	05 070	42	08 231	74
35	15 831	58	7458 502	7486	1 365	52	51 913	16	35 894	62	07 291	42	07 244	72
40	17 860	58	7517 245	7548	0 939	50	52 621	14	37 775	60	09 512	40	06 258	72
45	19 889	58	7576 019	7606	0 514	52	53 328	12	39 655	58	11 732	38	05 272	70
2,4650	21 918	56	7634 822	7664	0 088	50	54 034	14	41 534	60	13 951	38	04 287	70
55	23 946	56	7693 654	7722	**9 663	48	54 741	12	43 414	58	16 170	38	03 302	68
60	25 974	54	7752 515	7782	9 239	50	55 447	12	45 293	58	18 389	36	02 318	68
65	28 001	54	7811 406	7842	8 814	48	56 153	12	47 172	56	20 607	34	01 334	66
70	30 028	54	7870 327	7898	8 390	48	56 859	10	49 050	56	22 824	34	00 351	66
75	32 055	52	7929 276	7960	7 966	48	57 564	10	50 928	56	25 041	32	*99 368	64
80	34 081	52	7988 256	8018	7 542	48	58 269	10	52 806	56	27 257	32	98 386	64
85	36 107	50	8047 265	8076	7 118	46	58 974	10	54 684	54	29 473	30	97 404	64
90	38 132	50	8106 303	8136	6 695	46	59 679	10	56 561	54	31 688	30	96 422	62
95	40 157	50	8165 371	8196	6 272	46	60 384	08	58 438	52	33 903	28	95 441	60
2,4700	42 182	48	8224 469	8254	5 849	46	61 088	08	60 314	52	36 117	26	94 461	60
05	44 206	46	8283 596	8312	5 426	46	61 792	08	62 190	52	38 330	26	93 481	60
10	46 229	48	8342 752	8372	5 003	44	62 496	06	64 066	52	40 543	26	92 501	58
15	48 253	44	8401 938	8432	4 581	44	63 199	06	65 942	50	42 756	24	91 522	56
20	50 275	46	8461 154	8490	4 159	44	63 902	08	67 817	50	44 968	22	90 544	56
25	52 298	44	8520 399	8550	3 737	44	64 606	04	69 692	50	47 179	22	89 566	56
30	54 320	44	8579 674	8610	3 315	44	65 308	06	71 567	48	49 390	20	88 588	54
35	56 342	42	8638 979	8668	2 893	42	66 011	04	73 441	48	51 600	20	87 611	54
40	58 363	42	8698 313	8728	2 472	42	66 713	04	75 315	46	53 810	20	86 634	52
45	60 384	40	8757 677	8788	2 051	42	67 415	04	77 188	46	56 020	16	85 658	52
2,4750	62 404		8817 071		1 630		68 117		79 061		58 228		84 682	
	0,90	40	**11,**	11	**0,084**	−8	**1,18**	14	**1,63**	37	**1,55**	44	**0,42**	−19

x	φ	sin x		cos x		tg x		Sin x		Cos x		Tg x	
	141°	0,61	−78	—0,78	−61	—0,7	16	5,8	59	5,9	59	0,985	2
2,4750	48′ 25″,40	83 116	60	59 330	82	867 231	184	987 721	844	829 351	002	9 328	80
55	50 08,53	79 186	64	62 421	76	859 139	170	*017 643	872	858 852	032	9 468	78
60	51 51,66	75 254	68	65 509	74	851 054	158	047 579	904	888 368	062	9 607	80
65	53 34,79	71 320	70	68 596	70	842 975	144	077 531	932	917 899	094	9 747	78
70	55 17,93	67 385	72	71 681	64	834 903	132	107 497	962	947 446	122	9 886	78
75	57 01,06	63 449	76	74 763	62	826 837	120	137 478	992	977 007	152	*0 025	78
80	58 44,19	59 511	80	77 844	58	818 777	108	167 474	*022	*006 583	182	0 164	78
85	*00 27,32	55 571	82	80 923	54	810 723	094	197 485	052	036 174	214	0 303	76
90	02 10,45	51 630	86	84 000	50	802 676	082	227 511	080	065 781	242	0 441	78
95	03 53,59	47 687	88	87 075	44	794 635	070	257 551	110	095 402	272	0 580	76
2,4800	05 36,72	43 743	92	90 147	42	786 600	056	287 606	140	125 038	304	0 718	76
05	07 19,85	39 797	96	93 218	38	778 572	044	317 676	170	154 690	332	0 856	78
10	09 02,98	35 849	98	96 287	34	770 550	032	347 761	198	184 356	362	0 995	76
15	10 46,12	31 900	*00	99 354	30	762 534	020	377 860	230	214 037	394	1 133	74
20	12 29,25	27 950	04	*02 419	26	754 524	006	407 975	258	243 734	422	1 270	76
25	14 12,38	23 998	06	05 482	22	746 521	*996	438 104	288	273 445	454	1 408	76
30	15 55,51	20 045	12	08 543	18	738 523	982	468 248	318	303 172	484	1 546	74
35	17 38,65	16 089	12	11 602	14	730 532	970	498 407	348	332 914	512	1 683	74
40	19 21,78	12 133	16	14 659	10	722 547	958	528 581	378	362 670	544	1 820	76
45	21 04,91	08 175	20	17 714	06	714 568	944	558 770	408	392 442	574	1 958	74
2,4850	22 48,04	04 215	22	20 767	04	706 596	934	588 974	436	422 229	604	2 095	72
55	24 31,18	00 254	26	23 819	*98	698 629	920	619 192	468	452 031	634	2 231	74
60	26 14,31	*96 291	28	26 868	94	690 669	908	649 426	496	481 848	666	2 368	74
65	27 57,44	92 327	32	29 915	90	682 715	898	679 674	526	511 681	694	2 505	72
70	29 40,57	88 361	34	32 960	86	674 766	884	709 937	556	541 528	724	2 641	74
75	31 23,71	84 394	38	36 003	82	666 824	872	740 215	588	571 390	756	2 778	72
80	33 06,84	80 425	40	39 044	80	658 888	860	770 509	616	601 268	786	2 914	72
85	34 49,97	76 455	44	42 084	74	650 958	846	800 817	646	631 161	816	3 050	72
90	36 33,10	72 483	46	45 121	70	643 035	836	831 140	676	661 069	846	3 186	72
95	38 16,24	68 510	50	48 156	66	635 117	824	861 478	706	690 992	876	3 322	70
2,4900	39 59,37	64 535	52	51 189	64	627 205	812	891 831	736	720 930	908	3 457	72
05	41 42,50	60 559	56	54 221	58	619 299	798	922 199	766	750 884	938	3 593	70
10	43 25,63	56 581	58	57 250	54	611 400	788	952 582	796	780 853	968	3 728	72
15	45 08,76	52 602	62	60 277	52	603 506	776	982 980	824	810 837	998	3 864	70
20	46 51,90	48 621	66	63 303	46	595 618	762	**013 392	856	840 836	*028	3 999	70
25	48 35,03	44 638	68	66 326	42	587 737	752	043 820	886	870 850	058	4 134	70
30	50 18,16	40 654	70	69 347	38	579 861	740	074 263	916	900 879	090	4 269	68
35	52 01,29	36 669	74	72 366	36	571 991	726	104 721	946	930 924	120	4 403	70
40	53 44,43	32 682	76	75 384	30	564 128	716	135 194	976	960 984	150	4 538	68
45	55 27,56	28 694	80	78 399	28	556 270	704	165 682	**006	991 059	182	4 672	70
2,4950	57 10,69	24 704	84	81 413	22	548 418	692	196 185	036	**021 150	212	4 807	68
55	58 53,82	20 712	86	84 424	18	540 572	680	226 703	068	051 256	242	4 941	68
60	**00 36,96	16 719	88	87 433	16	532 732	668	257 237	096	081 377	272	5 075	68
65	02 20,09	12 725	92	90 441	10	524 898	658	287 785	126	111 513	302	5 209	68
70	04 03,22	08 729	96	93 446	06	517 069	644	318 348	156	141 664	334	5 343	68
75	05 46,35	04 731	98	96 449	04	509 247	634	348 926	188	171 831	364	5 477	66
80	07 29,49	00 732	**00	99 451	**98	501 430	620	379 520	216	202 013	396	5 610	68
85	09 12,62	**96 732	04	**02 450	94	493 620	610	410 128	248	232 211	424	5 744	66
90	10 55,75	92 730	08	05 447	92	485 815	598	440 752	278	262 423	456	5 877	66
95	12 38,88	88 726	10	08 443	86	478 016	586	471 391	308	292 651	488	6 010	66
2,5000	14′ 22″,02	84 721		11 436		470 223		502 045		322 895		6 143	
	143°	0,59	−80	—0,80	−59	—0,7	15	6,0	61	6,1	60	0,986	2

x	$\ln x$		e^x		e^{-x}		arc tg x		Ar Sin x		Ar Cos x		Ar Ctg x	
	0,90	**40**	**11,**	**11**	**0,084**	**−8**	**1,18**	**1**	**1,63**	**37**	**1,55**	**44**	**0,42**	**−19**
2,4750	62 404	40	8817 071	*8848*	1 630	42	68 117	404	79 061	46	58 228	18	84 682	50
55	64 424	40	8876 495	*8906*	1 209	40	68 819	402	80 934	46	60 437	14	83 707	50
60	66 444	38	8935 948	*8964*	0 789	42	69 520	402	82 807	44	62 644	14	82 732	48
65	68 463	38	8995 430	*9026*	0 368	40	70 221	402	84 679	44	64 851	14	81 758	48
70	70 482	36	9054 943	*9084*	*9 948	40	70 922	400	86 551	44	67 058	12	80 784	46
75	72 500	36	9114 485	*9146*	9 528	38	71 622	402	88 423	42	69 264	12	79 811	46
80	74 518	34	9174 058	*9202*	9 109	40	72 323	400	90 294	42	71 470	10	78 838	44
85	76 535	36	9233 659	*9264*	8 689	38	73 023	400	92 165	42	73 675	08	77 866	44
90	78 553	32	9293 291	*9324*	8 270	38	73 723	398	94 036	40	75 879	08	76 894	44
95	80 569	34	9352 953	*9382*	7 851	38	74 422	400	95 906	40	78 083	08	75 922	42
2,4800	82 586	32	9412 644	*9442*	7 432	36	75 122	398	97 776	40	80 287	06	74 951	42
05	84 602	30	9472 365	*9504*	7 014	38	75 821	398	99 646	38	82 490	04	73 980	40
10	86 617	30	9532 117	*9562*	6 595	36	76 520	396	*01 515	38	84 692	04	73 010	38
15	88 632	30	9591 898	*9620*	6 177	36	77 218	398	03 384	38	86 894	02	72 041	38
20	90 647	28	9651 708	*9682*	5 759	36	77 917	396	05 253	36	89 095	02	71 072	38
25	92 661	28	9711 549	*9742*	5 341	34	78 615	396	07 121	36	91 296	00	70 103	36
30	94 675	28	9771 420	*9802*	4 924	36	79 313	396	08 989	36	93 496	00	69 135	36
35	96 689	26	9831 321	*9860*	4 506	34	80 011	394	10 857	34	95 696	*98	68 167	34
40	98 702	24	9891 251	*9922*	4 089	34	80 708	394	12 724	36	97 895	98	67 200	34
45	*00 714	26	9951 212	*9982*	3 672	32	81 405	394	14 592	32	*00 094	96	66 233	34
2,4850	02 727	22	*0011 203	**0040*	3 256	34	82 102	394	16 458	34	02 292	96	65 266	32
55	04 738	24	0071 223	*0102*	2 839	32	82 799	394	18 325	32	04 490	94	64 300	30
60	06 750	22	0131 274	*0160*	2 423	32	83 496	392	20 191	32	06 687	92	63 335	30
65	08 761	22	0191 354	*0222*	2 007	32	84 192	392	22 057	30	08 883	92	62 370	28
70	10 772	20	0251 465	*0282*	1 591	32	84 888	390	23 922	30	11 079	92	61 406	30
75	12 782	20	0311 606	*0342*	1 175	30	85 583	392	25 787	30	13 275	90	60 441	26
80	14 792	18	0371 777	*0402*	0 760	32	86 279	390	27 652	30	15 470	88	59 478	26
85	16 801	18	0431 978	*0462*	0 344	30	86 974	390	29 517	28	17 664	88	58 515	26
90	18 810	18	0492 209	*0522*	**9 929	30	87 669	390	31 381	28	19 858	88	57 552	24
95	20 819	16	0552 470	*0582*	9 514	28	88 364	390	33 245	26	22 052	86	56 590	24
2,4900	22 827	16	0612 761	*0644*	9 100	30	89 059	388	35 108	26	24 245	84	55 628	22
05	24 835	14	0673 083	*0702*	8 685	28	89 753	388	36 971	26	26 437	84	54 667	22
10	26 842	14	0733 434	*0764*	8 271	28	90 447	388	38 834	26	28 629	82	53 706	20
15	28 849	14	0793 816	*0824*	7 857	28	91 141	386	40 697	24	30 820	82	52 746	20
20	30 856	12	0854 228	*0884*	7 443	26	91 834	388	42 559	24	33 011	80	51 786	20
25	32 862	12	0914 670	*0946*	7 030	28	92 528	386	44 421	24	35 201	80	50 826	18
30	34 868	10	0975 143	*1004*	6 616	26	93 221	386	46 283	22	37 391	78	49 867	16
35	36 873	10	1035 645	*1066*	6 203	26	93 914	384	48 144	22	39 580	78	48 909	16
40	38 878	10	1096 178	*1128*	5 790	26	94 606	386	50 005	22	41 769	76	47 951	16
45	40 883	08	1156 742	*1186*	5 377	24	95 299	384	51 866	20	43 957	76	46 993	14
2,4950	42 887	08	1217 335	*1248*	4 965	26	95 991	384	53 726	20	46 145	74	46 036	14
55	44 891	08	1277 959	*1308*	4 552	24	96 683	384	55 586	20	48 332	72	45 079	12
60	46 895	06	1338 613	*1370*	4 140	24	97 375	382	57 446	18	50 518	72	44 123	12
65	48 898	04	1399 298	*1428*	3 728	24	98 066	382	59 305	18	52 704	72	43 167	10
70	50 900	04	1460 012	*1492*	3 316	22	98 757	382	61 164	18	54 890	70	42 212	10
75	52 902	04	1520 758	*1550*	2 905	24	99 448	382	63 023	16	57 075	68	41 257	10
80	54 904	04	1581 533	*1612*	2 493	22	*00 139	380	64 881	16	59 259	68	40 302	08
85	56 906	02	1642 339	*1674*	2 082	22	00 829	382	66 739	16	61 443	68	39 348	06
90	58 907	00	1703 176	*1732*	1 671	20	01 520	380	68 597	14	63 627	66	38 395	06
95	60 907	00	1764 042	*1796*	1 261	22	02 210	378	70 454	14	65 810	64	37 442	06
2,5000	62 907		1824 940		0 850		02 899		72 311		67 992		36 489	
	0,91	**40**	**12,**	**12**	**0,082**	**−8**	**1,19**	**1**	**1,64**	**37**	**1,56**	**43**	**0,42**	**−19**

x	φ	sin x	Δ	cos x	Δ	tg x	Δ	Sin x	Δ	Cos x	Δ	Tg x	Δ
	143°	**0,59**	−80	**—0,80**	−59	**—0,7**	15	**6,0**	61	**6,1**	60	**0,986**	2
2,5000	14′ 22,″02	84 721	12	11 436	84	470 223	574	502 045	338	322 895	516	6 143	66
05	16 05,15	80 715	16	14 428	78	462 436	564	532 714	368	353 153	550	6 276	66
10	17 48,28	76 707	18	17 417	74	454 654	552	563 398	398	383 428	578	6 409	64
15	19 31,41	72 698	22	20 404	72	446 878	538	594 097	430	413 717	610	6 541	66
20	21 14,55	68 687	26	23 390	66	439 109	530	624 812	458	444 022	640	6 674	64
25	22 57,68	64 674	28	26 373	62	431 344	516	655 541	490	474 342	670	6 806	64
30	24 40,81	60 660	30	29 354	60	423 586	506	686 286	520	504 677	702	6 938	66
35	26 23,94	56 645	34	32 334	54	415 833	492	717 046	550	535 028	732	7 071	62
40	28 07,07	52 628	36	35 311	50	408 087	484	747 821	580	565 394	764	7 202	64
45	29 50,21	48 610	40	38 286	46	400 345	470	778 611	612	595 776	794	7 334	64
2,5050	31 33,34	44 590	44	41 259	44	392 610	460	809 417	642	626 173	824	7 466	64
55	33 16,47	40 568	46	44 231	38	384 880	448	840 238	670	656 585	856	7 598	62
60	34 59,60	36 545	48	47 200	34	377 156	436	871 073	704	687 013	886	7 729	62
65	36 42,74	32 521	52	50 167	32	369 438	424	901 925	732	717 456	918	7 860	64
70	38 25,87	28 495	54	53 133	26	361 726	414	932 791	762	747 915	948	7 992	62
75	40 09,00	24 468	58	56 096	22	354 019	404	963 672	794	778 389	980	8 123	62
80	41 52,13	20 439	60	59 057	18	346 317	390	994 569	824	808 879	*010	8 254	60
85	43 35,27	16 409	64	62 016	14	338 622	380	*025 481	856	839 384	040	8 384	62
90	45 18,40	12 377	66	64 973	12	330 932	368	056 409	884	869 904	072	8 515	62
95	47 01,53	08 344	70	67 929	06	323 248	358	087 351	916	900 440	102	8 646	60
2,5100	48 44,66	04 309	72	70 882	02	315 569	346	118 309	946	930 991	134	8 776	60
05	50 27,80	00 273	76	73 833	*98	307 896	336	149 282	978	961 558	166	8 906	62
10	52 10,93	*96 235	78	76 782	94	300 228	324	180 271	*006	992 141	196	9 037	60
15	53 54,06	92 196	80	79 729	90	292 566	312	211 274	038	*022 739	226	9 167	60
20	55 37,19	88 156	84	82 674	86	284 910	302	242 293	070	053 352	258	9 297	58
25	57 20,33	84 114	88	85 617	82	277 259	290	273 328	098	083 981	288	9 426	60
30	59 03,46	80 070	90	88 558	78	269 614	278	304 377	130	114 625	320	9 556	60
35	*00 46,59	76 025	92	91 497	74	261 975	268	335 442	162	145 285	352	9 686	58
40	02 29,72	71 979	96	94 434	70	254 341	258	366 523	190	175 961	382	9 815	58
45	04 12,86	67 931	*00	97 369	66	246 712	246	397 618	222	206 652	412	9 944	58
2,5150	05 55,99	63 881	02	*00 302	62	239 089	234	428 729	254	237 358	446	*0 073	58
55	07 39,12	59 830	04	03 233	58	231 472	224	459 856	282	268 081	474	0 202	58
60	09 22,25	55 778	08	06 162	54	223 860	214	490 997	316	298 818	508	0 331	58
65	11 05,38	51 724	10	09 089	50	216 253	202	522 155	344	329 572	536	0 460	58
70	12 48,52	47 669	14	12 014	46	208 652	190	553 327	376	360 340	570	0 589	56
75	14 31,65	43 612	16	14 937	42	201 057	180	584 515	406	391 125	600	0 717	58
80	16 14,78	39 554	20	17 858	36	193 467	170	615 718	438	421 925	632	0 846	56
85	17 57,91	35 494	22	20 776	34	185 882	158	646 937	468	452 741	662	0 974	56
90	19 41,05	31 433	24	23 693	30	178 303	148	678 171	498	483 572	694	1 102	56
95	21 24,18	27 371	30	26 608	24	170 729	136	709 420	530	514 419	724	1 230	56
2,5200	23 07,31	23 306	30	29 520	22	163 161	126	740 685	562	545 281	758	1 358	56
05	24 50,44	19 241	34	32 431	18	155 598	114	771 966	590	576 160	786	1 486	54
10	26 33,58	15 174	36	35 340	12	148 041	104	803 261	624	607 053	820	1 613	56
15	28 16,71	11 106	40	38 246	10	140 489	094	834 573	652	637 963	850	1 741	54
20	29 59,84	07 036	42	41 151	04	132 942	082	865 899	686	668 888	882	1 868	54
25	31 42,97	02 965	46	44 053	02	125 401	072	897 242	714	699 829	912	1 995	54
30	33 26,11	**98 892	48	46 954	**96	117 865	060	928 599	746	730 785	944	2 122	54
35	35 09,24	94 818	52	49 852	92	110 335	052	959 972	778	761 757	976	2 249	54
40	36 52,37	90 742	54	52 748	90	102 809	038	991 361	808	792 745	**008	2 376	54
45	38 35,50	86 665	58	55 643	84	095 290	030	**022 765	840	823 749	038	2 503	54
2,5250	40′18,″64	82 586		58 535		087 775		054 185		854 768		2 630	
	144°	**0,57**	−81	**—0,81**	−57	**—0,7**	15	**6,2**	62	**6,2**	62	**0,987**	2

x	$\ln x$		e^x		e^{-x}		arc tg x		Ar Sin x		Ar Cos x		Ar Ctg x	
	0,91	40	**12,**	12	**0,082**	−8	**1,19**	13	**1,64**	3	**1,56**	43	**0,42**	−19
2,5000	62 907	00	1824 940	1854	0 850	20	02 899	80	72 311	714	67 992	64	36 489	04
05	64 907	00	1885 867	1916	0 440	20	03 589	78	74 168	714	70 174	64	35 537	04
10	66 907	*98	1946 825	1978	0 030	20	04 278	78	76 025	712	72 356	62	34 585	02
15	68 906	96	2007 814	2038	*9 620	20	04 967	78	77 881	712	74 537	60	33 634	02
20	70 904	96	2068 833	2100	9 210	20	05 656	78	79 737	710	76 717	60	32 683	00
25	72 902	96	2129 883	2160	8 800	18	06 345	76	81 592	710	78 897	58	31 733	00
30	74 900	96	2190 963	2222	8 391	18	07 033	76	83 447	710	81 076	58	30 783	*98
35	76 898	94	2252 074	2282	7 982	18	07 721	76	85 302	710	83 255	56	29 834	98
40	78 895	92	2313 215	2344	7 573	18	08 409	76	87 157	708	85 433	56	28 885	98
45	80 891	92	2374 387	2406	7 164	16	09 097	74	89 011	708	87 611	54	27 936	96
2,5050	82 887	92	2435 590	2466	6 756	16	09 784	74	90 865	708	89 788	54	26 988	96
55	84 883	92	2496 823	2526	6 348	16	10 471	74	92 719	706	91 965	52	26 040	94
60	86 879	90	2558 086	2590	5 940	16	11 158	74	94 572	706	94 141	52	25 093	92
65	88 874	88	2619 381	2650	5 532	16	11 845	72	96 425	704	96 317	50	24 147	94
70	90 868	88	2680 706	2712	5 124	14	12 531	74	98 277	706	98 492	50	23 200	92
75	92 862	88	2742 062	2772	4 717	16	13 218	72	*00 130	704	*00 667	48	22 254	90
80	94 856	88	2803 448	2834	4 309	14	13 904	70	01 982	702	02 841	48	21 309	90
85	96 850	86	2864 865	2896	3 902	14	14 589	72	03 833	704	05 015	46	20 364	88
90	98 843	84	2926 313	2956	3 495	12	15 275	70	05 685	702	07 188	44	19 420	88
95	*00 835	86	2987 791	3020	3 089	14	15 960	70	07 536	702	09 360	44	18 476	88
2,5100	02 828	82	3049 301	3080	2 682	12	16 645	70	09 387	700	11 532	44	17 532	86
05	04 819	84	3110 841	3140	2 276	12	17 330	70	11 237	700	13 704	42	16 589	86
10	06 811	82	3172 411	3204	1 870	12	18 015	68	13 087	700	15 875	42	15 646	84
15	08 802	80	3234 013	3264	1 464	10	18 699	68	14 937	698	18 046	40	14 704	84
20	10 792	82	3295 645	3328	1 059	12	19 383	68	16 786	700	20 216	38	13 762	82
25	12 783	80	3357 309	3388	0 653	10	20 067	66	18 636	696	22 385	38	12 821	82
30	14 773	78	3419 003	3450	0 248	10	20 750	68	20 484	698	24 554	38	11 880	82
35	16 762	78	3480 728	3512	**9 843	10	21 434	66	22 333	696	26 723	36	10 939	80
40	18 751	78	3542 484	3572	9 438	08	22 117	66	24 181	696	28 891	34	09 999	78
45	20 740	76	3604 270	3636	9 034	10	22 800	66	26 029	694	31 058	34	09 060	80
2,5150	22 728	76	3666 088	3696	8 629	08	23 483	64	27 876	696	33 225	34	08 120	76
55	24 716	74	3727 936	3760	8 225	08	24 165	64	29 724	694	35 392	32	07 182	78
60	26 703	74	3789 816	3820	7 821	08	24 847	64	31 571	692	37 558	30	06 243	74
65	28 690	74	3851 726	3882	7 417	08	25 529	64	33 417	692	39 723	30	05 306	76
70	30 677	72	3913 667	3946	7 013	06	26 211	64	35 263	692	41 888	28	04 368	74
75	32 663	72	3975 640	4006	6 610	06	26 893	62	37 109	692	44 052	28	03 431	72
80	34 649	72	4037 643	4068	6 207	06	27 574	62	38 955	690	46 216	28	02 495	72
85	36 635	70	4099 677	4132	5 804	06	28 255	62	40 800	690	48 380	24	01 559	72
90	38 620	70	4161 743	4192	5 401	06	28 936	60	42 645	690	50 542	26	00 623	70
95	40 605	68	4223 839	4256	4 998	04	29 616	62	44 490	690	52 705	24	*99 688	70
2,5200	42 589	68	4285 967	4316	4 596	04	30 297	60	46 335	688	54 867	22	98 753	68
05	44 573	66	4348 125	4380	4 194	04	30 977	60	48 179	686	57 028	22	97 819	68
10	46 556	68	4410 315	4440	3 792	04	31 657	58	50 022	688	59 189	20	96 885	66
15	48 540	64	4472 535	4504	3 390	04	32 336	60	51 866	686	61 349	20	95 952	66
20	50 522	66	4534 787	4566	2 988	02	33 016	58	53 709	686	63 509	18	95 019	66
25	52 505	64	4597 070	4628	2 587	02	33 695	58	55 552	684	65 668	18	94 086	64
30	54 487	62	4659 384	4692	2 186	02	34 374	58	57 394	684	67 827	16	93 154	64
35	56 468	62	4721 730	4752	1 785	02	35 053	56	59 236	684	69 985	16	92 222	62
40	58 449	62	4784 106	4816	1 384	00	35 731	56	61 078	684	72 143	16	91 291	62
45	60 430	62	4846 514	4878	0 984	02	36 409	56	62 920	682	74 301	12	90 360	60
2,5250	62 411		4908 953		0 583		37 087		64 761		76 457		89 430	
	0,92	39	**12,**	12	**0,080**	−8	**1,19**	13	**1,65**	3	**1,57**	43	**0,41**	−18

x	φ	sin x		cos x		tg x		Sin x		Cos x		Tg x	
	144°	**0,57**	-81	**—0,81**	-57	**—0,7**	15	**6,2**	62	**6,2**	62	**0,987**	2
2,5250	40′ 18,″64	82 586	60	58 535	80	087 775	018	054 185	870	854 768	070	2 630	52
55	42 01,77	78 506	62	61 425	78	080 266	008	085 620	902	885 803	102	2 756	54
60	43 44,90	74 425	66	64 314	72	072 762	*996	117 071	932	916 854	132	2 883	52
65	45 28,03	70 342	68	67 200	68	065 264	988	148 537	962	947 920	164	3 009	52
70	47 11,17	66 258	72	70 084	64	057 770	976	180 018	996	979 002	196	3 135	52
75	48 54,30	62 172	74	72 966	60	050 282	964	211 516	*026	*010 100	228	3 261	52
80	50 37,43	58 085	78	75 846	56	042 800	956	243 029	056	041 214	258	3 387	52
85	52 20,56	53 996	80	78 724	52	035 322	944	274 557	088	072 343	290	3 513	50
90	54 03,69	49 906	84	81 600	48	027 850	934	306 101	118	103 488	322	3 638	52
95	55 46,83	45 814	86	84 474	44	020 383	922	337 660	152	134 649	354	3 764	50
2,5300	57 29,96	41 721	88	87 346	40	012 922	914	369 236	180	165 826	384	3 889	50
05	59 13,09	37 627	92	90 216	36	005 465	902	400 826	214	197 018	418	4 014	50
10	*00 56,22	33 531	94	93 084	30	*998 014	892	432 433	244	228 227	448	4 139	50
15	02 39,36	29 434	98	95 949	28	990 568	882	464 055	274	259 451	480	4 264	50
20	04 22,49	25 335	*00	98 813	24	983 127	872	495 692	306	290 691	510	4 389	50
25	06 05,62	21 235	02	*01 675	18	975 691	860	527 345	338	321 946	544	4 514	50
30	07 48,75	17 134	06	04 534	16	968 261	850	559 014	368	353 218	574	4 639	48
35	09 31,89	13 031	10	07 392	10	960 836	840	590 698	402	384 505	608	4 763	50
40	11 15,02	08 926	12	10 247	08	953 416	830	622 399	430	415 809	638	4 888	48
45	12 58,15	04 820	14	13 101	02	946 001	820	654 114	464	447 128	670	5 012	48
2,5350	14 41,28	00 713	18	15 952	*98	938 591	810	685 846	494	478 463	702	5 136	48
55	16 24,42	*96 604	20	18 801	96	931 186	798	717 593	524	509 814	732	5 260	48
60	18 07,55	92 494	22	21 649	90	923 787	790	749 355	558	541 180	766	5 384	48
65	19 50,68	88 383	26	24 494	86	916 392	778	781 134	588	572 563	798	5 508	46
70	21 33,81	84 270	30	27 337	82	909 003	768	812 928	620	603 962	828	5 631	48
75	23 16,95	80 155	30	30 178	78	901 619	758	844 738	650	635 376	860	5 755	46
80	25 00,08	76 040	36	33 017	74	894 240	748	876 563	684	666 806	894	5 878	48
85	26 43,21	71 922	36	35 854	70	886 866	738	908 405	714	698 253	924	6 002	46
90	28 26,34	67 804	40	38 689	66	879 497	728	940 262	744	729 715	956	6 125	46
95	30 09,48	63 684	44	41 522	62	872 133	718	972 134	778	761 193	988	6 248	46
2,5400	31 52,61	59 562	46	44 353	58	864 774	706	*004 023	808	792 687	*020	6 371	46
05	33 35,74	55 439	48	47 182	52	857 421	698	035 927	840	824 197	052	6 494	44
10	35 18,87	51 315	52	50 008	50	850 072	688	067 847	872	855 723	084	6 616	46
15	37 02,01	47 189	54	52 833	46	842 728	676	099 783	902	887 265	116	6 739	44
20	38 45,14	43 062	56	55 656	40	835 390	668	131 734	936	918 823	146	6 861	46
25	40 28,27	38 934	60	58 476	36	828 056	658	163 702	966	950 396	180	6 984	44
30	42 11,40	34 804	64	61 294	34	820 727	646	195 685	998	981 986	212	7 106	44
35	43 54,53	30 672	64	64 111	28	813 404	638	227 684	**028	**013 592	244	7 228	44
40	45 37,67	26 540	68	66 925	24	806 085	626	259 698	062	045 214	276	7 350	44
45	47 20,80	22 406	72	69 737	22	798 772	618	291 729	092	076 852	308	7 472	42
2,5450	49 03,93	18 270	74	72 548	16	791 463	608	323 775	124	108 506	340	7 593	44
55	50 47,06	14 133	76	75 356	12	784 159	598	355 837	156	140 176	372	7 715	42
60	52 30,20	09 995	80	78 162	08	776 860	586	387 915	188	171 862	404	7 836	44
65	54 13,33	05 855	82	80 966	04	769 567	578	420 009	220	203 564	436	7 958	42
70	55 56,46	01 714	86	83 768	**98	762 278	568	452 119	250	235 282	468	8 079	42
75	57 39,59	**97 571	88	86 567	96	754 994	558	484 244	284	267 016	500	8 200	42
80	59 22,73	93 427	90	89 365	92	747 715	548	516 386	314	298 766	532	8 321	42
85	**01 05,86	89 282	94	92 161	86	740 441	540	548 543	346	330 532	564	8 442	42
90	02 48,99	85 135	96	94 954	84	733 171	528	580 716	380	362 314	598	8 563	40
95	04 32,12	80 987	**00	97 746	78	725 907	518	612 906	410	394 113	628	8 683	42
2,5500	06′ 15,″26	76 837		**00 535		718 648		645 111		425 927		8 804	
	146°	**0,55**	-83	**—0,83**	-55	**—0,6**	14	**6,3**	64	**6,4**	63	**0,987**	2

x	ln x		e^x		e^{-x}		arc tg x		Ar Sin x		Ar Cos x		Ar Ctg x	
	0,92	39	**12,**	12	**0,080**		**1,19**	13	**1,65**	36	**1,57**	43	**0,41**	−18
2,5250	62 411	60	4908 953	4940	0 583	−800	37 087	56	64 761	82	76 457	14	89 430	60
55	64 391	58	4971 423	5002	0 183	−800	37 765	56	66 602	82	78 614	10	88 500	58
60	66 370	58	5033 924	5066	*9 783	−800	38 443	54	68 443	80	80 769	12	87 571	58
65	68 349	58	5096 457	5128	9 383	−798	39 120	54	70 283	80	82 925	08	86 642	58
70	70 328	58	5159 021	5190	8 984	−800	39 797	54	72 123	78	85 079	10	85 713	56
75	72 307	56	5221 616	5252	8 584	−798	40 474	54	73 962	80	87 234	06	84 785	56
80	74 285	54	5284 242	5316	8 185	−798	41 151	52	75 802	78	89 387	08	83 857	54
85	76 262	56	5346 900	5378	7 786	−798	41 827	52	77 641	78	91 541	04	82 930	54
90	78 240	54	5409 589	5442	7 387	−796	42 503	52	79 480	76	93 693	06	82 003	52
95	80 217	52	5472 310	5502	6 989	−798	43 179	52	81 318	76	95 846	02	81 077	52
2,5300	82 193	52	5535 061	5568	6 590	−796	43 855	50	83 156	76	97 997	04	80 151	52
05	84 169	52	5597 845	5628	6 192	−796	44 530	52	84 994	74	*00 149	00	79 225	50
10	86 145	50	5660 659	5692	5 794	−796	45 206	50	86 831	74	02 299	02	78 300	50
15	88 120	50	5723 505	5756	5 396	−794	45 881	48	88 668	74	04 450	*98	77 375	48
20	90 095	50	5786 383	5818	4 999	−796	46 555	50	90 505	74	06 599	98	76 451	48
25	92 070	48	5849 292	5880	4 601	−794	47 230	48	92 342	72	08 748	98	75 527	46
30	94 044	46	5912 232	5944	4 204	−794	47 904	48	94 178	72	10 897	96	74 604	46
35	96 017	48	5975 204	6006	3 807	−794	48 578	48	96 014	70	13 045	96	73 681	46
40	97 991	46	6038 207	6070	3 410	−792	49 252	48	97 849	72	15 193	94	72 758	44
45	99 964	44	6101 242	6132	3 014	−794	49 926	46	99 685	70	17 340	94	71 836	42
2,5350	*01 936	46	6164 308	6196	2 617	−792	50 599	46	*01 520	68	19 487	92	70 915	44
55	03 909	42	6227 406	6260	2 221	−792	51 272	46	03 354	70	21 633	92	69 993	40
60	05 880	44	6290 536	6322	1 825	−792	51 945	46	05 189	68	23 779	90	69 073	42
65	07 852	42	6353 697	6386	1 429	−790	52 618	46	07 023	66	25 924	90	68 152	40
70	09 823	40	6416 890	6448	1 034	−792	53 291	44	08 856	68	28 069	88	67 232	38
75	11 793	42	6480 114	6512	0 638	−790	53 963	44	10 690	66	30 213	88	66 313	38
80	13 764	40	6543 370	6574	0 243	−790	54 635	44	12 523	64	32 357	86	65 394	38
85	15 734	38	6606 657	6638	**9 848	−790	55 307	42	14 355	66	34 500	86	64 475	36
90	17 703	38	6669 976	6702	9 453	−790	55 978	44	16 188	64	36 643	84	63 557	36
95	19 672	38	6733 327	6766	9 058	−788	56 650	42	18 020	64	38 785	84	62 639	34
2,5400	21 641	36	6796 710	6828	8 664	−788	57 321	42	19 852	62	40 927	82	61 722	34
05	23 609	36	6860 124	6892	8 270	−788	57 992	40	21 683	64	43 068	80	60 805	34
10	25 577	36	6923 570	6954	7 876	−788	58 662	42	23 515	60	45 208	82	59 888	32
15	27 545	34	6987 047	7020	7 482	−788	59 333	40	25 345	62	47 349	78	58 972	32
20	29 512	32	7050 557	7082	7 088	−786	60 003	40	27 176	60	49 488	80	58 056	30
25	31 478	34	7114 098	7146	6 695	−786	60 673	40	29 006	60	51 628	76	57 141	30
30	33 445	32	7177 671	7210	6 302	−788	61 343	38	30 836	60	53 766	76	56 226	28
35	35 411	30	7241 276	7272	5 908	−784	62 012	38	32 666	58	55 904	76	55 312	28
40	37 376	32	7304 912	7338	5 516	−786	62 681	38	34 495	58	58 042	74	54 398	28
45	39 342	30	7368 581	7400	5 123	−784	63 350	38	36 324	58	60 179	74	53 484	26
2,5450	41 307	28	7432 281	7464	4 731	−786	64 019	38	38 153	56	62 316	72	52 571	24
55	43 271	28	7496 013	7528	4 338	−784	64 688	36	39 981	56	64 452	72	51 659	26
60	45 235	28	7559 777	7592	3 946	−784	65 356	36	41 809	56	66 588	70	50 746	24
65	47 199	26	7623 573	7654	3 554	−782	66 024	36	43 637	56	68 723	70	49 834	22
70	49 162	26	7687 400	7720	3 163	−784	66 692	36	45 465	54	70 858	68	48 923	22
75	51 125	24	7751 260	7784	2 771	−782	67 360	34	47 292	52	72 992	68	48 012	22
80	53 087	26	7815 152	7846	2 380	−782	68 027	36	49 118	54	75 126	66	47 101	20
85	55 050	22	7879 075	7912	1 989	−782	68 695	34	50 945	52	77 259	66	46 191	18
90	57 011	24	7943 031	7974	1 598	−782	69 362	34	52 771	52	79 392	64	45 282	20
95	58 973	22	8007 018	8040	1 207	−780	70 029	32	54 597	52	81 524	64	44 372	18
2,5500	60 934		8071 038		0 817		70 695		56 423		83 656		43 463	
	0,93	39	**12,**	12	**0,078**		**1,19**	13	**1,66**	36	**1,58**	42	**0,41**	−18

x	φ	sin x		cos x		tg x		𝔖𝔦𝔫 x		𝔆𝔬𝔰 x		𝔗𝔤 x	
	146°	0,55	−83	—0,83	−55	—0,6	14	6,3	64	6,4	63	0,987	2
2,5500	06′ 15,″26	76 837	02	00 535	76	718 648	510	645 111	442	425 927	662	8 804	40
05	07 58,39	72 686	04	03 323	70	711 393	500	677 332	472	457 758	694	8 924	42
10	09 41,52	68 534	08	06 108	66	704 143	490	709 568	506	489 605	724	9 045	40
15	11 24,65	64 380	10	08 891	62	696 898	480	741 821	538	521 467	758	9 165	40
20	13 07,79	60 225	14	11 672	58	689 658	470	774 090	568	553 346	792	9 285	40
25	14 50,92	56 068	14	14 451	54	682 423	460	806 374	602	585 242	822	9 405	40
30	16 34,05	51 911	20	17 228	50	675 193	452	838 675	634	617 153	854	9 525	38
35	18 17,18	47 751	20	20 003	46	667 967	440	870 992	664	649 080	888	9 644	40
40	20 00,32	43 591	26	22 776	42	660 747	432	903 324	698	681 024	920	9 764	38
45	21 43,45	39 428	26	25 547	38	653 531	422	935 673	728	712 984	950	9 883	40
2,5550	23 26,58	35 265	30	28 316	32	646 320	412	968 037	762	744 959	986	*0 003	38
55	25 09,71	31 100	32	31 082	30	639 114	404	*000 418	792	776 952	*016	0 122	38
60	26 52,84	26 934	36	33 847	24	631 912	394	032 814	826	808 960	048	0 241	38
65	28 35,98	22 766	38	36 609	22	624 715	384	065 227	856	840 984	082	0 360	38
70	30 19,11	18 597	40	39 370	16	617 523	374	097 655	890	873 025	114	0 479	38
75	32 02,24	14 427	44	42 128	12	610 336	364	130 100	920	905 082	146	0 598	36
80	33 45,37	10 255	46	44 884	08	603 154	356	162 560	954	937 155	180	0 716	38
85	35 28,51	06 082	48	47 638	04	595 976	346	195 037	984	969 245	210	0 835	36
90	37 11,64	01 908	52	50 390	00	588 803	336	227 529	*018	*001 350	244	0 953	36
95	38 54,77	*97 732	56	53 140	*96	581 635	328	260 038	050	033 472	276	1 071	38
2,5600	40 37,90	93 554	56	55 888	92	574 471	318	292 563	082	065 610	310	1 190	36
05	42 21,04	89 376	60	58 634	86	567 312	308	325 104	114	097 765	340	1 308	36
10	44 04,17	85 196	64	61 377	84	560 158	298	357 661	146	129 935	374	1 426	34
15	45 47,30	81 014	64	64 119	78	553 009	290	390 234	178	162 122	408	1 543	36
20	47 30,43	76 832	70	66 858	76	545 864	280	422 823	210	194 326	438	1 661	36
25	49 13,57	72 647	70	69 596	70	538 724	270	455 428	242	226 545	472	1 779	34
30	50 56,70	68 462	74	72 331	66	531 589	262	488 049	276	258 781	504	1 896	34
35	52 39,83	64 275	76	75 064	62	524 458	252	520 687	306	291 033	538	2 013	36
40	54 22,96	60 087	80	77 795	58	517 332	244	553 340	340	323 302	570	2 131	34
45	56 06,10	55 897	82	80 524	54	510 210	234	586 010	372	355 587	602	2 248	34
2,5650	57 49,23	51 706	84	83 251	50	503 093	224	618 696	404	387 888	634	2 365	34
55	59 32,36	47 514	88	85 976	44	495 981	214	651 398	436	420 205	668	2 482	32
60	*01 15,49	43 320	90	88 698	42	488 874	206	684 116	470	452 539	700	2 598	34
65	02 58,63	39 125	92	91 419	38	481 771	198	716 851	500	484 889	734	2 715	34
70	04 41,76	34 929	96	94 138	32	474 672	186	749 601	534	517 256	766	2 832	32
75	06 24,89	30 731	98	96 854	28	467 579	180	782 368	566	549 639	798	2 948	32
80	08 08,02	26 532	*00	99 568	26	460 489	168	815 151	598	582 038	832	3 064	34
85	09 51,15	22 332	04	*02 281	20	453 405	160	847 950	630	614 454	864	3 181	32
90	11 34,29	18 130	06	04 991	16	446 325	152	880 765	664	646 886	898	3 297	32
95	13 17,42	13 927	10	07 699	12	439 249	142	913 597	694	679 335	930	3 413	30
2,5700	15 00,55	09 722	12	10 405	06	432 178	132	946 444	728	711 800	962	3 528	32
05	16 43,68	05 516	14	13 108	04	425 112	124	979 308	762	744 281	996	3 644	32
10	18 26,82	01 309	16	15 810	00	418 050	114	**012 189	792	776 779	**030	3 760	30
15	20 09,95	**97 101	20	18 510	**94	410 993	106	045 085	826	809 294	060	3 875	32
20	21 53,08	92 891	24	21 207	92	403 940	096	077 998	858	841 824	096	3 991	30
25	23 36,21	88 679	24	23 903	86	396 892	088	110 927	890	874 372	126	4 106	30
30	25 19,35	84 467	28	26 596	82	389 848	078	143 872	924	906 935	160	4 221	30
35	27 02,48	80 253	32	29 287	78	382 809	070	176 834	956	939 515	194	4 336	30
40	28 45,61	76 037	32	31 976	74	375 774	060	209 812	988	972 112	226	4 451	30
45	30 28,74	71 821	36	34 663	70	368 744	052	242 806	**022	**004 725	260	4 566	30
2,5750	32′ 11,″88	67 603		37 348		361 718		275 817		037 355		4 681	
	147°	0,53	−84	—0,84	−53	—0,6	14	6,5	66	6,6	65	0,988	2

x	$\ln x$		e^x		e^{-x}		arc tg x		Ar Sin x		Ar Cos x		Ar Ctg x	
	0,93	**39**	**12,**	**12**	**0,078**	**–7**	**1,19**	**13**	**1,66**	**36**	**·1,58**	**42**	**0,41**	**–18**
2,5500	60 934	20	8071 038	*8102*	0 817	82	70 695	32	56 423	50	83 656	62	43 463	16
05	62 894	20	8135 089	*8168*	0 426	80	71 361	34	58 248	50	85 787	62	42 555	16
10	64 854	20	8199 173	*8232*	0 036	80	72 028	30	60 073	50	87 918	60	41 647	16
15	66 814	20	8263 289	*8294*	*9 646	78	72 693	32	61 898	48	90 048	60	40 739	14
20	68 774	18	8327 436	*8360*	9 257	80	73 359	30	63 722	48	92 178	60	39 832	14
25	70 733	16	8391 616	*8424*	8 867	78	74 024	32	65 546	48	94 308	56	38 925	12
30	72 691	18	8455 828	*8488*	8 478	78	74 690	30	67 370	46	96 436	58	38 019	12
35	74 650	16	8520 072	*8552*	8 089	78	75 355	28	69 193	46	98 565	54	37 113	12
40	76 608	14	8584 348	*8616*	7 700	78	76 019	30	71 016	46	*00 692	56	36 207	10
45	78 565	14	8648 656	*8682*	7 311	78	76 684	28	72 839	46	02 820	54	35 302	08
2,5550	80 522	14	8712 997	*8744*	6 922	76	77 348	28	74 662	44	04 947	52	34 398	10
55	82 479	12	8777 369	*8810*	6 534	76	78 012	28	76 484	44	07 073	52	33 493	08
60	84 435	12	8841 774	*8874*	6 146	76	78 676	28	78 306	42	09 199	50	32 589	06
65	86 391	12	8906 211	*8938*	5 758	76	79 340	26	80 127	42	11 324	50	31 686	06
70	88 347	10	8970 680	*9004*	5 370	76	80 003	26	81 948	42	13 449	48	30 783	06
75	90 302	10	9035 182	*9066*	4 982	74	80 666	26	83 769	42	15 573	48	29 880	04
80	92 257	08	9099 715	*9132*	4 595	74	81 329	26	85 590	40	17 697	48	28 978	04
85	94 211	10	9164 281	*9198*	4 208	74	81 992	24	87 410	40	19 821	46	28 076	02
90	96 166	06	9228 880	*9260*	3 821	74	82 654	26	89 230	40	21 944	44	27 175	02
95	98 119	08	9293 510	*9326*	3 434	74	83 317	24	91 050	40	24 066	44	26 274	00
2,5600	*00 073	06	9358 173	*9390*	3 047	72	83 979	24	92 870	38	26 188	44	25 374	00
05	02 026	04	9422 868	*9456*	2 661	72	84 641	22	94 689	36	28 310	40	24 474	00
10	03 978	04	9487 596	*9520*	2 275	72	85 302	24	96 507	38	30 430	42	23 574	*98
15	05 930	04	9552 356	*9584*	1 889	72	85 964	22	98 326	36	32 551	40	22 675	98
20	07 882	02	9617 148	*9650*	1 503	72	86 625	22	*00 144	36	34 671	38	21 776	98
25	09 833	02	9681 973	*9714*	1 117	70	87 286	20	01 962	36	36 790	38	20 877	96
30	11 784	02	9746 830	*9780*	0 732	72	87 946	22	03 780	34	38 909	38	19 979	94
35	13 735	00	9811 720	*9844*	0 346	70	88 607	20	05 597	34	41 028	36	19 082	96
40	15 685	00	9876 642	*9910*	**9 961	68	89 267	20	07 414	32	43 146	36	18 184	92
45	17 635	00	9941 597	*9974*	9 577	70	89 927	20	09 230	34	45 264	34	17 288	94
2,5650	19 585	*98	*0006 584	**0038*	9 192	70	90 587	20	11 047	32	47 381	32	16 391	92
55	21 534	98	0071 603	*0104*	8 807	68	91 247	18	12 863	30	49 497	32	15 495	90
60	23 483	96	0136 655	*0170*	8 423	68	91 906	18	14 678	32	51 613	32	14 600	92
65	25 431	96	0201 740	*0234*	8 039	68	92 565	18	16 494	30	53 729	30	13 704	88
70	27 379	96	0266 857	*0300*	7 655	68	93 224	18	18 309	30	55 844	30	12 810	90
75	29 327	94	0332 007	*0364*	7 271	66	93 883	16	20 124	28	57 959	28	11 915	88
80	31 274	94	0397 189	*0430*	6 888	68	94 541	16	21 938	28	60 073	26	11 021	86
85	33 221	92	0462 404	*0494*	6 504	66	95 199	16	23 752	28	62 186	28	10 128	86
90	35 167	92	0527 651	*0562*	6 121	66	95 857	16	25 566	28	64 300	24	09 235	86
95	37 113	92	0592 932	*0624*	5 738	66	96 515	16	27 380	26	66 412	24	08 342	84
2,5700	39 059	90	0658 244	*0692*	5 355	64	97 173	14	29 193	26	68 524	24	07 450	84
05	41 004	90	0723 590	*0756*	4 973	66	97 830	14	31 006	26	70 636	22	06 558	82
10	42 949	90	0788 968	*0822*	4 590	64	98 487	14	32 819	24	72 747	22	05 667	84
15	44 894	88	0854 379	*0886*	4 208	64	99 144	14	34 631	24	74 858	20	04 775	80
20	46 838	88	0919 822	*0954*	3 826	64	99 801	12	36 443	24	76 968	20	03 885	80
25	48 782	86	0985 299	*1018*	3 444	62	*00 457	14	38 255	22	79 078	20	02 995	80
30	50 725	86	1050 808	*1082*	3 063	64	01 114	12	40 066	22	81 188	16	02 105	80
35	52 668	86	1116 349	*1150*	2 681	62	01 770	10	41 877	22	83 296	18	01 215	78
40	54 611	84	1181 924	*1214*	2 300	62	02 425	12	43 688	22	85 405	16	00 326	76
45	56 553	84	1247 531	*1282*	1 919	62	03 081	10	45 499	20	87 513	14	*99 438	76
2,5750	58 495		1313 172		1 538		03 736		47 309		89 620		98 550	
	0,94	**38**	**13,**	**13**	**0,076**	**–7**	**1,20**	**13**	**1,67**	**36**	**1,59**	**42**	**0,40**	**–17**

x	φ	sin x		cos x		tg x		Sin x		Cos x		Tg x	
	147°	**0,53**	**−84**	**—0,84**	**−53**	**—0,6**	**14**	**6,5**	**66**	**6,6**	**65**	**0,988**	**2**
2,5750	32′ 11″,88	67 603	40	37 348	66	361 718	042	275 817	054	037 355	292	4 681	28
55	33 55,01	63 383	40	40 031	60	354 697	034	308 844	086	070 001	326	4 795	30
60	35 38,14	59 163	44	42 711	58	347 680	026	341 887	118	102 664	358	4 910	28
65	37 21,27	54 941	48	45 390	52	340 667	016	374 946	152	135 343	392	5 024	28
70	39 04,41	50 717	48	48 066	50	333 659	006	408 022	184	168 039	424	5 138	30
75	40 47,54	46 493	52	50 741	44	326 656	*998	441 114	218	200 751	458	5 253	28
80	42 30,67	42 267	56	53 413	40	319 657	990	474 223	250	233 480	490	5 367	26
85	44 13,80	38 039	58	56 083	36	312 662	980	507 348	282	266 225	524	5 480	28
90	45 56,94	33 810	60	58 751	32	305 672	972	540 489	316	298 987	558	5 594	28
95	47 40,07	29 580	62	61 417	26	298 686	964	573 647	348	331 766	590	5 708	28
2,5800	49 23,20	25 349	66	64 080	24	291 704	954	606 821	380	364 561	624	5 822	26
05	51 06,33	21 116	68	66 742	20	284 727	946	640 011	414	397 373	656	5 935	26
10	52 49,46	16 882	70	69 402	14	277 754	936	673 218	446	430 201	690	6 048	28
15	54 32,60	12 647	74	72 059	10	270 786	928	706 441	480	463 046	722	6 162	26
20	56 15,73	08 410	76	74 714	06	263 822	918	739 681	512	495 907	756	6 275	26
25	57 58,86	04 172	78	77 367	02	256 863	912	772 937	546	528 785	790	6 388	26
30	59 41,99	*99 933	82	80 018	*98	249 907	902	806 210	578	561 680	824	6 501	26
35	*01 25,13	95 692	84	82 667	94	242 956	892	839 499	612	594 592	856	6 614	24
40	03 08,26	91 450	86	85 314	90	236 010	884	872 805	644	627 520	888	6 726	26
45	04 51,39	87 207	90	87 959	84	229 068	876	906 127	676	660 464	924	6 839	24
2,5850	06 34,52	82 962	92	90 601	82	222 130	868	939 465	710	693 426	956	6 951	26
55	08 17,66	78 716	94	93 242	76	215 196	858	972 820	742	726 404	990	7 064	24
60	10 00,79	74 469	98	95 880	72	208 267	850	*006 191	776	759 399	*022	7 176	24
65	11 43,92	70 220	98	98 516	68	201 342	842	039 579	810	792 410	056	7 288	24
70	13 27,05	65 971	*04	*01 150	64	194 421	832	072 984	842	825 438	090	7 400	24
75	15 10,19	61 719	04	03 782	60	187 505	824	106 405	874	858 483	124	7 512	24
80	16 53,32	57 467	08	06 412	56	180 593	816	139 842	908	891 545	156	7 624	22
85	18 36,45	53 213	10	09 040	50	173 685	808	173 296	942	924 623	190	7 735	24
90	20 19,58	48 958	14	11 665	48	166 781	798	206 767	974	957 718	224	7 847	22
95	22 02,72	44 701	16	14 289	42	159 882	790	240 254	*008	990 830	256	7 958	24
2,5900	23 45,85	40 443	18	16 910	38	152 987	782	273 758	040	*023 958	290	8 070	22
05	25 28,98	36 184	20	19 529	34	146 096	774	307 278	074	057 103	324	8 181	22
10	27 12,11	31 924	24	22 146	30	139 209	764	340 815	106	090 265	358	8 292	22
15	28 55,25	27 662	26	24 761	26	132 327	756	374 368	140	123 444	392	8 403	22
20	30 38,38	23 399	28	27 374	20	125 449	748	407 938	174	156 640	424	8 514	22
25	32 21,51	19 135	32	29 984	18	118 575	740	441 525	206	189 852	458	8 625	22
30	34 04,64	14 869	34	32 593	12	111 705	730	475 128	240	223 081	492	8 736	20
35	35 47,78	10 602	36	35 199	08	104 840	724	508 748	274	256 327	526	8 846	22
40	37 30,91	06 334	40	37 803	04	097 978	714	542 385	306	289 590	560	8 957	20
45	39 14,04	02 064	40	40 405	00	091 121	706	576 038	338	322 870	592	9 067	20
2,5950	40 57,17	**97 794	46	43 005	**96	084 268	698	609 707	374	356 166	626	9 177	22
55	42 40,30	93 521	46	45 603	92	077 419	688	643 394	406	389 479	662	9 288	20
60	44 23,44	89 248	50	48 199	88	070 575	682	677 097	440	422 810	694	9 398	20
65	46 06,57	84 973	52	50 793	82	063 734	672	710 817	472	456 157	726	9 508	18
70	47 49,70	80 697	54	53 384	78	056 898	666	744 553	506	489 520	762	9 617	20
75	49 32,83	76 420	58	55 973	74	050 065	656	778 306	540	522 901	796	9 727	20
80	51 15,97	72 141	60	58 560	70	043 237	648	812 076	572	556 299	828	9 837	18
85	52 59,10	67 861	62	61 145	66	036 413	638	845 862	608	589 713	864	9 946	20
90	54 42,23	63 580	64	63 728	62	029 594	632	879 666	640	623 145	896	*0 056	18
95	56 25,36	59 298	68	66 309	58	022 778	624	913 486	672	656 593	930	0 165	18
2,6000	58′ 08″,50	55 014		68 888		015 966		947 322		690 058		0 274	
	148°	**0,51**	**−85**	**—0,85**	**−51**	**—0,6**	**13**	**6,6**	**67**	**6,7**	**66**	**0,989**	**2**

x	$\ln x$		e^x		e^{-x}		arc tg x		Ar Sin x		Ar Cos x		Ar Ctg x	
	0,94	38	**13,**	13	**0,076**	−7	**1,20**	13	**1,67**	36	**1,59**	42	**0,40**	−17
2,5750	58 495	84	1313 172	1346	1 538	60	03 736	12	47 309	20	89 620	14	98 550	76
55	60 437	82	1378 845	1410	1 158	62	04 392	08	49 119	18	91 727	12	97 662	76
60	62 378	82	1444 550	1478	0 777	60	05 046	10	50 928	20	93 833	12	96 774	74
65	64 319	80	1510 289	1544	0 397	60	05 701	10	52 738	18	95 939	12	95 887	72
70	66 259	80	1576 061	1608	0 017	60	06 356	08	54 547	16	98 045	10	95 001	72
75	68 199	80	1641 865	1676	*9 637	60	07 010	08	56 355	18	*00 150	08	94 115	72
80	70 139	78	1707 703	1740	9 257	58	07 664	08	58 164	16	02 254	08	93 229	72
85	72 078	78	1773 573	1806	8 878	60	08 318	06	59 972	14	04 358	08	92 343	70
90	74 017	78	1839 476	1872	8 498	58	08 971	08	61 779	16	06 462	06	91 458	68
95	75 956	76	1905 412	1940	8 119	58	09 625	06	63 587	14	08 565	04	90 574	68
2,5800	77 894	76	1971 382	2004	7 740	58	10 278	06	65 394	14	10 667	04	89 690	68
05	79 832	74	2037 384	2070	7 361	56	10 931	06	67 201	12	12 769	04	88 806	66
10	81 769	74	2103 419	2136	6 983	58	11 584	04	69 007	14	14 871	02	87 923	66
15	83 706	74	2169 487	2202	6 604	56	12 236	04	70 814	12	16 972	02	87 040	66
20	85 643	72	2235 588	2270	6 226	56	12 888	04	72 620	10	19 073	00	86 157	64
25	87 579	72	2301 723	2334	5 848	56	13 540	04	74 425	12	21 173	00	85 275	64
30	89 515	72	2367 890	2402	5 470	54	14 192	04	76 231	10	23 273	*98	84 393	62
35	91 451	70	2434 091	2466	5 093	56	14 844	02	78 036	08	25 372	96	83 512	62
40	93 386	70	2500 324	2534	4 715	54	15 495	02	79 840	10	27 470	98	82 631	62
45	95 321	68	2566 591	2600	4 338	54	16 146	02	81 645	08	29 569	96	81 750	60
2,5850	97 255	68	2632 891	2666	3 961	54	16 797	02	83 449	08	31 667	94	80 870	58
55	99 189	68	2699 224	2732	3 584	54	17 448	02	85 253	06	33 764	94	79 991	60
60	*01 123	66	2765 590	2800	3 207	52	18 099	00	87 056	06	35 861	92	79 111	58
65	03 056	66	2831 990	2864	2 831	54	18 749	00	88 859	06	37 957	92	78 232	56
70	04 989	66	2898 422	2932	2 454	52	19 399	00	90 662	06	40 053	90	77 354	56
75	06 922	64	2964 888	2998	2 078	52	20 049	00	92 465	04	42 148	90	76 476	56
80	08 854	64	3031 387	3064	1 702	50	20 699	*98	94 267	04	44 243	90	75 598	54
85	10 786	62	3097 919	3132	1 327	52	21 348	98	96 069	04	46 338	88	74 721	54
90	12 717	62	3164 485	3198	0 951	50	21 997	98	97 871	02	48 432	86	73 844	54
95	14 648	62	3231 084	3264	0 576	52	22 646	98	99 672	02	50 525	86	72 967	52
2,5900	16 579	60	3297 716	3332	0 200	50	23 295	98	*01 473	02	52 618	86	72 091	52
05	18 509	60	3364 382	3396	**9 825	48	23 944	96	03 274	02	54 711	84	71 215	50
10	20 439	60	3431 080	3466	9 451	50	24 592	96	05 075	00	56 803	82	70 340	50
15	22 369	58	3497 813	3530	9 076	50	25 240	96	06 875	00	58 894	82	69 465	50
20	24 298	58	3564 578	3598	8 701	48	25 888	96	08 675	*98	60 985	82	68 590	48
25	26 227	56	3631 377	3666	8 327	48	26 536	94	10 474	98	63 076	80	67 716	48
30	28 155	56	3698 210	3730	7 953	48	27 183	94	12 273	98	65 166	80	66 842	46
35	30 083	56	3765 075	3800	7 579	46	27 830	94	14 072	98	67 256	78	65 969	46
40	32 011	54	3831 975	3864	7 206	48	28 477	94	15 871	96	69 345	78	65 096	46
45	33 938	54	3898 907	3934	6 832	46	29 124	94	17 669	96	71 434	76	64 223	44
2,5950	35 865	54	3965 874	3998	6 459	46	29 771	92	19 467	96	73 522	76	63 351	44
55	37 792	52	4032 873	4066	6 086	46	30 417	92	21 265	96	75 610	74	62 479	42
60	39 718	52	4099 906	4134	5 713	46	31 063	92	23 063	94	77 697	74	61 608	42
65	41 644	50	4166 973	4200	5 340	46	31 709	92	24 860	94	79 784	74	60 737	42
70	43 569	50	4234 073	4268	4 967	44	32 355	92	26 657	92	81 871	72	59 866	40
75	45 494	50	4301 207	4336	4 595	44	33 001	90	28 453	92	83 957	70	58 996	40
80	47 419	50	4368 375	4402	4 223	44	33 646	90	30 249	92	86 042	70	58 126	38
85	49 344	48	4435 576	4468	3 851	44	34 291	90	32 045	92	88 127	70	57 257	38
90	51 268	46	4502 810	4536	3 479	44	34 936	88	33 841	90	90 212	68	56 388	38
95	53 191	46	4570 078	4604	3 107	42	35 580	90	35 636	90	92 296	66	55 519	36
2,6000	55 114		4637 380		2 736		36 225		37 431		94 379		54 651	
	0,95	38	**13,**	13	**0,074**	−7	**1,20**	12	**1,68**	35	**1,60**	41	**0,40**	−17

x	φ	sin x		cos x		tg x		Sin x		Cos x		Tg x	
	148°	**0,51**	**−85**	**—0,85**	**−51**	**—0,6**	**13**	**6,6**	**67**	**6,7**	**66**	**0,989**	**2**
2,6000	58′ 08,″50	55 014	70	68 888	52	015 966	614	947 322	708	690 058	964	0 274	18
05	59 51,63	50 729	74	71 464	48	009 159	608	981 176	740	723 540	998	0 383	18
10	*01 34,76	46 442	74	74 038	44	002 355	598	*015 046	774	757 039	*032	0 492	18
15	03 17,89	42 155	78	76 610	40	*995 556	592	048 933	806	790 555	066	0 601	18
20	05 01,03	37 866	82	79 180	36	988 760	582	082 836	842	824 088	100	0 710	16
25	06 44,16	33 575	82	81 748	32	981 969	574	116 757	874	857 638	134	0 818	18
30	08 27,29	29 284	86	84 314	28	975 182	566	150 694	908	891 205	168	0 927	16
35	10 10,42	24 991	88	86 878	22	968 399	558	184 648	942	924 789	202	1 035	18
40	11 53,56	20 697	90	89 439	18	961 620	550	218 619	974	958 390	234	1 144	16
45	13 36,69	16 402	94	91 998	14	954 845	542	252 606	*010	992 007	270	1 252	16
2,6050	15 19,82	12 105	96	94 555	10	948 074	534	286 611	042	*025 642	304	1 360	16
55	17 02,95	07 807	98	97 110	06	941 307	526	320 632	076	059 294	338	1 468	16
60	18 46,09	03 508	*02	99 663	02	934 544	518	354 670	110	092 963	372	1 576	16
65	20 29,22	*99 207	02	*02 214	*96	927 785	510	388 725	144	126 649	406	1 684	14
70	22 12,35	94 906	06	04 762	94	921 030	502	422 797	176	160 352	438	1 791	16
75	23 55,48	90 603	10	07 309	88	914 279	494	456 885	212	194 071	474	1 899	14
80	25 38,61	86 298	10	09 853	84	907 532	486	490 991	244	227 808	508	2 006	16
85	27 21,75	81 993	14	12 395	80	900 789	478	525 113	278	261 562	544	2 114	14
90	29 04,88	77 686	16	14 935	76	894 050	470	559 252	314	295 334	576	2 221	14
95	30 48,01	73 378	18	17 473	70	887 315	462	593 409	346	329 122	610	2 328	14
2,6100	32 31,14	69 069	22	20 008	68	880 584	454	627 582	378	362 927	644	2 435	14
05	34 14,28	64 758	24	22 542	62	873 857	446	661 771	414	396 749	680	2 542	14
10	35 57,41	60 446	26	25 073	58	867 134	438	695 978	448	430 589	712	2 649	14
15	37 40,54	56 133	30	27 602	54	860 415	430	730 202	482	464 445	748	2 756	12
20	39 23,67	51 818	30	30 129	50	853 700	424	764 443	514	498 319	782	2 862	14
25	41 06,81	47 503	34	32 654	46	846 988	414	798 700	550	532 210	816	2 969	12
30	42 49,94	43 186	36	35 177	40	840 281	408	832 975	582	566 118	850	3 075	12
35	44 33,07	38 868	40	37 697	38	833 577	398	867 266	618	600 043	884	3 181	14
40	46 16,20	34 548	42	40 216	32	826 878	392	901 575	650	633 985	918	3 288	12
45	47 59,34	30 227	44	42 732	28	820 182	384	935 900	686	667 944	954	3 394	12
2,6150	49 42,47	25 905	46	45 246	24	813 490	376	970 243	718	701 921	988	3 500	12
55	51 25,60	21 582	48	47 758	18	806 802	368	**004 602	754	735 915	**020	3 606	10
60	53 08,73	17 258	52	50 267	16	800 118	360	038 979	786	769 925	058	3 711	12
65	54 51,87	12 932	54	52 775	10	793 438	352	073 372	822	803 954	090	3 817	12
70	56 35,00	08 605	58	55 280	08	786 762	344	107 783	854	837 999	124	3 923	10
75	58 18,13	04 276	58	57 784	02	780 090	338	142 210	890	872 061	160	4 028	10
80	**00 01,26	**99 947	62	60 285	**98	773 421	330	176 655	922	906 141	194	4 133	12
85	01 44,40	95 616	64	62 784	92	766 756	320	211 116	958	940 238	228	4 239	10
90	03 27,53	91 284	66	65 280	90	760 096	316	245 595	992	974 352	264	4 344	10
95	05 10,66	86 951	70	67 775	84	753 438	306	280 091	**026	**008 484	296	4 449	10
2,6200	06 53,79	82 616	70	70 267	80	746 785	298	314 604	058	042 632	332	4 554	10
05	08 36,92	78 281	74	72 757	76	740 136	292	349 133	094	076 798	366	4 659	08
10	10 20,06	73 944	78	75 245	72	733 490	282	383 680	128	110 981	402	4 763	10
15	12 03,19	69 605	78	77 731	68	726 849	276	418 244	164	145 182	436	4 868	08
20	13 46,32	65 266	82	80 215	64	720 211	268	452 826	196	179 400	470	4 972	10
25	15 29,45	60 925	84	82 697	58	713 577	262	487 424	230	213 635	504	5 077	08
30	17 12,59	56 583	86	85 176	54	706 946	252	522 039	266	247 887	540	5 181	08
35	18 55,72	52 240	88	87 653	50	700 320	246	556 672	298	282 157	574	5 285	10
40	20 38,85	47 896	92	90 128	46	693 697	238	591 321	334	316 444	608	5 390	08
45	22 21,98	43 550	94	92 601	42	687 078	230	625 988	368	350 748	644	5 494	06
2,6250	24′ 05,″12	39 203		95 072		680 463		660 672		385 070		5 597	
	150°	**0,49**	**−86**	**—0,86**	**−49**	**—0,5**	**13**	**6,8**	**69**	**6,9**	**68**	**0,989**	**2**

x	$\ln x$		e^x		e^{-x}		arc tg x		Ar Sin x		Ar Cos x		Ar Ctg x	
	0,95	**38**	**13,**	**13**	**0,074**	**−7**	**1,20**	**12**	**1,68**	**35**	**1,60**	**41**	**0,40**	**−1**
2,6000	55 114	46	4637 380	*4672*	2 736	42	36 225	88	37 431	90	94 379	66	54 651	736
05	57 037	46	4704 716	*4738*	2 365	44	36 869	88	39 226	90	96 462	66	53 783	734
10	58 960	44	4772 085	*4806*	1 993	40	37 513	88	41 021	88	98 545	64	52 916	734
15	60 882	44	4839 488	*4874*	1 623	42	38 157	88	42 815	88	*00 627	64	52 049	734
20	62 804	42	4906 925	*4940*	1 252	42	38 801	86	44 609	86	02 709	62	51 182	732
25	64 725	42	4974 395	*5008*	0 881	40	39 444	86	46 402	86	04 790	62	50 316	732
30	66 646	42	5041 899	*5076*	0 511	40	40 087	86	48 195	86	06 871	60	49 450	732
35	68 567	40	5109 437	*5142*	0 141	40	40 730	86	49 988	86	08 951	60	48 584	730
40	70 487	40	5177 008	*5212*	*9 771	40	41 373	84	51 781	84	11 031	58	47 719	730
45	72 407	40	5244 614	*5278*	9 401	40	42 015	84	53 573	84	13 110	58	46 854	728
2,6050	74 327	38	5312 253	*5346*	9 031	38	42 657	86	55 365	84	15 189	56	45 990	728
55	76 246	38	5379 926	*5414*	8 662	38	43 300	82	57 157	84	17 267	56	45 126	726
60	78 165	36	5447 633	*5482*	8 293	38	43 941	84	58 949	82	19 345	56	44 263	728
65	80 083	36	5515 374	*5548*	7 924	38	44 583	82	60 740	82	21 423	54	43 399	724
70	82 001	36	5583 148	*5618*	7 555	38	45 224	84	62 531	80	23 500	52	42 537	726
75	83 919	34	5650 957	*5684*	7 186	36	45 866	82	64 321	80	25 576	52	41 674	724
80	85 836	34	5718 799	*5754*	6 818	38	46 507	80	66 111	80	27 652	52	40 812	722
85	87 753	34	5786 676	*5820*	6 449	36	47 147	82	67 901	80	29 728	50	39 951	724
90	89 670	32	5854 586	*5888*	6 081	36	47 788	80	69 691	78	31 803	50	39 089	722
95	91 586	32	5922 530	*5958*	5 713	36	48 428	80	71 480	78	33 878	48	38 228	720
2,6100	93 502	32	5990 509	*6024*	5 345	34	49 068	80	73 269	78	35 952	48	37 368	720
05	95 418	30	6058 521	*6092*	4 978	36	49 708	80	75 058	78	38 026	46	36 508	720
10	97 333	30	6126 567	*6160*	4 610	34	50 348	80	76 847	76	40 099	46	35 648	718
15	99 248	28	6194 647	*6230*	4 243	34	50 988	78	78 635	76	42 172	44	34 789	718
20	*01 162	28	6262 762	*6296*	3 876	34	51 627	78	80 423	74	44 244	44	33 930	718
25	03 076	28	6330 910	*6366*	3 509	32	52 266	78	82 210	74	46 316	44	33 071	716
30	04 990	26	6399 093	*6432*	3 143	34	52 905	76	83 997	74	48 388	40	32 213	716
35	06 903	26	6467 309	*6502*	2 776	32	53 543	78	85 784	74	50 458	42	31 355	714
40	08 816	26	6535 560	*6570*	2 410	32	54 182	76	87 571	72	52 529	40	30 498	714
45	10 729	24	6603 845	*6638*	2 044	32	54 820	76	89 357	72	54 599	40	29 641	714
2,6150	12 641	24	6672 164	*6706*	1 678	32	55 458	76	91 143	72	56 669	38	28 784	712
55	14 553	22	6740 517	*6774*	1 312	30	56 096	76	92 929	72	58 738	36	27 928	712
60	16 464	22	6808 904	*6844*	0 947	32	56 734	74	94 715	70	60 806	36	27 072	710
65	18 375	22	6877 326	*6912*	0 581	30	57 371	74	96 500	70	62 874	36	26 217	710
70	20 286	22	6945 782	*6980*	0 216	30	58 008	74	98 285	68	64 942	34	25 362	710
75	22 197	20	7014 272	*7048*	**9 851	30	58 645	74	*00 069	70	67 009	34	24 507	708
80	24 107	18	7082 796	*7116*	9 486	30	59 282	72	01 854	68	69 076	34	23 653	708
85	26 016	20	7151 354	*7186*	9 121	28	59 918	74	03 638	66	71 143	30	22 799	708
90	27 926	18	7219 947	*7254*	8 757	28	60 555	72	05 421	68	73 208	32	21 945	706
95	29 835	16	7288 574	*7324*	8 393	28	61 191	72	07 205	66	75 274	30	21 092	706
2,6200	31 743	16	7357 236	*7392*	8 029	28	61 827	70	08 988	64	77 339	28	20 239	704
05	33 651	16	7425 932	*7460*	7 665	28	62 462	72	10 770	66	79 403	28	19 387	704
10	35 559	16	7494 662	*7528*	7 301	28	63 098	70	12 553	64	81 467	28	18 535	704
15	37 467	14	7563 426	*7598*	6 937	26	63 733	70	14 335	64	83 531	26	17 683	702
20	39 374	14	7632 225	*7668*	6 574	26	64 368	70	16 117	64	85 594	24	16 832	702
25	41 281	12	7701 059	*7734*	6 211	26	65 003	68	17 899	62	87 656	26	15 981	700
30	43 187	12	7769 926	*7804*	5 848	26	65 637	70	19 680	62	89 719	22	15 131	702
35	45 093	12	7838 828	*7874*	5 485	26	66 272	68	21 461	62	91 780	24	14 280	698
40	46 999	10	7907 765	*7942*	5 122	24	66 906	68	23 242	60	93 842	20	13 431	700
45	48 904	10	7976 736	*8012*	4 760	24	67 540	68	25 022	60	95 902	22	12 581	698
2,6250	50 809		8045 742		4 398		68 174		26 802		97 963		11 732	
	0,96	**38**	**13,**	**13**	**0,072**	**−7**	**1,20**	**12**	**1,69**	**35**	**1,61**	**41**	**0,40**	**−1**

x	φ	sin x		cos x		tg x		Sin x		Cof x		Tg x	
	150°	0,49	−86	—0,86	−49	—0,5	13	6,8	69	6,9	68	0,989	
2,6250	24′ 05,″12	39 203	96	95 072	36	680 463	224	660 672	402	385 070	678	5 597	208
55	25 48,25	34 855	*00	97 540	34	673 851	216	695 373	438	419 409	712	5 701	208
60	27 31,38	30 505	00	*00 007	28	667 243	208	730 092	470	453 765	748	5 805	208
65	29 14,51	26 155	04	02 471	24	660 639	200	764 827	506	488 139	782	5 909	206
70	30 57,65	21 803	06	04 933	20	654 039	194	799 580	540	522 530	816	6 012	206
75	32 40,78	17 450	08	07 393	14	647 442	184	834 350	574	556 938	852	6 115	208
80	34 23,91	13 096	12	09 850	12	640 850	178	869 137	608	591 364	888	6 219	206
85	36 07,04	08 740	14	12 306	06	634 261	172	903 941	642	625 808	920	6 322	206
90	37 50,18	04 383	16	14 759	02	627 675	164	938 762	678	660 268	956	6 425	206
95	39 33,31	00 025	18	17 210	*98	621 093	156	973 601	712	694 746	992	6 528	206
2,6300	41 16,44	*95 666	20	19 659	94	614 515	148	*008 457	746	729 242	*026	6 631	206
05	42 59,57	91 306	24	22 106	88	607 941	140	043 330	782	763 755	060	6 734	204
10	44 42,71	86 944	26	24 550	86	601 371	134	078 221	816	798 285	096	6 836	206
15	46 25,84	82 581	28	26 993	80	594 804	128	113 129	850	832 833	130	6 939	204
20	48 08,97	78 217	30	29 433	76	588 240	118	148 054	884	867 398	166	7 041	206
25	49 52,10	73 852	34	31 871	72	581 681	112	182 996	920	901 981	200	7 144	204
30	51 35,23	69 485	36	34 307	66	575 125	104	217 956	954	936 581	236	7 246	204
35	53 18,37	65 117	38	36 740	64	568 573	098	252 933	988	971 199	270	7 348	204
40	55 01,50	60 748	40	39 172	58	562 024	090	287 927	*024	*005 834	306	7 450	204
45	56 44,63	56 378	42	41 601	54	555 479	082	322 939	056	040 487	340	7 552	204
2,6350	58 27,76	52 007	46	44 028	50	548 938	076	357 967	094	075 157	376	7 654	204
55	*00 10,90	47 634	48	46 453	46	542 400	068	393 014	126	109 845	410	7 756	204
60	01 54,03	43 260	50	48 876	40	535 866	062	428 077	162	144 550	446	7 858	202
65	03 37,16	38 885	52	51 296	38	529 335	054	463 158	198	179 273	480	7 959	204
70	05 20,29	34 509	54	53 715	32	522 808	046	498 257	230	214 013	516	8 061	202
75	07 03,43	30 132	58	56 131	28	516 285	038	533 372	266	248 771	552	8 162	202
80	08 46,56	25 753	60	58 545	24	509 766	034	568 505	302	283 547	586	8 263	204
85	10 29,69	21 373	62	60 957	18	503 249	024	603 656	336	318 340	620	8 365	202
90	12 12,82	16 992	64	63 366	16	496 737	018	638 824	370	353 150	658	8 466	202
95	13 55,96	12 610	68	65 774	10	490 228	010	674 009	406	387 979	690	8 567	200
2,6400	15 39,09	08 226	70	68 179	06	483 723	004	709 212	440	422 824	728	8 667	202
05	17 22,22	03 841	70	70 582	02	477 221	*996	744 432	474	457 688	762	8 768	202
10	19 05,35	**99 456	76	72 983	**96	470 723	990	779 669	510	492 569	796	8 869	200
15	20 48,49	95 068	76	75 381	94	464 228	982	814 924	546	527 467	834	8 969	202
20	22 31,62	90 680	78	77 778	88	457 737	976	850 197	580	562 384	868	9 070	200
25	24 14,75	86 291	82	80 172	84	451 249	968	885 487	614	597 318	902	9 170	202
30	25 57,88	81 900	84	82 564	80	444 765	960	920 794	650	632 269	938	9 271	200
35	27 41,02	77 508	86	84 954	76	438 285	954	956 119	684	667 238	974	9 371	200
40	29 24,15	73 115	88	87 342	70	431 808	948	991 461	720	702 225	**010	9 471	200
45	31 07,28	68 721	92	89 727	66	425 334	940	**026 821	756	737 230	044	9 571	200
2,6450	32 50,41	64 325	92	92 110	62	418 864	932	062 199	790	772 252	080	9 671	198
55	34 33,54	59 929	96	94 491	58	412 398	926	097 594	824	807 292	116	9 770	200
60	36 16,68	55 531	98	96 870	54	405 935	920	133 006	860	842 350	150	9 870	200
65	37 59,81	51 132	**00	99 247	48	399 475	910	168 436	894	877 425	186	9 970	198
70	39 42,94	46 732	04	**01 621	46	393 020	906	203 883	930	912 518	222	*0 069	200
75	41 26,07	42 330	04	03 994	40	386 567	898	239 348	966	947 629	258	0 169	198
80	43 09,21	37 928	08	06 364	36	380 118	892	274 831	**000	982 758	292	0 268	198
85	44 52,34	33 524	10	08 732	30	373 672	884	310 331	036	**017 904	328	0 367	198
90	46 35,47	29 119	12	11 097	28	367 230	876	345 849	070	053 068	364	0 466	198
95	48 18,60	24 713	16	13 461	22	360 792	870	381 384	106	088 250	398	0 565	198
2,6500	50′ 01,″74	20 305		15 822		354 357		416 937		123 449		0 664	
	151°	0,47	−88	—0,88	−47	—0,5	12	7,0	71	7,1	70	0,990	

x	ln x		e^x		e^{-x}		arc tg x		Ar Sin x		Ar Cos x		Ar Ctg x	
	0,96	**38**	**13,**	**13**	**0,072**	**−7**	**1,20**	**12**	**1,69**	**35**	**1,61**	**41**	**0,40**	**−16**
2,6250	50 809	10	8045 742	*8080*	4 398	26	68 174	66	26 802	60	97 963	20	11 732	96
55	52 714	08	8114 782	*8150*	4 035	22	68 807	68	28 582	60	*00 023	18	10 884	96
60	54 618	08	8183 857	*8218*	3 674	24	69 441	66	30 362	58	02 082	18	10 036	96
65	56 522	06	8252 966	*8288*	3 312	24	70 074	66	32 141	58	04 141	16	09 188	96
70	58 425	06	8322 110	*8356*	2 950	22	70 707	64	33 920	56	06 199	18	08 340	94
75	60 328	06	8391 288	*8426*	2 589	22	71 339	66	35 698	58	08 258	14	07 493	94
80	62 231	04	8460 501	*8494*	2 228	22	71 972	64	37 477	56	10 315	14	06 646	92
85	64 133	04	8529 748	*8566*	1 867	22	72 604	64	39 255	56	12 372	14	05 800	92
90	66 035	04	8599 031	*8634*	1 506	22	73 236	64	41 033	54	14 429	12	04 954	92
95	67 937	02	8668 348	*8702*	1 145	20	73 868	64	42 810	54	16 485	12	04 108	90
2,6300	69 838	02	8737 699	*8772*	0 785	22	74 500	62	44 587	54	18 541	10	03 263	90
05	71 739	02	8807 085	*8842*	0 424	20	75 131	64	46 364	54	20 596	10	02 418	88
10	73 640	00	8876 506	*8912*	0 064	20	75 763	62	48 141	52	22 651	08	01 574	88
15	75 540	00	8945 962	*8980*	*9 704	20	76 394	60	49 917	52	24 705	08	00 730	88
20	77 440	00	9015 452	*9050*	9 344	18	77 024	62	51 693	52	26 759	08	*99 886	86
25	79 340	*98	9084 977	*9120*	8 985	18	77 655	60	53 469	50	28 813	06	99 043	86
30	81 239	98	9154 537	*9190*	8 626	20	78 285	62	55 244	50	30 866	04	98 200	86
35	83 138	96	9224 132	*9258*	8 266	18	78 916	60	57 019	50	32 918	04	97 357	84
40	85 036	96	9293 761	*9328*	7 907	18	79 546	58	58 794	48	34 970	04	96 515	84
45	86 934	96	9363 425	*9400*	7 548	16	80 175	60	60 568	50	37 022	02	95 673	82
2,6350	88 832	94	9433 125	*9468*	7 190	18	80 805	58	62 343	48	39 073	02	94 832	84
55	90 729	94	9502 859	*9536*	6 831	16	81 434	58	64 117	46	41 124	00	93 990	80
60	92 626	94	9572 627	*9608*	6 473	16	82 063	58	65 890	48	43 174	00	93 150	82
65	94 523	92	9642 431	*9678*	6 115	16	82 692	58	67 664	46	45 224	00	92 309	80
70	96 419	92	9712 270	*9748*	5 757	16	83 321	58	69 437	44	47 274	*96	91 469	78
75	98 315	92	9782 144	*9816*	5 399	16	83 950	56	71 209	46	49 322	98	90 630	80
80	*00 211	90	9852 052	*9888*	5 041	14	84 578	56	72 982	44	51 371	96	89 790	76
85	02 106	90	9921 996	*9956*	4 684	14	85 206	56	74 754	44	53 419	96	88 952	78
90	04 001	88	9991 974	**0028*	4 327	14	85 834	56	76 526	42	55 467	94	88 113	76
95	05 895	88	*0061 988	*0096*	3 970	14	86 462	54	78 297	44	57 514	92	87 275	76
2,6400	07 789	88	0132 036	*0168*	3 613	14	87 089	54	80 069	42	59 560	94	86 437	74
05	09 683	86	0202 120	*0236*	3 256	14	87 716	56	81 840	40	61 607	90	85 600	74
10	11 576	86	0272 238	*0308*	2 899	12	88 344	52	83 610	42	63 652	92	84 763	74
15	13 469	86	0342 392	*0378*	2 543	12	88 970	54	85 381	40	65 698	88	83 926	72
20	15 362	84	0412 581	*0446*	2 187	12	89 597	54	87 151	40	67 742	90	83 090	72
25	17 254	84	0482 804	*0518*	1 831	12	90 224	52	88 921	38	69 787	88	82 254	72
30	19 146	84	0553 063	*0590*	1 475	12	90 850	52	90 690	40	71 831	86	81 418	70
35	21 038	82	0623 358	*0658*	1 119	10	91 476	52	92 460	36	73 874	86	80 583	70
40	22 929	82	0693 687	*0728*	0 764	10	92 102	50	94 228	38	75 917	86	79 748	68
45	24 820	82	0764 051	*0800*	0 409	10	92 727	52	95 997	36	77 960	84	78 914	68
2,6450	26 711	80	0834 451	*0870*	0 054	10	93 353	50	97 765	38	80 002	84	78 080	68
55	28 601	80	0904 886	*0940*	**9 699	10	93 978	50	99 534	34	82 044	82	77 246	66
60	30 491	78	0975 356	*1010*	9 344	10	94 603	50	*01 301	36	84 085	82	76 413	66
65	32 380	78	1045 861	*1082*	8 989	08	95 228	48	03 069	34	86 126	80	75 580	66
70	34 269	78	1116 402	*1150*	8 635	08	95 852	50	04 836	34	88 166	80	74 747	64
75	36 158	76	1186 977	*1224*	8 281	08	96 477	48	06 603	32	90 206	78	73 915	64
80	38 046	76	1257 589	*1292*	7 927	08	97 101	48	08 369	34	92 245	78	73 083	62
85	39 934	76	1328 235	*1364*	7 573	08	97 725	48	10 136	32	94 284	78	72 252	62
90	41 822	74	1398 917	*1434*	7 219	08	98 349	46	11 902	30	96 323	76	71 421	62
95	43 709	74	1469 634	*1504*	6 865	06	98 972	46	13 667	32	98 361	76	70 590	62
2,6500	45 596		1540 386		6 512		99 595		15 433		**00 399		69 759	
	0,97	**37**	**14,**	**14**	**0,070**	**−7**	**1,20**	**12**	**1,70**	**35**	**1,63**	**40**	**0,39**	**−16**

x	φ	sin x		cos x		tg x		Sin x		Cos x		Tg x	
	151°	**0,4**	−88	**—0,88**	−47	**—0,5**	12	**7,0**	71	**7,1**	70	**0,990**	1
2,6500	50′ 01,″74	720 305	16	15 822	18	354 357	864	416 937	142	123 449	436	0 664	98
05	51 44,87	715 897	20	18 181	14	347 925	856	452 508	176	158 667	470	0 763	96
10	53 28,00	711 487	22	20 538	08	341 497	850	488 096	212	193 902	506	0 861	98
15	55 11,13	707 076	24	22 892	06	335 072	844	523 702	246	229 155	542	0 960	98
20	56 54,27	702 664	26	25 245	00	328 650	836	559 325	282	264 426	576	1 059	96
25	58 37,40	698 251	28	27 595	*96	322 232	828	594 966	318	299 714	612	1 157	96
30	*00 20,53	693 837	32	29 943	92	315 818	824	630 625	352	335 020	650	1 255	96
35	02 03,66	689 421	34	32 289	88	309 406	814	666 301	388	370 345	684	1 353	98
40	03 46,80	685 004	34	34 633	82	302 999	810	701 995	424	405 687	720	1 452	96
45	05 29,93	680 587	40	36 974	78	296 594	802	737 707	458	441 047	754	1 550	96
2,6550	07 13,06	676 167	40	39 313	74	290 193	794	773 436	494	476 424	792	1 648	94
55	08 56,19	671 747	42	41 650	70	283 796	790	809 183	530	511 820	828	1 745	96
60	10 39,33	667 326	46	43 985	64	277 401	780	844 948	564	547 234	862	1 843	96
65	12 22,46	662 903	46	46 317	62	271 011	776	880 730	602	582 665	898	1 941	94
70	14 05,59	658 480	50	48 648	56	264 623	768	916 531	636	618 114	936	2 038	96
75	15 48,72	654 055	52	50 976	52	258 239	762	952 349	670	653 582	970	2 136	94
80	17 31,86	649 629	56	53 302	48	251 858	754	988 184	708	689 067	*006	2 233	94
85	19 14,99	645 201	56	55 626	42	245 481	748	*024 038	742	724 570	042	2 330	94
90	20 58,12	640 773	60	57 947	38	239 107	742	059 909	778	760 091	078	2 427	94
95	22 41,25	636 343	60	60 266	34	232 736	736	095 798	812	795 630	114	2 524	94
2,6600	24 24,38	631 913	64	62 583	30	226 368	728	131 704	850	831 187	148	2 621	94
05	26 07,52	627 481	66	64 898	26	220 004	720	167 629	884	866 761	186	2 718	94
10	27 50,65	623 048	68	67 211	20	213 644	716	203 571	920	902 354	222	2 815	94
15	29 33,78	618 614	72	69 521	18	207 286	708	239 531	956	937 965	258	2 912	92
20	31 16,91	614 178	72	71 830	12	200 932	702	275 509	992	973 594	294	3 008	94
25	33 00,05	609 742	76	74 136	06	194 581	694	311 505	*026	*009 241	328	3 105	92
30	34 43,18	605 304	78	76 439	04	188 234	690	347 518	064	044 905	366	3 201	92
35	36 26,31	600 865	80	78 741	**98	181 889	682	383 550	098	080 588	402	3 297	94
40	38 09,44	596 425	82	81 040	94	175 548	674	419 599	134	116 289	438	3 394	92
45	39 52,58	591 984	84	83 337	90	169 211	670	455 666	170	152 008	472	3 490	92
2,6650	41 35,71	587 542	86	85 632	86	162 876	662	491 751	206	187 744	510	3 586	92
55	43 18,84	583 099	90	87 925	80	156 545	656	527 854	240	223 499	546	3 682	90
60	45 01,97	578 654	92	90 215	76	150 217	648	563 974	278	259 272	582	3 777	92
65	46 45,11	574 208	92	92 503	72	143 893	644	600 113	314	295 063	618	3 873	92
70	48 28,24	569 762	96	94 789	68	137 571	636	636 270	348	330 872	656	3 969	90
75	50 11,37	565 314	98	97 073	64	131 253	630	672 444	384	366 700	690	4 064	92
80	51 54,50	560 865	*02	99 355	58	124 938	622	708 636	420	402 545	726	4 160	90
85	53 37,64	556 414	02	*01 634	54	118 627	618	744 846	458	438 408	764	4 255	90
90	55 20,77	551 963	06	03 911	50	112 318	610	781 075	492	474 290	798	4 350	90
95	57 03,90	547 510	06	06 186	46	106 013	604	817 321	528	510 189	836	4 445	90
2,6700	58 47,03	543 057	10	08 459	40	099 711	596	853 585	564	546 107	872	4 540	90
05	**00 30,17	538 602	12	10 729	36	093 413	592	889 867	600	582 043	908	4 635	90
10	02 13,30	534 146	14	12 997	32	087 117	584	926 167	636	617 997	944	4 730	90
15	03 56,43	529 689	16	15 263	28	080 825	580	962 485	672	653 969	980	4 825	90
20	05 39,56	525 231	20	17 527	22	074 535	570	998 821	708	689 959	**018	4 920	88
25	07 22,69	520 771	20	19 788	20	068 250	566	**035 175	744	725 968	054	5 014	90
30	09 05,83	516 311	24	22 048	14	061 967	560	071 547	780	761 995	088	5 109	88
35	10 48,96	511 849	24	24 305	10	055 687	552	107 937	816	798 039	128	5 203	88
40	12 32,09	507 387	28	26 560	04	049 411	546	144 345	852	834 103	162	5 297	90
45	14 15,22	502 923	30	28 812	02	043 138	542	180 771	888	870 184	198	5 392	88
2,6750	15′ 58,″36	498 458		31 063		036 867		217 215		906 283		5 486	
	153°	**0,4**	−89	**—0,89**	−45	**—0,5**	12	**7,2**	72	**7,2**	72	**0,990**	1

x	$\ln x$		e^x		e^{-x}		arc tg x		Ar Sin x		Ar Cos x		Ar Ctg x	
	0,97	37	**14,**	14	**0,070**		**1,20**	12	**1,70**	35	**1,63**	40	**0,39**	−16
2,6500	45 596	74	1540 386	1576	6 512	−706	99 595	48	15 433	30	00 399	74	69 759	60
05	47 483	72	1611 174	1648	6 159	−706	*00 219	46	17 198	30	02 436	74	68 929	58
10	49 369	72	1681 998	1716	5 806	−706	00 842	44	18 963	28	04 473	72	68 100	60
15	51 255	72	1752 856	1788	5 453	−704	01 464	46	20 727	30	06 509	72	67 270	58
20	53 141	70	1823 750	1860	5 101	−706	02 087	44	22 492	28	08 545	70	66 441	56
25	55 026	70	1894 680	1930	4 748	−704	02 709	44	24 256	26	10 580	70	65 613	56
30	56 911	68	1965 645	2002	4 396	−704	03 331	44	26 019	28	12 615	70	64 785	56
35	58 795	68	2036 646	2072	4 044	−704	03 953	44	27 783	26	14 650	68	63 957	56
40	60 679	68	2107 682	2142	3 692	−704	04 575	42	29 546	26	16 684	66	63 129	54
45	62 563	68	2178 753	2216	3 340	−704	05 196	44	31 309	24	18 717	68	62 302	54
2,6550	64 447	66	2249 861	2284	2 988	−702	05 818	42	33 071	24	20 751	64	61 475	52
55	66 330	64	2321 003	2358	2 637	−702	06 439	42	34 833	24	22 783	66	60 649	52
60	68 212	66	2392 182	2426	2 286	−702	07 060	40	36 595	24	24 816	62	59 823	52
65	70 095	64	2463 395	2500	1 935	−702	07 680	42	38 357	22	26 847	64	58 997	50
70	71 977	62	2534 645	2570	1 584	−702	08 301	40	40 118	22	28 879	62	58 172	50
75	73 858	64	2605 930	2642	1 233	−700	08 921	40	41 879	22	30 910	60	57 347	50
80	75 740	62	2677 251	2712	0 883	−702	09 541	40	43 640	22	32 940	60	56 522	48
85	77 621	60	2748 607	2786	0 532	−700	10 161	40	45 401	20	34 970	60	55 698	48
90	79 501	60	2820 000	2854	0 182	−700	10 781	38	47 161	20	37 000	58	54 874	46
95	81 381	60	2891 427	2928	*9 832	−700	11 400	38	48 921	18	39 029	58	54 051	46
2,6600	83 261	60	2962 891	2998	9 482	−698	12 019	38	50 680	20	41 058	56	53 228	46
05	85 141	58	3034 390	3070	9 133	−700	12 638	38	52 440	18	43 086	56	52 405	44
10	87 020	58	3105 925	3142	8 783	−698	13 257	38	54 199	18	45 114	54	51 583	46
15	88 899	56	3177 496	3214	8 434	−698	13 876	36	55 958	16	47 141	54	50 760	42
20	90 777	56	3249 103	3284	8 085	−698	14 494	38	57 716	16	49 168	54	49 939	44
25	92 655	56	3320 745	3358	7 736	−698	15 113	36	59 474	16	51 195	52	49 117	42
30	94 533	54	3392 424	3428	7 387	−698	15 731	34	61 232	16	53 221	52	48 296	40
35	96 410	56	3464 138	3500	7 038	−696	16 348	36	62 990	14	55 247	50	47 476	40
40	98 288	52	3535 888	3572	6 690	−696	16 966	34	64 747	14	57 272	48	46 656	40
45	*00 164	54	3607 674	3642	6 342	−696	17 583	36	66 504	14	59 296	50	45 836	40
2,6650	02 041	52	3679 495	3716	5 994	−696	18 201	34	68 261	12	61 321	48	45 016	38
55	03 917	50	3751 353	3788	5 646	−696	18 818	32	70 017	12	63 345	46	44 197	38
60	05 792	52	3823 247	3858	5 298	−696	19 434	34	71 773	12	65 368	46	43 378	36
65	07 668	48	3895 176	3932	4 950	−694	20 051	32	73 529	12	67 391	44	42 560	38
70	09 542	50	3967 142	4004	4 603	−694	20 667	34	75 285	10	69 413	46	41 741	34
75	11 417	48	4039 144	4074	4 256	−694	21 284	32	77 040	10	71 436	42	40 924	36
80	13 291	48	4111 181	4148	3 909	−694	21 900	30	78 795	10	73 457	42	40 106	34
85	15 165	48	4183 255	4218	3 562	−694	22 515	32	80 550	08	75 478	42	39 289	32
90	17 039	46	4255 364	4292	3 215	−692	23 131	30	82 304	08	77 499	40	38 473	34
95	18 912	46	4327 510	4364	2 869	−694	23 746	32	84 058	08	79 519	40	37 656	32
2,6700	20 785	44	4399 692	4436	2 522	−692	24 362	30	85 812	08	81 539	40	36 840	30
05	22 657	44	4471 910	4508	2 176	−692	24 977	28	87 566	06	83 559	38	36 025	32
10	24 529	44	4544 164	4580	1 830	−692	25 591	30	89 319	06	85 578	36	35 209	30
15	26 401	44	4616 454	4652	1 484	−690	26 206	28	91 072	06	87 596	38	34 394	28
20	28 273	42	4688 780	4726	1 139	−692	26 820	30	92 825	04	89 615	34	33 580	28
25	30 144	40	4761 143	4796	0 793	−690	27 435	28	94 577	04	91 632	34	32 766	28
30	32 014	42	4833 541	4870	0 448	−690	28 049	26	96 329	04	93 649	34	31 952	28
35	33 885	40	4905 976	4942	0 103	−690	28 662	28	98 081	02	95 666	34	31 138	26
40	35 755	38	4978 447	5016	**9 758	−690	29 276	26	99 832	04	97 683	32	30 325	26
45	37 624	40	5050 955	5086	9 413	−690	29 889	26	*01 584	02	99 699	30	29 512	24
2,6750	39 494		5123 498		9 068		30 502		03 335		*01 714		28 700	
	0,98	37	**14,**	14	**0,068**		**1,21**	12	**1,71**	35	**1,64**	40	**0,39**	−16

x	φ	sin x		cos x		tg x		Sin x		Cos x		Tg x	
	153°	**0,44**	−89	**—0,89**	−44	**—0,5**	12	**7,2**	72	**7,2**	72	**0,990**	1
2,6750	15′ 58,″36	98 458	32	31 063	96	036 867	532	217 215	924	906 283	236	5 486	88
55	17 41,49	93 992	36	33 311	90	030 601	528	253 677	960	942 401	272	5 580	88
60	19 24,62	89 524	36	35 556	88	024 337	522	290 157	998	978 537	308	5 674	88
65	21 07,75	85 056	38	37 800	84	018 076	514	326 656	*032	*014 691	346	5 768	86
70	22 50,89	80 587	42	40 042	78	011 819	510	363 172	070	050 864	380	5 861	88
75	24 34,02	76 116	44	42 281	74	005 564	502	399 707	104	087 054	418	5 955	86
80	26 17,15	71 644	44	44 518	68	*999 313	496	436 259	142	123 263	456	6 048	88
85	28 00,28	67 172	48	46 752	66	993 065	490	472 830	178	159 491	490	6 142	86
90	29 43,42	62 698	50	48 985	60	986 820	484	509 419	214	195 736	528	6 235	88
95	31 26,55	58 223	54	51 215	56	980 578	478	546 026	250	232 000	564	6 329	86
2,6800	33 09,68	53 746	54	53 443	52	974 339	470	582 651	286	268 282	602	6 422	86
05	34 52,81	49 269	56	55 669	46	968 104	466	619 294	322	304 583	638	6 515	86
10	36 35,95	44 791	60	57 892	44	961 871	458	655 955	360	340 902	674	6 608	86
15	38 19,08	40 311	60	60 114	38	955 642	454	692 635	396	377 239	710	6 701	86
20	40 02,21	35 831	64	62 333	32	949 415	446	729 333	430	413 594	748	6 794	84
25	41 45,34	31 349	66	64 549	30	943 192	440	766 048	470	449 968	784	6 886	86
30	43 28,48	26 866	68	66 764	24	936 972	434	802 783	504	486 360	822	6 979	86
35	45 11,61	22 382	70	68 976	20	930 755	428	839 535	540	522 771	858	7 072	84
40	46 54,74	17 897	72	71 186	16	924 541	422	876 305	578	559 200	894	7 164	84
45	48 37,87	13 411	74	73 394	12	918 330	416	913 094	614	595 647	932	7 256	86
2,6850	50 21,00	08 924	78	75 600	06	912 122	410	949 901	650	632 113	968	7 349	84
55	52 04,14	04 435	78	77 803	02	905 917	404	986 726	688	668 597	*006	7 441	84
60	53 47,27	*99 946	82	80 004	*98	899 715	398	*023 570	722	705 100	042	7 533	84
65	55 30,40	95 455	82	82 203	94	893 516	392	060 431	760	741 621	078	7 625	84
70	57 13,53	90 964	86	84 400	88	887 320	386	097 311	796	778 160	116	7 717	84
75	58 56,67	86 471	88	86 594	84	881 127	378	134 209	834	814 718	152	7 809	82
80	*00 39,80	81 977	90	88 786	80	874 938	374	171 126	870	851 294	190	7 900	84
85	02 22,93	77 482	92	90 976	76	868 751	368	208 061	906	887 889	226	7 992	82
90	04 06,06	72 986	94	93 164	70	862 567	362	245 014	942	924 502	264	8 083	84
95	05 49,20	68 489	96	95 349	66	856 386	354	281 985	980	961 134	300	8 175	82
2,6900	07 32,33	63 991	98	97 532	62	850 209	350	318 975	**016	997 784	338	8 266	84
05	09 15,46	59 492	*02	99 713	58	844 034	344	355 983	052	**034 453	374	8 358	82
10	10 58,59	54 991	02	*01 892	52	837 862	338	393 009	090	071 140	412	8 449	82
15	12 41,73	50 490	06	04 068	48	831 693	330	430 054	126	107 846	448	8 540	82
20	14 24,86	45 987	08	06 242	44	825 528	326	467 117	164	144 570	486	8 631	82
25	16 07,99	41 483	08	08 414	40	819 365	320	504 199	200	181 313	524	8 722	82
30	17 51,12	36 979	12	10 584	34	813 205	314	541 299	236	218 075	558	8 813	80
35	19 34,26	32 473	14	12 751	30	807 048	308	578 417	272	254 854	598	8 903	82
40	21 17,39	27 966	16	14 916	26	800 894	302	615 553	310	291 653	634	8 994	80
45	23 00,52	23 458	18	17 079	22	794 743	296	652 708	348	328 470	672	9 084	82
2,6950	24 43,65	18 949	20	19 240	16	788 595	290	689 882	384	365 306	708	9 175	80
55	26 26,79	14 439	24	21 398	12	782 450	284	727 074	420	402 160	746	9 265	82
60	28 09,92	09 927	24	23 554	08	776 308	278	764 284	458	439 033	782	9 356	80
65	29 53,05	05 415	26	25 708	02	770 169	272	801 513	494	475 924	820	9 446	80
70	31 36,18	00 902	30	27 859	00	764 033	268	838 760	532	512 834	858	9 536	80
75	33 19,31	**96 387	30	30 009	**94	757 899	260	876 026	568	549 763	894	9 626	80
80	35 02,45	91 872	34	32 156	90	751 769	256	913 310	604	586 710	932	9 716	80
85	36 45,58	87 355	36	34 301	84	745 641	248	950 612	642	623 676	970	9 806	78
90	38 28,71	82 837	36	36 443	80	739 517	244	987 933	680	660 661	**006	9 895	80
95	40 11,84	78 319	40	38 583	76	733 395	238	**025 273	716	697 664	044	9 985	80
2,7000	41′ 54,″98	73 799		40 721		727 276		062 631		734 686		*0 075	
	154°	**0,42**	−90	**—0,90**	−42	**—0,4**	12	**7,4**	74	**7,4**	74	**0,991**	1

x	$\ln x$		e^x		e^{-x}		arc tg x		Ar Sin x		Ar Cos x		Ar Ctg x	
	0,98	**37**	**14,**	**14**	**0,068**	**−6**	**1,21**	**12**	**1,71**	**35**	**1,64**	**40**	**0,39**	**−1**
2,6750	39 494	38	5123 498	5160	9 068	88	30 502	26	03 335	00	01 714	30	28 700	624
55	41 363	36	5196 078	5232	8 724	88	31 115	26	05 085	02	03 729	30	27 888	624
60	43 231	38	5268 694	5306	8 380	90	31 728	26	06 836	00	05 744	28	27 076	622
65	45 100	36	5341 347	5378	8 035	86	32 341	24	08 586	00	07 758	28	26 265	622
70	46 968	34	5414 036	5450	7 692	88	32 953	24	10 336	*98	09 772	26	25 454	622
75	48 835	34	5486 761	5524	7 348	88	33 565	24	12 085	98	11 785	26	24 643	620
80	50 702	34	5559 523	5596	7 004	86	34 177	24	13 834	98	13 798	24	23 833	620
85	52 569	34	5632 321	5668	6 661	86	34 789	24	15 583	98	15 810	24	23 023	620
90	54 436	32	5705 155	5742	6 318	88	35 401	22	17 332	96	17 822	24	22 213	618
95	56 302	32	5778 026	5814	5 974	84	36 012	22	19 080	96	19 834	22	21 404	618
2,6800	58 168	30	5850 933	5888	5 632	86	36 623	22	20 828	96	21 845	22	20 595	618
05	60 033	32	5923 877	5960	5 289	86	37 234	22	22 576	96	23 856	20	19 786	616
10	61 899	28	5996 857	6034	4 946	84	37 845	20	24 324	94	25 866	20	18 978	616
15	63 763	30	6069 874	6106	4 604	84	38 455	22	26 071	94	27 876	18	18 170	614
20	65 628	28	6142 927	6178	4 262	84	39 066	20	27 818	94	29 885	18	17 363	616
25	67 492	28	6216 016	6254	3 920	84	39 676	20	29 565	92	31 894	16	16 555	612
30	69 356	26	6289 143	6326	3 578	84	40 286	20	31 311	92	33 902	18	15 749	614
35	71 219	26	6362 306	6398	3 236	84	40 896	18	33 057	92	35 911	14	14 942	612
40	73 082	26	6435 505	6472	2 894	82	41 505	20	34 803	90	37 918	14	14 136	612
45	74 945	24	6508 741	6546	2 553	82	42 115	18	36 548	92	39 925	14	13 330	610
2,6850	76 807	24	6582 014	6618	2 212	82	42 724	18	38 294	90	41 932	14	12 525	610
55	78 669	24	6655 323	6692	1 871	82	43 333	18	40 039	88	43 939	10	11 720	610
60	80 531	22	6728 669	6766	1 530	82	43 942	16	41 783	90	45 944	12	10 915	608
65	82 392	22	6802 052	6838	1 189	80	44 550	18	43 528	88	47 950	10	10 111	608
70	84 253	22	6875 471	6912	0 849	80	45 159	16	45 272	88	49 955	10	09 307	608
75	86 114	20	6948 927	6986	0 509	82	45 767	16	47 016	86	51 960	08	08 503	606
80	87 974	20	7022 420	7060	0 168	80	46 375	14	48 759	86	53 964	06	07 700	606
85	89 834	20	7095 950	7132	*9 828	78	46 982	16	50 502	86	55 967	08	06 897	606
90	91 694	18	7169 516	7206	9 489	80	47 590	14	52 245	86	57 971	06	06 094	604
95	93 553	18	7243 119	7280	9 149	80	48 197	16	53 988	84	59 974	04	05 292	604
2,6900	95 412	16	7316 759	7354	8 809	78	48 805	14	55 730	86	61 976	04	04 490	604
05	97 270	18	7390 436	7428	8 470	78	49 412	12	57 473	82	63 978	04	03 688	602
10	99 129	16	7464 150	7500	8 131	78	50 018	14	59 214	84	65 980	02	02 887	602
15	*00 987	14	7537 900	7576	7 792	78	50 625	12	60 956	82	67 981	02	02 086	602
20	02 844	14	7611 688	7648	7 453	78	51 231	14	62 697	82	69 982	00	01 285	600
25	04 701	14	7685 512	7722	7 114	76	51 838	12	64 438	82	71 982	00	00 485	600
30	06 558	14	7759 373	7796	6 776	76	52 444	10	66 179	80	73 982	*98	*99 685	598
35	08 415	12	7833 271	7870	6 438	76	53 049	12	67 919	80	75 981	98	98 886	600
40	10 271	12	7907 206	7944	6 100	76	53 655	10	69 659	80	77 980	98	98 086	596
45	12 127	10	7981 178	8020	5 762	76	54 260	12	71 399	80	79 979	96	97 288	598
2,6950	13 982	10	8055 188	8092	5 424	76	54 866	10	73 139	78	81 977	96	96 489	596
55	15 837	10	8129 234	8166	5 086	74	55 471	08	74 878	78	83 975	94	95 691	596
60	17 692	08	8203 317	8240	4 749	76	56 075	10	76 617	78	85 972	94	94 893	594
65	19 546	08	8277 437	8314	4 411	74	56 680	08	78 356	76	87 969	92	94 096	596
70	21 400	08	8351 594	8390	4 074	74	57 284	10	80 094	76	89 965	92	93 298	592
75	23 254	08	8425 789	8462	3 737	72	57 889	08	81 832	76	91 961	92	92 502	594
80	25 108	06	8500 020	8538	3 401	74	58 493	06	83 570	76	93 957	90	91 705	592
85	26 961	04	8574 289	8610	3 064	72	59 096	08	85 308	74	95 952	88	90 909	592
90	28 813	06	8648 594	8686	2 728	74	59 700	08	87 045	74	97 946	90	90 113	590
95	30 666	04	8722 937	8760	2 391	72	60 304	06	88 782	74	99 941	88	89 318	590
2,7000	32 518		8797 317		2 055		60 907		90 519		*01 935		88 523	
	0,99	**37**	**14,**	**14**	**0,067**	**−6**	**1,21**	**12**	**1,71**	**34**	**1,65**	**39**	**0,38**	**−1**

x	φ	sin x		cos x		tg x		Sin x		Cof x		Tg x	
	154°	**0,42**	−90	**—0,90**	−42	**—0,4**	12	**7,4**	74	**7,4**	74	**0,991**	1
2,7000	41′ 54,″98	73 799	42	40 721	72	727 276	232	062 631	754	734 686	082	0 075	78
05	43 38,11	69 278	44	42 857	68	721 160	226	100 008	790	771 727	118	0 164	78
10	45 21,24	64 756	46	44 991	62	715 047	220	137 403	826	808 786	156	0 253	80
15	47 04,37	60 233	48	47 122	58	708 937	214	174 816	866	845 864	194	0 343	78
20	48 47,51	55 709	50	49 251	54	702 830	208	212 249	900	882 961	232	0 432	78
25	50 30,64	51 184	54	51 378	48	696 726	204	249 699	940	920 077	268	0 521	78
30	52 13,77	46 657	54	53 502	44	690 624	198	287 169	976	957 211	306	0 610	78
35	53 56,90	42 130	56	55 624	40	684 525	190	324 657	*012	994 364	342	0 699	78
40	55 40,04	37 602	60	57 744	36	678 430	186	362 163	050	*031 535	382	0 788	78
45	57 23,17	33 072	60	59 862	30	672 337	182	399 688	088	068 726	418	0 877	76
2,7050	59 06,30	28 542	64	61 977	26	666 246	174	437 232	124	105 935	456	0 965	78
55	*00 49,43	24 010	64	64 090	22	660 159	168	474 794	162	143 163	494	1 054	76
60	02 32,57	19 478	68	66 201	18	654 075	164	512 375	200	180 410	530	1 142	78
65	04 15,70	14 944	68	68 310	12	647 993	158	549 975	236	217 675	570	1 231	76
70	05 58,83	10 410	72	70 416	08	641 914	152	587 593	272	254 960	606	1 319	76
75	07 41,96	05 874	74	72 520	04	635 838	146	625 229	312	292 263	644	1 407	78
80	09 25,10	01 337	76	74 622	00	629 765	140	662 885	348	329 585	682	1 496	76
85	11 08,23	*96 799	78	76 722	*94	623 695	136	700 559	386	366 926	720	1 584	76
90	12 51,36	92 260	80	78 819	90	617 627	128	738 252	422	404 286	756	1 672	76
95	14 34,49	87 720	82	80 914	86	611 563	124	775 963	462	441 664	796	1 760	74
2,7100	16 17,62	83 179	84	83 007	80	605 501	118	813 694	496	479 062	832	1 847	76
05	18 00,76	78 637	86	85 097	76	599 442	114	851 442	536	516 478	870	1 935	76
10	19 43,89	74 094	88	87 185	72	593 385	106	889 210	572	553 913	908	2 023	74
15	21 27,02	69 550	90	89 271	68	587 332	102	926 996	610	591 367	946	2 110	76
20	23 10,15	65 005	92	91 355	62	581 281	096	964 801	648	628 840	984	2 198	74
25	24 53,29	60 459	94	93 436	58	575 233	090	*002 625	686	666 332	*022	2 285	74
30	26 36,42	55 912	98	95 515	54	569 188	086	040 468	722	703 843	058	2 372	76
35	28 19,55	51 363	98	97 592	50	563 145	080	078 329	760	741 372	098	2 460	74
40	30 02,68	46 814	*00	99 667	44	557 105	074	116 209	798	778 921	136	2 547	74
45	31 45,82	42 264	04	*01 739	40	551 068	068	154 108	836	816 489	172	2 634	74
2,7150	33 28,95	37 712	04	03 809	36	545 034	062	192 026	872	854 075	212	2 721	72
55	35 12,08	33 160	08	05 877	30	539 003	058	229 962	910	891 681	248	2 807	74
60	36 55,21	28 606	08	07 942	26	532 974	052	267 917	948	929 305	288	2 894	74
65	38 38,35	24 052	12	10 005	22	526 948	046	305 891	986	966 949	324	2 981	74
70	40 21,48	19 496	12	12 066	18	520 925	042	343 884	**024	**004 611	362	3 068	72
75	42 04,61	14 940	16	14 125	12	514 904	036	381 896	062	042 292	402	3 154	72
80	43 47,74	10 382	16	16 181	08	508 886	030	419 927	098	079 993	438	3 240	74
85	45 30,88	05 824	20	18 235	04	502 871	024	457 976	136	117 712	478	3 327	72
90	47 14,01	01 264	22	20 287	**98	496 859	020	496 044	174	155 451	514	3 413	72
95	48 57,14	**96 703	22	22 336	96	490 849	014	534 131	212	193 208	554	3 499	72
2,7200	50 40,27	92 142	26	24 384	90	484 842	010	572 237	250	230 985	592	3 585	72
05	52 23,41	87 579	28	26 429	84	478 837	002	610 362	288	268 781	628	3 671	72
10	54 06,54	83 015	28	28 471	82	472 836	*998	648 506	326	306 595	668	3 757	72
15	55 49,67	78 451	32	30 512	76	466 837	992	686 669	364	344 429	706	3 843	72
20	57 32,80	73 885	34	32 550	70	460 841	988	724 851	400	382 282	744	3 929	70
25	59 15,94	69 318	36	34 585	68	454 847	982	763 051	440	420 154	782	4 014	72
30	**00 59,07	64 750	38	36 619	62	448 856	976	801 271	476	458 045	820	4 100	72
35	02 42,20	60 181	38	38 650	58	442 868	972	839 509	516	495 955	860	4 186	70
40	04 25,33	55 612	42	40 679	54	436 882	966	877 767	552	533 885	896	4 271	70
45	06 08,46	51 041	44	42 706	48	430 899	960	916 043	592	571 833	936	4 356	70
2,7250	07′ 51,″60	46 469		44 730		424 919		954 339		609 801		4 441	
	156°	**0,40**	−91	**—0,91**	−40	**—0,4**	11	**7,5**	76	**7,6**	75	**0,991**	1

x	$\ln x$		e^x		e^{-x}		arc tg x		Ar Sin x		Ar Cos x		Ar Ctg x	
	0,99	**3**	**14,**	**14**	**0,067**	**−6**	**1,21**	**1**	**1,71**	**34**	**1,65**	**39**	**0,38**	**−15**
2,7000	32 518	702	8797 317	8836	2 055	72	60 907	206	90 519	72	01 935	86	88 523	90
05	34 369	704	8871 735	8908	1 719	72	61 510	206	92 255	72	03 928	86	87 728	88
10	36 221	702	8946 189	8984	1 383	70	62 113	204	93 991	72	05 921	86	86 934	88
15	38 072	700	9020 681	9058	1 048	72	62 715	206	95 727	72	07 914	84	86 140	88
20	39 922	702	9095 210	9132	0 712	70	63 318	204	97 463	70	09 906	82	85 346	86
25	41 773	700	9169 776	9206	0 377	70	63 920	204	99 198	70	11 897	84	84 553	86
30	43 623	698	9244 379	9282	0 042	70	64 522	204	*00 933	70	13 889	80	83 760	86
35	45 472	700	9319 020	9356	*9 707	70	65 124	204	02 668	68	15 879	82	82 967	86
40	47 322	698	9393 698	9432	9 372	68	65 726	202	04 402	68	17 870	80	82 174	84
45	49 171	696	9468 414	9506	9 038	70	66 327	202	06 136	68	19 860	78	81 382	82
2,7050	51 019	696	9543 167	9580	8 703	68	66 928	202	07 870	68	21 849	80	80 591	84
55	52 867	696	9617 957	9656	8 369	68	67 529	202	09 604	66	23 839	76	79 799	82
60	54 715	696	9692 785	9730	8 035	68	68 130	202	11 337	66	25 827	78	79 008	80
65	56 563	694	9767 650	9806	7 701	68	68 731	200	13 070	66	27 816	76	78 218	82
70	58 410	694	9842 553	9880	7 367	66	69 331	202	14 803	64	29 804	74	77 427	80
75	60 257	694	9917 493	9954	7 034	68	69 932	200	16 535	66	31 791	74	76 637	78
80	62 104	692	9992 470	*0030	6 700	66	70 532	200	18 268	62	33 778	74	75 848	80
85	63 950	692	*0067 485	0106	6 367	66	71 132	198	19 999	64	35 765	72	75 058	78
90	65 796	690	0142 538	0180	6 034	66	71 731	200	21 731	62	37 751	72	74 269	76
95	67 641	690	0217 628	0254	5 701	66	72 331	198	23 462	64	39 737	70	73 481	76
2,7100	69 486	690	0292 755	0330	5 368	66	72 930	198	25 194	60	41 722	70	72 693	76
05	71 331	690	0367 920	0406	5 035	64	73 529	198	26 924	62	43 707	68	71 905	76
10	73 176	688	0443 123	0480	4 703	64	74 128	198	28 655	60	45 691	68	71 117	74
15	75 020	688	0518 363	0556	4 371	64	74 727	198	30 385	60	47 675	68	70 330	74
20	76 864	686	0593 641	0632	4 039	64	75 326	196	32 115	60	49 659	66	69 543	74
25	78 707	686	0668 957	0706	3 707	64	75 924	196	33 845	58	51 642	66	68 756	72
30	80 550	686	0744 310	0782	3 375	64	76 522	196	35 574	58	53 625	64	67 970	72
35	82 393	686	0819 701	0858	3 043	62	77 120	196	37 303	58	55 607	64	67 184	72
40	84 236	684	0895 130	0934	2 712	62	77 718	194	39 032	58	57 589	64	66 398	70
45	86 078	684	0970 597	1008	2 381	62	78 315	196	40 761	56	59 571	62	65 613	70
2,7150	87 920	682	1046 101	1084	2 050	62	78 913	194	42 489	56	61 552	60	64 828	70
55	89 761	682	1121 643	1158	1 719	62	79 510	194	44 217	54	63 532	62	64 043	68
60	91 602	682	1197 222	1236	1 388	62	80 107	194	45 944	56	65 513	60	63 259	68
65	93 443	680	1272 840	1310	1 057	60	80 704	192	47 672	54	67 493	58	62 475	66
70	95 283	680	1348 495	1386	0 727	62	81 300	194	49 399	54	69 472	58	61 692	68
75	97 123	680	1424 188	1462	0 396	60	81 897	192	51 126	54	71 451	56	60 908	66
80	98 963	680	1499 919	1538	0 066	60	82 493	192	52 853	52	73 429	58	60 125	64
85	*00 803	678	1575 688	1614	**9 736	58	83 089	192	54 579	52	75 408	54	59 343	66
90	02 642	676	1651 495	1690	9 407	60	83 685	192	56 305	52	77 385	56	58 560	64
95	04 480	678	1727 340	1764	9 077	58	84 281	190	58 031	50	79 363	54	57 778	62
2,7200	06 319	676	1803 222	1842	8 748	60	84 876	190	59 756	50	81 340	52	56 997	62
05	08 157	676	1879 143	1918	8 418	58	85 471	190	61 481	50	83 316	52	56 216	62
10	09 995	674	1955 102	1992	8 089	58	86 066	190	63 206	50	85 292	52	55 435	62
15	11 832	674	2031 098	2070	7 760	58	86 661	190	64 931	48	87 268	50	54 654	60
20	13 669	674	2107 133	2144	7 431	56	87 256	188	66 655	48	89 243	50	53 874	60
25	15 506	672	2183 205	2222	7 103	58	87 850	190	68 379	48	91 218	48	53 094	60
30	17 342	672	2259 316	2298	6 774	56	88 445	188	70 103	48	93 192	48	52 314	58
35	19 178	672	2335 465	2372	6 446	56	89 039	188	71 827	46	95 166	46	51 535	58
40	21 014	670	2411 651	2450	6 118	56	89 633	186	73 550	46	97 139	48	50 756	58
45	22 849	670	2487 876	2526	5 790	56	90 226	188	75 273	44	99 113	44	49 977	56
2,7250	24 684		2564 139		5 462		90 820		76 995		*01 085		49 199	
	1,00	**3**	**15,**	**15**	**0,065**	**−6**	**1,21**	**1**	**1,72**	**34**	**1,66**	**39**	**0,38**	**−15**

x	φ	sin x		cos x		tg x		Sin x		Cos x		Tg x	
	156°	**0,40**	−91	**—0,91**	−40	**—0,4**	11	**7,5**	76	**7,6**	75	**0,991**	1
2,7250	07′ 51″,60	46 469	46	44 730	44	424 919	956	954 339	628	609 801	972	4 441	72
55	09 34,73	41 896	48	46 752	40	418 941	950	992 653	666	647 787	*012	4 527	70
60	11 17,86	37 322	50	48 772	36	412 966	944	*030 986	706	685 793	050	4 612	70
65	13 00,99	32 747	52	50 790	30	406 994	940	069 339	742	723 818	090	4 697	70
70	14 44,13	28 171	54	52 805	26	401 024	934	107 710	782	761 863	126	4 782	68
75	16 27,26	23 594	56	54 818	20	395 057	930	146 101	818	799 926	166	4 866	70
80	18 10,39	19 016	56	56 828	18	389 092	924	184 510	858	838 009	204	4 951	70
85	19 53,52	14 438	60	58 837	12	383 130	918	222 939	894	876 111	242	5 036	68
90	21 36,66	09 858	62	60 843	08	377 171	914	261 386	934	914 232	280	5 120	70
95	23 19,79	05 277	64	62 847	02	371 214	908	299 853	972	952 372	320	5 205	68
2,7300	25 02,92	00 695	66	64 848	*98	365 260	902	338 339	*008	990 532	356	5 289	70
05	26 46,05	*96 112	68	66 847	94	359 309	898	376 843	048	*028 710	396	5 374	68
10	28 29,19	91 528	70	68 844	90	353 360	892	415 367	086	066 908	436	5 458	68
15	30 12,32	86 943	72	70 839	84	347 414	888	453 910	124	105 126	472	5 542	68
20	31 55,45	82 357	74	72 831	80	341 470	882	492 472	164	143 362	512	5 626	68
25	33 38,58	77 770	76	74 821	76	335 529	878	531 054	200	181 618	550	5 710	68
30	35 21,72	73 182	78	76 809	70	329 590	872	569 654	240	219 893	590	5 794	68
35	37 04,85	68 593	80	78 794	68	323 654	866	608 274	276	258 188	628	5 878	66
40	38 47,98	64 003	80	80 778	60	317 721	862	646 912	316	296 502	666	5 961	68
45	40 31,11	59 413	84	82 758	58	311 790	856	685 570	354	334 835	704	6 045	68
2,7350	42 14,25	54 821	86	84 737	52	305 862	852	724 247	392	373 187	744	6 129	66
55	43 57,38	50 228	88	86 713	48	299 936	846	762 943	432	411 559	782	6 212	66
60	45 40,51	45 634	90	88 687	44	294 013	842	801 659	468	449 950	822	6 295	68
65	47 23,64	41 039	92	90 659	38	288 092	836	840 393	508	488 361	860	6 379	66
70	49 06,77	36 443	92	92 628	34	282 174	832	879 147	546	526 791	898	6 462	66
75	50 49,91	31 847	96	94 595	30	276 258	826	917 920	584	565 240	936	6 545	66
80	52 33,04	27 249	98	96 560	26	270 345	820	956 712	624	603 708	978	6 628	66
85	54 16,17	22 650	*00	98 523	20	264 435	816	995 524	662	642 197	**014	6 711	66
90	55 59,30	18 050	02	*00 483	16	258 527	812	**034 355	698	680 704	054	6 794	66
95	57 42,44	13 449	02	02 441	10	252 621	806	073 204	740	719 231	092	6 877	66
2,7400	59 25,57	08 848	06	04 396	06	246 718	800	112 074	776	757 777	132	6 960	64
05	*01 08,70	04 245	08	06 349	02	240 818	796	150 962	816	796 343	170	7 042	66
10	02 51,83	**99 641	08	08 300	**98	234 920	792	189 870	854	834 928	210	7 125	64
15	04 34,97	95 037	12	10 249	92	229 024	786	228 797	894	873 533	248	7 207	66
20	06 18,10	90 431	12	12 195	90	223 131	780	267 744	930	912 157	288	7 290	64
25	08 01,23	85 825	16	14 140	82	217 241	776	306 709	970	950 801	326	7 372	64
30	09 44,36	81 217	16	16 081	80	211 353	772	345 694	**010	989 464	364	7 454	64
35	11 27,50	76 609	20	18 021	74	205 467	766	384 699	048	**028 146	404	7 536	66
40	13 10,63	71 999	20	19 958	70	199 584	760	423 723	086	066 848	444	7 619	64
45	14 53,76	67 389	24	21 893	64	193 704	756	462 766	124	105 570	482	7 701	62
2,7450	16 36,89	62 777	24	23 825	62	187 826	752	501 828	164	144 311	522	7 782	64
55	18 20,03	58 165	28	25 756	54	181 950	746	540 910	202	183 072	560	7 864	64
60	20 03,16	53 551	28	27 683	52	176 077	742	580 011	242	221 852	600	7 946	64
65	21 46,29	48 937	30	29 609	46	170 206	736	619 132	280	260 652	638	8 028	62
70	23 29,42	44 322	32	31 532	42	164 338	732	658 272	318	299 471	678	8 109	64
75	25 12,56	39 706	36	33 453	38	158 472	728	697 431	358	338 310	718	8 191	62
80	26 55,69	35 088	36	35 372	32	152 608	722	736 610	398	377 169	756	8 272	64
85	28 38,82	30 470	38	37 288	30	146 747	716	775 809	434	416 047	794	8 354	62
90	30 21,95	25 851	40	39 203	22	140 889	712	815 026	474	454 944	836	8 435	62
95	32 05,08	21 231	42	41 114	20	135 033	708	854 263	514	493 862	874	8 516	62
2,7500	33′ 48″,22	16 610		43 024		129 179		893 520		532 799		8 597	
	157°	**0,38**	−92	**—0,92**	−38	**—0,4**	11	**7,7**	78	**7,8**	77	**0,991**	1

x	$\ln x$		e^x		e^{-x}		arc tg x		Ar Sin x		Ar Cos x		Ar Ctg x	
	1,00	36	**15,**	15	**0,065**	−6	**1,21**	11	**1,72**	34	**1,66**	39	**0,38**	−15
2,7250	24 684	70	2564 139	2602	5 462	56	90 820	86	76 995	46	01 085	46	49 199	56
55	26 519	68	2640 440	2680	5 134	54	91 413	86	78 718	44	03 058	42	48 421	56
60	28 353	68	2716 780	2754	4 807	54	92 006	86	80 440	44	05 029	44	47 643	54
65	30 187	68	2793 157	2832	4 480	56	92 599	86	82 162	42	07 001	42	46 866	54
70	32 021	66	2869 573	2908	4 152	54	93 192	86	83 883	44	08 972	40	46 089	54
75	33 854	66	2946 027	2984	3 825	52	93 785	84	85 605	42	10 942	42	45 312	52
80	35 687	66	3022 519	3060	3 499	54	94 377	84	87 326	40	12 913	38	44 536	52
85	37 520	64	3099 049	3138	3 172	54	94 969	84	89 046	42	14 882	40	43 760	52
90	39 352	64	3175 618	3214	2 845	52	95 561	84	90 767	40	16 852	38	42 984	50
95	41 184	64	3252 225	3290	2 519	52	96 153	84	92 487	40	18 821	36	42 209	50
2,7300	43 016	62	3328 870	3368	2 193	52	96 745	82	94 207	38	20 789	36	41 434	50
05	44 847	62	3405 554	3444	1 867	52	97 336	82	95 926	40	22 757	36	40 659	48
10	46 678	62	3482 276	3520	1 541	52	97 927	82	97 646	38	24 725	34	39 885	48
15	48 509	60	3559 036	3598	1 215	50	98 518	82	99 365	38	26 692	34	39 111	48
20	50 339	60	3635 835	3674	0 890	52	99 109	82	*01 084	36	28 659	34	38 337	46
25	52 169	60	3712 672	3750	0 564	50	99 700	80	02 802	36	30 626	32	37 564	46
30	53 999	58	3789 547	3828	0 239	50	*00 290	82	04 520	36	32 592	30	36 791	46
35	55 828	58	3866 461	3906	*9 914	50	00 881	80	06 238	36	34 557	30	36 018	44
40	57 657	58	3943 414	3982	9 589	48	01 471	78	07 956	34	36 522	30	35 246	44
45	59 486	56	4020 405	4058	9 265	50	02 060	80	09 673	36	38 487	28	34 474	44
2,7350	61 314	56	4097 434	4136	8 940	48	02 650	80	11 391	32	40 451	28	33 702	42
55	63 142	56	4174 502	4214	8 616	50	03 240	78	13 107	34	42 415	28	32 931	42
60	64 970	54	4251 609	4290	8 291	48	03 829	78	14 824	32	44 379	26	32 160	42
65	66 797	54	4328 754	4368	7 967	48	04 418	78	16 540	32	46 342	26	31 389	42
70	68 624	54	4405 938	4444	7 643	46	05 007	78	18 256	32	48 305	24	30 618	40
75	70 451	52	4483 160	4522	7 320	48	05 596	76	19 972	30	50 267	24	29 848	40
80	72 277	52	4560 421	4598	6 996	46	06 184	78	21 687	32	52 229	22	29 078	38
85	74 103	52	4637 720	4678	6 673	48	06 773	76	23 403	30	54 190	22	28 309	38
90	75 929	50	4715 059	4752	6 349	46	07 361	76	25 118	28	56 151	22	27 540	38
95	77 754	50	4792 435	4832	6 026	46	07 949	76	26 832	30	58 112	20	26 771	38
2,7400	79 579	50	4869 851	4908	5 703	44	08 537	74	28 547	28	60 072	20	26 002	36
05	81 404	48	4947 305	4986	5 381	46	09 124	76	30 261	26	62 032	18	25 234	36
10	83 228	48	5024 798	5064	5 058	44	09 712	74	31 974	28	63 991	18	24 466	34
15	85 052	48	5102 330	5142	4 736	46	10 299	74	33 688	26	65 950	18	23 699	34
20	86 876	46	5179 901	5218	4 413	44	10 886	74	35 401	26	67 909	16	22 932	34
25	88 699	46	5257 510	5296	4 091	44	11 473	74	37 114	26	69 867	16	22 165	34
30	90 522	46	5335 158	5374	3 769	44	12 060	72	38 827	24	71 825	14	21 398	32
35	92 345	44	5412 845	5452	3 447	42	12 646	72	40 539	26	73 782	14	20 632	32
40	94 167	44	5490 571	5530	3 126	44	13 232	74	42 252	22	75 739	14	19 866	30
45	95 989	44	5568 336	5606	2 804	42	13 819	70	43 963	24	77 696	12	19 101	32
2,7450	97 811	42	5646 139	5686	2 483	42	14 404	72	45 675	22	79 652	12	18 335	30
55	99 632	42	5723 982	5762	2 162	42	14 990	72	47 386	22	81 608	10	17 570	28
60	*01 453	42	5801 863	5842	1 841	42	15 576	70	49 097	22	83 563	10	16 806	30
65	03 274	40	5879 784	5918	1 520	42	16 161	70	50 808	22	85 518	08	16 041	28
70	05 094	40	5957 743	5996	1 199	40	16 746	70	52 519	20	87 472	08	15 277	26
75	06 914	40	6035 741	6076	0 879	42	17 331	70	54 229	20	89 426	08	14 514	28
80	08 734	38	6113 779	6152	0 558	40	17 916	70	55 939	18	91 380	06	13 750	26
85	10 553	38	6191 855	6232	0 238	40	18 501	68	57 648	20	93 333	06	12 987	24
90	12 372	38	6269 971	6308	**9 918	40	19 085	68	59 358	18	95 286	04	12 225	26
95	14 191	36	6348 125	6388	9 598	38	19 669	68	61 067	18	97 238	04	11 462	24
2,7500	16 009		6426 319		9 279		20 253		62 776		99 190		10 700	
	1,01	36	**15,**	15	**0,063**	−6	**1,22**	11	**1,73**	34	**1,66**	39	**0,38**	−15

x	φ	sin x		cos x		tg x		Sin x		Cos x		Tg x	
	157°	**0,3**	**−92**	**—0,92**	**−3**	**—0,4**	**11**	**7,7**	**78**	**7,8**	**77**	**0,991**	**1**
2,7500	33′ 48,″22	816 610	44	43 024	814	129 179	702	893 520	552	532 799	912	8 597	62
05	35 31,35	811 988	46	44 931	810	123 328	698	932 796	592	571 755	954	8 678	62
10	37 14,48	807 365	48	46 836	804	117 479	694	972 092	630	610 732	990	8 759	62
15	38 57,61	802 741	50	48 738	802	111 632	688	*011 407	670	649 727	*032	8 840	62
20	40 40,75	798 116	52	50 639	794	105 788	682	050 742	708	688 743	070	8 921	62
25	42 23,88	793 490	52	52 536	792	099 947	680	090 096	746	727 778	110	9 002	60
30	44 07,01	788 864	56	54 432	786	094 107	674	129 469	788	766 833	150	9 082	62
35	45 50,14	784 236	58	56 325	782	088 270	668	168 863	824	805 908	188	9 163	60
40	47 33,28	779 607	58	58 216	778	082 436	664	208 275	866	845 002	228	9 243	62
45	49 16,41	774 978	62	60 105	772	076 604	660	247 708	902	884 116	268	9 324	60
2,7550	50 59,54	770 347	62	61 991	768	070 774	654	287 159	944	923 250	306	9 404	60
55	52 42,67	765 716	66	63 875	764	064 947	650	326 631	982	962 403	346	9 484	60
60	54 25,81	761 083	66	65 757	758	059 122	646	366 122	*020	*001 576	386	9 564	60
65	56 08,94	756 450	68	67 636	754	053 299	640	405 632	062	040 769	426	9 644	60
70	57 52,07	751 816	70	69 513	750	047 479	636	445 163	098	079 982	464	9 724	60
75	59 35,20	747 181	74	71 388	746	041 661	632	484 712	140	119 214	506	9 804	60
80	*01 18,34	742 544	74	73 261	740	035 845	626	524 282	178	158 467	544	9 884	60
85	03 01,47	737 907	76	75 131	734	030 032	622	563 871	218	197 739	582	9 964	60
90	04 44,60	733 269	78	76 998	732	024 221	616	603 480	256	237 030	624	*0 044	58
95	06 27,73	728 630	80	78 864	726	018 413	614	643 108	296	276 342	664	0 123	60
2,7600	08 10,87	723 990	80	80 727	722	012 606	608	682 756	336	315 674	702	0 203	58
05	09 54,00	719 350	84	82 588	716	006 802	602	722 424	374	355 025	742	0 282	58
10	11 37,13	714 708	86	84 446	714	001 001	598	762 111	414	394 396	782	0 361	60
15	13 20,26	710 065	86	86 303	708	*995 202	594	801 818	454	433 787	822	0 441	58
20	15 03,39	705 422	90	88 157	702	989 405	590	841 545	492	473 198	862	0 520	58
25	16 46,53	700 777	92	90 008	698	983 610	584	881 291	532	512 629	900	0 599	58
30	18 29,66	696 131	92	91 857	694	977 818	580	921 057	572	552 079	942	0 678	58
35	20 12,79	691 485	94	93 704	690	972 028	576	960 843	612	591 550	980	0 757	58
40	21 55,92	686 838	96	95 549	684	966 240	570	**000 649	650	631 040	**020	0 836	58
45	23 39,06	682 190	*00	97 391	680	960 455	566	040 474	690	670 550	060	0 915	58
2,7650	25 22,19	677 540	00	99 231	676	954 672	562	080 319	730	710 080	102	0 994	56
55	27 05,32	672 890	02	*01 069	670	948 891	558	120 184	770	749 631	140	1 072	58
60	28 48,45	668 239	04	02 904	666	943 112	552	160 069	810	789 201	180	1 151	56
65	30 31,59	663 587	04	04 737	660	937 336	548	199 974	848	828 791	220	1 229	58
70	32 14,72	658 935	08	06 567	658	931 562	544	239 898	888	868 401	260	1 308	56
75	33 57,85	654 281	10	08 396	652	925 790	538	279 842	928	908 031	298	1 386	56
80	35 40,98	649 626	10	10 222	646	920 021	534	319 806	968	947 680	340	1 464	58
85	37 24,12	644 971	14	12 045	644	914 254	530	359 790	**006	987 350	380	1 543	56
90	39 07,25	640 314	14	13 867	638	908 489	526	399 793	048	**027 040	420	1 621	56
95	40 50,38	635 657	18	15 686	632	902 726	522	439 817	086	066 750	460	1 699	56
2,7700	42 33,51	630 998	18	17 502	630	896 965	516	479 860	126	106 480	500	1 777	54
05	44 16,65	626 339	20	19 317	624	891 207	512	519 923	166	146 230	540	1 854	56
10	45 59,78	621 679	22	21 129	618	885 451	506	560 006	206	186 000	580	1 932	56
15	47 42,91	617 018	24	22 938	616	879 698	504	600 109	246	225 790	620	2 010	56
20	49 26,04	612 356	26	24 746	610	873 946	498	640 232	286	265 600	660	2 088	54
25	51 09,18	607 693	26	26 551	604	868 197	494	680 375	324	305 430	700	2 165	56
30	52 52,31	603 030	30	28 353	602	862 450	490	720 537	366	345 280	742	2 243	54
35	54 35,44	598 365	30	30 154	596	856 705	486	760 720	406	385 151	780	2 320	54
40	56 18,57	593 700	34	31 952	590	850 962	480	800 923	444	425 041	822	2 397	56
45	58 01,70	589 033	34	33 747	588	845 222	476	841 145	486	464 952	860	2 475	54
2,7750	59′ 44,″84	584 366		35 541		839 484		881 388		504 882		2 552	
	158°	**0,3**	**−93**	**—0,93**	**−3**	**—0,3**	**11**	**7,9**	**80**	**8,0**	**79**	**0,992**	**1**

x	ln x		e^x		e^{-x}		arc tg x		𝔄𝔯 𝔖𝔦𝔫 x		𝔄𝔯 ℭ𝔬𝔰 x		𝔄𝔯 ℭ𝔱𝔤 x	
	1,01	**36**	**15,**	**15**	**0,063**	**−6**	**1,22**	**11**	**1,73**	**34**	**1,66**	**39**	**0,38**	**−1**
2,7500	16 009	36	6426 319	*6466*	9 279	40	20 253	68	62 776	16	99 190	04	10 700	522
05	17 827	36	6504 552	*6542*	8 959	38	20 837	68	64 484	18	*01 142	02	09 939	524
10	19 645	34	6582 823	*6622*	8 640	40	21 421	66	66 193	16	03 093	02	09 177	522
15	21 462	34	6661 134	*6702*	8 320	38	22 004	66	67 901	16	05 044	00	08 416	522
20	23 279	34	6739 485	*6778*	8 001	38	22 587	68	69 609	14	06 994	00	07 655	520
25	25 096	32	6817 874	*6856*	7 682	36	23 171	66	71 316	14	08 944	00	06 895	520
30	26 912	32	6896 302	*6936*	7 364	38	23 754	64	73 023	14	10 894	*98	06 135	520
35	28 728	32	6974 770	*7014*	7 045	36	24 336	66	74 730	14	12 843	98	05 375	520
40	30 544	30	7053 277	*7092*	6 727	38	24 919	64	76 437	12	14 792	96	04 615	518
45	32 359	30	7131 823	*7172*	6 408	36	25 501	64	78 143	12	16 740	96	03 856	518
2,7550	34 174	30	7210 409	*7250*	6 090	36	26 083	64	79 849	12	18 688	94	03 097	516
55	35 989	30	7289 034	*7328*	5 772	36	26 665	64	81 555	12	20 635	96	02 339	518
60	37 804	28	7367 698	*7408*	5 454	34	27 247	64	83 261	10	22 583	92	01 580	516
65	39 618	26	7446 402	*7484*	5 137	36	27 829	62	84 966	10	24 529	94	00 822	514
70	41 431	28	7525 144	*7566*	4 819	34	28 410	62	86 671	10	26 476	90	00 065	516
75	43 245	26	7603 927	*7642*	4 502	34	28 991	62	88 376	08	28 421	92	*99 307	512
80	45 058	26	7682 748	*7722*	4 185	34	29 572	62	90 080	08	30 367	90	98 551	514
85	46 871	24	7761 609	*7802*	3 868	34	30 153	62	91 784	08	32 312	90	97 794	514
90	48 683	24	7840 510	*7880*	3 551	34	30 734	60	93 488	08	34 257	88	97 037	512
95	50 495	24	7919 450	*7958*	3 234	32	31 314	62	95 192	06	36 201	88	96 281	510
2,7600	52 307	22	7998 429	*8038*	2 918	34	31 895	60	96 895	08	38 145	86	95 526	512
05	54 118	22	8077 448	*8118*	2 601	32	32 475	60	98 599	04	40 088	86	94 770	510
10	55 929	22	8156 507	*8196*	2 285	32	33 055	58	*00 301	06	42 031	86	94 015	510
15	57 740	22	8235 605	*8276*	1 969	32	33 634	60	02 004	04	43 974	84	93 260	508
20	59 551	20	8314 743	*8354*	1 653	32	34 214	58	03 706	04	45 916	84	92 506	508
25	61 361	18	8393 920	*8432*	1 337	30	34 793	60	05 408	04	47 858	82	91 752	508
30	63 170	20	8473 136	*8514*	1 022	32	35 373	58	07 110	02	49 799	82	90 998	506
35	64 980	18	8552 393	*8592*	0 706	30	35 952	56	08 811	04	51 740	82	90 245	508
40	66 789	18	8631 689	*8672*	0 391	30	36 530	58	10 513	02	53 681	80	89 491	506
45	68 598	16	8711 025	*8750*	0 076	30	37 109	56	12 214	00	55 621	80	88 738	504
2,7650	70 406	18	8790 400	*8830*	*9 761	30	37 687	58	13 914	02	57 561	80	87 986	504
55	72 215	14	8869 815	*8910*	9 446	28	38 266	56	15 615	00	59 501	78	87 234	504
60	74 022	16	8949 270	*8988*	9 132	30	38 844	56	17 315	00	61 440	76	86 482	504
65	75 830	14	9028 764	*9068*	8 817	28	39 422	54	19 015	*98	63 378	76	85 730	502
70	77 637	14	9108 298	*9150*	8 503	28	39 999	56	20 714	98	65 316	76	84 979	502
75	79 444	12	9187 873	*9226*	8 189	28	40 577	54	22 413	98	67 254	76	84 228	502
80	81 250	14	9267 486	*9308*	7 875	28	41 154	54	24 112	98	69 192	74	83 477	500
85	83 057	10	9347 140	*9388*	7 561	28	41 731	54	25 811	98	71 129	72	82 727	502
90	84 862	12	9426 834	*9466*	7 247	28	42 308	54	27 510	96	73 065	72	81 976	498
95	86 668	10	9506 567	*9546*	6 933	26	42 885	54	29 208	96	75 001	72	81 227	500
2,7700	88 473	10	9586 340	*9626*	6 620	26	43 462	52	30 906	96	76 937	70	80 477	498
05	90 278	10	9666 153	*9706*	6 307	26	44 038	52	32 604	94	78 872	70	79 728	498
10	92 083	08	9746 006	*9786*	5 994	26	44 614	52	34 301	94	80 807	70	78 979	496
15	93 887	08	9825 899	*9866*	5 681	26	45 190	52	35 998	94	82 742	68	78 231	496
20	95 691	06	9905 832	*9946*	5 368	26	45 766	52	37 695	92	84 676	68	77 483	496
25	97 494	08	9985 805	**0026*	5 055	24	46 342	52	39 391	94	86 610	66	76 735	496
30	99 298	06	*0065 818	*0106*	4 743	24	46 918	50	41 088	92	88 543	66	75 987	494
35	*01 101	04	0145 871	*0186*	4 431	24	47 493	50	42 784	92	90 476	66	75 240	494
40	02 903	06	0225 964	*0266*	4 119	24	48 068	50	44 480	90	92 409	64	74 493	494
45	04 706	02	0306 097	*0346*	3 807	24	48 643	50	46 175	90	94 341	64	73 746	492
	06 507		0386 270		3 495		49 218		47 870		96 273		73 000	
	1,02	**36**	**16,**	**16**	**0,062**	**−6**	**1,22**	**11**	**1,74**	**33**	**1,67**	**38**	**0,37**	**−1**

x	φ	sin x		cos x		tg x		Sin x		Cos x		Tg x	
	158°	**0,35**	−93	**—0,93**	−35	**—0,3**	11	**7,9**	80	**8,0**	79	**0,992**	1
2,7750	59′ 44,″84	84 366	36	35 541	82	839 484	472	881 388	524	504 882	902	2 552	54
55	*01 27,97	79 698	40	37 332	76	833 748	468	921 650	564	544 833	942	2 629	54
60	03 11,10	75 028	40	39 120	74	828 014	464	961 932	606	584 804	982	2 706	54
65	04 54,23	70 358	40	40 907	68	822 282	458	*002 235	644	624 795	*022	2 783	54
70	06 37,37	65 688	44	42 691	64	816 553	454	042 557	686	664 806	064	2 860	54
75	08 20,50	61 016	46	44 473	58	810 826	450	082 900	724	704 838	102	2 937	52
80	10 03,63	56 343	48	46 252	54	805 101	446	123 262	766	744 889	144	3 013	54
85	11 46,76	51 669	48	48 029	50	799 378	442	163 645	804	784 961	184	3 090	54
90	13 29,90	46 995	50	49 804	44	793 657	436	204 047	846	825 053	224	3 167	52
95	15 13,03	42 320	54	51 576	40	787 939	434	244 470	884	865 165	264	3 243	54
2,7800	16 56,16	37 643	54	53 346	36	782 222	428	284 912	926	905 297	306	3 320	52
05	18 39,29	32 966	56	55 114	30	776 508	424	325 375	966	945 450	346	3 396	52
10	20 22,43	28 288	58	56 879	26	770 796	420	365 858	*006	985 623	386	3 472	52
15	22 05,56	23 609	58	58 642	20	765 086	414	406 361	044	*025 816	426	3 548	54
20	23 48,69	18 930	62	60 402	18	759 379	412	446 883	088	066 029	468	3 625	52
25	25 31,82	14 249	62	62 161	12	753 673	406	487 427	126	106 263	506	3 701	52
30	27 14,96	09 568	66	63 917	06	747 970	404	527 990	166	146 516	550	3 777	50
35	28 58,09	04 885	66	65 670	04	742 268	398	568 573	208	186 791	588	3 852	52
40	30 41,22	00 202	68	67 422	*98	736 569	394	609 177	246	227 085	630	3 928	52
45	32 24,35	*95 518	70	69 171	92	730 872	390	649 800	288	267 400	670	4 004	52
2,7850	34 07,49	90 833	72	70 917	88	725 177	386	690 444	328	307 735	710	4 080	50
55	35 50,62	86 147	74	72 661	84	719 484	380	731 108	368	348 090	752	4 155	52
60	37 33,75	81 460	76	74 403	80	713 794	378	771 792	408	388 466	792	4 231	50
65	39 16,88	76 772	76	76 143	74	708 105	372	812 496	450	428 862	832	4 306	52
70	41 00,02	72 084	78	77 880	70	702 419	370	853 221	490	469 278	874	4 382	50
75	42 43,15	67 395	82	79 615	64	696 734	364	893 966	530	509 715	914	4 457	50
80	44 26,28	62 704	82	81 347	62	691 052	360	934 731	570	550 172	956	4 532	50
85	46 09,41	58 013	84	83 078	54	685 372	356	975 516	610	590 650	996	4 607	50
90	47 52,54	53 321	86	84 805	52	679 694	352	**016 321	652	631 148	**036	4 682	50
95	49 35,68	48 628	86	86 531	46	674 018	348	057 147	692	671 666	078	4 757	50
2,7900	51 18,81	43 935	90	88 254	42	668 344	344	097 993	732	712 205	118	4 832	50
05	53 01,94	39 240	90	89 975	36	662 672	338	138 859	774	752 764	160	4 907	50
10	54 45,07	34 545	94	91 693	32	657 003	336	179 746	814	793 344	200	4 982	50
15	56 28,21	29 848	94	93 409	28	651 335	332	220 653	854	833 944	242	5 057	48
20	58 11,34	25 151	96	95 123	24	645 669	326	261 580	894	874 565	282	5 131	50
25	59 54,47	20 453	98	96 835	18	640 006	324	302 527	936	915 206	322	5 206	48
30	**01 37,60	15 754	98	98 544	12	634 344	318	343 495	976	955 867	364	5 280	50
35	03 20,74	11 055	*02	*00 250	10	628 685	314	384 483	**016	996 549	406	5 355	48
40	05 03,87	06 354	02	01 955	04	623 028	312	425 491	058	**037 252	446	5 429	48
45	06 47,00	01 653	04	03 657	**98	617 372	306	466 520	098	077 975	486	5 503	48
2,7950	08 30,13	**96 951	08	05 356	96	611 719	302	507 569	140	118 718	528	5 577	50
55	10 13,27	92 247	08	07 054	90	606 068	298	548 639	180	159 482	570	5 652	48
60	11 56,40	87 543	08	08 749	84	600 419	294	589 729	220	200 267	610	5 726	48
65	13 39,53	82 839	12	10 441	80	594 772	290	630 839	262	241 072	652	5 800	46
70	15 22,66	78 133	12	12 131	76	589 127	288	671 970	302	281 898	692	5 873	48
75	17 05,80	73 427	16	13 819	72	583 483	282	713 121	344	322 744	734	5 947	48
80	18 48,93	68 719	16	15 505	66	577 842	278	754 293	384	363 611	774	6 021	48
85	20 32,06	64 011	18	17 188	62	572 203	274	795 485	424	404 498	816	6 095	46
90	22 15,19	59 302	20	18 869	56	566 566	270	836 697	466	445 406	858	6 168	48
95	23 58,33	54 592	20	20 547	52	560 931	266	877 930	508	486 335	898	6 242	46
2,8000	25′ 41,″46	49 882		22 223		555 298		919 184		527 284		6 315	
	160°	**0,33**	−94	**—0,94**	−33	**—0,3**	11	**8,1**	82	**8,2**	81	**0,992**	1

x	ln x		e^x		e^{-x}		arc tg x		𝔄𝔯 𝔖𝔦𝔫 x		𝔄𝔯 ℭ𝔬𝔣 x		𝔄𝔯 ℭ𝔱𝔤 x	
	1,02	**36**	**16,**	**16**	**0,062**	**−6**	**1,22**	**11**	**1,74**	**33**	**1,67**	**38**	**0,37**	**−14**
2,7750	06 507	04	0386 270	*0426*	3 495	24	49 218	48	47 870	90	96 273	62	73 000	92
55	08 309	02	0466 483	*0506*	3 183	22	49 792	50	49 565	90	98 204	62	72 254	92
60	10 110	02	0546 736	*0588*	2 872	24	50 367	48	51 260	88	*00 135	62	71 508	90
65	11 911	02	0627 030	*0666*	2 560	22	50 941	48	52 954	90	02 066	60	70 763	92
70	13 712	00	0707 363	*0748*	2 249	22	51 515	48	54 649	86	03 996	60	70 017	88
75	15 512	00	0787 737	*0828*	1 938	22	52 089	46	56 342	88	05 926	58	69 273	90
80	17 312	00	0868 151	*0908*	1 627	22	52 662	48	58 036	86	07 855	58	68 528	88
85	19 112	00	0948 605	*0990*	1 316	20	53 236	46	59 729	86	09 784	58	67 784	88
90	20 912	*98	1029 100	*1070*	1 006	22	53 809	46	61 422	86	11 713	56	67 040	88
95	22 711	96	1109 635	*1148*	0 695	20	54 382	46	63 115	86	13 641	56	66 296	86
2,7800	24 509	98	1190 209	*1232*	0 385	20	54 955	46	64 808	84	15 569	54	65 553	86
05	26 308	96	1270 825	*1310*	0 075	20	55 528	46	66 500	84	17 496	54	64 810	84
10	28 106	96	1351 480	*1392*	*9 765	20	56 101	44	68 192	84	19 423	54	64 068	86
15	29 904	94	1432 176	*1472*	9 455	18	56 673	44	69 884	82	21 350	52	63 325	84
20	31 701	94	1512 912	*1554*	9 146	20	57 245	44	71 575	82	23 276	52	62 583	84
25	33 498	94	1593 689	*1634*	8 836	18	57 817	44	73 266	82	25 202	50	61 841	82
30	35 295	92	1674 506	*1716*	8 527	18	58 389	44	74 957	82	27 127	50	61 100	82
35	37 091	92	1755 364	*1796*	8 218	20	58 961	42	76 648	80	29 052	50	60 359	82
40	38 887	92	1836 262	*1876*	7 908	16	59 532	42	78 338	82	30 977	48	59 618	80
45	40 683	92	1917 200	*1958*	7 600	18	60 103	44	80 029	78	32 901	48	58 878	82
2,7850	42 479	90	1998 179	*2038*	7 291	18	60 675	40	81 718	80	34 825	46	58 137	80
55	44 274	90	2079 198	*2120*	6 982	16	61 245	42	83 408	78	36 748	46	57 397	78
60	46 069	88	2160 258	*2200*	6 674	16	61 816	42	85 097	78	38 671	46	56 658	78
65	47 863	88	2241 358	*2282*	6 366	16	62 387	40	86 786	78	40 594	44	55 919	78
70	49 657	88	2322 499	*2364*	6 058	16	62 957	40	88 475	78	42 516	44	55 180	78
75	51 451	88	2403 681	*2444*	5 750	16	63 527	40	90 164	76	44 438	42	54 441	78
80	53 245	86	2484 903	*2526*	5 442	16	64 097	40	91 852	76	46 359	42	53 702	76
85	55 038	86	2566 166	*2606*	5 134	14	64 667	40	93 540	74	48 280	42	52 964	74
90	56 831	86	2647 469	*2688*	4 827	16	65 237	38	95 227	76	50 201	40	52 227	76
95	58 624	84	2728 813	*2770*	4 519	14	65 806	40	96 915	74	52 121	40	51 489	74
2,7900	60 416	84	2810 198	*2850*	4 212	14	66 376	38	98 602	74	54 041	40	50 752	74
05	62 208	84	2891 623	*2934*	3 905	14	66 945	38	*00 289	74	55 961	38	50 015	72
10	64 000	82	2973 090	*3014*	3 598	12	67 514	38	01 976	72	57 880	36	49 279	74
15	65 791	82	3054 597	*3094*	3 292	14	68 083	36	03 662	72	59 798	38	48 542	72
20	67 582	82	3136 144	*3178*	2 985	12	68 651	38	05 348	72	61 717	34	47 806	70
25	69 373	80	3217 733	*3258*	2 679	14	69 220	36	07 034	70	63 634	36	47 071	72
30	71 163	80	3299 362	*3340*	2 372	12	69 788	36	08 719	72	65 552	34	46 335	70
35	72 953	80	3381 032	*3422*	2 066	12	70 356	36	10 405	70	67 469	34	45 600	68
40	74 743	78	3462 743	*3504*	1 760	12	70 924	34	12 090	68	69 386	32	44 866	70
45	76 532	78	3544 495	*3586*	1 454	10	71 491	36	13 774	70	71 302	32	44 131	68
2,7950	78 321	78	3626 288	*3666*	1 149	12	72 059	34	15 459	68	73 218	30	43 397	68
55	80 110	76	3708 121	*3750*	0 843	10	72 626	34	17 143	68	75 133	32	42 663	66
60	81 898	76	3789 996	*3830*	0 538	10	73 193	34	18 827	68	77 049	28	41 930	68
65	83 686	76	3871 911	*3914*	0 233	10	73 760	34	20 511	66	78 963	30	41 196	66
70	85 474	76	3953 868	*3994*	**9 928	10	74 327	34	22 194	66	80 878	28	40 463	64
75	87 262	74	4035 865	*4076*	9 623	10	74 894	32	23 877	66	82 792	26	39 731	66
80	89 049	74	4117 903	*4160*	9 318	10	75 460	32	25 560	66	84 705	26	38 998	64
85	90 836	72	4199 983	*4240*	9 013	08	76 026	32	27 243	64	86 618	26	38 266	62
90	92 622	72	4282 103	*4324*	8 709	08	76 592	32	28 925	64	88 531	26	37 535	64
95	94 408	72	4364 265	*4406*	8 405	08	77 158	32	30 607	64	90 444	22	36 803	62
2,8000	96 194		4446 468		8 101		77 724		32 289		92 355		36 072	
	1,02	**35**	**16,**	**16**	**0,060**	**−6**	**1,22**	**11**	**1,75**	**33**	**1,68**	**38**	**0,37**	**−14**

x	φ	sin x		cos x		tg x		Sin x		Cos x		Tg x	
	160°	**0,33**	−94	**—0,94**	−33	**—0,3**	11	**8,**	82	**8,2**	81	**0,992**	1
2,8000	25′ 41,″46	49 882	24	22 223	48	555 298	262	1919 184	546	527 284	940	6 315	48
05	27 24,59	45 170	24	23 897	44	549 667	258	1960 457	590	568 254	982	6 389	46
10	29 07,72	40 458	28	25 569	38	544 038	254	2001 752	630	609 245	*022	6 462	46
15	30 50,85	35 744	28	27 238	32	538 411	250	2043 067	670	650 256	064	6 535	46
20	32 33,99	31 030	30	28 904	30	532 786	246	2084 402	712	691 288	104	6 608	46
25	34 17,12	26 315	30	30 569	24	527 163	242	2125 758	752	732 340	146	6 681	46
30	36 00,25	21 600	34	32 231	18	521 542	238	2167 134	794	773 413	188	6 754	46
35	37 43,38	16 883	34	33 890	16	515 923	234	2208 531	836	814 507	230	6 827	46
40	39 26,52	12 166	36	35 548	08	510 306	230	2249 949	876	855 622	270	6 900	46
45	41 09,65	07 448	38	37 202	06	504 691	226	2291 387	918	896 757	312	6 973	46
2,8050	42 52,78	02 729	40	38 855	00	499 078	222	2332 846	958	937 913	354	7 046	44
55	44 35,91	*98 009	42	40 505	*96	493 467	220	2374 325	*000	979 090	396	7 118	46
60	46 19,05	93 288	42	42 153	90	487 857	214	2415 825	040	*020 288	436	7 191	44
65	48 02,18	88 567	46	43 798	88	482 250	210	2457 345	082	061 506	478	7 263	46
70	49 45,31	83 844	46	45 442	80	476 645	208	2498 886	124	102 745	520	7 336	44
75	51 28,44	79 121	48	47 082	78	471 041	202	2540 448	164	144 005	562	7 408	46
80	53 11,58	74 397	48	48 721	72	465 440	200	2582 030	206	185 286	602	7 481	44
85	54 54,71	69 673	52	50 357	66	459 840	194	2623 633	248	226 587	644	7 553	44
90	56 37,84	64 947	52	51 990	64	454 243	192	2665 257	288	267 909	686	7 625	44
95	58 20,97	60 221	56	53 622	58	448 647	188	2706 901	330	309 252	728	7 697	44
2,8100	*00 04,11	55 493	56	55 251	52	443 053	182	2748 566	372	350 616	770	7 769	44
05	01 47,24	50 765	58	56 877	48	437 462	180	2790 252	412	392 001	810	7 841	44
10	03 30,37	46 036	58	58 501	44	431 872	176	2831 958	454	433 406	854	7 913	44
15	05 13,50	41 307	62	60 123	40	426 284	172	2873 685	496	474 833	894	7 985	42
20	06 56,64	36 576	62	61 743	34	420 698	168	2915 433	536	516 280	936	8 056	44
25	08 39,77	31 845	64	63 360	28	415 114	164	2957 201	580	557 748	978	8 128	44
30	10 22,90	27 113	66	64 974	26	409 532	162	2998 991	620	599 237	**020	8 200	42
35	12 06,03	22 380	68	66 587	20	403 951	156	3040 801	660	640 747	062	8 271	42
40	13 49,16	17 646	68	68 197	14	398 373	154	3082 631	704	682 278	104	8 342	44
45	15 32,30	12 912	70	69 804	12	392 796	148	3124 483	744	723 830	144	8 414	42
2,8150	17 15,43	08 177	74	71 410	06	387 222	146	3166 355	786	765 402	188	8 485	42
55	18 58,56	03 440	72	73 013	00	381 649	142	3208 248	828	806 996	230	8 556	44
60	20 41,69	**98 704	76	74 613	**96	376 078	138	3250 162	870	848 611	270	8 628	42
65	22 24,83	93 966	78	76 211	92	370 509	134	3292 097	912	890 246	314	8 699	42
70	24 07,96	89 227	78	77 807	88	364 942	130	3334 053	952	931 903	354	8 770	42
75	25 51,09	84 488	80	79 401	82	359 377	126	3376 029	994	973 580	398	8 841	40
80	27 34,22	79 748	82	80 992	76	353 814	124	3418 026	**036	**015 279	438	8 911	42
85	29 17,36	75 007	84	82 580	74	348 252	118	3460 044	078	056 998	482	8 982	42
90	31 00,49	70 265	84	84 167	68	342 693	116	3502 083	120	098 739	522	9 053	42
95	32 43,62	65 523	86	85 751	62	337 135	112	3544 143	162	140 500	566	9 124	40
2,8200	34 26,75	60 780	88	87 332	58	331 579	108	3586 224	202	182 283	608	9 194	42
05	36 09,89	56 036	90	88 911	54	326 025	104	3628 325	246	224 087	648	9 265	40
10	37 53,02	51 291	92	90 488	50	320 473	102	3670 448	286	265 911	692	9 335	42
15	39 36,15	46 545	92	92 063	44	314 922	096	3712 591	328	307 757	734	9 406	40
20	41 19,28	41 799	96	93 635	38	309 374	094	3754 755	372	349 624	776	9 476	40
25	43 02,42	37 051	96	95 204	36	303 827	090	3796 941	412	391 512	818	9 546	40
30	44 45,55	32 303	96	96 772	30	298 282	086	3839 147	454	433 421	860	9 616	40
35	46 28,68	27 555	*00	98 337	24	292 739	082	3881 374	496	475 351	902	9 686	40
40	48 11,81	22 805	00	99 899	22	287 198	078	3923 622	540	517 302	946	9 756	40
45	49 54,95	18 055	02	*01 460	14	281 659	076	3965 892	580	559 275	986	9 826	40
2,8250	51′ 38,″08	13 304		03 017		276 121		4008 182		601 268		9 896	
	161°	**0,31**	−95	**—0,95**	−31	**—0,3**	11	**8,**	84	**8,4**	83	**0,992**	1

x	$\ln x$		e^x		e^{-x}		arc tg x		Ar Sin x		Ar Cos x		Ar Ctg x	
	1,02	**35**	**16,**	**16**	**0,060**		**1,22**	**11**	**1,75**	**33**	**1,68**	**38**	**0,37**	**−14**
2,8000	96 194	72	4446 468	*4488*	8 101	−608	77 724	30	32 289	64	92 355	24	36 072	62
05	97 980	70	4528 712	*4568*	7 797	−608	78 289	32	33 971	62	94 267	22	35 341	60
10	99 765	70	4610 996	*4654*	7 493	−608	78 855	30	35 652	62	96 178	22	34 611	62
15	*01 550	68	4693 323	*4734*	7 189	−606	79 420	30	37 333	62	98 089	22	33 880	60
20	03 334	70	4775 690	*4816*	6 886	−608	79 985	30	39 014	60	*00 000	20	33 150	58
25	05 119	68	4858 098	*4900*	6 582	−606	80 550	28	40 694	60	01 910	18	32 421	60
30	06 903	66	4940 548	*4982*	6 279	−606	81 114	30	42 374	60	03 819	20	31 691	58
35	08 686	68	5023 039	*5064*	5 976	−606	81 679	28	44 054	60	05 729	16	30 962	56
40	10 470	66	5105 571	*5146*	5 673	−606	82 243	28	45 734	58	07 637	18	30 234	58
45	12 253	64	5188 144	*5230*	5 370	−604	82 807	28	47 413	60	09 546	16	29 505	56
2,8050	14 035	66	5270 759	*5312*	5 068	−606	83 371	28	49 093	56	11 454	16	28 777	56
55	15 818	64	5353 415	*5394*	4 765	−604	83 935	26	50 771	58	13 362	14	28 049	54
60	17 600	64	5436 112	*5478*	4 463	−604	84 498	28	52 450	56	15 269	14	27 322	56
65	19 382	62	5518 851	*5560*	4 161	−604	85 062	26	54 128	56	17 176	12	26 594	54
70	21 163	62	5601 631	*5644*	3 859	−604	85 625	26	55 806	56	19 082	14	25 867	52
75	22 944	62	5684 453	*5726*	3 557	−604	86 188	26	57 484	56	20 989	10	25 141	54
80	24 725	60	5767 316	*5808*	3 255	−602	86 751	24	59 162	54	22 894	12	24 414	52
85	26 505	60	5850 220	*5892*	2 954	−604	87 313	26	60 839	54	24 800	10	23 688	52
90	28 285	60	5933 166	*5974*	2 652	−602	87 876	24	62 516	54	26 705	08	22 962	50
95	30 065	60	6016 153	*6058*	2 351	−602	88 438	24	64 193	52	28 609	08	22 237	50
2,8100	31 845	58	6099 182	*6142*	2 050	−602	89 000	24	65 869	54	30 513	08	21 512	50
05	33 624	58	6182 253	*6222*	1 749	−602	89 562	24	67 546	52	32 417	08	20 787	50
10	35 403	56	6265 364	*6308*	1 448	−600	90 124	24	69 222	50	34 321	06	20 062	48
15	37 181	58	6348 518	*6390*	1 148	−602	90 686	22	70 897	52	36 224	04	19 338	48
20	38 960	56	6431 713	*6474*	0 847	−600	91 247	22	72 573	50	38 126	06	18 614	48
25	40 738	54	6514 950	*6556*	0 547	−602	91 808	22	74 248	50	40 029	02	17 890	46
30	42 515	56	6598 228	*6640*	0 246	−600	92 369	22	75 923	50	41 930	04	17 167	46
35	44 293	54	6681 548	*6722*	*9 946	−598	92 930	22	77 598	48	43 832	02	16 444	46
40	46 070	52	6764 909	*6808*	9 647	−600	93 491	22	79 272	48	45 733	02	15 721	46
45	47 846	54	6848 313	*6890*	9 347	−600	94 052	20	80 946	48	47 634	00	14 998	44
2,8150	49 623	52	6931 758	*6974*	9 047	−598	94 612	20	82 620	48	49 534	00	14 276	44
55	51 399	50	7015 245	*7056*	8 748	−600	95 172	20	84 294	46	51 434	00	13 554	44
60	53 174	52	7098 773	*7140*	8 448	−598	95 732	20	85 967	46	53 334	*98	12 832	42
65	54 950	50	7182 343	*7224*	8 149	−598	96 292	20	87 640	46	55 233	98	12 111	42
70	56 725	50	7265 955	*7308*	7 850	−598	96 852	18	89 313	44	57 132	96	11 390	42
75	58 500	48	7349 609	*7392*	7 551	−596	97 411	18	90 985	46	59 030	96	10 669	40
80	60 274	48	7433 305	*7476*	7 253	−598	97 970	20	92 658	44	60 928	96	09 949	42
85	62 048	48	7517 043	*7558*	6 954	−596	98 530	16	94 330	42	62 826	94	09 228	38
90	63 822	48	7600 822	*7642*	6 656	−596	99 088	18	96 001	44	64 723	94	08 509	40
95	65 596	46	7684 643	*7728*	6 358	−598	99 647	18	97 673	42	66 620	92	07 789	38
2,8200	67 369	46	7768 507	*7810*	6 059	−596	*00 206	16	99 344	42	68 516	92	07 070	38
05	69 142	44	7852 412	*7894*	5 761	−594	00 764	18	*01 015	42	70 412	92	06 351	38
10	70 914	46	7936 359	*7978*	5 464	−596	01 323	16	02 686	40	72 308	90	05 632	38
15	72 687	44	8020 348	*8062*	5 166	−596	01 881	14	04 356	40	74 203	90	04 913	36
20	74 459	42	8104 379	*8148*	4 868	−594	02 438	16	06 026	40	76 098	90	04 195	36
25	76 230	42	8188 453	*8230*	4 571	−594	02 996	16	07 696	40	77 993	88	03 477	34
30	78 001	44	8272 568	*8314*	4 274	−594	03 554	14	09 366	38	79 887	88	02 760	34
35	79 773	40	8356 725	*8400*	3 977	−594	04 111	14	11 035	38	81 781	86	02 043	34
40	81 543	42	8440 925	*8482*	3 680	−594	04 668	14	12 704	38	83 674	86	01 326	34
45	83 314	40	8525 166	*8568*	3 383	−592	05 225	14	14 373	38	85 567	86	00 609	34
2,8250	85 084		8609 450		3 087		05 782		16 042		87 460		*99 892	
	1,03	**35**	**16,**	**16**	**0,059**		**1,23**	**11**	**1,76**	**33**	**1,69**	**37**	**0,36**	**−14**

x	φ	sin x		cos x		tg x		Sin x		Cos x		Tg x	
	161°	**0,3**	**−95**	**−0,95**	**−3**	**−0,32**	**11**	**8,4**	**84**	**8,4**	**84**	**0,992**	**1**
2,8250	51′ 38,″08	113 304	04	03 017	112	76 121	072	008 182	622	601 268	030	9 896	40
55	53 21,21	108 552	06	04 573	106	70 585	066	050 493	664	643 283	072	9 966	40
60	55 04,34	103 799	06	06 126	102	65 052	066	092 825	706	685 319	114	*0 036	40
65	56 47,47	099 046	10	07 677	096	59 519	060	135 178	748	727 376	156	0 106	38
70	58 30,61	094 291	10	09 225	092	53 989	056	177 552	792	769 454	198	0 175	40
75	*00 13,74	089 536	10	10 771	088	48 461	054	219 948	832	811 553	242	0 245	38
80	01 56,87	084 781	14	12 315	082	42 934	050	262 364	874	853 674	284	0 314	40
85	03 40,00	080 024	14	13 856	078	37 409	046	304 801	918	895 816	326	0 384	38
90	05 23,14	075 267	16	15 395	072	31 886	044	347 260	958	937 979	368	0 453	38
95	07 06,27	070 509	18	16 931	068	26 364	038	389 739	*002	980 163	410	0 522	38
2,8300	08 49,40	065 750	20	18 465	064	20 845	036	432 240	044	*022 368	454	0 591	40
05	10 32,53	060 990	20	19 997	058	15 327	032	474 762	084	064 595	496	0 661	38
10	12 15,67	056 230	22	21 526	054	09 811	028	517 304	128	106 843	538	0 730	38
15	13 58,80	051 469	24	23 053	050	04 297	026	559 868	172	149 112	582	0 799	38
20	15 41,93	046 707	26	24 578	044	*98 784	022	602 454	212	191 403	624	0 868	36
25	17 25,06	041 944	26	26 100	038	93 273	018	645 060	254	233 715	666	0 936	38
30	19 08,20	037 181	28	27 619	036	87 764	014	687 687	298	276 048	710	1 005	38
35	20 51,33	032 417	30	29 137	030	82 257	010	730 336	340	318 403	750	1 074	38
40	22 34,46	027 652	32	30 652	026	76 752	008	773 006	382	360 778	796	1 143	36
45	24 17,59	022 886	34	32 165	020	71 248	004	815 697	424	403 176	836	1 211	38
2,8350	26 00,73	018 119	34	33 675	016	65 746	000	858 409	466	445 594	880	1 280	36
55	27 43,86	013 352	36	35 183	010	60 246	*998	901 142	510	488 034	922	1 348	36
60	29 26,99	008 584	36	36 688	006	54 747	992	943 897	552	530 495	966	1 416	38
65	31 10,12	003 816	40	38 191	002	49 251	990	986 673	594	572 978	*008	1 485	36
70	32 53,26	*999 046	40	39 692	*996	43 756	988	*029 470	636	615 482	050	1 553	36
75	34 36,39	994 276	42	41 190	992	38 262	982	072 288	680	658 007	094	1 621	36
80	36 19,52	989 505	44	42 686	988	32 771	980	115 128	722	700 554	138	1 689	36
85	38 02,65	984 733	44	44 180	982	27 281	976	157 989	764	743 123	178	1 757	36
90	39 45,78	979 961	48	45 671	978	21 793	974	200 871	808	785 712	222	1 825	36
95	41 28,92	975 187	46	47 160	972	16 306	968	243 775	848	828 323	266	1 893	36
2,8400	43 12,05	970 414	50	48 646	968	10 822	966	286 699	892	870 956	308	1 961	36
05	44 55,18	965 639	52	50 130	964	05 339	964	329 645	936	913 610	352	2 029	36
10	46 38,31	960 863	52	51 612	958	**99 857	958	372 613	978	956 286	394	2 097	34
15	48 21,45	956 087	54	53 091	954	94 378	956	415 602	**020	998 983	436	2 164	36
20	50 04,58	951 310	54	54 568	948	88 900	952	458 612	062	**041 701	480	2 232	34
25	51 47,71	946 533	58	56 042	944	83 424	950	501 643	106	084 441	524	2 299	36
30	53 30,84	941 754	58	57 514	940	77 949	946	544 696	150	127 203	566	2 367	34
35	55 13,98	936 975	60	58 984	934	72 476	942	587 771	190	169 986	610	2 434	34
40	56 57,11	932 195	60	60 451	930	67 005	938	630 866	234	212 791	652	2 501	36
45	58 40,24	927 415	64	61 916	926	61 536	936	673 983	278	255 617	696	2 569	34
2,8450	**00 23,37	922 633	64	63 379	920	56 068	932	717 122	320	298 465	738	2 636	34
55	02 06,51	917 851	64	64 839	916	50 602	930	760 282	362	341 334	782	2 703	34
60	03 49,64	913 069	68	66 297	910	45 137	926	803 463	406	384 225	824	2 770	34
65	05 32,77	908 285	68	67 752	906	39 674	922	846 666	448	427 137	870	2 837	34
70	07 15,90	903 501	70	69 205	902	34 213	918	889 890	492	470 072	910	2 904	34
75	08 59,04	898 716	72	70 656	896	28 754	916	933 136	536	513 027	956	2 971	32
80	10 42,17	893 930	72	72 104	890	23 296	912	976 404	576	556 005	998	3 037	34
85	12 25,30	889 144	74	73 549	888	17 840	910	**019 692	622	599 004	**040	3 104	34
90	14 08,43	884 357	76	74 993	882	12 385	906	063 003	662	642 024	086	3 171	32
95	15 51,57	879 569	78	76 434	876	06 932	902	106 334	708	685 067	128	3 237	34
2,8500	17′ 34,″70	874 780		77 872		01 481		149 688		728 131		3 304	
	163°	**0,2**	**−95**	**−0,95**	**−2**	**−0,30**	**10**	**8,6**	**86**	**8,6**	**86**	**0,993**	**1**

x	ln x		e^x		e^{-x}		arc tg x		Ar Sin x		Ar Cos x		Ar Ctg x	
	1,03	35	**16,**	16	**0,059**	−5	**1,23**	1	**1,76**	33	**1,69**	37	**0,36**	−14
2,8250	85 084	38	8609 450	*8652*	3 087	94	05 782	114	16 042	36	87 460	84	99 892	32
55	86 853	40	8693 776	*8736*	2 790	92	06 339	112	17 710	36	89 352	84	99 176	32
60	88 623	38	8778 144	*8820*	2 494	92	06 895	114	19 378	36	91 244	82	98 460	30
65	90 392	38	8862 554	*8904*	2 198	92	07 452	112	21 046	36	93 135	82	97 745	30
70	92 161	36	8947 006	*8990*	1 902	92	08 008	112	22 714	34	95 026	82	97 030	30
75	93 929	36	9031 501	*9074*	1 606	92	08 564	112	24 381	34	96 917	82	96 315	30
80	95 697	36	9116 038	*9158*	1 310	92	09 120	110	26 048	34	98 808	80	95 600	28
85	97 465	36	9200 617	*9242*	1 014	90	09 675	112	27 715	32	*00 698	78	94 886	28
90	99 233	34	9285 238	*9328*	0 719	90	10 231	110	29 381	32	02 587	78	94 172	28
95	*01 000	34	9369 902	*9412*	0 424	90	10 786	110	31 047	32	04 476	78	93 458	28
2,8300	02 767	34	9454 608	*9498*	0 129	90	11 341	110	32 713	32	06 365	78	92 744	26
05	04 534	32	9539 357	*9582*	*9 834	90	11 896	110	34 379	32	08 254	76	92 031	26
10	06 300	32	9624 148	*9666*	9 539	90	12 451	108	36 045	30	10 142	74	91 318	26
15	08 066	32	9708 981	*9752*	9 244	90	13 005	110	37 710	30	12 029	76	90 605	24
20	09 832	30	9793 857	*9836*	8 949	88	13 560	108	39 375	28	13 917	72	89 893	24
25	11 597	30	9878 775	*9920*	8 655	88	14 114	108	41 039	30	15 803	74	89 181	24
30	13 362	30	9963 735	**0006*	8 361	88	14 668	108	42 704	28	17 690	72	88 469	22
35	15 127	28	*0048 738	*0092*	8 067	88	15 222	106	44 368	28	19 576	72	87 758	24
40	16 891	30	0133 784	*0176*	7 773	88	15 775	108	46 032	26	21 462	70	87 046	22
45	18 656	26	0218 872	*0262*	7 479	88	16 329	106	47 695	28	23 347	70	86 335	20
2,8350	20 419	28	0304 003	*0346*	7 185	86	16 882	106	49 359	26	25 232	70	85 625	22
55	22 183	26	0389 176	*0432*	6 892	88	17 435	106	51 022	26	27 117	68	84 914	20
60	23 946	26	0474 392	*0518*	6 598	86	17 988	106	52 685	24	29 001	68	84 204	18
65	25 709	26	0559 651	*0602*	6 305	86	18 541	106	54 347	26	30 885	68	83 495	20
70	27 472	24	0644 952	*0688*	6 012	86	19 094	104	56 010	24	32 769	66	82 785	18
75	29 234	24	0730 296	*0772*	5 719	86	19 646	106	57 672	22	34 652	64	82 076	18
80	30 996	22	0815 682	*0858*	5 426	84	20 199	104	59 333	24	36 534	66	81 367	18
85	32 757	24	0901 111	*0944*	5 134	86	20 751	104	60 995	22	38 417	64	80 658	16
90	34 519	22	0986 583	*1030*	4 841	84	21 303	104	62 656	22	40 299	62	79 950	16
95	36 280	22	1072 098	*1114*	4 549	84	21 855	102	64 317	22	42 180	62	79 242	16
2,8400	38 041	20	1157 655	*1202*	4 257	84	22 406	104	65 978	20	44 061	62	78 534	16
05	39 801	20	1243 256	*1286*	3 965	84	22 958	102	67 638	22	45 942	62	77 826	14
10	41 561	20	1328 899	*1372*	3 673	84	23 509	102	69 299	20	47 823	60	77 119	14
15	43 321	18	1414 585	*1456*	3 381	84	24 060	102	70 959	18	49 703	60	76 412	12
20	45 080	18	1500 313	*1544*	3 089	82	24 611	102	72 618	20	51 583	58	75 706	14
25	46 839	18	1586 085	*1628*	2 798	82	25 162	100	74 278	18	53 462	58	74 999	12
30	48 598	18	1671 899	*1716*	2 507	84	25 712	102	75 937	18	55 341	56	74 293	12
35	50 357	16	1757 757	*1800*	2 215	82	26 263	100	77 596	18	57 219	58	73 587	10
40	52 115	16	1843 657	*1886*	1 924	82	26 813	100	79 255	16	59 098	54	72 882	10
45	53 873	16	1929 600	*1974*	1 633	80	27 363	100	80 913	16	60 975	56	72 177	10
2,8450	55 631	14	2015 587	*2058*	1 343	82	27 913	100	82 571	16	62 853	54	71 472	10
55	57 388	14	2101 616	*2144*	1 052	80	28 463	098	84 229	16	64 730	54	70 767	08
60	59 145	14	2187 688	*2232*	0 762	82	29 012	100	85 887	14	66 607	52	70 063	10
65	60 902	12	2273 804	*2316*	0 471	80	29 562	098	87 544	14	68 483	52	69 358	06
70	62 658	12	2359 962	*2404*	0 181	80	30 111	098	89 201	14	70 359	50	68 655	08
75	64 414	12	2446 164	*2488*	**9 891	80	30 660	098	90 858	14	72 234	52	67 951	06
80	66 170	10	2532 408	*2576*	9 601	78	31 209	098	92 515	12	74 110	48	67 248	06
85	67 925	12	2618 696	*2662*	9 312	80	31 758	096	94 171	12	75 984	50	66 545	06
90	69 681	08	2705 027	*2748*	9 022	78	32 306	096	95 827	12	77 859	48	65 842	04
95	71 435	10	2791 401	*2834*	8 733	80	32 854	098	97 483	12	79 733	48	65 140	04
2,8500	73 190		2877 818		8 443		33 403		99 139		81 607		64 438	
	1,04	35	**17,**	17	**0,057**	−5	**1,23**	1	**1,76**	33	**1,70**	37	**0,36**	−14

x	φ	sin x		cos x		tg x		Sin x		Cos x		Tg x	
	163°	0,28	−95	—0,95	−28	—0,3	10	8,6	86	8,6	86	0,993	1
2,8500	17′ 34″,70	74 780	78	77 872	74	001 481	900	149 688	748	728 131	170	3 304	32
05	19 17,83	69 991	80	79 309	66	*996 031	896	193 062	794	771 216	216	3 370	34
10	21 00,96	65 201	82	80 742	64	990 583	892	236 459	836	814 324	258	3 437	32
15	22 44,10	60 410	82	82 174	58	985 137	890	279 877	878	857 453	302	3 503	32
20	24 27,23	55 619	86	83 603	52	979 692	886	323 316	922	900 604	344	3 569	32
25	26 10,36	50 826	84	85 029	50	974 249	882	366 777	966	943 776	390	3 635	34
30	27 53,49	46 034	88	86 454	42	968 808	880	410 260	*008	986 971	432	3 702	32
35	29 36,62	41 240	88	87 875	40	963 368	878	453 764	052	*030 187	474	3 768	32
40	31 19,76	36 446	90	89 295	34	957 929	872	497 290	096	073 424	520	3 834	30
45	33 02,89	31 651	92	90 712	28	952 493	870	540 838	138	116 684	562	3 899	32
2,8550	34 46,02	26 855	92	92 126	26	947 058	868	584 407	182	159 965	606	3 965	32
55	36 29,15	22 059	96	93 539	20	941 624	864	627 998	224	203 268	650	4 031	32
60	38 12,29	17 261	94	94 949	14	936 192	860	671 610	268	246 593	694	4 097	30
65	39 55,42	12 464	98	96 356	10	930 762	858	715 244	312	289 940	736	4 162	32
70	41 38,55	07 665	98	97 761	06	925 333	854	758 900	356	333 308	782	4 228	32
75	43 21,68	02 866	*00	99 164	00	919 906	850	802 578	398	376 699	824	4 294	30
80	45 04,82	*98 066	02	*00 564	*96	914 481	848	846 277	442	420 111	868	4 359	30
85	46 47,95	93 265	02	01 962	90	909 057	844	889 998	484	463 545	912	4 424	32
90	48 31,08	88 464	04	03 357	86	903 635	842	933 740	530	507 001	956	4 490	30
95	50 14,21	83 662	06	04 750	82	898 214	838	977 505	572	550 479	998	4 555	30
2,8600	51 57,35	78 859	06	06 141	76	892 795	836	*021 291	616	593 978	*044	4 620	30
05	53 40,48	74 056	08	07 529	72	887 377	832	065 099	658	637 500	088	4 685	30
10	55 23,61	69 252	10	08 915	66	881 961	830	108 928	704	681 044	130	4 750	30
15	57 06,74	64 447	12	10 298	62	876 546	826	152 780	746	724 609	174	4 815	30
20	58 49,88	59 641	12	11 679	58	871 133	822	196 653	790	768 196	220	4 880	30
25	*00 33,01	54 835	14	13 058	52	865 722	820	240 548	834	811 806	262	4 945	30
30	02 16,14	50 028	14	14 434	48	860 312	816	284 465	876	855 437	306	5 010	30
35	03 59,27	45 221	16	15 808	42	854 904	814	328 403	922	899 090	350	5 075	28
40	05 42,41	40 413	18	17 179	38	849 497	810	372 364	964	942 765	396	5 139	30
45	07 25,54	35 604	20	18 548	34	844 092	808	416 346	**008	986 463	438	5 204	30
2,8650	09 08,67	30 794	20	19 915	28	838 688	804	460 350	052	**030 182	482	5 269	28
55	10 51,80	25 984	22	21 279	24	833 286	800	504 376	096	073 923	526	5 333	30
60	12 34,93	21 173	24	22 641	18	827 886	800	548 424	140	117 686	570	5 398	28
65	14 18,07	16 361	24	24 000	14	822 486	794	592 494	184	161 471	616	5 462	28
70	16 01,20	11 549	26	25 357	10	817 089	792	636 586	226	205 279	658	5 526	28
75	17 44,33	06 736	28	26 712	04	811 693	790	680 699	272	249 108	702	5 590	30
80	19 27,46	01 922	28	28 064	00	806 298	786	724 835	314	292 959	748	5 655	28
85	21 10,60	**97 108	30	29 414	**94	800 905	782	768 992	360	336 833	790	5 719	28
90	22 53,73	92 293	32	30 761	90	795 514	780	813 172	402	380 728	836	5 783	28
95	24 36,86	87 477	32	32 106	86	790 124	778	857 373	446	424 646	880	5 847	28
2,8700	26 19,99	82 661	36	33 449	80	784 735	774	901 596	492	468 586	922	5 911	28
05	28 03,13	77 843	34	34 789	74	779 348	770	945 842	534	512 547	968	5 975	26
10	29 46,26	73 026	38	36 126	72	773 963	768	990 109	578	556 531	**014	6 038	28
15	31 29,39	68 207	38	37 462	66	768 579	766	**034 398	622	600 538	056	6 102	28
20	33 12,52	63 388	38	38 795	60	763 196	762	078 709	668	644 566	100	6 166	26
25	34 55,66	58 569	42	40 125	56	757 815	758	123 043	710	688 616	146	6 229	28
30	36 38,79	53 748	42	41 453	52	752 436	756	167 398	754	732 689	190	6 293	26
35	38 21,92	48 927	44	42 779	46	747 058	754	211 775	800	776 784	234	6 356	28
40	40 05,05	44 105	44	44 102	42	741 681	750	256 175	842	820 901	278	6 420	26
45	41 48,19	39 283	46	45 423	36	736 306	748	300 596	888	865 040	322	6 483	26
2,8750	43′ 31″,32	34 460		46 741		730 932		345 040		909 201		6 546	
	164°	0,26	−96	—0,96	−26	—0,2	10	8,8	88	8,8	88	0,993	1

x	ln x		e^x		e^{-x}		arc tg x		Ar Sin x		Ar Cos x		Ar Ctg x	
	1,04	35	**17,**	17	**0,057**	−5	**1,23**	10	**1,76**	3	**1,70**	37	**0,36**	−1
2,8500	73 190	08	2877 818	2922	8 443	78	33 403	96	99 139	310	81 607	46	64 438	404
05	74 944	08	2964 279	3008	8 154	78	33 951	94	*00 794	310	83 480	46	63 736	404
10	76 698	08	3050 783	3094	7 865	78	34 498	96	02 449	310	85 353	44	63 034	402
15	78 452	06	3137 330	3180	7 576	78	35 046	96	04 104	308	87 225	46	62 333	402
20	80 205	06	3223 920	3268	7 287	76	35 594	94	05 758	310	89 098	44	61 632	402
25	81 958	06	3310 554	3354	6 999	78	36 141	94	07 413	308	90 970	42	60 931	400
30	83 711	04	3397 231	3440	6 710	76	36 688	94	09 067	306	92 841	42	60 231	402
35	85 463	04	3483 951	3528	6 422	76	37 235	94	10 720	308	94 712	42	59 530	398
40	87 215	04	3570 715	3614	6 134	76	37 782	94	12 374	306	96 583	40	58 831	400
45	88 967	02	3657 522	3700	5 846	76	38 329	92	14 027	306	98 453	40	58 131	398
2,8550	90 718	04	3744 372	3788	5 558	74	38 875	92	15 680	306	*00 323	40	57 432	400
55	92 470	00	3831 266	3874	5 271	76	39 421	92	17 333	304	02 193	38	56 732	396
60	94 220	02	3918 203	3962	4 983	74	39 967	92	18 985	304	04 062	38	56 034	398
65	95 971	00	4005 184	4050	4 696	76	40 513	92	20 637	304	05 931	36	55 335	396
70	97 721	00	4092 209	4134	4 408	74	41 059	92	22 289	304	07 799	36	54 637	396
75	99 471	00	4179 276	4224	4 121	74	41 605	90	23 941	304	09 667	36	53 939	396
80	*01 221	*98	4266 388	4310	3 834	74	42 150	92	25 593	302	11 535	34	53 241	394
85	02 970	98	4353 543	4396	3 547	72	42 696	90	27 244	302	13 402	34	52 544	394
90	04 719	98	4440 741	4486	3 261	74	43 241	90	28 895	300	15 269	34	51 847	394
95	06 468	96	4527 984	4570	2 974	72	43 786	88	30 545	302	17 136	32	51 150	394
2,8600	08 216	96	4615 269	4660	2 688	74	44 330	90	32 196	300	19 002	32	50 453	392
05	09 964	96	4702 599	4746	2 401	72	44 875	88	33 846	300	20 868	30	49 757	392
10	11 712	96	4789 972	4834	2 115	72	45 419	90	35 496	298	22 733	30	49 061	392
15	13 460	94	4877 389	4920	1 829	72	45 964	88	37 145	300	24 598	30	48 365	390
20	15 207	94	4964 849	5010	1 543	70	46 508	88	38 795	298	26 463	28	47 670	390
25	16 954	92	5052 354	5096	1 258	72	47 052	86	40 444	298	28 327	28	46 975	390
30	18 700	94	5139 902	5184	0 972	70	47 595	88	42 093	296	30 191	28	46 280	390
35	20 447	90	5227 494	5270	0 687	72	48 139	86	43 741	298	32 055	26	45 585	388
40	22 192	92	5315 129	5360	0 401	70	48 682	88	45 390	296	33 918	26	44 891	388
45	23 938	92	5402 809	5446	0 116	70	49 226	86	47 038	296	35 781	26	44 197	388
2,8650	25 684	90	5490 532	5534	*9 831	70	49 769	86	48 686	294	37 644	24	43 503	386
55	27 429	88	5578 299	5622	9 546	68	50 312	84	50 333	296	39 506	24	42 810	388
60	29 173	90	5666 110	5710	9 262	70	50 854	86	51 981	294	41 368	22	42 116	386
65	30 918	88	5753 965	5798	8 977	68	51 397	84	53 628	294	43 229	22	41 423	384
70	32 662	88	5841 864	5886	8 693	68	51 939	86	55 275	292	45 090	22	40 731	386
75	34 406	86	5929 807	5974	8 409	70	52 482	84	56 921	292	46 951	20	40 038	384
80	36 149	86	6017 794	6062	8 124	68	53 024	84	58 567	292	48 811	20	39 346	384
85	37 892	86	6105 825	6150	7 840	66	53 566	82	60 213	292	50 671	20	38 654	382
90	39 635	86	6193 900	6238	7 557	68	54 107	84	61 859	292	52 531	18	37 963	384
95	41 378	84	6282 019	6326	7 273	68	54 649	82	63 505	290	54 390	18	37 271	382
2,8700	43 120	84	6370 182	6414	6 989	66	55 190	82	65 150	290	56 249	16	36 580	380
05	44 862	84	6458 389	6502	6 706	66	55 731	82	66 795	290	58 107	16	35 890	382
10	46 604	82	6546 640	6592	6 423	68	56 272	82	68 440	288	59 965	16	35 199	380
15	48 345	84	6634 936	6678	6 139	66	56 813	82	70 084	290	61 823	14	34 509	380
20	50 087	80	6723 275	6768	5 856	64	57 354	82	71 729	288	63 680	14	33 819	380
25	51 827	82	6811 659	6856	5 574	66	57 895	80	73 373	286	65 537	14	33 129	378
30	53 568	80	6900 087	6944	5 291	66	58 435	80	75 016	288	67 394	12	32 440	378
35	55 308	80	6988 559	7034	5 008	64	58 975	80	76 660	286	69 250	12	31 751	378
40	57 048	78	7077 076	7120	4 726	64	59 515	80	78 303	286	71 106	10	31 062	378
45	58 787	80	7165 636	7210	4 444	66	60 055	80	79 946	286	72 961	10	30 373	376
2,8750	60 527		7254 241		4 161		60 595		81 589		74 816		29 685	
	1,05	34	**17,**	17	**0,056**	−5	**1,23**	10	**1,77**	3	**1,71**	37	**0,36**	−1

x	φ	sin x		cos x		tg x		Sin x		Cos x		Tg x	
	164°	**0,2**	−96	**—0,96**	−2	**—0,2**	10	**8,8**	8	**8,**	88	**0,993**	1
2,8750	43′ 31″,32	634 460	48	46 741	632	730 932	744	345 040	8932	8909 201	368	6 546	28
55	45 14,45	629 636	48	48 057	628	725 560	740	389 506	8974	8953 385	412	6 610	26
60	46 57,58	624 812	50	49 371	622	720 190	740	433 993	9020	8997 591	456	6 673	26
65	48 40,72	619 987	52	50 682	618	714 820	734	478 503	9064	9041 819	500	6 736	26
70	50 23,85	615 161	52	51 991	612	709 453	734	523 035	9108	9086 069	546	6 799	26
75	52 06,98	610 335	54	53 297	608	704 086	730	567 589	9152	9130 342	590	6 862	26
80	53 50,11	605 508	56	54 601	604	698 721	726	612 165	9198	9174 637	634	6 925	26
85	55 33,24	600 680	56	55 903	598	693 358	724	656 764	9240	9218 954	680	6 988	24
90	57 16,38	595 852	58	57 202	594	687 996	722	701 384	9286	9263 294	724	7 050	26
95	58 59,51	591 023	60	58 499	588	682 635	718	746 027	9330	9307 656	768	7 113	26
2,8800	*00 42,64	586 193	60	59 793	584	677 276	714	790 692	9374	9352 040	812	7 176	24
05	02 25,77	581 363	62	61 085	578	671 919	714	835 379	9420	9396 446	858	7 238	26
10	04 08,91	576 532	62	62 374	576	666 562	708	880 089	9462	9440 875	902	7 301	24
15	05 52,04	571 701	64	63 662	568	661 208	708	924 820	9508	9485 326	948	7 363	26
20	07 35,17	566 869	66	64 946	564	655 854	704	969 574	9552	9529 800	992	7 426	24
25	09 18,30	562 036	66	66 228	560	650 502	700	*014 350	9596	9574 296	*036	7 488	24
30	11 01,44	557 203	70	67 508	556	645 152	698	059 148	9642	9618 814	082	7 550	26
35	12 44,57	552 368	68	68 786	550	639 803	696	103 969	9686	9663 355	126	7 613	24
40	14 27,70	547 534	72	70 061	544	634 455	694	148 812	9730	9707 918	172	7 675	24
45	16 10,83	542 698	72	71 333	540	629 108	688	193 677	9774	9752 504	216	7 737	24
2,8850	17 53,97	537 862	72	72 603	536	623 764	688	238 564	9820	9797 112	260	7 799	24
55	19 37,10	533 026	74	73 871	530	618 420	684	283 474	9864	9841 742	306	7 861	24
60	21 20,23	528 189	76	75 136	526	613 078	682	328 406	9908	9886 395	352	7 923	24
65	23 03,36	523 351	78	76 399	522	607 737	678	373 360	9954	9931 071	396	7 985	22
70	24 46,50	518 512	78	77 660	516	602 398	676	418 337	9998	9975 769	440	8 046	24
75	26 29,63	513 673	80	78 918	510	597 060	674	463 336	*0042	*0020 489	486	8 108	24
80	28 12,76	508 833	80	80 173	508	591 723	670	508 357	0088	0065 232	532	8 170	22
85	29 55,89	503 993	82	81 427	500	586 388	666	553 401	0132	0109 998	576	8 231	24
90	31 39,03	499 152	84	82 677	498	581 055	666	598 467	0178	0154 786	620	8 293	22
95	33 22,16	494 310	84	83 926	492	575 722	662	643 556	0222	0199 596	666	8 354	24
2,8900	35 05,29	489 468	86	85 172	486	570 391	660	688 667	0266	0244 429	712	8 416	22
05	36 48,42	484 625	88	86 415	482	565 061	656	733 800	0312	0289 285	756	8 477	24
10	38 31,55	479 781	88	87 656	478	559 733	654	778 956	0358	0334 163	802	8 539	22
15	40 14,69	474 937	88	88 895	472	554 406	650	824 135	0400	0379 064	846	8 600	22
20	41 57,82	470 093	92	90 131	468	549 081	650	869 335	0448	0423 987	892	8 661	22
25	43 40,95	465 247	92	91 365	462	543 756	644	914 559	0490	0468 933	938	8 722	22
30	45 24,08	460 401	92	92 596	458	538 434	644	959 804	0536	0513 902	982	8 783	22
35	47 07,22	455 555	96	93 825	454	533 112	640	**005 072	0582	0558 893	**028	8 844	22
40	48 50,35	450 707	94	95 052	448	527 792	638	050 363	0626	0603 907	072	8 905	22
45	50 33,48	445 860	98	96 276	444	522 473	634	095 676	0672	0648 943	118	8 966	22
2,8950	52 16,61	441 011	98	97 498	438	517 156	634	141 012	0716	0694 002	164	9 027	22
55	53 59,75	436 162	*00	98 717	434	511 839	628	186 370	0762	0739 084	210	9 088	20
60	55 42,88	431 312	00	99 934	428	506 525	628	231 751	0808	0784 189	254	9 148	22
65	57 26,01	426 462	02	*01 148	424	501 211	624	277 155	0850	0829 316	300	9 209	20
70	59 09,14	421 611	02	02 360	420	495 899	622	322 580	0898	0874 466	346	9 269	22
75	**00 52,28	416 760	04	03 570	414	490 588	618	368 029	0942	0919 639	390	9 330	20
80	02 35,41	411 908	06	04 777	410	485 279	616	413 500	0988	0964 834	436	9 390	22
85	04 18,54	407 055	06	05 982	404	479 971	614	458 994	1032	1010 052	482	9 451	20
90	06 01,67	402 202	08	07 184	400	474 664	612	504 510	1078	1055 293	528	9 511	20
95	07 44,81	397 348	10	08 384	396	469 358	608	550 049	1124	1100 557	572	9 571	22
2,9000	09′ 27″,94	392 493		09 582		464 054		595 611		1145 843		9 632	
	166°	**0,2**	−97	**—0,97**	−2	**—0,2**	10	**9,0**	9	**9,**	90	**0,993**	1

x	ln x		e^x		e^{-x}		arc tg x		Ar Sin x		Ar Cos x		Ar Ctg x	
	1,05	**34**	**17,**	**17**	**0,056**	**−5**	**1,23**	**10**	**1,77**	**32**	**1,71**	**37**	**0,36**	**−13**
2,8750	60 527	78	7254 241	7298	4 161	64	60 595	78	81 589	84	74 816	10	29 685	76
55	62 266	76	7342 890	7388	3 879	62	61 134	80	83 231	86	76 671	10	28 997	76
60	64 004	78	7431 584	7476	3 598	64	61 674	78	84 874	84	78 526	08	28 309	74
65	65 743	76	7520 322	7564	3 316	64	62 213	78	86 516	82	80 380	06	27 622	74
70	67 481	76	7609 104	7654	3 034	62	62 752	78	88 157	84	82 233	08	26 935	74
75	69 219	74	7697 931	7742	2 753	64	63 291	78	89 799	82	84 087	06	26 248	74
80	70 956	74	7786 802	7832	2 471	62	63 830	76	91 440	82	85 940	04	25 561	74
85	72 693	74	7875 718	7920	2 190	62	64 368	78	93 081	82	87 792	04	24 874	72
90	74 430	74	7964 678	8010	1 909	62	64 907	76	94 722	80	89 644	04	24 188	72
95	76 167	72	8053 683	8098	1 628	60	65 445	76	96 362	80	91 496	04	23 502	70
2,8800	77 903	72	8142 732	8186	1 348	62	65 983	76	98 002	80	93 348	02	22 817	70
05	79 639	72	8231 825	8278	1 067	60	66 521	74	99 642	80	95 199	02	22 132	70
10	81 375	70	8320 964	8364	0 787	62	67 058	76	*01 282	78	97 050	00	21 447	70
15	83 110	70	8410 146	8456	0 506	60	67 596	74	02 921	78	98 900	00	20 762	70
20	84 845	70	8499 374	8544	0 226	60	68 133	76	04 560	78	*00 750	00	20 077	68
25	86 580	68	8588 646	8632	*9 946	60	68 671	74	06 199	78	02 600	*98	19 393	68
30	88 314	68	8677 962	8724	9 666	60	69 208	72	07 838	76	04 449	98	18 709	68
35	90 048	68	8767 324	8812	9 386	58	69 744	74	09 476	76	06 298	96	18 025	66
40	91 782	68	8856 730	8900	9 107	60	70 281	74	11 114	76	08 146	98	17 342	66
45	93 516	66	8946 180	8992	8 827	58	70 818	72	12 752	76	09 995	94	16 659	66
2,8850	95 249	66	9035 676	9080	8 548	58	71 354	72	14 390	74	11 842	96	15 976	66
55	96 982	66	9125 216	9170	8 269	58	71 890	72	16 027	76	13 690	94	15 293	64
60	98 715	64	9214 801	9260	7 990	58	72 426	72	17 665	72	15 537	94	14 611	64
65	*00 447	64	9304 431	9350	7 711	58	72 962	72	19 301	74	17 384	92	13 929	64
70	02 179	64	9394 106	9438	7 432	58	73 498	70	20 938	72	19 230	92	13 247	64
75	03 911	62	9483 825	9528	7 153	56	74 033	72	22 574	74	21 076	92	12 565	62
80	05 642	62	9573 589	9620	6 875	58	74 569	70	24 211	70	22 922	90	11 884	62
85	07 373	62	9663 399	9708	6 596	56	75 104	70	25 846	72	24 767	90	11 203	62
90	09 104	62	9753 253	9798	6 318	56	75 639	70	27 482	70	26 612	88	10 522	60
95	10 835	60	9843 152	9888	6 040	56	76 174	70	29 117	72	28 456	90	09 842	60
2,8900	12 565	60	9933 096	9978	5 762	56	76 709	68	30 753	68	30 301	86	09 162	60
05	14 295	60	*0023 085	*0068	5 484	54	77 243	70	32 387	70	32 144	88	08 482	60
10	16 025	58	0113 119	0158	5 207	56	77 778	68	34 022	68	33 988	86	07 802	58
15	17 754	58	0203 198	0248	4 929	54	78 312	68	35 656	70	35 831	86	07 123	60
20	19 483	58	0293 322	0340	4 652	56	78 846	68	37 291	66	37 674	84	06 443	56
25	21 212	56	0383 492	0428	4 374	54	79 380	68	38 924	68	39 516	84	05 765	58
30	22 940	56	0473 706	0518	4 097	54	79 914	66	40 558	66	41 358	84	05 086	56
35	24 668	56	0563 965	0610	3 820	52	80 447	68	42 191	66	43 200	82	04 408	56
40	26 396	56	0654 270	0700	3 544	54	80 981	66	43 824	66	45 041	82	03 730	56
45	28 124	54	0744 620	0788	3 267	54	81 514	66	45 457	66	46 882	82	03 052	56
2,8950	29 851	54	0835 014	0882	2 990	52	82 047	66	47 090	64	48 723	80	02 374	54
55	31 578	54	0925 455	0970	2 714	52	82 580	66	48 722	64	50 563	80	01 697	54
60	33 305	52	1015 940	1060	2 438	54	83 113	64	50 354	64	52 403	78	01 020	54
65	35 031	52	1106 470	1152	2 161	52	83 645	66	51 986	64	54 242	78	00 343	52
70	36 757	52	1197 046	1244	1 885	50	84 178	64	53 618	62	56 081	78	*99 667	54
75	38 483	50	1287 668	1332	1 610	52	84 710	64	55 249	62	57 920	78	98 990	50
80	40 208	52	1378 334	1424	1 334	52	85 242	64	56 880	62	59 759	76	98 315	52
85	41 934	48	1469 046	1514	1 058	50	85 774	64	58 511	62	61 597	74	97 639	52
90	43 658	50	1559 803	1606	0 783	52	86 306	62	60 142	60	63 434	76	96 963	50
95	45 383	48	1650 606	1696	0 507	50	86 837	64	61 772	60	65 272	74	96 288	50
2,9000	47 107		1741 454		0 232		87 369		63 402		67 109		95 613	
	1,06	**34**	**18,**	**18**	**0,055**	**−5**	**1,23**	**10**	**1,78**	**32**	**1,72**	**36**	**0,35**	**−13**

x	φ	sin x		cos x		tg x		Sin x		Cof x		Tg x	
	166°	0,23	−97	—0,97	−23	—0,24	10	9,0	91	9,1	90	0,993	1
2,9000	09′ 27,″94	92 493	10	09 582	90	64 054	606	595 611	168	145 843	618	9 632	20
05	11 11,07	87 638	10	10 777	84	58 751	604	641 195	214	191 152	664	9 692	20
10	12 54,20	82 783	14	11 969	80	53 449	600	686 802	258	236 484	710	9 752	20
15	14 37,34	77 926	14	13 159	76	48 149	598	732 431	306	281 839	756	9 812	20
20	16 20,47	73 069	14	14 347	72	42 850	596	778 084	350	327 217	800	9 872	20
25	18 03,60	68 212	16	15 533	64	37 552	592	823 759	394	372 617	846	9 932	20
30	19 46,73	63 354	18	16 715	62	32 256	590	869 456	442	418 040	894	9 992	20
35	21 29,86	58 495	18	17 896	56	26 961	588	915 177	486	463 487	938	*0 052	18
40	23 13,00	53 636	20	19 074	52	21 667	586	960 920	532	508 956	982	0 111	20
45	24 56,13	48 776	20	20 250	46	16 374	582	*006 686	576	554 447	*030	0 171	20
2,9050	26 39,26	43 916	22	21 423	40	11 083	580	052 474	624	599 962	076	0 231	18
55	28 22,39	39 055	24	22 593	38	05 793	578	098 286	668	645 500	122	0 290	20
60	30 05,53	34 193	24	23 762	32	00 504	574	144 120	714	691 061	166	0 350	18
65	31 48,66	29 331	26	24 928	26	*95 217	574	189 977	758	736 644	212	0 409	18
70	33 31,79	24 468	26	26 091	22	89 930	568	235 856	806	782 250	260	0 468	20
75	35 14,92	19 605	28	27 252	18	84 646	568	281 759	850	827 880	304	0 528	18
80	36 58,06	14 741	30	28 411	12	79 362	566	327 684	898	873 532	352	0 587	18
85	38 41,19	09 876	30	29 567	08	74 079	562	373 633	942	919 208	396	0 646	18
90	40 24,32	05 011	30	30 721	02	68 798	560	419 604	986	964 906	442	0 705	18
95	42 07,45	00 146	34	31 872	*98	63 518	556	465 597	*034	*010 627	488	0 764	20
2,9100	43 50,59	*95 279	32	33 021	92	58 240	556	511 614	080	056 371	536	0 824	16
05	45 33,72	90 413	36	34 167	88	52 962	552	557 654	124	102 139	580	0 882	18
10	47 16,85	85 545	36	35 311	84	47 686	550	603 716	172	147 929	628	0 941	18
15	48 59,98	80 677	36	36 453	78	42 411	548	649 802	216	193 743	672	1 000	18
20	50 43,12	75 809	38	37 592	72	37 137	544	695 910	262	239 579	718	1 059	18
25	52 26,25	70 940	40	38 728	70	31 865	544	742 041	310	285 438	766	1 118	16
30	54 09,38	66 070	40	39 863	64	26 593	540	788 196	354	331 321	812	1 176	18
35	55 52,51	61 200	42	40 995	58	21 323	536	834 373	400	377 227	856	1 235	18
40	57 35,65	56 329	42	42 124	54	16 055	536	880 573	446	423 155	904	1 294	16
45	59 18,78	51 458	44	43 251	48	10 787	532	926 796	492	469 107	950	1 352	18
2,9150	*01 01,91	46 586	46	44 375	44	05 521	532	973 042	538	515 082	996	1 411	16
55	02 45,04	41 713	46	45 497	40	00 255	526	**019 311	584	561 080	**042	1 469	16
60	04 28,18	36 840	46	46 617	34	**94 992	526	065 603	630	607 101	090	1 527	18
65	06 11,31	31 967	48	47 734	30	89 729	524	111 918	676	653 146	134	1 586	16
70	07 54,44	27 093	50	48 849	24	84 467	520	158 256	722	699 213	182	1 644	16
75	09 37,57	22 218	50	49 961	20	79 207	518	204 617	768	745 304	228	1 702	16
80	11 20,70	17 343	52	51 071	16	73 948	516	251 001	816	791 418	274	1 760	16
85	13 03,84	12 467	52	52 179	10	68 690	514	297 409	860	837 555	320	1 818	16
90	14 46,97	07 591	54	53 284	04	63 433	510	343 839	906	883 715	368	1 876	16
95	16 30,10	02 714	56	54 386	00	58 178	510	390 292	954	929 899	414	1 934	16
2,9200	18 13,23	**97 836	56	55 486	**96	52 923	506	436 769	998	976 106	460	1 992	16
05	19 56,37	92 958	56	56 584	90	47 670	504	483 268	**046	**022 336	506	2 050	14
10	21 39,50	88 080	60	57 679	86	42 418	502	529 791	092	068 589	554	2 107	16
15	23 22,63	83 200	58	58 772	82	37 167	500	576 337	138	114 866	598	2 165	16
20	25 05,76	78 321	60	59 863	76	31 917	496	622 906	184	161 165	646	2 223	14
25	26 48,90	73 441	62	60 951	70	26 669	494	669 498	232	207 488	694	2 280	16
30	28 32,03	68 560	62	62 036	66	21 422	494	716 114	276	253 835	740	2 338	14
35	30 15,16	63 679	64	63 119	62	16 175	490	762 752	324	300 205	786	2 395	16
40	31 58,29	58 797	66	64 200	56	10 930	486	809 414	370	346 598	832	2 453	14
45	33 41,43	53 914	66	65 278	52	05 687	486	856 099	416	393 014	880	2 510	14
2,9250	35′ 24,″56	49 031		66 354		00 444		902 807		439 454		2 567	
	167°	0,21	−97	—0,97	−21	—0,22	10	9,2	93	9,3	92	0,994	1

x	$\ln x$		e^x		e^{-x}		arc tg x		Ar Sin x		Ar Cos x		Ar Ctg x	
	1,06	34	**18,**	18	**0,055**	−5	**1,23**	10	**1,78**	32	**1,72**	36	**0,35**	−13
2,9000	47 107	48	1741 454	1786	0 232	50	87 369	62	63 402	60	67 109	72	95 613	48
05	48 831	48	1832 347	1878	*9 957	50	87 900	62	65 032	58	68 945	74	94 939	50
10	50 555	46	1923 286	1968	9 682	50	88 431	62	66 661	60	70 782	70	94 264	48
15	52 278	48	2014 270	2060	9 407	48	88 962	62	68 291	58	72 617	72	93 590	48
20	54 002	44	2105 300	2152	9 133	50	89 493	60	69 920	58	74 453	70	92 916	46
25	55 724	46	2196 376	2242	8 858	48	90 023	62	71 549	56	76 288	70	92 243	48
30	57 447	44	2287 497	2332	8 584	48	90 554	60	73 177	58	78 123	68	91 569	46
35	59 169	44	2378 663	2424	8 310	48	91 084	60	74 806	56	79 957	70	90 896	44
40	60 891	44	2469 875	2516	8 036	48	91 614	60	76 434	54	81 792	66	90 224	46
45	62 613	42	2561 133	2608	7 762	48	92 144	60	78 061	56	83 625	68	89 551	44
2,9050	64 334	42	2652 437	2698	7 488	48	92 674	60	79 689	54	85 459	66	88 879	44
55	66 055	42	2743 786	2788	7 214	46	93 204	58	81 316	54	87 292	64	88 207	44
60	67 776	40	2835 180	2882	6 941	48	93 733	58	82 943	54	89 124	66	87 535	42
65	69 496	40	2926 621	2972	6 667	46	94 262	58	84 570	54	90 957	64	86 864	44
70	71 216	40	3018 107	3064	6 394	46	94 791	58	86 197	52	92 789	62	86 192	42
75	72 936	40	3109 639	3156	6 121	46	95 320	58	87 823	52	94 620	62	85 521	40
80	74 656	38	3201 217	3246	5 848	46	95 849	58	89 449	52	96 451	62	84 851	42
85	76 375	38	3292 840	3338	5 575	46	96 378	56	91 075	52	98 282	62	84 180	40
90	78 094	36	3384 509	3432	5 302	44	96 906	58	92 701	50	*00 113	60	83 510	40
95	79 812	38	3476 225	3522	5 030	46	97 435	56	94 326	50	01 943	60	82 840	38
2,9100	81 531	36	3567 986	3614	4 757	44	97 963	56	95 951	50	03 773	58	82 171	40
05	83 249	36	3659 793	3704	4 485	44	98 491	56	97 576	48	05 602	58	81 501	38
10	84 967	34	3751 645	3798	4 213	44	99 019	54	99 200	50	07 431	58	80 832	38
15	86 684	34	3843 544	3890	3 941	44	99 546	56	*00 825	48	09 260	58	80 163	36
20	88 401	34	3935 489	3982	3 669	44	*00 074	54	02 449	48	11 089	56	79 495	38
25	90 118	34	4027 480	4074	3 397	44	00 601	56	04 073	46	12 917	54	78 826	36
30	91 835	32	4119 517	4164	3 125	42	01 129	54	05 696	46	14 744	56	78 158	36
35	93 551	32	4211 599	4258	2 854	42	01 656	52	07 319	48	16 572	54	77 490	34
40	95 267	32	4303 728	4350	2 583	44	02 182	54	08 943	44	18 399	52	76 823	34
45	96 983	30	4395 903	4442	2 311	42	02 709	54	10 565	46	20 225	52	76 156	34
2,9150	98 698	30	4488 124	4534	2 040	42	03 236	52	12 188	44	22 051	52	75 489	34
55	*00 413	30	4580 391	4626	1 769	40	03 762	52	13 810	44	23 877	52	74 822	34
60	02 128	30	4672 704	4720	1 499	42	04 288	52	15 432	44	25 703	50	74 155	32
65	03 843	28	4765 064	4810	1 228	42	04 814	52	17 054	44	27 528	50	73 489	32
70	05 557	28	4857 469	4904	0 957	40	05 340	52	18 676	42	29 353	48	72 823	32
75	07 271	28	4949 921	4996	0 687	40	05 866	52	20 297	42	31 177	50	72 157	30
80	08 985	26	5042 419	5090	0 417	42	06 392	50	21 918	42	33 002	46	71 492	32
85	10 698	26	5134 964	5180	0 146	40	06 917	50	23 539	42	34 825	48	70 826	28
90	12 411	26	5227 554	5274	**9 876	38	07 442	50	25 160	40	36 649	46	70 162	30
95	14 124	24	5320 191	5368	9 607	40	07 967	50	26 780	40	38 472	46	69 497	30
2,9200	15 836	24	5412 875	5458	9 337	40	08 492	50	28 400	40	40 295	44	68 832	28
05	17 548	24	5505 604	5552	9 067	38	09 017	50	30 020	38	42 117	44	68 168	28
10	19 260	24	5598 380	5646	8 798	40	09 542	48	31 639	40	43 939	44	67 504	26
15	20 972	22	5691 203	5736	8 528	38	10 066	48	33 259	38	45 761	42	66 841	28
20	22 683	22	5784 071	5832	8 259	38	10 590	50	34 878	38	47 582	42	66 177	26
25	24 394	22	5876 987	5922	7 990	38	11 115	48	36 497	36	49 403	40	65 514	26
30	26 105	20	5969 948	6018	7 721	38	11 639	46	38 115	38	51 223	42	64 851	26
35	27 815	20	6062 957	6108	7 452	36	12 162	48	39 734	36	53 044	40	64 188	24
40	29 525	20	6156 011	6204	7 184	38	12 686	48	41 352	36	54 864	38	63 526	24
45	31 235	20	6249 113	6294	6 915	36	13 210	46	42 970	34	56 683	38	62 864	24
2,9250	32 945		6342 260		6 647		13 733		44 587		58 502		62 202	
	1,07	34	**18,**	18	**0,053**	−5	**1,24**	10	**1,79**	32	**1,73**	36	**0,35**	−13

x	φ	sin x		cos x		tg x		Sin x		Cos x		Tg x	
	167°	**0,21**	−97	**—0,97**	−21	**—0,2**	10	**9,**	9	**9,3**	9	**0,994**	1
2,9250	35′ 24,″56	49 031	66	66 354	46	200 444	484	2902 807	3462	439 454	2926	2 567	16
55	37 07,69	44 148	68	67 427	42	195 202	480	2949 538	3510	485 917	2972	2 625	14
60	38 50,82	39 264	70	68 498	36	189 962	478	2996 293	3556	532 403	3020	2 682	14
65	40 33,96	34 379	70	69 566	32	184 723	476	3043 071	3602	578 913	3066	2 739	14
70	42 17,09	29 494	70	70 632	28	179 485	474	3089 872	3648	625 446	3114	2 796	14
75	44 00,22	24 609	72	71 696	22	174 248	472	3136 696	3696	672 003	3160	2 853	14
80	45 43,35	19 723	74	72 757	16	169 012	470	3183 544	3742	718 583	3208	2 910	14
85	47 26,49	14 836	74	73 815	14	163 777	466	3230 415	3788	765 187	3252	2 967	14
90	49 09,62	09 949	76	74 872	06	158 544	466	3277 309	3834	811 813	3302	3 024	14
95	50 52,75	05 061	76	75 925	04	153 311	462	3324 226	3882	858 464	3348	3 081	12
2,9300	52 35,88	00 173	78	76 977	*98	148 080	460	3371 167	3930	905 138	3394	3 137	14
05	54 19,01	*95 284	78	78 026	92	142 850	458	3418 132	3974	951 835	3442	3 194	14
10	56 02,15	90 395	80	79 072	88	137 621	456	3465 119	4022	998 556	3488	3 251	12
15	57 45,28	85 505	80	80 116	82	132 393	454	3512 130	4068	*045 300	3536	3 307	14
20	59 28,41	80 615	82	81 157	80	127 166	450	3559 164	4116	092 068	3582	3 364	12
25	*01 11,54	75 724	82	82 197	72	121 941	450	3606 222	4162	138 859	3630	3 420	12
30	02 54,68	70 833	84	83 233	68	116 716	446	3653 303	4210	185 674	3678	3 476	14
35	04 37,81	65 941	86	84 267	64	111 493	446	3700 408	4256	232 513	3724	3 533	12
40	06 20,94	61 048	86	85 299	58	106 270	442	3747 536	4302	279 375	3770	3 589	12
45	08 04,07	56 155	86	86 328	54	101 049	440	3794 687	4350	326 260	3818	3 645	12
2,9350	09 47,21	51 262	88	87 355	50	095 829	438	3841 862	4396	373 169	3866	3 701	14
55	11 30,34	46 368	88	88 380	44	090 610	436	3889 060	4444	420 102	3912	3 758	12
60	13 13,47	41 474	90	89 402	38	085 392	434	3936 282	4490	467 058	3960	3 814	12
65	14 56,60	36 579	92	90 421	34	080 175	432	3983 527	4538	514 038	4008	3 870	12
70	16 39,74	31 683	92	91 438	30	074 959	430	4030 796	4586	561 042	4054	3 926	10
75	18 22,87	26 787	92	92 453	24	069 744	426	4078 089	4630	608 069	4102	3 981	12
80	20 06,00	21 891	94	93 465	20	064 531	426	4125 404	4680	655 120	4148	4 037	12
85	21 49,13	16 994	96	94 475	14	059 318	422	4172 744	4724	702 194	4198	4 093	12
90	23 32,27	12 096	96	95 482	10	054 107	422	4220 106	4774	749 293	4244	4 149	10
95	25 15,40	07 198	96	96 487	04	048 896	418	4267 493	4820	796 415	4290	4 204	12
2,9400	26 58,53	02 300	98	97 489	00	043 687	418	4314 903	4866	843 560	4340	4 260	12
05	28 41,66	**97 401	*00	98 489	**96	038 478	414	4362 336	4916	890 730	4386	4 316	10
10	30 24,80	92 501	00	99 487	90	033 271	412	4409 794	4960	937 923	4432	4 371	12
15	32 07,93	87 601	00	*00 482	84	028 065	410	4457 274	5010	985 139	4482	4 427	10
20	33 51,06	82 701	02	01 474	80	022 860	408	4504 779	5056	**032 380	4528	4 482	10
25	35 34,19	77 800	04	02 464	76	017 656	406	4552 307	5102	079 644	4576	4 537	12
30	37 17,32	72 898	04	03 452	70	012 453	404	4599 858	5152	126 932	4624	4 593	10
35	39 00,46	67 996	04	04 437	66	007 251	402	4647 434	5198	174 244	4672	4 648	10
40	40 43,59	63 094	06	05 420	60	002 050	400	4695 033	5244	221 580	4718	4 703	10
45	42 26,72	58 191	06	06 400	56	*996 850	398	4742 655	5294	268 939	4766	4 758	10
2,9450	44 09,85	53 288	08	07 378	52	991 651	396	4790 302	5340	316 322	4814	4 813	10
55	45 52,99	48 384	10	08 354	46	986 453	392	4837 972	5386	363 729	4862	4 868	10
60	47 36,12	43 479	10	09 327	40	981 257	392	4885 665	5436	411 160	4910	4 923	10
65	49 19,25	38 574	10	10 297	36	976 061	390	4933 383	5482	458 615	4958	4 978	10
70	51 02,38	33 669	12	11 265	32	970 866	388	4981 124	5530	506 094	5004	5 033	10
75	52 45,52	28 763	12	12 231	26	965 672	384	5028 889	5578	553 596	5052	5 088	08
80	54 28,65	23 857	14	13 194	22	960 480	384	5076 678	5624	601 122	5102	5 142	10
85	56 11,78	18 950	14	14 155	16	955 288	382	5124 490	5672	648 673	5148	5 197	10
90	57 54,91	14 043	16	15 113	12	950 097	378	5172 326	5720	696 247	5196	5 252	08
95	59 38,05	09 135	18	16 069	06	944 908	378	5220 186	5768	743 845	5244	5 306	10
2,9500	**01′ 21,″18	04 226		17 022		939 719		5268 070		791 467		5 361	
	169°	**0,19**	−98	**—0,98**	−19	**—0,1**	10	**9,**	9	**9,5**	9	**0,994**	1

x	$\ln x$		e^x		e^{-x}		arc tg x		Ar Sin x		Ar Cos x		Ar Ctg x	
	1,07	**3**	**18,**	**18**	**0,053**	**−5**	**1,24**	**10**	**1,79**	**32**	**1,73**	**36**	**0,35**	**−13**
2,9250	32 945	418	6342 260	6390	6 647	36	13 733	46	44 587	36	58 502	38	62 202	24
55	34 654	418	6435 455	6482	6 379	36	14 256	46	46 205	34	60 321	38	61 540	22
60	36 363	418	6528 696	6576	6 111	36	14 779	46	47 822	34	62 140	36	60 879	22
65	38 072	416	6621 984	6668	5 843	36	15 302	46	49 439	32	63 958	34	60 218	22
70	39 780	416	6715 318	6762	5 575	36	15 825	44	51 055	34	65 775	36	59 557	22
75	41 488	416	6808 699	6856	5 307	36	16 347	46	52 672	32	67 593	34	58 896	20
80	43 196	414	6902 127	6948	5 039	34	16 870	44	54 288	32	69 410	34	58 236	20
85	44 903	416	6995 601	7042	4 772	34	17 392	44	55 904	30	71 227	32	57 576	20
90	46 611	414	7089 122	7136	4 505	36	17 914	44	57 519	32	73 043	32	56 916	20
95	48 318	412	7182 690	7230	4 237	34	18 436	42	59 135	30	74 859	32	56 256	18
2,9300	50 024	414	7276 305	7324	3 970	34	18 957	44	60 750	30	76 675	30	55 597	18
05	51 731	412	7369 967	7416	3 703	32	19 479	42	62 365	28	78 490	30	54 938	18
10	53 437	410	7463 675	7510	3 437	34	20 000	44	63 979	30	80 305	30	54 279	16
15	55 142	412	7557 430	7604	3 170	32	20 522	42	65 594	28	82 120	28	53 621	18
20	56 848	410	7651 232	7698	2 904	34	21 043	42	67 208	28	83 934	28	52 962	16
25	58 553	410	7745 081	7792	2 637	32	21 564	40	68 822	26	85 748	26	52 304	16
30	60 258	408	7838 977	7886	2 371	32	22 084	42	70 435	28	87 561	28	51 646	14
35	61 962	410	7932 920	7980	2 105	32	22 605	42	72 049	26	89 375	26	50 989	14
40	63 667	408	8026 910	8074	1 839	32	23 126	40	73 662	26	91 188	24	50 332	14
45	65 371	408	8120 947	8168	1 573	32	23 646	40	75 275	26	93 000	24	49 675	14
2,9350	67 075	406	8215 031	8262	1 307	30	24 166	40	76 888	24	94 812	24	49 018	14
55	68 778	406	8309 162	8358	1 042	32	24 686	40	78 500	24	96 624	22	48 361	12
60	70 481	406	8403 341	8450	0 776	30	25 206	38	80 112	24	98 435	24	47 705	12
65	72 184	406	8497 566	8544	0 511	30	25 725	40	81 724	24	*00 247	20	47 049	12
70	73 887	404	8591 838	8640	0 246	30	26 245	38	83 336	22	02 057	22	46 393	10
75	75 589	404	8686 158	8732	*9 981	30	26 764	40	84 947	22	03 868	20	45 738	12
80	77 291	402	8780 524	8828	9 716	30	27 284	38	86 558	22	05 678	20	45 082	10
85	78 992	404	8874 938	8922	9 451	30	27 803	36	88 169	22	07 488	18	44 427	08
90	80 694	402	8969 399	9018	9 186	28	28 321	38	89 780	22	09 297	18	43 773	10
95	82 395	402	9063 908	9110	8 922	30	28 840	38	91 391	20	11 106	18	43 118	08
2,9400	84 096	400	9158 463	9206	8 657	28	29 359	36	93 001	20	12 915	16	42 464	08
05	85 796	402	9253 066	9300	8 393	28	29 877	36	94 611	18	14 723	16	41 810	08
10	87 497	400	9347 716	9396	8 129	28	30 395	36	96 220	20	16 531	16	41 156	08
15	89 197	398	9442 414	9490	7 865	28	30 913	36	97 830	18	18 339	14	40 502	06
20	90 896	400	9537 159	9584	7 601	28	31 431	36	99 439	18	20 146	14	39 849	06
25	92 596	398	9631 951	9680	7 337	26	31 949	36	*01 048	18	21 953	14	39 196	06
30	94 295	396	9726 791	9774	7 074	28	32 467	34	02 657	16	23 760	12	38 543	04
35	95 993	398	9821 678	9868	6 810	26	32 984	34	04 265	18	25 566	12	37 891	04
40	97 692	396	9916 612	9964	6 547	26	33 501	36	05 874	16	27 372	10	37 239	04
45	99 390	396	*0011 594	*0060	6 284	26	34 019	34	07 482	14	29 177	10	36 587	04
2,9450	*01 088	396	0106 624	0154	6 021	26	34 536	32	09 089	16	30 982	10	35 935	04
55	02 786	394	0201 701	0250	5 758	26	35 052	34	10 697	14	32 787	10	35 283	02
60	04 483	394	0296 826	0344	5 495	26	35 569	34	12 304	14	34 592	08	34 632	02
65	06 180	394	0391 998	0440	5 232	24	36 086	32	13 911	14	36 396	08	33 981	02
70	07 877	394	0487 218	0534	4 970	26	36 602	32	15 518	14	38 200	06	33 330	00
75	09 574	392	0582 485	0630	4 707	24	37 118	32	17 125	12	40 003	06	32 680	00
80	11 270	392	0677 800	0726	4 445	24	37 634	32	18 731	12	41 806	06	32 030	00
85	12 966	390	0773 163	0820	4 183	24	38 150	32	20 337	12	43 609	06	31 380	00
90	14 661	392	0868 573	0916	3 921	24	38 666	30	21 943	10	45 412	04	30 730	00
95	16 357	390	0964 031	1012	3 659	24	39 181	32	23 548	12	47 214	04	30 080	*98
2,9500	18 052		1059 537		3 397		39 697		25 154		49 016		29 431	
	1,08	**3**	**19,**	**19**	**0,052**	**−5**	**1,24**	**10**	**1,80**	**32**	**1,74**	**36**	**0,35**	**−12**

x	φ	sin x		cos x		tg x		Sin x		Cos x		Tg x	
	169°	**0,1**	-98	**—0,98**	-1	**—0,1**	10	**9,5**	9	**9,**	9	**0,994**	1
2,9500	01′ 21,″18	904 226	16	17 022	902	939 719	376	268 070	5816	5791 467	5292	5 361	08
05	03 04,31	899 318	18	17 973	896	934 531	372	315 978	5862	5839 113	5340	5 415	10
10	04 47,44	894 409	20	18 921	892	929 345	372	363 909	5912	5886 783	5388	5 470	08
15	06 30,58	889 499	20	19 867	888	924 159	368	411 865	5958	5934 477	5436	5 524	08
20	08 13,71	884 589	22	20 811	882	918 975	368	459 844	6006	5982 195	5484	5 578	10
25	09 56,84	879 678	22	21 752	878	913 791	366	507 847	6054	6029 937	5532	5 633	08
30	11 39,97	874 767	24	22 691	872	908 608	362	555 874	6100	6077 703	5580	5 687	08
35	13 23,11	869 855	24	23 627	866	903 427	362	603 924	6150	6125 493	5628	5 741	08
40	15 06,24	864 943	24	24 560	864	898 246	360	651 999	6198	6173 307	5676	5 795	08
45	16 49,37	860 031	26	25 492	856	893 066	356	700 098	6244	6221 145	5724	5 849	08
2,9550	18 32,50	855 118	28	26 420	854	887 888	356	748 220	6294	6269 007	5772	5 903	08
55	20 15,63	850 204	28	27 347	848	882 710	354	796 367	6340	6316 893	5820	5 957	08
60	21 58,77	845 290	28	28 271	842	877 533	352	844 537	6390	6364 803	5870	6 011	08
65	23 41,90	840 376	30	29 192	838	872 357	348	892 732	6436	6412 738	5916	6 065	06
70	25 25,03	835 461	30	30 111	832	867 183	348	940 950	6484	6460 696	5966	6 118	08
75	27 08,16	830 546	32	31 027	830	862 009	346	989 192	6534	6508 679	6012	6 172	08
80	28 51,30	825 630	32	31 942	822	856 836	344	*037 459	6580	6556 685	6062	6 226	06
85	30 34,43	820 714	34	32 853	818	851 664	342	085 749	6628	6604 716	6110	6 279	08
90	32 17,56	815 797	34	33 762	814	846 493	340	134 063	6678	6652 771	6158	6 333	06
95	34 00,69	810 880	34	34 669	808	841 323	338	182 402	6724	6700 850	6206	6 386	08
2,9600	35 43,83	805 963	36	35 573	804	836 154	336	230 764	6774	6748 953	6256	6 440	06
05	37 26,96	801 045	38	36 475	798	830 986	334	279 151	6820	6797 081	6304	6 493	08
10	39 10,09	796 126	38	37 374	794	825 819	332	327 561	6870	6845 233	6350	6 547	06
15	40 53,22	791 207	38	38 271	788	820 653	332	375 996	6918	6893 408	6402	6 600	06
20	42 36,36	786 288	40	39 165	784	815 487	328	424 455	6966	6941 609	6448	6 653	06
25	44 19,49	781 368	40	40 057	780	810 323	326	472 938	7014	6989 833	6496	6 706	06
30	46 02,62	776 448	42	40 947	774	805 160	326	521 445	7062	7038 081	6546	6 759	06
35	47 45,75	771 527	42	41 834	768	799 997	322	569 976	7110	7086 354	6594	6 812	06
40	49 28,89	766 606	44	42 718	764	794 836	322	618 531	7158	7134 651	6644	6 865	06
45	51 12,02	761 684	44	43 600	760	789 675	320	667 110	7208	7182 973	6692	6 918	06
2,9650	52 55,15	756 762	44	44 480	754	784 515	318	715 714	7256	7231 319	6740	6 971	06
55	54 38,28	751 840	46	45 357	750	779 356	314	764 342	7304	7279 689	6788	7 024	06
60	56 21,42	746 917	46	46 232	744	774 199	314	812 994	7352	7328 083	6838	7 077	06
65	58 04,55	741 994	48	47 104	740	769 042	312	861 670	7400	7376 502	6886	7 130	04
70	59 47,68	737 070	48	47 974	734	763 886	310	910 370	7450	7424 945	6934	7 182	06
75	*01 30,81	732 146	50	48 841	730	758 731	310	959 095	7496	7473 412	6984	7 235	06
80	03 13,94	727 221	50	49 706	724	753 576	306	**007 843	7548	7521 904	7032	7 288	04
85	04 57,08	722 296	50	50 568	720	748 423	304	056 617	7594	7570 420	7080	7 340	06
90	06 40,21	717 371	52	51 428	716	743 271	304	105 414	7644	7618 960	7130	7 393	04
95	08 23,34	712 445	54	52 286	710	738 119	300	154 236	7690	7667 525	7180	7 445	06
2,9700	10 06,47	707 518	52	53 141	704	732 969	300	203 081	7742	7716 115	7226	7 498	04
05	11 49,61	702 592	56	53 993	700	727 819	298	251 952	7788	7764 728	7276	7 550	04
10	13 32,74	697 664	54	54 843	696	722 670	296	300 846	7838	7813 366	7326	7 602	04
15	15 15,87	692 737	56	55 691	690	717 522	294	349 765	7886	7862 029	7374	7 654	06
20	16 59,00	687 809	58	56 536	686	712 375	292	398 708	7936	7910 716	7424	7 707	04
25	18 42,14	682 880	58	57 379	680	707 229	290	447 676	7984	7959 428	7472	7 759	04
30	20 25,27	677 951	58	58 219	676	702 084	290	496 668	8032	8008 164	7522	7 811	04
35	22 08,40	673 022	60	59 057	670	696 939	286	545 684	8082	8056 925	7570	7 863	04
40	23 51,53	668 092	60	59 892	666	691 796	286	594 725	8130	8105 710	7618	7 915	04
45	25 34,67	663 162	62	60 725	660	686 653	284	643 790	8178	8154 519	7668	7 967	04
2,9750	27′ 17,″80	658 231		61 555		681 511		692 879		8203 353		8 019	
	170°	**0,1**	-98	**—0,98**	-1	**—0,1**	10	**9,7**	9	**9,**	9	**0,994**	1

x	ln x		e^x		e^{-x}		arc tg x		Ar Sin x		Ar Cos x		Ar Ctg x	
	1,08	**33**	**19,**	**19**	**0,052**	**−5**	**1,24**	**10**	**1,80**	**32**	**1,74**	**36**	**0,35**	**−12**
2,9500	18 052	88	1059 537	1108	3 397	24	39 697	30	25 154	10	49 016	02	29 431	98
05	19 746	90	1155 091	1202	3 135	22	40 212	30	26 759	08	50 817	02	28 782	98
10	21 441	88	1250 692	1300	2 874	22	40 727	30	28 363	10	52 618	02	28 133	96
15	23 135	88	1346 342	1394	2 613	24	41 242	30	29 968	08	54 419	00	27 485	98
20	24 829	88	1442 039	1490	2 351	22	41 757	28	31 572	08	56 219	00	26 836	96
25	26 523	86	1537 784	1586	2 090	22	42 271	30	33 176	08	58 019	00	26 188	94
30	28 216	86	1633 577	1680	1 829	22	42 786	28	34 780	08	59 819	*98	25 541	96
35	29 909	86	1729 417	1778	1 568	20	43 300	28	36 384	06	61 618	98	24 893	94
40	31 602	84	1825 306	1874	1 308	22	43 814	28	37 987	06	63 417	98	24 246	94
45	33 294	86	1921 243	1968	1 047	20	44 328	28	39 590	06	65 216	96	23 599	94
2,9550	34 987	82	2017 227	2066	0 787	22	44 842	28	41 193	06	67 014	96	22 952	92
55	36 678	84	2113 260	2160	0 526	20	45 356	26	42 796	04	68 812	96	22 306	94
60	38 370	82	2209 340	2258	0 266	20	45 869	28	44 398	06	70 610	94	21 659	92
65	40 061	82	2305 469	2354	0 006	20	46 383	26	46 001	02	72 407	94	21 013	92
70	41 752	82	2401 646	2450	*9 746	20	46 896	26	47 602	04	74 204	94	20 367	90
75	43 443	82	2497 871	2546	9 486	18	47 409	26	49 204	02	76 001	92	19 722	90
80	45 134	80	2594 144	2642	9 227	20	47 922	26	50 805	04	77 797	92	19 077	92
85	46 824	80	2690 465	2738	8 967	18	48 435	24	52 407	02	79 593	90	18 431	88
90	48 514	78	2786 834	2836	8 708	20	48 947	26	54 008	00	81 388	92	17 787	90
95	50 203	80	2883 252	2932	8 448	18	49 460	24	55 608	02	83 184	88	17 142	88
2,9600	51 893	78	2979 718	3028	8 189	18	49 972	24	57 209	00	84 978	90	16 498	88
05	53 582	76	3076 232	3124	7 930	18	50 484	24	58 809	00	86 773	88	15 854	88
10	55 270	78	3172 794	3220	7 671	18	50 996	24	60 409	00	88 567	88	15 210	88
15	56 959	76	3269 404	3318	7 412	16	51 508	24	62 009	*98	90 361	86	14 566	86
20	58 647	76	3366 063	3414	7 154	18	52 020	22	63 608	98	92 154	88	13 923	86
25	60 335	76	3462 770	3512	6 895	16	52 531	24	65 207	98	93 948	84	13 280	86
30	62 023	74	3559 526	3608	6 637	16	53 043	22	66 806	98	95 740	86	12 637	86
35	63 710	74	3656 330	3704	6 379	16	53 554	22	68 405	98	97 533	84	11 994	84
40	65 397	74	3753 182	3802	6 121	16	54 065	22	70 004	96	99 325	84	11 352	84
45	67 084	72	3850 083	3898	5 863	16	54 576	20	71 602	96	*01 117	82	10 710	84
2,9650	68 770	74	3947 032	3996	5 605	16	55 086	22	73 200	96	02 908	84	10 068	84
55	70 457	70	4044 030	4092	5 347	16	55 597	20	74 798	94	04 700	80	09 426	82
60	72 142	72	4141 076	4190	5 089	14	56 107	22	76 395	96	06 490	82	08 785	82
65	73 828	70	4238 171	4288	4 832	14	56 618	20	77 993	94	08 281	80	08 144	82
70	75 513	70	4335 315	4384	4 575	16	57 128	20	79 590	92	10 071	80	07 503	82
75	77 198	70	4432 507	4480	4 317	14	57 638	20	81 186	94	11 861	78	06 862	80
80	78 883	70	4529 747	4578	4 060	14	58 148	18	82 783	92	13 650	78	06 222	80
85	80 568	68	4627 036	4676	3 803	14	58 657	20	84 379	92	15 439	78	05 582	80
90	82 252	68	4724 374	4774	3 546	12	59 167	18	85 975	92	17 228	76	04 942	80
95	83 936	68	4821 761	4870	3 290	14	59 676	18	87 571	92	19 016	76	04 302	78
2,9700	85 620	66	4919 196	4968	3 033	12	60 185	18	89 167	90	20 804	76	03 663	78
05	87 303	66	5016 680	5066	2 777	14	60 694	18	90 762	90	22 592	74	03 024	78
10	88 986	66	5114 213	5162	2 520	12	61 203	18	92 357	90	24 379	74	02 385	78
15	90 669	64	5211 794	5260	2 264	12	61 712	18	93 952	90	26 166	74	01 746	78
20	92 351	64	5309 424	5360	2 008	12	62 221	16	95 547	88	27 953	74	01 107	76
25	94 033	64	5407 104	5456	1 752	12	62 729	16	97 141	90	29 740	72	00 469	76
30	95 715	64	5504 832	5552	1 496	10	63 237	16	98 736	86	31 526	70	*99 831	74
35	97 397	62	5602 608	5652	1 241	12	63 745	16	*00 329	88	33 311	72	99 194	76
40	99 078	64	5700 434	5750	0 985	10	64 253	16	01 923	88	35 097	70	98 556	74
45	*00 760	60	5798 309	5846	0 730	12	64 761	16	03 517	86	36 882	68	97 919	74
2,9750	02 440		5896 232		0 474		65 269		05 110		38 666		97 282	
	1,09	**33**	**19,**	**19**	**0,051**	**−5**	**1,24**	**10**	**1,81**	**31**	**1,75**	**35**	**0,34**	**−12**

x	φ	sin x		cos x		tg x		Sin x		Cos x		Tg x	
	170°	0,1	-98	—0,98	-16	—0,16	10	9,	9	9,	9	0,994	
2,9750	27′ 17,″80	658 231	62	61 555	56	81 511	282	7692 879	8228	8203 353	7718	8 019	102
55	29 00,93	653 300	62	62 383	50	76 370	280	7741 993	8276	8252 212	7766	8 070	104
60	30 44,06	648 369	64	63 208	46	71 230	278	7791 131	8326	8301 095	7816	8 122	104
65	32 27,20	643 437	64	64 031	42	66 091	276	7840 294	8374	8350 003	7866	8 174	104
70	34 10,33	638 505	66	64 852	36	60 953	276	7889 481	8424	8398 936	7914	8 226	102
75	35 53,46	633 572	66	65 670	30	55 815	274	7938 693	8472	8447 893	7962	8 277	104
80	37 36,59	628 639	66	66 485	26	50 678	270	7987 929	8522	8496 874	8014	8 329	102
85	39 19,73	623 706	68	67 298	22	45 543	270	8037 190	8570	8545 881	8062	8 380	104
90	41 02,86	618 772	68	68 109	16	40 408	270	8086 475	8620	8594 912	8110	8 432	102
95	42 45,99	613 838	70	68 917	12	35 273	266	8135 785	8668	8643 967	8160	8 483	104
2,9800	44 29,12	608 903	70	69 723	06	30 140	264	8185 119	8718	8693 047	8210	8 535	102
05	46 12,26	603 968	70	70 526	02	25 008	264	8234 478	8766	8742 152	8260	8 586	102
10	47 55,39	599 033	72	71 327	*96	19 876	262	8283 861	8816	8791 282	8308	8 637	102
15	49 38,52	594 097	74	72 125	92	14 745	260	8333 269	8866	8840 436	8358	8 688	102
20	51 21,65	589 160	72	72 921	86	09 615	258	8382 702	8914	8889 615	8408	8 739	104
25	53 04,78	584 224	74	73 714	82	04 486	256	8432 159	8962	8938 819	8456	8 791	102
30	54 47,92	579 287	76	74 505	78	*99 358	256	8481 640	9014	8988 047	8508	8 842	102
35	56 31,05	574 349	76	75 294	72	94 230	252	8531 147	9062	9037 301	8554	8 893	102
40	58 14,18	569 411	76	76 080	66	89 104	252	8580 678	9110	9086 578	8606	8 944	100
45	59 57,31	564 473	76	76 863	62	83 978	250	8630 233	9162	9135 881	8656	8 994	102
2,9850	*01 40,45	559 535	78	77 644	58	78 853	248	8679 814	9210	9185 209	8704	9 045	102
55	03 23,58	554 596	80	78 423	52	73 729	248	8729 419	9258	9234 561	8754	9 096	102
60	05 06,71	549 656	80	79 199	46	68 605	244	8779 048	9310	9283 938	8804	9 147	102
65	06 49,84	544 716	80	79 972	42	63 483	244	8828 703	9358	9333 340	8854	9 198	100
70	08 32,98	539 776	80	80 743	38	58 361	242	8878 382	9406	9382 767	8902	9 248	102
75	10 16,11	534 836	82	81 512	32	53 240	242	8928 085	9458	9432 218	8954	9 299	100
80	11 59,24	529 895	84	82 278	28	48 119	238	8977 814	9506	9481 695	9002	9 349	102
85	13 42,37	524 953	82	83 042	22	43 000	238	9027 567	9556	9531 196	9052	9 400	100
90	15 25,51	520 012	84	83 803	18	37 881	234	9077 345	9606	9580 722	9104	9 450	102
95	17 08,64	515 070	86	84 562	12	32 764	236	9127 148	9654	9630 274	9152	9 501	100
2,9900	18 51,77	510 127	86	85 318	08	27 646	232	9176 975	9706	9679 850	9202	9 551	100
05	20 34,90	505 184	86	86 072	02	22 530	230	9226 828	9754	9729 451	9250	9 601	102
10	22 18,04	500 241	88	86 823	**98	17 415	230	9276 705	9804	9779 076	9302	9 652	100
15	24 01,17	495 297	88	87 572	94	12 300	228	9326 607	9852	9828 727	9352	9 702	100
20	25 44,30	490 353	88	88 319	88	07 186	226	9376 533	9904	9878 403	9402	9 752	100
25	27 27,43	485 409	90	89 063	82	02 073	226	9426 485	9954	9928 104	9452	9 802	100
30	29 10,57	480 464	90	89 804	78	**96 960	222	9476 462	*0002	9977 830	9500	9 852	100
35	30 53,70	475 519	90	90 543	74	91 849	222	9526 463	0052	*0027 580	9552	9 902	100
40	32 36,83	470 574	92	91 280	68	86 738	220	9576 489	0102	0077 356	9602	9 952	100
45	34 19,96	465 628	92	92 014	62	81 628	220	9626 540	0152	0127 157	9652	*0 002	100
2,9950	36 03,09	460 682	94	92 745	58	76 518	216	9676 616	0202	0176 983	9700	0 052	100
55	37 46,23	455 735	94	93 474	54	71 410	216	9726 717	0252	0226 833	9752	0 102	98
60	39 29,36	450 788	94	94 201	48	66 302	214	9776 843	0302	0276 709	9802	0 151	100
65	41 12,49	445 841	96	94 925	44	61 195	214	9826 994	0352	0326 610	9852	0 201	100
70	42 55,62	440 893	96	95 647	38	56 088	210	9877 170	0402	0376 536	9902	0 251	98
75	44 38,76	435 945	96	96 366	34	50 983	210	9927 371	0450	0426 487	9954	0 300	100
80	46 21,89	430 997	98	97 083	28	45 878	208	9977 596	0502	0476 464	*0002	0 350	98
85	48 05,02	426 048	98	97 797	24	40 774	208	*0027 847	0552	0526 465	0054	0 399	100
90	49 48,15	421 099	98	98 509	18	35 670	206	0078 123	0600	0576 492	0102	0 449	98
95	51 31,29	416 150	*00	99 218	14	30 567	204	0128 423	0652	0626 543	0154	0 498	100
3,0000	53′ 14,″42	411 200		99 925		25 465		0178 749		0676 620		0 548	
	171°	0,1	-99	—0,98	-14	—0,14	10	10,	10	10,	10	0,995	

x	ln x		e^x		e^{-x}		arc tg x		Ar Sin x		Ar Cos x		Ar Ctg x	
	1,09	**33**	**19,**	**19**	**0,051**		**1,24**	**10**	**1,81**	**31**	**1,75**	**35**	**0,34**	**−12**
2,9750	02 440	62	5896 232	5946	0 474	−510	65 269	14	05 110	86	38 666	70	97 282	74
55	04 121	60	5994 205	6044	0 219	−510	65 776	16	06 703	84	40 451	68	96 645	74
60	05 801	60	6092 227	6140	*9 964	−510	66 284	14	08 295	86	42 235	66	96 008	72
65	07 481	60	6190 297	6240	9 709	−510	66 791	14	09 888	84	44 018	68	95 372	72
70	09 161	58	6288 417	6338	9 454	−508	67 298	14	11 480	84	45 802	66	94 736	72
75	10 840	58	6386 586	6436	9 200	−510	67 805	14	13 072	84	47 585	64	94 100	70
80	12 519	58	6484 804	6534	8 945	−508	68 312	12	14 664	82	49 367	66	93 465	72
85	14 198	58	6583 071	6632	8 691	−508	68 818	14	16 255	84	51 150	64	92 829	70
90	15 877	56	6681 387	6730	8 437	−510	69 325	12	17 847	82	52 932	62	92 194	70
95	17 555	56	6779 752	6828	8 182	−508	69 831	12	19 438	82	54 713	62	91 559	68
2,9800	19 233	56	6878 166	6928	7 928	−508	70 337	12	21 029	80	56 494	62	90 925	68
05	20 911	54	6976 630	7026	7 674	−506	70 843	12	22 619	80	58 275	62	90 291	70
10	22 588	54	7075 143	7124	7 421	−508	71 349	10	24 209	82	60 056	60	89 656	68
15	24 265	54	7173 705	7224	7 167	−508	71 854	12	25 800	78	61 836	60	89 022	66
20	25 942	54	7272 317	7322	6 913	−506	72 360	10	27 389	80	63 616	60	88 389	68
25	27 619	52	7370 978	7420	6 660	−506	72 865	12	28 979	78	65 396	58	87 755	66
30	29 295	52	7469 688	7518	6 407	−506	73 371	10	30 568	78	67 175	58	87 122	66
35	30 971	52	7568 447	7618	6 154	−506	73 876	10	32 157	78	68 954	58	86 489	64
40	32 647	50	7667 256	7718	5 901	−506	74 381	08	33 746	78	70 733	56	85 857	66
45	34 322	50	7766 115	7814	5 648	−506	74 885	10	35 335	76	72 511	56	85 224	64
2,9850	35 997	50	7865 022	7916	5 395	−506	75 390	08	36 923	78	74 289	56	84 592	64
55	37 672	50	7963 980	8012	5 142	−504	75 894	10	38 512	74	76 067	54	83 960	64
60	39 347	48	8062 986	8114	4 890	−504	76 399	08	40 099	76	77 844	54	83 328	62
65	41 021	48	8162 043	8210	4 638	−506	76 903	08	41 687	76	79 621	52	82 697	62
70	42 695	48	8261 148	8312	4 385	−504	77 407	08	43 275	74	81 397	54	82 066	62
75	44 369	48	8360 304	8410	4 133	−504	77 911	06	44 862	74	83 174	52	81 435	62
80	46 043	46	8459 509	8508	3 881	−504	78 414	08	46 449	74	84 950	50	80 804	62
85	47 716	46	8558 763	8608	3 629	−504	78 918	06	48 036	72	86 725	50	80 173	60
90	49 389	44	8658 067	8708	3 377	−502	79 421	08	49 622	72	88 500	50	79 543	60
95	51 061	46	8757 421	8808	3 126	−504	79 925	06	51 208	72	90 275	50	78 913	60
2,9900	52 734	44	8856 825	8906	2 874	−502	80 428	06	52 794	72	92 050	48	78 283	60
05	54 406	44	8956 278	9006	2 623	−502	80 931	04	54 380	72	93 824	48	77 653	58
10	56 078	42	9055 781	9106	2 372	−502	81 433	06	55 966	70	95 598	48	77 024	58
15	57 749	44	9155 334	9206	2 121	−502	81 936	04	57 551	70	97 372	46	76 395	58
20	59 421	42	9254 937	9304	1 870	−502	82 438	06	59 136	70	99 145	46	75 766	58
25	61 092	40	9354 589	9404	1 619	−502	82 941	04	60 721	68	*00 918	44	75 137	56
30	62 762	42	9454 291	9504	1 368	−502	83 443	04	62 305	70	02 690	46	74 509	56
35	64 433	40	9554 043	9604	1 117	−500	83 945	04	63 890	68	04 463	44	73 881	56
40	66 103	40	9653 845	9704	0 867	−500	84 447	04	65 474	68	06 235	42	73 253	56
45	67 773	38	9753 697	9804	0 617	−502	84 949	02	67 058	66	08 006	42	72 625	54
2,9950	69 442	40	9853 599	9904	0 366	−500	85 450	04	68 641	68	09 777	42	71 998	56
55	71 112	38	9953 551	*0002	0 116	−500	85 952	02	70 225	66	11 548	42	71 370	54
60	72 781	36	*0053 552	0104	**9 866	−500	86 453	02	71 808	66	13 319	40	70 743	52
65	74 449	38	0153 604	0204	9 616	−498	86 954	02	73 391	64	15 089	40	70 117	54
70	76 118	36	0253 706	0304	9 367	−500	87 455	02	74 973	66	16 859	40	69 490	52
75	77 786	36	0353 858	0404	9 117	−500	87 956	02	76 556	64	18 629	38	68 864	52
80	79 454	36	0454 060	0504	8 867	−498	88 457	00	78 138	64	20 398	38	68 238	52
85	81 122	34	0554 312	0604	8 618	−498	88 957	00	79 720	64	22 167	38	67 612	52
90	82 789	34	0654 614	0706	8 369	−498	89 457	02	81 302	62	23 936	36	66 986	50
95	84 456	34	0754 967	0804	8 120	−498	89 958	00	82 883	64	25 704	36	66 361	50
3,0000	86 123		0855 369		7 871		90 458		84 465		27 472		65 736	
	1,09	**33**	**20,**	**20**	**0,049**		**1,24**	**10**	**1,81**	**31**	**1,76**	**35**	**0,34**	**−12**

x	φ	sin x		cos x		tg x		Sin x		Cos x		Tg x	
	171°	0,1	−99	−0,98	−1	−0,1	10	10,0	10	10,	10	0,9950	
3,0000	53′ 14,″42	411 200	00	99 925	408	425 465	202	178 749	0702	0676 620	0204	548	98
05	54 57,55	406 250	02	*00 629	404	420 364	200	229 100	0752	0726 722	0254	597	98
10	56 40,68	401 299	00	01 331	400	415 264	200	279 476	0802	0776 849	0304	646	98
15	58 23,82	396 349	04	02 031	394	410 164	198	329 877	0852	0827 001	0356	695	98
20	*00 06,95	391 397	02	02 728	388	405 065	198	380 303	0902	0877 179	0406	744	100
25	01 50,08	386 446	04	03 422	384	399 966	194	430 754	0952	0927 382	0456	794	98
30	03 33,21	381 494	04	04 114	380	394 869	194	481 230	1004	0977 610	0506	843	98
35	05 16,35	376 542	06	04 804	374	389 772	192	531 732	1052	1027 863	0556	892	98
40	06 59,48	371 589	06	05 491	368	384 676	192	582 258	1104	1078 141	0608	941	98
45	08 42,61	366 636	06	06 175	364	379 580	190	632 810	1154	1128 445	0658	990	96
3,0050	10 25,74	361 683	08	06 857	360	374 485	188	683 387	1204	1178 774	0710	*038	98
55	12 08,88	356 729	08	07 537	354	369 391	186	733 989	1254	1229 129	0758	087	98
60	13 52,01	351 775	08	08 214	350	364 298	186	784 616	1304	1279 508	0810	136	98
65	15 35,14	346 821	08	08 889	344	359 205	184	835 268	1356	1329 913	0862	185	96
70	17 18,27	341 867	10	09 561	338	354 113	182	885 946	1406	1380 344	0910	233	98
75	19 01,40	336 912	12	10 230	336	349 022	182	936 649	1456	1430 799	0962	282	98
80	20 44,54	331 956	10	10 898	328	343 931	180	987 377	1506	1481 280	1014	331	96
85	22 27,67	327 001	12	11 562	326	338 841	178	*038 130	1556	1531 787	1062	379	98
90	24 10,80	322 045	12	12 225	318	333 752	178	088 908	1608	1582 318	1114	428	96
95	25 53,93	317 089	14	12 884	316	328 663	176	139 712	1658	1632 875	1166	476	96
3,0100	27 37,07	312 132	14	13 542	310	323 575	174	190 541	1710	1683 458	1216	524	98
05	29 20,20	307 175	14	14 197	304	318 488	174	241 396	1758	1734 066	1266	573	96
10	31 03,33	302 218	16	14 849	300	313 401	170	292 275	1810	1784 699	1318	621	96
15	32 46,46	297 260	16	15 499	294	308 316	172	343 180	1862	1835 358	1370	669	96
20	34 29,60	292 302	16	16 146	290	303 230	168	394 111	1910	1886 043	1418	717	98
25	36 12,73	287 344	18	16 791	286	298 146	168	445 066	1962	1936 752	1472	766	96
30	37 55,86	282 385	16	17 434	278	293 062	166	496 047	2014	1987 488	1520	814	96
35	39 38,99	277 427	20	18 073	276	287 979	166	547 054	2064	2038 248	1574	862	96
40	41 22,13	272 467	18	18 711	270	282 896	164	598 086	2114	2089 035	1624	910	96
45	43 05,26	267 508	20	19 346	264	277 814	162	649 143	2166	2139 847	1674	958	96
3,0150	44 48,39	262 548	20	19 978	260	272 733	162	700 226	2216	2190 684	1726	**006	94
55	46 31,52	257 588	22	20 608	256	267 652	160	751 334	2266	2241 547	1776	053	96
60	48 14,66	252 627	20	21 236	250	262 572	158	802 467	2318	2292 435	1828	101	96
65	49 57,79	247 667	22	21 861	246	257 493	158	853 626	2368	2343 349	1880	149	96
70	51 40,92	242 706	24	22 484	240	252 414	156	904 810	2420	2394 289	1930	197	94
75	53 24,05	237 744	24	23 104	234	247 336	156	956 020	2472	2445 254	1982	244	96
80	55 07,19	232 782	24	23 721	232	242 258	154	**007 256	2522	2496 245	2032	292	96
85	56 50,32	227 820	24	24 337	224	237 181	152	058 517	2572	2547 261	2084	340	94
90	58 33,45	222 858	26	24 949	220	232 105	150	109 803	2624	2598 303	2136	387	96
95	**00 16,58	217 895	24	25 559	216	227 030	150	161 115	2674	2649 371	2188	435	94
3,0200	01 59,71	212 933	28	26 167	210	221 955	150	212 452	2726	2700 465	2238	482	94
05	03 42,85	207 969	26	26 772	206	216 880	146	263 815	2778	2751 584	2288	529	96
10	05 25,98	203 006	28	27 375	200	211 807	148	315 204	2828	2802 728	2342	577	94
15	07 09,11	198 042	28	27 975	196	206 733	144	366 618	2880	2853 899	2392	624	94
20	08 52,24	193 078	30	28 573	190	201 661	144	418 058	2930	2905 095	2444	671	94
25	10 35,38	188 113	28	29 168	186	196 589	142	469 523	2982	2956 317	2494	718	96
30	12 18,51	183 149	30	29 761	182	191 518	142	521 014	3034	3007 564	2548	766	94
35	14 01,64	178 184	32	30 352	174	186 447	140	572 531	3084	3058 838	2598	813	94
40	15 44,77	173 218	30	30 939	172	181 377	140	624 073	3136	3110 137	2650	860	94
45	17 27,91	168 253	32	31 525	166	176 307	136	675 641	3186	3161 462	2702	907	94
3,0250	19′ 11,″04	163 287		32 108		171 239		727 234		3212 813		954	
	173°	0,1	−99	−0,99	−1	−0,1	10	10,2	10	10,	10	0,9952	

x	$\ln x$		e^x		e^{-x}		arc tg x		Ar Sin x		Ar Cos x		Ar Ctg x	
	1,09	**33**	**20,**	**20**	**0,049**	**−4**	**1,249**		**1,81**	**31**	**1,76**	**35**	**0,34**	**−12**
3,0000	86 123	32	0855 369	0906	7 871	98	0 458	1000	84 465	62	27 472	34	65 736	50
05	87 789	34	0955 822	1006	7 622	98	0 958	998	86 046	60	29 239	36	65 111	50
10	89 456	32	1056 325	1106	7 373	98	1 457	1000	87 626	62	31 007	34	64 486	48
15	91 122	30	1156 878	1208	7 124	96	1 957	1000	89 207	60	32 774	32	63 862	48
20	92 787	32	1257 482	1308	6 876	96	2 457	998	90 787	60	34 540	32	63 238	48
25	94 453	30	1358 136	1408	6 628	98	2 956	998	92 367	60	36 306	32	62 614	48
30	96 118	30	1458 840	1510	6 379	96	3 455	998	93 947	60	38 072	32	61 990	46
35	97 783	28	1559 595	1610	6 131	96	3 954	998	95 527	58	39 838	30	61 367	48
40	99 447	30	1660 400	1710	5 883	96	4 453	998	97 106	58	41 603	30	60 743	46
45	*01 112	28	1761 255	1812	5 635	94	4 952	996	98 685	58	43 368	30	60 120	44
3,0050	02 776	26	1862 161	1912	5 388	96	5 450	998	*00 264	58	45 133	28	59 498	46
55	04 439	28	1963 117	2014	5 140	96	5 949	996	01 843	56	46 897	28	58 875	44
60	06 103	26	2064 124	2114	4 892	94	6 447	996	03 421	56	48 661	28	58 253	44
65	07 766	26	2165 181	2216	4 645	94	6 945	996	04 999	56	50 425	26	57 631	44
70	09 429	26	2266 289	2318	4 398	94	7 443	996	06 577	56	52 188	26	57 009	44
75	11 092	24	2367 448	2418	4 151	94	7 941	996	08 155	56	53 951	26	56 387	42
80	12 754	24	2468 657	2518	3 904	94	8 439	994	09 733	54	55 714	24	55 766	42
85	14 416	24	2569 916	2622	3 657	94	8 936	994	11 310	54	57 476	24	55 145	42
90	16 078	24	2671 227	2722	3 410	94	9 433	996	12 887	52	59 238	24	54 524	42
95	17 740	22	2772 588	2822	3 163	92	9 931	994	14 463	54	61 000	22	53 903	40
3,0100	19 401	22	2873 999	2926	2 917	94	*0 428	994	16 040	52	62 761	22	53 283	42
05	21 062	20	2975 462	3026	2 670	92	0 925	994	17 616	52	64 522	22	52 662	40
10	22 722	22	3076 975	3128	2 424	92	1 422	992	19 192	52	66 283	20	52 042	38
15	24 383	20	3178 539	3228	2 178	92	1 918	994	20 768	52	68 043	20	51 423	40
20	26 043	20	3280 153	3332	1 932	92	2 415	992	22 344	50	69 803	20	50 803	38
25	27 703	20	3381 819	3432	1 686	92	2 911	992	23 919	50	71 563	18	50 184	38
30	29 363	18	3483 535	3534	1 440	90	3 407	992	25 494	50	73 322	18	49 565	38
35	31 022	18	3585 302	3636	1 195	92	3 903	992	27 069	50	75 081	18	48 946	38
40	32 681	18	3687 120	3738	0 949	90	4 399	992	28 644	48	76 840	16	48 327	36
45	34 340	16	3788 989	3840	0 704	92	4 895	992	30 218	48	78 598	16	47 709	36
3,0150	35 998	18	3890 909	3942	0 458	90	5 391	990	31 792	48	80 356	16	47 091	36
55	37 657	16	3992 880	4044	0 213	90	5 886	990	33 366	48	82 114	14	46 473	36
60	39 315	14	4094 902	4146	*9 968	90	6 381	990	34 940	46	83 871	14	45 855	34
65	40 972	16	4196 975	4248	9 723	90	6 876	990	36 513	48	85 628	14	45 238	36
70	42 630	14	4299 099	4350	9 478	88	7 371	990	38 087	46	87 385	12	44 620	34
75	44 287	14	4401 274	4454	9 234	90	7 866	990	39 660	44	89 141	14	44 003	32
80	45 944	12	4503 501	4554	8 989	88	8 361	990	41 232	46	90 898	10	43 387	34
85	47 600	14	4605 778	4656	8 745	90	8 856	988	42 805	44	92 653	12	42 770	32
90	49 257	12	4708 106	4760	8 500	88	9 350	988	44 377	44	94 409	10	42 154	32
95	50 913	10	4810 486	4862	8 256	88	9 844	988	45 949	44	96 164	10	41 538	32
3,0200	52 568	12	4912 917	4964	8 012	88	**0 338	988	47 521	44	97 919	08	40 922	32
05	54 224	10	5015 399	5066	7 768	88	0 832	988	49 093	42	99 673	08	40 306	30
10	55 879	10	5117 932	5170	7 524	86	1 326	988	50 664	42	*01 427	08	39 691	30
15	57 534	10	5220 517	5272	7 281	88	1 820	986	52 235	42	03 181	06	39 076	30
20	59 189	08	5323 153	5374	7 037	86	2 313	988	53 806	42	04 934	08	38 461	30
25	60 843	08	5425 840	5478	6 794	88	2 807	986	55 377	40	06 688	04	37 846	28
30	62 497	08	5528 579	5580	6 550	86	3 300	986	56 947	40	08 440	06	37 232	30
35	64 151	08	5631 369	5682	6 307	86	3 793	986	58 517	40	10 193	04	36 617	28
40	65 805	06	5734 210	5786	6 064	86	4 286	986	60 087	40	11 945	04	36 003	26
45	67 458	06	5837 103	5888	5 821	86	4 779	986	61 657	38	13 697	02	35 390	28
3,0250	69 111		5940 047		5 578		5 272		63 226		15 448		34 776	
	1,10	**33**	**20,**	**20**	**0,048**	**−4**	**1,251**		**1,82**	**31**	**1,77**	**35**	**0,34**	**−12**

x	φ	$\sin x$		$\cos x$		$\operatorname{tg} x$		$\operatorname{Sin} x$		$\operatorname{Cos} x$		$\operatorname{Tg} x$	
	173°	**0,11**	**−99**	**—0,993**	**−11**	**—0,11**	**10**	**10,**	**10**	**10,3**	**10**	**0,995**	
3,0250	19′ 11,04″	63 287	32	2 108	60	71 239	138	2727 234	3240	212 813	2752	2 954	94
55	20 54,17	58 321	34	2 688	56	66 170	134	2778 854	3290	264 189	2806	3 001	92
60	22 37,30	53 354	34	3 266	50	61 103	136	2830 499	3340	315 592	2856	3 047	94
65	24 20,44	48 387	34	3 841	46	56 035	132	2882 169	3394	367 020	2908	3 094	94
70	26 03,57	43 420	34	4 414	42	50 969	132	2933 866	3444	418 474	2960	3 141	94
75	27 46,70	38 453	36	4 985	36	45 903	130	2985 588	3496	469 954	3010	3 188	92
80	29 29,83	33 485	36	5 553	30	40 838	130	3037 336	3546	521 459	3064	3 234	94
85	31 12,97	28 517	36	6 118	26	35 773	128	3089 109	3600	572 991	3114	3 281	94
90	32 56,10	23 549	36	6 681	22	30 709	128	3140 909	3650	624 548	3168	3 328	92
95	34 39,23	18 581	38	7 242	16	25 645	126	3192 734	3702	676 132	3218	3 374	94
3,0300	36 22,36	13 612	38	7 800	12	20 582	126	3244 585	3754	727 741	3270	3 421	92
05	38 05,50	08 643	38	8 356	06	15 519	124	3296 462	3804	779 376	3324	3 467	94
10	39 48,63	03 674	40	8 909	00	10 457	122	3348 364	3858	831 038	3374	3 514	92
15	41 31,76	*98 704	40	9 459	*96	05 396	122	3400 293	3908	882 725	3426	3 560	92
20	43 14,89	93 734	40	*0 007	92	00 335	120	3452 247	3960	934 438	3478	3 606	92
25	44 58,02	88 764	40	0 553	86	*95 275	120	3504 227	4012	986 177	3530	3 652	94
30	46 41,16	83 794	42	1 096	82	90 215	118	3556 233	4064	*037 942	3582	3 699	92
35	48 24,29	78 823	42	1 637	76	85 156	116	3608 265	4116	089 733	3634	3 745	92
40	50 07,42	73 852	42	2 175	72	80 098	118	3660 323	4168	141 550	3688	3 791	92
45	51 50,55	68 881	44	2 711	66	75 039	114	3712 407	4218	193 394	3738	3 837	92
3,0350	53 33,69	63 909	44	3 244	62	69 982	114	3764 516	4272	245 263	3790	3 883	92
55	55 16,82	58 937	44	3 775	56	64 925	112	3816 652	4322	297 158	3842	3 929	92
60	56 59,95	53 965	44	4 303	50	59 869	112	3868 813	4376	349 079	3896	3 975	92
65	58 43,08	48 993	44	4 828	48	54 813	112	3921 001	4426	401 027	3946	4 021	92
70	*00 26,22	44 021	46	5 352	40	49 757	110	3973 214	4480	453 000	4000	4 067	92
75	02 09,35	39 048	46	5 872	38	44 702	108	4025 454	4530	505 000	4052	4 113	90
80	03 52,48	34 075	48	6 391	32	39 648	108	4077 719	4584	557 026	4104	4 158	92
85	05 35,61	29 101	46	6 907	26	34 594	106	4130 011	4634	609 078	4156	4 204	92
90	07 18,75	24 128	48	7 420	22	29 541	106	4182 328	4688	661 156	4208	4 250	90
95	09 01,88	19 154	48	7 931	16	24 488	104	4234 672	4740	713 260	4262	4 295	92
3,0400	10 45,01	14 180	48	8 439	12	19 436	104	4287 042	4790	765 391	4312	4 341	90
05	12 28,14	09 206	50	8 945	06	14 384	102	4339 437	4844	817 547	4366	4 386	92
10	14 11,28	04 231	50	9 448	02	09 333	100	4391 859	4896	869 730	4418	4 432	90
15	15 54,41	**99 256	50	9 949	**96	04 283	102	4444 307	4948	921 939	4470	4 477	92
20	17 37,54	94 281	50	**0 447	92	**99 232	098	4496 781	5000	974 174	4524	4 523	90
25	19 20,67	89 306	52	0 943	88	94 183	098	4549 281	5054	**026 436	4576	4 568	90
30	21 03,81	84 330	52	1 437	82	89 134	098	4601 808	5104	078 724	4628	4 613	92
35	22 46,94	79 354	52	1 928	76	84 085	096	4654 360	5158	131 038	4680	4 659	90
40	24 30,07	74 378	52	2 416	72	79 037	096	4706 939	5208	183 378	4734	4 704	90
45	26 13,20	69 402	54	2 902	68	73 989	094	4759 543	5262	235 745	4786	4 749	90
3,0450	27 56,34	64 425	54	3 386	62	68 942	094	4812 174	5316	288 138	4838	4 794	90
55	29 39,47	59 448	54	3 867	56	63 895	092	4864 832	5366	340 557	4890	4 839	90
60	31 22,60	54 471	54	4 345	52	58 849	092	4917 515	5420	393 002	4944	4 884	90
65	33 05,73	49 494	54	4 821	46	53 803	090	4970 225	5470	445 474	4998	4 929	90
70	34 48,86	44 517	56	5 294	44	48 758	090	5022 960	5526	497 973	5048	4 974	90
75	36 32,00	39 539	56	5 766	36	43 713	088	5075 723	5576	550 497	5102	5 019	90
80	38 15,13	34 561	56	6 234	32	38 669	088	5128 511	5630	603 048	5156	5 064	90
85	39 58,26	29 583	58	6 700	28	33 625	086	5181 326	5682	655 626	5208	5 109	90
90	41 41,39	24 604	58	7 164	22	28 582	086	5234 167	5734	708 230	5260	5 154	88
95	43 24,53	19 625	58	7 625	16	23 539	086	5287 034	5786	760 860	5314	5 198	90
3,0500	45′ 07,66″	14 646		8 083		18 496		5339 927		813 517		5 243	
	174°	**0,09**	**−99**	**—0,995**	**−9**	**—0,09**	**10**	**10,**	**10**	**10,5**	**10**	**0,995**	

x	$\ln x$		e^x		e^{-x}		arc tg x		Ar Sin x		Ar Cos x		Ar Ctg x	
	1,10	**3**	**20,**	**20**	**0,048**	**−4**	**1,251**	**9**	**1,82**	**31**	**1,77**	**35**	**0,34**	**−12**
3,0250	69 111	306	5940 047	5992	5 578	86	5 272	84	63 226	40	15 448	04	34 776	26
55	70 764	304	6043 043	6094	5 335	84	5 764	84	64 796	38	17 200	02	34 163	26
60	72 416	304	6146 090	6198	5 093	86	6 256	86	66 365	38	18 951	00	33 550	26
65	74 068	304	6249 189	6300	4 850	84	6 749	84	67 934	36	20 701	00	32 937	26
70	75 720	304	6352 339	6404	4 608	84	7 241	84	69 502	36	22 451	00	32 324	24
75	77 372	302	6455 541	6508	4 366	84	7 733	82	71 070	36	24 201	00	31 712	26
80	79 023	302	6558 795	6610	4 124	84	8 224	84	72 638	36	25 951	*98	31 099	24
85	80 674	302	6662 100	6714	3 882	84	8 716	84	74 206	36	27 700	98	30 487	22
90	82 325	302	6765 457	6818	3 640	84	9 208	82	75 774	34	29 449	98	29 876	24
95	83 976	300	6868 866	6920	3 398	84	9 699	82	77 341	34	31 198	96	29 264	22
3,0300	85 626	300	6972 326	7024	3 156	82	*0 190	82	78 908	34	32 946	96	28 653	22
05	87 276	300	7075 838	7128	2 915	84	0 681	82	80 475	34	34 694	94	28 042	22
10	88 926	298	7179 402	7230	2 673	82	1 172	82	82 042	32	36 441	96	27 431	22
15	90 575	300	7283 017	7336	2 432	82	1 663	80	83 608	34	38 189	94	26 820	20
20	92 225	298	7386 685	7438	2 191	82	2 153	82	85 175	32	39 936	92	26 210	20
25	93 874	296	7490 404	7542	1 950	82	2 644	80	86 741	30	41 682	94	25 600	20
30	95 522	298	7594 175	7646	1 709	82	3 134	80	88 306	32	43 429	92	24 990	20
35	97 171	296	7697 998	7750	1 468	80	3 624	80	89 872	30	45 175	90	24 380	18
40	98 819	296	7801 873	7854	1 228	82	4 114	80	91 437	30	46 920	92	23 771	20
45	*00 467	294	7905 800	7958	0 987	80	4 604	80	93 002	30	48 666	90	23 161	18
3,0350	02 114	296	8009 779	8062	0 747	82	5 094	78	94 567	30	50 411	88	22 552	16
55	03 762	294	8113 810	8166	0 506	80	5 583	80	96 132	28	52 155	90	21 944	18
60	05 409	292	8217 893	8270	0 266	80	6 073	78	97 696	28	53 900	88	21 335	16
65	07 055	294	8322 028	8374	0 026	80	6 562	78	99 260	28	55 644	88	20 727	16
70	08 702	292	8426 215	8478	*9 786	80	7 051	78	*00 824	28	57 388	86	20 119	16
75	10 348	292	8530 454	8582	9 546	78	7 540	78	02 388	26	59 131	86	19 511	16
80	11 994	292	8634 745	8688	9 307	80	8 029	78	03 951	26	60 874	86	18 903	16
85	13 640	290	8739 089	8790	9 067	80	8 518	78	05 514	26	62 617	86	18 295	14
90	15 285	290	8843 484	8896	8 827	78	9 007	76	07 077	26	64 360	84	17 688	14
95	16 930	290	8947 932	9000	8 588	78	9 495	76	08 640	24	66 102	82	17 081	14
3,0400	18 575	290	9052 432	9106	8 349	78	9 983	76	10 202	26	67 843	84	16 474	12
05	20 220	288	9156 985	9208	8 110	78	**0 471	76	11 765	24	69 585	82	15 868	12
10	21 864	288	9261 589	9314	7 871	78	0 959	76	13 327	24	71 326	82	15 262	14
15	23 508	288	9366 246	9420	7 632	78	1 447	76	14 889	22	73 067	82	14 655	12
20	25 152	286	9470 956	9522	7 393	76	1 935	74	16 450	22	74 808	80	14 049	10
25	26 795	288	9575 717	9628	7 155	78	2 422	76	18 011	24	76 548	80	13 444	12
30	28 439	286	9680 531	9734	6 916	76	2 910	74	19 573	20	78 288	78	12 838	10
35	30 082	284	9785 398	9838	6 678	78	3 397	74	21 133	22	80 027	80	12 233	10
40	31 724	286	9890 317	9942	6 439	76	3 884	74	22 694	20	81 767	76	11 628	10
45	33 367	284	9995 288	*0048	6 201	76	4 371	74	24 254	22	83 505	78	11 023	08
3,0450	35 009	284	*0100 312	0152	5 963	76	4 858	74	25 815	20	85 244	76	10 419	10
55	36 651	284	0205 388	0258	5 725	76	5 345	72	27 375	18	86 982	76	09 814	08
60	38 293	282	0310 517	0364	5 487	74	5 831	74	28 934	20	88 720	76	09 210	08
65	39 934	282	0415 699	0468	5 250	76	6 318	72	30 494	18	90 458	74	08 606	06
70	41 575	282	0520 933	0574	5 012	74	6 804	72	32 053	18	92 195	74	08 003	08
75	43 216	280	0626 220	0678	4 775	76	7 290	72	33 612	18	93 932	74	07 399	06
80	44 856	282	0731 559	0784	4 537	74	7 776	72	35 171	16	95 669	72	06 796	06
85	46 497	280	0836 951	0890	4 300	74	8 262	70	36 729	18	97 405	74	06 193	06
90	48 137	278	0942 396	0996	4 063	74	8 747	72	38 288	16	99 142	70	05 590	04
95	49 776	280	1047 894	1100	3 826	74	9 233	70	39 846	16	*00 877	72	04 988	06
3,0500	51 416		1153 444		3 589		9 718		41 404		02 613		04 385	
	1,11	**3**	**21,**	**21**	**0,047**	**−4**	**1,253**	**9**	**1,83**	**31**	**1,78**	**34**	**0,34**	**−12**

x	φ	sin x		cos x		tg x		𝔖in x		ℭoſ x		𝔗g x	
	174°	0,0	−99	—0,995		—0,0	10	10,	10	10,	10	0,9955	
3,0500	45′ 07,″66	914 646	58	8 083	−912	918 496	082	5339 927	5840	5813 517	5366	243	90
05	46 50,79	909 667	58	8 539	−908	913 455	084	5392 847	5894	5866 200	5420	288	88
10	48 33,92	904 688	60	8 993	−902	908 413	082	5445 794	5944	5918 910	5472	332	90
15	50 17,06	899 708	60	9 444	−898	903 372	082	5498 766	5998	5971 646	5524	377	88
20	52 00,19	894 728	60	9 893	−892	898 331	080	5551 765	6052	6024 408	5578	421	90
25	53 43,32	889 748	60	*0 339	−886	893 291	078	5604 791	6104	6077 197	5632	466	88
30	55 26,45	884 768	60	0 782	−884	888 252	080	5657 843	6156	6130 013	5684	510	90
35	57 09,59	879 788	62	1 224	−876	883 212	076	5710 921	6208	6182 855	5738	555	88
40	58 52,72	874 807	62	1 662	−872	878 174	078	5764 025	6262	6235 724	5790	599	88
45	*00 35,85	869 826	62	2 098	−868	873 135	076	5817 156	6316	6288 619	5844	643	88
3,0550	02 18,98	864 845	64	2 532	−862	868 097	074	5870 314	6368	6341 541	5898	687	90
55	04 02,12	859 863	62	2 963	−858	863 060	074	5923 498	6422	6394 490	5950	732	88
60	05 45,25	854 882	64	3 392	−852	858 023	074	5976 709	6474	6447 465	6002	776	88
65	07 28,38	849 900	64	3 818	−848	852 986	072	6029 946	6526	6500 466	6058	820	88
70	09 11,51	844 918	64	4 242	−842	847 950	072	6083 209	6580	6553 495	6110	864	88
75	10 54,65	839 936	66	4 663	−838	842 914	070	6136 499	6634	6606 550	6162	908	88
80	12 37,78	834 953	64	5 082	−832	837 879	070	6189 816	6686	6659 631	6216	952	88
85	14 20,91	829 971	66	5 498	−828	832 844	068	6243 159	6738	6712 739	6270	996	88
90	16 04,04	824 988	66	5 912	−822	827 810	068	6296 528	6794	6765 874	6324	*040	88
95	17 47,17	820 005	66	6 323	−818	822 776	068	6349 925	6844	6819 036	6376	084	86
3,0600	19 30,31	815 022	68	6 732	−812	817 742	066	6403 347	6900	6872 224	6430	127	88
05	21 13,44	810 038	68	7 138	−808	812 709	066	6456 797	6952	6925 439	6484	171	88
10	22 56,57	805 054	66	7 542	−802	807 676	064	6510 273	7004	6978 681	6538	215	86
15	24 39,70	800 071	70	7 943	−798	802 644	064	6563 775	7060	7031 950	6590	258	88
20	26 22,84	795 086	68	8 342	−792	797 612	064	6617 305	7112	7085 245	6644	302	88
25	28 05,97	790 102	68	8 738	−788	792 580	062	6670 861	7164	7138 567	6698	346	86
30	29 49,10	785 118	70	9 132	−782	787 549	062	6724 443	7220	7191 916	6750	389	88
35	31 32,23	780 133	70	9 523	−778	782 518	062	6778 053	7272	7245 291	6806	433	86
40	33 15,37	775 148	70	9 912	−772	777 487	060	6831 689	7324	7298 694	6858	476	88
45	34 58,50	770 163	70	**0 298	−768	772 457	058	6885 351	7380	7352 123	6912	520	86
3,0650	36 41,63	765 178	72	0 682	−764	767 428	058	6939 041	7432	7405 579	6966	563	86
55	38 24,76	760 192	70	1 064	−756	762 399	058	6992 757	7486	7459 062	7020	606	88
60	40 07,90	755 207	72	1 442	−754	757 370	058	7046 500	7538	7512 572	7074	650	86
65	41 51,03	750 221	72	1 819	−748	752 341	056	7100 269	7594	7566 109	7126	693	86
70	43 34,16	745 235	72	2 193	−742	747 313	056	7154 066	7646	7619 672	7182	736	86
75	45 17,29	740 249	74	2 564	−738	742 285	054	7207 889	7700	7673 263	7234	779	86
80	47 00,43	735 262	72	2 933	−732	737 258	054	7261 739	7754	7726 880	7288	822	86
85	48 43,56	730 276	74	3 299	−728	732 231	054	7315 616	7808	7780 524	7344	865	86
90	50 26,69	725 289	74	3 663	−722	727 204	052	7369 520	7860	7834 196	7396	908	86
95	52 09,82	720 302	74	4 024	−718	722 178	052	7423 450	7916	7887 894	7450	951	86
3,0700	53 52,96	715 315	74	4 383	−714	717 152	050	7477 408	7968	7941 619	7504	994	86
05	55 36,09	710 328	76	4 740	−708	712 127	052	7531 392	8022	7995 371	7560	**037	86
10	57 19,22	705 340	74	5 094	−702	707 101	048	7585 403	8076	8049 151	7612	080	86
15	59 02,35	700 353	76	5 445	−698	702 077	050	7639 441	8130	8102 957	7666	123	86
20	**00 45,48	695 365	76	5 794	−694	697 052	048	7693 506	8184	8156 790	7720	166	84
25	02 28,62	690 377	76	6 141	−686	692 028	048	7747 598	8238	8210 650	7776	208	86
30	04 11,75	685 389	78	6 484	−684	687 004	046	7801 717	8290	8264 538	7828	251	86
35	05 54,88	680 400	76	6 826	−678	681 981	046	7855 862	8346	8318 452	7882	294	84
40	07 38,01	675 412	78	7 165	−672	676 958	046	7910 035	8400	8372 393	7938	336	86
45	09 21,15	670 423	78	7 501	−668	671 935	044	7964 235	8452	8426 362	7992	379	84
3,0750	11′ 04,″28	665 434		7 835		666 913		8018 461		8480 358		421	
	176°	0,0	−99	—0,997		—0,0	10	10,	10	10,	10	0,9957	

x	ln x		e^x		e^{-x}		arc tg x		Ar Sin x		Ar Cos x		Ar Ctg x	
	1,11	32	**21,**	21	**0,047**	−4	**1,25**	9	**1,83**	31	**1,78**	34	**0,34**	−1
3,0500	51 416	78	1153 444	1206	3 589	72	39 718	72	41 404	14	02 613	70	04 385	204
05	53 055	78	1259 047	1312	3 353	74	40 204	70	42 961	16	04 348	70	03 783	204
10	54 694	78	1364 703	1418	3 116	74	40 689	70	44 519	14	06 083	68	03 181	202
15	56 333	76	1470 412	1524	2 879	72	41 174	70	46 076	14	07 817	68	02 580	204
20	57 971	76	1576 174	1628	2 643	72	41 659	68	47 633	14	09 551	68	01 978	202
25	59 609	76	1681 988	1736	2 407	72	42 143	70	49 190	12	11 285	68	01 377	202
30	61 247	76	1787 856	1840	2 171	72	42 628	68	50 746	12	13 019	66	00 776	202
35	62 885	74	1893 776	1946	1 935	72	43 112	68	52 302	12	14 752	66	00 175	200
40	64 522	74	1999 749	2054	1 699	72	43 596	68	53 858	12	16 485	64	*99 575	202
45	66 159	74	2105 776	2158	1 463	72	44 080	68	55 414	12	18 217	64	98 974	200
3,0550	67 796	72	2211 855	2266	1 227	70	44 564	68	56 970	10	19 949	64	98 374	200
55	69 432	74	2317 988	2370	0 992	72	45 048	68	58 525	10	21 681	64	97 774	198
60	71 069	72	2424 173	2478	0 756	70	45 532	66	60 080	10	23 413	62	97 175	200
65	72 705	70	2530 412	2584	0 521	70	46 015	68	61 635	10	25 144	62	96 575	198
70	74 340	72	2636 704	2690	0 286	70	46 499	66	63 190	08	26 875	62	95 976	198
75	75 976	70	2743 049	2796	0 051	70	46 982	66	64 744	08	28 606	60	95 377	198
80	77 611	70	2849 447	2902	*9 816	70	47 465	66	66 298	08	30 336	60	94 778	198
85	79 246	70	2955 898	3010	9 581	70	47 948	66	67 852	08	32 066	60	94 179	196
90	80 881	68	3062 403	3114	9 346	70	48 431	66	69 406	06	33 796	58	93 581	196
95	82 515	68	3168 960	3224	9 111	68	48 914	64	70 959	08	35 525	58	92 983	196
3,0600	84 149	68	3275 572	3328	8 877	68	49 396	66	72 513	06	37 254	58	92 385	196
05	85 783	68	3382 236	3436	8 643	70	49 879	64	74 066	06	38 983	58	91 787	194
10	87 417	66	3488 954	3542	8 408	68	50 361	64	75 619	04	40 712	56	91 190	196
15	89 050	66	3595 725	3650	8 174	68	50 843	64	77 171	06	42 440	56	90 592	194
20	90 683	66	3702 550	3756	7 940	68	51 325	64	78 724	04	44 168	54	89 995	192
25	92 316	64	3809 428	3862	7 706	68	51 807	62	80 276	04	45 895	54	89 399	194
30	93 948	66	3916 359	3970	7 472	66	52 288	64	81 828	02	47 622	54	88 802	192
35	95 581	64	4023 344	4076	7 239	68	52 770	62	83 379	04	49 349	54	88 206	194
40	97 213	62	4130 382	4184	7 005	66	53 251	62	84 931	02	51 076	52	87 609	192
45	98 844	64	4237 474	4292	6 772	68	53 732	64	86 482	02	52 802	52	87 013	190
3,0650	*00 476	62	4344 620	4398	6 538	66	54 214	62	88 033	02	54 528	50	86 418	192
55	02 107	62	4451 819	4506	6 305	66	54 695	60	89 584	00	56 253	52	85 822	190
60	03 738	60	4559 072	4612	6 072	66	55 175	62	91 134	00	57 979	50	85 227	190
65	05 368	62	4666 378	4720	5 839	66	55 656	62	92 684	00	59 704	48	84 632	190
70	06 999	60	4773 738	4828	5 606	64	56 137	60	94 234	00	61 428	50	84 037	190
75	08 629	60	4881 152	4934	5 374	66	56 617	60	95 784	00	63 153	48	83 442	188
80	10 259	58	4988 619	5042	5 141	66	57 097	60	97 334	*98	64 877	46	82 848	190
85	11 888	60	5096 140	5150	4 908	64	57 577	60	98 883	98	66 600	48	82 253	188
90	13 518	58	5203 715	5258	4 676	64	58 057	60	*00 432	98	68 324	46	81 659	188
95	15 147	58	5311 344	5366	4 444	64	58 537	60	01 981	98	70 047	46	81 066	186
3,0700	16 776	56	5419 027	5472	4 212	64	59 017	58	03 530	98	71 770	44	80 472	186
05	18 404	56	5526 763	5582	3 980	64	59 496	60	05 079	96	73 492	44	79 879	188
10	20 032	56	5634 554	5688	3 748	64	59 976	58	06 627	96	75 214	44	79 285	186
15	21 660	56	5742 398	5796	3 516	64	60 455	58	08 175	96	76 936	44	78 692	184
20	23 288	56	5850 296	5904	3 284	64	60 934	58	09 723	94	78 658	42	78 100	186
25	24 916	54	5958 248	6012	3 052	62	61 413	58	11 270	94	80 379	42	77 507	184
30	26 543	54	6066 254	6120	2 821	62	61 892	58	12 817	96	82 100	40	76 915	184
35	28 170	52	6174 314	6230	2 590	64	62 371	56	14 365	92	83 820	40	76 323	184
40	29 796	54	6282 429	6336	2 358	62	62 849	58	15 911	94	85 540	40	75 731	184
45	31 423	52	6390 597	6444	2 127	62	63 328	56	17 458	92	87 260	40	75 139	182
3,0750	33 049		6498 819		1 896		63 806		19 004		88 980		74 548	
	1,12	32	**21,**	21	**0,046**	−4	**1,25**	9	**1,84**	30	**1,78**	34	**0,33**	−1

x	φ	sin x		cos x		tg x		𝔖𝔦𝔫 x		ℭ𝔬𝔰 x		𝔗𝔤 x	
	176°	0,06	−99	—0,997	−6	—0,06	10	10,8	10	10,	10	0,9957	
3,0750	11′ 04,″28	65 434	78	7 835	64	66 913	044	018 461	8508	8480 358	8044	421	86
55	12 47,41	60 445	78	8 167	58	61 891	044	072 715	8562	8534 380	8100	464	84
60	14 30,54	55 456	78	8 496	52	56 869	044	126 996	8616	8588 430	8154	506	84
65	16 13,68	50 467	80	8 822	48	51 847	042	181 304	8668	8642 507	8210	548	86
70	17 56,81	45 477	78	9 146	44	46 826	040	235 638	8724	8696 612	8262	591	84
75	19 39,94	40 488	80	9 468	38	41 806	042	290 000	8778	8750 743	8318	633	84
80	21 23,07	35 498	80	9 787	32	36 785	040	344 389	8832	8804 902	8372	675	86
85	23 06,21	30 508	80	*0 103	28	31 765	040	398 805	8886	8859 088	8426	718	84
90	24 49,34	25 518	80	0 417	24	26 745	038	453 248	8940	8913 301	8480	760	84
95	26 32,47	20 528	82	0 729	18	21 726	038	507 718	8996	8967 541	8534	802	84
3,0800	28 15,60	15 537	80	1 038	12	16 707	038	562 216	9048	9021 808	8590	844	84
05	29 58,74	10 547	82	1 344	08	11 688	038	616 740	9104	9076 103	8644	886	84
10	31 41,87	05 556	82	1 648	04	06 669	036	671 292	9158	9130 425	8698	928	84
15	33 25,00	00 565	82	1 950	*98	01 651	036	725 871	9212	9184 774	8754	970	84
20	35 08,13	*95 574	82	2 249	92	*96 633	036	780 477	9266	9239 151	8808	*012	84
25	36 51,27	90 583	84	2 545	88	91 615	034	835 110	9320	9293 555	8862	054	84
30	38 34,40	85 591	82	2 839	84	86 598	034	889 770	9376	9347 986	8918	096	82
35	40 17,53	80 600	84	3 131	78	81 581	034	944 458	9430	9402 445	8970	137	84
40	42 00,66	75 608	84	3 420	74	76 564	032	999 173	9484	9456 930	9028	179	84
45	43 43,79	70 616	84	3 707	68	71 548	034	*053 915	9538	9511 444	9080	221	84
3,0850	45 26,93	65 624	84	3 991	62	66 531	030	108 684	9594	9565 984	9136	263	82
55	47 10,06	60 632	84	4 272	58	61 516	032	163 481	9648	9620 552	9192	304	84
60	48 53,19	55 640	84	4 551	54	56 500	030	218 305	9702	9675 148	9246	346	82
65	50 36,32	50 648	86	4 828	48	51 485	030	273 156	9756	9729 771	9300	387	84
70	52 19,46	45 655	84	5 102	42	46 470	030	328 034	9812	9784 421	9356	429	82
75	54 02,59	40 663	86	5 373	40	41 455	030	382 940	9866	9839 099	9410	470	84
80	55 45,72	35 670	86	5 643	32	36 440	028	437 873	9922	9893 804	9466	512	82
85	57 28,85	30 677	86	5 909	28	31 426	028	492 834	9976	9948 537	9520	553	82
90	59 11,99	25 684	86	6 173	24	26 412	028	547 822	*0030	*0003 297	9574	594	84
95	*00 55,12	20 691	86	6 435	18	21 398	026	602 837	0086	0058 084	9632	636	82
3,0900	02 38,25	15 698	88	6 694	14	16 385	026	657 880	0140	0112 900	9684	677	82
05	04 21,38	10 704	86	6 951	08	11 372	026	712 950	0196	0167 742	9742	718	82
10	06 04,52	05 711	88	7 205	02	06 359	026	768 048	0250	0222 613	9794	759	84
15	07 47,65	00 717	88	7 456	**98	01 346	024	823 173	0304	0277 510	9852	801	82
20	09 30,78	**95 723	88	7 705	94	**96 334	026	878 325	0360	0332 436	9906	842	82
25	11 13,91	90 729	88	7 952	88	91 321	024	933 505	0416	0387 389	9960	883	82
30	12 57,05	85 735	88	8 196	84	86 309	022	988 713	0470	0442 369	*0016	924	82
35	14 40,18	80 741	88	8 438	78	81 298	024	**043 948	0524	0497 377	0072	965	82
40	16 23,31	75 747	90	8 677	72	76 286	022	099 210	0580	0552 413	0128	**006	80
45	18 06,44	70 752	88	8 913	70	71 275	022	154 500	0636	0607 477	0182	046	82
3,0950	19 49,58	65 758	90	9 148	62	66 264	022	209 818	0690	0662 568	0236	087	82
55	21 32,71	60 763	88	9 379	58	61 253	020	265 163	0744	0717 686	0294	128	82
60	23 15,84	55 769	90	9 608	54	56 243	022	320 535	0802	0772 833	0348	169	82
65	24 58,97	50 774	90	9 835	48	51 232	020	375 936	0854	0828 007	0404	210	80
70	26 42,10	45 779	90	**0 059	44	46 222	018	431 363	0912	0883 209	0458	250	82
75	28 25,24	40 784	92	0 281	38	41 213	020	486 819	0966	0938 438	0516	291	82
80	30 08,37	35 788	90	0 500	34	36 203	020	542 302	1020	0993 696	0570	332	80
85	31 51,50	30 793	90	0 717	28	31 193	018	597 812	1078	1048 981	0624	372	82
90	33 34,63	25 798	92	0 931	22	26 184	018	653 351	1132	1104 293	0682	413	80
95	35 17,77	20 802	90	1 142	20	21 175	016	708 917	1186	1159 634	0736	453	82
3,1000	37′ 00,″90	15 807		1 352		16 167		764 510		1215 002		494	
	177°	0,04	−99	—0,999	−4	—0,04	10	11,0	11	11,	11	0,9959	

x	$\ln x$		e^x		e^{-x}		arc tg x		Ar Sin x		Ar Cos x		Ar Ctg x	
	1,12	32	**21,**	21	**0,046**	−4	**1,256**	9	**1,84**	30	**1,78**	34	**0,33**	−11
3,0750	33 049	52	6498 819	*6554*	1 896	62	3 806	56	19 004	94	88 980	38	74 548	82
55	34 675	52	6607 096	*6660*	1 665	60	4 284	56	20 551	92	90 699	38	73 957	82
60	36 301	50	6715 426	*6770*	1 435	62	4 762	56	22 097	90	92 418	38	73 366	82
65	37 926	50	6823 811	*6878*	1 204	62	5 240	56	23 642	92	94 137	36	72 775	82
70	39 551	50	6932 250	*6986*	0 973	60	5 718	54	25 188	90	95 855	38	72 184	80
75	41 176	48	7040 743	*7096*	0 743	60	6 195	56	26 733	90	97 574	34	71 594	80
80	42 800	50	7149 291	*7204*	0 513	62	6 673	54	28 278	90	99 291	36	71 004	80
85	44 425	48	7257 893	*7312*	0 282	60	7 150	54	29 823	90	*01 009	34	70 414	80
90	46 049	46	7366 549	*7420*	0 052	60	7 627	54	31 368	88	02 726	34	69 824	78
95	47 672	48	7475 259	*7530*	*9 822	58	8 104	54	32 912	88	04 443	32	69 235	80
3,0800	49 296	46	7584 024	*7638*	9 593	60	8 581	54	34 456	88	06 159	32	68 645	78
05	50 919	46	7692 843	*7748*	9 363	60	9 058	52	36 000	88	07 875	32	68 056	76
10	52 542	46	7801 717	*7856*	9 133	58	9 534	54	37 544	86	09 591	32	67 468	78
15	54 165	44	7910 645	*7964*	8 904	60	*0 011	52	39 087	86	11 307	30	66 879	78
20	55 787	46	8019 627	*8076*	8 674	58	0 487	52	40 630	88	13 022	30	66 290	76
25	57 410	42	8128 665	*8182*	8 445	58	0 963	52	42 174	84	14 737	30	65 702	76
30	59 031	44	8237 756	*8292*	8 216	58	1 439	52	43 716	86	16 452	28	65 114	76
35	60 653	44	8346 902	*8402*	7 987	58	1 915	52	45 259	84	18 166	28	64 526	74
40	62 275	42	8456 103	*8510*	7 758	58	2 391	52	46 801	84	19 880	28	63 939	74
45	63 896	42	8565 358	*8620*	7 529	58	2 867	50	48 343	84	21 594	26	63 352	76
3,0850	65 517	40	8674 668	*8730*	7 300	56	3 342	52	49 885	84	23 307	26	62 764	74
55	67 137	42	8784 033	*8838*	7 072	58	3 818	50	51 427	82	25 020	26	62 177	72
60	68 758	40	8893 452	*8950*	6 843	56	4 293	50	52 968	82	26 733	26	61 591	74
65	70 378	38	9002 927	*9056*	6 615	56	4 768	50	54 509	82	28 446	24	61 004	72
70	71 997	40	9112 455	*9168*	6 387	56	5 243	50	56 050	82	30 158	24	60 418	72
75	73 617	38	9222 039	*9276*	6 159	58	5 718	48	57 591	82	31 870	22	59 832	72
80	75 236	38	9331 677	*9388*	5 930	54	6 192	50	59 132	80	33 581	22	59 246	72
85	76 855	38	9441 371	*9496*	5 703	56	6 667	48	60 672	80	35 292	22	58 660	70
90	78 474	38	9551 119	*9606*	5 475	56	7 141	48	62 212	80	37 003	22	58 075	70
95	80 093	36	9660 922	*9716*	5 247	54	7 615	48	63 752	80	38 714	20	57 490	70
3,0900	81 711	36	9770 780	*9826*	5 020	56	8 089	48	65 292	78	40 424	20	56 905	70
05	83 329	36	9880 693	*9934*	4 792	54	8 563	48	66 831	78	42 134	20	56 320	70
10	84 947	34	9990 660	**0046*	4 565	54	9 037	48	68 370	78	43 844	18	55 735	68
15	86 564	34	*0100 683	*0156*	4 338	56	9 511	46	69 909	78	45 553	18	55 151	68
20	88 181	34	0210 761	*0266*	4 110	54	9 984	48	71 448	76	47 262	18	54 567	68
25	89 798	34	0320 894	*0376*	3 883	52	**0 458	46	72 986	78	48 971	18	53 983	68
30	91 415	32	0431 082	*0486*	3 657	54	0 931	46	74 525	76	50 680	16	53 399	68
35	93 031	34	0541 325	*0596*	3 430	54	1 404	46	76 063	74	52 388	16	52 815	66
40	94 648	30	0651 623	*0708*	3 203	52	1 877	46	77 600	76	54 096	14	52 232	66
45	96 263	32	0761 977	*0816*	2 977	54	2 350	46	79 138	74	55 803	14	51 649	66
3,0950	97 879	30	0872 385	*0928*	2 750	52	2 823	44	80 675	76	57 510	14	51 066	66
55	99 494	32	0982 849	*1038*	2 524	52	3 295	46	82 213	74	59 217	14	50 483	64
60	*01 110	28	1093 368	*1150*	2 298	52	3 768	44	83 750	72	60 924	12	49 901	66
65	02 724	30	1203 943	*1258*	2 072	52	4 240	44	85 286	74	62 630	12	49 318	64
70	04 339	28	1314 572	*1370*	1 846	52	4 712	44	86 823	72	64 336	12	48 736	64
75	05 953	28	1425 257	*1480*	1 620	52	5 184	44	88 359	72	66 042	10	48 154	62
80	07 567	28	1535 997	*1592*	1 394	52	5 656	44	89 895	72	67 747	10	47 573	64
85	09 181	28	1646 793	*1702*	1 168	50	6 128	42	91 431	70	69 452	10	46 991	62
90	10 795	26	1757 644	*1814*	0 943	52	6 599	44	92 966	72	71 157	10	46 410	62
95	12 408	26	1868 551	*1924*	0 717	50	7 071	42	94 502	70	72 862	08	45 829	62
3,1000	14 021		1979 513		0 492		7 542		96 037		74 566		45 248	
	1,13	32	**22,**	22	**0,045**	−4	**1,258**	9	**1,84**	30	**1,79**	34	**0,33**	−11

x	φ	sin x*)	cos x		tg x		𝔖𝔦𝔫 x		𝔈𝔬𝔰 x		𝔗𝔤 x	
	177°	**0,0**	**—0,999**		**—0,0**	10	**11,**	11	**11,**	11	**0,9959**	
3,1000	37′ 00,″90	415 807	1 352	−412	416 167	018	0764 510	1244	1215 002	0794	494	80
05	38 44,03	410 811	1 558	−408	411 158	016	0820 132	1298	1270 399	0848	534	80
10	40 27,16	405 815	1 762	−404	406 150	018	0875 781	1354	1325 823	0902	574	82
15	42 10,30	400 819	1 964	−398	401 141	014	0931 458	1408	1381 274	0960	615	80
20	43 53,43	395 823	2 163	−394	396 134	016	0987 162	1464	1436 754	1016	655	80
25	45 36,56	390 827	2 360	−388	391 126	016	1042 894	1520	1492 262	1070	695	80
30	47 19,69	385 831	2 554	−384	386 118	014	1098 654	1576	1547 797	1126	735	82
35	49 02,83	380 834	2 746	−378	381 111	014	1154 442	1632	1603 360	1182	776	80
40	50 45,96	375 838	2 935	−372	376 104	014	1210 258	1686	1658 951	1238	816	80
45	52 29,09	370 841	3 121	−370	371 097	014	1266 101	1742	1714 570	1294	856	80
3,1050	54 12,22	365 845	3 306	−362	366 090	014	1321 972	1798	1770 217	1350	896	80
55	55 55,36	360 848	3 487	−358	361 083	012	1377 871	1854	1825 892	1406	936	80
60	57 38,49	355 851	3 666	−354	356 077	012	1433 798	1910	1881 595	1462	976	80
65	59 21,62	350 855	3 843	−348	351 071	012	1489 753	1966	1937 326	1518	*016	80
70	*01 04,75	345 858	4 017	−344	346 065	012	1545 736	2020	1993 085	1574	056	78
75	02 47,89	340 860	4 189	−338	341 059	012	1601 746	2076	2048 872	1630	095	80
80	04 31,02	335 863	4 358	−334	336 053	012	1657 784	2134	2104 687	1686	135	80
85	06 14,15	330 866	4 525	−328	331 047	010	1713 851	2188	2160 530	1742	175	80
90	07 57,28	325 869	4 689	−324	326 042	010	1769 945	2244	2216 401	1798	215	78
95	09 40,42	320 871	4 851	−318	321 037	010	1826 067	2300	2272 300	1854	254	80
3,1100	11 23,55	315 874	5 010	−314	316 032	010	1882 217	2356	2328 227	1910	294	80
05	13 06,68	310 876	5 167	−308	311 027	010	1938 395	2412	2384 182	1966	334	78
10	14 49,81	305 879	5 321	−304	306 022	010	1994 601	2468	2440 165	2024	373	80
15	16 32,94	300 881	5 473	−298	301 017	008	2050 835	2526	2496 177	2078	413	78
20	18 16,08	295 883	5 622	−292	296 013	008	2107 098	2580	2552 216	2136	452	80
25	19 59,21	290 885	5 768	−290	291 009	010	2163 388	2636	2608 284	2190	492	78
30	21 42,34	285 888	5 913	−282	286 004	008	2219 706	2692	2664 379	2248	531	80
35	23 25,47	280 890	6 054	−278	281 000	006	2276 052	2748	2720 503	2304	571	78
40	25 08,61	275 892	6 193	−274	275 997	008	2332 426	2806	2776 655	2362	610	78
45	26 51,74	270 893	6 330	−268	270 993	008	2388 829	2860	2832 836	2416	649	78
3,1150	28 34,87	265 895	6 464	−264	265 989	006	2445 259	2918	2889 044	2474	688	80
55	30 18,00	260 897	6 596	−258	260 986	008	2501 718	2974	2945 281	2530	728	78
60	32 01,14	255 899	6 725	−254	255 982	006	2558 205	3028	3001 546	2586	767	78
65	33 44,27	250 900	6 852	−248	250 979	006	2614 719	3086	3057 839	2644	806	78
70	35 27,40	245 902	6 976	−244	245 976	006	2671 262	3144	3114 161	2700	845	78
75	37 10,53	240 903	7 098	−238	240 973	006	2727 834	3198	3170 511	2756	884	78
80	38 53,67	235 905	7 217	−234	235 970	004	2784 433	3254	3226 889	2812	923	78
85	40 36,80	230 906	7 334	−228	230 968	006	2841 060	3312	3283 295	2870	962	78
90	42 19,93	225 907	7 448	−224	225 965	006	2897 716	3368	3339 730	2926	**001	78
95	44 03,06	220 909	7 560	−218	220 962	004	2954 400	3424	3396 193	2982	040	78
3,1200	45 46,20	215 910	7 669	−214	215 960	004	3011 112	3482	3452 684	3040	079	78
05	47 29,33	210 911	7 776	−208	210 958	004	3067 853	3538	3509 204	3096	118	76
10	49 12,46	205 912	7 880	−202	205 956	004	3124 622	3594	3565 752	3152	156	78
15	50 55,59	200 913	7 981	−200	200 954	004	3181 419	3650	3622 328	3210	195	78
20	52 38,73	195 914	8 081	−192	195 952	004	3238 244	3708	3678 933	3268	234	78
25	54 21,86	190 915	8 177	−190	190 950	004	3295 098	3762	3735 567	3322	273	76
30	56 04,99	185 916	8 272	−182	185 948	004	3351 979	3822	3792 228	3382	311	78
35	57 48,12	180 917	8 363	−180	180 946	002	3408 890	3876	3848 919	3436	350	76
40	59 31,25	175 917	8 453	−172	175 945	004	3465 828	3934	3905 637	3494	388	78
45	**01 14,39	170 918	8 539	−168	170 943	002	3522 795	3992	3962 384	3552	427	76
3,1250	02′ 57,″52	165 919	8 623		165 942		3579 791		4019 160		465	
	179°	**0,0**	**—0,999**		**—0,0**	10	**11,**	11	**11,**	11	**0,9961**	

*) Die 1. Differenz liegt zwischen —9992 und —10000

x	$\ln x$		e^x		e^{-x}		arc tg x		𝔄𝔯 𝔖𝔦𝔫 x		𝔄𝔯 ℭ𝔬𝔣 x		𝔄𝔯 ℭ𝔱𝔤 x	
	1,13	32	**22,**	22	**0,045**	−4	**1,25**	9	**1,84**	30	**1,79**	34	**0,33**	−11
3,1000	14 021	26	1979 513	2034	0 492	50	87 542	42	96 037	70	74 566	08	45 248	60
05	15 634	24	2090 530	2146	0 267	50	88 013	42	97 572	68	76 270	06	44 668	62
10	17 246	26	2201 603	2258	0 042	50	88 484	42	99 106	70	77 973	06	44 087	60
15	18 859	24	2312 732	2368	*9 817	50	88 955	42	*00 641	68	79 676	06	43 507	60
20	20 471	22	2423 916	2480	9 592	50	89 426	42	02 175	68	81 379	06	42 927	60
25	22 082	24	2535 156	2590	9 367	48	89 897	40	03 709	68	83 082	04	42 347	58
30	23 694	22	2646 451	2702	9 143	50	90 367	40	05 243	66	84 784	04	41 768	60
35	25 305	22	2757 802	2814	8 918	48	90 837	42	06 776	68	86 486	04	41 188	58
40	26 916	22	2869 209	2926	8 694	50	91 308	40	08 310	66	88 188	02	40 609	58
45	28 527	20	2980 672	3036	8 469	48	91 778	40	09 843	66	89 889	02	40 030	58
3,1050	30 137	20	3092 190	3148	8 245	48	92 248	40	11 376	64	91 590	02	39 451	56
55	31 747	20	3203 764	3260	8 021	48	92 718	38	12 908	66	93 291	02	38 873	56
60	33 357	20	3315 394	3370	7 797	48	93 187	40	14 441	64	94 992	00	38 295	58
65	34 967	18	3427 079	3484	7 573	46	93 657	38	15 973	64	96 692	00	37 716	54
70	36 576	18	3538 821	3594	7 350	48	94 126	38	17 505	64	98 392	*98	37 139	56
75	38 185	18	3650 618	3706	7 126	48	94 595	40	19 037	62	*00 091	98	36 561	56
80	39 794	18	3762 471	3818	6 902	46	95 065	38	20 568	64	01 790	98	35 983	54
85	41 403	16	3874 380	3932	6 679	46	95 534	36	22 100	62	03 489	98	35 406	54
90	43 011	16	3986 346	4042	6 456	46	96 002	38	23 631	62	05 188	96	34 829	54
95	44 619	16	4098 367	4154	6 233	46	96 471	38	25 162	60	06 886	96	34 252	54
3,1100	46 227	16	4210 444	4266	6 010	46	96 940	36	26 692	62	08 584	96	33 675	52
05	47 835	14	4322 577	4380	5 787	46	97 408	36	28 223	60	10 282	96	33 099	52
10	49 442	14	4434 767	4490	5 564	46	97 876	38	29 753	60	11 980	94	32 523	52
15	51 049	14	4547 012	4604	5 341	46	98 345	36	31 283	60	13 677	92	31 947	52
20	52 656	14	4659 314	4714	5 118	44	98 813	36	32 813	58	15 373	94	31 371	52
25	54 263	12	4771 671	4828	4 896	44	99 281	34	34 342	60	17 070	92	30 795	50
30	55 869	12	4884 085	4940	4 674	46	99 748	36	35 872	58	18 766	92	30 220	50
35	57 475	12	4996 555	5054	4 451	44	*00 216	34	37 401	58	20 462	92	29 645	50
40	59 081	10	5109 082	5166	4 229	44	00 683	36	38 930	56	22 158	90	29 070	50
45	60 686	12	5221 665	5278	4 007	44	01 151	34	40 458	58	23 853	90	28 495	50
3,1150	62 292	10	5334 304	5390	3 785	44	01 618	34	41 987	56	25 548	90	27 920	48
55	63 897	08	5446 999	5504	3 563	42	02 085	34	43 515	56	27 243	88	27 346	48
60	65 501	10	5559 751	5616	3 342	44	02 552	34	45 043	56	28 937	88	26 772	48
65	67 106	08	5672 559	5728	3 120	44	03 019	32	46 571	54	30 631	88	26 198	48
70	68 710	08	5785 423	5842	2 898	42	03 485	34	48 098	54	32 325	86	25 624	48
75	70 314	08	5898 344	5954	2 677	42	03 952	32	49 625	54	34 018	88	25 050	46
80	71 918	06	6011 321	6068	2 456	42	04 418	34	51 152	54	35 712	86	24 477	46
85	73 521	06	6124 355	6182	2 235	44	04 885	32	52 679	54	37 405	84	23 904	46
90	75 124	06	6237 446	6294	2 013	40	05 351	32	54 206	52	39 097	84	23 331	46
95	76 727	06	6350 593	6406	1 793	42	05 817	32	55 732	54	40 789	84	22 758	46
3,1200	78 330	04	6463 796	6522	1 572	42	06 283	30	57 259	52	42 481	84	22 185	44
05	79 932	06	6577 057	6632	1 351	42	06 748	32	58 785	50	44 173	82	21 613	44
10	81 535	04	6690 373	6748	1 130	40	07 214	30	60 310	52	45 864	82	21 041	44
15	83 137	02	6803 747	6860	0 910	42	07 679	32	61 836	50	47 555	82	20 469	44
20	84 738	04	6917 177	6974	0 689	40	08 145	30	63 361	50	49 246	82	19 897	42
25	86 340	02	7030 664	7088	0 469	40	08 610	30	64 886	50	50 937	80	19 326	44
30	87 941	02	7144 208	7200	0 249	40	09 075	30	66 411	50	52 627	80	18 754	42
35	89 542	00	7257 808	7316	0 029	40	09 540	30	67 936	48	54 317	78	18 183	42
40	91 142	02	7371 466	7428	**9 809	40	10 005	28	69 460	48	56 006	78	17 612	40
45	92 743	00	7485 180	7542	9 589	40	10 469	30	70 984	48	57 695	78	17 042	42
3,1250	94 343		7598 951		9 369		10 934		72 508		59 384		16 471	
	1,13	32	**22,**	22	**0,043**	−4	**1,26**	9	**1,85**	30	**1,80**	33	**0,33**	−11

x	φ	sin x*)	cos x		tg x**)	Sin x		Cos x		Tg x	
	179°	+0,0			—0,0	11,	11	11,4	11	0,9961	
3,1250	02′ 57,″52	165 919	−0,9998 623	−164	165 942	3579 791	4048	019 160	3608	465	78
55	04 40,65	160 920	−0,9998 705	−158	160 940	3636 815	4104	075 964	3666	504	76
60	06 23,78	155 920	−0,9998 784	−154	155 939	3693 867	4160	132 797	3722	542	78
65	08 06,92	150 921	−0,9998 861	−148	150 938	3750 947	4218	189 658	3780	581	76
70	09 50,05	145 921	−0,9998 935	−144	145 937	3808 056	4276	246 548	3836	619	76
75	11 33,18	140 922	−0,9999 007	−138	140 936	3865 194	4332	303 466	3894	657	76
80	13 16,31	135 922	−0,9999 076	−134	135 935	3922 360	4388	360 413	3952	695	78
85	14 59,45	130 923	−0,9999 143	−128	130 934	3979 554	4446	417 389	4008	734	76
90	16 42,58	125 923	−0,9999 207	−124	125 933	4036 777	4504	474 393	4064	772	76
95	18 25,71	120 924	−0,9999 269	−118	120 932	4094 029	4560	531 425	4124	810	76
3,1300	20 08,84	115 924	−0,9999 328	−114	115 932	4151 309	4616	588 487	4180	848	76
05	21 51,98	110 924	−0,9999 385	−108	110 931	4208 617	4674	645 577	4236	886	76
10	23 35,11	105 925	−0,9999 439	−104	105 930	4265 954	4732	702 695	4296	924	76
15	25 18,24	100 925	−0,9999 491	−98	100 930	4323 320	4788	759 843	4352	962	76
20	27 01,37	095 925	−0,9999 540	−94	095 929	4380 714	4846	817 019	4408	*000	76
25	28 44,51	090 925	−0,9999 587	−88	090 929	4438 137	4902	874 223	4468	038	76
30	30 27,64	085 925	−0,9999 631	−84	085 929	4495 588	4960	931 457	4524	076	76
35	32 10,77	080 926	−0,9999 673	−78	080 928	4553 068	5018	988 719	4582	114	74
40	33 53,90	075 926	−0,9999 712	−72	075 928	4610 577	5074	*046 010	4640	151	76
45	35 37,04	070 926	−0,9999 748	−70	070 928	4668 114	5132	103 330	4696	189	76
3,1350	37 20,17	065 926	−0,9999 783	−62	065 927	4725 680	5190	160 678	4754	227	76
55	39 03,30	060 926	−0,9999 814	−60	060 927	4783 275	5248	218 055	4812	265	74
60	40 46,43	055 926	−0,9999 844	−52	055 927	4840 899	5304	275 461	4870	302	76
65	42 29,56	050 926	−0,9999 870	−50	050 927	4898 551	5360	332 896	4928	340	74
70	44 12,70	045 926	−0,9999 895	−42	045 927	4956 231	5420	390 360	4984	377	76
75	45 55,83	040 926	−0,9999 916	−38	040 927	5013 941	5476	447 852	5044	415	74
80	47 38,96	035 926	−0,9999 935	−34	035 927	5071 679	5534	505 374	5100	452	76
85	49 22,09	030 926	−0,9999 952	−28	030 927	5129 446	5592	562 924	5158	490	74
90	51 05,23	025 927	−0,9999 966	−24	025 927	5187 242	5650	620 503	5216	527	76
95	52 48,36	020 927	−0,9999 978	−18	020 927	5245 067	5706	678 111	5274	565	74
3,1400	54 31,49	015 927	−0,9999 987	−14	015 927	5302 920	5766	735 748	5332	602	74
05	56 14,62	010 927	−0,9999 994	−8	010 927	5360 803	5822	793 414	5390	639	76
10	57 57,76	005 927	−0,9999 998	−4	005 927	5418 714	5880	851 109	5448	677	74
15	59 40,89	000 927	−1,0000 000	2	000 927	5476 654	5938	908 833	5506	714	74
20	*01 24,02	*004 073	−0,9999 999	6	*004 073	5534 623	5994	966 586	5564	751	74
25	03 07,15	009 073	−0,9999 996	12	009 073	5592 620	6054	**024 368	5620	788	74
30	04 50,29	014 073	−0,9999 990	16	014 073	5650 647	6110	082 178	5680	825	74
35	06 33,42	019 073	−0,9999 982	22	019 073	5708 702	6170	140 018	5738	862	74
40	08 16,55	024 073	−0,9999 971	26	024 074	5766 787	6226	197 887	5796	899	74
45	09 59,68	029 073	−0,9999 958	32	029 074	5824 900	6286	255 785	5854	936	74
3,1450	11 42,82	034 073	−0,9999 942	36	034 074	5883 043	6342	313 712	5912	973	74
55	13 25,95	039 073	−0,9999 924	42	039 074	5941 214	6400	371 668	5970	**010	74
60	15 09,08	044 073	−0,9999 903	46	044 074	5999 414	6460	429 653	6028	047	74
65	16 52,21	049 073	−0,9999 880	52	049 074	6057 644	6516	487 667	6088	084	74
70	18 35,35	054 073	−0,9999 854	56	054 074	6115 902	6574	545 711	6144	121	74
75	20 18,48	059 073	−0,9999 826	62	059 074	6174 189	6634	603 783	6204	158	74
80	22 01,61	064 073	−0,9999 795	68	064 074	6232 506	6690	661 885	6262	195	72
85	23 44,74	069 073	−0,9999 761	70	069 075	6290 851	6750	720 016	6320	231	74
90	25 27,87	074 073	−0,9999 726	78	074 075	6349 226	6808	778 176	6378	268	74
95	27 11,01	079 073	−0,9999 687	80	079 075	6407 630	6864	836 365	6438	305	72
3,1500	28′ 54,″14	084 072	−0,9999 647		084 075	6466 062		894 584		341	
	180°	—0,0			+0,0	11,	11	11,6	11	0,9963	

*) Die 1. Differenz liegt zwischen —9998 und —10000

**) Die 1. Differenz liegt zwischen 10004 und 10000

x	ln x		e^x		e^{-x}		arc tg x		Ar Sin x		Ar Cos x		Ar Ctg x	
	1,13	**3**	**22,**	**22**	**0,043**	**−4**	**1,261**	**9**	**1,85**	**30**	**1,80**	**33**	**0,33**	**−11**
3,1250	94 343	200	7598 951	*7656*	9 369	38	0 934	28	72 508	48	59 384	78	16 471	40
55	95 943	198	7712 779	*7770*	9 150	40	1 398	28	74 032	48	61 073	76	15 901	40
60	97 542	200	7826 664	*7884*	8 930	38	1 862	30	75 556	46	62 761	76	15 331	40
65	99 142	198	7940 606	*7996*	8 711	40	2 327	28	77 079	46	64 449	76	14 761	40
70	*00 741	198	8054 604	*8112*	8 491	38	2 791	26	78 602	46	66 137	76	14 191	38
75	02 340	196	8168 660	*8226*	8 272	38	3 254	28	80 125	46	67 825	74	13 622	40
80	03 938	198	8282 773	*8340*	8 053	38	3 718	28	81 648	44	69 512	74	13 052	38
85	05 537	196	8396 943	*8454*	7 834	38	4 182	26	83 170	44	71 199	72	12 483	38
90	07 135	194	8511 170	*8568*	7 615	36	4 645	26	84 692	44	72 885	72	11 914	36
95	08 732	196	8625 454	*8682*	7 397	38	5 108	28	86 214	44	74 571	72	11 346	38
3,1300	10 330	194	8739 795	*8798*	7 178	38	5 572	26	87 736	44	76 257	72	10 777	36
05	11 927	194	8854 194	*8912*	6 959	36	6 035	24	89 258	42	77 943	70	10 209	36
10	13 524	194	8968 650	*9026*	6 741	36	6 497	26	90 779	42	79 628	70	09 641	36
15	15 121	194	9083 163	*9140*	6 523	38	6 960	26	92 300	42	81 313	70	09 073	36
20	16 718	192	9197 733	*9254*	6 304	36	7 423	24	93 821	42	82 998	70	08 505	34
25	18 314	192	9312 360	*9370*	6 086	36	7 885	26	95 342	40	84 683	68	07 938	36
30	19 910	192	9427 045	*9484*	5 868	34	8 348	24	96 862	40	86 367	68	07 370	34
35	21 506	190	9541 787	*9600*	5 651	36	8 810	24	98 382	42	88 051	66	06 803	32
40	23 101	192	9656 587	*9714*	5 433	36	9 272	24	99 903	38	89 734	66	06 237	34
45	24 697	190	9771 444	*9828*	5 215	34	9 734	24	*01 422	40	91 417	66	05 670	34
3,1350	26 292	190	9886 358	*9944*	4 998	36	*0 196	22	02 942	38	93 100	66	05 103	32
55	27 887	188	*0001 330	**0060*	4 780	34	0 657	24	04 461	38	94 783	64	04 537	32
60	29 481	188	0116 360	*0174*	4 563	34	1 119	22	05 980	38	96 465	64	03 971	32
65	31 075	188	0231 447	*0288*	4 346	36	1 580	24	07 499	38	98 147	64	03 405	30
70	32 669	188	0346 591	*0404*	4 128	34	2 042	22	09 018	36	99 829	64	02 840	32
75	34 263	188	0461 793	*0520*	3 911	32	2 503	22	10 536	38	*01 511	62	02 274	30
80	35 857	186	0577 053	*0634*	3 695	34	2 964	22	12 055	36	03 192	62	01 709	30
85	37 450	186	0692 370	*0750*	3 478	34	3 425	22	13 573	36	04 873	60	01 144	30
90	39 043	186	0807 745	*0866*	3 261	34	3 886	20	15 091	34	06 553	62	00 579	30
95	40 636	184	0923 178	*0982*	3 044	32	4 346	22	16 608	36	08 234	58	00 014	28
3,1400	42 228	184	1038 669	*1096*	2 828	32	4 807	20	18 126	34	09 913	60	*99 450	28
05	43 820	184	1154 217	*1212*	2 612	34	5 267	20	19 643	34	11 593	60	98 886	30
10	45 412	184	1269 823	*1328*	2 395	32	5 727	20	21 160	32	13 273	58	98 321	26
15	47 004	182	1385 487	*1442*	2 179	32	6 187	20	22 676	34	14 952	56	97 758	28
20	48 595	184	1501 208	*1560*	1 963	32	6 647	20	24 193	32	16 630	58	97 194	28
25	50 187	182	1616 988	*1674*	1 747	32	7 107	20	25 709	32	18 309	56	96 630	26
30	51 778	180	1732 825	*1792*	1 531	30	7 567	18	27 225	32	19 987	56	96 067	26
35	53 368	182	1848 721	*1906*	1 316	32	8 026	20	28 741	32	21 665	56	95 504	26
40	54 959	180	1964 674	*2022*	1 100	30	8 486	18	30 257	30	23 343	54	94 941	24
45	56 549	180	2080 685	*2140*	0 885	32	8 945	18	31 772	30	25 020	54	94 379	26
3,1450	58 139	180	2196 755	*2254*	0 669	30	9 404	18	33 287	30	26 697	54	93 816	24
55	59 729	178	2312 882	*2372*	0 454	30	9 863	18	34 802	30	28 374	52	93 254	24
60	61 318	178	2429 068	*2486*	0 239	30	**0 322	18	36 317	30	30 050	52	92 692	24
65	62 907	178	2545 311	*2604*	0 024	30	0 781	18	37 832	28	31 726	52	92 130	24
70	64 496	178	2661 613	*2720*	*9 809	30	1 240	16	39 346	28	33 402	50	91 568	22
75	66 085	176	2777 973	*2836*	9 594	30	1 698	16	40 860	28	35 077	52	91 007	22
80	67 673	176	2894 391	*2952*	9 379	28	2 156	18	42 374	28	36 753	50	90 446	24
85	69 261	176	3010 867	*3070*	9 165	30	2 615	16	43 888	26	38 428	48	89 884	20
90	70 849	176	3127 402	*3186*	8 950	28	3 073	16	45 401	26	40 102	48	89 324	22
95	72 437	176	3243 995	*3302*	8 736	30	3 531	16	46 914	26	41 776	50	88 763	22
3,1500	74 025		3360 646		8 521		3 989		48 427		43 451		88 202	
	1,14	**3**	**23,**	**23**	**0,042**	**−4**	**1,263**	**9**	**1,86**	**30**	**1,81**	**33**	**0,32**	**−11**

x	φ	$\sin x$	$\cos x$	$\operatorname{tg} x$	$\mathfrak{Sin}\ x$	$\mathfrak{Cos}\ x$	$\mathfrak{Tg}\ x$
	1	**+0,**	**—0,9**	**—0,**	**1**	**1**	**0,99**
3,00	71° 53′ 14,″42	1411 200	899 925	1425 465	0,0178 749	0,0676 620	50 548
1	72 27 37,07	1312 132	913 542	1323 575	0,1190 541	0,1683 458	51 524
2	73 01 59,71	1212 933	926 167	1221 955	0,2212 452	0,2700 465	52 482
3	73 36 22,36	1113 612	937 800	1120 582	0,3244 585	0,3727 741	53 421
4	74 10 45,01	1014 180	948 439	1019 436	0,4287 042	0,4765 391	54 341
5	74 45 07,66	0914 646	958 083	0918 496	0,5339 927	0,5813 517	55 243
6	75 19 30,31	0815 022	966 732	0817 742	0,6403 347	0,6872 224	56 127
7	75 53 52,96	0715 315	974 383	0717 152	0,7477 408	0,7941 619	56 994
8	76 28 15,60	0615 537	981 038	0616 707	0,8562 216	0,9021 808	57 844
9	77 02 38,25	0515 698	986 694	0516 385	0,9657 880	1,0112 900	58 677
3,10	77 37 00,90	0415 807	991 352	0416 167	1,0764 510	1,1215 002	59 494
1	78 11 23,55	0315 874	995 010	0316 032	1,1882 217	1,2328 227	60 294
2	78 45 46,20	0215 910	997 669	0215 960	1,3011 112	1,3452 684	61 079
3	79 20 08,84	0115 924	999 328	0115 932	1,4151 309	1,4588 487	61 848
4	79 54 31,49	0015 927	999 987	0015 927	1,5302 920	1,5735 748	62 602
5	80 28 54,14	*0084 072	999 647	*0084 075	1,6466 062	1,6894 584	63 341
6	81 03 16,79	0184 063	998 306	0184 094	1,7640 851	1,8065 108	64 066
7	81 37 39,44	0284 035	995 965	0284 150	1,8827 404	1,9247 440	64 776
8	82 12 02,08	0383 979	992 625	0384 262	2,0025 839	2,0441 696	65 472
9	82 46 24,73	0483 884	988 286	0484 452	2,1236 278	2,1647 997	66 155
3,20	83 20 47,38	0583 741	982 948	0584 739	2,2458 840	2,2866 462	66 824
1	83 55 10,03	0683 540	976 611	0685 143	2,3693 648	2,4097 214	67 480
2	84 29 32,68	0783 270	969 277	0785 684	2,4940 826	2,5340 376	68 123
3	85 03 55,32	0882 922	960 946	0886 384	2,6200 497	2,6596 072	68 753
4	85 38 17,97	0982 486	951 619	0987 262	2,7472 789	2,7864 428	69 371
5	86 12 40,62	1081 951	941 297	1088 340	2,8757 829	2,9145 571	69 976
6	86 47 03,27	1181 309	929 980	1189 638	3,0055 744	3,0439 628	70 570
7	87 21 25,92	1280 548	917 671	1291 178	3,1366 665	3,1746 729	71 152
8	87 55 48,56	1379 659	904 370	1392 980	3,2690 722	3,3067 005	71 722
9	88 30 11,21	1478 632	890 078	1495 066	3,4028 049	3,4400 588	72 281
3,30	89 04 33,86	1577 457	874 798	1597 457	3,5378 779	3,5747 610	72 830
1	89 38 56,51	1676 124	858 530	1700 177	3,6743 046	3,7108 208	73 367
2	90 13 19,16	1774 624	841 276	1803 246	3,8120 989	3,8482 517	73 894
3	90 47 41,80	1872 947	823 038	1906 688	3,9512 743	3,9870 674	74 410
4	91 22 04,45	1971 082	803 817	2010 525	4,0918 449	4,1272 818	74 916
5	91 56 27,10	2069 020	783 617	2114 780	4,2338 246	4,2689 090	75 412
6	92 30 49,75	2166 751	762 438	2219 477	4,3772 278	4,4119 631	75 898
7	93 05 12,40	2264 265	740 282	2324 640	4,5220 687	4,5564 583	76 375
8	93 39 35,05	2361 553	717 153	2430 293	4,6683 618	4,7024 093	76 842
9	94 13 57,69	2458 605	693 052	2536 461	4,8161 218	4,8498 305	77 300
3,40	94 48 20,34	2555 411	667 982	2643 169	4,9653 634	4,9987 367	77 749
1	95 22 42,99	2651 961	641 945	2750 442	5,1161 015	5,1491 427	78 189
2	95 57 05,64	2748 247	614 944	2858 308	5,2683 513	5,3010 637	78 621
3	96 31 28,29	2844 257	586 981	2966 791	5,4221 279	5,4545 148	79 044
4	97 05 50,93	2939 983	558 059	3075 921	5,5774 467	5,6095 114	79 458
5	97 40 13,58	3035 415	528 182	3185 723	5,7343 233	5,7660 690	79 865
6	98 14 36,23	3130 544	497 352	3296 228	5,8927 734	5,9242 031	80 263
7	98 48 58,88	3225 359	465 572	3407 463	6,0528 127	6,0839 297	80 653
8	99 23 21,53	3319 852	432 846	3519 459	6,2144 573	6,2452 647	81 036
9	99 57 44,17	3414 013	399 176	3632 247	6,3777 234	6,4082 243	81 411
3,50	*00° 32′ 06,″82	3507 832	364 567	3745 856	6,5426 273	6,5728 247	81 779
	2	**—0,**	**—0,9**	**+0,**	**1**	**1**	**0,99**

x	ln x	e^x	e^{-x}	arc tg x	Ar Sin x	Ar Cos x	Ar Ctg x
	1,0	**2**	**0,04**	**1,2**	**1,8**	**1,7**	**0,3**
3,00	986 123	0,0855 369	97 871	490 458	184 465	627 472	465 736
1	*019 401	0,2873 999	92 917	500 428	216 040	662 761	453 283
2	052 568	0,4912 917	88 012	510 338	247 521	697 919	440 922
3	085 626	0,6972 326	83 156	520 190	278 908	732 946	428 653
4	118 575	0,9052 432	78 349	529 983	310 202	767 843	416 474
5	151 416	1,1153 444	73 589	539 718	341 404	802 613	404 385
6	184 149	1,3275 572	68 877	549 396	372 513	837 254	392 385
7	216 776	1,5419 027	64 212	559 017	403 530	871 770	380 472
8	249 296	1,7584 024	59 593	568 581	434 456	906 159	368 645
9	281 711	1,9770 780	55 020	578 089	465 292	940 424	356 905
3,10	314 021	2,1979 513	50 492	587 542	496 037	974 566	345 248
1	346 227	2,4210 444	46 010	596 940	526 692	*008 584	333 675
2	378 330	2,6463 796	41 572	606 283	557 259	042 481	322 185
3	410 330	2,8739 795	37 178	615 572	587 736	076 257	310 777
4	442 228	3,1038 669	32 828	624 807	618 126	109 913	299 450
5	474 025	3,3360 646	28 521	633 989	648 427	143 451	288 202
6	505 720	3,5705 959	24 257	643 118	678 642	176 869	277 034
7	537 316	3,8074 844	20 036	652 194	708 769	210 171	265 944
8	568 812	4,0467 536	15 857	661 219	738 810	243 356	254 932
9	600 209	4,2884 274	11 719	670 192	768 766	276 425	243 996
3,20	631 508	4,5325 302	07 622	679 115	798 636	309 380	233 136
1	662 709	4,7790 862	03 566	687 986	828 421	342 221	222 351
2	693 814	5,0281 202	*99 551	696 807	858 122	374 948	211 640
3	724 821	5,2796 570	95 575	705 579	887 738	407 564	201 002
4	755 733	5,5337 217	91 639	714 301	917 271	440 068	190 437
5	786 550	5,7903 399	87 742	722 974	946 721	472 461	179 944
6	817 272	6,0495 371	83 884	731 598	976 089	504 744	169 522
7	847 900	6,3113 393	80 064	740 175	*005 374	536 918	159 170
8	878 434	6,5757 727	76 283	748 703	034 577	568 984	148 888
9	908 876	6,8428 637	72 538	757 184	063 699	600 942	138 675
3,30	939 225	7,1126 389	68 832	765 618	092 740	632 794	128 529
1	969 482	7,3851 255	65 162	774 005	121 701	664 539	118 452
2	999 648	7,6603 506	61 528	782 346	150 581	696 179	108 441
3	**029 723	7,9383 417	57 931	790 641	179 382	727 714	098 496
4	059 708	8,2191 267	54 370	798 890	208 104	759 145	088 617
5	089 603	8,5027 336	50 844	807 094	236 747	790 473	078 803
6	119 410	8,7891 909	47 353	815 253	265 311	821 699	069 052
7	149 127	9,0785 271	43 896	823 368	293 797	852 823	059 365
8	178 757	9,3707 711	40 475	831 439	322 206	883 845	049 741
9	208 299	9,6659 523	37 087	839 465	350 538	914 768	040 179
3,40	237 754	9,9641 000	33 733	847 449	378 793	945 590	030 679
1	267 123	*0,2652 443	30 412	855 389	406 971	976 314	021 240
2	296 406	0,5694 150	27 124	863 287	435 074	**006 939	011 861
3	325 603	0,8766 427	23 869	871 142	463 101	037 466	002 542
4	354 715	1,1869 582	20 647	878 955	491 052	067 896	*993 282
5	383 742	1,5003 923	17 456	886 726	518 929	098 230	984 080
6	412 686	1,8169 765	14 298	894 456	546 732	128 468	974 937
7	441 546	2,1367 424	11 170	902 144	574 460	158 610	965 851
8	470 323	2,4597 221	08 074	909 792	602 115	188 658	956 822
9	499 017	2,7859 477	05 009	917 400	629 696	218 612	947 850
3,50	527 630	3,1154 520	01 974	924 967	657 205	248 473	938 933
	1,2	**3**	**0,03**	**1,2**	**1,9**	**1,9**	**0,2**

x	φ	sin x	cos x	tg x	Sin x	Cof x	Tg x
	2 ″	**—0,**	**—0,**	**0,**	**1**	**1**	**0,998**
3,50	00° 32′ 06,82	3507 832	9364 567	3745 856	6,5426 273	6,5728 247	1 779
1	01 06 29,47	3601 301	9329 021	3860 320	6,7091 854	6,7390 823	2 139
2	01 40 52,12	3694 410	9292 542	3975 672	6,8774 145	6,9070 139	2 493
3	02 15 14,77	3787 149	9255 134	4091 944	7,0473 313	7,0766 363	2 839
4	02 49 37,41	3879 509	9216 800	4209 171	7,2189 529	7,2479 663	3 179
5	03 24 00,06	3971 482	9177 545	4327 390	7,3922 964	7,4210 211	3 512
6	03 58 22,71	4063 057	9137 372	4446 636	7,5673 792	7,5958 180	3 838
7	04 32 45,36	4154 226	9096 285	4566 948	7,7442 186	7,7723 745	4 158
8	05 07 08,01	4244 980	9054 289	4688 363	7,9228 326	7,9507 083	4 471
9	05 41 30,65	4335 309	9011 387	4810 923	8,1032 388	8,1308 371	4 778
3,60	06 15 53,30	4425 204	8967 584	4934 667	8,2854 554	8,3127 791	5 079
1	06 50 15,95	4514 658	8922 884	5059 639	8,4695 005	8,4965 523	5 375
2	07 24 38,60	4603 659	8877 293	5185 882	8,6553 926	8,6821 752	5 664
3	07 59 01,25	4692 200	8830 813	5313 441	8,8431 502	8,8696 664	5 948
4	08 33 23,89	4780 272	8783 450	5442 363	9,0327 922	9,0590 445	6 226
5	09 07 46,54	4867 866	8735 209	5572 696	9,2243 375	9,2503 286	6 498
6	09 42 09,19	4954 974	8686 094	5704 490	9,4178 052	9,4435 377	6 766
7	10 16 31,84	5041 585	8636 111	5837 796	9,6132 147	9,6386 912	7 027
8	10 50 54,49	5127 693	8585 264	5972 668	9,8105 855	9,8358 085	7 284
9	11 25 17,14	5213 288	8533 559	6109 160	*0,0099 375	*0,0349 095	7 536
3,70	11 59 39,78	5298 361	8481 000	6247 331	0,2112 904	0,2360 139	7 782
1	12 34 02,43	5382 905	8427 594	6387 239	0,4146 645	0,4391 420	8 024
2	13 08 25,08	5466 910	8373 344	6528 945	0,6200 801	0,6443 140	8 261
3	13 42 47,73	5550 369	8318 257	6672 515	0,8275 577	0,8515 505	8 494
4	14 17 10,38	5633 273	8262 338	6818 013	1,0371 180	1,0608 721	8 721
5	14 51 33,02	5715 613	8205 594	6965 509	1,2487 821	1,2722 999	8 944
6	15 25 55,67	5797 382	8148 028	7115 074	1,4625 711	1,4858 549	9 163
7	16 00 18,32	5878 571	8089 648	7266 782	1,6785 064	1,7015 584	9 378
8	16 34 40,97	5959 172	8030 459	7420 712	1,8966 095	1,9194 322	9 588
9	17 09 03,62	6039 178	7970 466	7576 944	2,1169 023	2,1394 979	9 794
3,80	17 43 26,26	6118 579	7909 677	7735 561	2,3394 069	2,3617 776	9 996
1	18 17 48,91	6197 368	7848 097	7896 651	2,5641 453	2,5862 935	*0 194
2	18 52 11,56	6275 538	7785 732	8060 306	2,7911 403	2,8130 681	0 388
3	19 26 34,21	6353 080	7722 588	8226 621	3,0204 143	3,0421 239	0 578
4	20 00 56,86	6429 987	7658 672	8395 695	3,2519 904	3,2734 840	0 765
5	20 35 19,50	6506 251	7593 991	8567 632	3,4858 917	3,5071 715	0 948
6	21 09 42,15	6581 865	7528 549	8742 540	3,7221 417	3,7432 097	1 127
7	21 44 04,80	6656 820	7462 355	8920 534	3,9607 639	3,9816 222	1 302
8	22 18 27,45	6731 109	7395 415	9101 733	4,2017 821	4,2224 329	1 475
9	22 52 50,10	6804 726	7327 736	9286 260	4,4452 206	4,4656 659	1 643
3,90	23 27 12,74	6877 662	7259 323	9474 246	4,6911 036	4,7113 455	1 809
1	24 01 35,39	6949 910	7190 185	9665 829	4,9394 557	4,9594 962	1 971
2	24 35 58,04	7021 463	7120 327	9861 152	5,1903 018	5,2101 429	2 130
3	25 10 20,69	7092 314	7049 758	*0060 365	5,4436 670	5,4633 107	2 285
4	25 44 43,34	7162 456	6978 483	0263 628	5,6995 765	5,7190 248	2 438
5	26 19 05,98	7231 881	6906 511	0471 107	5,9580 561	5,9773 108	2 588
6	26 53 28,63	7300 584	6833 848	0682 976	6,2191 314	6,2381 945	2 735
7	27 27 51,28	7368 556	6760 502	0899 422	6,4828 287	6,5017 021	2 878
8	28 02 13,93	7435 791	6686 479	1120 638	6,7491 743	6,7678 599	3 019
9	28 36 36,58	7502 283	6611 788	1346 829	7,0181 948	7,0366 945	3 158
4,00	29° 10′ 59″,22	7568 025	6536 436	1578 213	7,2899 172	7,3082 328	3 293
	2	**—0,**	**—0,**	**1,**	**2**	**2**	**0,999**

x	ln x	e^x	e^{-x}	arc tg x	Ar Sin x	Ar Cos x	Ar Ctg x
	1,2	**3**	**0,03**	**1,2**	**1,9**	**1,9**	**0,2**
3,50	527 630	3,1154 520	01 974	924 967	657 205	248 473	938 933
1	556 160	3,4482 678	*98 969	932 494	684 641	278 241	930 072
2	584 610	3,7844 285	95 994	939 982	712 004	307 917	921 265
3	612 979	4,1239 676	93 049	947 430	739 296	337 501	912 513
4	641 267	4,4669 192	90 133	954 840	766 517	366 994	903 815
5	669 476	4,8133 175	87 246	962 210	793 666	396 397	895 169
6	697 605	5,1631 971	84 388	969 543	820 744	425 710	886 577
7	725 656	5,5165 932	81 559	976 837	847 752	454 934	878 037
8	753 628	5,8735 408	78 757	984 094	874 690	484 069	869 548
9	781 522	6,2340 759	75 983	991 313	901 559	513 116	861 111
3,60	809 338	6,5982 344	73 237	998 495	928 358	542 075	852 724
1	837 078	6,9660 528	70 518	*005 640	955 088	570 948	844 388
2	864 740	7,3375 678	67 827	012 748	981 749	599 733	836 102
3	892 326	7,7128 166	65 162	019 820	*008 342	628 433	827 865
4	919 837	8,0918 367	62 523	026 855	034 867	657 048	819 677
5	947 272	8,4746 660	59 911	033 855	061 324	685 577	811 538
6	974 631	8,8613 429	57 325	040 820	087 714	714 022	803 447
7	*001 917	9,2519 059	54 765	047 749	114 037	742 384	795 403
8	029 128	9,6463 941	52 230	054 642	140 293	770 662	787 407
9	056 265	*0,0448 470	49 720	061 501	166 483	798 857	779 457
3,70	083 328	0,4473 044	47 235	068 326	192 607	826 969	771 554
1	110 319	0,8538 065	44 775	075 116	218 665	855 000	763 696
2	137 237	1,2643 941	42 340	081 872	244 657	882 950	755 885
3	164 082	1,6791 082	39 928	088 595	270 585	910 819	748 118
4	190 856	2,0979 902	37 541	095 284	296 448	938 607	740 396
5	217 558	2,5210 820	35 177	101 939	322 246	966 315	732 719
6	244 190	2,9484 260	32 837	108 562	347 980	993 944	725 085
7	270 750	3,3800 648	30 521	115 152	373 651	*021 494	717 495
8	297 240	3,8160 417	28 227	121 709	399 258	048 966	709 948
9	323 660	4,2564 003	25 956	128 233	424 801	076 359	702 444
3,80	350 011	4,7011 845	23 708	134 726	450 282	103 675	694 983
1	376 292	5,1504 389	21 482	141 187	475 700	130 914	687 563
2	402 504	5,6042 083	19 278	147 616	501 056	158 076	680 185
3	428 648	6,0625 382	17 096	154 014	526 350	185 162	672 849
4	454 724	6,5254 744	14 936	160 380	551 581	212 172	665 553
5	480 731	6,9930 632	12 797	166 716	576 752	239 106	658 299
6	506 672	7,4653 514	10 680	173 021	601 861	265 966	651 084
7	532 545	7,9423 861	08 584	179 295	626 910	292 751	643 910
8	558 352	8,4242 151	06 508	185 539	651 897	319 463	636 775
9	584 092	8,9108 865	04 453	191 752	676 825	346 100	629 679
3,90	609 766	9,4024 491	02 419	197 936	701 692	372 665	622 622
1	635 374	9,8989 520	00 405	204 091	726 500	399 156	615 604
2	660 917	**0,4004 448	**98 411	210 215	751 248	425 575	608 625
3	686 394	0,9069 777	96 437	216 311	775 937	451 923	601 683
4	711 807	1,4186 013	94 482	222 377	800 567	478 198	594 779
5	737 156	1,9353 668	92 547	228 415	825 139	504 403	587 912
6	762 440	2,4573 259	90 631	234 424	849 652	530 536	581 082
7	787 661	2,9845 308	88 734	240 404	874 107	556 599	574 289
8	812 818	3,5170 342	86 856	246 356	898 504	582 593	567 533
9	837 912	4,0548 894	84 997	252 280	922 843	608 516	560 813
4,00	862 944	4,5981 500	83 156	258 177	947 125	634 371	554 128
	1,3	**5**	**0,01**	**1,3**	**2,0**	**2,0**	**0,2**

x	φ	sin x	cos x	tg x	Sin x	Cos x	Tg x
	2	**—0,7**	**—0,**		**2**	**2**	**0,999**
4,00	29° 10′ 59,″22	568 025	6536 436	1,1578 213	7,2899 172	7,3082 328	3 293
1	29 45 21,87	633 010	6460 430	1,1815 018	7,5643 686	7,5825 020	3 426
2	30 19 44,52	697 231	6383 779	1,2057 485	7,8415 764	7,8595 294	3 556
3	30 54 07,17	760 683	6306 488	1,2305 871	8,1215 685	8,1393 428	3 683
4	31 28 29,82	823 359	6228 567	1,2560 447	8,4043 727	8,4219 701	3 808
5	32 02 52,47	885 253	6150 024	1,2821 499	8,6900 173	8,7074 397	3 931
6	32 37 15,11	946 357	6070 865	1,3089 333	8,9785 310	8,9957 800	4 051
7	33 11 37,76	*006 668	5991 099	1,3364 272	9,2699 426	9,2870 200	4 169
8	33 46 00,41	066 177	5910 734	1,3646 659	9,5642 812	9,5811 887	4 284
9	34 20 23,06	124 881	5829 778	1,3936 860	9,8615 762	9,8783 155	4 398
4,10	34 54 45,71	182 771	5748 239	1,4235 265	*0,1618 575	*0,1784 301	4 508
1	35 29 08,35	239 843	5666 126	1,4542 288	0,4651 549	0,4815 627	4 617
2	36 03 31,00	296 092	5583 445	1,4858 374	0,7714 989	0,7877 434	4 724
3	36 37 53,65	351 510	5500 207	1,5183 994	1,0809 200	1,0970 029	4 828
4	37 12 16,30	406 094	5416 418	1,5519 656	1,3934 493	1,4093 722	4 931
5	37 46 38,95	459 837	5332 088	1,5865 900	1,7091 179	1,7248 824	5 031
6	38 21 01,59	512 734	5247 224	1,6223 310	2,0279 575	2,0435 651	5 129
7	38 55 24,24	564 780	5161 836	1,6592 507	2,3499 999	2,3654 522	5 226
8	39 29 46,89	615 969	5075 931	1,6974 164	2,6752 774	2,6905 759	5 320
9	40 04 09,54	666 297	4989 519	1,7369 002	3,0038 223	3,0189 686	5 413
4,20	40 38 32,19	715 758	4902 608	1,7777 798	3,3356 677	3,3506 633	5 504
1	41 12 54,83	764 347	4815 207	1,8201 393	3,6708 467	3,6856 931	5 593
2	41 47 17,48	812 060	4727 324	1,8640 694	4,0093 928	4,0240 915	5 680
3	42 21 40,13	858 892	4638 969	1,9096 684	4,3513 399	4,3658 923	5 765
4	42 56 02,78	904 838	4550 149	1,9570 431	4,6967 221	4,7111 297	5 849
5	43 30 25,43	949 894	4460 875	2,0063 090	5,0455 741	5,0598 383	5 931
6	44 04 48,07	994 054	4371 154	2,0575 924	5,3979 306	5,4120 529	6 012
7	44 39 10,72	**037 315	4280 997	2,1110 306	5,7538 269	5,7678 087	6 091
8	45 13 33,37	079 673	4190 411	2,1667 737	6,1132 987	6,1271 413	6 168
9	45 47 56,02	121 122	4099 406	2,2249 861	6,4763 818	6,4900 867	6 244
4,30	46 22 18,67	161 659	4007 992	2,2858 479	6,8431 126	6,8566 811	6 319
1	46 56 41,31	201 281	3916 176	2,3495 573	7,2135 277	7,2269 612	6 391
2	47 31 03,96	239 982	3823 969	2,4163 327	7,5876 642	7,6009 641	6 463
3	48 05 26,61	277 759	3731 380	2,4864 150	7,9655 595	7,9787 271	6 533
4	48 39 49,26	314 608	3638 417	2,5600 715	8,3472 514	8,3602 879	6 602
5	49 14 11,91	350 526	3545 091	2,6375 985	8,7327 781	8,7456 849	6 669
6	49 48 34,56	385 509	3451 410	2,7193 261	9,1221 780	9,1349 564	6 735
7	50 22 57,20	419 553	3357 384	2,8056 230	9,5154 902	9,5281 415	6 799
8	50 57 19,85	452 655	3263 022	2,8969 022	9,9127 540	9,9252 794	6 863
9	51 31 42,50	484 812	3168 334	2,9936 279	**0,3140 091	**0,3264 099	6 925
4,40	52 06 05,15	516 021	3073 329	3,0963 238	0,7192 957	0,7315 730	6 986
1	52 40 27,80	546 278	2978 016	3,2055 826	1,1286 542	1,1408 093	7 045
2	53 14 50,44	575 580	2882 406	3,3220 785	1,5421 256	1,5541 598	7 104
3	53 49 13,09	603 925	2786 508	3,4465 808	1,9597 512	1,9716 657	7 161
4	54 23 35,74	631 309	2690 331	3,5799 718	2,3815 729	2,3933 688	7 218
5	54 57 58,39	657 731	2593 885	3,7232 686	2,8076 327	2,8193 113	7 273
6	55 32 21,04	683 186	2497 180	3,8776 490	3,2379 734	3,2495 357	7 327
7	56 06 43,68	707 673	2400 225	4,0444 855	3,6726 378	3,6840 852	7 380
8	56 41 06,33	731 190	2303 029	4,2253 867	4,1116 696	4,1230 030	7 431
9	57 15 28,98	753 733	2205 604	4,4222 504	4,5551 126	4,5663 333	7 482
4,50	57° 49′ 51,″63	775 301	2107 958	4,6373 321	5,0030 112	5,0141 201	7 532
	2	**—0,9**	**—0,**		**4**	**4**	**0,999**

x	ln x	e^x	e^{-x}	arc tg x	Ar Sin x	Ar Cos x	Ar Ctg x
	1,3		**0,01**	**1,3**	**2,0**	**2,0**	**0,2**
4,00	862 944	54,5981 500	83 156	258 177	947 125	634 371	554 128
1	887 912	55,1468 706	81 334	264 045	971 351	660 156	547 479
2	912 819	55,7011 058	79 530	269 886	995 519	685 873	540 866
3	937 664	56,2609 112	77 743	275 700	*019 631	711 522	534 287
4	962 447	56,8263 428	75 975	281 487	043 686	737 103	527 743
5	987 169	57,3974 570	74 224	287 246	067 685	762 617	521 233
6	*011 830	57,9743 111	72 490	292 979	091 629	788 064	514 758
7	036 430	58,5569 626	70 774	298 686	115 517	813 444	508 316
8	060 970	59,1454 698	69 075	304 366	139 350	838 758	501 908
9	085 450	59,7398 917	67 392	310 019	163 127	864 006	495 534
4,10	109 870	60,3402 876	65 727	315 647	186 850	889 189	489 192
1	134 230	60,9467 176	64 078	321 249	210 519	914 306	482 883
2	158 532	61,5592 423	62 445	326 825	234 133	939 358	476 607
3	182 774	62,1779 229	60 829	332 376	257 693	964 346	470 363
4	206 958	62,8028 214	59 229	337 902	281 199	989 270	464 151
5	231 083	63,4340 003	57 644	343 402	304 652	*014 130	457 971
6	255 151	64,0715 226	56 076	348 877	328 051	038 926	451 823
7	279 160	64,7154 521	54 523	354 328	351 397	063 659	445 706
8	303 112	65,3658 532	52 985	359 753	374 690	088 329	439 619
9	327 007	66,0227 910	51 463	365 155	397 931	112 937	433 564
4,20	350 845	66,6863 310	49 956	370 531	421 119	137 482	427 539
1	374 626	67,3565 398	48 464	375 884	444 255	161 966	421 545
2	398 351	68,0334 843	46 986	381 213	467 339	186 388	415 580
3	422 020	68,7172 322	45 524	386 518	490 371	210 749	409 646
4	445 633	69,4078 518	44 076	391 799	513 352	235 049	403 741
5	469 190	70,1054 123	42 642	397 057	536 282	259 288	397 865
6	492 692	70,8099 835	41 223	402 291	559 160	283 467	392 019
7	516 138	71,5216 356	39 818	407 502	581 988	307 586	386 202
8	539 530	72,2404 400	38 427	412 690	604 765	331 645	380 413
9	562 867	72,9664 685	37 049	417 855	627 491	355 645	374 653
4,30	586 150	73,6997 937	35 686	422 997	650 168	379 586	368 922
1	609 379	74,4404 889	34 335	428 116	672 794	403 468	363 218
2	632 554	75,1886 283	32 999	433 213	695 371	427 292	357 543
3	655 675	75,9442 866	31 675	438 288	717 898	451 057	351 895
4	678 743	76,7075 393	30 365	443 341	740 376	474 765	346 274
5	701 758	77,4784 629	29 068	448 371	762 804	498 414	340 681
6	724 721	78,2571 344	27 784	453 380	785 184	522 007	335 115
7	747 630	79,0436 317	26 512	458 366	807 515	545 542	329 576
8	770 487	79,8380 334	25 254	463 331	829 797	569 021	324 063
9	793 292	80,6404 190	24 007	468 275	852 032	592 443	318 577
4,40	816 045	81,4508 687	22 773	473 197	874 218	615 809	313 118
1	838 747	82,2694 635	21 552	478 098	896 356	639 119	307 684
2	861 397	83,0962 854	20 342	482 978	918 446	662 374	302 276
3	883 996	83,9314 169	19 145	487 837	940 489	685 573	296 894
4	906 544	84,7749 417	17 959	492 675	962 485	708 717	291 538
5	929 041	85,6269 440	16 786	497 493	984 434	731 806	286 207
6	951 488	86,4875 091	15 624	502 289	**006 335	754 840	280 901
7	973 884	87,3567 230	14 473	507 066	028 190	777 821	275 620
8	996 230	88,2346 727	13 334	511 822	049 999	800 747	270 364
9	**018 527	89,1214 459	12 206	516 558	071 761	823 619	265 133
4,50	040 774	90,0171 313	11 090	521 274	093 477	846 438	259 926
	1,5		**0,01**	**1,3**	**2,2**	**2,1**	**0,2**

x	φ	sin x	cos x	tg x	Sin x	Cos x	Tg x
	2	**—0,9**	**—0,**				**0,9997**
4,50	57° 49′ 51,″63	775 301	2107 958	4,6373 321	45,0030 112	45,0141 201	532
1	58 24 14,28	795 892	2010 101	4,8733 325	45,4554 100	45,4664 085	581
2	58 58 36,92	815 503	1912 043	5,1335 144	45,9123 545	45,9232 435	629
3	59 32 59,57	834 132	1813 794	5,4218 558	46,3738 902	46,3846 709	676
4	60 07 22,22	851 778	1715 364	5,7432 577	46,8400 634	46,8507 368	722
5	60 41 44,87	868 439	1616 762	6,1038 283	47,3109 206	47,3214 878	767
6	61 16 07,52	884 113	1517 999	6,5112 791	47,7865 089	47,7969 709	811
7	61 50 30,16	898 798	1419 083	6,9754 881	48,2668 759	48,2772 339	854
8	62 24 52,81	912 494	1320 026	7,5093 175	48,7520 697	48,7623 246	897
9	62 59 15,46	925 198	1220 837	8,1298 331	49,2421 387	49,2522 915	939
4,60	63 33 38,11	936 910	1121 525	8,8601 749	49,7371 319	49,7471 837	979
1	64 08 00,76	947 628	1022 102	9,7325 225	50,2370 989	50,2470 507	*019
2	64 42 23,40	957 352	0922 576	10,7929 878	50,7420 897	50,7519 425	059
3	65 16 46,05	966 079	0822 958	12,1100 701	51,2521 547	51,2619 094	097
4	65 51 08,70	973 811	0723 258	13,7901 192	51,7673 449	51,7770 026	135
5	66 25 31,35	980 544	0623 485	16,0076 699	52,2877 120	52,2972 736	172
6	66 59 54,00	986 280	0523 650	19,0705 174	52,8133 078	52,8227 743	208
7	67 34 16,65	991 017	0423 763	23,5769 055	53,3441 851	53,3535 574	243
8	68 08 39,29	994 755	0323 833	30,8639 013	53,8803 968	53,8896 758	278
9	68 43 01,94	997 494	0223 871	44,6573 666	54,4219 966	54,4311 832	312
4,70	69 17 24,59	999 233	0123 887	80,7127 630	54,9690 386	54,9781 339	346
1	69 51 47,24	999 971	0023 890	418,5878 227	55,5215 776	55,5305 823	378
2	70 26 09,89	999 710	*0076 109	-131,3859 038	56,0796 687	56,0885 839	411
3	71 00 32,53	998 449	0176 101	- 56,7767 589	56,6433 679	56,6521 944	442
4	71 34 55,18	996 188	0276 075	- 36,2082 197	57,2127 315	57,2214 702	473
5	72 09 17,83	992 928	0376 022	−26,5754 142	57,7878 164	57,7964 681	503
6	72 43 40,48	988 668	0475 930	−20,9876 682	58,3686 801	58,3772 458	533
7	73 18 03,13	983 409	0575 792	−17,3385 824	58,9553 808	58,9638 612	562
8	73 52 25,77	977 152	0675 595	−14,7679 445	59,5479 770	59,5563 730	590
9	74 26 48,42	969 898	0775 331	−12,8588 875	60,1465 281	60,1548 406	618
4,80	75 01 11,07	961 646	0874 990	−11,3848 707	60,7510 939	60,7593 236	646
1	75 35 33,72	952 398	0974 561	−10,2121 873	61,3617 348	61,3698 827	672
2	76 09 56,37	942 155	1074 034	− 9,2568 305	61,9785 120	61,9865 788	699
3	76 44 19,01	930 918	1173 401	− 8,4633 648	62,6014 871	62,6094 736	724
4	77 18 41,66	918 688	1272 650	− 7,7937 306	63,2307 223	63,2386 294	750
5	77 53 04,31	905 465	1371 771	−7,2209 315	63,8662 807	63,8741 091	774
6	78 27 26,96	891 253	1470 756	−6,7252 867	64,5082 258	64,5159 763	799
7	79 01 49,61	876 051	1569 593	−6,2921 098	65,1566 218	65,1642 951	822
8	79 36 12,25	859 861	1668 273	−5,9102 196	65,8115 334	65,8191 304	846
9	80 10 34,90	842 686	1766 787	−5,5709 527	66,4730 263	66,4805 477	869
4,90	80 44 57,55	824 526	1865 124	−5,2674 931	67,1411 666	67,1486 131	891
1	81 19 20,20	805 384	1963 274	−4,9944 041	67,8160 210	67,8233 934	913
2	81 53 42,85	785 261	2061 228	−4,7472 967	68,4976 570	68,5049 562	935
3	82 28 05,49	764 160	2158 976	−4,5225 885	69,1861 429	69,1933 694	956
4	83 02 28,14	742 082	2256 508	−4,3173 267	69,8815 475	69,8887 021	976
5	83 36 50,79	719 031	2353 814	−4,1290 556	70,5839 403	70,5910 237	997
6	84 11 13,44	695 007	2450 885	−3,9557 161	71,2933 915	71,3004 044	**016
7	84 45 36,09	670 014	2547 711	−3,7955 689	72,0099 721	72,0169 153	036
8	85 19 58,74	644 054	2644 282	−3,6471 344	72,7337 538	72,7406 279	055
9	85 54 21,38	617 129	2740 589	−3,5091 465	73,4648 089	73,4716 146	074
5,00	86° 28′ 44,″03	589 243	2836 622	−3,3805 150	74,2032 106	74,2099 485	092
	2	**—0,9**	**+0,**				**0,9999**

x	ln x	e^x	e^{-x}	arc tg x	Ar Sin x	Ar Cos x	Ar Ctg x
	1,5		**0,01**	**1,35**	**2,2**	**2,1**	**0,22**
4,50	040 774	90,0171 313	11 090	21 274	093 477	846 438	59 926
1	062 972	90,9218 185	09 985	25 970	115 147	869 203	54 743
2	085 120	91,8355 980	08 890	30 646	136 772	891 916	49 584
3	107 219	92,7585 611	07 807	35 302	158 350	914 576	44 450
4	129 270	93,6908 001	06 734	39 939	179 884	937 183	39 339
5	151 272	94,6324 083	05 672	44 557	201 372	959 738	34 252
6	173 226	95,5834 798	04 621	49 155	222 815	982 241	29 188
7	195 132	96,5441 098	03 580	53 734	244 214	*004 692	24 147
8	216 990	97,5143 942	02 549	58 294	265 567	027 091	19 130
9	238 800	98,4944 302	01 529	62 834	286 877	049 440	14 135
4,60	260 563	99,4843 156	00 518	67 356	308 142	071 737	09 164
1	282 279	*00,4841 496	*99 518	71 860	329 363	093 983	04 215
2	303 947	01,4940 321	98 528	76 344	350 540	116 179	*99 288
3	325 569	02,5140 641	97 548	80 811	371 673	138 325	94 384
4	347 144	03,5443 476	96 577	85 258	392 763	160 420	89 502
5	368 672	04,5849 856	95 616	89 688	413 809	182 465	84 642
6	390 154	05,6360 822	94 665	94 099	434 812	204 461	79 804
7	411 591	06,6977 424	93 723	98 492	455 772	226 408	74 987
8	432 981	07,7700 726	92 790	*02 868	476 689	248 305	70 192
9	454 326	08,8531 798	91 867	07 225	497 564	270 153	65 419
4,70	475 625	09,9471 725	90 953	11 565	518 396	291 952	60 667
1	496 879	11,0521 599	90 048	15 887	539 186	313 703	55 936
2	518 088	12,1682 527	89 152	20 191	559 933	335 406	51 226
3	539 252	13,2955 623	88 265	24 479	580 638	357 061	46 536
4	560 371	14,4342 017	87 386	28 748	601 302	378 667	41 868
5	581 446	15,5842 845	86 517	33 001	621 924	400 226	37 220
6	602 477	16,7459 259	85 656	37 236	642 504	421 738	32 593
7	623 463	17,9192 420	84 804	41 455	663 043	443 202	27 985
8	644 405	19,1043 500	83 960	45 657	683 541	464 620	23 398
9	665 304	20,3013 687	83 125	49 841	703 997	485 990	18 831
4,80	686 159	21,5104 175	82 297	54 009	724 413	507 314	14 284
1	706 971	22,7316 175	81 479	58 161	744 788	528 592	09 757
2	727 739	23,9650 908	80 668	62 296	765 123	549 823	05 249
3	748 465	25,2109 607	79 865	66 414	785 417	571 008	00 761
4	769 147	26,4693 517	79 071	70 516	805 671	592 148	**96 292
5	789 787	27,7403 898	78 284	74 602	825 885	613 242	91 843
6	810 384	29,0242 021	77 505	78 672	846 058	634 291	87 412
7	830 939	30,3209 169	76 734	82 726	866 193	655 294	83 001
8	851 452	31,6306 639	75 970	86 764	886 287	676 253	78 608
9	871 923	32,9535 741	75 214	90 786	906 342	697 166	74 234
4,90	892 352	34,2897 797	74 466	94 792	926 358	718 036	69 879
1	912 739	35,6394 144	73 725	98 783	946 334	738 860	65 542
2	933 085	37,0026 132	72 991	**02 758	966 271	759 641	61 224
3	953 390	38,3795 123	72 265	06 717	986 170	780 377	56 924
4	973 653	39,7702 496	71 546	10 661	*006 030	801 070	52 642
5	993 876	41,1749 639	70 834	14 590	025 851	821 719	48 378
6	*014 057	42,5937 959	70 129	18 504	045 634	842 325	44 132
7	034 198	44,0268 874	69 431	22 402	065 378	862 887	39 904
8	054 299	45,4743 817	68 741	26 286	085 085	883 407	35 694
9	074 359	46,9364 235	68 057	30 154	104 753	903 883	31 501
5,00	094 379	48,4131 591	67 379	34 008	124 383	924 317	27 326
	1,6	**1**	**0,00**	**1,37**	**2,3**	**2,2**	**0,20**

x	φ	sin x	cos x	tg x	𝔖in x	𝔈oſ x	𝔗g x
	2	**—0,9**	**0,**				**0,9999**
5,00	86° 28′ 44,″03	589 243	2836 622	−3,3805 150	74,2032 106	74,2099 485	092
1	87 03 06,68	560 398	2932 371	−3,2602 962	74,9490 326	74,9557 035	110
2	87 37 29,33	530 596	3027 827	−3,1476 691	75,7023 496	75,7089 542	128
3	88 11 51,98	499 842	3122 980	−3,0419 161	76,4632 369	76,4697 758	145
4	88 46 14,62	468 138	3217 820	−2,9424 072	77,2317 706	77,2382 444	162
5	89 20 37,27	435 487	3312 339	−2,8485 871	78,0080 276	78,0144 369	178
6	89 54 59,92	401 892	3406 527	−2,7599 642	78,7920 854	78,7984 309	195
7	90 29 22,57	367 357	3500 374	−2,6761 019	79,5840 225	79,5903 049	211
8	91 03 45,22	331 886	3593 871	−2,5966 113	80,3839 180	80,3901 379	226
9	91 38 07,86	295 481	3687 009	−2,5211 445	81,1918 520	81,1980 100	242
5,10	92 12 30,51	258 147	3779 777	−2,4493 894	82,0079 053	82,0140 020	257
1	92 46 53,16	219 887	3872 168	−2,3810 656	82,8321 594	82,8381 955	271
2	93 21 15,81	180 705	3964 172	−2,3159 198	83,6646 968	83,6706 728	286
3	93 55 38,46	140 605	4055 779	−2,2537 233	84,5056 007	84,5115 173	300
4	94 30 01,10	099 591	4146 981	−2,1942 686	85,3549 553	85,3608 130	314
5	95 04 23,75	057 666	4237 768	−2,1373 671	86,2128 455	86,2186 449	327
6	95 38 46,40	014 837	4328 131	−2,0828 472	87,0793 570	87,0850 987	341
7	96 13 09,05	*971 105	4418 062	−2,0305 522	87,9545 765	87,9602 610	354
8	96 47 31,70	926 477	4507 551	−1,9803 387	88,8385 915	88,8442 195	367
9	97 21 54,34	880 956	4596 588	−1,9320 754	89,7314 905	89,7370 625	379
5,20	97 56 16,99	834 547	4685 167	−1,8856 419	90,6333 627	90,6388 792	391
1	98 30 39,64	787 254	4773 276	−1,8409 271	91,5442 983	91,5497 599	403
2	99 05 02,29	739 083	4860 909	−1,7978 289	92,4643 884	92,4697 957	415
3	99 39 24,94	690 037	4948 055	−1,7562 531	93,3937 250	93,3990 785	427
4	*00 13 47,58	640 123	5034 707	−1,7161 125	94,3324 011	94,3377 013	438
5	00 48 10,23	589 345	5120 855	−1,6773 264	95,2805 105	95,2857 580	449
6	01 22 32,88	537 708	5206 491	−1,6398 200	96,2381 480	96,2433 433	460
7	01 56 55,53	485 217	5291 606	−1,6035 239	97,2054 094	97,2105 530	471
8	02 31 18,18	431 877	5376 192	−1,5683 735	98,1823 915	98,1874 839	481
9	03 05 40,83	377 695	5460 241	−1,5343 087	99,1691 918	99,1742 336	492
5,30	03 40 03,47	322 674	5543 743	−1,5012 734	*00,1659 092	*00,1709 008	502
1	04 14 26,12	266 822	5626 692	−1,4692 154	01,1726 432	01,1775 852	512
2	04 48 48,77	210 142	5709 077	−1,4380 858	02,1894 946	02,1943 874	521
3	05 23 11,42	152 642	5790 892	−1,4078 388	03,2165 650	03,2214 091	531
4	05 57 34,07	094 327	5872 127	−1,3784 318	04,2539 572	04,2587 531	540
5	06 31 56,71	035 202	5952 775	−1,3498 244	05,3017 749	05,3065 230	549
6	07 06 19,36	**975 273	6032 829	−1,3219 791	06,3601 228	06,3648 237	558
7	07 40 42,01	914 547	6112 278	−1,2948 604	07,4291 068	07,4337 609	567
8	08 15 04,66	853 030	6191 117	−1,2684 350	08,5088 338	08,5134 416	575
9	08 49 27,31	790 727	6269 336	−1,2426 717	09,5994 118	09,6039 738	584
5,40	09 23 49,95	727 645	6346 929	−1,2175 408	10,7009 498	10,7054 664	592
1	09 58 12,60	663 790	6423 887	−1,1930 146	11,8135 580	11,8180 297	600
2	10 32 35,25	599 169	6500 202	−1,1690 666	12,9373 477	12,9417 748	608
3	11 06 57,90	533 788	6575 867	−1,1456 722	14,0724 312	14,0768 143	616
4	11 41 20,55	467 654	6650 875	−1,1228 077	15,2189 220	15,2232 615	623
5	12 15 43,19	400 773	6725 218	−1,1004 510	16,3769 348	16,3812 311	631
6	12 50 05,84	333 152	6798 888	−1,0785 810	17,5465 854	17,5508 390	638
7	13 24 28,49	264 798	6871 879	−1,0571 778	18,7279 908	18,7322 020	645
8	13 58 51,14	195 717	6944 182	−1,0362 224	19,9212 690	19,9254 384	652
9	14 33 13,79	125 916	7015 791	−1,0156 968	21,1265 395	21,1306 674	659
5,50	15° 07′ 36,″43	055 403	7086 698	−0,9955 841	22,3439 227	22,3480 095	666
	3	**—0,7**	**0,**		**1**	**1**	**0,9999**

x	ln x	e^x	e^{-x}	arc tg x	Ar Sin x	Ar Cos x	Ar Ctg x
	1,6	**1**	**0,006**	**1,37**	**2,3**	**2,2**	**0,20**
5,00	094 379	48,4131 591	7 379	34 008	124 383	924 317	27 326
1	114 359	49,9047 361	6 709	37 846	143 976	944 708	23 168
2	134 299	51,4113 038	6 045	41 671	163 531	965 057	19 027
3	154 200	52,9330 127	5 388	45 480	183 049	985 363	14 903
4	174 061	54,4700 150	4 737	49 275	202 530	*005 628	10 797
5	193 882	56,0224 645	4 093	53 055	221 973	025 851	06 707
6	213 665	57,5905 163	3 456	56 821	241 379	046 032	02 634
7	233 408	59,1743 273	2 824	60 573	260 749	066 172	*98 578
8	253 113	60,7740 559	2 199	64 311	280 081	086 270	94 539
9	272 778	62,3898 621	1 580	68 034	299 378	106 328	90 516
5,10	292 405	64,0219 073	0 967	71 743	318 637	126 344	86 509
1	311 994	65,6703 549	0 361	75 439	337 860	146 320	82 519
2	331 544	67,3353 696	*9 760	79 120	357 048	166 255	78 545
3	351 057	69,0171 180	9 166	82 788	376 199	186 149	74 587
4	370 531	70,7157 683	8 577	86 442	395 314	206 004	70 645
5	389 967	72,4314 903	7 994	90 082	414 393	225 818	66 719
6	409 366	74,1644 556	7 417	93 708	433 437	245 592	62 809
7	428 727	75,9148 375	6 846	97 322	452 445	265 327	58 914
8	448 051	77,6828 110	6 280	*00 921	471 418	285 022	55 035
9	467 337	79,4685 529	5 720	04 507	490 355	304 677	51 172
5,20	486 586	81,2722 419	5 166	08 080	509 257	324 293	47 324
1	505 799	83,0940 582	4 617	11 640	528 124	343 870	43 491
2	524 974	84,9341 841	4 073	15 187	546 957	363 408	39 674
3	544 113	86,7928 035	3 535	18 720	565 754	382 907	35 872
4	563 215	88,6701 024	3 003	22 241	584 517	402 368	32 085
5	582 281	90,5662 685	2 475	25 748	603 246	421 790	28 312
6	601 310	92,4814 913	1 953	29 243	621 940	441 174	24 555
7	620 304	94,4159 624	1 436	32 725	640 600	460 519	20 813
8	639 261	96,3698 754	0 924	36 194	659 225	479 827	17 085
9	658 182	98,3434 254	0 418	39 650	677 817	499 096	13 372
5,30	677 068	*00,3368 100	**9 916	43 094	696 374	518 328	09 673
1	695 918	02,3502 284	9 419	46 526	714 898	537 522	05 989
2	714 733	04,3838 820	8 928	49 945	733 389	556 679	02 319
3	733 512	06,4379 742	8 441	53 351	751 845	575 799	**98 663
4	752 257	08,5127 103	7 959	56 745	770 269	594 881	95 022
5	770 966	10,6082 979	7 482	60 127	788 659	613 926	91 395
6	789 640	12,7249 464	7 009	63 497	807 015	632 935	87 782
7	808 279	14,8628 677	6 541	66 854	825 339	651 907	84 182
8	826 884	17,0222 754	6 078	70 200	843 630	670 842	80 597
9	845 454	19,2033 856	5 620	73 533	861 888	689 741	77 025
5,40	863 990	21,4064 162	5 166	76 855	880 113	708 603	73 467
1	882 491	23,6315 877	4 716	80 165	898 306	727 430	69 923
2	900 958	25,8791 225	4 271	83 463	916 466	746 220	66 392
3	919 391	28,1492 454	3 831	86 749	934 594	764 975	62 875
4	937 791	30,4421 835	3 395	90 023	952 689	783 694	59 371
5	956 156	32,7581 659	2 963	93 286	970 753	802 377	55 880
6	974 488	35,0974 244	2 536	96 538	988 784	821 025	52 403
7	992 786	37,4601 928	2 112	99 777	*006 783	839 637	48 938
8	*011 051	39,8467 074	1 693	**03 006	024 751	858 215	45 487
9	029 283	42,2572 069	1 278	06 223	042 687	876 757	42 049
5,50	047 481	44,6919 323	0 868	09 428	060 591	895 264	38 624
	1,7	**2**	**0,004**	**1,39**	**2,4**	**2,3**	**0,18**

x	φ	sin x	cos x	tg x	Sin x	Cos x	Tg x
	3	**—0,**	**0,7**	**—0,**	**1**	**1**	**0,9999**
5,50	15° 07′ 36,″43	7055 403	086 698	9955 841	22,3439 227	22,3480 095	666
1	15 41 59,08	6984 185	156 896	9758 678	23,5735 405	23,5775 866	673
2	16 16 21,73	6912 268	226 379	9565 327	24,8155 157	24,8195 215	679
3	16 50 44,38	6839 660	295 139	9375 639	26,0699 725	26,0739 385	685
4	17 25 07,03	6766 367	363 170	9189 476	27,3370 365	27,3409 630	692
5	17 59 29,67	6692 399	430 464	9006 703	28,6168 342	28,6207 217	698
6	18 33 52,32	6617 761	497 016	8827 193	29,9094 938	29,9133 425	704
7	19 08 14,97	6542 461	562 817	8650 825	31,2151 444	31,2189 549	710
8	19 42 37,62	6466 507	627 863	8477 482	32,5339 166	32,5376 892	715
9	20 17 00,27	6389 906	692 145	8307 053	33,8659 423	33,8696 774	721
5,60	20 51 22,91	6312 666	755 659	8139 433	35,2113 548	35,2150 526	727
1	21 25 45,56	6234 795	818 397	7974 519	36,5702 885	36,5739 495	732
2	22 00 08,21	6156 301	880 353	7812 215	37,9428 793	37,9465 039	737
3	22 34 30,86	6077 191	941 521	7652 427	39,3292 645	39,3328 531	742
4	23 08 53,51	5997 473	*001 894	7495 067	40,7295 828	40,7331 357	748
5	23 43 16,16	5917 156	061 468	7340 047	42,1439 742	42,1474 917	753
6	24 17 38,80	5836 247	120 236	7187 287	43,5725 800	43,5760 625	757
7	24 52 01,45	5754 754	178 191	7036 707	45,0155 433	45,0189 911	762
8	25 26 24,10	5672 686	235 329	6888 232	46,4730 082	46,4764 217	767
9	26 00 46,75	5590 050	291 643	6741 788	47,9451 205	47,9485 001	772
5,70	26 35 09,40	5506 855	347 128	6597 306	49,4320 275	49,4353 735	776
1	27 09 32,04	5423 110	401 778	6454 717	50,9338 778	50,9371 905	781
2	27 43 54,69	5338 823	455 588	6313 958	52,4508 216	52,4541 013	785
3	28 18 17,34	5254 001	508 553	6174 965	53,9830 107	53,9862 577	789
4	28 52 39,99	5168 654	560 667	6037 678	55,5305 981	55,5338 129	793
5	29 27 02,64	5082 791	611 924	5902 038	57,0937 388	57,0969 215	797
6	30 01 25,28	4996 419	662 321	5767 991	58,6725 889	58,6757 400	801
7	30 35 47,93	4909 547	711 851	5635 481	60,2673 064	60,2704 262	805
8	31 10 10,58	4822 185	760 510	5504 457	61,8780 509	61,8811 396	809
9	31 44 33,23	4734 340	808 293	5374 867	63,5049 832	63,5080 412	813
5,80	32 18 55,88	4646 022	855 195	5246 662	65,1482 662	65,1512 937	817
1	32 53 18,52	4557 239	901 212	5119 796	66,8080 641	66,8110 616	820
2	33 27 41,17	4468 001	946 338	4994 223	68,4845 430	68,4875 106	824
3	34 02 03,82	4378 315	990 570	4869 897	70,1778 705	70,1808 086	827
4	34 36 26,47	4288 192	**033 903	4746 777	71,8882 159	71,8911 248	831
5	35 10 49,12	4197 640	076 333	4624 820	73,6157 503	73,6186 302	834
6	35 45 11,76	4106 668	117 855	4503 985	75,3606 464	75,3634 976	837
7	36 19 34,41	4015 286	158 465	4384 235	77,1230 787	77,1259 016	841
8	36 53 57,06	3923 502	198 159	4265 530	78,9032 235	78,9060 182	844
9	37 28 19,71	3831 326	236 934	4147 833	80,7012 587	80,7040 257	847
5,90	38 02 42,36	3738 767	274 784	4031 109	82,5173 642	82,5201 037	850
1	38 37 05,00	3645 833	311 708	3915 322	84,3517 216	84,3544 338	853
2	39 11 27,65	3552 536	347 700	3800 438	86,2045 143	86,2071 995	856
3	39 45 50,30	3458 883	382 757	3686 424	88,0759 277	88,0785 862	859
4	40 20 12,95	3364 884	416 876	3573 248	89,9661 488	89,9687 808	861
5	40 54 35,60	3270 548	450 054	3460 878	91,8753 666	91,8779 725	864
6	41 28 58,25	3175 886	482 286	3349 283	93,8037 722	93,8063 521	867
7	42 03 20,89	3080 906	513 570	3238 433	95,7515 583	95,7541 125	870
8	42 37 43,54	2985 617	543 903	3128 298	97,7189 197	97,7214 485	872
9	43 12 06,19	2890 031	573 282	3018 851	99,7060 531	99,7085 568	875
6,00	43° 46′ 28,″84	2794 155	601 703	2910 062	*01,7131 574	*01,7156 361	877
	3	**—0,**	**0,9**	**—0,**	**2**	**2**	**0,9999**

x	ln x	e^x	e^{-x}	arc tg x	Ar Sin x	Ar Cos x	Ar Ctg x
	1,7	**2**	**0,004**	**1,39**	**2,4**	**2,3**	**0,18**
5,50	047 481	44,6919 323	0 868	09 428	060 591	895 264	38 624
1	065 646	47,1511 271	0 461	12 623	078 464	913 737	35 212
2	083 779	49,6350 372	0 058	15 806	096 306	932 175	31 812
3	101 878	52,1439 110	*9 660	18 978	114 116	950 579	28 425
4	119 945	54,6779 995	9 265	22 139	131 895	968 948	25 051
5	137 979	57,2375 559	8 875	25 289	149 643	987 283	21 689
6	155 981	59,8228 363	8 488	28 428	167 360	*005 583	18 340
7	173 951	62,4340 992	8 105	31 556	185 046	023 850	15 003
8	191 888	65,0716 058	7 726	34 673	202 701	042 083	11 679
9	209 793	67,7356 197	7 350	37 779	220 326	060 282	08 367
5,60	227 666	70,4264 074	6 979	40 875	237 920	078 448	05 067
1	245 507	73,1442 380	6 611	43 960	255 484	096 580	01 779
2	263 317	75,8893 832	6 246	47 034	273 018	114 679	*98 503
3	281 094	78,6621 176	5 886	50 098	290 521	132 744	95 240
4	298 841	81,4627 185	5 529	53 151	307 994	150 777	91 988
5	316 555	84,2914 658	5 175	56 193	325 438	168 776	88 748
6	334 239	87,1486 426	4 825	59 226	342 851	186 743	85 520
7	351 891	90,0345 344	4 479	62 247	360 234	204 677	82 304
8	369 512	92,9494 299	4 136	65 259	377 588	222 578	79 099
9	387 102	95,8936 206	3 796	68 260	394 912	240 447	75 906
5,70	404 662	98,8674 010	3 460	71 251	412 207	258 283	72 725
1	422 190	*01,8710 683	3 127	74 232	429 472	276 087	69 555
2	439 688	04,9049 230	2 797	77 203	446 708	293 859	66 397
3	457 155	07,9692 684	2 471	80 164	463 915	311 599	63 250
4	474 592	11,0644 110	2 148	83 114	481 093	329 307	60 114
5	491 999	14,1906 603	1 828	86 055	498 241	346 984	56 989
6	509 375	17,3483 289	1 511	88 986	515 361	364 628	53 876
7	526 721	20,5377 326	1 198	91 907	532 452	382 241	50 774
8	544 037	23,7591 904	0 887	94 818	549 514	399 823	47 683
9	561 323	27,0130 244	0 580	97 719	566 547	417 373	44 603
5,80	578 579	30,2995 599	0 276	*00 611	583 552	434 892	41 533
1	595 806	33,6191 257	**9 974	03 493	600 529	452 380	38 475
2	613 003	36,9720 536	9 676	06 366	617 477	469 837	35 428
3	630 170	40,3586 791	9 381	09 228	634 397	487 263	32 391
4	647 308	43,7793 407	9 088	12 082	651 288	504 659	29 365
5	664 417	47,2343 805	8 799	14 925	668 152	522 023	26 350
6	681 496	50,7241 440	8 512	17 760	684 988	539 357	23 345
7	698 546	54,2489 803	8 229	20 585	701 795	556 661	20 351
8	715 568	57,8092 417	7 948	23 401	718 575	573 934	17 367
9	732 560	61,4052 844	7 670	26 207	735 328	591 178	14 394
5,90	749 524	65,0374 679	7 394	29 004	752 052	608 391	11 431
1	766 458	68,7061 554	7 122	31 792	768 749	625 574	08 478
2	783 364	72,4117 139	6 852	34 571	785 419	642 727	05 536
3	800 242	76,1545 138	6 585	37 340	802 061	659 850	02 604
4	817 091	79,9349 295	6 320	40 101	818 676	676 944	**99 682
5	833 912	83,7533 391	6 058	42 853	835 264	694 008	96 770
6	850 705	87,6101 242	5 799	45 595	851 825	711 042	93 869
7	867 469	91,5056 707	5 542	48 329	868 358	728 047	90 977
8	884 206	95,4403 682	5 288	51 054	884 865	745 023	88 095
9	900 914	99,4146 099	5 037	53 769	901 345	761 970	85 223
6,00	917 595	**03,4287 935	4 788	56 476	917 799	778 887	82 361
	1,7	**4**	**0,002**	**1,40**	**2,4**	**2,4**	**0,16**

x	φ	sin x	cos x	tg x	Sin x	Cos x	Tg x
	3	—0,	0,9	—0,	2	2	0,9999
6,00	43° 46′ 28,″84	2794 155	601 703	2910 062	01,7131 574	01,7156 361	877
1	44 20 51,49	2698 000	629 164	2801 905	03,7404 331	03,7428 872	880
2	44 55 14,13	2601 575	655 662	2694 352	05,7880 830	05,7905 127	882
3	45 29 36,78	2504 890	681 195	2587 377	07,8563 119	07,8587 174	884
4	46 03 59,43	2407 954	705 759	2480 954	09,9453 267	09,9477 082	887
5	46 38 22,08	2310 778	729 353	2375 058	12,0553 361	12,0576 940	889
6	47 12 44,73	2213 370	751 974	2269 664	14,1865 512	14,1888 856	891
7	47 47 07,37	2115 742	773 619	2164 747	16,3391 852	16,3414 964	893
8	48 21 30,02	2017 901	794 288	2060 284	18,5134 533	18,5157 414	895
9	48 55 52,67	1919 859	813 977	1956 250	20,7095 729	20,7118 383	897
6,10	49 30 15,32	1821 625	832 684	1852 622	22,9277 636	22,9300 065	899
1	50 04 37,97	1723 209	850 409	1749 378	25,1682 473	25,1704 679	901
2	50 39 00,61	1624 620	867 148	1646 494	27,4312 480	27,4334 465	903
3	51 13 23,26	1525 869	882 901	1543 949	29,7169 920	29,7191 686	905
4	51 47 45,91	1426 965	897 665	1441 719	32,0257 080	32,0278 629	907
5	52 22 08,56	1327 919	911 439	1339 784	34,3576 267	34,3597 601	909
6	52 56 31,21	1228 740	924 223	1238 122	36,7129 813	36,7150 935	911
7	53 30 53,85	1129 438	936 014	1136 711	39,0920 074	39,0940 987	913
8	54 05 16,50	1030 023	946 811	1035 531	41,4949 430	41,4970 134	914
9	54 39 39,15	0930 505	956 614	0934 560	43,9220 282	43,9240 780	916
6,20	55 14 01,80	0830 894	965 421	0833 777	46,3735 058	46,3755 353	918
1	55 48 24,45	0731 200	973 232	0733 163	48,8496 210	48,8516 303	919
2	56 22 47,09	0631 433	980 045	0632 695	51,3506 214	51,3526 106	921
3	56 57 09,74	0531 602	985 860	0532 355	53,8767 570	53,8787 265	922
4	57 31 32,39	0431 719	990 677	0432 122	56,4282 805	56,4302 304	924
5	58 05 55,04	0331 792	994 494	0331 975	59,0054 471	59,0073 776	925
6	58 40 17,69	0231 832	997 312	0231 895	61,6085 144	61,6104 257	927
7	59 14 40,34	0131 849	999 131	0131 861	64,2377 428	64,2396 351	928
8	59 49 02,98	0031 853	999 949	0031 853	66,8933 952	66,8952 686	930
9	60 23 25,63	*0068 146	999 768	*0068 148	69,5757 372	69,5775 919	931
6,30	60 57 48,28	0168 139	998 586	0168 163	72,2850 369	72,2868 732	933
1	61 32 10,93	0268 115	996 405	0268 211	75,0215 654	75,0233 834	934
2	62 06 33,58	0368 064	993 224	0368 313	77,7855 963	77,7873 962	935
3	62 40 56,22	0467 976	989 044	0468 489	80,5774 059	80,5791 879	936
4	63 15 18,87	0567 841	983 865	0568 759	83,3972 735	83,3990 378	938
5	63 49 41,52	0667 650	977 687	0669 143	86,2454 811	86,2472 279	939
6	64 24 04,17	0767 392	970 512	0769 661	89,1223 135	89,1240 429	940
7	64 58 26,82	0867 057	962 340	0870 335	92,0280 584	92,0297 705	941
8	65 32 49,46	0966 635	953 171	0971 183	94,9630 063	94,9647 014	943
9	66 07 12,11	1066 117	943 007	1072 228	97,9274 507	97,9291 290	944
6,40	66 41 34,76	1165 492	931 849	1173 489	*00,9216 882	*00,9233 497	945
1	67 15 57,41	1264 751	919 698	1274 989	03,9460 180	03,9476 630	946
2	67 50 20,06	1363 883	906 555	1376 748	07,0007 427	07,0023 714	947
3	68 24 42,70	1462 878	892 421	1478 787	10,0861 678	10,0877 802	948
4	68 59 05,35	1561 728	877 298	1581 129	13,2026 017	13,2041 981	949
5	69 33 28,00	1660 421	861 187	1683 794	16,3503 561	16,3519 367	950
6	70 07 50,65	1758 948	844 090	1786 806	19,5297 459	19,5313 107	951
7	70 42 13,30	1857 300	826 008	1890 187	22,7410 889	22,7426 381	952
8	71 16 35,94	1955 465	806 944	1993 960	25,9847 062	25,9862 400	953
9	71 50 58,59	2053 435	786 900	2098 147	29,2609 223	29,2624 409	954
6,50	72° 25′ 21,″24	2151 200	765 876	2202 772	32,5700 648	32,5715 682	955
	3	+0,	0,9	+0,	3	3	0,9999

x	ln x	e^x	e^{-x}	arc tg x	Ar Sin x	Ar Cos x	Ar Ctg x
	1,7	**4**	**0,002**	**1,40**	**2,4**	**2,4**	**0,16**
6,00	917 595	03,4287 935	4 788	56 476	917 799	778 887	82 361
1	934 247	07,4833 203	4 541	59 175	934 225	795 776	79 509
2	950 873	11,5785 957	4 297	61 864	950 625	812 636	76 666
3	967 470	15,7150 294	4 055	64 545	966 999	829 467	73 834
4	984 040	19,8930 349	3 816	67 218	983 346	846 269	71 010
5	*000 583	24,1130 300	3 579	69 881	999 667	863 043	68 197
6	017 098	28,3754 369	3 344	72 536	*015 961	879 788	65 393
7	033 586	32,6806 816	3 112	75 183	032 229	896 505	62 598
8	050 047	37,0291 947	2 882	77 821	048 472	913 193	59 813
9	066 481	41,4214 111	2 654	80 451	064 688	929 854	57 038
6,10	082 888	45,8577 701	2 429	83 072	080 879	946 486	54 271
1	099 268	50,3387 152	2 206	85 685	097 043	963 090	51 514
2	115 621	54,8646 945	1 985	88 290	113 182	979 667	48 766
3	131 947	59,4361 607	1 766	90 886	129 295	996 215	46 028
4	148 247	64,0535 709	1 549	93 474	145 383	*012 736	43 298
5	164 521	68,7173 868	1 335	96 054	161 445	029 229	40 578
6	180 768	73,4280 748	1 123	98 626	177 482	045 695	37 867
7	196 988	78,1861 061	0 912	*01 190	193 493	062 133	35 165
8	213 183	82,9919 564	0 704	03 745	209 479	078 544	32 472
9	229 351	87,8461 062	0 498	06 293	225 440	094 928	29 787
6,20	245 493	92,7490 411	0 294	08 832	241 376	111 285	27 112
1	261 609	97,7012 513	0 092	11 364	257 286	127 614	24 445
2	277 699	*02,7032 320	*9 892	13 887	273 172	143 917	21 788
3	293 763	07,7554 835	9 695	16 403	289 033	160 192	19 139
4	309 802	12,8585 109	9 499	18 911	304 869	176 441	16 499
5	325 815	18,0128 247	9 305	21 411	320 681	192 663	13 867
6	341 802	23,2189 401	9 112	23 903	336 467	208 859	11 244
7	357 764	28,4773 779	8 922	26 387	352 230	225 028	08 630
8	373 700	33,7886 638	8 734	28 864	367 967	241 170	06 024
9	389 611	39,1533 291	8 548	31 333	383 680	257 286	03 427
6,30	405 496	44,5719 101	8 363	33 795	399 369	273 376	00 838
1	421 357	50,0449 488	8 180	36 248	415 034	289 440	*98 257
2	437 192	55,5729 925	7 999	38 695	430 674	305 478	95 685
3	453 002	61,1565 939	7 820	41 133	446 291	321 489	93 121
4	468 788	66,7963 114	7 643	43 564	461 883	337 475	90 566
5	484 548	72,4927 090	7 467	45 988	477 451	353 435	88 019
6	500 284	78,2463 564	7 294	48 404	492 996	369 369	85 480
7	515 995	84,0578 289	7 122	50 813	508 516	385 278	82 949
8	531 681	89,9277 077	6 951	53 215	524 013	401 161	80 426
9	547 343	95,8565 797	6 783	55 609	539 486	417 018	77 912
6,40	562 980	**01,8450 379	6 616	57 996	554 936	432 850	75 405
1	578 593	07,8936 811	6 450	60 375	570 361	448 657	72 907
2	594 181	14,0031 141	6 287	62 748	585 764	464 438	70 416
3	609 745	20,1739 480	6 125	65 113	601 143	480 194	67 934
4	625 285	26,4067 998	5 964	67 471	616 499	495 925	65 459
5	640 801	32,7022 928	5 805	69 822	631 831	511 632	62 992
6	656 293	39,0610 566	5 648	72 165	647 140	527 313	60 533
7	671 761	45,4837 270	5 492	74 502	662 426	542 969	58 082
8	687 205	51,9709 463	5 338	76 832	677 690	558 601	55 638
9	702 625	58,5233 632	5 185	79 154	692 930	574 208	53 203
6,50	718 022	65,1416 330	5 034	81 470	708 147	589 790	50 775
	1,8	**6**	**0,001**	**1,41**	**2,5**	**2,5**	**0,15**

x	φ	sin x	cos x	tg x	Sin x	Cos x	Tg x
	3 ″	0,	0,9	0,	3	3	0,9999
6,50	72° 25′ 21,24	2151 200	765 876	2202 772	32,5700 648	32,5715 682	955
1	72 59 43,89	2248 749	743 876	2307 859	35,9124 646	35,9139 530	956
2	73 34 06,54	2346 074	720 902	2413 433	39,2884 558	39,2899 295	957
3	74 08 29,18	2443 164	696 956	2519 517	42,6983 762	42,6998 352	957
4	74 42 51,83	2540 010	672 040	2626 137	46,1425 668	46,1440 113	958
5	75 17 14,48	2636 602	646 156	2733 319	49,6213 719	49,6228 020	959
6	75 51 37,13	2732 930	619 308	2841 088	53,1351 394	53,1365 552	960
7	76 25 59,78	2828 985	591 499	2949 471	56,6842 207	56,6856 225	961
8	77 00 22,43	2924 757	562 730	3058 496	60,2689 707	60,2703 585	961
9	77 34 45,07	3020 236	533 004	3168 189	63,8897 479	63,8911 220	962
6,60	78 09 07,72	3115 414	502 326	3278 580	67,5469 144	67,5482 748	963
1	78 43 30,37	3210 280	470 697	3389 697	71,2408 359	71,2421 828	964
2	79 17 53,02	3304 824	438 121	3501 570	74,9718 818	74,9732 153	964
3	79 52 15,67	3399 039	404 602	3614 229	78,7404 252	78,7417 454	965
4	80 26 38,31	3492 913	370 142	3727 706	82,5468 430	82,5481 500	966
5	81 01 00,96	3586 439	334 745	3842 032	86,3915 158	86,3928 098	967
6	81 35 23,61	3679 605	298 414	3957 239	90,2748 280	90,2761 091	967
7	82 09 46,26	3772 404	261 154	4073 363	94,1971 680	94,1984 364	968
8	82 44 08,91	3864 825	222 967	4190 436	98,1589 281	98,1601 839	968
9	83 18 31,55	3956 860	183 859	4308 494	*02,1605 044	*02,1617 477	969
6,70	83 52 54,20	4048 499	143 831	4427 574	06,2022 971	06,2035 280	970
1	84 27 16,85	4139 734	102 890	4547 714	10,2847 104	10,2859 291	970
2	85 01 39,50	4230 554	061 038	4668 951	14,4081 525	14,4093 590	971
3	85 36 02,15	4320 951	018 280	4791 325	18,5730 357	18,5742 302	971
4	86 10 24,79	4410 917	*974 621	4914 878	22,7797 766	22,7809 592	972
5	86 44 47,44	4500 441	930 063	5039 651	27,0287 958	27,0299 667	973
6	87 19 10,09	4589 515	884 613	5165 689	31,3205 183	31,3216 775	973
7	87 53 32,74	4678 130	838 275	5293 035	35,6553 731	35,6565 208	974
8	88 27 55,39	4766 277	791 052	5421 737	40,0337 939	40,0349 302	974
9	89 02 18,03	4853 948	742 951	5551 842	44,4562 184	44,4573 434	975
6,80	89 36 40,68	4941 134	693 975	5683 400	48,9230 889	48,9242 027	975
1	90 11 03,33	5027 825	644 130	5816 461	53,4348 521	53,4359 548	976
2	90 45 25,98	5114 013	593 420	5951 080	57,9919 592	57,9930 509	976
3	91 19 48,63	5199 690	541 851	6087 311	62,5948 658	62,5959 467	977
4	91 54 11,27	5284 847	489 428	6225 210	67,2440 323	67,2451 024	977
5	92 28 33,92	5369 476	436 156	6364 837	71,9399 236	71,9409 831	978
6	93 02 56,57	5453 568	382 040	6506 253	76,6830 093	76,6840 582	978
7	93 37 19,22	5537 114	327 086	6649 522	81,4737 637	81,4748 021	978
8	94 11 41,87	5620 107	271 300	6794 708	86,3126 658	86,3136 940	979
9	94 46 04,52	5702 537	214 686	6941 881	91,2001 997	91,2012 176	979
6,90	95 20 27,16	5784 398	157 251	7091 112	96,1368 539	96,1378 617	980
1	95 54 49,81	5865 680	099 000	7242 474	**01,1231 223	**01,1241 200	980
2	96 29 12,46	5946 375	039 939	7396 045	06,1595 034	06,1604 912	980
3	97 03 35,11	6026 476	**980 075	7551 904	11,2465 008	11,2474 788	981
4	97 37 57,76	6105 974	919 412	7710 135	16,3846 233	16,3855 916	981
5	98 12 20,40	6184 861	857 957	7870 826	21,5743 848	21,5753 434	982
6	98 46 43,05	6263 130	795 717	8034 066	26,8163 041	26,8172 532	982
7	99 21 05,70	6340 773	732 697	8199 951	32,1109 054	32,1118 451	982
8	99 55 28,35	6417 782	668 903	8368 578	37,4587 183	37,4596 486	983
9	*00 29 51,00	6494 149	604 343	8540 052	42,8602 776	42,8611 986	983
7,00	01° 04′ 13″,64	6569 866	539 023	8714 480	48,3161 233	48,3170 352	983
	4	0,	0,7	0,	5	5	0,9999

x	ln x	e^x	e^{-x}	arc tg x	Ar Sin x	Ar Cos x	Ar Ctg x
	1,8		**0,001**	**1,41**	**2,5**	**2,5**	**0,15**
6,50	718 022	665,1416 330	5 034	81 470	708 147	589 790	50 775
1	733 395	671,8264 176	4 885	83 779	723 341	605 347	48 354
2	748 744	678,5783 853	4 737	86 080	738 513	620 881	45 941
3	764 069	685,3982 115	4 590	88 375	753 661	636 390	43 536
4	779 372	692,2865 780	4 445	90 663	768 788	651 874	41 138
5	794 650	699,2441 738	4 301	92 944	783 891	667 335	38 748
6	809 906	706,2716 946	4 159	95 219	798 972	682 771	36 365
7	825 138	713,3698 431	4 018	97 486	814 031	698 183	33 990
8	840 347	720,5393 292	3 878	99 747	829 067	713 571	31 622
9	855 533	727,7808 699	3 740	*02 001	844 081	728 935	29 262
6,60	870 696	735,0951 892	3 604	04 249	859 073	744 276	26 908
1	885 837	742,4830 187	3 468	06 490	874 042	759 592	24 562
2	900 954	749,9450 971	3 334	08 724	888 989	774 885	22 224
3	916 048	757,4821 706	3 202	10 952	903 915	790 155	19 892
4	931 120	765,0949 930	3 070	13 173	918 818	805 400	17 568
5	946 169	772,7843 255	2 940	15 387	933 699	820 623	15 251
6	961 195	780,5509 371	2 811	17 595	948 559	835 821	12 940
7	976 199	788,3956 045	2 684	19 797	963 396	850 997	10 637
8	991 180	796,3191 120	2 558	21 992	978 212	866 149	08 342
9	*006 139	804,3222 521	2 433	24 181	993 007	881 278	06 053
6,70	021 075	812,4058 252	2 309	26 363	*007 779	896 384	03 771
1	035 990	820,5706 395	2 187	28 539	022 530	911 467	01 496
2	050 882	828,8175 115	2 065	30 709	037 260	926 527	*99 228
3	065 751	837,1472 660	1 945	32 872	051 968	941 564	96 967
4	080 599	845,5607 359	1 826	35 029	066 655	956 579	94 712
5	095 425	854,0587 625	1 709	37 180	081 320	971 570	92 465
6	110 229	862,6421 958	1 592	39 324	095 965	986 539	90 224
7	125 011	871,3118 940	1 477	41 463	110 588	*001 485	87 990
8	139 771	880,0687 241	1 363	43 595	125 190	016 409	85 763
9	154 509	888,9135 618	1 250	45 721	139 771	031 310	83 543
6,80	169 226	897,8472 917	1 138	47 841	154 330	046 188	81 329
1	183 921	906,8708 069	1 027	49 954	168 869	061 045	79 122
2	198 595	915,9850 101	0 917	52 062	183 387	075 879	76 921
3	213 247	925,1908 125	0 809	54 164	197 885	090 691	74 728
4	227 877	934,4891 347	0 701	56 260	212 361	105 480	72 540
5	242 487	943,8809 067	0 595	58 349	226 817	120 248	70 359
6	257 074	953,3670 675	0 489	60 433	241 252	134 994	68 185
7	271 641	962,9485 658	0 385	62 511	255 666	149 717	66 017
8	286 187	972,6263 598	0 281	64 583	270 060	164 419	63 856
9	300 711	982,4014 172	0 179	66 649	284 434	179 099	61 701
6,90	315 214	992,2747 156	0 078	68 709	298 787	193 757	59 552
1	329 696	*002,2472 423	*9 978	70 763	313 120	208 394	57 410
2	344 158	012,3199 945	9 878	72 812	327 432	223 009	55 274
3	358 598	022,4939 796	9 780	74 854	341 724	237 602	53 144
4	373 018	032,7702 150	9 683	76 891	355 996	252 174	51 021
5	387 417	043,1497 282	9 586	78 922	370 248	266 725	48 904
6	401 795	053,6335 572	9 491	80 948	384 480	281 254	46 793
7	416 152	064,2227 505	9 397	82 967	398 692	295 762	44 688
8	430 489	074,9183 670	9 303	84 981	412 884	310 248	42 589
9	444 806	085,7214 762	9 210	86 990	427 056	324 714	40 497
7,00	459 101	096,6331 584	9 119	88 993	441 208	339 158	38 410
	1,9	**1**	**0,000**	**1,42**	**2,6**	**2,6**	**0,14**

x	φ	sin x	cos x	tg x	Sin x	Cof x	Tg x
	4	**0,**	**0,**	**0,**			**0,9999**
7,00	01° 04′ 13,″64	6569 866	7539 023	8714 480	548,3161 233	548,3170 352	983
1	01 38 36,29	6644 926	7472 948	8891 975	553,8268 010	553,8277 039	984
2	02 12 58,94	6719 322	7406 126	9072 655	559,3928 620	559,3937 558	984
3	02 47 21,59	6793 047	7338 564	9256 643	565,0148 626	565,0157 476	984
4	03 21 44,24	6866 091	7270 268	9444 070	570,6933 653	570,6942 414	985
5	03 56 06,88	6938 449	7201 244	9635 070	576,4289 377	576,4298 051	985
6	04 30 29,53	7010 114	7131 501	9829 787	582,2221 535	582,2230 123	985
7	05 04 52,18	7081 077	7061 044	*0028 371	588,0735 920	588,0744 422	986
8	05 39 14,83	7151 332	6989 882	0230 978	593,9838 384	593,9846 801	986
9	06 13 37,48	7220 872	6918 020	0437 773	599,9534 836	599,9543 170	986
7,10	06 48 00,12	7289 690	6845 467	0648 931	605,9831 247	605,9839 498	986
1	07 22 22,77	7357 779	6772 229	0864 635	612,0733 646	612,0741 815	987
2	07 56 45,42	7425 133	6698 314	1085 078	618,2248 123	618,2256 211	987
3	08 31 08,07	7491 743	6623 729	1310 463	624,4380 831	624,4388 838	987
4	09 05 30,72	7557 605	6548 481	1541 005	630,7137 982	630,7145 909	987
5	09 39 53,36	7622 711	6472 579	1776 930	637,0525 852	637,0533 700	988
6	10 14 16,01	7687 055	6396 029	2018 479	643,4550 779	643,4558 550	988
7	10 48 38,66	7750 629	6318 840	2265 905	649,9219 167	649,9226 861	988
8	11 23 01,31	7813 429	6241 019	2519 476	656,4537 483	656,4545 100	988
9	11 57 23,96	7875 448	6162 574	2779 477	663,0512 258	663,0519 798	989
7,20	12 31 46,60	7936 679	6083 513	3046 209	669,7150 089	669,7157 555	989
1	13 06 09,25	7997 116	6003 844	3319 994	676,4457 641	676,4465 033	989
2	13 40 31,90	8056 754	5923 573	3601 171	683,2441 645	683,2448 963	989
3	14 14 54,55	8115 585	5842 711	3890 102	690,1108 898	690,1116 143	990
4	14 49 17,20	8173 606	5761 264	4187 173	697,0466 268	697,0473 441	990
5	15 23 39,85	8230 809	5679 242	4492 795	704,0520 690	704,0527 792	990
6	15 58 02,49	8287 189	5596 651	4807 406	711,1279 170	711,1286 202	990
7	16 32 25,14	8342 740	5513 501	5131 475	718,2748 785	718,2755 746	990
8	17 06 47,79	8397 457	5429 799	5465 502	725,4936 680	725,4943 572	991
9	17 41 10,44	8451 334	5345 554	5810 024	732,7850 074	732,7856 898	991
7,30	18 15 33,09	8504 366	5260 775	6165 614	740,1496 260	740,1503 016	991
1	18 49 55,73	8556 548	5175 470	6532 891	747,5882 602	747,5889 290	991
2	19 24 18,38	8607 874	5089 647	6912 516	755,1016 538	755,1023 160	991
3	19 58 41,03	8658 339	5003 315	7305 204	762,6905 582	762,6912 138	991
4	20 33 03,68	8707 939	4916 483	7711 722	770,3557 323	770,3563 814	992
5	21 07 26,33	8756 667	4829 159	8132 901	778,0979 426	778,0985 852	992
6	21 41 48,97	8804 520	4741 353	8569 637	785,9179 634	785,9185 996	992
7	22 16 11,62	8851 493	4653 072	9022 901	793,8165 766	793,8172 065	992
8	22 50 34,27	8897 580	4564 326	9493 744	801,7945 721	801,7951 957	992
9	23 24 56,92	8942 778	4475 123	9983 310	809,8527 478	809,8533 652	992
7,40	23 59 19,57	8987 081	4385 473	**0492 842	817,9919 094	817,9925 206	993
1	24 33 42,21	9030 486	4295 385	1023 695	826,2128 708	826,2134 760	993
2	25 08 04,86	9072 987	4204 867	1577 349	834,5164 543	834,5170 534	993
3	25 42 27,51	9114 582	4113 928	2155 423	842,9034 901	842,9040 833	993
4	26 16 50,16	9155 264	4022 578	2759 694	851,3748 169	851,3754 042	993
5	26 51 12,81	9195 032	3930 826	3392 112	859,9312 820	859,9318 634	993
6	27 25 35,45	9233 880	3838 680	4054 828	868,5737 408	868,5743 165	993
7	27 59 58,10	9271 804	3746 151	4750 213	877,3030 578	877,3036 278	994
8	28 34 20,75	9308 801	3653 247	5480 895	886,1201 058	886,1206 701	994
9	29 08 43,40	9344 868	3559 978	6249 789	895,0257 666	895,0263 252	994
7,50	29° 43′ 06,″05	9380 000	3466 353	7060 139	904,0209 307	904,0214 838	994
	4	**0,**	**0,**	**2,**			**0,9999**

x	$\ln x$	e^x	e^{-x}	arc tg x	Ar Sin x	Ar Cos x	Ar Ctg x
	1,9	**1**	**0,000**	**1,42**	**2,6**	**2,6**	**0,14**
7,00	459 101	096,6331 584	9 119	88 993	441 208	339 158	38 410
1	473 377	107,6545 049	9 028	90 990	455 340	353 581	36 330
2	487 632	118,7866 177	8 938	92 982	469 452	367 983	34 256
3	501 867	130,0306 102	8 849	94 968	483 545	382 365	32 188
4	516 082	141,3876 066	8 761	96 948	497 618	396 725	30 125
5	530 276	152,8587 428	8 674	98 923	511 672	411 065	28 069
6	544 451	164,4451 658	8 588	*00 893	525 706	425 384	26 019
7	558 605	176,1480 342	8 502	02 857	539 721	439 682	23 974
8	572 739	187,9685 185	8 418	04 815	553 716	453 960	21 936
9	586 853	199,9078 006	8 334	06 769	567 692	468 217	19 903
7,10	600 948	211,9670 745	8 251	08 717	581 648	482 453	17 876
1	615 022	224,1475 461	8 169	10 659	595 585	496 669	15 855
2	629 077	236,4504 335	8 088	12 596	609 503	510 865	13 840
3	643 112	248,8769 669	8 007	14 528	623 402	525 041	11 831
4	657 128	261,4283 891	7 928	16 454	637 282	539 196	09 827
5	671 124	274,1059 552	7 849	18 376	651 143	553 331	07 829
6	685 100	286,9109 329	7 771	20 292	664 984	567 445	05 837
7	699 057	299,8446 028	7 693	22 202	678 807	581 540	03 850
8	712 994	312,9082 582	7 617	24 108	692 611	595 615	01 869
9	726 912	326,1032 056	7 541	26 008	706 396	609 669	*99 894
7,20	740 810	339,4307 644	7 466	27 903	720 162	623 704	97 924
1	754 690	352,8922 674	7 392	29 793	733 910	637 719	95 960
2	768 550	366,4890 607	7 318	31 678	747 638	651 714	94 002
3	782 390	380,2225 041	7 245	33 557	761 349	665 689	92 048
4	796 212	394,0939 709	7 173	35 432	775 040	679 645	90 101
5	810 015	408,1048 482	7 102	37 302	788 713	693 581	88 159
6	823 798	422,2565 372	7 031	39 166	802 368	707 498	86 222
7	837 563	436,5504 530	6 961	41 025	816 004	721 394	84 291
8	851 309	450,9880 251	6 892	42 880	829 621	735 272	82 365
9	865 035	465,5706 972	6 823	44 729	843 221	749 130	80 444
7,30	878 743	480,2999 276	6 755	46 574	856 802	762 969	78 529
1	892 433	495,1771 892	6 688	48 413	870 364	776 788	76 620
2	906 103	510,2039 698	6 622	50 248	883 909	790 588	74 715
3	919 755	525,3817 720	6 556	52 077	897 435	804 369	72 816
4	933 388	540,7121 137	6 491	53 902	910 944	818 131	70 922
5	947 003	556,1965 278	6 426	55 722	924 434	831 873	69 034
6	960 599	571,8365 630	6 362	57 537	937 906	845 597	67 150
7	974 177	587,6337 830	6 299	59 347	951 361	859 302	65 272
8	987 736	603,5897 678	6 236	61 153	964 797	872 987	63 399
9	*001 277	619,7061 129	6 174	62 953	978 215	886 654	61 531
7,40	014 800	635,9844 300	6 113	64 749	991 616	900 302	59 669
1	028 304	652,4263 469	6 052	66 540	*004 999	913 931	57 811
2	041 791	669,0335 077	5 991	68 326	018 364	927 542	55 959
3	055 259	685,8075 734	5 932	70 108	031 712	941 134	54 111
4	068 708	702,7502 212	5 873	71 885	045 042	954 707	52 269
5	082 140	719,8631 454	5 814	73 657	058 354	968 262	50 432
6	095 554	737,1480 573	5 757	75 424	071 649	981 798	48 599
7	108 950	754,6066 856	5 699	77 187	084 926	995 316	46 772
8	122 328	772,2407 759	5 643	78 945	098 186	*008 815	44 950
9	135 688	790,0520 918	5 586	80 699	111 428	022 296	43 132
7,50	149 030	808,0424 145	5 531	82 448	124 653	035 758	41 320
	2,0	**1**	**0,000**	**1,43**	**2,7**	**2,7**	**0,13**

x	φ	sin x	cos x	tg x	𝔖𝔦𝔫 x	𝔈𝔬𝔣 x	𝔗𝔤 x
	4	0,9	+0,				0,9999
7,50	29° 43′ 06,″05	380 000	3466 353	2,7060 139	904,0209 307	904,0214 838	994
1	30 17 28,69	414 194	3372 381	2,7915 566	913,1064 976	913,1070 452	994
2	30 51 51,34	447 446	3278 072	2,8820 127	922,2833 760	922,2839 181	994
3	31 26 13,99	479 754	3183 436	2,9778 375	931,5524 834	931,5530 201	994
4	32 00 36,64	511 114	3088 481	3,0795 447	940,9147 469	940,9152 783	994
5	32 34 59,29	541 523	2993 217	3,1877 155	950,3711 026	950,3716 287	994
6	33 09 21,94	570 977	2897 653	3,3030 099	959,9224 962	959,9230 171	995
7	33 43 44,58	599 475	2801 800	3,4261 811	969,5698 829	969,5703 986	995
8	34 18 07,23	627 012	2705 667	3,5580 921	979,3142 274	979,3147 380	995
9	34 52 29,88	653 587	2609 263	3,6997 369	989,1565 041	989,1570 096	995
7,60	35 26 52,53	679 197	2512 598	3,8522 657	999,0976 973	999,0981 978	995
1	36 01 15,18	703 838	2415 682	4,0170 174	*009,1388 011	*009,1392 966	995
2	36 35 37,82	727 510	2318 525	4,1955 597	019,2808 196	019,2813 102	995
3	37 10 00,47	750 208	2221 135	4,3897 403	029,5247 671	029,5252 527	995
4	37 44 23,12	771 932	2123 524	4,6017 524	039,8716 679	039,8721 487	995
5	38 18 45,77	792 678	2025 700	4,8342 189	050,3225 567	050,3230 327	995
6	38 53 08,42	812 445	1927 674	5,0903 039	060,8784 786	060,8789 499	996
7	39 27 31,06	831 231	1829 454	5,3738 591	071,5404 893	071,5409 559	996
8	40 01 53,71	849 033	1731 052	5,6896 219	082,3096 549	082,3101 169	996
9	40 36 16,36	865 851	1632 477	6,0434 851	093,1870 524	093,1875 098	996
7,70	41 10 39,01	881 682	1533 739	6,4428 725	104,1737 695	104,1742 224	996
1	41 45 01,66	896 525	1434 847	6,8972 699	115,2709 049	115,2713 533	996
2	42 19 24,30	910 379	1335 811	7,4189 955	126,4795 684	126,4800 122	996
3	42 53 46,95	923 241	1236 642	8,0243 411	137,8008 807	137,8013 201	996
4	43 28 09,60	935 111	1137 350	8,7353 164	149,2359 740	149,2364 091	996
5	44 02 32,25	945 988	1037 944	9,5823 974	160,7859 919	160,7864 227	996
6	44 36 54,90	955 870	0938 433	10,6090 312	172,4520 894	172,4525 159	996
7	45 11 17,54	964 756	0838 829	11,8793 583	184,2354 331	184,2358 553	996
8	45 45 40,19	972 646	0739 142	13,4921 987	196,1372 013	196,1376 193	997
9	46 20 02,84	979 539	0639 380	15,6081 521	208,1585 842	208,1589 980	997
7,80	46 54 25,49	985 433	0539 554	18,5068 216	220,3007 839	220,3011 937	997
1	47 28 48,14	990 330	0439 675	22,7221 008	232,5650 148	232,5654 205	997
2	48 03 10,78	994 227	0339 751	29,4163 328	244,9525 032	244,9529 048	997
3	48 37 33,43	997 125	0239 793	41,6905 824	257,4644 879	257,4648 855	997
4	49 11 56,08	999 023	0139 812	71,5177 381	270,1022 201	270,1026 137	997
5	49 46 18,73	999 921	0039 816	251,1518 442	282,8669 635	282,8673 533	997
6	50 20 41,38	999 819	*0060 183	−166,1560 500	295,7599 948	295,7603 806	997
7	50 55 04,03	998 717	0160 177	− 62,4230 004	308,7826 031	308,7829 851	997
8	51 29 26,67	996 615	0260 154	− 38,4257 158	321,9360 907	321,9364 690	997
9	52 03 49,32	993 514	0360 106	− 27,7516 065	335,2217 731	335,2221 476	997
7,90	52 38 11,97	989 413	0460 021	−21,7151 127	348,6409 788	348,6413 495	997
1	53 12 34,62	984 314	0559 891	−17,8326 116	362,1950 496	362,1954 167	997
2	53 46 57,27	978 216	0659 704	−15,1252 875	375,8853 412	375,8857 046	997
3	54 21 19,91	971 120	0759 452	−13,1293 666	389,7132 224	389,7135 822	997
4	54 55 42,56	963 027	0859 123	−11,5967 373	403,6800 760	403,6804 323	997
5	55 30 05,21	953 938	0958 709	−10,3826 484	417,7872 989	417,7876 516	998
6	56 04 27,86	943 853	1058 199	− 9,3969 620	432,0363 017	432,0366 508	998
7	56 38 50,51	932 774	1157 583	− 8,5806 174	446,4285 093	446,4288 549	998
8	57 13 13,15	920 702	1256 851	− 7,8933 006	460,9653 609	460,9657 032	998
9	57 47 35,80	907 638	1355 993	− 7,3065 529	475,6483 103	475,6486 492	998
8,00	58° 21′ 58,″45	893 582	1455 000	− 6,7997 115	490,4788 258	490,4791 613	998
	4	0,9	—0,		1	1	0,9999

x	ln x	e^x	e^{-x}	arc tg x	Ar Sin x	Ar Cos x	Ar Ctg x
	2,0	**1**	**0,0005**	**1,43**	**2,7**	**2,7**	**0,13**
7,50	149 030	808,0424 145	531	82 448	124 653	035 758	41 320
1	162 355	826,2135 428	476	84 192	137 861	049 203	39 512
2	175 661	844,5672 941	421	85 932	151 051	062 629	37 710
3	188 950	863,1055 036	367	87 668	164 224	076 037	35 912
4	202 222	881,8300 252	314	89 398	177 381	089 427	34 119
5	215 476	900,7427 313	261	91 125	190 519	102 798	32 331
6	228 712	919,8455 134	209	92 847	203 641	116 152	30 548
7	241 931	939,1402 816	157	94 564	216 746	129 488	28 770
8	255 132	958,6289 654	106	96 277	229 834	142 806	26 996
9	268 316	978,3135 137	055	97 985	242 905	156 106	25 227
7,60	281 482	998,1958 951	005	99 689	255 958	169 388	23 463
1	294 632	*018,2780 977	*955	*01 389	268 996	182 652	21 703
2	307 764	038,5621 298	905	03 084	282 016	195 899	19 949
3	320 878	059,0500 198	857	04 775	295 019	209 128	18 199
4	333 976	079,7438 166	808	06 462	308 006	222 340	16 453
5	347 056	100,6455 894	760	08 144	320 976	235 533	14 712
6	360 120	121,7574 286	713	09 822	333 929	248 710	12 976
7	373 166	143,0814 452	666	11 495	346 866	261 868	11 245
8	386 195	164,6197 718	620	13 165	359 786	275 010	09 518
9	399 208	186,3745 622	574	14 830	372 689	288 134	07 795
7,70	412 203	208,3479 919	528	16 490	385 577	301 240	06 077
1	425 182	230,5422 582	483	18 147	398 447	314 330	04 364
2	438 144	252,9595 806	439	19 799	411 301	327 402	02 655
3	451 089	275,6022 008	394	21 447	424 139	340 456	00 951
4	464 017	298,4723 831	351	23 091	436 961	353 494	*99 251
5	476 928	321,5724 146	307	24 731	449 766	366 515	97 556
6	489 823	344,9046 053	265	26 367	462 555	379 518	95 865
7	502 702	368,4712 884	222	27 998	475 328	392 505	94 179
8	515 563	392,2748 205	180	29 625	488 085	405 474	92 497
9	528 409	416,3175 822	139	31 249	500 825	418 427	90 819
7,80	541 237	440,6019 776	097	32 868	513 550	431 362	89 146
1	554 050	465,1304 353	057	34 483	526 258	444 281	87 477
2	566 846	489,9054 080	016	36 094	538 950	457 183	85 812
3	579 625	514,9293 734	**976	37 701	551 627	470 068	84 152
4	592 388	540,2048 338	937	39 304	564 287	482 937	82 496
5	605 135	565,7343 168	898	40 902	576 932	495 788	80 844
6	617 866	591,5203 754	859	42 497	589 561	508 624	79 197
7	630 581	617,5655 882	820	44 088	602 174	521 442	77 553
8	643 279	643,8725 597	782	45 675	614 771	534 244	75 915
9	655 961	670,4439 207	745	47 258	627 353	547 030	74 280
7,90	668 628	697,2823 283	707	48 837	639 919	559 799	72 649
1	681 278	724,3904 663	671	50 412	652 469	572 552	71 023
2	693 912	751,7710 457	634	51 983	665 003	585 288	69 401
3	706 530	779,4268 045	598	53 551	677 522	598 008	67 783
4	719 133	807,3605 083	562	55 114	690 026	610 711	66 169
5	731 719	835,5749 505	527	56 673	702 514	623 399	64 559
6	744 290	864,0729 525	492	58 229	714 986	636 070	62 954
7	756 845	892,8573 642	457	59 781	727 444	648 725	61 352
8	769 384	921,9310 641	422	61 329	739 885	661 364	59 755
9	781 908	951,2969 595	388	62 873	752 312	673 987	58 161
8,00	794 415	980,9579 870	355	64 413	764 723	686 594	56 572
	2,0	**2**	**0,0003**	**1,44**	**2,7**	**2,7**	**0,12**

x	φ	sin x	cos x	tg x	Sin x	Cof x	Tg x
	4	**0,9**	**—0,**		**1**	**1**	**0,9999**
8,00	58° 21′ 58,″45	893 582	1455 000	−6,7997 115	490,4788 258	490,4791 613	998
1	58 56 21,10	878 538	1553 862	−6,3574 111	505,4583 904	505,4587 225	998
2	59 30 43,75	862 506	1652 568	−5,9679 886	520,5885 021	520,5888 309	998
3	60 05 06,39	845 487	1751 109	−5,6224 310	535,8706 739	535,8709 994	998
4	60 39 29,04	827 484	1849 474	−5,3136 636	551,3064 340	551,3067 563	998
5	61 13 51,69	808 498	1947 655	−5,0360 553	566,8973 261	566,8976 452	998
6	61 48 14,34	788 532	2045 641	−4,7850 683	582,6449 092	582,6452 251	998
7	62 22 36,99	767 586	2143 422	−4,5570 049	598,5507 581	598,5510 709	998
8	62 56 59,63	745 664	2240 989	−4,3488 219	614,6164 635	614,6167 732	998
9	63 31 22,28	722 767	2338 332	−4,1579 919	630,8436 318	630,8439 384	998
8,10	64 05 44,93	698 898	2435 442	−3,9823 982	647,2338 859	647,2341 894	998
1	64 40 07,58	674 059	2532 307	−3,8202 551	663,7888 647	663,7891 652	998
2	65 14 30,23	648 253	2628 919	−3,6700 450	680,5102 238	680,5105 213	998
3	65 48 52,87	621 482	2725 269	−3,5304 705	697,3996 353	697,3999 299	998
4	66 23 15,52	593 748	2821 346	−3,4004 155	714,4587 882	714,4590 798	998
5	66 57 38,17	565 056	2917 141	−3,2789 147	731,6893 884	731,9896 771	998
6	67 32 00,82	535 406	3012 644	−3,1651 290	749,0931 590	749,0934 448	998
7	68 06 23,47	504 804	3107 846	−3,0583 255	766,6718 403	766,6721 233	998
8	68 40 46,12	473 251	3202 737	−2,9578 611	784,4271 903	784,4274 705	998
9	69 15 08,76	440 750	3297 308	−2,8631 694	802,3609 845	802,3612 619	998
8,20	69 49 31,41	407 306	3391 549	−2,7737 493	820,4750 163	820,4752 910	998
1	70 23 54,06	372 920	3485 451	−2,6891 560	838,7710 972	838,7713 691	999
2	70 58 16,71	337 598	3579 004	−2,6089 935	857,2510 566	857,2513 259	999
3	71 32 39,36	301 341	3672 199	−2,5329 075	875,9167 428	875,9170 093	999
4	72 07 02,00	264 155	3765 028	−2,4605 809	894,7700 221	894,7702 860	999
5	72 41 24,65	226 042	3857 479	−2,3917 282	913,8127 801	913,8130 413	999
6	73 15 47,30	187 007	3949 545	−2,3260 922	933,0469 209	933,0471 796	999
7	73 50 09,95	147 053	4041 216	−2,2634 404	952,4743 680	952,4746 241	999
8	74 24 32,60	106 184	4132 483	−2,2035 621	972,0970 642	972,0973 178	999
9	74 58 55,24	064 404	4223 337	−2,1462 659	991,9169 718	991,9172 228	999
8,30	75 33 17,89	021 718	4313 768	−2,0913 775	*011,9360 727	*011,9363 212	999
1	76 07 40,54	*978 130	4403 768	−2,0387 381	032,1563 688	032,1566 149	999
2	76 42 03,19	933 644	4493 328	−1,9882 021	052,5798 823	052,5801 259	999
3	77 16 25,84	888 265	4582 438	−1,9396 366	073,2086 555	073,2088 967	999
4	77 50 48,48	841 997	4671 090	−1,8929 193	094,0447 513	094,0449 901	999
5	78 25 11,13	794 845	4759 275	−1,8479 378	115,0902 534	115,0904 898	999
6	78 59 33,78	746 813	4846 984	−1,8045 887	136,3472 662	136,3475 002	999
7	79 33 56,43	697 907	4934 209	−1,7627 765	157,8179 155	157,8181 472	999
8	80 08 19,08	648 131	5020 940	−1,7224 128	179,5043 484	179,5045 778	999
9	80 42 41,72	597 490	5107 168	−1,6834 161	201,4087 336	201,4089 607	999
8,40	81 17 04,37	545 989	5192 887	−1,6457 107	223,5332 614	223,5334 863	999
1	81 51 27,02	493 634	5278 085	−1,6092 263	245,8801 445	245,8803 671	999
2	82 25 49,67	440 429	5362 756	−1,5738 975	268,4516 174	268,4518 378	999
3	83 00 12,32	386 380	5446 891	−1,5396 637	291,2499 374	291,2501 556	999
4	83 34 34,96	331 493	5530 481	−1,5064 680	314,2773 843	314,2776 003	999
5	84 08 57,61	275 773	5613 518	−1,4742 577	337,5362 608	337,5364 747	999
6	84 43 20,26	219 225	5695 994	−1,4429 834	361,0288 929	361,0291 047	999
7	85 17 42,91	161 855	5777 900	−1,4125 988	384,7576 299	384,7578 396	999
8	85 52 05,56	103 669	5859 228	−1,3830 607	408,7248 446	408,7250 522	999
9	86 26 28,21	044 672	5939 971	−1,3543 286	432,9329 339	432,9331 394	999
8,50	87° 00′ 50,″85	**984 871	6020 119	−1,3263 643	457,3843 184	457,3845 219	999
	4	**0,7**	**—0,**		**2**	**2**	**0,9999**

x	$\ln x$	e^x	e^{-x}	arc tg x	Ar Sin x	Ar Cos x	Ar Ctg x
	2,0	**2**	**0,0003**	**1,44**	**2,7**	**2,7**	**0,12**
8,00	794 415	980,9579 870	355	64 413	764 723	686 594	56 572
1	806 908	*010,9171 129	321	65 950	777 119	699 185	54 987
2	819 384	041,1773 329	288	67 483	789 499	711 760	53 406
3	831 845	071,7416 733	255	69 012	801 865	724 318	51 828
4	844 291	102,6131 903	223	70 537	814 215	736 862	50 255
5	856 721	133,7949 713	191	72 059	826 550	749 389	48 686
6	869 136	165,2901 344	159	73 576	838 870	761 900	47 120
7	881 535	197,1018 291	128	75 091	851 175	774 396	45 559
8	893 919	229,2332 366	097	76 601	863 465	786 876	44 001
9	906 287	261,6875 702	066	78 108	875 740	799 340	42 448
8,10	918 641	294,4680 753	035	79 611	888 000	811 789	40 898
1	930 979	327,5780 299	005	81 110	900 246	824 222	39 352
2	943 302	361,0207 451	*975	82 606	912 476	836 639	37 810
3	955 609	394,7995 651	946	84 098	924 691	849 041	36 272
4	967 902	428,9178 680	916	85 587	936 892	861 428	34 738
5	980 179	463,3790 655	887	87 072	949 078	873 799	33 208
6	992 442	498,1866 038	859	88 553	961 249	886 155	31 681
7	*004 689	533,3439 636	830	90 031	973 406	898 495	30 158
8	016 922	568,8546 608	802	91 505	985 548	910 820	28 639
9	029 139	604,7222 465	774	92 976	997 675	923 130	27 124
8,20	041 342	640,9503 073	747	94 443	*009 788	935 424	25 612
1	053 529	677,5424 663	719	95 907	021 886	947 703	24 104
2	065 702	714,5023 825	692	97 367	033 970	959 967	22 600
3	077 860	751,8337 521	665	98 824	046 039	972 216	21 100
4	090 003	789,5403 082	639	*00 277	058 094	984 450	19 603
5	102 132	827,6258 214	613	01 727	070 134	996 669	18 110
6	114 246	866,0941 005	587	03 173	082 160	*008 873	16 621
7	126 345	904,9489 922	561	04 616	094 172	021 061	15 135
8	138 430	944,1943 820	535	06 055	106 169	033 235	13 653
9	150 500	983,8341 945	510	07 491	118 152	045 394	12 175
8,30	162 555	**023,8723 938	485	08 923	130 121	057 538	10 700
1	174 596	064,3129 837	460	10 353	142 075	069 667	09 229
2	186 623	105,1600 083	436	11 778	154 016	081 782	07 762
3	198 635	146,4175 523	412	13 201	165 942	093 881	06 297
4	210 632	188,0897 415	388	14 620	177 854	105 966	04 837
5	222 615	230,1807 431	364	16 035	189 752	118 036	03 380
6	234 584	272,6947 664	340	17 448	201 636	130 092	01 927
7	246 539	315,6360 627	317	18 857	213 506	142 133	00 477
8	258 479	359,0089 262	294	20 262	225 362	154 159	*99 031
9	270 405	402,8176 942	271	21 665	237 205	166 171	97 588
8,40	282 317	447,0667 477	249	23 064	249 033	178 168	96 148
1	294 215	491,7605 115	226	24 459	260 847	190 151	94 713
2	306 098	536,9034 552	204	25 852	272 648	202 119	93 280
3	317 968	582,5000 930	182	27 241	284 434	214 073	91 851
4	329 823	628,5549 846	161	28 627	296 207	226 013	90 426
5	341 664	675,0727 355	139	30 010	307 967	237 938	89 004
6	353 492	722,0579 976	118	31 390	319 712	249 849	87 585
7	365 305	769,5154 695	097	32 766	331 444	261 746	86 170
8	377 104	817,4498 969	076	34 139	343 162	273 628	84 758
9	388 890	865,8660 733	055	35 509	354 866	285 496	83 349
8,50	400 662	914,7688 403	035	36 876	366 557	297 350	81 944
	2,1	**4**	**0,0002**	**1,45**	**2,8**	**2,8**	**0,11**

x	φ	$\sin x$	$\cos x$	$\operatorname{tg} x$	$\mathfrak{Sin}\,x$	$\mathfrak{Cof}\,x$	$\mathfrak{Tg}\,x$
	4	**0,**	**—0,**	**—1,**	**2**	**2**	**0,9999**
8,50	87° 00′ 50,″85	7984 871	6020 119	3263 643	457,3843 184	457,3845 219	999
1	87 35 13,50	7924 272	6099 665	2991 322	482,0814 434	482,0816 449	999
2	88 09 36,15	7862 880	6178 602	2725 986	507,0267 787	507,0269 781	999
3	88 43 58,80	7800 702	6256 920	2467 318	532,2228 187	532,2230 161	999
4	89 18 21,45	7737 744	6334 613	2215 021	557,6720 831	557,6722 786	999
5	89 52 44,09	7674 012	6411 673	1968 814	583,3771 168	583,3773 104	999
6	90 27 06,74	7609 512	6488 091	1728 430	609,3404 904	609,3406 820	999
7	91 01 29,39	7544 252	6563 860	1493 620	635,5648 002	635,5649 900	999
8	91 35 52,04	7478 237	6638 973	1264 147	662,0526 687	662,0528 566	999
9	92 10 14,69	7411 475	6713 423	1039 786	688,8067 447	688,8069 307	999
8,60	92 44 37,33	7343 971	6787 200	0820 324	715,8297 036	715,8298 877	999
1	93 18 59,98	7275 733	6860 300	0605 561	743,1242 478	743,1244 300	999
2	93 53 22,63	7206 767	6932 713	0395 306	770,6931 066	770,6932 871	999
3	94 27 45,28	7137 081	7004 433	0189 378	798,5390 371	798,5392 157	999
4	95 02 07,93	7066 681	7075 452	*9987 604	826,6648 238	826,6650 007	999
5	95 36 30,57	6995 574	7145 764	9789 820	855,0732 793	855,0734 544	999
6	96 10 53,22	6923 768	7215 361	9595 872	883,7672 446	883,7674 179	999
7	96 45 15,87	6851 269	7284 237	9405 610	912,7495 889	912,7497 606	999
8	97 19 38,52	6778 086	7352 384	9218 895	942,0232 107	942,0233 806	999
9	97 54 01,17	6704 224	7419 796	9035 591	971,5910 372	971,5912 055	999
8,70	98 28 23,81	6629 692	7486 466	8855 569	*001,4560 253	*001,4561 919	999
1	99 02 46,46	6554 497	7552 388	8678 709	031,6211 616	031,6213 265	999
2	99 37 09,11	6478 647	7617 554	8504 891	062,0894 624	062,0896 257	999
3	*00 11 31,76	6402 149	7681 959	8334 006	092,8639 748	092,8641 364	999
4	00 45 54,41	6325 010	7745 595	8165 945	123,9477 761	123,9479 362	999
5	01 20 17,05	6247 240	7808 457	8000 607	155,3439 748	155,3441 333	999
6	01 54 39,70	6168 844	7870 538	7837 894	187,0557 106	187,0558 674	*000
7	02 29 02,35	6089 831	7931 832	7677 711	219,0861 545	219,0863 098	000
8	03 03 25,00	6010 210	7992 332	7519 970	251,4385 098	251,4386 636	000
9	03 37 47,65	5929 987	8052 034	7364 583	284,1160 116	284,1161 639	000
8,80	04 12 10,29	5849 172	8110 930	7211 469	317,1219 278	317,1220 785	000
1	04 46 32,94	5767 772	8169 015	7060 547	350,4595 589	350,4597 081	000
2	05 20 55,59	5685 794	8226 284	6911 741	384,1322 388	384,1323 865	000
3	05 55 18,24	5603 249	8282 729	6764 979	418,1433 347	418,1434 810	000
4	06 29 40,89	5520 143	8338 347	6620 188	452,4962 478	452,4963 926	000
5	07 04 03,54	5436 484	8393 130	6477 303	487,1944 134	487,1945 567	000
6	07 38 26,18	5352 283	8447 075	6336 256	522,2413 013	522,2414 433	000
7	08 12 48,83	5267 546	8500 174	6196 986	557,6404 163	557,6405 569	000
8	08 47 11,48	5182 282	8552 424	6059 431	593,3952 983	593,3954 375	000
9	09 21 34,13	5096 500	8603 818	5923 533	629,5095 229	629,5096 606	000
8,90	09 55 56,78	5010 209	8654 352	5789 236	665,9867 014	665,9868 378	000
1	10 30 19,42	4923 416	8704 021	5656 485	702,8304 816	702,8306 167	000
2	11 04 42,07	4836 131	8752 819	5525 227	740,0445 480	740,0446 817	000
3	11 39 04,72	4748 363	8800 742	5395 412	777,6326 219	777,6327 543	000
4	12 13 27,37	4660 119	8847 784	5266 990	815,5984 623	815,5985 933	000
5	12 47 50,02	4571 410	8893 942	5139 914	853,9458 657	853,9459 954	000
6	13 22 12,66	4482 243	8939 211	5014 137	892,6786 669	892,6787 953	000
7	13 56 35,31	4392 629	8983 586	4889 616	931,8007 392	931,8008 663	000
8	14 30 57,96	4302 575	9027 062	4766 307	971,3159 948	971,3161 207	000
9	15 05 20,61	4212 090	9069 636	4644 167	**011,2283 854	**011,2285 100	000
9,00	15° 39′ 43,″26	4121 185	9111 303	4523 157	051,5419 021	051,5420 255	000
	5	**0,**	**—0,**	**—0,**	**4**	**4**	**1,0000**

x	ln x	e^x	e^{-x}	arc tg x	Ar Sin x	Ar Cos x	Ar Ctg x
	2,1		**0,0002**	**1,45**	**2,8**	**2,8**	**0,11**
8,50	400 662	4914,7688 403	035	36 876	366 557	297 350	81 944
1	412 419	4964,1630 883	014	38 239	378 235	309 190	80 542
2	424 163	5014,0537 568	*994	39 600	389 898	321 016	79 144
3	435 894	5064,4458 348	975	40 957	401 549	332 828	77 748
4	447 610	5115,3443 616	955	42 311	413 186	344 626	76 357
5	459 313	5166,7544 272	935	43 662	424 809	356 409	74 968
6	471 002	5218,6811 725	916	45 010	436 419	368 179	73 583
7	482 677	5271,1297 902	897	46 355	448 016	379 935	72 201
8	494 339	5324,1055 253	878	47 697	459 599	391 677	70 822
9	505 987	5377,6136 754	860	49 036	471 169	403 405	69 446
8,60	517 622	5431,6595 914	841	50 371	482 726	415 119	68 074
1	529 243	5486,2486 778	823	51 704	494 269	426 820	66 705
2	540 851	5541,3863 937	805	53 033	505 799	438 506	65 339
3	552 445	5597,0782 528	787	54 359	517 317	450 179	63 977
4	564 026	5653,3298 244	769	55 683	528 820	461 838	62 618
5	575 593	5710,1467 338	751	57 003	540 311	473 484	61 261
6	587 147	5767,5346 625	734	58 321	551 789	485 116	59 908
7	598 688	5825,4993 495	717	59 635	563 253	496 734	58 558
8	610 215	5884,0465 913	700	60 946	574 705	508 339	57 212
9	621 729	5943,1822 427	683	62 255	586 144	519 930	55 868
8,70	633 230	6002,9122 173	666	63 560	597 569	531 508	54 528
1	644 718	6063,2424 880	649	64 863	608 982	543 072	53 190
2	656 192	6124,1790 881	633	66 162	620 381	554 623	51 856
3	667 654	6185,7281 112	617	67 459	631 768	566 160	50 525
4	679 102	6247,8957 123	601	68 752	643 142	577 684	49 197
5	690 537	6310,6881 081	585	70 043	654 503	589 195	47 872
6	701 959	6374,1115 780	569	71 331	665 851	600 692	46 550
7	713 368	6438,1724 644	553	72 616	677 187	612 176	45 232
8	724 764	6502,8771 733	538	73 898	688 510	623 647	43 916
9	736 147	6568,2321 755	522	75 177	699 820	635 104	42 603
8,80	747 517	6634,2440 063	507	76 453	711 117	646 549	41 293
1	758 874	6700,9192 670	492	77 727	722 402	657 980	39 987
2	770 219	6768,2646 253	477	78 997	733 674	669 398	38 683
3	781 550	6836,2868 156	463	80 265	744 933	680 803	37 382
4	792 869	6904,9926 404	448	81 530	756 180	692 194	36 084
5	804 175	6974,3889 701	434	82 792	767 414	703 573	34 790
6	815 468	7044,4827 446	420	84 051	778 636	714 939	33 498
7	826 748	7115,2809 732	405	85 308	789 845	726 292	32 209
8	838 016	7186,7907 358	391	86 562	801 042	737 632	30 923
9	849 270	7259,0191 835	378	87 812	812 226	748 958	29 640
8,90	860 513	7331,9735 392	364	89 061	823 398	760 272	28 360
1	871 742	7405,6610 983	350	90 306	834 557	771 574	27 083
2	882 959	7480,0892 297	337	91 549	845 705	782 862	25 809
3	894 164	7555,2653 763	324	92 788	856 839	794 137	24 537
4	905 356	7631,1970 556	310	94 025	867 962	805 400	23 269
5	916 535	7707,8918 611	297	95 260	879 072	816 650	22 003
6	927 702	7785,3574 622	284	96 491	890 170	827 887	20 740
7	938 857	7863,6016 055	272	97 720	901 256	839 112	19 480
8	949 999	7942,6321 155	259	98 947	912 329	850 324	18 223
9	961 128	8022,4568 954	247	*00 170	923 391	861 523	16 969
9,00	972 246	8103,0839 276	234	01 391	934 440	872 710	15 718
	2,1		**0,0001**	**1,46**	**2,8**	**2,8**	**0,11**

x	φ	sin x	cos x	tg x	Sin x	Cos x	Tg x
	5	**+0,**	**—0,9**	**—0,**	**4**	**4**	**1,0000**
9,00	15° 39′ 43,″26	4121 185	111 303	4523 157	051,5419 021	051,5420 255	000
1	16 14 05,90	4029 867	152 058	4403 236	092,2605 764	092,2606 986	000
2	16 48 28,55	3938 147	191 899	4284 367	133,3884 801	133,3886 011	000
3	17 22 51,20	3846 032	230 820	4166 512	174,9297 262	174,9298 460	000
4	17 57 13,85	3753 533	268 818	4049 635	216,8884 687	216,8885 873	000
5	18 31 36,50	3660 659	305 889	3933 702	259,2689 036	259,2690 210	000
6	19 05 59,14	3567 419	342 030	3818 676	302,0752 689	302,0753 851	000
7	19 40 21,79	3473 822	377 236	3704 526	345,3118 453	345,3119 604	000
8	20 14 44,44	3379 877	411 505	3591 218	388,9829 566	388,9830 705	000
9	20 49 07,09	3285 595	444 833	3478 722	433,0929 697	433,0930 825	000
9,10	21 23 29,74	3190 984	477 216	3367 005	477,6462 959	477,6464 076	000
1	21 57 52,38	3096 053	508 651	3256 038	522,6473 904	522,6475 010	000
2	22 32 15,03	3000 814	539 136	3145 792	568,1007 535	568,1008 629	000
3	23 06 37,68	2905 274	568 667	3036 237	614,0109 304	614,0110 388	000
4	23 41 00,33	2809 444	597 241	2927 345	660,3825 123	660,3826 196	000
5	24 15 22,98	2713 332	624 855	2819 089	707,2201 363	707,2202 425	000
6	24 49 45,63	2616 950	651 506	2711 442	754,5284 862	754,5285 914	000
7	25 24 08,27	2520 305	677 193	2604 377	802,3122 929	802,3123 971	000
8	25 58 30,92	2423 409	701 912	2497 868	850,5763 349	850,5764 380	000
9	26 32 53,57	2326 270	725 660	2391 889	899,3254 386	899,3255 406	000
9,20	27 07 16,22	2228 899	748 436	2286 417	948,5644 789	948,5645 799	000
1	27 41 38,87	2131 305	770 237	2181 426	998,2983 797	998,2984 797	000
2	28 16 01,51	2033 498	791 062	2076 892	*048,5321 146	*048,5322 136	000
3	28 50 24,16	1935 487	810 907	1972 791	099,2707 068	099,2708 049	000
4	29 24 46,81	1837 283	829 771	1869 100	150,5192 304	150,5193 275	000
5	29 59 09,46	1738 895	847 652	1765 796	202,2828 102	202,2829 063	000
6	30 33 32,11	1640 333	864 548	1662 857	254,5666 226	254,5667 178	000
7	31 07 54,75	1541 607	880 458	1560 259	307,3758 961	307,3759 903	000
8	31 42 17,40	1442 727	895 380	1457 981	360,7159 116	360,7160 049	000
9	32 16 40,05	1343 703	909 312	1356 000	414,5920 031	414,5920 955	000
9,30	32 51 02,70	1244 544	922 253	1254 296	469,0095 584	469,0096 498	000
1	33 25 25,35	1145 261	934 202	1152 847	523,9740 191	523,9741 096	000
2	33 59 47,99	1045 863	945 158	1051 631	579,4908 819	579,4909 715	000
3	34 34 10,64	0946 361	955 119	0950 628	635,5656 984	635,5657 871	000
4	35 08 33,29	0846 764	964 085	0849 817	692,2040 762	692,2041 640	000
5	35 42 55,94	0747 083	972 054	0749 177	749,4116 791	749,4117 661	000
6	36 17 18,59	0647 327	979 026	0648 687	807,1942 280	807,1943 141	000
7	36 51 41,23	0547 506	985 001	0548 328	865,5575 011	865,5575 864	000
8	37 26 03,88	0447 630	989 976	0448 079	924,5073 349	924,5074 193	000
9	38 00 26,53	0347 710	993 953	0347 920	984,0496 243	984,0497 079	000
9,40	38 34 49,18	0247 754	996 930	0247 830	**044,1903 237	**044,1904 065	000
1	39 09 11,83	0147 774	998 908	0147 790	104,9354 472	104,9355 291	000
2	39 43 34,47	0047 779	999 886	0047 780	166,2910 693	166,2911 504	000
3	40 17 57,12	*0052 220	999 864	*0052 221	228,2633 257	228,2634 059	000
4	40 52 19,77	0152 215	998 841	0152 232	290,8584 135	290,8584 930	000
5	41 26 42,42	0252 194	996 819	0252 274	354,0825 925	354,0826 712	000
6	42 01 05,07	0352 148	993 798	0352 366	417,9421 850	417,9422 629	000
7	42 35 27,72	0452 066	989 777	0452 529	482,4435 771	482,4436 542	000
8	43 09 50,36	0551 940	984 757	0552 782	547,5932 189	547,5932 953	000
9	43 44 13,01	0651 758	978 738	0653 147	613,3976 255	613,3977 011	000
9,50	44° 18′ 35,″66	0751 511	971 722	0753 642	679,8633 774	679,8634 523	000
	5	**—0,**	**—0,9**	**+0,**	**6**	**6**	**1,0000**

x	ln x	e^x	e^{-x}	arc tg x	Ar Sin x	Ar Cos x	Ar Ctg x
	2,1		**0,0001**	**1,46**	**2,8**	**2,8**	**0,11**
9,00	972 246	8103,0839 276	234	01 391	934 440	872 710	15 718
1	983 351	8184,5212 749	222	02 609	945 477	883 884	14 469
2	994 443	8266,7770 813	210	03 825	956 502	895 045	13 223
3	*005 524	8349,8595 722	198	05 038	967 515	906 194	11 980
4	016 592	8433,7770 560	186	06 248	978 516	917 331	10 740
5	027 648	8518,5379 246	174	07 455	989 505	928 455	09 503
6	038 691	8604,1506 540	162	08 660	*000 482	939 566	08 268
7	049 723	8690,6238 057	151	09 863	011 446	950 665	07 036
8	060 742	8777,9660 270	139	11 062	022 399	961 752	05 807
9	071 749	8866,1860 523	128	12 259	033 341	972 827	04 581
9,10	082 744	8955,2927 035	117	13 454	044 270	983 889	03 357
1	093 727	9045,2948 914	106	14 646	055 187	994 939	02 136
2	104 698	9136,2016 164	095	15 835	066 093	*005 976	00 918
3	115 657	9228,0219 692	084	17 022	076 986	017 001	*99 702
4	126 604	9320,7651 318	073	18 206	087 868	028 014	98 489
5	137 539	9414,4403 788	062	19 387	098 738	039 015	97 279
6	148 462	9509,0570 776	052	20 566	109 597	050 004	96 071
7	159 373	9604,6246 900	041	21 743	120 443	060 981	94 867
8	170 272	9701,1527 729	031	22 917	131 278	071 945	93 664
9	181 159	9798,6509 792	021	24 088	142 102	082 898	92 465
9,20	192 035	9897,1290 587	010	25 257	152 913	093 838	91 268
1	202 899	9996,5968 594	000	26 424	163 714	104 766	90 074
2	213 750	*0097,0643 281	*990	27 588	174 502	115 683	88 882
3	224 590	0198,5415 117	981	28 749	185 279	126 587	87 693
4	235 419	0301,0385 579	971	29 908	196 045	137 480	86 506
5	246 236	0404,5657 166	961	31 065	206 798	148 360	85 323
6	257 040	0509,1333 405	952	32 219	217 541	159 229	84 141
7	267 834	0614,7518 864	942	33 370	228 272	170 085	82 963
8	278 615	0721,4319 164	933	34 519	238 991	180 930	81 786
9	289 386	0829,1840 986	923	35 666	249 700	191 763	80 613
9,30	300 144	0938,0192 082	914	36 810	260 396	202 585	79 442
1	310 891	1047,9481 288	905	37 952	271 082	213 394	78 273
2	321 626	1158,9818 534	896	39 091	281 756	224 192	77 108
3	332 350	1271,1314 855	887	40 228	292 419	234 978	75 944
4	343 063	1384,4082 402	878	41 363	303 070	245 752	74 783
5	353 763	1498,8234 451	870	42 495	313 710	256 515	73 625
6	364 453	1614,3885 420	861	43 624	324 339	267 266	72 469
7	375 131	1731,1150 875	852	44 752	334 957	278 006	71 316
8	385 798	1849,0147 542	844	45 877	345 563	288 733	70 165
9	396 453	1968,0993 322	836	46 999	356 159	299 450	69 016
9,40	407 097	2088,3807 302	827	48 120	366 743	310 155	67 871
1	417 730	2209,8709 763	819	49 238	377 316	320 848	66 727
2	428 351	2332,5822 197	811	50 353	387 878	331 530	65 586
3	438 961	2456,5267 316	803	51 466	398 429	342 200	64 447
4	449 560	2581,7169 065	795	52 577	408 968	352 859	63 311
5	460 147	2708,1652 637	787	53 686	419 497	363 506	62 178
6	470 724	2835,8844 479	779	54 792	430 015	374 142	61 046
7	481 289	2964,8872 313	771	55 896	440 522	384 767	59 918
8	491 843	3095,1865 142	764	56 998	451 017	395 380	58 791
9	502 386	3226,7953 266	756	58 097	461 502	405 982	57 667
9,50	512 918	3359,7268 297	749	59 194	471 976	416 573	56 545
	2,2	**1**	**0,0000**	**1,46**	**2,9**	**2,9**	**0,10**

x	φ	sin x	cos x	tg x	𝔖in x	𝔈oſ x	𝔗g x
	5	—0,	—0,9	0,			1,0000
9,50	44° 18′ 35,″66	0751 511	971 722	0753 642	6679,8633 774	6679,8634 523	000
1	44 52 58,31	0851 189	963 708	0854 290	6746,9971 212	6746,9971 953	000
2	45 27 20,96	0950 782	954 698	0955 109	6814,8055 703	6814,8056 437	000
3	46 01 43,60	1050 280	944 693	1056 121	6883,2955 057	6883,2955 783	000
4	46 36 06,25	1149 673	933 693	1157 347	6952,4737 763	6952,4738 482	000
5	47 10 28,90	1248 950	921 700	1258 807	7022,3473 002	7022,3473 714	000
6	47 44 51,55	1348 103	908 714	1360 523	7092,9230 646	7092,9231 350	000
7	48 19 14,20	1447 121	894 738	1462 516	7164,2081 272	7164,2081 970	000
8	48 53 36,84	1545 995	879 772	1564 808	7236,2096 166	7236,2096 857	000
9	49 27 59,49	1644 714	863 819	1667 421	7308,9347 330	7308,9348 014	000
9,60	50 02 22,14	1743 268	846 879	1770 376	7382,3907 489	7382,3908 167	000
1	50 36 44,79	1841 648	828 954	1873 697	7456,5850 101	7456,5850 772	000
2	51 11 07,44	1939 844	810 046	1977 405	7531,5249 360	7531,5250 024	000
3	51 45 30,08	2037 845	790 158	2081 525	7607,2180 207	7607,2180 864	000
4	52 19 52,73	2135 644	769 290	2186 079	7683,6718 335	7683,6718 986	000
5	52 54 15,38	2233 228	747 445	2291 091	7760,8940 199	7760,8940 843	000
6	53 28 38,03	2330 589	724 626	2396 585	7838,8923 022	7838,8923 659	000
7	54 03 00,68	2427 717	700 834	2502 586	7917,6744 802	7917,6745 433	000
8	54 37 23,32	2524 603	676 073	2609 119	7997,2484 323	7997,2484 948	000
9	55 11 45,97	2621 236	650 343	2716 210	8077,6221 158	8077,6221 777	000
9,70	55 46 08,62	2717 606	623 649	2823 883	8158,8035 684	8158,8036 296	000
1	56 20 31,27	2813 705	595 992	2932 167	8240,8009 080	8240,8009 687	000
2	56 54 53,92	2909 523	567 376	3041 088	8323,6223 347	8323,6223 948	000
3	57 29 16,56	3005 050	537 803	3150 673	8407,2761 305	8407,2761 900	000
4	58 03 39,21	3100 276	507 276	3260 951	8491,7706 609	8491,7707 198	000
5	58 38 01,86	3195 192	475 798	3371 950	8577,1143 755	8577,1144 338	000
6	59 12 24,51	3289 789	443 373	3483 701	8663,3158 087	8663,3158 664	000
7	59 46 47,16	3384 056	410 003	3596 233	8750,3835 806	8750,3836 378	000
8	60 21 09,81	3477 986	375 693	3709 577	8838,3263 982	8838,3264 548	000
9	60 55 32,45	3571 567	340 445	3823 765	8927,1530 558	8927,1531 118	000
9,80	61 29 55,10	3664 791	304 263	3938 830	9016,8724 362	9016,8724 916	000
1	62 04 17,75	3757 649	267 150	4054 805	9107,4935 113	9107,4935 662	000
2	62 38 40,40	3850 131	229 111	4171 725	9199,0253 434	9199,0253 977	000
3	63 13 03,05	3942 228	190 149	4289 624	9291,4770 856	9291,4771 394	000
4	63 47 25,69	4033 931	150 268	4408 539	9384,8579 833	9384,8580 366	000
5	64 21 48,34	4125 231	109 472	4528 507	9479,1773 746	9479,1774 274	000
6	64 56 10,99	4216 118	067 765	4649 567	9574,4446 916	9574,4447 438	000
7	65 30 33,64	4306 583	025 151	4771 757	9670,6694 610	9670,6695 127	000
8	66 04 56,29	4396 618	*981 634	4895 120	9767,8613 054	9767,8613 566	000
9	66 39 18,93	4486 213	937 220	5019 696	9866,0299 441	9866,0299 948	000
9,90	67 13 41,58	4575 359	891 912	5145 529	9965,1851 940	9965,1852 442	000
1	67 48 04,23	4664 048	845 714	5272 664	*0065,3369 708	*0065,3370 204	000
2	68 22 26,88	4752 270	798 632	5401 147	0166,4952 896	0166,4953 387	000
3	68 56 49,53	4840 018	750 670	5531 025	0268,6702 664	0268,6703 151	000
4	69 31 12,17	4927 281	701 833	5662 348	0371,8721 188	0371,8721 670	000
5	70 05 34,82	5014 051	652 126	5795 167	0476,1111 670	0476,1112 148	000
6	70 39 57,47	5100 320	601 554	5929 534	0581,3978 351	0581,3978 824	000
7	71 14 20,12	5186 079	550 122	6065 504	0687,7426 518	0687,7426 986	000
8	71 48 42,77	5271 320	497 834	6203 134	0795,1562 517	0795,1562 980	000
9	72 23 05,41	5356 033	444 697	6342 481	0903,6493 762	0903,6494 220	000
10,00	72° 57′ 28,″06	5440 211	390 715	6483 608	1013,2328 747	1013,2329 201	000
	5	—0,	—0,8	0,	1	1	1,0000

x	ln x	e^x	e^{-x}	arc tg x	Ar Sin x	Ar Cos x	Ar Ctg x
	2,2	**1**	**0,0000**	**1,46**	**2,9**	**2,9**	**0,10**
9,50	512 918	3359,7268 297	749	59 194	471 976	416 573	56 545
1	523 439	3493,9943 165	741	60 289	482 439	427 153	55 426
2	533 948	3629,6112 140	734	61 381	492 891	437 721	54 309
3	544 447	3766,5910 840	726	62 471	503 333	448 278	53 195
4	554 935	3904,9476 246	719	63 559	513 763	458 824	52 083
5	565 412	4044,6946 715	712	64 645	524 183	469 358	50 973
6	575 877	4185,8461 996	705	65 728	534 592	479 882	49 865
7	586 332	4328,4163 241	698	66 810	544 990	490 394	48 760
8	596 776	4472,4193 022	691	67 889	555 377	500 896	47 658
9	607 209	4617,8695 343	684	68 965	565 754	511 386	46 557
9,60	617 631	4764,7815 656	677	70 040	576 120	521 865	45 459
1	628 042	4913,1700 873	671	71 112	586 475	532 333	44 363
2	638 443	5063,0499 384	664	72 182	596 820	542 790	43 270
3	648 832	5214,4361 071	657	73 250	607 154	553 236	42 178
4	659 211	5367,3437 320	651	74 316	617 477	563 672	41 090
5	669 579	5521,7881 042	644	75 379	627 790	574 096	40 003
6	679 936	5677,7846 681	638	76 441	638 092	584 509	38 918
7	690 283	5835,3490 235	631	77 500	648 384	594 912	37 836
8	700 619	5994,4969 270	625	78 557	658 665	605 303	36 757
9	710 944	6155,2442 936	619	79 612	668 936	615 684	35 679
9,70	721 259	6317,6071 980	613	80 665	679 196	626 054	34 604
1	731 563	6481,6018 768	607	81 715	689 445	636 413	33 530
2	741 856	6647,2447 294	601	82 764	699 685	646 761	32 460
3	752 139	6814,5523 205	595	83 810	709 913	657 099	31 391
4	762 411	6983,5413 807	589	84 854	720 132	667 426	30 324
5	772 673	7154,2288 093	583	85 896	730 340	677 742	29 260
6	782 924	7326,6316 750	577	86 936	740 538	688 047	28 198
7	793 165	7500,7672 184	571	87 974	750 725	698 342	27 138
8	803 395	7676,6528 530	566	89 010	760 902	708 626	26 081
9	813 615	7854,3061 677	560	90 043	771 069	718 900	25 025
9,80	823 824	8033,7449 278	555	91 075	781 225	729 163	23 972
1	834 023	8214,9870 775	549	92 104	791 372	739 415	22 921
2	844 211	8398,0507 411	544	93 132	801 508	749 657	21 872
3	854 389	8582,9542 250	538	94 157	811 633	759 888	20 825
4	864 557	8769,7160 199	533	95 180	821 749	770 109	19 781
5	874 715	8958,3548 020	527	96 201	831 855	780 319	18 738
6	884 862	9148,8894 354	522	97 221	841 950	790 519	17 698
7	894 999	9341,3389 737	517	98 238	852 035	800 708	16 660
8	905 125	9535,7226 621	512	99 253	862 110	810 887	15 623
9	915 241	9732,0599 389	507	*00 266	872 175	821 056	14 589
9,90	925 348	9930,3704 382	502	01 277	882 230	831 214	13 558
1	935 443	*0130,6739 912	497	02 286	892 275	841 361	12 528
2	945 529	0332,9906 283	492	03 293	902 310	851 499	11 500
3	955 605	0537,3405 814	487	04 298	912 334	861 626	10 475
4	965 670	0743,7442 858	482	05 301	922 349	871 743	09 451
5	975 726	0952,2223 818	477	06 302	932 354	881 849	08 430
6	985 771	1162,7957 175	473	07 301	942 349	891 946	07 410
7	995 806	1375,4853 504	468	08 298	952 334	902 032	06 393
8	*005 831	1590,3125 497	463	09 293	962 309	912 107	05 378
9	015 846	1807,2987 982	459	10 286	972 274	922 173	04 365
10,00	025 851	2026,4657 948	454	11 277	982 230	932 228	03 353
	2,3	**2**	**0,0000**	**1,47**	**2,9**	**2,9**	**0,10**

x	φ	sin x	cos x	tg x	Sin x	Cos x*)	Tg x
							1,0000
10,0	572° 57′ 28,″06	−0,5440 211	−0,8390 715	0,6483 608	1 1013,2328 747	...9 201	000
1	578 41 14,54	−0,6250 706	−0,7805 682	0,8007 893	1 2171,5046 917	...7 327	000
2	584 25 01,02	−0,6998 747	−0,7142 657	0,9798 521	1 3451,5930 186	...0 557	000
3	590 08 47,50	−0,7676 858	−0,6408 264	1,1979 622	1 4866,3094 096	...4 433	000
4	595 52 33,98	−0,8278 265	−0,5609 843	1,4756 679	1 6429,8128 220	...8 524	000
5	601 36 20,47	−0,8796 958	−0,4755 369	1,8499 000	1 8157,7513 234	...3 509	000
6	607 20 06,95	−0,9227 754	−0,3853 382	2,3947 157	2 0067,4187 030	...7 279	000
7	613 03 53,43	−0,9566 350	−0,2912 893	3,2841 408	2 2177,9275 539	...5 764	000
8	618 47 39,91	−0,9809 362	−0,1943 299	5,0477 883	2 4510,4005 580	...5 784	000
9	624 31 26,39	−0,9954 363	−0,0954 289	10,4311 877	2 7088,1818 891	...9 076	000
11,0	630 15 12,87	−0,9999 902	0,0044 257	−225,9508 465	2 9937,0708 492	...8 659	000
1	635 58 59,35	−0,9945 526	0,1042 360	− 9,5413 517	3 3085,5800 766	...0 917	000
2	641 42 45,83	−0,9791 777	0,2030 049	− 4,8234 200	3 6565,2209 099	...9 235	000
3	647 26 32,31	−0,9540 192	0,2997 453	− 3,1827 659	4 0410,8187 640	...7 763	000
4	653 10 18,79	−0,9193 285	0,3934 909	− 2,3363 402	4 4660,8616 748	...6 860	000
5	658 54 05,27	−0,8754 522	0,4833 048	−1,8113 875	4 9357,8855 003	...5 104	000
6	664 37 51,75	−0,8228 286	0,5682 896	−1,4479 036	5 4548,8996 337	...6 428	000
7	670 21 38,23	−0,7619 836	0,6475 963	−1,1766 336	6 0285,8574 891	...4 974	000
8	676 05 24,71	−0,6935 251	0,7204 325	−0,9626 511	6 6626,1764 690	...4 765	000
9	681 49 11,19	−0,6181 371	0,7860 703	−0,7863 637	7 3633,3126 169	...6 237	000
12,0	687 32 57,67	−0,5365 729	0,8438 540	−0,6358 599	8 1377,3957 064	...7 126	000
1	693 16 44,16	−0,4496 475	0,8932 061	−0,5034 084	8 9935,9311 241	...1 297	000
2	699 00 30,64	−0,3582 293	0,9336 336	−0,3836 936	9 9394,5755 690	...5 740	000
3	704 44 17,12	−0,2632 318	0,9647 326	−0,2728 547	10 9847,9943 338	...3 383	000
4	710 28 03,60	−0,1656 042	0,9861 923	−0,1679 228	12 1400,8087 471	...7 512	000
5	716 11 50,08	−0,0663 219	0,9977 983	−0,0664 682	13 4168,6432 586	...2 623	000
6	721 55 36,56	0,0336 230	0,9994 346	0,0336 421	14 8279,2826 474	...6 508	000
7	727 39 23,04	0,1332 320	0,9910 849	0,1344 305	16 3873,9509 354	...9 384	000
8	733 23 09,52	0,2315 098	0,9728 326	0,2379 750	18 1108,7248 042	...8 070	000
9	739 06 56,00	0,3274 744	0,9448 600	0,3465 851	20 0156,0956 637	...6 662	000
13,0	744 50 42,48	0,4201 670	0,9074 468	0,4630 211	22 1206,6960 033	...0 056	000
1	750 34 28,96	0,5086 615	0,8609 666	0,5908 028	24 4471,2073 067	...3 088	000
2	756 18 15,44	0,5920 735	0,8058 840	0,7346 883	27 0182,4686 224	...6 243	000
3	762 02 01,92	0,6695 698	0,7427 492	0,9014 749	29 8597,8068 956	...8 972	000
4	767 45 48,40	0,7403 759	0,6721 931	1,1014 334	33 0001,6123 823	...3 838	000
5	773 29 34,88	0,8037 844	0,5949 207	1,3510 783	36 4708,1849 232	...9 245	000
6	779 13 21,36	0,8591 618	0,5117 040	1,6790 211	40 3064,8795 614	...5 626	000
7	784 57 07,85	0,9059 547	0,4233 745	2,1398 423	44 5455,5829 890	...9 901	000
8	790 40 54,33	0,9436 957	0,3308 149	2,8526 397	49 2304,5556 140	...6 150	000
9	796 24 40,81	0,9720 075	0,2349 498	4,1370 856	54 4080,6777 009	...7 018	000
14,0	802 08 27,29	0,9906 074	0,1367 372	7,2446 066	60 1302,1420 820	...0 828	000
1	807 52 13,77	0,9993 094	0,0371 584	26,8932 408	66 4541,6404 057	...4 064	000
2	813 36 00,25	0,9980 267	−0,0627 917	−15,8942 390	73 4432,0948 267	...8 274	000
3	819 19 46,73	0,9867 720	−0,1621 144	−6,0868 852	81 1672,9925 039	...5 045	000
4	825 03 33,21	0,9656 578	−0,2598 174	−3,7166 792	89 7037,3863 028	...3 034	000
5	830 47 19,69	0,9348 951	−0,3549 243	−2,6340 691	99 1379,6317 685	...7 690	000
6	836 31 06,17	0,8947 912	−0,4464 849	−2,0040 794	109 5643,9378 032	...8 036	000
7	842 14 52,65	0,8457 468	−0,5335 844	−1,5850 292	121 0873,8166 260	...6 264	000
8	847 58 39,13	0,7882 521	−0,6153 525	−1,2809 765	133 8222,5275 944	...5 947	000
9	853 42 25,61	0,7228 813	−0,6909 722	−1,0461 801	147 8964,6194 110	...4 113	000
15,0	859° 26′ 12,″09	0,6502 878	−0,7596 879	−0,8559 934	163 4508,6862 359	...2 362	000
							1,0000

*) Die durch Punkte angedeuteten, den vier letzten vorangehenden Stellen von Cof x stimmen mit den entsprechenden Stellen von Sin x überein. Beispiel: Cof 11,2 = 36565,2209235.

x	ln x	e^x	e^{-x}	arc tg x	Ar Sin x	Ar Cos x	Ar Ctg x
	2,		**0,0000**	**1,4**	**2,**	**2,**	**0,1**
10,0	3025 851	2 2026,4657 948	454	711 277	9982 230	9932 228	003 353
1	3125 354	2 4343,0094 244	411	721 081	*0081 244	*0032 228	*993 353
2	3223 877	2 6903,1860 743	372	730 694	0179 292	0131 233	983 551
3	3321 439	2 9732,6188 529	336	740 123	0276 393	0229 262	973 942
4	3418 058	3 2859,6256 744	304	749 372	0372 564	0326 335	964 518
5	3513 753	3 6315,5026 742	275	758 446	0467 823	0422 471	955 276
6	3608 540	4 0134,8374 309	249	767 351	0562 188	0517 687	946 210
7	3702 437	4 4355,8551 303	225	776 091	0655 674	0612 001	937 315
8	3795 461	4 9020,8011 364	204	784 670	0748 298	0705 430	928 586
9	3887 628	5 4176,3637 967	185	793 093	0840 076	0797 991	920 018
11,0	3978 953	5 9874,1417 152	167	801 364	0931 022	0889 699	911 608
1	4069 451	6 6171,1601 684	151	809 488	1021 152	0980 570	903 350
2	4159 138	7 3130,4418 334	137	817 467	1110 480	1070 620	895 241
3	4248 027	8 0821,6375 403	124	825 307	1199 020	1159 863	887 277
4	4336 134	8 9321,7233 608	112	833 010	1286 787	1248 313	879 453
5	4423 470	9 8715,7710 108	101	840 580	1373 792	1335 985	871 767
6	4510 051	10 9097,7992 765	092	848 020	1460 050	1422 892	864 214
7	4595 888	12 0571,7149 865	083	855 335	1545 573	1509 047	856 791
8	4680 995	13 3252,3529 455	075	862 526	1630 374	1594 464	849 495
9	4765 384	14 7266,6252 406	068	869 597	1714 463	1679 155	842 323
12,0	4849 066	16 2754,7914 190	061	876 551	1797 854	1763 132	835 270
1	4932 055	17 9871,8622 538	056	883 391	1880 558	1846 407	828 336
2	5014 360	19 8789,1511 430	050	890 119	1962 586	1928 992	821 515
3	5095 993	21 9695,9886 721	046	896 739	2043 948	2010 899	814 807
4	5176 965	24 2801,6174 983	041	903 253	2124 656	2092 138	808 207
5	5257 286	26 8337,2865 209	037	909 663	2204 720	2172 720	801 713
6	5336 968	29 6558,5652 982	034	915 973	2284 150	2252 656	795 323
7	5416 020	32 7747,9018 738	031	922 183	2362 956	2331 956	789 035
8	5494 452	36 2217,4496 112	028	928 297	2441 147	2410 630	782 845
9	5572 273	40 0312,1913 299	025	934 317	2518 734	2488 688	776 752
13,0	5649 494	44 2413,3920 089	023	940 244	2595 726	2566 140	770 753
1	5726 122	48 8942,4146 155	020	946 082	2672 130	2642 994	764 847
2	5802 168	54 0364,9372 467	019	951 832	2747 957	2719 261	759 030
3	5877 640	59 7195,6137 928	017	957 496	2823 215	2794 949	753 301
4	5952 547	66 0003,2247 662	015	963 075	2897 913	2870 067	747 659
5	6026 897	72 9416,3698 477	014	968 573	2972 058	2944 623	742 100
6	6100 698	80 6129,7591 240	012	973 990	3045 659	3018 626	736 624
7	6173 958	89 0911,1659 792	011	979 328	3118 723	3092 084	731 228
8	6246 686	98 4609,1112 290	010	984 590	3191 259	3165 004	725 910
9	6318 888	108 8161,3554 026	009	989 776	3263 274	3237 396	720 670
14,0	6390 573	120 2604,2841 648	008	994 889	3334 776	3309 266	715 504
1	6461 748	132 9083,2808 121	008	999 929	3405 771	3380 621	710 413
2	6532 420	146 8864,1896 541	007	*004 899	3476 267	3451 470	705 393
3	6602 595	162 3345,9850 085	006	009 799	3546 270	3521 819	700 444
4	6672 282	179 4074,7726 062	006	014 632	3615 788	3591 676	695 564
5	6741 486	198 2759,2635 376	005	019 398	3684 828	3661 046	690 752
6	6810 215	219 1287,8756 068	005	024 100	3753 395	3729 938	686 006
7	6878 475	242 1747,6332 524	004	028 738	3821 496	3798 357	681 324
8	6946 272	267 6445,0551 891	004	033 313	3889 138	3866 311	676 707
9	7013 612	295 7929,2388 224	003	037 827	3956 326	3933 804	672 151
15,0	7080 502	326 9017,3724 721	003	042 282	4023 066	4000 844	667 657
	2,		**0,0000**	**1,5**	**3,**	**3,**	**0,0**

x	φ	sin x	cos x	tg x	Sin x	Cof x*)	Tg x
							1,0000
15,0	859° 26′ 12,″09	0,6502 878	−0,7596 879	−0,8559 934	163 4508,6862 359	...2 362	000
1	865 09 58,57	0,5711 969	−0,8208 131	−0,6958 915	180 6411,4653 700	...3 703	000
2	870 53 45,05	0,4863 987	−0,8737 370	−0,5566 878	199 6393,4176 053	...6 056	000
3	876 37 31,54	0,3967 406	−0,9179 308	−0,4322 119	220 6355,9461 751	...1 753	000
4	882 21 18,02	0,3031 184	−0,9529 529	−0,3180 832	243 8400,4266 360	...6 362	000
5	888 05 04,50	0,2064 675	−0,9784 535	−0,2110 141	269 4849,2381 414	...1 416	000
6	893 48 50,98	0,1077 537	−0,9941 776	−0,1083 847	297 8269,0065 922	...5 924	000
7	899 32 37,46	0,0079 632	−0,9999 683	−0,0079 634	329 1496,2922 918	...2 919	000
8	905 16 23,94	−0,0919 069	−0,9957 676	0,0922 975	363 7665,9791 947	...1 949	000
9	911 00 10,42	−0,1908 586	−0,9816 175	0,1944 327	402 0242,6498 792	...8 793	000
16,0	916 43 56,90	−0,2879 033	−0,9576 595	0,3006 322	444 3055,2602 539	...2 540	000
1	922 27 43,38	−0,3820 714	−0,9241 328	0,4134 378	491 0335,4610 356	...0 357	000
2	928 11 29,86	−0,4724 220	−0,8813 725	0,5360 072	542 6759,9495 322	...5 323	000
3	933 55 16,34	−0,5580 523	−0,8298 058	0,6725 095	599 7497,2756 006	...6 007	000
4	939 39 02,82	−0,6381 067	−0,7699 480	0,8287 660	662 8259,5702 317	...2 318	000
5	945 22 49,30	−0,7117 853	−0,7023 971	1,0133 661	732 5359,7144 767	...4 768	000
6	951 06 35,78	−0,7783 521	−0,6278 280	1,2397 536	809 5774,5208 826	...8 827	000
7	956 50 22,26	−0,8371 418	−0,5469 860	1,5304 630	894 7214,5597 773	...7 773	000
8	962 34 08,74	−0,8875 670	−0,4606 786	1,9266 514	988 8201,3292 489	...2 489	000
9	968 17 55,23	−0,9291 240	−0,3697 683	2,5127 197	1092 8152,5411 628	...1 629	000
17,0	974 01 41,71	−0,9613 975	−0,2751 633	3,4939 156	1207 7476,3767 876	...7 877	000
1	979 45 28,19	−0,9840 650	−0,1778 091	5,5343 915	1334 7675,6553 713	...3 714	000
2	985 29 14,67	−0,9969 001	−0,0786 782	12,6706 017	1475 1462,9582 227	...2 227	000
3	991 13 01,15	−0,9997 744	0,0212 388	−47,0730 007	1630 2887,8604 979	...4 979	000
4	996 56 47,63	−0,9926 594	0,1209 436	− 8,2076 222	1801 7477,5440 708	...0 708	000
5	1002 40 34,11	−0,9756 260	0,2194 400	−4,4459 814	1991 2392,1987 881	...7 881	000
6	1008 24 20,59	−0,9488 445	0,3157 438	−3,0051 093	2200 6596,7674 170	...4 170	000
7	1014 08 07,07	−0,9125 824	0,4088 927	−2,2318 382	2432 1050,7531 668	...1 669	000
8	1019 51 53,55	−0,8672 022	0,4979 562	−1,7415 230	2687 8917,9894 418	...4 418	000
9	1025 35 40,03	−0,8131 571	0,5820 443	−1,3970 709	2970 5798,4712 715	...2 715	000
18,0	1031 19 26,51	−0,7509 872	0,6603 167	−1,1373 137	3282 9984,5686 652	...6 653	000
1	1037 03 12,99	−0,6813 138	0,7319 915	−0,9307 673	3628 2744,1861 611	...1 611	000
2	1042 46 59,47	−0,6048 328	0,7963 525	−0,7595 039	4009 8633,7025 236	...5 236	000
3	1048 30 45,95	−0,5223 086	0,8527 566	−0,6124 944	4431 5843,8225 971	...5 971	000
4	1054 14 32,43	−0,4345 656	0,9006 402	−0,4825 075	4897 6581,8027 166	...7 166	000
5	1059 58 18,92	−0,3424 806	0,9395 249	−0,3645 253	5412 7493,8751 154	...1 154	000
6	1065 42 05,40	−0,2469 737	0,9690 222	−0,2548 689	5982 0132,0990 953	...0 953	000
7	1071 25 51,88	−0,1489 990	0,9888 373	−0,1506 810	6611 1470,3113 636	...3 636	000
8	1077 09 38,36	−0,0495 356	0,9987 724	−0,0495 965	7306 4474,3393 407	...3 407	000
9	1082 53 24,84	0,0504 227	0,9987 280	0,0504 869	8074 8732,1843 237	...3 237	000
19,0	1088 37 11,32	0,1498 772	0,9887 046	0,1515 895	8924 1150,4815 936	...5 936	000
1	1094 20 57,80	0,2478 342	0,9688 025	0,2558 150	9862 6724,2078 699	...8 699	000
2	1100 04 44,28	0,3433 149	0,9392 203	0,3655 318	1 0899 9387,3396 052	...6 052	000
3	1105 48 30,76	0,4353 654	0,9002 539	0,4836 029	1 2046 2952,9757 946	...7 946	000
4	1111 32 17,24	0,5230 658	0,8522 923	0,6137 164	1 3313 2152,3343 625	...3 625	000
5	1117 16 03,72	0,6055 399	0,7958 150	0,7609 054	1 4713 3783,0207 544	...7 544	000
6	1122 59 50,20	0,6819 636	0,7313 861	0,9324 263	1 6260 7978,0609 903	...9 903	000
7	1128 43 36,68	0,7515 734	0,6596 495	1,1393 527	1 7970 9608,4000 894	...0 894	000
8	1134 27 23,16	0,8136 737	0,5813 218	1,3996 959	1 9860 9832,9025 419	...5 419	000
9	1140 11 09,64	0,8676 441	0,4971 858	1,7451 104	2 1949 7811,3677 532	...7 532	000
20,0	1145° 54′ 56,″12	0,9129 453	0,4080 821	2,2371 609	2 4258 2597,7048 951	...8 951	000
							1,0000

*) Vgl. die Fußnote S. 316.

x	$\ln x$	e^x	e^{-x}	arc tg x	Ar Sin x	Ar Cos x	Ar Ctg x
	2,7		**0,0000**	**1,50**	**3,4**	**3,4**	**0,06**
15,0	080 502	326 9017,3724 721	003	42 282	023 066	000 844	67 657
1	146 947	361 2822,9307 402	003	46 677	089 366	067 437	63 222
2	212 954	399 2786,8352 109	003	51 015	155 229	133 588	58 846
3	278 528	441 2711,8923 504	002	55 297	220 663	199 303	54 528
4	343 675	487 6800,8532 723	002	59 523	285 672	264 589	50 266
5	408 400	538 9698,4762 830	002	63 695	350 262	329 450	46 059
6	472 709	595 6538,0131 846	002	67 813	414 438	393 892	41 906
7	536 607	658 2992,5845 837	002	71 880	478 206	457 921	37 806
8	600 099	727 5331,9583 896	001	75 895	541 571	521 542	33 759
9	663 191	804 0485,2997 585	001	79 860	604 537	584 759	29 762
16,0	725 887	888 6110,5205 079	001	83 775	667 110	647 579	25 816
1	788 193	982 0670,9220 714	001	87 642	729 295	710 006	21 919
2	850 112	1085 3519,8990 644	001	91 462	791 097	772 045	18 070
3	911 651	1199 4994,5512 013	001	95 234	852 519	833 700	14 268
4	972 813	1325 6519,1404 636	001	98 961	913 567	894 977	10 513
5	*033 604	1465 0719,4289 535	001	*02 643	974 246	955 880	06 804
6	094 027	1619 1549,0417 653	001	06 281	*034 559	*016 414	03 140
7	154 087	1789 4429,1195 546	001	09 875	094 511	076 583	*99 520
8	213 789	1977 6402,6584 978	001	13 427	154 107	136 391	95 943
9	273 136	2185 6305,0823 257	000	16 936	213 350	195 843	92 408
17,0	332 133	2415 4952,7535 753	000	20 405	272 245	254 943	88 915
1	390 785	2669 5351,3107 427	000	23 833	330 795	313 696	85 463
2	449 094	2950 2925,9164 455	000	27 222	389 005	372 104	82 052
3	507 065	3260 5775,7209 958	000	30 571	446 879	430 173	78 680
4	564 702	3603 4955,0881 416	000	33 882	504 421	487 906	75 347
5	622 009	3982 4784,3975 762	000	37 155	561 634	545 307	72 052
6	678 989	4401 3193,5348 340	000	40 392	618 522	602 380	68 794
7	735 646	4864 2101,5063 337	000	43 591	675 088	659 129	65 574
8	791 985	5375 7835,9788 837	000	46 755	731 337	715 557	62 390
9	848 007	5941 1596,9425 429	000	49 884	787 272	771 667	59 242
18,0	903 718	6565 9969,1373 305	000	52 978	842 897	827 464	56 128
1	959 119	7256 5488,3723 222	000	56 038	898 213	882 951	53 049
2	**014 216	8019 7267,4050 471	000	59 065	953 227	938 132	50 004
3	069 011	8863 1687,6451 941	000	62 058	**007 939	993 009	46 993
4	123 507	9795 3163,6054 332	000	65 019	062 355	**047 586	44 014
5	177 707	1 0825 4987,7502 308	000	67 948	116 476	101 867	41 068
6	231 616	1 1964 0264,1981 905	000	70 846	170 306	155 853	38 153
7	285 235	1 3222 2940,6227 272	000	73 713	223 849	209 550	35 270
8	338 569	1 4612 8948,6786 813	000	76 549	277 106	262 960	32 417
9	391 619	1 6149 7464,3686 474	000	79 356	330 082	316 085	29 595
19,0	444 390	1 7848 2300,9631 873	000	82 133	382 780	368 929	26 803
1	496 883	1 9725 3448,4157 397	000	84 881	435 201	421 495	24 039
2	549 103	2 1799 8774,6792 105	000	87 600	487 349	473 786	21 305
3	601 051	2 4092 5905,9515 893	000	90 291	539 228	525 804	18 599
4	652 731	2 6626 4304,6687 250	000	92 955	590 838	577 553	15 921
5	704 145	2 9426 7566,0415 088	000	95 592	642 185	629 035	13 271
6	755 296	3 2521 5956,1219 806	000	98 201	693 269	680 253	10 647
7	806 186	3 5941 9216,8001 788	000	**00 784	744 094	731 210	08 051
8	856 819	3 9721 9665,8050 838	000	03 342	794 662	781 908	05 481
9	907 197	4 3899 5622,7355 064	000	05 873	844 976	832 350	02 936
20,0	957 323	4 8516 5195,4097 903	000	08 379	895 039	882 539	00 417
	2,9		**0,0000**	**1,52**	**3,6**	**3,6**	**0,05**

Werte von tg x für $x \approx \frac{\pi}{2}$

x	tg x	x	tg x
1,5680	357,6110 615	05	3374,6525 389
81	370,8740 270	06	5093,5481 714
82	385,1586 615	07	1 0381,3274 176
83	400,5877 455	08	—27 2241,8084 074
84	417,3045 546	09	— 9645,6938 456
85	435,4773 217	**1,5710**	—4909,8259 423
86	455,3049 184	11	—3293,0135 173
87	477,0241 632	12	—2477,2512 345
88	500,9193 255	13	—1985,4141 640
89	527,3346 366	14	—1656,5252 028
1,5690	556,6909 803	15	—1421,1139 883
91	589,5084 861	16	—1244,2865 811
92	626,4376 153	17	—1106,5944 217
93	668,3027 111	18	— 996,3399 034
94	716,1642 631	19	— 906,0649 378
95	771,4099 900	**1,5720**	—830,7898 795
96	835,8916 035	21	—767,0629 645
97	912,1364 214	22	—712,4160 664
98	1003,6864 152	23	—665,0376 178
99	1115,6642 174	24	—623,5679 062
1,5700	1255,7655 915	25	—586,9664 614
01	1436,1070 775	26	—554,4235 579
02	1676,9326 651	27	—525,2996 099
03	2014,8013 933	28	—499,0827 143
04	2523,1701 730	29	—475,3583 030
05	3374,6525 389	**1,5730**	—453,7870 583

Werte von Ar Tg x und Ar Ctg x für $x \approx 1$

x	Ar Tg x	x	Ar Ctg x
0,9980	3,4533 774	**1,0000**	∞
81	3,4790 491	01	4,9517 688
82	3,5061 077	02	4,6052 202
83	3,5347 119	03	4,4025 126
84	3,5650 493	04	4,2586 966
85	3,5973 435	05	4,1471 498
86	3,6318 650	06	4,0560 140
87	3,6689 440	07	3,9789 637
88	3,7089 904	08	3,9122 230
89	3,7525 211	09	3,8533 564
0,9990	3,8002 012	**1,0010**	3,8007 012
91	3,8529 064	11	3,7530 711
92	3,9118 230	12	3,7095 904
93	3,9786 137	13	3,6695 940
94	4,0557 140	14	3,6325 650
95	4,1468 998	15	3,5980 935
96	4,2584 966	16	3,5658 493
97	4,4023 626	17	3,5355 619
98	4,6051 202	18	3,5070 077
99	4,9517 188	19	3,4799 991
1,0000	∞	**1,0020**	3,4543 774

TAFEL III — TAFEL X

Tafel III: Siebenstellige Werte

x	$\sin x$	$\cos x$	$\ln x$	e^x *)	e^{-x} *)	Ar Sin x	Ar Cos x
0	0	1	∞	(0) 1	(0) 1	0	—
1	0,8414 710	0,5403 023	0	(1) 0,2718 282	(0) 0,3678 794	0,8813 736	0
2	0,9092 974	−0,4161 468	0,6931 472	(1) 0,7389 056	(0) 0,1353 353	1,4436 355	1,3169 579
3	0,1411 200	−0,9899 925	1,0986 123	(2) 0,2008 554	(−1) 0,4978 707	1,8184 465	1,7627 472
4	−0,7568 025	−0,6536 436	1,3862 944	(2) 0,5459 815	(−1) 0,1831 564	2,0947 125	2,0634 371
5	−0,9589 243	0,2836 622	1,6094 379	(3) 0,1484 132	(−2) 0,6737 947	2,3124 383	2,2924 317
6	−0,2794 155	0,9601 703	1,7917 595	(3) 0,4034 288	(−2) 0,2478 752	2,4917 799	2,4778 887
7	0,6569 866	0,7539 023	1,9459 101	(4) 0,1096 633	(−3) 0,9118 820	2,6441 208	2,6339 158
8	0,9893 582	−0,1455 000	2,0794 415	(4) 0,2980 958	(−3) 0,3354 626	2,7764 723	2,7686 594
9	0,4121 185	−0,9111 303	2,1972 246	(4) 0,8103 084	(−3) 0,1234 098	2,8934 440	2,8872 710
10	−0,5440 211	−0,8390 715	2,3025 851	(5) 0,2202 647	(−4) 0,4539 993	2,9982 230	2,9932 228
11	−0,9999 902	0,0044 257	2,3978 953	(5) 0,5987 414	(−4) 0,1670 170	3,0931 022	3,0889 699
12	−0,5365 729	0,8438 540	2,4849 066	(6) 0,1627 548	(−5) 0,6144 212	3,1797 854	3,1763 132
13	0,4201 670	0,9074 468	2,5649 494	(6) 0,4424 134	(−5) 0,2260 329	3,2595 726	3,2566 140
14	0,9906 074	0,1367 372	2,6390 573	(7) 0,1202 604	(−6) 0,8315 287	3,3334 776	3,3309 266
15	0,6502 878	−0,7596 879	2,7080 502	(7) 0,3269 017	(−6) 0,3059 023	3,4023 066	3,4000 844
16	−0,2879 033	−0,9576 595	2,7725 887	(7) 0,8886 111	(−6) 0,1125 352	3,4667 110	3,4647 579
17	−0,9613 975	−0,2751 633	2,8332 133	(8) 0,2415 495	(−7) 0,4139 938	3,5272 245	3,5254 943
18	−0,7509 872	0,6603 167	2,8903 718	(8) 0,6565 997	(−7) 0,1522 998	3,5842 897	3,5827 464
19	0,1498 772	0,9887 046	2,9444 390	(9) 0,1784 823	(−8) 0,5602 796	3,6382 780	3,6368 929
20	0,9129 453	0,4080 821	2,9957 323	(9) 0,4851 652	(−8) 0,2061 154	3,6895 039	3,6882 539
21	0,8366 556	−0,5477 293	3,0445 224	(10) 0,1318 816	(−9) 0,7582 560	3,7382 360	3,7371 022
22	−0,0088 513	−0,9999 608	3,0910 425	(10) 0,3584 913	(−9) 0,2789 468	3,7847 058	3,7836 727
23	−0,8462 204	−0,5328 330	3,1354 942	(10) 0,9744 803	(−9) 0,1026 188	3,8291 137	3,8281 685
24	−0,9055 784	0,4241 790	3,1780 538	(11) 0,2648 912	(−10) 0,3775 135	3,8716 348	3,8707 667
25	−0,1323 518	0,9912 028	3,2188 758	(11) 0,7200 490	(−10) 0,1388 794	3,9124 228	3,9116 228
26	0,7625 585	0,6469 193	3,2580 965	(12) 0,1957 296	(−11) 0,5109 089	3,9516 133	3,9508 737
27	0,9563 759	−0,2921 388	3,2958 369	(12) 0,5320 482	(−11) 0,1879 529	3,9893 268	3,9886 409
28	0,2709 058	−0,9626 059	3,3322 045	(13) 0,1446 257	(−12) 0,6914 400	4,0256 704	4,0250 327
29	−0,6636 339	−0,7480 575	3,3672 958	(13) 0,3931 334	(−12) 0,2543 666	4,0607 401	4,0601 456
30	−0,9880 316	0,1542 514	3,4011 974	(14) 0,1068 647	(−13) 0,9357 623	4,0946 222	4,0940 667
31	−0,4040 376	0,9147 424	3,4339 872	(14) 0,2904 885	(−13) 0,3442 477	4,1273 944	4,1268 741
32	0,5514 267	0,8342 234	3,4657 359	(14) 0,7896 296	(−13) 0,1266 417	4,1591 271	4,1586 389
33	0,9999 119	−0,0132 767	3,4965 076	(15) 0,2146 436	(−14) 0,4658 886	4,1898 842	4,1894 251
34	0,5290 827	−0,8485 703	3,5263 605	(15) 0,5834 617	(−14) 0,1713 908	4,2197 239	4,2192 914
35	−0,4281 827	−0,9036 922	3,5553 481	(16) 0,1586 013	(−15) 0,6305 117	4,2486 993	4,2482 911
36	−0,9917 789	−0,1279 637	3,5835 189	(16) 0,4311 232	(−15) 0,2319 523	4,2768 590	4,2764 732
37	−0,6435 381	0,7654 141	3,6109 179	(17) 0,1171 914	(−16) 0,8533 048	4,3042 477	4,3038 824
38	0,2963 686	0,9550 736	3,6375 862	(17) 0,3185 593	(−16) 0,3139 133	4,3309 064	4,3305 602
39	0,9637 954	0,2666 429	3,6635 616	(17) 0,8659 340	(−16) 0,1154 822	4,3568 732	4,3565 444
40	0,7451 132	−0,6669 381	3,6888 795	(18) 0,2353 853	(−17) 0,4248 354	4,3821 828	4,3818 703
41	−0,1586 227	−0,9873 393	3,7135 721	(18) 0,6398 435	(−17) 0,1562 882	4,4068 679	4,4065 705
42	−0,9165 215	−0,3999 853	3,7376 696	(19) 0,1739 275	(−18) 0,5749 522	4,4309 585	4,4306 750
43	−0,8317 747	0,5551 133	3,7612 001	(19) 0,4727 839	(−18) 0,2115 131	4,4544 825	4,4542 121
44	0,0177 019	0,9998 433	3,7841 896	(20) 0,1285 160	(−19) 0,7781 132	4,4774 659	4,4772 077
45	0,8509 035	0,5253 220	3,8066 625	(20) 0,3493 427	(−19) 0,2862 519	4,4999 331	4,4996 862
46	0,9017 883	−0,4321 779	3,8286 414	(20) 0,9496 119	(−19) 0,1053 062	4,5219 067	4,5216 704
47	0,1235 731	−0,9923 355	3,8501 476	(21) 0,2581 313	(−20) 0,3873 998	4,5434 079	4,5431 816
48	−0,7682 547	−0,6401 443	3,8712 010	(21) 0,7016 736	(−20) 0,1425 164	4,5644 567	4,5642 397
49	−0,9537 527	0,3005 925	3,8918 203	(22) 0,1907 347	(−21) 0,5242 886	4,5850 716	4,5848 633
50	−0,2623 749	0,9649 660	3,9120 230	(22) 0,5184 706	(−21) 0,1928 750	4,6052 702	4,6050 702

*) e^x, e^{-x} sind der Tafel auf 7 geltende Stellen zu entnehmen. Dazu ist der Tafelwert mit einer Zehnerpotenz zu multiplizieren, deren Exponent durch die in Klammern beigefügte Zahl gegeben ist. Beispiel: $e^{-23} = 0{,}1026\,188 \cdot 10^{-9}$.

elementarer Funktionen für $x = 0\ (1)\ 100$

x	$\sin x$	$\cos x$	$\ln x$	e^{x} *)	e^{-x} *)	Ar Sin x	Ar Cos x
50	−0,2623 749	0,9649 660	3,9120 230	(22) 0,5184 706	(−21) 0,1928 750	4,6052 702	4,6050 702
51	0,6702 292	0,7421 542	3,9318 256	(23) 0,1409 349	(−22) 0,7095 474	4,6250 689	4,6248 767
52	0,9866 276	−0,1629 908	3,9512 437	(23) 0,3831 008	(−22) 0,2610 279	4,6444 833	4,6442 984
53	0,3959 252	−0,9182 828	3,9702 919	(24) 0,1041 376	(−23) 0,9602 680	4,6635 281	4,6633 501
54	−0,5587 890	−0,8293 098	3,9889 840	(24) 0,2830 753	(−23) 0,3532 629	4,6822 169	4,6820 455
55	−0,9997 552	0,0221 268	4,0073 332	(24) 0,7694 785	(−23) 0,1299 581	4,7005 630	4,7003 977
56	−0,5215 510	0,8532 201	4,0253 517	(25) 0,2091 659	(−24) 0,4780 893	4,7185 786	4,7184 191
57	0,4361 648	0,8998 668	4,0430 513	(25) 0,5685 720	(−24) 0,1758 792	4,7362 754	4,7361 215
58	0,9928 726	0,1191 801	4,0604 430	(26) 0,1545 539	(−25) 0,6470 235	4,7536 645	4,7535 159
59	0,6367 380	−0,7710 802	4,0775 374	(26) 0,4201 210	(−25) 0,2380 266	4,7707 564	4,7706 128
60	−0,3048 106	−0,9524 130	4,0943 446	(27) 0,1142 007	(−26) 0,8756 511	4,7875 612	4,7874 223
61	−0,9661 178	−0,2581 016	4,1108 739	(27) 0,3104 298	(−26) 0,3221 340	4,8040 882	4,8039 539
62	−0,7391 807	0,6735 072	4,1271 344	(27) 0,8438 357	(−26) 0,1185 065	4,8203 466	4,8202 165
63	0,1673 557	0,9858 966	4,1431 347	(28) 0,2293 783	(−27) 0,4359 610	4,8363 449	4,8362 189
64	0,9200 260	0,3918 572	4,1588 831	(28) 0,6235 149	(−27) 0,1603 811	4,8520 913	4,8519 692
65	0,8268 287	−0,5624 539	4,1743 873	(29) 0,1694 889	(−28) 0,5900 091	4,8675 936	4,8674 753
66	−0,0265 512	−0,9996 475	4,1896 547	(29) 0,4607 187	(−28) 0,2170 522	4,8828 593	4,8827 445
67	−0,8555 200	−0,5177 698	4,2046 926	(30) 0,1252 363	(−29) 0,7984 904	4,8978 955	4,8977 841
68	−0,8979 277	0,4401 430	4,2195 077	(30) 0,3404 276	(−29) 0,2937 482	4,9127 089	4,9126 008
69	−0,1147 848	0,9933 904	4,2341 065	(30) 0,9253 782	(−29) 0,1080 639	4,9273 062	4,9272 012
70	0,7738 907	0,6333 192	4,2484 952	(31) 0,2515 439	(−30) 0,3975 450	4,9416 934	4,9415 914
71	0,9510 547	−0,3090 227	4,2626 799	(31) 0,6837 671	(−30) 0,1462 486	4,9558 766	4,9557 775
72	0,2538 234	−0,9672 506	4,2766 661	(32) 0,1858 672	(−31) 0,5380 186	4,9698 615	4,9697 651
73	−0,6767 720	−0,7361 927	4,2904 594	(32) 0,5052 394	(−31) 0,1979 260	4,9836 535	4,9835 597
74	−0,9851 463	0,1717 173	4,3040 651	(33) 0,1373 383	(−32) 0,7281 290	4,9972 579	4,9971 666
75	−0,3877 816	0,9217 513	4,3174 881	(33) 0,3733 242	(−32) 0,2678 637	5,0106 797	5,0105 908
76	0,5661 076	0,8243 313	4,3307 333	(34) 0,1014 800	(−33) 0,9854 155	5,0239 238	5,0238 372
77	0,9995 202	−0,0309 750	4,3438 054	(34) 0,2758 513	(−33) 0,3625 141	5,0369 948	5,0369 104
78	0,5139 785	−0,8578 031	4,3567 088	(34) 0,7498 417	(−33) 0,1333 615	5,0498 971	5,0498 149
79	−0,4441 127	−0,8959 709	4,3694 479	(35) 0,2038 281	(−34) 0,4906 095	5,0626 351	5,0625 550
80	−0,9938 887	−0,1103 872	4,3820 266	(35) 0,5540 622	(−34) 0,1804 851	5,0752 129	5,0751 348
81	−0,6298 880	0,7766 860	4,3944 492	(36) 0,1506 097	(−35) 0,6639 677	5,0876 344	5,0875 582
82	0,3132 288	0,9496 777	4,4067 192	(36) 0,4093 997	(−35) 0,2442 601	5,0999 036	5,0998 292
83	0,9683 645	0,2495 401	4,4188 406	(37) 0,1112 864	(−36) 0,8985 826	5,1120 241	5,1119 515
84	0,7331 903	−0,6800 235	4,4308 168	(37) 0,3025 077	(−36) 0,3305 701	5,1239 994	5,1239 285
85	−0,1760 756	−0,9843 766	4,4426 513	(37) 0,8223 013	(−36) 0,1216 099	5,1358 330	5,1357 638
86	−0,9234 584	−0,3836 984	4,4543 473	(38) 0,2235 247	(−37) 0,4473 779	5,1475 283	5,1474 607
87	−0,8218 178	0,5697 503	4,4659 081	(38) 0,6076 030	(−37) 0,1645 811	5,1590 883	5,1590 223
88	0,0353 983	0,9993 733	4,4773 368	(39) 0,1651 636	(−38) 0,6054 602	5,1705 163	5,1704 517
89	0,8600 694	0,5101 770	4,4886 364	(39) 0,4489 613	(−38) 0,2227 364	5,1818 151	5,1817 520
90	0,8939 967	−0,4480 736	4,4998 097	(40) 0,1220 403	(−39) 0,8194 013	5,1929 877	5,1929 260
91	0,1059 875	−0,9943 675	4,5108 595	(40) 0,3317 400	(−39) 0,3014 409	5,2040 369	5,2039 765
92	−0,7794 661	−0,6264 444	4,5217 886	(40) 0,9017 628	(−39) 0,1108 939	5,2149 653	5,2149 062
93	−0,9482 821	0,3174 287	4,5325 995	(41) 0,2451 246	(−40) 0,4079 559	5,2257 756	5,2257 178
94	−0,2452 520	0,9694 594	4,5432 948	(41) 0,6663 176	(−40) 0,1500 786	5,2364 703	5,2364 137
95	0,6832 617	0,7301 736	4,5538 769	(42) 0,1811 239	(−41) 0,5521 082	5,2470 518	5,2469 964
96	0,9835 877	−0,1804 304	4,5643 482	(42) 0,4923 458	(−41) 0,2031 093	5,2575 225	5,2574 682
97	0,3796 077	−0,9251 475	4,5747 110	(43) 0,1338 335	(−42) 0,7471 972	5,2678 847	5,2678 316
98	−0,5733 819	−0,8192 882	4,5849 675	(43) 0,3637 971	(−42) 0,2748 785	5,2781 407	5,2780 886
99	−0,9992 068	0,0398 209	4,5951 199	(43) 0,9889 030	(−42) 0,1011 221	5,2882 925	5,2882 415
100	−0,5063 656	0,8623 189	4,6051 702	(44) 0,2688 117	(−43) 0,3720 076	5,2983 424	5,2982 924

*) Vgl. die Fußnote Seite 322.

Tafel IV: Zwölfstellige Werte von $\frac{\pi}{2}n$ für $n = 0\,(1)\,100$

n	$\frac{\pi}{2}n$	n	$\frac{\pi}{2}n$	n	$\frac{\pi}{2}n$	n	$\frac{\pi}{2}n$
0	0	25	39,2699 0816 9872	**50**	78,5398 1633 9745	75	117,8097 2450 9617
1	1,5707 9632 6795	26	40,8407 0449 6667	51	80,1106 1266 6540	76	119,3805 2083 6412
2	3,1415 9265 3590	27	42,4115 0082 3462	52	81,6814 0899 3335	77	120,9513 1716 3207
3	4,7123 8898 0385	28	43,9822 9715 0257	53	83,2522 0532 0130	78	122,5221 1349 0002
4	6,2831 8530 7180	29	45,5530 9347 7052	54	84,8230 0164 6924	79	124,0929 0981 6797
5	7,8539 8163 3974	**30**	47,1238 8980 3847	55	86,3937 9797 3719	**80**	125,6637 0614 3592
6	9,4247 7796 0769	31	48,6946 8613 0642	56	87,9645 9430 0514	81	127,2345 0247 0387
7	10,9955 7428 7564	32	50,2654 8245 7437	57	89,5353 9062 7309	82	128,8052 9879 7182
8	12,5663 7061 4359	33	51,8362 7878 4232	58	91,1061 8695 4104	83	130,3760 9512 3976
9	14,1371 6694 1154	34	53,4070 7511 1026	59	92,6769 8328 0899	84	131,9468 9145 0771
10	15,7079 6326 7949	35	54,9778 7143 7821	**60**	94,2477 7960 7694	85	133,5176 8777 7566
11	17,2787 5959 4744	36	56,5486 6776 4616	61	95,8185 7593 4489	86	135,0884 8410 4361
12	18,8495 5592 1539	37	58,1194 6409 1411	62	97,3893 7226 1284	87	136,6592 8043 1156
13	20,4203 5224 8334	38	59,6902 6041 8206	63	98,9601 6858 8078	88	138,2300 7675 7951
14	21,9911 4857 5129	39	61,2610 5674 5001	64	100,5309 6491 4873	89	139,8008 7308 4746
15	23,5619 4490 1923	**40**	62,8318 5307 1796	65	102,1017 6124 1668	**90**	141,3716 6941 1541
16	25,1327 4122 8718	41	64,4026 4939 8591	66	103,6725 5756 8463	91	142,9424 6573 8336
17	26,7035 3755 5513	42	65,9734 4572 5386	67	105,2433 5389 5258	92	144,5132 6206 5130
18	28,2743 3388 2308	43	67,5442 4205 2181	68	106,8141 5022 2053	93	146,0840 5839 1925
19	29,8451 3020 9103	44	69,1150 3837 8975	69	108,3849 4654 8848	94	147,6548 5471 8720
20	31,4159 2653 5898	45	70,6858 3470 5770	**70**	109,9557 4287 5643	95	149,2256 5104 5515
21	32,9867 2286 2693	46	72,2566 3103 2565	71	111,5265 3920 2438	96	150,7964 4737 2310
22	34,5575 1918 9488	47	73,8274 2735 9360	72	113,0973 3552 9233	97	152,3672 4369 9105
23	36,1283 1551 6283	48	75,3982 2368 6155	73	114,6681 3185 6027	98	153,9380 4002 5900
24	37,6991 1184 3078	49	76,9690 2001 2950	74	116,2389 2818 2822	99	155,5088 3635 2695
25	39,2699 0816 9872	**50**	78,5398 1633 9745	75	117,8097 2450 9617	**100**	157,0796 3267 9490

Tafel V: Siebenstellige Werte von $\sin\frac{\pi}{2}x$, $\cos\frac{\pi}{2}x$ für $x = 0\,(0{,}001)\,0{,}5$

x	$\sin\frac{\pi}{2}x$	$\cos\frac{\pi}{2}x$	x	$\sin\frac{\pi}{2}x$	$\cos\frac{\pi}{2}x$
	0,0	**1,00**		**0,0**	**0,99**
0,000	0	0	0,025	392 598	92 290
01	015 708	*99 988	26	408 294	91 661
02	031 416	99 951	27	423 988	91 008
03	047 124	99 889	28	439 681	90 329
04	062 831	99 803	29	455 373	89 626
05	078 539	99 692	**0,030**	471 065	88 899
06	094 246	99 556	31	486 754	88 146
07	109 954	99 395	32	502 443	87 370
08	125 660	99 210	33	518 131	86 568
09	141 367	99 001	34	533 817	85 742
0,010	157 073	98 766	35	549 502	84 891
11	172 779	98 507	36	565 185	84 016
12	188 484	98 224	37	580 867	83 115
13	204 189	97 915	38	596 548	82 191
14	219 894	97 582	39	612 227	81 241
15	235 598	97 224	**0,040**	627 905	80 267
16	251 301	96 842	41	643 581	79 269
17	267 004	96 435	42	659 256	78 245
18	282 706	96 003	43	674 929	77 198
19	298 407	95 547	44	690 600	76 125
0,020	314 108	95 066	45	706 270	75 028
21	329 807	94 560	46	721 938	73 906
22	345 506	94 029	47	737 604	72 760
23	361 205	93 474	48	753 268	71 589
24	376 902	92 895	49	768 930	70 393
25	392 598	92 290	**0,050**	784 591	69 173
	0,0	**0,99**		**0,0**	**0,99**

x	$\sin\frac{\pi}{2}x$	$\cos\frac{\pi}{2}x$	x	$\sin\frac{\pi}{2}x$	$\cos\frac{\pi}{2}x$	x	$\sin\frac{\pi}{2}x$	$\cos\frac{\pi}{2}x$
	0,0	**0,99**		**0,1**	**0,98**		**0,2**	**0,97**
0,050	784 591	69 173	**0,100**	564 345	76 883	**0,150**	334 454	23 699
51	800 250	67 929	01	579 857	74 414	51	349 725	20 020
52	815 906	66 659	02	595 366	71 920	52	364 990	16 317
53	831 561	65 365	03	610 871	69 402	53	380 249	12 590
54	847 213	64 047	04	626 372	66 859	54	395 503	08 840
55	862 864	62 704	05	641 868	64 293	55	410 751	05 065
56	878 512	61 336	06	657 361	61 701	56	425 992	01 266
57	894 158	59 944	07	672 850	59 086	57	441 228	*97 443
58	909 802	58 527	08	688 334	56 446	58	456 458	93 597
59	925 444	57 086	09	703 815	53 782	59	471 681	89 726
0,060	941 083	55 620	**0,110**	719 291	51 093	**0,160**	486 899	85 832
61	956 720	54 129	11	734 763	48 380	61	502 110	81 913
62	972 355	52 614	12	750 231	45 643	62	517 315	77 971
63	987 987	51 074	13	765 694	42 882	63	532 514	74 005
64	*003 617	49 510	14	781 153	40 096	64	547 707	70 015
65	019 245	47 921	15	796 607	37 286	65	562 894	66 001
66	034 869	46 308	16	812 058	34 452	66	578 074	61 963
67	050 492	44 670	17	827 503	31 594	67	593 248	57 902
68	066 112	43 008	18	842 944	28 711	68	608 415	53 816
69	081 729	41 321	19	858 381	25 804	69	623 576	49 707
0,070	097 343	39 610	**0,120**	873 813	22 873	**0,170**	638 730	45 574
71	112 955	37 874	21	889 241	19 917	71	653 878	41 417
72	128 564	36 113	22	904 663	16 937	72	669 020	37 237
73	144 170	34 328	23	920 081	13 933	73	684 155	33 032
74	159 773	32 519	24	935 495	10 905	74	699 283	28 804
75	175 374	30 685	25	950 903	07 853	75	714 404	24 552
76	190 972	28 826	26	966 307	04 776	76	729 519	20 277
77	206 566	26 943	27	981 706	01 675	77	744 627	15 977
78	222 158	25 036	28	997 100	*98 551	78	759 729	11 654
79	237 747	23 104	29	*012 489	95 401	79	774 823	07 307
0,080	253 332	21 147	**0,130**	027 873	92 228	**0,180**	789 911	02 937
81	268 915	19 166	31	043 252	89 031	81	804 992	**98 543
82	284 494	17 161	32	058 626	85 809	82	820 066	94 125
83	300 071	15 131	33	073 995	82 563	83	835 133	89 683
84	315 644	13 076	34	089 359	79 293	84	850 193	85 218
85	331 213	10 997	35	104 718	75 999	85	865 246	80 729
86	346 780	08 894	36	120 071	72 681	86	880 291	76 216
87	362 343	06 766	37	135 419	69 339	87	895 330	71 680
88	377 903	04 614	38	150 762	65 973	88	910 362	67 121
89	393 459	02 438	39	166 100	62 582	89	925 386	62 537
0,090	409 012	00 237	**0,140**	181 432	59 168	**0,190**	940 403	57 930
91	424 562	*98 011	41	196 759	55 729	91	955 413	53 300
92	440 108	95 761	42	212 081	52 266	92	970 416	48 645
93	455 650	93 487	43	227 397	48 780	93	985 411	43 968
94	471 189	91 188	44	242 708	45 269	94	*000 399	39 267
95	486 724	88 865	45	258 013	41 734	95	015 380	34 542
96	502 256	86 517	46	273 312	38 175	96	030 353	29 793
97	517 784	84 146	47	288 606	34 592	97	045 318	25 022
98	533 308	81 749	48	303 894	30 985	98	060 276	20 226
99	548 828	79 328	49	319 177	27 354	99	075 227	15 407
0,100	564 345	76 883	**0,150**	334 454	23 699	**0,200**	090 170	10 565
	0,1	**0,98**		**0,2**	**0,97**		**0,3**	**0,95**

x	$\sin \frac{\pi}{2} x$	$\cos \frac{\pi}{2} x$	x	$\sin \frac{\pi}{2} x$	$\cos \frac{\pi}{2} x$	x	$\sin \frac{\pi}{2} x$	$\cos \frac{\pi}{2} x$
	0,3	**0,9**		**0,3**	**0,9**		**0,4**	**0,8**
0,200	090 170	510 565	**0,250**	826 834	238 795	**0,300**	539 905	910 065
01	105 105	505 699	51	841 342	232 773	01	553 895	902 923
02	120 033	500 810	52	855 840	226 727	02	567 874	895 759
03	134 953	495 898	53	870 328	220 659	03	581 842	888 573
04	149 865	490 961	54	884 807	214 568	04	595 799	881 364
05	164 770	486 002	55	899 277	208 455	05	609 744	874 134
06	179 666	481 019	56	913 737	202 318	06	623 678	866 883
07	194 555	476 013	57	928 187	196 159	07	637 600	859 609
08	209 436	470 983	58	942 627	189 978	08	651 511	852 313
09	224 309	465 930	59	957 058	183 773	09	665 410	844 996
0,210	239 174	460 854	**0,260**	971 479	177 546	**0,310**	679 298	837 656
11	254 031	455 754	61	985 890	171 297	11	693 175	830 295
12	268 880	450 631	62	*000 291	165 024	12	707 039	822 912
13	283 721	445 484	63	014 683	158 729	13	720 893	815 508
14	298 554	440 315	64	029 064	152 412	14	734 734	808 081
15	313 379	435 122	65	043 436	146 072	15	748 564	800 633
16	328 195	429 905	66	057 798	139 709	16	762 382	793 163
17	343 004	424 666	67	072 149	133 324	17	776 188	785 672
18	357 804	419 403	68	086 491	126 916	18	789 983	778 158
19	372 596	414 117	69	100 822	120 486	19	803 766	770 623
0,220	387 379	408 808	**0,270**	115 144	114 033	**0,320**	817 537	763 067
21	402 154	403 475	71	129 455	107 557	21	831 296	755 489
22	416 921	398 120	72	143 756	101 060	22	845 043	747 889
23	431 679	392 741	73	158 047	094 539	23	858 778	740 267
24	446 429	387 339	74	172 327	087 997	24	872 501	732 625
25	461 171	381 913	75	186 597	081 432	25	886 212	724 960
26	475 903	376 465	76	200 857	074 844	26	899 912	717 274
27	490 628	370 993	77	215 107	068 234	27	913 599	709 567
28	505 343	365 499	78	229 346	061 602	28	927 273	701 838
29	520 050	359 981	79	243 575	054 947	29	940 936	694 087
0,230	534 748	354 440	**0,280**	257 793	048 271	**0,330**	954 587	686 315
31	549 438	348 876	81	272 001	041 571	31	968 225	678 522
32	564 119	343 289	82	286 198	034 850	32	981 851	670 707
33	578 791	337 679	83	300 384	028 106	33	995 465	662 871
34	593 454	332 046	84	314 560	021 340	34	*009 066	655 013
35	608 108	326 390	85	328 726	014 551	35	022 655	647 134
36	622 754	320 711	86	342 880	007 741	36	036 232	639 234
37	637 390	315 009	87	357 024	000 908	37	049 796	631 313
38	652 018	309 284	88	371 158	*994 053	38	063 348	623 370
39	666 636	303 536	89	385 280	987 175	39	076 887	615 406
0,240	681 246	297 765	**0,290**	399 392	980 276	**0,340**	090 414	607 420
41	695 846	291 971	91	413 492	973 354	41	103 928	599 414
42	710 437	286 154	92	427 582	966 410	42	117 430	591 386
43	725 019	280 314	93	441 661	959 444	43	130 919	583 337
44	739 592	274 452	94	455 729	952 456	44	144 395	575 267
45	754 156	268 566	95	469 786	945 446	45	157 859	567 175
46	768 710	262 658	96	483 832	938 414	46	171 310	559 063
47	783 255	256 726	97	497 867	931 360	47	184 748	550 929
48	797 791	250 772	98	511 891	924 284	48	198 173	542 774
49	812 317	244 795	99	525 904	917 186	49	211 586	534 599
0,250	826 834	238 795	**0,300**	539 905	910 065	**0,350**	224 986	526 402
	0,3	**0,9**		**0,4**	**0,8**		**0,5**	**0,8**

x	$\sin\frac{\pi}{2}x$	$\cos\frac{\pi}{2}x$	x	$\sin\frac{\pi}{2}x$	$\cos\frac{\pi}{2}x$	x	$\sin\frac{\pi}{2}x$	$\cos\frac{\pi}{2}x$
	0,5	**0,8**		**0,5**	**0,8**		**0,6**	**0,7**
0,350	224 986	526 402	**0,400**	877 853	090 170	**0,450**	494 480	604 060
51	238 372	518 184	01	890 553	080 927	51	506 417	593 849
52	251 746	509 945	02	903 239	071 664	52	518 337	583 619
53	265 107	501 685	03	915 911	062 381	53	530 242	573 371
54	278 455	493 404	04	928 568	053 079	54	542 130	563 104
55	291 790	485 102	05	941 211	043 756	55	554 002	552 818
56	305 112	476 779	06	953 838	034 414	56	565 858	542 514
57	318 421	468 436	07	966 451	025 052	57	577 697	532 191
58	331 716	460 071	08	979 050	015 670	58	589 521	521 849
59	344 999	451 686	09	991 633	006 268	59	601 328	511 489
0,360	358 268	443 279	**0,410**	*004 202	*996 847	**0,460**	613 119	501 111
61	371 524	434 852	11	016 756	987 405	61	624 893	490 714
62	384 767	426 404	12	029 295	977 944	62	636 651	480 298
63	397 996	417 935	13	041 820	968 464	63	648 393	469 864
64	411 213	409 446	14	054 329	958 963	64	660 119	459 411
65	424 415	400 936	15	066 824	949 444	65	671 828	448 941
66	437 605	392 405	16	079 303	939 904	66	683 520	438 451
67	450 781	383 853	17	091 767	930 345	67	695 196	427 944
68	463 943	375 280	18	104 217	920 766	68	706 856	417 418
69	477 093	366 687	19	116 651	911 168	69	718 499	406 873
0,370	490 228	358 074	**0,420**	129 071	901 550	**0,470**	730 125	396 311
71	503 350	349 439	21	141 475	891 913	71	741 735	385 730
72	516 459	340 784	22	153 864	882 256	72	753 328	375 131
73	529 554	332 109	23	166 238	872 580	73	764 905	364 514
74	542 635	323 413	24	178 596	862 884	74	776 464	353 879
75	555 702	314 696	25	190 939	853 169	75	788 007	343 225
76	568 756	305 959	26	203 268	843 435	76	799 534	332 553
77	581 796	297 201	27	215 580	833 681	77	811 043	321 864
78	594 823	288 423	28	227 878	823 908	78	822 536	311 156
79	607 835	279 625	29	240 160	814 116	79	834 012	300 430
0,380	620 834	270 806	**0,430**	252 427	804 304	**0,480**	845 471	289 686
81	633 819	261 966	31	264 678	794 473	81	856 913	278 924
82	646 790	253 107	32	276 914	784 623	82	868 338	268 145
83	659 746	244 226	33	289 134	774 754	83	879 747	257 347
84	672 689	235 326	34	301 339	764 865	84	891 138	246 531
85	685 619	226 405	35	313 528	754 957	85	902 512	235 698
86	698 533	217 464	36	325 702	745 031	86	913 870	224 846
87	711 434	208 503	37	337 860	735 085	87	925 210	213 977
88	724 321	199 521	38	350 002	725 120	88	936 533	203 090
89	737 194	190 519	39	362 129	715 136	89	947 839	192 185
0,390	750 053	181 497	**0,440**	374 240	705 132	**0,490**	959 128	181 263
91	762 897	172 455	41	386 335	695 110	91	970 400	170 323
92	775 727	163 393	42	398 415	685 069	92	981 654	159 365
93	788 543	154 310	43	410 479	675 009	93	992 891	148 389
94	801 345	145 207	44	422 527	664 930	94	*004 112	137 396
95	814 132	136 084	45	434 559	654 832	95	015 314	126 385
96	826 905	126 942	46	446 575	644 715	96	026 500	115 357
97	839 663	117 779	47	458 575	634 580	97	037 668	104 311
98	852 408	108 596	48	470 560	624 425	98	048 819	093 247
99	865 137	099 393	49	482 528	614 252	99	059 952	082 166
0,400	877 853	090 170	**0,450**	494 480	604 060	**0,500**	071 068	071 068
	0,5	**0,8**		**0,6**	**0,7**		**0,7**	**0,7**

Tafel VI: Siebenstellige Werte der Funktionen

x	$e^{\frac{\pi}{2}x}$	$e^{-\frac{\pi}{2}x}$	$\mathfrak{Sin}\frac{\pi}{2}x$	$\mathfrak{Cof}\frac{\pi}{2}x$	x	$e^{\frac{\pi}{2}x}$	$e^{-\frac{\pi}{2}x}$	$\mathfrak{Sin}\frac{\pi}{2}x$	$\mathfrak{Cof}\frac{\pi}{2}x$
	1,	**1,**	**0,**	**1,**		**2,**	**0,4**	**0,**	**1,**
0,00	0	0	0	0	**0,50**	1932 801	559 381	8686 710	3246 091
01	0158 320	*9844 148	0157 086	0001 234	51	2280 040	488 322	8895 859	3384 181
02	0319 146	9690 724	0314 211	0004 935	52	2632 777	418 371	9107 203	3525 574
03	0482 519	9539 692	0471 413	0011 105	53	2991 099	349 509	9320 795	3670 304
04	0648 478	9391 014	0628 732	0019 746	54	3355 094	281 721	9536 686	3818 407
05	0817 064	9244 653	0786 206	0030 858	55	3724 851	214 990	9754 931	3969 920
06	0988 320	9100 572	0943 874	0044 446	56	4100 463	149 298	9975 582	4124 880
07	1162 287	8958 738	1101 774	0060 512	57	4482 021	084 630	*0198 695	4283 325
08	1339 008	8819 114	1259 947	0079 061	58	4869 620	020 970	0424 325	4445 295
09	1518 527	8681 666	1418 430	0100 096	59	5263 355	*958 302	0652 526	4610 829
0,10	1700 888	8546 360	1577 264	0123 624	**0,60**	5663 324	896 611	0883 356	4779 968
11	1886 136	8413 163	1736 487	0149 650	61	6069 625	835 882	1116 872	4952 753
12	2074 317	8282 042	1896 138	0178 180	62	6482 359	776 099	1353 130	5129 229
13	2265 478	8152 964	2056 257	0209 221	63	6901 627	717 247	1592 190	5309 437
14	2459 664	8025 898	2216 883	0242 781	64	7327 533	659 313	1834 110	5493 423
15	2656 926	7900 813	2378 056	0278 869	65	7760 182	602 282	2078 950	5681 232
16	2857 310	7777 677	2539 817	0317 493	66	8199 681	546 139	2326 771	5872 910
17	3060 866	7656 460	2702 203	0358 663	67	8646 138	490 872	2577 633	6068 505
18	3267 646	7537 132	2865 257	0402 389	68	9099 663	436 466	2831 599	6268 064
19	3477 699	7419 664	3029 017	0448 682	69	9560 368	382 908	3088 730	6471 638
0,20	3691 078	7304 027	3193 525	0497 552	**0,70**	*0028 368	330 184	3349 092	6679 276
21	3907 835	7190 192	3358 821	0549 013	71	0503 776	278 283	3612 747	6891 029
22	4128 023	7078 131	3524 946	0603 077	72	0986 711	227 190	3879 761	7106 951
23	4351 698	6967 817	3691 941	0659 757	73	1477 292	176 893	4150 200	7327 093
24	4578 914	6859 222	3859 846	0719 068	74	1975 640	127 381	4424 130	7551 511
25	4809 727	6752 319	4028 704	0781 023	75	2481 878	078 640	4701 619	7780 259
26	5044 194	6647 083	4198 556	0845 638	76	2996 131	030 658	4982 736	8013 395
27	5282 373	6543 486	4369 444	0912 930	77	3518 525	**983 425	5267 550	8250 975
28	5524 324	6441 504	4541 410	0982 914	78	4049 189	936 927	5556 131	8493 058
29	5770 105	6341 112	4714 496	1055 608	79	4588 256	891 155	5848 550	8739 705
0,30	6019 777	6242 284	4888 746	1131 030	**0,80**	5135 856	846 095	6144 880	8990 976
31	6273 401	6144 997	5064 202	1209 199	81	5692 126	801 738	6445 194	9246 932
32	6531 042	6049 226	5240 908	1290 134	82	6257 204	758 073	6749 565	9507 638
33	6792 761	5954 947	5418 907	1373 854	83	6831 227	715 087	7058 070	9773 157
34	7058 623	5862 138	5598 243	1460 381	84	7414 338	672 772	7370 783	*0043 555
35	7328 695	5770 775	5778 960	1549 735	85	8006 681	631 116	7687 783	0318 899
36	7603 043	5680 836	5961 103	1641 939	86	8608 402	590 110	8009 146	0599 256
37	7881 734	5592 299	6144 717	1737 016	87	9219 650	549 742	8334 954	0884 696
38	8164 837	5505 142	6329 848	1834 989	88	9840 575	510 004	8665 285	1175 289
39	8452 422	5419 343	6516 540	1935 883	89	**0471 330	470 885	9000 223	1471 108
0,40	8744 561	5334 881	6704 840	2039 721	**0,90**	1112 071	432 376	9339 848	1772 224
41	9041 324	5251 736	6894 794	2146 530	91	1762 957	394 466	9684 245	2078 712
42	9342 786	5169 886	7086 450	2256 336	92	2424 147	357 148	**0033 500	2390 648
43	9649 021	5089 312	7279 854	2369 167	93	3095 806	320 411	0387 697	2708 109
44	9960 104	5009 994	7475 055	2485 049	94	3778 098	284 247	0746 925	3031 172
45	*0276 112	4931 912	7672 100	2604 012	95	4471 192	248 647	1111 273	3359 919
46	0597 123	4855 047	7871 038	2726 085	96	5175 259	213 601	1480 829	3694 430
47	0923 216	4779 380	8071 918	2851 298	97	5890 473	179 102	1855 686	4034 787
48	1254 472	4704 892	8274 790	2979 682	98	6617 010	145 140	2235 935	4381 075
49	1590 973	4631 565	8479 704	3111 269	99	7355 050	111 707	2621 671	4733 378
0,50	1932 801	4559 381	8686 710	3246 091	**1,00**	8104 774	078 796	3012 989	5091 785
	2,	**0,**	**0,**	**1,**		**4,**	**0,2**	**2,**	**2,**

$e^{\frac{\pi}{2}x}$, $e^{-\frac{\pi}{2}x}$, $\mathfrak{Sin}\,\frac{\pi}{2}x$, $\mathfrak{Cof}\,\frac{\pi}{2}x$ für $x = 0\,(0{,}01)\,2$

x	$e^{\frac{\pi}{2}x}$	$e^{-\frac{\pi}{2}x}$	$\mathfrak{Sin}\,\frac{\pi}{2}x$	$\mathfrak{Cof}\,\frac{\pi}{2}x$	x	$e^{\frac{\pi}{2}x}$	$e^{-\frac{\pi}{2}x}$	$\mathfrak{Sin}\,\frac{\pi}{2}x$	$\mathfrak{Cof}\,\frac{\pi}{2}x$
		0,2					**0,0**		
1,00	4,8104 774	078 796	2,3012 989	2,5091 785	**1,50**	10,5507 241	947 802	5,2279 719	5,3227 521
01	4,8866 368	046 397	2,3409 985	2,5456 382	51	10,7177 629	933 031	5,3122 299	5,4055 330
02	4,9640 019	014 504	2,3812 758	2,5827 261	52	10,8874 464	918 489	5,3977 987	5,4896 476
03	5,0425 919	*983 107	2,4221 406	2,6204 513	53	11,0598 162	904 174	5,4846 994	5,5751 168
04	5,1224 261	952 200	2,4636 031	2,6588 231	54	11,2349 150	890 082	5,5729 534	5,6619 616
05	5,2035 243	921 774	2,5056 734	2,6978 509	55	11,4127 860	876 210	5,6625 825	5,7502 035
06	5,2859 064	891 823	2,5483 620	2,7375 444	56	11,5934 730	862 554	5,7536 088	5,8398 642
07	5,3695 928	862 339	2,5916 794	2,7779 133	57	11,7770 207	849 111	5,8460 548	5,9309 659
08	5,4546 041	833 314	2,6356 363	2,8189 677	58	11,9634 743	835 878	5,9399 433	6,0235 310
09	5,5409 612	804 741	2,6802 436	2,8607 177	59	12,1528 798	822 850	6,0352 974	6,1175 824
1,10	5,6286 856	776 614	2,7255 121	2,9031 735	**1,60**	12,3452 839	810 026	6,1321 407	6,2131 433
11	5,7177 989	748 925	2,7714 532	2,9463 457	61	12,5407 343	797 401	6,2304 971	6,3102 372
12	5,8083 230	721 667	2,8180 781	2,9902 449	62	12,7392 789	784 974	6,3303 908	6,4088 882
13	5,9002 802	694 835	2,8653 984	3,0348 819	63	12,9409 670	772 740	6,4318 465	6,5091 205
14	5,9936 934	668 420	2,9134 257	3,0802 677	64	13,1458 481	760 696	6,5348 892	6,6109 589
15	6,0885 854	642 418	2,9621 718	3,1264 136	65	13,3539 729	748 841	6,6395 444	6,7144 285
16	6,1849 798	616 820	3,0116 489	3,1733 309	66	13,5653 928	737 170	6,7458 379	6,8195 549
17	6,2829 003	591 622	3,0618 691	3,2210 312	67	13,7801 599	725 681	6,8537 959	6,9263 640
18	6,3823 710	566 816	3,1128 447	3,2695 263	68	13,9983 271	714 371	6,9634 450	7,0348 821
19	6,4834 166	542 397	3,1645 885	3,3188 281	69	14,2199 484	703 237	7,0748 123	7,1451 360
1,20	6,5860 620	518 358	3,2171 131	3,3689 489	**1,70**	14,4450 783	692 277	7,1879 253	7,2571 530
21	6,6903 324	494 694	3,2704 315	3,4199 009	71	14,6737 725	681 488	7,3028 119	7,3709 607
22	6,7962 536	471 399	3,3245 569	3,4716 967	72	14,9060 874	670 867	7,4195 004	7,4865 871
23	6,9038 518	448 467	3,3795 025	3,5243 492	73	15,1420 803	660 411	7,5380 196	7,6040 607
24	7,0131 534	425 892	3,4352 821	3,5778 713	74	15,3818 095	650 119	7,6583 988	7,7234 107
25	7,1241 855	403 669	3,4919 093	3,6322 762	75	15,6253 340	639 986	7,7806 677	7,8446 663
26	7,2369 755	381 793	3,5493 981	3,6875 774	76	15,8727 140	630 012	7,9048 564	7,9678 576
27	7,3515 512	360 257	3,6077 627	3,7437 884	77	16,1240 105	620 193	8,0309 956	8,0930 149
28	7,4679 408	339 057	3,6670 175	3,8009 233	78	16,3792 856	610 527	8,1591 164	8,2201 691
29	7,5861 731	318 188	3,7271 772	3,8589 959	79	16,6386 021	601 012	8,2892 505	8,3493 517
1,30	7,7062 773	297 643	3,7882 565	3,9180 208	**1,80**	16,9020 242	591 645	8,4214 298	8,4805 943
31	7,8282 829	277 419	3,8502 705	3,9780 124	81	17,1696 167	582 424	8,5556 871	8,6139 296
32	7,9522 201	257 510	3,9132 345	4,0389 856	82	17,4414 458	573 347	8,6920 555	8,7493 902
33	8,0781 195	237 912	3,9771 642	4,1009 554	83	17,7175 784	564 411	8,8305 687	8,8870 098
34	8,2060 122	218 619	4,0420 752	4,1639 370	84	17,9980 828	555 615	8,9712 607	9,0268 221
35	8,3359 296	199 626	4,1079 835	4,2279 461	85	18,2830 281	546 955	9,1141 663	9,1688 618
36	8,4679 039	180 930	4,1749 055	4,2929 984	86	18,5724 847	538 431	9,2593 208	9,3131 639
37	8,6019 676	162 525	4,2428 576	4,3591 100	87	18,8665 239	530 039	9,4067 600	9,4597 639
38	8,7381 538	144 407	4,3118 566	4,4262 972	88	19,1652 184	521 779	9,5565 203	9,6086 981
39	8,8764 961	126 571	4,3819 195	4,4945 766	89	19,4686 418	513 647	9,7086 386	9,7600 032
1,40	9,0170 286	109 013	4,4530 637	4,5639 649	**1,90**	19,7768 690	505 641	9,8631 524	9,9137 165
41	9,1597 860	091 729	4,5253 066	4,6344 794	91	20,0899 760	497 761	10,0201 000	10,0698 760
42	9,3048 036	074 714	4,5986 661	4,7061 375	92	20,4080 401	490 003	10,1795 199	10,2285 202
43	9,4521 171	057 964	4,6731 603	4,7789 567	93	20,7311 399	482 366	10,3414 516	10,3896 882
44	9,6017 628	041 475	4,7488 076	4,8529 552	94	21,0593 549	474 848	10,5059 350	10,5534 199
45	9,7537 778	025 244	4,8256 267	4,9281 511	95	21,3927 662	467 448	10,6730 107	10,7197 555
46	9,9081 994	009 265	4,9036 364	5,0045 630	96	21,7314 561	460 162	10,8427 199	10,8887 362
47	10,0650 658	**993 535	4,9828 561	5,0822 097	97	22,0755 081	452 991	11,0151 045	11,0604 036
48	10,2244 158	978 051	5,0633 053	5,1611 104	98	22,4250 072	445 931	11,1902 070	11,2348 001
49	10,3862 885	962 808	5,1450 039	5,2412 847	99	22,7800 395	438 981	11,3680 707	11,4119 688
1,50	10,5507 241	947 802	5,2279 719	5,3227 521	**2,00**	23,1406 926	432 139	11,5487 394	11,5919 533
		0,0					**0,0**		

Tafel VII: Siebenstellige Werte der Funktionen

x	$e^{\frac{\pi x}{180}}$	$e^{-\frac{\pi x}{180}}$	Sin $\frac{\pi x}{180}$	Cos $\frac{\pi x}{180}$	x	$e^{\frac{\pi x}{180}}$	$e^{-\frac{\pi x}{180}}$	Sin $\frac{\pi x}{180}$	Cos $\frac{\pi x}{180}$
	1,	**1,**	**0,**	**1,**		**2,**	**0,4**	**0,**	**1,**
0	0	0	0	0	45	1932 801	559 381	8686 710	3246 091
1	0176 065	*9826 981	0174 542	0001 523	46	2318 960	480 495	8919 232	3399 728
2	0355 230	9656 956	0349 137	0006 093	47	2711 919	402 975	9154 472	3557 447
3	0537 549	9489 873	0523 838	0013 711	48	3111 796	326 795	9392 501	3719 295
4	0723 078	9325 680	0698 699	0024 379	49	3518 714	251 933	9633 390	3885 323
5	0911 874	9164 329	0873 773	0038 101	**50**	3932 796	178 367	9877 214	4055 581
6	1103 994	9005 769	1049 113	0054 881	51	4354 168	106 073	*0124 047	4230 121
7	1299 496	8849 952	1224 772	0074 724	52	4782 960	035 031	0373 965	4408 995
8	1498 441	8696 831	1400 805	0097 636	53	5219 301	*965 217	0627 042	4592 259
9	1700 888	8546 360	1577 264	0123 624	54	5663 324	896 611	0883 356	4779 968
10	1906 899	8398 492	1754 204	0152 696	55	6115 165	829 193	1142 986	4972 179
11	2116 538	8253 182	1931 678	0184 860	56	6574 961	762 941	1406 010	5168 951
12	2329 868	8110 387	2109 740	0220 127	57	7042 853	697 835	1672 509	5370 344
13	2546 954	7970 062	2288 446	0258 508	58	7518 983	633 855	1942 564	5576 419
14	2767 861	7832 165	2467 848	0300 013	59	8003 496	570 983	2216 257	5787 239
15	2992 659	7696 654	2648 002	0344 656	**60**	8496 539	509 198	2493 671	6002 869
16	3221 414	7563 488	2828 963	0392 451	61	8998 263	448 482	2774 890	6223 373
17	3454 197	7432 625	3010 786	0443 411	62	9508 821	388 817	3060 002	6448 819
18	3691 078	7304 027	3193 525	0497 552	63	*0028 368	330 184	3349 092	6679 276
19	3932 130	7177 654	3377 238	0554 892	64	0557 062	272 566	3642 248	6914 814
20	4177 425	7053 467	3561 979	0615 446	65	1095 064	215 944	3939 560	7155 504
21	4427 040	6931 429	3747 806	0679 234	66	1642 539	160 303	4241 118	7401 421
22	4681 050	6811 502	3934 774	0746 276	67	2199 654	105 623	4547 015	7652 638
23	4939 532	6693 650	4122 941	0816 591	68	2766 576	051 890	4857 343	7909 233
24	5202 564	6577 838	4312 363	0890 201	69	3343 481	**999 087	5172 197	8171 284
25	5470 228	6464 029	4503 100	0967 128	**70**	3930 543	947 197	5491 673	8438 870
26	5742 604	6352 189	4695 208	1047 397	71	4527 940	896 205	5815 868	8712 073
27	6019 777	6242 284	4888 746	1131 030	72	5135 856	846 095	6144 880	8990 976
28	6301 829	6134 281	5083 774	1218 055	73	5754 475	796 853	6478 811	9275 664
29	6588 847	6028 147	5280 350	1308 497	74	6383 986	748 462	6817 762	9566 224
30	6880 918	5923 848	5478 535	1402 383	75	7024 581	700 908	7161 836	9862 744
31	7178 132	5821 355	5678 388	1499 743	76	7676 454	654 178	7511 138	*0165 316
32	7480 578	5720 635	5879 972	1600 606	77	8339 804	608 255	7865 774	0474 030
33	7788 350	5621 657	6083 347	1705 003	78	9014 833	563 128	8225 853	0788 980
34	8101 540	5524 392	6288 574	1812 966	79	9701 747	518 781	8591 483	1110 264
35	8420 245	5428 809	6495 718	1924 527	**80**	**0400 756	475 201	8962 777	1437 979
36	8744 561	5334 881	6704 840	2039 721	81	1112 071	432 376	9339 848	1772 224
37	9074 587	5242 578	6916 005	2158 582	82	1835 911	390 291	9722 810	2113 101
38	9410 423	5151 871	7129 276	2281 147	83	2572 494	348 934	**0111 780	2460 714
39	9752 173	5062 734	7344 719	2407 453	84	3322 047	308 294	0506 877	2815 170
40	*0099 939	4975 139	7562 400	2537 539	85	4084 796	268 356	0908 220	3176 576
41	0453 829	4889 060	7782 384	2671 444	86	4860 974	229 109	1315 933	3545 042
42	0813 949	4804 470	8004 739	2809 210	87	5650 819	190 541	1730 139	3920 680
43	1180 409	4721 344	8229 533	2950 877	88	6454 569	152 641	2150 964	4303 605
44	1553 322	4639 656	8456 833	3096 489	89	7272 471	115 396	2578 538	4693 934
45	1932 801	4559 381	8686 710	3246 091	**90**	8104 774	078 796	3012 989	5091 785
	2,	**0,**	**0,**	**1,**		**4,**	**0,2**	**2,**	**2,**

$e^{\frac{\pi x}{180}}$, $e^{-\frac{\pi x}{180}}$, $\mathfrak{Sin}\,\frac{\pi x}{180}$, $\mathfrak{Cos}\,\frac{\pi x}{180}$ für $x = 0\,(1)\,180$

x	$e^{\frac{\pi x}{180}}$	$e^{-\frac{\pi x}{180}}$	$\mathfrak{Sin}\,\frac{\pi x}{180}$	$\mathfrak{Cos}\,\frac{\pi x}{180}$	x	$e^{\frac{\pi x}{180}}$	$e^{-\frac{\pi x}{180}}$	$\mathfrak{Sin}\,\frac{\pi x}{180}$	$\mathfrak{Cos}\,\frac{\pi x}{180}$
		0,2					**0,0**		
90	4,8104 774	078 796	2,3012 989	2,5091 785	135	10,5507 241	947 802	5,2279 719	5,3227 521
91	4,8951 730	042 829	2,3454 451	2,5497 279	136	10,7364 853	931 404	5,3216 725	5,4148 128
92	4,9813 598	007 484	2,3903 057	2,5910 541	137	10,9255 171	915 288	5,4169 941	5,5085 230
93	5,0690 641	*972 751	2,4358 945	2,6331 696	138	11,1178 772	899 452	5,5139 660	5,6039 112
94	5,1583 125	938 618	2,4822 253	2,6760 872	139	11,3136 240	883 890	5,6126 175	5,7010 065
95	5,2491 323	905 077	2,5293 123	2,7198 200	**140**	11,5128 172	868 597	5,7129 787	5,7998 385
96	5,3415 511	872 115	2,5771 698	2,7643 813	141	11,7155 175	853 569	5,8150 803	5,9004 372
97	5,4355 971	839 724	2,6258 123	2,8097 848	142	11,9217 867	838 800	5,9189 533	6,0028 334
98	5,5312 989	807 894	2,6752 548	2,8560 441	143	12,1316 875	824 288	6,0246 294	6,1070 581
99	5,6286 856	776 614	2,7255 121	2,9031 735	144	12,3452 839	810 026	6,1321 407	6,2131 433
100	5,7277 871	745 875	2,7765 998	2,9511 873	145	12,5626 411	796 011	6,2415 200	6,3211 211
101	5,8286 333	715 668	2,8285 332	3,0001 000	146	12,7838 251	782 238	6,3528 006	6,4310 245
102	5,9312 551	685 984	2,8813 283	3,0499 267	147	13,0089 034	768 704	6,4660 165	6,5428 869
103	6,0356 837	656 813	2,9350 012	3,1006 825	148	13,2379 445	755 404	6,5812 021	6,6567 425
104	6,1419 509	628 147	2,9895 681	3,1523 828	149	13,4710 183	742 334	6,6983 924	6,7726 259
105	6,2500 891	599 977	3,0450 457	3,2050 434	**150**	13,7081 957	729 491	6,8176 233	6,8905 724
106	6,3601 312	572 295	3,1014 509	3,2586 803	151	13,9495 489	716 869	6,9389 310	7,0106 179
107	6,4721 108	545 091	3,1588 009	3,3133 099	152	14,1951 515	704 466	7,0623 525	7,1327 990
108	6,5860 620	518 358	3,2171 131	3,3689 489	153	14,4450 783	692 277	7,1879 253	7,2571 530
109	6,7020 194	492 088	3,2764 053	3,4256 141	154	14,6994 055	680 300	7,3156 877	7,3837 177
110	6,8200 185	466 272	3,3366 956	3,4833 228	155	14,9582 104	668 529	7,4456 787	7,5125 317
111	6,9400 950	440 902	3,3980 024	3,5420 926	156	15,2215 720	656 962	7,5779 379	7,6436 341
112	7,0622 858	415 972	3,4603 443	3,6019 415	157	15,4895 705	645 596	7,7125 055	7,7770 650
113	7,1866 278	391 473	3,5237 403	3,6628 876	158	15,7622 875	634 426	7,8494 225	7,9128 650
114	7,3131 591	367 398	3,5882 097	3,7249 495	159	16,0398 060	623 449	7,9887 306	8,0510 755
115	7,4419 182	343 740	3,6537 721	3,7881 461	**160**	16,3222 108	612 662	8,1304 723	8,1917 385
116	7,5729 443	320 490	3,7204 476	3,8524 967	161	16,6095 876	602 062	8,2746 907	8,3348 969
117	7,7062 773	297 643	3,7882 565	3,9180 208	162	16,9020 242	591 645	8,4214 298	8,4805 943
118	7,8419 578	275 192	3,8572 193	3,9847 385	163	17,1996 095	581 409	8,5707 343	8,6288 752
119	7,9800 271	253 129	3,9273 571	4,0526 700	164	17,5024 343	571 349	8,7226 497	8,7797 846
120	8,1205 274	231 447	3,9986 913	4,1218 361	165	17,8105 907	561 464	8,8772 222	8,9333 686
121	8,2635 014	210 141	4,0712 437	4,1922 577	166	18,1241 727	551 749	9,0344 989	9,0896 738
122	8,4089 927	189 203	4,1450 362	4,2639 565	167	18,4432 758	542 203	9,1945 278	9,2487 481
123	8,5570 455	168 628	4,2200 914	4,3369 541	168	18,7679 972	532 822	9,3573 575	9,4106 397
124	8,7077 051	148 408	4,2964 321	4,4112 729	169	19,0984 358	523 603	9,5230 377	9,5753 980
125	8,8610 172	128 539	4,3740 817	4,4869 355	**170**	19,4346 922	514 544	9,6916 189	9,7430 733
126	9,0170 286	109 013	4,4530 637	4,5639 649	171	19,7768 690	505 641	9,8631 524	9,9137 165
127	9,1757 868	089 825	4,5334 022	4,6423 847	172	20,1250 702	496 893	10,0376 905	10,0873 798
128	9,3373 403	070 969	4,6151 217	4,7222 186	173	20,4794 021	488 296	10,2152 863	10,2641 158
129	9,5017 381	052 439	4,6982 471	4,8034 910	174	20,8399 725	479 847	10,3959 939	10,4439 786
130	9,6690 303	034 230	4,7828 037	4,8862 267	175	21,2068 913	471 545	10,5798 684	10,6270 229
131	9,8392 680	016 336	4,8688 172	4,9704 508	176	21,5802 703	463 386	10,7669 658	10,8133 044
132	10,0125 030	**998 751	4,9563 139	5,0561 891	177	21,9602 231	455 369	10,9573 431	11,0028 800
133	10,1887 881	981 471	5,0453 205	5,1434 676	178	22,3468 656	447 490	11,1510 583	11,1958 073
134	10,3681 769	964 490	5,1358 639	5,2323 129	179	22,7403 155	439 748	11,3481 704	11,3921 451
135	10,5507 241	947 802	5,2279 719	5,3227 521	**180**	23,1406 926	432 139	11,5487 394	11,5919 533
		0,0					**0,0**		

Tafel VIII: Umwandlung von

x	φ	x	φ	x	φ
0,0001	0° 00′ 20″,6264 8062	**0,01**	0° 34′ 22″,6480 6247	**1**	57° 17′ 44″,8062 4710
2	0 00 41,2529 6125	2	1 08 45,2961 2494	2	114 35 29,6124 9419
3	0 01 01,8794 4187	3	1 43 07,9441 8741	3	171 53 14,4187 4129
4	0 01 22,5059 2250	4	2 17 30,5922 4988	4	229 10 59,2249 8839
5	0 01 43,1324 0312	5	2 51 53,2403 1235	5	286 28 44,0312 3548
6	0 02 03,7588 8375	6	3 26 15,8883 7483	6	343 46 28,8374 8258
7	0 02 24,3853 6437	7	4 00 38,5364 3730	7	401 04 13,6437 2967
8	0 02 45,0118 4500	8	4 35 01,1844 9977	8	458 21 58,4499 7677
9	0 03 05,6383 2562	9	5 09 23,8325 6224	9	515 39 43,2562 2387
0,001	0 03 26,2648 0625	**0,1**	5 43 46,4806 2471	**10**	572 57 28,0624 7096
2	0 06 52,5296 1249	2	11 27 32,9612 4942	20	1145 54 56,1249 4193
3	0 10 18,7944 1874	3	17 11 19,4418 7413	30	1718 52 24,1874 1289
4	0 13 45,0592 2499	4	22 55 05,9224 9884	40	2291 49 52,2498 8385
5	0 17 11,3240 3124	5	28 38 52,4031 2355	50	2864 47 20,3123 5482
6	0 20 37,5888 3748	6	34 22 38,8837 4826	60	3437 44 48,3748 2578
7	0 24 03,8536 4373	7	40 06 25,3643 7297	70	4010 42 16,4372 9674
8	0 27 30,1184 4998	8	45 50 11,8449 9768	80	4583 39 44,4997 6771
9	0 30 56,3832 5622	9	51 33 58,3256 2239	90	5156 37 12,5622 3867
0,01	0° 34′ 22″,6480 6247	**1**	57° 17′ 44″,8062 4710	**100**	5729° 34′ 40″,6247 0964

Tafel IX: Umwandlung von

φ	x	φ	x	φ	x
	0,		**0,**		**1,**
0°	0	**30°**	5235 9877 5598	**60°**	0471 9755 1197
1	0174 5329 2520	31	5410 5206 8118	61	0646 5084 3717
2	0349 0658 5040	32	5585 0536 0638	62	0821 0413 6236
3	0523 5987 7560	33	5759 5865 3158	63	0995 5742 8756
4	0698 1317 0080	34	5934 1194 5678	64	1170 1072 1276
5	0872 6646 2600	35	6108 6523 8198	65	1344 6401 3796
6	1047 1975 5120	36	6283 1853 0718	66	1519 1730 6316
7	1221 7304 7640	37	6457 7182 3238	67	1693 7059 8836
8	1396 2634 0160	38	6632 2511 5758	68	1868 2389 1356
9	1570 7963 2679	39	6806 7840 8278	69	2042 7718 3876
10	1745 3292 5199	**40**	6981 3170 0798	**70**	2217 3047 6396
11	1919 8621 7719	41	7155 8499 3318	71	2391 8376 8916
12	2094 3951 0239	42	7330 3828 5838	72	2566 3706 1436
13	2268 9280 2759	43	7504 9157 8358	73	2740 9035 3956
14	2443 4609 5279	44	7679 4487 0878	74	2915 4364 6476
15	2617 9938 7799	45	7853 9816 3397	75	3089 9693 8996
16	2792 5268 0319	46	8028 5145 5917	76	3264 5023 1516
17	2967 0597 2839	47	8203 0474 8437	77	3439 0352 4036
18	3141 5926 5359	48	8377 5804 0957	78	3613 5681 6556
19	3316 1255 7879	49	8552 1133 3477	79	3788 1010 9076
20	3490 6585 0399	**50**	8726 6462 5997	**80**	3962 6340 1595
21	3665 1914 2919	51	8901 1791 8517	81	4137 1669 4115
22	3839 7243 5439	52	9075 7121 1037	82	4311 6998 6635
23	4014 2572 7959	53	9250 2450 3557	83	4486 2327 9155
24	4188 7902 0479	54	9424 7779 6077	84	4660 7657 1675
25	4363 3231 2999	55	9599 3108 8597	85	4835 2986 4195
26	4537 8560 5519	56	9773 8438 1117	86	5009 8315 6715
27	4712 3889 8038	57	9948 3767 3637	87	5184 3644 9235
28	4886 9219 0558	58	*0122 9096 6157	88	5358 8974 1755
29	5061 4548 3078	59	0297 4425 8677	89	5533 4303 4275
30°	5235 9877 5598	**60°**	0471 9755 1197	**90°**	5707 9632 6795
	0,		**1,**		**1,**

Bogenmaß (*x*) in Gradmaß (φ)

x	φ	*x*	φ	*x*	φ
0,0001	0,°0057 2957 7951	**0,01**	0,°5729 5779 5131	**1**	57,°2957 7951 3082
2	0,0114 5915 5903	2	1,1459 1559 0262	2	114,5915 5902 6165
3	0,0171 8873 3854	3	1,7188 7338 5392	3	171,8873 3853 9247
4	0,0229 1831 1805	4	2,2918 3118 0523	4	229,1831 1805 2329
5	0,0286 4788 9757	5	2,8647 8897 5654	5	286,4788 9756 5412
6	0,0343 7746 7708	6	3,4377 4677 0785	6	343,7746 7707 8494
7	0,0401 0704 5659	7	4,0107 0456 5916	7	401,0704 5659 1576
8	0,0458 3662 3610	8	4,5836 6236 1047	8	458,3662 3610 4659
9	0,0515 6620 1562	9	5,1566 2015 6177	9	515,6620 1561 7741
0,001	0,0572 9577 9513	**0,1**	5,7295 7795 1308	**10**	572,9577 9513 0823
2	0,1145 9155 9026	2	11,4591 5590 2616	20	1145,9155 9026 1646
3	0,1718 8733 8539	3	17,1887 3385 3925	30	1718,8733 8539 2470
4	0,2291 8311 8052	4	22,9183 1180 5233	40	2291,8311 8052 3293
5	0,2864 7889 7565	5	28,6478 8975 6541	50	2864,7889 7565 4116
6	0,3437 7467 7078	6	34,3774 6770 7849	60	3437,7467 7078 4939
7	0,4010 7045 6592	7	40,1070 4565 9158	70	4010,7045 6591 5762
8	0,4583 6623 6105	8	45,8366 2361 0466	80	4583,6623 6104 6586
9	0,5156 6201 5618	9	51,5662 0156 1774	90	5156,6201 5617 7409
0,01	0,°5729 5779 5131	**1**	57,°2957 7951 3082	**100**	5729,°5779 5130 8232

Gradmaß (φ) in Bogenmaß (*x*)

φ	*x*	φ	*x*	φ	*x*	φ	*x*
	0,00		**0,00**		**0,0000**		**0,0001**
0′	0	**30′**	87 2664 6260	**0″**	0	**30″**	4544 4104
1	02 9088 8209	31	90 1753 4469	1	0484 8137	31	5029 2241
2	05 8177 6417	32	93 0842 2677	2	0969 6274	32	5514 0378
3	08 7266 4626	33	95 9931 0886	3	1454 4410	33	5998 8515
4	11 6355 2835	34	98 9019 9095	4	1939 2547	34	6483 6652
5	14 5444 1043	35	*01 8108 7303	5	2424 0684	35	6968 4788
6	17 4532 9252	36	04 7197 5512	6	2908 8821	36	7453 2925
7	20 3621 7461	37	07 6286 3721	7	3393 6958	37	7938 1062
8	23 2710 5669	38	10 5375 1929	8	3878 5094	38	8422 9199
9	26 1799 3878	39	13 4464 0138	9	4363 3231	39	8907 7336
10	29 0888 2087	**40**	16 3552 8347	**10**	4848 1368	**40**	9392 5472
11	31 9977 0295	41	19 2641 6555	11	5332 9505	41	9877 3609
12	34 9065 8504	42	22 1730 4764	12	5817 7642	42	*0362 1746
13	37 8154 6713	43	25 0819 2973	13	6302 5779	43	0846 9883
14	40 7243 4921	44	27 9908 1181	14	6787 3915	44	1331 8020
15	43 6332 3130	45	30 8996 9390	15	7272 2052	45	1816 6156
16	46 5421 1339	46	33 8085 7599	16	7757 0189	46	2301 4293
17	49 4509 9547	47	36 7174 5807	17	8241 8326	47	2786 2430
18	52 3598 7756	48	39 6263 4016	18	8726 6463	48	3271 0567
19	55 2687 5965	49	42 5352 2225	19	9211 4599	49	3755 8704
20	58 1776 4173	**50**	45 4441 0433	**20**	9696 2736	**50**	4240 6841
21	61 0865 2382	51	48 3529 8642	21	*0181 0873	51	4725 4977
22	63 9954 0591	52	51 2618 6851	22	0665 9010	52	5210 3114
23	66 9042 8799	53	54 1707 5059	23	1150 7147	53	5695 1251
24	69 8131 7008	54	57 0796 3268	24	1635 5283	54	6179 9388
25	72 7220 5217	55	59 9885 1477	25	2120 3420	55	6664 7525
26	75 6309 3425	56	62 8973 9685	26	2605 1557	56	7149 5661
27	78 5398 1634	57	65 8062 7894	27	3089 9694	57	7634 3798
28	81 4486 9843	58	68 7151 6103	28	3574 7831	58	8119 1935
29	84 3575 8051	59	71 6240 4311	29	4059 5968	59	8604 0072
30′	87 2664 6260	**60′**	74 5329 2520	**30″**	4544 4104	**60″**	9088 8209
	0,00		**0,01**		**0,0001**		**0,0002**

Tafel X. Einige oft gebrauchte Zahlenwerte

1. Verschiedene Konstanten:

$\sqrt{2}$	$= 1{,}41421\ 35623\ 73095 =$	$1 : 0{,}70710\ 67811\ 86548$
$\sqrt{3}$	$= 1{,}73205\ 08075\ 68877 =$	$1 : 0{,}57735\ 02691\ 89626$
$\sqrt{10}$	$= 3{,}16227\ 76601\ 68379 =$	$1 : 0{,}31622\ 77660\ 16838$
$\sqrt[3]{2}$	$= 1{,}25992\ 10498\ 94873 =$	$1 : 0{,}79370\ 05259\ 84100$
$\sqrt[3]{10}$	$= 2{,}15443\ 46900\ 31884 =$	$1 : 0{,}46415\ 88833\ 61278$
e	$= 2{,}71828\ 18284\ 59045 =$	$1 : 0{,}36787\ 94411\ 71442$
e^2	$= 7{,}38905\ 60989\ 30650 =$	$1 : 0{,}13533\ 52832\ 36613$
$\sqrt{e}$	$= 1{,}64872\ 12707\ 00128 =$	$1 : 0{,}60653\ 06597\ 12633$
M	$= 0{,}43429\ 44819\ 03252 =$	$1 : 2{,}30258\ 50929\ 94046$
$\log_{10} M$	$= 9{,}63778\ 43113\ 00537 - 10$	
$\log_e M$	$= 9{,}16596\ 75547\ 52044 - 10$	
π	$= 3{,}14159\ 26535\ 89793 =$	$1 : 0{,}31830\ 98861\ 83791$
π^2	$= 9{,}86960\ 44010\ 89359 =$	$1 : 0{,}10132\ 11836\ 42338$
π^3	$= 31{,}00627\ 66802\ 99820 =$	$1 : 0{,}03225\ 15344\ 33199$
$\sqrt{\pi}$	$= 1{,}77245\ 38509\ 05516 =$	$1 : 0{,}56418\ 95835\ 47756$
$\sqrt{2\pi}$	$= 2{,}50662\ 82746\ 31001 =$	$1 : 0{,}39894\ 22804\ 01433$
$\sqrt{\frac{\pi}{2}}$	$= 1{,}25331\ 41373\ 15500 =$	$1 : 0{,}79788\ 45608\ 02865$
$\sqrt[3]{\pi}$	$= 1{,}46459\ 18875\ 61523 =$	$1 : 0{,}68278\ 40632\ 55296$
e^{π}	$= 23{,}14069\ 26327\ 79269 =$	$1 : 0{,}04321\ 39182\ 63772$
$e^{\pi/4}$	$= 2{,}19328\ 00507\ 38015 =$	$1 : 0{,}45593\ 81277\ 65996$
$\log_{10} \pi$	$= 0{,}49714\ 98726\ 94134$	
$\log_e \pi$	$= 1{,}14472\ 98858\ 49400$	
C	$= 0{,}57721\ 56649\ 01533$	(Eulersche Konstante)

2. Bernoullische Zahlen:

Die Bernoullischen Zahlen B_n lassen sich rekursiv durch

$$B_0 = 1; \quad (B + 1)^n - B^n = 0 \quad (n = 2, 3, 4, \ldots)$$

definieren, falls in dieser symbolischen Gleichung nach Ausführung der Potenz stets B^ν durch B_ν ersetzt wird. Die Werte der Bernoullischen Zahlen sind durchweg rational.

$$B_1 = -\frac{1}{2}, \quad B_3 = B_5 = B_7 = B_9 = \ldots. = 0$$

$B_2 =$	$1 : 6$	$B_{12} = -$	$691 : 2730$	$B_{22} =$	$8\ 54513 : 138$
$B_4 =$	$-1 : 30$	$B_{14} =$	$7 : 6$	$B_{24} = -$	$2363\ 64091 : 2730$
$B_6 =$	$1 : 42$	$B_{16} = -$	$3617 : 510$	$B_{26} =$	$85\ 53103 : 6$
$B_8 =$	$-1 : 30$	$B_{18} =$	$43867 : 798$	$B_{28} = -$	$2\ 37494\ 61029 : 870$
$B_{10} =$	$5 : 66$	$B_{20} =$	$-1\ 74611 : 330$	$B_{30} =$	$861\ 58412\ 76005 : 14322$

$B_{32} = -$	$770\ 93210\ 41217 : 510$
$B_{34} =$	$257\ 76878\ 58367 : 6$
$B_{36} = -$	$26315\ 27155\ 30534\ 77373 : 19\ 19190$
$B_{38} =$	$2\ 92999\ 39138\ 41559 : 6$
$B_{40} = -$	$2\ 61082\ 71849\ 64491\ 22051 : 13530$

Die Numerierung der Bernoullischen Zahlen weicht häufig von der obigen ab, indem nur die Zahlen B_{2k} $(k = 1, 2, \ldots)$ eingeführt und mit $(-1)^{k-1} B_k$ bezeichnet werden.

3. Fakultäten:

n	$n!$	$1:n!$ *)	$\log_{10} n!$
1	1	(0) 1	0
2	2	(0) 0,5	0,30102 99956 63981
3	6	(0) 0,16666 66666 66667	0,77815 12503 83644
4	24	(−1) 0,41666 66666 66667	1,38021 12417 11606
5	120	(−2) 0,83333 33333 33333	2,07918 12460 47625
6	720	(−2) 0,13888 88888 88889	2,85733 24964 31268
7	5040	(−3) 0,19841 26984 12698	3,70243 05364 45525
8	40320	(−4) 0,24801 58730 15873	4,60552 05234 37469
9	3 62880	(−5) 0,27557 31922 39859	5,55976 30328 76794
10	36 28800	(−6) 0,27557 31922 39859	6,55976 30328 76794
11	399 16800	(−7) 0,25052 10838 54417	7,60115 57180 35019
12	4790 01600	(−8) 0,20876 75698 78681	8,68033 69640 82644
13	62270 20800	(−9) 0,16059 04383 68216	9,79428 03163 89480
14	8 71782 91200	(−10) 0,11470 74559 77297	10,94040 83520 67718
15	130 76743 68000	(−12) 0,76471 63731 81982	12,11649 96111 23400

*) 1 : n! ist der Tafel auf 15 geltende Stellen zu entnehmen. Dazu ist der Tafelwert mit einer Zehnerpotenz zu multiplizieren, deren Exponent durch die in Klammern beigefügte Zahl gegeben ist. Beispiel: $1:9! = 0{,}27557\ 31922\ 39859 \cdot 10^{-5}$.

4. Binomialkoeffizienten:

n	$\binom{n}{0}$	$\binom{n}{1}$	$\binom{n}{2}$	$\binom{n}{3}$	$\binom{n}{4}$	$\binom{n}{5}$	$\binom{n}{6}$	$\binom{n}{7}$
1	1							
2	1	2						
3	1	3						
4	1	4	6					
5	1	5	10					
6	1	6	15	20				
7	1	7	21	35				
8	1	8	28	56	70			
9	1	9	36	84	126			
10	1	10	45	120	210	252		
11	1	11	55	165	330	462		
12	1	12	66	220	495	792	924	
13	1	13	78	286	715	1287	1716	
14	1	14	91	364	1001	2002	3003	3432
15	1	15	105	455	1365	3003	5005	6435